D1670556

ALLE ZEIT WACH
1842

R. Glocker

Materialprüfung mit Röntgenstrahlen

Unter besonderer Berücksichtigung der Röntgenmetallkunde

Unter Mitwirkung von K. Anderko, V. Gerold, K. Kolb, E. Macherauch, S. Steeb

Mit 494 Abbildungen

Unveränderter Nachdruck der fünften, erweiterten Auflage

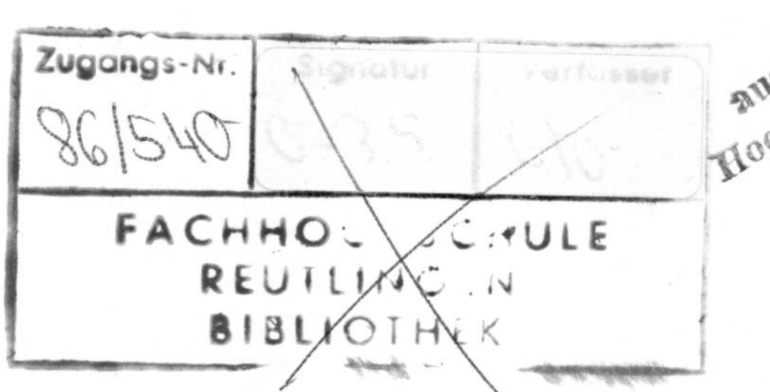

Springer-Verlag
Berlin Heidelberg NewYork Tokyo 1985

Dr. phil. Dr. med. h. c. **Richard Glocker †**

ehemals o. Professor für Röntgentechnik an der Universität Stuttgart, und Wissenschaftliches Mitglied des Max-Planck-Institutes für Metallforschung, Stuttgart

Mitarbeiter

Anderko, K. Dr. rer. nat., Leiter des Zentral-Laboratoriums der Karl Schmidt GmbH, Neckarsulm

Gerold, V. Dr. rer. nat., o. Professor für Metallkunde an der Universität Stuttgart, wissenschaftliches Mitglied des Max-Planck-Institutes für Metallforschung, Stuttgart

Kolb, K. Dr. rer. nat., Mitinhaber des Institutes für zerstörungsfreie Werkstoffprüfung und Strahlenschutzmessungen, ZPKo – Stuttgart

Macherauch, E. Dr. rer. nat., o. Professor für Werkstoffkunde an der Universität (TH) Karlsruhe, Direktor des Institutes für Werkstoffkunde I

Steeb, S. Dr. rer. nat., Privatdozent für Metallphysik an der Universität Stuttgart, wissenschaftlicher Mitarbeiter des Max-Planck-Institutes für Metallforschung, Institut für Sondermetalle, Stuttgart

(Alle Angaben nach dem Stand von 1971)

CIP-Kurztitelaufnahme der Deutschen Bibliothek
Glocker, Richard: Materialprüfung mit Röntgenstrahlen : unter bes. Berücks. d. Röntgenmetallkunde / R. Glokker. Unter Mitw. von K. Anderko ... – Nachdr. d. 5., erw. Aufl., Berlin, Heidelberg, New York, Springer, 1971. – Berlin; Heidelberg; New York; Tokyo: Springer, 1985.

ISBN 3-540-13981-8 5. Aufl. Springer-Verlag Berlin Heidelberg New York Tokyo
ISBN 0-387-13981-8 5th ed. Springer-Verlag New York Heidelberg Berlin Tokyo

Bindearbeiten: Universitätsdruckerei H. Stürtz AG, Würzburg
2362/3020-543210

Vorwort zur fünften Auflage

Seit dem Erscheinen der ersten Auflage im Jahre 1927 hat sich das Gebiet der Materialprüfung mit Röntgenstrahlen ständig erweitert, so daß die Stoffabgrenzung immer schwieriger wurde. Eine wesentliche Erhöhung des Umfanges verbietet sich, wenn der Charakter als Lehrbuch erhalten bleiben soll. Große Teile des Buches mußten daher umgearbeitet werden, um Raum für das Neue zu gewinnen. Hinzugekommen sind die Abschnitte „Mikrosonde", „Gitterstörungen" und „Mischkristalle". Neu gefaßt wurden die Abschnitte „Linienverbreiterung" und „Messung elastischer Spannungen". Das erweiterte Literaturverzeichnis enthält mehr als 1000 Arbeiten.

Meinen Mitarbeitern danke ich herzlich; ihre Beiträge haben das Erscheinen der neuen Auflage möglich gemacht.

Stuttgart, Juli 1970

R. Glocker

Bemerkung des Verlages

Da eine sechste Auflage nicht so kurzfristig realisiert werden konnte, wie es wünschenswert gewesen wäre, haben wir uns zu einem unveränderten Nachdruck der fünften Auflage von 1971 entschlossen. Nur damit konnte sichergestellt werden, diesen „Klassiker" der wissenschaftlichen Literatur lieferbar zu halten.

Gleichzeitig haben wir den Einband einfacher ausgeführt und die kostengünstigere Herstellung voll dem Ladenpreis zugutekommen lassen. Dieser beträgt jetzt nur die Hälfte des Ladenpreises der gebundenen Ausgabe.

Wir hoffen, damit insbesondere diesbezüglichen Wünschen von Interessenten aus dem Studentenkreis entsprochen zu haben.

Berlin/Heidelberg, Dezember 1984

Springer-Verlag
Planung Technik

Inhaltsverzeichnis

Berichtigungen

S. 11, 10. Zeile v.o.: statt HAUSER **lies** HAUSSER
S. 32, letzte Zeile: statt Isotopen **lies** Isotope
S. 33, Tab. 4.3, Überschrift: statt verwendeten radioaktiven **lies** verwendeter radioaktiver
S. 42, Abb. 5.5, Unterschrift: statt Röntgenstrahlen **lies** Röntgen- oder Elektronenstrahlen
S. 125, Abb. 10.30, Unterschrift: statt DICHTEL **lies** DICHTL
S. 153, Abb. 12.6, am Ende der Ordinate: **lies** c
S. 178, Abb. 15.1, links außen: **lies** Z^{e-}
S. 189, 4. Zeile v.o.: statt Drehkrjstallverfahren **lies** Drehkristallverfahren
S. 201, Abb. 17.22, äußerster rechter Buchstabe: **lies** P_8
S. 214, Abb. 18.5, Unterschrift: statt Siemens **lies** Philips
S. 214, Fußnote 1: statt C.H.F. Müller **lies** Philips
S. 227, Fußnote 1, 2. Zeile v.u.: statt Difraction **lies** Diffraction
S. 254, Abb. 19.9, rechts außen, Mitte: **lies** K (wie Kristall)
S. 260, Abb. 19.10, unterste Reihe, zweiter Zahlenwert von rechts: **lies** $33\bar{1}$
S. 290, 14. Zeile v.o.: statt FRIEDMANN **lies** FRIEDMAN
S. 325, Abb. 23.8, Unterschrift: statt BIJOVET **lies** BIJVOET
S. 384, 2. Zeile v.u.: statt $\langle f\rangle^2$ **lies** $\langle f^2\rangle$
S. 390, Abb. 25.6, Unterschrift: vertausche ○ und ●
S. 412, 9. Zeile v.u.: statt vorderen **lies** hinteren
S. 429, Gl. (27.23), Zähler im letzten Klammerausdruck: statt $\partial\varepsilon_\varphi$ **lies** $\partial\varepsilon_\psi$
S. 463, 8. Zeile v.u.: statt WIEWIORSKY **lies** WIEWIOROWSKY
S. 497, Abb. 30.1, Unterschrift: statt Benzo l **lies** Benzol
S. 523, 18. Zeile v.o.: statt $\sqrt{2f}$ **lies** $\sqrt{2}f$
S. 538, 15. Zeile v.u.: statt tg ψ **lies** $\mathrm{tg}\frac{\psi}{2}$
S. 546, 6. Zeile v.u.: statt BREITLTING **lies** BREITLING
S. 567, Fußnote, 1. Zeile v.u.: statt $\int_0^x$ **lies** $\int_{-\infty}^{+\infty}$
S. 576, 12. Zeile v.u.: statt (0,20) **lies** (020);
2. Zeile v.u.: statt VRIES, I.L. **lies** VRIES, J.L.
S. 579, letzte Zeile: statt 1966 **lies** 1965; statt 1967 **lies** 1966; statt 350 S. **lies** 290 S.
S. 580, 1. Zeile v.o.: statt Internation **lies** International
S. 590, 3. Zeile v.u.: statt 1957 **lies** 1958
S. 591, 4. Zeile v.o.: statt Hansen **lies** Hansen, Anderko

Einleitung

1. Röntgen- und γ-Strahlen, ihre Entstehung und ihre Anwendung in der Werkstoffprüfung

Die Röntgenstrahlen gehören zu der großen Klasse der elektromagnetischen Schwingungen, deren Vertreter, entsprechend der großen Verschiedenheit der Wellenlänge, außerordentliche Unterschiede in ihren Eigenschaften aufweisen.

Tabelle 1.1 *Elektromagnetische Strahlungen*

Name der Strahlung	Wellenlänge
Drahtlose Telegraphie und Rundfunk	einige cm bis km
Wärmestrahlen (ultrarote Strahlen)	0,001–0,5 mm
Optisch sichtbares Licht	$0{,}4–0{,}8 \cdot 10^{-3}$ mm
Ultraviolettes Licht	$0{,}1–0{,}4 \cdot 10^{-3}$ mm
Strahlung einer Röntgenröhre	$2–0{,}02 \cdot 10^{-7}$ mm
Durchdringungsfähigste γ-Strahlen des Radiums	etwa $0{,}005 \cdot 10^{-7}$ mm
Kürzeste Wellenlänge der Strahlung eines Betatrons bei 30 Millionen Volt Betriebsspannung	$4 \cdot 10^{-11}$ mm

Obwohl Röntgen in seinen drei grundlegenden Mitteilungen (1895 bis 1898) bereits alle wesentlichen Eigenschaften der nach ihm benannten Strahlung beschrieben hatte, wurde doch erst 1912 durch v. Laue, Friedrich und Knipping der unmittelbare experimentelle Beweis für die elektromagnetische Natur der Strahlen erbracht durch die Entdeckung der Beugung der Röntgenstrahlen beim Durchgang durch Kristalle. Dieser Versuch war von größter Bedeutung für die Entwicklung der Atomphysik. Die Untersuchung des Mechanismus der Röntgenstrahlen-Emission zusammen mit der Erforschung der Radioaktivität (M. und P. Curie, Rutherford) lieferte wesentliche Erkenntnisse hinsichtlich der Struktur der Atome.

Der Begriff des Atomes als einer kleinsten, unteilbaren Einheit alles Stofflichen hat im Laufe der letzten Jahrzehnte eine grundlegende Wandlung erfahren. Große Teile des Atominneren sind „leer“, das heißt

Tabelle 1.2. *Periodisches System der Elemente*

Ordnungszahl, chemisches Symbol, Atomgewicht (bezogen auf C^{12} = 12,0000)

I	II	III	IV	V	VI	VII	VIII	O
1 H 1,0080								2 He 4,003
3 Li 6,94	4 Be 9,01	5 B 10,81	6 C 12,011	7 N 14,007	8 O 16,000	9 F 19,00		10 Ne 20,18
11 Na 22,99	12 Mg 24,32	13 Al 26,98	14 Si 28,09	15 P 30,97	16 S 32,06	17 Cl 35,45		18 Ar 39,94
19 K 39,10	20 Ca 40,08	21 Sc 44,96	22 Ti 47,90	23 V 50,94	24 Cr 52,00	25 Mn 54,94	26 Fe 27 Co 28 Ni 55,85 58,93 58,71	
29 Cu 63,54	30 Zn 65,37	31 Ga 69,72	32 Ge 72,59	33 As 74,91	34 Se 78,92	35 Br 79,91		36 Kr 83,80
37 Rb 85,47	38 Sr 87,62	39 Y 88,91	40 Zr 91,22	41 Nb 92,91	42 Mo 95,94	43 Tc 99	44 Ru 45 Rh 46 Pd 101,1 102,91 106,4	
47 Ag 107,87	48 Cd 112,40	49 In 114,76	50 Sn 118,69	51 Sb 121,75	52 Te 127,60	53 J 126,90		54 Xe 131,30
55 Cs 132,91	56 Ba 137,34	La 57-Lu 71 Seltene Erden	72 Hf 178,5	73 Ta 180,95	74 W 183,85	75 Re 186,2	76 Os 77 Ir 78 Pt 190,2 192,2 195,13	
79 Au 196,97	80 Hg 200,59	81 Tl 204,37	82 Pb 207,19	83 Bi 208,98	84 Po 210	85 At 210		86 Rn 222
87 Fr 223	88 Ra 226,05	89 Ac 227,03	90 Th 232,04	91 Pa 231,04	92 U 238,03			

Seltene Erden (Lanthaniden)

57 La	58 Ce	59 Pr	60 Nd	61 Pm	62 Sm	63 Eu	64 Gd	65 Tb	66 Dy	67 Ho	68 Er	69 Tm	70 Yb	71 Lu
138,91	140,12	140,91	144,24	145	150,35	151,96	157,25	158,92	162,50	164,93	167,26	168,93	173,04	174,97

nicht von Materie erfüllt. Nach den Vorstellungen von BOHR kann ein Atom aufgefaßt werden als ein Planetensystem im Kleinen.

Um den Atomkern, der praktisch die ganze Masse eines Atomes enthält, kreisen Z Elektronen, wobei die Ordnungszahl Z die Stellenzahl des Elementes im Periodischen System (Tab. 1.2) bedeutet. Elektronen sind sehr kleine, negativ elektrisch geladene Teilchen, deren Masse $^1/_{1837}$ der Masse eines Wasserstoffatomes beträgt. Die Ladung eines Elektrons ist die kleinste vorkommende Ladung, „elektrisches Elementarquantum" e_0 genannt[1]. Da die Atome, sofern keine Ionisation vorliegt, elektrisch neutral sind, muß ein Atomkern Z positive Ladungen mit sich führen. Die Elektronen der Atomhülle können je nach ihrer Energie in Gruppen (Schalen) zusammengefaßt werden. Die innerste Schale ist die K-Schale, dann folgt nach außen die L-Schale, M-Schale usf.

Die Bausteine der Atomkerne sind Protonen und Neutronen (HEISENBERG). Ein Proton ist ein Wasserstoffkern. Es hat eine 1836,1fache Masse verglichen mit der eines Elektrons und trägt die positive Ladung e_0. Ein Neutron ist dagegen elektrisch nicht geladen; seine Masse ist nur wenig größer als die eines Protons (1838,6 statt 1836,1). Nach dem Bauprinzip der Kernstrukturen ist die Zahl der Protonen eines Kernes gleich der Kernladungszahl Z, das heißt gleich der Ordnungszahl des Elementes. Die Summe der Zahl der Protonen und Neutronen ist gleich der Massenzahl des Atomes. Die Massenzahl ist definiert als diejenige ganze Zahl, welche dem Atomgewicht am nächsten liegt. Aluminium mit dem Atomgewicht 26,98 hat z. B. die Massenzahl 27. Die Massenzahl wird dem chemischen Symbol als hochgestellte Ziffer links oder rechts angefügt, also ^{27}Al oder Al^{27}. Drucktechnisch einfacher ist die Schreibweise Al-27.

Die natürlich radioaktiven Elemente erleiden spontan Kernumwandlungen, in deren Folge Korpuskularstrahlen und elektromagnetische Wellenstrahlungen auftreten. Beim Studium der Kernumwandlungen der Zerfallsreihen des Uran, Thorium und Actinium wurde festgestellt, daß nach einigen Umwandlungen schließlich als Endprodukte stabile, also nicht radioaktive Atomarten auftreten. Es wurden z. B. vier stabile Sorten von Blei mit den Massenzahlen 204, 206, 207, 208 beobachtet. Dies bedeutet aber, daß der gleiche Platz im Periodischen System — im vorliegenden Fall $Z = 82$ — mehrfach besetzt sein kann. Atomarten mit gleicher Ordnungszahl Z, aber mit verschiedenen Massenzahlen, werden nach SODDY Isotope genannt. Radioisotope sind radioaktive Atomarten. Ihre Zahl hat sehr zugenommen, seitdem es gelungen ist, durch Beschießung mit hochenergetischen Teilchen (F. u. I. JOLIOT-CURIE) oder durch Kernspaltung (HAHN) künstlich radioaktive Kerne zu erzeugen.

[1] $4{,}803 \cdot 10^{-10}$ elektrostatische Einheiten.

Von den 3 wichtigsten radioaktiven Strahlungen

α-Strahlen (positiv geladene Heliumkerne),
β-Strahlen (negativ geladene Elektronenstrahlen),
γ-Strahlen (wesensgleich[1] mit Röntgenstrahlen)

sind für Materialprüfzwecke die γ-Strahlen von Bedeutung.

Die Verfahren der Strahlungsprüfung von Werkstoffen lassen sich in 3 Gruppen einteilen:

Die Grobstrukturuntersuchung beruht auf der Absorption der Strahlen und dient dem Nachweis von makroskopischen Fehlstellen in Werkstücken.

Die Spektralanalyse benützt die Eigenschaft der Atome, eine für jede Atomart charakteristische Röntgenstrahlung (Eigenstrahlung) auszusenden, um die chemische Zusammensetzung eines Stoffes qualitativ und quantitativ zu bestimmen.

Die Grundlage der Feinstrukturuntersuchung bildet die Beugung der Röntgenstrahlen in Kristallen. Ihr Ziel ist die Ermittlung der Atomanordnung in kristallinen Stoffen, der Größe der Kristallite und ihrer Lage (Fasertextur) sowie ihres Spannungszustandes. Im Zuge der Entwicklung wurden die Methoden zur Bestimmung der Atomverteilung auch auf amorphe feste Stoffe und auf Flüssigkeiten ausgedehnt.

Von den radioaktiven Strahlungen findet die γ-Strahlung vorwiegend zur Durchlässigkeitsprüfung (Grobstruktur) Anwendung. Radioaktive Spurenuntersuchungen werden nur vereinzelt durchgeführt.

---

[1] Die Eigenschaften sind gleich, die Entstehungsart ist verschieden.

I. Strahlungsquellen

2. Röntgenröhren und Röntgenapparate

Röntgenstrahlen entstehen, wenn Kathodenstrahlen (raschfliegende Elektronen) auf einen festen Körper auftreffen und abgebremst werden. Für die technische Erzeugung von Kathodenstrahlen kommen zwei Verfahren in Betracht:

1. Die Ionisierung eines verdünnten Gases.
2. Die Elektronenemission eines Glühdrahtes im Hochvakuum.

Demgemäß sind zu unterscheiden:

1. gashaltige Röhren oder Ionenröhren,
2. gasfreie Röhren oder Elektronenröhren (Glühkathodenröhren).

Die erste Art von Röhren, zu der die von RÖNTGEN bei seiner Entdeckung im Jahre 1895 benützte Röhre gehört, wurde im Laufe der letzten Jahrzehnte völlig durch die zweite Art verdrängt. Ionenröhren werden nur noch zu Sonderzwecken benützt, und zwar als „offene", dauernd an einer Vakuumpumpe betriebene Röhren.

Das Prinzipbild einer *Glühkathoden-Röntgenröhre* nach COOLIDGE ist in Abb. 2.1 enthalten. In einem hochevakuierten Glasgefäß befinden sich 2 Elektroden, Kathode und Anode. Die mit dem negativen Pol

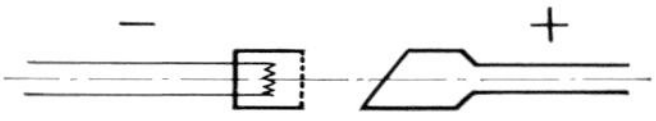

Abb. 2.1. Prinzip der Glühkathoden-Röhren.

der Hochspannung verbundene Kathode besteht aus einer Wolframdrahtspirale, die von außen her elektrisch bis zur Weißglut erhitzt werden kann. In dem angelegten elektrischen Feld zwischen Kathode und Anode werden die infolge der Temperatursteigerung aus dem Draht austretenden Elektronen beschleunigt (Glühelektronenemission nach RICHARDSON) und treffen mit großer Geschwindigkeit auf die meist[1] aus Wolfram bestehende Anode, auch „Antikathode" genannt, auf. Bei der

[1] Die Feinstrukturröhren haben Anoden aus Cr, Cu, Mo, Ag usf. je nach der gewünschten Wellenlänge der Eigenstrahlung.

Abbremsung wird ein Teil ihrer kinetischen Energie in Röntgenstrahlen verwandelt, während der andere, größere Teil, in Wärmeenergie umgesetzt wird.

Der über den Glühdraht vorstehende, auf gleichem Potential befindliche Metallzylinder, „Sammelvorrichtung" genannt, konzentriert das Elektronenbündel auf eine kleine Fläche auf der Antikathode. Die Bezeichnung „Brennfleck" oder „Fokus" stammt noch aus der Zeit der Ionenröhren. Je kleiner der Brennfleck einer Röhre ist, desto punktförmiger ist der Entstehungsort der Röntgenstrahlen und desto besser ist die Zeichenschärfe des erhaltenen Röntgenschattenbildes. Besonders günstig ist in vielen Fällen ein strichförmiger Brennfleck. (Götze-Prinzip). Beträgt seine Breite b cm und seine Länge $3 \times b$ cm, so verkürzt sich die Längsachse für eine Strahlrichtung mit einem Neigungswinkel[1] von 20° gegen die Anodenfläche auf $^1/_3$: der „optisch wirksame" Brennfleck ist $b \times b$, also so groß wie ein quadratischer Brennfleck mit der Seitenlänge b cm. Bei gleicher Zeichenschärfe ist die Fläche des strichförmigen Brennfleckes und demgemäß seine Strombelastbarkeit dreimal größer.

Die *Belastbarkeit eines Brennfleckes* in Watt pro mm² hängt von dessen Form und Größe, sowie von den thermischen Eigenschaften des Anodenmateriales und den Kühlungsbedingungen ab. Als Richtwert für eine Wolframanode mit Wasserkühlung kann 200 Watt/mm² gelten. Abgesehen von Feinstrukturröhren, bei denen durch entsprechende Wahl des Anodenmaterials bestimmte Wellenlängen erzeugt werden sollen, ist Wolfram das bevorzugte Anodenmaterial. Sein Schmelzpunkt ist sehr hoch, er liegt über 3000 °C. Wolfram hat eine ziemlich große Ordnungszahl im Periodischen System, was für die Ausbeute an Röntgenstrahlen günstig ist.

Die Abhängigkeit von Strahlungsintensität und Strahlungsqualität von den Betriebsbedingungen (Stromstärke und Spannung) ist einfach, verglichen mit dem Verhalten der Ionenröhren. Die *Strahlungsintensität*[2] ist proportional der Zahl der in einer Sekunde auf die Anode auftreffenden Elektronen, d. h. proportional der durch die Röntgenröhre fließenden Stromstärke. Diese wird geregelt durch die Heizstromstärke der Glühspirale der Kathode. Je höher ihre Temperatur ist, desto mehr Elektronen werden ausgesandt.

Da Spannung und Stromstärke bei den neueren Röntgenapparaten ohne gegenseitige Beeinflussung verändert werden können, ist es möglich, Intensität und Qualität der Röntgenstrahlung unabhängig voneinander zu regulieren.

---

[1] Üblicher Winkel des Zentralstrahles bei Strichfokusröhren, bei Feinstrukturröhren sind die Abstrahlwinkel mitunter noch kleiner, z. B. 6°.

[2] Intensität ist die Strahlungsenergie, die in 1 Sekunde auf 1 cm² einer zur Strahlrichtung senkrechten Fläche auffällt.

Zur Bezeichnung der *Röntgenstrahlenqualität* sind verschiedene Benennungen üblich: die in der gleichen Horizontalreihe der Tab. 2.1 aufgeführten Namen sind gleichbedeutend. Der Begriff „Härte" geht noch auf die Zeit der Ionenröhren zurück.

Tabelle 2.1. *Verschiedene Bezeichnungen für die Röntgenstrahlenqualität*

Wellenlänge	Durchdringungsvermögen	Härte	Absorption
langwellig	wenig durchdringungsfähig	weich	leicht absorbierbar
kurzwellig	sehr durchdringungsfähig	hart	schwer absorbierbar

Die Röhrenspannung V bedingt die Geschwindigkeit v der auf die Anode treffenden Elektronen (Ladung e, Masse m): es ist

$$\mathrm{eV} = \frac{1}{2} m v^2 . \tag{2.1}$$

Nach der Planckschen Quantentheorie absorbieren und emittieren die Atome die Strahlungsenergie nicht in beliebigen Beträgen, sondern in ganzzahligen Vielfachen bestimmter von der Frequenz abhängiger Werte.

Die Energie eines Quantes einer Wellenstrahlung mit der Frequenz ν bzw. der Wellenlänge λ ist

$$\varepsilon = h\nu = \frac{hc}{\lambda} ; \tag{2.2}$$

c ist die Lichtgeschwindigkeit, h eine universelle Konstante (Plancksches Wirkungsquantum). Einsetzen von Zahlenwerten in Gl. (2.2) liefert

$$\varepsilon = \frac{12{,}4}{\lambda} ; \tag{2.3}$$

λ ergibt sich in Ångström-Einheiten[1] und ε in keV. Die Quanten, die z. B. der Wellenlänge 0,62 Å entsprechen, haben also eine Energie[2] von 20 keV.

Es gilt

$$1\,\mathrm{eV} = 1{,}602 \cdot 10^{-12}\,\mathrm{erg} . \tag{2.4}$$

Die Größen keV (Kiloelektronenvolt) und MeV (Megaelektronenvolt) bedeuten 1000 bzw. 1000000 eV.

Legt man Gleichspannung an die Röntgenröhre, so haben die vom Glühdraht ausgesandten Elektronen einheitliche Geschwindigkeit und

[1] Der Unterschied zwischen λ ausgedrückt in Å oder in kX (Kilo-X-Einheiten) macht sich in der 1. Dezimale bei 12,4 noch nicht bemerkbar. Gl. (2.2) ändert sich nicht, wenn λ in kX eingesetzt wird. Näheres über die Beziehung 1 kX = 1,00202 Å siehe Abschnitt 23 A.

[2] Ein eV ist die kinetische Energie, die ein Elektron beim Durchlaufen eines elektrischen Feldes mit der Potentialdifferenz 1 Volt erhält. Das Energiemaß eV wird in der Atomphysik viel benutzt.

es wäre zu erwarten, daß die Strahlungsquanten alle gleiche Größe haben. Die Röntgenstrahlung würde dann nur eine einzige Wellenlänge enthalten. Dies ist aber nicht der Fall. Die Erklärung liegt darin, daß die Bremsung auf der Anode in mehreren Stufen erfolgen kann; infolgedessen sind die Strahlungsquanten verschieden. Das größte Quant, das der kürzesten Wellenlänge $\lambda_{\min}$ der betreffenden Röntgenstrahlung entspricht, tritt bei Bremsung in einem Akt auf.

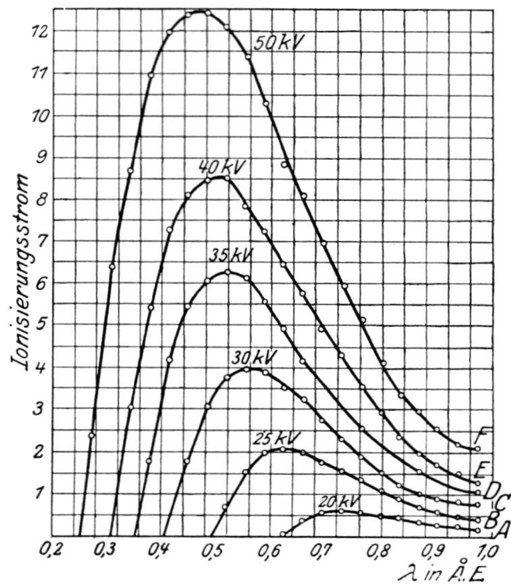

Abb. 2.2. Spektrale Energieverteilung (Bremsstrahlung) (aus SIEGBAHN).

Wie ändert sich nun die *Strahlungsqualität bei Änderung der Spannung?* Die Strahlung einer technischen Röntgenröhre ist ein Gemisch von Strahlen verschiedenster Wellenlängen. Die Verteilung der Gesamtintensität auf die einzelnen Wellenlängen ist in Abb. 2.2 nach Messungen von ULREY für verschiedene Spannungen zwischen 20 und 50 kV dargestellt: mit zunehmender Spannung verschiebt sich die kurzwellige Grenze und das Intensitätsmaximum; gleichzeitig nimmt die gesamte Strahlungsintensität (Fläche zwischen Kurve und horizontaler Achse) erheblich zu, ungefähr mit dem Quadrat der Spannung. Zwischen dem Scheitelwert V_s der Röhrenspannung und der kürzesten in der Strahlung enthaltenen Wellenlänge $\lambda_{\min}$ besteht folgende Beziehung

$$\lambda_{\min} = \frac{12{,}4}{V_s}\,, \tag{2.5}$$

wobei V_s in Kilovolt und $\lambda_{\min}$ in Å zu messen ist.

Es treten also bei einer Erhöhung der Spannung in dem Strahlengemisch vorher nicht enthaltene Strahlen von besonders großem Durchdringungsvermögen hinzu.

Der rasche Abfall der Kurven in Abb. 2.2 nach der langwelligen Seite ist eine Folge der Absorption der Strahlung in der Röhrenwand. Bei den gewöhnlichen technischen Röhren treten langwelligere Strahlen als 1 kX nicht mehr in merklicher Intensität aus. Für langwellige Röntgenstrahlen werden besondere Röhren mit leicht durchlässigen Fenstern (Glimmer, Berylliumblech) hergestellt. Bei Steigerung der Stromstärke

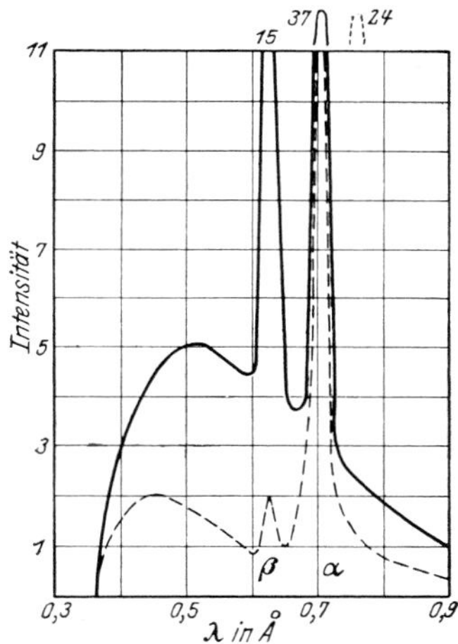

Abb. 2.3. Spektrale Energieverteilung (Bremsstrahlung mit Eigenstrahlung) (nach ULREY).

unter Konstanthaltung der Spannung ergibt sich derselbe Kurvenzug mit entsprechend vergrößerten Ordinaten: die Intensität aller Wellenlängen wird im gleichen Verhältnis erhöht.

Unter Umständen kann zu der in Abb. 2.2 dargestellten Röntgenbremsstrahlung eine charakteristische Eigenstrahlung[1] der Atome der Antikathode hinzukommen: bestimmte Wellenlängen treten mit überragender Intensität auf (Abb. 2.3. Molybdänanode). Durch Einschaltung von dünnen Schichten von Stoffen mit geeigneten Absorptionseigenschaften (Strahlenfilter) können die kurzen Wellenlängen verhältnismäßig stärker geschwächt werden als die intensivste Wellenlänge der Eigenstrahlung (Abb. 2.3, gestrichelte Kurve). Solche praktisch ,,homogenen" Strahlungen werden für die Kristallstrukturuntersuchung vielfach benützt. Einige Zahlenangaben mit Einschluß der erforderlichen Mindestspannung der Röntgenröhre sind in Tab. 2.2 enthalten. Wird sehr homogene Strahlung verlangt, so soll die Spannung nicht höher

[1] Vgl. Abschnitt 5.

sein als das $1^2/_3$fache der Mindestspannung[1]. Mit Rücksicht auf die Verkürzung der Aufnahmedauer wird aber meist mit Spannungen gearbeitet, die ein Mehrfaches der Mindestspannungen betragen.

Tabelle 2.2. *Erzeugung homogener Strahlung*

Antikathodenstoff	Mindestspannung in kV	Intensivste Wellenlänge der Eigenstrahlung in kX	Filterstoff	Filterdicke in mm	Stoffmenge in g/cm²
Chrom	6	2,287	Vanadium	0,0084	0,0048
Eisen	7	1,934	Mangan	0,0075	0,0055
Kobalt	8	1,787	Eisen	0,0077	0,0067
Nickel	8	1,656	Kobalt	0,0082	0,0073
Kupfer	9	1,539	Nickel	0,0085	0,0076
Molybdän	20	0,710	Zirkonium	0,037	0,024
Silber	25	0,560	Palladium	0,030	0,036

Bei der angegebenen Filterdicke wird die intensivste Wellenlänge der Eigenstrahlung auf etwa $^2/_3$, die kürzeren Wellenlängen der Eigenstrahlung auf $^1/_7$ (Ag, Mo) bzw. $^1/_9$ (Cu, Co, Ni) bzw. $^1/_{11}$ (Fe, Cr) geschwächt; die Belichtungsdauer ist also $1^1/_2$ mal so groß wie bei Aufnahmen ohne Filter. Als Filterstoffe können statt der reinen Elemente auch chemische Verbindungen, bei denen die übrigen Bestandteile nur leichtatomige Elemente sein dürfen, angewandt werden. Maßgebend für die Filterwirkung ist der Gewichtsanteil des betreffenden Elementes[2].

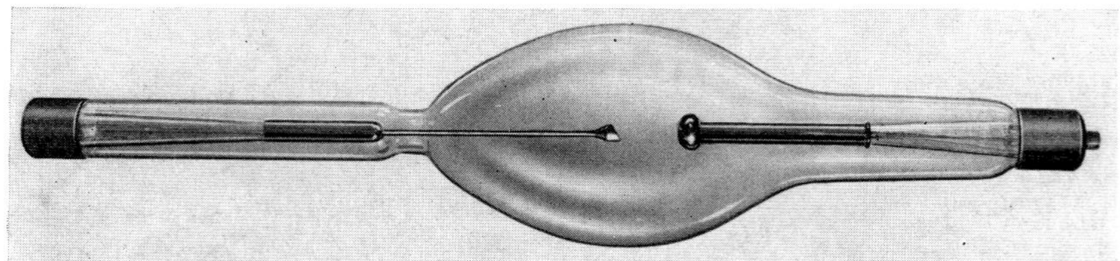

Abb. 2.4. Ungeschützte Röntgenröhre für hohe Spannungen (Werkphoto AEG].

Eine streng monochromatische Strahlung wird mit Hilfe von Kristallmonochromatoren erhalten[3].

Viele Jahre lang war Glas der bevorzugte Baustoff der Röntgenröhren. Die Abb. 2.4 zeigt das Aussehen einer Glühkathodenröhre für medizinische Bestrahlungen nach dem Stand der zwanziger Jahre. Die Anode bestand aus einem keulenförmigen Wolframkörper, der sich durch den Aufprall der Kathodenstrahlen auf Weißglut erhitzte; die Wärmeabfuhr erfolgte durch Wärmestrahlung. Durch sorgfältiges Ausglühen

[1] Vgl. Math. Anhang A. — [2] Vgl. Math. Anhang A. — [3] Vgl. Abschnitt 18 B.

der Metallteile im Vakuum vor dem Einbau und durch Verwendung von Hartglas, das eine starke Erhitzung der Röhre beim Auspumpen ermöglichte, konnten Spannungsbelastbarkeiten bis zu 300 kV, in Sonderfällen sogar bis 600 kV erreicht werden.

Der naheliegende Gedanke, einen Strahlenschutz durch einen Bleigummibelag der Glaswand zu erreichen, ließ sich nicht verwirklichen, da elektrische Aufladungen entstanden, die einen Durchschlag des Glases zur Folge hatten.

Der erste Schritt in Richtung auf eine strahlengeschützte Röntgenröhre war die Anodenschutzhaube von HAUSER, BARDEHLE und HEISEN (Abb. 2.5). Ein die Anode A allseitig umschließender Wolframklotz

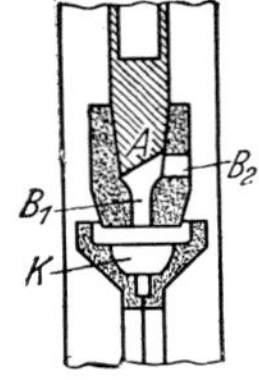

Abb. 2.5. Anodenschutzhaube.

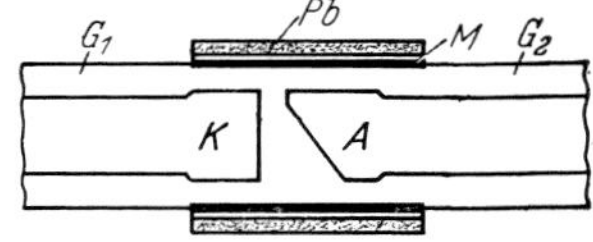

Abb. 2.6. Strahlenschutz nach dem Metalix-Prinzip.

enthält 2 Bohrungen. Durch den Kanal B_1 gelangen die von der Kathode K kommenden Elektronen auf die Anode, während die Röntgenstrahlen durch den Kanal B_2 austreten; dieser ist mit einem Berylliumblech[1] verschlossen, um Sekundärelektronen zurückzuhalten. Diese könnten sonst an der Röhrenwand Röntgenstrahlen erzeugen. Eine solche Anordnung zur Begrenzung des Strahlenbündels findet auch jetzt noch beim Röhrenbau Verwendung. Sie bedarf aber einer Ergänzung durch eine strahlengeschützte Röhrenhaube.

Die erste *völlig geschützte, technische Röntgenröhre* wurde von BOUWERS geschaffen nach Überwindung der großen Schwierigkeiten einer vakuumdichten Verschmelzung von Metall und Glas. Die Anordnung ist in Abb. 2.6 schematisch gezeichnet. Der Entladungsraum zwischen Kathode K und Anode A besteht aus einem Chromeisenzylinder M, der mit den Glasrohren G_1 und G_2 verschweißt ist. Die Metallwände können unbedenklich auf ihrer Außenseite mit Bleiblech belegt werden.

Die Röhrenhauben aus Metall oder keramischer Masse (vgl. Abb. 2.7a, rechts) dienen neben dem Strahlenschutz dem Schutz gegen Hochspannungsgefahr, die herausragenden Teile der Röntgenröhre sind ebenso wie die Wände der Haube geerdet. Die Hochspannung wird durch Gummikabel mit geerdetem Metallmantel zugeführt; alle Teile der Anlage

[1] Beryllium absorbiert Röntgenstrahlen nur wenig, Elektronenstrahlen aber stark.

können während des Betriebes ohne Gefahr berührt werden. Bei höheren Spannungen, etwa ab 100 kV, sind die Hauben mit Öl gefüllt; die Abmessungen können dann kleiner gehalten werden. Ölhauben werden teilweise auch für Feinstrukturröhren verwendet. Für Grobstrukturröhren bei transportablen Röntgenapparaten hoher Spannung wird neuerdings eine Gasisolation (Schwefelhexafluorid SF_6) benützt, womit eine beträchtliche Gewichtsersparnis gegenüber einer ölgefüllten Haube erzielt wird. Bei den Röntgenröhren für Werkstoffprüfung sind die Röhren für Feinstruktur und für Spektralanalyse für relativ niedere Spannungen, bis etwa 60 kV, bestimmt, während die Spannungen der Grobstrukturröhren sehr hoch sind und maximal 400 kV betragen. Eine Gruppe für sich bilden die „offenen" Röntgenröhren. Im Gegensatz zu den üblichen Röhren, die im abgeschmolzenen Zustand verwendet werden, liegen offene Röhren dauernd an einer Vakuumpumpe.

Das Anodenmaterial der Feinstrukturröhren besteht aus einem der in Tab. 2.2 angegebenen Metalle, je nach der gewünschten Eigenstrahlung; gelegentlich wird auch Wolfram verwendet. Ist die erzeugte Strahlung langwelliger als etwa 0,7 kX, so müssen leicht durchlässige Strahlenaustrittsfenster, z. B. aus Berylliumblech, angbracht werden. Bei strichförmigem Brennfleck von der üblichen[1] Abmessung 1×10 mm² werden die Röhren meist mit vier Fenstern versehen. Bei einem Winkel von 6° zwischen Zentralstrahl und Anodenfläche wirkt[2] ein solcher Brennfleck in zwei Richtungen als schmaler Strich von $0{,}1 \times 10$ mm², in den anderen beiden Richtungen als Quadrat mit der Fläche 1×1 mm². Die höchsten Betriebsspannungen der Feinstrukturröhren liegen bei 60 kV. Die spezifische Belastbarkeit des Brennfleckes hängt von den thermischen Eigenschaften des Anodenmaterials ab. Bei einer Brennfleckgröße von 1×10 mm² sind bei Cu, Mo, Ag und W 100 Watt/mm² zulässig, bei Fe, Co und Ni 60 sowie bei Cr nur 40 Watt/mm².

Die Abb. 2.7a und 2.7b zeigen die äußere Form der gebräuchlichsten in Deutschland hergestellten *Typen von Feinstrukturröhren*. Bei der Metalixröhre paßt das Kopfteil der Röhre in den prismatischen Hohlkörper der Haube, so daß Röhren mit verschiedenen Anoden rasch ausgewechselt werden können. Durch die beiden Stutzen an der Röhre wird Wasser aus der Wasserleitung zu- und abgeführt. Zwei der vier Röhrenfenster sind in Abb. 2.7a deutlich sichtbar. Die Siemensröhre (Abb. 2.7b) ist von einer zylindrischen, mit Öl gefüllten Haube umgeben, die nur im Herstellerwerk geöffnet werden soll. Dank der Verwendung von Öl als Isolationsmaterial können die Abmessungen der Haube klein gehal-

[1] Bei einer in der Bauart der Abb. 2.7a hergestellten Feinfokusröhre ist der Brennfleck nur $0{,}4 \times 8$ mm² groß.

[2] Projektion des Brennfleckes auf eine zum Zentralstrahl senkrechte Ebene ($\sin 6° = 0{,}105$).

ten werden. An die Stirnseite der aus der Haube herausragenden Anode wird eine Kühlplatte angepreßt, deren Wasserzuführung in Abb. 2.7b gut zu erkennen ist. Wegen des kurzen Abstandes der Anode vom Fenster und der hohen Durchlässigkeit des Fenstermaterials ist die Dosisleistung

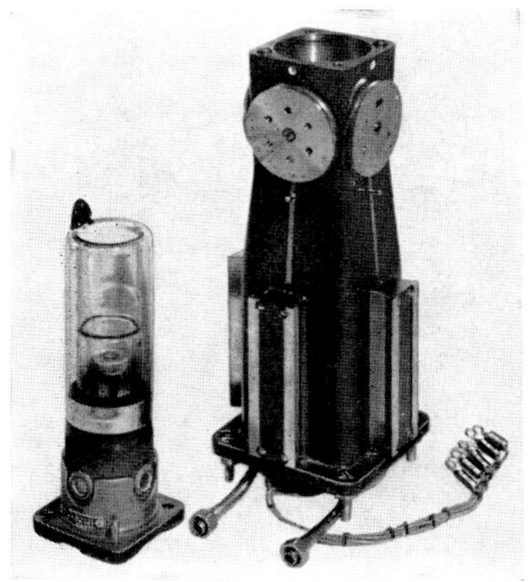

Abb. 2.7a. Müller-Einsatzröhre mit Schutzhaube.

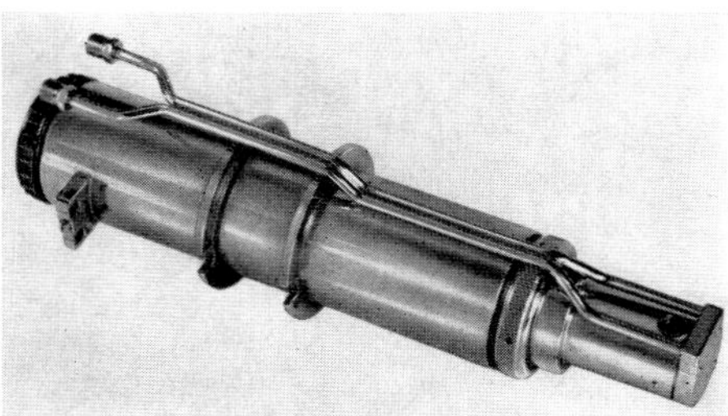

Abb. 2.7b. Siemens-Feinstrukturröhre in verschlossener, ölgefüllter Haube.

bei Feinstrukturröhren sehr groß, so daß darauf geachtet werden muß, daß nicht Hand oder Unterarm am Fenster einer ungewollten Bestrahlung ausgesetzt wird; eine Sekunde würde genügen, um schwere Strahlungsschäden hervorzurufen.

Die Röhren für Fluoreszenz-Röntgenspektralanalysen haben größere Brennflecke; es handelt sich um Bestrahlung eines Stoffes und nicht um scharfe Abbildungen. Die in Abb. 2.8 dargestellte Röhre[1] hat einen

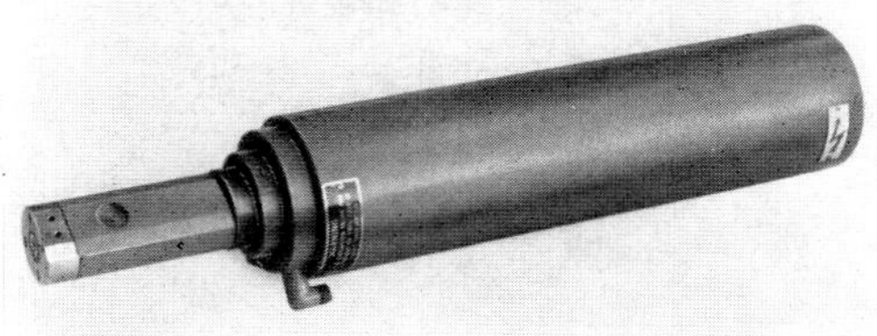

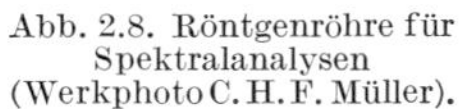

Abb. 2.8. Röntgenröhre für Spektralanalysen (Werkphoto C. H. F. Müller).

halbzylindrischen Röhrenkopf, um den Abstand des Fokus von dem Berylliumfenster möglichst klein zu halten; er beträgt nur einige Millimeter.

Bei einem Brennfleck von 7×16 mm^2 können Anoden aus Molybdän oder Wolfram bei 100 kV Spannung mit 2000 Watt belastet werden.

[1] Hersteller: C. H. F. Müller, Hamburg.

Die Abb. 2.9. zeigt die Ansicht einer Grobstrukturröhre[1]. Die aus einer Wolframlegierung bestehende Anodenhaube hat eine Schutzwirkung von 10 mm Blei. Bei 300 kV Gleichspannung kann die Röhre mit 12 mA Dauerstromstärke betrieben werden. Die optisch wirksame Größe des Brennfleckes beträgt $4 \times 4\ \mathrm{mm}^2$. Die Röhre wird in einer Schutzhaube der aus Abb. 2.23 ersichtlichen Form untergebracht. Die Hochspannungskabel werden mit Hochspannungssteckern in die beiden Ansätze eingeführt. Das von einer Pumpe mit einer Strömungsgeschwindigkeit von 15 l/min in Umlauf gesetzte Öl umspült allseitig die Röhre und dient gleichzeitig zur Kühlung der Anode.

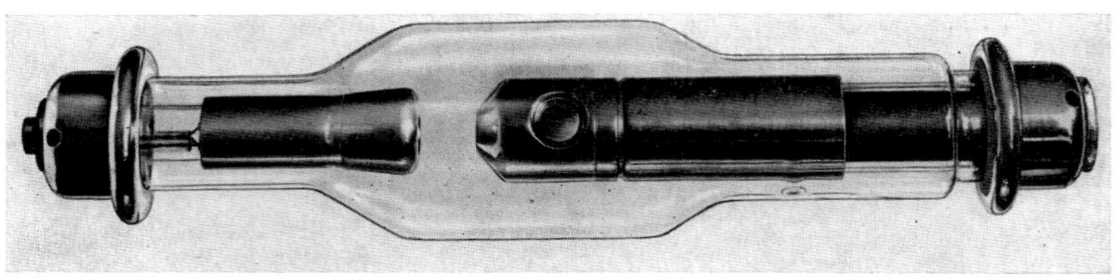

Abb. 2.9. Grobstruktur-Röntgenröhre für 300 kV (Werkphoto AEG).

Es sind noch Röntgenröhren zu besprechen, deren Bauart von der bisher besprochenen abweicht. Bei den *Hohlanodenröhren*, mitunter auch Stabanodenröhren genannt, ist an einen Glaskörper, der die Kathode enthält, ein 30 cm langes Metallrohr vakuumdicht angesetzt (vgl. Abb. 2.24). Das Kathodenstrahlenbündel ist magnetisch oder elektrostatisch scharf gebündelt und trifft auf das kegelförmige Ende des Rohres. Die dort erzeugten Röntgenstrahlen treten in achsialer Richtung durch die Wand hindurch aus. Bei einer anderen Ausführungsform ist das Rohrende mit der plattenförmigen Anode abgeschlossen. Es entsteht ein ringförmiges Strahlenbündel mit Austritt quer zur Röhrenachse. Der Brennfleck kann innerhalb gewisser Grenzen eingestellt werden; je schärfer der Brennfleck, desto geringer ist die zulässige Stromstärke (2 bis 10 mA). Die Höchstspannung von Hohlanodenröhren beträgt 150 kV.

Ein scharfer Brennfleck von 0,1 bis 0,2 mm Durchmesser wird in der Hohlanodenröhre von Malsch so erzeugt, daß eine enge Blende vor dem Glühdraht mit einer magnetischen Elektronenlinse auf die Anode abgebildet wird. Infolge des praktisch punktförmigen Brennfleckes können vergrößerte Leuchtschirmbilder in der in Abb. 2.10 gezeichneten Anordnung erhalten werden. Die Vergrößerung des Schattenbildes ist gegeben durch den Quotienten Brennfleckabstand des Schirmes durch

[1] Hersteller: AEG-Telefunken Röhrenwerk, Berlin.

Brennfleckabstand des Objektes. Dieser Röhrentyp wird für 150 kV Spannung und 1 mA Stromstärke gebaut.

Die *Röntgenvergrößerung* hat für die Durchleuchtung von Leichtmetallen Bedeutung erlangt. Schattenbilder von kleinen Gußblasen, die bei der normalen Durchleuchtung wegen der Unschärfe des Leuchtschirmkornes nicht sichtbar sind, werden z. B. in der Anordnung der Abb. 2.10 3fach vergrößert. Dabei wird das Korn der Leuchtsubstanz nicht mitvergrößert; die Gußblase wird wahrnehmbar.

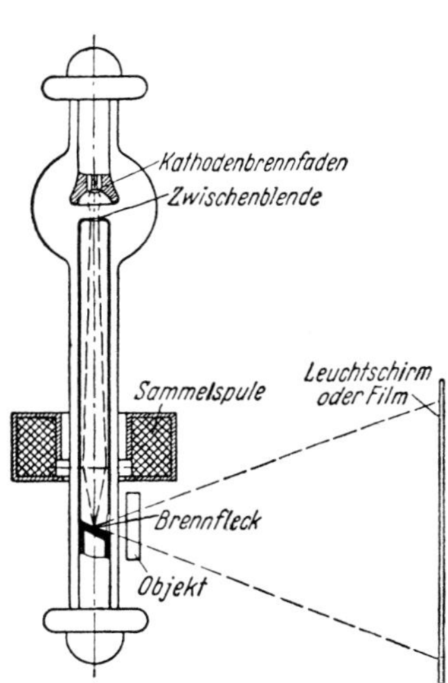

Abb. 2.10. Feinfokusröhre (schematisch) (nach MALSCH).

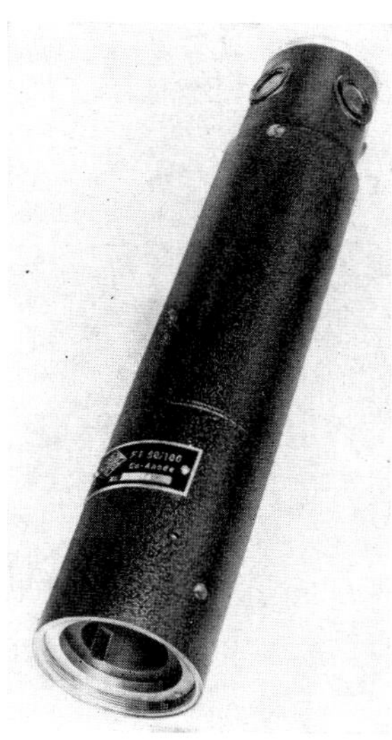

Abb. 2.11. Feinfokusröhre (nach HOSEMANN).

Für bestimmte Zwecke wie z. B. Mikroradiographie oder Feinstrukturaufnahmen mit Monochromator ist ein sehr scharfer Brennfleck von Vorteil. Bei der Triodenröhre von HOSEMANN ist zwischen Anode und Kathode ein Gitter von besonderer Form eingebaut. Durch Veränderung der einige Kilovolt betragenden Gitterspannung kann die Breite des strichförmigen Brennfleckes von 0,025 bis 0,5 mm variiert werden. Die Höchstwerte der Röhrenspannung und des Röhrenstromes sind 50 kV und 9 mA. Wie die Tab. 2.3 zeigt, steigt die spezifische Belastbarkeit stark an, wenn der Strichfokus sehr schmal ist, weil die Wärme-

Tabelle 2.3. *Spezifische Belastbarkeit einer Cu-Anode in Abhängigkeit von der Breite eines strichförmigen Brennfleckes (nach* HOSEMANN*)*

mm	0,5	0,2	0,05	0,03
Watt/mm²	180	450	1200	3000

abfuhr durch Leitung besser ist. Die Röhre ist in einer ölgefüllten Haube untergebracht[1] (Abb. 2.11), aus welcher der mit 4 Berylliumfenstern versehene Röhrenkopf herausragt.

Am anderen Ende der Haube wird ein Kabel eingeschraubt, das die Röhrenspannung und die einem besonderen Transformator entnommene Gitterspannung zuführt. Die mit Wasser gekühlte Anode ist geerdet.

Die offenen, dauernd von einer Vakuumpumpe betriebenen *Röntgenröhren mit auswechselbaren Anoden* waren in der Frühzeit der Struktur-

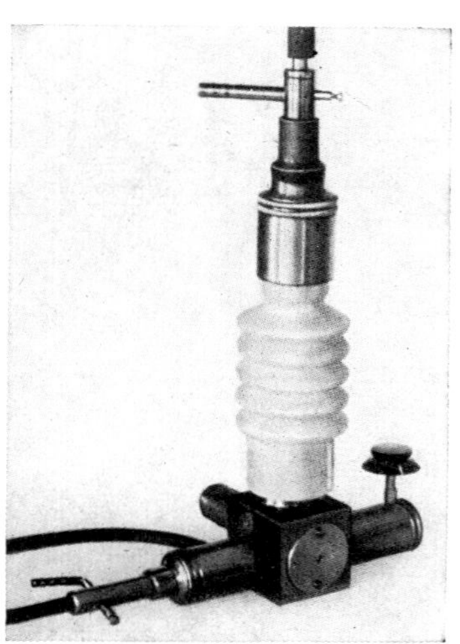

Abb. 2.12. Offene Siegbahn-Röhre.

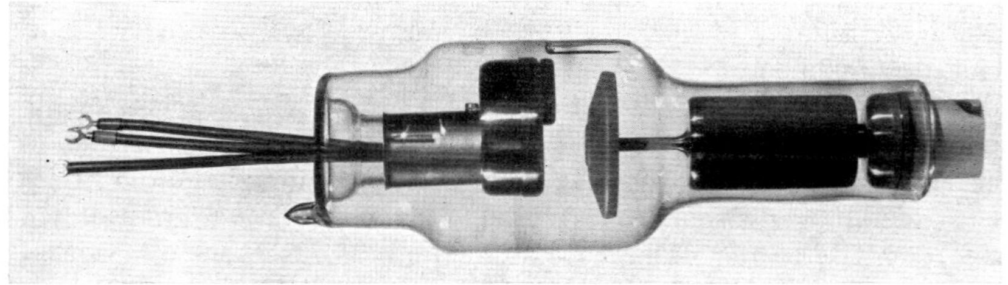

Abb. 2.13. Ansicht der Drehanodenröhre (nach JENSEN).

untersuchung ziemlich verbreitet; dazu kam noch ihre Verwendung in der Spektralanalyse, bei der die zu untersuchende Probe auf der Anodenoberfläche aufgebracht wurde. Wohl die erste Röhre dieser Art wurde von dem Spektroskopiker SIEGBAHN (Abb. 2.12) angegeben. In

[1] Hersteller: AEG-Telefunken Röhrenwerk, Berlin.

den Metallentladungsraum wird mit Hilfe eines mit Fett gedichteten Schliffes die Anode eingeführt. Ein Porzellankonus trägt die Halterung der Glühkathode. Der Abstand Fokus—Röhrenwand beträgt nur 25 mm. Die auf dem Prinzip der Ionenröhre beruhende Seemann-Hadding-Röhre diente als Strahlungsquelle für Aufnahmen zur Bestimmung der Kristallstruktur.

Die offene Röntgenröhre hat wieder an praktischer Bedeutung gewonnen, seitdem hoch belastbare *offene Röhren mit Drehanode*[1] hergestellt werden. Abgeschmolzene Röhren mit Drehanoden werden schon seit längerer Zeit für die Momentaufnahmen in der medizinischen Röntgendiagnostik gebaut.

Wie die Abb. 2.13 zeigt, ist die Kathode exzentrisch zu der scheibenförmigen Anode angeordnet. Wird die Anode gedreht, so überstreicht das Kathodenstrahlenbündel auf der Anodenfläche eine durch zwei Kreise begrenzte Fläche, deren Breite gleich der Länge des Strichfokus ist. Der Brennfleck ist raumfest, ändert aber periodisch seine Lage auf der Anode; die entstehende Wärme verteilt sich über eine größere Fläche als bei feststehender Anode. Die Drehanode rotiert mit 3000 U/min. Sie wird elektrisch angetrieben. Die Anodenhalterung ist als Rotor eines Drehstrommotors ausgebildet, dessen Feldspulen auf der Außenwand der Röhre aufgesetzt sind. Die Wärmeabfuhr erfolgt durch Wärmestrahlung; die Scheibe erhitzt sich rasch bis zur Weißglut.

Diese Art der Kühlung reicht aber für mehrstündigen Betrieb nicht aus. Beim Bau einer Drehanode für Dauerbetrieb sind mannigfache Schwierigkeiten zu überwinden. Bei der Rigaku-Röhre ist die Anode ein Metallzylinder von 99 mm Durchmesser, auf dessen Mantelfläche die Brennfleckbahn verläuft. Die Innenfläche wird mit Wasser bespritzt. Die Anode rotiert mit 2500 Umdrehungen in der Minute. Die Abdichtung erfolgt mit Kunststoffringen, die nach 1000 Stunden ausgewechselt werden müssen. Der strichförmige Brennfleck ist $0{,}5 \times 5\ \mathrm{mm}^2$ groß. Bei 60 kV Gleichspannung sind 100 mA im Dauerbetrieb zulässig. Die erzielte Dauerbelastung mit 2400 Watt/mm^2 ist außerordentlich hoch, so daß die üblichen Expositionszeiten erheblich abgekürzt werden können.

Ehe zur Besprechung der Röntgenapparaturen übergegangen werden kann, sind noch die *Glühventilröhren* als Bauelemente der Apparate zu erwähnen. Sie beruhen auf dem gleichen Prinzip wie die Glühkathodenröntgenröhren, nämlich daß bei Glühelektronenemission ein Stromdurchgang nur erfolgt, wenn der Glühdraht Kathode ist. Man gibt dem Glühdraht eine große Oberfläche, um viele Elektronen zu erhalten. Die Spannung an der Röhre beträgt nur einige kV, so daß Röntgenstrahlen

---

[1] z. B. Beaudouin, Paris; Rigaku Denki, Tokio; Elliott, England.

bei genügender Heizung der Ventile nicht entstehen. In neuerer Zeit sind die Glühventile im Röntgenapparatebau immer mehr durch Sperrschichtgleichrichter, z. B. aus Selen oder Silizium, verdrängt worden. Der für ein Glühventil notwendige Heiztransformator kommt in Wegfall, ebenso eine Ersatzbeschaffung für die der Abnützung unterworfenen Glühventile.

In der Frühzeit der Materialprüfung mit Röntgenstrahlen standen nur Röntgenanlagen zur Verfügung, deren Bauprinzipien den medizi-

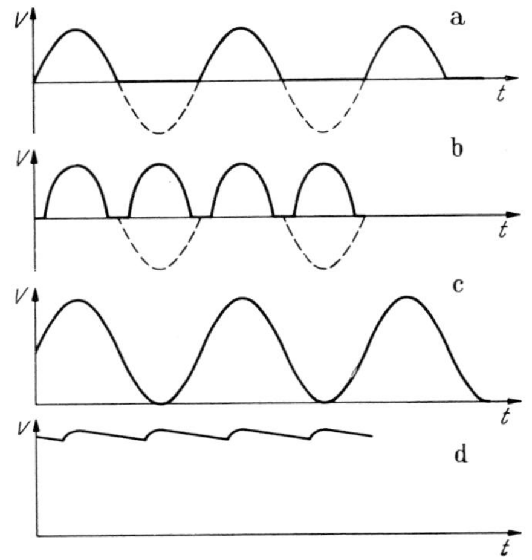

Abb. 2.14. Zeitlicher Verlauf der Röhrenspannung.

a) Halbwellenspannung; b) sinusförmig pulsierende Spannung; c) Villard-Schaltung; d) Greinacher-Schaltung.

nischen Bedürfnissen angepaßt waren. Erst im Laufe der Jahre entstanden besondere Ausführungsformen für die Werkstoffprüfung. Leicht transportable Röntgenapparate für hohe Spannungen ermöglichen Grobstrukturuntersuchungen auch an schwer zugänglichen Stellen, z. B. bei Dampfkesseln. Für genaue Intensitätsmessungen auf dem Feinstrukturgebiet wurden Röntgenapparate entwickelt, deren Strom und Spannung durch besondere Regelvorrichtungen auf je 0,01% konstant gehalten werden.

Nach der Art des *zeitlichen Verlaufes der Hochspannung* an der Röntgenröhre lassen sich verschiedene Klassen unterscheiden (Abb. 2.14):

Bei den Halbwellenapparaten (*a*) ist die Röntgenröhre unmittelbar an den Transformator angeschlossen. Es wird die schon erwähnte Gleichrichterwirkung der Glühkathodenröhren benützt. Ein Stromdurchgang erfolgt nur so lange, als die Glühspirale Kathode ist; für die entgegengesetzte Stromrichtung ist die Röhre gesperrt. Die Anode muß gut gekühlt und die Belastung darf nicht zu groß sein, damit nicht Teile der Anode bis zum Glühen erhitzt werden und Elektronen ermittieren, die einen Strom in der verkehrten Richtung zu Folge haben würden.

Einfache Feinstrukturapparate und Eintankapparate für Grobstrukturaufnahmen werden der Gewichtsersparnis wegen als Halbwellenapparate gebaut.

Apparate mit dem Spannungsverlauf nach Kurve (*b*), bei denen beide Halbperioden der Wechselspannung ausgenützt werden, finden in der Medizin Verwendung; bei Drehstromapparaten für Momentaufnahmen werden sechs Ventile in Grätzscher Schaltung im Hochspannungskreis eingebaut, die eine pulsierende Gleichspannung liefern.

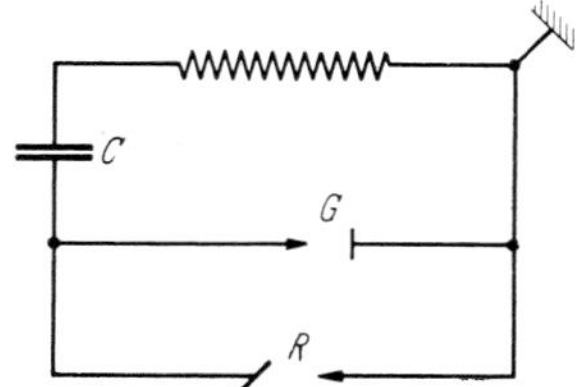

Abb. 2.15. Villard-Schaltung.

Die Kurve (*c*) entspricht der *Villardschaltung* (Abb. 2.15). In der einen Halbperiode wird der Kondensator C über das Glühventil G aufgeladen; in der anderen Halbperiode sperrt das Ventil G. Die Spannung an der Röntgenröhre ist dann die Summe der Transformatorspannung und der Kondensatorspannung. Die Röhrenspannung pendelt also zwischen den Werten 0 und 2 V_s, wenn V_s die Scheitelspannung des Transformators ist.

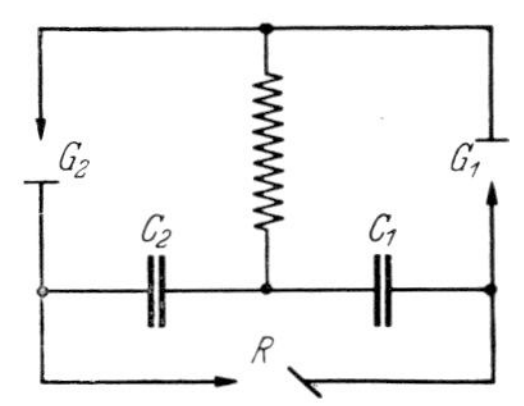

Abb. 2.16. Greinacher-Schaltung.

Die Villard-Schaltung wurde wegen der Spannungsverdoppelung, die eine erhebliche Verminderung des Transformatorgewichtes zur Folge hat, für transportable Grobstrukturanlagen vielfach verwendet.

Die *Greinacher-Schaltung* (Abb. 2.16) gibt ebenfalls eine Spannungsverdoppelung und hat dazu noch den Vorteil, eine praktisch konstante Gleichspannung zu liefern.

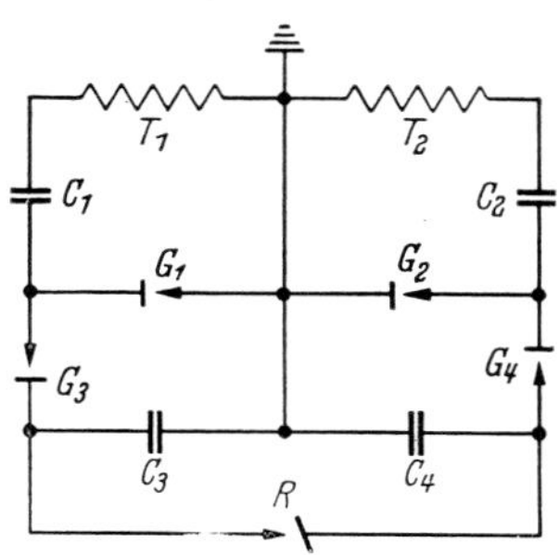

Abb. 2.17. Villard-Schaltung mit Glättungszusatz.

In der einen Halbperiode wird C_1, in der anderen C_2 auf den Wert der Transformatorscheitelspannung V_s aufgeladen. Die Rückentladung wird durch das Glühventil G_1 bzw. G_2 verhindert. Die Kapazitäten C_1 und C_2 liegen in Serie miteinander, parallel zur Röntgenröhre R, deren Spannung gleich der Summe der Spannungen von C_1 und C_2, also gleich 2 V_s ist. Da die Kapazitäten dauernd Strom durch die Röntgenröhre schicken, selbst aber nur während eines kurzen Bruchteils einer Periode vom Transformator aufgeladen werden, fällt ihre Spannung ein wenig ab, um dann wieder anzusteigen. Die Schwankungen betragen bei Feinstrukturapparaten im Durchschnitt 50 Volt pro Milliampere. Sie sind in überhöhtem Maßstab in Kurve *d* der Abb. 2.14 dargestellt.

Bei Grobstrukturapparaten wird zur Erzeugung von konstanter Gleichspannung häufig die in Abb. 2.17 gezeichnete Schaltung mit 4 Kondensatoren und 4 Glühventilen angewandt (SEIFERT): sie hat den Vorteil, daß die Spannung an den Glühventilen nur halb so groß ist, wie an der Röntgenröhre. So können mit den üblichen Ventilen für 200 kV Röntgenanlagen für 400 kV gebaut werden.

Um den *Einfluß der Spannungsform auf die spektrale Zusammensetzung* der entstehenden Röntgenstrahlung zu betrachten, kann von der Abb. 2.2 ausgegangen werden. Wird die Röhre mit 50 kV konstanter Gleichspannung betrieben, so entspricht die Strahlungszusammensetzung der eingezeichneten Kurve für 50 kV. Beim Betrieb mit pulsierender Spannung vom Scheitelwert 50 kV hat man die Kurve für 50 kV, 45 kV, 40 kV usw. zu summieren unter Berücksichtigung der Zeitdauer des Momentanwertes der Spannung. Es ist leicht ersichtlich, daß bei konstanter Gleichspannung die gesamte Strahlungsintensität größer ist und daß ein größerer Anteil der Intensität auf das kurzwellige Gebiet entfällt. Der Vorteil des größeren Durchdringungsvermögens der mit konstanter Gleichspannung erzeugten Strahlung macht sich in der Grobstrukturuntersuchung in einer Verkürzung der Belichtungsdauer deutlich bemerkbar (Tab. 2.4).

Tabelle 2.4. *Einfluß der Spannungsform auf die Belichtungszeit*

Dicke des durchstrahlten Messingstückes in mm	Verhältnis der Belichtungszeiten bei konstanter Gleichspannung 164 kV bzw. sinusförmiger pulsierender Gleichspannung von gleichem Scheitelwert
0,5	1:1,50
2,5	1:1,60
5,0	1:1,80
7,5	1:1,85

Die Höchstspannung von Feinstrukturapparaten liegt im allgemeinen zwischen 45 kV und 60 kV. Mit der zunehmenden Verwendung von Zählrohren zu Intensitätsmessungen der Röntgeninterferenzen wird der Gleichspannungsbetrieb gegenüber dem Halbwellenbetrieb bevorzugt[1]. Bei photographischen Aufnahmen werden alle Beugungsflecken oder -linien gleichzeitig auf dem Film registriert, so daß die Relativwerte der Intensitäten auf einer Aufnahme von Netzspannungsschwankungen nicht beeinträchtigt werden. Anders ist es bei Zählrohrdiffraktometern und ähnlichen Geräten. Hier werden die Linien nacheinander

[1] Außerdem erstreckt sich bei einer mit Gleichspannung erzeugten Strahlung der lineare Bereich der Zählrohranzeige zu höheren Impulszahlen. Bei gleichem Milliamperemeter-Anschlag eines Röntgenapparates sind die maximalen Momentanstromstärken beim Halbwellenbetrieb größer als beim Betrieb mit Gleichspannung.

registriert, und auf eine Konstanthaltung der Intensität durch *Stabilisierung von Strom und Spannung* der Röntgenröhre muß größte Sorgfalt gelegt werden. Bei einfachen Feinstrukturapparaten begnügt man sich der Kosten wegen mit einer magnetischen Stabilisierung der Heizspannung auf etwa $\pm 1\%$ bei $\pm 10\%$ Schwankung der Netzspannung. Bei der Mittelklasse wird auf der Hochspannungsseite mit elektronischen Hilfsmitteln Röhrenstrom und Röhrenspannung je für sich auf etwa

Abb. 2.18. Feinstrukturapparat mit eingebauter Röhre.

$\pm 0{,}1\%$ bei $\pm 10\%$ Netzspannungsänderung konstant gehalten. Hochstabilisierte Apparate, die den weitgehendsten Ansprüchen genügen, haben eine Spannungs- und Stromkonstanz der Röhre von $\pm 0{,}01\%$ bei Schwankung der Netzspannung um $\pm 10\%$. Eine solche hohe Stabilisierung erfordert einen großen technischen Aufwand und verursacht erhebliche Kosten.

Die einfachen *Feinstrukturapparate* (Tischapparate) bestehen aus einem Gehäuse, das Hochspannungstransformator, Heiztransformator und Schaltorgane enthält (Abb. 2.18)[1]. In Halbwellenschaltung beträgt bei 45 kV Spannung die maximale Stromstärke 40 mA. Der obere Teil der Röhrenhaube ragt heraus; vor den vier Fenstern der Röhre werden die Kammern aufgestellt. Die Anode ist geerdet und kann unmittelbar aus der Wasserleitung gekühlt werden (3 bis 4 l/min). Ein Wasserdruckschalter schaltet den Transformator bei ungenügender Wasserzufuhr ab, so daß auch ein Betrieb über Nacht möglich ist.

---

[1] Kristalloflex 2, Siemens-AG, Karlsruhe.

Die in Abb. 2.19 dargestellte Anlage[1] dient für röntgenographische Spannungsmessungen an Werkstücken. Zu diesem Zweck muß die Röntgenröhre beweglich sein; sie ist mit einem einpoligen Hochspannungskabel angeschlossen, das mittels eines Hochspannungssteckers in das Transformatorgehäuse eingeführt wird. Statt der Kabeleinführung kann auch eine Metalix-Röhrenhaube eingesetzt werden. Der Apparat

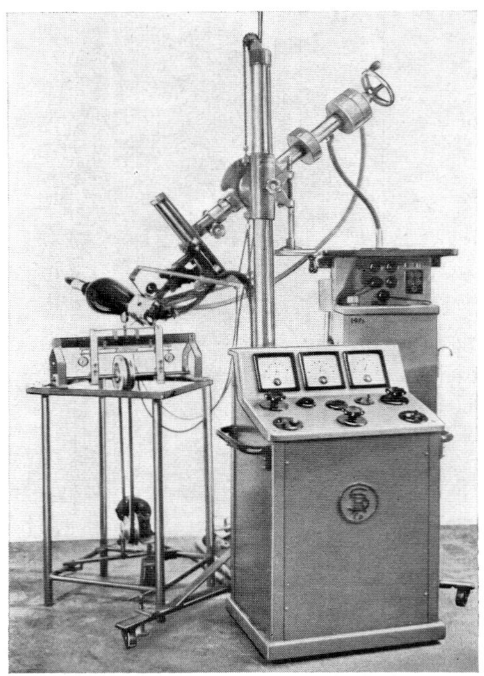

Abb. 2.19. Feinstrukturapparat mit beweglicher Röhre.

hat Gleichspannungsschaltung, die bei gleicher kV- und mA-Zahl nahezu doppelt so große Strahlungsintensität liefert wie bei Halbwellenbetrieb. Bei 60 kV können maximal 30 mA und bei 30 kV maximal 60 mA entnommen werden.

Die Abb. 2.20[2] zeigt einen hochstabilisierten Feinstrukturapparat. Die Leistung ist 3 kW bei 100 kV Spannung maximal. Röhrenstrom und Hochspannung werden voneinander unabhängig elektronisch stabilisiert. Bei Netzspannungsschwankungen zwischen —15% und +10% beträgt die Abweichung von Strom und Spannung jeweils nur 0,01%.

Eintankapparate, die Hochspannungserzeuger und Röntgenröhre in

[1] Isodebyeflex, Röntgenwerk Seifert, Ahrensburg (Holstein).

[2] Mikro 1140, C. H. F. Müller, Hamburg.

einem gemeinsamen mit Öl oder einem Schutzgas (SF_6) gefüllten Behälter enthalten, erfreuen sich wegen ihres geringen Gewichtes zunehmender Beliebtheit; sie können auch an schwer zugänglichen Orten verwendet werden. Solche Tankeinheiten werden von verschiedenen Herstellern für Spannungen von 100 bis 400 kV gebaut, vorwiegend in Halbwellen-

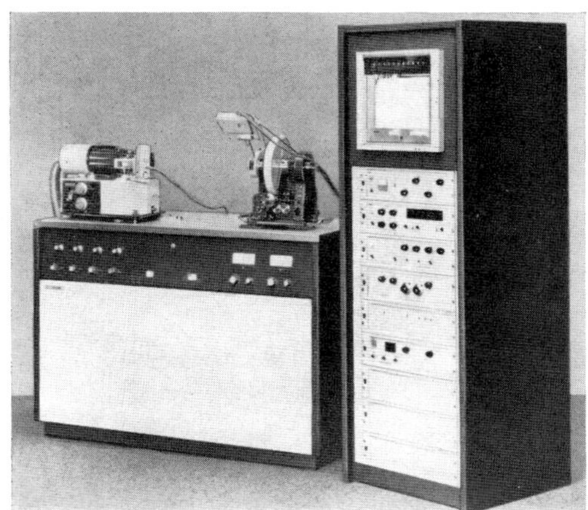

Abb. 2.20. Feinstrukturapparat mit elektronischer Stabilisierung von Röhrenstrom und -spannung.

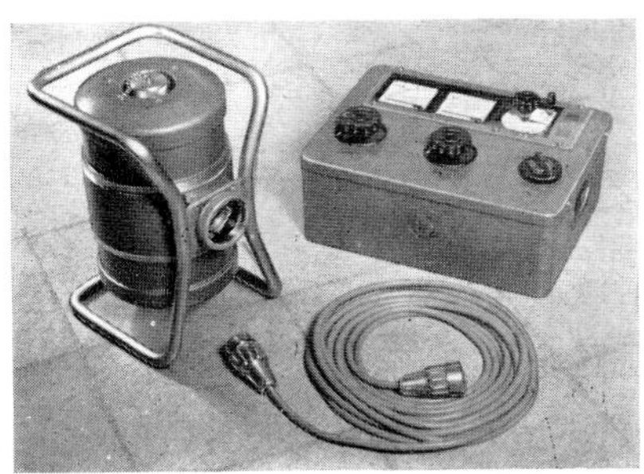

Abb. 2.21. Eintank-Röntgenapparat für 100 kV (Werkphoto C. H. F. Müller)

Abb. 2.22. Eintank-Röntgenanlage für 400 kV, auf einem Gabelstapler montiert.

schaltung, weil durch den Wegfall der Kondensatoren eine merkliche Gewichtsersparnis erzielt wird. Ein kleinerer Tankapparat für maximal 100 kV bei 4 mA Stromstärke ist in Abb. 2.21 zu sehen. Der Tank wiegt 25 kg, der Schaltkasten 21 kg; die Strahlung tritt senkrecht zur Röhrenachse aus; der Öffnungswinkel des Strahlenkegels beträgt 42°. Als Gegenstück dazu ist in Abb. 2.22 die größte zur Zeit hergestellte Tankeinheit dargestellt[1]. Die Anlage ist auf einem Gabelstapler montiert, was nicht nur einen Ortswechsel, sondern auch eine Einstellung des Strahles in eine gewünschte Richtung erleichtert. Die Dauerstromstärke beträgt maximal

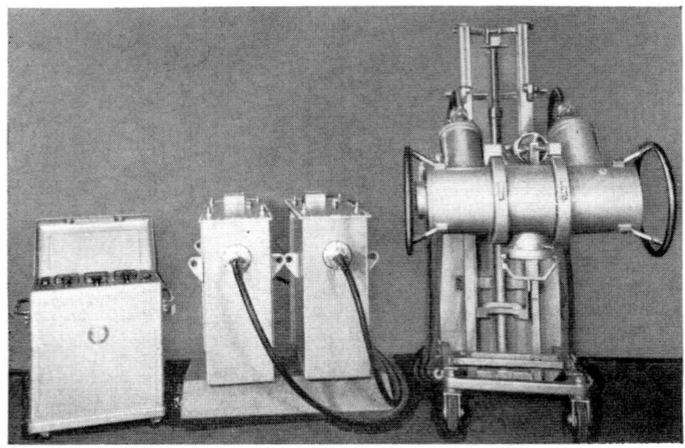

Abb. 2.23. Transportabler Grobstruktur-Röntgenapparat für 400 kV.

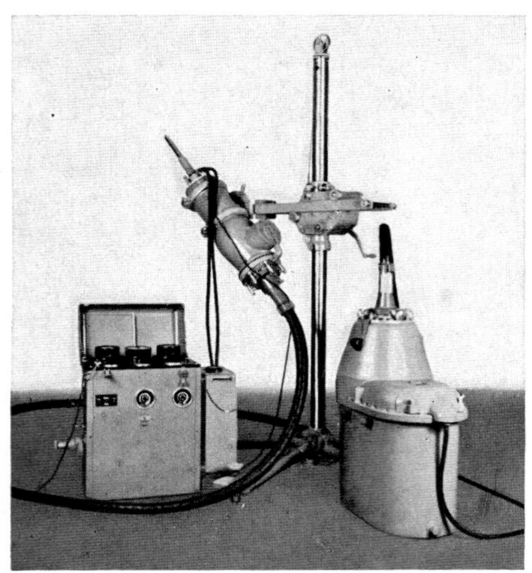

Abb. 2.24. Röntgenanlage mit Hohlanodenröhre für 150 kV.

10 mA bei 400 kV Gleichspannung, wobei die Doppelfokus-Röntgenröhre mit einem Ölstrom gekühlt wird. Der größere Brennfleck von $4 \times 4\ \mathrm{mm}^2$ ist mit 10 mA belastbar, der kleinere von $1{,}5 \times 1{,}5\ \mathrm{mm}^2$ mit 3 mA.

Die *Grobstrukturapparate* werden häufig mit Rücksicht auf die Trans-

[1] Baltograph 400, Balteau, Lüttich.

portierbarkeit aus einzelnen Bauelementen zusammengesetzt. Ein Beispiel einer Anlage für 400 kV Gleichspannung mit 10 mA Strombelastbarkeit wird in Abb. 2.23[1] gezeigt. Jeder der beiden Hochspannungsgeneratoren enthält einen Transformator für 200 kV, sowie Kondensatoren und Ventile. Die zur Röntgenröhre führenden Kabel sind nur mit 200 kV beansprucht, da die Mitte der Sekundärspulen der beiden Trafos geerdet ist. Links außen ist in Abb. 2.23 der Schaltkasten zu sehen, rechts am Stativ eine Ölumlaufpumpe, die dauernd Öl durch die Anode der Röhre und die pfeifenförmige Röhrenhaube pumpt. Das Rücklauföl wird im Pumpengehäuse mit Wasser gekühlt. Die Röhre ist an einem hydraulischen Hubstativ befestigt und kann in verschiedenen Richtungen eingestellt werden. Die Anlage ist mit einer Doppelfokusröhre von 1,8 bzw. 4 mm Durchmesser ausgerüstet; die maximale Stromstärke beträgt 4 bzw. 10 mA.

Der mit der Kathode der Röhre verbundene Generator kann für sich allein als Hochspannungsquelle für 150 bis 200 kV benützt werden, z. B. für den Betrieb einer Hohlanodenröhre (Abb. 2.24). Im Schaltkasten befindet sich auch die Regelung des Magnetisierungsstromes der Sammelspule. Je schärfer der Brennfleck eingestellt wird, desto kleiner ist die zulässige mA-Zahl, z. B. 8 mA bei 140 kV.

3. Vielfachbeschleuniger

Das klassische Verfahren der Röntgenstrahlenerzeugung ist wegen der Isolationsschwierigkeiten bei Spannungen über 1 MV praktisch nicht mehr anwendbar. Dank der raschen Entwicklung der Kernphysik konnten neue Methoden gefunden werden, geladene Teilchen, insbesondere Elektronen, auf hohe kinetische Energie zu bringen. Man läßt das Elektron nacheinander mehrere elektrische Felder, deren Beschleunigungswirkungen sich addieren, durchlaufen (Linearbeschleuniger) oder man erteilt dem Elektron jedes Mal einen kleinen Energiebetrag, wenn es dasselbe Feld auf Kreisbahnen mehrfach durchläuft (Betatron).

Der Grundgedanke des *Linearbeschleunigers* ist schon vier Jahrzehnte alt (Wideröe). Elektrisch geladene Teilchen durchfliegen in einem Hochfrequenzfeld verschiedene röhrenförmige Metallelektroden und werden beim Durchgang durch das Spannungsgefälle zwischen je zwei aufeinanderfolgenden Elektroden beschleunigt (Stufenbeschleuniger).

Erst als die Radartechnik zur Entwicklung leistungsstarker Hochfrequenzgeneratoren (Magnetron, Klystron) führte, erlangte das Prinzip des Linearbeschleunigers technische Bedeutung, vor allem in der Form des Wanderwellenbeschleunigers (Abb. 3.1). Hochfrequenzenergie wird auf der linken Seite zugeführt und auf der rechten abgenommen; es bilden sich Wanderwellen von z. B. 3 cm Wellenlänge, entsprechend

---

[1] Hersteller: R. Seifert, Ahrensburg (Holstein).

6000 MHz. Die außerhalb des Rohres mit Hilfe eines Glühdrahtes erzeugten Elektronen werden von links her mit einer Hilfsspannung eingeschossen und von den Wanderwellen beschleunigt. Ihre Geschwindigkeit ist anfangs klein, nimmt immer mehr zu und erreicht schließlich Lichtgeschwindigkeit. Um die Geschwindigkeit der Wanderwellen diesem

Abb. 3.1. Wanderwellen-Linearbeschleuniger (aus Handbuch der medizinischen Radiologie Bd. I, Teil 2, S. 98)

Abb. 3.2. Fahrbarer 6-MeV-Vickers-Linearbeschleuniger (Werkphoto).

Verhalten der Elektronen anzupassen, ist das Rohr mit Blenden versehen, deren Öffnungsweite bis zu einem Grenzwert zunimmt, was in Abb. 3.1 deutlich zu sehen ist. Der auf der rechten Seite austretende Elektronenstrahl wird auf eine in Abb. 3.1 nicht enthaltene Anode geleitet und erzeugt dort in bekannter Weise Röntgenstrahlen.

Das Aussehen eines Linearbeschleunigers für 6 MeV wird in Abb. 3.2 gezeigt[1]. Das Beschleunigungsrohr ist nur 1 m lang; die Betriebsfrequenz beträgt 9250 MHz. Da die Generatorröhren (Magnetron, Klystron, Amplitron) mit Leistungen bis zu 10 MW belastet sind, ist nur ein intermittierender Betrieb möglich. In einer Sekunde erfolgen 60 Pulse von je 2 μs Dauer[2]. Der mittlere Elektronenstrom ist 0,033 mA, so daß sich bei 6 MeV eine Leistung von 200 Watt ergibt. Der Brennfleck hat 2 mm Durchmesser. Die Felder bei Röntgenbestrahlung haben eine nach außen hin abfallende Intensitätsverteilung; um diese auszuglätten, werden Ausgleichs-

[1] Hersteller: Vickers-Armstrongs, Swindon/Wiltshire (England). — [2] $2 \cdot 10^{-6}$ sec.

körper aus Metall mit nach außen abnehmender Dicke in dem Primärstrahl angebracht, was mit einem Intensitätsverlust verbunden ist. Bei Angaben über die gemessene Zahl Röntgen muß daher stets hinzugefügt werden, ob ein Feldausgleich vorgenommen wurde oder nicht.

Bei dem Vickers-Linearbeschleuniger in Abb. 3.2. hat das größte ausgeglichene Feld 32 cm ∅ ; in 1 m Fokusabstand werden[1] 200 R/min gemessen. Linearbeschleuniger werden besonders in England und in USA hergestellt. Abgesehen von der kernphysikalischen Forschung werden solche Anlagen für medizinische Bestrahlungen benützt; die Höchstenergien liegen in diesem Fall bei 45 bis 60 MeV. Für Materialprüfungszwecke kommen wegen der Beweglichkeit und Transportierbarkeit nur Linearbeschleuniger bis etwa 10 MeV in Betracht.

Nach theoretischen Vorarbeiten von SLEPIAN, WALTON, WIDERÖE und STEENBECK gelang es KERST (1940), das erste Betatron zu bauen. Das *Betatron* ist ein Vielfachbeschleuniger in dem oben besprochenen Sinne.

Ein Betatron kann aufgefaßt werden als ein Wechselstromtransformator, bei dem die Sekundärspule durch ein evakuiertes, kreisförmiges Glasrohr ersetzt ist. Werden darin mit Hilfe einer Glühkathode Elektronen erzeugt, so bewirken die gleichen elektrischen Kräfte, die in der Sekundärspule des Transformators einen Ladungstransport in Form eines Stromes veranlassen, eine beschleunigte Bewegung der freien Elektronen. Ihre Bahnen werden durch das Magnetfeld zu Kreisen zusammengebogen. Nur unter gewissen Voraussetzungen bewegen sich die Elektronen auch bei Änderung ihrer Geschwindigkeit und Masse auf der gleichen Kreisbahn. Die Bedingungen für den „Gleichgewichtskreis" (WIDERÖE) und für eine Stabilisierung der Bahn gegen Abweichungen senkrecht zur Bahnebene (STEENBECK) können durch entsprechende Formgebung der Polschuhe und des Luftspaltes erfüllt werden. Die Beschleunigung der Elektronen muß immer in derselben Richtung vor sich gehen. Es wird daher nur das erste Viertel der Periode des magnetischen Wechselfeldes ausgenützt. Beim Nulldurchgang des Magnetfeldes werden von der inneren oder äußeren Peripherie aus Elektronen mit 20 bis 50 Tausend Volt eingeschossen und so lange beschleunigt, bis das Feld nach einer Viertelperiode seinen Höchstwert erreicht hat. In diesem Augenblick wird durch eine automatisch kurzzeitig eingeschaltete Hilfsspule auf den Polen die Gleichgewichts-

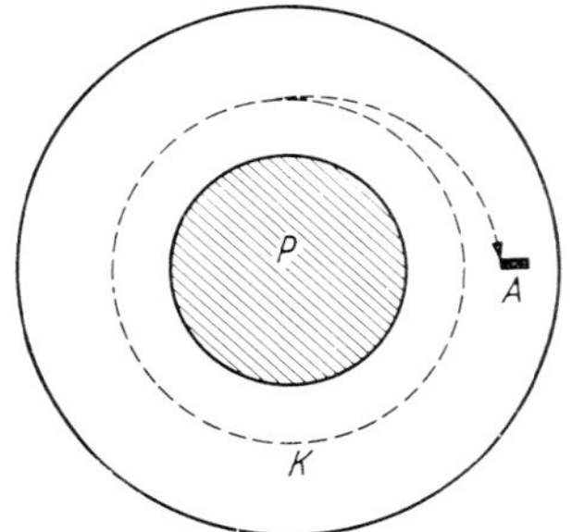

Abb. 3.3. Prinzip der Strahlungserzeugung beim Betatron.

[1] Betr. Definition der R-Einheit vgl. Abschnitt 7.

bedingung des Feldes aufgehoben. Das Elektron wird vom Gleichgewichtskreis K (Abb. 3.3) nach außen gedrängt und beschreibt Spiralbahnen mit zunehmendem Radius, bis es tangential auf die Anode A auftrifft und dort Röntgenstrahlen mit äußerst kurzen Wellenlängen erzeugt. P ist der die Entladungskammer zentral durchsetzende Polschuh. Eine besondere Kühlung der Anode aus Platin oder Wolfram ist nicht nötig. Der Nutzeffekt der Röntgenstrahlung, der im klassischen Röntgengebiet 1% beträgt, ist im Betatrongebiet wesentlich größer, etwa 31% bei 35 MeV. Die Stromstärke eines Betatrons ist sehr klein, von der Größenordnung 10^{-8} A. Der Brennfleck ist sehr scharf, $0{,}1 \times 0{,}3$ mm^2 und ermöglicht eine vierfache, direkte Röntgenvergrößerung der Aufnahmen[1].

Das ausgeleuchtete Feld ist beim Betatron ebenso wie beim Linearbeschleuniger in der Mitte am intensivsten, so daß Ausgleichsfilter mit abfallender Dicke angebracht werden müssen. Als Material ist Blei wegen der geringeren Streustrahlung besser geeignet als Kupfer.

Die beiden in Europa für Materialprüfung gebauten Betatron-Typen sind in Abb. 3.4 und 3.5 dargestellt. Mit Rücksicht auf Gewicht und Beweglichkeit ist bei dem Siemens-Betatron[2] die Höchstenergie auf 18 MeV begrenzt. Die Kreisbahn der Elektronen hat 22 cm Durchmesser. Während der $^1/_{200}$ sec dauernden Beschleunigung werden 2 Millionen Umläufe ausgeführt und eine Strecke von 1500 km zurückgelegt. Die Elektronen werden vom Innenrand aus mit 60 kV eingeschossen. Die Stromstärke beträgt nur 10^{-6} Amp.

Eine Anordnung zur Untersuchung der Schweißnähte eines Hochdruckkessels ist in Abb. 3.4 dargestellt. Der gabelförmig aufgehängte Behälter, der den Transformator und die Entladungsröhre enthält, kann um eine horizontale Achse gedreht und in vertikaler Richtung verschoben werden. Das auf Schienen fahrbare Gerüst trägt eine große Kondensatorbatterie, die zur Kompensation der Blindleistung notwendig ist. Der Schaltplatz kann bis zu 10 m vom Betatron entfernt sein.

An dem Betatron[3] für 35 MeV von Wideröe (Abb. 3.5) ist besonders bemerkenswert, daß in einer Periode zweimal eine Beschleunigung von Elektronen, aber mit verschiedenem Richtungssinn erfolgt; bei Beginn einer Periode laufen die Elektronen links herum, bis sie auf die eine Anode treffen; bei Beginn der zweiten Halbperiode laufen neu eingeschossene Elektronen rechts herum und treffen auf eine zweite Anode. Beide Anoden sind um 180° gegeneinander versetzt. So entstehen zwei zueinander parallele Röntgenstrahlenbündel; 2 Aufnahmen können gleichzeitig gemacht werden.

---

[1] Näheres in Abschnitt 9.

[2] Hersteller: Siemens AG., Erlangen (Abb. 3.4.).

[3] Hersteller: Brown, Boveri u. Cie. AG, Baden bei Zürich (Abb. 3.5.).

Eine Deckenaufhängung eines Betatrons ist in Abb. 3.5 zu sehen. Die gabelförmige Halterung ist an einer horizontalen Drehscheibe befestigt. Insgesamt sind 4 Freiheitsgrade für die Einstellung vorhanden.

Abb. 3.4. 18 MeV-Betatron von GUND, BERGER und SCHITTENHELM (Werkphoto Siemens AG).

Abb. 3.5. 35 MeV-Betatron von WIDERÖE (Werkphoto Brown, Boverie & Cie.).

Die Druckknopfsteuerung für die Bewegungsantriebe befindet sich in dem in Abb. 3.5 sichtbaren, an einem Kabel hängenden Kästchen.

Ein 18 MeV und ein 35 MeV Betatron unterscheiden sich unwesentlich im Durchdringungsvermögen von Stahl. Es ist zu beachten, daß die Schwächungskoeffizienten aller Elemente mit abnehmender Wellenlänge, das heißt zunehmender Energie des Strahlungsquantes, nicht ständig kleiner werden, sondern infolge der einsetzenden Paarbildung wieder ansteigen. Es tritt ein Mindestwert auf; dieser liegt bei Kupfer und Eisen zwischen 6 und 8 MeV (vgl. Abb. 3.6). Bei Aluminium verlagert sich das Minimum zu höheren, bei hochatomigen Stoffen wie Blei zu niederen Energien. Die für ein Betatron angegebenen Spannungen entsprechen der kürzesten Wellenlänge des erzeugten Röntgenspektrums, dessen Intensitätsschwerpunkt nach einer Faustregel etwa beim drei-

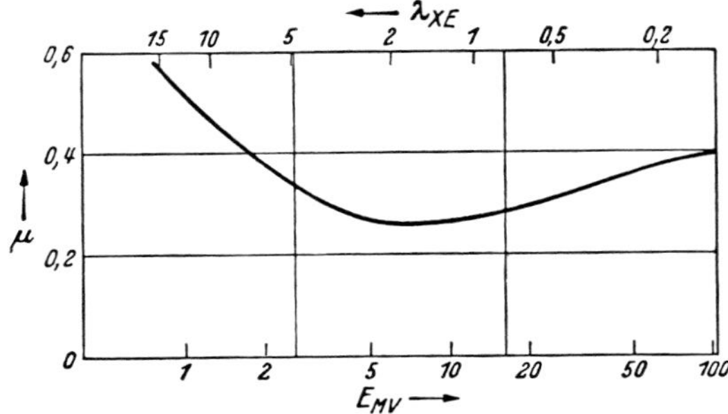

Abb. 3.6. Schwächungskoeffizient von Kupfer für Röntgenstrahlen von 1 bis 100 MeV.

fachen der Grenzwellenlänge liegt. Der Intensitätsschwerpunkt eines 18-MeV-Betatrons entspricht 6 MeV und der eines 36-MeV-Betatrons 12 MeV. In beiden Fällen befindet man sich bei den für die Werkstoffprüfung wichtigsten Metalle wie Eisen, Nickel, Kupfer, Zink noch in dem Bereich des Minimums der Schwächung.

Die Intensität der Röntgenstrahlung ist dagegen bei dem großen Betatron etwa doppelt so groß als bei dem kleinen. Als Richtwert sei genannt für die Dosisleistung bei ausgeglichenem Feld und 1 m Fokusabstand etwa 100 R bei 30 MeV. Dies ist sehr viel weniger als das, was ein 8 MeV Linearbeschleuniger liefert. Die Schwierigkeit, die Elektronen einzuschleusen, die bei jedem Betatron auftritt, kommt beim Linearbeschleuniger in Wegfall. Dies ist die Ursache der Intensitätsverschiedenheit. Dem steht gegenüber der Nachteil des größeren Brennfleckes beim Linearbeschleuniger. Das Ideal wäre erreicht, wenn es gelingen würde, mit Elektronenlinsen den Strahl beim Linearbeschleuniger auf einen punktförmigen Brennfleck zu fokussieren.

Tabelle 3.1. *Grenzdicken von Stahl*

bis zu 8 cm	200 kV Röntgenstrahlen
bis zu 12 cm	Co-60 γ-Strahlen
bis zu 25 cm	4 MeV Linearbeschleuniger
bis zu 50 cm	35 MeV Betatron

Zum Abschluß ist in Tab. 3.1 ein Überblick gegeben, welche größten Stahldicken mit den besprochenen Verfahren in wirtschaftlich tragbaren Zeiten durchstrahlt werden können.

4. Radioaktive Isotope

Von den verschiedenen beim Kernzerfall der natürlich oder künstlich radioaktiven Atomarten emittierten Strahlungen finden die β-Strahlen in geringem und die γ-Strahlen in großem Umfang Anwendung in der Werkstoffprüfung.

Die bei einem β-Zerfall emittierten β-Teilchen haben eine maximale Energie, die für die betreffende Kernart kennzeichnend ist (Schnittpunkt der Kurve mit der Abszissenachse in Abb. 4.1). Aber nur ein kleiner Teil der ausgesandten β-Teilchen hat diese Energie. Viel häufiger kommen solche mit kleinerer Energie vor. Die in Abb. 4.1 gezeichnete

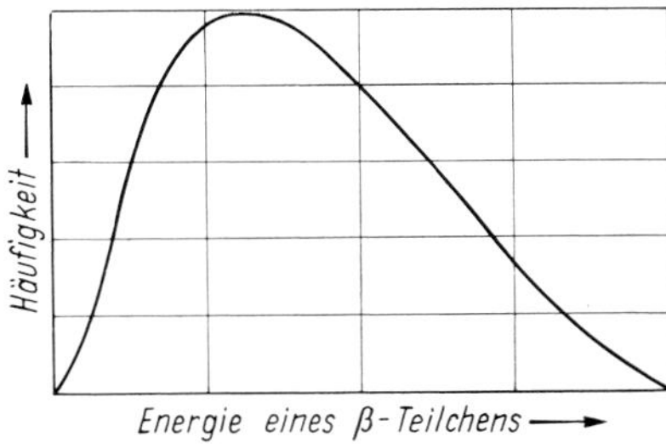

Abb. 4.1. β-Spektrum eines radioaktiven Isotops.

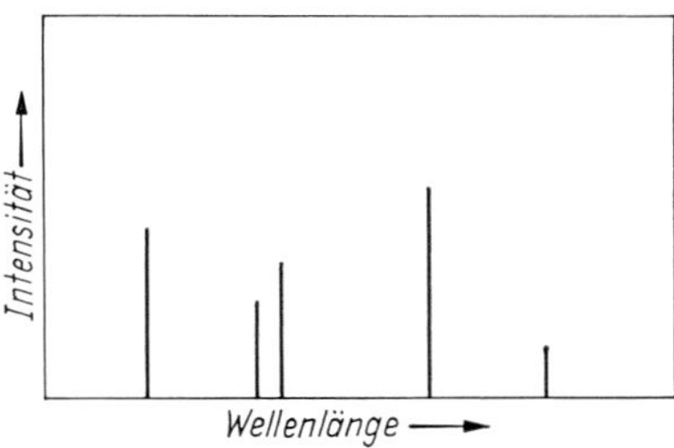

Abb. 4.2. γ-Spektrum eines radioaktiven Isotops.

Häufigkeitsverteilung wird *β-Spektrum* genannt. β-Strahlen haben je nach ihrer Energie eine bestimmte Reichweite, die beim Übergang von einem Absorber zu einem anderen näherungsweise umgekehrt proportional mit der Dichte sich ändert. Tab. 4.1 enthält einige Zahlenangaben für die „praktische Reichweite" in Aluminium, d. h. für die größte Dicke, die ein β-Teilchen durchdringen kann. Die Tab. 4.1 bezieht sich auf β-Teilchen einheitlicher Energie, wie sie z. B. durch magnetische Ablenkung erzeugt werden.

Tabelle 4.1. *Reichweite von β-Strahlen verschiedener Energie in Aluminium*

Energie in MeV	0,3	0,6	1,0	5,0	10,0	20,0	30,0
Reichweite in cm	0,03	0,08	0,16	1,0	1,9	3,8	5,7

Die γ-Strahlung besteht aus einzelnen für das betreffende radioaktive Element charakteristischen Wellenlängen (Abb. 4.2). Es ist, wie schon erwähnt [Gl. (2.3)], in der Atomphysik üblich, statt der Wellenlänge λ

die Energie E des zugeordneten Strahlungsquantes anzugeben. Beide Größen sind durch die Gleichung verknüpft

$$E = \frac{0{,}0124}{\lambda}, \tag{4.1}$$

wobei E in MeV und λ in kX einzusetzen ist.

Die *Aktivität* eines radioaktiven Präparates wird in Curie-Einheiten (Ci) ausgedrückt. 1 Ci bedeutet den Zerfall von $3{,}7 \cdot 10^{10}$ Atomen pro Sekunde. 1 mCi (Millicurie) ist 0,001 Ci und 1 μCi (Mikro-Curie) ist 0,001 mCi. Nur bei dem Element Radium stimmt die Zahl der Millicurie überein mit der Zahl der Milligramm. Die Intensitäten der β- und γ-Strahlung sind bei ein- und derselben Kernart jeweils proportional der Aktivität. Unter spezifischer Aktivität versteht man die Aktivität pro Gramm. Je größer die spezifische Aktivität ist, desto geringer kann das Volumen des Präparates sein und desto besser ist die Annäherung an den bei Gamma-Aufnahmen angestrebten Fall der punktförmigen Strahlungsquelle. Ferner darf die Halbwertszeit nicht zu klein sein, weil sonst die Expositionszeiten ständig erhöht werden müssen.

Halbwertszeit heißt diejenige Zeit, nach deren Ablauf gerade die Hälfte der ursprünglich vorhandenen Atome zerfallen ist; nach der doppelten Halbwertszeit sind ein Viertel der Atome noch nicht zerfallen. Nach der 3fachen Halbwertszeit ist die Anfangsaktivität auf

$$^1/_2 \cdot {}^1/_2 \cdot {}^1/_2 = {}^1/_8$$

abgesunken.

Die Zerfallsgleichung lautet

$$A = A_0\, e^{-0{,}693t/T} \tag{4.2}$$

Die Anfangsaktivität A_0 ist nach der Zeit t auf den Wert A abgesunken, wenn T die Halbwertszeit bedeutet. Tab. 4.2 enthält Zahlenbeispiele für Ir-192, dessen Halbwertszeit $T = 74$ Tage ist; t und T müssen in der gleichen Zeiteinheit ausgedrückt werden, also z. B. in Stunden, Tagen, Monaten, Jahren (h, d, m, a).

Tabelle 4.2. *Zerfall von* Ir-192 [vgl. Gl. (4.2)] $T = 74\,d$.

t [Tage]	Faktor A/A_0	t [Tage]	Faktor A/A_0	t [Tage]	Faktor A/A_0
5	0,95	30	0,76	55	0,60
10	0,91	35	0,72	60	0,57
15	0,87	40	0,69	65	0,54
20	0,83	45	0,66	70	0,52
25	0,79	50	0,63	74	0,50

Tab. 4.3 enthält eine Zusammenstellung von Daten für die wichtigsten, in der Werkstoffprüfung benützten radioaktiven Isotopen. Für

Dickenmessungen an dünnen Schichten, insbesondere bei Kunststoffen, dienen die β-Strahlen von Tl-204 und des Mischpräparates Sr-90 und Y-90. Für Durchstrahlung dicker Prüfkörper werden Co-60, Cs-37, Ta-182 und besonders häufig wegen der hohen spezifischen Aktivität Ir-192 benützt. Tm-170 ist ein Ersatz für mittelharte Röntgenstrahlen und findet z. B. Verwendung zur Untersuchung von Flugzeuginnenteilen. Es hat aber den Nachteil sehr langer Expositionszeiten. Am-241 vermischt mit Berylliumpulver gibt eine gute Neutronenquelle, z. B. für Feuchtemessungen[1].

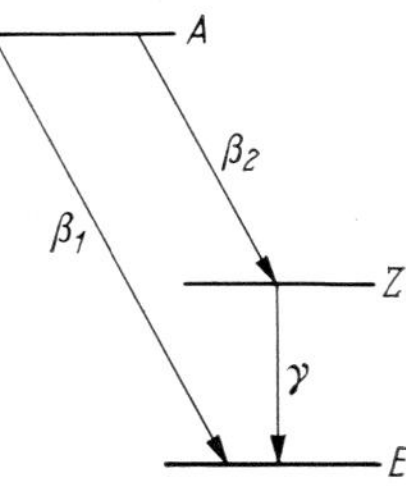

Abb. 4.3. Zerfallsdiagramm eines radioaktiven Isotops.

Bei manchen Kernarten gibt es mehrere Möglichkeiten für die Umwandlung des Ausgangskernes A in den Endkern E (Abb. 4.3), z. B. entweder direkt unter Aussendung einer β-Strahlung β_1 oder über den Zwischenzustand Z. In diesem Fall tritt eine β-Strahlung β_2 und anschließend eine γ-Strahlung auf. Die horizontalen Striche bedeuten die Energiezustände eines Kernes (Energieniveaus), die vertikalen Abstände sind ein Maß für die Energieänderung. Die Höchstenergie eines β_1-Teilchens in Abb. 4.3 ist demnach größer als die eines β_2-Teilchens. Solche Verzweigungen des Zerfallsdiagrammes mit mehr als einer β-Emission sind bei den in Tab. 4.3 aufgeführten Isotopen vorhanden, bei denen in der 3. Spalte mehr als eine Zahl steht. Die

Tabelle 4.3. *Daten[2] einiger in der Materialprüfung verwendeten radioaktiven Isotope*

Isotop	Halbwertszeit	Max. Energie der β-Teilchen MeV	γ-Quanten MeV
Co-60	5,26 *a*	0,31	1,17 1,33
Sr-90 }	28 *a*	0,54	—
Y-90 }	64,2 *h*	2,27	—
Cs-137	30 *a*	0,51	0,662
Tm-170	127 *d*	0,88 *0,97*	0,052 0,084
Ta-182	115 *d*	*0,18* 0,36 0,44	*0,068* 0,100 0,222 *1,12* 1,19 *1,22* 1,23
Ir-192	74 *d*	0,54 0,67	0,296 0,308 *0,316* *0,468* 0,605
Tl-204	3,76 *a*	0,77	—
Am-241	458 *a*	Energie der α-Teilchen 5,5 MeV	0,026 *0,060*

[1] Vgl. Abschnitt 10.

[2] Radiochemical Manual, Radiochemical Center, Amersham, 2. Aufl. 1966.

kursive Ziffer bedeutet das stärkste der betreffenden β-Spektren. Entsprechend sind bei den γ-Linien jeweils die intensivsten kursiv hervorgehoben.

Die Zahlen in Tab. 4.4, welche die Halbwertsdicken in Eisen und Blei angeben, liefern eine anschauliche Vorstellung vom Durchdringungsvermögen der betreffenden γ-Strahlungen.

Tabelle 4.4. *Halbwertsdicken von γ-Strahlungen in Eisen und Blei*

	Co-60	Cs-137	Ir-192	Am-241
Eisen cm	1,9	1,2	1,1	0,08
Blei cm	1,2	0,6	0,3	—

In Tab. 4.5 ist die Zahl Röntgen[1] angegeben, die bei den betreffenden Isotopen für 1 mCi Aktivität bei einem Abstand von 1 cm und einer Bestrahlungsdauer von 1 Stunde erhalten werden. Als Beispiel sei genannt: 100 mCi Co-60 in 10 cm Abstand. Eine halbstündige Bestrahlung liefert 6,6 R. Dabei ist ein punktförmiges Präparat vorausgesetzt, damit das quadratische Abstandsgesetz gilt.

Tabelle 4.5. *Gammadosiskonstanten für einige radioaktive Isotope in* $\frac{R\ \mathrm{cm}^2}{h\ \mathrm{mCi}}$

Co-60	Cs-137	Tm-170	Ta-182	Ir-192
13,2	3,3	0,22	6,8	4,8

Ein Großteil der radioaktiven Isotopen wird durch Neutronenbestrahlung in einem Reaktor gewonnen. Beim Stoß eines Neutrons auf einen Atomkern wandelt sich dieser um in eine instabile radioaktive Form, z. B. entsteht Co-60 durch Neutronenbeschuß von gewöhnlichem Kobalt (Co-59). Die Aktivität ist unter sonst gleichen Bedingungen um so größer, je größer der Neutronenfluß des Reaktors und je länger die Bestrahlungszeit ist. Wie die Abb. 4.4 zeigt, steigt die Aktivität zunächst schnell und dann immer langsamer an, bis schließlich ein Sättigungswert erreicht wird. Bei Co-60 ist dieser nach einer Bestrahlungszeit von 15 Jahren erreicht. Es wäre aber unwirtschaftlich, so lange zu bestrahlen. Nach dem steilen Anfangs-

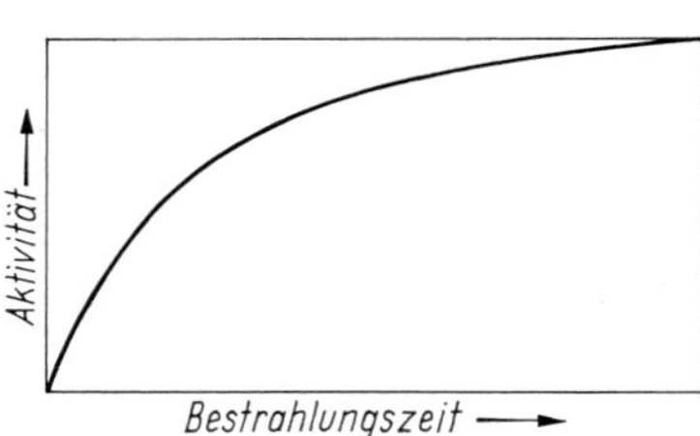

Abb. 4.4. Zunahme der Aktivität mit der Dauer der Neutronenbestrahlung.

[1] Entsprechend der auf der Luftionisation beruhenden Definition des Röntgen, vgl. Abschnitt 7.

teil der Kurve ist der Zuwachs an Aktivität gering im Verhältnis zur Verlängerung der Bestrahlungszeit.

Viele der in Deutschland verwendeten radioaktiven Isotope kommen von den zwei englischen Reaktoren in Harwell. Die zur Zeit lieferbaren Aktivitäten sind aus Tab. 4.6 zu ersehen. Daneben sind die Abmessungen des von der strahlenden Substanz eingenommenen Volumens angegeben. Es handelt sich um scheibenförmige Präparate; bei den Symbolen 1×1, 2×2 usf. bedeutet die erste Ziffer den Durchmesser der Scheibe und die zweite deren Dicke, jeweils in Millimeter ausgedrückt. Man sieht, daß sich größere Aktivitäten nur bei starker Vergrößerung des effektiven Volumens erreichen lassen. Bei Durchstrahlungsaufnahmen muß dann, um eine genügende Zeichenschärfe zu erhalten, ein größerer Abstand

Tabelle 4.6. Gammastrahlungsquellen für die Materialprüfung *(Harwell)*

Isotop	Abmessungen des eff. Volumens[1]	Aktivität Ci	Isotop	Abmessungen des eff. Volumens[1]	Aktivität Ci	Isotop	Abmessungen des eff. Volumens[1]	Aktivität Ci
Co-60	1×1	0,8	Cs-137	3×3	0,5	Ir 192	0,5×0,5	0,9
	2×2	2		6×6	1		1×1	5
	3×3	8		6×6	2		2×2	25
	4×4	24		6×6	5		4×4	100
	—	—		6×6	10		6×6	150

[1] Erläuterung im Text.

eingehalten werden, so daß praktisch nicht viel an Expositionszeit gewonnen wird. Seit der Errichtung der Harwell-Reaktoren sind Anlagen mit etwas größerem Neutronenfluß gebaut worden, so daß z. B. Ir-192 1×1 jetzt mit nahezu 10 Ci Aktivität im Handel[1] erhältlich ist. Eine weitere wesentliche Steigerung der Aktivität bei konstant gehaltenem Volumen ist unwahrscheinlich.

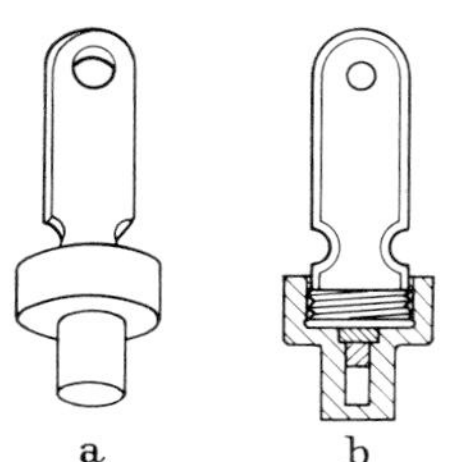

Abb. 4.5. Harwell-Kapseln für technische radioaktive Präparate.
a) Außenansicht; b) Längsschnitt.

Radium wird der hohen Kosten wegen nicht mehr für Materialprüfungen verwendet.

Die Radioisotope werden in verlöteten oder verschweißten Metallkapseln aus Monel, Leichtmetall oder nichtrostendem Stahl geliefert, deren Form bei den einzelnen Reaktorstationen etwas verschieden ist. Die Harwell-Kapseln sind in 1,5 facher Vergrößerung in Abb. 4.5 abgebildet; a) ist die Ansicht und b) ein Längsschnitt. Die helle, quadratische Fläche im unteren Teil von b) ist der Schnitt durch das effektive Volumen, das so klein als möglich gemacht wird. Der flache, obere Teil der Kapsel

[1] Iridium-Vertriebsgesellschaft, Karlsruhe.

dient zum Anfassen mit der Zange. Co-60 wurde früher als Draht ohne Hülle geliefert. Im Laufe der Zeit entsteht aber eine oberflächliche Oxydschicht, die sich als Zunder loslöst und die Umgebung radioaktiv verseucht. Cs-137 wird als Caesiumsulfat auf die Dichte 3 g/cm^3 komprimiert, um eine hohe spezifische Aktivität zu erzielen. Es werden meist 2 in sich geschlossene Hüllen verwendet, eine innere aus Platiniridium und eine äußere aus Monelmetall. Cs-137 muß sicherheitshalber jährlich auf Dichtigkeit der Kapsel geprüft werden[1].

[1] Vgl. ferner Abschnitt 8.

II. Eigenschaften der Röntgenstrahlen

5. Absorption und Sekundärstrahlung

Beim Durchgang durch feste, flüssige oder gasförmige Materie erleiden die Röntgenstrahlen Energieverluste infolge

1. Absorption,
2. Streuung,
3. Paarbildung (nur im ultraharten Gebiet).

Die dem Röntgenstrahlbündel entzogene Energie tritt als sekundäre Röntgenstrahlung oder als sekundäre Elektronenemission wieder in Erscheinung.

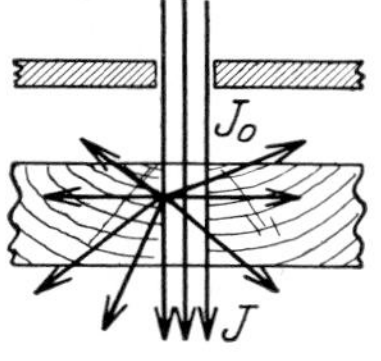

Abb. 5.1. Sekundärstrahlung.

Läßt man ein enges, paralleles Röntgenstrahlenbündel, das der Einfachheit halber nur aus Strahlen einer Wellenlänge bestehen möge, auf eine D cm dicke Schicht eines Stoffes, z. B. eines Aluminiumbleches (Abb. 5.1) auffallen, so lehrt die Erfahrung, daß die Strahlungsintensitäten[1] I_0 vor und I hinter der Schicht durch eine einfache Beziehung verknüpft sind:

$$I = I_0 \, e^{-\mu D} \tag{5.1}$$

Die Größe μ heißt *Schwächungskoeffizient* und hängt ab von der Wellenlänge der Strahlung und von der chemischen Zusammensetzung und Dichte des absorbierenden Stoffes.

Die e-Funktion in Gl. (5.1) bewirkt, daß die Schwächung der Strahlungsenergie viel stärker zunimmt als die Schichtdicke: Tab. 5.1 gibt

Tabelle 5.1. *Schwächungskoeffizient* $\mu = 14$ [mm^{-1}]

Schichtdicke D in mm	0,1	0,5	1,0	2,0	3,0	4,0
Verhältnis der Strahlungsintensität vor und hinter der Schicht I/I_0	0,87	0,50	0,25	0,06	0,015	0,004

[1] „Strahlungsintensität" ist die in einer Sekunde auf eine zur Strahlrichtung senkrechte Fläche von 1 cm² auftreffende Strahlungsenergie.

die Schwächung einer für Strukturuntersuchungen häufig benutzten Wellenlänge $\lambda = 0{,}71$ kX in Aluminiumfolien verschiedener Dicke an.

Eine anschauliche Vorstellung vom Durchdringungsvermögen einer Strahlung vermittelt die Angabe der *Halbwertschicht*, das heißt derjenigen Schichtdicke, welche die Strahlungsintensität durch Absorption und Zerstreuung auf die Hälfte herabsetzt. Zwischen Schwächungskoeffizient μ und der Halbwertschicht h, gemessen in cm, besteht[1] die Beziehung

$$h = \frac{0{,}69}{\mu} . \tag{5.2}$$

Zahlenwerte der Halbwertschicht von Aluminium (Dichte $\varrho = 2{,}7$) sind in Tab. 5.2 zusammengestellt.

Tabelle 5.2

Wellenlänge in kX	Halbwertschicht in cm Aluminium
1,54	0,005
0,71	0,05
0,56	0,10
0,30	0,46
0,12	1,5
0,06	2,1

Bei bekannter chemischer Zusammensetzung eines Stoffes (Mischung oder chemische Verbindung) kann dessen Massenschwächungskoeffizient $\frac{\mu}{\varrho}$ aus den Koeffizienten $\frac{\mu_1}{\varrho_1}, \frac{\mu_2}{\varrho_2} \ldots$ der mit den Gewichtsprozenten $\alpha_1, \alpha_2 \ldots$ darin enthaltenen Elemente berechnet werden:

$$\frac{\mu}{\varrho} = \frac{\alpha_1}{100}\frac{\mu_1}{\varrho_1} + \frac{\alpha_2}{100}\frac{\mu_2}{\varrho_2} + \frac{\alpha_3}{100}\frac{\mu_3}{\varrho_3} + \cdots \tag{5.3}$$

Sieht man zunächst von der Paarbildung ab, so kann der Schwächungskoeffizient aufgespalten werden in 2 Teile:

Schwächungskoeffizient = Absorptionskoeffizient + Streukoeffizient

$$\mu \qquad = \qquad \tau \qquad + \qquad \sigma \tag{5,4}$$

so daß die Gl. (5.1) so geschrieben werden kann:

$$I = I_0\, e^{-\tau D}\, e^{-\sigma D} . \tag{5.5}$$

Wie ein Vergleich der Tab. 5.3 und 5.4 zeigt, ist $\frac{\sigma}{\varrho}$ meist nur ein kleiner Teil von $\frac{\mu}{\varrho}$; abgesehen vom kurzwelligen Gebiet überwiegt τ gegenüber σ in Gl. (5.5).

[1] Gl. (5.1) lautet $0{,}5 = e^{-\mu h}$, hieraus $h = \frac{\log \text{nat}\, 2}{\mu} = \frac{0{,}69}{\mu}$ (vgl. Anhang A).

Tabelle 5.3[1]. *Massenschwächungskoeffizient μ/ϱ einiger Elemente*

Wellenlänge in kX	C	O	Al	Fe	Cu	Zn	Ag	Pb
0,06	0,120	—	0,121	—	0,160	—	0,283	0,90
0,09	0,137	—	0,144	—	0,259	—	0,715	2,49
0,12	0,151	—	0,168	—	0,434	—	1,36	5,15
0,16	0,163	—	0,213	—	0,83	—	—	—
0,20 (W)	0,174	—	0,272	1,12	1,50	1,70	5,45	5,0
0,30	0,206	0,24	0,55	3,38	4,56	5,1	17,5	13,6
0,40	0,250	0,35	1,09	7,6	10,2	11,5	37	32
0,50	0,325	0,52	1,92	14,2	19,1	21	9,7	55
0,63	0,48	0,90	3,73	27,5	38	42	20	101
0,71 (Mo)	0,61	1,22	5,22	38,5	51	58	28	140
1,00	1,37	3,15	14,1	101	129	147	73	77
1,54 (Cu)	4,5	11,2	49	328	49	59	225	230
1,93 (Fe)	8,8	22	94	71	98	115	410	420

[1] Ausführliche Zahlenwerte sind enthalten in LANDOLT-BÖRNSTEIN: Physikalisch-Chemische Tabellen, Abschnitte „Absorption und Streuung der Röntgenstrahlen", I. Band, 1. Teil, S. 297ff. u. S. 314ff. 6. Aufl. Berlin/Göttingen/Heidelberg: Springer 1950.

Tabelle 5.4. *Massenstreukoeffizient σ/ϱ einiger Elemente*

Wellenlänge in kX	C	Al	Cu	Ag	Pb
0,12	0,14	0,14	0,18	0,35	0,67
0,71	0,18	0,20	0,29	0,47	0,82

Für den Massenabsorptionskoeffizienten τ/ϱ gilt die Näherungsformel

$$\frac{\tau}{\varrho} = c\,\lambda^3 Z^3 . \tag{5.6}$$

Dabei ist c eine universelle Konstante, λ die Wellenlänge der Röntgenstrahlen und Z die Atomnummer (Ordnungszahl); Z ist die Stellenzahl eines Elementes im Periodischen System (vgl. Tab. 1.2). Abgesehen von einigen Ausnahmen in der Reihenfolge, wie z. B. Co und Ni, Te und J nimmt Z mit dem Atomgewicht zu.

An bestimmten Wellenlängen, die von Element zu Element verschieden sind, ändert sich die Konstante c in Gl. (5.6) sprungartig, wie Abb. 5.2 für Ag zeigt. Cu hat ebenfalls eine solche Absorptionskante; sie liegt bei 1,38 Å, somit außerhalb des Bildrahmens der Abb. 5.2. Eine 3fache Sprungstelle tritt bei Pt auf (Abb. 5.3).

Der einfache Absorptionssprung, *K-Absorptionskante* genannt, ist bei jedem Element immer kurzwelliger als die dreifache Sprungstelle, *L-Absorptionskante* genannt. Bei allen Elementen treten diese beiden

Sprungstellen auf, nur liegen sie teilweise in dem schwieriger zugänglichen Gebiet der sehr langwelligen Röntgenstrahlen. Zahlenwerte für die Absorptionskanten sind in Tab. 5.5 enthalten.

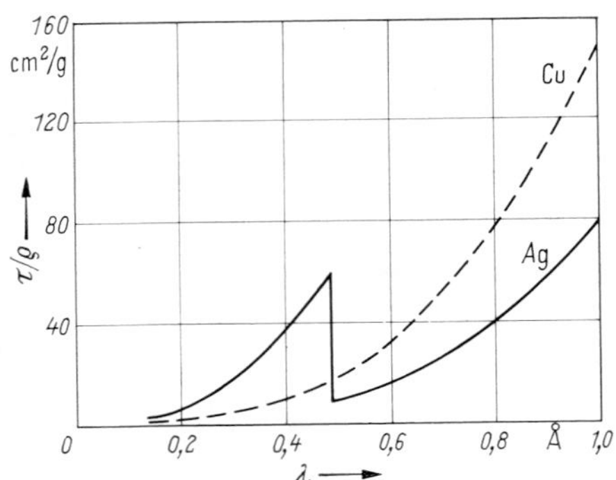

Abb. 5.2. Absorption von Kupfer und Silber.

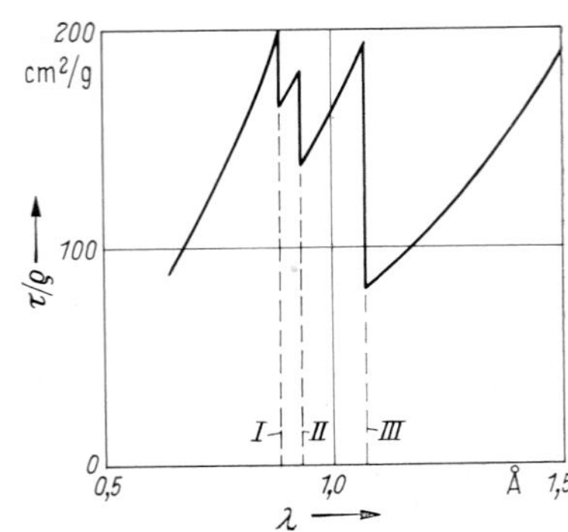

Abb. 5.3. Absorption von Platin

Tabelle 5.5. *Wellenlänge der Absorptionskanten einiger Elemente in* kX

Element	K-Absorptionskante	L-Absorptionskanten I	II	III
Al	7,94	—	—	—
Cu	1,38	—	—	—
Zn	1,28	—	—	—
Ag	0,485	3,25	3,51	3,69
Pb	0,14	0,78	0,81	0,95

Bei der Besprechung der Röntgenspektren wird die Bedeutung der Absorptionskanten in einem neuen Lichte erscheinen, und es wird sich eine Gesetzmäßigkeit ergeben, nach der die Wellenlänge einer Absorptionskante von Element zu Element mit wachsender Atomzahl stetig kleiner wird.

Die *Größe des Absorptionssprunges* v, das heißt das Verhältnis des Absorptionskoeffizienten auf der kurzwelligen Seite der Kante zu dem auf der langwelligen Seite, ist ebenfalls von der Atomzahl abhängig; bei den leichtatomigen Elementen ist v am größten (Tab. 5.6).

Tabelle 5.6. *Größe des Absorptionssprunges v der K-Absorptionskante*

Element	Al	Cu	Ag	Pt	Pb
v	12,6	8,2	6,7	6,0	5,2

Die Sprünge der L-Absorptionskanten sind immer kleiner als bei der K-Absorptionskante; für Platin ist zum Beispiel

$v = 1{,}25$ für L-Kante I
$v = 1{,}37$ für L-Kante II
$v = 2{,}47$ für L-Kante III

gegenüber $v = 6{,}0$ für die K-Kante.

Jeder von Röntgenstrahlen getroffene Stoff sendet verschiedene Strahlungen aus, die unter dem Sammelnamen *Sekundärstrahlung* zusammengefaßt werden:

1. Eigenstrahlung (Fluoreszenzröntgenstrahlung)
2. Zerstreute Strahlung (Klassische Streuung und Comptonstreuung)
3. Elektronenemission (Photoelektronen, Comptonelektronen, Paarbildungselektronen).

1. Die *Eigenstrahlung* wird nur erregt, wenn die Wellenlänge der auffallenden Röntgenstrahlen etwas kürzer ist als die kürzeste Wellenlänge der betreffenden Eigenstrahlung. Genau lautet diese Bedingung so: Die auffallende Wellenlänge darf nicht größer sein als die Wellenlänge λ_A der Absorptionskante des Stoffes. Die Erregung der Eigenstrahlung erfolgt um so stärker, je weniger sich die erregende Wellenlänge von λ_A unterscheidet (vgl. Abb. 5.4, für Kupfer ist $\lambda_A = 1{,}38$ kX). Unter sonst gleichen Umständen ist die Intensität der Eigenstrahlung direkt proportional mit der Intensität der erregenden Strahlung. Die Ausstrahlung ist nach allen Richtungen gleich groß. Die Anregung kann auch durch Kathodenstrahlen erfolgen, z. B. durch Aufbringen des Stoffes auf der Antikathode. Die zur Erregung erforderliche Mindestspannung V_A berechnet sich dann aus der Wellenlänge λ_A der Absorptionskante des Stoffes mit Hilfe der Gl. (2.5)

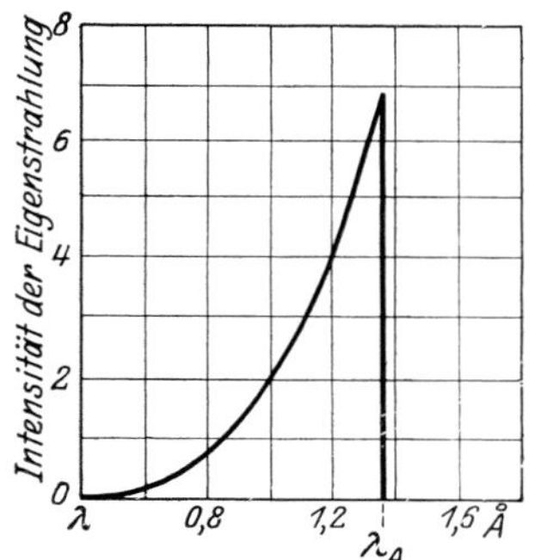

Abb. 5.4. Intensität der Kupfereigenstrahlung in Abhängigkeit von der Wellenlänge der auffallenden Röntgenstrahlung.

$$V_A = \frac{12{,}38}{\lambda_A}\,\text{kV}\,. \tag{5.7}$$

Es ist z. B. für Kupfer $V_A = \dfrac{12{,}38}{1{,}38} = 9{,}0$ kV.

Die Eigenstrahlung besteht aus Gruppen von einigen wenigen benachbarten Wellenlängen, deren Lage im Spektrum für das betreffende Element kennzeichnend ist.

Die Wellenlängen jeder Gruppe liegen in der Nähe der zugehörigen Absorptionskante, und zwar auf der langwelligen Seite. Die einzelnen

Gruppen werden als K-, L-, M-, . . . Serie[1] bezeichnet; die härteste Strahlung ist immer die K-Eigenstrahlung. Die L-Eigenstrahlung besteht aus Wellenlängen, die viel länger sind als die der K-Serie des gleichen Elementes. Innerhalb des technischen Röntgengebietes liegt nur die K-Eigenstrahlung sowie von schweratomigen Elementen die L-Eigenstrahlung.

Die Ausbeute[2] u an Eigenstrahlung nimmt für ein und dieselbe Serie mit der Atomnummer zu (Abb. 5.5); sie ist bei der K-Eigenstrahlung erheblich größer als bei der L-Eigenstrahlung und bei dieser wieder größer als bei der M-Eigenstrahlung.

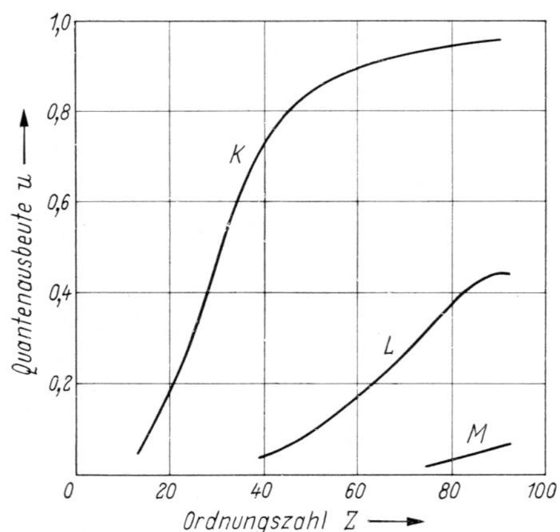

Abb. 5.5. Ausbeute an K-Strahlung, an L-Strahlung und an M-Strahlung *bei Anregung mit Röntgenstrahlen.*

2. Bei der *Streustrahlung* sind zwei verschiedene Vorgänge zu unterscheiden. Solange die einfallenden Wellenlängen groß sind im Vergleich zum Atomradius, erfolgt nur eine Richtungsänderung, aber keine Änderung der Wellenlänge. Die Elektronen der Atomhülle schwingen synchron mit den Primärstrahlen.

Im kurzwelligen Gebiet, in dem die Wellenlängen klein sind gegenüber dem Atomradius, befolgt der Streuvorgang andere Gesetze (*Compton*-Streuung): Bei der Streuung tritt eine mit dem Streuwinkel (Winkel zwischen einfallendem und gestreutem Strahl) zunehmende Wellenlängenvergrößerung ein, die unabhängig von der Wellenlänge und von der Art des Stoffes für einen Streuwinkel von 180° den Höchstwert 0,048 kX erreicht. Die Erweichung der Streustrahlung ist somit um so größer, je kurzwelliger die Einfallsstrahlung ist. Beide Arten von Streuvorgängen

[1] Näheres in Abschnitt 11.

[2] Die gesamte aus der Vorderseite einer ∞ dicken Platte austretende Eigenstrahlungsintensität verhält sich bei den verschiedenen Elementen ungefähr proportional mit der Ausbeute u.

können gleichzeitig auftreten. Bei der *Compton*-Streuung wird ein Teil der eingestrahlten Energie dazu verwandt, Elektronen aus den Atomen auszulösen, sogenannte Compton-Elektronen *(Rückstoßelektronen)*. Ihre Geschwindigkeit ist wesentlich kleiner als die der Elektronen, welche bei der Absorption entstehen. Ihre Flugrichtungen liegen in dem Winkelbereich 0 bis 90° gegenüber der Einfallsrichtung der Röntgenstrahlen. Eine sehr bemerkenswerte und für die Werkstoffprüfung wichtige Eigenschaft der Streustrahlung ist in Abb. 5.6 dargestellt. Die von dem Röntgenstrahl P an dem kleinen Körper O in verschiedenen Richtungen ausgelöste *Intensität* der gestreuten Wellenlängen ist durch die Länge des

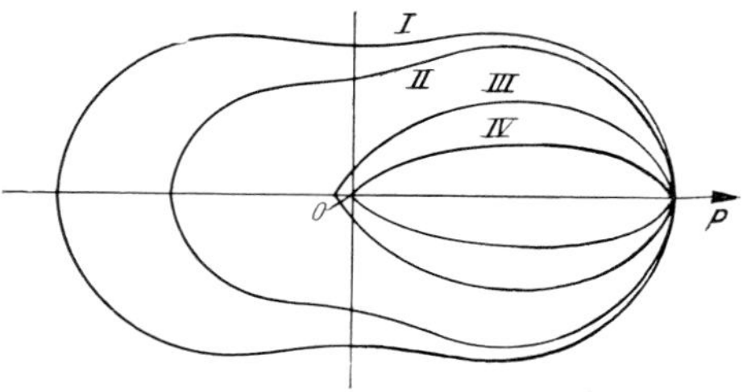

Abb. 5.6. Abhängigkeit der Streuintensität von der Richtung gegenüber dem Primärstrahl P für verschiedene Wellenlängen. I 2,4 kX, II 0,24 kX, III 0,024 kX, IV 0,0048 kX.

Abstandes der Kurvenpunkte von O wiedergegeben. Je kurzwelliger die Primärstrahlung ist, desto mehr beschränkt sich die Streustrahlung auf die nach vorn gelegenen Richtungen: Kurve III entspricht Röntgenstrahlen von 500 kV Spannung. Kurve IV der härtesten γ-Strahlung des Radiums. Je mehr die Richtung der Streustrahlung mit der Primärstrahlrichtung übereinstimmt, desto geringer ist die bildverschleiernde Wirkung der Streustrahlung bei Grobstrukturaufnahmen.

3. Die beim Absorptionsvorgang von den bestrahlten Atomen emittierten Elektronen *(Photoelektronen)* haben eine einheitliche kinetische Energie E, deren Größe von der Wellenlänge abhängt. Von dem nach Gl. (5.7) errechneten Betrag ist noch die Ablösearbeit, etwa 0,5 keV bei leichten Atomen, abzuziehen. Es ergeben sich die in der 3. Spalte der Tab. 5.7 angegebenen Werte von E_{Phot}. In der Praxis ist zu beachten, daß die technischen Röntgenröhren ein Spektrum von Wellenlängen liefern; die entstehenden Photoelektronen haben dann verschiedene kinetische Energien, deren Höchstwert sich aus Gl. (2.3) ergibt, wenn $\lambda_{\min}$ eingesetzt wird.

Bei *Compton-Elektronen* sind die Verhältnisse anders. Die Aufteilung der Energie des einfallenden Strahlungsquantes auf das gestreute Quant und das Rückstoßelektron hängt von der Streurichtung ab. Da die Streurichtungen zufallsmäßig bedingt sind, haben die Compton-Elektronen, auch wenn nur Röntgenstrahlen mit einheitlicher Wellenlänge auftreffen, alle möglichen Energiewerte von Null bis zu einem

Höchstwert. Dieser ist etwas kleiner als die Energie der von der gleichen Wellenlänge ausgelösten Photoelektronen. Der Unterschied zwischen beiden vermindert sich mit abnehmender Wellenlänge (3. und 4. Spalte der Tab. 5.7).

Für längere Wellenlängen als etwa 0,5 kX ist der Beitrag der Compton-Elektronen zur gesamten Sekundärelektronenenergie vernachlässigbar klein. Bei kurzwelligen Strahlen tritt andererseits der Anteil der Photoelektronen immer mehr zurück. Bei leichtatomigen Stoffen entfällt bei $\lambda_{\min} = 0{,}06$ kX entsprechend 200 kV Röhrenspannung nur etwa 1% auf Photoelektronen. Bei schweratomigen Stoffen erstreckt sich die Photoelektronenemission weiter in das kurzwellige Gebiet hinein.

Tabelle 5.7. *Energie und Reichweite von Photo- und Comptonelektronen*

λ kX	$h\nu$ keV	E_{Phot} keV	E_{Compt} max keV	E_{Phot} %	E_{Compt} %	R_{Phot} Wasser μm	R_{Compt} Wasser μm
1,213	10,2	9,2	0,39	99,9	0,1	2,2	0,014
0,809	15,3	14,8	0,87	99,6	0,4	5,0	0,044
0,404	30,7	30,2	3,3	93,7	6,3	19	0,36
0,202	61,4	60,9	11,9	52,4	47,6	60	3,5
0,101	122,8	122,3	39,7	8,4	91,6	210	28
0,0506	245	244,5	120	0,9	99,1	600	192
0,0243	510	509,8	340	0,1	99,9	1800	1000

Die Spalten 7 und 8 der Tab. 5.7 sollen eine Vorstellung davon geben, welche Reichweiten in Mikron die Photo- und Comptonelektronen in Wasser haben. Bei Röntgenstrahlen bis zu 200 kV Spannung handelt es sich um Strecken von Bruchteilen von Millimetern. Die Reichweiten-Werte entsprechen bei den Compton-Elektronen der maximalen Energie.

Tabelle 5.8. *Energie und Reichweite von Compton- und Paarelektronen*

λ kX	$h\nu$ MeV	E_{Compt} keV	E_{Paar} keV	E_{Compt} %	E_{Paar} %	R_{Compt} Wasser cm	R_{Paar} Wasser cm
0,0124	1	0,8	—	100	0	0,3	—
0,0025	5	4,8	4,0	90	10	2,5	2,2
0,0012	10	9,8	9,0	73	27	5	4,6
0,0006	20	19,7	18,0	50	50	10	9
0,00025	50	49,8	49,0	26	74	19	19

Bei den *ultraharten Röntgenstrahlen*, wie sie z. B. von einem Betatron geliefert werden, tritt noch der Effekt der *Paarbildung* hinzu. Voraussetzung ist, daß die Energie des einfallenden Strahlungsquantes größer ist als 1,02 MeV. Das Strahlungsquant verschwindet; es entsteht ein Elektron und ein Positron (Elektron mit positiver Ladung). Besitzt das Strahlungsquant eine höhere Energie als 1,02 MeV, so wird der überschießende Betrag auf Elektron und Positron übertragen. Das Positron hat nur eine sehr kurze Lebensdauer und vereinigt sich rasch mit einem freien Elektron. Aus den beiden Teilchen entstehen zwei Strahlungsquanten von je 0,51 MeV Energien *(Vernichtungsstrahlung)*. Die Paarbildung hat zur Folge, daß der Schwächungskoeffizient im ultraharten Gebiet wieder zunimmt (vgl. Abb. 3.6). Dieser Anstieg findet sich für Blei bei 3 MeV, für Kupfer bei 8 MeV und für leichtatomige Stoffe bei noch höheren Energien. Der Effekt der Paarbildung ist am stärksten bei Elementen am Ende des Periodischen Systemes.

Für Wasser sind die maximalen kinetischen Energien von Compton- und Paar-Elektronen für Strahlungsquanten von 1 bis 50 MeV in Tab. 5.8 (Spalte 3 und 4) aufgeführt. Die Unterschiede verschwinden praktisch bei sehr hohen Energien. Aus der 5. und 6. Spalte geht hervor, wie der Anteil der Paarelektronen gegenüber dem der Compton-Elektronen mit wachsender Quantgröße (2. Spalte) zunimmt. Die maximalen Reichweiten der Compton- und Paar-Elektronen erreichen bei 50 MeV in Wasser Werte von nahezu 20 cm. An Orten, die von direkter Strahlung nicht getroffen werden, können noch auf beträchtliche Abstände hin Strahlungswirkungen auftreten.

Abschließend sei bemerkt, daß, was über Eigenschaften von harten Röntgenstrahlen gesagt wurde, sinngemäß auch für γ-Strahlen gültig ist.

6. Beugung und Brechung

Bei dem grundlegenden Beugungsversuch von v. Laue, Friedrich und Knipping (1912) diente als Beugungsgitter die regelmäßige Anordnung der Atome in einem Kristall. Die Erwartung, daß die Abstände zwischen den Atomen in einem Kristall von solcher Kleinheit[1] sind, daß eine Beugung der vermutlich sehr kurzwelligen Röntgenstrahlen daran erfolgen könnte, wurde durch den Versuch glänzend bestätigt.

Ein durch zwei Bleiblenden B_1 und B_2 (Abb. 6.1) von etwa 1 mm Öffnung begrenztes Röntgenstrahlbündel durchsetzt die etwa 1 mm dicke Schicht eines Kristalles K, z. B. eines Steinsalzkristalles, und trifft dann in einem Abstand von einigen Zentimetern auf die photographische Platte P. Zum Schutz gegen die direkte Strahlung der Röhre A sowie gegen die von allen Richtungen eintreffenden Sekundärstrahlen des Bodens, des Tisches, der Wände usw. ist die Platte samt Kristall und

[1] Das beugende Objekt (z. B. der Spalt bei der Beugung des Lichtes) und die Wellenlänge der Strahlung müssen von gleicher Größenordnung sein, wenn eine Beugung möglich sein soll.

Blende von einem Bleikasten umgeben. Das hinten offene Ansatzrohr ermöglicht dem Primärstrahlenbündel einen ungehinderten Austritt und vermeidet so die Entstehung von Sekundärstrahlung beim Auftreffen der Strahlen auf die Rückwand des Kastens. Die Aufnahme (Abb. 6.2) zeigt außer dem runden, sehr kräftigen Schwärzungsfleck des direkt hindurchgegangenen Strahlenbündels eine Reihe weniger intensiver, gesetzmäßig angeordneter Schwärzungsflekken. Diese rühren von Strahlen her, die beim Durchgang durch den Kristall durch Beugung eine Richtungsänderung erlitten haben in ähnlicher Weise, wie bei der Beugung des Lichtes an einem Spalt die Strahlen je nach ihrer Wellenlänge unter verschiedenen Winkeln abgelenkt werden. Den physikalischen Vorgang der Röntgenstrahlenbeugung an der regelmäßigen Atomanordnung eines Kristalles, welche *Raumgitter* genannt wird, kann man sich etwa in folgender Weise klarmachen:

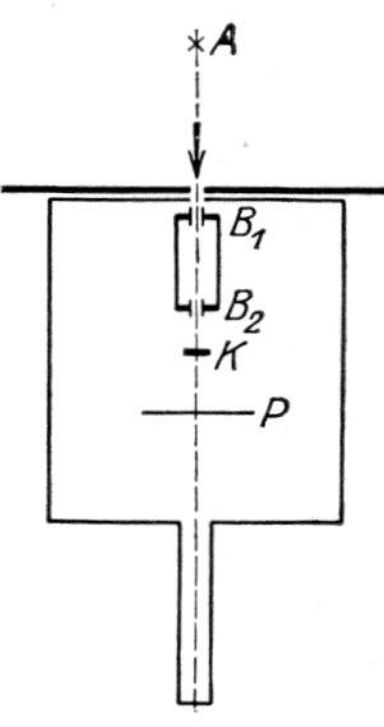

Abb. 6.1. Laue-Versuch (schematisch).

Die Elektronen der Atome des Kristalles werden durch die Röntgenstrahlen zu erzwungenen Schwingungen im Rhythmus der Röntgenstrahlenfrequenz angeregt und wirken so als neue Schwingungszentren.

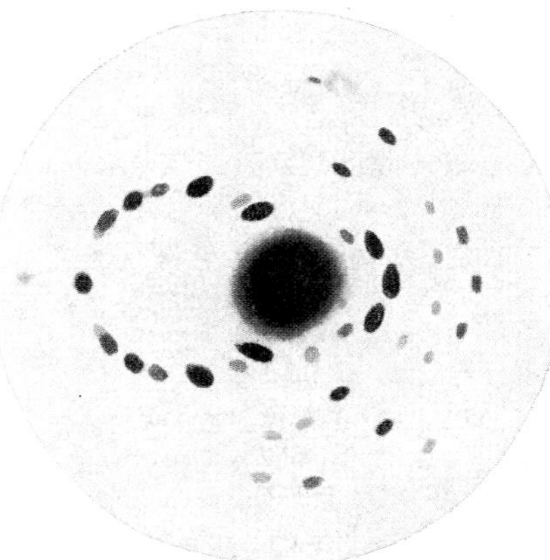

Abb. 6.2 a. Laue-Aufnahme von Steinsalz.

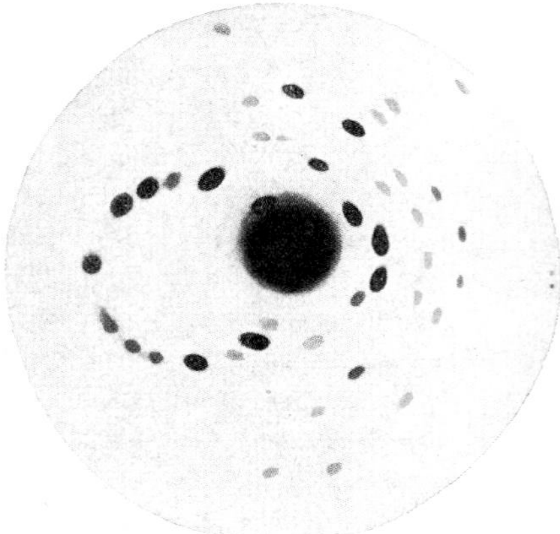

Abb. 6.2 b. Aufnahme des Kristalles von Abb. 6.2 a mit anderer Einstrahlrichtung.

Nun befinden sich aber nicht alle Atome zu gleicher Zeit im gleichen Schwingungszustand, da die Atome der tiefer liegenden Schichten um eine endliche, sehr kleine Zeit später von einer Röntgenwelle erfaßt werden als die Atome der Oberfläche. Die aus dem Kristall austretende, von

Elektronenschwingungen herrührende Strahlung besteht aus einem Zusammenwirken *(Interferenz)* von Schwingungen gleicher Frequenz, aber verschiedener Phase. Infolgedessen findet in gewissen Richtungen eine Verstärkung der Einzelschwingungen, in anderen Richtungen eine Auslöschung statt.

Die Richtung dieser Interferenzstrahlen ist abhängig

1. von der Atomanordnung des Kristalles, also von der Kristallart,
2. von der Größe der Wellenlänge der verwendeten Röntgenstrahlung,
3. von der Orientierung des Kristalles gegenüber der Einfallsrichtung der Röntgenstrahlen.

Auf Abb. 6.2b sind die Flecken nicht mehr symmetrisch zur Horizontalen wie in Abb. 6.2a, da die Durchstrahlungsrichtung nicht mehr in einer Würfelebene liegt.

Die von W. H. und W. L. Bragg auf Grund ihrer umfassenden Versuche mit einem Ionisationsspektrometer entwickelte Vorstellung der „selektiven Reflexion" der Röntgenstrahlen an Kristallebenen (mit

Abb. 6.3. Ionisationsspektrometer (W. H. und W. L. Bragg).

Atomen besetzten „Netzebenen") ist anschaulich und von großer Bedeutung für die Strukturforschung. Die Meßanordnung ist in Abb. 6.3 zu sehen. Sie ist von historischem Interesse, weil damit die ersten Kristallstrukturbestimmungen durchgeführt worden sind.

Der Aufbau hat eine gewisse Ähnlichkeit mit einem optischen Goniometer zur kristallographischen Flächenwinkelmessung. Der plattenförmige Kristall C ist auf einem drehbaren horizontalen Tisch mit Winkelteilung so aufgestellt, daß die vertikale Drehachse in der Ebene der Kristalloberfläche verläuft. Das Röntgenstrahlenbündel wird durch die Spalte S_1 und S_2 fein ausgeblendet, ehe es auf den Kristall auftrifft. Ein ebenfalls um die vertikale Achse drehbarer Arm trägt die zylindrische, mit Methylbromidgas gefüllte Ionisationskammer I; davor befindet sich ein Spalt S_3, dessen Breite verstellt werden kann. Im Gegensatz zu der Laueschen Methode wurde eine ganz bestimmte Art von Röntgenstrahlen, nämlich eine der von Barkla entdeckten Eigenstrahlungen, z. B. von Rh als Anodenmaterial, verwendet. Man erhält damit eine Strahlung, welche praktisch monochromatisch ist: eine Wellenlänge ist besonders intensiv. Mit einer Kristallstellung kann die Intensität der Reflexion an einer Netzebenenschar und ihren höheren Ordnungen gemessen werden. Die Entladung des Elektrometers E wird bei schrittweiser Drehung von Kristall und Ionisationskammer abgelesen[1]. Der Drehwinkel der Kammer muß immer doppelt so groß sein als der des Kristalles.

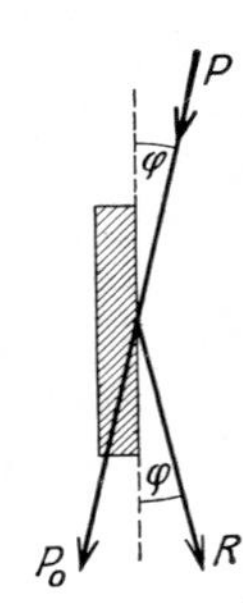

Abb. 6.4. Reflexion der Röntgenstrahlen an Kristallflächen.

Bei den ersten Versuchen wurden Spaltflächen von Kristallen benützt; diese sind mit Atomen dicht besetzt und haben eine besonders intensive Beugungswirkung.

Der Vorgang der „selektiven Reflexion" ist in Abb. 6.4 schematisch gezeichnet. Läßt man ein enges, paralleles Röntgenstrahlenbündel (Abb. 6.4) von der Wellenlänge λ auf die Würfelfläche eines Steinsalzkristalles unter einem kleinen Winkel φ auffallen, so kann man die Richtung des entstehenden Interferenzstrahles dadurch erhalten, daß man sich das Röntgenstrahlenbündel an der Kristallfläche gespiegelt denkt. Von einer gewöhnlichen Reflexion unterscheidet sich dieser Vorgang dadurch, daß unter dem Winkel φ nur *eine* bestimmte Wellenlänge λ und ihre Obertöne[2] reflektiert werden können:

$$n\,\lambda = 2\,d\,\sin\varphi \text{ (Braggsche Gleichung)}, \tag{6.1}$$

wobei $n = 1, 2, 3 \ldots$ ist.

d ist der kürzeste Abstand zwischen den zur Spiegelfläche parallelen, mit Atomen besetzten Kristallebenen und heißt *Netzebenenabstand*. Für die Würfelfläche von Steinsalz ist $d = 2{,}814$ kX.

---

[1] Betr. Absolutmessungen (Vergleich des reflektierten Strahles mit dem einfallenden Strahl) vgl. Abschnitt 21.

[2] Dieser der Akustik entlehnte Ausdruck bedeutet Wellen mit doppelter, dreifacher, vierfacher usw. Schwingungszahl, d. h. mit den Wellenlängen $\frac{\lambda}{2}, \frac{\lambda}{3}, \frac{\lambda}{4}$ usw.

Die Reflexion ist eine selektive, weil von allen in einer Röntgenstrahlung enthaltenen Wellenlängen nur diejenigen zur Reflexion ausgewählt werden, welche der Gl. (6.1) genügen.

Ein Beispiel mag dieses Verhalten veranschaulichen. Läßt man eine Röntgenstrahlung, in der alle Wellenlängen von 0,2 bis 1,0 kX vorkommen, unter einem Winkel von 9° auf die Würfelfläche eines Steinsalzkristalles auffallen, so werden nur reflektiert die Wellenlängen

$$1 \cdot \lambda_1 = 5{,}628 \cdot \sin 9° = 0{,}880 \text{ kX}$$
$$2 \cdot \lambda_2 = 5{,}628 \cdot \sin 9° = 0{,}880 \text{ kX, also } \lambda_2 = 0{,}440 \text{ kX}$$
$$3 \cdot \lambda_3 = 5{,}628 \cdot \sin 9° = 0{,}880 \text{ kX, also } \lambda_3 = 0{,}293 \text{ kX}$$
$$4 \cdot \lambda_4 = 5{,}628 \cdot \sin 9° = 0{,}880 \text{ kX, also } \lambda_4 = 0{,}220 \text{ kX}$$

Das auffallende Strahlenbündel P (Abb. 6.4) enthält alle Wellenlängen von 0,2 bis 1,0 kX, das reflektierte Bündel R nur die vier Wellenlängen 0,880 kX, 0,440 kX, 0,293 kX, 0,220 kX, die sich wie $1 : \frac{1}{2} : \frac{1}{3} : \frac{1}{4}$ verhalten.

Unter welchen Winkeln kann an einer Steinsalzwürfelfläche die Strahlung von der Wellenlänge 0,440 kX reflektiert werden?

$$\sin \varphi_1 = \frac{1 \cdot 0{,}440}{5{,}628} = 0{,}0782, \text{ also unter dem Winkel } \varphi_1 = 4° \, 29{,}2'$$
$$\sin \varphi_2 = 2 \cdot 0{,}0782, \text{ also unter dem Winkel } \varphi_2 = 8° \, 59{,}75'$$
$$\sin \varphi_3 = 3 \cdot 0{,}0782, \text{ also unter dem Winkel } \varphi_3 = 13° \, 34'$$
$$\sin \varphi_4 = 4 \cdot 0{,}0782, \text{ also unter dem Winkel } \varphi_4 = 18° \, 13{,}5'$$
$$\sin \varphi_5 = 5 \cdot 0{,}0782, \text{ also unter dem Winkel } \varphi_5 = 23° \, 0{,}6'$$

Die für den Wert $n = 1$ aus der Braggschen Gleichung sich ergebende Reflexion heißt *Reflexion erster Ordnung* usw. Die Intensität des reflektierten Strahles nimmt mit wachsender Ordnungszahl sehr stark ab. Will man eine Wellenlänge mit großer Intensität aus einer Strahlung aussondern, so muß man den Kristall gegenüber der einfallenden Strahlung so orientieren, daß der kleinste für die Wellenlänge mögliche Reflexionswinkel (Reflexion erster Ordnung) auftritt.

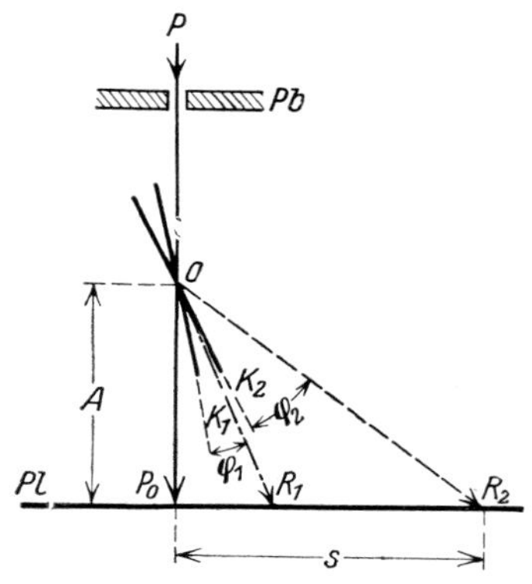

Abb. 6.5. Prinzip eines Drehspektrographen.

Die Entdeckung der Beugung an Kristallen hat den Weg frei gemacht zu einer spektralen Zerlegung der Röntgenstrahlen. Der Grundgedanke der Erzeugung eines *Röntgenspektrums* besteht darin, die in einer Röntgenstrahlung enthaltenen Strahlen verschiedener Wellenlänge unter verschiedenen Winkeln auf eine Kristallfläche auftreffen zu lassen, so daß der für jede Wellenlänge nach Gl. (6.1) nötige Reflexionswinkel auftreten kann. Dies kann z. B. dadurch erreicht werden, daß der Kristall um eine in seiner Oberfläche liegende und zur Richtung der einfallenden Röntgenstrahlen senkrechte Achse (O in Abb. 6.5) stetig hin- und hergedreht wird. Zwei der verschiedenen Stellungen des Kristalles sind eingezeichnet (K_1 und K_2), ebenso die Richtungen R_1 und R_2 der bei diesen Kristallstellungen erzeugten reflektierten Strahlen. Jeder reflektierte Strahl enthält nur eine Wellenlänge λ, ferner mit geringerer[1] Intensität $\frac{\lambda}{2}$ sowie noch schwächer $\frac{\lambda}{3}$ usw.

Auf diese Weise werden die einzelnen, in der ursprünglichen Strahlung enthaltenen Strahlen verschiedener Wellenlänge räumlich voneinander getrennt auf der photographischen Platte Pl zur Wirkung gebracht.

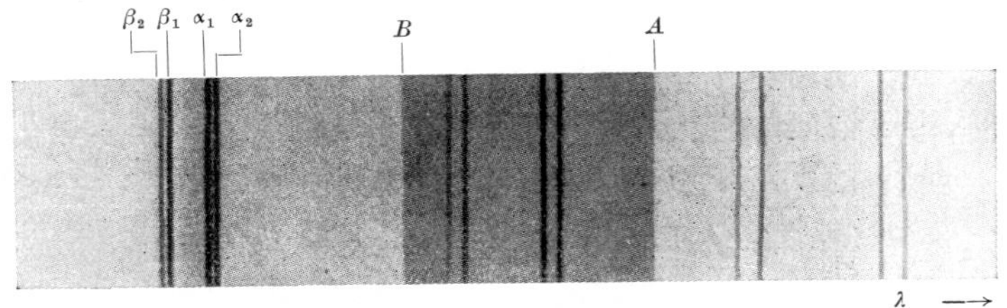

Abb. 6.6. Spektrum der Strahlung einer Röntgenröhre mit Wolframanode in verschiedenen Ordnungen, aufgenommen mit einem Seemann-Spektrographen (2fach vergrößert).

Bei Ausblendung des Strahlenbündels durch einen engen Spalt (etwa 0,1 · 10 mm) aus strahlenundurchlässigem Material (Abb. 6.5) entstehen auf der photographischen Platte Pl linienförmige Schwärzungen, deren Lage von Wellenlänge zu Wellenlänge verschieden ist und deren Stärke ein Maß für die Intensität der an die betreffende Stelle reflektierten Wellenlänge ist.

In der Abb. 6.6 ist eine Spektralaufnahme der gesamten von einer technischen Röntgenröhre bei einer Betriebsspannung von 160 kV ausgesandten Strahlung abgebildet. Man sieht eine stetig verlaufende kontinuierliche Schwärzung, welche von der Bremsstrahlung herrührt und als *Bremsspektrum* oder *kontinuierliches Spektrum* bezeichnet wird. An einzelnen Stellen treten beiderseits scharf begrenzte linienförmige[2] Schwärzungen auf, *Spektrallinien*, die ihre Entstehung der Eigenstrahlung des Anodenstoffes (Wolfram) verdanken. Die Aufnahme zeigt die vier dicht beieinanderliegenden Spektrallinien der K-Strahlung des Wolframs, welche mit α_1, α_2, β_1 und β_2 bezeichnet werden. Entsprechend

[1] Weil in 2. bzw. 3. Ordnung reflektiert.

[2] Einzelne Wellenlängen heben sich auf einer Spektralaufnahme nur dann als Linien ab, wenn ihre Intensität größer ist als die der unmittelbar benachbarten Wellenlängen. Infolgedessen liefert die Bremsstrahlung, bei der die Intensität sich von Wellenlänge zu Wellenlänge nur wenig und stetig ändert, ein kontinuierliches Schwärzungsband.

der Braggschen Gleichung können diese vier Wellenlängen unter dem doppelten, dreifachen Winkel[1] usw. ebenfalls reflektiert werden. Man nennt die in zweiter Ordnung reflektierten Wellenlängen das Spektrum zweiter Ordnung usw. Der Abstand zweier Spektrallinien wächst[2] mit der Ordnung, eine Tatsache, von der bei Präzisionsmessungen von Wellenlängen mit Vorteil Gebrauch gemacht wird. Dagegen ist die Intensität der Linien, wie erwähnt, in der ersten Ordnung am größten.

An der Stelle A ist auf der Platte (Abb. 6.6) im kontinuierlichen Spektrum eine sprungartige Schwärzungsänderung zu sehen: der kurzwellige Teil ist stärker geschwärzt als der langwellige. Die Ursache dieser Erscheinung liegt in der verschiedenen Empfindlichkeit der photographischen Emulsion für Strahlen verschiedener Wellenlänge. Die Sprungstelle stimmt überein mit der Absorptionskante des Silbers[3]; Strahlen kürzerer Wellenlänge werden von der Bromsilberschicht stärker absorbiert und sind daher photographisch wirksamer. Ein Schwärzungssprung, bei dem die kurzwellige Seite weniger geschwärzt ist als die langwellige, ist mit B bezeichnet; er stimmt überein mit der Wellenlänge der K-Absorptionskante des Bariums und rührt davon her, daß die Glaswand der Röntgenröhre bariumhaltig ist. Das Barium absorbiert die Strahlen, die kurzwelliger sind als seine Absorptionskante, besonders stark, so daß diese in der aus der Röntgenröhre austretenden Strahlung weniger intensiv vertreten sind als die Strahlen mit etwas längerer Wellenlänge.

Erst viele Jahre nach der Laueschen Entdeckung der Beugung der Röntgenstrahlung an Kristallgittern gelang es, Beugungserscheinungen am Spalt und an Strichgittern aufzufinden und die Existenz einer Brechung und Reflexion der Röntgenstrahlen nachzuweisen.

Andeutungen einer *Beugung am Spalt* wurden schon vor LAUES Entdeckung von WALTER und POHL erhalten. Erst 1924 konnte aber von WALTER mit monochromatischen Röntgenstrahlen an einem keilförmigen Spalt von $^1/_{100}$ mm Weite und darunter ein einwandfreies Beugungsbild gewonnen werden, das die wesentlichen Züge eines optischen Spaltbeugungsbildes zeigt.

---

[1] Genauer unter den Winkeln φ_1, φ_2 und φ_3, die sich verhalten wie $\sin\varphi_1 : \sin\varphi_2 : \sin\varphi_3 = 1:2:3$.

[2] Entspricht z. B. 1 mm auf der Platte einem Wellenlängenunterschied von Δ kX, so ist der Abstand zweier Wellenlängen λ und λ' in erster Ordnung, $\frac{\lambda-\lambda'}{\Delta}$, in zweiter Ordnung $\frac{2(\lambda-\lambda')}{\Delta}$ usw. Die Beziehung, daß 1 mm an allen Stellen der Platte der gleiche Wellenlängenunterschied entspricht, ist streng nur bei kleinen Reflexionswinkeln gültig, bei denen $\sin\varphi = \operatorname{tg}\varphi = \operatorname{arc}\varphi$ ist.

[3] Ein zweiter Schwärzungssprung liegt an der Stelle der Absorptionskante des Broms (0,918 kX); er ist auf der Aufnahme nicht mehr enthalten.

Ein entscheidender Schritt in der Optik der Röntgenstrahlen ist der von LARSSON, SIEGBAHN und WALLER (1924) erbrachte Nachweis der *Brechung und Reflexion der Röntgenstrahlen an einem Glasprisma.* Selbst unter den günstigsten Umständen beträgt der Ablenkungswinkel des gebrochenen Strahles nur wenige Winkelminuten: der Brechungsexponent des Glases für Strahlen von 1,5 kX Wellenlänge unterscheidet sich erst in der 6. Dezimale nach dem Komma von der Zahl 1000000; er ist kleiner als 1. Dies hat zur Folge, daß beim Übergang von Röntgenstrahlen aus der Luft in Glas oder andere feste Stoffe eine *Totalreflexion* auftreten muß, die 1922 durch A. H. COMPTON nachgewiesen wurde. Es ist dann kein gebrochener Strahl vorhanden, die ganze einfallende Intensität

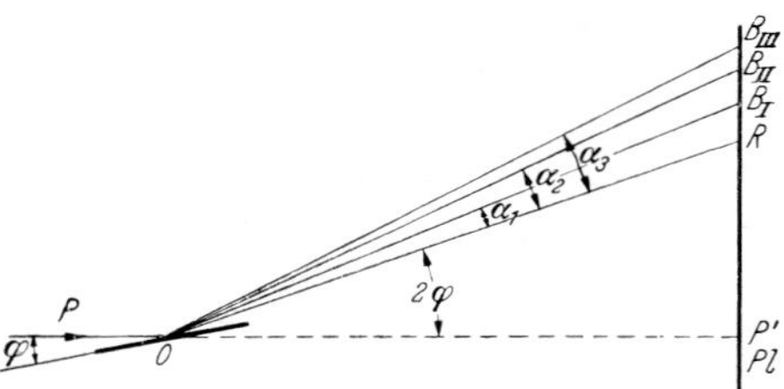

Abb. 6.7. Beugung der Röntgenstrahlen an einem Strichgitter.

wird reflektiert. Da der Brechungsexponent nahezu 1 ist, umfaßt das Gebiet der Totalreflexion bei Glas für 1,5 kX nur wenige Minuten; der Strahl muß ganz streifend auf die Oberfläche auftreffen.

Brechung und Reflexion der Röntgenstrahlen sind also so kleine Effekte, daß sie nur unter besonders günstigen Umständen beobachtet werden können. Im großen und ganzen besteht daher die Feststellung von RÖNTGEN zu Recht, daß diese Strahlen keine Brechung und Reflexion im üblichen Sinne zeigen.

Von der Erscheinung der Totalreflexion wird Gebrauch gemacht bei der *Beugung der Röntgenstrahlen an Strichgittern.* Ein Strichgitter besteht z. B. aus einer Metall- oder Glasoberfläche mit zahlreichen in genau gleichen Abständen mit einem Diamanten eingeritzten Strichen. Die regelmäßige Anordnung von reflektierenden und nicht reflektierenden Stellen gibt dann Anlaß zu einer Beugung des Lichtes und, wie zuerst von A. H. COMPTON und DOAN 1925 gefunden wurde, auch der Röntgenstrahlen. Um genügende Intensität zu erhalten, muß im Gebiet der Totalreflexion, d. h. bei ganz streifendem Eintritt des Strahlenbündels, beobachtet werden.

Die Anordnung ist in ihren Grundzügen in Abb. 6.7 gezeichnet. Ein eng ausgeblendetes, nur eine Wellenlänge enthaltendes Röntgenstrahlenbündel P trifft streifend die Oberfläche des Gitters O. Auf der photographischen Platte Pl finden sich außer dem nach dem optischen

Reflexionsgesetz gespiegelten Strahl R die in verschiedenen Ordnungen nach der Gleichung

$$n\lambda = d'[\cos\varphi - \cos(\varphi + \alpha_n)] \quad (6.2)$$

$$d' = \text{Gitterkonstante}, \; n = 1, 2, 3 \ldots$$

gebeugten Strahlen B_I-, $B_I \ldots$, die beiderseits des reflektierten Strahles R liegen. Mit Hilfe einer Winkelmessung kann aus Gl. (6.2) die Wellenlänge ermittelt werden. Eine solches Beugungsgitter wirkt wie eine Anhäufung von Spalten; die Linien sind um so schärfer, je größer die Strichzahl ist.

Glasgitter mit 50 bis 600 Strichen auf 1 mm (also $d' = 20$ bis $1{,}66 \cdot 10^{-4}$ cm) haben sich für die Röntgenspektroskopie der langen Wellen-

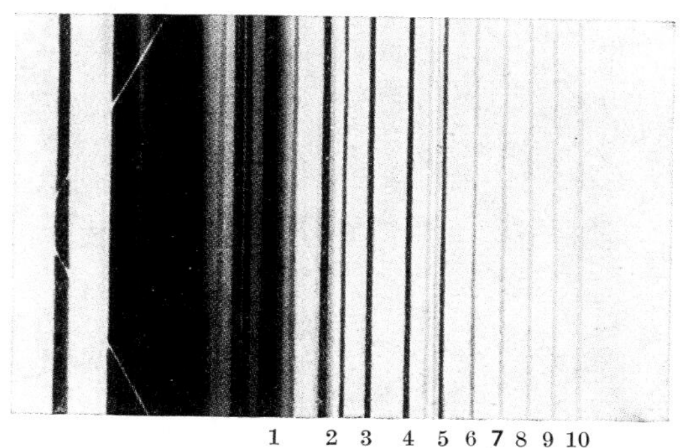

Abb. 6.8. Magnesium-K_α-Linie in 10 Ordnungen (nach KIESSIG).

längen, etwa von 20 kX aufwärts, als nützlich erwiesen, weil Kristalle mit so großen Gitterkonstanten schwierig herzustellen sind. Unter sonst gleichen Verhältnissen ist allerdings das Auflösungsvermögen von Kristallgittern wesentlich besser.

Auf der mit einem ebenen Siegbahn-Glasgitter (200 Striche pro 1 mm) bei 500 mm Abstand Gitter-Film erhaltenen Aufnahme der Magnesium-K_α-Linie mit der Wellenlänge 9,87 kX sind 10 Ordnungen zu sehen (Abb. 6.8). In Übereinstimmung mit der Gl. (6.2) werden die Linienabstände mit steigender Ordnungszahl immer kleiner.

Die Gitterspektroskopie ermöglicht ferner eine Absolutmessung der Röntgenwellenlängen.

7. Ionisation, Lumineszenz, photographische Wirkung

Die Ionisation ist die Grundlage des wichtigsten Verfahrens zur Messung von Röntgen- und γ-Strahlen, sowie von Korpuskularstrahlen (β-Strahlen, α-Strahlen usf.). Bei der Absorption von Strahlung durch ein Atom oder Molekül eines Gases wird ein Elektron aus der Hülle abgelöst. Der Atomrest ist positiv geladen, während das freie Elektron[1] negative Ladung mit sich führt. Positive Ionen und Elektronen wandern in einem angelegten elektrischen Feld. Das Gas, z. B. die Luft, hat unter der Strahlungswirkung elektrische Leitfähigkeit erlangt. Was im folgenden über Röntgenstrahlen gesagt ist, gilt sinngemäß auch für γ-Strahlen.

Der *Ionisationsstrom* ist proportional der Röntgenstrahlenintensität bei unveränderter Qualität der Röntgenstrahlung, wenn die angelegte Spannung ausreicht, um sämtliche von der Strahlung in der Zeiteinheit erzeugten Ionen ohne Wiedervereinigung aus dem Gasvolumen hinaus-

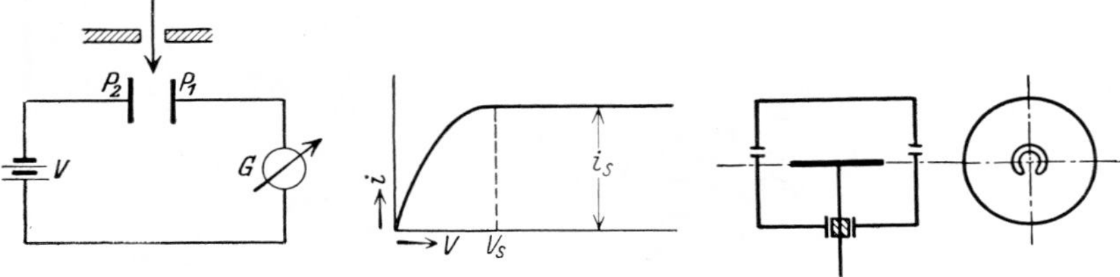

Abb. 7.1. Ionisationsmessung (schematisch).

Abb. 7.2. Ionisationsstrom in Abhängigkeit von der Spannung.

Abb. 7.3. Ionisationskammer (nach HOLTHUSEN).

zuschaffen; der Zustand *des Sättigungsstromes* ist daran erkenntlich, daß bei einer Erhöhung der angelegten Spannung der Ionisationsstrom nicht mehr zunimmt. Eine einfache Anordnung für Ionisationsmessungen zeigt Abb. 7.1. Der Luftraum zwischen zwei Platten P_1 und P_2 aus Aluminium wird bestrahlt und der infolge der angelegten Spannung V fließende Strom i mit einem hochempfindlichen Galvanometer G gemessen. Läßt man die Strahlung konstant und ändert man die Spannung V, so erhält man (Abb. 7.2) nach Überschreiten der Spannung V_s (Sättigungsspannung) keine weitere Stromzunahme.

Bei einer vergleichenden Intensitätsmessung an Röntgenstrahlen verschiedener Wellenlänge sind noch zwei Punkte zu beachten: durch geeignete Blenden ist eine direkte Bestrahlung der Wand der Ionisationskammer und der beiden Elektroden zu verhindern, weil sonst sekundäre Elektronen ausgelöst werden, die zusätzlich ionisierend wirken. Der Abstand der Kammerwände muß ferner größer sein als die Reichweite der in Luft gebildeten sekundären Elektronen, damit diese ihre volle Ionisationswirkung ausüben können (etwa 10 cm bei Röntgenstrahlen von 200 kV Spannung). Eine diesen beiden Forderungen entsprechende von HOLTHUSEN angegebene Kammer wird in Abb. 7.3 (Schnitt mit Vorderansicht) gezeigt. Die Forderung, nur die reine Luftionisation zu messen,

[1] Je nach dem Druck und der Gasart hängen sich diese Elektronen rasch an neutrale Atome und bilden so negative Ionen.

läßt sich nach FRICKE und GLASSER, GLOCKER und KAUPP auch bei kleinen Kammern (z. B. in Form eines Fingerhutes) verwirklichen, wenn als Wandmaterial ein Stoff verwendet wird, dessen Absorption mit der der Luft übereinstimmt[1].

Die Luftionisation ist kein Maß für die *auffallende* Röntgenstrahlen-Intensität, wie die Kurve in Abb. 7.4 deutlich zeigt. Von langwelligen Röntgenstrahlen wird ein größerer Betrag absorbiert als von kurzwelli-

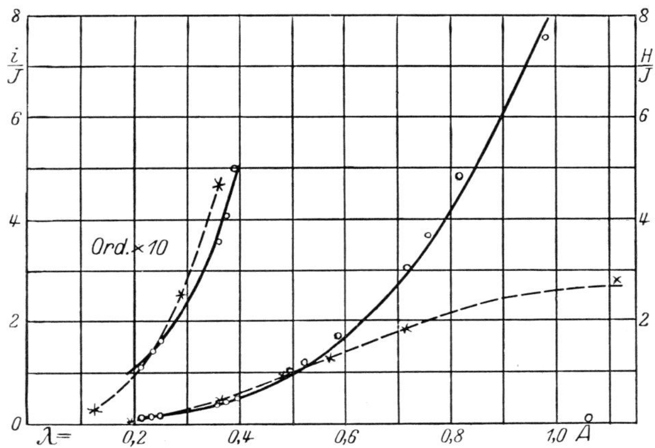

Abb. 7.4. Ionisationswirkung und Leuchtschirmhelligkeit in Abhängigkeit von der Wellenlänge der Röntgenstrahlen.

——— $\frac{\text{Ionisationsstrom}}{\text{auffallende Strahlungsintensität}}$

— — — $\frac{\text{Leuchtschirmhelligkeit}}{\text{auffallende Strahlungsintensität}}$

gen. Aufgetragen ist in Abb. 7.4 der Quotient aus Ionisationsstrom und auftreffender Strahlungsintensität. Man kann den Sachverhalt auch so ausdrücken: Die Empfindlichkeit einer Luftionisationskammer ist eine Funktion der Röntgenwellenlänge.

Sieht man zunächst vom kurzwelligen Gebiet mit der Auslösung von Rückstoßelektronen ab, so ist der *Ionisationsstrom ein Maß für die absorbierte Strahlungsintensität*; mißt man in einer Luftkammer von der Länge L cm bei zwei Strahlungen verschiedener Wellenlänge die Ionisationsströme i_1 und i_2, so erhält man das Verhältnis der auffallenden Strahlungsintensitäten I_1 und I_2 aus der Gleichung

$$\frac{i_1}{i_2} = \frac{I_1\,(1 - e^{-\tau_1 L})}{I_2\,(1 - e^{-\tau_2 L})} = \frac{I_1\,\tau_1}{I_2\,\tau_2}\,, \tag{7.1}$$

[1] Die neueren „Luftwändekammern" bestehen aus Kunststoff und haben auf der Innenseite einen Graphitüberzug.

wenn $\frac{\tau_1 L \ll 1}{\tau_2 L \ll 2}$ ist, wobei τ_1 und τ_2 die Absorptionskoeffizienten der beiden Strahlungen sind.

Diese Gleichung ist der besondere Fall der allgemeinen aus dem Grundgesetz[1] der Röntgenstrahlenwirkung (GLOCKER) sich ergebenden Gl. (7.2). Es ist die Wirkung W in einem Meßkörper von der Dicke D (Ionisationsstrom, photographische Schwärzung, Leuchtschirmhelligkeit, chemische Ausscheidung usw.) gegeben durch

$$W = I_0 (1 - e^{-\mu D}) \frac{\alpha \tau + \sigma_v + x'}{\mu} . \tag{7.2}$$

wenn I_0 die auffallende Strahlungsintensität ist, wobei μ Schwächungskoeffizient, τ Absorptionskoeffizient, σ_v Rückstoßkoeffizient, x' den Paarbildungskoeffizienten (nach Abzug der Ruheenergie der beiden Teilchen), α Photoelektronenausbeute des betreffenden Stoffes bedeutet.

Der Inhalt der Gl. (7.2) läßt sich in Worten so ausdrücken: *Maßgebend für die Wirkung ist unabhängig von der Wellenlänge der Bruchteil der auffallenden Röntgenenergie, der in Energie von Photo-, Rückstoß- und Paarbildungselektronen verwandelt wird.*

Eine Absolutmessung der einfallenden Strahlungsenergie ist sehr schwierig und erfordert hochempfindliche, kalorimetrische Meßmethoden, deren Anwendungen auf das Laboratorium beschränkt sind. Einem Vorschlag von BEHNKEN (1924) folgend wurde die Luftionisation als Grundlage für eine Einheit der Röntgenstrahlenmessung gewählt, deren Definition nach der Fassung des III. Internationalen Radiologenkongresses in Paris 1931 folgendermaßen lautet:

„Die internationale Einheit der Röntgenstrahlen soll durch die Röntgenstrahlmenge dargestellt werden, die bei voller Ausnützung der sekundären Elektronen und unter Vermeidung der Wandwirkungen in der Ionisationskammer in 1 cm³ atmosphärischer Luft bei 0 °C und 76 cm Quecksilberdruck eine solche Leitfähigkeit bewirkt, daß eine Ladung von einer elektrostatischen Einheit bei Sättigungsstrom gemessen wird. Die internationale Einheit soll „Röntgen" genannt und mit dem Buchstaben r bezeichnet[2] werden.

Diese Definition ist in ihrem wesentlichen Inhalt noch heute gültig. Außer einigen formalen Änderungen wurde der wenig exakte Ausdruck „Röntgenstrahlenmenge" durch neue Bezeichnungen ersetzt, nämlich „exposure" in den Empfehlungen[3] der ICRU bzw. „Standardionendosis" oder „Gleichgewichtsionendosis" im Normblatt DIN 6809.

---

[1] Betr. Gültigkeitsgrenzen dieser Beziehung und ihrer Erweiterung auf das ultraharte Gebiet s. GLOCKER (1953).

[2] Statt der Abkürzung r wird jetzt R geschrieben, da alle auf Namen zurückgehenden Benennungen von Einheiten mit großen Buchstaben bezeichnet werden sollen.

[3] International Commission on Radiological Units and Measurements, Washington 1956.

Die für die Praxis bestimmten Ionisationskammern werden durch Vergleich mit einer Standardkammer bei der Physikalisch-Technischen Bundesanstalt in Braunschweig in Röntgen geeicht. Die Standardkammern der verschiedenen Länder stimmen untereinander innerhalb $\pm 1\%$ überein. Bei einer Luftwändekammer genügt eine Eichung für *eine* Strahlungsqualität. Nur bei weichen Strahlen macht sich die Absorption der Kammerwand bemerkbar, so daß Eichungen für mehrere Strahlungsqualitäten erforderlich werden.

Die in einem Stoff pro Masseneinheit wirksame Strahlungsenergie wird Dosis genannt. Die Definitionsgleichung lautet

$$\text{Dosis} = \frac{\text{in einem Volumen wirksame Strahlungsenergie}}{\text{Masse des Volumens.}} \tag{7.3}$$

Die Einheit der Dosis in der Radiologie ist das rad, wobei die Beziehung gilt

$$1\,\text{rad} = 100\,\text{erg/g} \tag{7.4}$$

Der Quotient Dosis/Zeit heißt Dosisleistung und wird ausgedrückt in rad/sec, rad/min . . . Abgesehen von dem ganz langwelligen Gebiet, das für die Technik weniger in Betracht kommt, ist die Ionisierungsarbeit in Luft (Arbeit zur Bildung eines Ionenpaares) unabhängig von der Wellenlänge und beträgt 34 eV. Die Bestimmung der Ionisation in Röntgen liefert die Zahl der Ionenpaare. Hieraus ergibt sich, daß bei Messung von 1 Röntgen[1] die in 1 g Luft ,,wirksame Strahlungsenergie" 88 erg/g oder 0,88 rad beträgt. Dies ist die ,,Luftdosis". Die Messung in Röntgen ist direkt eine Messung eines Ladungstransportes, indirekt aber eine Energiemessung.

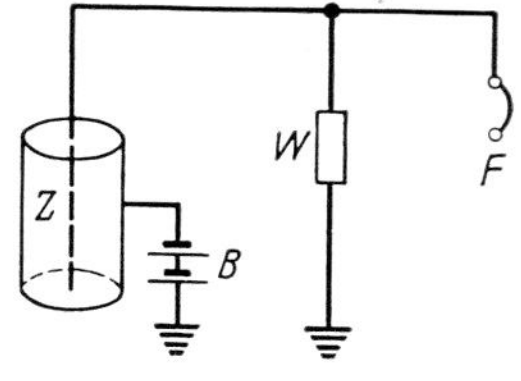

Abb. 7.5. Wirkungsweise eines Zählrohres.

Unter bestimmten Meßbedingungen kann aus der durch eine Messung in R ermittelten Luftdosis die Dosis in einem Stoff von bekannter chemischer Zusammensetzung mit Hilfe der Gl. (7.2) berechnet werden[1]. Diese Frage ist aber mehr von Interesse für die medizinische Radiologie.

Das *Zählrohr von Geiger und Müller*, kurz *Geigerzähler* genannt, hat eine um mehrere Größenordnungen höhere Empfindlichkeit als eine Ionisationskammer. Das Grundprinzip ist in Abb. 7.5 gezeichnet. In einem dünnwandigen Metallzylinder Z ist achsial ein Metalldraht ausgespannt, der mit dem Faden F eines Saitenelektrometers verbunden ist; parallel zum Elektrometer liegt ein hochohmiger Widerstand W. Der

[1] Wegen der Einzelheiten s. Glocker, R., Macherauch, E.: Röntgen- und Kernphysik für Mediziner und Biophysiker, 2. Aufl., Stuttgart: Thieme 1965, 458ff.

Minuspol einer Hochspannungsbatterie B von etwa 1000 Volt ist mit Z verbunden. Das Rohr Z ist an beiden Enden mit zwei Kappen aus Isolationsmaterial verschlossen und wird mit einem verdünntem Gas, z. B. Argon bei 100 mm Hg Druck gefüllt. An sich würde ein Zählrohr auch bei Atmosphärendruck arbeiten; aber es sind dann viel höhere Betriebsspannungen erforderlich. Beim Einfall von Röntgenstrahlen entstehen durch den Photo- und Compton-Effekt im Rohr Z Elektronen, die beim Auftreffen auf Atome und Moleküle Ionen bilden. In dem starken elektrischen Feld in der Umgebung des Drahtes werden diese Ionen so beschleunigt, daß sie beim Stoß auf Atome und Moleküle selbst wieder Ionen bilden können; dieser Vorgang der *Stoßionisation* setzt sich weiter fort, so daß aus wenigen primär gebildeten Ionen schließlich eine Ionenlawine entsteht. Die Folge davon ist, daß ein einzelnes α- oder β-Teilchen einen meßbaren Stromstoß erzeugt. Dieser bewirkt an dem Widerstand W eine Spannungsdifferenz, die einen kurzdauernden Ausschlag des Elektrometerfadens F verursacht. Das Abreißen der Entladung nach Durchgang des Teilchens wird dadurch erreicht, daß dem Gas organische Dämpfe, z. B. Methanol, in kleiner Menge zugefügt werden *(Trost)*, neuerdings werden auch Halogene als Löschgas verwendet. Halogenzählrohre haben den weiteren Vorteil einer niederen Betriebsspannung (500 bis 600 Volt).

Es sind zwei Arten von Gas-Zählrohren zu unterscheiden: *Proportionalzählrohre* und *Auslösezählrohre*. Der Übergang von der Ionisationskammer zum Proportionalbereich und von dort zum Auslösebereich ist in Abb. 7.6 dargestellt. Die Grundzüge lassen sich am besten erkennen, wenn man statt Röntgenstrahlen α-Teilchen und bei einem zweiten Versuch β-Teilchen einfallen läßt. Jedes Zählrohr kann bei entsprechend niederer Spannung als Ionisationskammer betrieben werden. Es sei angenommen, daß jedes α-Teilchen 1000mal mehr Ionen bildet als jedes β-Teilchen: dann wird der Sättigungsstrom in der Ionisationskammer (Spannungsbereich v_1 bis v_2 in Abb. 7.6) beim Durchgang von α-Teilchen 1000mal größer sein als bei β-Teilchen. Bei weiterer Steigerung der Spannung über v_2 hinaus tritt Stoßionisation auf; die Zahl der gebildeten Ionen ist n mal so groß wie in dem eben betrachteten Fall des Sättigungsstromes. Die Ionenzahl wird proportional verstärkt, daher der Name Proportionalzähler. Der Verstärkungsfaktor n ist gleichgroß für alle Arten von Teilchen: er nimmt mit der Spannung stark zu und erreicht Werte von der Größenordnung 10^5 bis 10^6. Bei einer gewissen Spannung hört die Proportionalität auf, oberhalb v_3 in Abb. 7.6. Das bedeutet, daß n jetzt verschieden ist für α- und β-Teilchen. Weitere Spannungserhöhung führt zu einem Gebiet, in dem die beiden Kurven in Abb. 7.6 in eine einzige zusammenlaufen. Die Zahl der gebildeten Ionen und damit die Größe des Stromstoßes (Impulses) ist unabhängig von der

Energie und Ionisationswirkung des auftreffenden Teilchens. Eine Ionisation an einer beliebigen Stelle verursacht eine Ionenlawine, die sich sofort über den ganzen Raum Z ausbreitet. Das einfallende Teilchen wirkt nur auslösend: daher kommt die Bezeichnung „Auslösezähler". Die Zahl der auftreffenden Teilchen — im Falle der Röntgenstrahlen die

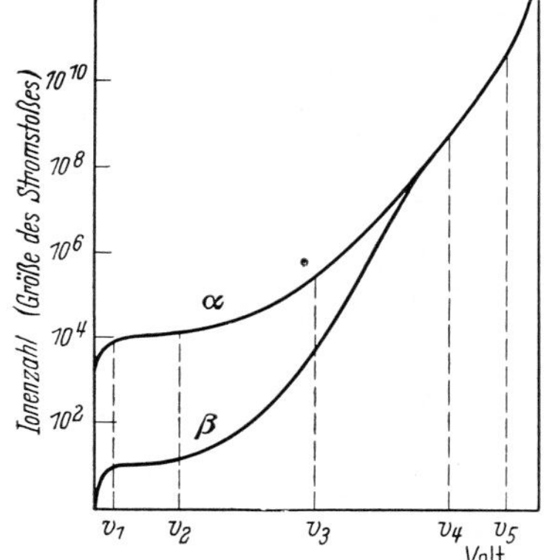

Abb. 7.6. Übergang von der Ionisationskammer zum Proportionalzähler und zum Auslösezähler (nach MONTGOMERY).

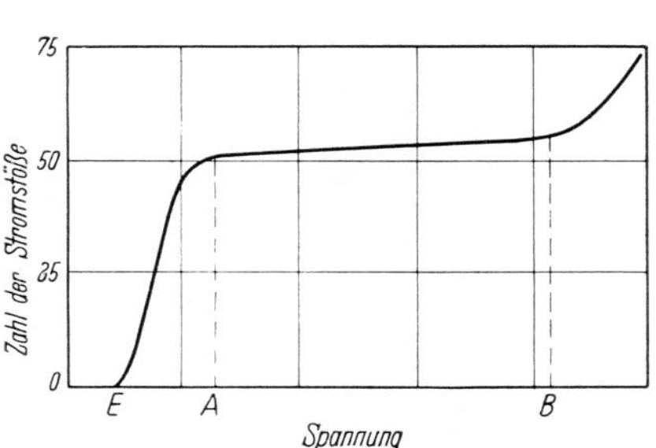

Abb. 7.7. Spannungsplateau beim Auslösezähler.

Zahl der Photo-, Compton- und Paarbildungselektronen wird angezeigt. Der Auslösebereich erstreckt sich in Abb. 7.6 von v_4 bis v_5. Oberhalb v_5 setzt eine Glimmentladung ein. Man muß also scharf unterscheiden, daß ein Auslösezähler[1] die Teilchen zählt, während ein Proportionalzähler das Produkt aus Teilchenzahl und Teilchenenergie angibt.

Ein Auslösezähler hat noch eine bemerkenswerte Eigenschaft. Mißt man die Zahl der Stromstöße und nicht, wie bisher besprochen, ihre Größe, so erhält man die in Abb. 7.7 gezeichnete Spannungsabhängigkeit. Erst von einer gewissen Mindestspannung E an beginnt der Zähler zu zählen. Diese *Einsatzspannung* hängt von der Bauart des Zählrohres ab und von der Empfindlichkeit der Registriervorrichtung. Etwa 100 Volt höher wird dann ein Zustand erreicht, in dem die Stoßzahl bei weiterer Spannungserhöhung sich nur wenig ändert. Die Stoßzahl ist praktisch von der Spannung unabhängig. Dieses *Spannungsplateau* erstreckt sich über 200 Volt von A bis B in Abb. 7.7. Alle Auslösezähler werden in diesem Spannungsbereich[2] betrieben: Netzspannungsschwankungen haben dann praktisch keinen Einfluß auf das Meßergebnis. Der Einbau von Stabilisatoren, wie sie beim Proportionalzähler unerläß-

[1] In England und Amerika versteht man unter einem *Geigerzähler* stets einen Auslösezähler.

[2] Bei Proportionalzählern tritt ein Spannungsplateau nur unter ganz bestimmten Bedingungen auf.

lich sind, ist nicht nötig. Die Spannungsabhängigkeit des Proportionalzählers hat andererseits den Vorteil, die Empfindlichkeit in weiten Grenzen durch Änderung der Spannung regulieren zu können.

Die Impulse sind beim Proportionalzähler kleiner als beim Auslösezähler; infolgedessen ist ein größerer elektronischer Aufwand im ersten Fall nötig. Dem steht aber der Vorteil gegenüber, durch eine ,,Diskriminatorschaltung" Impulse von einer bestimmten Höhe aussondern zu können. Einige weitere charakteristische Unterschiede in den Eigenschaften der beiden Zählerarten sind in Tab. 7.1 zusammengestellt. Die Zahlenangaben sind Richtwerte.

Tabelle 7.1. *Eigenschaften von Proportional- und Auslösezählern*

	Lebensdauer [Stöße]	Entladungsdauer [sec]	Erholungszeit [sec]	Gasverstärkungsfaktor
Proportionalzähler	10^{12}	10^{-6}	—	10^2 bis 10^5
Auslösezähler (mit Löschdampf)	10^8 bis 10^{10}	—	10^{-4}	10^7 bis 10^{10}

Die Lebensdauer von Zählrohren mit organischen Löschdämpfen ist begrenzt, weil die organischen Moleküle beim Entladungsvorgang zerfallen. Bei Halogenzusätzen ist dies nicht der Fall. Die *Erholungszeit*[1] ist die Zeit, die nach dem Durchgang eines Teilchens vergeht, bis das Zählrohr für das nächste Teilchen ,,ansprechbereit" ist. Während eines Stromstoßes entstehen im Zählrohr Raumladungen; das elektrische Feld bricht momentan zusammen und erreicht seine Normalstärke erst wieder, wenn die Ionen an die Elektroden gelangt sind; jetzt kann erst der nächste Stoß registriert werden. Je kürzer die Erholungszeit ist, die nicht nur vom Zählrohr, sondern auch von der Schaltung und Registrierung abhängt, desto größer ist die ohne Ausfall pro Sekunde meßbare Stoßzahl. Bei einem Auslösezähler von 10^{-4} sec Erholungszeit werden z. B. statt 1000 Stöße pro Sekunde nur 900 Stöße pro Sekunde angezeigt. Zählrohre mit besonders flacher Kennlinie sind schon ansprechbereit, ehe alle Ionen die Elektroden erreicht haben. Ihre Erholungszeit ist bei entsprechender Schaltung 10^{-6} sec (Berthold und Trost). Ein Ausfall von 10% tritt erst bei 10000 Stößen pro Sekunde auf; die Anzeige ist noch bis zu hohen Stoßzahlen linear.

Die Empfindlichkeit der Zählrohre ist so hoch, daß die kosmische

[1] Häufig wird unterschieden zwischen Totzeit und Erholungszeit. In der Totzeit ist die Feldstärke kleiner als die Einsatzspannung, der Zähler ist völlig unempfindlich. Dann werden Impulse registriert; sie sind aber kleiner als normal. Die Zeit, die vergeht, bis die Impulse ihre volle Höhe wieder erreicht haben, heißt Erholungszeit.

Strahlung und die Bodenradioaktivität einen Ausschlag geben. Diese Stoßzahlen des Hintergrundes muß man von den bei der Messung einer Strahlung erhaltenen Stoßzahlen abziehen. Wieviele Stoßzahlen z. B. an einem Interferenzzählrohrgoniometer[1] beobachtet werden müssen, um eine gewünschte Genauigkeit zu erhalten, kann aus Tab. 7.2 abgelesen werden.

Tabelle 7.2. *Erforderliche Stoßzahlen für verschiedene Verhältnisse der gesamten Stoßzahl zur Stoßzahl des Hintergrundes* (nach Sinclair)

Gewünschte Genauigkeit	1,10	1,25	1,50	2,20	6,00	∞
1%	—	450000	150000	54000	20000	10000
2%	580000	110000	40000	14000	5000	2500
5%	91000	18000	6600	2200	820	420
10%	23000	4500	1600	580	200	100

Die Abb. 7.8 zeigt die äußere Form eines Zählrohres[2]. Es ist für Feinstrukturuntersuchungen mit langwelligen Röntgenstrahlen bestimmt und hat deshalb ein Fenster, das mit dünner Aluminiumfolie überdeckt ist. An einem Ende befindet sich ein Bajonettverschluß zum Anschließen des zum Verstärker- und Meßkasten führenden Hochspannungskabels.

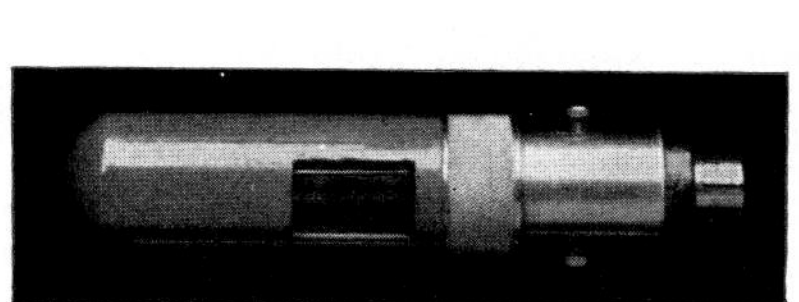

Abb. 7.8. Zählrohr (nach Trost).

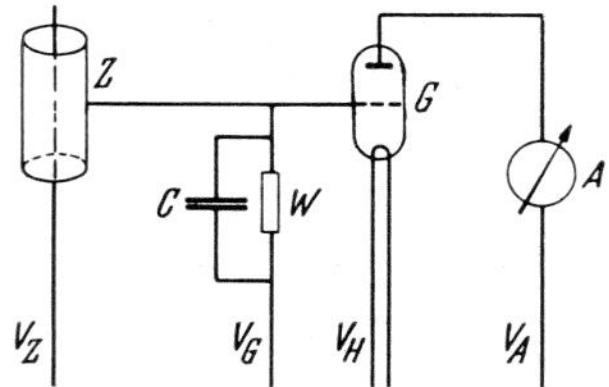

Abb. 7.9. Zählrohrschaltung.

Auf diese Weise können die Zählrohre rasch ausgewechselt werden. Für besonders große Empfindlichkeiten, z. B. für Wanddickenmessungen[3], werden Mehrfachzählrohre gebaut (3 oder 7 Zählrohre in einem Glasrohr). Bei den in der Werkstoffprüfung benützten Zählrohrgeräten werden die Stromstöße nicht mit einem mechanischen Zählwerk gezählt, sondern elektrisch als Strom aufsummiert (Trost). Proportionalzählrohre, deren Wände aus innenseitig graphitiertem Kunststoff bestehen und deren Gasfüllung luftäquivalent ist, können in Röntgen pro

[1] Vgl. Abschnitt 20. Dort finden sich auch weitere Angaben über den Betrieb von Zählrohren.

[2] Hersteller: Laboratorium Prof. Berthold, Wildbad (Schwarzwald).

[3] Vgl. Abschnitt 10.

Sekunde geeicht werden. Ihre Angabe ist dann in weitem Umfang „wellenunabhängig“ hinsichtlich der Röntgeneinheit. Solche Zählrohre finden Anwendung bei Strahlenschutzmessungen[1] (GLOCKER und FROHNMEYER, BERTHOLD und TROST). Ein Beispiel einer Schaltung für Proportionalzähler wird in Abb. 7.9 gezeigt. Die an dem Hochohmwiderstand W durch den Stromstoß hervorgerufene Spannung wird dem Gitter G einer Verstärkerröhre zugeführt. Das Meßergebnis wird als Stromstärke am Zeigerausschlag des Milliamperemeters A abgelesen. Der Kondensator C, der durch eine Umschaltung ausgewechselt werden kann, dient zur Regulierung der Dämpfung des Ausschlages. Je größer die Kapazität ist, desto größer ist die Zeitdauer, über die die Stromstöße ausgemittelt werden. Im Auslösebereich werden die Einzelstöße mit Hilfe eines Stromtores auf gleiche Größe und Dauer verstärkt; die Stromstärke ist dann ein Maß für die Zahl der Stöße (BERTHOLD und TROST).

Für Untersuchungen mit langwelligen, stark absorbierbaren Röntgenstrahlen werden *Durchflußzähler* benützt, z. B. für Vakuumspektroskopie. Die Argon-Methan-Mischung strömt mit geringem Überdruck gegenüber der Atmosphäre langsam durch das Zählrohr hindurch. Man kann dann mit einer sehr dünnen Fensterfolie oder ganz ohne Folie auskommen. Methanzähler erfordern hohe Arbeitsspannungen, rund 2500 Volt, und werden daher meist im Proportionalbereich betrieben.

Die *Lumineszenzwirkung* der Röntgenstrahlen gab den Anlaß zu ihrer Entdeckung und bildet die Grundlage für die Durchleuchtung in Medizin und Werkstoffprüfung[2]. Die Helligkeit eines Leuchtschirmes bei Aufsicht (Betrachtung der der Röntgenröhre zugekehrten Schirmfläche) ändert sich mit der Wellenlänge der Röntgenstrahlen viel weniger als die Luftionisation (vgl. Abb. 7.4). Die früher benützten grünlich leuchtenden Zinksilikatschirme wurden ersetzt durch empfindlichere Schirme, deren Hauptbestandteil Zinksulfid ist; sie müssen vor starkem Licht durch ein Lichtfilter geschützt werden. Die Verstärkerfolien, die auf den photographischen Film bei Aufnahmen gelegt werden, bestehen aus Calcium-Wolframat, das wegen seines blauen Fluoreszenzlichtes photographisch besonders wirksam ist.

Die durch ionisierende Strahlungen ausgelöste Lumineszenzwirkung hat im letzten Jahrzehnt große meßtechnische Bedeutung erlangt und zur Entwicklung des Szintillationszählers, einem Gegenstück des besprochenen gashaltigen Zählers, geführt. Gewisse feste kristalline Stoffe senden Fluoreszenzlicht in Form von kurzdauernden Lichtblitzen aus, wenn sie von Röntgen- oder γ-Strahlen bzw. von Korpuskularstrahlen getroffen werden. Die von den verschiedenen Leuchtstoffen emittierten

---

[1] Vgl. Abschnitt 8.

[2] Näheres in Abschnitt 9.

Lichtimpulse unterscheiden sich durch ihre Höhe, spektrale Lage und Abklingzeit. Viel verwendet für Röntgen- und γ-Strahlen werden große Natriumjodid-Kristalle, die 1% Thallium als Aktivator enthalten. Wegen ihrer hygroskopischen Eigenschaften müssen diese in einer luftdichten Kapsel, z. B. aus Plexiglas, eingeschlossen sein.

In der medizinischen Radiologie werden hauptsächlich organische Kristalle, z. B. Anthrazen, benützt. Ihre Impulsgröße ist geringer, aber die Abklingzeit mit 10^{-8} sec ist eine Größenordnung günstiger; dementsprechend erstreckt sich der lineare Bereich der Anzeige bis zu sehr hohen Stoßzahlen.

Die nächste Stufe der Messung ist die Umwandlung der Lichtimpulse und deren Verstärkung auf elektrischem Weg. Hierzu dient der „Se-

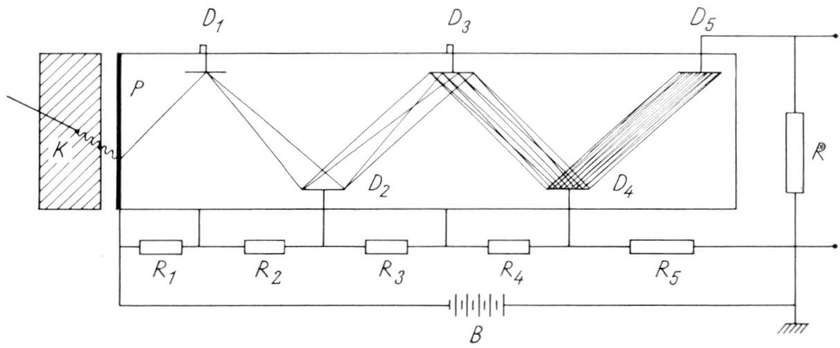

Abb. 7.10. Aufbau eines Szintillationszählers (aus GLOCKER und MACHERAUCH).

kundärelektronenvervielfacher"[1], dessen Wirkungsweise aus Abb. 7.10 zu ersehen ist. Das in dem Kristall K von Röntgenstrahlen erregte Fluoreszenzlicht gelangt auf die Photokathode P, die den Abschluß eines evakuierten Glasrohres bildet. Die Oberfläche von P besteht z. B. aus einer Cs-Sb-Legierung. Durch den lichtelektrischen Effekt werden dort Elektronen von den auftreffenden Lichtquanten ausgelöst. Durch ein elektrisches Feld wird ein Elektron auf die Elektrode D_1 geleitet und erzeugt beim Aufprall auf D_1 mehrere, z. B. 2 Elektronen. Diese werden durch ein weiteres elektrisches Feld in Richtung auf die Elektrode D_2 beschleunigt. Dort wiederholt sich der Vorgang, so daß nunmehr 4 Elektronen auf die Elektrode D_3 auftreffen. In einer Röhre mit 10 Elektroden wird die Zahl der in der Photokathode vom Licht ausgelösten Elektronen, wenn jedes Mal eine Verdopplung der Zahl erfolgt, mit dem Faktor $2^{10} = 1024$ vervielfacht. Der Maximalwert dieses Multiplikationsfaktors liegt bei 10^8, wenn jedes Elektron nicht zwei, sondern mehrere erzeugt. Der durch die Röhre fließende Strom wird,

[1] Englisch: photomultiplier.

nötigenfalls nach weiterer Verstärkung auf elektronischem Wege, mit einem Zeigergerät gemessen. Die Meßergebnisse sind der dem Szintillatorkristall abgegebenen Röntgen-Strahlenenergie proportional. Der Wirkungsweise nach ist ein Szintillationszähler der Gruppe der Proportionalzähler und nicht der der Auslösezähler zuzuordnen. Der Unterschied gegenüber den besprochenen gasgefüllten Zählern besteht darin, daß die Lichtemission durch Vorgänge im Atom bzw. Molekül verursacht ist.

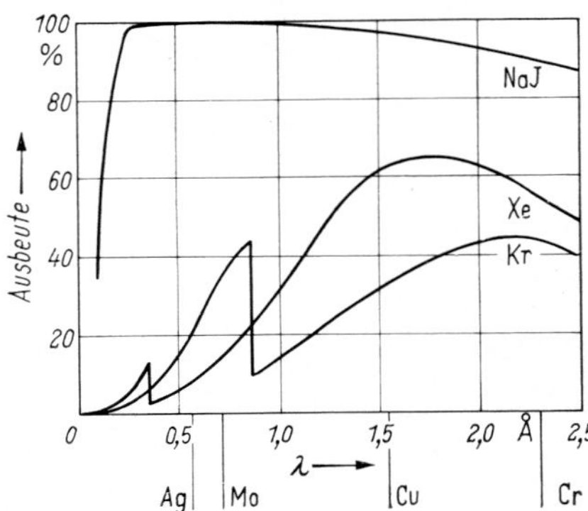

Abb. 7.11. Abhängigkeit der Ausbeute verschiedener Zähler von der Wellenlänge der Röntgenstrahlen (nach TAYLOR und PARRISH).

Kr: Kryptongas 500 mm Hg; 2,7 cm Länge,
Xe: Xenongas 300 mm Hg; 2,7 cm Länge.

In einem Sekundärelektronenvervielfacher fließt auch dann ein, allerdings kleiner Strom, wenn die Photokathode dem Licht nicht ausgesetzt ist. Dieser Dunkelstrom rührt her von der thermischen Emission von Elektronen aus der Photokathode. Bei Zimmertemperatur liegt er, je nach der Bauart, zwischen 10^{-8} und 10^{-10} Amp. Abkühlung auf die Temperatur der flüssigen Luft bringt eine erhebliche Reduktion. Das Verhältnis Signalstrom zu Dunkelstrom wird bei hohen Verstärkungsfaktoren ungünstiger (BREITLING). Es ist deshalb besser, die Verstärkung am Vervielfacher nieder zu halten und mit einem normalen Verstärker nachzuverstärken.

Die Wellenlängenabhängigkeit von zwei Proportionalzählern mit Krypton- und Xenon-Füllung und einem Szintillationszähler aus einem 1,0 mm dicken Kristall von NaJ (Th) ist in Abb. 7.11 dargestellt. Als Ordinate aufgetragen ist die Ausbeute, wobei diese definiert ist als die Zahl der registrierten Röntgenquanten, dividiert durch die Zahl der auf das Fenster auftreffenden Röntgenquanten. Die Kurven sind aus den Absorptionskoeffizienten der betreffenden Stoffe berechnet. Die Kurven für Xenon und Krypton zeigen deutlich die K-Absorptionskanten.

Für die bei Feinstrukturuntersuchungen übliche Kupfereigenstrahlung hat ein Xenonzähler eine doppelt so große Empfindlichkeit als ein Kryptonzähler. Für Molybdän- und Silberstrahlung kehrt sich das Verhältnis um. Bei Silberstrahlung beträgt die Ausbeute höchstens noch 20%. Die Überlegenheit des NaJ-Kristalles ist im Bereich von 0,3 bis 2 Å deutlich zu erkennen; die Ausbeute beträgt 100%. Oberhalb 2 Å werden die Impulshöhen so klein, daß sie von den Hintergrundimpulsen nicht mehr gut getrennt werden können.

Im γ-Strahlengebiet nimmt die Ausbeute rasch ab; ein immer kleinerer Bruchteil der auftreffenden γ-Strahlenenergie wird in dem 1 mm dicken Kristall absorbiert. Man muß hier dickere Kristalle verwenden, um mehr zu absorbieren. Es wäre aber nicht ratsam, solch dicke Kristalle auch für das langwellige Röntgengebiet bei 1,5 Å zu verwenden. Nimmt man z. B. an, daß schon ein Viertel der Dicke die Röntgenstrahlung

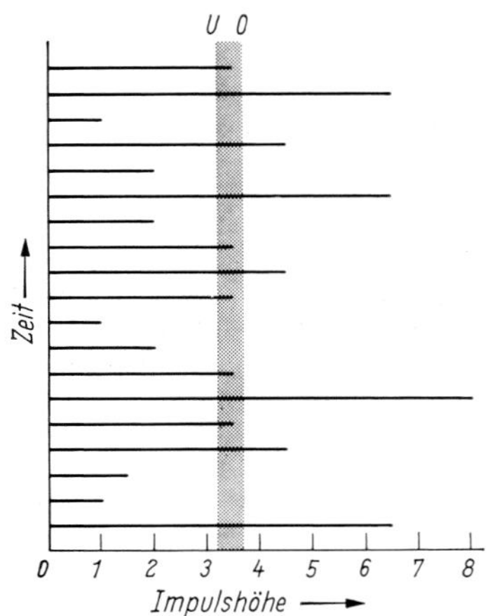

Abb. 7.12. Auswahl von Impulshöhen durch Diskriminatorschaltung.

völlig absorbiert, so ist das Verhältnis der Zahl der durch Röntgenstrahlen ausgelösten Impulse zur Zahl der Hintergrundimpulse schlechter als bei einem dünnen Kristall, weil die Hintergrundstrahlung im ganzen Volumen und nicht nur im bestrahlten Teil entsteht.

Bei allen Zählern, bei denen die Impulsgröße von der Energie des einfallenden Teilchens abhängt — Proportionalzähler, Szintillationszähler — ist es möglich, mit Hilfe einer elektronischen Schaltung die Impulse nach ihrer Größe auszusortieren. Das Prinzip eines solchen *Diskriminators* geht aus Abb. 7.12 hervor. Von der Gesamtheit der Impulse werden nur diejenigen registriert, deren Größe[1] in einem wählbaren Impulsintervall liegen, z. B. zwischen der Impulsgröße U als untere Grenze (Schwelle) und O als obere Grenze (Abb. 7.12); die Größe der Impulse ist durch die Länge der Striche dargestellt. Die gestrichelte Fläche wird „Kanal" genannt. Die Kanallage ist die Lage der Schwelle U. Die Differenz der Impulsgrößen U und O heißt „Kanalbreite". Je enger

[1] Die Benennungen Impulshöhe und Impulsgröße sind gleichbedeutend.

der Kanal ist, desto größer ist das Auflösungsvermögen. Durch entsprechende Änderung der elektrischen Größen kann der Kanal verschoben werden; dadurch wird ein anderer Impulsbereich ausgewählt und zur Anzeige gebracht. Ein Diskriminator ermöglicht z. B. die Ausschaltung von Störimpulsen, die im allgemeinen kleiner sind als die zu messenden Impulse.

Aus der Diskriminatorschaltung heraus ist das Verfahren der *Impulshöhenanalyse* entstanden. Beim Auftreffen eines Strahlungsquantes von γ-Strahlen oder Röntgenstrahlen auf einen Szintillationskristall finden eine Reihe[1] von Prozessen (Photoabsorption, Compton-Streuung, Paarbildung) statt, die von Elektronenemission begleitet sind. Hier kommt es vor allem[2] auf die Photoabsorption an. Die Photoelektronen eines Elementes haben einheitliche Energie, deren Größe für jede Atomart charakteristisch ist. Unter gewissen Meßbedingungen und bei Vernachlässigung der Bindungsenergie des Atomelektrons ist die angezeigte Impulsgröße proportional der Energie des absorbierten Strahlungsquantes.

Um ein *Impulsspektrum* zu erhalten, wird der Kanal in Abb. 7.12 jeweils um eine Kanalbreite kontinuierlich verschoben und für jede Lage die Zahl der Impulse bestimmt. Daraus ergibt sich die Häufigkeit für die einzelnen Größenklassen (Abb. 7.13). Zur Vereinfachung sind in der schematischen Darstellung viel weniger Impulse gezeichnet worden, als bei einer Messung tatsächlich auftreten; der gebrochene Kurvenzug ist dann eine glatte Kurve, die an bestimmten Stellen Maxima aufweist.

Das Impulsspektrum wird ein Energiespektrum, wenn die Meßanordnung mit Strahlungsquanten bekannter Energie geeicht wird. Das Energiespektrum sieht ähnlich aus wie das mittels Beugung am Kristall aufgenommene Röntgenspektrum. Die Kenngrößen sind aber statt der Wellenlängen die Energien der ausgelösten Photoelektronen. Eine Impulshöhenanalyse mit einem Einkanalspektrometer ist umständlich und zeitraubend. Es sind daher komplizierte Geräte (Vielkanalspektrometer) entwickelt worden, bei denen der zu untersuchende Impulsbereich in mehrere hundert gleichgroße Abschnitte aufgeteilt ist; jeder Abschnitt hat seinen eigenen, fest eingestellten Kanal; die Messung erfolgt in allen Kanälen gleichzeitig. Die Strahlungsintensitäten sind bei einem Impulshöhenanalysator[3] viel größer als bei einem normalen Röntgenspektrographen. Dafür ist aber das Auflösungsvermögen besonders bei den niederen Energien erheblich kleiner.

---

[1] Vgl. Abschnitt 5.

[2] Einzelheiten über den Einfluß von Compton-Streuung und Paarbildung sowie über das Auftreten von „Escape“-Linien infolge der Erregung der Eigenstrahlung des Kristalles finden sich bei Glocker, R., Macherauch, E.: Röntgen- und Kernphysik für Mediziner und Biophysiker, Stuttgart: Thieme 1965, 448ff.

[3] Betr. der Verwendung bei Mikrosonden vgl. Abschnitt 15.

Bei der Photographie mit Licht wird der Zusammenhang zwischen der Belichtung B und der Schwärzung S durch eine Kurve der in Abb. 7.14 gezeichneten Form dargestellt. Die Belichtung, manchmal auch Belichtungsgröße genannt, ist das Produkt aus der Beleuchtungsstärke E bei der Exposition des Films und der Belichtungsdauer t. Um das große

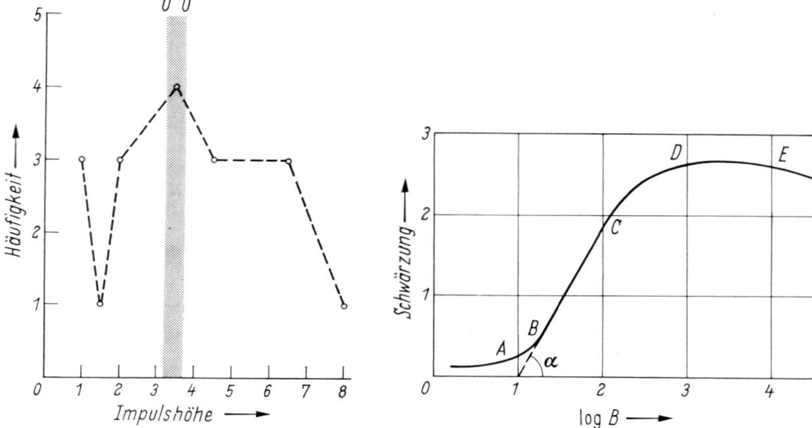

Abb. 7.13. Häufigkeitsverteilung von Impulshöhen, abgeleitet aus Abb. 7.12.

Abb. 7.14. Lichtschwärzungskurve (nach EGGERT).

Intervall von B-Werten wiedergeben zu können, wird $\log B$ als Abszisse aufgetragen. Die Schwärzung S ist definiert durch die Gleichung

$$S = \log\left(\frac{L}{L_0}\right). \tag{7.5}$$

L_0 und L bedeuten die beim Photometrieren des entwickelten und getrockneten Films auftreffende bzw. hindurchgehende Lichtintensität. Ein Verhältnis 100:1 ergibt z. B. eine Schwärzung $S = 2$.

Bei der *Lichtschwärzungskurve* in Abb. 7.14 lassen sich verschiedene Abschnitte unterscheiden. Bei A tritt ein Schwellenwert auf. Erst nach Überschreiten eines Mindestwertes der Belichtung nimmt die Schwärzung mit wachsender Belichtungsgröße zu. Der horizontale Ast der Kurve bei A rührt davon her, daß unbestrahltes Bromsilber vom Entwickler angegriffen und zu elementarem Silber reduziert wird. Diese, nicht strahlenbedingte Schwärzung heißt „Schleierschwärzung“.

Der mittlere Teil der Kurve in Abb. 7.14 ist geradlinig; die durch $\tan\alpha$ angegebene Neigung, „Gradation“ genannt, hängt ab von der Emulsionsart und der Entwicklungsweise. Örtliche Schwärzungsverschiedenheiten treten um so stärker hervor, je steiler die Gradation ist. Bei D erreicht die Schwärzung einen Höchstwert und sinkt dann langsam ab (Solarisation). Die Empfindlichkeit einer Emulsion ist für blaues Licht am größten; durch Zusatz von Farbstoffen wird diese für gelbgrünes Licht sensibilisiert.

In mehrfacher Hinsicht verläuft eine *Schwärzungskurve* für *Röntgenstrahlen* etwas anders. Ein Beispiel ist in Abb. 7.15 gezeichnet. Um den Anfangsteil deutlich zu machen, wurde als Abszisse die Röntgenstrahl-

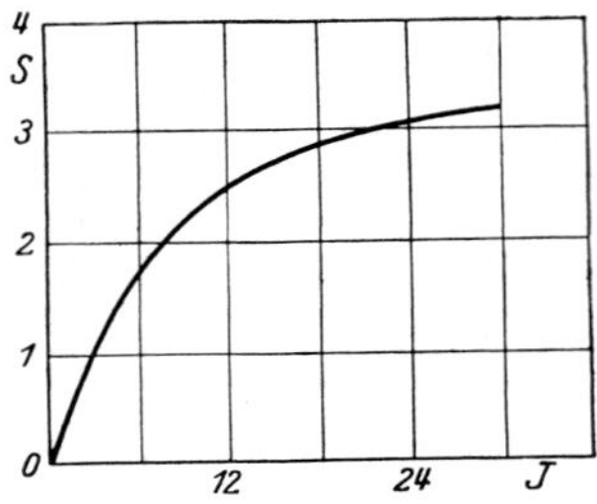

Abb. 7.15. Röntgenschwärzungskurve (nach GLOCKER und TRAUB).

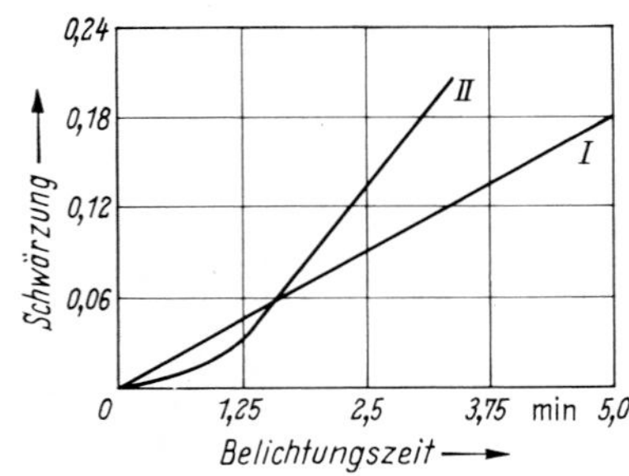

Abb. 7.16. Vergleich des Anfangsteiles der Schwärzungskurven für Licht und für Röntgenstrahlen (nach GLOCKER und TRAUB)

I Röntgenstrahlen, *II* Licht.

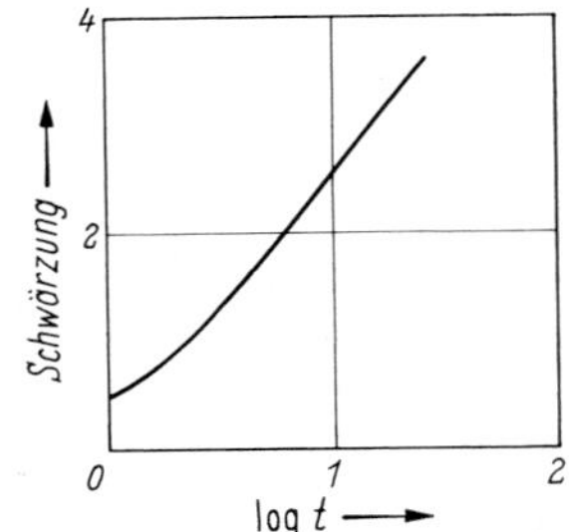

Abb. 7.17. Halblogarithmische Darstellung einer Röntgenschwärzungskurve.

(Die Schleierschwärzung ist hier im Gegensatz zu Abb. 7.15 und 7.16 nicht in Abzug gebracht.)

intensität I und nicht deren Logarithmus verwendet. Ein Schwellenwert tritt nicht[1] auf und im Gebiet der kleinen Schwärzungen ist die Kurve eine gerade Linie. Der charakteristische Unterschied in der Form der Schwärzungskurven für Licht und Röntgenstrahlen ist in Abb. 7.16 besonders gut zu erkennen. Bei halblogarithmischer Darstellung ist das Mittelstück einer Röntgenkurve wie früher bei der Lichtkurve (Abb. 7.14) eine Gerade (Abb. 7.17). Diese erstreckt sich ziemlich weit in das Gebiet hoher Schwärzungen. Oberhalb von $S = 4$ setzt aber Solarisation ein. Da für Abb. 7.15 die früher üblichen einseitig begossenen Filme benützt wurden, ist es leicht zu verstehen, daß jetzt bei Grobstrukturröntgen-

[1] Dies ist so zu erklären, daß die Energie eines einzelnen Röntgenquantes ausreicht, um ein AgBr-Korn entwickelbar zu machen. Beim Licht sind wegen der viel kleineren Quantgröße mehrere Quanten hierfür erforderlich (MEIDINGER, EGGERT und NODDACK).

aufnahmen mit zweiseitig begossenen Filmen bis $S = 7$ noch geradlinige Schwärzungskurven beobachtet werden (MUNDY und BOCK). Abgesehen von sehr weichen Röntgenstrahlen addieren sich nämlich die Schwärzungen der beiden Schichten voll.

Die Tatsache, daß bei einem hinreichend entwickelten Röntgenfilm im Gebiet kleiner Schwärzungen S linear proportional zu den Röntgenintensitäten I ist, ermöglicht eine Relativmessung von Intensitäten ohne Benützung eines Photometers. Es gilt

$$\frac{S_1}{S_2} = \frac{I_1}{I_2}. \tag{7.6}$$

Vorausgesetzt ist dabei, daß die Strahlungsqualität konstant bleibt und daß S nicht größer ist als 1,5 (bei beiderseits begossenen Filmen). Die an einer nicht bestrahlten Stelle der Aufnahme gemessene Schleierschwärzung ist an S_1 und S_2 vor Benützung der Gl. (7.6) abzuziehen.

Weitere Unterschiede im Verhalten einer Emulsion gegenüber Licht bzw. Röntgenstrahlen sind die nur bei Licht auftretende Wellenlängenabhängigkeit der Form der Schwärzungskurve und die Gültigkeit des Bunsenschen Gesetzes, das nur für Röntgenstrahlen zutrifft. Das Bunsensche Gesetz, angewandt auf photographische Wirkungen von Strahlungen lautet: gleiche Schwärzung entsteht, wenn das Produkt aus Strahlungsintensität und Bestrahlungsdauer bei gleichbleibender Strahlungsqualität gleich ist. Man kann daher in Abb. 7.15 ebensogut die Zeit t statt der Röntgenintensität als Variable wählen. Die alte und die neue Kurve deckt sich bei entsprechender Maßstabsänderung.

Für die Wirkung des Lichtes auf die photographische Emulsion gilt das Schwarzschildsche Gesetz:

Gleiche Schwärzung ergibt sich, wenn

$$I\, t^p = \text{const} \tag{7.7}$$

ist. Bei den meisten Emulsionen ist p kleiner als 1, so daß z. B. bei Verminderung der Lichtintensität I auf $^1/_{100}$ die Belichtungszeit 200fach zu verlängern ist, wenn z. B. $p = 0{,}85$ ist.

Bei einem Vergleich der Schwärzungen von Röntgenstrahlungen verschiedener spektraler Zusammensetzung muß die *Wellenlängenabhängigkeit der Empfindlichkeit der photographischen Schicht* berücksichtigt werden. Bei langwelligen Strahlen ist wegen der stärkeren Absorption die Wirkung größer (Abb. 7.16). An den Wellenlängen der Absorptionskanten von Br und Ag nimmt die Empfindlichkeit sprungartig zu, um dann wieder abzufallen. Der mit Hilfe der Gl. (7.2) bei bekanntem Silbergehalt berechnete Kurvenverlauf in Abb. 7.18 wird durch die mit Kreuzen bezeichneten Meßpunkte bestätigt.

Die verschiedenen Sorten von Röntgenfilmen, die hergestellt werden, unterscheiden sich durch die Empfindlichkeit und durch die Größe der

AgBr-Körner. Es gilt die Regel, daß die Empfindlichkeit abnimmt, je feinkörniger der Film ist. Bei sehr dicken Werkstücken wird man aus wirtschaftlichen Gründen Wert darauf legen, die Expositionsdauer abzukürzen und einen grobkörnigen, weniger scharf zeichnenden Film verwenden. Andererseits sind oft z. B. bei Rissen Bildeinzelheiten von

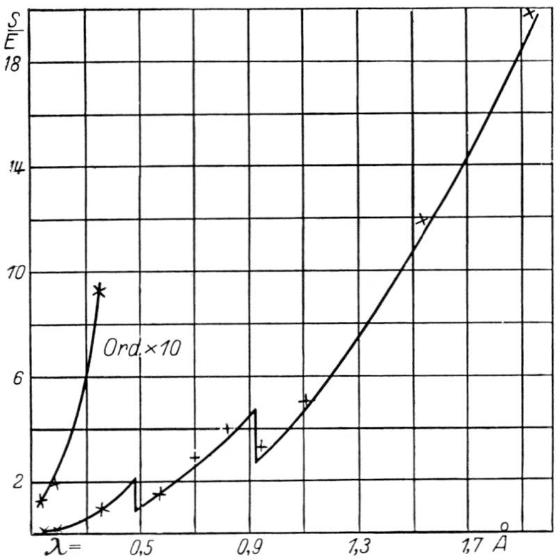

Abb. 7.18. Photographische Wirkung von Röntgenstrahlen verschiedener Wellenlänge bei gleicher auffallender Strahlungsenergie (nach BERTHOLD und GLOCKER).

Wichtigkeit, deren Erkennung eine scharfe Zeichnung voraussetzt. Dies ist besonders der Fall, wenn eine optische Nachvergrößerung[1] erfolgen soll. Hier sind ausgesprochene Feinkornfilme mit langer Aufnahmedauer vonnöten.

Abgesehen vom langwelligen Gebiet kann die photographische Wirkung der Röntgenstrahlen durch *Verstärkungsfolien* vergrößert werden, Der Film wird beiderseits mit einer dünnen, feinkörnigen Schicht eines auf Kunststoffunterlage aufgetragenen blau leuchtenden Salzes (z. B. Kalziumwolframat) bedeckt. Hierfür sind nur Emulsionen verwendbar, die eine hohe Lichtempfindlichkeit haben. Die zusätzliche Schwärzung durch das Fluoreszenzlicht ist sehr groß; die Aufnahmedauer kann bis zu etwa $^1/_{50}$ abgekürzt[2] werden. Da die photographische Wirkung überwiegend von Licht herrührt, ist die Lichtschwärzungskurve (vgl. Abb. 7.14) maßgebend. Der Verstärkungsfaktor nimmt zu mit

[1] Näheres in Abschnitt 10 (Mikroradiographie).

[2] Diese Zahlen gelten für Aufnahmezeiten von Minuten; bei Aufnahmen von Stunden ist der Verstärkungsfaktor viel kleiner.

abnehmender Wellenlänge (SCHLECHTER). Ein Nachteil dieses Verfahrens der „Salzfolien“ ist die Beeinträchtigung der Zeichenschärfe. Deshalb begnügt man sich bei der Grobstrukturuntersuchung meist mit einem kleineren Verstärkungsfaktor bei größerer Zeichenschärfe und verwendet dünne Bleifolien, wobei meist die Rückfolie etwas dicker gewählt wird als die Vorderfolie. Bei 0,10 bzw. 0,15 mm Blei für γ-Strahlen von Ir-193 und 0,15 bzw. 0,20 mm für γ-Strahlen von Co-60 wird ein Verstärkungsfaktor von etwa 4 erreicht. Bei Röntgenstrahlen mit 250 kV Spannung und 0,02 mm Blei beträgt die Verstärkung rund 1:2. Die Wirkung beruht darauf, daß die auftreffenden Röntgenstrahlen im Blei Photoelektronen auslösen und gleichzeitig die charakteristische K-Eigenstrahlung des Blei anregen. Eine merkliche Verstärkung tritt erst bei Spannungen von etwa 140 kV an auf. Da die Streustrahlen wegen des Compton-Effektes langwelliger sind als die Primärstrahlen, so werden jene in den Bleifolien stärker geschwächt; die Aufnahme ist etwas klarer.

Maßgebend ist die Schwärzungskurve für Röntgenstrahlen (vgl. Abb. 7.15), da Elektronenstrahlen sich in dieser Hinsicht gleich verhalten wie Röntgenstrahlen (DUDLEY).

III. Strahlenschutz

8. Schutzmaßnahmen und Schutzvorschriften

Das Arbeiten mit Röntgenstrahlen und radioaktiven Strahlungen kann gesundheitliche Schädigungen zur Folge haben; dabei sind drei Arten zu unterscheiden:

1. akute Schädigung,
2. Spätschädigung,
3. Erbschädigung.

Abgesehen von einer *Ganzkörperbestrahlung* mit sehr hohen Dosen z. B. bei einem Reaktorunfall tritt die akute Strahlenschädigung im allgemeinen in Form eines Hauterythemes (Hautverbrennung) auf, das in schweren Fällen von Geschwürbildung gefolgt ist. Im Gegensatz zu einer Verbrennung durch Hitze fehlt jede Schmerzempfindung bei der Bestrahlung und die Symptome werden erst nach einer Latenzzeit von einigen Tagen wahrnehmbar. Eine andere Strahlenfolge ist Haarausfall. Durch starke Bestrahlung der Fortpflanzungsorgane wird ferner vorübergehende oder dauernde Sterilität verursacht.

Eine Bestrahlung des ganzen Körpers ist ungleich gefährlicher als die einer kleinen Körperpartie. Eine Dosis von 700 R auf ein Hautfeld von $15 \times 15\ cm^2$ erzeugt ein leichtes Erythem, das völlig wieder ausheilt, während die gleiche Dosis bei einer Ganzkörperbestrahlung mit γ-Strahlen oder harten Röntgenstrahlen zum Tode führen kann. (Tab. 8.1.) Schon 100 R sind eine kritische Dosis. Typisch für die akute, unter Umständen tödliche Strahlungskrankheit (Strahlungssyndrom) sind Blutschädigungen, die sich in Schleimhautblutungen äußern.

Für die *Spätschädigungen* ist kennzeichnend, daß viele Jahre vergehen, bis sie erkennbar werden. Ihre Ursache ist die Summation klein-

Tabelle 8.1. *Wirkungen einer Ganzkörperbestrahlung mit γ-Strahlen* (*nach* Rajewsky)

Dosis	Kennzeichen
20 bis 30 R	maximal zulässige Dosis
75 bis 150 R	Strahlenkrankheit, erste Todesfälle
300 bis 600 R	schwere Strahlenkrankheit, 50 % Todesfälle
600 bis 1000 R	fast sicher tödliche Dosis

ster Strahlenmengen, verteilt über einen langen Zeitraum. Es werden vor allem die blutbildenden Organe betroffen. Außer direkten Störungen findet sich als Begleiterscheinung eine Anfälligkeit gegen Infektionen; eine an sich harmlose Halsentzündung kann tödlich wirken.

Strahlenmengen, die so gering sind, daß sie an einem Individuum keine nachweisbare Schädigung hervorrufen, können die Erbfaktoren beeinflussen und unter der Nachkommenschaft Eigenschaftsänderungen hervorrufen, die sich weiter vererben. Diese *Strahlungsmutationen* bedeuten in den meisten Fällen Verschlechterung (Mißbildungen, Funktionsanomalien), wie umfassende Versuche an der Taufliege (Drosophila melanogaster) gezeigt haben. Erfahrungen beim Menschen liegen noch nicht vor; die Zeit seit der Entdeckung der Röntgenstrahlen umfaßt erst zwei Generationen. Da bei der Strahlungsmutuation eine volle Akkumulation der Strahlenmengen stattfindet und keinerlei Erholung in bestrahlungsfreien Zwischenzeiten erfolgt, verdient die Frage der *Erbschädigung* sorgfältigste Beachtung.

Die Grundlage aller Strahlenschutzmaßnahmen bildet die Festlegung der Röntgenstrahlendosis, die ein röntgenologisch berufstätiger Mensch auf die Dauer ohne Schädigung aushalten kann. Dieser Wert wird von einer internationalen Kommission[1] von Zeit zu Zeit festgesetzt. Auf dieser Grundlage beruhen die EURATOM-Richtlinien für den Strahlenschutz, die für alle EURATOM angehörenden Staaten verbindlich sind. Der Strahlenschutz beim Arbeiten mit radioaktiven Stoffen ist durch die Strahlenschutzverordnung vom Jahre 1960 gesetzlich geregelt. Eine entsprechende Verordnung für den Röntgenstrahlenschutz ist in Vorbereitung. Technische Einzelheiten des Strahlenschutzes sind in den Normblättern enthalten, die vom Deutschen Normenausschuß gemeinsam mit der Deutschen Röntgengesellschaft herausgegeben wurden[2].

Mit Rücksicht auf die Anwendbarkeit der Strahlenschutzbestimmungen auf Strahlungen verschiedener Art, z. B. Neutronenstrahlen, sind die Zahlen für die höchstzulässigen Dosen in rem angegeben. Wenn es sich nur um Röntgen- und γ-Strahlen handelt, wie in der folgenden Darstellung, kann näherungsweise 1 rem durch 1 R ersetzt[3] werden. Diese Größe ist unmittelbar meßbar.

Die *höchstzulässige Dosis* für radiologisch berufstätige Personen bei

---

[1] International Commission on Radiological Protection (ICRP).

[2] Zu beziehen durch Beuth-Vertrieb, Berlin 30.

[3] Da die biologische Strahlenschädigung je nach der Art der Strahlen bei gleicher physikalischer Dosis in rad verschieden ist, wurde speziell für Strahlenschutzzwecke ein Bewertungsfaktor q eingeführt. Das Produkt aus der Dosis in rad und dem Zahlenfaktor q wird in rem ausgedrückt. Für Röntgen- und γ-Strahlen ist $q = 1$ zu setzen. Die Zahl der rem ist dann gleich der Zahl der rad. Setzt man bei der Umrechnung von rad in R statt 0,88 näherungsweise 1,0 (vgl. Abschnitt 7), so ist die Zahl der rem gleich der Zahl der rad und gleich der Zahl der R.

Ganzkörperbestrahlung[1] mit Röntgen- oder γ-Strahlen beträgt zur Zeit 5 R pro Jahr. Bei gleichmäßiger Verteilung über den Zeitraum eines Jahres ergibt sich hieraus 0,1 R pro Woche. Dieser Basiswert ist für die Strahlenschutzeinrichtungen bei der Erstellung von Röntgenanlagen zu Grunde zu legen. Zum Ausgleich schwankender Strahlenbelastungen darf die Dosis in 13 aufeinanderfolgenden Wochen maximal 3 R betragen; der Wert von 5 R pro Jahr darf aber nicht überschritten werden. Bei Teilbestrahlungen (Hände, Unterarme, Füße, Knöchel) werden höhere Dosen, 15 R in 13 Wochen bzw. 60 R im Jahr zugelassen. Für Strahlenschutzmessungen ist es wichtig zu wissen, daß eine Wochendosis von 0,1 R pro Woche bei gleichmäßiger Verteilung über eine 40-Stunden-Woche einer Dosisleistung von $7 \cdot 10^{-7}$ R/sec bzw. 2,5 mR/h entspricht (1 mR = 0,001 R).

In den Strahlenschutzbestimmungen spielen die beiden Begriffe *Kontrollbereich* und *Überwachungsbereich* eine Rolle. Bereiche, in denen Personen durch Einwirkung von ionisierender Strahlung (oder durch Einatmung[2] von radioaktiver Luft) bei einem Aufenthalt von 40 Stunden pro Woche eine höhere Dosis als 1,5 rem pro Jahr erhalten, sind abzugrenzen und durch die Aufschrift „Radioaktiv" zu kennzeichnen. In diesen Kontrollbereichen sind laufend Strahlenschutzmessungen und ärztliche Überwachung der beschäftigten Personen vorgeschrieben. Schon seit langem ist es üblich gewesen, bei Röntgenanlagen auch an den Schutz der Nachbarräume zu denken. Hier handelt es sich nicht um radiologisch Berufstätige. Die betreffende Bestimmung lautet sinngemäß so: Unmittelbar an einen Kontrollbereich angrenzende Bereiche, in denen Personen sich dauernd aufhalten und eine höhere Dosis als 0,15 rem pro Jahr erhalten können, sind laufend durch physikalische Messungen zu überwachen (Überwachungsbereiche).

Hinsichtlich der technischen Durchführung des Strahlenschutzes sind die Verhältnisse bei der Materialprüfung günstiger als in der Medizin, weil die räumliche Trennung von Beobachter und Objekt leicht zu realisieren ist. Bei kleinen Prüfstücken genügt ein strahlensicherer Kasten, der auf der röhrenfernen Seite mit Leuchtschirm und Bleiglasplatte abgeschlossen ist (Abb. 8.1). Seitlich ist eine Greifzange mit Kugelführung zu sehen; sie dient zur Bewegung und Drehung des Stückes während der Durchleuchtung. Bei großen Stücken müssen die Wände des Durchstrahlungsraumes in ihrer ganzen Ausdehnung, sofern sich in

[1] In der Fassung der Deutschen Strahlenschutzverordnung: Bestrahlung der blutbildenden Organe, der Keimdrüsen und der Augenlinsen (in den EURATOM-Richtlinien kritische Organe genannt).

[2] Kommt für die Materialprüfung nicht in Betracht, da nur radioaktive Präparate mit allseitiger, dichter Umhüllung (sog. geschlossene Präparate) verwendet werden.

den Nachbarräumen dauernd Personen aufhalten, strahlensicher sein. Mindestens aber ist die Trennwand zwischen Durchstrahlungsraum einerseits und Beobachtungs- und Schaltraum andererseits als Strahlenschutzwand auszuführen. Durch die Einführung von Bildverstärker mit Fernsehkette hat sich das Strahlenschutzproblem bei Durchleuchtungen sehr vereinfacht[1].

Im klassischen Röntgengebiet bis etwa 200 kV Spannung ist Blei in Form von Bleiblech, Bleigummi oder Bleiglas der *Standardschutzstoff*.

Abb. 8.1. Kleiner Durchleuchtungskasten.

Die Schwächung der Strahlung beruht hauptsächlich auf der Photoabsorption; diese ist proportional mit Z^3, wenn Z die Atomnummer bedeutet. Es ist daher günstig, als Schutzstoff ein Element am Ende des Periodischen Systems zu wählen. Für feste Strahlenschutzwände werden Barytplatten, die aus einer Mischung von Zement und Schwerspat bestehen, verwendet. Unter Umständen genügen auch Beton-Wände oder -Decken sowie Ziegelsteinmauern. Zur ersten Orientierung sollen folgende Angaben dienen:

Für Röntgenstrahlen von 200 kV sind zur Erreichung gleicher Schutzwirkung folgende Dicken, bezogen auf Blei, erforderlich:

Blei	1	Barytplatten	15
Bleigummi	2,5	Beton	75
Bleiglas	4	Ziegelstein	110

Bei kurzwelligeren Strahlen, wie z. B. bei γ-Strahlen des Co-60 verschiebt sich das Verhältnis Blei zu Beton und Ziegelstein zugunsten des

[1] Vgl. Abschnitt 9.

Tabelle 8.2. *Bleigleichwerte* (mm) *für die angegebenen Schichtdicken* (cm) *verschiedener Baustoffe (Auszug aus dem Normblatt* DIN 6812)

Baustoff (Dichte g/cm³)	Bleigleichwert mm	Spannung kV 50	100	200	300	400
Barytplatten	2	2,7	2,8	3,0	2,7	2,4
(3,2)	5	—	—	7,5	6,5	5,5
	10	—	—	15	12	10
Beton	2	14	15	15	9	8
(2,2)	5	—	—	33[1]	18[1]	15
	10	—	—	60	30	25
Vollziegel	2	24	24	24	15	13
(1,6)	5	—	—	53[1]	28[1]	23[1]
	10	—	—	100	45	35

[1] Die Zahlen des Normblattes sind hier aufgerundet.

Betons. Die Schwächung der Strahlung erfolgt durch den Comptoneffekt; gleiche Massen schwächen unabhängig von Z praktisch gleich stark. Die Abhängigkeit der Schutzwirkung von Baustoffen, bezogen auf Blei, von der Strahlungsqualität ist aus Tab. 8.2 zu ersehen. Unter *Bleigleichwert* einer Stoffschicht versteht man die Bleidicke, welche die Strahlung gleich stark schwächt. Bei 400 kV Röhren-Spannung entspricht z. B. eine 15 cm starke Barytwand einer 5 mm dicken Bleischicht.

Die Absorption des Bleis nimmt mit dem Durchdringungsvermögen der Strahlung, ausgedrückt durch die Betriebsspannung der Röntgenröhre, ab, wie Tab. 8.3 zeigt. Angegeben sind die Bleidicken, welche die Dosisleistung gerade auf die Hälfte herabsetzen.

Tabelle 8.3. *Halbwertsdicken von Blei in* mm *für verschiedene Spannungen*

kV	100	200	400	1000	2000
mm	0,25	0,5	2,2	8,0	12,0

Halbwertsdicken von Blei, Beton und Stahl für die γ-Strahlung von Ra, Co-60, Cs-137 sind in Tab. 8.4 aufgeführt.

Tabelle 8.4. *Halbwertsdicken von Blei, Beton und Stahl für die γ-Strahlung von* Ra (Ra-226 *und Folgeprodukte)*, Co-60 *und* Cs-137 *(nach Handbook 73, Nat. Bureau of Standards, Washington 1964)*

	Blei cm	Beton (2,35) cm	Stahl cm
Ra	1,3	6,6	2,3
Co-60	1,2	6,35	2,3
Cs-137	0,65	4,8	1,65

Für das hochenergetische Gebiet (Linearbeschleuniger, Betatron) ist Beton der bevorzugte Schutzstoff. Aus Abb. 8.2 ist für den Bereich 10 MeV bis 30 MeV zu entnehmen, wie die Dosisleistung, deren Wert, ohne Absorber gemessen, gleich 1 gesetzt ist, mit wachsender Betondicke abnimmt. Bei einem Betatron für 30 MeV müssen die Betonwände 2 m dick sein. Die Türen haben 4 cm Bleibelag und sind so angeordnet, daß sie nicht von direkter Strahlung getroffen werden können.

Die Frage, wie stark muß eine Bleischicht sein, um die primäre Röntgenstrahlung (Nutzstrahlung) auf den höchstzulässigen Wert der Dosisleistung f zu vermindern, kann mit Hilfe des Diagrammes in Abb. 8.3 leicht beantwortet werden; dieses ist so gezeichnet, daß es für verschiedene Zahlen von f verwendbar ist. Die Abszisse ist der Quotient $\frac{f A^2}{i}$. Die Zahl für f ist in mR pro Stunde einzusetzen. A ist der Abstand in m vom Brennfleck der Röntgenröhre und i die Röhrenstromstärke in mA. Die Spannungsangaben gelten für konstante Gleichspannung; für sinusartigen Spannungsverlauf erniedrigen sich die Bleidicken um etwa 10%.

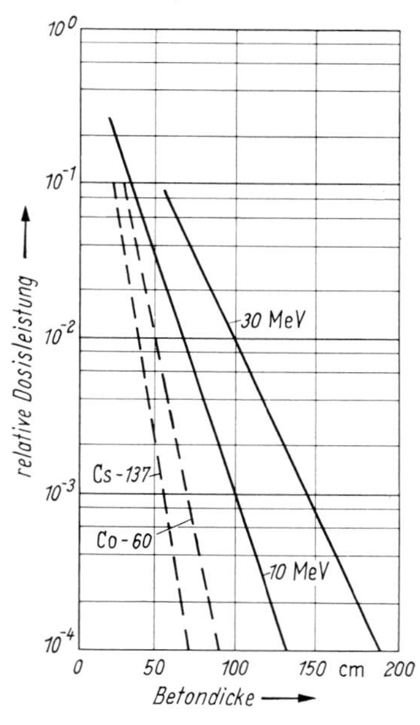

Abb. 8.2. Schwächung von γ-Strahlen von Co-60 und Cs-137 sowie von Betatronstrahlungen in Beton.

Ein Beispiel möge zur Veranschaulichung dienen. Als höchstzulässige Dosisleistung werde $f = 2{,}5$ mR/h zugrunde gelegt, entsprechend einer Wochendosis von 0,1 R bei 40 Arbeitsstunden. Gesucht sei die Bleidicke für einen Abstand von 1 m und 12,5 mA bei 300 kV Spannung. Somit ist $f A^2/i = 2{,}5 \cdot 1/12{,}5 = 0{,}2$. Aus dem Diagramm ergibt sich eine Bleidicke von 22 mm. Wird der Abstand auf 10 m erhöht, so verringert sich die Bleidicke auf 12 mm, also fast auf die Hälfte. Bei Röntgenaufnahmen im Freien oder in großen Hallen kann man mit Nutzen von der Tatsache Gebrauch machen, daß der Abstand von der Strahlungsquelle reziprok quadratisch in die Formel für die Dosisleistung eingeht. Beim Arbeiten mit radioaktiven Isotopen spielt der Abstandsfaktor eine große Rolle. Da man sich dem Präparat bis auf einige Millimeter annähern kann, muß man beachten, daß der Intensitätsanstieg ein außerordentlich steiler ist.

Ein zweites Beispiel soll die Berechnung der Bleidicke erläutern, wenn ein anderer Wert für die höchstzulässige Wochendosis die Basis bildet. Es sei angenommen, daß nur eine Bestrahlung der Hände in Frage kommt. Hierfür ist eine Wochendosis von 1,2 R zugelassen; die höchstzulässige Dosisleistung ist dann $f = 30$ mR/h. Für die weiteren Daten des ersten Beispieles wird $f\,A^2/i = 30{,}1/12{,}5 = 2{,}4$. Die erforderliche Bleidicke ergibt sich zu 17 mm.

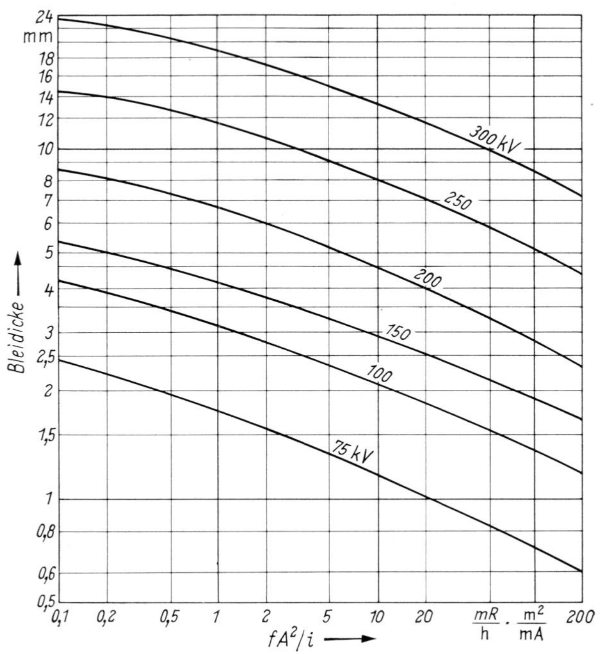

Abb. 8.3. Diagramm zur Ermittlung der erforderlichen Bleidicken zur Schwächung auf eine vorgegebene Dosisleistung.

Bei der Ausführung von Strahlenschutzwänden ist darauf zu achten, daß keine Löcher oder Spalten entstehen. Schrauben aus Eisen, das viel weniger absorbiert als Blei, müssen mit Bleiblech überlappt werden. Bleiglasfenster sind mit einem Rahmen aus Bleiblech zu versehen, der genügend tief seitlich in die Mauer eingreift. Bei Feinstrukturaufnahmen soll das Primärstrahlbündel bei Austritt aus der Kammer durch eine Bleiglasschicht von 1 mm Bleidicke bei 50 kV Spannung abgefangen werden, damit die Augen beim Einstellen mit dem Leuchtschirm geschützt sind.

Bei der Verwendung von Bleigummihandschuhen und Bleigummischürzen ist Vorsicht geboten. Selbst die „schweren" Schutzhandschuhe von 0,4 mm Bleiwert — die leichten mit 0,2 mm Bleiwert sind für medizinische Zwecke bestimmt — gewähren keinen ausreichenden Schutz gegen direkte Strahlung, sondern nur gegen Streustrahlung. Die Handschuhe müssen laufend auf strahlendurchlässige Risse, z. B. an den Nahtstellen, überprüft werden.

Außer der direkten Strahlung ist bei der Werkstoffprüfung auch die im Werkstück sowie an den Wänden und Boden des Röntgenraumes entstehende *Sekundärstrahlung* (Streustrahlung) zu berücksichtigen; diese ist nicht so intensiv und wegen der Wellenlängenzunahme bei der Compton-Streuung weniger durchdringungsfähig. Die Bleischichten können daher geringer sein; ihre Dicke hängt ab vom Brennfleckabstand des streuenden Körpers und von dessen Volumen sowie von der Entfernung des Beobachters vom Streukörper. Als Richtwerte seien genannt 1 mm für 100 kV, 2 mm für 200 kV und 3,5 mm für 300 kV. Die Gefährdung durch Streustrahlen nimmt mit wachsender Spannung zu.

Tabelle 8.5. *Erforderlicher Mindestabstand der Strahlenquelle in Meter zur Einhaltung einer γ-Strahlen-Ortsdosisleistung von* 2 mR/h *(nach* DIN 6804*)*

	Co-60 mm Blei					Cs-137 mm Blei		
mCi	10	30	50	100	150	10	30	50
5	1,5	0,8	0,5	0,1	0,1	0,6	0,2	0,1
10	2,3	1,1	0,7	0,1	0,1	0,8	0,3	0,1
50	4,5	2,8	1,3	0,3	0,1	2,0	0,6	0,2
100	—	3,5	2,0	0,4	0,2	2,5	0,8	0,3
500	—	—	4,6	1,1	0,3	—	2,0	0,6
1000	—	—	6,5	1,7	0,5	—	—	2,0
5000	—	—	3,9	2,0	0,9	—	—	2,0

Für den *Umgang mit radioaktiven Isotopen* sind noch einige Gesichtspunkte zu beachten. Die Präparate dürfen nur mit Zangen, nicht mit der Hand angefaßt werden; dabei soll ein möglichst großer Abstand eingehalten werden. Tab. 8.5 enthält Angaben der Mindestabstände von der Strahlenquelle (Co-60 bzw. Cs-137) für verschiedene Präparatstärken und Bleidicken.

Zum Transport eines Strahlers innerhalb eines Werkes wurden mit Schwermetall gepanzerte Geräte verschiedener Form (Tragbehälter, kleine Wagen) entwickelt, die alle auf dem Prinzip beruhen, den Abstand des Strahlers von der Körperoberfläche der Begleitperson möglichst groß zu machen. Der Strahlungsquelle am nächsten ist z. B. bei einem Wagen die Hand, welche die Deichsel zieht. Die Höchstmengen Co-60, Cs-137 und Ir-192, die in diesem Fall bei 25 bzw. 50 mm Bleidicke transportiert werden können, sind in Tab. 8.6 angegeben. Für Bahn- oder Lufttransport bestehen besondere Vorschriften.

Tabelle 8.6. *Höchstmengen von* Co-60, Cs-137, Ir-192, *die in Behältern mit Bleiwänden von* 25 *bzw.* 50 mm *Dicke befördert werden können, wenn* 10 mR/*h in* 0,5 m *Abstand nicht überschritten werden sollen (nach* DIN 6804*)*

Bleidicke mm	Co-60 mCi	Cs-137 mCi	Ir-192 mCi
25	7	100	250
50	30	1500	5000

Eine besonders große Strahlengefahr bedeutet das Anbringen und Abnehmen der Präparate bei Aufnahmen. Die hierfür entwickelten Geräte beruhen auf verschiedenen Schutzprinzipien (Abb. 8.4). Ein Schwermetallstab z. B. aus Wolfram, an dessen Ende das radioaktive Präparat sich befindet, schirmt etwa ein Viertel des Raumes ab (a).

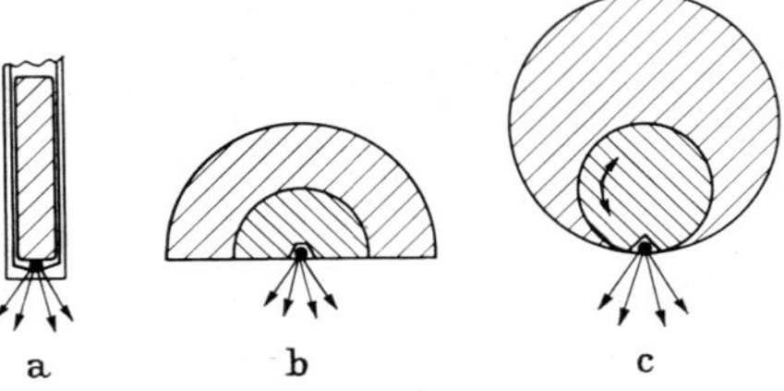

Abb. 8.4. Prinzip von Schutzanordnungen bei Aufnahmen mit radioaktiven Isotopen (nach KOLB).

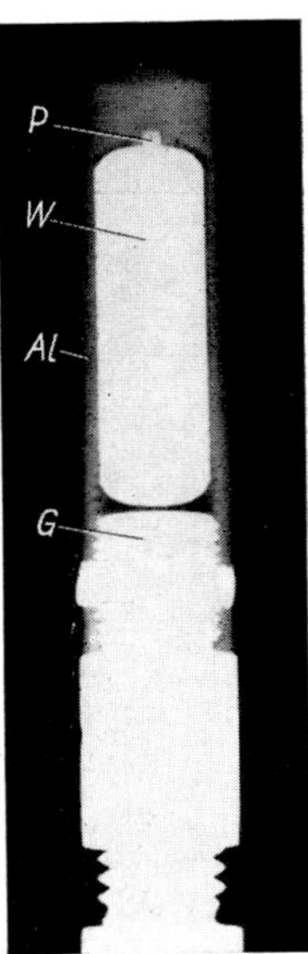

Abb. 8.5. Röntgenaufnahme einer mit 9 Ci Ir-192 (Abmessung 1/1 mm) geladenen Strahlenhülse (KOLB) (Schutzprinzip vgl. Abb. 8.4a) Maßstab 2:1 (Erläuterungen siehe Text).

Nahezu die Raumhälfte befindet sich im Schatten bei der Anordnung in Form einer Kugelhalbschale (b). Die unter c) dargestellte Konstruktion entspricht in ihrem Schutz den beiden Ausführungen (a) und (b), sie hat aber den Vorteil, daß durch Drehen um 180° das Präparat strahlensicher verschlossen werden kann, so daß ein besonderer Schutzbehälter für Betriebspausen nicht erforderlich ist. Die Röntgenaufnahme in Abb. 8.5 zeigt ein Gerät, das nach dem Prinzip (a) gebaut ist. Eine Leichtmetallhülse Al enthält das Präparat P, im vorliegenden Fall 9 Ci Ir-192 in Drahtform mit dem Querschnitt 1×1 mm². Dahinter sitzt ein Wolframstab W. In den aus Messing bestehenden Hülsenverschluß *G* kann am anderen Ende die Manipulierstange eingedreht werden, an der die Zange zum Anfassen angesetzt wird. Es ist zu empfehlen, von allen neu gelieferten Strahlerhülsen eine Röntgenaufnahme zur Kontrolle von Sitz und Größe des Präparats zu machen.

Die „Doppelkonuskeule" (Abb. 8.6) hat daher ihren Namen, daß über einen kleineren Innenkonus beim Arbeiten mit stärkeren Strah-

Abb. 8.6. Doppelkonuskeule (nach VON HEESEN) (Bauart Gelsenberg AG).

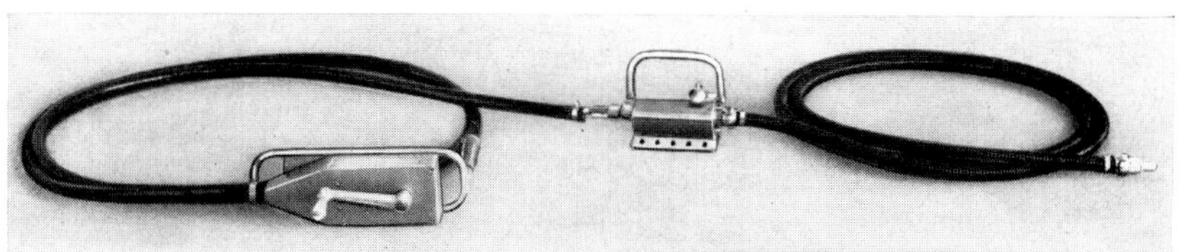

Abb. 8.7. Fernbedientes Isotopengerät Teletron (Nuclear, Düsseldorf).

lern zusätzlich ein Außenkonus übergezogen wird. Der Strahler sitzt vorne in der Keule. Die Rohrsattel genannte Befestigungsvorrichtung wird zuerst auf dem zu untersuchenden Stahlrohr angebracht, auf der gegenüberliegenden Seite befindet sich der Röntgenfilm. Zur Aufnahme wird die Keule eingeschoben und verriegelt. Bei der Handhabung ist zu beachten, daß die Abschirmung in der Axialrichtung am stärksten ist.

Ein fernbedientes Isotopengerät ist in Abb. 8.7 abgebildet. Es besteht aus 3 Teilen. Der Arbeitsbehälter in der Mitte des Bildes enthält das mit Schwermetall abgeschirmte Präparat und die Verschlußmechanik. Links ist die aus einem Bowdenzug bestehende Steuerung angeschlossen. Durch Drehung der Kurbel wird das Präparat in dem rechts sichtbaren

Ausfahrschlauch bis zur Berührung mit der dem Objekt aufgelegten Endkappe verschoben. Das Gerät kann bei Ir-192 bis maximal 100 Ci verwendet werden.

Für Innenaufnahmen an Rohren mit großen Durchmessern kann der Strahler mit einem Wagen, wie in Abb. 8.8 gezeigt, eingefahren werden. Die Bleiklötze, zwischen denen sich das Präparat befindet, sind zunächst bis zur gegenseitigen Berührung geschlossen. Nach dem Einfahren werden sie soweit auseinandergezogen, daß das kreisfächerförmige Strahlenbündel die Rundschweißung eben voll ausleuchtet.

Abb. 8.8. Wagen zum Einfahren von radioaktiven Isotopen in das Innere von weiten Rohren (nach KOLB).

Bei *Strahlenschutzmessungen* sind zwei Gruppen von Meßverfahren zu unterscheiden, je nachdem es sich um die Bestimmung der Ortsdosis oder der Personendosis handelt.

Bei der *Ortsdosis* wird die an einem bestimmten Arbeitsplatz vorhandene Dosisleistung z. B. mit einem Zählrohrgerät gemessen; der zulässige Höchstwert ist $7 \cdot 10^{-7}$ R/sec nach der I. Deutschen Strahlenschutzverordnung. Dieser Wert ergibt bei wöchentlich 40 Arbeitsstunden 0,1 R pro Woche.

Zur Ermittlung der *Personendosis* dienen integrierende Meßverfahren, welche die Dosen über einen gewissen Zeitraum aufsummieren. Filmplaketten, die am Mantel oder Rockaufschlag getragen werden und nach Ablauf eines Monates an eine der amtlich zugelassenen Auswertungsstellen eingesandt werden, haben eine weite Verbreitung gefunden. Ihre

Verwendung ist in der I. Deutschen Strahlenschutzverordnung für alle Personen, die mit radioaktiven Isotopen arbeiten, vorgeschrieben. Die Personendosismessungen und die Ortsdosismessungen ergänzen sich und können sich nicht gegenseitig ersetzen. Die Bestimmung der Ortsdosis erfaßt nicht nur die Strahlengefährdung durch mangelhafte technische Schutzvorrichtungen, sondern auch durch fehlerhaftes Verhalten der Beschäftigten. Andererseits erfordert eine überhöhte Personendosis zwangsläufig Ortsdosismessungen, um die Ursache der Überschreitung ermitteln zu können.

Unter den Geräten für Ortsdosismessungen hat sich das *Zählrohr* mehr und mehr durchgesetzt. Seine Empfindlichkeit ist wesentlich größer als die einer Ionisationskammer. Es sind aber verschiedene Gesichts-

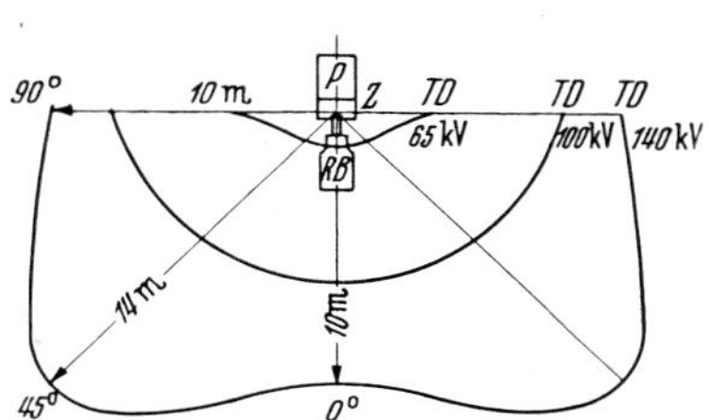

Abb. 8.9. Durch Zählrohrmessungen ermittelte Mindestabstände bei Innenaufnahmen eines Hohlbehälters.

punkte zu beachten: Es dürfen nur Proportionalzählrohre benützt werden; nur bei diesen läßt sich über größere Wellenlängenbereiche hin eine von der Strahlungsqualität unabhängige Anzeige der Dosisleistung erreichen. Außerdem sind sie frei von der Eigenschaft der Auslösezählrohre, daß bei hohen Dosisleistungen der Ausschlag bis auf Null zurückgeht. Ist der Querschnitt des Strahlenbündels viel kleiner als der des Zählrohres, z. B. bei einem Spalt in einer Schutzwand, so wird nur ein Teil des Zählvolumens bestrahlt und der Ausschlag fällt zu nieder aus. Man schiebt eine mit einem Schlitz versehene Bleikappe über das Zählrohr und wiederholt die Messung. In Abb. 8.9 ist die Strahlungsverteilung in der Umgebung eines Hohlbehälters *P* dargestellt; im Inneren befand sich eine Hohlanodenröhre *RB*. Die auf Grund der Zählrohrmessungen gezeichneten Kurven geben die Mindestabstände an, die bei 65 bzw. 100 bzw. 140 kV eingehalten werden müssen, wenn bei 15 Stunden Expositionszeit pro Woche die höchstzulässige Wochendosis von 0,1 R nicht überschritten werden soll. Diese Grenzlinien können in einer Fabrikhalle z. B. durch Farbstriche auf dem Fußboden kenntlich gemacht werden. Die Tatsache, daß an jedem Ort die Dosisleistung der Strahlung sofort durch einen Zeigerausschlag sichtbar wird, gibt nicht nur einen raschen Überblick über die besonderen Gefahrenstellen eines Röntgenraumes, sondern hat auch eine psychologische Bedeutung. Wer mit eigenen Augen die Änderung des Zeigerausschlages von Ort zu Ort verfolgt hat, wird sorgfältig darauf achten, späterhin die erkannten Gefahrenstellen zu vermeiden.

Das Zählrohrgerät[1] in Abb. 8.10 umfaßt in 12 Stufen den großen Bereich von 0,3 mR/h bis 100 R/h, je bei Endausschlag des Zeigers auf

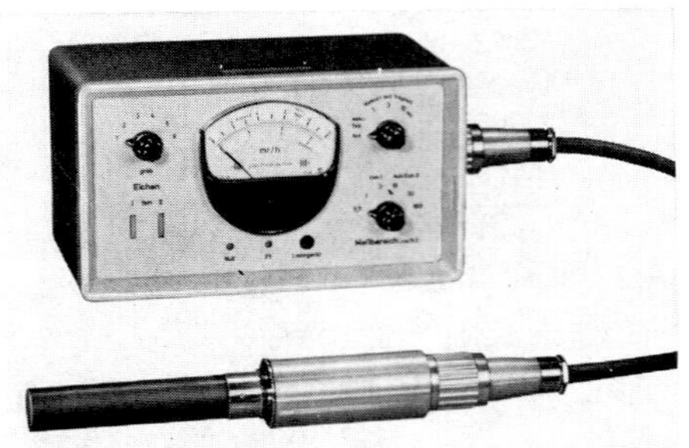

Abb. 8.10. Strahlenschutz-Zählrohrgerät (nach BERTHOLD und TROST).

der Skala. In dem weiten Gebiet von sehr weichen Röntgenstrahlen mit einer mittleren Quantenenergie von 10 keV bis zu den γ-Strahlen des Co-60 ist die Anzeige von der Strahlungsqualität innerhalb von $\pm 10\%$ unabhängig. Es handelt sich um ein Proportionalzählrohr, dessen Wandmaterial und Gasfüllung luftäquivalent ist (GLOCKER, FROHNMEYER, BERTHOLD und TROST). Wegen des „Aufbaueffektes" bei ultraharten Strahlen muß die 0,5 mm dünne Wand durch Überschieben eines Kunststoffrohres von 20 mm Dicke verstärkt werden, wenn die Strahlungen eines Betatrons (15 bis 35 MeV) gemessen werden sollen. Als Eichpräparate sind für die niederen Dosisleistungen 0,1 μCi und für die

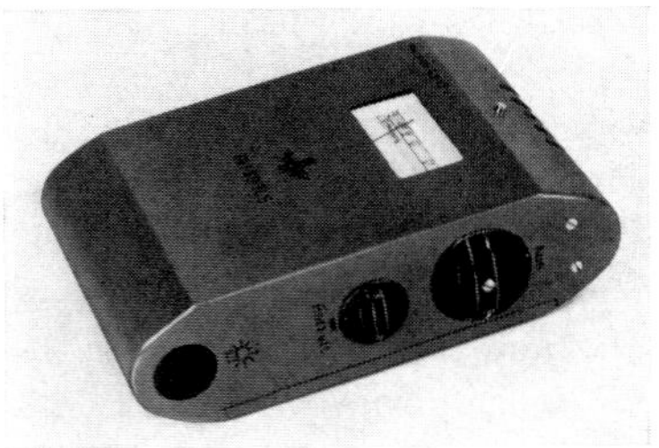

Abb. 8.11. Radiameter (nach H. und C. W. FASSBENDER).

hohen 100 μCi Sr-90 vorgesehen; die Ionisation erfolgt durch die von Sr-90 emittierten β-Strahlen. Die Temperaturabhängigkeit der Meßanzeige beträgt 1% für 2 °C.

Das *Radiameter*[2] ist ein Zählrohrgerät im Taschenformat; sein Gewicht beträgt etwa 1 kg (Abb. 8.11). Zusammen mit der Anzeigevor-

[1] Hersteller: Laboratorium Prof. Berthold, Wildbad/Schwarzwald.

[2] Hersteller: Frieseke und Hoepfner, Erlangen-Bruck.

richtung und einer aus 4 Zellen bestehenden Batterie sind zwei Halogenzählrohre in einem gemeinsamen, feuchtigkeitsdichten Gehäuse untergebracht. Luftdruckschwankungen sind ohne Einfluß auf das Resultat, ebenso Temperaturänderungen in den Grenzen von —35 °C bis +50 °C. Für Röntgen- und γ-Strahlen sind 4 Meßbereiche vorhanden: bis 50 R/h, 1 R/h, 24 mR/h und 1 mR/h. Die Meßgenauigkeit beträgt $\pm 15\%$ der Skalenlänge. Das zweite Zählrohr mit einem dünnen Fenster ermöglicht einen quantitativen Nachweis von β-Strahlen; mit 2 Empfindlichkeitsbereichen können maximal 500 bzw. 10000 Impulse pro Minute gemessen werden. Ein schwaches Cs-137 Präparat dient zur Konstanzkontrolle.

Das älteste, in Schweden von SIEVERT entwickelte Verfahren zur Messung der Personendosis ist die *Kondensatorkammer*. Ein kleiner Behälter mit elektrisch leitenden, leicht strahlendurchlässigen Wänden enthält eine isolierte, zentrale Elektrode. Diese wird an einer besonderen Ladevorrichtung aufgeladen und der durch Bestrahlung verursachte Ladungsverlust gemessen. Solche Kammern werden in Deutschland in verschiedenen Größen in Zylinder- oder Kugelform von 10 bis 15 cm Durchmesser hergestellt[1]. Je nach der Größe der Kammer liegt die maximal meßbare Dosis zwischen 20 mR und einigen R. An die Isolation werden hohe Ansprüche gestellt; die Spontanentladung muß während der über Tage sich erstreckenden Meßdauer vernachlässigbar klein sein.

Auf dem gleichen Prinzip beruhen die amerikanischen *„Füllhalter-Dosimeter“*[2] (Abb. 8.12). Das eingebaute Saitenelektrometer wird durch ein Okular am einen Ende des Röhrchens abgelesen. Die Skala geht von 0 bis 0,3 R. Die Aufladung erfolgt mit einem besonderen Ladegerät, das für beliebig viele Dosimeter benützbar ist. Bei einer anderen Ausführung, die noch etwas robuster ist, ist das Röhrchen nur als Kondensator ausgebildet. Das Elektrometer zur Ermittlung des Ladungsverlustes durch Bestrahlung ist mit dem Ladegerät zusammengebaut.

Hinsichtlich des photographischen Strahlungsnachweises mit der *Filmplakette* ist zu sagen, daß nicht jede Schwärzung eines photographischen Films als ein Anzeichen für eine Überschreitung der zulässigen Dosis zu werten ist. Die Abhängigkeit der Silber und Brom enthaltenden Emulsion von der Strahlungsqualität ist eine ganz andere (vgl. Abschn. 7) als die der Luft oder des biologischen Gewebes. Diese Schwierigkeit wird dadurch behoben, daß der in einer Preßstoffkasette befindliche Film aus mehreren Feldern besteht (Abb. 8.13): das eine Feld (Leerfeld) wird direkt bestrahlt, während die übrigen drei Felder mit Kupferblech von 0,05, 0,5 und 1,2 mm Dicke bedeckt sind (DRESEL).

---

[1] Kondiometer der Physikalisch-Technischen Werkstätten, Freiburg i. Br.

[2] Hersteller: Günther und Tegetmeyer, Frankfurt/M.; Telefunken, Ulm u. a.

Aus dem Verhältnis der Schwärzungen hinter den Filtern wird ein Faktor ermittelt, mit dem die photometrisch bestimmte absolute Schwärzung des „Leerfeldes" zu multiplizieren ist, um unabhängig von der Strahlungsqualität die Dosis in R/sec zu erhalten (LANGENDORFF, SPIEGLER und WACHSMANN). Die Plakette wird einen Monat lang ge-

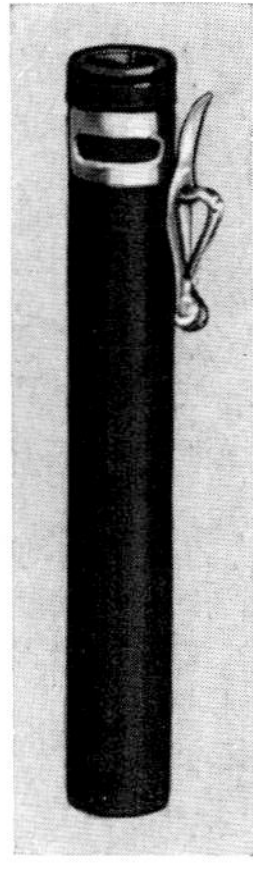

Abb. 8.12. Beckmann-Taschendosimeter.

Abb. 8.13. Filmplakette (nach LANGENDORFF, SPIEGLER und WACHSMANN).

tragen, z. B. am Rockaufschlag oder am Ärmel und dann ausgewertet[1]. Der Befund gilt nur für die betreffende Körperstelle; wenn die Möglichkeit besteht, daß von mehreren Richtungen her Strahlung auf eine Person auftrifft, müssen mehrere Plaketten getragen werden. Da alle photographischen Emulsionen bei Temperaturerhöhung zur Schleierbildung neigen, ist darauf zu achten, daß Arbeitsmäntel mit angehefteter Plakette nicht einer starken Besonnung ausgesetzt oder im Winter in der Nähe der Heizung aufgehängt werden, die Dosis wird dann zu groß gefunden.

Abb. 8.14. Warnzeichen für ionisierende Strahlung.

Kürzlich wurde durch internationale Vereinbarung[2] ein *Warnzeichen* für ionisierende Strahlungen eingeführt, das 4 schwarze Felder auf weißem Grund zeigt (Abb. 8.14). Eine zweite Ausführung enthält dieselbe Figur auf einer dreieckigen gelben Tafel, die schwarz umrandet ist. Das Zeichen dient zur Kennzeichnung von Räumen, Behältern, Geräten

[1] Einzelheiten enthält das Normblatt DIN 6816.

[2] Empfehlung der ISO (International Organization for Standardization). Nähere Angaben in DIN 25400.

usf., bei denen oder in deren Umgebung mit dem Auftreten von ionisierender Strahlung zu rechnen ist. Von den ionisierenden Strahlungen kommen für die Materialprüfung in Betracht: Röntgenstrahlen, γ-Strahlen, Elektronenstrahlen (β-Strahlen), Neutronenstrahlen.

Die vorliegende Darstellung muß sich beschränken auf grundsätzliche Fragen physikalisch-technischer Art. Wegen Einzelheiten z. B. hinsichtlich der Anmelde- und Genehmigungspflicht wird auf die betreffenden Vorschriften verwiesen.

IV. Grobstrukturuntersuchung

9. Grundlagen der Grobstrukturuntersuchung

Die Durchstrahlung von Werkstücken zum Nachweis von äußerlich nicht wahrnehmbaren Fehlstellen (Risse, Lunker, Gasblasen, Seigerungen usw.) beruht auf den örtlichen Unterschieden in der Schwächung der Röntgenstrahlen, die mit dem Leuchtschirm oder dem photographischen Film beobachtet werden. Schon RÖNTGEN war sich dieser Anwendungsmöglichkeit der neuen Strahlen bewußt, eine wohlgelungene Aufnahme eines Jagdgewehres aus dem Jahre 1896 ist uns mitsamt den erläuternden Bemerkungen von RÖNTGENS Hand erhalten geblieben (Abb. 9.1). Da die Werkstoffprüfung wesentlich höhere Spannungen erfordert als die medizinische Diagnostik, sind aber viele Jahre vergangen, bis dieses technische Anwendungsgebiet erschlossen wurde.

Die Güte eines Röntgenschattenbildes[1] ist bedingt durch

a) Zeichenschärfe
b) Kontrast.

Die *Zeichenschärfe* eines Röntgenschattenbildes ist von folgenden Faktoren abhängig (BOUWERS und OOSTERKAMP, BERTHOLD):

geometrische Unschärfe oder Randunschärfe U_r,
innere Unschärfe der photographischen Schicht bzw. der Leuchtschicht U_i,
Bewegungsunschärfe des Objektes U_b.

Die gesamte Unschärfe U ist am kleinsten, wenn alle drei Teilunschärfen gleich sind, also

$$U_r = U_i = U_b$$

Die Untersuchung bewegter Objekte kommt für die Werkstoffprüfung selten in Betracht (z. B. Beobachtung von Gießvorgängen); die Besprechung kann sich daher auf den Einfluß der beiden ersten Faktoren beschränken.

[1] Was im Abschnitt 9 über Röntgenaufnahmen gesagt ist, gilt sinngemäß auch für Aufnahmen mit Gammastrahlen.

Bei einem punktförmigen Brennfleck ist das Schattenbild B eines Objektes von der Länge x um den Faktor v linear vergrößert, wobei v durch den Abstand a des Objektes vom Brennfleck bzw. b vom Film bedingt ist. Nach Abb. 9.2 gilt

$$v = \frac{B}{x} = \frac{a+b}{a} = 1 + \frac{b}{a}\,. \tag{9.1}$$

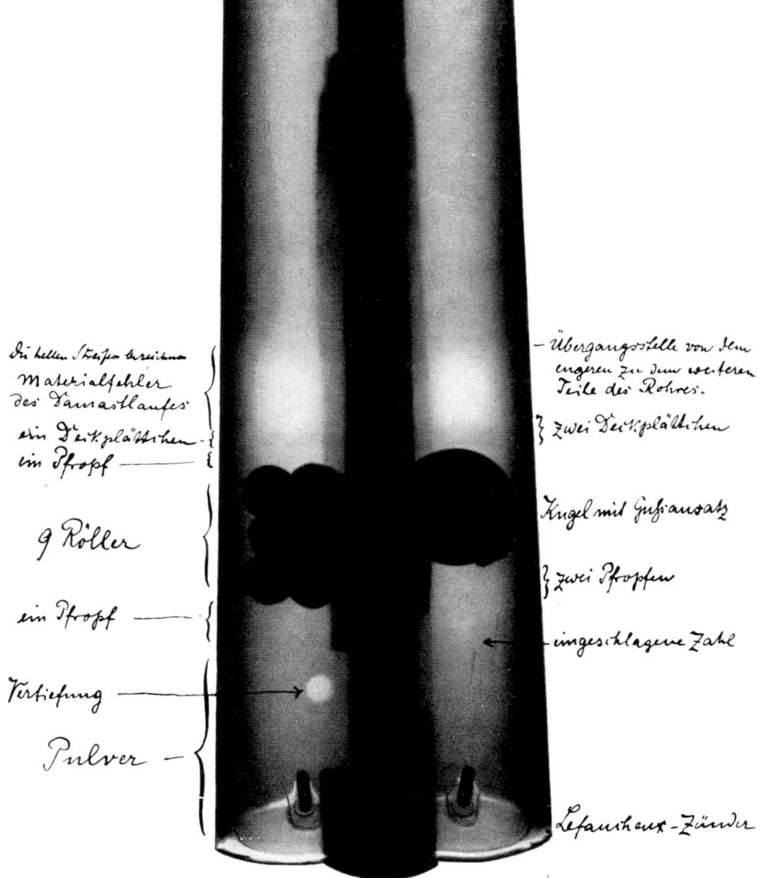

Abb. 9.1. Aufnahme eines Jagdgewehres von RÖNTGEN aus dem Jahre 1896.

Ist der Brennfleck eine Fläche, z. B. ein Kreis mit dem Durchmesser D, so schließt sich an den in Abb. 9.3 schraffiert gezeichneten Kernschatten beiderseits ein Halbschattengebiet an. Der Übergang der Schwärzungen S_1 und S_2 erfolgt nicht schlagartig, sondern erstreckt sich über eine gewisse Strecke U_r hin. Dieses Übergangsgebiet heißt „Randunschärfe“. U_r ist eine Funktion von a, b, D, nämlich

$$\frac{U_r}{D} = \frac{b}{a}. \tag{9.2}$$

Die höchste Bildschärfe wird erreicht, wenn die Randunschärfe U_r und die innere Unschärfe U_i gleich groß sind (Berthold). Aus Gl. (9.2) folgt dann die Bedingung

$$U_i = U_r = \frac{b}{a} D. \tag{9.3}$$

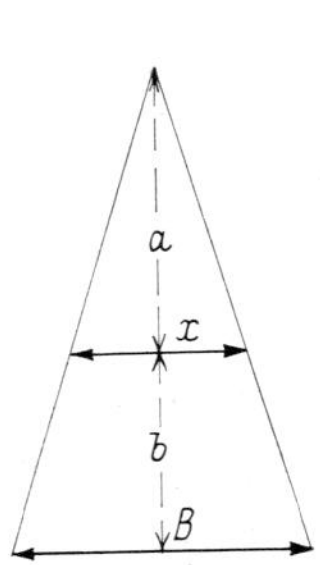

Abb. 9.2. Schattenbild bei punktförmigem Brennfleck.

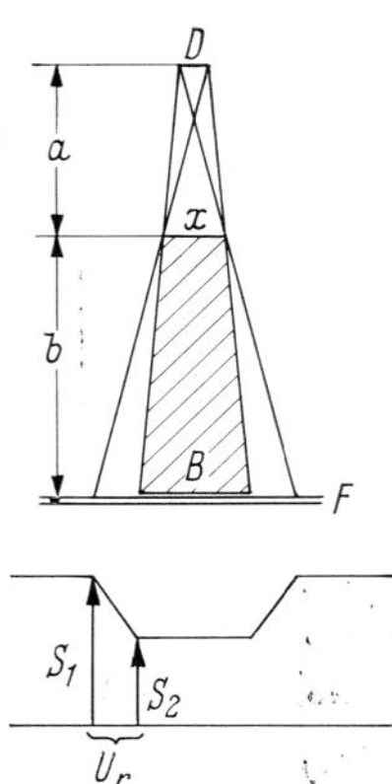

Abb. 9.3. Brennfleckgröße und Zeichenschärfe.

Wird der Brennfleckabstand des Filmes

$$F = a + b \tag{9.4}$$

eingeführt, so läßt sich die Gl. (9.3) so schreiben

$$F = b\left(\frac{D + U_i}{U_i}\right). \tag{9.5}$$

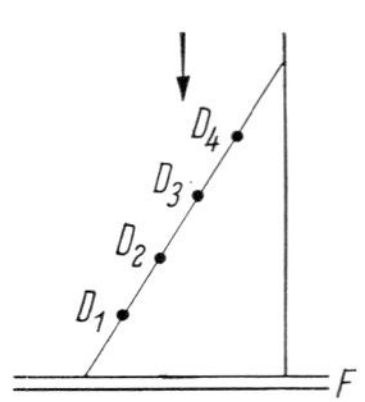

Abb. 9.4. Bestimmung der Zeichenschärfe mit einem Drahtnetz.

Die Größen D und U_i sind durch die Form der Strahlungsquelle und die Korngröße des Röntgenfilmes vorgegeben. Die Tiefenlage der Fehlstelle ist im voraus nicht bekannt; man wird am besten den Abstand b gleich der Dicke des Körpers ansetzen.

Die zur Abbildung eines Körpers von bestimmter Tiefenausdehnung zulässigen Mindestabstände können bei einer gegebenen Brennfleckgröße und -form in der Praxis rasch mit Hilfe des Heilbronschen Drahtfokometers ermittelt werden. Auf einem rechteckigen Holzrähmchen (Abb. 9.4) ist ein Drahtnetz (Drahtstärke 0,4 mm, Maschenweite $2 \times 2\,\text{mm}^2$) angebracht und mit Marken D_1, D_2, D_3, D_4 versehen, die sich mitsamt den Maschen auf dem Film F abbilden, wenn in der Pfeilrichtung Röntgenstrahlen einfallen. Bei der Aufnahme (Abb. 9.5a) ist die Zeichenschärfe bis zur zweiten Marke, die 5 cm vom Film entfernt ist, gut und nimmt dann rasch ab; bei Abständen über 10 cm sind Einzelheiten nicht mehr zu erkennen. Bei einer Röhre mit kleinerem Brennfleck ist unter sonst gleichen Verhältnissen das Bild bis zur vierten Marke, entsprechend 15 cm Abstand vom Film, gut durchgezeichnet (Abb. 9.5b). Diese einfache Vorrichtung ermöglicht auch eine Prüfung der Zeichen-

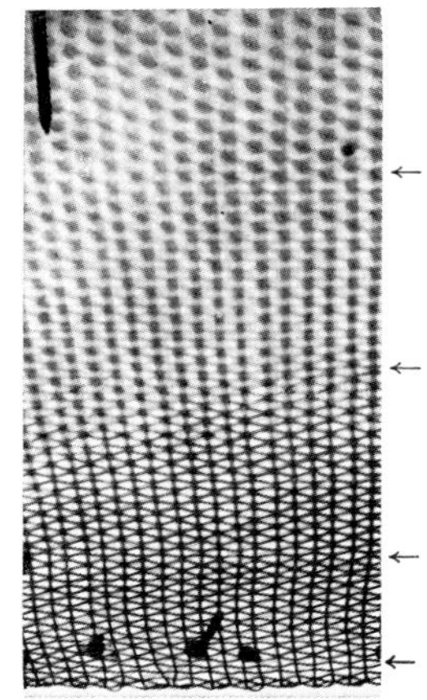

Abb. 9.5a. Drahtnetzaufnahme eines großen Brennfleckes.

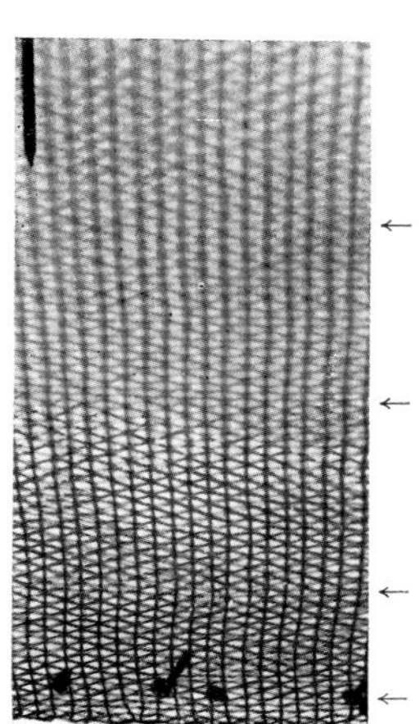

Abb. 9.5b. Drahtnetzaufnahme eines kleinen Brennfleckes.

schärfe auf eine Richtungsabhängigkeit. Bei zu kleinem Abstand von einer Röhre mit strichförmigem Brennfleck ist z. B. in den Randpartien des Bildes die Drahtreihe in einer Richtung scharf, in der dazu senkrechten unscharf. Zur Vermeidung eines solchen Astigmatismus soll bei Röhren mit strichförmigem Brennfleck der Abstand des Brennfleckes von der photographischen Schicht mindestens doppelt so groß sein wie die größte Seitenlänge des Bildes.

Der bei den Drahtnetzaufnahmen deutlich erkennbare Einfluß der Aufnahmeanordnung ist kennzeichnend für die Randunschärfe. Dagegen rührt die innere Unschärfe von der Körnigkeit des Leuchtschirmes, der Verstärkerfolien und der Bromsilberemulsion her. Einige Zahlenwerte für U_i sind in Tab. 9.1 angegeben.

Die Zeichenschärfe einer Röhre mit $0{,}6 \times 0{,}6$ mm^2 Brennfleck wird z. B. mit den gebräuchlichen Röntgenemulsionen nicht voll ausgenützt, weil deren innere Unschärfe zu groß ist. Aufnahmen mit einer Diapositivemulsion sind dagegen bei optischer 15facher Nachvergrößerung des photographischen Bildes noch so scharf, daß eine nur 0,018 mm breite

Aluminiumschicht[1] zwischen zwei strahlendurchlässigen, mit Cellophan ausgefüllten Spalten noch als Linie zu erkennen ist (GLOCKER und SCHAABER).

Unter Berücksichtigung des Zusammenwirkens der verschiedenen Unschärfefaktoren lassen sich die Anwendungsgebiete der *röntgenographischen Vergrößerung* und der optischen Nachvergrößerung ab-

Tabelle 9.1. *Einige Richtwerte für die innere Unschärfe* u_i *in* mm *(Auszug aus* DIN 54111*)*

Röntgenaufnahmen (max. 300 kV)		Gammaaufnahmen		
ohne Folien[1]	Salzfolien	Metallfolien		Salzfolien
0,2	0,4	Ir 192	Co 60	alle γ-Quellen
		0,2	0,4	0,7

[1] Etwa gleiche Werte für Metallfolien und Feinkornfilm.

grenzen: Mit den Feinfokusröhren ist es möglich, den Prüfkörper so weit vom Leuchtschirm zu entfernen, daß ein 4- bis 6fach vergrößertes, noch genügend scharfes Schattenbild entsteht. Kleine Fehlstellen, z. B. Mikrolunker bei Leichtmetallen, deren Bild bei der normalen Aufnahmetechnik kleiner wäre als die innere Unschärfe der Leuchtschicht, werden durch die Vergrößerung zur Wahrnehmbarkeit gebracht. Der andere Weg, das Leuchtschirmbild mit einer binokularen Lupe zu betrachten, führt dagegen nicht weit; bei mehr als zweifacher Vergrößerung ist schon das grobe Korn des Leuchtstoffes störend.

Bei photographischen Aufnahmen können wegen der geringen Größe der Bromsilberteilchen bei Feinkornemulsionen, die allerdings erhebliche Verlängerung der Expositionszeit erfordern, 100fache Vergrößerungen und mehr erzielt werden.

Beispiele für diese „Mikroradiographie“ finden sich am Ende des Abschnittes 10.

Nun zu dem Begriff *Kontrast*. Was die Aussage bedeutet, eine Röntgenaufnahme sei konstrastreicher als eine andere, ist ohne weiteres klar. Nicht ganz so einfach ist die quantitative Fassung. Da die Beurteilung der Größe eines Kontrastes meist visuell erfolgt, könnte man versucht sein, Kontrast als einen physiologischen Begriff anzusehen. Dies wäre aber nicht zutreffend.

Der photographische Kontrast K_p zweier aneinander grenzender Bildbereiche wird verursacht durch die Verschiedenheit ihrer Schwär-

[1] Ausdehnung in der Strahlrichtung 15 mm.

zungen. Er ist definiert durch die Gleichung

$$K_P = \log \frac{L_1}{L_2}\,. \tag{9.6}$$

L_1 und L_2 sind die photometrisch bestimmten Lichtintensitäten hinter dem entwickelten und getrockneten Film. K_p ist also ein physikalischer Begriff. Aus Gln. (9.6) und (7.5) ergibt sich der Zusammenhang zwischen Kontrast und Schwärzung

$$K_P = S_2 - S_1\,. \tag{9.7}$$

Bei Betrachtung mit dem Auge tritt ein physiologischer Faktor hinzu, nämlich die Kontrastempfindung des Auges. Diese ist davon abhängig, ob die Grenze zwischen den zu vergleichenden Bezirken scharf oder diffus ist.

Die *Unterschiedsschwelle* des Auges, das heißt der kleinste eben noch erkennbare Schwärzungsunterschied $\Delta S_{\min}$ beträgt nach älteren Untersuchungen von Neeff im Mittel 0,01. Neuere Arbeiten haben, je nachdem der Übergang plötzlich erfolgt oder sich allmählich vollzieht, Werte ergeben, die im Bereich 0,006 bis 0,02 gelegen sind (Möller und Weeber). Demnach ist 0,01 ein guter Richtwert. Das Optimum von $\Delta S_{\min}$ hängt von der Beleuchtungsstärke bei der visuellen Betrachtung ab. Bei zu großer Helligkeit wird das Auge geblendet, bei hohen Schwärzungen ist mitunter die Beleuchtungsstärke nicht ausreichend. Nach systematischen Untersuchungen von Mundy und Bock wird der Höchstwert von $\Delta S_{\min}$ bei etwa $S = 3$ erreicht. Die Zunahme im Schwärzungsintervall $S = 2$ bis $S = 3$ ist aber so gering, daß aus wirtschaftlichen Gründen eine solche Verlängerung der Expositionszeit nur in Ausnahmefällen in Frage kommt. Da unterhalb von $S = 1{,}5$ der Betrag von $\Delta S_{\min}$ deutlich absinkt, sollten Grobstrukturaufnahmen so stark exponiert werden, daß in den wichtigen Bildbereichen die Schwärzungen nicht geringer sind als $S = 1{,}5$.

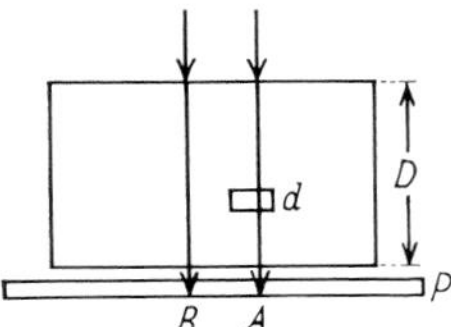

Abb. 9.6. Nachweis von Fehlstellen (schematisch).

Der photographische Kontrast ist von folgenden Faktoren abhängig:

1. Strahlenqualität (Durchdringungsvermögen)
2. Sekundärstrahlung des Stückes und seiner Umgebung
3. Photographischer Prozeß.

1. Zur Besprechung des *Einflusses der Strahlenqualität* sei der einfache Fall eines Werkstückes mit ebener Begrenzung nach Art der Abb. 9.6 behandelt. In dem Stück (z. B. aus Metall) von der Dicke D und dem Schwächungskoeffizienten μ befinde sich eine Luftblase von der Dicke d cm. Es sei weiter angenommen, daß die Röntgenstrahlung homogen sei, so daß ihr Schwächungskoeffizient für alle Dicken einen

gleichbleibenden Wert hat. Die auf die photographische Schicht P an der Stelle A bzw. B auftreffenden Intensitäten sind nach Gl. (5.1)

$$I_A = I_0\, e^{-\mu(D-d)} \tag{9.8}$$

bzw.

$$I_B = I_0\, e^{-\mu D} \tag{9.9}$$

wenn I_0 die Strahlungsintensität bedeutet, die nach Wegnahme des Stückes auf den Film auftreffen würde. Die Schwächung durch die Luftschicht d cm ist vernachlässigbar klein. Es ist dann[1]

$$\frac{I_A}{I_B} = e^{\mu d} \tag{9.10}$$

Je mehr sich das Verhältnis I_A/I_B von 1 unterscheidet, desto besser ist die Erkennbarkeit der Schwärzungsverschiedenheit der Stellen A und B. Es ist also günstig, mit möglichst weicher Strahlung zu arbeiten, um bei einem gegebenen Wert von d auf der Aufnahme einen möglichst großen Kontrast zu erzielen. Dem stehen wirtschaftliche Erwägungen entgegen; die Belichtungsdauer nimmt zu mit einer Exponentialfunktion, nämlich mit $e^{\mu D}$ und wächst daher viel stärker als μD. Ferner ist der Bildumfang bei harten Strahlen größer, was für Übersichtsaufnahmen von Bedeutung ist. Hierauf wird später ausführlicher eingegangen werden.

Ein Beispiel für die Abhängigkeit der Fehlererkennbarkeit von der Strahlungsqualität enthält Tab. 9.2 nach NEEFF. In einem Aluminiumblock waren Bohrkanäle verschiedener Weite quer zur Strahlrichtung

Tabelle 9.2. *Einfluß der Spannung auf die Nachweisbarkeit einer Fehlstelle in 40* mm *Aluminium (Aufnahmen mit Verstärkerfolie)*

Spannung in kV	Kleinste, sicher erkennbare Fehlstelle d in mm	Belichtungszeit in Sekunden
50	0,5	720
80	0,6	210
100	0,7	60
130	0,9	30
170	1,2	10

angebracht. Der Gewinn an Nachweisbarkeit wird bei starker Spannungserniedrigung mit einer außerordentlichen Erhöhung der Aufnahmezeit erkauft. Es gibt also gewisse günstige Spannungsbereiche für jeden Stoff und jede Dicke, bei denen ausreichende Werte der Nachweisbarkeit

[1] Bei Füllung des Hohlraumes mit einem stärker schwächenden Stoff (μ') ergibt sich $I_A/I_B = e^{-d(\mu'-\mu)}$.

bei wirtschaftlich tragbaren Belichtungszeiten erzielt werden (etwa 110 kV für 100 mm Aluminium, 160 kV für 250 mm Aluminium, 200 kV für 60 mm Eisen, 300 kV für 100 mm Eisen). Die Spannung ist um so höher zu wählen, je stärker die Absorption des Stückes ist, also je größer Atomnummer, Dichte und Dicke sind.

Es ist überraschend, daß in Gl. (9.10) die Dicke D des Stückes nicht auftritt; bei gleicher Strahlungsbeschaffenheit und entsprechend verlängerter Belichtungszeit sollte also eine kleine Gußblase von gegebener Größe in einem dicken Stück ebensogut zu sehen sein wie in einem dünnen. Diese Folgerung ist offenbar im Widerstreit mit der praktischen Erfahrung, nach der die Erkennbarkeit mit zunehmender Dicke des Stückes sich erheblich verschlechtert. Dies ist zurückzuführen auf den noch zu besprechenden Einfluß der Streustrahlung, der nur bei sehr engen Strahlenbündeln vernachlässigbar klein ist.

2. Innerhalb des untersuchten Werkstückes und in seiner Umgebung, z. B. am Boden des Untersuchungsraumes, entstehen *Sekundärstrahlen* (Streustrahlung und charakteristische Eigenstrahlung), die von jedem bestrahlten Raumteil nach allen Richtungen ausgehen und den Film so verschleiern, daß die feinen Schwärzungsunterschiede in dem von der direkten Röntgenstrahlung erzeugten Schattenbild des Körpers nicht mehr zu erkennen sind. Die Fälle, in denen bei Grobstrukturuntersuchungen eine Eigenstrahlung erregt wird, sind selten, so daß die folgende Darstellung sich auf die Streustrahlung beschränkt. Bei gleicher chemischer Zusammensetzung des Stoffes und gleicher Strahlungsqualität ist die auf den Film gelangende Streustrahlung um so intensiver, je größer das bestrahlte Volumen ist. Bei Zunahme der Strahlungshärte nimmt die Wirkung der Streustrahlung auf den Film zu, weil die Streustrahlen auf dem Weg vom Ort ihrer Entstehung bis zur photographischen Schicht bei harten Strahlen weniger geschwächt werden. Zur Beschränkung des Streustrahleneinflusses dienen Streustrahlenblenden. Die weitere Möglichkeit, den bestrahlten Querschnitt auf einige Quadratzentimeter zu verkleinern, kommt nur in Ausnahmefällen für die Praxis in Betracht.

Streustrahlenblenden sind zuerst bei medizinischen Röntgenaufnahmen angewandt worden (Bucky-Potter); geeignete Blenden für die hohen Spannungen der Grobstrukturaufnahmen wurden erstmals von Neeff gebaut. Der Grundgedanke ist aus Abb. 9.7 ersichtlich. Zwischen dem Stück K und der photographischen Platte P werden Bleistreifen von 20 mm Höhe und 1 bis 2 mm Dicke, die in genau gleichen Abständen von 2 mm aufeinanderfolgen, angeordnet. Durch dieses Spaltsystem können von den Streustrahlen nur diejenigen hindurchtreten, die ungefähr die gleiche Richtung wie die direkten Strahlen haben. Um eine Abbildung der Blendenstreifen auf der Aufnahme zu verhindern, wird der Rahmen mit den Bleistreifen in Richtung R mit gleichförmiger Geschwindigkeit hin- und hergeschoben. Da ein Teil des Films immer von Blendenstreifen überdeckt ist und außerdem der größte Teil der Streustrahlung abgefangen wird, ist die Belichtungszeit etwa 3fach größer, wenn die Spaltbreite doppelt so groß ist wie die Breite eines Bleistreifens. Zur Abhaltung der K-Eigenstrahlung der Bleistreifen wird der photographischen Schicht ein Filter vorgeschaltet, das aus 1 mm Zinn + 0,2 mm Kupfer + 0,1 mm Aluminium besteht. Jedes folgende

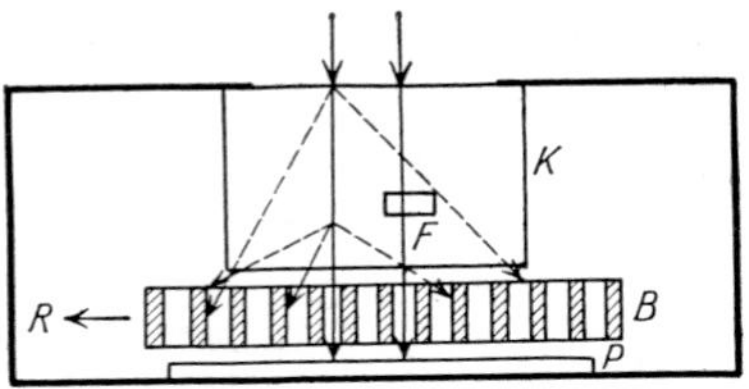

Abb. 9.7. Sekundärstrahlenblende (schematisch).

Filter absorbiert die Eigenstrahlung des vorhergehenden. Die Verbesserung der Bildgüte durch eine Streustrahlenblende ist besonders groß bei Leichtmetallen. Bei 100 mm dickem Aluminiumguß konnte bei 125 kV Spannung eine Luftblase von $d = 0{,}3$ mm auf Aufnahmen mit Verstärkungsschirm noch sicher nachgewiesen werden, während ohne Blende unter sonst gleichen Bedingungen eine Blase von $d = 1{,}2$ mm gerade noch erkennbar war.

3. Der Einfluß der *photographischen Aufnahmetechnik* auf den Kontrast ist von großer Bedeutung. Die Expositionszeiten sind so zu wählen, daß die Schwärzungen der wichtigen Bereiche der Aufnahme auf den steilen Teil der Schwärzungskurve (vgl. Abb. 7.15) zu liegen kommen. Bei Verwendung von Salzfolien ist das Gebiet der Solarisation (Absinken der Schwärzung) zu meiden. Die vom Hersteller angegebenen Entwicklungsbedingungen sind genau einzuhalten. Emulsionen mit steiler Gradation liefern hohe Kontraste; der Bildumfang, das heißt die Darstellbarkeit von Strahlungsintensitäten von sehr verschiedener Größe ist aber gering.

Kontrast und Bildumfang sind nicht nur durch die Eigenschaften der photographischen Schicht, sondern auch durch die Strahlungsqualität bedingt, wie das Rechenmodell (Abb. 9.8) anschaulich zeigt. Zur Vereinfachung ist angenommen, daß das in Pfeilrichtung von oben her einfallende Röntgenstrahlenbündel nur eine Wellenlänge enthält; der Einfluß der Streustrahlung ist vernachlässigt. Vor dem Film befinden sich zwei Metallblöcke der Dicke D und D'. Die unterste Schicht d enthält eine Luftblase (in Abb. 9.8 nicht schraffierter Bezirk). Die Rechnungen sind für 3 verschieden harte Strahlungen durchgeführt. Es ist angenommen, daß die Dicke D der 8fachen bzw. 4fachen bzw. 2fachen

Halbwertschicht [Gl. (5.2)] entspreche, ferner daß $D/D' = 8$ und $D/d = 32$ sei. Die übrigen Zahlen in der zweiten bis vierten Spalte der Tab. 9.3 ergeben sich dann zwangsläufig. Die größte und kleinste auf den Film auftreffende Strahlungsintensität

$$\frac{I_{\max}}{I_{\min}} = \frac{I_1'}{I_2} \tag{9.11}$$

kann mit Hilfe der Gl. (9.8) berechnet werden.

Aus der 5. Spalte der Tab. 9.3 ist zu ersehen, wie stark dieser Quotient, der den abzubildenden Intensitätsumfang darstellt, vom Durchdrin-

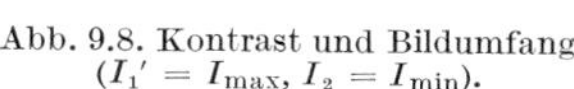

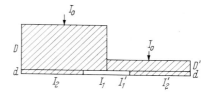

Abb. 9.8. Kontrast und Bildumfang ($I_1' = I_{\max}$, $I_2 = I_{\min}$).

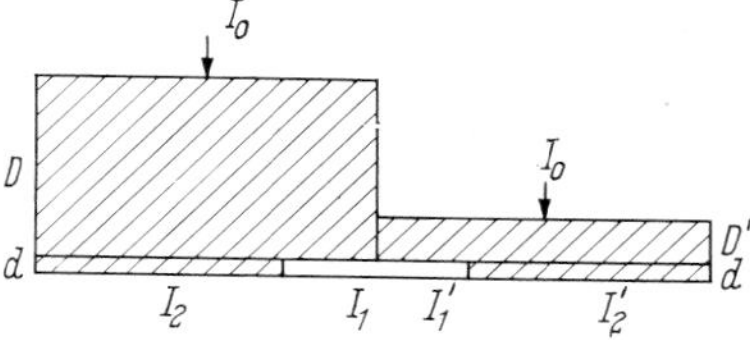

Tabelle 9.3. *Zahlenwerte des Rechenmodelles in Abb. 9.8*

Strahlung		D	D'	d	$I_{\max}/I_{\min}$	I_1/I_2
I	weich	$8\,H$	H	$H/4$	150	1,19
II	mittelhart	$4\,H$	$H/2$	$H/8$	12	1,10
III	hart	$2\,H$	$H/4$	$H/16$	3,5	1,04

gungsvermögen der Strahlung abhängt. Eine photographische Wiedergabe eines Intensitätsverhältnisses 1:150 ist recht schwierig. Wie ändert sich andererseits das Verhältnis der Intensitäten $I_1/I_2 = I_1'/I_2'$ hinter der Luftblase bzw. in deren Umgebung, wenn die Strahlungshärte variiert wird? Hierüber gibt die letzte Spalte der Tab. 9.3 Auskunft. Je mehr der Quotient von 1 abweicht, desto größer ist der Kontrast. Der Einfluß der Strahlungsqualität auf die Erkennbarkeit einer Fehlstelle ist nicht so groß, wie man von vornherein erwarten würde. Allgemein gilt, daß harte Strahlen den Kontrast vermindern, andererseits aber Aufnahmen an Stücken mit großen Dickenunterschieden ermöglichen.

Ein gutes Beispiel für die Zunahme des Bildumfanges mit wachsendem Durchdringungsvermögen der Strahlung gibt die Abb. 9.9. Die Zahnräder aus Stahlguß haben 10 mm Wanddicke. Gegenübergestellt sind a) eine Aufnahme mit Röntgenstrahlen von 160 kV Spannung und 0,5 mm Sn-Filter (FA. 70 cm, 40 mA·min) und b) eine γ-Strahlenaufnahme mit Ir-192 (Größe der Strahlungsquelle 1×1 mm², Abstand des Films 50 cm, Belichtungsgröße 2000 mCi·h). Die Filmsorte, Schleußner-Mikrotest, und Verstärkerfolien aus Blei waren in beiden Fällen gleich. Am Rande der Zahnräder ändert sich die Intensität sprungartig um eine Größenordnung. Diese Intensitätsunterschiede können von der 160-kV-

Röntgenaufnahme nicht mehr dargestellt werden. Der Schatten der Zahnräder geht unter in der starken Schwärzung der umgebenden Luftpartien. Auf der γ-Aufnahme ist der Intensitätssprung stark gemildert (vgl. Abb. 9.9b); die einzelnen Zähne sind gut zu erkennen. Bei den Gußfehlern am Bund ist dagegen der Kontrast bei der Aufnahme a) größer als bei der Aufnahme b). Man sieht, daß Kontrast und Bildumfang gegenläufig sind.

Die Wahl der Strahlenqualität hängt wesentlich von dem Zweck der Aufnahme ab. Handelt es sich um dünne Stücke mit relativ kleinen

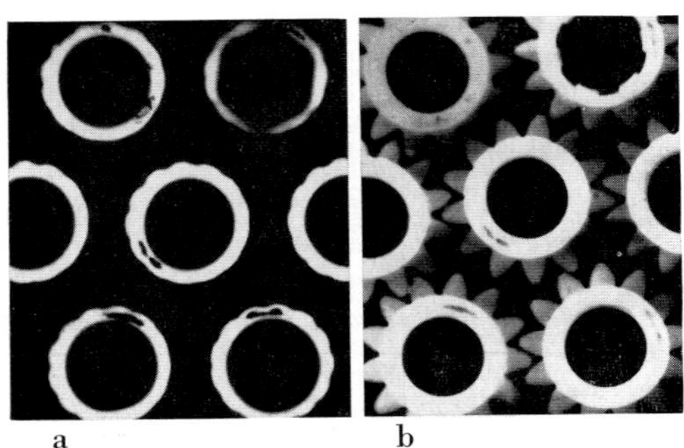

Abb. 9.9. Zahnradaufnahme (nach KOLB). a) Röntgenstrahlen 160 kV; b) γ-Strahlen Ir-192.

Dickenunterschieden, so geben die üblichen Röntgenaufnahmen eine bessere Fehlererkennbarkeit. Bei dicken Stücken mit großen Dickenunterschieden sind γ-Strahlen z. B. von Co-60 vorzuziehen. Zu diesem günstigen Ergebnis — dasselbe gilt auch für Betatronstrahlungen — trägt noch der Umstand bei, daß die Emissionsrichtungen der Streustrahlung sich enger um die Primärstrahlrichtung zusammenziehen, je kurzwelliger die Strahlung ist, so daß eine Bildverschleierung immer weniger auftritt.

Bei Aufnahmen von dicken Stücken mit starken Dickenunterschieden, z. B. bei der γ-Prüfung von dickwandigen Rohren, ist das *Doppelfilmverfahren* oft von Nutzen (VAUPEL, KOLB). Zwei aufeinandergelegte Filme werden gemeinsam belichtet. Bei der Betrachtung am Beleuchtungskasten nach der Entwicklung und Fixierung dient ein Film allein zur Beurteilung der dünneren, die Superposition beider Filme der dickeren Objektteile. Es können auch zwei Filme verschiedener Empfindlichkeit oder mehr als zwei Filme benützt werden. Auf genaue Deckung der Filme beim Betrachten ist zu achten. Weitere Vorteile des Verfahrens sind: Verkürzung der Belichtungszeit, Erhöhung des Kontrastes und sichere Erkennung von Filmfehlern.

Zur Ermittlung der Grenzen der photographischen Nachweisbarkeit von Fehlstellen werden Testkörper verwendet, z. B. Drähte oder Bohrungen. Nach älteren Untersuchungen von BERTHOLD ergeben sich als Richtwerte für die Erkennbarkeit von Eisendrähten bei 10 bis 70 mm Dicke 1%, bei 100 mm etwa 1,5%. Umfassende Untersuchungen sind in neuerer Zeit von MÖLLER und WEEBER durchgeführt worden; sie umfassen nicht nur das klassische Röntgengebiet, sondern auch die γ-Strahlen von radioaktiven Isotopen und die sehr durchdringungsfähigen Strahlungen eines Betatrons (Abb. 9.10 und Abb. 9.11). Der eben noch erkennbare Drahtdurchmesser nimmt mit der durchstrahlten Stahldicke ungefähr linear zu. Die γ-Strahlen von Ir-192 verhalten sich ähnlich wie Röntgenstrahlen, die mit 300 kV Spannung erzeugt werden.

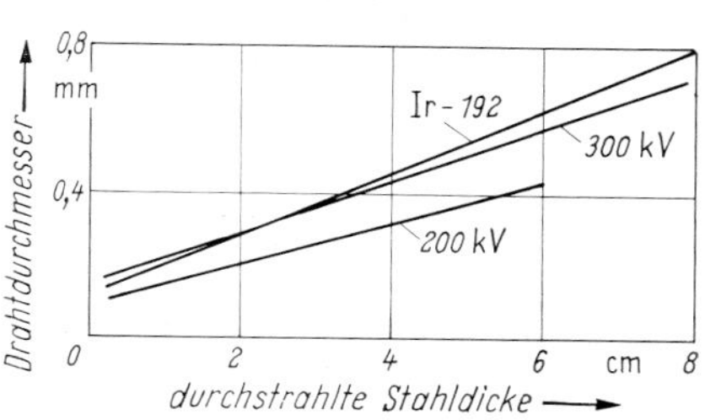

Abb. 9.10. Drahterkennbarkeit in Abhängigkeit von der Stahldicke für Röntgenstrahlen von 200 und 300 kV Spannung und für γ-Strahlen von Ir-192 (nach MÖLLER und WEEBER).

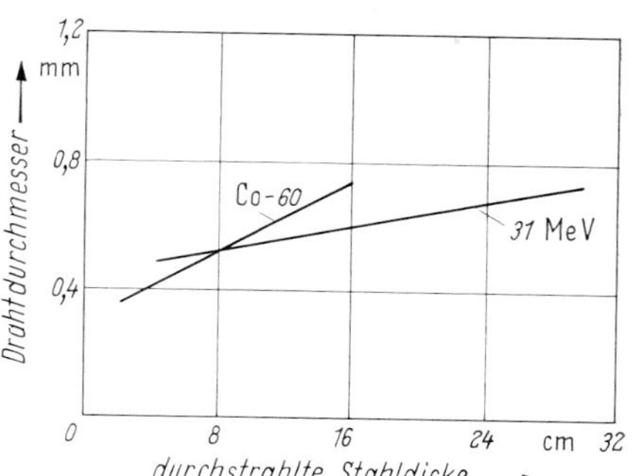

Abb. 9.11. Drahterkennbarkeit in Abhängigkeit von der Stahldicke für γ-Strahlen von Co-60 und für eine Betatronstrahlung von 31 MeV (nach MÖLLER und WEEBER).

Für Betatronstrahlen mit 15 MeV und 31 MeV ergibt sich praktisch die gleiche Kurve. Dies ist offenbar so zu erklären: Der Intensitätsschwerpunkt der beiden Strahlungen liegt bei etwa ein Drittel der Maximalenergie, also bei 5 bzw. 10 MeV. Dies ist in Übereinstimmung mit den früheren Überlegungen im Anschluß an Abb. 3.6; beide Strahlungen liegen ungefähr im Minimum des Schwächungskoeffizienten von Fe und Cu.

In der internationalen Normung[1] ist dem Begriff *Bildgüte* eine quantitative Fassung gegeben worden. Auf die röhrennahe Seite des Stückes

[1] ISO (International Organization for Standardization) und Deutscher Normenausschuß, Normblatt DIN 54109 (1964 erschienen).

wird ein Drahtsteg gelegt, der in einer Kunststoffhülle mehrere, 25 bzw. 50 mm lange Drahtstücke mit verschiedenen, genormten Durchmessern enthält. Die Drahtstärken sind durchnumeriert (Tab. 9.4). Die Bildgütezahl *BZ* ergibt sich als die Nummer des dünnsten Drahtes, dessen Schattenbild auf der Aufnahme eben noch zu erkennen ist. Je größer *BZ*, desto besser ist die Bildgüte[1]. Die Drähte sollen aus einem Werkstoff bestehen, der dem des untersuchten Stückes möglichst gleich oder zum mindesten ähnlich ist (Tab. 9.5). Einen Überblick über die Abhängigkeit der Bildgütezahl von Art und Durchdringungsvermögen der

Tabelle 9.4. *Durchmesser der Drähte*

Draht-nummer	Durch-messer mm	Draht-nummer	Durch-messer mm
1	3,20	9	0,50
2	2,50	10	0,40
3	2,00	11	0,32
4	1,60	12	0,25
5	1,25	13	0,20
6	1,00	14	0,16
7	0,80	15	0,125
8	0,63	16	0,100

Tabelle 9.5. *Werkstoff der Drähte*

Drahtwerkstoff	Zu prüfende Werkstoffe
unlegierter Stahl	Eisen und Stahl
Kupfer	Kupfer, Zink und deren Legierungen
Aluminium	Aluminium und Legierungen

Strahlungen sowie von der Dicke des Prüfkörpers aus Stahl gibt die Abb. 9.12. Bemerkenswert ist die nahezu gleichbleibende Bildgüte-Zahl bei einem Betatron von 31 MeV. Sehr stark ist der Dickeneinfluß bei Röntgenaufnahmen (Folienfilm, Salzfolie). Die Kurven für Co-60 und Betatron gelten für Bleifolien und Feinkornfilm. Das Diagramm liefert die optimal erreichbaren *BZ*-Werte; die Zahlen sind für die verschiedenen Dickenbereiche von Eisen in Tab. 9.6 angegeben. Aufnahmen, welche diesen Bedingungen entsprechen, werden in die Bildgüteklasse I eingereiht. Für viele Zwecke genügt die Bildgüteklasse II mit geringeren Anforderungen;

[1] Betreffs des Zusammenhangs von Bildgütezahl (*BZ*) und Drahterkennbarkeit (in %) siehe Gl. 3 in DIN 54109.

die dort vorgeschriebenen *BZ*-Werte sind im Mittel um 2 Einheiten niederer als die Zahlenangaben in Tab. 9.6.

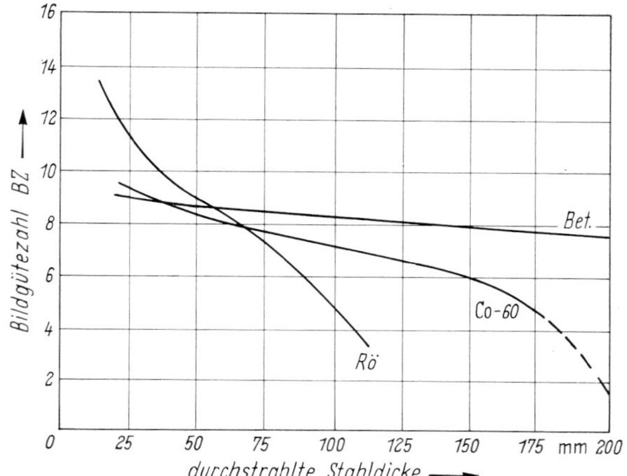

Abb. 9.12. Abhängigkeit der Bildgütezahl von der Stahldicke für verschiedene Strahlungen nach DIN 54109 (*Bet.* = Betatron).

Tabelle 9.6. *Bildgütezahlen der Klasse I für Eisenwerkstoffe nach* DIN 54109

Durchstrahlte Eisendicke über mm	bis mm	Bildgütezahl
—	6	16
6	8	15
8	10	14
10	16	13
16	25	12
25	32	11
32	40	10
40	50	9
50	80	8
80	150	7
150	200	6

Für den praktischen Gebrauch bei Grobstrukturaufnahmen sind von verschiedenen Stellen[1] *Belichtungsdiagramme* aufgestellt worden. Für eine bekannte Spannung und Spannungsform, den Fokusabstand und die Filmsorte kann für Aluminium oder Eisen von gegebener Dicke das Produkt aus Belichtungszeit in Minuten und Milliamperezahl abgelesen werden, das zur Erreichung einer bestimmten Schwärzung erforderlich ist. Die Diagramme Abb. 9.13 und Abb. 9.14 gelten für Eintank-Röntgen-

[1] Agfa Gevaert, Adox, Balteau, Kodak, C. H. F. Müller u. a.

apparate[1] und einen Brennfleckabstand von 70 cm bei Verwendung des Agfa Gevaert Filmes D 7 (ohne Verstärkerfolie). Eine Schwärzung $S = 1{,}5$ wird erreicht, wenn die Entwicklungsbedingungen (Röntgenentwickler 20 °C/5 Minuten) eingehalten werden; insbesondere ist auf die Temperatur[2] zu achten, die einen großen Einfluß auf die absolute Schwärzung hat. Das Schaubild[3] für Aluminium (Abb. 9.13) reicht bis

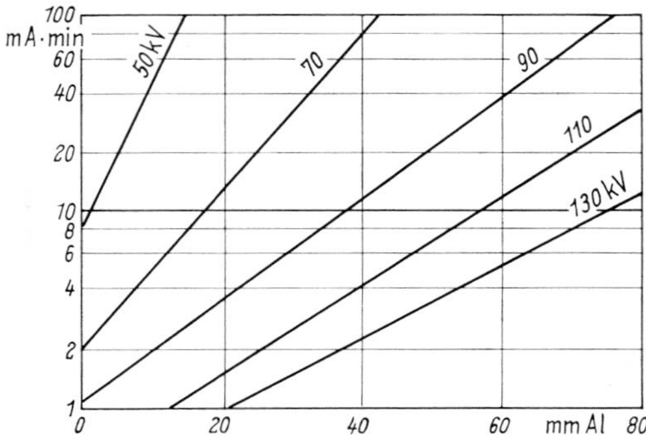

Abb. 9.13. Belichtungsdiagramm für Aluminium und Röntgenstrahlen (Agfa Gevaert).

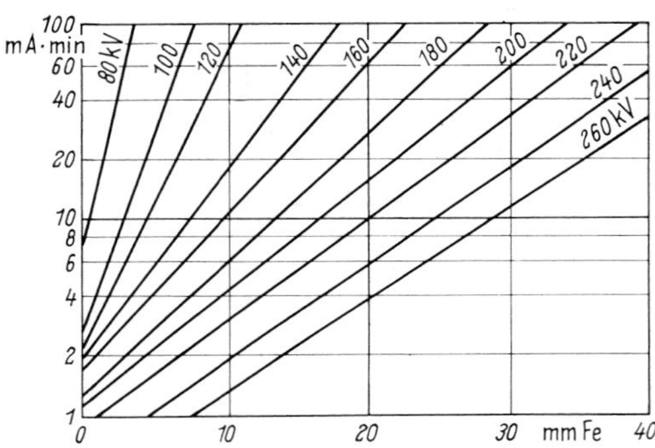

Abb. 9.14. Belichtungsdiagramm für Stahl und Röntgenstrahlen (Agfa Gevaert).

zu einer Dicke von 80 mm, das für Stahl (Abb. 9.14) bis 40 mm. Für größere Dicken sind Aufnahmen mit Bleifolien zu empfehlen. Dies gilt besonders auch für γ-Strahlen.

Bei γ-Aufnahmen wird die Bleidicke der Folien zweckmäßig erhöht, wenn eine Strahlung mit größerem Durchdringungsvermögen benützt wird, z. B. für Co-60 Vorder- und Hinterfolie je 0,20 mm Blei, für Ir-192 und Cs-137 je 0,10 bzw. 0,15 mm. Ein Diagramm von Ir-192, Cs-137, Co-60 für Eisen ist in Abb. 9.15 enthalten. Es ist nach Werten in „Industrie

[1] Bei konstanter Gleichspannung verkürzen sich die Belichtungszeiten je nach Werkstoffart und Dicke auf $^2/_3$.

[2] Z. B. bei einer Hauff-Röntgenplatte $S = 1{,}05$ bei 18 °C und $S = 1{,}20$ bei 21 °C.

[3] Die Belichtungsdiagramme in Abb. 9.13, 9.14 und 9.15 sind auch verwendbar für folgende Filmarten: Ansco A, Dupont 504, Kodak AA und Crystallex.

Röntgenfilme" von Agfa Gevaert 1966 gezeichnet und gilt für den Agfa Gevaert Film D 7 sowie für die in Anmerkung 3 auf S. 102 genannten Filmsorten. Zu Grunde gelegt ist 50 cm Abstand des Filmes vom Präparat und eine Schwärzung $S = 2{,}0$. Neuerdings wird als Vorderfolie Kupfer und als Hinterfolie Blei verwendet.

Die Einführung des *Betatrons* in die Materialprüfung hat die Grenze der durchstrahlbaren Stahldicken von 100 mm bei 400 kV Röntgenstrahlen auf 500 mm hinausgeschoben. Bei noch größeren Dicken sind die Expositionszeiten wirtschaftlich nicht tragbar. Bei 200 mm Stahl erzeugt eine Hohlstelle mit einer Ausdehnung von 1 mm in der Strahlrichtung auf einer Aufnahme mit einem 31-MeV-Betatron einen Schwärzungsunterschied von rund 1% (WIDERÖE). Die hohe Bildgüte ist nicht nur dem extrem scharfen Brennfleck ($0{,}1 \times 0{,}3$ mm²) zu verdanken, sondern auch der schon erwähnten Tatsache, daß die Streustrahlung sich in ihrer Richtung auf die Umgebung des Primärstrahles konzentriert (vgl. Abb. 5.6), so daß ihre bildverschleiernde Wirkung gering ist.

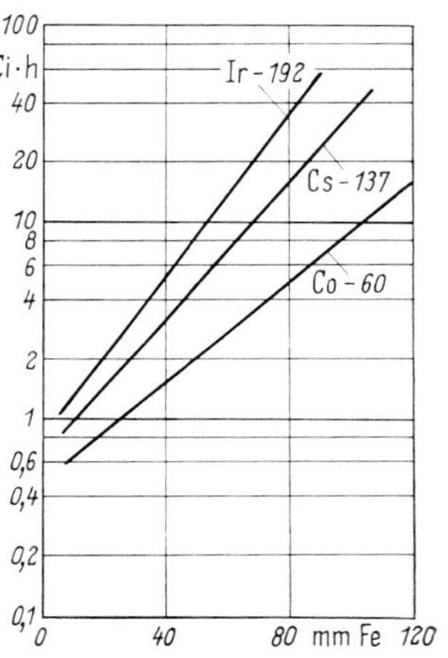

Abb. 9.15. Belichtungsdiagramm für Stahl und γ-Strahlen von Co-60, Cs-137 und Ir-192 (Agfa Gevaert).

Der Öffnungswinkel des Primärstrahlenbündels ist klein. Zur Einebnung der Intensitätsverteilung im bestrahlten Feld werden, wie schon im Abschnitt 3 besprochen, Absorptionskörper mit nach außen abfallender Dicke eingebaut. Ein Ersatz der Bleiverstärkerfolien durch solche aus Tantal bringt etwas größeren Kontrast (MÖLLER, GRIMM und WEEBER).

Als Vorderfolie wird eine Dicke von 1,5 mm, als Hinterfolie von 0,5 mm empfohlen. Bei kleinen Dicken der Prüfstücke bleibt die Hinterfolie ganz weg und die Rückwand der Aluminiumkassette wird durch eine Kunststoffschicht ersetzt (FINK und WOITSCHACH). Mit dieser Aufnahmetechnik kann ein Betatron bis herunter zu Wandstärken von 65 mm Stahl benützt werden. Bei sehr großen Dicken andererseits kann die Expositionszeit wesentlich abgekürzt werden, wenn 2 oder 3 Röntgenfilme aufeinander gelegt und gleichzeitig belichtet werden.

Der sehr scharfe[1] Brennfleck eines Betatrons erlaubt eine maximal 4fache röntgenographische Vergrößerung und damit eine Verbesserung der Fehlererkennbarkeit. Die Kassette mit dem Film wird nicht unmittelbar auf der Rückseite des Prüfkörpers angebracht, sondern in einiger

[1] Die gesamte Unschärfe beträgt bei einem 30 MeV-Betatron im Mittel 2,0 mm; davon entfällt fast die Hälfte auf die Unschärfe infolge der Filmkörnung (WIDERÖE).

Entfernung davon. Ist diese z. B. gleich dem Abstand des Prüfkörpers vom Brennfleck, so entsteht ein zweifach vergrößertes Röntgenbild.

In Abb. 9.16 ist die Aufnahme a) in der üblichen Weise gemacht, während bei der Aufnahme b) das Vergrößerungsverfahren angewandt wurde[1]. Die Erkennbarkeit des Risses in der Schweißnaht hat wesentlich gewonnen; die Stahldicke betrug 150 mm. Bei 250 mm Stahldicke und

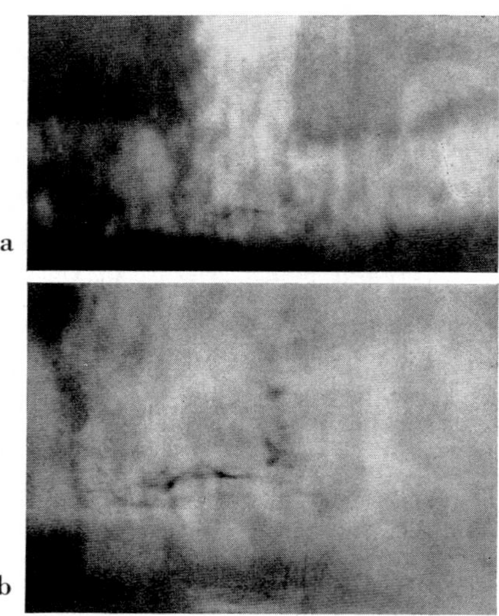

Abb. 9.16. a) Übliches Aufnahmeverfahren; b) Röntgenographische Vergrößerung 2:1 150 mm Stahl geschweißt; 31 MeV-Betatron (nach FINK und WOITSCHACH).

einem Fokus-Film-Abstand von 2 m konnte auf diese Weise eine Drahterkennbarkeit von 0,2% erreicht werden. Ein Nachteil der röntgenographischen Vergrößerung ist die Reduktion des Bildumfanges. Von einer Schweißnaht wird bei zweifacher Vergrößerung nur die Länge $L/2$ dargestellt, wenn von einer Aufnahme nach der üblichen Art die Länge L erfaßt wird.

Die Entwicklung des *Bildverstärkers* in der medizinischen Radiologie hat der Materialprüfung mit Röntgenstrahlen neue Möglichkeiten eröffnet. Die Durchleuchtung ersetzt in vielen Fällen die mit höheren Kosten verknüpfte Aufnahme. Das Prinzip eines Röntgenbildverstärkers ist in Abb. 9.17 dargestellt. Die in der Pfeilrichtung von links einfallenden Röntgenstrahlen durchsetzen den Prüfkörper P und treffen auf den auf einer gebogenen Aluminiumunterlage Al angebrachten Leuchtschirm L, dessen Innenfläche mit einer Photo-Kathodenschicht K bedeckt ist.

[1] Herrn Dr. FINK und Herrn Dipl.-Phys. WOITSCHACH in Mühlheim danke ich bestens für die Überlassung der Aufnahmen.

Die ausgelösten Elektronen werden durch eine Spannung von 25 kV beschleunigt und durch eine elektrische Linse auf den kleinen Leuchtschirm S fokussiert. Das Bild wird durch eine vergrößernde Optik vom Auge des Beobachters wahrgenommen.

Die erzielte Steigerung der Leuchtdichte des Bildes hat zwei Ursachen. Den photoelektrisch ausgelösten Elektronen wird durch das elektrische Feld Energie zugeführt, was eine 30 bis 50fache Helligkeitszunahme zur Folge hat. Die lineare Verkleinerung des Bildes auf dem

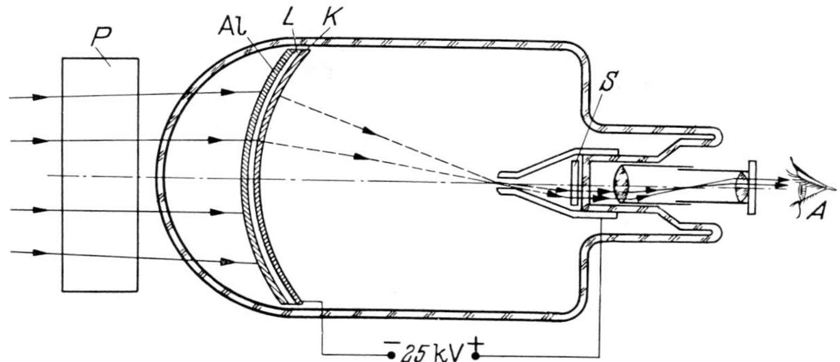

Abb. 9.17. Wirkungsweise eines Röntgenbildverstärkers (Werkphoto C. H. F. Müller).

Schirm S ist etwa 1:9 gegenüber dem Bild auf dem Leuchtschirm L; die Elektronen konzentrieren sich auf eine 81mal kleinere Fläche; dementsprechend vergrößert sich die Leuchtdichte. Die hieraus sich ergebende gesamte Helligkeitszunahme von 3000 wird wegen der Verluste im optischen Übertragungssystem nicht erreicht; der praktische Wert beträgt 1000 bis 1200.

Die große Bedeutung des Bildverstärkers beruht auf der Verschiebung der Bildhelligkeit vom Bereich des Stäbchensehens (Nachtsehen) in den des Zäpfchensehens (Tagsehen). Aus Abb. 9.18 geht deutlich hervor, daß der erkennbare Helligkeitsunterschied von zwei angrenzenden Feldern eines Leuchtschirmes bei kleinen Leuchtdichten recht gering ist und mit wachsender Leuchtdichte besser wird. Der horizontale Verlauf der Kurve entspricht dem Tagessehen. Bei Fortsetzung über den rechten Bildrand hinaus würde die Kurve wieder ansteigen, weil bei sehr hohen Leuchtdichten[1] das Auge geblendet wird. Durch die beiden Pfeile sind die Bereiche angedeutet, die bei der früheren Leuchtschirmbeobachtung *(I)* und der Benützung eines Bildverstärkers *(II)* in Betracht kommen. Weitere Vorteile des Bildverstärkers sind:

[1] Die Worte Helligkeit und Leuchtdichte sind hier mit gleicher Bedeutung gebracht. Die in England und USA übliche Einheit der Leuchtdichte ist 1 Lambert = 10^4 Apostilb, also 1 Millilambert = 10 Apostilb.

Die Beobachtung kann in einem mäßig hellen Raum vorgenommen werden. Die Beschränkung auf hoch belastbare Röntgenröhren mit großem Brennfleck fällt weg, da das Bild hell genug ist. Die nunmehr benützten Feinfokusröhren zeichnen schärfer, das heißt die geometrische Unschärfe ist kleiner. Die aus Helligkeitsgründen früher benützten relativ dicken Schichten der Leuchtschirme können durch dünnere

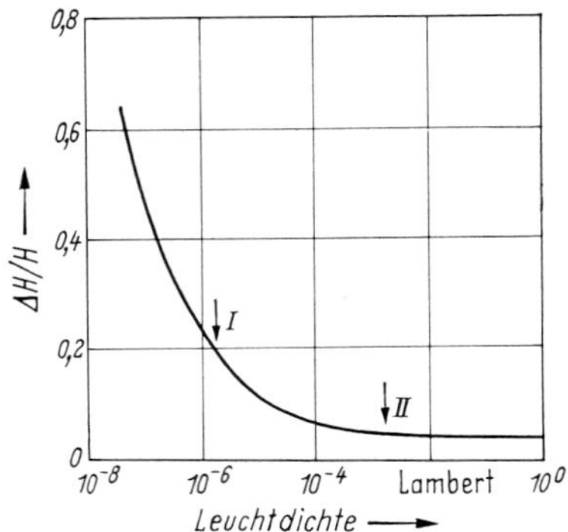

Abb. 9.18. Eben noch erkennbarer relativer Helligkeitsunterschied in Abhängigkeit von der Leuchtdichte (nach HENNY und CHAMBERLAIN).

ersetzt werden, so daß die Gesamtunschärfe von etwa 1,0 mm bei der unmittelbaren Schirmbeobachtung auf 0,3 mm bei Verwendung eines Bildverstärkers zurückgeht.

In der Praxis liegen die Grenzdicken für Röntgendurchleuchtungen mit Bildverstärker bei etwa 25 mm Stahl bzw. 50 mm Leichtmetall; sie verschieben sich zu 200 bis 250 mm Stahl bei Betatronstrahlungen von 15 bis 35 MeV. Sind die auftreffenden Röntgenintensitäten gering und damit die Zahl der Strahlungsquanten klein, so tritt der Effekt des Rauschens auf. Die erheblichen statistischen Schwankungen der einzelnen Lichtblitze auf dem Betrachtungsschirm bedingen ein starkes Flimmern des Bildes. Durch Verwendung von Leuchtstoffen, die schwach nachleuchten, kann eine zeitliche Ausmittlung der vom Auge wahrgenommenen Lichtblitze und eine Verminderung des Rauschens erreicht werden (BIRKEN).

Für die verschiedenen Dickenbereiche gibt es optimale Strahlungsqualitäten, z. B. für 10 bis 25 mm Stahl Feinfokusröhren mit 150 kV Spannung, während für 25 bis 50 mm höher belastbare Röntgenröhren erforderlich sind (Abb. 9.19). Die Drahterkennbarkeit beträgt etwa 2,2% innerhalb der genannten Bereiche. Diese ist von gleicher Größe beim Betatron für Stahlstärken von 120 bis 250 mm (Abb. 9.20). Bei scharfen Brennflecken kann auch bei der Durchleuchtung mit Vorteil die früher beschriebene Methode der röntgenographischen Vergrößerung angewendet werden.

Die weitere Entwicklung geht dahin, an den Bildverstärker eine *Fernsehkette* anzuschließen. Das Schirmbild des Verstärkers wird in natürlicher Größe auf die Photokathode der Fernsehröhre projiziert. Die Vorteile einer Fernsehübertragung des Röntgendurchleuchtungsbildes sind mannigfach. Die Helligkeit und der Kontrast können innerhalb gewisser Grenzen unabhängig von der Dosisleistung eingestellt

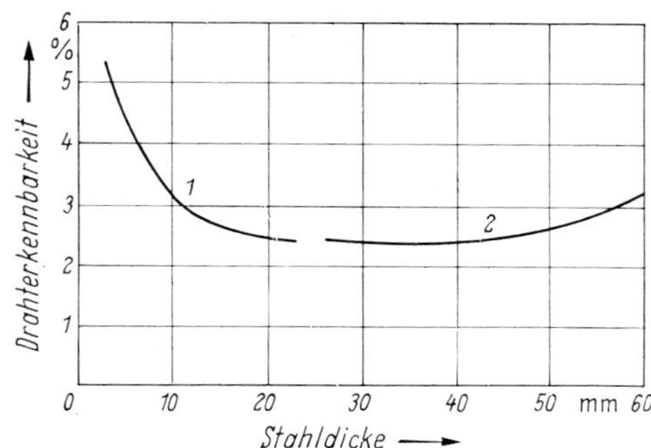

Abb. 9.19. Drahterkennbarkeit bei Stahl (nach LANG).
1 150 kV Brennfleck 0,4 × 0,4 mm²
2 300 kV Brennfleck 1,5 × 1,5 mm²

werden. Da der Beobachtungsort und der Ort der Durchstrahlung voneinander getrennt sein können, besteht die Möglichkeit einer laufenden Überwachung des Leuchtschirmbildes durch Dritte und die schwierige Frage des Strahlenschutzes beim Betatron kann auf einfache Weise gelöst werden. Eine magnetische Bandaufzeichnung des Röntgen-Fern-

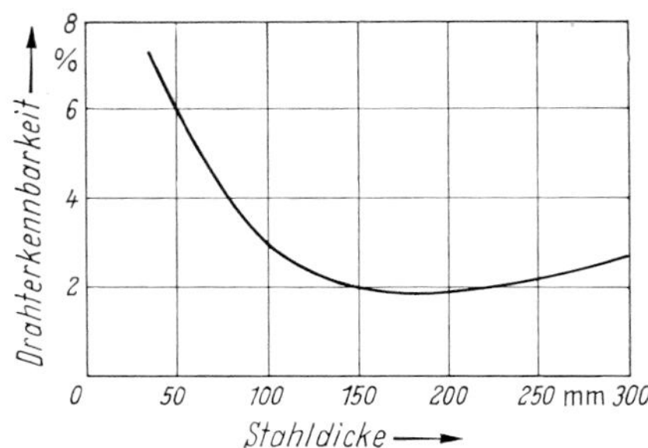

Abb. 9.20. Drahterkennbarkeit bei Stahl mit Betatronstrahlung von 31 MeV (nach OOSTERKAMP, PROPER und TEVES).

sehbildes ermöglicht eine Speicherung und Reproduktion der erhaltenen Bildinformation (OOSTERKAMP). Die Zeichenschärfe einer photographischen Aufnahme wird nicht erreicht. Dies ist bedingt durch das gröbere Korn der Leuchtstoffe, im Vergleich zu den AgBr-Körnern der Emulsion.

Eine Durchleuchtungseinrichtung ist in Abb. 9.21 zu sehen. In der strahlensicheren Trennwand zwischen Prüfraum und Beobachtungsraum auf der linken Seite der Abb. 9.21 ist das zylindrische Gehäuse des Bildverstärkers eingebaut. Die Kabelverbindung führt zum Fernseh-Bildschirm im rechten Teil. In der Mitte steht der Schaltkasten zur Regulierung des Röntgenapparates.

Für besondere Prüfaufgaben wurde ein direkt arbeitendes Röntgenfernsehsystem entwickelt[1], das keinen Bildverstärker enthält. Hinter einem normalen Leuchtschirm ist eine für Röntgenstrahlen empfindliche Bild-Aufnahmeröhre angebracht, welche Durchleuchtungsbilder mit 20- bis 30-facher Vergrößerung erzeugt. Bei Benützung einer Feinfokusröhre werden z. B. Drähte von 25 μ Durchmesser scharf abgebildet. Anwendungsgebiete sind die Prüfung von Transistoren, Punktschweißungen, Kohlenschichtwiderständen u. a.

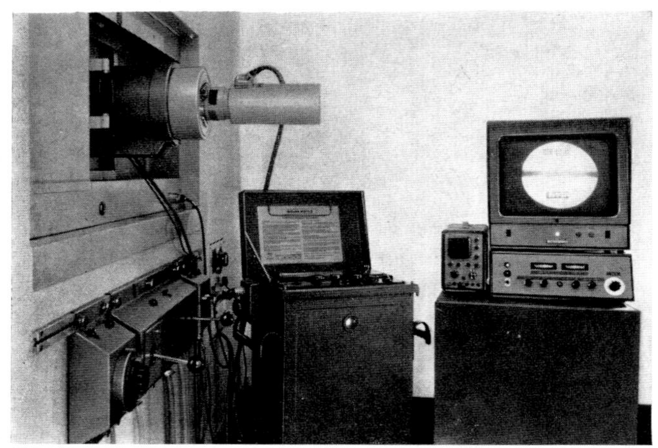

Abb. 9.21. Durchleuchtungseinrichtung mit Bildverstärker und Fernsehkamera (Werkphoto C. F. H. Müller).

Aufnahmen mit *Neutronenstrahlen* sind für die Zwecke der Materialprüfung nur in einzelnen Fällen gemacht worden. Man muß über einen Atomreaktor verfügen; transportable kleine Neutronengeneratoren liefern keine ausreichende Intensitäten. Da die Absorption der Neutronenstrahlen in den Atomen verschiedener Art anderen Gesetzmäßigkeiten gehorcht als die der Röntgenstrahlen, ergänzen sich die beiden Verfahren. Thermische Neutronen werden beim Durchgang durch wasserstoffhaltige Stoffe stark geschwächt. Ist ein photographischer Film z. B. teils mit einer Plexiglasschicht teils mit einer Bleischicht gleicher Dicke bedeckt, so ist die Schwärzung hinter dem Blei viel größer, während bei Röntgenstrahlen das Umgekehrte gilt (nach Berger, Marth).

[1] Hersteller: C. H. F. Müller, Hamburg.

10. Praktische Anwendung der Grobstrukturuntersuchung

Der Hauptvorzug der Prüfung mit Röntgen- und γ-Strahlen besteht darin, daß das Prüfstück keinerlei Zerstörung oder Veränderung erleidet. Die üblichen Verfahren der Werkstoffprüfung arbeiten mit Stichproben. Einige Stücke der gleichen Fertigung werden zerrissen oder zur inneren Besichtigung aufgesägt. Der Teilbetrag der fehlerfreien Stücke gibt die Wahrscheinlichkeit an, daß das zum Einbau bestimmte Stück einwandfrei ist. Die Durchstrahlungsprüfung liefert dagegen die Sicherheit, daß das betreffende Stück frei von Fehlern ist.

Abb. 10.1. Schiffskesselprüfung (nach SEIFERT).

Wegen der beträchtlichen Kosten von Röntgenaufnahmen wird in vielen Fällen eine laufende Prüfung mit dem Leuchtschirm vorgenommen. Dies ist der Fall bei Leichtgußteilen, Kunststoffen und keramischen Massen (z. B. Zündkerzensteine). Die Entwicklung des Röntgenbildverstärkers hat die Anwendung der Schirmdurchleuchtung auf Stahl und Eisen bis zu Dicken von 200 mm erweitert.

Als Beispiel für eine Röntgenprüfung an Ort und Stelle ist in Abb. 10.1 die Untersuchung eines geschweißten Schiffskessels dargestellt. Der ölgefüllte Behälter der Röntgenröhre liegt zwischen Kesselwand und Schiffsboden; die Kassette mit Film und Verstärkerfolie wird durch das Mannloch in das Innere des Kessels eingebracht. Die beiden Hochspannungskabel, die zum Transformator führen, sind auf Abb. 10.1 gut zu sehen.

Die *Röntgenprüfung von Schweißverbindungen* hat große praktische Bedeutung erlangt (Kessel-, Rohrleitungsbau und Stahlkonstruktion). Die Ergebnisse der Schweißer wurden wesentlich besser, seitdem die Röntgenaufnahme die Kontrolle der Einzelleistung ermöglicht.

Das Aussehen einer fehlerhaften Schweißung an einer 10 mm starken Eisenplatte ist der Abb. 10.2 zu entnehmen. Die runden, schwarzen Flecken rühren von Gasblasen her, während die dunklen Flecken der Schlak-

Abb. 10.2. Röntgenaufnahme einer Schweißnaht (von BERTHOLD und VAUPEL).

keneinschlüsse unregelmäßig begrenzt sind. Die schwarzen Striche sind durch Bindefehler bedingt. Sie sind für die Haltbarkeit der Schweißung von entscheidendem Einfluß. Infolge mangelhafter Verschmelzung von Schweißgut und Grundwerkstoff bilden sich spaltförmige Hohlräume, die mitunter mit Oxyden gefüllt sind. Zum Nachweis von Bindefehlern und Rissen muß die Einstrahlrichtung in der Grenzfläche verlaufen, also bei einer V-Naht mit Flankenfehlern in Richtung I oder III (Abb. 10.3). Auf dem Bild in Abb. 10.4 mit Einstrahlrichtung II ist der Bindefehler in der Flanke kaum erkennbar, während er bei Strahlrichtung I deutlich hervortritt (Abb. 10.5). Die Strahlrichtungen müssen optimal eingestellt[1] werden. Bei einer Blechstärke von 20 mm genügt eine Ab-

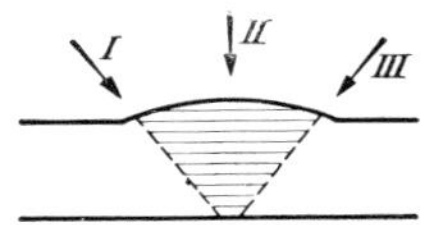

Abb. 10.3. Strahlrichtungen bei Untersuchung einer V-Naht.

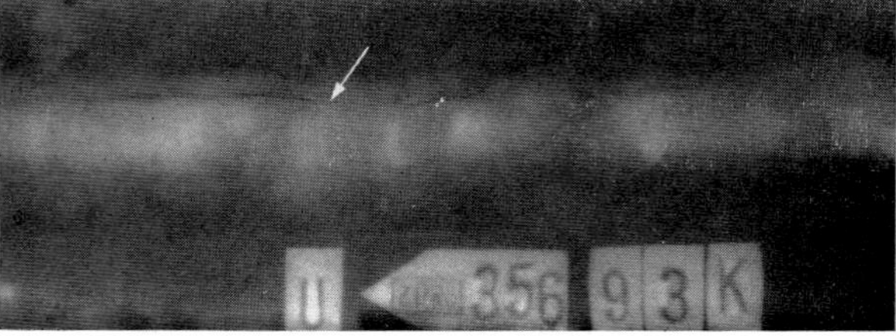

Abb. 10.4. Gammaaufnahme einer Schweißnaht in Richtung II der Abb. 10.3 (nach KOLB)

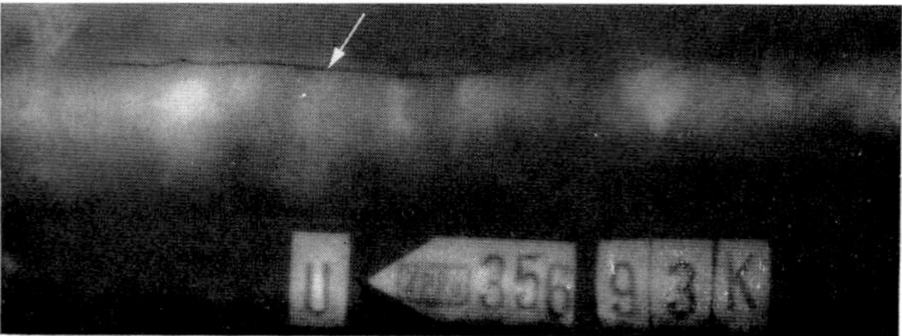

Abb. 10.5. Gammaaufnahme einer Schweißnaht in Richtung I der Abb. 10.3 (nach KOLB).

[1] Richtlinien für die Durchstrahlung von Schweißverbindungen enthält das Normblatt DIN 54111.

weichung von 10°, um einen 0,1 mm breiten, spaltförmigen Bindefehler nicht mehr zur Abbildung zu bringen (WIDEMANN).

Abb. 10.6. Aufnahme einer Rundschweißnaht mit einer Hohlanodenröhre (nach SEIFERT).

Abb. 10.7. Gleichzeitige Aufnahme mehrerer Werkstücke in Karussellanordnung.

Eine Rundschweißnaht kann in ihrer ganzen Länge mit einer Aufnahme erfaßt werden, wenn eine Hohlanoden-Einpolröhre, bei der die

Röntgenstrahlen in einer Ebene senkrecht zur Achse austreten, verwendet wird (Abb. 10.6). Hohlanodenröhren ermöglichen ferner die gleichzeitige Aufnahme von mehreren Werkstücken (Abb. 10.7); hinter jedem Stück befindet sich eine Kassette mit Film und Verstärkerfolie. Der Aufnahmeraum muß gegen seine Umgebung durch strahlensichere Wände abgesichert sein.

Die *röntgenographische Nietlochprüfung* von Dampfkesseln ist dem bisherigen Verfahren, die Nieten herauszuschlagen und einen Schwefelabdruck des polierten Lochrandes herzustellen, an Kosten- und Zeitaufwand wesentlich überlegen (Abb. 10.8). Die Stillegung des Kessels dauert Tage statt Wochen bei der früheren Nietlochprobe.

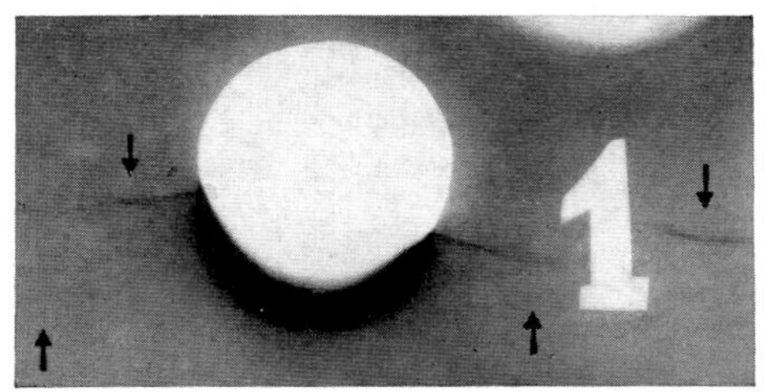

Abb. 10.8. Nietlochrisse einer Kesseltrommel (nach BERTHOLD und VAUPEL).

Abb. 10.9. Boden einer Druckflasche mit Rissen (nach KANTNER und HERR) (10 × verkleinert).

Ein Beispiel aus der *Betriebskontrolle* wird in Abb. 10.9 gezeigt. Im Boden von Druckflaschen treten als Alterungserscheinungen radiale Risse auf, die eine Explosion zur Folge haben können. Die Druckflasche wird nach Herausschrauben des Ventiles in axialer Richtung durchstrahlt.

Zur serienmäßigen Untersuchung von *bleihaltigen Lagerschalen* hochbeanspruchter Motoren dienen Geräte nach Art der Abb. 10.10. Der untere Teil enthält den Röhrenbehälter, der obere, hinter einem abhebbaren Deckel, vier verbleite Walzen, auf die der Röntgenfilm und anschließend die Lagerschalen aufgebracht werden. Unter jeder Walze befindet sich ein Bleispalt von solcher Breite, daß nur $^1/_6$ des Lagerumfanges von einer Aufnahme erfaßt wird. Das Weiterdrehen nach Beendigung der Aufnahme erfolgt automatisch, ebenso das Ein- und Ausschalten der Röntgenröhre. Die wichtigsten Fehler, die bei Bleibronzelagerschalen auftreten, sind in Abb. 10.11 zu sehen[1]. Die weißen Striche in Abb. 10.11a sind Risse in der Stahlstützschale, die mit Lagermetall (Bleibronze) ausgefüllt sind. Die weißen Bleiinseln (Abb. 10.11b) rühren von einer Entmischung im Lagermetall her. Die schwarzen

[1] Dem Hüttenwerk Laucherthal bei Sigmaringen danke ich für die Überlassung der Aufnahmen in Abb. 10.11.

Bezirke in Abb. 10.11c sind Schlackeneinschlüsse mit punktförmigen, weißen Bleiseigerungen.

Bei Aufnahmen von Prüfstücken mit großen Dickenunterschieden, wie z. B. Rundstangen, sind, sofern nicht sehr harte Röntgen- oder

Abb. 10.10. Lagerschalenprüfgerät (nach SEIFERT).

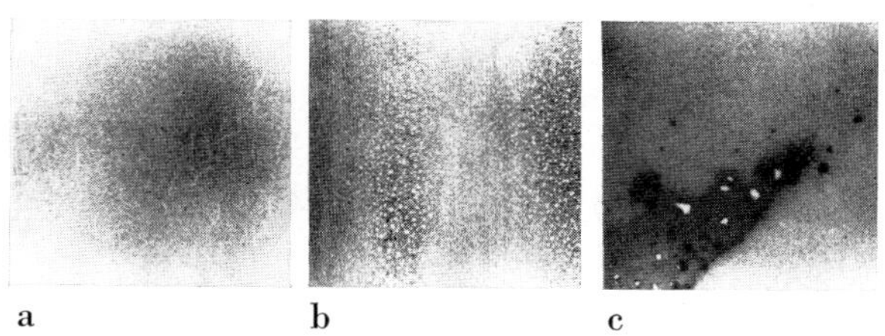

a b c

Abb. 10.11. Aufnahmen von fehlerhaften Bleibronze-Lagerschalen.

γ-Strahlen benützt werden, die Randpartien überstrahlt, so daß keine Einzelheiten erkennbar sind. Man muß dann für einen *Dickenausgleich* sorgen, z. B. Einbetten eines Drahtseiles in eine Stahlmaske (Abb. 10.12). Das Drahtseil hat an der mit einem Pfeil angedeuteten Stelle einen Querriß in einer Ader (Abb. 10.13). Eine Anlage zur Routinedurchleuchtung der Längsschweißnähte von großen Stahlrohren ist in Abb. 10.14 abgebildet. Der *Bildverstärker*, der sich in einer Schutzkabine befindet, ist auf das Primärstrahlenbündel der im Inneren des Stahlrohres an einem Tragarm befestigten Röntgen-Kurzanodenröhre eingestellt. Das Stahlrohr wird mit Hilfe eines Schienenwagens zwischen Verstärker und Strahlenquelle langsam hindurchgezogen, nachdem vor Beginn der Durchleuchtung das Rohr so justiert wurde, daß die Längsnaht ständig vom Primärstrahl überstrichen wird.

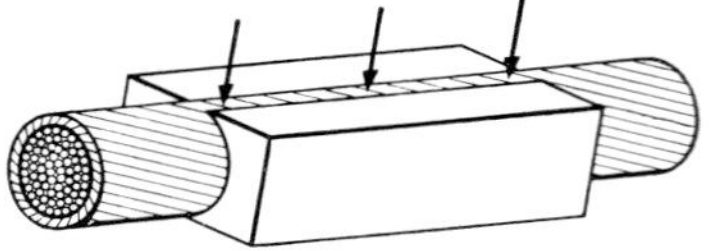

Abb. 10.12. Dickenausgleich bei Drahtseilaufnahmen.

Bei Gußstahl werden die sogenannten Vorblöcke mit 10 m Länge und einem Querschnitt von 200×200 mm² heiß ausgewalzt, wobei im Kopf des Walzgutes häufig Lunker und Schlackeneinschlüsse auftreten. Es ist deshalb üblich, ein Stück des Kopfes abzuschneiden und zum

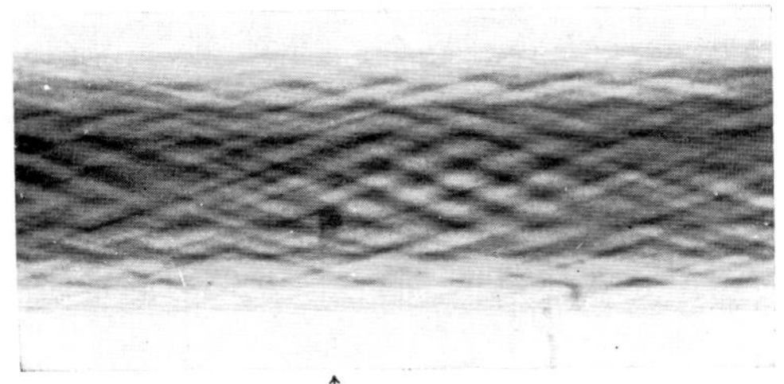

Abb. 10.13. Drahtseil mit Bruchstellen.

Abb. 10.14. Durchleuchtung der Schweißnähte von Stahlrohren mit Bildverstärker (Werkphoto C. H. F. Müller).

Schrott zu werfen. Die Frage nach der erforderlichen Länge des „verlorenen Kopfes" läßt sich durch die Durchleuchtung mit Betatronstrahlung und Bildverstärker mit Fernsehkette sofort beantworten (Oosterkamp, Proper und Teves). Vor dem Bildverstärker muß eine Wasserschicht als Wärmeschutz eingebaut werden. Die Blöcke werden mit 10 bis 20 cm/sec Geschwindigkeit vorbeigezogen. Bei 200 mm Stahldicke konnten 90% der Lunker von 7 mm Durchmesser und mehr nachgewiesen werden.

Als weiteres Anwendungsgebiet ist noch die *Gemäldeprüfung* zu nennen. Da die Maler zu verschiedenen Zeiten Farben von verschiedener chemischer Zusammensetzung und daher verschiedenem Absorptionsvermögen benützt haben, werden bei alten übermalten Bildern die ursprünglichen Formen auf einer Röntgenaufnahme sichtbar.

Bei *stereoskopischen Röntgenaufnahmen* wird zunächst eine und dann nach Verschieben der Röntgenröhre quer zur Strahlrichtung um eine dem Augenabstand entsprechende Strecke eine zweite Aufnahme hergestellt. Der Film wird gewechselt, die Lage des Stückes darf sich dabei nicht ändern. Die Betrachtung der entwickelten Filme erfolgt mit einem Stereoskop. Der räumliche Bildeindruck erleichtert z. B. bei Drahtseilaufnahmen die Abschätzung der Tiefenlage von Fehlstellen.

Die *Werkstoffprüfung mit γ-Strahlen* wurde zuerst in Amerika von Mehl und Mitarbeitern angewandt. Das Durchdringungsvermögen der γ-Strahlen war im Vergleich zu den damals verfügbaren Röntgenapparaten wesentlich größer und brachte eine Steigerung der durchstrahlbaren Dicken. Die radioaktiven Präparate haben Abmessungen von einigen Millimetern und können an für eine Röntgenröhre unzugängliche Orte gebracht werden, z. B. in das Innere von engen Rohrleitungen. Nachdem zum Radium und Mesothorium die große Zahl der künstlich radioaktiven Isotope hinzugetreten war, wurde es möglich, eine geeignete Strahlung je nach Art und Dicke des Prüfstückes auszuwählen.

Ein Beispiel einer Aufnahme mit Ir-192 an einem geschweißten Druckbehälter aus 21 mm starkem Stahlblech ist in Abb. 10.15 enthalten. Es sind mehrere scharfe Querrisse zu sehen. Bei der Untersuchung eines Niederdruckgehäuses aus Grauguß mit 70 mm Wandstärke wurde die γ-Strahlung von Cs-137 wegen des größeren Durchdringungsvermögens benützt (Abb. 10.16); das Bild zeigt Lunker und Risse. Die Belichtungsgrößen waren bei 50 cm Präparat-Film-Abstand 1800 m Ci·h bzw. 10000 mCi·h.

Müssen Schweißnähte an Hochdruckrohrleitungen mit Wanddicken von mehr als 30 mm untersucht werden, so hat sich folgendes Verfahren, das nicht mehr als zerstörungsfrei bezeichnet werden kann, gut bewährt (Kolb): In einiger Entfernung von der Rundschweißnaht wird angebohrt

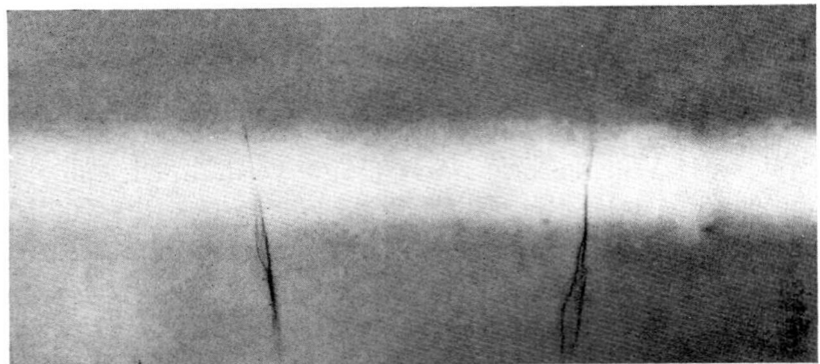

Abb. 10.15. Schweißnaht eines Druckbehälters, aufgenommen mit Ir-192 (nach KOLB).

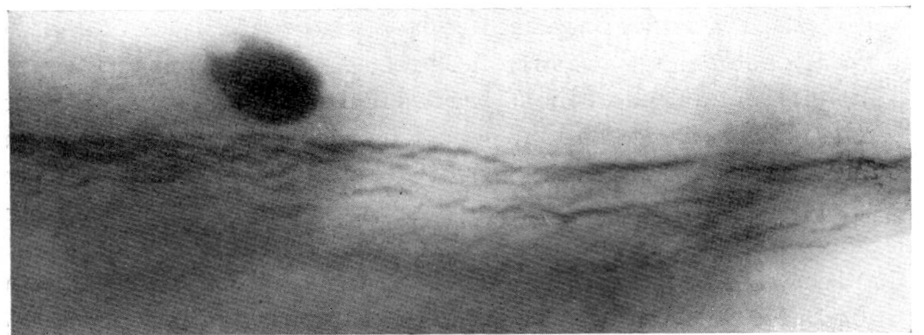

Abb. 10.16. Graugußgehäuse, aufgenommen mit Cs-137 (nach KOLB).

Abb. 10.17. Gerät für Innenaufnahmen von Rundschweißungen an Rohren (nach KOLB).

und ein Präparatträger eingeführt, der mit Hilfe eines Bowdenzuges rechtwinklig abgeknickt werden kann, so daß die Strahlenquelle in die Ebene der Rundschweißung zu liegen kommt (Abb. 10.17); die Filmkassette schmiegt sich der Außenseite der Rohrwand an. Nach der Aufnahme wird das kleine Bohrloch zugeschweißt, was leichter fehlerfrei durchgeführt werden kann als eine große Rundschweißung.

Die Einführung des *Zählrohres* (Gaszähler und Szintillationszähler) hat den radioaktiven Isotopen Eingang in die Regel- und Meßtechnik verschafft: Füllstandsanzeige, Bestimmung der Dicke und Dichte, Feuchtemessung u. a.

Die in Abb. 10.18 dargestellte Anordnung dient dazu, das Über- oder Unterschreiten bestimmter, einstellbarer *Füllhöhen* in Behältern mit flüssigem, körnigem oder viskosem Inhalt anzuzeigen und gegebenenfalls Regelungsvorgänge auszulösen (TROST). Am linken Rand des Behälters befindet sich ein Stabstrahler P aus Co-60 Draht (Länge bis zu 3 m). Die Aktivität ist so verteilt, daß die auf den Szintillationszähler Z fallende, von der Füllhöhe abhängige γ-Intensität ungefähr dieser linear proportional ist. Die Aktivität des Co-60-Präparates muß einige mCi betragen. Der NaJ-Kristall hat die Form einer Scheibe von 25 mm Durchmesser und 25 mm Dicke. Die erreichbare Genauigkeit beträgt $\pm 3\%$ des Gesamtmeßbereiches. Da die Meßgeräte nicht mit dem Inhalt des Behälters in Berührung kommen, findet die Methode in der chemischen Industrie weite Anwendung, z. B. bei Kesselwagen zum Säuretransport. Eine Weiterentwicklung bis zur automatischen Beschickung eines Kupolofens ist von TROST angegeben worden.

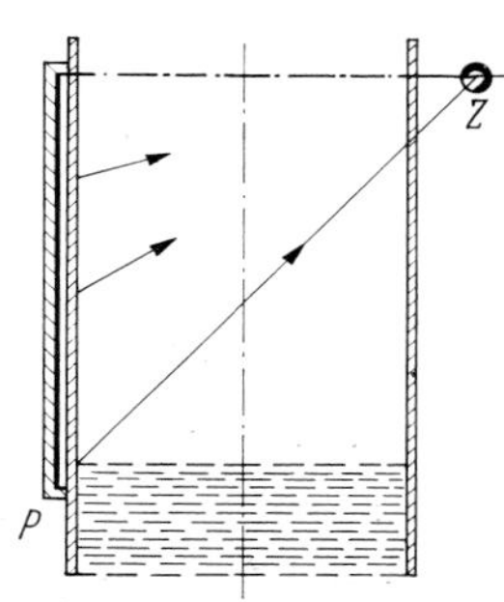

Abb. 10.18. Füllstandsmessung (nach TROST).

Bei einer Dickenmessung auf der Grundlage der Strahlungsschwächung geht man am besten von der Gl. (5.1) aus. Diese läßt sich so umformen, daß die Dichte ϱ im Exponenten auftritt, nämlich

$$I = I_0\, e^{-\mu p/\varrho}\,, \tag{10.1}$$

wobei p das Flächengewicht in g/cm² bedeutet.

p gibt die Zahl Gramm an, die von einem Strahlenbündel mit 1 cm² Querschnitt durchsetzt werden.

Bei wenig absorbierenden *dünnen Folien*, etwa bis zu einem Flächengewicht von 0,5 g/cm², werden β-Strahlen, meist von Y-90 und Sr-90 benützt. Für dickere Schichten sind die γ-Strahlen von Am-241, welche einer weichen Röntgenstrahlung entsprechen, gut geeignet. Mit zunehmender Absorption der Meßschichten kommen die γ-Strahlen von Cs-137 und schließlich von Co-60 in Betracht.

Für eine Dickemessung gibt es zwei Möglichkeiten:

a) das Durchstrahlungsverfahren,
b) das Rückstreuverfahren.

Wie aus Abb. 10.19 zu ersehen ist, wird z. B. bei der Untersuchung eines an einem Ende offenen Rohres die Strahlenquelle P eingeführt und das Zählrohr Z in einigem Abstand außerhalb des Rohres angebracht. Die Lagen von Präparat P und Zähler Z können auch vertauscht sein.

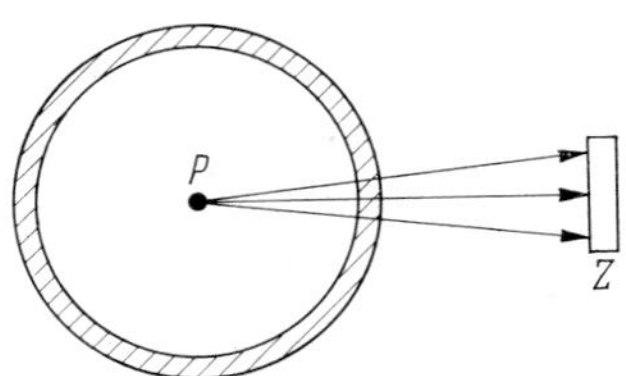

Abb. 10.19. Durchstrahlungsverfahren (schematisch).

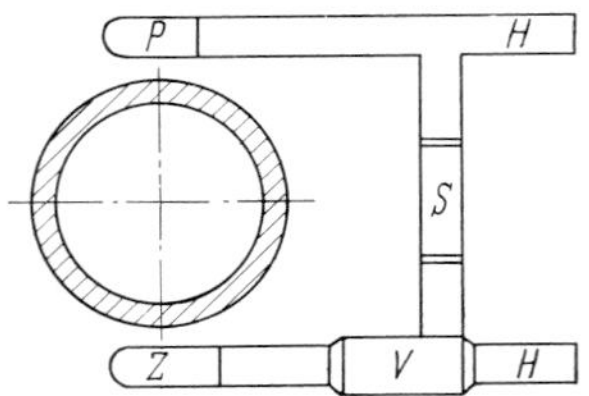

Abb. 10.20. Wanddickenbestimmung an einer Stahlflasche.

Schon vor Jahren wurden auf diese Weise von Trost Korrosionsschäden an einem turmartigen Kocher mit 18 mm dicken Stahlwänden und 150 mm Ausmauerung festgestellt.

Eine einfache Vorrichtung zur *Prüfung von Stahlflaschen* oder Stahlrohren auf Korrosionsschäden ist in Abb. 10.20 schematisch gezeichnet (Trost). Eine vertikal bewegliche Gabel mit den Handgriffen H trägt am einen Ende das radioaktive Präparat P, am anderen den Zähler Z. Durch Betätigen des Federzuges S kann das Präparat strahlensicher verschlossen werden, wenn die Untersuchung beendet ist. V ist ein unmittelbar hinter dem Zähler eingebauter Vorverstärker. Die Anordnung ermöglicht bei schraubenförmiger Bewegung des Prüfkörpers eine kontinuierliche Wanddicken-Kontrolle z. B. zum Nachweis von Ablagerungen. Das Gerät kann auch zur Abtastung des Füllniveaus verwendet werden.

Die *kontinuierliche Dickenmessung* hat für Walzwerke, Papiermaschinen, Tafelglasherstellung u. a. praktische Bedeutung erlangt. Eine Anordnung[1] zur Dickenmessung von Tafelglas bei senkrechter Ziehrichtung und einer Umgebungstemperatur von 150 °C ist in Abb. 10.21 zu sehen. An der linken Schiene befindet sich der an einem Wagen befestigte Präparatträger, an der rechten Schiene der Wagen mit einer hochempfindlichen Ionisationskammer. Zwischen den beiden Schienen ist die Tafelglasplatte zu sehen. Um die ganze Breite der Tafel bei der Messung zu erfassen, werden das Präparat und der Strahlungsdetektor

[1] Hersteller: Friesecke und Hoepfner, Erlangen-Bruck.

synchron mit Motorkraft bewegt. Der Präparatverschluß wird beim Abschalten automatisch betätigt. Eine auf dem gleichen Prinzip beruhende, mit besonderen Kühlvorrichtungen versehene Anlage kann bis zu 600 °C Glastemperaturen betrieben werden.

Die Zahlenangaben in Tab. 10.1 sollen eine Vorstellung geben von der Genauigkeit, die bei einer Dickenbestimmung bei Stahl mit dem γ-Durchstrahlungsverfahren erreicht werden kann. Der NaJ-Kristall mit 44 mm Durchmesser war 100 mm von der Strahlungsquelle entfernt. Dies genügt beim Kaltwalzen. Beim Warmwalzen sind wegen der hohen Umgebungstemperatur Entfernungen von mindestens 1500 mm erforderlich. Infolgedessen müssen starke Präparate z. B. 4 Ci Cs-137 für 100 mm Stahldicke verwendet werden.

Abb. 10.21. Kontinuierliche Dickenmessung bei der Herstellung von Tafelglas.

Die Aktivität der Strahler wird so gewählt, daß sie für die größten zu messenden Dicken ausreicht. Durch auswechselbare Dickenausgleichsbleche wird verhindert, daß bei dünnen Blechen so hohe Intensitäten auf den Zähler treffen, daß die Anzeige nicht mehr linear sein würde.

In jedem von Röntgen- oder γ-Strahlen getroffenen Körper entsteht, wie schon früher erwähnt wurde, eine Streustrahlung. Die Meßanordnung zur Dickenbestimmung nach dem Rückstreuverfahren beruht auf

Tabelle 10.1. *Genauigkeit der Dickenmessung an Stahlblechen (nach Trost)*

Dicke mm	Radioaktives Isotop	Aktivität mCi	Genauigkeit ± mm
bis 2	Am-241	300	0,005
bis 4	„	300	0,01
bis 6	„	300	0,02
bis 50	Cs-137	500	0,05
bis 70	„	500	0,15
bis 100	„	500	0,3

der Erfassung der von der γ-Strahlung des Präparates P im Objekt hervorgerufenen, nach rückwärts gestreuten Strahlung, deren Intensität vom Zählrohr Z gemessen wird (Abb. 10.22). Mit zunehmender Dicke strebt die Streuintensität, deren absolute Größe stark von den Meßbedingungen abhängt, allmählich einem Grenzwert zu (Abb. 10.23). Bei ein- und derselben γ-Strahlung wird dann die Dickenmessung immer ungenauer. Die Strahlungsqualität ist bei einem gegebenen Objekt so zu wählen, daß man nicht in das Gebiet der „Sättigungsdicke" (nahezu horizontaler Verlauf der Kurve) gerät.

Eine technische Ausführung[1] wird in Abb. 10.24 gezeigt. Der Meßkopf wird auf die zu messende Wand direkt aufgesetzt. Die Strahlenquelle *P*

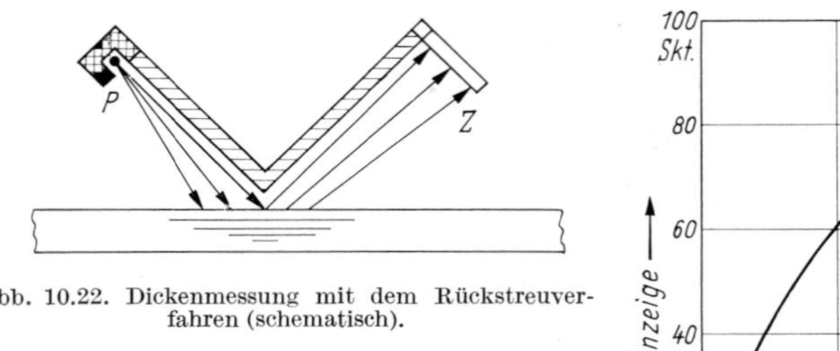

Abb. 10.22. Dickenmessung mit dem Rückstreuverfahren (schematisch).

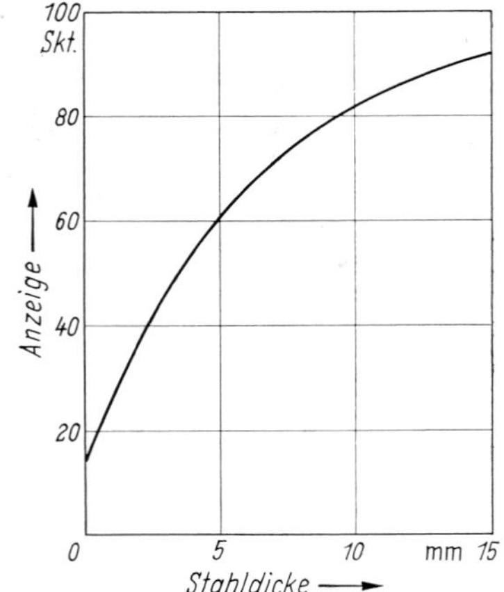

Abb. 10.23. Abhängigkeit der Rückstreuung von der Wanddicke bei Stahl (nach FRANKE).

ist in einem nach unten offenen Wolframkonus *W* untergebracht. Von der im Objekt *O* entstehenden Streustrahlung gelangt nur der Teil, der gerade entgegengesetzt zur Primärstrahlung sich ausbreitet, auf den

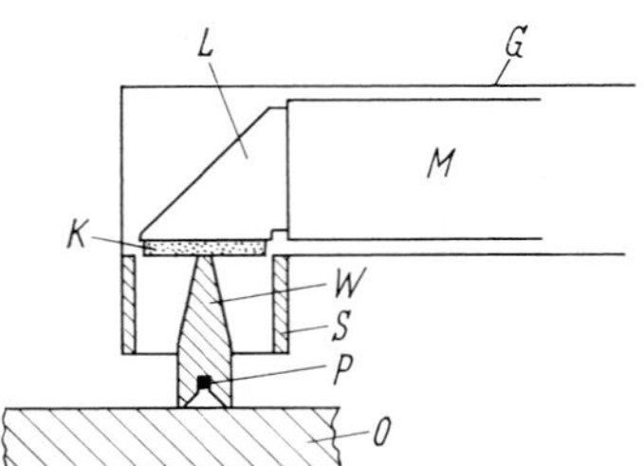

Abb. 10.24. Meßkopf zur Bestimmung der Dicke aus der Rückstreuung (nach FRANKE).

NaJ-Kristall *K*, dessen Fluoreszenzlicht mit Hilfe des Lichtleiters *L* dem Multiplier *M* zugeführt wird. Die Anordnung ist umschlossen von dem lichtdichten Gehäuse *G*.

Um bei Rohren einen Streubeitrag der Rückwand auszuschließen, müssen die Rohrdurchmesser mindestens 40 mm betragen. Es ist darauf zu achten, daß die Rohre während der Messung nicht mit Flüssigkeit

[1] Hersteller: Laboratorium Prof. Berthold, Wildbad.

gefüllt sind. Bei Stahlrohren von 5 bis 15 mm Dicke beträgt die Meßgenauigkeit 2 bis 3% der Dicke. Bei Kunststoffplatten von 2 bis 50 mm Stärke wurden von Trost bei Verwendung von 300 mCi Am-241 und 44 mm Durchmesser des NaJ-Kristalles die in Tab. 10.2 angegebenen Genauigkeiten erreicht.

Tabelle 10.2. *Genauigkeiten der Dickemessung mit dem Rückstreuverfahren bei Kunststoffen (nach Trost)*

Dicke mm	2	4	6	10	20	50
Genauigkeit ± mm	0,015	0,02	0,03	0,05	0,10	0,25

Das Rückstreuverfahren ist besonders geeignet für Glas, Kunststoffe und Leichtmetalle.

Bei einer *Dichtemessung von Flüssigkeiten* wird der Meßweg durch Einbau eines Rohrstückes in der Strahlrichtung um 300 bis 600 mm verlängert (Abb. 10.25). Das Präparat *P* befindet sich in einem Bleibehälter *B*, ebenso wie der NaJ-Kristall *K* mit dem Multiplier *M*. Wie aus Gl. 5.1 und 10.1 hervorgeht, läßt sich die Dichte ϱ ermitteln, wenn die Meßlänge *D* bekannt ist und konstant bleibt. Unter Umständen ist es notwendig, den Einfluß der Temperatur durch eine aus einem geeichten Platinwiderstand bestehende Vorrichtung zu eliminieren, z. B. wenn die Zusammensetzung eines Stoffes bestimmt werden soll. Einige Zahlen über Präparatstärke und Genauigkeit sind in Tab. 10.3 enthalten.

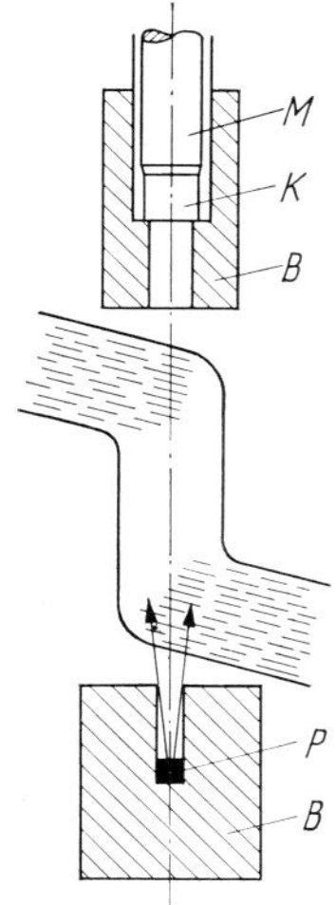

Abb. 10.25. Dichtemessung bei Flüssigkeiten (nach Trost).

Die Anordnung kann nicht nur zur kontinuierlichen Messung und Registrierung von Flüssigkeiten, Schüttgütern und Sinterstoffen, sondern auch zur Regelung des Durchflusses Verwendung finden. Als Beispiele seien genannt: Dichtebestimmung von gepreßten Stoffen (Uranstäbe von Reaktoren), Konzentrationsbestimmung von Säuren und Laugen,

Tabelle 10.3. *Genauigkeit bei Dichtemessungen von Flüssigkeiten (nach Trost)*

Meßweg mm	mittlere Dichte g/cm³	Cs-137 mCi	nachweisbarer Dichteunterschied g/cm³
600	1,0	500	0,0003
500	1,0	500	0,0002
350	1,0	100	0,0005
200	1,0	30	0,0006

Verfolgung der Dichteänderung bei Polymerisationen und Messung des Aschegehaltes in Feinkohle ohne vorherige Aufbereitung (Asche absorbiert stärker). Mit γ-Strahlung von Am-241 und 5 mm dickem NaJ-Kristall von 44 mm Durchmesser beträgt die Genauigkeit $\pm$ 0,3% Aschegehalt (Hardt). Bei einer Pipeline, die zu verschiedenen Zeiten verschiedene Ölsorten weiterleitet, wird der Übergang von der einen zu einer anderen Sorte sofort durch die Dichteänderung bei der kontinuierlichen Messung angezeigt, so daß rechtzeitig die Ventile und Schieber umgestellt werden können.

Die *Feuchtemessung* an einem Stoff, z. B. Glassand, beruht auf der durch die Wasserstoffatome eines Stoffes bewirkten Abbremsung schneller Neutronen.

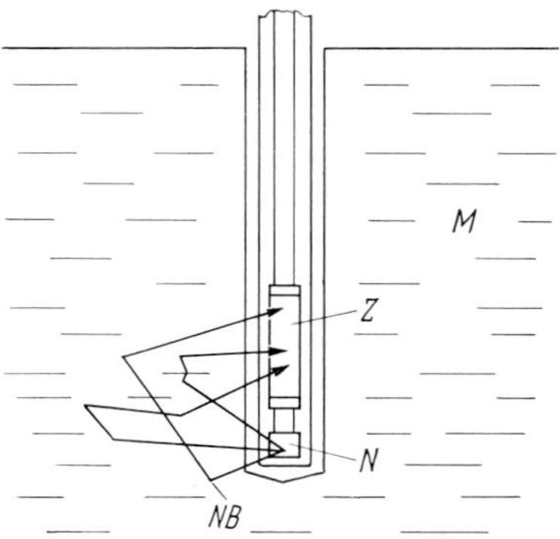

Abb. 10.26. Feuchtemessung (schematisch).

Eine auf diesem Prinzip beruhende Bodensonde[1] (Abb. 10.26) enthält eine Neutronenquelle N (Mischung von 10 mCi Radium mit Berylliumpulver) und ein mit BF_3-Gas gefülltes Zählrohr Z, das auf langsame Neutronen anspricht. NB sind die Bahnen der von der Strahlungsquelle emittierten schnellen Neutronen, die zum Teil nach starker Verlangsamung durch Zusammenstöße mit den Kernen der Wasserstoffatome des umgebenden, feuchten Bodens in den Zähler gelangen. Ihre Zahl wird unter sonst gleichen Bedingungen um so kleiner sein, je weniger Wasserstoffatome in dem durchsetzten Bodenvolumen enthalten sind. Maßgebend ist der Gesamtgehalt an Wasserstoffatomen von Wasser und von wasserstoffhaltigen Verbindungen. Die Feuchtemessung ist unabhängig von Temperatur, pH-Wert und Körnung. Zur Angabe der Feuchte in Gewichtsprozenten ist die gemessene Volumenfeuchte zu dividieren durch die Dichte des Stoffes. Das Gerät ist daher mit einer Einrichtung zur Dichtemessung nach dem früher besprochenen Prinzip versehen.

[1] Hersteller: Friesecke und Hoepfner, Erlangen-Bruck.

Bei einer anderen Ausführungsform[1] werden die langsamen Neutronen und die zur Dichtebestimmung dienenden γ-Strahlen von 30 mCi Cs-137 vom gleichen Detektor, nämlich einem das Isotop Li-6 enthaltenden LiJ-Kristall gemessen. Die Neutronenquelle besteht aus einer Mischung von 300 mCi Am-241 und Berylliumpulver. Dieses hat hinsichtlich des Strahlenschutzes zwei Vorteile: Der γ-Strahlen-Beitrag ist geringer, und es bildet sich im Präparat kein Gas wie beim Radium und seinen Folgeprodukten. Als Zahlenbeispiel sei erwähnt, daß ein freilagernder Sand für Betonmischungen zu Beginn der Frühschicht eine Feuchte von 10,5% und 8 Stunden später von nur 5,5% aufwies.

Die *Mikroradiographie* verfolgt das Ziel, Inhomogenitäten (Risse, Gefügekomponenten von Legierungen) von mikroskopischer Größe nachzuweisen. Beim Transmissionsverfahren wird das Röntgenschattenbild einer dünnen Schicht mit einer scharfzeichnenden Röntgenröhre auf einem Feinkornfilm aufgenommen und photographisch nachvergrößert (Dauvillier). Beim Reflexionsverfahren werden an der Oberfläche des Stückes von den auftreffenden Röntgenstrahlen Photoelektronen ausgelöst, deren Intensitätsverteilung auf einem Film aufgenommen wird (Trillat).

Die Technik des Durchstrahlungsverfahrens ist einfach, soweit es sich um schwache Vergrößerungen bis etwa 10fach handelt. Die zu

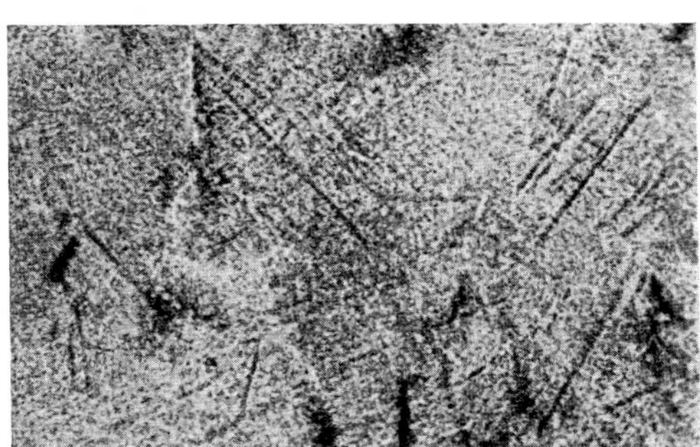

Abb. 10.27. Kupferausscheidungen in einer Duraluminiumgußplatte (7× nachvergrößert).

untersuchenden Schichten brauchen nicht sehr dünn zu sein und können bei Duralumin z. B. 1 mm betragen. Schleifen und Polieren ist nicht erforderlich. Die in Abb. 10.27 gut erkennbaren, dendritischen Kupferausscheidungen waren auf einem mikroskopischen Schliffbild wegen Verschmierung der Oberfläche nicht zu sehen. (Glocker und Schaaber). Die Röntgenstrahlung muß ziemlich weich sein, etwa 55 kV Spannung. Als Film wurde eine Diapositivemulsion verwendet, die Brennfleckgröße betrug $0{,}6 \times 0{,}6\ \text{mm}^2$.

[1] Hersteller: Laboratorium Prof. Berthold, Wildbad.

Bei stärkeren Vergrößerungen (50- bis 300fach) ist die Herstellung sehr dünner Schichten von einigen Hundertstel Millimetern und die Verwendung sehr feinkörniger Spezialemulsionen, die lange Expositionszeiten erfordern, nicht zu vermeiden. Deshalb muß der Fokusabstand so kurz als möglich gewählt werden. Der Brennfleck der Röhre muß punktförmig sein. Die Mikroradiographie in Abb. 10.28 von Trillat und Paic zeigt eine Magnesiumlegierung, die neben 2% Mangan geringe

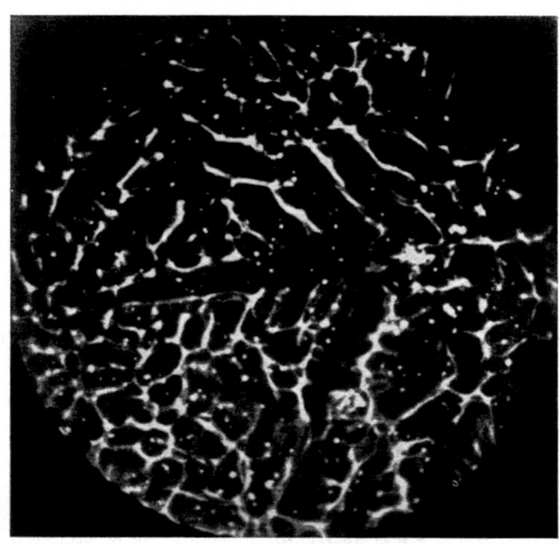

Abb. 10.28. Mikroradiographie (Transmissionsmethode) einer Magnesiumlegierung (nach Trillat und Paic) (82× nachvergrößert).

Mengen von Seltenen Erden enthält. Diese haben wegen der hohen Atomnummer ein großes Absorptionsvermögen. Sie erscheinen auf dem Bild als weißes Netzwerk, das die Magnesiumkristalle umschließt.

Bei dem Reflexionsverfahren wird der Röntgenfilm auf die Probe aufgelegt und von den einfallenden Röntgenstrahlen durchsetzt. Da die Photoelektronenemission mit wachsender Atomnummer stark zunimmt, werden die verschiedenen Gefügebestandteile durch die Unterschiede in der Schwärzung des Filmes differenziert. Um die unerwünschte Schwärzung durch Röntgenstrahlen zu vermindern, werden sehr dünne Emulsionsschichten oder Chlorsilberpapiere verwendet. Diese sind gegen Photoelektronen viel empfindlicher als gegen Röntgenstrahlen. Um eine starke Photoelektronenemission zu erhalten, muß mit harten Röntgenstrahlen gearbeitet werden (200 kV Spannung, mehrere Millimeter dicke Kupferfilter).

Bei dem Verfahren der multiplen Mikroradiographie von Mitsche und Dichtl werden von einem Metallschliff nacheinander mehrere Aufnahmen mit Variation der Wellenlänge der Röntgenstrahlen gemacht.

Um z. B. festzustellen, welchen Gefügekomponenten Chromanreicherungen zuzuordnen sind, werden zwei Wellenlängen λ_1 und λ_2 ausgewählt, die zu beiden Seiten der Absorptionskante λ_A des Chromes gelegen sind (Abb. 10.29). Die Absorption ist auf der kurzwelligen Seite von λ_A wesentlich größer, und chromreiche Bezirke werden auf der zweiten

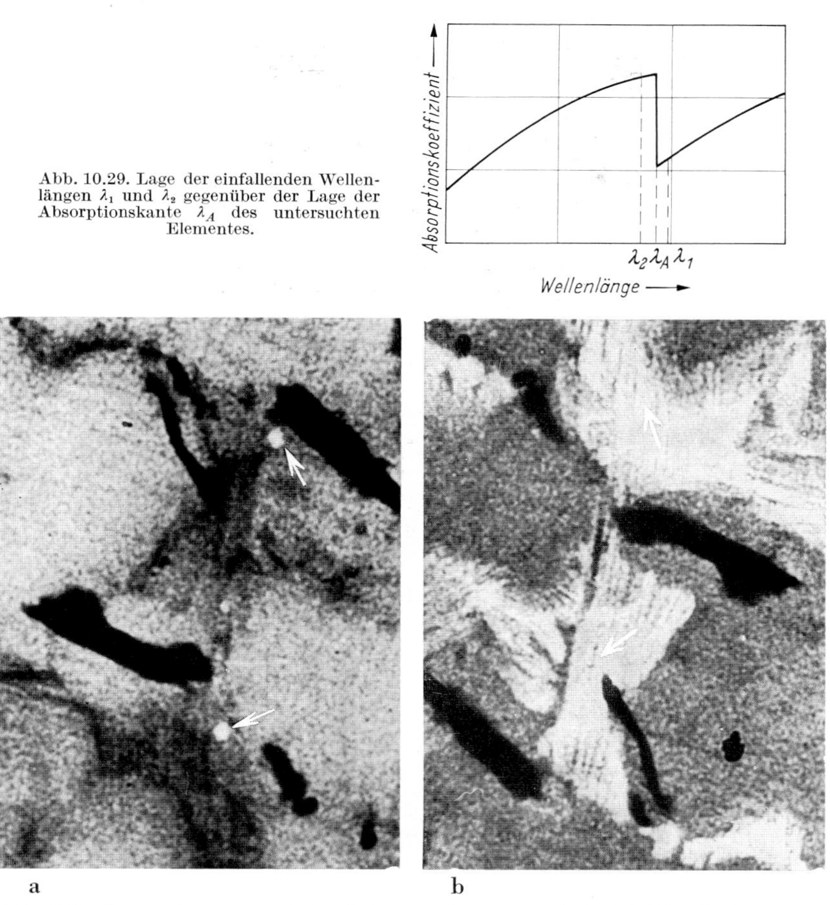

Abb. 10.29. Lage der einfallenden Wellenlängen λ_1 und λ_2 gegenüber der Lage der Absorptionskante λ_A des untersuchten Elementes.

Abb. 10.30. Chromhaltiges austenitisches Gußeisen, aufgenommen a) mit 2,29 kX; b) mit 1,94 kX (nach MITSCHE und DICHTEL).

Aufnahme viel heller (stärker absorbierend) erscheinen. Dies ist beim Vergleich der Abb. 10.30a) und 10.30b) deutlich zu sehen. Die Aufnahme b) zeigt in ihrem mittleren Teil ein ausgedehntes helles Feld, das auf der Aufnahme a) nicht vorhanden ist. Als Strahlungen dienten die Eigenstrahlungen einer Chromanode (λ_1) und einer Eisenanode (λ_2). Die Röntgenbilder sind 300 $\times$ vergrößert.

Unter *Autoradiographie* versteht man die Selbstabbildung eines Körpers durch die von ihm ausgesandte radioaktive Strahlung. Um z. B. in einem Gefüge die Verteilung silberreicher Kristallite zu bestimmen, wird eine Legierung hergestellt, bei der ein Teil des Silbers durch das radioaktive Isotop Ag-110 ersetzt ist. Diese aktiven Atome verhalten sich chemisch gleich wie die des gewöhnlichen Silbers. Ein auf den Schliff aufgelegter Film zeigt an den Stellen Schwärzungen, wo silberhaltige Kristallite der Emulsionsschicht anliegen. Eine Gegenüberstellung der

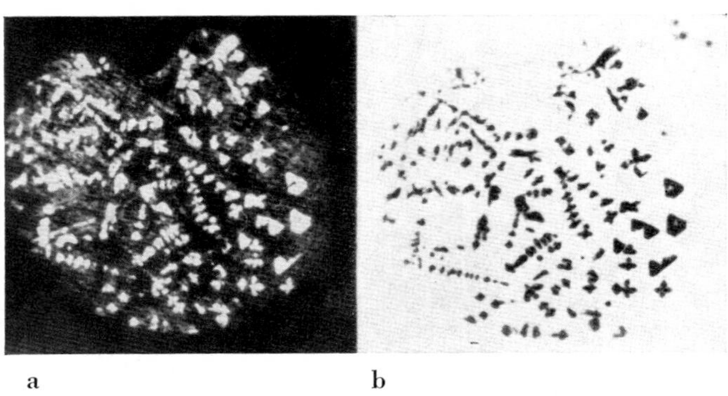

a b

Abb. 10.31. a) Autoradiographie einer Silber-Wismut-Legierung; Negativwiedergabe; b) zugehöriges Ätzbild, Positivwiedergabe (nach GLAWITSCH und HÜTTIG).

autoradiographischen Aufnahme und des optischen Ätzbildes geht aus Abb. 10.31 a/b hervor. Es handelt sich um eine Silber-Wismut-Legierung mit 20% Silber. Die zuerst aus der Schmelze ausgeschiedenen Kristallite bestehen fast nur aus Silber, während die eutektische Grundmasse hauptsächlich Wismut enthält. Um ein gutes Auflösungsvermögen (etwa 10 μ) zu erzielen, ist eine besondere photographische Technik erforderlich. Die photographische Schicht muß der Oberfläche des Schliffes gut anliegen; sie muß sehr dünn sein, etwa 5 μ, und soll möglichst wenig Gelatine enthalten. Sehr geeignet sind die in der Kernphysik benützten Abziehfilme (stripping films). Der Film wird unter Wasser von der Glasunterlage abgezogen. Dann wird der Schliff von unten her an den auf der Wasseroberfläche schwimmenden Film angedrückt. Die Entwicklung erfolgt meist mitsamt dem Schliff ohne vorherige Ablösung. Ob eine Autoradiographie bei einem bestimmten Element möglich ist oder nicht, hängt davon ab, ob ein Isotop vorhanden ist, das α- oder β-Strahlen aussendet. Isotope, die nur γ-Strahlen liefern, geben keinen genügenden Kontrast. Unter günstigen Umständen können sehr geringe Konzentrationen nachgewiesen werden, z. B. 0,004% Blei in Stahl bei Zusatz von Pb-212 (ERWALL und HILLERT).

Über den Rahmen der eigentlichen Grobstrukturuntersuchung hinaus geht die Anwendung von radioaktiven Atomen als *Indikatoren* zur Verfolgung ihres Weges z. B. bei einer chemischen Umsetzung (HAHN, VON HEVESY). Die außerordentlich große Empfindlichkeit der Strahlungsmeßmethoden ermöglicht den quantitativen Nachweis von unwägbar kleinen Stoffmengen. Dazu kommt die Einfachheit der Durchführung. Infolgedessen findet die Methode der Leitisotopen (Tracer-Methode)

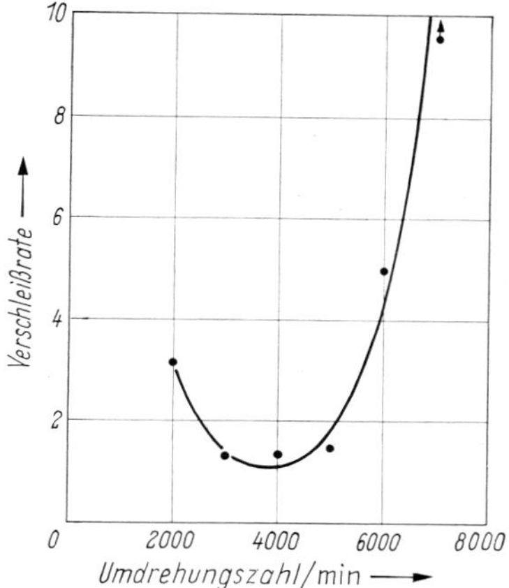

Abb. 10.32. Verschleiß von Lagerschalen bei verschiedenen Drehzahlen der Welle.

steigende Anwendung in der Technik. Bei Verschleißmessungen an Lagerschalen von Motoren wird die Strahlung des im Öl sich ansammelnden radioaktiven Abriebes (DJATSCHENKO) gemessen. Als radioaktive Zusätze kommen für Verschleißuntersuchungen zur Anwendung

Cr-51 Zn-65 Ag-110 In-114.

Bei Kolbenringen wird das radioaktive Isotop, z. B. Zn-65, als galvanischer Niederschlag aufgebracht. Aus der Messung der γ-Strahlenemission der in das Schmieröl übergegangenen Zn-65-Atome kann die Verschleißgeschwindigkeit bestimmt werden, ohne daß die Ringe demontiert werden müssen.

Eine andere Methode besteht darin, eine Lagerschalen-Lauffläche mit einem Metallüberzug zu versehen, dessen Atome durch Neutronenbeschuß in einem Reaktor „aktiviert", d. h. künstlich radioaktiv gemacht wurden. Abb. 10.32 zeigt[1] Messungen der Verschleißrate mittels In-114. Nicht nur bei hohen, sondern auch bei niederen Drehzahlen der Welle ist der Verschleiß größer als im mittleren Drehzahlenbereich.

---

[1] Der Zentralwerkstoffprüfung der Daimler-Benz A. G., Stuttgart, danke ich für die Überlassung der Meßergebnisse.

V. Spektralanalyse

11. Grundlagen der Röntgenspektroskopie

Die drei wesentlichen Bestandteile eines Röntgenspektrographen sind:

1. eine spaltförmige Blende[1] zur Einengung des eintreffenden Strahlenbündels,

2. ein Kristall[2] zur räumlichen Trennung der in der Primärstrahlung enthaltenen Strahlen mit verschiedenen Wellenlängen,

3. ein Detektor zum Nachweis der spektral zerlegten Strahlung photographischer Film, Zählrohr).

Die nach der Braggschen Gleichung für eine spektrale Zerlegung erforderliche Vielheit von Reflexionswinkeln wird durch eine Drehbewegung des Kristalles um eine durch die Reflexionsstelle gehende, zur Strahlrichtung senkrechte Achse geschaffen.

Die Erregung der Eigenstrahlung der verschiedenen Atomarten des zu untersuchenden Stoffes kann entweder durch Bestrahlung mit Kathodenstrahlen (Primärerregung) oder durch Bestrahlung mit Röntgenstrahlen (Sekundärerregung) erfolgen. Im ersten Fall befindet sich das Präparat auf der Anode einer ,,offenen" Röntgenröhre, im zweiten Fall ist es außerhalb einer abgeschmolzenen technischen Röntgenröhre angeordnet, was eine erhebliche Vereinfachung des Verfahrens bedeutet.

Das Prinzip des *Braggschen Drehkristallspektrometers* ist in Abb. 11.1 dargestellt. Die Vertikaldivergenz des einfallenden Strahlenbündels ist nicht berücksichtigt; es werden nur die primären und reflektierten Strahlen betrachtet, die in der Zeichenebene verlaufen. Ein ebener Kristall wird um eine in O zur Zeichenebene senkrechte Achse langsam gedreht und nimmt nacheinander gegenüber dem Primärstrahl SO die Stellung K_1, K_2 usf. ein. Wird in der ersten Stellung ein Strahl SO mit der Wellen-

---

[1] Kommt in Wegfall bei Spektrographen mit gebogenen Strahlen (vgl. Abb. 11.4.).

[2] Die bei langwelligen Röntgenstrahlen mögliche Verwendung von optischen Liniengittern hat aus Intensitätsgründen keine große praktische Bedeutung erlangt, ausgenommen z. B. für die sehr langwellige Be-Strahlung (Malissa).

länge λ reflektiert, so wird in der zweiten Stellung ein Strahl SO' mit gleicher Wellenlänge aber anderer Richtung ebenfalls reflektiert, und zwar so, daß sich die beiden Strahlen auf dem Film in einem Punkt F schneiden[1]. Dasselbe gilt auch für die Kristallstellungen zwischen K_1 und K_2. Die reflektierten Strahlen verschiedener Richtung, aber gleicher Wellenlänge werden in einem Punkt F vereinigt (fokussiert). Die Bedingung hierfür lautet: Der Eintrittsspalt S, die Reflexionsstelle auf

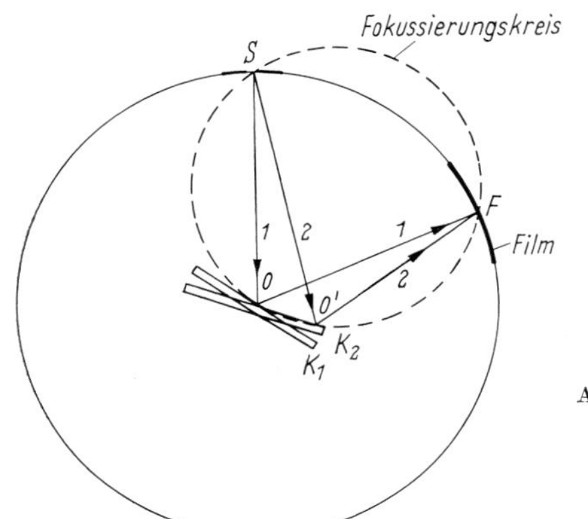

Abb. 11.1. Drehkristallverfahren (schematisch).
Der Abstand SO ist mit A bezeichnet. Winkel $< SOF = (180 - 2\varphi_1)$.

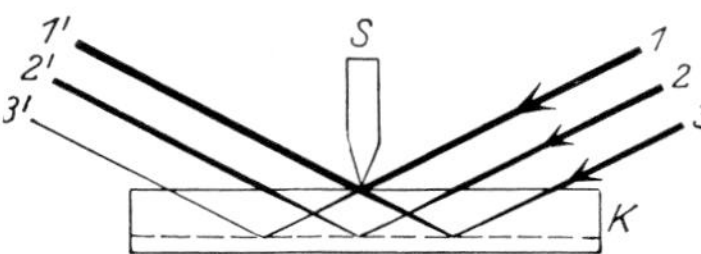

Abb. 11.2. Schneidenverfahren (schematisch).

der Kristalloberfläche O bzw. O' und der Fokussierungspunkt F, an dem der Detektor angebracht wird, müssen auf ein- und demselben Kreis liegen; dieser „Fokussierungskreis" ist in Abb. 11.1 gestrichelt gezeichnet. Die Reflexionsstelle wandert über die Oberfläche des Kristalles. Es sind daher ziemlich große Kristalle erforderlich, während die folgenden beiden Verfahren mit kleinen Kristallstückchen auskommen.

Beim *Seemannschen Schneidenverfahren* sitzt eine Metallschneide S nahezu auf der Oberfläche eines ebenen Kristalles auf (Abb. 11.2). Die wirksame Spaltweite ist der Abstand zwischen S und der tiefsten, noch zur Reflexion beitragenden inneren Kristallebene K. Die Intensität im reflektierten Bündel fällt, wie die Strichdicken in Abb. 11.2 zeigen, nach der einen Seite hin ab. Wesentlich schärfere Linien werden mit dem Lochkameraverfahren von SEEMANN erhalten, bei dem der Spalt im reflektierten Strahlenbündel angeordnet ist. Die Expositionszeiten sind größer als beim Schneidenverfahren. Während der Aufnahme wird der photographische Film, der starr mit dem Kristall verbunden ist, mitbewegt.

Ganz erhebliche Verbesserungen der Lichtstärke bieten *gebogene Kristalle*; die Abkürzung der Expositionszeit kann bei den meist benützten Quarzlamellen rund 1 : 100 betragen.

---

[1] Die Winkel $< SOF$ und $< SO'F$ sind Peripheriewinkel über der gleichen Sehne SF.

Das Prinzip eines Johann-Spektrometers ist in Abb. 11.3 gezeichnet. Wie schon bei Abb. 11.1 bemerkt, gilt die Fokussierung streng nur für die in der Zeichenebene verlaufenden Strahlen. Ein dünnes Kristallblättchen wird mit dem Krümmungsradius 2 R elastisch so gebogen, daß die reflektierenden Netzebenen parallel zur Zylinderachse liegen. Die von einer punktförmigen Strahlungsquelle Q ausgehenden Strahlen werden nach ihrer Reflexion im Punkt F fokussiert, wenn die Bedingung erfüllt ist, daß Strahlungsquelle, Reflexionsstelle auf dem Kristall und Punkt F auf einem Kreis gelegen sind. Wie aus Abb. 11.3 zu ersehen ist,

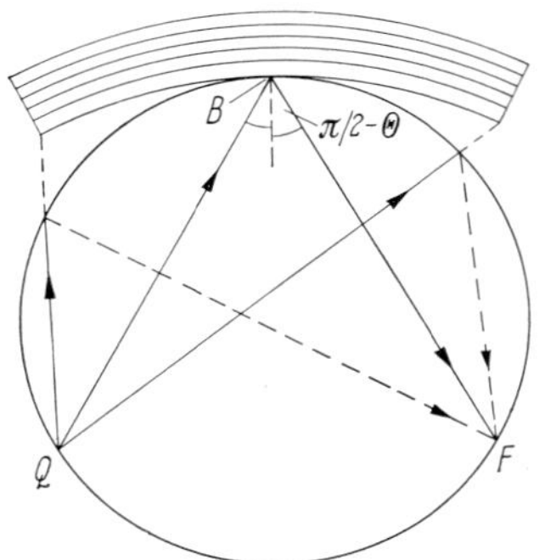

Abb. 11.3. Spektrograph mit gebogenem Kristall (nach JOHANN). Kreisdurchmesser = 2 R

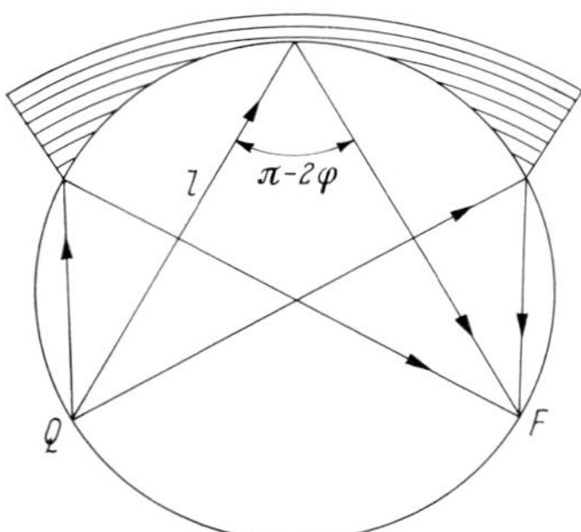

Abb. 11.4. Spektrograph mit gebogenem und angeschliffenem Kristall (nach JOHANSSON).

trifft dies nur für die Kristallbereiche in der Umgebung des Berührungspunktes B zu. Eine viel bessere Fokussierung läßt sich erreichen, wenn der Kristall noch auf einen Krümmungsradius R abgeschliffen wird, so daß er sich dem Fokussierungskreis anschmiegt (Johansson-Spektrograph Abb. 11.4). Es werden einige Zehntel mm dicke Quarzlamellen verwendet, die parallel zur (1011)-Ebene aus einem großen Kristall herausgeschnitten sind, die Gitterkonstante ist $d = 3{,}343$ Å. Der Biegeradius wird meist zu 25 cm gewählt. Die Strecke l ergibt sich aus geometrischen Betrachtungen. Es ist

$$l = \frac{\lambda \cdot R}{d} \cdot \qquad (11.1)$$

Für Cu $K_{\alpha 1}$-Strahlung liefern die angegebenen Zahlen $l = 115{,}9$ mm (NEFF).

Eine analoge Anordnung für Durchstrahlung (Transmission) der Kristalle wurde von CAUCHOIS beschrieben, diese Methode ist besonders geeignet für kurzwellige Röntgenstrahlen.

Zur *Ermittlung der Wellenlänge einer Spektrallinie* ist erforderlich die Kenntnis

1. des Netzebenenabstandes d der reflektierenden Kristallfläche bzw. des Strichabstandes d' des Liniengitters (Gitterkonstante),

2. des Reflexionswinkels.

Die Werte von d für einige von SIEGBAHN bei seinen grundlegenden Messungen benützten Kristalle sind in Tab. 11.1 zusammengestellt.

Tabelle 11.1. *Gitterkonstante d bei* 18 °C *in* kX *(nach* SIEGBAHN*)*

Quarz	1,79787	Gips	7,579
Steinsalz	2,81400	Glimmer	9,927
Kalkspat	3,02904	β-Korund	11,2

Für Absolutbestimmungen der Wellenlängen wird der Reflexionswinkel φ an der Kreisteilung des Spektrometers direkt abgelesen, wobei die Nullstellung sehr genau justiert sein muß. Einige Zahlen für den Zusammenhang zwischen φ und λ sind für drei Spektrometerkristalle Steinsalz, Kalkspat und Gips in Tab. 11.2 angegeben.

Tabelle 11.2. *Reflexionswinkel und Wellenlänge nach* SIEGBAHN

Wellenlänge	Reflexionswinkel für		
in XE	Steinsalz	Kalkspat	Gips
200	2° 2′	1°53′	—
400	4° 4′	3°47′	1°31′
600	6° 7′	5°41′	—
800	8°10′	7°35′	—
1000	10°14′	9°30′	3°47′
1200	12°19′	11°25′	—
1400	14°24′	13°22′	5°18′
1600	16°31′	15°19′	—
1800	18°39′	17°17′	6°49′
2000	20°49′	19°16′	—
2200	23° 1′	21°18′	8°21′
2400	25°14′	23°20′	—
2600	27°31′	25°25′	9°53′
2800	29°50′	27°31′	—
3000	32°13′	29°41′	11°25′
3200	34°39′	31°53′	—
3400	37°10′	34° 8′	12°58′
3600	39°46′	36°28′	—
3800	42°28′	38°51′	14°31′
4000	45°18′	41°19′	—

Die Entfernung zwischen 2 Spektrallinien mit dem Nullpunktsabstand s_1 bzw. s_2 und dem Abstand A der Reflexionsstelle vom Planfilm beträgt

$$s_1 - s_2 = A\,(\tan 2\varphi_2 - \tan 2\varphi_1) \qquad (11.2)$$

beim Drehkristallverfahren[1] (Abb. 11.1)

und

$$s_1 - s_2 = A\,(\tan\varphi_1 - \tan\varphi_2) \tag{11.3}$$

beim Schneiden- und Lochkameraverfahren (Abb. 11.5).

Dabei ist zu beachten, daß beim Drehkristallverfahren der Spalt vom Kristall um die Strecke A entfernt ist, so daß der Abstand Spalt-Film $2\,A$ beträgt. Hieraus folgt, daß alle drei Verfahren bei gleichem Abstand Spalt-Platte ein Spektrum mit gleicher *Dispersion*, d. h. mit gleichem Abstand zweier Linien von gegebenem Wellenlängenunterschied erzeugen.

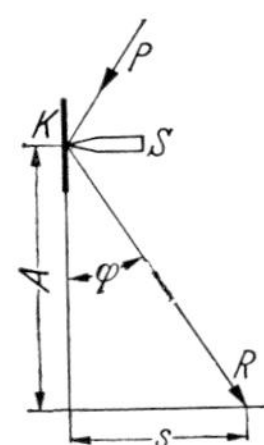

Abb. 11.5. Berechnung des Reflexionswinkels beim Schneidenverfahren.

Bei sehr genauen Wellenlängenmessungen ist eine durch die *Brechung der Röntgenstrahlen* im Kristall bedingte Abweichung von der Braggschen Gleichung zu berücksichtigen; statt[2] Gl. (6.1) ist zu schreiben:

$$n\,\lambda = 2d\sin\varphi\left(1 - \frac{\delta}{\sin^2\varphi}\right). \tag{11.4}$$

Ist ϱ die Dichte des Kristalles, so gilt für δ (unter Ausschluß der Gebiete anomaler Dispersion in der Umgebung einer Absorptionskante)

$$\delta = 1{,}36\,\varrho\,\lambda^2 \cdot 10^{-6}\,. \tag{11.5}$$

Der Brechungseffekt vergrößert den Reflexionswinkel der niederen Ordnungen, so daß sich aus Gl. (6.1) zu kleine Wellenlängen ergeben würden (Unterschied zwischen der I. und II. Ordnung für Kalkspat 0,3 XE bzw. für Gips 4,1 XE).

Bei der Spektralanalyse handelt es sich nur um relative Wellenlängenbestimmungen auf Grund von Messungen des Abstandes der betreffenden Spektrallinie von einer Bezugslinie mittels Lupe oder schwach vergrößerndem Mikroskop. Eine Ermittlung des Reflexionswinkels ist entbehrlich. Die auf dem Film gemessene Strecke gibt nach Multiplikation mit der Spektrographenkonstante (Tab. 11.3) den Wellenlängenunterschied zwischen der gesuchten Spektrallinie und der Bezugslinie.

Der einem Abstand von 1 mm entsprechende Wellenlängenunterschied ist in XE für einige Kristalle und Wellenlängenbereiche in Tab. 11.3 angegeben; die Änderung mit dem Reflexionswinkel ist in dem verschiedenen Gang von $\sin\varphi$ und $\tan\varphi$ begründet.

---

[1] Bei kreisförmig gebogenem Film ist in Gl. (11.2) arc$2\,\varphi$ statt $\tan 2\varphi$ zu schreiben.

[2] Es ist $\nu = 1 - \delta$, wobei ν der Brechungsindex der Röntgenstrahlen ist. Betr. der δ-Werte im Gebiet der anomalen Dispersion vgl. Siegbahn, M.: Spektroskopie der Röntgenstrahlen, Berlin: Springer 1931, 36.

Tabelle 11.3. *Werte der Spektrographenkonstante* (1000 XE = 1 kX) *beim Drehkristallverfahren*

Abstand Kristall-Film A mm	Kristall	Wellenlängen-bereich bei XE	1 mm auf dem Film entspricht einem Wellenlängenunterschied von XE
120	Steinsalz	1000	23,1
	Steinsalz	2000	21,9
	Steinsalz	3000	19,9
	Kalkspat	1000	24,9
	Kalkspat	2000	23,8
	Kalkspat	3000	21,9

Von der „Dispersion"[1], die von der Gitterkonstante des Kristalles und vom Abstand Kristall-Film abhängt, ist zu unterscheiden das *Auflösungsvermögen*. Unter dem „Auflösungsvermögen" versteht man den kleinsten Wellenlängenunterschied zwischen zwei Spektrallinien, die eben noch als zwei getrennte Linien zu erkennen sind. Außer dem Abstand der Platte vom Spalt und der Größe des Netzebenabstandes ist

Abb. 11.6. Aufnahme der Wolframlinien der K-Serie. a) mit Steinsalzkristall; b) mit Kalkspatkristall.

von Einfluß die Art der Ausblendung (z. B. Schneiden- oder Lochkameraverfahren) und die Spaltbreite, sowie vor allem die Güte des Kristallgitters. Kalkspatkristalle haben z. B. immer bessere Kristallgitter als Steinsalz, erfordern aber eine 2- bis 3mal längere Belichtungsdauer. Der Unterschied in der Trennung der beiden Linien des Dublettes der beiden mit gleicher Spaltbreite (Lochkamera 0,15 mm) hergestellten Aufnahmen in Abb. 11.6 ist bei Betrachtung mit einer Lupe unverkennbar. Zur Abschätzung des erreichbaren Auflösungsvermögens $\Delta\lambda$ kann davon ausgegangen werden, daß zwei Linien noch eben getrennt erscheinen, wenn die Entfernung der Linienmitten etwa gleich der Linienbreite ist.

Als ungefähren Anhalt für die Abnahme der Intensität des reflektierten Strahles mit der Ordnung sei das von Bragg für Steinsalz ermittelte Intensitätsverhältnis der ersten vier Ordnungen aufgeführt:

$$I:II:III:IV = 100:20:7:3.$$

[1] Die Dispersion ist umgekehrt proportional den Zahlenwerten der letzten Spalte der Tab. 11.3.

Das Röntgenspektrum eines Stoffes kann als *Emissionsspektrum* oder als *Absorptionsspektrum* aufgenommen werden.

Um das *Emissionsspektrum* eines festen Stoffes zu erhalten, wird dieser in beliebiger Form auf der Antikathode der Röntgenröhre angebracht, z. B. als Pulver auf der aufgerauhten Oberfläche eingerieben. Beim Auftreffen von Kathodenstrahlen hinreichender Geschwindigkeit werden die verschiedenen in dem Stoff enthaltenen Atomarten zur Aussendung ihrer Eigenstrahlungen veranlaßt. Die aus der Röntgenröhre austretende Strahlung wird in einem Röntgenspektrographen spektral zerlegt. Auf dem photographischen Film sind dann außer der nahezu gleichmäßigen Schwärzung der Bremsstrahlung an einzelnen Stellen scharf begrenzte Schwärzungslinien (Spektrallinien) sichtbar, deren Lage für jede Atomart kennzeichnend ist. Die zweite Möglichkeit, die Eigenstrahlung eines Stoffes mit Röntgenstrahlen statt mit Kathodenstrahlen anzuregen, hat trotz ihrer viel schlechteren Strahlungsausbeute für die *quantitative* Spektralanalyse große Bedeutung gewonnen, weil Änderungen der Mengenanteile der Atomarten bei dieser Kalterregung des Spektrums ausgeschlossen sind.

Zur Erzeugung des *Absorptionsspektrums* eines Stoffes wird die Strahlung einer gewöhnlichen Röntgenröhre durch eine dünne Schicht des Stoffes hindurchgeschickt und dann spektral zerlegt. Die kontinuierliche Schwärzung der Bremsstrahlung zeigt dann an einer für jede Atomart kennzeichnenden Stelle ein- oder mehrstufige, sprungartige Übergänge von hell zu dunkel; diese *Absorptionskanten* kommen dadurch zustande, daß Strahlen, die kurzwelliger sind als eine bestimmte Wellenlänge, von dem Stoff besonders stark absorbiert werden.

Das *Emissionsspektrum* eines Elementes besteht aus mehreren Liniengruppen mit verschiedenen Anregungsbedingungen. Die Linien einer Gruppe erscheinen alle gleichzeitig, wenn die Spannung einen bestimmten von der Wellenlänge der Absorptionskante abhängigen Mindestwert [Gl. (5.7)] überschritten hat. Das Intensitätsverhältnis der Linien einer Gruppe bleibt konstant bei weiterer Erhöhung der Spannung. Diese verschiedenen Gruppen von Spektrallinien entsprechen den früher schon erwähnten K-, L-, M- . . . Eigenstrahlungen der Atome derart, daß die kurzwelligste Liniengruppe die K-Eigenstrahlung bildet, während die L-Eigenstrahlung (L-Serie) aus drei, die M-Eigenstrahlung (M-Serie) aus fünf Liniengruppen mit der entsprechenden Anzahl von Absorptionskanten besteht (Tab. 11.4).

Betreibt man eine Röntgenröhre mit Wolframantikathode mit mehr als 70 kV Spannung, so sind im Spektrum die Linien aller Serien vorhanden[1].

---

[1] Zum Nachweis der M-Linien bzw. N-Linien ist ein Vakuumspektrograph mit Kristall bzw. ein Hochvakuumspektrograph mit Glasgitter notwendig.

Tabelle 11.4. *Eigenstrahlungen des Wolframs*

Name der Serie	Wellenlängengebiet in XE	Anregungsspannung der härtesten Gruppe der Serie in kV
K	178–213	69,3
L	1025–1675	12,1
M	5163–8977	2,81
N	Hauptlinien bei 55800 und 58500	0,59

Für die praktische Spektralanalyse kommt zur Zeit nur die K- und L-Serie und teilweise die M-Serie in Betracht.

Die kurzwelligste Serie, die *K-Serie*, hat den einfachsten Aufbau (Abb. 11.7, K-Serie von Wolfram). Abgesehen von einigen sehr schwachen Linien besteht sie aus vier Linien, die nach dem Vorgang von SIEGBAHN mit $\alpha_1, \alpha_2, \beta_1, \beta_2$ bezeichnet[1] werden (Abb. 11.7, die Strichdicke soll ungefähr die Intensität angeben). Das Intensitätsverhältnis der Linien ist etwa $\alpha_1:\alpha_2:\beta_1:\beta_2:\alpha_3 = 100:50:20:4:3$. Die α_3-Linie tritt nur bei leichteratomigen Elementen, wie z. B. Eisen, auf. Das Intensitätsverhältnis der beiden Linien des K_α-Dublettes, deren Abstand bei allen Elementen ziemlich konstant 4 XE beträgt, ist für alle Elemente $\alpha_1:\alpha_2 = 2:1$. Die Intensität von β_2 ist stark veränderlich; sie erreicht bei Kupfer einen Mindestwert 0,15, bezogen auf α_1. Die Bezeichnung der L-Linien geht aus Tab. 11.5 hervor.

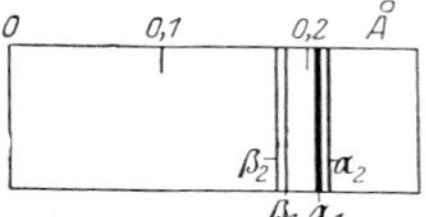

Abb. 11.7. Lage der Linien der K-Serie (Wellenlängenangaben für Wolfram).

Abgesehen von den ganz leichten Atomen, wie z. B. Kohlenstoff, bei denen die K_β-Linien wegfallen, behält die K-Serie ihr Aussehen bei allen Elementen bei. Nur verschieben sich von Element zu Element mit zunehmender Atomnummer die Wellenlängen der Linien um einen bestimmten Betrag nach der kurzwelligen Seite des Spektrums (vgl. Tab. 11.6). Diese wichtige Gesetzmäßigkeit wurde von MOSELEY zuerst beobachtet, ebenso wie die Tatsache, daß das Röntgenspektrum eine reine Atom-

Tabelle 11.5. *Zuordnung der L-Linien*

Absorptionskante	Zugehörige Linien	Erregungsspannung für Wolfram in kV
L_I	$\beta_3\,\beta_4\,\gamma_2\,\gamma_3\,\gamma_4$	12,06
L_{II}	$\eta\,\beta_1\,\gamma_1\,\gamma_5\,\gamma_6$	11,52
L_{III}	$l\,\alpha_1\,\alpha_2\,\beta_2\,\beta_5\,\beta_6\,\beta_7$	10,18

[1] Mit α sind die langwelligsten Linien einer Gruppe bezeichnet; die stärkste Linie erhält den Index 1.

Tabelle 11.6. *Wellenlängen*[1] *der* K-*Serie in* X-*Einheiten*

(* bedeutet, daß 0,5 XE zu der Zahl zu addieren ist, z. B. 11883* = 11883,5 X)

Intensität		s. st.	st.	s. s.	m.	s.	
Z	Element	α_1	α_2	α_3	β_1	β_2(bzw. β_5)	Abs. Kante
4	Be	113200		—	Linien breit, Form und genaue Lage des Maximums von der Art der chemischen Bindung des Atoms abhängig		
5	B	67500		—			
6	C	44500		—			
7	N	31570		—	—	—	—
8	O	23610		—	—	—	—
9	F	18300		—	—	—	—
11	Na	11885		11805	11594	—	—
12	Mg	9869		9801	9539	—	9496
13	Al	8320*		8267	7965	—	7935
14	Si	7111		7065	6754*	—	6731
15	P	6142*		6103	5792	—	5775
16	S	5361*	5363*	5329*	5021	—	5009
17	Cl	4718	4721	4688	4394	—	4384
19	K	3733*	3737	3711	3447	3434*	3431
20	Ca	3351*	3355	3332*	3083*	3068	3064
21	Sc	3025	3028*	3006	2774	2758	2751*
22	Ti	2743	2747	2727	2509	2493*	2491
23	V	2498*	2502	2484*	2279*	2265*	2263
24	Cr	2285	2289	2273*	2080*	2066*	2066
25	Mn	2097	2101*	2088	1906	1893	1891*
26	Fe	1932	1936	1923*	1753	1741	1739*
27	Co	1785*	1789	1777*	1617*	1605*	1604
28	Ni	1654*	1658*	1647*	1497	1485*	1484
29	Cu	1537*	1541	1531	1389*	1378	1377*
30	Zn	1432	1436	1429	1292*	1281	1280*
31	Ga	1337	1341	—	1205	1194	1190
32	Ge	1251*	1255	—	1126*	1114*	1114*
33	As	1173*	1177*	—	1055	1043	1042*
34	Se	1102*	1106*	—	990	978	978
35	Br	1037*	1041*	—	931	918*	918
37	Rb	923*	928	—	827	815	814
38	Sr	873*	877*	—	781	769	768*
39	Y	827	831	—	739*	727	725*
40	Zr	784	788*	—	700	688*	687*
41	Nb	744*	749	—	664*	653	651*
42	Mo	708	713	—	631	620	618*
43	Mn	672	675	—	601	—	—
44	Ru	642	646	—	571*	560*	558*

[1] Betr. einiger weiterer Linien von sehr geringer Intensität vgl. Siegbahn, M.: Spektroskopie der Röntgenstrahlen, 2. Aufl. Berlin: Springer 1931, 183ff. – Wellenlängentabellen neueren Datums sind herausgegeben von Sandström, A. E.: Handbuch der Physik Bd. 30, Berlin: Springer 1957, 164ff., sowie von Bearden, J. A.: Rev. of Modern Phys. 39 (1967) 78. Näheres über die Beziehung 1 kX = 1,00202 · 10^{-8} cm = 1,00202 Å findet sich im Abschnitt 23 A.

Tabelle 11.6 *(Fortsetzung)*

Intensität		s. st.	st.	s. s.	m.	s.	
Z	Element	α_1	α_2	α_3	β_1	β_2(bzw. β_5)	Abs. Kante
45	Rh	612	616*	—	544*	534	533
46	Pd	584	588*	—	519*	509	508
47	Ag	558	562*	—	496	486	484*
48	Cd	534	538*	—	474	464	463
49	In	511	515*	—	453*	444	443
50	Sn	489*	494	—	434*	425	424
51	Sb	469*	474	—	416	407	406
52	Te	450*	455	—	399	390*	389
53	J	432*	437	—	383	374*	373*
55	Cs	399*	404	—	353*	345	344
56	Ba	384*	389	—	340	332	330*
57	La	370	374*	—	327	319*	318
58	Ce	356*	361	—	315	307*	306
59	Pr	343*	348	—	303*	296	295
60	Nd	331	336	—	293	286	284*
61	Pm	320	324	—	281*	—	—
62	Sm	308*	313	—	272*	266	264*
63	Eu	298	302*	—	263	256*	255
64	Gd	288	292*	—	254	247*	246
65	Tb	278	283	—	245*	239	237*
66	Dy	269	274	—	237	231	230
67	Ho	260*	265	—	—	—	222*
68	Er	252	256*	—	222	217	—
69	Tu	244	248*	—	215	—	208*
70	Yb	236	241	—	209	203	201*
71	Lu[1]	229	233*	—	201*	196*	195
72	Hf	221*	226*	—	195	190*	190
73	Ta	215	219*	—	190	184*	183*
74	W	209	213*	—	184	179	178
76	Os	196*	201*	—	173*	169	167*
77	Ir	190*	195*	—	168*	164	162
78	Pt	185	190	—	163*	159	157*
79	Au	180	185	—	159	154	153
81	Tl	170	174*	—	150	145*	144*
82	Pb	165	170	—	146	141	140*
83	Bi	160*	165	—	142	136*	136*
90	Th	132	137	—	117	113*	112*
92	U	126*	131	—	112	108	106*

[1] Auch mit Cp (Cassiopeum) bezeichnet.

eigenschaft ist und daß die Lage der Linien und Kanten nicht durch die Art der chemischen Bindung des Atoms beeinflußt wird[1]; z. B. liefert Barium als Bariumsulfat oder als Bariumchlorid dieselben Linien wie reines Barium. Das Röntgenspektrum gibt also Auskunft über die in einem Stoff enthaltenen Atomarten und nicht über die Molekülarten.

Die *Intensität* einer Linie der K-Serie nimmt mit der Differenz zwischen der Röhrenspannung V und der zur Erregung erforderlichen Mindestspannung V_0 zunächst zu; es gilt nach Jönsson und Bergen-Davis näherungsweise

$$I = \text{const}\,(V - V_0)^2\,. \tag{11.6}$$

Bei dem etwa 10fachen Betrag von V_0 erreicht die Intensität ihren Höchstwert und nimmt bei weiterer Spannungszunahme wieder ab[2].

Die Wellenlängen der wichtigsten Linien der K-Serie von Beryllium an sind in Tab. 11.6 zusammengestellt. Der Übersichtlichkeit halber sind die Stellen nach dem Komma unterdrückt. Genaue Werte einiger als Bezugslinien wichtiger Linien sind in Tab. 11.7 angegeben.

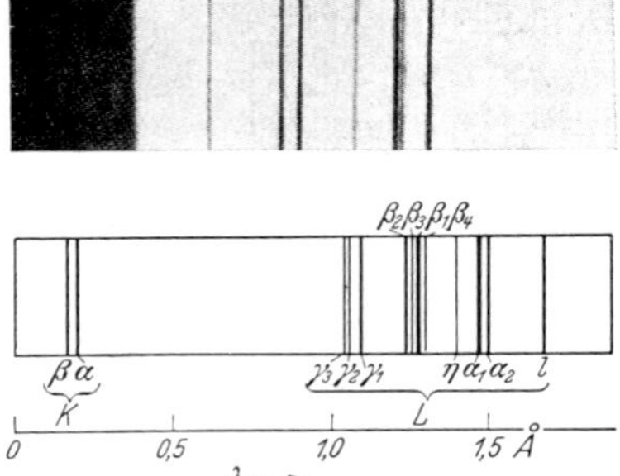

Abb. 11.8. Aufnahme der L-Serie von Wolfram (2fach vergrößert).

Abb. 11.9. Lage der Linien der L-Serie (Wellenlängenangaben für Wolfram).

Die *L-Serie* ist wesentlich linienreicher als die K-Serie, wie das in Abb. 11.8 enthaltene Wolframspektrum zeigt. Beim Uran sind z. B. 30 Linien der L-Serie beobachtet worden. Die Bezeichnung der L-Linien ist aus der schematischen Zeichnung in Abb. 11.9 und der Tab. 11.5 ersichtlich.

Die Zuordnung der Linien zu den drei Absorptionskanten folgt aus der Reihenfolge ihres Erscheinens bei langsamer Steigerung der Spannung [Gl. (5.7)].

[1] Die Verfeinerung der Untersuchungsverfahren hat gezeigt, daß diese Regel nur in erster Annäherung gilt. Die Feinstruktur der Linien und Absorptionskanten zeigt besonders im sehr langwelligen Gebiet gewisse Einflüsse der chemischen Bindung (vgl. Tab. 11.10).

[2] Bei Steigerung der Eindringungstiefe der Kathodenstrahlen nehmen immer tiefere Schichten an der Erregung teil; die Schwächung der Eigenstrahlung auf dem Weg zur Oberfläche der Antikathode nimmt gleichzeitig zu.

Die *Absorptionskante* der K-Serie fällt mit der Wellenlänge von β_2 bzw. β_5 fast zusammen.

Tabelle 11.7. *Präzisionsbestimmungen von Bezugslinien (K-Serie) in X-Einheiten*

Z	Element	α_1	α_2	β_1	β_2*	Beobachter
24	Cr	2285,033	2288,907	2080,586	2066,71	Eriksson
26	Fe	1932,076	1936,012	1753,013	1740,80	Eriksson
27	Co	1785,287	1789,187	1617,436	1605,62	Eriksson
28	Ni	1654,503	1658,353	1497,045	1485,61	Eriksson
29	Cu	1537,395	1541,232	1389,35	1378,24	Wennerlöf
42	Mo	707,831	712,105	630,978	619,698	Larsson
47	Ag	558,28	562,67	496,01	486,03	Kellström
74	W	208,62	213,45	184,22	178,98	Siegbahn
		Absorptionskante:				
35	Br		918,09			Leide
47	Ag		484,80			Leide

* Aus Gründen der Systematik der Elektronenübergänge im Atom erhält die der β_2-Linie entsprechende Linien von $Z = 27$ an abwärts das Zeichen β_5.

Für quantitative Spektralanalysen ist zu beachten, daß das Intensitätsverhältnis von Linien, die verschiedenen Gruppen angehören, sich mit der Spannung ändert. Unabhängig von der Spannung sind nur die Intensitätsverhältnisse der Linien *einer* Gruppe.

Die stärkste Linie der L-Serie ist α_1; etwas schwächer sind β_1 und γ_1. Bei leichtatomigen Elementen ist die l-Linie am stärksten. Die α_1- und α_2-Linien bilden ein Dublett. Zum Unterschied vom K_α-Dublett ist der Abstand der beiden Komponenten etwas größer, 10 XE (statt 4 XE beim K_α-Dublett); außerdem ist die α_1-Linie viel stärker (etwa 10mal) als die α_2-Linie.

Eine Vorstellung von den *relativen Intensitäten*[1] der L-Linien geben die Messungen von Jönsson an Wolfram bei einer Spannung, die ein Mehrfaches der Erregungsspannung beträgt:

α_1	α_2	β_1	β_2	β_3	β_4	β_5	β_6	γ_1	γ_2	γ_3	γ_4	γ_5	γ_6	l	η
100	11	52	20	8	5	0,2	1	9	1,5	2	0,6	0,4	0,3	3	1,3

Mit zunehmender Atomnummer verschieben sich die einzelnen Linien in das kurzwellige Gebiet. In Tab. 11.8 sind die Linien der L-Serie, abgesehen von einigen sehr schwachen Linien, von 10000 XE Wellenlänge abwärts, zum Gebrauch bei Spektralanalysen zusammengestellt.

Von der *M-Serie*, die wesentlich langwelliger ist als die L-Serie, sind die wichtigeren Linien bis zu etwa 10000 XE Wellenlänge in

[1] Angegeben sind die *wahren* Intensitäten, nicht die Intensitäten, mit denen die Linien auf einer photographischen Aufnahme erscheinen.

Tabelle 11.8. *Wellenlängen der L-Serie in X-Einheiten*
(* bedeutet, daß 0,5 XE zu der Zahl zu addieren ist, z. B. 8970* = 8970,5 XE)

Linie	Intensität	33 As	34 Se	35 Br	37 Rb	38 Sr	39 Y	40 Zr	41 Nb	42 Mo	44 Ru	45 Rh	46 Pd	47 Ag	48 Cd	49 In	50 Sn
α_1	stark	9652	8972	8358	7303	6848*	6435*	6056*	5712	5395	4836	4588	4358*	4145*	3948	3764	3592
α_2	mittel								5718	5401	4844	4595*	4366*	4154	3956*	3772*	3601
α_3	schwach				7273	6818	6406*	6027	5688*	5372	4818	4572	4344	4132	3933	3750	
l	mittel	11048	10272	9564		7822		6899	6510		5486*	5207	4939*	4697*	4471	4259	4063
η	schwach	10711	9939	9235		7506	7031	6594	6196	5836		4911	4650	4410	4187*	3976	3782
β_1	stark	9395	8718	8109		6610	6204	5823*	5480	5166*	4611	4364	4137	3926*	3730	3548	3378
β_2	mittel							5574	5226	4910	4362	4122	3901	3694	3506*	3331	3168
β_3	mittel	8912			6769*	6358	5974	5618*	5297	5004*	4476*	4245	4026	3824*	3636*	3462	3299
β_4	mittel				6801	6392	6007*	5651*	5330*	5041	4512*	4280	4062	3861	3674	3499	3336
β_6	schwach				6968	6508	6085*	5692*	5347		4476*	4233	4007	3798*	3607	3428	3262
β_7	sehr schwach																3149
β_9	sehr schwach													3620		3260	3108
β_{10}	sehr schwach													3630		3266	3114*
β_{11}	sehr schwach							}	5161	4860		4049	3867*	3663	3477*	3304	3142*
β_{12}	sehr schwach							}		4842		4072*	3857	3654	3468*	3296	3135
γ_1	mittel							5374	5025	4711*	4173	3936	3716*	3515	3328	3155	2995
γ_2	schwach			}	6036	5637*	5270	4941	4646*	4369*	3888	3681*	3481	3300	3131*	2973*	2830
γ_3	schwach			}													
γ_4	sehr schwach															2919	2771
γ_5	sehr schwach					6279*		5482		4831	4276*	4035	3811*	3607	3418	3242	3077
γ_7	sehr schwach											3897	3676	3479*	3302	3125	2968*

Absorptionskanten:

Linie		33 As	34 Se	35 Br	37 Rb	38 Sr	39 Y	40 Zr	41 Nb	42 Mo	44 Ru	45 Rh	46 Pd	47 Ag	48 Cd	49 In	50 Sn
L_{III}					6841	6362	5944*	5561	5212	4904	4358	4118*	3900*	3693	3495	3315*	3149
L_{II}						6162	5737	5366		4712	4165	3931*	3715	3506	3322	3139*	2972
L_{I}					5985*	5571	5221*	4857*	4572	4290		3621	3420*	3245	3071	2919*	2769*

Tabelle 11.8. *Wellenlängen der L-Serie in X-Einheiten* (Fortsetzung)

Linie	Intensität	51 Sb	52 Te	53 J	55 Cs	56 Ba	57 La	58 Ce	59 Pr	60 Nd	62 Sm	63 Eu	64 Gd	65 Tb	66 Dy	67 Ho	68 Er
α_1	stark	3432	3282	3142	2886	2769*	2660	2556	2458	2365	2195	2116	2042	1971*	1904*	1841	1780*
α_2	mittel	3441	3291	3151	2895*	2779	2669	2565	2467*	2375*	2206	2127	2052*	1982	1915*	1852	1791*
l	mittel	3880	3710	3550	3259*	3129	3000	2886	2778	2670	2477	2390	2307	2229	2154	2082	2015
η	schwach	3599*			2983	2857	2734	2615	2507	2404	2214				1892	1822	1755
β_1	stark	3218*	3070	2931	2678	2562	2453	2351	2254	2162	1993*	1916	1842*	1773	1706*	1643*	1583*
β_2	mittel	3016*	2876	2746	2506*	2399	2298	2204	2115	2031*	1878	1808	1742	1679	1620	1564	1510*
β_3	mittel	3145	3001	2868	2623	2511	2405	2306	2212*	2122	1958	1883	1811	1742*	1678	1616	1558
β_4	mittel	3184	3040	2906	2660*	2550	2444	2344	2250	2162	1996*	1922	1849	1781*	1717	1655	1596*
β_6	schwach	3108	2964*	2830*	2587*	2477	2374	2277	2186	2099	1942	1870*	1803	1737*	1678	1619	1563*
β_7	sehr schwach				2480	2375*	2270	2176	2087*	2004	1852	1784	1719*	1656	1596		1489
β_9	sehr schwach	2966			2473	2371	2277	2184	2096	2012	1858	1788					1482
β_{10}	sehr schwach	2972*					2285	2191*	2102*	2019	1866	1796	1728	1664			
β_{11}	sehr schwach	2993*			2483	2382											1501*
β_{13}	sehr schwach										1987	1909	1835*	1765*	1699	1635*	1575*
β_{14}	sehr schwach							2212	2122	2039	1885	1781*	1748	1685	1625	1567	1512
γ_1	mittel	2845	2706*	2577*	2342*	2236*	2137	2044	1957	1874	1723	1654	1588*	1526*	1470	1414	1362
γ_2	schwach	2695	2565	2442	2232	2134	2041*	1956	1875	1797*	1656	1594	1531	1474	1420	1368	1318*
γ_3	schwach				2227	2129*	2036*	1951	1870	1792*	1652	1588	1526	1468	1414	1361	1312
γ_4	sehr schwach	2633*	2506	2386	2169	2071*	1979	1895	1815	1741	1603	1541	1482	1424	1371*	1320	1273
γ_5	sehr schwach	2925*	2783		2411	2302	2201	2105*	2016	1931	1775	1705	1637*	1574	1515	1459	1403
γ_7	sehr schwach					2218		2029	1942	1859		1644					
γ_8	sehr schwach					2218		2019	1932			1629					
γ_9	sehr schwach							2051	1962	1880*	1728*	1659	1593*	1531*		1416	
γ_{10}	sehr schwach				2237	2140	2048	1962	1881								
	Absorptionskanten:																
L_{III}		2994*	2847	2712*	2467*	2357	2250	2158	2073	1991	1841	1772	1699	1645	1576	1532	1478
L_{II}		2831	2684	2548	2307*	2199	2098	2007	1920	1839	1699	1623	1550	1498	1435	1387	1336
L_{I}		2633	2502*	2382	2160*	2062	1971	1887	1807	1732	1595*	1533	1470	1418	1362	1314*	1265

Tabelle 11.8. *Wellenlängen der L-Serie in X-Einheiten* (Fortsetzung)

Linie	Intensität	70 Yb	71 Cp	72 Hf	73 Ta	74 W	75 Re	76 Os	77 Ir	78 Pt	79 Au	80 Hg	81 Tl	82 Pb	83 Bi	90 Th	92 U
α_1	stark	1668	1615*	1566	1519	1473*	1430	1388*	1348*	1310*	1274	1238*	1205	1172*	1141*	954	908*
α_2	mittel	1679	1626*	1577	1529*	1484*	1441	1398*	1360	1321*	1285	1249*	1216	1184	1153	966	920*
l	mittel	1890	1832	1777*	1725	1675	1627*			1496*	1457	1418*	1382	1347*	1313*	1113	1065
η	schwach	1631	1574	1520	1468	1418	1370*		1281*	1240*	1200*	1161*	1125*	1090	1056*	853	803*
β_1	stark	1472*	1421	1371	1324	1279	1236	1195	1155*	1117*	1081	1046*	1013	981	950	763*	718*
β_2	mittel	1413	1367	1323*	1282	1242	1204	1169	1133	1100	1068	1038	1008	981	953	792	753
β_3	mittel	1449*	1398	1350	1304	1260	1217*		1138*	1101*	1065*	1030*	998*	967	936*	753	708*
β_4	mittel	1488	1437	1389*	1343	1299	1256*		1177	1140	1104*	1069	1037	1005*	975	792	746*
β_5	sehr schwach		1340	1297	1253	1213	1174*		1103*	1070	1038	1007	978*	950*	923*	763*	725
β_6	schwach	1462*	1414	1371	1328*	1287	1248		1175*	1141	1108*	1077	1047*	1019	991*	826*	786*
β_7	sehr schwach		1346	1303*	1261	1221*	1183*		1112*	1079*	1049*	1015*	988	960*	933	773	734*
β_8	sehr schwach				1274	1235*			1127	1093	1061			973*			
β_9	sehr schwach		1333	1287	1244*	1202	1162*		1087*	1052*	1019	984	954*	925	896	722	679*
β_{10}	sehr schwach		1340	1297	1251*	1209*	1170		1095	1059	1026	993*	961*	932	903*	728*	686*
γ_1	mittel	1265	1220	1176*	1135*	1096	1058*	1023	989	956	924*	894*	865*	838	811*	652	613*
γ_2	schwach	1225*	1183	1141	1103	1066	1030		963*	932*	902*	872*	845*	819	794	641	604*
γ_3	schwach	1220	1177*	1135*	1097	1060	1023*		957	926	896	866	839*	813	789*	634	597
γ_4	sehr schwach	1182	1141	1100	1062*	1026	991		925*	895	865*	836	810	784*	759*	609*	573*
γ_5	sehr schwach	1303	1256	1212	1170*	1129*	1091		1019*	985*	953*	923	893	864*	838	673*	634
γ_6	sehr schwach	1240*	1197		1111*	1072	1034*		965	932*	901	872*	842	815	788*	631	593*

Absorptionskanten:

Linie	Intensität	70 Yb	71 Cp	72 Hf	73 Ta	74 W	75 Re	76 Os	77 Ir	78 Pt	79 Au	80 Hg	81 Tl	82 Pb	83 Bi	90 Th	92 U
L_{III}		1386	1337*	1293	1252	1213	1175*	1139	1103*	1071	1038	1007*	978	949	922	760	721
L_{II}		1242	1194*	1151*	1110	1071*	1035*	999*	965*	932	901	870*	842	814	788	629	591
L_I		1171	1136	1097	1057	1023*	987	956	922	891*	862	834	807	781	756	604	568

Tabelle 11.9. *Wellenlängen der M-Serie* (Gd–U) *in X-Einheiten*

Z	Element	Grenzen der M-Serie	α_1	β	γ
92	U	2440–5040	3902	3708	3473
90	Th	2613–5329	4130	3934	3672
83	Bi	3732–6571	5108	4899	4522
82	Pb	3864–6788	5274	5065	4665
79	Au	4291–7507	5828	5612	5135
78	Pt	4451–7774	6034	5816	5309
77	Ir	4770–8048	6249	6025	5490
76	Os	4944–8342	6477	6254	5670
74	W	5163–8977	6969	6743	6076
73	Ta	5558–9311	7237	7008	6299
70	Yb	7009–10458	8122	7893	7009
68	Er	7530–11348	8783	8576	7530
66	Dy	8127–12401	9524	9435	8127
64	Gd	8826–13541	10394	10233	8826

Linienbezeichnungen manchmal so:

$$\alpha_1 = \mathrm{M_V\,N_{VII}} \qquad \beta = \mathrm{M_{IV}\,N_{VI}} \qquad \gamma = \mathrm{M_{III}\,N_V}\,.$$

Die Absorptionskanten $\mathrm{M_I}$ und $\mathrm{M_{II}}$ sind nur schwach ausgeprägt.

Tab. 11.9 angegeben. Bei niederatomigen Elementen erstreckt sich die M-Serie weit in das ultraweiche Gebiet. Dort sind auch die bisher bekannten N-Linien, deren kurzwelligste etwa bei 40000 XE gelegen ist. Für die praktische Spektralanalyse kommen die N-Linien und die sehr langwelligen M-Linien der niederatomigen Elemente zur Zeit nicht in Betracht.

Schaltet man in den Strahlengang zwischen Röntgenröhre und Spektrograph oder zwischen Kristall und photographischen Film eine dünne Schicht eines festen, flüssigen oder gasförmigen Stoffes ein, so entsteht an einer für jedes Element kennzeichnenden Stelle im kontinuierlichen Spektrum ein Schwärzungssprung nach Art der Abb. 11.10, die an einer Lösung von Bariumchlorid erhalten wurde. Einen solchen einstufigen Absorptionssprung liefert die *Absorptionskante* der K-Serie, während sich bei der L-Serie drei und bei der M-Serie fünf weniger stark ausgeprägte Sprünge nebeneinander vorfinden. Bei Platin liegt z. B. die K-Absorptionskante bei 158 XE, die drei L-Absorptionskanten bei 891, 932, 1071 XE und die fünf M-Absorptionskanten bei 3603, 3738, 4674, 5541, 5736 XE. Wie schon früher[1] erwähnt, entstehen diese Sprünge dadurch, daß die Röntgenstrahlen, die kurzwelliger sind als die Absorptionskante, beson-

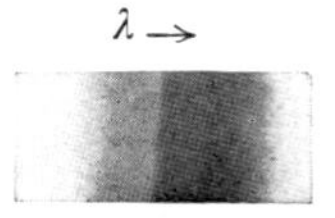

Abb. 11.10. K-Absorptionskante von Barium.

[1] Vgl. Abschnitt 5.

Tabelle 11.10. *Lage der Hauptkanten der K-Absorption in X-Einheiten*

Cl^- (Chloride)	4382,1–4383,7	S^{-2} (Sulfide)	5005,3–5011,7
Cl^{+5} (Chlorate)	4376,1–4377,8	S^{+4} (Sulfite)	4995,6–4996,4
Cl^{+7} (Perchlorate)	4360,4–4370,2	S^{+5} (Sulfate)	4987,3–4987,9

ders stark von dem Element absorbiert werden. Die „echten" Absorptionssprünge sind leicht zu unterscheiden von den beiden Schwärzungssprüngen auf den photographischen Spektralaufnahmen bei 485 und 918 XE, die auf einer Änderung der Empfindlichkeit[1] der photographischen Schicht beruhen; hier ist die kurzwellige Seite stärker geschwärzt als die langwellige; bei den „echten" Absorptionssprüngen ist es gerade umgekehrt.

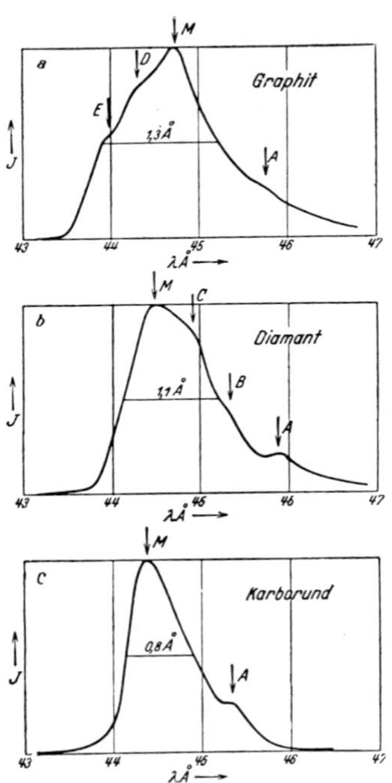

Abb. 11.11. *K*-Linie von Kohlenstoff bei Graphit, Diamant und Karborund.

Die Wellenlänge der Absorptionskante ist immer etwas kürzer als die Wellenlänge der kurzwelligsten Linie der betreffenden Gruppe. Bei der *K*-Serie ist der Unterschied zwischen der Lage der Absorptionskante und der β_2-Linie so gering, daß in Tab. 11.6 die Werte von β_2 ohne weiteres als Werte der Absorptionskanten benutzt werden können. Die Wellenlängen der drei *L*-Absorptionskanten sind in Tab. 11.8 enthalten. Eine praktische Bedeutung für die Spektralanalyse haben nur die Absorptionskanten mit Wellenlängen kleiner als etwa 1000 XE.

Die Lage der Röntgenspektrallinien und der Absorptionskanten ist in erster Näherung *unabhängig von der Art der chemischen Bindung des Atomes,* da sich die Vorgänge der Emission und Absorption im Inneren des Atomes abspielen und daher nur wenig durch die von den Nachbaratomen ausgehenden Kräfte beeinflußt werden. Es handelt sich um kleine Effekte, zu deren Beobachtung Spektrographen mit besonders hohem Auflösungsvermögen erforderlich sind. Als Beispiel sind in Tab. 11.10 Messungen von Lindh an Chlor und Schwefel aufgeführt.

Die Lage der *K*-Kante ist abhängig von der Wertigkeit, mit der das Atom auftritt; sie wird kurzwelliger mit steigender positiver Valenzzahl.

---

[1] Vgl. Abschnitt 7.

Daneben spielen noch andere Faktoren mit. Für die Lösung von Fragen der chemischen Konstitution ist das Verfahren von STELLING mit Erfolg angewandt worden.

Aus der Sekundärstruktur der Absorptionskanten können die Zustände der Bindungselektronen im Kristallgitter erschlossen werden (DE KRONIG); hier eröffnen sich für die Legierungsforschung neue Wege.

Die Bindungseinflüsse müssen sich bei solchen Linien und Kanten besonders stark bemerkbar machen, an deren Entstehung die Valenzelektronen beteiligt sind. Die Kohlenstoff-K-Linie mit 44 kX Wellenlänge hat z. B. bei Diamant eine andere Form als bei Graphit (Abb. 11.11); ihre Form und Breite ist in den Karbiden verschieden je nach der Art des Atompartners (RENNINGER, BROILI, GLOCKER und KIESSIG). Durch die Einführung der Gitterspektroskopie wurde das in dieser Hinsicht besonders wichtige „ultraweiche" Röntgenspektrum, das sich bis zum Ultraviolett erstreckt, der Untersuchung erschlossen.

12. Photographische Spektralanalyse

A. Emissionsanalyse

Der historischen Entwicklung folgend wird zunächst die photographische Methode besprochen, die viele Jahre lang eine beherrschende Stellung inne hatte; erst im letzten Jahrzehnt ist sie von Zählrohrverfahren abgelöst worden.

Als Beispiel eines *photographischen Spektrographen* ist in Abb. 12.1 der Siegbahnsche Vakuumspektrograph dargestellt, mit dem die grundlegenden Messungen zur Erforschung der Röntgenspektren durchgeführt worden sind. Auf einen Messingtopf mit abgeschliffenem Rand kann vakuumdicht[1] ein Metalldeckel aufgesetzt werden. In der Mitte ist der Kristalltisch zu sehen, der mit Hilfe eines fettgedichteten Konus von außen gedreht werden kann. Die Stellung des Kristalles wird an einer genau gearbeiteten Kreisteilung abgelesen. Die Anordnung des Kristalles gegenüber Eintrittsspalt und Detektor entspricht dem Braggschen Drehkristallprinzip (vgl. Abb. 11.1). Als Detektor dient eine photographische Platte oder ein Planfilm. Das links sichtbare, trichterförmige Gehäuse schützt den Film gegen die im Topf auftretende Sekundärstrahlung. An der rechten Außenfläche des Spektrographen ist eine Metallglühkathodenröhre mit auswechselbarer Anode (vgl. Abb. 2.12) angeflanscht. Der zu untersuchende Stoff wird in Pulverform auf der aufgerauhten Anode eingerieben und nach Evakuierung durch Kathodenstrahlung zur Aussendung der Röntgeneigenstrahlung der Atome veranlaßt.

[1] Dichtung mit Fett oder mittels einer in eine Rinne des Deckels eingelegten Gummischnur.

Langwellige Röntgenstrahlen, etwa von 2 kX an, werden in der Luft schon so stark absorbiert, daß beim Durchqueren des Spektrographengehäuses merkliche Intensitätsverluste auftreten. Meistens wird nur die Röntgenröhre auf Hochvakuum gebracht und der eigentliche Spektrograph auf einige Zehntel Millimeter Quecksilberdruck ausge-

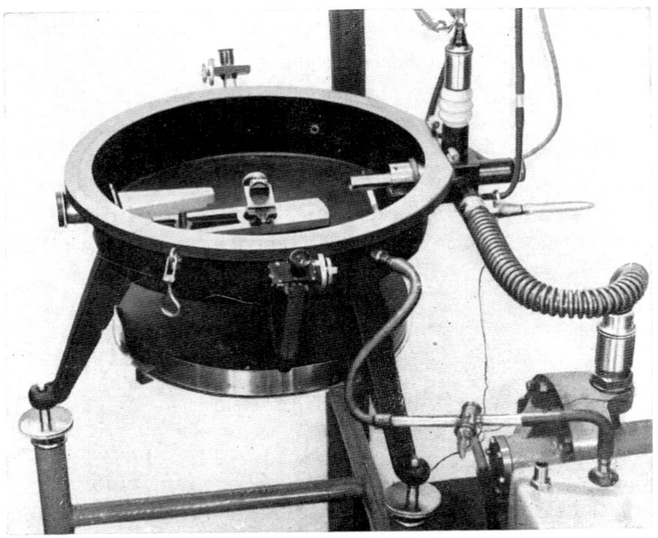

Abb. 12.1. Siegbahn-Vakuumspektrograph.

pumpt. Der Druckausgleich wird durch Bedecken des Eintrittsspaltes mit Goldschlägerhaut oder Aluminiumfolie verhindert. Einige gebräuchliche Dicken sind in Tab. 12.1 angegeben. Es ist zu beachten, daß Aluminium eine Absorptionskante bei 8 kX hat.

Tabelle 12.1. *Durchgehende Strahlungsintensität in Prozenten (nach* SIEGBAHN*)*

Wellenlänge in kX	Goldschlägerhaut 0,02 mm dick	Aluminiumfolie 0,007 mm dick
4	68	27
6	38	2
9	12	46
11	4	28

Bei Wellenlängen von 15 kX und mehr müssen Hochvakuumspektrographen ohne Spaltbedeckung benützt werden. Für die Leitung von der Diffusionspumpe zum Spektrographen sind Metallschläuche mit großen Querschnitten erforderlich, weil sonst die Sauggeschwindigkeit stark herabgesetzt wird.

Das Hauptstück einer Röntgenspektralanalyse ist die *Diskussion der Linienkoinzidenzen* (Zusammenfallen von Linien verschiedener Elemente). Fehldeutungen können um so sicherer ausgeschlossen werden, je größer die Dispersion und das Auflösungsvermögen des Spektrographen ist. Bei einer Bleibestimmung sind z. B. folgende Koinzidenzen zu berücksichtigen: in der Nähe von Pb L_{α_1} liegt Os L_{β_3}, Ir L_{β_4}, Hf L_{γ_1}, As K_{α_1}, Ta L_{γ_5}, Pd K_{α_1} (II. Ordnung). Man sieht zunächst[1] nach, ob intensivere Linien der fraglichen Elemente auf der Aufnahme fehlen. Ist dies der Fall, so ist das Element mit Sicherheit auszuschließen. Ist die auftretende Linie die stärkste Linie der Serie des betreffenden Elementes, so müssen lang belichtete Aufnahmen hergestellt werden zur Prüfung auf das Auftreten weiterer schwächerer Linien des Elementes. Unter Umständen muß durch erneute Aufnahmen auch noch das linienärmere K-Spektrum neben dem L-Spektrum zur Liniendeutung herangezogen werden. Die Überdeckung von Linien ist besonders gefährlich, wenn Elemente mit kleiner Konzentration neben solchen mit großer Konzentration vorkommen, so daß eine an sich sehr schwache Linie eines in großer Menge enthaltenen Elementes sich mit der Hauptlinie des gesuchten Elementes decken kann. Eine Fehldeutung läßt sich vermeiden durch eine sehr stark belichtete Aufnahme der Elemente, welche die Hauptbestandteile des Stoffes bilden.

Bei der Linienüberdeckung ist besonders zu beachten, daß an der Stelle einer Linie mit der Wellenlänge λ Linien II., III., . . . Ordnung liegen können mit der Wellenlänge $\lambda/2$, $\lambda/3$ . . . . Die Entscheidung über das Auftreten höherer Ordnungen erfolgt am sichersten durch einen Absorptionsversuch: Bei der röntgenspektroskopischen Untersuchung eines Platinkontaktes auf Eisenverunreinigungen fiel die Hauptlinie des Eisens $K_{\alpha_1+\alpha_2}$ (1934 XE) fast zusammen mit der IV. Ordnung der K_{β_2} ($4 \cdot 486 = 1944$ XE) des als Antikathode verwendeten Silbers. Bei teilweiser Bedeckung des Spektrums mit 0,085 mm dicker Aluminiumfolie zeigt die Aufnahme (Abb. 12.2) dicht nebeneinander eine in ihrer ganzen Länge fast ungeschwächte Linie und eine im unteren Teil fast ausgelöschte Linie. Es ist somit neben der Silberlinie noch die Hauptlinie $K_{\alpha_1+\alpha_2}$ des Eisens vorhanden.

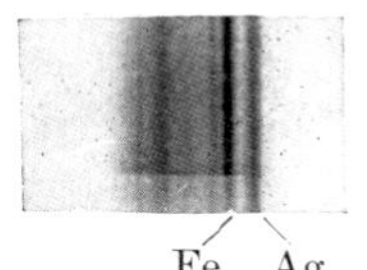

Abb. 12.2. Unterscheidung der verschiedenen Ordnungen mit Hilfe von absorbierenden Folien.

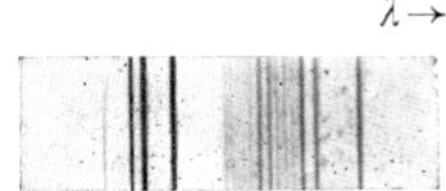

Abb. 12.3. Spektralanalyse (L-Spektrum) eines Gemisches von Seltenen Erden.

Zur Feststellung der Beimengungen eines durch wiederholte fraktionierte Kristallisation hergestellten Samariumpräparates wurde die in Abb. 12.3 enthaltene Aufnahme des L-Spektrums in einem Seemann-

[1] Manchmal können auch aus dem Aussehen der Linie Schlüsse gezogen werden: neben K_{α_1} muß bei genügender Belichtungsdauer K_{α_2} mit 4 XE Abstand auftreten.

Spektrographen mit Gipskristall (Schneidenmethode, 0,2 mm Spaltweite, 280 mm Abstand Kristall-Platte, Schwenkungsbereich 7 bis 9°) mit 24 mA-Stunden Belichtung bei 50 kV Spannung hergestellt. Das auf der aufgerauhten Anodenoberfläche eingeriebene Pulver mußte wegen Zerstäubung und Verdampfung während der Aufnahme öfters erneuert werden. Bei stehendem Kristall wurden als Bezugslinien die K-Linien von Kupfer und Zink auf die Platte exponiert und hieraus die Beziehung 1 mm = 53,5 XE erhalten.

Die starke Linie Nr. 19 (vgl. Tab. 12.2) erhält dann die Wellenlänge 2203 XE; sie ist die stärkste Linie des Samariums L_{α_1}, deren genaue Wellenlänge 2195 XE ist. Hieraus kann der genaue Wert der Spektrographenkonstante für die Umgebung der Samariumlinie zu 1 mm = 53,0 XE abgeleitet werden. Man sieht zunächst nach den weiteren Linien des

Tabelle 12.2. *L-Spektrum eines Gemisches von Seltenen Erden*

Linie Nr.	Intensität	Abstand von Cu $K_{\alpha_1+\alpha_2}$ in mm	Wellenlänge gemessen in XE	Identifizierung der Linie	Zugehörige Wellenlänge in XE
1.	m.	4,6	1293	Zn K_{β_1}	1292,5
2.	m.	2,8	1389	Cu K_{β_1}	1389
3.	st.	2,0	1432	Zn $K_{\alpha_1+\alpha_2}$	1434
4.	st.	0	—	Cu $K_{\alpha_1+\alpha_2}$	1539
5.	s.	2,15	1654	Sm $L_{\gamma_2+\gamma_3}$	1656 + 1652
6.	s. s.	3,15	1707	Dy L_{β_1}	1706,5
7.	m.	3,5	1725	Sm L_{γ_1}	1723
8.	m.	3,85	1745	Gd L_{β_2}	1742
9.	s. s.	4,4	1774	Tb L_{β_1}	1773
10.	s.	5,2	1816	Pr L_{γ_4} + Gd L_{β_3}	1815 + 1811
11.	st.	5,75	1846	Gd $L_{\beta_1+\beta_4}$	1842,5 + 1849
12.	st.	6,35	1879	Sm L_{β_2} + Nd L_{γ_1}	1878 + 1874
13.	s.	6,85	1904	Dy L_{α_1}	1904,5
14.	m.	7,4	1933	Fe $K_{\alpha_1+\alpha_2}$	1934
15.	m.	7,85	1957	Sm L_{β_3}+ Pr L_{γ_1}+ Ce L_{γ_2}	1958 + 1957 + 1956
16.	st.	8,6	1995	Sm $L_{\beta_1+\beta_4}$	1993,5 + 1996,5
17.	st.	9,6	2044	Gd L_{α_1} + Ce L_{γ_1}	2042 + 2044
18.	s.	11,75	2162	Nd $L_{\beta_1+\beta_4}$	2162
19.	st.	12,4	2195	Sm L_{α_1}	2195
20.	s. s.	12,55	2205	Sm L_{α_2} + Ce L_{β_2}	2206 + 2204
21.	s.	15,2	2347	Ce $L_{\beta_1+\beta_4}$	2351 + 2344
22.	m.	15,6	2367	Nd L_{α_1}	2365
23.	s.	19,8	2589	Zn K_{β_1} (II. Ord.)	2585

Samariums und findet L_{β_1}, L_{β_2}, L_{β_3}, L_{β_4}, L_{γ_1}, L_{γ_2}, L_{γ_3}. Der Vergleich mit den Intensitätsangaben in Tab. 11.8 ergibt, daß die fehlenden Linien alle schwächer sind als die beobachteten. Dann wird die Zugehörigkeit der starken Linien Nr. 17 bestimmt und als L_{α_1} von Gadolinium festgestellt.

Hierauf wird, wie besprochen, auf weitere Gadoliniumlinien geprüft[1]. Es ergibt sich schließlich, daß das Präparat Samarium und Gadolinium in größeren Mengen, Neodym, Dysprosium, Terbium und Cer in kleineren Mengen enthält. Der Nachweis von Terbium ist unsicher, da nur L_{β_1} auftritt, während die stärkere Linie L_{α_1} fehlt. Die stärkste Linie des Cer L_{α_1} liegt außerhalb des Schwenkungsbereiches und kann nicht vorkommen. Zur Untersuchung auf Lanthan und Praseodym diente eine zweite Aufnahme mit Schwenkungsbereich 9 bis 11°.

Das Beispiel zeigt aufs deutlichste, wie leicht Fehldeutungen infolge von Überdeckungen der zahlreichen Linien des L-Spektrums vorkommen können. Es ist daher zu empfehlen, durch Aufnahmen des K-Spektrums den erhaltenen Befund zu sichern; das K-Spektrum ist linienärmer und leichter zu deuten. Es ist anzuraten, durch Aufnahmen ohne Präparat von Zeit zu Zeit auf das Auftreten von „falschen" Linien zu prüfen. Das Metall der Anode, meist Kupfer, kann Verunreinigungen enthalten. Bei Quecksilberdiffusionspumpen können bei unzureichender Kühlung der Vorlage mit flüssiger Luft Quecksilberdämpfe in die Röntgenröhre gelangen und sich auf der Anode kondensieren. Glühkathode und umgebender Richtungszylinder zerstäuben in länger dauerndem Betrieb; auf der Anode bildet sich ein leichter Belag von Wolfram und Molybdän.

Spaltbacken aus Stahl können schwache Eisenlinien liefern. Ferner muß die Anode sorgfältig abgefeilt werden, damit keine Spuren eines früher analysierten Stoffes zurückbleiben.

Die *photographische Spektralanalyse* hat hauptsächlich Anwendung gefunden zu qualitativen Analysen, d. h. zum Nachweis eines Elementes in einem Stoff. Ihr großer Vorzug besteht darin, daß nur wenige Milligramm benötigt werden. Ein berühmtes Beispiel ist die Entdeckung des vorher unbekannten Elementes $Z = 72$, später Hafnium genannt, durch Coster und von Hevesy.

Zu einer Zeit, da nur photographische Röntgenspektralanalysen möglich waren, wurden hinsichtlich der Voraussetzungen einer quantitativen Bestimmung heute noch gültige Erkenntnisse gewonnen.

Aus der Intensität der Röntgenspektrallinien eines Stoffes dürfen nicht ohne weiteres Schlüsse gezogen werden auf das Mengenverhältnis der in ihm enthaltenen Elemente.

Die *Linienintensitäten* sind aus verschiedenen Gründen nicht proportional der Zahl der Atome verschiedener Art:

Unterschiede im Strahlungsvermögen der verschiedenen Atomarten.

Schwächung der Eigenstrahlung eines Atomes durch andere Atomarten des Stoffes sowie Verstärkung der Eigenstrahlung durch die Eigenstrahlung anderer Atomarten im untersuchten Stoff oder im Anodenstoff.

---

[1] Die γ-Linien liegen außerhalb des Schwenkungsbereiches der Aufnahme.

Wellenlängenabhängigkeit des photographischen Films bzw. der Ionisationskammer bzw. des Zählrohres sowie des Reflexionsvermögens des Kristalles.

Änderung der Zusammensetzung des Stoffes unter der Wirkung der Kathodenstrahlen (Verdampfung und chemische Umsetzung).

Es dürfen nur entsprechende Linien der gleichen Serie miteinander verglichen werden, z. B. K_{α_1} von Cu mit K_{α_1} von Zn. Wegen der Änderung der Eigenstrahlungsausbeute mit der Atomnummer (Abb. 5.5) und der Abhängigkeit der Intensität der Eigenstrahlung von der Spannung [Gl. (11.6)] müssen die Elemente im periodischen System benachbart sein und die Betriebsspannung muß ein Mehrfaches der Anregungsspannung betragen.

Enthält der Stoff ein Element, dessen Absorptionskante zwischen den beiden zu vergleichenden Linien liegt, so wird die kurzwelligere Linie stärker geschwächt und der Mengenanteil des betreffenden Elementes wird unterschätzt. Liegt eine Linie eines dritten Elementes zwischen den Absorptionskanten der zu vergleichenden Linien, so ändert sich deren Intensitätsverhältnis. Ferner kann die Eigenstrahlung des Anodenmateriales erregend wirken, z. B. eisenhaltige Stoffe auf Kupferanoden.

Für quantitative Röntgenspektralanalysen wird nach dem Zumischungsverfahren von von Hevesy und Coster eine bekannte Menge eines Elementes B, das eine Linie in der Nähe einer Hauptlinie des zu bestimmenden Elementes A besitzt, einer abgewogenen Menge des Präparates zugefügt. Die Intensitäten der beiden Linien I_A und I_B werden auf einer Aufnahme gemessen.

Um aus dem Intensitätsverhältnis I_A/I_B das Verhältnis der Gewichtskonzentrationen C_A/C_B zu erhalten, bedient man sich folgender Gleichung

$$\frac{C_A}{C_B} = p\,\frac{I_A}{I_B}\,. \tag{12.1}$$

Der Proportionalitätsfaktor p wird durch Aufnahmen an besonders hergestellten Testmischungen der Elemente A und B mit bekannter Konzentration empirisch ermittelt. Die Aufnahmebedingungen müssen bei diesen Vergleichsmessungen sehr genau eingehalten werden.

Bei einer Vanadiumbestimmung in Stahl wird z. B. dem Stahlpulver eine bekannte Menge von VaO zugesetzt (Vanadium $K_{\alpha_1} = 2498$ XE bzw. Barium $L_{\beta_1} = 2562$ XE). Die Mischung wird längere Zeit in einem Achatmörser umgerührt.

Die Bedingung, daß die Linien der beiden Elemente möglichst nahe beieinander liegen, mindert die Korrektionen infolge der Änderung der Erregungsspannungen sowie des Einflusses von stark absorbierenden Komponenten. Das Intensitätsverhältnis V K_α zu Ti K_α ändert sich z. B. nur um 3%, wenn die Röhrenspannung von 20 auf 40 kV erhöht wird.

Der Einfluß der verschieden starken Schwächung der Intensitäten I_1 und I_2 zweier benachbarter Linien durch Hinzufügen eines dritten Elementes kann mit Hilfe einer einfachen Formel (GLOCKER und SCHREIBER) abgeschätzt werden:

$$\frac{I_1}{I_2} = 1 - \frac{\delta}{1 + \frac{\mu}{\nu}} \qquad \text{wobei} \quad \delta = 1 - \frac{\tau}{\nu}. \tag{12.2}$$

Dabei bedeuten μ, ν, τ die Schwächungskoeffizienten der erregenden Strahlung sowie der Eigenstrahlungen des zu bestimmenden Elementes bzw. des im Präparat enthaltenen dritten Elementes. Die kleine Größe δ ist eine Maßzahl für die Verschiedenheit von ν und τ. Der Einfluß dieser Korrektion ist im allgemeinen gering, abgesehen von dem Spezialfall, daß die Absorptionskante des dritten Elementes zwischen den beiden Linien gelegen ist; Gl. (12.2) ist dann nicht anwendbar. Als Beispiel sei genannt, daß sich das Intensitätsverhältnis Ba L_{β_1} zu V K_{α_1} nur um 3% ändert, wenn einem Vanadiumatom 6 Wolframatome zugefügt werden.

Das Verfahren, die Röntgeneigenstrahlung mit Kathodenstrahlen anzuregen, hat den Nachteil, daß die Anode der Röntgenröhre sich stark erhitzt und daß das Präparat infolge von Verdampfung flüchtiger Bestandteile oder von chemischen Umsetzungen seine Zusammensetzung während der Aufnahmezeit ändert. Deshalb wurde schon vor 4 Jahrzehnten eine andere Methode der Erregung der Röntgenstrahlen, die sogenannte *Kalterregung* (Sekundärerregung) entwickelt (GLOCKER und

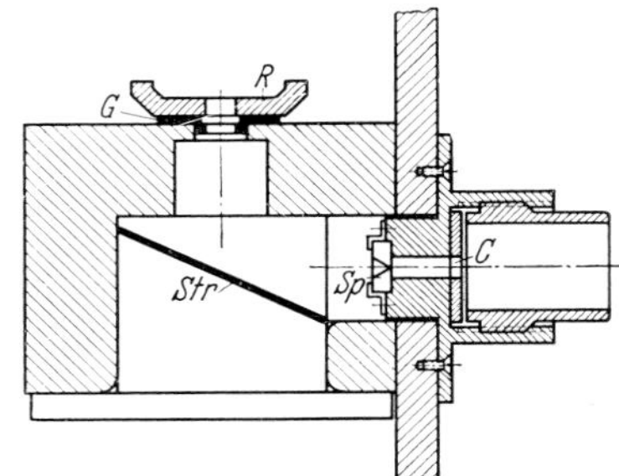

Abb. 12.4. Anordnung zur „Kalterregung" des Spektrums (nach GLOCKER und SCHREIBER).

SCHREIBER). Das auf einer Metallplatte *Str* aufgebrachte Präparat befindet sich außerhalb der Röntgenröhre (Abb. 12.4). Die durch das Fenster *R* austretenden Röntgenstrahlen (Röntgenbremsstrahlung und Eigenstrahlung des Anodenmateriales) regen die Eigenstrahlung des Präparates an, die dann durch den Spalt *Sp* in den Spektrographen gelangt. Die Erwärmung des Präparates ist so gering, daß sogar in Filterpapier aufgezogene Flüssigkeiten untersucht werden können.

Da auf den Aufnahmen mit Sekundärerregung die kontinuierliche Schwärzung des Bremsspektrums völlig fehlt, ist die Möglichkeit gegeben, äußerst kleine Konzentrationen eines Elementes bei entsprechender Verlängerung der Aufnahmezeit nachzuweisen. Bei dem üblichen Aufnahmeverfahren ist die Grenze der Nachweisbarkeit erreicht, wenn die gesuchte Linie eine geringere Intensität hat als die gleich große Wellenlänge des Bremsspektrums.

Weil die Expositionszeiten bei Erregung durch Röntgenstrahlen um eine Größenordnung höher sind, hat das Verfahren erst in neuerer Zeit technische Bedeutung erlangt, nachdem die Belastbarkeit der Röntgenröhren und die Empfindlichkeit der Strahlungsdetektoren(Zählrohr) erheblich gesteigert werden konnten. Einzelheiten werden im Abschnitt „Zählrohrspektrometer" besprochen.

B. Absorptionsanalyse

Die *Größe des Absorptionssprunges*, d. h. das Verhältnis der Intensität des kontinuierlichen Spektrums zu beiden Seiten einer Absorptionskante A bzw. B in Abb. 12.5 ist nach GLOCKER und FROHNMEYER von der durchstrahlten Masse p des betreffenden Elementes in einfacher Weise[1] abhängig:

$$\frac{I_2}{I_1} = e^{-cp} . \tag{12.3}$$

p ist die von einem Strahlenbündel von 1 cm² durchsetzte Masse und wird in g/cm² ausgedrückt.

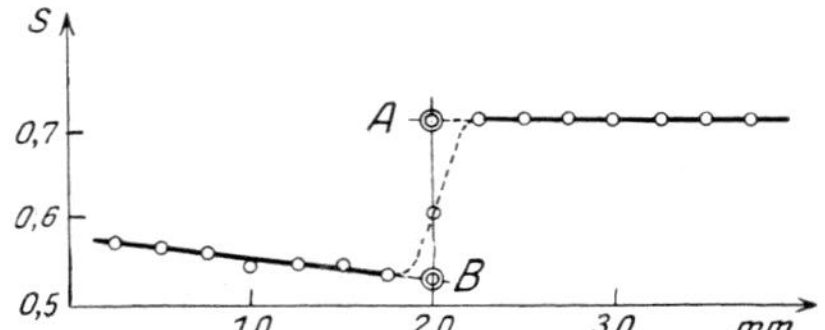

Abb. 12.5. Photometerkurve der Absorptionskante von Barium.

Die *Intensitätsmessung* kann mit Hilfe eines Zählrohrspektrometers oder durch Photometrierung eines photographischen Spektrums erfolgen. Im letzteren Fall ist ein Mikrophotometer erforderlich, das die Schwärzung mikroskopisch kleiner Bereiche zu messen gestattet. Günstig ist ein Entwicklungsverfahren, das einen möglichst geradlinigen Anstieg der Schwärzungskurve liefert, weil dann das Schwärzungsverhältnis direkt gleich dem gesuchten Intensitätsverhältnis ist. Die Anwendung von Verstärkungsschirmen ist nicht möglich.

Die Größe des Absorptionssprunges ist unabhängig von der an die Röntgenröhre gelegten Spannung, solange diese noch nicht so groß ist, daß Wellenlängen auftreten, die kürzer sind als die Hälfte der Wellen-

[1] Die Gleichung ist ungültig für die Br- und Ag-Absorptionskante bei photographischer Intensitätsmessung; die für diesen Fall gültige Beziehung ist aus der Arbeit von *Glocker* und *Frohnmeyer* (S. 373) zu entnehmen.

länge λ_A der Absorptionskante, weil sonst das Intensitätsverhältnis zu beiden Seiten der Kante durch die Überdeckung der in zweiter Ordnung reflektierten kurzwelligen Strahlen gefälscht wird. Der Scheitelwert der Spannung soll höchstens das 1,8fache der nach Gl. (5.7) zur Erzeugung der Wellenlänge λ_A erforderlichen Spannung betragen. Als Strahlungsquelle dienen technische Röntgenröhren mit Wolframanoden, oder bei störender Lage der Wolframlinien solche mit Molybdänanoden.

Bei löslichen Stoffen erfolgt die Röntgenanalyse am besten in flüssiger Form, weil durch Veränderung der Konzentration der Lösung leicht Absorptionssprünge von passender Größe erzeugt werden können. Zu starke Absorption ist wegen der langen Aufnahmezeiten zu vermeiden. Um mit kleinen Stoffmengen auskommen zu können, wird die absorbierende Schicht an der Stelle des kleinsten Strahlungsquerschnittes, hinter dem Spalt des Spektrographen, angebracht. Pulverförmige Stoffe werden nach vorhergegangener sorgfältiger Zerkleinerung mit Graphit vermischt[1] in eine Hartgummiküvette eingefüllt, deren Ausdehnung in der Strahlrichtung 5 bis 10 mm beträgt. In dieser Weise werden auch Lösungen untersucht. Für Aufnahmen im langwelligen Spektrum werden dünne Schichten so hergestellt, daß Lösungen in bekannter Menge von Filtrierpapierblättern aufgesogen werden.

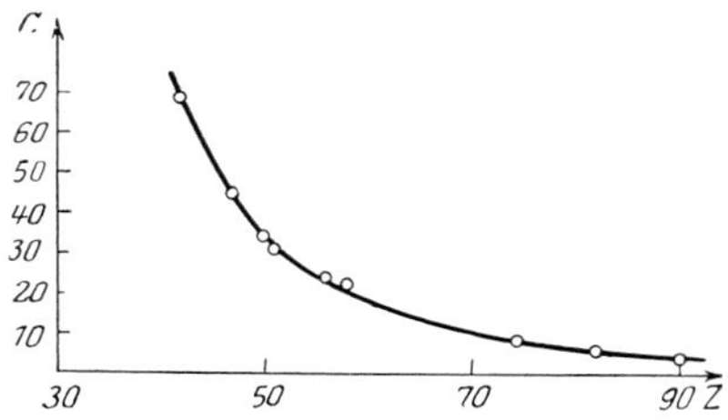

Abb. 12.6. Abhängigkeit der Konstanten c von der Atomnummer.

Die für jedes Element charakteristische Konstante c in Gl. (12.3) ist gleich der Differenz der Massenabsorptions-Koeffizienten beiderseits der Absorptionskante. Sie kann berechnet oder an absorbierenden Schichten bekannter Masse experimentell bestimmt werden. Die Abhängigkeit von der Atomnummer ist aus Abb. 12.6 zu ersehen. Die Werte gelten für die K-Absorptionskante.

Die zur Erzeugung eines Absorptionssprunges bestimmter Größe erforderliche Menge eines Stoffes nimmt mit der Atomzahl des betreffen-

[1] Die Vermischung mit leicht strahlendurchlässigem Graphitpulver soll eine gleichmäßigere Verteilung der zu analysierenden Substanz über den durchstrahlten Querschnitt herbeiführen, wenn der Absorption wegen nur eine sehr dünne Schicht der Substanz angewandt werden kann. Bei grobkörnigem Pulver ist das Spektrum häufig fleckig geschwärzt. Dies wird vermieden, wenn die Küvette während der Aufnahme mehrmals geschüttelt wird, so daß die Körner ihre Lage verändern.

den Elementes zu (Tab. 12.3). Für Elemente mit niedrigerer Atomzahl als Molybdän ist die Absorptionsanalyse nicht geeignet, weil die Expositionszeiten wegen der starken Absorption[1] der Strahlen groß werden.

Tabelle 12.3. *Mindestmenge in* mg/cm² *zur Erzeugung eines eben noch wahrnehmbaren Absorptionssprunges (Intensitätsunterschied beiderseits der K-Absorptionskante* 5%*)*

Element	Mo	Ag	Sn	Sb	Ba	Ce	W	Pb	Th	U
Mindestmenge	0,7	1,1	1,5	1,6	2,1	2,2	6,3	9,0	16,0	—

Die Konzentration des betreffenden Elementes ergibt sich als Quotient p/P, wobei P die von 1 cm² großen Strahlenbündel durchstrahlte Masse des Stoffes ist. Diese wird durch Ausmessen der Oberfläche und eine Wägung ermittelt.

Als Beispiel sei angeführt, daß in einem Glas der Bariumgehalt zu 5,45% bestimmt wurde; die chemische Analyse ergab 5,8%, erforderte aber einen viel höheren Zeitaufwand.

Von Moxnes wird statt der Bremsstrahlung das Intensitätsverhältnis zweier beiderseits der Absorptionskante gelegener Spektrallinien, die beide gleiche Erregungsspannung haben müssen, verwandt, z. B. W L_{β_2} und L_{β_4} bei einer Zinkbestimmung. Der Vorzug des Verfahrens ist die größere Intensität der Linie im Vergleich zu der Wellenlänge der Bremsstrahlung; die Anwendung ist aber beschränkt, da sich nicht immer geeignete Linien finden lassen.

In den letzten Jahren ist das Verfahren weiter entwickelt worden und hat Anwendung in den Erdölraffinerien, z. B. zur Schwefelbestimmung in Kohlenwasserstoffen gefunden (Liebhafsky, Hughes und Wilzeroski).

13. Zählrohrspektrometer

Das *allen modernen Spektrometern zugrunde liegende Prinzip* ist aus Abb. 13.1 zu ersehen. Die vom Präparat P emittierte charakteristische Eigenstrahlung trifft auf den Kristall K, wird dort spektral zerlegt und dem Zählrohr Z zugeleitet. Kristall und Zählrohr sind um eine senkrecht zur Zeichenebene, in der Mitte des Teilkreises T stehende Achse drehbar angebracht, wobei sich das Zählrohr mit der doppelten Winkelgeschwindigkeit wie der Kristall dreht. Mehrere Winkelgeschwindigkeiten zwischen $^1/_4$° und 4° pro Minute (für Θ) können wahlweise eingestellt werden; für Übersichtsaufnahmen wird meist 1°/min benützt. Dazu kommt ein Schnellgang 300°/min, um rasch von einem Spektralbereich auf einen anderen umschalten zu können.

---

[1] Die Absorptionskante rückt mit abnehmender Atomzahl des Elements immer mehr in das langwellige Gebiet des Spektrums.

Die Blende B_1 ist ein Schlitzraster (Soller-Spalt); mehrere in gleichgroßen Abständen quer zur Ausdehnung des Spaltes angeordnete, parallele Metallbleche geben nur Strahlen mit einer geringen Winkeldivergenz Zutritt zum Kristall. Je größer die Winkeldivergenz ist, desto weniger scharf sind die Spektrallinien; die Plattenabstände liegen zwischen 160 und 480 μ. Am Eingang des Zählrohres ist noch eine Blende B_2, deren Breite gleich der Linienbreite in der halben Höhe des Linienmaximums gemacht wird, angebracht. Die lange Achse des Brennfleckes

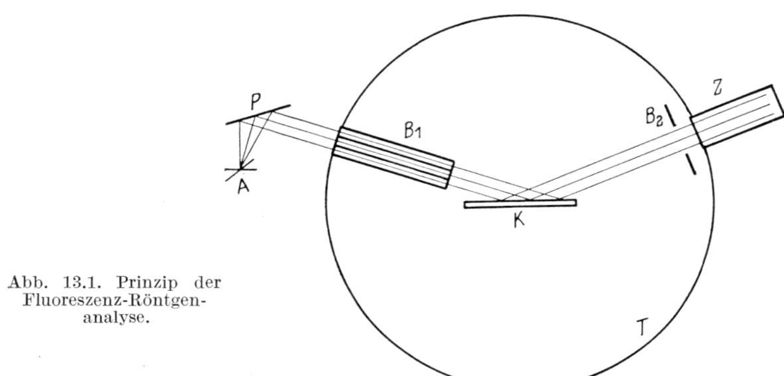

Abb. 13.1. Prinzip der Fluoreszenz-Röntgenanalyse.

der Röntgenröhre steht senkrecht zur Zeichenebene; sämtliche Blenden haben die Form von Spalten, ebenfalls mit Längsachse senkrecht zur Zeichenebene. Bei manchen Anordnungen ist auch noch ein zweites Schlitzraster zwischen Kristall und Zählrohr im reflektierten Strahlenbündel eingebaut. Die Beschränkung des Divergenzwinkels von z. B. 0,6° auf 0,15°, vermindert die Breite der Spektrallinie, gemessen im Bogenmaß, auf $^1/_3$; gleichzeitig wird das Verhältnis Linienintensität zu Hintergrund um einen Faktor 3 verbessert. Andererseits geht die vom Zählrohr angezeigte Intensität auf die Hälfte zurück (PARRISH). In sämtlichen zu besprechenden Geräten können die Proben in fester (z. B. pulverförmiger) oder flüssiger Form eingebracht werden.

In Abb. 13.2 wird eine Anordnung (Goniometer mit Spektrometeraufsatz) gezeigt, die dem Prinzipbild in Abb. 13.1 in der äußeren Form am nächsten kommt. Man erkennt die direkt unter der Röhrenhaube angebrachte Präparatkammer, in der Mitte den Kristallträger und rechts das Zählrohr mit Vorverstärker. Die Abb. 13.3 zeigt eine Analyse eines Chrom-Nickel-Stahles[1]. Die Impulse des Zählrohres werden durch eine Strommessung ausgemittelt und von einer elektronischen Schreibvorrichtung registriert. Die Intensität der Linien kann aus dem Diagramm abgelesen werden.

[1] Die Abb. 13.3, 14.3, 14.4 wurden von Herrn Dr. WEISCHEDEL (Opelwerk Rüsselsheim) zur Verfügung gestellt.

Einen vertikalen Teilkreis hat das Philips-Norelco-Spektrometer (Abb. 13.4), das auch als Vakuumspektrometer gebaut wird.

Geräte dieser Grundtypen sind meist mit einem Quarzkristall ausgerüstet; es können alle Elemente oberhalb Cl ($Z = 17$) erfaßt werden.

Abb. 13.2. Röntgengoniometer mit Spektrometeraufsatz (Werkphoto Siemens).

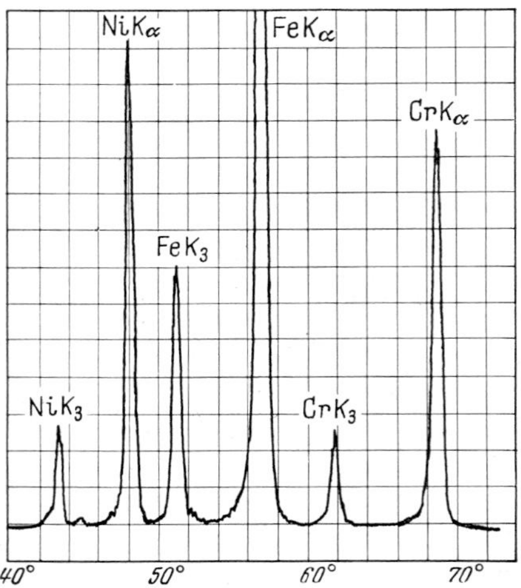

Abb. 13.3. Eisen-, Chrom- und Nickellinien bei einer Stahlanalyse.

Dieser Bereich kann bis auf Ordnungszahl 12 (Mg) ausgedehnt werden, wenn der Strahl im Vakuum verläuft. In einem derartigen Gerät können ohne Vakuumunterbrechung mehrere (meist 4) Proben nacheinander untersucht werden, außerdem sind auf einem Kristallhalter zwei bis drei

Kristalle angebracht, die je nach Bedarf ebenfalls ohne Vakuumunterbrechung in den Strahlengang gebracht werden können.

Abb. 13.4. Röntgenspektrometer mit vertikalem Teilkreis (Werkphoto Philips).

Abb. 13.5. Röntgengenerator mit 2 Röntgenröhren für Spektralanalysen (Werkphoto C. H. F. Müller).

Eine Anlage für 2 Spektrometer, die gleichzeitig benützt werden können, ist in Abb. 13.5 dargestellt. Der Hochspannungsgenerator ist auf 0,03% hinsichtlich Spannung und Stromstärke stabilisiert.

Die Anwendung der Röntgenspektralanalyse in der Technik hat sehr an Umfang und Bedeutung gewonnen, seitdem es gelungen ist, die Zeitdauer einer Analyse in einer früher unvorstellbaren Weise zu verkürzen, so daß das Verfahren teilweise ein Bestandteil des Produktionsprozesses, z. B. bei der Stahlherstellung, geworden ist.

Abb. 13.6. Automatisches Sequenz-Röntgenspektrometer (Werkphoto Philips).

Die Entwicklung der Röntgenspektrometer geht unverkennbar in der Richtung einer möglichst weitgehenden Automatisierung[1]. Dabei sind zwei Bauarten zu unterscheiden: Beim *Sequenzspektrometer* werden die Messungen an den Spektrallinien der verschiedenen Elemente nacheinander vorgenommen, während beim *Mehrkanalspektrometer* alle Messungen gleichzeitig erfolgen, daher auch der Name *Simultanspektrometer*.

In Abb. 13.6 ist das Computer-gesteuerte Philips-Sequenzspektrometer dargestellt. Es ist verwendbar für Elemente von $Z = 9$ (F) bis $Z = 92$ (U). Je nach dem vorgegebenen Programm werden vom Spektrometer nacheinander bis zu 24 verschiedene Winkelpositionen[2] angefahren. In jeder Position werden, meist mit Zeitvorwahl, die Impulse von den

[1] Hauptsächlich für die Verwendung in Forschungslaboratorien, wo es meist noch auf die routinemäßige Durchführung von gleichartigen Analysen ankommt, sind auch sogenannte halbautomatische Geräte im Handel; dort erfolgt nur die Goniometereinstellung automatisch.

[2] Liegen nur schwache Spektrallinien vor, dann fällt die Untergrundstreuung ins Gewicht und muß von der Linienintensität subtrahiert werden. Es muß in diesen Fällen also das Linienmaximum und der Untergrund gemessen werden, so daß für die Bestimmung eines Elementes zwei Winkelpositionen notwendig sind. Bei starken Spektrallinien dagegen wird ein Element mit einer Messung, d. h. einer Winkelposition, erfaßt.

Proben und dem Standard bestimmt, bevor die nächste Position angefahren wird. Das Gerät besteht aus dem Hochspannungsgenerator, dem mechanischen Spektrometerteil samt Spektralröhre und Vakuumkammer, der Zählelektronik mit Diskriminator einschließlich Hochspannungsversorgung für die Zählrohre und einem Computer (Kernspeicherkapazität bis zu 8192 16stelligen Zahlen) mit Ein- und Ausgabegeräte (Schreibmaschine mit angeschlossenem Lochstreifenstanzer).

Der Computer steuert über ein Programm die entsprechende Winkelposition, die Auswahl des Präparates, des Kristalles, der Reflexionsordnung, der Sollerblende, der Röhrenspannung, des Röhrenstromes, die Auswahl zwischen Vakuum und Atmosphäre in der Spektrometerkammer, die Impuls- bzw. Zeitvorwahl und die Wahl des Zählrohres. Ein Argon-Methan-Durchfluß-Zähler ist im Strahlengang vor einem Szintillationszähler angebracht. Das Strahleneintritts- bzw. Austrittsfenster des erstgenannten Zählers besteht aus einer 1 μ dicken Propylenfolie bzw. Berylliumblech. Beide Zähler können gleichzeitig oder abwechselnd betrieben werden. Ganz allgemein werden Gasdurchflußzähler zur Registrierung der langwelligeren Strahlung (etwa von Na bis Cu) benützt, während der Szintillationszähler für die Messung der kurzwelligeren Strahlung (etwa von Ti bis U) verwendet wird. Von den zur Verfügung stehenden Kristallen (vgl. Tab. 13.1) sind jeweils drei im Gerät auf einem Kristallwechsler eingebaut.

Der Computer wird durch Lochstreifen programmiert, wobei bis zu zehn Programmen, je nach zu untersuchender Probenart, gespeichert werden können. Die Erstellung der einzelnen Programmstreifen erfolgt ebenfalls mit Hilfe des Computers, der dazu mittels eines mitgelieferten Rahmenprogrammes nacheinander die gewünschten Daten in Schreibmaschinenschrift abruft. Die Eingabe dieser Informationen kann auch von nicht im Programmieren ausgebildetem Personal vorgenommen werden[1]. Der Computer führt außerdem die Berechnung der Eichkurven aus den Intensitäten und Konzentrationen von Vergleichsstandards unter Berücksichtigung von Absorptions- und Fluoreszenzkorrektur („Interelementeffekt") durch. Die Lochstreifen werden zusammen mit den Daten für die Eichkurven eingelesen. Die praktische Durchführung einer Schnellanalyse beginnt mit der Probenvorbereitung. Als nächster Schritt werden bis zu drei Proben mit einem Standard in die Spektrometerkammer eingegeben. Außerdem wird durch Tastendruck das zugehörige Programm ausgewählt und das Gerät gestartet. Alle weiteren Abläufe, wie die Messung der Intensität (jeweils etwa 10 bis 30 sec) der von den verschiedenen Elementen emittierten Strahlungen in Probe und Standard erfolgen automatisch. Als Endresultat wird eine Tabelle mit den Ana-

[1] Die Herstellung der Programmstreifen erfolgt also in einem Wechselspiel zwischen Computer und Bedienungspersonal, wobei die Schreibmaschine als Vermittlungsorgan dient.

lysenergebnissen der verschiedenen Proben ausgedruckt. Die Gesamtdauer einer Analyse beträgt z. B. für die sechs im nichtrostenden Stahl enthaltenen Elemente Mo, Nb, Cu, Ni, Cr und Mn etwa 4 bis 12, im Schnitt 6 Minuten.

Beim Sequenz-Röntgenspektrometer von Siemens können ebenfalls die Elemente zwischen $Z = 9$ (F) und $Z = 92$ (U) bestimmt werden. Nacheinander können 10 Proben untersucht und bis zu 36 Winkelpositionen (s. o.) angefahren werden.

Für Produktionsprozesse mit rascher Änderung der chemischen Zusammensetzung des Stoffes, z. B. bei der Stahlgewinnung im Hochofen, ist es von großer Wichtigkeit, die Analysenzeiten möglichst zu verkürzen,

Abb. 13.7. Ein „Kanal" eines Mehrkanal-Spektrometers (Werkphoto Siemens).

um auf Grund des Ergebnisses die Prozeßführung beeinflussen zu können. Weil nun an der Meßzeit in einem Sequenzspektralapparat nichts mehr eingespart werden kann, führte die Entwicklung zum Bau von *Mehrkanalgeräten*, die eine weitere Verkürzung der Analysendauer bringen. In einem derartigen Gerät ist für jedes zu analysierende Element ein Meßkanal fest eingestellt, d. h. für jedes zu analysierende Element ist ein getrenntes Goniometer komplett mit Sollerspalt, Kristall und Zählrohr vorhanden. In Abb. 13.7 ist eine solche Einheit aus dem Siemens-Mehrkanalröntgenspektrometer abgebildet. Aus räumlichen Gründen ist eine derartige Analyse auf sieben gleichzeitig bestimmbare Elemente beschränkt ($Z = 11$ bis 92). Von Philips wird ein Gerät mit 14 gleichzeitig bestimmbaren Elementen angeboten. Von Hand müssen lediglich die Probe und die zugehörige Eichsubstanz eingelegt und der Deckel zum Probenraum geschlossen werden, wodurch die Apparatur in Betrieb gesetzt wird.

Beim Mehrkanal-(Simultan)-Röntgenspektrometer von Philips sind jeweils 9 Proben auf einem Probenteller. Es besteht auch die Möglichkeit, einen Speicher für 16 Teller zu je 10 Proben einzubauen. Das Einschleusen neuer Proben ist ohne Unterbrechung des Meßvorganges möglich.

In das Mehrkanalspektrometer von ARL (Applied Research Laboratories, Inc.) sind bis zu 23 feste Kanäle eingebaut. Es sind Einzel- oder vollautomatische Reihenanalysen möglich und nach entsprechendem Ausbau können kontinuierliche Verfahrensströme in bis zu 15 Leitungen (z. B. Konzentrate, Lösungen, Öle usw.) überwacht und gesteuert werden.

An allen Mehrkanalspektrometern kann eine Datenverarbeitungsmaschine angeschlossen werden, welche die Intensitäten in Konzentrationswerte umrechnet. Ist in einem bestimmten Kanal die Intensität zu groß, dann werden geeichte Filter vorgeschaltet.

Da die organischen Analysatorkristalle, die Stabilisierungseinrichtungen für Strom und Spannung, sowie die Zählrohre temperaturempfindlich sind, werden die Innenräume von Spektralapparaten für hohe Ansprüche mit einer Klimaanlage versehen, welche die Temperatur auf $\pm$ 0,5 °C und die relative Luftfeuchtigkeit auf $\pm$ 5% konstant hält. Dadurch wird erreicht, daß die Empfindlichkeit des Gerätes sich in 72 Stunden nur innerhalb der doppelten Standardabweichung[1] ändert (Marotz). Für Stoffe, die im Vakuum verdampfen würden, ist die Möglichkeit gegeben, das gesamte Gerät in einer Wasserstoff- oder Heliumatmosphäre zu betreiben. Als Beispiel für die Schnelligkeit einer Analyse sei erwähnt, daß die Analyse einer niedrig legierten Stahlprobe nach Tögel (1963) bei einem Gehalt von etwa 1,5% Mo, 0,5% Cu, 1,2% Ni, 1,5% Mn, 0,5% Cr, 0,6% V nach den Richtlinien des Handbuches für das Eisenhüttenlabor für Schiedsanalysen vom Einlegen der Probe an in 1,5 min durchgeführt werden kann.

Spektrometer mit zylindrisch gebogenen und geschliffenen Kristallen nach dem Fokussierungsprinzip von Johansson (vgl. Abb. 11.4) zeichnen sich durch hohe Lichtstärke aus, sind aber in ihrem Aufbau komplizierter als solche mit ebenen Kristallen. Eine Ausführung nach Birks und Brooks ist in Abb. 13.8 schematisch gezeichnet. Auf dem Fokussierungskreis, dem sich die Kristalloberfläche anschmiegt, liegt der Eintrittsspalt S und der Vereinigungspunkt F der reflektierten Strahlen gleicher Wellenlänge. Nach der früher besprochenen Fokussierungsbedingung (vgl. Gl. 11.1) muß der Quotient aus dem Abstand l des Eintrittsspaltes von der Reflexionsstelle und der reflektierten Wellenlänge λ bei Änderung der Wellenlänge konstant sein; Die Aufnahme einer anderen Wellenlänge (gestrichelte Lagen) in Abb. 13.8 erfordert also eine Änderung des Abstandes Spalt—Kristall. Zu diesem Zweck kann der Kristall K

[1] Näheres im Math. Anhang A.

mit Hilfe eines Armes um eine in M senkrecht stehende Achse nach K' geschwenkt werden. Gleichzeitig führt der Spalt F des Zählrohres Z die gleiche Drehbewegung, aber mit doppelter Winkelgeschwindigkeit aus. Ein Hebelsystem sorgt ferner dafür, daß die Zählrohrachse auf die Reflexionsstelle hin gerichtet ist. Der mit einem LiF-Kristall meßbare

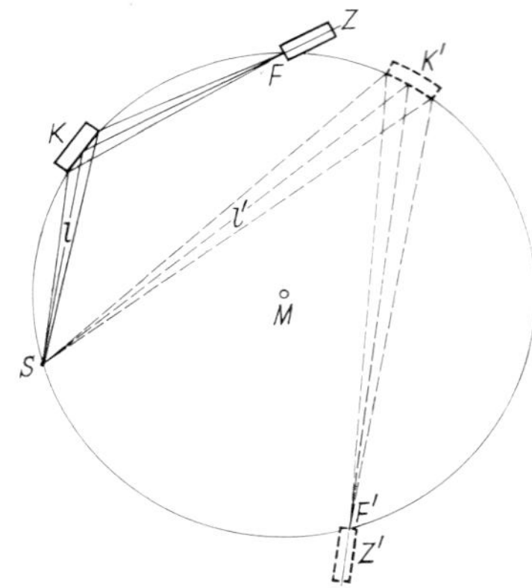

Abb. 13.8. Spektrometer auf der Grundlage der Johansson-Fokussierung (nach BIRKS und BROOKS)

Spektralbereich erstreckt sich von 0,46 bis 3 kX; bei Kristallen mit größeren Netzebenenabständen dehnt er sich nach der langwelligen Seite hin aus.

Das Präparat wird entweder außerhalb des Spaltes S angebracht oder, wenn nur sehr kleine Mengen zur Verfügung stehen, im Spalt selbst, z. B. in Form einer bestäubten Glasfaser. In 1 mg Aluminiumlegierung können z. B. noch $1 \cdot 10^{-5}$ g Fe oder Mn gemessen werden. Die Impulszahlen sind dabei ungefähr so groß wie bei der Untersuchung von 1 g der Aluminiumlegierung mit Hilfe eines Spektrometers mit ebenem Kristall. Außer einem Sequenzspektrometer ist von BIRKS und BROOKS auch ein Simultanspektrometer auf dieser Grundlage beschrieben worden; dabei werden mehrere Kristalle mit verschiedenen Krümmungen verwendet.

Bei allen besprochenen fokussierenden Anordnungen tritt für Strahlen in der Richtung senkrecht zu der Ebene durch Probe, Kristall und Zählrohr stets ein Intensitätsverlust wegen der Höhendivergenz ein, es sei denn, daß sphärisch gekrümmte Kristalle benützt werden (EGGS und ULMER).

Neben dem Bestreben nach Abkürzung der Analysendauer ist die Entwicklungstendenz darauf gerichtet, den spektralanalytisch nutzbaren Teil des Röntgenspektrums immer weiter nach dem Bereich der Elemente mit niederen Atomnummern Z auszudehnen. Die *Spektroskopie der langen Wellenlängen des ultraweichen Gebietes* erfordert Kristalle mit großen Netzebenenabständen d. Im Grenzfall kann höchstens eine

Wellenlänge gemessen werden, die gleich 2 d ist (Braggsche Gleichung). Durch künstlich gezüchtete organische Kristalle wurde Schritt für Schritt die Erfassung von Elementen mit immer kleinerem Z möglich gemacht; z. B. Messung von Al mit EDDT und Mg mit ADT (Tab. 13.1), während zuvor die Grenze bei Cl ($Z = 17$) gelegen hatte. Auf Glimmer oder Glas niedergeschlagenes Bleistearat gestattet die Bestimmung von N, C und B ($Z = 5$), während für Be ($Z = 4$) ein optisches Strichgitter von Nutzen ist (MALISSA). Im Wellenlängenbereich der schweren Elemente wird Quarz und LiF viel verwendet. LiF hat ein gutes Auflösungs- und Reflexionsvermögen. In erster Hinsicht ist Topas besser, in zweiter aber schlechter. Die Linien Mn K_α und Cr K_α, die sich bei LiF überlappen, können z. B. mit Topas getrennt[1] werden; die Intensität geht dabei auf ein Viertel zurück.

Wie stark das Reflexionsvermögen[2] der genannten Kristallarten verschieden ist, zeigen Intensitätsmessungen an der K_α-Linie von Al bei

Tabelle 13.1. *Gebräuchliche Analysatorkristalle (nach* MALISSA*) [mit Ergänzungen]*

Kristallart	Doppelter Netzebenenabstand 2 d in kX	Indizes der refl. Netzebenen	Anwendungsbereiche für die Elemente (mit Ordnungszahl) *K*-Serie	*L*-Serie
Topas	2,71	(303)	$_{22}$Ti bis $_{70}$Yb	$_{57}$La bis $_{92}$U
LiF	4,02	(200)	$_{22}$Ti bis $_{40}$Zr	$_{56}$Ba bis $_{92}$U
NaCl	5,628	(200)	$_{17}$Cl bis $_{31}$Ga	$_{37}$Rb bis $_{79}$Au
Quarz	6,52	$(10\bar{1}1)$	$_{18}$Ar bis $_{31}$Ga	$_{45}$Rh bis $_{79}$Au
Ge	6,67	(111)	$_{15}$P bis $_{27}$Co	$_{40}$Zr bis $_{70}$Yb
PE	8,73	(002)	$_{13}$Al bis $_{20}$Ca	—
EDDT	8,79	(020)	$_{13}$Al bis $_{28}$Ni	$_{35}$Br bis $_{70}$Yb
ADP	10,61	(101)	$_{12}$Mg bis $_{22}$Ti	$_{33}$As bis $_{58}$Ce
Gips	15,16	(020)	$_{11}$Na bis $_{21}$Sc	$_{33}$As bis $_{53}$J
Glimmer	19,76	(002)	$_{11}$Na bis $_{18}$Ar	$_{29}$Cu bis $_{57}$La
KAP, KHP	26,35	$(10\bar{1}0)$	$_{8}$O bis $_{14}$Si	$_{33}$As bis $_{39}$Y
Pb-Stearat	99,8	(—)	$_{5}$B bis $_{7}$N	—
Pb-Lignocearat $Pb(C_{24}H_{47}O_2)_2$	~ 130			

Bezeichnungen: PE = Pentaerythrit
EDDT = Äthylendiaminditartrat
ADP = Ammoniumdihydrogenphosphat
KAP = Kaliumhydrogenphtalat
KHP = Kaliumhydrogenphtalat

[1] Neuerdings werden LiF Kristalle so angeschliffen, daß der Netzebenenabstand ihrer zur Oberfläche parallelen Netzebenen nur noch die Hälfte des ursprünglichen Wertes beträgt. Der erhaltene Kristall hat das gute Reflexionsvermögen des LiF und das gute Auflösungsvermögen von Topas.

[2] Vgl. auch Tab. 21.6 u. 21.7.

Erregung mit Cr-Strahlung einmal mit einem Gipskristall und dann mit einem PET-Kristall; im zweiten Fall ist die Intensität der Al-Linie fast 4mal so groß (Kopineck).

Tab. 13.1 gibt einen Überblick, für welche Elemente die angegebenen Analysatorkristalle geeignet sind. Dabei ist zu unterscheiden, ob eine Messung der K-Linien oder der L-Linien in Betracht kommt. Bei gleicher einfallender Intensität verhalten sich die reflektierten Intensitäten der Kristalle LiF, PET, Topas, Gips bei Benützung der Wellenlänge 1,6 kX wie 1:0,52; 0,17:0,10. Bei der Auswahl eines Kristalles muß beachtet werden, daß dieser keine Atomarten enthalten darf, die in dem zu analysierenden Spektralbereich selbst zu einer Eigenstrahlung angeregt werden.

Gewisse Schwierigkeiten ergeben sich hinsichtlich der *Deckfolien von Eintritts- und Zählrohrspalt*. Dünne Kunststoff-Folien, z. B. 6 μ Mylar[1], haben wegen der Lage der Absorptionskante von Kohlenstoff zwar eine relativ gute Durchlässigkeit von etwa 5% für C K_α-, aber eine Million Mal geringere für N K_α-Strahlung (Elion). Besonders dünne Folien sind verwendbar, wenn nach Art eines Lenardschen Fensters eine siebartig durchlöcherte Grundplatte aus Aluminium als Träger benützt wird. Berylliumfenster sind hier ungeeignet; schon bei 3 kX beträgt die Absorption von 1 mm Be mehr als 80% (Parrish).

Die Folie für das Röhrenfenster ist entbehrlich, wenn der ganze Spektrograph auf Hochvakuum gebracht wird. Eine Abdeckung des Zählrohrspaltes ist aber *immer* nötig. Für den Eigenstrahlungsbereich der Elemente Na bis B sind Röntgenröhren besonderer Bauart entwickelt

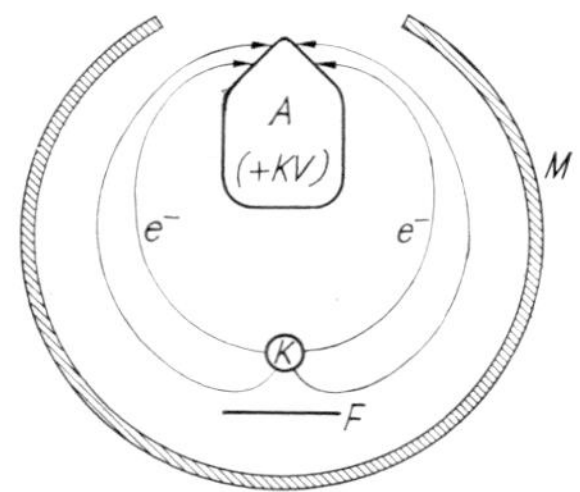

Abb. 13.9. Henke-Röhre für sehr langwellige Röntgenstrahlen.

A = Anode
F = Fokussierungsplatte
K = Kathode
M = Röhrenmantel

worden. Bei der *Henke-Röhre* für 10 bis 15 kV Spannung ist die Glühkathode K sozusagen im „Schatten" der Anode A angebracht (Abb. 13.9); die Platte F dient zur Fokussierung der Glühelektronen. Durch eine geeignete Feldverteilung wird erreicht, daß die Glühelektronen seitlich auf die Anode auffallen. Ein Wolframniederschlag auf der Anode und dem Röhrenfenster wird so vermieden. Zur Erregung der Eigenstrahlung der Probe dient die K_α-Linie von Aluminium mit der Wellenlänge 8,3 kX und nicht das Bremsspektrum, das im langwelligen Gebiet sehr schwach ist.

---

[1] Mylar ist identisch mit Hostaphan ($C_{10}H_8O_4$, Dichte etwa 1,39 g/cm^3).

14. Durchführung von Fluoreszenz-Röntgenanalysen und technische Anwendungen

Um die Gesichtspunkte zu verstehen, die für die Wahl des Anodenmaterials und der Röntgenröhrenspannung maßgebend sind, müssen einige Einzelheiten der Entstehung von Bremsstrahlung und Eigenstrahlung (Fluoreszenzstrahlung) näher besprochen werden. Wie schon früher erwähnt, dehnt sich das Spektrum der Bremsstrahlung bei einer Steigerung der Spannung nach der kurzwelligen Seite aus (vgl. Abb. 2.2). Gleichzeitig nimmt die Intensität jeder einzelnen Wellenlänge zu und die Gesamtintensität, dargestellt durch die Fläche zwischen Kurve und

Tabelle 14.1. *Mindestspannungen V_0 in kV für Erregung von Eigenstrahlungen (Auszug aus einer Tabelle von* ELION*)*

Z	Element	*K*	*L*	*Z*	Element	*K*	*L*
6	C	0,28		48	Cd	26,7	4,07
7	N	0,40		50	Sn	29,1	4,49
8	O	0,53		51	Sb	30,4	4,69
9	F	0,69		52	Te	31,8	4,93
11	Na	1,07		53	J	33,2	5,18
12	Mg	1,30	0,06	55	Cs	35,9	5,71
13	Al	1,55	0,09	56	Ba	37,4	5,99
14	Si	1,83	0,12	57	La	38,7	6,26
15	P	2,14	0,15	58	Ce	40,3	6,54
16	S	2,46	0,19	59	Pr	41,9	6,83
17	Cl	2,82	0,24	60	Nd	43,6	7,12
19	K	3,59	0,34	62	Sm	46,8	7,73
20	Ca	4,03	0,40	64	Gd	50,3	8,37
22	Ti	4,95	0,53	65	Tb	52,0	8,70
23	V	5,45	0,60	67	Ho	55,8	9,38
24	Cr	5,98	0,68	69	Tm	59,5	10,1
25	Mn	6,54	0,76	70	Yb	61,4	10,5
26	Fe	7,10	0,85	73	Ta	67,4	11,7
27	Co	7,71	0,93	74	W	69,3	12,1
28	Ni	8,29	1,0	76	Os	73,8	13,0
29	Cu	8,86	1,1	77	Ir	76,0	13,4
30	Zn	9,65	1,20	78	Pt	78,1	13,9
33	As	11,9	1,52	79	Au	80,5	14,4
35	Br	13,5	1,77	80	Hg	82,9	14,8
37	Rb	15,2	2,05	81	Tl	85,2	15,3
38	Sr	16,1	2,19	82	Pb	87,6	15,8
40	Zr	18,0	2,51	83	Bi	90,1	16,4
41	Nb	19,0	2,68	84	Po	93,2	16,9
42	Mo	20,0	2,87	88	Ra	103,9	19,2
43	Tc	21,1	3,0	89	Ac	106,7	19,8
45	Rh	23,2	3,43	90	Th	109,0	20,5
46	Pd	24,4	3,64	92	U	115,0	21,7
47	Ag	25,5	3,79				

Abszissenachse, wächst proportional mit dem Quadrat der Röhrenspannung.

Neben der Bremsstrahlung treten unter gewissen Bedingungen Spektrallinien auf, die von der Eigenstrahlung des Anodenmateriales herrühren (vgl. Abb. 2.3). Die Röhrenspannung V muß die in Tab. 14.1 angegebenen Mindestwerte[1] V_0 erreichen oder überschreiten. Bei jedem Element ist V_0 für die Erregung der K-Serie stets größer als für die L-Serie.

Für die Röntgenspektralanalyse ist es wichtig, zu wissen, wie sich die Intensität einer Spektrallinie ändert, wenn V über V_0 hinaus gesteigert wird. Nach Messungen von LORENZ an der K-Linie von Aluminium steigt die Intensität der Eigenstrahlung rasch mit der Spannung

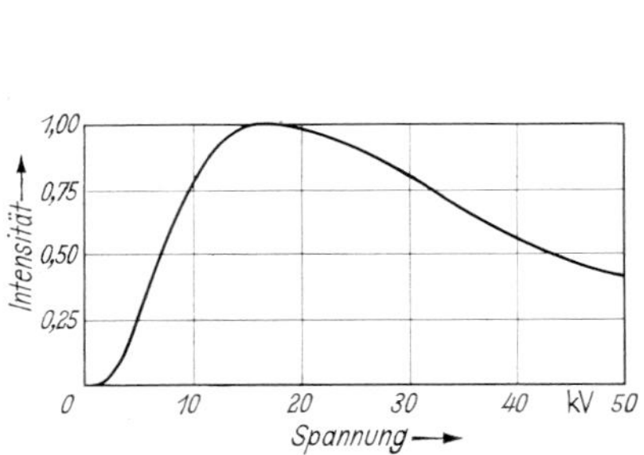

Abb. 14.1. Abhängigkeit der K_α-Intensität von der Spannung der Röntgenröhre für Aluminium (nach LORENZ).

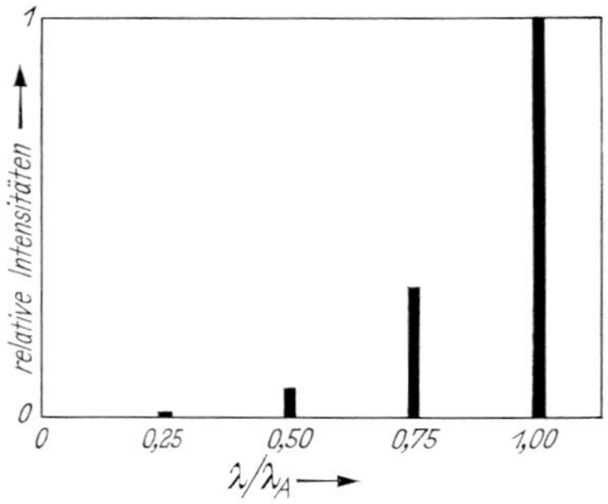

Abb. 14.2. Eigenstrahlungsintensität und spektrale Lage der erregenden Wellenlänge.

an (Abb. 14.1). Für den Anfangsteil der Kurve gilt die Gl. (11.6); die Intensität nimmt proportional mit $(V - V_0)^2$ zu. Die Werte für V_0 sind der Tab. 14.1 zu entnehmen. Beim 10fachen Betrag von V_0 wird ein Höchstwert erreicht, dem ein langsamer Abfall[2] folgt. Es ist also nicht ratsam, bei der Anregung einer Eigenstrahlung mit Kathodenstrahlen unter allen Umständen die Höchstspannung des Röntgengenerators auszunützen. Besonders im langwelligen Gebiet ist es besser, nur den 3- bis 4fachen Betrag der Mindestspannung zu wählen und dafür die Stromstärke zu erhöhen.

Eine weitere Frage ist die, wie bei Erregung der Eigenstrahlung mit Röntgenstrahlen die Intensität sich ändert, wenn die Lage der einfallenden Wellenlänge im Spektrum immer weiter von der Absorptionskante

[1] Zur Berechnung dient Gl. (11.6). Die Zahlen für L in Tab. 14.1 gelten für die kurzwelligsten Absorptionskanten der L-Serie.

[2] Zur Erklärung der Intensitätsabnahme sei bemerkt, daß die Kathodenstrahlen mit wachsender Spannung in immer tiefere Schichten eindringen; die Absorption der erzeugten Eigenstrahlung auf dem Weg vom Entstehungsort zur Oberfläche der Anode wird größer, weil diese Strecke zunimmt.

λ_A des emittierenden Elementes sich entfernt; dabei muß die früher erwähnte Bedingung $\lambda \leqq \lambda_A$ stets erfüllt sein. Läßt man Röntgenstrahlen gleicher Intensität und gleicher Wellenlänge λ z. B. auf ein Silberblech auffallen und mißt man die Intensität der Silbereigenstrahlung bei Änderung von λ, so findet man, daß die Intensität der erregten Eigenstrahlung rasch abnimmt, wenn λ wesentlich kürzer ist als die Absorptionskante λ_A (vertikale Striche in Abb. 14.2). Der Abfall erfolgt angenähert proportional mit λ^4 (vgl. Abb. 5.4). Daraus folgt, daß bei Fluoreszenzanalysen das Anodenmaterial der Röntgenröhre so ausgewählt werden muß, daß die Primärstrahlung Wellenlängen enthält, die möglichst nahe der kurzwelligen Seite der Absorptionskante des zu bestimmenden Elementes gelegen sind. Besonders günstig sind in dieser Hinsicht die Linien der K- oder L-Serie der Anode (z. B. Cr-Eigenstrahlung). Häufig ist die Erfüllung dieser Forderung in der Praxis nicht möglich, weil viele Elemente z. B. wegen des niederen Schmelzpunktes als Anodenmaterial nicht geeignet sind.

Die Erregung mit Bremsstrahlung ist dagegen immer möglich. Man wird die Spannung dann so einstellen, daß das Intensitätsmaximum des Bremsspektrums nahe bei der Absorptionskante des betreffenden Elementes liegt.

Es ist ferner zu beachten, daß von der Probe eine diffuse Streustrahlung ausgeht, welche die Intensität des kontinuierlichen Hintergrundes anhebt. Dieser Streueffekt ist um so stärker, je höher die Spannung ist. Sind kleine Konzentrationen eines Elementes nachzuweisen, so kommt es sehr darauf an, daß die Linie sich vom Hintergrund deutlich abhebt. Es ist dann zu empfehlen, mit nicht zu hohen Spannungen zu arbeiten.

Tabelle 14.2. *Intensivste Wellenlängen in* kX *der Eigenstrahlung von Anoden von Röntgenspektralröhren*

Anode	K_{α_1}	L_{α_1}
Al	8,32	—
Cr	2,28	—
Mo	0,71	—
Ag	0,56	4,15
W	0,21	1,47
Au	0,18	1,27

Aus Tab. 14.2 ist zu entnehmen, in welchen Spektralbereichen die aufgeführten Röntgenspektralröhren verwendbar sind. Wird ein intensives Bremsspektrum gewünscht, so wird man Röhren mit Wolframanoden wegen des hohen Schmelzpunktes und der guten Strahlenausbeute bevorzugen.

Eine stetige Änderung der Röhrenspannung kann bei einem Zusammenfallen zweier Linien von verschiedenen Elementen von Vorteil sein. Bei einer Koinzidenz[1] einer Linie von W mit einer Linie von Nb wird z. B. durch eine Senkung der Spannung erreicht, daß nur die Linie von Nb allein übrig bleibt (PARRISH).

Die Generatoren der Röntgenspektralapparate haben Höchstspannungen von 60 kV, teilweise von 100 kV. Diese genügen bei weitem zur Erregung der Linien der L-Serie. Nach Tab. 14.1 reichen sie aber nicht aus, um bei allen Elementen die K-Serie anzuregen. Mit 60 kV Spannung kann theoretisch die Eigenstrahlung von Tm mit der Atomnummer 69 und mit 100 kV die von Rn mit der Atomnummer 86 erregt werden. In der Praxis liegen die Grenzen etwas tiefer, da zur Erzielung einer ausreichenden Intensität die Spannung die Mindestwerte der Tab. 14.1 erheblich überschreiten muß (vgl. Gl. (11.6)). Die K-Linien können praktisch etwa bis Pr (59) bei 60 kV bzw. bis Bi (83) bei 100 kV erzeugt werden. Der Vorteil der 100 kV besteht hauptsächlich darin, daß die Seltenen Erden ($Z = 57$ bis 72), die chemisch schlecht zu trennen sind, bei der Röntgenspektralanalyse intensive K-Linien liefern. Das K-Spektrum enthält viel weniger Linien als das L-Spektrum und ist daher leichter zu deuten, da Koinzidenzen selten sind. Außerdem ist die Ausbeute an Eigenstrahlung bei der K-Serie wesentlich größer als bei der L-Serie (vgl. Abb. 5.5).

Die Auswertung eines Röntgenspektrums für eine quantitative Analyse beruht auf einem Intensitätsvergleich der Linien des zu bestimmenden Elementes und eines Bezugselementes (Standard). Wird das Bezugselement mit bekannter Konzentration vor der Aufnahme bzw. Zählrohrmessung der Probe zugemischt, so erscheinen die zu vergleichenden Linien auf *einem* Diagramm. Dieses als Zumischungsverfahren[2] von COSTER und v. HEVESY schon lange bekannte Verfahren wird neuerdings als die Methode des „inneren Standards" bezeichnet. Im Gegensatz dazu werden beim Arbeiten mit „äußeren Standards" verschiedene Eichproben hergestellt, die das zu bestimmende Element mit bekannter Konzentration enthalten. Die Spektren der Probe und der Eichproben mit verschiedenen Konzentrationen werden nacheinander aufgenommen. Der Röntgengenerator muß daher in Bezug auf Stromstärke und Spannung der Röntgenröhre sehr stabilisiert sein. Auch die übrigen Meßbedingungen müssen gut reproduzierbar sein. Das Eichprobenverfahren sei am Beispiel einer Molybdänbestimmung in Stahl kurz beschrieben:

[1] Bei einer Überdeckung einer Linie, die durch Reflexion I. Ordnung entstanden ist, mit einer solchen der II. Ordnung kann man eine Spektralaufnahme erhalten, auf der die zweite Linie fehlt, wenn man einen Kristall benützt, z. B. Silizium, der in II. Ordnung nicht reflektiert (PARRISH, GRUBIS).

[2] Vgl. auch Abschnitt 12.

Die ein für allemal hergestellten Eichproben bestehen aus Stahl und enthalten 0,05 0,08 0,44 0,55 0,75% Molybdän. Sind in den zu untersuchenden Stählen noch solche Elemente enthalten, die in der früher besprochenen Weise entweder durch selektive Absorption oder durch Erregung von Eigenstrahlungen das Intensitätsverhältnis Eisen—Molybdän beeinflussen, so müssen diese Elemente in den Standardproben in gleicher Weise vertreten sein. Bei einer Molybdänbestimmung in Stahl stellt man das Zählrohr auf das Maximum Mo K_α ein und beläßt es 1 bis 2 Minuten in dieser Stellung. Die Registrierkurve zeigt statisti-

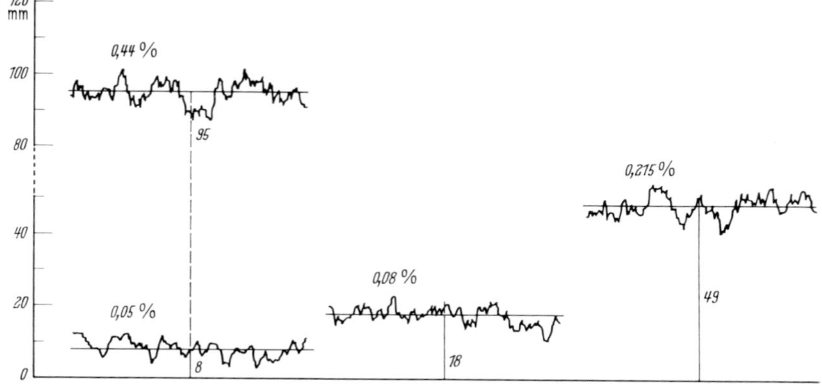

Abb. 14.3. Molybdänbestimmung in Stahl.

sche Schwankungen, die durch eine Ausgleichsgerade ausgemittelt werden (Abb. 14.3). Am Anfang und Ende einer Meßreihe wird außerhalb der Linie die Intensität des Hintergrundes registriert; von der Abszissenachse in Abb. 14.3 an werden die Ordinaten in Millimetern auf dem Diagramm gemessen; der zugehörige Molybdängehalt kann sogleich aus der Eichkurve (Abb. 14.4) abgelesen werden. Das Verfahren beansprucht, wenn einmal die Eichkurve ermittelt worden ist, nur wenig Zeit: mehr als 100 Analysen können in einem Tage gemacht werden.

Bei kleinen Konzentrationen sind die Eichkurven Geraden, bei höheren haben sie einen gekrümmten Verlauf.

Wie der Zusammenhang zwischen der Konzentration C_A eines Elementes A und der Intensität seiner Eigenstrahlung durch Hinzufügen eines Elementes[1] B mit der Konzentration C_B sich ändert, ist in Abb. 14.5 schematisch gezeichnet. Die Intensität wird zweimal gemessen, einmal an einem Präparat, das nur A enthält und dann an der zu analysierenden Probe, bestehend aus A und B. Die erhaltenen Werte der A-Intensitäten

[1] Es ist $C_A + C_B = 1$.

seien mit I und I' bezeichnet. Ist die Absorption der beiden Elemente praktisch gleich groß, so hängt der Quotient I'/I linear von der Gewichtskonzentration C_A des Elementes A ab (II in Abb. 14.5), und es gilt

$$\frac{I'}{I} = C_A . \tag{14.1}$$

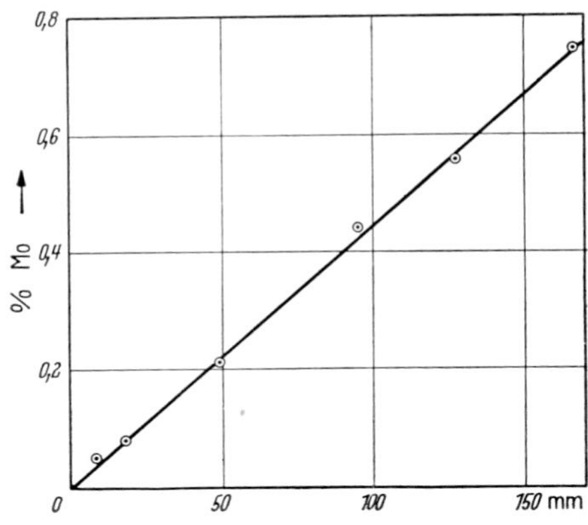

Abb. 14.4. Eichkurve zur Molybdänbestimmung

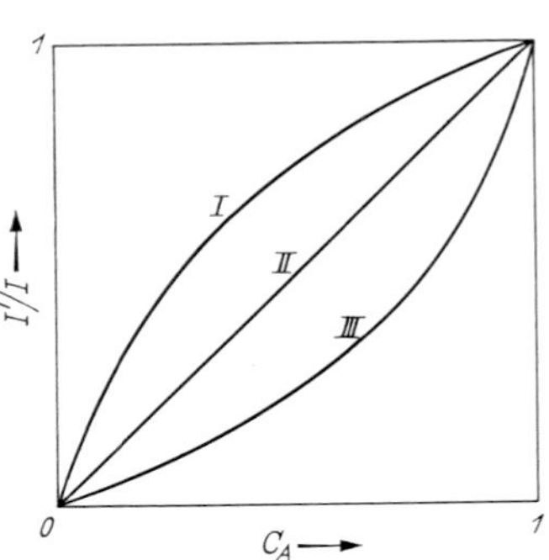

Abb. 14.5. Konzentrationsabhängigkeit der Linienintensitäten (nach MALISSA).

Das Hinzutreten des Elementes B ist ohne Einfluß. Absorbiert B weniger als A, so wird I'/I größer, und es ergibt sich die Kurve I. Im umgekehrten Fall einer stärkeren Absorption von B erhält man die Kurve III[1].

Für die praktische Auswertung wird der Kurvenzug abschnittsweise durch Geraden angenähert. Deren Gleichung hat die Form

$$C_A = a \frac{I'}{I} + b . \tag{14.2}$$

DE LAFFOLIE gibt z. B. für eine Chromanalyse eines Chromstahles 3 solcher Gleichungen an. In dem interessierenden Konzentrationsbereich werden 6 Parameter ein für allemal bestimmt. Ihre Zahlenwerte werden mitsamt den gemessenen Impulszahlen (Intensitäten) in die dem Spektralapparat angeschlossene Rechenanlage eingegeben, welche dann die zugehörigen Konzentrationen berechnet.

Die Erfahrung hat gezeigt, daß bei Analysen mit Sekundärerregung des Röntgenspektrums die präparative Technik erhebliche Sorgfalt beansprucht. Die Form des zu analysierenden Stoffes kann fest sein oder flüssig. Im ersten Fall können kompakte Stücke mit ebener Oberfläche oder Pulver, die als Tabletten gepreßt werden, Verwendung finden. Die

[1] Eichkurven ähnlich der Kurve I werden auch erhalten, wenn die Strahlung des Elements B die Fluoreszenzstrahlung des Elementes A anregt (Matrixeffekt).

bestrahlte Probenoberfläche beträgt einige cm^2. Ob ein amorpher oder kristalliner Zustand vorliegt, ist ohne Bedeutung. Beim Polieren und Schleifen dürfen keine Reste, z. B. von SiC, zurückbleiben, und die Oberfläche von Metallen darf beim Polieren nicht verschmiert werden. Deshalb soll kein feineres Schmirgelpapier als Körnung 80 benützt werden (SIEGEL). Andererseits soll die Korngröße von Metallpulvern 0,1 mm nicht überschreiten, weil sonst das Resultat der Analyse sich als abhängig von der Korngröße erweist (KOPINECK). Flüssigkeiten werden in Kunststoff-Becher eingefüllt und von der Unterseite her durch den Boden mit 15 bis 30 μ Dicke durchstrahlt; es ist darauf zu achten, daß sich keine Luftblasen bilden. Soll der Einfluß der Matrix[1] der Probe zurückgedrängt werden, so werden z. B. Metallegierungen mit Borax (10 g auf 0,2 g) aufgeschlossen und so „verdünnt“. Für Routineanalysen ist aber dieses Verfahren zu umständlich und zeitraubend.

Die Eindringtiefe der benützten langwelligen Röntgenstrahlen ist relativ gering. Die spektralanalytisch ermittelten Konzentrationen gelten daher für eine dünne Oberflächenschicht, z. B. eine Zunderschicht und geben keinen Mittelwert über die ganze Probe.

Im folgenden werden einige Anwendungsbeispiele der Fluoreszenzanalysen besprochen. Es wird sich dabei Gelegenheit geben, einige Begriffe näher zu erläutern. Tab. 14.3 enthält Meßergebnisse an Zink-Kupfer-Legierungen, nicht legierten Stählen und Glas. Teilweise handelt es sich um große Konzentrationen, von z. B. Zn, Cu, Na, teilweise um sehr kleine, wie z. B. Cr, P. Als Genauigkeitsmaß[2] ist für jedes Resultat die Größe der Standardabweichung $\pm\sigma$ angegeben. Aus der glockenförmigen Gaußschen Fehlerverteilungskurve (vgl. Abb. B 1) ergibt sich, daß 62% der Meßwerte innerhalb der Grenzen von $+\sigma$ bis $-\sigma$ liegen. Je kleiner σ ist, desto größer ist die Genauigkeit der Messung. Die Zahlen in Tab. 14.3 lassen erkennen, daß auch bei einem sehr geringen Gehalt an einem Element hohe Genauigkeiten erzielt werden können; bei leichten Elementen, wie z. B. Fluor, gilt dies nicht mehr, ein Punkt, auf den später noch zurückgekommen wird. Die Größe der Standardabweichung hängt davon ab, welche anderen Elemente in der Probe vorkommen (Matrixeffekt). Von besonderem Interesse ist die Ermittlung der Nachweisgrenze[3], d. h. der kleinsten Menge eines Elementes, die gerade noch eine vom Hintergrund sich abhebende Spektrallinie liefert. Als quantitatives Kriterium wird meist festgelegt, daß die Differenz der Impulszahlen für den Hintergrund und für Hintergrund plus Linie des betreffenden Elements mindestens sich um $3\,\sigma$ unterscheiden. Dies

---

[1] Matrix ist die Gesamtheit der in einer Probe vorhandenen Elemente nach Abzug des zu bestimmenden Elementes.

[2] Näheres in Math. Anhang B.

[3] Von MALISSA „Erfassungsgrenze“ genannt.

bedeutet, daß innerhalb des Bereiches $+3\,\sigma$ bis $-3\,\sigma$ 99,73% aller Meßwerte gelegen sein müssen: Von 1000 Meßwerten weichen nur 3 um mehr als die 3fache Standardabweichung vom arithmetischen Mittel ab.

Man hat zwei Fälle zu unterscheiden:

Die Probe enthält nur ein Element; die Mindestmenge ist zu ermitteln, welche zu einem röntgenspektralanalytischen Nachweis gemäß der $3\,\sigma$ Bedingung gerade ausreicht. Im anderen Fall[1] finden sich neben dem zu untersuchenden Element noch andere vor, unter Umständen in überragenden Mengenanteilen.

Zu ermitteln ist die kleinste Konzentration, in der das betreffende Element noch nachweisbar ist. Der Grenzwert hängt ab von Zahl und Art der Fremdelemente, die durch erhöhte Absorption eine Verschlechterung oder durch Tertiärerregung eine Verbesserung der Nachweisgrenze bringen.

In der vorletzten Spalte der Tab. 14.3 sind die für den Nachweis erforderlichen Mindestkonzentrationen in ppm angegeben[2]. Es ist 1 ppm = 0,0001%. Je kleiner die Zahlen sind, desto größer ist die Empfindlichkeit. Es ist unverkennbar, daß die leichten Elemente wie Na und

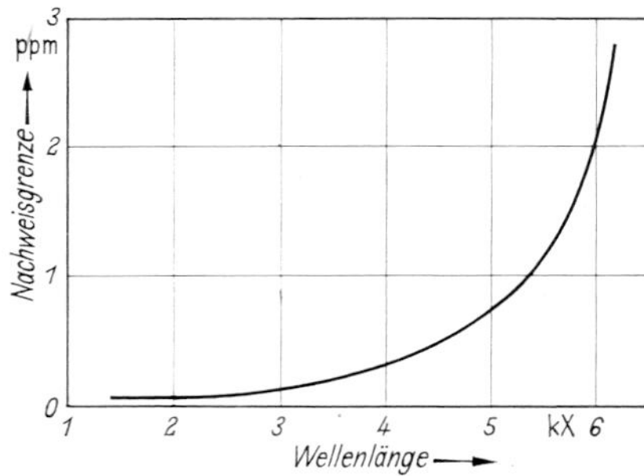

Abb. 14.6. Nachweisgrenze und Wellenlänge der erregten Eigenstrahlung (nach LOUIS).

F weit höhere Mindestkonzentrationen erfordern als die übrigen Elemente. Besonders deutlich geht dies aus einer von LOUIS an Schmierölen mit Zusätzen erhaltenen Kurve hervor (Abb. 14.6). Aufgetragen ist als Abszisse die Wellenlänge der K_α-Strahlung des untersuchten Elementes. Da diese mit der Atomnummer Z abnimmt, bleibt Abb. 14.6 qualitativ gültig, wenn Z als Abszisse benützt wird. Diese schlechtere Nachweisbarkeit der Atomarten mit kleinem Z hat mehrere Ursachen. Die Eigenstrahlungsausbeute nimmt mit Z erheblich ab (vgl. Abb. 5.5). Die früher

[1] Erfassungsgrenze für die Mengenempfindlichkeit bzw. Erfassungsgrenze für die Konzentrationsempfindlichkeit (FEIGL, SCHOORL) oder „absolute" bzw. „relative" Erfassungsgrenze (MALISSA).

[2] Die Abkürzung ppm bedeutet part per million.

besprochenen Absorptionsverluste innerhalb des Spektrographen sind im langwelligen Bereich besonders groß.

In der letzten Spalte der Tab. 14.3 sind die Meßzeiten aufgeführt. Diese sind von Einfluß auf die Meßgenauigkeit und die Nachweisgrenze. Die Impulsmessung mit Zählrohren liefert eine Aufsummierung von ein-

Tabelle 14.3. *Analysen mit Röntgenfluoreszenzstrahlung nach* CROKE, PFOSER *und* SOLAZZI *(I und II) bzw.* MARSHALL, SPECK *und* TRÖGEL *(III und IV) (Sequenzspektrometer,* Cr-*Anode)*

Untersuchter Werkstoff	Zu bestimmendes Element	Analysatorkristall	Ermittelte Konzentration in Gew.-% mit Standardabweichung		Nachweisgrenze ppm	Meßzeit sec
I. Zink-Kupfer-Legierungen	Mg	ADP	0,027 ±	0,003	80	100
	Al	PET / KAP	0,021	0,0025	60	100
	Si	—	0,022	0,001	20	100
	P	—	0,0057	0,0006	10	100
	Cr	—	0,0022	0,0006	5	100
	Mn	—	0,044	0,002	44	10
	Pb	—	1,27	0,02	—	10
	Zn	—	32,77	0,08	—	10
	Cu	—	59,51	0,10	—	10
II. Unlegierte Stähle	P	—	0,004 ±	0,001	20	100
	Si	—	0,06	0,0023	50	100
	S	—	0,010	0,001	10	100
	Mn	—	0,36	0,0043	2,5	10
III. Unlegierte Stähle	Al	PET	0,06 ±	0,00085	15	60
	Si	PET	0,15	0,0015	17	60
IV. Glas	K	LiF	0,025 ±	0,00004	0,2	60
	Na	KHP	9,1	0,04	230	60
	Mg	KHP	1,9	0,01	67	60
	F	Blei-Stearat	5,6	0,25	1500	240

zelnen Ereignissen, welche statistischen[1] Gesetzen unterworfen sind. Wie aus Tab. B 1 zu ersehen ist, nimmt die prozentuale Standardabweichung ab, wenn die Zahl der gemessenen Impulse zunimmt. Sehr kleine Impulszahlen liefern Ergebnisse, die mit großer Fehlerbreite behaftet sind. Andererseits wird bei extrem hohen Impulszahlen die Genauigkeit nur noch wenig verbessert (vgl. Tab. B 1).

Unter sonst gleichen Meßbedingungen bedeutet eine Verlängerung der Meßdauer eine Erhöhung der Impulszahlen. Wie sich eine Verlänge-

[1] Näheres im Math. Anhang B 1.

rung um den Faktor 1,7 bei Messungen an metalloxydhaltigen Gießereischlacken auf die Fehlerbreite der Konzentrationsbestimmung auswirkt, zeigt die Tab. 14.4 nach CROKE und DEICHERT. Ein noch größeres Zeit-

Tabelle 14.4. *Einfluß der Zähldauer auf die Genauigkeit einer Analyse von Metalloxyden (nach* CROKE *und* DEICHERT*)*
(Simultanspektrometer, Cr-Anode, EDDT-Kristall)

Art des Oxydes	Konzen-tration	Fehlerbreite bei 100 sec	60 sec
SiO_2	16,78%	± 0,04%	± 0,05%
Al_2O_3	3,38%	± 0,02%	± 0,03%
Fe_2O_3	3,41%	± 0,002%	± 0,003%
CaO	40,8%	± 0,01%	± 0,013%
MgO	2,15%	± 0,05%	± 0,052%

intervall erfassen die Messungen von LOUIS an Schwefel (Abb. 14.7) zur Bestimmung der Nachweisgrenze. Bei einer Vergrößerung der Meßdauer von 1 auf 10 Minuten verbessert sich die Nachweisgrenze um den

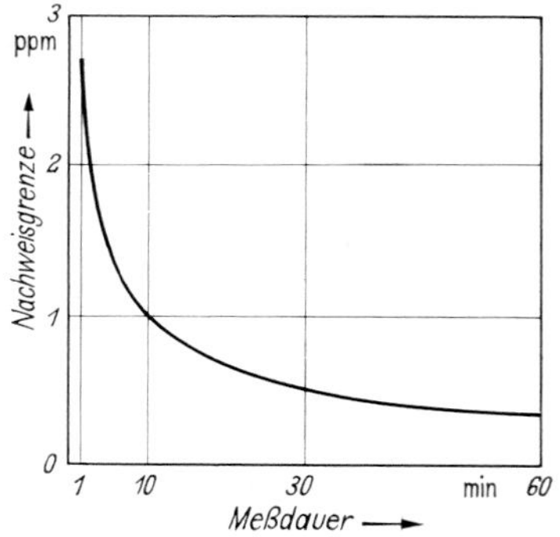

Abb. 14.7. Nachweisgrenze und Zähldauer bei einer Schwefelbestimmung (nach LOUIS).

Faktor 2,5, während die Verdopplung der Zählzeit von 30 auf 60 Minuten nur einen Faktor 1,4 bringt. Mit der Ermittlung der Nachweisgrenzen von Elementen, die in legierten Stählen in geringer Konzentration auftreten, befassen sich Untersuchungen von DE LAFFOLIE (Tab. 14.5). Die Unterschiede in den erforderlichen Mindestkonzentrationen (letzte Spalte der Tab. 14.5) sind erheblich. Im Einklang mit der Abb. 14.6 ergibt sich, daß Elemente am Anfang des periodischen Systems eine geringere Nachweisempfindlichkeit aufweisen.

Als Beispiel für eine Spektralanalyse von flüssigen Proben enthält die Tab. 14.6 Untersuchungen von LOUIS an Weißölen mit löslichen Zusätzen der Art und Konzentration, wie sie bei Schmierölen vorkommen. Im Vordergrund steht die Frage nach der Auswirkung von Zusätzen auf die Nachweisgrenze, wenn ein innerer Standard verwendet wird. Gemäß den schon von v. HEVESY und Mitarbeitern vor Jahrzehnten ausgearbeiteten Richtlinien für das Zumischungsverfahren ist anzustreben, daß die Linien des zu bestimmenden Elementes und der zugesetzten Standardsubstanz einander möglichst nahe liegen sollen. Ferner muß dafür gesorgt werden, daß die Standardlinien nicht zusätzlich die Eigenstrahlung des untersuchten Elementes anregen.

Tabelle 14.5. *Nachweisgrenzen für Elemente, die in legiertem Stahl in geringer Konzentration vorkommen (nach* DE LAFFOLIE*)*
(Sequenzspektrometer, Meßzeit je 60 sec, Cr-Anode, Durchflußzähler)

Zu bestimmendes Element	Zur Analyse benützte Strahlung	Analysator-kristall	Mindest-konzentration in ppm
Al	K_α	PET	70
Si	,,	,,	45
P	,,	,,	28
Ti	,,	LiF	1,3
V	,,	,,	2,7
Sn	L_α	,,	3,6
Sb	,,	,,	5

Tabelle 14.6. *Einfluß von Zusätzen auf die Nachweisgrenze bei Weißölen (nach* LOUIS*)*
(Sequenzspektrometer, Cr-Anode, Durchflußzähler für P bis V, Szintillationszähler für Ni bis Zn)

Zu bestimmendes Element		Analysator-kristall	Standard		Zusatz in Gew.-%	Nachweisgrenzen in ppm mit Zusatz	ohne Zusatz
Zn	K_α	LiP	Cu	K_α	0,5 Ba	0,074	0,058
Ni	,,	,,	Co	,,	2,0 S	0,081	0,062
V	,,	,,	Mn	,,	2,0 S	0,15	0,12
Ba	L_{β_1}	,,	V	,,	0,1 Ca	0,23	0,21
Ca	K_α	PET	Sn	L_{α_1}	0,5 Cl	0,09	0,08
Cl	,,	,,	Sn	,,	0,5 S	0,76	0,66
S	,,	,,	Zr	,,	0,1 P	1,2	1,0
P	,,	,,	Zr	,,	0,5 Ba	3,0	2,8

Die jeweils zu vergleichenden Linien sind in der 1. und 2. bzw. 4. und 5. Spalte der Tab. 14.6 aufgeführt. Die Konzentration der zugesetzten Substanz wird so ausgewählt, daß die zu vergleichenden Linien in ihrer Intensität sich nicht allzusehr unterscheiden. Um die Wirkung von Fremdelementen zu studieren, werden Lösungen hergestellt, die 0,5% Ba bzw. 2% S usf. enthalten; die Nachweisgrenze für die Elemente Zn, Ni usf. wird an einem Öl ohne und dann mit Ba-Zusatz bzw. S-Zusatz usf. ermittelt.

Die Änderung der Nachweisgrenze durch die Zusätze ist nicht erheblich, wenn mit einem inneren Standard gearbeitet wird; ohne diesen würde sie wesentlich größer sein.

Da die Nachweisgrenze umso günstiger ist, je mehr sich die Intensität der Spektrallinie von der des Hintergrundes unterscheidet, muß das Bestreben dahingehen, die Hintergrundstrahlung möglichst nieder zu halten, z. B. durch Abhaltung von störender Streustrahlung. Hier ist die Anregung mit Röntgenstrahlen [(I) in Abb. 14.8] grundsätzlich über-

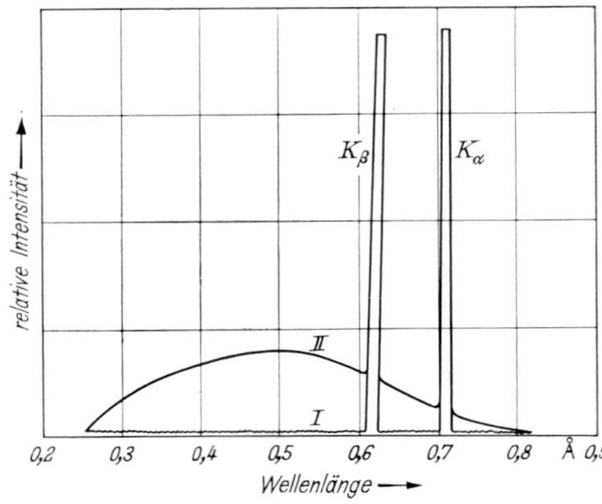

Abb. 14.8. Hintergrund bei Erregung mit Röntgenstrahlen (*I*) und mit Kathodenstrahlen (*II*) (nach Birks).

legen der Direkterregung mit Kathodenstrahlen (II), weil im ersten Fall keine Röntgenbremsstrahlung entsteht. Die Intensitäten sind allerdings bei gleicher Röhrenbelastung bei Direkterregung 2 bis 3 Größenordnungen höher als bei Fluoreszenzstrahlung. Die Dicke der Probe ist ferner im letzten Fall von stärkerem Einfluß, weil besonders bei der K-Strahlung die Eindringtiefe erheblich größer ist wie bei Kathodenstrahlen von 100 kV Spannung. Es empfiehlt sich, die Proben „unendlich" dick zu machen.

Als weitere Anwendungen der Röntgenspektralanalyse seien genannt die Ermittlung der Bleigehaltes von Benzin, die Bestimmung des schwierig analysierbaren Niobium in Eisen sowie die quantitative Erfassung kleiner Mengen von Ni, Fe und V in Katalysatoren (Parrish).

Bei der Stahlherstellung wird die Hauptanalysenarbeit mit Röntgenspektrographen durchgeführt, seitdem diese voll automatisiert sind. Für leichte Elemente wird die optische Spektralanalyse verwendet. Naßchemische Verfahren bleiben für Spezialaufgaben vorbehalten. Im Dreischichtenbetrieb können etwa 150 Röntgenanalysen gemacht werden; hierzu sind 20 Personen erforderlich. Während der etwa 5stündigen Dauer einer Schmelze werden 4 Analysen und eine Abschlußanalyse ausgeführt (De Laffolie). Die Zeit für Entnahme einer Probe aus der Schmelze, Abkühlung und Anschleifen einer planen Fläche beträgt etwa 10 Minuten. Die Röntgenspektralanalyse selbst erfordert nur etwa 6 Minuten. Es ist daher möglich, während des Schmelzvorgangs durch Zusätze die Zusammensetzung in der gewünschten Richtung zu beeinflussen.

Auch bei der *Zementfabrikation* ist die Röntgenanalyse ein wesentlicher Teil des Produktionsprozesses. Die Zeitdauer für die Bestimmung des sogenannten Kalkstandardes, der aus dem Gehalt des Rohmehles an CaO, SiO_2, Al_2O_3 und Fe_2O_3 errechnet wird, ist im Vergleich zur chemischen Analyse von 2 Stunden auf 7 Minuten verkürzt worden. Von jeder Mühle wird alle halbe Stunde eine Probe des Rohmehles entnommen; 10 Minuten später können aufgrund der Röntgenanalyse entsprechende Zuschläge zu dem Rohmehl gegeben werden, deren Auswirkungen nach weiteren 10 Minuten analytisch feststellbar sind. Auf diese Weise wird eine gleichmäßige chemische Zusammensetzung des Rohmehles und damit eine konstante Zementqualität erreicht (Henkel).

Eine Vorstellung von der Häufigkeit der technischen Anwendung von Röntgenspektralanalysen gibt eine Mitteilung von Maasen, wonach bei einer Kupferraffinerie ein Viertel der Analysen auf chemischen Wegen durchgeführt wird, während der Rest von drei Vierteln zu ungefähr gleichen Teilen auf optische und röntgenspektralanalytische Methoden entfällt.

15. Mikrosonde

Mikrosonden sind Geräte, welche eine röntgenspektralanalytische Untersuchung in mikroskopisch kleinen Bereichen ermöglichen. Dabei werden mit einem sehr feinen Elektronenstrahl die Elemente in der Oberfläche der Probe, z. B. in einem Metallschliff, zur Emission ihrer charakteristischen Eigenstrahlungen angeregt und die Wellenlängen werden von Ort zu Ort mit Spektrometern gemessen.

Das *Prinzip* eines solchen erstmals von Guinier und Castaing entwickelten Gerätes soll anhand von Abb. 15.1 erläutert werden. Der in einer Elektronenkanone an der Stelle Q erzeugte Elektronenstrahl wird von einer magnetischen Objektivlinse O auf das Präparat P fokussiert. An die Ablenkplatte A wird ein elektrisches Feld angelegt, so daß der Elektronenstrahl über eine gewisse Strecke die Oberfläche abtasten kann. Streustrahlung wird durch eine Aperturblende B zurückgehalten. An der Stelle des Objektes beträgt der Strahldurchmesser etwa 1 μ; die Eindringtiefe ist z. B. bei der Untersuchung von Leichtmetallen in derselben Größenordnung bei der üblichen Beschleunigungsspannung von etwa 30 kV; sie steigt mit dem Quadrat der Spannung. Die *drei wichtigsten Beobachtungsmöglichkeiten mit einer Mikrosonde* sind folgende:

Von dem mikrokopisch kleinen bestrahlten Bereich geht Röntgenfluoreszenzstrahlung X aus, die an einem Spektrometerkristall K spektral zerlegt und in einem Zählrohr Z^X nachgewiesen werden kann. Die Impulszahlen werden ausgezählt bzw. ihr zeitlicher Mittelwert mit einem Schreiber registriert.

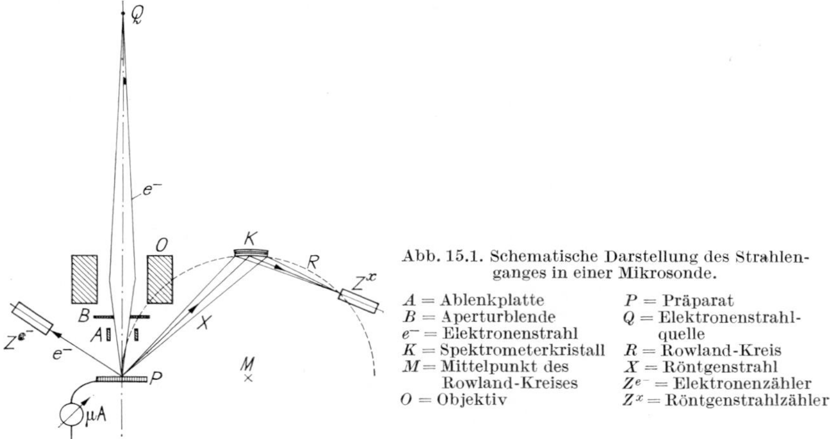

Abb. 15.1. Schematische Darstellung des Strahlenganges in einer Mikrosonde.

- A = Ablenkplatte
- B = Aperturblende
- e^- = Elektronenstrahl
- K = Spektrometerkristall
- M = Mittelpunkt des Rowland-Kreises
- O = Objektiv
- P = Präparat
- Q = Elektronenstrahlquelle
- R = Rowland-Kreis
- X = Röntgenstrahl
- Z^{e^-} = Elektronenzähler
- Z^x = Röntgenstrahlzähler

Ein Teil der auftreffenden Elektronen wird reflektiert und im Zähler Z^{e-} nachgewiesen. Die rückgestreuten Elektronen liefern Hinweise auf die chemische Zusammensetzung und Oberflächenbeschaffenheit der Probe. Ein weiterer Teil der Elektronen wird in der Probe absorbiert und kann, wenn die Probe selbst isoliert im Gerät eingebaut ist, über ein Mikroamperemeter zur Erde abgeleitet und so gemessen werden.

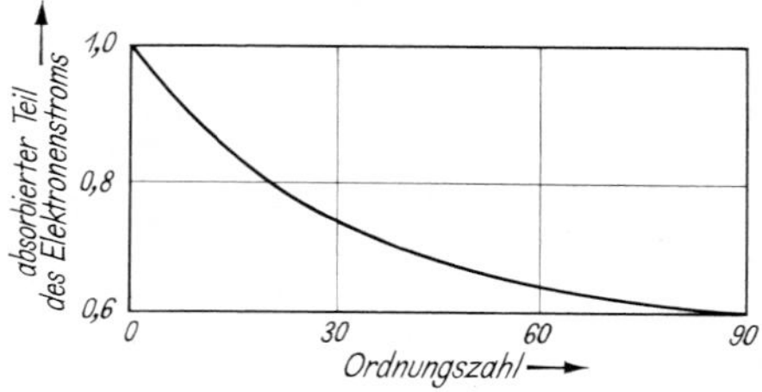

Abb. 15.2. Strom der absorbierten Elektronen in Abhängigkeit von der Ordnungszahl eines Elementes (nach MALISSA).

Die Abhängigkeit des absorbierten Strahlstromes von der Ordnungszahl Z geht aus Abb. 15.2 hervor. Daraus folgt, daß bei kleinen Ordnungszahlen ein größerer Kontrast zwischen zwei im Periodensystem benachbarten Elementen auftreten wird als bei größeren Ordnungszahlen.

Auch bei Beobachtung der reflektierten Elektronen (Abb. 15.3) ist der Kontrast im Bereich kleiner Ordnungszahlen am größten. Der Vergleich beider Abbildungen zeigt, daß die Reflexion groß ist bei schweren

Elementen, während die Absorption sich gerade umgekehrt verhält. Durch die Elektronen wird an gewissen Substanzen optisch sichtbares Fluoreszenzlicht angeregt. Dieses kann mittels eines eingebauten optischen Mikroskopes beobachtet und so direkt der Auftreffpunkt des Elektronenstrahles eingestellt werden; es wird auch zur Einjustierung des Strahldurchmessers benützt.

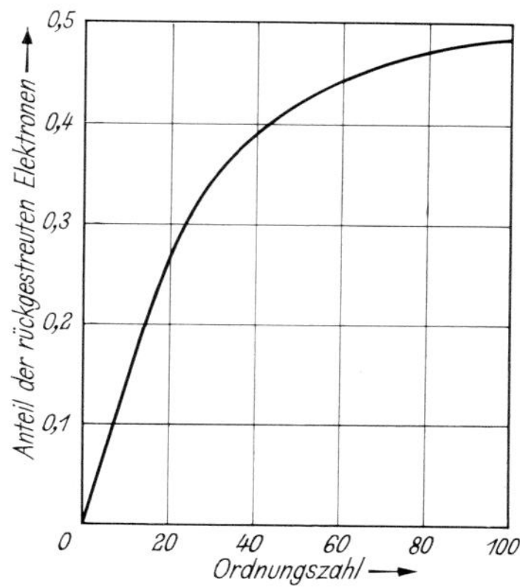

Abb. 15.3. Verhältnis der rückgestreuten zur primären Elektronenintensität (nach BIRKS).

Die Wärmeentwicklung in der Probe durch den aufprallenden Elektronenstrahl ist wegen der geringen Stromdichte zu vernachlässigen. Besondere Kühlvorrichtungen für den Präparatträger sind nicht erforderlich.

Der Elektronenstrahl hinterläßt auf der Probenoberfläche eine braune Spur, herrührend vom Kohlenstoff der Kohlenwasserstoffdämpfe, die im rückdiffundierenden Diffusionspumpenöl enthalten sind. Wichtig ist, daß kein Silikonöl verwendet wird, da sich sonst anstelle von Kohlenstoff ($Z = 6$) Silizium ($Z = 14$) niederschlägt, wodurch starke Absorptionsverluste auftreten.

Zur Zeit werden in den verschiedenen Ländern nahezu ein Dutzend *Ausführungsformen von Mikrosonden* gebaut. Als Beispiel ist in Abb. 15.4 der Aufbau der Säule des Gerätes JXA-3 der Firma Jeol[1] gezeigt. Oben wird die Hochspannung zur Erzeugung der Elektronen in einer Elektronenkanone zugeführt. Der von dieser erzeugte Strahlstrom beträgt 1 bis 10 μA und wird bis zum Auftreffen aufs Präparat um den Faktor 50 geschwächt (BIRKS). Weiter unten ist das optische Lichtmikroskop (400 $\times$) mit Beleuchtungseinrichtung zu sehen. Über dieser Stelle der Säule sitzt ein Stigmator, der den Astigmatismus des Elektronenstrahles, d. h. die elliptische Verzerrung des Strahlquerschnittes, wieder rückgängig

[1] Japan Electron Optics Laboratory, Tokio.

macht. Unter dem optischen Mikroskop ist in die Säule eine elektromagnetische Linse eingebaut, die den Strahl auf die Probe fokussiert. Die Proben werden auf dem Probenträger, der gleichzeitig mit verschiedenen Eichpräparaten versehen ist, durch eine Vakuumschleuse in das Gerät eingebracht. In den Kesseln rechts und links von der Säule ist je ein Röntgenspektrometer eingebaut. In jedem sind drei gebogene Kristalle in einer Halterung so untergebracht, daß sie während des Betriebes gegeneinander ausgewechselt werden können. Abgesehen vom langwelligen Gebiet, wo Methan-Argon-Durchflußzähler[1] benützt werden, finden geschlossene Proportionalzählrohre mit Edelgasfüllung Verwendung. Szintillationszähler kommen dagegen mehr und mehr aus dem Gebrauch, weil die Kristalle sich häufig im Vakuum zersetzen.

Abb. 15.4. Ansicht einer Mikrosonde.

In dem dargestellten Gerät werden Kristall und Zähler in jedem Spektrometer auf dem Fokussierungskreis bewegt[2]. Mittels eines Motors kann die Probe unter dem Elektronenstrahl geradlinig vorbeibewegt und gleichzeitig die mittlere Impulsrate von zwei fest eingestellten Röntgenwellenlängen registriert werden. Diese Analysenmethode ist

[1] 90% Argon und 10% Methan.

[2] Anordnung nach Birks und Brooks, s. Abb. 13.8.

besonders geeignet zur Untersuchung von Diffusionspaaren; die Translationsbewegung wird senkrecht zur Diffusionsgrenze gelegt. Soll die Zusammensetzung eines einphasigen Gebietes von der Größe einiger mm^2 auf der Probenoberfläche ermittelt werden, so empfiehlt es sich, nacheinander an etwa zehn verschiedenen Stellen dieser Oberfläche punktweise die Impulszahlen in einer vorgegebenen Meßzeit zu ermitteln. An die Mechanik zum Probentransport werden sehr hohe Anforderungen gestellt, weil die Einstellung auf 1 μ genau reproduzierbar sein sollte.

Besondere Bedeutung erhält die Mikrosondenuntersuchung durch die *Abtasteinrichtung* (sogenanntes Scanning). Dabei wird der Elektronenstrahl durch ein elektrostatisches Feld so abgelenkt, daß er ein quadratisches Gebiet der Probenoberfläche zeilenweise abtastet. Synchron zum Strahl in der Sonde läuft der Elektronenstrahl in einer oder mehreren Oszillographenröhren. Die Helligkeit des Oszillographen wird dadurch gesteuert, daß entweder die Impulszahl der von der betreffenden Stelle des Präparates rückgestreuten Elektronen oder diejenige einer von der betreffenden Stelle emittierten charakteristischen Röntgenstrahlung auf den Oszillographenstrahl aufmoduliert wird. Dadurch entstehen Bilder der Oberfläche auf dem Schirm des Oszillographen. Dieser hat eine Kantenlänge von 10 cm. Die Vergrößerung beträgt beim Jeol-Gerät 300-, 600-, 1200-, 2500-, 5000- bzw. 10000fach, was z. B. bei der 300-fachen Vergrößerung eine Kantenlänge des Oszillographenschirmbildes von 333 μ ergibt. Dieser Wert hängt ab von der Beschleunigungsspannung und gilt für 25 kV. Bei 10 kV entsprächen dem 524 μ, bei 35 kV 250 μ (Malissa).

Der Vorteil des vollelektronischen Abtastens besteht in der hohen Abtastgeschwindigkeit, die es erlaubt, die Bilder visuell auf dem Oszillographenschirm zu beobachten. Es hat jedoch den Nachteil, daß der Auftreffpunkt des abgelenkten Elektronenstrahles nicht mehr auf dem Fokussierungskreis liegt, weshalb eine zu geringe Intensität vorgetäuscht wird und außerdem die erhaltenen Scanningbilder nicht richtig ausgeleuchtet sind. Der Grad der Ausleuchtung hängt vom benutzten Kristall ab, wobei hier die schlechter fokussierenden Kristalle die bessere Ausleuchtung ergeben. Diese Nachteile beim vollelektronischen Abtasten können durch eine mechanische bzw. halbmechanische Vorrichtung, wie sie z. B. bei den Camega-Geräten eingebaut ist, vermieden werden. Aus den Scanning-Bildern wird, wenn zu ihrer Entstehung die charakteristische Eigenstrahlung benutzt wird, sofort die Verteilung der einzelnen Elemente auf der Probenoberfläche erkennbar. Derartige Bilder geben zusammen mit den lichtmikroskopischen Aufnahmen einen vollständigen Überblick über die chemische Zusammensetzung der Gefügebestandteile eines Schliffes.

Bezüglich der *Präparation* ist zu erwähnen, daß die Güte der zur Untersuchung gelangenden Schliffe diejenige der für die Lichtmikroskopie benutzten möglichst noch übertreffen sollte. Um Störungen durch das Poliermittel auszuschalten, sollte Diamantpaste benutzt werden; außerdem wird eine Ultraschallreinigung der Schliffe empfohlen. Nichtleitende Materialien müssen vor der Untersuchung mit Aluminium oder

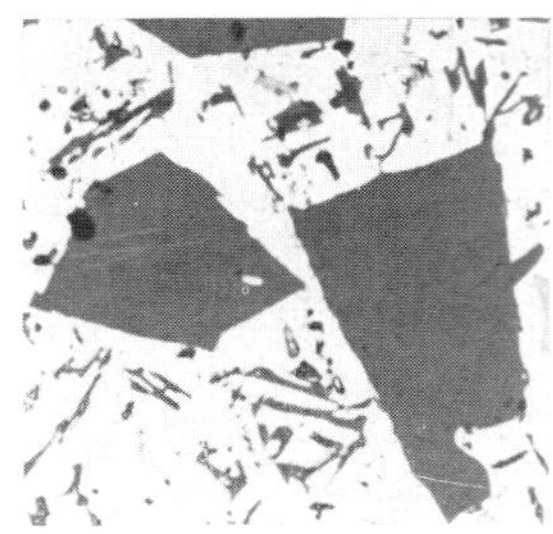

Abb. 15.5. Silumin: Lichtmikroskopisches Bild.

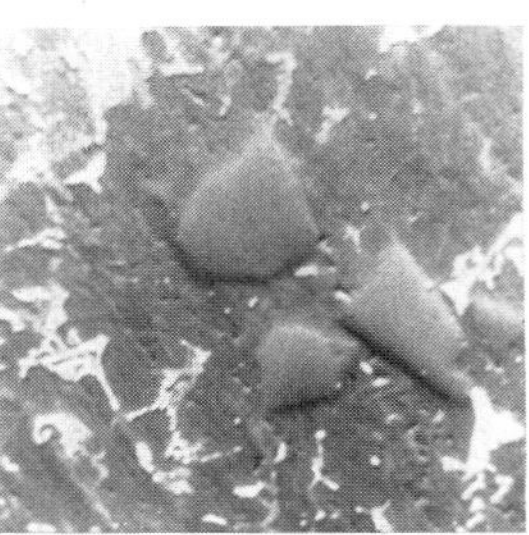

Abb. 15.6. Silumin: Bild der rückgestreuten Elektronen (Topographie) (nach STEEB).

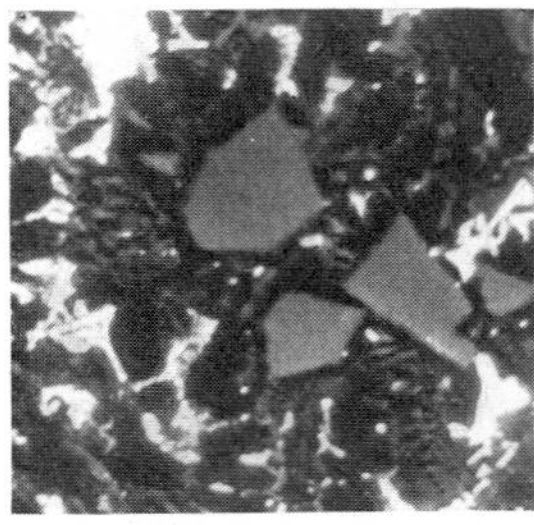

Abb. 15.7. Silumin: Bild der rückgestreuten Elektronen (Zusammensetzung) (nach STEEB).

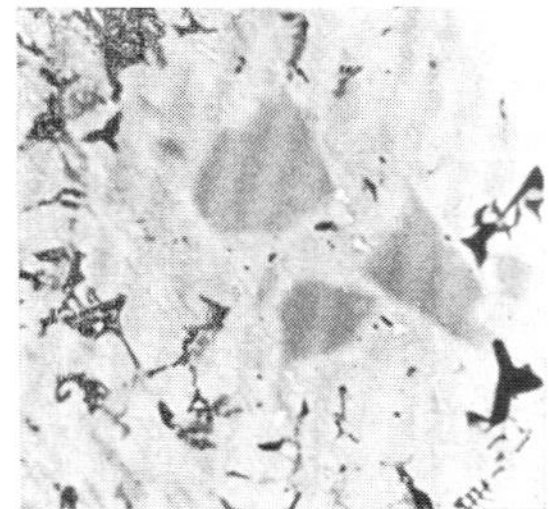

Abb. 15.8. Silumin: Bild der absorbierten Elektronen (nach STEEB).

Kohlenstoff bedampft werden. Ist ein Verdampfen im Hochvakuum der Sonde zu befürchten, z. B. bei biologischen Objekten, so wird die Probe in dünne Kunststoffolien eingeschweißt (TÖGEL). Dünne Schichten von Metallen werden zwischen Kupferplättchen eingespannt und Querschliffe angefertigt, welche dann poliert werden (CASTAING). Als Beispiel einer Mikrosondenuntersuchung sollen die Abb. 15.5 bis 15.12, welche an einer Siluminprobe erhalten wurden, besprochen werden. Die Abb. 15.5 wurde bei fünfhundertfacher Vergrößerung im optischen Lichtmikroskop hergestellt und gibt einen Überblick über den untersuchten Bereich. Die Abb. 15.6 bis 15.11 sind Abtastbilder; Abb. 15.6 wurde mit den rückgestreuten Elektronen aufgenommen. Die rückgestreuten Elektronen werden mit 2 etwas gegeneinander geneigten Zählrohren ausgezählt. Die Differenz der Impulszahlen liefert einen mit dem lichtmikroskopischen Bild vergleichbaren Hinweis auf die Oberflächenbeschaffenheit (Topographie) der Probe (Abb. 15.6), während die Summe der Impulszahlen Auskunft über die chemische Zusammensetzung der Probe gibt (Abb. 15.7).

Im Gegensatz zu diesen Reflexions-Elektronenbildern wurde die Abb. 15.8 mit den absorbierten Elektronen aufgenommen. Diese Aufnahme zeigt zusammen mit Abb. 15.2, daß die drei großen dunklen Einschlüsse in der Bildmitte, an deren Stellen also wenig Elektronen

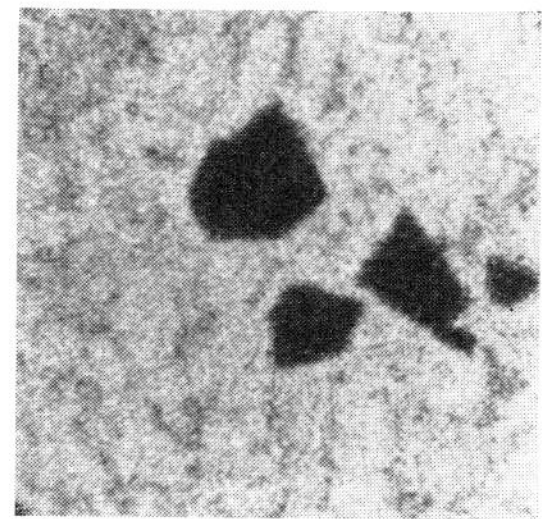

Abb. 15.9. Silumin: Al-K_α-Strahlung (nach STEEB).

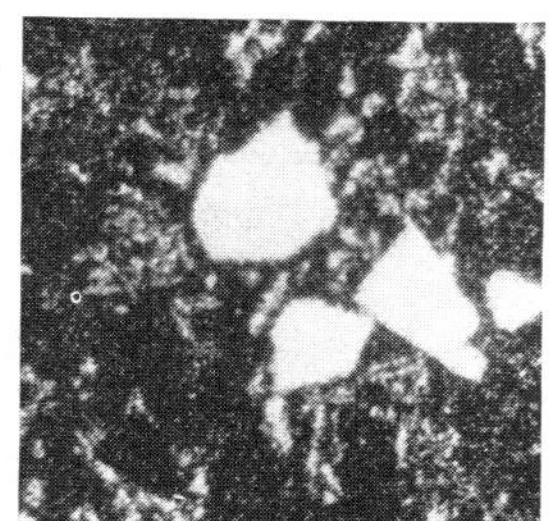

Abb. 15.10. Silumin: Si-K_α-Strahlung (nach STEEB).

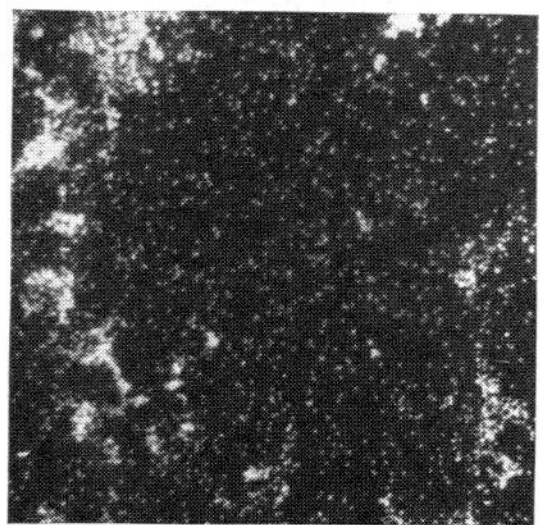

Abb. 15.11. Silumin: Ni-K_α-Strahlung (nach STEEB).

absorbiert werden, einem Element höherer Ordnungszahl als die Umgebung zugeordnet werden müssen. Die kleinen schwarzen Einschlüsse in Abb. 15.8 enthalten demnach ein Element mit noch höherer Ordnungszahl. Bei der Aufnahme von Elektronenbildern ist es wichtig, die Technik der Hintergrundunterdrückung anzuwenden. Erst dadurch wird es möglich — wie in Abb. 15.7 und 15.8 gezeigt — die grauen Einschlüsse, die, wie aus dem folgenden hervorgeht, aus Silizium bestehen, von der umgebenden Aluminium-Grundmasse zu unterscheiden. Die Hintergrundunterdrückung geschieht folgendermaßen: Die Intensität der vom Hintergrund ausgehenden Strahlung sei I_1 und die der interessierenden Gefügekomponente sei I_2, so mißt man die Intensitätsdifferenz $(I_2 - I_1)$ und verstärkt diese.

Die Abb. 15.9, 15.10 und 15.11 wurden mit charakteristischer

Eigenstrahlung an *Silumin*[1] aufgenommen, und zwar mit Aluminium-, Silizium- und Nickel-K_α-Strahlung.

Aus Abb. 15.9 geht hervor, daß die Matrix im wesentlichen aus Aluminium ($Z = 13$) besteht, aus Abb. 15.10 folgt, daß in den großen Ausscheidungen Silizium vorliegt ($Z = 14$). Besonders soll noch auf die Tatsache hingewiesen werden, daß trotz des geringen Ordnungszahlenunterschiedes von $\Delta Z = 1$ die Aufnahmen sehr deutliche Kontraste zeigen. Zu beachten ist noch, daß bei der Einstellung der Helligkeit und des Kontrastes auf dem Oszillographenschirm die Einschlüsse nicht zu groß

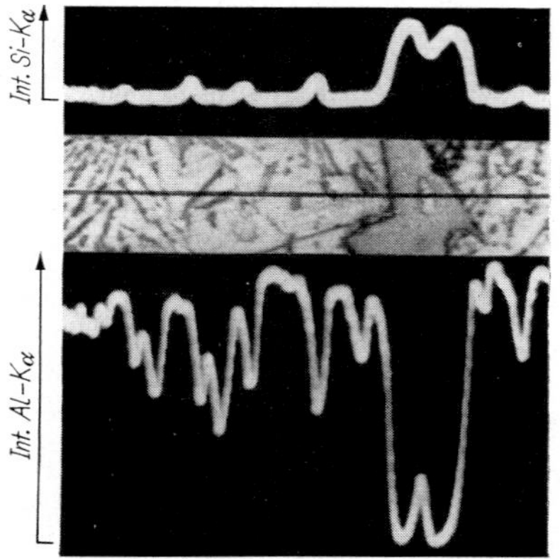

Abb. 15.12. Silumin: Linienabtastung, Si-K_α-Strahlung bzw. Al-K_α-Strahlung (nach STEEB).

und auch nicht zu klein erscheinen dürfen. Es ist für die Wahl dieser Parameter eine gewisse Erfahrung erforderlich (BIRKS). Die Abtastung der Probe längs einer Linie liefert den in Abb. 15.12 für die Si-K_α und Al-K_α-Strahlung gezeigten Intensitätsverlauf.

Die qualitative Analyse erfolgt mit der Mikrosonde so, daß der Strahl auf einen Punkt der Probe eingestellt und dann zunächst das Spektrum aufgenommen wird.

Bei der *quantitativen Analyse* wird unterschieden zwischen der Punktanalyse, wobei man sich ebenfalls nur für die Konzentration eines oder mehrerer Elemente in einem Punkt interessiert, und der Linienanalyse. In diesem Fall wird entweder die Probe unter dem Strahl linear bewegt, vgl. Abb. 15.12, oder es wird entlang einer Geraden punktweise ausgezählt. Bei dem üblichen Verfahren der Linienanalyse sind die statistischen Schwankungen erheblich größer. Durch Verminderung der Abtastgeschwindigkeit um einen Faktor 10 kann eine Genauigkeit erreicht werden, welche etwa der einer Punktanalyse entspricht (CHRISTIAN und SCHAABER).

---

[1] Aluminiumlegierung mit 12% Silizium. – Die Aufnahmen Abb. 15.5 bis 15.12 wurden von Herrn Priv. Doz. Dr. S. STEEB (Max-Planck-Institut für Metallforschung, Stuttgart) zur Verfügung gestellt.

In Abb. 15.12, mittleres Bild, wird ein Ausschnitt aus der lichtmikroskopischen Aufnahme (Abb. 15.5) wiedergegeben. Längs der eingezeichneten Geraden wurde die Probe mit dem Elektronenstrahl abgetastet. Die erregte Fluoreszenzstrahlung wurde in beiden Spektrometern gleichzeitig aufgenommen und ihr Verlauf in Abb. 15.12 (oberes Bild: Si-K_α; unteres Bild: Al-K_α) aufgezeigt. Es ist deutlich zu erkennen, daß die graue Ausscheidung im rechten Drittel der lichtmikrokopischen Aufnahme von einer Anreicherung des Elementes Si herrührt. An dieser Stelle wird gleichzeitig ein Abfall der Al-Konzentration beobachtet (vgl. Abb. 15.12, unteres Bild). Derartige Abtastaufnahmen können auch so erzeugt werden, daß man den Strahl stillstehen läßt und die Probe vorbeibewegt.

Für die Durchführung quantitativer Analysen mit der Mikrosonde wird zunächst ein Spektrum aufgenommen mit genauer Winkelmarkierung, um einen Überblick über die Art der in der Probe vorhandenen Elemente zu bekommen. Hat man Vergleichsstandards mit verschiedenem Gehalt des zu bestimmenden Elements, dann kann durch Vergleichsmessungen die Konzentration unmittelbar aus den gemessenen Intensitätswerten angegeben werden. Liegen keine Vergleichsproben vor, dann wird mit den reinen Elementen verglichen und die von der „Matrix"[1] herrührenden Störeffekte rechnerisch berücksichtigt. Nach Philibert (vgl. auch Malissa) geht diese relativ komplizierte Berechnung nach folgendem Schema vor sich: Das Verhältnis von gemessener Intensität aus der Probe zu derjenigen aus dem reinen Element wird zunächst auf Fluoreszenz korrigiert, wodurch man das Verhältnis der aus der Probe austretenden primären Intensitäten erhält, die dann noch auf Absorption korrigiert werden müssen, um das Verhältnis der in der Probe erzeugten Intensitäten zu erhalten. Nach Korrektur auf die Atomnummern wird schließlich die gesuchte Konzentration C_A erhalten. Folgende Einflüsse sind dabei zu berücksichtigen: Der Fluoreszenzfaktor berücksichtigt die Sekundärerregung durch Eigenstrahlung anderer Elemente in der Matrix bzw. durch Bremsstrahlung, der Absorptionsfaktor die Absorption der Röntgenstrahlung in der Probe und schließlich der Atomnummernfaktor die Abhängigkeit der Elektronenbremsung und Elektronenrückstreuung von der Atomnummer Z, d. h. von der Zusammensetzung der Matrix.

Außer dieser Methode nach Philibert gibt es noch eine ganze Anzahl von Autoren, die sich mit der Frage der Korrekturen beschäftigten. Diese Arbeiten sind zusammengestellt bei Pfister und Uzel.

Die Mikrosonde ist besonders geeignet für die Untersuchung *einzelner Ausscheidungen* oder *Einschlüsse in Metall-Legierungen, Mineralien oder*

[1] Betr. des Begriffes Matrix vgl. Abschnitt 14.

anderen Festkörpern. Auch können sehr gut Konzentrationsgradienten gemessen werden. Sind Ausscheidungen in einem Metall sehr klein, so kann deren Zusammensetzung schlecht bestimmt werden. Es ist dann erforderlich, das umgebende Metall wegzulösen, die Ausscheidungen z. B. in ein hochreines Aluminiumblech einzudrücken und dann in der Sonde zu untersuchen. Seigerungen wurden wiederholt untersucht (CASTAING).

Sehr gut eignet sich die Mikroanalyse auch für die Untersuchung der *Diffusion* zwischen zwei Metallen. Insbesondere bei Reaktorwerkstoffen hat dieses Verfahren große Bedeutung erlangt. Von Untersuchungen im technischen Bereich sei als Beispiel genannt die Kontrolle bei der Herstellung elektronischer Bauteile (CASTAING).

Die Schwierigkeiten beim Nachweis leichter Elemente mit Ordnungszahlen unterhalb 11 wurden schon im Abschnitt 13 besprochen und Mittel zu ihrer Behebung angegeben. Ergänzend sei hier zugefügt, daß teilweise das Verfahren der Impulshöhenanalyse[1] mit Erfolg angewendet wird. Dem Vorteil der hohen Intensität steht aber der Nachteil des geringeren Auflösungsvermögens gegenüber. („Nichtdispersive Analyse").

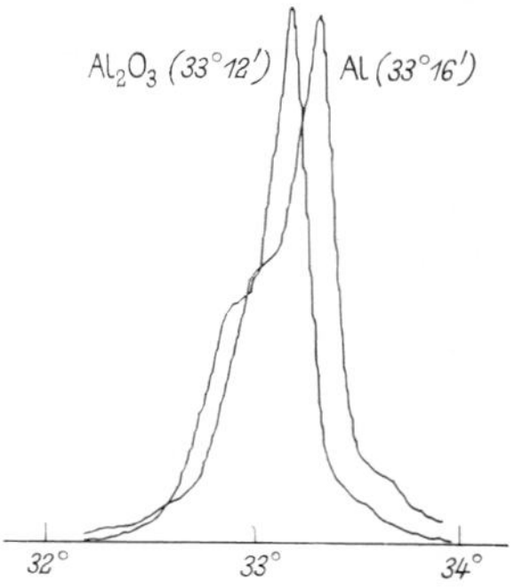

Abb. 15.13. Verschiedene Lage der Al-K_α-Linie bei Al und Al_2O_3 (nach CHRISTIAN und SCHAABER).

Bei den leichten Elementen, bei denen die K-Serie im Gebiet der sehr langen Wellen liegt, kann sich der *Einfluß der chemischen Bindung*[2] bemerkbar machen; die Linie verschiebt sich je nach der Art des chemischen Partners. Der Unterschied in $2\,\Theta$ für Aluminium als Element und als Oxyd beträgt z. B. 4′ (CHRISTIAN und SCHAABER) und ist so groß, daß er bei der Einstellung des Spektrometers beachtet werden muß (Abb. 15.13).

Die Röntgenfluoreszenzanalyse erfaßt Flächen von der Größe einiger cm², während die Mikrosonde speziell für die Identifizierung kleinster Bereiche von etwa 1 μ^2 geschaffen wurde. Um die Lücke zwischen beiden Verfahren zu überbrücken, werden neuerdings besondere Geräte, Makrosonden oder Betaprobe genannt, gebaut. Der Durchmesser des Elektronenstrahles kann zwischen 0,5 und 8 mm variiert werden. Bei einer anderen Ausführung[3] tastet ein Elektronenstrahl von 0,075 mm Durchmesser eine Strecke von 0,30 mm auf dem Objekt ab. Die Eigenstrahlungen der Probe werden direkt mit Elektronenstrahlen angeregt.

[1] Näheres in Abschnitt 7.
[2] Vgl. Abschnitt 12.
[3] Applied Research Laboratories, Glendale (Calif.).

Damit stehen hohe Intensitäten zur Verfügung, was besonders günstig ist für die Analyse leichter Elemente. Andererseits erwärmt sich die Probe stark, so daß eine besondere Wasserkühlung angebracht werden muß. Die im Abschnitt 12 erwähnten Hinweise auf chemische Umsetzungen der Probe verdienen auch bei der Makrosonde Beachtung. Gegenüber der Fluoreszenzanalyse ergibt sich der Vorteil, daß wegen der geringen Eindringtiefe der Elektronenstrahlen (1 bis 10 μ) Matrixeffekte nicht so stark in Erscheinung treten. Als Beispiele für die Nachweisgrenzen seien genannt 2 bis $8 \cdot 10^{-3}$% C in Stahl oder $7 \cdot 10^{-3}$ % B in einer Ni-Legierung (KIMOTO, KOHINATA).

In Tab. 15.1 sind einige Richtwerte für die Beurteilung der *Empfindlichkeit der verschiedenen Analysenverfahren* zusammengestellt.

Tabelle 15.1. *Empfindlichkeit von chemischen und physikalischen Analysenmethoden*

Verfahren	Kleinstes Proben-volumen [μ^3]	Kleinste nachweisbare Element-menge [g]	Kleinste nachweisbare Konzentration [%]	Erfaßte Fläche [μ^2]	Erfaßte Tiefe [μ]
Naßchemie	—	10^{-4}	—	—	—
Mikrochemie	—	10^{-6}	—	—	—
Optische Spektralanalyse	10^5	10^{-10}	10^{-2}	2500	30
Röntgen-Spektralanalyse	10^5	10^{-8}	1	10000	25
Massen-spektroskopie	10^3	10^{-16}	10^{-6}	900	3
Elektronenstrahl-mikroanalyse	1	10^{-15}	$< 10^{-2}$	< 1	1

Dabei zeigt sich, daß die physikalischen Analysenmethoden wie Röntgenspektralanalyse und optische Spektroskopie den chemischen Verfahren bezüglich der kleinsten nachweisbaren Elementmenge überlegen sind. Auch geht aus dieser Tabelle deutlich die hervorragende Stellung der Mikroanalyse für den Nachweis kleinster Mengen in kleinsten Volumina hervor.

VI. Feinstrukturuntersuchung

16. Überblick über die verschiedenen Verfahren der Feinstrukturuntersuchung und ihre Anwendungsgebiete

Das Aussehen des Röntgenbeugungsbildes ermöglicht eine Unterscheidung zwischen kristallinen und amorphen[1] Stoffen: im ersten Fall treten zahlreiche scharfe Röntgeninterferenzen[2] auf, im zweiten Fall sind nur wenige, stark verbreiterte Interferenzen in der nächsten Umgebung des Primärstrahles vorhanden, die bei den üblichen Aufnahmeverfahren meist in der Hintergrundschwärzung untergehen. Die weit überwiegende Mehrzahl aller chemischen Stoffe, insbesondere der metallischen Stoffe, ist kristallin; viele als amorph angesehenen Stoffe haben sich bei der Röntgenuntersuchung als kristallin erwiesen. Die kristallinen Werkstoffe bestehen im allgemeinen nicht aus einem einzigen Kristall, sondern aus einer großen Zahl kleiner Kriställchen, die nach TAMMANN *Kristallite* genannt werden, um den Unterschied gegenüber einem frei gewachsenen Kristall zum Ausdruck zu bringen; die Begrenzungsflächen sind bedingt durch die zufällige Berührung mit den Nachbarkriställchen beim Erstarren der Schmelze, während beim freien Kristall eine für die Kristallart kennzeichnende Flächenform sich ausbildet. In bezug auf den inneren Aufbau aus Atomen besteht aber kein Unterschied.

Während die Röntgenspektralanalyse die in einem Stoff vorhandenen Atomarten, unabhängig von der Form ihres Vorkommens als Element, Verbindung, Mischkristall usw. zu ermitteln gestattet, kann die Feinstrukturuntersuchung feststellen, in welcher chemischen Verbindung z. B. ein Atom auftritt, da jedes Element, jede Verbindung, jeder Mischkristall eine bestimmte ihm eigentümliche und aus dem Röntgenbeugungsbild erkennbare Atomanordnung *(Raumgitter)* besitzt. Die Frage, ob z. B. eine Glassorte kupferhaltig ist, hat die Spektralanalyse zu beantworten. Ob das Kupfer in amorpher oder kristalliner Form vorkommt, ob es als Element oder als Verbindung kristallisiert, das zu entscheiden ist die Aufgabe der Feinstrukturuntersuchung.

---

[1] Bezüglich des Begriffes „amorph" vgl. Abschnitt 29.

[2] Die Strahlung, die durch das Zusammenwirken der von den einzelnen Teilchen gebeugten Lichtstrahlen zustande kommt, heißt in der Optik Interferenzstrahlung.

Die Verfahren der Feinstrukturuntersuchung lassen sich in zwei Gruppen einteilen, je nachdem die Beugung am Einzelkristall oder an einem Kristallhaufwerk[1] beobachtet wird. Zur ersten Gruppe gehört die *Laue-Aufnahme* und das *Drehkristallverfahren*, zur zweiten Gruppe das *Debye-Scherrer-Verfahren*, das *Guinier-Verfahren* und die *Fasertexturaufnahme*. Bei der Laue-Aufnahme wird die aus einer Vielheit von Wellenlängen bestehende Strahlung einer technischen Röntgenröhre benützt, während für die übrigen vier Verfahren eine Strahlung mit *nur* einer[2] Wellenlänge benötigt wird. Diese verschiedenen Verfahren liefern Interferenzflecken oder -ringe oder -linien, die im folgenden kurz als Röntgenreflexe bezeichnet werden. Jeder Reflex liefert drei Bestimmungsstücke:

Lage Schärfe (Breite) Intensität

Dazu kommt bei linienförmigen Interferenzen das „Linienprofil" (Verteilung der Intensität innerhalb der Linie).

Die Auswertung der Feinstrukturaufnahmen hat sich lange auf die geometrischen Daten des Bildes beschränkt. Erst später ist es gelungen, die recht verwickelten Gesetze der Interferenzintensitäten aufzuklären und damit die erforderlichen Unterlagen für quantitative Untersuchungen zu schaffen. Von den Anwendungsgebieten der Feinstrukturaufnahmen seien einige, besonders wichtige, kurz genannt:

1. Der *Identitätsnachweis eines Stoffes* beruht auf dem Vergleich des Feinstrukturbildes mit dem eines Stoffes von bekanntem Gitter. Eine besondere mathematische Auswertung der Aufnahme ist nicht erforderlich.

2. Die *Feststellung von kleinen Änderungen der Atomabstände eines bekannten Gitters*, z. B. bei Ausscheidungsvorgängen von Legierungen, erfolgt durch genaue Messung der Lageänderung der Reflexe.

3. Die *Erforschung der Kristallstruktur* zur Bestimmung der Atomanordnung in der Elementarzelle des Gitters benützt in erster Linie die Lage der Reflexe: bei verwickelten Strukturen muß sie aber auch Gebrauch machen von den Intensitäten der Reflexe. Unter Umständen ist hierzu ein erheblicher mathematischer Aufwand erforderlich. Die eigentliche Strukturbestimmung gehört nicht in das Gebiet der Werkstoffprüfung mit Röntgenstrahlen: beide Gebiete berühren sich aber aufs engste infolge der großen Bedeutung der Strukturforschung für die Legierungskunde.

4. *Die quantitative Bestimmung der Mengenanteile zweier kristalliner*

---

[1] Auch „polykristalline" Stoffe genannt; hierher gehören z. B. die technisch verarbeiteten Metalle.

[2] Betr. der Erzeugung homogener Strahlung vgl. Tab. 2.2 und Math. Anhang A, sowie Abschnitt 18 B.

Stoffe beruht auf der Auswertung der Interferenzintensitäten der beiden Raumgitter.

5. Die *Messung der Größe von submikroskopischen Kriställchen* geht von der Beobachtung aus, daß die Breite der Röntgenreflexe mit abnehmender Kristallgröße zunimmt; sie gibt gleichzeitig Auskunft über die Form der kristallinen Teilchen.

6. Die *kristallographische Orientierung eines Einkristalles* kann aus der Feinstrukturaufnahme bei bekannter Gitterstruktur durch geometrische Betrachtungen abgeleitet werden.

7. Die *gesetzmäßige Anordnung von Kristalliten (Textur)* in Faserstoffen, Drähten, Blechen usw. ergibt sich aus den Häufungsstellen der Reflexe.

8. Zur *Bestimmung von elastischen Spannungen* in Werkstoffen, die über makroskopische Bereiche konstant sind, dient die Messung der kleinen Verschiebungen der Röntgenreflexe infolge der Gitterdehnungen. Spannungen, die schon in submikroskopischen Bezirken sich ändern, liefern eine Verbreiterung der Reflexe. Durch Auswertung der Linienprofile können die verbreiternden Einflüsse von Teilchenkleinheit und Mikrospannungen getrennt erfaßt werden.

9. Die *Kleinwinkelstreuung* gibt Aufschluß über die Größe und Form von Partikeln, z. B. von Molekülen hochpolymerer Stoffe.

17. Kristallographische Grundlagen

A. Einteilung der Kristalle

Der bei der Betrachtung unmittelbar erkennbare Unterschied zwischen kristallinen und nichtkristallinen (amorphen) Körpern besteht in der regelmäßigen Gestalt des Kristalles, in der Begrenzung durch Ebenen anstatt durch gekrümmte Flächen. Dazu kommt als weitere wesentliche Verschiedenheit die Abhängigkeit der physikalischen und chemischen Eigenschaften (Lichtbrechung, Festigkeit, Löslichkeit, Wachstumsgeschwindigkeit usw.) von der Richtung. Die Zerreißfestigkeit eines Kupferkristalles beträgt z. B. nach CZOCHRALSKI senkrecht zur Oktaederfläche 35 kp/mm^2, senkrecht zur Würfelfläche nur 15 kp/mm^2; die Lösungsgeschwindigkeiten der beiden Flächen in Dichloressigsäure verhalten sich wie 2:1, in Milchsäure wie 1:1,4 (GLAUNER und GLOCKER).

Diese Richtungsabhängigkeit ist, wie die Röntgenstrukturuntersuchung zeigt, in dem gesetzmäßigen Aufbau der Kristalle aus Atomen begründet. *Die Regelmäßigkeit der äußeren Gestalt ist eine unmittelbare Folge der inneren Gesetzmäßigkeit.*

Die Kristallographie bedient sich zur Beschreibung der verschiedenen Kristallformen folgenden Verfahrens:

Mit Hilfe eines optischen Goniometers werden die Winkel gemessen, welche die Normalen auf den Kristallflächen miteinander bilden. Auf Grund dieser Winkelmessungen wird die Lage einer Begrenzungsebene eines Kristalles durch die Verhältniswerte der Abschnitte (Abb. 17.1) a_0, b_0, c_0 auf den drei Achsen eines beliebig gewählten Achsenkreuzes angegeben.

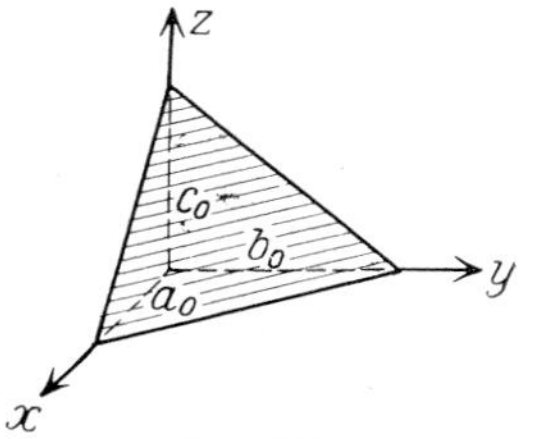

Die Erfahrung lehrt nun, daß für zwei Flächen eines Kristalles oder einer Kristallart bei Verwendung desselben Achsenkreuzes, die Achsenabschnitte a_1, b_1, c_1 einer zweiten Fläche zu der der ersten Fläche sich verhalten, wie

$$a_1 : b_1 : c_1 = m\,a_0 : n\,b_0 : p\,c_0\,, \qquad (17.1)$$

Abb. 17.1.
Ebene mit Achsenkreuz.

wobei m, n, p rationale, zumeist einfache Zahlen sind *(Rationalitätsgesetz)*. Das Verhältnis der „Ableitungskoeffizienten“ $m:n:p$ läßt sich somit immer durch ganze Zahlen ausdrücken.

Man gibt für *eine* besonders wichtige Ebene *(Grundfläche)* das Verhältnis $a_0:b_0:c_0$ an, wobei üblicherweise $b_0 = 1$ gesetzt wird, und für alle übrigen Flächen des Kristalles die Werte m, n, p; $a_0:b_0:c_0$ wird dann *Achsenverhältnis* der Kristallart genannt.

Eine andere Bezeichnungsweise, nämlich die Angabe der *Millerschen Indizes h, k, l,* bietet mannigfache Vorteile. Die Indizes werden erhalten aus den reziproken Werten der Ableitungskoeffizienten, wobei noch mit einer geeigneten Zahl multipliziert wird, so daß die Indizes ganzzahlig werden, ohne einen gemeinsamen Teiler zu enthalten. Die Indizes einer Netzebene werden in runde Klammern gesetzt, z. B. $(h\,k\,l)$.

Bei der Ausmessung eines Topaskristalles werden z. B. nach NIGGLI folgende Achsenabschnitte gefunden:

Fläche I. $a_1:b_1:c_1 = 0{,}5291:1:0{,}4770$
Fläche II. $a_2:b_2:c_2 = 0{,}5286:1:0{,}9512$
Fläche III. $a_3:b_3:c_3 = 1{,}0551:1:0{,}6365$
Fläche IV. $a_4:b_4:c_4 = 0{,}5296:1:\infty$.

Die Achsenabschnitte der Flächen II, III und IV ergeben sich aus denen der Fläche I innerhalb der Meßfehler durch Multiplikation mit

Fläche II. $m = 1$ $n = 1$ $p = 2$, also $m:n:p = 1:1:2$
Fläche III. $m = 2$ $n = 1$ $p = {}^4/_3$, also $m:n:p = 6:3:4$
Fläche IV. $m = 1$ $n = 1$ $p = \infty$ also $m:n:p = 1:1:\infty$.

Die Millerschen Indizes lauten somit

Fläche II. $h:k:l = 1:1:{}^1/_2$ oder $= 2:2:1$
Fläche III. $h:k:l = {}^1/_6:{}^1/_3:{}^1/_4$ oder $= 2:4:3$
Fläche IV. $h:k:l = 1:1:1/\infty$ oder $= 1:1:0$.

Ebenen, deren Indizes sich um einen Zahlenfaktor unterscheiden (243) bzw. (486), sind zueinander parallel, wie an Hand der Abb. 17.1 leicht zu erkennen ist; sie sind in kristallographischer Hinsicht gleichwertig.

Die Indizes sind immer rationale Zahlen und ihr Wert ist unabhängig von äußeren Einflüssen (z. B. Temperaturänderungen des Kristalles), was für das Verhältnis der Achsenabschnitte $a_1:b_1:c_1$ nicht gilt[1]: da bei der Ausdehnung des Kristalles die Achsenabschnitte sich stetig ändern, so sind diese im allgemeinen irrationale Zahlen.

Die Benützung der Indizes ermöglicht nun eine sehr einfache *Beschreibung der Lage von Kristallebenen*. Wird das Achsenkreuz so gewählt, daß die Längen der drei Achsen sich verhalten wie die Achsenabschnitte der Grundfläche, das heißt, mißt man auf den drei Achsen mit drei verschiedenen Maßstäben, die sich wie $a_0:b_0:c_0$ verhalten, so wird durch

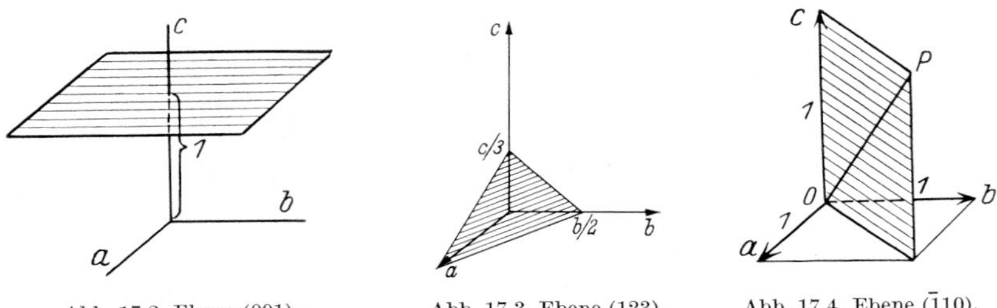

Abb. 17.2. Ebene (001). Abb. 17.3. Ebene (123). Abb. 17.4. Ebene ($\bar{1}$10).

die Angabe der Indizes ($h\,k\,l$) eindeutig die Lage einer Ebene bestimmt. Die reziproken Werte von ($h\,k\,l$) sind gleich den Strecken, welche die Ebene auf den Achsen abschneidet. Die Indizes werden in der gleichen Reihenfolge angeschrieben wie die Achsen (h bezieht sich also auf die a-Achse, k auf die b-Achse, l auf die c-Achse).

Eine Ebene mit den Indizes (001) schneidet auf der a-Achse und auf der b-Achse die Strecke $1/0 = \infty$ und auf der c-Achse die Strecke 1 ab. Die Ebene verläuft somit im Abstand 1 parallel zu der a- und b-Achse (Abb. 17.2). Entsprechend bedeutet

(100) die Ebene parallel zu der b- und c-Achse im Abstand 1,
(010) die Ebene parallel zu der a- und c-Achse im Abstand 1.

Die Ebene in Abb. 17.3 hat die Achsenabschnitte 1, $^1/_2$, $^1/_3$; die Länge der Einheitsstrecke auf jeder Achse ist durch die Länge des Pfeiles angegeben. Die Indizes lauten

$$h:k:l = \frac{1}{1}:\frac{1}{^1/_2}:\frac{1}{^1/_3} = 1:2:3\,.$$

Ebenen, die die negativen Äste des Achsenkreuzes schneiden, haben negative Indizes, wobei das Minuszeichen über die Zahl gesetzt wird. Die Ebene ($h\,k\,l$) und die Ebene ($\bar{h}\,\bar{k}\,\bar{l}$) sind stets zueinander parallel.

[1] Mit Ausnahme der Fälle, in denen mehrere Achsen gleichwertig sind (z. B. kubisches System).

Die Ebene in Abb. 17.4 halbiert den Winkel zwischen den Achsen *a* und *b*. Das Verhältnis der Achsenabschnitte ist $\bar{1}:1:\infty$, also lauten die Indizes $(\bar{1}10)$ oder damit gleichbedeutend $(1\bar{1}0)$.

Alle Ebenen, die sich in parallelen Kanten schneiden, d. h. zu einer Geraden parallel liegen, werden als Ebenen einer *Zone* zusammengefaßt; die betreffende Gerade heißt *Zonenachse*. Die Normalen auf allen Ebenen einer Zone stehen senkrecht auf der Zonenachse.

Die Richtung einer Geraden wird angegeben durch das Verhältnis der drei Koordinaten eines beliebigen Punktes auf der Geraden, die man sich parallel verschoben denkt, bis sie durch den Nullpunkt des Achsenkreuzes

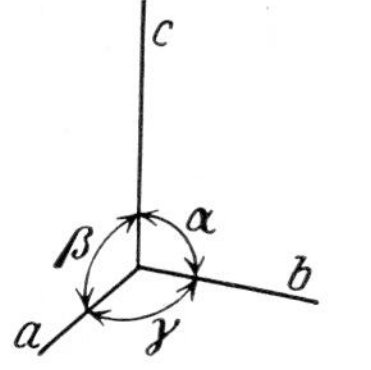

Abb. 17.5. Trikline Achsen.

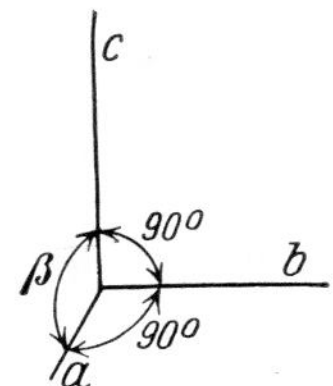

Abb. 17.6. Monokline Achsen.

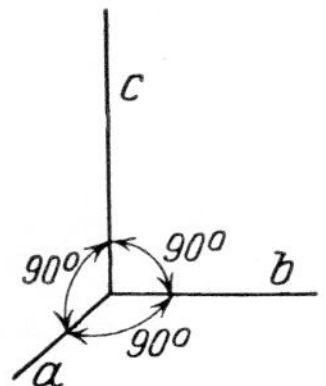

Abb. 17.7. Rhombische Achsen.

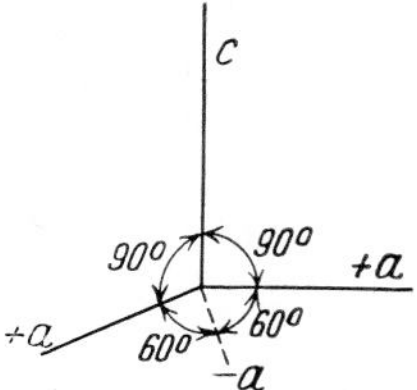

Abb. 17.8. Hexagonale Achsen.

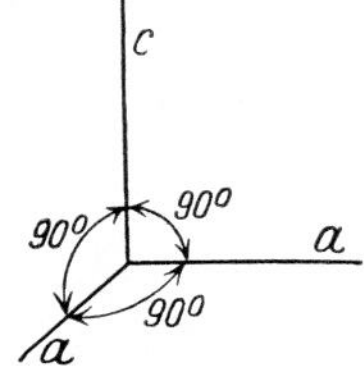

Abb. 17.9. Tetragonale Achsen.

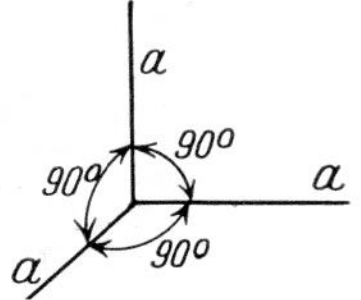

Abb. 17.10. Kubische Achsen.

geht. Die Koordinaten werden als Bruchteile oder Vielfache der auf den drei Achsen geltenden Maßeinheiten ausgedrückt und ihre Verhältniszahlen durch Multiplikation mit einem geeigneten Faktor so umgeformt, daß sie ganzzahlig werden, ohne einen gemeinsamen Teiler zu enthalten. Diese Verhältniszahlen der Koordinaten heißen *Indizes der Geraden* und werden zur Unterscheidung von den Indizes einer Ebene in eckigen Klammern angeschrieben. [100] ist z. B. die *a*-Achse oder eine zur *a*-Achse parallele Gerade. Die Gerade *OP* in Abb. 17.4 hat die Indizes [1 1 1], da die drei Koordinaten jedes ihrer Punkte, z. B. des Punktes *P*, sich wie 1:1:1 verhalten.

Erfahrungsgemäß haben die an Kristallen besonders häufig auftretenden wichtigen Flächen niedrige Indizes, z. B. (100), (110), (111) usw., wenn ein geeignetes Achsenkreuz als Bezugssystem zugrunde gelegt wird.

Zur Beschreibung sämtlicher Kristalle erweisen sich nun folgende 6 *Achsensysteme* als ausreichend (Abb. 17.5 bis 17.10):

triklin: 3 verschieden lange Achsen, die miteinander 3 verschiedene Winkel bilden;

monoklin: 3 verschieden lange Achsen, von denen eine auf den beiden anderen senkrecht steht;

hexagonal: 3 Achsen, von denen 2 gleich lang sind (Nebenachsen), auf der dritten (Hauptachse) senkrecht stehen und unter sich einen Winkel von 120° bilden;

oder[1]: 4 Achsen, von denen 3 gleich lang sind (Nebenachsen), auf der vierten (Hauptachse) senkrecht stehen und unter sich je Winkel von 120° bilden;

rhombisch: 3 verschieden lange Achsen, die miteinander lauter rechte Winkel bilden;

tetragonal: 3 aufeinander senkrechte Achsen, von denen 2 gleich lang sind:

kubisch: 3 gleich lange, aufeinander senkrechte Achsen.

Entsprechend den 6 verschiedenen Achsenkreuzen teilt man die Kristalle in 6 *verschiedene Kristallsysteme* ein mit den Bezeichnungen kubisches System (auch reguläres System genannt), tetragonales System usw.

Im hexagonalen System lassen sich eine Reihe von Kristallen in besonders einfacher Weise beschreiben, wenn ein rhomboedrisches Achsenkreuz benützt wird (drei gleich lange Achsen, die gleiche Winkel miteinander bilden). Mitunter wird daher als 7. Kristallsystem das „rhomboedrische System" aufgeführt. Da sich aber auch die rhomboedrischen Kristalle mit dem hexagonalen Achsenkreuz völlig beschreiben lassen, so spricht man besser von einer *rhomboedrischen Unterabteilung* des hexagonalen Systemes.

Tabelle 17.1

Kristallsystem	Zahl der Bestimmungsstücke	
	Achsen-verhältnisse	Achsen-winkel
triklin	2	3
monoklin	2	1
rhombisch......	2	0
hexagonal......	1	0
(rhomboedrisch)	0	1
tetragonal	1	0
kubisch	0	0

[1] Bei dreigliedriger Indizierung sind die Indizes gleichwertiger Flächen verschieden. Bei viergliedriger Indizierung wird diese Unannehmlichkeit vermieden. Der dritte Index i ist durch die beiden ersten h und k bedingt; es ist nämlich $h + k + i = 0$, wenn die dritte Nebenachse mit ihrem negativen Ast den Winkel zwischen den beiden anderen Nebenachsen halbiert.

Zur Beschreibung eines Kristalles sind je nach der Art des Systemes, dem er zuzuordnen ist, verschiedene Bestimmungsstücke erforderlich (Tab. 17.1). Für die kristallographische Beschreibung kommt es nur auf das Verhältnis der Achsenlängen an, nicht auf deren absolute Größen; diese sind erst durch die Röntgenuntersuchung meßbar geworden.

Eine wichtige Eigenschaft der Kristalle, die gesetzmäßige, durch *Symmetrieprinzipien* geregelte Wiederholung der Ebenen an ein und demselben Kristall, ist bisher unerwähnt geblieben. Betrachtet man z. B. einen in Würfelform kristallisierenden Körper (Abb. 17.11), so erkennt man leicht, daß er durch die Ebene *aa′ cc′* in zwei spiegelbildlich gleiche

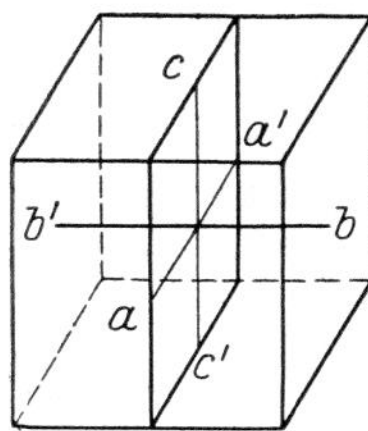

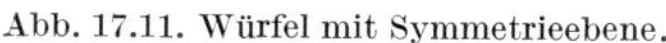
Abb. 17.11. Würfel mit Symmetrieebene.

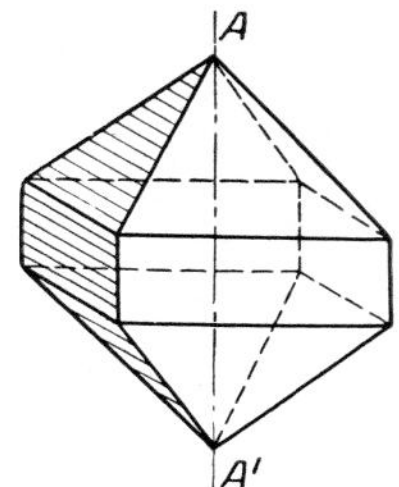

Abb. 17.12. Kristall mit 4zähliger Symmetrieachse.

Teile zerlegt wird; die Ebene *aa′ cc′* heißt *Spiegelebene oder Symmetrieebene*. Außer Symmetrieebenen sind besonders wichtig *Symmetrieachsen*. Der in Abb. 17.12 dargestellte Kristall ist symmetrisch in bezug auf die Gerade *AA′* als Drehachse. Man nennt in diesem Fall die Symmetrieachse *AA′* 4zählig, weil jedesmal nach einer Drehung um den 4. Teil von 360°, also um 90°, zur Drehachse gleich geneigte Ebenen miteinander zur Deckung gelangen, so daß der Kristall für einen Beschauer in jeder der 4 Stellungen genau den gleichen Anblick bietet.

Das Vorhandensein einer Symmetrieeigenschaft bedeutet eine Vereinfachung in der Beschreibung kristallographischer Körper. Bei dem Kristall in Abb. 17.12 ist es z. B. nicht nötig, die Lage sämtlicher 12 Ebenen anzugeben; es genügt die Angabe der Lage der 3 schraffiert gezeichneten Ebenen, sowie der Richtung der 4zähligen Symmetrieachse. Die Orientierung der übrigen 9 Ebenen ist damit schon eindeutig bestimmt.

Die durch Symmetrieoperationen zur Deckung miteinander gelangenden Ebenen und Richtungen sind nicht bloß geometrisch, sondern auch physikalisch gleichwertig, d. h. sie zeigen gleiches Verhalten gegenüber physikalischen und chemischen Einflüssen (z. B. Zerreißfestigkeit, Ätzfiguren).

Auf Grund der Symmetrieeigenschaften lassen sich sämtliche Kristalle in 32 Kristallklassen einteilen, von denen 2 dem triklinen, je 3 dem monoklinen und rhombischen, 12 dem hexagonalen, 7 dem tetragonalen und 5 dem kubischen Kristallsystem zuzuordnen sind. Die einem System angehörenden Klassen haben gewisse gemeinsame Symmetrieeigenschaften (z. B. besitzen die Klassen des hexagonalen Systems 6- oder 3zählige, aber keine 4zähligen Symmetrieachsen).

Holoedrische (Vollflächner) Klasse wird diejenige Klasse jedes Systemes genannt, welche die größte Zahl der in dem betreffenden Kristallsystem vorkommenden Symmetrieeigenschaften aufweist. Die übrigen Klassen mit niederer Symmetrie heißen *hemiedrische* (Halbflächner) bzw. *tetartoedrische* (Viertelflächner) Klassen, weil infolge der geringeren Zahl von Symmetriebedingungen die Zahl der gleichwertigen Kristallflächen kleiner ist. Im kubischen System entsteht z. B. auf diese Weise durch Wegfall von Symmetrieebenen aus dem Oktaeder mit 8 gleichwertigen Flächen ein Tetraeder mit 4 gleichwertigen Flächen.

B. Der innere Aufbau der Kristalle

Die Gesetzmäßigkeiten der äußeren Gestalt und die Richtungsabhängigkeit der physikalischen Eigenschaften lassen darauf schließen, daß der innere Aufbau der Kristalle ein anderer sein muß als der der amorphen Körper. Um die Mitte des 19. Jahrhunderts wurden von Bravais im Anschluß an die von Hauy schon früher entwickelten Vorstellungen über den diskontinuierlichen Aufbau der Kristalle systematische Untersuchungen in bezug auf die mathematisch möglichen Anordnungen der Kristallbausteine angestellt, über deren physikalische Natur (Molekülgruppen, Moleküle, Atome) weder Bravais noch die durch Sohncke, Schoenflies und Fedorow vervollkommnete und zum Abschluß gebrachte Strukturtheorie etwas Bestimmtes aussagen konnte. Erst die Röntgenuntersuchung der Kristallstruktur hat gezeigt, daß als *Baustein des Kristalles das Atom* anzusehen ist.

Das Innere eines Kristalles ist nicht gleichmäßig von Materie erfüllt, sondern besteht aus einzelnen regelmäßig angeordneten, durch Zwischenräume voneinander getrennten Masseteilchen (Atomen), die infolge der Wärmebewegung um eine gewisse Ruhelage[1] herum Schwingungen ausführen.

Jeden Kristall kann man sich aufgebaut denken durch Aneinanderreihung von lauter gleichen, submikroskopisch kleinen Volumbereichen von der Form eines Parallelepipedes, dessen Winkel und Kantenlängen je nach dem Kristallsystem und der Kristallart verschieden sind. Bei der in Abb. 17.13 gezeichneten einfachen Anordnung, die 1 Atom[2] in jeder

[1] Im folgenden als „Atomlage" bezeichnet.

[2] Beim Abzählen der Atome pro Zelle ist zu beachten, daß jedes Atom an den 8 Ecken der Zelle gleichzeitig 8 Zellen angehört, so daß also eine Zelle $8 \cdot 1/8 = 1$ Atom enthält.

Zelle enthält, sind nur die Ecken der Parallelepipede mit Atomen besetzt.

Eine regelmäßige räumliche Anordnung von Punkten (Atomen), die durch gesetzmäßige Wiederholung eines bestimmten Volumbereiches, der *Elementarzelle*, erzeugt werden kann, heißt *Raumgitter*. Zur Be-

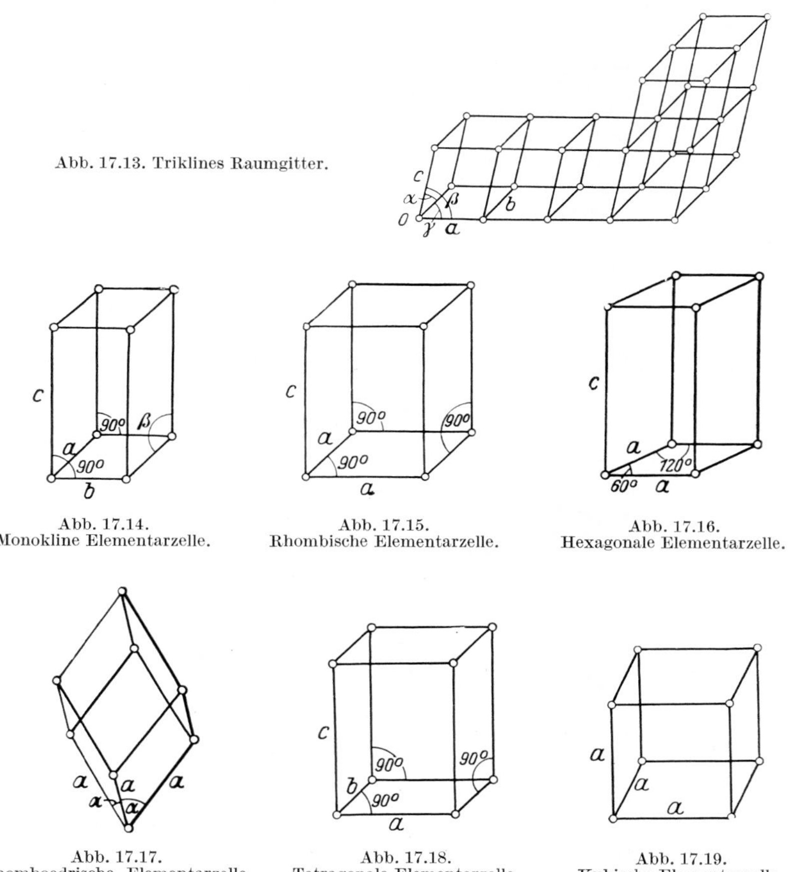

Abb. 17.13. Triklines Raumgitter.

Abb. 17.14. Monokline Elementarzelle.

Abb. 17.15. Rhombische Elementarzelle.

Abb. 17.16. Hexagonale Elementarzelle.

Abb. 17.17. Rhomboedrische Elementarzelle.

Abb. 17.18. Tetragonale Elementarzelle.

Abb. 17.19. Kubische Elementarzelle.

schreibung[1] des Raumgitters muß die Form und Größe der Elementarzelle angegeben werden sowie die Lage der Atome in der Zelle, sofern diese mehr als ein Atom enthält. Wird die Elementarzelle so gelegt, daß ihre Kanten mit den kristallographischen Achsenrichtungen überein-

[1] Die aus kristallographischen Winkelmessungen erhaltenen Achsenverhältnisse können sich unter Umständen von den aus Röntgenaufnahmen gewonnenen Werten der Kantenlängen der Elementarzelle um einen ganzzahligen Faktor unterscheiden.

stimmen, so verhalten sich die Kantenlängen wie die Achsenlängen und die Kantenwinkel sind gleich den Achsenwinkeln. Die Elementarzelle einiger einfacher Raumgitter mit je 1 Atom pro Zelle ist in den Abb. 17.14 bis 17.19 gezeichnet. Für kubische Kristalle hat z. B. die Elementarzelle die Form eines Würfels, da die drei Kanten gleich lang sind und aufeinander senkrecht stehen.

Alle Gitter mit einer „einfach primitiven“ Zelle, das heißt mit 1 Atom pro Zelle, haben die Eigenschaft, daß durch Verschiebung eines beliebig herausgegriffenen Atomes in drei[1] bestimmten Richtungen um je eine gegebene Strecke, die in den drei Richtungen verschieden sein kann, die Lagen aller übrigen Atome der Reihe nach hergestellt werden können. Diese Gitter sind also eindeutig gekennzeichnet durch die Angabe der Richtung und Größe der drei Verschiebungen (Translationen) und heißen „einfache Translationsgitter“ oder „Bravais-Gitter“ im Gegensatz zu den „Gittern mit Basis“, die mehrere Atome in der Zelle enthalten. Bei einem kubischen Gitter mit 1 Atom pro Zelle sind die 3 Translationsrichtungen die Kantenrichtungen der würfelförmigen Zelle; die Größe der Verschiebung (Translation) ist gleich der Kantenlänge. Von Bravais wurde nachgewiesen, daß es insgesamt 14 einfache Translationsgitter gibt. Bei den 7 Bravais-Gittern, deren Elementarzellen in Abb. 17.14 bis 17.19 dargestellt sind, liegen die Translationsrichtungen parallel zu den kristallographischen Achsen. Durch Zentrierung der Flächenmitten und des Mittelpunktes der Zelle lassen sich unter Beachtung der Symmetriegesetze weitere 7 Bravais-Gitter ableiten. Tab. 17.2 gibt eine Übersicht über alle 14 Bravais-Gitter. Die Bezeichnung von Hermann und Mauguin (1. Spalte) besteht aus großen Buchstaben. Von Pearson wurden kleine Buchstaben, die das Kristallsystem angeben, hinzugefügt, z. B. o für orthorhombisch. Die so erhaltenen Symbole von Pearson sind in der 2. Spalte enthalten. Die 4. Spalte gibt Auskunft über die Zentrierung der Gitterzelle. Ein Anwendungsbeispiel für die Strukturbeschreibung findet sich in den Vorbemerkungen zur Tabelle 23.3.

Es ist eine Eigentümlichkeit der einfachen Translationsgitter, daß sie je nach der Wahl der Elementarzelle und der Translationsrichtungen auch als Gitter mit Basis beschrieben werden können. Zwei Beispiele mögen dies im einzelnen erläutern:

Die raumzentriert-kubische Elementarzelle enthält 2 Atome (Abb. 17.20); sie ist, wenn die Translationen parallel zu den Kanten der Zelle vorgenommen werden, kein einfaches Translationsgitter; werden die Translationen aber in Richtung der Würfeldiagonalen [111], [$1\bar{1}1$], [$\bar{1}\bar{1}1$]

[1] Damit ein räumliches Gebilde entsteht, dürfen die drei Richtungen nicht in einer Ebene liegen.

Tabelle 17.2. *Die 14 Bravais-Gitter*

Bezeichnung nach HERMANN und MAUGUIN	Bezeichnung nach PEARSON[1]	Kristallsystem	Atomlagen in der Elementarzelle
P	aP	triklin	einfach
P	mP	monoklin	einfach basiszentriert
C	mC	monoklin	einfach basiszentriert
P	oP	orthorhombisch	einfach
C	oC	,,	einseitig flächenzentriert
F	oF	,,	allseitig flächenzentriert
I	oI	,,	raumzentriert
P	tP	tetragonal	einfach raumzentriert
I	tI	,,	einfach raumzentriert
P	hP	hexagonal	einfach
R	hR	rhomboedrisch	einfach
P	cP	kubisch	einfach
F	cF	,,	allseitig flächenzentriert
I	cI	,,	raumzentriert

[1] W. B. PEARSON, Lattice Spacings and structures of metals and alloys, Vol. 2., Pergamon Press, Oxford, London, 1967.

des ursprünglichen Achsensystemes gelegt, so kann das Gitter als einfaches Translationsgitter beschrieben werden. Die Zelle ist dann nur halb so groß wie die in Abb. 17.20 gezeichnete Zelle.

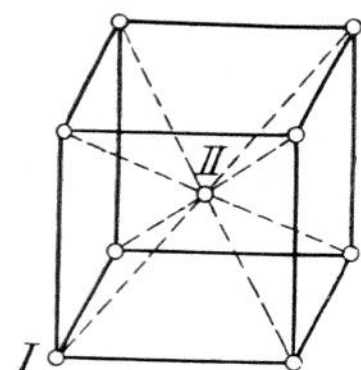

Abb. 17.20. Kubisch raumzentriertes Gitter.

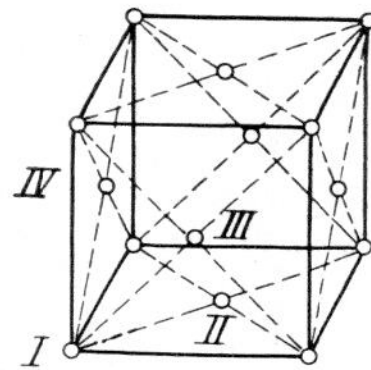

Abb. 17.21. Kubisch flächenzentriertes Gitter.

Bei der in Abb. 17.21 gezeichneten Zelle eines flächenzentriert kubischen Gitters sind die Mitten der 6 Würfelflächen mit je 1 Atom besetzt. Da jedes Eckatom 8 Zellen angehört und jedes Atom auf der Flächenmitte 2 Zellen, so liefert eine Abzählung für die Zahl der Atome in einer Zelle

$$1/8 \cdot 8 + 1/2 \cdot 6 = 4 .$$

Es handelt sich also um ein „Gitter mit Basis". Wählt man aber nach Bravais als Translationsrichtungen die Flächendiagonalen und als Betrag der Translationen die halbe Länge einer Flächendiagonale, so bekommt man eine rhomboedrische Gitterzelle, die nur 1 Atom enthält. Das so beschriebene Gitter erweist sich als einfaches Translationsgitter. Die rhomboedrische Gitterzelle ist nur ein Viertel so groß wie die Zelle in Abb. 17.21.

Für Feinstrukturuntersuchungen ist es bequemer, soweit möglich, mit rechtwinkligen, mehrere Atome enthaltenden Zellen zu rechnen als mit den schiefwinkligen Zellen eines Bravaisgitters.

Es ist für die Strukturforschung von großer Bedeutung, daß sich jedes noch so komplizierte Raumgitter auffassen läßt als eine Ineinanderstellung von einfachen Translationsgittern, wobei die Zahl dieser Teilgitter gleich ist der Zahl der Atome pro Zelle. Bei einem Element sind die Atome der Teilgitter von gleicher Art, bei chemischen Verbindungen sind sie verschieden.

Das flächenzentriert kubische Gitter kann aufgefaßt werden als eine Ineinanderstellung von 4 einfach-kubischen Translationsgittern; die Anfangspunkte der Teilgitter sind in Abb. 17.21 mit I, II, III, IV bezeichnet; sie liegen in der Mitte der Flächen des Würfels. Beim raumzentriert-kubischen Gitter ist der zweite Würfel so in den ersten gestellt, daß ein Eckpunkt in die Mitte des ersten Würfels zu liegen kommt.

Die Koordinaten für die Atome der Basis der beschriebenen Gitter werden angegeben in Bruchteilen der Kantenlänge der Elementarzelle; also

flächenzentriert kubisch				raumzentriert kubisch			
I. Atom	0	0	0	I. Atom	0	0	0
II. Atom	$^1/_2$	$^1/_2$	0	II. Atom	$^1/_2$	$^1/_2$	$^1/_2$
III. Atom	$^1/_2$	0	$^1/_2$				
IV. Atom	0	$^1/_2$	$^1/_2$				

Beide Gitterarten sind bei Metallen häufig vertreten. Flächenzentriert-kubisch kristallisieren Aluminium, Kupfer, Silber, Platin, Gold; raumzentriert-kubisch Molybdän, Tantal, Wolfram.

Jedes Raumgitter kann man sich auf beliebig viele Arten zerlegt denken in parallele Ebenen, die sich in gleichen Abständen folgen und die *Netzebenen* genannt werden. Diese Bezeichnung ist ohne weiteres verständlich, wenn man sich die Atombelegung einer solchen Ebene, z. B. einer horizontalen Schicht des in Abb. 17.13 dargestellten Raumgitters aufzeichnet (Abb. 17.22), wobei zur Vereinfachung angenommen sei, daß die c-Achse auf der a- und b-Achse senkrecht stehe. Die Atome bilden ein Netz mit parallelogrammförmigen Maschen. Die Netzebene (110) schneidet die Zeichenebene in der Geraden $P_1 P_1'$. Alle dazu parallelen Ebenen, die immer durch das nächste Atom auf den Achsen a und b gezogen werden können, schneiden ebenfalls gleiche Strecken[1] auf den Achsen a und b ab und besitzen somit auch die Indizes (110).

Unter dem *Netzebenenabstand* d versteht man den senkrechten Abstand zweier aufeinanderfolgender Ebenen derselben Schar. Für die Netzebenen (110) ist $d = P_1'' N$.

Die durch die Atome $P_8\,P_4'$ gezeichnete Linie ist die Spur der Netzebene mit den Achsenabschnitten $8:4:\infty$, also mit den Indizes (120).

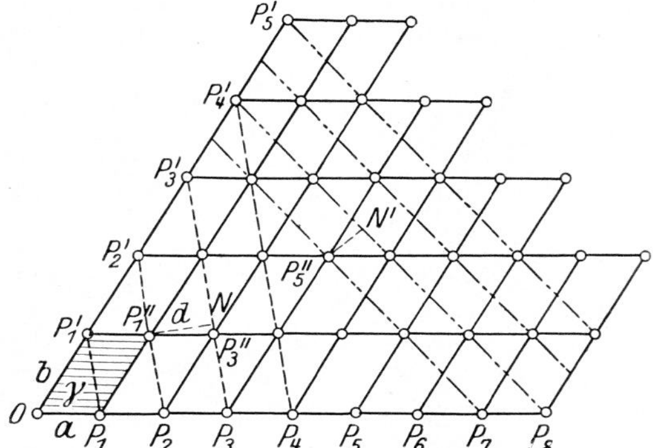

Abb. 17.22. Netzebenen.

Der gegenseitige Abstand zweier Ebenen dieser Ebenenschar ist kleiner als bei (110), dafür sind aber die Ebenen (110) viel dichter mit Atomen besetzt. Man hat z. B. auf der Geraden $P_8\,P_4'$ eine größere Wegstrecke zurückzulegen, um von einem Atom zum nächsten zu gelangen, als auf der Geraden $P_4 P_4'$.

Allgemein gilt der Satz: *Je niedriger die Indizes einer Netzebene sind, desto dichter ist die Besetzung mit Atomen und desto größer ist der Netzebenenabstand.* Ein ähnlicher Satz läßt sich auch für Gittergeraden, d. h. für beliebige Geraden durch die Atome eines Gitters aussprechen: *Je niedriger die Indizes einer Geraden sind, desto dichter ist sie mit Atomen besetzt und desto kürzer ist der Identitätsabstand.* Unter dem *Identitätsabstand* I auf einer Geraden versteht man den kürzesten Abstand translatorisch identischer Atome[2] (z. B. $I = P_3 P_3''$ für die Gerade $P_3 P_3'$). Aus der Definition folgt ohne weiteres, daß die Identitätsabstände in Richtung der kristallographischen Achsen die Kantenlängen der Elementarzelle des Gitters sind.

Die Identitätsabstände und die Netzebenenabstände können mit Hilfe der Röntgenstrahlen direkt zahlenmäßig gemessen werden. Kristallogra-

[1] Es ist zu beachten, daß auf den beiden Achsen mit verschiedenen Maßeinheiten ($a = 0\,P_1$ und $b = 0\,P_1'$) gemessen wird.

[2] Translatorisch identisch heißen zwei Punkte einer Raumgitters, die durch eine Verschiebung in den Translationsrichtungen des Gitters miteinander zur Deckung kommen.

phisch und physikalisch wichtig sind die Ebenen und Richtungen mit niederen Indizes; sie treten häufig[1] als Begrenzungsflächen bzw. als Kanten bei Kristallen auf. Alle am Kristall vorkommenden äußeren Ebenen sind immer parallel mit irgendwelchen Netzebenen des inneren Aufbaues. Welche Ebenen sich aber als äußere Begrenzungsebenen ausbilden, hängt von den Wachstumsbedingungen des Kristalles ab; so kristallisiert z. B. Alaun im allgemeinen in Form von Würfeln, aus alkalischen Lösungen dagegen in Form von Oktaedern.

Der Netzebenenabstand d kann bei Kenntnis des Kristallsystemes aus den Indizes $(h\,k\,l)$ der Netzebenen berechnet werden[2]. Für den einfachsten Fall, das kubische Gitter (a Kantenlänge der Elementarzelle), lautet diese Beziehung:

$$d = \frac{a}{\sqrt{h^2 + k^2 + l^2}} \cdot \qquad (17.2)$$

C. Symmetriegesetze

Ein tieferes Eindringen in die Struktur der Kristalle erfordert eine eingehendere Behandlung der Symmetrieprinzipien.

Unter einer *Symmetrieoperation* versteht man eine geometrische Operation (Spiegelung, Drehung usw.), nach deren Ausführung alle Punkte eines Punktsystemes miteinander zur Deckung kommen. Derartige Operationen werden häufig auch als *Deckoperationen* bezeichnet. In Abb. 17.23 kommen alle Punkte des Punkthaufens offenbar dann miteinander zur Deckung, wenn die Zeichnung um eine in *0* zur Zeichenebene senkrechte Achse um 180° gedreht wird. Die gezeichnete Anordnung hat also eine durch *0* gehende 2zählige Symmetrieachse.

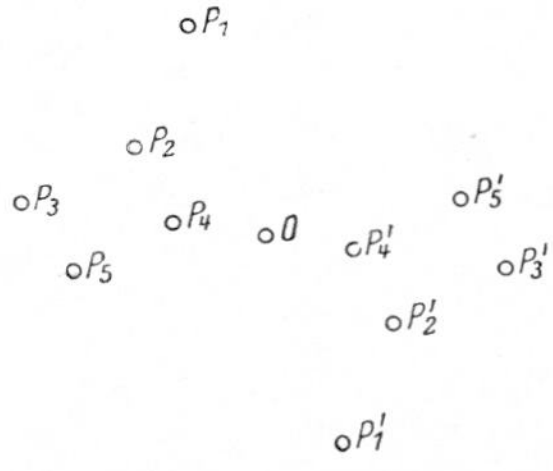

Abb. 17.23. Punkthaufen mit 2zähliger Symmetrieachse.

Die Ausführung einer Deckoperation kann in mannigfacher Weise vor sich gehen. Die hierzu benützten geometrischen Gebilde (Ebenen, Achsen usw.) nennt man *Symmetrieelemente.*

Für die äußerlich wahrnehmbaren Symmetrieeigenschaften der Kristalle kommen folgende Symmetrieelemente in Betracht:

1. Drehungen,
2. Spiegelungen,
3. Symmetriezentrum,
4. Drehung + Spiegelung = Drehspiegelung.

Zur Veranschaulichung der Wirkung der einzelnen Symmetrieelemente sind in den Abb. 17.24 bis 17.28 einige einfache Beispiele gezeichnet.

[1] Zum Beispiel im kubischen System (001) Würfelebene, (111) Oktaederebene, (110) Rhombendodekaederebene usw.

[2] Näheres im Math. Anh. C.

Befindet sich in 0 senkrecht zur Zeichenebene (Abb. 17.24) eine 3zählige *Symmetrieachse*, so muß zum Punkt P_1 ein Punkt P_1' und ein Punkt P_1'' vorhanden sein, so daß nach Drehung um je 120° P_1 mit P_1' bzw. mit P_1'' sich deckt. Entsprechendes gilt für den Punkt P_2.

Das Auftreten einer 3zähligen Symmetrieachse bedingt also, daß zu der Strecke $P_1 P_2$ (z. B. einer Kante des Kristalles) in der gezeichneten Lage eine gleichwertige Strecke $P_1' P_2'$ bzw. $P_1'' P_2''$ (z. B. Kristallkante) vorhanden ist. Die Lage gleichwertiger Strecken beim Auftreten einer 4zähligen Achse ist aus Abb. 17.25 zu ersehen. 5zählige Drehachsen sind kristallographisch nicht möglich, wohl aber 6zählige.

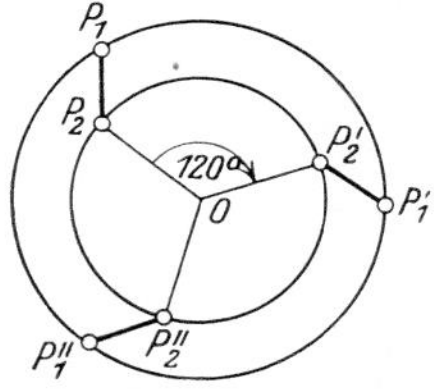

Abb. 17.24. 3zählige Symmetrieachse.

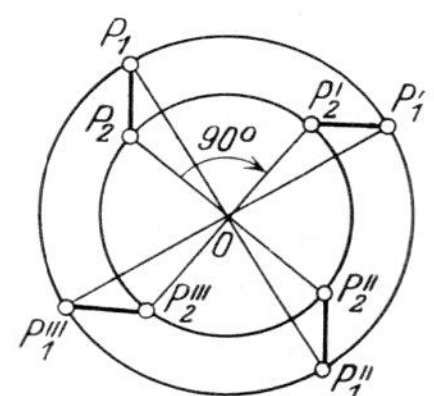

Abb. 17.25. 4zählige Symmetrieachse.

Um die Lage der 8 Punkte in Abb. 17.25 zu beschreiben, genügt die Angabe der Lage von P_1 und P_2 sowie der Richtung der 4zähligen Drehachse. Das Vorhandensein einer Symmetrie bedeutet also stets eine wesentliche Vereinfachung in der Beschreibung geometrischer Gebilde. Durch Hinzufügen eines dritten, nicht in der Zeichenebene gelegenen Punktes P_3 lassen sich leicht die Lagen gleichwertiger Ebenen beim Auftreten einer Symmetrieachse ableiten. Die Benennung und gebräuchlichen Abkürzungszeichen für die Symmetrieachsen sind in Tab. 17.3 zusammengestellt.

Tabelle 17.3. *Symmetrieachsen*

Benennung	Deckung erfolgt nach Drehung um je	Zeichen
2zählige oder diagonale Achse	$180° = \frac{360°}{2}$	⬯
3zählige oder trigonale Achse	$120° = \frac{360°}{3}$	△
4zählige oder tetragonale Achse	$90° = \frac{360°}{4}$	◇
6zählige oder hexagonale Achse	$60° = \frac{360°}{6}$	⬡

Beim Vorhandensein einer *Symmetrieebene E* (Abb. 17.26) treten stets zwei spiegelbildlich gleiche Hälften auf; Symmetrieebene ist gleichbedeutend mit Spiegelebene.

Ein *Symmetriezentrum* Z (Abb. 17.27) bewirkt, daß auf allen Geraden durch Z beiderseits von Z in gleichen Abständen gleichwertige Punkte liegen.

Unter einer *Drehspiegelung* versteht man die gleichzeitige Ausführung einer Drehung um eine Achse und einer Spiegelung an einer zur Drehachse senkrechten Symmetrieebene. Als Beispiel zeigt Abb. 17.28 eine 4zählige Drehspiegelachse. Bei Drehung um 90° um die in 0 auf der Symmetrieebene E senkrechte Drehachse und Spiegelung an der Ebene

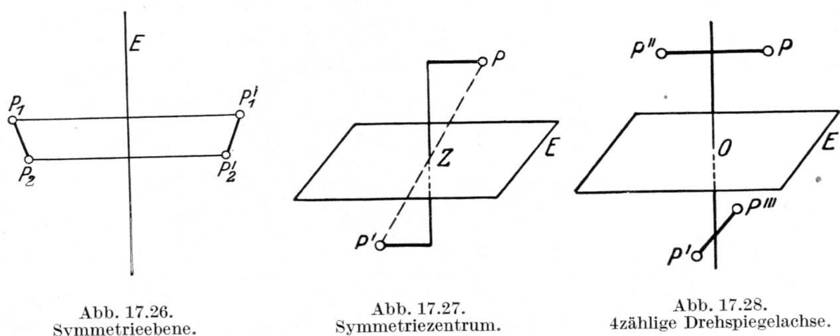

Abb. 17.26. Symmetrieebene.

Abb. 17.27. Symmetriezentrum.

Abb. 17.28. 4zählige Drehspiegelachse.

E entsteht aus P der Punkt P', durch Drehung um weitere 90° und Spiegelung an E der Punkt P'' usw., bis nach Drehung um 360° und Spiegelung die Ausgangslage P wieder erreicht ist.

Die in Abb. 17.27 unter Benützung des Symmetriezentrums abgeleitete Punktlage kann man sich ebensogut entstanden denken durch eine Drehspiegelung um eine durch Z gehende 2zählige Drehspiegelachse[1], Kristallographisch möglich sind nur 2zählige (Symmetriezentrum), 4zählige und 6zählige Drehspiegelachsen.

Durch Kombination der drei Symmetrieelemente (Spiegelung, Drehung und Drehspiegelung) ergeben sich die 32 Symmetrieklassen, in welche alle vorkommenden Kristalle eingeteilt werden können. Bei der Ableitung sämtlicher möglicher Kombinationen, deren Zahl zunächst unabsehbar groß zu sein scheint, geht man so vor, daß man zuerst die einfachsten Gebilde, die nur je ein Symmetrieelement enthalten, z. B. eine 2zählige oder eine 3zählige Achse, betrachtet und dann systematisch jedesmal ein weiteres Symmetrieelement hinzufügt. So entsteht z.B. aus Klasse 2, welche als einzige Eigenschaft eine 2zählige Drehachse enthält, die Klasse 16 dadurch, daß senkrecht zu der Drehachse nun noch eine Symmetrieebene angeordnet ist.

---

[1] Statt Drehspiegelachsen werden auch Inversionsachsen (Drehachse + Symmetriezentrum) benützt. Die beiden Arten von Achsen sind nur im Falle einer vierzähligen Achse identisch.

Bei einer systematischen Untersuchung der Kombinationsmöglichkeiten von Symmetrielementen findet man eine Reihe von Gesetzen, welche die Zahl der möglichen Fälle stark einschränken. Das Auftreten von gleichwertigen Symmetrieachsen ist z. B. nur unter bestimmten Winkeln möglich (60°, 90°, 120°, 180° bei 2zähligen Achsen), ferner bedingen sich gewisse Symmetrieelemente gegenseitig (z. B. ist die Schnittlinie zweier zueinander senkrechter Symmetrieebenen immer eine 2zählige Drehachse).

Abb. 17.29 zeigt die Symmetrieverhältnisse der höchstsymmetrischen Klasse des rhombischen Kristallsystems. Sie ist dadurch gekennzeichnet, daß drei Symmetrieebenen aufeinander senkrecht stehen; jede der Schnittlinien ist eine 2zählige Symmetrieachse.

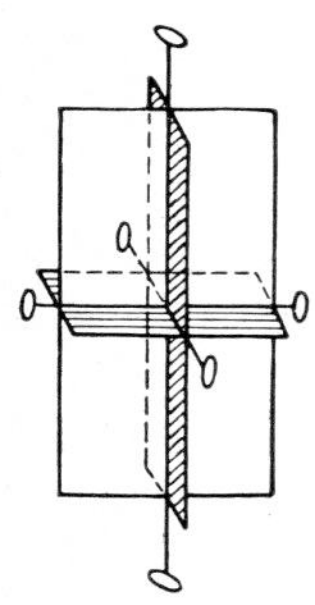

Abb. 17.29. Höchstsymmetrische rhombische Symmetrieklasse.

Um sich klarzumachen, was die Symmetrieeigenschaft für die Ausbildung der Flächen eines in diese Klasse gehörenden Kristalles zu bedeuten hat, denke man sich in Abb. 17.29 einen Punkt P in beliebiger Lage. Liegt der Punkt auf keiner Symmetrieebene, so gibt es 8 gleichwertige Punkte; durch Spiegelung von P an den beiden vertikalen Spiegelebenen entstehen nämlich aus P zunächst 4 gleichwertige Punkte, welche dann durch Spiegelung an der horizontalen Ebene verdoppelt werden. Liegt der Punkt auf einer Symmetrieebene, so gibt es nur 4 gleichwertige Lagen, liegt er auf 2 Symmetrieebenen gleichzeitig, nämlich auf der Schnittlinie von 2 Ebenen, so gibt es nur 2 gleichwertige Lagen. Die Zahl, welche angibt, wieviel gleichwertige Lagen eines Punktes in einer Klasse möglich sind, heißt die *Zähligkeit der Punktlage.* In der höchstsymmetrischen Klasse des rhombischen Systemes ist die allgemeine Lage 8zählig, wobei unter der allgemeinen Lage verstanden wird, daß der Punkt nicht auf einem Symmetrieelement liegt. Die speziellen Lagen, bei denen der Punkt auf einem oder mehreren Symmetrieelementen liegt, heißen Lagen mit 2 bzw. 1 bzw. 0 Freiheitsgraden. Eine Punktlage mit 2 Freiheitsgraden bedeutet, daß als Bedingung nur vorgeschrieben ist, daß der Punkt auf einer Ebene liegt, es sind also noch zwei Koordinaten beliebig wählbar. Eine Lage mit 2 Freiheitsgraden ist in dem Beispiel der Abb. 17.29 die Lage des Punktes auf einer Symmetrieebene, während der Fall, daß der Punkt auf der Schnittlinie der beiden Symmetrieebenen liegt, als Lage mit 1 Freiheitsgrad zu bezeichnen ist, da jetzt nur noch eine Verschiebung in einer Richtung zulässig ist. In entsprechender Weise wird die allgemeine Lage eines Punktes „Lage mit 3 Freiheitsgraden" genannt, weil der Punkt in 3 Richtungen beliebig verschoben werden kann.

Für die holoedrischen Klassen der 6 Kristallsysteme sind die Punktzähligkeiten in der Tab. 17.4 zusammengestellt. In den hemiedrischen

Tabelle 17.4. *Punktzähligkeiten der allgemeinen Lage in den höchstsymmetrischen Klassen der 6 Kristallsysteme*

triklin	2	hexagonal	24
monoklin	4	tetragonal	16
rhombisch	8	kubisch	48

und tetartoedrischen Klassen beträgt die Zähligkeit der geringeren Symmetrie wegen nur die Hälfte bzw. ein Viertel der angegebenen Werte.

Für die *Ausbildung der Flächenform* eines Kristalles der in Abb. 17.29 gezeichneten Symmetrieklasse ergeben sich hieraus folgende Schlußfolgerungen: Liegt eine Fläche zu keiner Symmetrieebene parallel, so müssen stets 8 zu den Achsen[1] gleichgeneigte, gleichwertige Flächen auf-

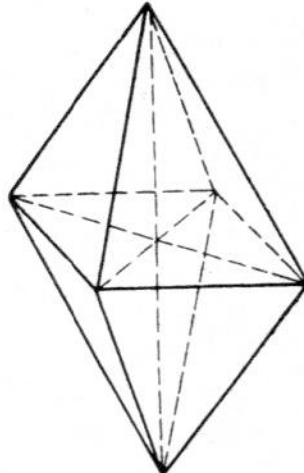

Abb. 17.30. Rhombische Bipyramide.

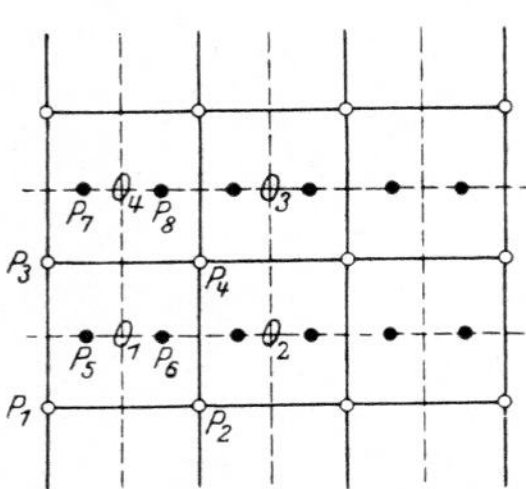

Abb. 17.31. Symmetrieebenen eines Gitters.

treten; es entsteht als Kristallform ein geometrisches Gebilde, das Bipyramide genannt wird (Abb. 17.30). Liegt dagegen eine Kristallfläche parallel zu einer Symmetrieebene, so sind nur 4 gleichwertige Flächen vorhanden und es entsteht ein Prisma. Die flächenreichste Form bei rhombischen Kristallen ist die Bipyramide mit 8 Flächen, im kubischen System ein regelmäßiges Polyeder mit 48 Flächen (Hexakisoktaeder).

Wie ist nun der Zusammenhang zwischen der äußerlich wahrnehmbaren Symmetrie eines Kristalles und der Symmetrie eines inneren Aufbaues aus Atomen? Jeder äußerlich wahrnehmbaren Symmetrieachse entspricht im strukturellen Aufbau eine Parallelschar von Symmetrieachsen, ebenso jeder äußerlich erkennbaren Symmetrieebene eine Parallelschar von Symmetrieebenen der Atomanordnung. Da jedes Raumgitter durch periodische Wiederholung einer einzigen Zelle (Parallelverschiebung in drei Richtungen) erzeugt werden kann, so müssen die Symmetrieelemente sich von Zelle zu Zelle wiederholen. Während bei den äußeren Symmetrieeigenschaften eines Kristalles alle Symmetrieelemente durch einen Punkt gehend gedacht werden können, bedeutet es für die Betrachtung

[1] Im rhombischen System liegen die Achsen so, daß sie parallel zu den Schnittlinien der 3 Symmetrieebenen verlaufen.

der Raumgittersymmetrie einen Unterschied, ob ein Symmetrieelement, z. B. eine Symmetrieebene, durch einen Punkt oder durch seinen Nachbarpunkt hindurchgeht. In Abb. 17.31 ist eine Netzebene eines Raumgitters gezeichnet, bei der 2 Atomarten als Gitterpunkte auftreten. Bei der gezeichneten Anordnung sind eine Reihe von Symmetrieebenen senkrecht zur Zeichenebene vorhanden, nämlich P_1P_3, $P_2P_4 \ldots$, P_1P_2, $P_3P_4 \ldots$, $O_1O_2 \ldots$, $O_4O_3 \ldots$, P_5P_6, $P_7P_8 \ldots$ Es ist nicht zulässig, eine Symetrieebene parallel zu sich selber zu verschieben und etwa statt durch O_4 durch das Nachbaratom P_7 zu legen. Eine solche Lage der Symmetrieebene wäre unvereinbar mit der Lage der Punkte; bei Spiegelung an der Ebene P_5P_7 würde keine Deckung der gezeichneten Punkte eintreten.

Das Beispiel zeigt schon, daß bei einer Betrachtung der möglichen Punktsysteme für die Atomlagen in einem Kristall dadurch, daß Parallelverschiebungen der Symmetrieelemente Unterschiede in der Anordnung bedingen, eine sehr viel größere Mannigfaltigkeit vorliegen muß als bei den Klassen der Symmetrie der äußeren Kristallform.

Mathematisch läßt sich dieser Sachverhalt so ausdrücken: Bei der Betrachtung der Symmetrie des inneren Aufbaues eines Kristalles treten neue Deckoperationen auf, nämlich

Parallelverschiebung,
Parallelverschiebung + Drehung = Schraubung,
Parallelverschiebung + Spiegelung = Gleitspiegelung.

Beim Vorhandensein einer *Schraubenachse* kommt das System zur Deckung, wenn gleichzeitig mit der Drehung in Richtung der Drehachse eine Parallelverschiebung um einen bestimmten Betrag, in Abb. 17.32 $^1/_4$ des Abstandes der Punkte P_1P_2, erfolgt. So entsteht zunächst aus P_1 der Punkt P_1', dann nach weiterer Drehung um 90° und Verschiebung um $^1/_4$ der Strecke P_1P_2 der Punkt P_1'', sodann in entsprechender Weise der Punkt P_1''' und schließlich erfolgt Deckung mit dem Punkt P_2. Die in Abb. 17.32 gezeichnete Anordnung besitzt eine 4zählige Schraubenachse mit Rechtsgewinde, während Abb. 17.34 eine Schraubenachse mit Linksgewinde darstellt. Zum Vergleich ist eine 4zählige Drehachse in Abb. 17.33 gezeichnet.

Die Wirkung einer 2zähligen Schraubenachse ist aus Abb. 17.35 zu ersehen, in der eine zur Schraubenachse senkrechte Netzebene gezeichnet ist; durch die Kreuzungspunkte der Maschen gehen Parallelscharen von 2zähligen Schraubenachsen. Ist I der Abstand identischer Atome in Richtung der Achse, so müssen beim Vorhandensein von Schraubenachsen zu den in der Netzebene gelegenen Atomen (helle Kreise) im Abstand $I/2$ oberhalb der Netzebene in der dunkel gezeichneten Stellung auch Atome liegen. Kristalle, deren Struktur Schraubenachsen enthält, zeigen ein eigenartiges optisches Verhalten: von derselben Kristallart, z. B. Quarz, bewirken die einen Kristalle eine Drehung der Polarisationsebene des Lichtes nach rechts, die anderen nach links. Dieses Verhalten

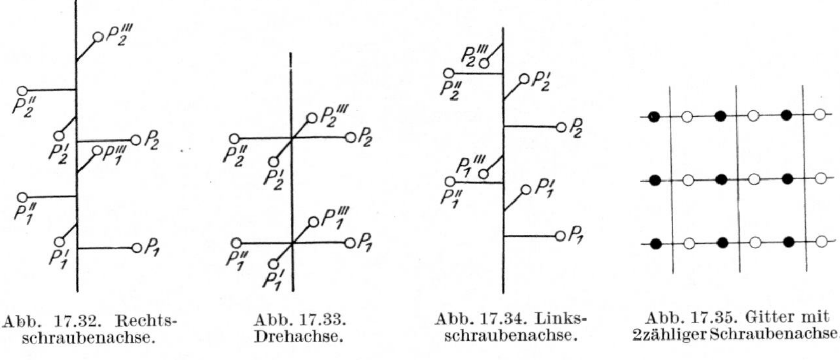

Abb. 17.32. Rechtsschraubenachse.

Abb. 17.33. Drehachse.

Abb. 17.34. Linksschraubenachse.

Abb. 17.35. Gitter mit 2zähliger Schraubenachse.

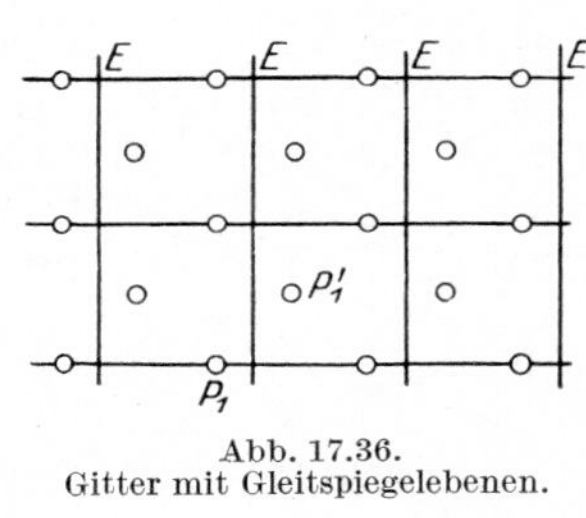

Abb. 17.36. Gitter mit Gleitspiegelebenen.

ist aus dem Vorhandensein einer links- bzw. rechtsgängigen Schraubenachse, die eine spiralförmige Anordnung der Atome bewirkt, ohne weiteres verständlich.

Unter *Gleitspiegelung* versteht man Spiegelung an einer Symmetrieebene unter gleichzeitiger Verschiebung in einer Richtung parallel zur Symmetrieebene. Senkrecht zur Netzebene eines Raumgitters stehen eine Schar paralleler Gleitspiegelebenen (E in Abb. 17.36). Der Punkt P'_1 entsteht aus P_1 dadurch, daß P_1 an E gespiegelt und dann parallel zur Spiegelebene um die halbe Maschenweite des Netzgitters verschoben wird.

D. Raumgruppen

Sämtliche möglichen Anordnungen der Atome in der Elementarzelle eines Raumgitters, *Raumgruppen* genannt, können systematisch dadurch abgeleitet werden, daß man alle Punktsysteme untersucht, die eines oder mehrere der genannten Symmetrieelemente (Drehung, Spiegelung, Drehspiegelung, Parallelverschiebung, Schraubung, Gleitspiegelung) enthalten, wobei diese Symmetrieelemente so lange kombiniert werden, bis keine neuen Anordnungen mehr entstehen. Da wieder, wie früher bei der Ableitung der Symmetrieklassen, durch eine Reihe von Gesetzen die Kombinationsmöglichkeiten eingeschränkt werden, gibt es im ganzen nur *230 verschiedene Raumgruppen*, die von FEDOROW (1890) und SCHOENFLIES (1891) unabhängig voneinander abgeleitet und beschrieben worden sind.

Raumgruppen, die sich nur dadurch unterscheiden, daß die Achsen gleicher Richtung Schraubenachsen oder Drehungsachsen, die Symmetrieebenen Spiegelebenen oder Gleitspiegelebenen sind, entsprechen ein und derselben der 32 Kristallklassen, da für die äußere Symmetrie der Kristalle zwischen Schraubenachsen und Drehachsen bzw. zwischen Spiegelebenen und Gleitspiegelebenen kein Unterschied besteht.

Es gibt zwei verschiedene Arten von Benennungen der Raumgruppen. Nach SCHOENFLIES werden die zu einer Kristallklasse gehörenden Raumgruppen mit denselben Buchstaben wie die Klasse bezeichnet und mit einer Indexziffer durchnumeriert, z. B. $D_{2h}^1\ D_{2h}^2 \ldots D_{2h}^{28}$ für die 28 Raumgruppen der Kristallklasse D_{2h}. Die neuere Bezeichnungsweise von HERMANN und MAUGUIN läßt durch Angabe von Buchstaben und Ziffern in bestimmter Reihenfolge die Symmetrieeigenschaften der Raumgruppe sofort erkennen. An erster Stelle steht ein großer Buchstabe, der das zugrunde liegende Translationsgitter (vgl. erste Spalte der Tab. 17.2) angibt. Dann folgen 1 bis 3 Symbole für die Symmetrie in einer ausgezeichneten Richtung, z. B. in Richtung der kristallographischen Hauptachsen. Die Zahlen 1 2 3 4 6 stellen Drehachsen mit 2facher, 3facher usw. Zähligkeit dar. Zahlen mit Querstrichen über den Ziffern bedeuten Drehinversionsachsen, wobei $\bar{1}$ einem Symmetriezentrum gleichwertig ist. Ziffern mit Index 2_1, 3_1, $3_2 \ldots$ bedeuten Schraubenachsen. Das Symbol für Spiegelebenen ist m und für Gleitebenen a bzw. b, c, n und d. Zur Veranschaulichung der Symbolik ist ein Beispiel im folgenden besprochen:

Raumgruppe Nr. 225, Fm3m (Bezeichnung nach SCHOENFLIES: O_h^5). Es handelt sich um eine Raumgruppe im kubischen System (s. Internat. Tables 1, S. 338).

F bedeutet, daß die Elementarzelle allseitig flächenzentriert ist. Das m an der ersten Stelle des Punktgruppensymbols heißt, daß senkrecht auf den ⟨100⟩-Achsen Spiegelebenen zu denken sind. Die 3 bedeutet, daß die ⟨111⟩-Achsen dreizählige Drehachsen sind, und das m an 3. Stelle schließlich zeigt an, daß senkrecht auf den ⟨110⟩-Achsen ebenfalls Spiegelebenen stehen. Der Leser kann sich davon überzeugen, daß alle diese Merkmale für die Elementarzelle z. B. von Kupfer zutreffen.

Die 14 Bravais-Gitterzellen (Tab. 17.2) sind für die Strukturforschung von Bedeutung. Sie können aus dem Fehlen gewisser Röntgenreflexe („Auslöschungen“) festgestellt und voneinander unterschieden werden. Daß Auslöschungen[1] von Röntgeninterferenzen auftreten, beruht auf dem Grundsatz, wonach bei der Ineinanderstellung mehrerer einfacher Translationsgitter keine neuen Reflexe auftreten, sondern von den beim einfachen Translationsgitter vorhandenen eine Anzahl ausfallen.

[1] Vgl. Math. Anhang C (Strukturfaktoren).

Bei einer allseitig flächenzentrierten Zelle können z. B. nur die Reflexe auftreten, für die alle Indizes *hkl* ungerade oder alle gerade Zahlen sind. Ausgelöscht sind Reflexe, bei denen das Indizestripel *hkl* sowohl gerade als auch ungerade Zahlen enthält. Analog gilt für eine innenzentrierte Zelle, daß die Reflexe fehlen, für die die Summe $h + k + l$ eine ungerade Zahl ist. Die Kenntnis des Kristallsystems und der Bravais-Zelle beschränkt die Zahl der bei einer Strukturbestimmung in Betracht kommenden Raumgruppen[1]. Daß überhaupt eine Erforschung der Kristallstruktur mit Hilfe von Röntgeninterferenzen möglich ist, beruht auf der Tatsache, daß nur eine endliche, durch geometrische Gesetze bedingte Anzahl von Atomlagen vorkommen kann.

18. Pulverdiagramme

A. Debye-Scherrer-Aufnahmen

Ein von Debye und Scherrer bzw. Hull nahezu gleichzeitig und unabhängig voneinander angegebenes Verfahren beruht auf der Tatsache, daß nicht bloß ein großer Kristall, sondern auch eine Anhäufung von regellos durcheinander liegenden kleinen Kriställchen bei Durchstrahlung mit homogenen Röntgenstrahlen scharfe Röntgeninterferenzen liefert.

Das *Prinzip des Verfahrens* ist aus der schematischen Zeichnung in Abb. 18.1 zu ersehen: Ein durch die Blende B begrenztes Strahlenbündel, das nur Strahlen einer Wellenlänge enthält, trifft bei O auf das in Stäbchenform gebrachte Kristallpulver. Die Richtungen aller möglichen Interferenzstrahlen werden erhalten, wenn man sich die auffallenden Strahlen an den verschiedenen Netzebenen jedes Kriställchens gespiegelt denkt und dabei beachtet, daß die Braggsche Reflexionsbedingung (vgl. Gl. 6.1) erfüllt sein muß. Diese lautet für Reflexionen 1. Ordnung[2]

$$\lambda = 2\, d \sin \Theta \tag{18.1}$$

Dabei ist λ die Wellenlänge, d der Netzebenenabstand und Θ der Inzidenzwinkel (Winkel zwischen dem einfallenden Strahl und der Netzebene).

Der Wert von d ist für die Netzebenen gleicher Art eines Gitters, z. B. für die Würfelebenen, der gleiche bei allen Kriställchen. Von Netzebenenart zu Netzebenenart ändert sich d in gesetzmäßiger Weise[3].

---

[1] Näheres über den Gang einer Strukturanalyse vgl. Abschnitt 22.

[2] Wegen der rechnerischen Berücksichtigung der höheren Ordnungen bei Strukturaufnahmen siehe die Bemerkungen im Anschluß an Gl. (18.11).

[3] Betr. der Berechnung der Zahlenwerte von d vgl. Math. Anhang C (quadrat. Form); bei kubischen Kristallen ist z. B.

$$d_{(100)} : d_{(110)} : d_{(111)} = 1 : \frac{1}{\sqrt{2}} : \frac{1}{\sqrt{3}} \,.$$

Wo liegen nun die Interferenzstrahlen, die z. B. von den Würfelebenen (Netzebenenabstand d_0) eines bestimmten kubischen Gitters in erster Ordnung erzeugt werden? Nach Gl. (18.1) können nur diejenigen Würfelebenen reflektieren, die infolge der zufälligen Lage der betreffenden Kriställchen mit der Primärstrahlrichtung einen solchen Winkel Θ_0 bilden, daß $\sin \Theta_0 = \lambda/2\, d_0$ ist. Alle diese reflektierten Strahlen bilden mit der Einfallrichtung OP einen Winkel $2\,\Theta$ (Abb. 18.1), d. h. sie liegen auf dem Mantel eines Kegels mit der Primärstrahlrichtung als Achse und dem Öffnungswinkel $4\,\Theta$. Die Schnittlinien dieser Interferenzkegel mit einem um 0 gelegten zylindrischen Film FPF' sind Kurven vierten Grades: sie sind nahezu Kreise für ganz kleine und ganz große Werte von Θ und entarten zu geraden Linien für den Sonderfall $2\,\Theta = 90°$. Was eben für die Würfelebenen abgeleitet wurde, gilt allgemein für jede Netzebenenart. Jeder *Debye-Ring* auf dem entwickelten Film (Abb. 18.2) entspricht also der Reflexion der Wellenlänge an *einer* Netzebenenart. Die Ringe sind gleichmäßig geschwärzt, wenn die Kriställchen regellos angeordnet sind und wenn ihre Größe $^1/_{100}$ mm nicht überschreitet. Bei gesetzmäßiger Orientierung der Kriställchen treten Häufungsstellen auf den Ringen auf (vgl. Abb. 28.2): sind die Kriställchen größer als $^1/_{100}$ mm, so sind die Ringe in einzelne punktförmige Schwärzungen aufgelöst (vgl. Abb. 28.1). Durch Drehen des Kristallstäbchens während der Aufnahme und, falls dies nicht ausreicht, durch Hin- und Herverschiebung entlang der Drehachse kann durch Überlagerung der Reflexionen von vielen Kriställchen eine gleichmäßige Schwärzung der Linien erreicht werden.

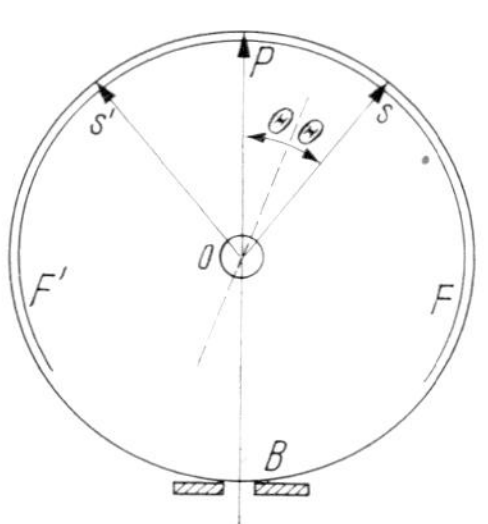

Abb. 18.1. Entstehung einer Debye-Scherrer-Aufnahme.

Abb. 18.2. Debye-Scherrer-Aufnahme von Al_2O_3. (0,4fach verkleinert.)

Unter dem Durchmesser $2\,r$ eines Ringes versteht man den in der Einfallsebene der Primärstrahlung gemessenen[1] Abstand der beiden zur Primärstrahlrichtung symmetrischen Ringhälften nach dem Ausbreiten des Films (Kurvenstück SPS' in Abb. 18.1).

[1] Ein praktisches Längenmeßgerät, das aus einem in Millimeter geteilten Glasmaßstab und einer $^1/_{100}$ mm-Meßuhr besteht, wurde von Hofrogge und Weyerer angegeben (Koinzidenzmaßstab).

Für einen Kammerradius[1] A ($= OP$) berechnet sich der Reflexionswinkel Θ aus der Beziehung

$$2r = 2A \operatorname{arc} 2\Theta \qquad (18.2)$$

Hieraus folgt für Θ, ausgedrückt in Grad,

$$2\Theta = 57{,}5 \frac{2r}{2A} \qquad (18.2\,\text{a})$$

Die Auswertung ist besonders einfach, wenn der Kammerdurchmesser 57,5 mm oder 114,8 mm beträgt. Dann ist

$$\Theta^0 = r_{\text{mm}} \quad \text{oder} \quad \Theta^0 = \frac{1}{2} r_{\text{mm}}$$

Je größer der Ringdurchmesser, desto größer der Reflexionswinkel und desto kleiner nach Gl. (18.1) der Netzebenenabstand bei gegebener Wellenlänge. Die Ringe mit kleinen Winkeln sind im allgemeinen die intensivsten.

Die Lage und das Intensitätsverhältnis der Ringe ist bei gegebenem Kammerradius abhängig von der Kristallstruktur und der Wellenlänge

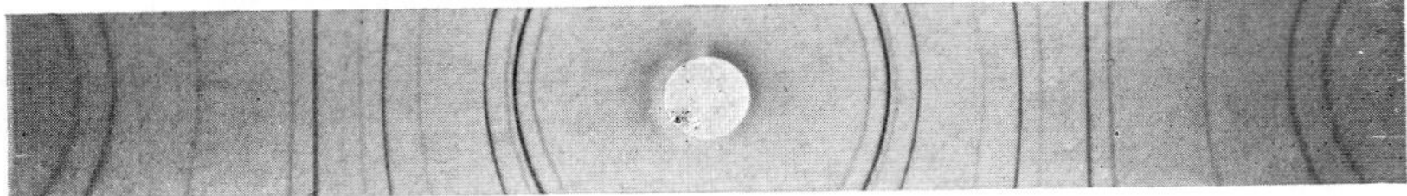

Abb. 18.3. Debye-Scherrer-Aufnahme von Cu.

Abb. 18.4. Debye-Scherrer-Aufnahme von Al.

der Röntgenstrahlen: Bei Aufnahmen an Kristallen mit gleichem Gittertypus, z. B. mit flächenzentriert kubischem Gitter, sind dieselben Ringe vorhanden, aber das ganze Ringsystem ist weiter auseinandergezogen oder zusammengepreßt[2] (Kupfer in Abb. 18.3 zum Vergleich mit Aluminium in Abb. 18.4). Die Aufnahmen sind um so linienreicher, je verwickelter der Gitterbau ist (große Elementarzelle mit niederer Symmetrie und vielen Atomen).

---

[1] Die genaueste Bestimmung von A liefert eine Aufnahme mit bekanntem Gitter, z. B. Steinsalz oder Diamant.

[2] Die sin Θ der Ringe in Abb. 18.4 ergeben sich aus denen der entsprechenden Ringe der Abb. 18.3 durch Multiplikation mit einem für alle Ringe gleichen Faktor gemäß Gl. 18.1.

Als *Strahlungsquelle* zur Herstellung von Abb. 18.3 und 18.4 diente eine Röntgenröhre mit Kupferanode und Lindemann-Fenster; die Strahlung enthält zwei intensive Wellenlängen K_α mit 1,54 kX und K_β mit 1,39 kX Wellenlängen[1]. Infolgedessen liefert jede Netzebene zwei Ringe auf der Aufnahme. Bei Auswertung schwieriger Strukturen kann dies sehr störend sein; es wird vor der Kammer ein Nickelfilter[2] eingeschaltet, das die K_β-Wellenlänge viel stärker schwächt als K_α, so daß praktisch nur noch das Ringsystem der K_α-Wellenlänge übrigbleibt (vgl. Abb. 18.3 und 18.7a). Der Nachteil des Filters ist die Verlängerung der Expositionszeit (etwa Verdoppelung bei $^1/_{100}$ mm Nickelfilter). Eine Filterung unter gleichzeitiger starker Herabsetzung der Spannung ist ferner zweckmäßig, um zur Sichtbarmachung schwacher Interferenzen die von der kurzwelligen Bremsstrahlung herrührende Hintergrundschwärzung des Films niederzuhalten. Je langwelliger die Strahlung ist, desto besser ist die Trennung benachbarter Ringe; die Verwendung der Molybdänstrahlung (0,71 und 0,63 kX) ,bei der sich die Ringe von Netzebenen mit wenig verschiedenen d-Werten überdecken, ist daher auf Ausnahmefälle beschränkt. Als Strahlung wird vorzugweise Kupferstrahlung angewandt oder Kobaltstrahlung bzw. Chromstrahlung, falls die Kupferstrahlung die Eigenstrahlung des untersuchten Stoffes (z. B. bei Eisen und Eisenlegierungen) anregt und dadurch einen allgemeinen Schleier auf dem Film hervorruft[3], in dem schwache Ringe untergehen. Eine bessere Homogenisierung der Strahlung als durch selektive Filter gibt ein *Kristallmonochromator* (Abschnitt 18.B).

Von großer Wichtigkeit ist die *Reinheit der Strahlung*; außer der gewünschten Eigenstrahlung dürfen keine anderen Eigenstrahlungen auftreten. Bei Glühkathodenröhren bildet sich auf der Anode nach längerer Betriebsdauer — bei schlechtem Vakuum schon nach einigen Stunden — infolge Zerstäubung des Glühdrahtes und des Materials des Richtungszylinders der Kathode ein Belag aus Wolfram bzw. Nickel, Eisen, Molybdän usw., so daß zusätzliche Ringe auf dem Film auftreten, die bei einer Strukturbestimmung zu verhängnisvollen Fehldeutungen Anlaß geben können. Es ist zu empfehlen, von Zeit zu Zeit durch Aufnahmen an einem Stoff mit bekanntem, einfachem Gitter die Reinheit der Strahlung zu prüfen. Von zwei weiteren Ursachen der Entstehung von überzähligen Ringen durch Eigenstrahlung des Blendenrohres bzw. des Bromsilbers

[1] Erst bei sehr großen Reflexionswinkeln (Rückstrahlaufnahmen) sind die von den Komponenten des K_α-Dublettes (K_{α_1} und K_{α_2}) erzeugten Ringe getrennt; dann darf nicht mehr mit dem Mittelwert 1,54 kX gerechnet werden (vgl. Tab. 18.1).

[2] Angabe geeigneter Filter für andere Wellenlängen s. Tab. 2.2.

[3] Ist die Eigenstrahlung viel langwelliger als die Primärstrahlung, so wird der Film mit einer Aluminiumfolie bedeckt, deren Dicke so gewählt ist, daß die langwellige Strahlung praktisch völlig ausgelöscht ist, während die primäre Strahlung nur wenig geschwächt wird.

des Films wird später noch die Rede sein. Interferenzringe dieser Art können leicht daran erkannt werden, daß ihre Lage auf Aufnahmen von verschiedenen Stoffen mit gleicher Wellenlänge unverändert bleibt.

Abb. 18.5 zeigt eine Debye-Scherrer-Kammer[1] mit 57,5 mm Durchmesser. Deutlich ist die Ein- und Austrittsblende für die Röntgenstrahlung sowie der drehbare Präparatträger (rechts im Bilde) zu erkennen. Der Film wird mit zwei Stahldrähten an die Innenfläche des Kammerzylinders angepreßt. Gutes Anliegen des Filmes ist die Voraus-

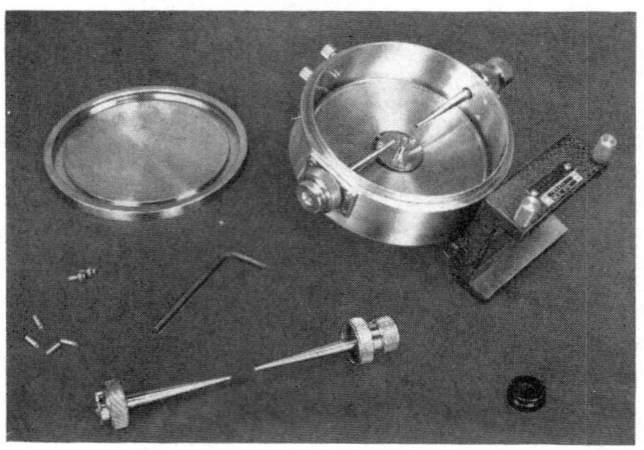

Abb. 18.5. Debye-Scherrer-Kammer (Bauart Siemens).

setzung für einen genaue Ausmessung der Ringdurchmesser. Die Verwendung beiderseitig begossener Röntgenfilme bietet außer einer Abkürzung der Belichtungszeit den Vorteil einer praktisch meist zu vernachlässigenden Schrumpfung beim Trocknen. Der Deckel des Gehäuses ist lichtdicht aufgepaßt. Das zu untersuchende Stäbchen muß im Krümmungsmittelpunkt des Filmzylinders liegen und mit seiner Achse parallel zur Drehachse verlaufen; sonst entstehen unsymmetrische Debye-Scherrer-Ringe. Zur Justierung wird der Präparatträger in eine optische Justiervorrichtung eingespannt und das Stäbchen durch Neigen in die Drehachse ausgerichtet. Abweichungen des Stäbchens von der Zylinderform und kleine Justierungsfehler können dadurch ausgeglichen werden, daß das Stäbchen während der Aufnahme mittels Uhrwerkes oder elektrischen Antriebes langsam gedreht wird. Dies ist immer notwendig bei grobkristallinem Pulver, dessen Ringe andernfalls aus einzelnen Schwärzungspunkten bestehen. Durch die Drehung werden die Punkte auf dem Film überlagert und eine gleichmäßige Schwärzung der Ringe erzielt.

Zur Herstellung des Stäbchens wird das Pulver mit Zaponlack angerührt und aus einer zylindrischen Düse von 0,5 bis 1,0 mm Durchmesser ausgepreßt[2]. Gut bewährt haben sich auch dünne Glaskapillaren,

[1] Hersteller von Kammern: C. H. F. Müller, R. Seifert, Siemens AG.

[2] Bei Kristallen mit besonders großem Gleitvermögen, z. B. Graphit, können dabei Gleitrichtungserscheinungen auftreten, die zu Doppelringen und Fehldeutungen Anlaß geben (Ebert).

in die das Pulver eingefüllt wird (Mark). Kapillaren mit genau gleichem Innendurchmesser und gleicher Wandstärke können aus einer Azetylzelluloselösung gewonnen werden (Fricke, Lohrmann und Wolf). Bei Metallen wird durch vorsichtiges Abdrehen eine zylindrische Probe herausgearbeitet und oberflächlich abgeätzt[1], damit nicht die Bearbeitungswirkungen der Oberflächenschicht Anlaß zu einer Verbreiterung der Interferenzen geben, oder es wird ein dünnes Glasstäbchen mit Klebstoff (UHU) bestrichen und in das Metallpulver eingetaucht. In jedem Fall muß das Präparat von dem Röntgenstrahlenbündel allseitig umgeben sein. Bei der Einstellung auf den Brennfleck wird mit einem an der Kammerwand befestigten Leuchtschirm die Stellung der größten Helligkeit der austretenden Strahlung aufgesucht und geprüft, ob der Schatten des Stäbchens in der Mitte der beleuchteten Fläche liegt. Durch die Austrittsblende können die primären Strahlen die Kammer verlassen, ohne auf die Metallwand aufzutreffen. Sonst würde neben einer diffusen Sekundärstrahlung auch eine Interferenzstrahlung entstehen können, die auf der der Röntgenröhre zugewandten Filmhälfte zusätzliche Ringe liefern würde. Aus dem gleichen Grund wird in den Film[2] vor dem Einlegen eine kreisförmige Öffnung zum Durchtritt der Primärstrahlung eingestanzt.

Durch geeignete Formgebung und Wahl eines im technischen Röntgengebiet eigenstrahlungsfreien Stoffes wird die Entstehung von Sekundärstrahlung an den Rändern des *Blendenrohres* vermieden. Die Blendenöffnung gegenüber dem Präparat soll weiter sein als die Blende nach der Röhre zu und nicht am Ende des Rohres, sondern einige Millimeter innerhalb sich befinden, weil dann der Kegel einer etwaigen Sekundärstrahlung auf die Umgebung des Primärstrahles eingeschränkt wird.

Abb. 18.6 zeigt die Anordnung verschiedener Kammern[3] vor den Fenstern einer Feinstrukturröhre. Die Kammern sind zum Teil evakuierbar. Der am Austrittsrohr angebrachte Leuchtschirm ist stets mit Bleiglas abgedeckt, und die Strahlenaustrittsfenster der Röhrenhaube werden beim Abnehmen einer Kammer automatisch geschlossen, um eine Strahlenschädigung des Bedienungspersonals zu vermeiden. Wie in Abb. 18.6 weiter zu erkennen ist, gibt es flache und hohe Debye-Scherrer-Kammern. Die letzteren können auch zur Herstellung von Drehkristallaufnahmen[4] Verwendung finden.

Durch *Spaltblenden*, die parallel zur Stäbchenachse liegen, lassen sich die Aufnahmezeiten im Vergleich zu Rundblenden stark abkürzen. Von den beiden in Abb. 18.7a und b gezeigten Aufnahmen eines in ein

---

[1] Es ist bei Legierungen darauf zu achten, daß die Säure nicht Veränderungen der Gefüges hervorruft (z. B. bevorzugtes Herauslösen *eines* Gefügebestandteiles).

[2] Das Bromsilber der photographischen Schicht ist kristallin.

[3] Hersteller: R. Seifert, Ahrensburg.

[4] Vgl. Abschnitt 19B.

Mark-Röhrchen von 0,5 mm Durchmesser eingefüllten Kupferpulvers wurde die eine mit 1,0 mm Durchmesser Rundblende, die andere mit einer Spaltblende von $3{,}0 \times 1{,}0\ \mathrm{mm}^2$ unter sonst gleichen Aufnahme-

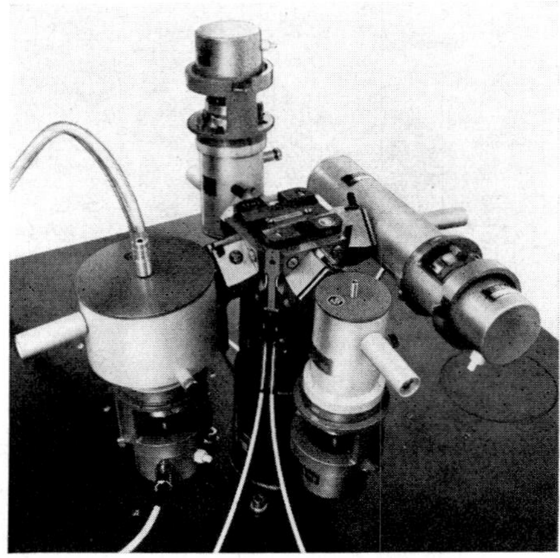

Abb. 18.6. Verschiedene Debye-Scherrer-Kammern an Röhrenhaube befestigt (Bauart Seifert)

bedingungen[1] hergestellt; bei der Rundblende war aber die Belichtungszeit viermal so groß. Wie die Abb. 18.7b zeigt, sind bei spaltförmiger

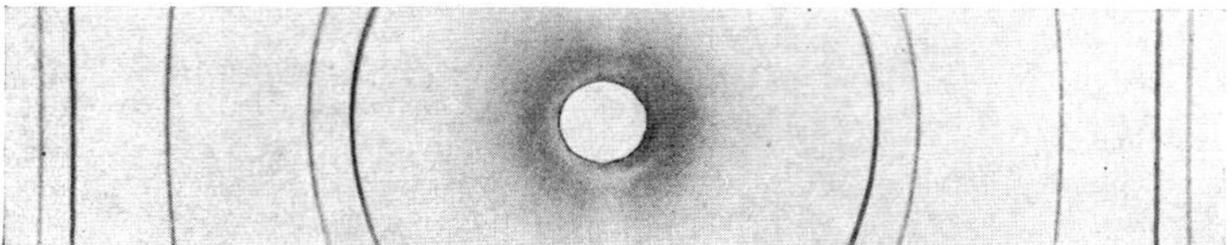

Abb. 18.7a. Debye-Scherrer-Aufnahme von Cu (Rundblende).

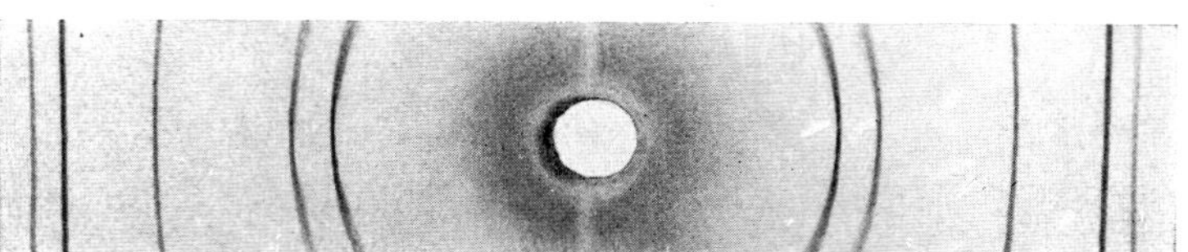

Abb. 18.7b. Debye-Scherrer-Aufnahme von Cu (Spaltblende).

Ausblendung nur die auf dem Äquator liegenden Ringteile scharf, während nach oben und unten besenartige Verbreiterungen sichtbar werden; Spaltblenden sind daher für Texturaufnahmen ungeeignet.

[1] Zur völligen Unterdrückung der β-Interferenzen wurde außer einem Nickelfilter von 0,1 mm Dicke eine besonders niedere Spannung (16 kV) gewählt. Bei 30 mA wurde 3,5 bzw. 14 Stunden belichtet.

Die Intensität *und Lage der Debye-Scherrer-Ringe* ist stark von der *Absorption des Präparates* abhängig[1], wie die Aufnahmen in Abb. 18.8a und b zeigen, die an Wolframpulver ohne und mit Korkmehlzusatz[2] unter sonst gleichen Bedingungen hergestellt wurden (SCHÄFER). Bei starker Absorption (a) sind die inneren Ringe stark geschwächt und weniger breit; außerdem sind sie etwas verlagert, die Ringdurchmesser sind bis zu 1 mm größer als auf der Aufnahme an dem durchlässigen Stäbchen (b). Der Einfluß auf die äußeren Ringe ist klein. Bei der genauen Ausmessung der Ringdurchmesser von Debye-Scherrer-Aufnahmen muß eine *Absorptionskorrektion* angebracht werden. Für ein zylindrisches

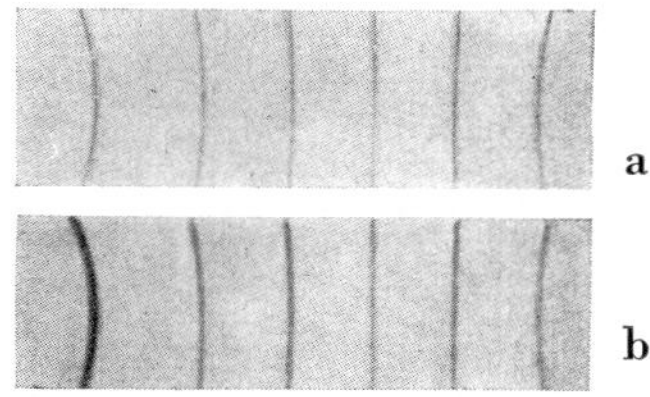

Abb. 18.8a. Debye-Scherrer-Aufnahme von W (ohne Korkmehl).

Abb. 18.8b. Debye-Scherrer-Aufnahme von W (mit Korkmehl).

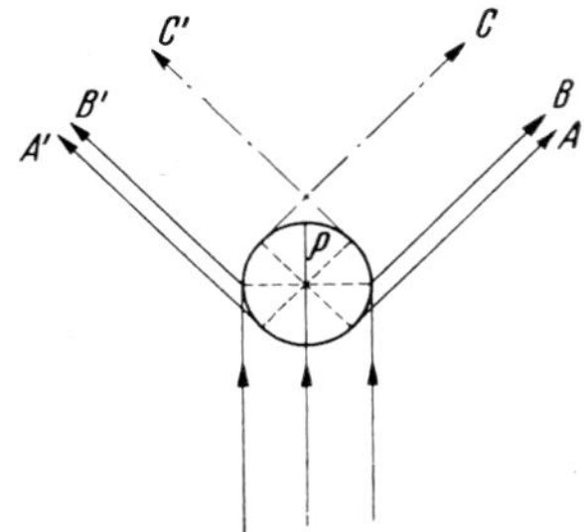

Abb. 18.9. Absorptionskorrektur.

Stäbchen und parallele Primärstrahlen sind in Abb. 18.9 die beiden Extremfälle des völlig durchlässigen und des praktisch undurchlässigen Präparates P gezeichnet. Im ersten Fall ist die Breite der Interferenz AC bzw. $A'C'$ gleich der Stäbchenbreite. Im zweiten Fall trägt nur die Oberfläche zur Entstehung der Interferenzstrahlung bei. Die Interferenzbreite ist nur AB bzw. $A'B'$, so daß der Durchmesser $2\,r$ eines Debye-Scherrer-Ringes, gemessen von Linienmitte zu Linienmitte, zu groß gefunden wird.

Bei einem Stäbchendurchmesser $2\,\varrho$ ist der wahre Durchmesser des Ringes nach HADDING:

$$2r_{\text{korr.}} = 2r - \varrho\,(1 + \cos 2\Theta)\,. \tag{18.3}$$

Die aus der Messung der Ringdurchmesser mit Hilfe der Gl. (18.2) erhaltenen Werte von $2\,\Theta$ werden in Gl. (18.3) eingesetzt und liefern $2\,r_{\text{korr}}$. Diese ergeben nach Gl. (18.2) die wahren Werte von $2\,\Theta$, welche die Grundlage für die weiteren Berechnungen bilden.

Für die rechnerisch schwierig zu erfassenden Fälle, bei denen die

[1] Betr. des Einflusses der Absorption auf die Intensität vgl. Abschnitt 21.

[2] 1 Gewichtsteil Wolfram zu 4 Gewichtsteilen Korkmehl; die Absorption wird dadurch auf $^1/_{25}$ herabgesetzt; Korkmehl ist als Zusatz besonders geeignet; es liefert nur einen Ring, und zwar in der Nähe des Primärstrahles und gibt keinen merklichen Hintergrundschleier.

Absorption des Präparates zwischen der völligen Durchlässigkeit und der völligen Undurchlässigkeit liegt, sind verschiedene Formeln angegeben worden, die bei NISHIYAMA zusammengestellt sind.

Eine sichere, empirische Erfassung des Absorptionseinflusses liefert das *Zumischverfahren*. Ein reiner Eichstoff mit genau bekannter Gitterkonstante (z. B. Gold, Silber, Diamant) wird dem zu untersuchenden Stoff beigemischt. Die Lage der Eichstofflinien kann nach Gl. (18.1) und (18.2) aus der Struktur berechnet und mit der beobachteten Lage verglichen werden. Damit erhält man die Absorptionskorrektion des Gemisches für verschiedene Winkel Θ.

Frei von einer Absorptionskorrektion ist das *fokussierende Aufnahmeverfahren von* SEEMANN *und* BOHLIN. Es beruht auf dem geometrischen Satz, daß bei divergenter Primärstrahlung die an den verschiedenen Oberflächenstellen eines vielkristallinen, zylindrisch gebogenen Präparates P reflektierten Strahlen sich in einem Punkt R schneiden, wenn dieser sowie der Eintrittsspalt Sp und die Reflexionsstellen auf dem Umfang eines Kreises gelegen sind (Abb. 18.10). Die Fokussierung erfolgt bei einer Aufnahme für alle Interferenzlinien auf dem kreisförmig gebogenen Film gleichzeitig. Der etwa 0,1 bis 0,05 mm breite Spalt darf nicht zu hoch sein, da nur die in der Zeichenebene der Abb. 18.10 verlaufenden Strahlen fokussiert werden. Der Brennfleck der Röntgenröhre soll dem Spalt möglichst nahe sein. Die Sammlung aller an der 100 bis 200 mm² großen Oberfläche des Präparates reflektierten Strahlen in einer Linie auf dem Film verkürzt die Belichtungsdauer auf ein Viertel gegenüber einer normalen Debye-Scherrer-Aufnahme. Dem steht der Nachteil gegenüber, daß mit einer Aufnahme immer nur ein gewisser Winkelbereich (z. B. 30 bis 60°) erfaßt werden kann und daß das Winkelgebiet in der Nähe des Präparates unzugänglich ist.

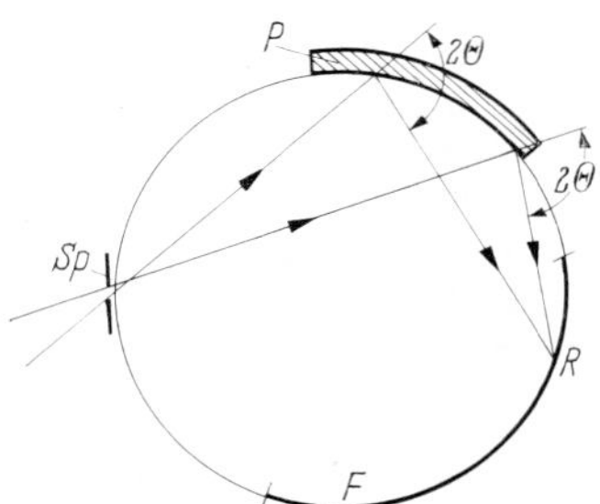

Abb. 18.10. Seemann-Bohlin-Fokussierung.

Die Lage der äußeren, scharf begrenzten Linienkanten ist von der Eindringungstiefe der Strahlen im Präparat unabhängig und ermöglicht eine unmittelbare Messung der wahren Linienlagen. Als Abstand eines Linienmittelpunktes (R) in Abb. 18.10 kann entweder der Bogen (Sp-F-R) oder der Bogen (Sp-P-R) gewählt werden (Abstände auf dem Film r bzw. r'). Ist A der Radius des Filmzylinders, so ergibt sich der Ablenkungswinkel $2\,\Theta$ aus

$$2\Theta = 180 - \frac{90\,r}{A} \tag{18.4}$$

$$\text{bzw. } 2\,\Theta = \frac{90\,r'}{A}\,. \tag{18.4a}$$

Die Linienabstände werden, da der Spalt schwer zugänglich ist, vom Schattenrand einer in der Kammer angebrachten Meßmarke aus gemessen. Der Abstand der Marke vom Spalt wird ein für allemal durch eine Eichaufnahme mit einem Stoff von bekannter Gitterstruktur ermittelt.

Der Abstand von zwei Linien mit den Braggschen Winkeln Θ und Θ' ist $4\,A\,(\Theta - \Theta')$. Er ist so groß wie bei einer Debye-Scherrer-Kammer, deren Radius gleich ist dem Durchmesser der Seemann-Bohlin-Kammer.

Die Dispersion einer Debye-Scherrer-Aufnahme, d. h. der Abstand Δr von zwei einem Wellenlängenunterschied $\Delta\lambda$ entsprechenden Interferenzlinien, nimmt zu mit wachsendem Winkel Θ. Durch Differenzierung ergibt sich aus Gl. (18.2) und (18.1):

$$\Delta r = \frac{\Delta\lambda}{\lambda}\, 2A \tan\Theta\,. \tag{18.5}$$

Die in Tab. 18.1 enthaltenen Werte für die Trennung der beiden Wellenlängen des K_α-Dublettes von Cu-Strahlung lassen den Einfluß der Tangensfunktion in Gl. (18.5) deutlich erkennen. Die Aufspaltung des Dublettes in einen Doppelring ist daher bei der üblichen Blenden- und Stäbchenbreite erst bei großen Winkeln zu beobachten.

Tabelle 18.1. *Gegenseitiger Abstand Δr in Millimetern der beiden Wellenlängen des K_α-Dublettes von Kupferstrahlung entsprechenden Ringe (Kammerradius $A = 40$ mm) für verschiedene Ablenkungswinkel $2\,\Theta$ der Interferenzstrahlen*

$2\,\Theta$	90	120	150	160	170	174°
Δr	0,2	0,3	0,7	1,1	2,2	3,6 mm

Die Verschiebung Δr einer Interferenzlinie bei Änderung der Gitterkonstante a um den Betrag Δa lautet für einen kreisförmig gebogenen Film[1] analog zu Gl. (18.5):

$$\Delta r = \frac{\Delta a}{a}\, 2A \tan\Theta\,. \tag{18.6}$$

Die rasche Zunahme von Δr bei Annäherung an $2\,\Theta = 180°$ wird in der *Rückstrahlkammer* zur Präzisionsbestimmung von Gitterkonstanten aus den äußersten Debye-Scherrer-Ringen praktisch verwertet (van Arkel, Dehlinger).

Der halbzylindrisch gebogene Film ist zum Durchtritt der Primärstrahlen in der Mitte durchlocht (Abb. 18.11). Die Ausblendung erfolgt außerhalb der Kammer vor dem Eintritt, damit reflektierte Strahlen mit Ablenkungswinkeln bis nahe an 180° von der Aufnahme erfaßt werden können. In der Kammerwand befindet sich das drehbare Stäbchen aus dem zu untersuchenden Stoff.

[1] Für einen ebenen Film gilt entsprechend $\Delta r = \frac{\Delta a}{a}\, 2A \frac{\tan\Theta}{\cos^2 2\Theta}$.

Die Anwendung der *Seemann-Bohlin-Fokussierung bei Rückstrahlaufnahmen* ist in Abb. 18.12 schematisch dargestellt. Die Primärstrahlen treten durch die Blende B ein und treffen senkrecht auf das Präparat O. Die rückwärts reflektierten Strahlen mit gleichem Braggschen Winkel Θ schneiden sich im Punkt R_1 bzw. R_2, wenn die Bedingung erfüllt ist,

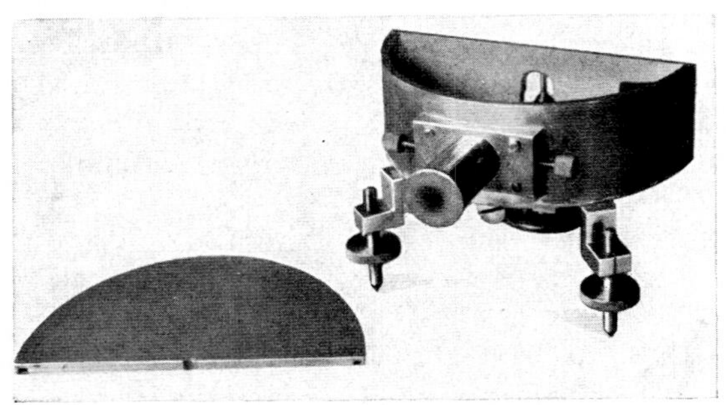

Abb. 18.11. Rückstrahlkammer (nach DEHLINGER).

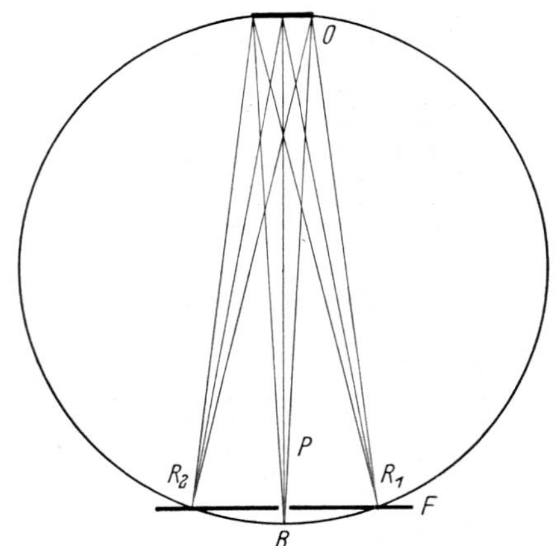

Abb. 18.12. Seemann-Bohlin-Fokussierung bei Rückstrahlaufnahmen.

daß B, O, R_1 bzw. B, O, R_2 auf einem Kreis liegen. Von der Geraden durch R_1 und R_2 in Abb. 18.12 wird zunächst abgesehen. Auf der Innenwand der Kammer wird ein Film angelegt. Alle auftretenden Interferenzen sind scharf fokussiert. Bei nicht zu großer Fläche des Objektes 0 kann der Kreisbogen durch die Tangentialebene ersetzt werden, was die Verwendung ebener Präparate ermöglicht.

Sollen Aufnahmen an Werkstücken gemacht werden, z. B. für röntgenographische Spannungsmessungen, so muß die Rückstrahlkammer fest mit einer Feinstrukturröhre verbunden werden und so gebaut sein, daß sie möglichst wenig Raum beansprucht (vgl. Abb. 18.13). Die Kammer besteht aus einem drehbaren flachen Filmträger und einem darauf senkrechten abnehmbaren Blendenröhrchen. Der Strahlengang ist in Abb. 18.12 gezeichnet. F ist der Planfilm. Bei gegebenem Abstand der Blende vom Objekt O erfolgt die Fokussierung nur für eine Interferenz R_1 bzw. R_2, wenn die Schnittpunkte auf dem Kreis liegen; dort ist der Film anzubringen. Ändert sich der Werkstoff, so ändert sich auch der

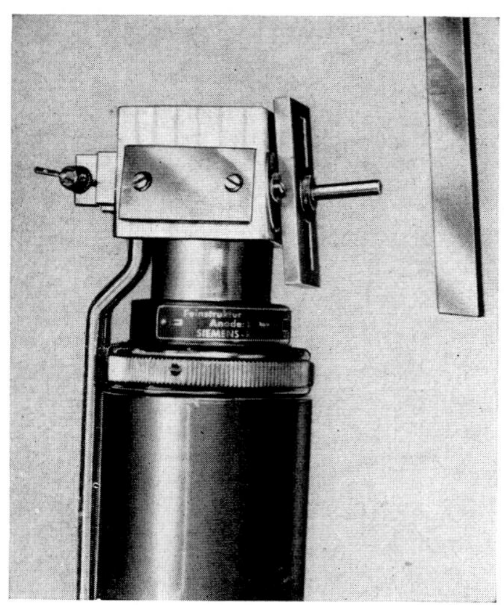

Abb. 18.13. Rückstrahlkammer an einer Feinstrukturröhre.

Braggsche Winkel Θ; demgemäß müßte der Abstand des Filmes von der Blende B verändert werden. Es ist aber in der Praxis einfacher, bei gleichbleibender Filmlage die Blende B in einem Röhrchen zu verschieben und dadurch den Fokussierungskreis zu vergrößern oder zu verkleinern. Der Abstand des Filmes vom Objekt ist von Aufnahme zu Aufnahme verschieden und muß jedes Mal mit Hilfe eines Eichstoffes bestimmt[1] werden.

Die *asymmetrische Methode von Straumanis* ist eine Kombination einer gewöhnlichen Debye-Scherrer-Aufnahme mit einer Rückstrahlaufnahme; sie ermöglicht Präzisionsmessungen ohne Verwendung eines Eichstoffes. Der Film wird so eingelegt, daß er Eintritt E und Austritt A des Primärstrahles umfaßt (Abb. 18.14a). Die Bestimmung der Mittelpunkte der Ringe um E und um A liefert eine Strecke, welche genau einem Winkelabstand von 180° entspricht, so daß sich ohne Kenntnis des Kammerdurchmessers für jede Linie der zugehörige Winkel an-

[1] Näheres in Abschnitt 27 B.

geben läßt. Bei der Aufnahme einer Aluminiumlegierung in Abb. 18.14b ist $AE = 124{,}21$ mm; eine Strecke von 1 mm auf dem Film entspricht einem Reflexionswinkel von $1°26'57''$.

Bei sehr dünnen, praktisch nicht absorbierenden Stäbchen (bestäubte Glasfäden von 0,03 bis 0,08 mm Durchmesser aus Bor-Lithium-Glas) lassen sich Messungen der Gitterkonstanten mit hoher Genauigkeit durchführen. Voraussetzung ist dabei: genau zylindrische Kammer, gleichmäßiges Anliegen des Filmes, mikroskopische Zentrierung, Ausmessung der Durchmesser der äußersten Ringe auf $\pm$ 0,01 mm, Konstanthaltung der Temperatur mit einem Thermostaten. Unter Beachtung dieser Punkte

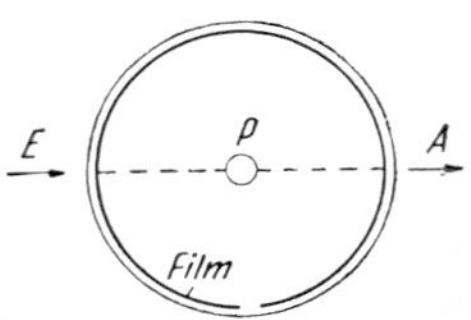

Abb. 18.14a. „Asymmetrische“ Methode von STRAUMANIS.

Abb. 18.14b. Aufnahme (nach STRAUMANIS).

können Gitterkonstanten mit einer Genauigkeit von etwa $\pm$ 0,001 bis 0,0001 kX angegeben werden.

Eine anschauliche Vorstellung von der praktisch erreichbaren Genauigkeit bei der Gitterkonstantenbestimmung von Kristallpulvern gibt ein im Jahre 1960 unter Federführung von W. PARRISH durchgeführtes Gemeinschaftsunternehmen der Internationalen Kristallographenunion, an der sich 16 Institute in verschiedenen Ländern beteiligten. An ein und demselben Siliziumpulver sollte die Gitterkonstante a bei der Temperatur von 25 °C möglichst genau bestimmt werden; die Wahl der Methode blieb jedem Institut freigestellt. Als Mittel der Messungen ergab sich

$$a = 5{,}43054 \pm 0{,}00017 \text{ Å} .$$

Die 4. Stelle hinter dem Komma ist somit nicht mehr ganz sicher. Die besten Präzisionsmessungen in dem Zeitraum 1935 bis 1955 ergaben als Mittel $a = 5{,}43078$ Å, also einen um 0,004% größeren Wert. Die Genauigkeiten bei Messungen von Gitterkonstanten sind recht groß; die Fehlerbreite beträgt nur etwa 0,003% des Resultates.

Ist α der thermische Ausdehnungskoeffizient eines Stoffes, a_1 bzw. a_2 die Gitterkonstante bei der Temperatur t_1 bzw. t_2, so gilt[1]

$$a_2 = a_1 + \alpha\, a_1 (t_2 - t_1) . \tag{18.7}$$

[1] Diese Beziehung diente wiederholt als Grundlage für röntgenographische Bestimmungen von Wärmeausdehnungskoeffizienten kristalliner Stoffe, z. B. Quarz (JAY), Zinn (STRAUMANIS).

Eine Temperaturerhöhung um 1 °C ändert die Gitterkonstante von Aluminium (4,0414 kX) bereits um rund 0,0001 kX.

Bei der relativ hohen Meßgenauigkeit muß auch der an sich kleine Brechungseinfluß [vgl. Gl. (11.4)] berücksichtigt werden, der sich besonders bei den inneren Linien und bei Elementen mit hoher Dichte und großem Atomgewicht bemerkbar macht. Die an den beobachteten Werten von $\sin^2 \Theta$ anzubringende Brechungskorrektion lautet nach JETTE und FOOTE:

$$\Delta [\sin^2 \Theta] = -19{,}6 \cdot 10^{-6} \frac{\varrho_0 Z \lambda^2}{4 M}, \tag{18.8}$$

ϱ_0 Dichte in g/cm³ λ Wellenlänge in Å
Z Atomnummer, M Molekulargewicht.

Durch den Brechungseinfluß werden die Ringe nach außen verschoben.

Ein Absorptionseinfluß, z. B. infolge eines zu dicken Stäbchens, macht sich durch einen Gang der Gitterkonstanten mit dem Winkel bemerkbar. Der wahre Wert wird erhalten durch Extrapolation auf $2\,\Theta = 180°$. Bei kubischen Gittern wird zur Präzisionsgitterkonstantenbestimmung a in Abhängigkeit von $\cos^2 \Theta$ aufgetragen und die entstehende Gerade

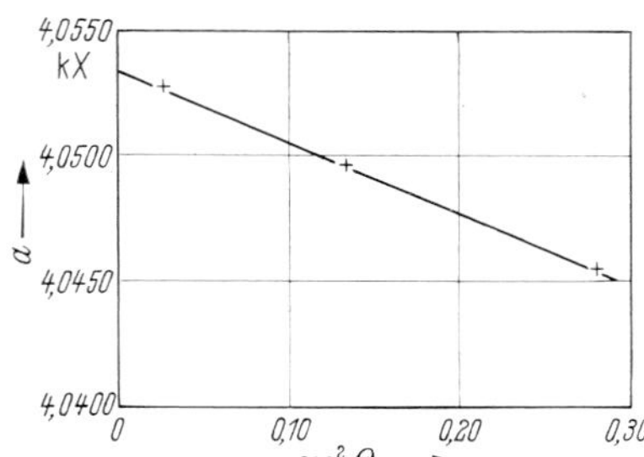

Abb. 18.15. Zur Auswertung von Aufnahme 18.14b.

zum Schnitt mit der Abszissenachse gebracht (BRADLEY und JAY). Die in Abb. 18.15 durchgeführte graphische Extrapolation ergibt für die Aufnahme in Abb. 18.14b den Wert $a = 4{,}0535$ kX.

Mitunter kann die Auftragung über einer anderen Winkelfunktion, z. B. $\cos^2 \Theta/\Theta$ nach BRADLEY und JAY oder $\cos^2 \Theta/\Theta + \cos^2 \Theta/\sin \Theta$ nach TAYLOR und SINCLAIR günstiger sein, um eine möglichst geradlinige Extrapolationskurve zu erhalten; durch mehrfaches Exponieren desselben Filmes mit der K_α-Strahlung von Cu, Ni und Cr ergibt sich eine dichtere Belegung der Kurve mit Meßpunkten und damit eine größere Genauigkeit der Extrapolation (WEYERER).

Eine Anwendung der asymmetrischen Methode ist die *Bestimmung des thermischen Ausdehnungskoeffizienten* aus mehreren Aufnahmen bei verschiedenen Temperaturen zwischen 15 und 45 °C. Die von STRAUMANIS und JEVINS an Steinsalz, Aluminium und Tellur erhaltenen Ausdehnungskoeffizienten stimmen mit den besten nach anderen Verfahren gewonnenen Werten sehr gut überein.

Für Debye-Scherrer-Aufnahmen im Vakuum und bei hohen Temperaturen sind verschiedene Anordnungen angegeben worden.

Bei der in Abb. 18.16 als Beispiel gezeigten Hochtemperaturkammer[1] befindet sich das Präparat in einer zylinderförmig gewickelten Heizspule aus Platindraht. Im Bild gut sichtbar ist das wassergekühlte Wärmeschutzschild sowie die ganz links gezeigte Filmkassette. Der Filmzylinder kann längs der Drehachse des Präparates entweder kontinuierlich verschoben werden, wodurch man ein „Fahrdiagramm“

Abb. 18.16. Hochtemperaturkammer für Filmaufnahmen (Bauart Rigaku Denki, Tokio).

erhält, oder aber er wird nach jeder Aufnahme ein entsprechendes Stück weitertransportiert, wodurch nacheinander verschiedene Aufnahmen entstehen. Mit Gasfüllung oder Vakuum können Präparat-Temperaturen bis zu 1400 °C erhalten werden.

Die im Abschn. 19.B zu besprechenden Drehkristallkammern können meist auch zur Herstellung von Debye-Scherrer-Aufnahmen verwendet werden. Kammern mit kegelförmiger Anordnung des Filmes von Regler (Kegelachse in der Primärstrahlrichtung) und von Sauter (Kegelachse senkrecht zur Primärstrahlung, in Richtung der Drehachse des Präparates) sind noch zu erwähnen.

Während beim Röntgenspektrum das Auftreten einer Spektrallinie an einer bestimmten Stelle den unmittelbaren Schluß auf das Vorhandensein einer bestimmten Atomart zuläßt, ist der Zusammenhang zwischen dem Ringsystem eines Debye-Scherrer-Filmes und der Kristallstruktur des untersuchten Stoffes ein wesentlich verwickelterer. In einer Reihe von Fällen ist aber eine Anwendung durch direkten Vergleich von Linienlagen, d. h. ohne mathematische Auswertungsverfahren möglich.

Die neuere Entwicklung[2] der Aufnahmetechnik hat gezeigt, daß das

---

[1] Hersteller: Rigaku Denki, Tokio.

[2] Vgl. Abschnitt 29.

Fehlen jeglicher Interferenzen auf einer gewöhnlichen Debye-Aufnahme nicht ohne weiteres als Beweis für die amorphe Natur des untersuchten Stoffes angesehen werden kann. Die Entscheidung, ob die *Kristallstruktur zweier durch chemische Analyse nicht unterscheidbarer Stoffe gleich oder verschieden ist,* wird unmittelbar von der Aufnahme geliefert; im ersten Fall müssen sich die Ringe beim Übereinanderlegen der Filme decken, wenn die Aufnahmen in der gleichen Kammer und mit der gleichen Wellenlänge hergestellt wurden. Bei gleicher chemischer Zusammensetzung zeigten z. B. verschieden stark geglühte Präparate von Monokalziumphosphat verschiedene Lage der Debye-Ringe; die widerstreitenden Angaben über die Löslichkeit dieses für die künstliche Düngung wichtigen Salzes konnten erklärt werden, nachdem röntgenographisch eine Umwandlung beim Glühen zwischen 110° und 150° aufgedeckt worden war. Es handelt sich hier um einen Fall von *Isomerie*, um Verschiedenheiten der stofflichen Eigenschaften bei gleicher chemischer Zusammensetzung.

Für den Nachweis der *Existenz neuer chemischer Verbindungen* ist das Röntgenverfahren häufig von entscheidender Bedeutung. Die Aufnahme eines durch Glühbehandlung teilweise abgebauten Fe_2O_3 mit der Zusammensetzung $FeO_{1,39}$ zeigte in ungefähr gleicher Stärke nebeneinander die Ringe von Fe_2O_3 und von Fe_3O_4. Das Präparat ist also ein mechanisches Gemenge dieser beiden Oxyde; wäre es eine neue Verbindung, so hätte ein neues Gitter und damit andere Linienlagen auf dem Film sich einstellen müssen.

In der technischen Chemie kommen öfters Fälle vor, in denen eine *chemische Identifizierung eines Stoffes* nicht möglich ist. Die umstrittene Frage, ob die rote Farbe des Kupferrubinglases durch eine Ausscheidung von elementarem Kupfer oder von Kupferoxydul zustande kommt, konnte durch Debye-Scherrer-Aufnahmen zugunsten der ersten Annahme entschieden werden.

In solchen Fällen muß man die gefundenen Ringlagen mit Aufnahmen der in Frage kommenden Stoffe vergleichen. Diese Aufnahmen können entweder an reinen Stoffen unmittelbar gewonnen werden oder, was einfacher, aber nicht so sicher ist, rechnerisch aus den Angaben der Strukturtabelle abgeleitet werden.

Dieses Verfahren einer qualitativen chemischen Analyse hat erhebliche praktische Bedeutung erlangt, nachdem von Hanawalt, Rinn und Frevel ein Karteikartensystem entwickelt wurde, das u. a. die Netzebenenanstände (d-Werte) der drei intensivsten Interferenzen für etwa 15000 anorganische und ebensoviele organische Substanzen enthält. Die Karten sind im zugehörigen Verzeichnis einmal nach Substanzen und zum anderen in der Reihenfolge der abnehmenden Werte von d_1 angeordnet. Man sucht zunächst diejenigen Karten aus, welche innerhalb

Tabelle 18.2. *Berechnung der Lage von Debye-Scherrer-Ringen für drei verschiedene Gittertypen*

I. Kubisches Gitter $a = 4{,}0$ kX, $\sin^2\Theta = \frac{\lambda^2}{4a^2}(h^2+k^2+l^2)$.

II. Tetragonales Gitter $a = 4{,}0$ kX $\frac{c}{a} = 0{,}67_4$, $\sin^2\Theta = \frac{\lambda^2}{4a^2}\left(h^2+k^2+l^2\frac{a^2}{c^2}\right)$.

III. Hexagonales Gitter $a = 4{,}0$ kX $\frac{c}{a} = 1{,}633$, $\sin^2\Theta = \frac{\lambda^2}{4a^2}\left[\frac{4}{3}(h^2+k^2+hk)+l^2\frac{a^2}{c^2}\right]$.

$\lambda = 1{,}539$ kX (K_α von Kupfer), somit $\frac{\lambda^2}{4a^2} = 0{,}037$.

I.			II.			III.				
$h\ k\ l$	$h^2+k^2+l^2$	$\sin^2\Theta$	$h\ k\ l$	$h^2+k^2+l^2\frac{a^2}{c^2}$	$\sin^2\Theta$	$h\ k\ l$	$\frac{4}{3}(h^2+k^2+hk)$	$l^2\frac{a^2}{c^2}$	$\frac{4}{3}(h^2+k^2+hk)+l^2\frac{a^2}{c^2}$	$\sin^2\Theta$
0 0 1	1	0,037	1 0 0	1	0,037	0 0 1	0	$0{,}37_5$	$0{,}37_5$	0,014
0 1 1	2	0,074	1 1 0	2	0,074	1 0 0	1,33	0	1,33	0,049
1 1 1	3	0,111	0 0 1	2,2	0,081	0 0 2	0	1,5	1,5	0,055
0 0 2	4	0,148	0 1 1	3,2	0,118	1 0 1	1,33	0,37	1,7	0,063
0 1 2	5	0,185	2 0 0	4	0,148	1 0 2	1,33	1,5	2,83	0,104
1 1 2	6	0,222	1 1 1	4,2	0,155	0 0 3	0	3,37	3,37	0,125
0 2 2	8	0,296	1 2 0	5	0,185	1 1 0	4	0	4	0,148
1 2 2	9	0,333	2 0 1	6,2	0,229	1 1 1	4	0,37	4,37	0,162
0 0 3			1 2 1	7,2	0,266	1 0 3	1,33	3,37	4,70	0,174
0 1 3	10	0,370	2 2 0	8	0,296	0 2 0	5,33	0	5,33	0,198
1 1 3	11	0,407	0 0 2	8,8	0,325	1 1 2	4	1,5	5,5	0,204
2 2 2	12	0,444	3 0 0	9	0,333	0 2 1	5,33	0,37	5,7	0,211
0 2 3	13	0,481	1 0 2	9,8	0,363	0 0 4	0	6	6	0,222
2 1 3	14	0,518	1 3 0	10	0,370	2 0 2	5,33	1,5	6,83	0,253
0 0 4	16	0,592	2 2 1	10,2	0,377	1 0 4	1,33	6	7,33	0,272
0 1 4	17	0,629	1 1 2	10,8	0,400	1 1 3	4	3,37	7,37	0,273
2 2 3			3 0 1	11,2	0,415	2 0 3	5,33	3,37	8,70	0,322

0 3 3	18	0,666
1 1 4		
3 1 3	19	0,703
0 2 4	20	0,740
2 1 4	21	0,777
3 2 3	22	0,814
2 2 4	24	0,888
0 3 4	25	0,925
0 0 5		
3 1 4	26	0,962
0 1 5		
3 3 3	27	0,999
1 1 5		
usw.	usw.	usw.

1 3 1	12,2
2 0 2	12,8
2 3 0	13
2 1 2	13,8
usw.	usw.

0,451	1 2 0	9,33
0,474	0 0 5	0
0,481	1 2 1	9,33
0,511	1 1 4	4
usw.	1 0 5	1,33
	2 1 2	9,33
	2 0 4	5,33
	3 0 0	12,0
	usw.	usw.

0	9,33	0,345
9,37	9,37	0,346
0,37	9,7	0,359
6	10	0,370
9,37	10,70	0,396
1,5	10,83	0,401
6,0	11,33	0,419
0	12,0	0,444
usw.	usw.	usw.

der Meßfehlergrenze mit dem gemessenen d_1-Wert übereinstimmende Zahlen enthalten. Die weitere Aussonderung erfolgt mit Hilfe der d_2-Werte und schließlich der d_3-Werte. Eine Nachprüfung ermöglicht der Vergleich der beobachteten Intensitätsverhältnisse mit den auf den Karten angegebenen. Außerdem enthalten die Karten eine Liste aller d-Werte der betreffenden Substanz. Das System wurde von der American Society for Testing Materials[1] in Form der ASTM-Indexkarten auf etwa 30000 Stoffe erweitert und so ausgebaut, daß die Auswahl in kürzester Frist vor sich geht. In gewissen Fällen ist die Entscheidung nicht eindeutig, z. B. bei Eisen- und Eisen-Chrom-Legierungen, bei den Spinellen usf. (Frevel).

Die Nachweisbarkeitsgrenze eines Stoffes auf dem Pulverdiagramm hängt vom Einzelfall ab; sie liegt zwischen einigen Zehntelprozent und einigen Prozent. Niedrigsymmetrische Gitter, wie z. B. monokline oder trikline, liefern nur schwache Interferenzen im Vergleich zu kubischen Gittern; Eigenstrahlungen irgendwelcher Bestandteile des Stoffes oder Beimengungen von nichtkristallinen Substanzen erhöhen den Hintergrundschleier und vermindern die Empfindlichkeit des Nachweises.

Bei der *Berechnung der Lage von Debye-Scherrer-Ringen aus den Anga-*

[1] Die Karten sind als „Diffraction Data Cards" zu beziehen von American Society for Testing Materials, Philadelphia, PA 19103, 1845 Walnut Street. Eine Beschreibung mit Anwendungsbeispielen findet sich bei H. P. Klug und L. E. Alexander: X-Ray Difraction Procedures S. 390 bis 405, New York: Wiley and Sons 1954.

ben der Strukturtabelle geht man aus von der sog. *quadratischen Form*, die für jede Netzebene mit den Indizes $(h\,k\,l)$ den Netzebenenabstand d liefert, wenn die Kantenlängen a, b, c und die Kantenwinkel α, β, γ der Elementarzelle des Gitters bekannt sind; es ist

$$\frac{1}{d^2} = f_1\,h^2 + f_2\,k^2 + f_3\,l^2 + f_4\,h\,k + f_5\,k\,l + f_6\,h\,l \tag{18.9}$$

wobei $f_1, f_2, f_3, \ldots$ Funktionen von a, b, c und α, β, γ sind, die für jedes Kristallsystem angegeben werden können (vgl. Math. Anhang C), und z. B. für das orthorhombische System so lauten:

$$\frac{1}{d^2} = \frac{h^2}{a^2} + \frac{k^2}{b^2} + \frac{l^2}{c^2}\,. \tag{18.10}$$

Für $a = b$ ergibt sich die Formel für das tetragonale, für $a = b = c$ für das kubische System. Ersetzt man d nach der Braggschen Reflexionsgleichung (18.1) durch den Inzidenzwinkel Θ und die Wellenlänge λ, so ergibt sich

$$\sin^2\Theta = \frac{\lambda^2}{4}\,(f_1\,h^2 + f_2\,k^2 + f_3\,l^2 + f_4\,h\,k + f_5\,k\,l + f_6\,h\,l) \tag{18.11}$$

Drei *Berechnungsbeispiele* für die Lage von Debye-Scherrer-Ringen für Aufnahmen mit Kupferstrahlung und Nickelfilter ($\lambda = 1{,}539$ kX) sind in Tab. 18.2 enthalten; angegeben ist $\sin^2\Theta$ für ein kubisches Gitter mit $a = 4{,}0$ kX, für ein tetragonales Gitter mit $a = 4{,}0$ kX und $c = 2{,}696$ kX und für ein hexagonales Gitter mit $a = 4{,}0$ kX und $c = 6{,}532$ kX. Die quadratische Form ist für die drei Kristallsysteme am Kopf der Tab. 18.2 angegeben; setzt man der Reihe nach für h, k, l mit 0 beginnend einfache ganze Zahlen ein, so erhält man sämtliche möglichen Reflexionen des betreffenden Gitters[1]. Beim kubischen Gitter ergibt sich bei einer Vertauschung der Zahlenwerte für h, k, l der gleiche Wert für $\sin^2\Theta$; die Reflexionen von (100), (010) und (001) z. B. liefern *einen* Debye-Scherrer-Ring. Beim tetragonalen Gitter erzeugen Netzebenen, die durch Vertauschung der Zahl für h und k auseinander hervorgehen, *einen* Ring, also z. B. (100) und (010), nicht aber (001). Beim orthorhombischen Gitter liefern (100) und (010) sowie (001) drei getrennte Ringe. Infolge des Zusammenfallens der Reflexe mehrerer Netzebenen enthalten die Debye-Scherrer-Aufnahmen von kubischen Gittern wenige, dafür aber recht intensive Ringe (vgl. Abb. 18.17).

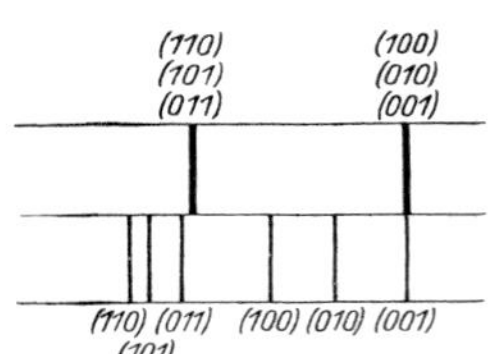

Abb. 18.17. Debye-Scherrer-Linien eines kubischen und eines orthorhombischen Gitters (schematisch).

Aus den Angaben der dritten Spalte der Tab. 18.2 können leicht die Werte von $\sin^2\Theta$ für sämtliche kubischen Gitter berechnet werden; für

[1] Näheres in Abschnitt 21 (Intensitätsgesetze) und Math. Anhang C.

NaCl (Steinsalz) ist die Kantenlänge der Elementarzelle $a = 5{,}628$ kX. Man hat also die angegebenen Werte von $\sin^2 \Theta$ mit $\left(\frac{4{,}0}{5{,}628}\right)$ zu multiplizieren. Bei den nichtkubischen Gittern ist eine einfache Umrechnung nicht möglich, weil der Reflexionswinkel von mehr als einer Variablen (z. B. a und c) abhängt.

Es ist besonders hervorzugeben, daß die aus der quadratischen Form abgeleiteten Reflexionen die *möglichen Reflexionen* eines Gitters des betreffenden Kristallsystems darstellen. Ob alle diese Reflexe tatsächlich vorkommen, hängt von der Anordnung der Atome in der Gitterzelle ab. Sobald die Gitterzelle nicht nur an den Eckpunkten von Atomen besetzt ist, kommen gewisse Reflexe in Wegfall. *Zusätzliche Reflexe zu den von der quadratischen Form gelieferten können nicht auftreten.* Der Einfluß der Atomlagen innerhalb der Zelle auf die *Auslöschung* von Reflexionen wird durch den sog. *Strukturfaktor* mathematisch dargestellt[1]. Beim raumzentriert kubischen Gitter fehlen z. B. alle Reflexe von Netzebenen, deren Indizessumme $h + k + l$ eine ungerade Zahl ist.

Zu einer Kristallstrukturbestimmung ist eine *Bezifferung der Aufnahme,* d. h. eine Zuordnung der Indizes der reflektierenden Netzebene zu jedem Interferenzring erforderlich. Um das Ergebnis einer Debye-Scherrer-Aufnahme in einer vom Durchmesser der Kammer und der Wellenlänge unabhängigen Form darzustellen, hat man aus den Ringradien nach Gl. (18.2) den Reflexionswinkel zu ermitteln. Da für die weitere Berechnung $\sin^2 \Theta$ benötigt wird, benützt man zweckmäßig eine für einen bestimmten Kammerdurchmesser gültige graphische Darstellung von $\sin^2 \Theta$ in Abhängigkeit von den Ringdurchmessern $2\,r$, an denen vorher die früher erwähnte Absorptionskorrektion anzubringen ist. Das Zahlenschema einer Auswertung für eine Silberaufnahme ist in Tab. 18.3 gegeben. Spalte 1 enthält die Reihenfolge der Ringe, vom Primärstrahl an gerechnet, Spalte 2 die Intensitäten nach roher Schätzung der Schwärzung, Spalte 3 die gemessenen, Spalte 4 die nach Gl. (18.3) korrigierten Ringdurchmesser, Spalte 5 die $\sin^2 \Theta$-Werte. Die Aufnahme wurde ohne Nickelfilter hergestellt und enthält daher auch die Ringe von λ_β. Um diese auszuscheiden, wird geprüft, zu welchen schwachen Linien sich starke Linien finden mit einem 1,23mal[2] größeren Wert von $\sin^2 \Theta$. So ist Linie Nr. 3 die Reflexion von λ_β an der gleichen Netzebene, die bei Reflexion von λ_α die Linie Nr. 4 hervorruft.

Die Bezifferung kann bei kubischen Gittern auf einfache Weise durch-

---

[1] Ausführliche Zahlentafeln finden sich hierfür in den Internat. Tables for X-Ray Crystallography, Vol. 2, Birmingham (England): The Kynoch Press 1959.

[2] $\left[\frac{\lambda_\alpha}{\lambda_\beta}\right]^2 = 1{,}23$. Betr. der Möglichkeit der Überdeckung durch eine Reflexion von λ_α an einer anderen Netzebene vgl. Abschnitt 19 B (Drehkristallaufnahmen).

Tabelle 18.3. *Auswertung einer Debye-Scherrer-Aufnahme von Silberdraht* 0,9 mm *Durchmesser*

Kupferstrahlung ohne Nickelfilter, also $\lambda_\alpha = 1{,}539$ kX und $\lambda_\beta = 1{,}389$ kX. Kammerdurchmesser $2\,A = 80{,}7$ mm

Messung der Linienlage auf dem Film					Berechnung der Linienlage aus der bekannten Gitterstruktur		Berechnung der Linienintensität		
Reihenfolge der Linien	Intensität geschätzt	Ringdurchmesser in mm gemessen[1]	korrigiert[2]	$\sin^2\Theta$ beobachtet	Reflektierende Netzebene	$\sin^2\Theta$ berechnet	H.[3]	L.[4]	Relative Intensität
1. = 2. (β)	schwach	49,0	48,0	0,085	(111) β	0,087	—	—	—
2.	stark	54,6	53,7	0,105	(111)	0,107	8	16,4	130
3. = 4. (β)	schwach	57,4	56,5	0,114	(002) β	0,116	—	—	—
4.	mittel	63,2	62,4	0,142	(002)	0,142	6	11,5	67
5. = 6. (β)	schwach	82,0	81,3	0,233	(022) β	0,232	—	—	—
6.	stark	91,7	91,0	0,286	(022)	0,284	12	4,9	59
7. = 9. (β)	schwach	97,8	97,1	0,320	(113) β	0,319	—	—	—
8. = 10. (β)	sehr schwach	102,7	102,1	0,349	(222) β	0,348	—	—	—
9.	stark	109,8	109,2	0,393	(113)	0,391	24	3,4	82
10.	mittel	115,8	115,2	0,428	(222)	0,427	8	3,2	25
11. = 13. (β)	sehr schwach	121,9	121,3	0,463	(004) β	0,464	—	—	—
12. = 15. (β)	schwach	135,8	135,4	0,553	(313) β	0,551	—	—	—
13.	schwach	138,7	138,3	0,571	(004)	0,569	6	2,7	16
14. = 17. (β)	schwach	140,7	140,3	0,583	(024) β	0,580	—	—	—
15.	stark	156,8	156,5	0,680	(313)	0,676	24	2,6	62
16. = 19. (β)	schwach	160,3	160,0	0,700	(224) β	0,695	—	—	—
17.	stark	162,8	162,5	0,714	(024)	0,712	24	3,1	74
18.	stark	191,2	191,1	0,858	(224)	0,854	24	4,6	110

[1] Messung der Linienmitten.
[2] Korrektion nach HADDING, Gl. (18.3).
[3] Flächenhäufigkeitsfaktor, Definition Abschnitt 21 und Tabelle 21.4.
[4] Lorentz-Faktor, Definition Abschnitt 21.

geführt werden; es ist

$$\sin^2 \Theta = \frac{\lambda^2}{4 a_2} (h^2 + k^2 + l^2). \tag{18.12}$$

Es müssen sich also die Verhältniszahlen der beobachteten $\sin^2 \Theta$ darstellen lassen durch die Verhältnisse von Summen der Quadrate dreier einfacher ganzer Zahlen h, k, l. Man schreibt der Reihe nach die Summe dreier einfacher Quadratzahlen an (Spalte 1 der Tab. 18.4) und bildet die Verhältniszahlen der beobachteten $\sin^2 \Theta$, bezogen auf den Wert des innersten Ringes (Spalte 5). Man nimmt nun versuchsweise an, daß dem ersten beobachteten Ring die Indizes (001) zukommen. Man sieht sofort aus dem Vergleich von Spalte 2 und 5, daß die Verhältniszahlen der $\sin^2 \Theta$

Tabelle 18.4. *Bezifferung der Debye-Scherrer-Aufnahme eines kubischen Gitters*

$h\ k\ l$	$h^2+k^2+l^2$	$\frac{h^2+k^2+l^2}{(h^2+k^2+l^2)_{011}}$	$\frac{h^2+k^2+l^2}{(h^2+k^3+l^2)_{111}}$	$\sin^2\Theta$ beobachtet (bezogen auf den Wert des innersten Ringes)
0 0 1	1	—	—	—
0 1 1	2	1	—	—
1 1 1	3	1,5	1	1
0 0 2	4	2	1,33	1,35
0 1 2	5	2,5	1,66	—
1 1 2	6	3	2	—
0 2 2	8	4	2,66	2,72
1 2 2 / 0 0 3	9	4,5	3	—
0 1 3	10	5	3,33	—
1 1 3	11	5,5	3,66	3,74
2 2 2	12	6	4,0	4,07
0 2 3	13	6,5	4,33	—
2 1 3	14	7	4,66	—
0 0 4	16	8	5,33	5,41
...	...	...	...	...

auf diese Weise nicht dargestellt werden können. Ebensowenig glückt dies für die Annahme, daß der erste Ring die Indizes (011) habe. Dagegen erhält man eine befriedigende Darstellung der beobachteten Verhältniszahlen, wenn dem ersten Ring die Indizes (111) zugeschrieben werden (Spalte 4 der Tab. 18.4). Von den in einem einfach kubischen Gitter möglichen Reflexen fehlen eine ganze Anzahl auf der Aufnahme; es handelt sich also um eine Gitterzelle, die nicht primitiv ist, das heißt, daß sie mehr als 1 Atom enthält.

Aus der Gesetzmäßigkeit der Auslöschung gewisser Reflexe — es reflektieren nur Netzebenen, deren drei Indizes alle gerade oder alle ungerade sind — ergibt sich[1] eine flächenzentriert kubische Elementarzelle.

[1] Vgl. Math. Anhang C (Strukturfaktor).

Aus der Tab. 18.4 können nunmehr die Indizes jedes einzelnen Ringes abgelesen werden; zur Berechnung der Kantenlänge a der Gitterzelle nach Gl. (18.12) stehen ebensoviel Werte zur Verfügung, als Ringe vorhanden sind. Die Zahlenwerte sind in Tab. 18.5 angegeben.

Tabelle 18.5. *Bestimmung der Gitterkonstante a von Silber* (Betr. der Nummer der Linie s. Tab. 18.3)

Linie Nr.	2	4	6	9	10	13	15	17	18
a (in kX)	4,114	4,076	4,069	4,071	4,076	4,083	4,079	4,079	4,078

Mittelwert nach Ausscheidung des ersten ungenauen[1] Wertes: $a = 4{,}076_1$ kX.

Es ist von größter Wichtigkeit, entweder ein chemisch reines Präparat zu haben oder dessen Zusammensetzung genau zu kennen, so daß die Ringe der beigemengten Stoffe berechnet und ausgesondert werden können. Sonst werden die fremden Ringe als Interferenzen des zu bestimmenden Gitters gedeutet und die ganze Strukturbestimmung wird falsch. Fremde Beimengungen, die zu einer Mischkristallbildung führen, veranlassen eine kleine Verschiebung der Lage der Ringe; die Gitterkonstante, in kX-Einheiten gemessen, zeigt dann geringe Abweichungen vom Wert der reinen Substanz.

Die Zahl N der Atome in einer Gitterzelle folgt aus der Überlegung, daß die Gesamtmasse der Atome in der Zelle dividiert durch das Volumen V der Zelle gleich der Dichte ϱ des Kristalles sein muß. Die Masse eines Atomes ist gleich dem Atomgewicht[2] $A \times$ der absoluten Masseneinheit des Atomgewichtes $m_H = 1{,}66 \cdot 10^{-24}$ g. Es ist somit

$$\varrho = \frac{N A\, m_H}{V}. \tag{18.13}$$

Für das kubische[3] System ist $V = a^3$. Für Silber mit der Dichte $\varrho = 10{,}5$ ist also

$$N = \frac{10{,}5\,(4{,}076 \cdot 10^{-8})^3}{107{,}88 \cdot 1{,}66 \cdot 10^{-24}} = 3{,}97\,, \quad \text{d. h. rund } 4,$$

wie es für ein flächenzentriertes Gitter sein muß.

Mit dem graphischen Verfahren von HULL und DAVEY können die Indizes der Debye-Scherrer-Ringe für Kristallsysteme erhalten werden, deren Elementarzelle durch höchstens zwei Zahlenwerte bestimmt ist, also für das kubische, tetragonale, hexagonale und rhomboedrische

[1] Ringe in unmittelbarer Umgebung des Primärstrahles unterliegen einer besonders großen Absorptionskorrektion.

[2] Sind Atome verschiedener Art in der Zelle enthalten, so ist das mittlere Atomgewicht einzusetzen $\left(\text{z. B. NaCl: } A = \frac{23{,}0 + 35{,}5}{2} = 29{,}25\right)$.

[3] Berechnungsformeln für V bei nichtkubischen Systemen s. Math. Anhang C.

System[1]. Vom Battelle Institut[2] werden auch Tafeln für das orthorhombische System geliefert. Dabei ist dann für jeden b/a-Wert zwischen 0,70 und 0,99 ein Diagramm gezeichnet, in dem c/a gegen a^2 aufgetragen ist. Das graphische Verfahren von Coleman, McInteer und Czerepinski[3] erfaßt auch das trikline und monokline Kristallsystem.

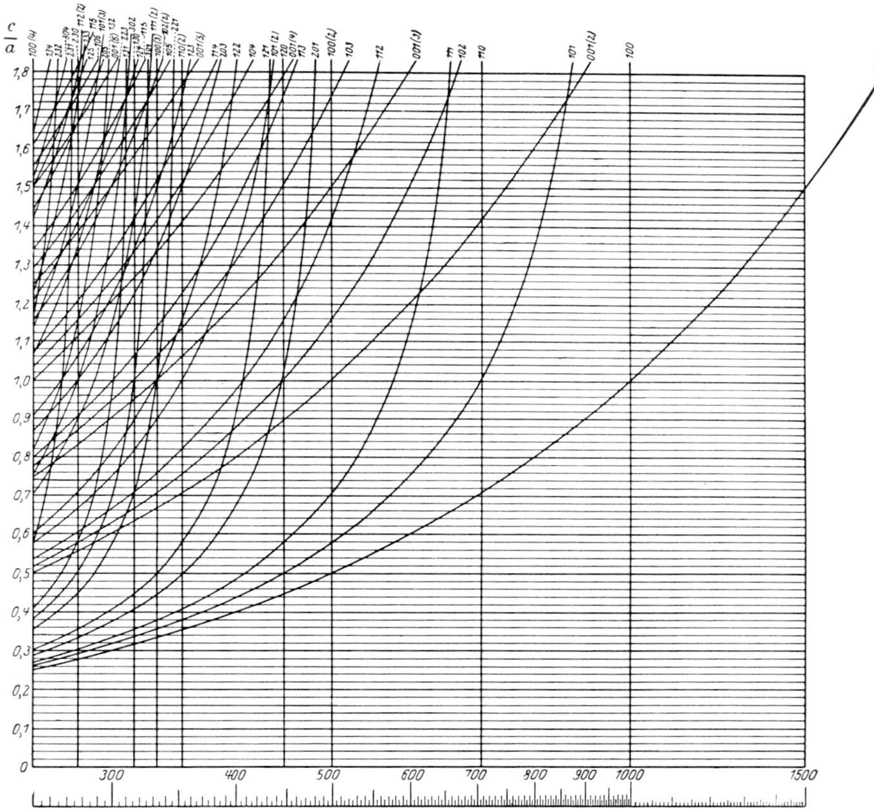

Abb. 18.18. Hull-Daveysche Kurven für einfach tetragonale Gitter und kubische Gitter ($c/a = 1$).

Der Grundgedanke des Verfahrens ist folgender: die *Verhältnisse* der Netzebenenabstände hängen nur von *einer* Unbekannten ab, nämlich

[1] Bezugsquelle: Verlag C. Hauser, München.

[2] Battelle Indexing Charts for Diffraction Patterns of Tetragonal, Hexagonal and Orthorhombic Crystals. Von Bell, J. C., Austin, A. E., Battelle Memorial Institute, Columbus 1, Ohio, USA.

[3] Coleman, J. S., McInteer, B. B. and Czerepinski, R.: Los Alamos Straight Line Diagram for Powder Pattern Indexing. Report LA-3467, UC-4 Chemistry, TID 4500.

vom Verhältnis der beiden die Gitterzelle bestimmenden Größen (z. B. c/a beim tetragonalen System). In einer graphischen Darstellung werden die Netzebenenabstände d der wichtigsten Netzebenen in Abhängigkeit von dieser einen Variablen (Abb. 18.18) aufgezeichnet. Da es auf die Verhältniswerte von d ankommt, wird als Abszisse der $\lg d$ gewählt. Die

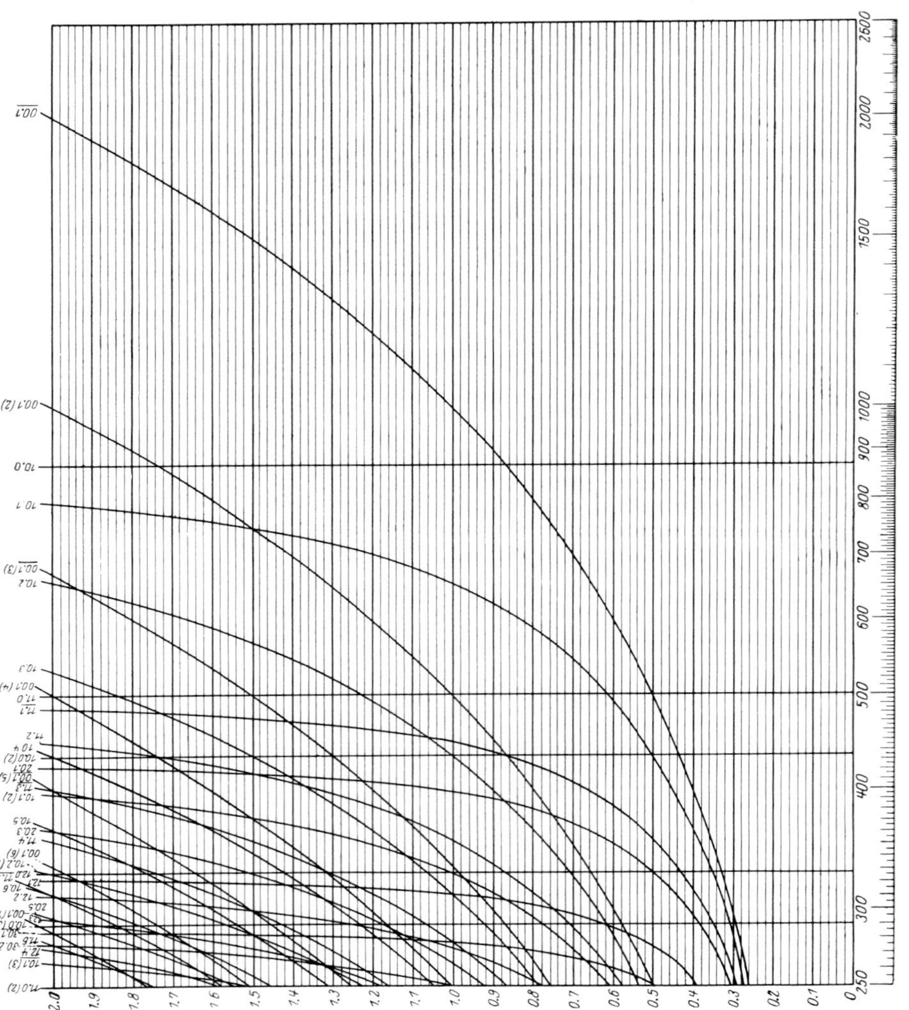

Abb. 18.19. Hull-Daveysche Kurven für hexagonale Gitter.

Aufgabe lautet nun, an Hand der Kurven eine Horizontallinie zu finden, auf der $d_1:d_2:d_2\ldots$ übereinstimmen mit den aus der Aufnahme erhaltenen Verhältnissen der Netzebenenabstände. Da die $\sin\Theta$ umgekehrt proportional sind zu den Netzebenenabständen, trägt man auf einem

Streifen Transparentpapier die Werte von sin Θ unter Benutzung des Abszissenmaßstabes als Striche ein und dreht dann den Streifen um, so daß die Reihenfolge der Striche von links nach rechts statt von rechts nach links läuft. Man verschiebt nun den Papierstreifen parallel zur Abszissenachse auf dem Kurvenblatt so lange, bis eine Deckung der Strichabstände mit den Kurvenabständen erreicht ist. Im Falle[1] der Silberaufnahme tritt in dem Kurvenblatt „tetragonales Gitter" Deckung ein für den Wert $c/a = 1$. Es liegt also ein Gitter vor mit drei gleich langen Achsen, d. h. ein kubisches Gitter. Die Indizes jeden Ringes können aus dem Kurvenblatt unmittelbar abgelesen werden. Es ergibt sich die gleiche Indizierung wie sie früher auf anderem Wege abgeleitet worden war; z. B. erhält Linie Nr. 4 die Indizes[2] (002).

In Abb. 18.18 und 18.19 sind zwei Beispiele Hull-Daveyscher *Kurven* für einfach tetragonale und für hexagonale Gitter wiedergegeben. In Abb. 18.19 sind die Indizes der Ebenen unterstrichen, die bei einer häufigen Abart des hexagonalen Gitters, bei der hexagonalen dichtesten Kugelpackung, nicht reflektieren.

Es ist zu beachten, daß häufig mehr Kurvenschnittpunkte vorhanden sind als Striche auf dem Papierstreifen. Es können, wie schon erwähnt, bei Gittern mit mehreren Atomen in der Zelle Röntgenreflexe in Wegfall kommen. Von entscheidender Bedeutung für die sichere Bestimmung sind die innersten Debye-Ringe, da auf den Kurvenbildern sich die Linien mit höheren Indizes außerordentlich häufen. Bei sehr linienreichen Aufnahmen ist wegen der Überdeckung der Ringe keine eindeutige Bestimmung der Struktur mehr möglich. Dieser Mangel liegt aber weniger in dem graphischen Auswertungsverfahren als in dem Wesen der Debye-Scherrer-Aufnahme an sich. Es ist dann notwendig, einzelne, größere Kriställchen zu züchten und Drehkristallaufnahmen herzustellen.

B. Monochromatorverfahren

Die Methode der selektiven Filterung der Anodeneigenstrahlung liefert für gesteigerte Ansprüche keine hinreichend homogene Strahlung. Verlangt wird eine Strahlung, welche nur das K_α-Dublett oder sogar nur die stärkste Komponente des Dublettes, nämlich K_{α_1}, enthält. Die gewünschte Wellenlänge[3] wird aus dem Primärstrahlenbündel durch Reflexion an einem Kristall ausgesondert und der reflektierte Strahl auf das Präparat geleitet. Als Monochromatoren wurden zunächst

---

[1] sin Θ = 0,324 0,376 0,533 0,626 0,655 0,755 ...

[2] In dem Kurvenblatt mit (001) 2 bezeichnet.

[3] Mitunter kann auch eine halb so große Wellenlänge, herrührend vom Bremsspektrum, wenn auch mit geringerer Intensität, in dem reflektierten Bündel auftreten.

ebene[1] Kristalle, z. B. Pentaerythrit oder Steinsalz benützt; die Expositionszeiten waren aber sehr groß. Erst die Verwendung gebogener[2] Kristalle, die wegen ihrer Fokussierungseigenschaften eine wesentlich höhere Lichtstärke liefern, hat der Monochromatormethode ein größeres Anwendungsgebiet erschlossen.

Der von GUINIER geschaffene neue Kammertyp zur Aufnahme von Pulverdiagrammen beruht auf einer Kombination des Johansson-

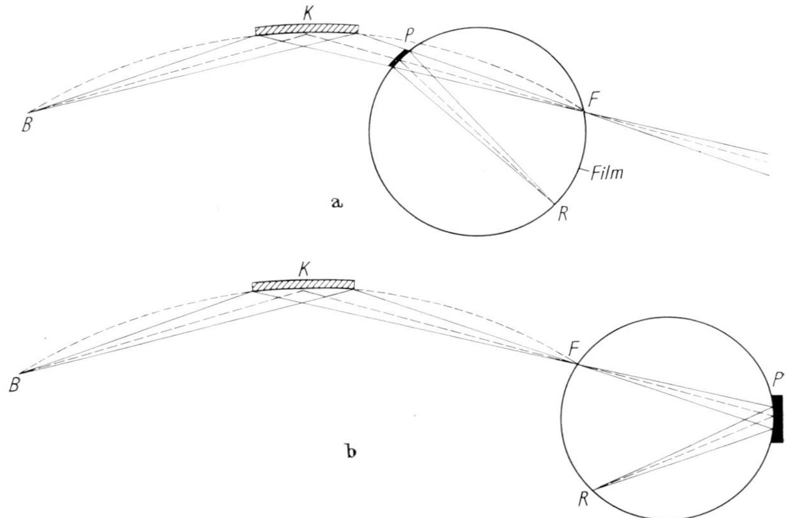

Abb. 18.20. Strahlengang in einer Guinier-Kammer. a) Durchstrahlung; b) Rückstrahlung.

prinzips mit der Seemann-Bohlin-Fokussierung. Je nach dem erfaßten Winkelbereich wird das Präparat durchstrahlt (Transmissionsmethode) oder es wird die reflektierte Strahlung beobachtet (Rückstrahlverfahren).

Der Strahlengang in einer Guinier-Kammer ist in Abb. 18.20 gezeichnet

a) für die Durchstrahlung und b) für die Rückstrahlung.

Die von dem punktförmig gedachten Röhrenbrennfleck B kommende Strahlung fällt auf den zylindrisch gebogenen Kristall K. Eine aus der Braggschen Gleichung sich ergebende Wellenlänge wird reflektiert, das reflektierte Strahlenbündel besteht aus Strahlen verschiedener Richtungen. Diese werden alle in einem Punkt F, dem „Fokussierungspunkt“

[1] Die reflektierte Intensität kann durch Anschliff des Kristalles (Verkleinerung der Querschnitts des reflektierten Bündels gegenüber dem primären) etwas gesteigert werden (FANKUCHEN).

[2] Johann- bzw. Johansson-Prinzip der Röntgenspektroskopie (vgl. Abschn. 11).

vereinigt, wenn die gekrümmte Kristalloberfläche K, der Brennfleck B und der Punkt F auf dem Umfang eines Kreises liegen (in Abb. 18.20 gestrichelt gezeichnetes Kreisbogenstück). In der Kammer findet nun eine zweite Fokussierung statt, und zwar hinsichtlich der vom Präparat P reflektierten Strahlen.

Präparat P, Fokussierungspunkt F und Schnittpunkt des reflektierten Strahles R mit dem zylindrischen Film müssen wieder auf einem Kreis liegen (in Abb. 18.20 als Vollkreis gezeichnet). Der Film muß sich dem in Abb. 18.20a eingezeichneten Fokussierungskreis anschmiegen. Dann werden nicht nur die reflektierten Strahlen des gezeichneten Reflexionswinkels, sondern auch die mit anderen Reflexionswinkeln sich je in einem Punkt auf dem Film schneiden. Streng gültig sind die Fokussierungen des primären und der reflektierten Strahlen nur für Strahlen, die in der Zeichenebene verlaufen. In der Praxis hat man keinen punktförmigen, sondern einen strichförmigen Brennfleck. Infolgedessen hat das Strahlenbündel im Fokussierungspunkt einen spaltförmigen Querschnitt. Durch eine Begrenzung der Höhe der Spaltblende am Kristall muß die Winkeldivergenz in der Ebene senkrecht zur Zeichenebene klein gehalten werden. Es muß dabei ein Kompromiß mit dem unvermeidlichen Intensitätsverlust gefunden werden. Statt der in Abb. 18.20 gekrümmt gezeichneten Präparate können mit guter Näherung ebene verwendet werden (Ersatz des Bogens durch die Tangentialebene). Als Kristallmonochromatoren werden meist 0,3 mm dicke Quarzlamellen verwendet, die z. B. auf einen Krümmungsradius von 50 cm angeschliffen und auf 25 cm Radius elastisch gebogen sind. Reflektierende Ebene ist die $(10\bar{1}1)$ Ebene mit 3,336 kX Netzebenenabstand. Die Halterung der Quarzlamelle erfolgt mit Hilfe von Federn, welche die Lamelle gegen eine gekrümmte Unterlage drücken.

Es gibt „symmetrische“ und „asymmetrische“ Monochromatoren. Im ersten Fall ist die Mitte des Kristalles vom Brennfleck einerseits und dem Fokussierungspunkt andererseits gleich weit entfernt (vgl. Abb. 18.20a). Schleift man die Lamelle vor der Verformung unter einem Winkel α von einigen Grad an, so kann man erreichen, daß der Abstand a des Kristalles vom Brennfleck (B) kleiner ist als der Abstand b vom Fokussierungspunkt (F). Es gilt dann die Beziehung

$$\frac{a}{b} = \frac{\sin(\Theta - \alpha)}{\sin(\Theta + \alpha)} \tag{18.2}$$

Wenn b größer wird, gewinnt man mehr Platz für die Aufstellung der Aufnahmekammern.

Eine von DE WOLFF modifizierte Guinier-Kammer[1] für Beugungswinkel bis zu 90° ist in Abb. 18.21 dargestellt; sie kann in horizontaler

[1] Hersteller: Nonius-Enraf, Delft (Holland).

oder vertikaler Stellung benützt werden. Das Schutzgehäuse ist teilweise abgenommen, um den inneren Aufbau des Gerätes sichtbar zu machen. Links außen befindet sich die Halterung der Quarzlamelle, deren Krümmungsradius innerhalb gewisser Grenzen durch Schraubendruck verändert werden kann. Beim Übergang von einer Wellenlänge zu einer anderen ist dann eine Auswechslung des Monochromatorkristalles nicht erforderlich. Der Anschliff der Lamellen beträgt $\alpha = 4{,}5°$. Das oben in Abb. 18.21 sichtbare Handrad dient zur Drehung der Kammer um eine horizontale Achse, die durch die Mitte des Monochromatorkristalles geht; es wird nur für eine einmalige Justierung gebraucht. Im rechten Teil der Abb. 18.21 ist die Filmkassette zu sehen, die durch 3 Zwischenböden so unterteilt ist, daß gleichzeitig 4 verschiedene Präparate aufgenommen werden können. Der Radius des Filmzylinders ist so bemessen, daß 1° Unterschied im Beugungswinkel von 2 Interferenzen auf dem Film einen Linienabstand von 4,0 mm gibt. Zwischen Monochromator und Film befindet sich der Präparatträger, der während einer Aufnahme senkrecht zur Strahlrichtung hin- und hergeschoben wird, um bei grobkörnigen Stoffen eine gleichmäßige Schwärzung der Interferenzringe zu erreichen.

Abb. 18.21. Ansicht der Guinier-de-Wolff-Kammer.

Zum Arbeiten im Vakuum oder in einem Schutzgas kann eine dicht schließende Plexiglashaube über die Kammer gestülpt werden. Ferner ist eine heizbare Guinier-Kammer entwickelt worden, die bis 1200 °C verwendbar ist (vgl. Anmerkung auf S. 237).

Als Nullmarke für die Abstandsmessung der Linien auf dem Film wird nach Einbringen des Filmes eine schwache Schwärzung des Primärstrahles (20 kV, 2 mA, 1 sec) erzeugt. Bei geschlossenem Fenster der Röntgenröhre wird dann das Präparat (auf Tesafilm aufgestreutes Kristallpulver) eingebracht und der Primärstrahlfänger eingeschwenkt. Die Kammer ist nunmehr aufnahmebereit. Bei den üblichen Belastungen der Feinstrukturröhren muß man je nach dem Präparat mit Expositionszeiten von etwa $^1/_2$ Stunde rechnen.

Ein Beispiel einer Aufnahme wird in Abb. 18.22 gezeigt: I. Kupfer, II. Gold, IV. Wolfram und III. Mischung von Gold und Wolfram. I. und II. gehören zum gleichen Gittertyp (flächenzentriert-kubisch), unterscheiden sich aber durch die Größe der Gitterkonstante. IV. stellt ein raumzentriert-kubisches Gitter dar. Auf dem Bild III treten die Interferenzen von Bild II und von Bild IV auf.

Zur Auswertung werden auf dem Film von der Nullmarke (liegt außerhalb der Abb. 18.22) aus die Abstände r_1, r_2, r_3 ... der Linien gemessen. Die Kammer ist so dimensioniert, daß $r_1/4$, $r_2/4$ ... genau gleich ist den zugehörigen Beugungswinkeln Θ_1, Θ_2 ... Außerdem werden vom Hersteller der Kammern Tabellen mitgeliefert, aus denen die Netzebenenabstände d_1, d_2 ... für eine gegebene Wellenlänge entnommen werden können, wenn die Werte für r_1, r_2 bekannt sind.

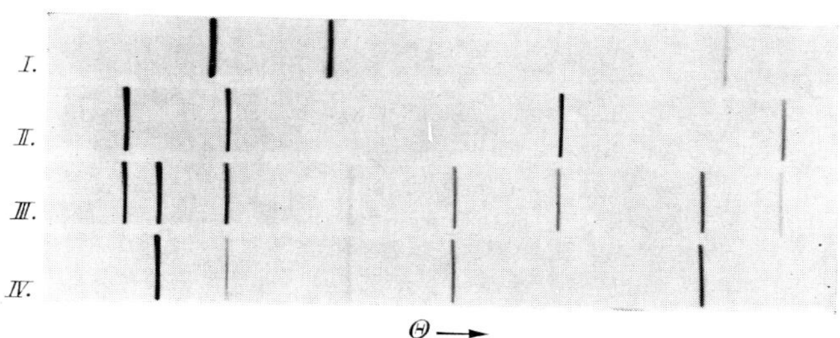

Abb. 18.22. Aufnahmen mit der Kammer in Abb. 18.21 (Aufnahme nach STEEB).

Da mit dem Seemann-Bohlin-Prinzip immer nur ein bestimmter Reflexionsbereich erfaßt werden kann, ist es günstig, zwei Kammern miteinander zu koppeln derart, daß der Fokussierungspunkt an die Stelle zu liegen kommt, an der sich die Fokussierungskreise der beiden Kammern berühren (HOFMANN und JAGODZINSKI). Bei dem in Abb. 18.23a gezeichneten Strahlengang wird das eine Präparat P_1 durchstrahlt; gleichzeitig wird an dem anderen Präparat P_2 eine Rückstrahlaufnahme hergestellt.

Abb. 18.23b enthält eine Ansicht der Doppelkammer[1]. An der Röntgenröhre sitzt der Kristallmonochromator. Für die verschiedenen Wellenlängen müssen die Monochromatoren ausgewechselt werden. Zur Erleichterung des Austausches sind die Biegeradien R entsprechend bemessen, z. B. für Cu K_α-Strahlung $R = 316$ mm und für Cr K_α-Strahlung $R = 214$ mm. Die Entfernung der Kristallmitte vom Brennfleck der Röhre ist dann stets 80 mm und vom Fokussierungspunkt 210 mm.

Die beiden Kammern können ohne Neujustierung in eine zweite Lage zueinander gebracht werden. Der Strahl trifft dann schräg auf die Präparate auf. Der nutzbare Winkelbereich von Θ erstreckt sich von 0° bis 52° bzw. 38° bis 90°. Die Wahl der günstigen Dicke des Präparates bei Transmission erfordert etwas Geschick. Das Kristallpulver wird mit einem Klebemittel vermischt auf eine Folie aufgebracht. Ist die Schicht zu dünn, so ist die Aufnahme in der ersten Kammer unterbelichtet,

[1] Hersteller: AEG-Telefunken, Berlin.

während bei zu dicker Schicht die zweite Aufnahme zu schwach ist. Keinesfalls sollte die Schicht mehr als 0,1 mm dick sein, weil sonst eine merkliche Verminderung der Linienschärfe zu beobachten ist.

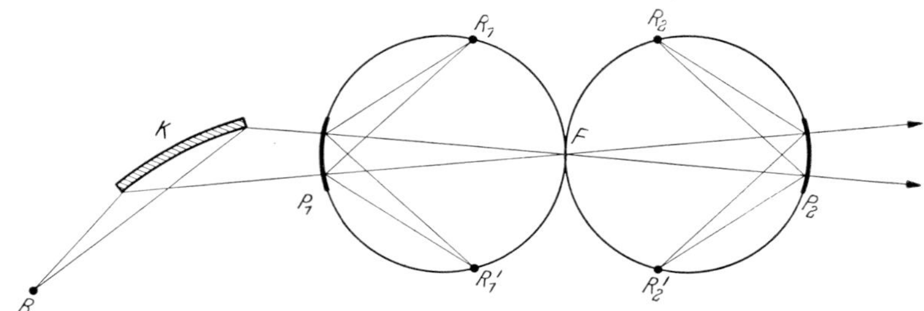

Abb. 18.23a. Strahlengang in der Guinier-Doppelkammer (nach HOFMANN und JAGODZINSKI).

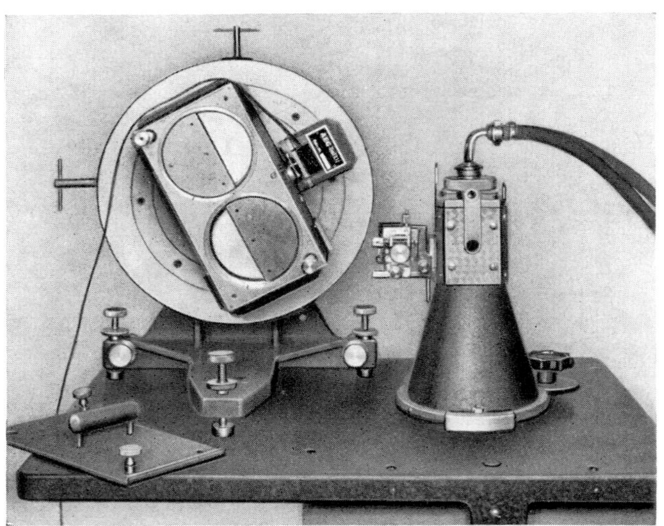

Abb. 18.23b. Ansicht der Guinier-Doppelkammer (nach HOFMANN und JAGODZINSKI).

Bei Verwendung der Feinstfokus-Röntgenröhre von HOSEMANN (vgl. Abb. 2.11) ist das Auflösungsvermögen so groß, daß nur die K_{α_1}-Linie Interferenzen liefert. Die Linien sind außerordentlich scharf, wie die Abb. 18.24 zeigt. Die Expositionszeit beträgt etwa 2 Stunden bei 40 kV und 6 mA.

Die Möglichkeit, Feinstrukturaufnahmen mit einer Strahlung herzustellen, die nur K_{α_1} enthält, bringt mannigfache Vorteile: Überdeckungen von Linien sind ausgeschlossen. Die Linienlage kann auch in den Winkelbereichen, in denen sonst das K_α-Dublett nicht aufgelöst ist, genau gemessen werden. Der klare Hintergrund ermöglicht den Nachweis von sehr schwachen Interferenzen. Bei der Kleinwinkelstreuung[1] wird der Meßbereich nach kleinen Winkeln hin ausgedehnt.

Mit Hilfe des Monochromatorverfahrens konnte die Ursache der Interferenzpunktstreuung auf Rückstrahlaufnahmen grobkörniger Stoffe aufgeklärt werden. Auf einer Aufnahme von reinem, spannungsfrei geglühtem Aluminiumpulver mit Co-Eigenstrahlung liegen zahlreiche Reflexe außerhalb der Debye-Scherrer-Ringe (Abb. 18.25). Sie rühren offenbar von der Bremsstrahlung her. Bei Wiederholung der Aufnahme mit einer monochromatisierten[2], nur K_{α_1} und K_{α_2} enthaltenden Co-Strah-

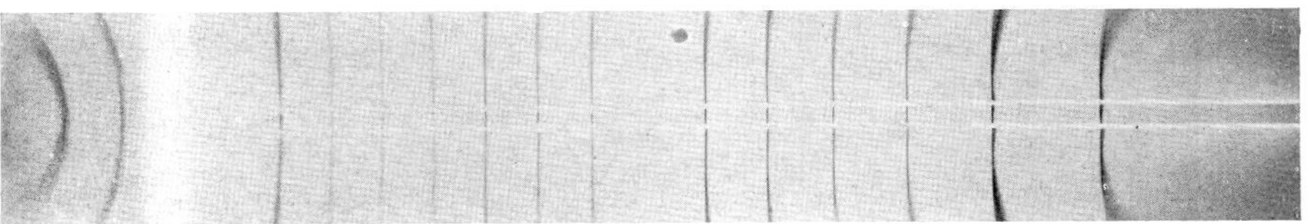

Abb. 18.24. Aufnahme von Thalliumchlorid in der Kammer der Abb. 18.23b (nach GEROLD)

lung sind sie nicht mehr vorhanden (Abb. 18.26). Auffallend ist aber, daß die einzelnen Reflexe zwar auf den Ringen gelegen sind, aber nicht genau auf der Ringmitte; die radialen Abstände streuen um einen Mittelwert. Dieser Befund wird bestätigt durch das Bild in Abb. 18.27. Mit einem 0,015 mm Spalt wurde das Intensitätsmaximum der K_{α_1}-Linie der mit einem Quarzkristall monochromatisierten Cu-Strahlung ausgeblendet und als Strahlungsquelle benützt. Eine unzureichende Monochromasie konnte somit als Ursache der Interferenzpunktstreuung nicht in Betracht kommen. Ebensowenig haben sich Erklärungsversuche, welche die Ursache in Stoffeigenschaften, z. B. in der Deformation von Kristalliten suchten, bestätigt. Die Ursache ist, wie im folgenden gezeigt wird, der Einfluß der „natürlichen Spektrallinienbreite".

Die K_{α_1}-Linie von Kupfereigenstrahlung (1537 XE) ist nicht unendlich schmal; sie umfaßt einen Wellenlängenbereich von $\pm$ 0,3 XE. Dies bedeutet, daß die Debye-Scherrer-Ringe eine gewisse Mindestbreite, die experimentell nicht unterschritten werden kann, aufweisen. Für den Ring in Abb. 18.27 errechnet sich hieraus eine Mindestbreite $\Delta r = 0{,}35$ mm. Die Breite der einzelnen Reflexe ist kleiner. Um jedem an der Bildentstehung beteiligten Kristalliten die Möglichkeit zu geben, den ganzen Reflexionswinkelbereich auszunützen, ist ein Verfahren geeignet, das gelegentlich schon bei nichtmonochromatischen Aufnahmen an grobkristallinen Stoffen benutzt wurde („Mikrorotation" nach BRAGG

[1] Vgl. Abschnitt 30.

[2] Reflexion an einem ebenen Pentaerythrit-Kristall.

und LIPSON bzw. CRUSSARD und AUBERTIN). Die Probe wird während der Aufnahme mit gleichmäßiger Winkelgeschwindigkeit um eine Achse senkrecht zum Primärstrahl um einige Grad hin- und hergedreht, so daß der Reflexionswinkel Θ innerhalb dieses Intervalles alle möglichen

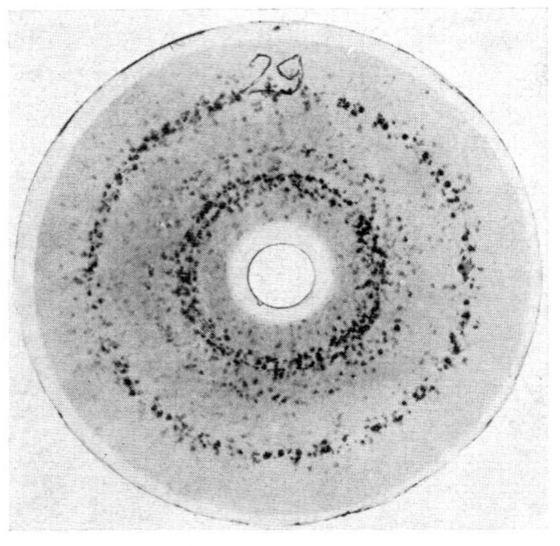

Abb. 18.25. Rückstrahlaufnahme an grobkörnigem Aluminium mit gefilterter Kobalt-Strahlung (nach FROHNMEYER).

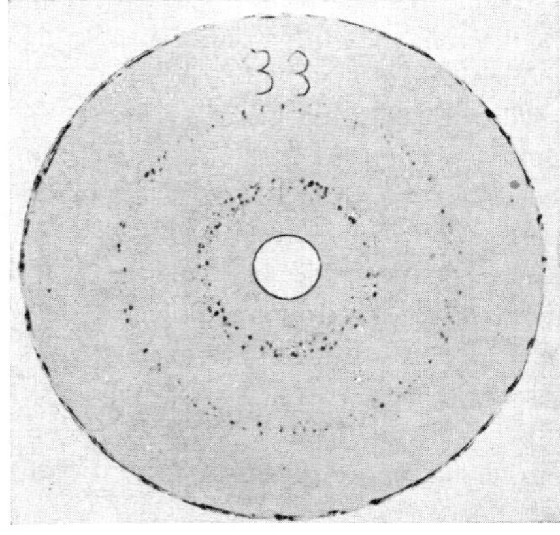

Abb. 18.26. Wiederholung der Aufnahme in Abb. 18.25 mit monochromatischer Kobalt-Strahlung, die nur $K\alpha_1$ und $K\alpha_2$ enthält (nach FROHNMEYER).

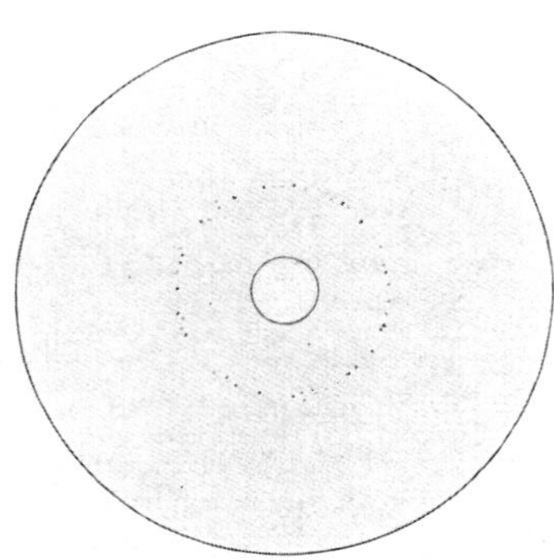

Abb. 18.27. Wiederholung der Aufnahme in Abb. 18.25 mit Kupfer-Strahlung, die nur $K\alpha_1$ enthält (nach FROHNMEYER).

Werte annimmt. Statt des punktförmigen Reflexes entsteht ein Schwärzungsstreifen, dessen Maximum genau an der Stelle liegt, welche der Reflexion der Wellenlänge K_{α_1} entspricht (Abb. 18.28 und 18.29). Ein Vergleich der Abb. 18.29 und 18.30 zeigt die Wirkung des Kippverfahrens (FROHNMEYER). Ausgemessen werden nur die Reflexlagen auf dem Äquator oder in dessen unmittelbarer Umgebung.

Die natürliche Ringbreite nimmt bei Annäherung an $2\,\Theta = 180°$ stark zu. Chrom mit Kupferstrahlung untersucht, gibt ein gutes Beispiel, weil noch eine Interferenz unter dem großen Beugungswinkel $\Theta = 87°\,40'$ auftritt. Die natürliche Ringbreite unter den Aufnahmebedingungen der Abb. 18.28 und Abb. 18.29 beträgt $\Delta r = 1{,}2$ mm. Im Fall des Chroms kommt noch ein Verbreiterungseinfluß hinzu, nämlich die Schwankung der Größe der Gitterkonstanten infolge des Gasgehaltes

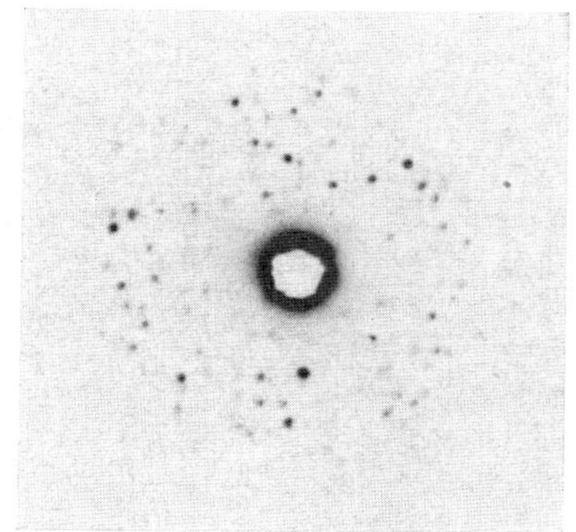

Abb. 18.28. Rückstrahlaufnahme an grobkörnigem Chrom mit Kupfer-Strahlung, die nur $K\alpha_1$ enthält (nach FROHNMEYER).

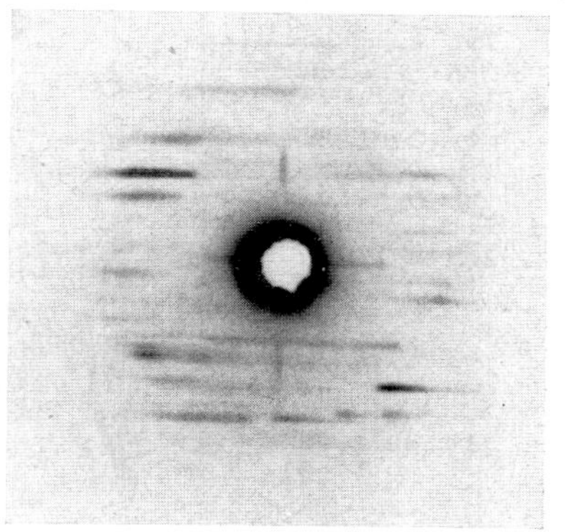

Abb. 18.29. Dieselbe Aufnahme wie Abb. 18.30, aber mit „Kippung" der Probe (nach FROHNMEYER).

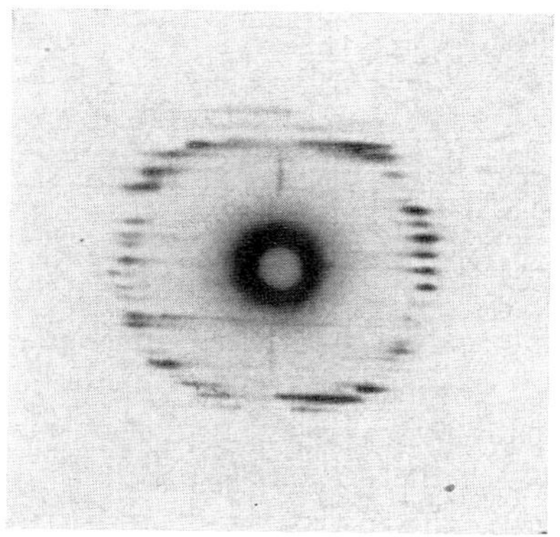

Abb. 18.30. Nach Entgasung der Chromprobe.

des elektrolytisch gewonnenen Chroms. Die Striche sind bei der Aufnahme der bei hoher Temperatur im Vakuum gut entgasten Probe (Abb. 18.30) deutlich kürzer als in der Abb. 18.29.

Im Zusammenhang mit diesen Ergebnissen erhebt sich die Frage nach dem Höchstwert von Θ, der bei einer Rückstrahlaufnahme an grobkristallinen Stoffen noch erfaßt werden kann. Es sind Kammern[1] gebaut worden, die Reflexlagen bis zu $\Theta = 89° 30'$ zu messen gestatten. Die K_{α_1}-Strahlung von Nickel liefert bei Kupfer noch eine Interferenz mit dem Winkel $\Theta = 88° 30'$. Dabei zeigt sich, daß die innere Begrenzung des streifenförmigen Reflexes bei einer Kippaufnahme bis in die Mitte des Durchstoßpunktes der Primärstrahlung reicht (FROHNMEYER); die Lage des Schwärzungsmaximums ist dann nicht mehr sicher meßbar. Der nutzbare Grenzwert von Θ liegt also tiefer als erwartet. Für die Praxis ist es nützlich zu wissen, daß der Meßfehler zwischen $\Theta = 81°$ und $\Theta = 88°$ praktisch gleich ist, da die Zunahme der Dispersion mit steigendem Beugungswinkel kompensiert wird durch die Zunahme der „natürlichen" Ringbreite. Die Ungenauigkeit in der Bestimmung der Gitterkonstante des Kupfers (3607 XE) wird in dem Beispiel mit $\pm$ 0,05 XE abgeschätzt. Die Einzelreflexmessung bei Rückstrahlaufnahmen mit Kippung ist ein sehr genaues Verfahren zur Bestimmung von Gitterkonstanten grobkristalliner Stoffe[2].

Handelt es sich um den Absolutwert von Gitterkonstanten, so ist die Genauigkeit nicht so groß, weil als Unsicherheitsfaktor die Brechung hinzukommt. Sie hängt von der Lage der Begrenzungsflächen der einzelnen Kristallite ab und kann nicht formelmäßig allgemein[3] angegeben werden. Für die Aufnahmen an Kupferfeilspänen ergibt sich als obere Grenze des Brechungseinflusses auf die Gitterkonstante $\Delta a = +0{,}11$ XE (FROHNMEYER und GLOCKER). Die Korrektion wirkt immer im Sinne der Vergrößerung von a. Die Brechungskorrektur kann unter Umständen größer sein als die Summe aller anderen Korrekturen. Für Absolutbestimmungen von a sind daher Messungen an Einkristallen, die eine experimentelle Ermittlung des Brechungseinflusses ermöglichen, vorzuziehen (VAN BERGEN u. a.).

19. Einkristalldiagramme

A. Laue-Verfahren

Zur Aufnahme eines Laue-Bildes wird ein einzelner feststehender Kristall und nicht, wie beim Debye-Scherrer-Verfahren, ein polykristallines Haufwerk mit einer Röntgenstrahlung durchstrahlt, die eine große Zahl verschiedener Wellenlängen enthält. Würde man einen einzelnen Kristall mit einer homogenen Strahlung wie bei der Debye-Scherrer-

[1] Das Blendenröhrchen kommt in Wegfall. Die Blende mit 0,4 mm Durchmesser ist im Boden des Filmträgers angebracht. Um langsame Sekundärelektronen vom Film abzuhalten, befindet sich die Cellophanabdeckung der Filmes 4 mm vor dem Film (FROHNMEYER).

[2] Betr. Gitterkonstantenbestimmung an feinkristallinen Stoffen vgl. Abschnitt 18A.

[3] Für den Spezialfall, in dem einfallender und reflektierter Strahl den gleichen Winkel mit der Kristalloberfläche bilden, wurde eine Gleichung von STENSTRÖM abgeleitet.

Aufnahme eines Pulvers bestrahlen, so würde nur bei einem günstigen Zufall gerade eine Netzebene des Kristalles mit der Primärstrahlrichtung den zur Reflexion dieser *einen* Wellenlänge notwendigen Winkel bilden. Um dem Kristall möglichst viele verschiedene Wellenlängen darzubieten, wird zu Laue-Aufnahmen die Bremsstrahlung und nicht die Eigenstrahlung der Röntgenröhre benützt. Da mit der Spannung die Intensität des Bremsspektrums wächst und gleichzeitig die Absorption der Strahlung im Kristall abnimmt, wird mit Spannungen gearbeitet, die etwa doppelt so groß sind, als bei einer Debye-Scherrer-Aufnahme.

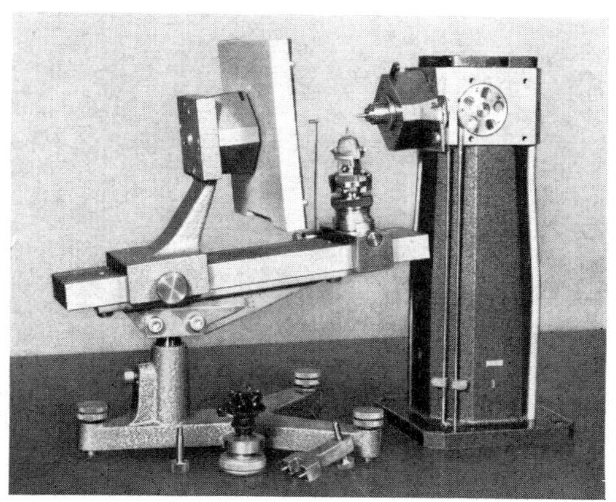

Abb. 19.1. Flachkammer an einer Feinstruktur-Röntgenröhre (Werkphoto Seifert).

Das *Prinzip einer Laue-Apparatur* wurde schon im Abschn. 6 besprochen (vgl. Abb. 6.1). Ihre drei wesentlichen Bestandteile sind: die Blenden (Durchmesser etwa 1 mm) zur Herstellung eines möglichst parallelen Strahlenbündels, der Kristallträger mit geeigneten Drehvorrichtungen zur Veränderung der Kristallorientierung gegenüber der Strahlrichtung und die Haltevorrichtung für den ebenen Film, der in einem Abstand von einigen Zentimetern senkrecht zur Primärstrahlung angeordnet ist.

Die Abb. 19.1 zeigt den Aufbau einer sogenannten *Flachkammer*. Der Kristall ist auf einem Goniometerkopf montiert und wird vor der Aufnahme in einem optischen Zweikreisgoniometer so justiert, daß eine einfach indizierte kristallographische Richtung parallel zum Primärstrahl liegt. Wird der Primärstrahl vor dem Auftreffen auf den Film durch den in Abb. 19.1 sichtbaren Primärstrahlenfänger abgeschirmt, so können Verstärkungsschirme zur Verkürzung der Aufnahmedauer angewandt werden, ohne eine Überstrahlung des zentralen Teiles des Bildes befürchten zu müssen.

Durch Verwendung von *Polaroidfilm*[1] kann die Expositionszeit um eine Größenordnung oder noch mehr verkürzt werden. Ein Film in lichtdichter Einzelpackung wird in eine Spezialkassette eingebracht und mit Röntgenstrahlen exponiert. Durch Betätigen von 2 Hebeln wird dann der Film aus der Kassette herausgezogen. Dabei wird ein die Entwicklungssubstanz enthaltendes Gefäß zertrümmert und der Film in 10 sec innerhalb seiner Packung auf trockenem Weg entwickelt. Zum Schluß wird das positive Bild von seiner Unterlage abgezogen. Der übliche Naßentwicklungsprozeß kommt in Wegfall. Das Polaroidverfahren kann bei Strukturaufnahmen dort Verwendung finden, wo Planfilme benützt werden, also z. B. bei Präzessionsaufnahmen (vgl. Abschn. 19 C)[2]. Dem Vorteil der hohen Strahlenempfindlichkeit und der einfachen und raschen Entwicklung steht der Nachteil gegenüber, daß das Resultat nur in einem Exemplar und zwar als Papierbild vorliegt.

Die Lage der Reflexe eines Laue-Bildes und deren Intensität hängt ab von der Lage und der Besetzung der Netzebenen des Kristalles, sowie in geringerem Maße von der spektralen Zusammensetzung der Strahlung (Auftreten oder Wegfallen von einigen Reflexen bei Spannungsänderungen). Röntgenröhren mit Wolframanoden haben neben der hohen Belastbarkeit noch den Vorzug, bei Spannungen unterhalb 70 kV keine K-Eigenstrahlung[3] der Anode zu liefern.

In welch grundlegender Weise das Aussehen eines *Laue-Bildes* mit der Orientierung des Kristalles gegenüber dem Primärstrahl sich verändert, zeigt ein Vergleich der Abb. 19.2 und 19.3. Ein kubischer Zinkblendekristall wurde im ersten Fall in Richtung einer Würfelkante, im zweiten Fall in Richtung einer Würfelraumdiagonale durchstrahlt. Das erste Bild zeigt in bezug auf die Primärstrahlrichtung[4] eine 4zählige Symmetrie, das zweite Bild eine 3zählige. Die Kenntnis der Symmetrieelemente einer Struktur ermöglicht die Einordnung des Kristalles in eines der sechs Kristallsysteme. Der Satz, daß die Lage der Reflexe eines Laue-Bildes die gleiche Symmetrie aufweist wie die kristallographische

---

[1] Hersteller: Polaroid (Europa) N. V., Enschede (Holland).

[2] Laue- und Präzessionsaufnahmen mit Polaroidfilm siehe Prospekt F 3770 Fa. Materials Research Corporation, Orangeburg, New York 10962.

[3] Enthält die Strahlung die gegenüber den benachbarten Wellenlängen des Bremsspektrums viel intensiveren Wellenlängen der Eigenstrahlung (Abb. 2.3), so zeigen einige Reflexe auf dem Laue-Bild eine besonders große Intensität, die irrtümlicherweise auf ein besonders gutes Reflexionsvermögen der betreffenden Netzebenen zurückgeführt wird und zu Fehldeutungen der Struktur Anlaß gibt. Die L-Strahlung des Wolframs wird bei technischen Röhren durch die Röhrenwand praktisch absorbiert.

[4] Dreht man das Laue-Bild in Abb. 19.2 um eine im Primärfleck zur Bildebene senkrechte Achse, so gelangen sämtliche Reflexe jedesmal nach einer Drehung um 90° miteinander zur Deckung. Bei Abb. 19.3 erfolgt Deckung nach Drehung um 120°.

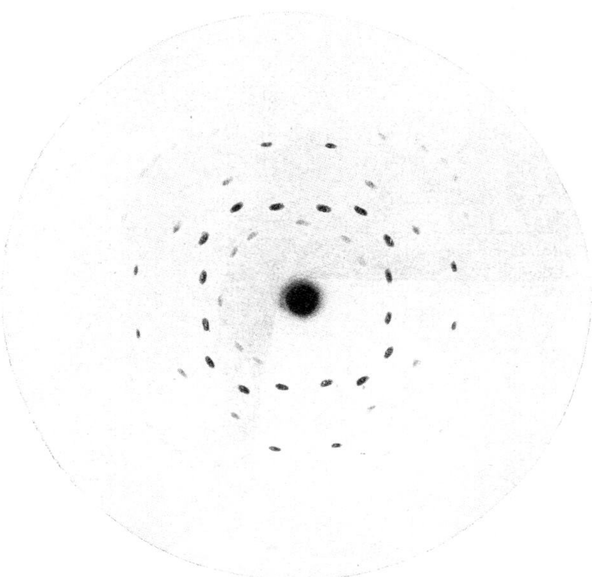

Abb. 19.2. Zinkblende in Richtung der Würfelkante durchstrahlt (nach v. LAUE, FRIEDRICH und KNIPPING).

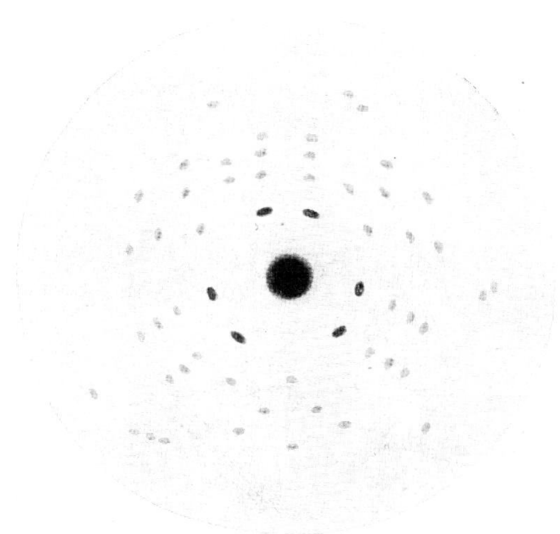

Abb. 19.3. Zinkblende in Richtung einer Würfelraumdiagonale [111] durchstrahlt (nach v. LAUE, FRIEDRICH und KNIPPING).

Symmetrie der Durchstrahlungsrichtung, bedarf aber noch folgender Einschränkung: Für die Reflexion der Röntgenstrahlen ist eine Netzebene $(h\,k\,l)$ und $(\bar{h}\,\bar{k}\,\bar{l})$ gleichwertig; sie liefert ein und denselben Reflex. Es kann daher das Fehlen oder Vorhandensein eines Symmetriezentrums des Kristalles aus dem Laue-Bild nicht erschlossen werden. Von den 32 verschiedenen Symmetrieklassen der Kristallographie lassen sich mit Hilfe der Symmetrieverhältnisse von *Laue-Aufnahmen* elf Gruppen (Bravais-Gitter) unterscheiden, die in Abschn. 17 behandelt wurden[1]. Die Unterschiede treten am deutlichsten hervor, wenn es bei der Aufnahme gelingt, eine Richtung von besonders hoher Symmetrie auf Grund der Lage der äußeren Kristallflächen zur Durchstrahlungsrichtung zu machen. Beim Auftreten einer 6zähligen Achse kommen z. B. nur bestimmte Klassen des hexagonalen Systemes in Betracht.

Für die *Symmetriebestimmung* hat das Laue-Verfahren eine gewisse praktische Bedeutung behalten, während es seine beherrschende Stellung für Strukturbestimmungen an andere neuere Verfahren abgeben mußte, die eine unmittelbare Auswertung des Röntgenbildes ermöglichen (Drehkristallverfahren, Photographische Goniometerverfahren).

Beim Laue-Bild besteht die Schwierigkeit, daß sowohl die Indizes der reflektierenden Netzebenen als auch die Wellenlängen, welche an diesen Netzebenen zur Reflexion gelangen, unbekannt sind; es kann aber zur Kontrolle einer auf andere Weise annähernd erschlossenen Struktur mit Vorteil herangezogen werden, da es eine sehr große Zahl von Netzebenen zur Darstellung bringt. In diesen Fällen ist die Kenntnis der Wellenlängenwerte entbehrlich, und es genügt die Bezifferung der Aufnahme.

Die Zonenzusammengehörigkeit von Netzebenen ist auf Laue-Aufnahmen deutlich zu erkennen. Alle an den Ebenen einer Zone[2] reflektierten Strahlen liegen auf dem Mantel eines Kreiskegels um die Zonen achse; die Reflexe der zur gleichen Zone gehörenden Netzebenen liegen bei einer zum Primärstrahl senkrechten Aufnahme auf Kegelschnitten durch den Primärfleck (Ellipsen, solange die Neigung der Zonenachse gegen den Primärstrahl weniger als 45° beträgt bzw. Parabeln und Hyperbeln für größere Neigungswinkel). Die große, nahezu kreisförmige Ellipse auf den Steinsalzaufnahmen Abb. 6.2a und 6.2b ist z. B. der geometrische Ort für alle Ebenen, die der Zone [100] angehören, deren Indizes also die Form $(0\,m\,n)$ haben, wobei m und n beliebige ganze Zahlen sind. Abb. 19.4 enthält die Indizes zu den Reflexen der Aufnahme

[1] Ausführliche Angaben in den Internat. Tables for X-Ray Crystallography, vol. 1, Birmingham (England): The Kynoch Press 1952.

[2] Betr. des Begriffes Zone s. Abschnitt 17 und Math. Anhang C.

Abb. 6.2a. Aus der Braggschen Reflexionsgleichung folgt, daß alle Reflexe mit gleichem Abstand vom Primärfleck von der gleichen Wellenlänge herrühren müssen.

Ein anderes Anwendungsgebiet des Laue-Verfahrens ist die *Bestimmung der kristallographischen Orientierung von Metallkristallen*, wie sie z. B. zur Untersuchung des Verformungsvorganges der Metalle gezüchtet werden. Bei stabförmigen Einkristallen handelt es sich meist nur um eine Bestimmung der Richtung der Stabachse; man kommt dann mit einer Drehkristallaufnahme rascher zum Ziel. Für eine vollständige Orientierungsbestimmung, d. h. für eine Festlegung der Stellung des Gitters gegenüber drei bekannten Richtungen, z. B. bei Einkristallen in Blechform, ist aber das Laue-Verfahren geeigneter, da alle Daten von *einer* Aufnahme geliefert werden. Bei der Bestimmung nach SCHIEBOLD und SACHS wird die Einkristallprobe senkrecht durchstrahlt und das hinter der Probe auf einer Platte oder einem ebenen Film aufgefangene Interferenzbild stereographisch[1] ausgewertet. Man erhält damit die Lage der Normalen der reflektierenden Netzebenen, bezogen auf eine zur Primärstrahlrichtung senkrechte Projektionsebene. Diese Projektion wird nun umgezeichnet auf eine Projektionsebene, die einer niedrigindizierten, wichtigen Kristallfläche entspricht. Hat man einige Musterbilder von Projektionen auf wichtige Ebenen zur Hand, z. B. bei kubischen Kristallen auf die Würfelebene oder Oktaederebene usw., so ergeben sich durch einen Vergleich mit der aus der Aufnahme abgeleiteten Projektion sofort die Indizes der reflektierenden Netzebenen und daraus die Winkel bestimmter äußerlich wahrnehmbarer Richtungen der Probe gegenüber bekannten kristallographischen Richtungen des Gitters. Eine Kombination einer Laue-Aufnahme mit dem Drehkristallverfahren ist von EKSTEIN und FAHRENHORST angegeben worden. *Rückstrahl-Laue*-Aufnahmen ermöglichen auch die Untersuchung von dicken, stark absorbierenden Proben; sie bieten weiter den Vorteil, daß die Erkennung der Symmetrieeigenschaften des Bildes weniger empfindlich ist gegen eine ungenaue Einstellung des Kristalles als Aufnahmen in der üblichen Laue-Anordnung (BOAS und SCHMID). Sind zahlreiche Bestimmungen an derselben Kristallart auszuführen, so kann die Auswertung durch Verwendung eines geeigneten Reflexnetzes vereinfacht werden; eine Kür-

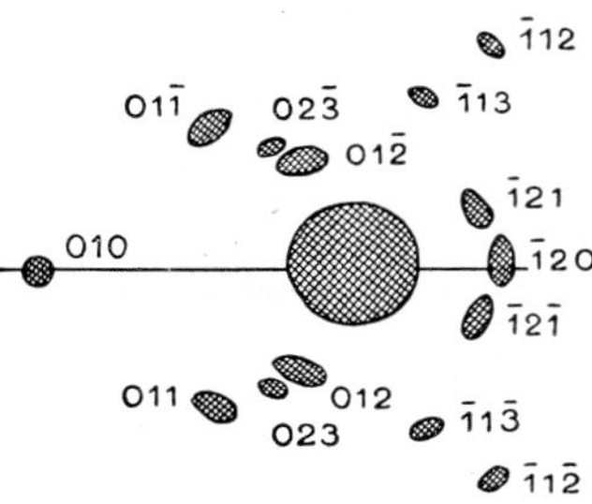

Abb. 19.4. Indizierung der Abb. 6.2a.

[1] Beschreibung der Ausführung des Verfahrens an einem Beispiel im Math. Anhang E.

zung der Aufnahmedauer wird erreicht durch Beobachtung der seitlich austretenden Interferenzstrahlen auf einem zur Primärstrahlrichtung parallelen ebenen Film (E. SCHMID). In allen Fällen einer Orientierungsbestimmung wird vorausgesetzt, daß die Gitterstruktur des Kristalles bekannt ist.

B. Drehkristallverfahren

Wird ein einzelner Kristall mit einem eng ausgeblendeten[1] Röntgenstrahlenbündel, das nur eine Wellenlänge λ enthält, bestrahlt, so findet im allgemeinen keine einzige Reflexion statt, weil keine der Netzebenen mit dem Primärstrahl gerade den zur Reflexion der Wellenlängen nach Gl. (18.1) erforderlichen Winkel Θ bildet. Bei dem Drehkristallverfahren nach SEEMANN, POLANYI, SCHIEBOLD, WEISSENBERG, SAUTER u. a. wird der Kristall gegenüber dem einfallenden Strahlenbündel während der Exposition gedreht, so daß der Winkel Θ für jede Netzebene eine Reihe von Werten annimmt; damit wird die Zahl der Reflexionsmöglichkeiten wesentlich vergrößert. Bei den zur Drehachse parallelen Netzebenen durchläuft Θ alle Werte zwischen 0 und 90°, so daß, abgesehen von dem seltenen Fall, daß λ größer als 2 d ist, *immer* eine Reflexion erfolgen muß.

Dreht man um eine mit Atomen dicht besetzte Gitterrichtung (Gerade mit niederen Indizes) und fängt man die reflektierten Strahlen auf einem ruhenden, zylindrischen Film auf, dessen Mantellinie parallel zur Drehachse verläuft, so liegen die Reflexe nach dem Ausbreiten des Films auf parallelen Geraden, die nach POLANYI *Schichtlinien* genannt werden (Abb. 19.5; Drehdiagramm von einem tetragonalen Harnstoffkristall bei Drehung um die [001]-Richtung[1]). Die Abstände der Schichtlinien stehen in einer einfachen Beziehung zu den Abständen strukturell gleichwertiger Atome *(Identitätsabstände[2])* auf den zur Drehachse parallelen Gittergeraden. Sie ermöglichen eine einfache Bestimmung der Indizes von physikalisch wichtigen Richtungen in einem Kristall mit bekannter Struktur (z. B. Gleitrichtungen in einem mechanisch beanspruchten Metalleinkristall). Die große praktische Bedeutung der Schichtlinienbeziehung liegt aber vor allem darin, daß sie eine direkte Messung der Kantenlänge der Elementarzelle eines Gitters gestattet. Drehdiagramme um verschiedene passend ausgewählte Richtungen können ferner bei Strukturbestimmungen mit Vorteil zur Ermittlung der Translationsgruppe eines Gitters verwendet werden.

Die Anwendung der Schichtlinienbeziehung erfordert keine Kenntnis der Indizes der reflektierenden Netzebenen; sollen dagegen weitere für

---

[1] Die Längsachse des nadelförmigen Kriställchens ist die [001]-Richtung; die Aufnahmedauer war 4 Stunden bei 119 mm Kammerdurchmesser, Kupferstrahlung 40 kV, 10 mA, beiderseits begossener Röntgenfilm.

[2] Definition s. Abschnitt 17.

die Strukturbestimmung wichtige Schlüsse über die Art und Stärke der Reflexionen gewonnen werden, so müssen die Indizes der reflektierenden Netzebenen durch das später zu besprechende Bezifferungsverfahren ermittelt werden.

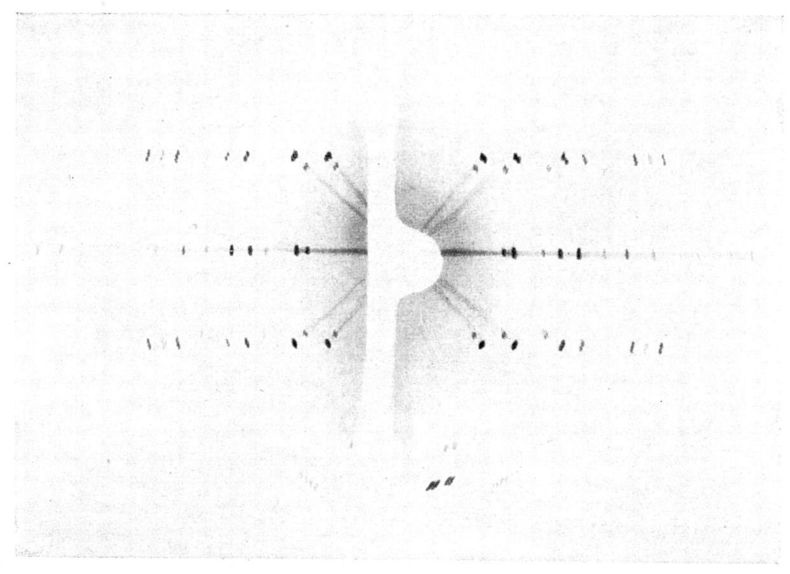

Abb. 19.5. Drehdiagramm von Harnstoff um [001].

Abb. 19.6. Drehkristall-Kamera in Justierstellung (Werkphoto Seifert).

Ein Beispiel für die Ausführung einer *Drehkristallkammer* ist in der Abb. 19.6 dargestellt. Der Goniometerkopf ist mit einer Spitze zum Aufkleben des Kristalles gut sichtbar. Das links befestigte Mikroskop dient zur Zentrierung des Kristalles, unten ist an die Kammer der Motor zur Präparatbewegung angeflanscht. Zur Aufnahme wird ein Filmzylinder mit 57,5 mm Durchmesser übergestülpt.

Für die Einstellung[1] von Kriställchen mit schlechter Ausbildung der Flächen ist es vorteilhaft, zuerst in einer gut ausgeprägten Richtung eine Laue-Aufnahme zu machen. Zu diesem Zweck wird einfach der Goniometerkopf mit dem Kristall in die Flachkammer von Abb. 19.1 eingesetzt. Aus der Symmetrie des Laue-Bildes kann unter Umständen mit Hilfe weiterer Laue-Aufnahmen in anderen Richtungen die Lage der kristallographischen Achsen festgestellt werden. Die Drehkristallaufnahmen werden dann in der gleichen Stellung des Kristalles unmittelbar angeschlossen.

Auch in Debye-Scherrer-Kammern können Drehkristallaufnahmen gemacht werden. Die Justierung des Kristalles auf dem Goniometerkopf kann dann vor der Aufnahme auf einem lichtoptischen Goniometer erfolgen.

Als *Strahlungsquelle* für Drehkristallaufnahmen werden die gleichen Röntgenröhren benützt wie für Debye-Scherrer-Aufnahmen, vorzugsweise Kupferstrahlung. Die Einschaltung eines selektiv absorbierenden Filters ist meist entbehrlich, da die von der β-Wellenlänge herrührenden Schichtlinien an ihrer geringeren Intensität und ihrer kürzeren Abstandsfolge leicht zu erkennen sind.

Für Drehkristallaufnahmen werden *kleine Kriställchen* (Nadeln von 1 mm Länge und 0,1 mm Durchmesser, Blättchen von 0,1 mm Dicke) verwendet, die allseitig vom Primärstrahlenbündel umhüllt sind. Die Größe der Reflexe ist dann proportional zum Querschnitt des Kristalles in der zum reflektierten Strahl senkrechten Ebene; bei zu großen Kristallen überdecken sich die Reflexe. Die untere Grenze der Kristallgröße ist durch die Schwierigkeit der Justierung gegeben. In einer von Kratky angegebenen *Mikrokammer* können mikroskopisch kleine Kriställchen (bis zu 0,01 mm linear) aufgenommen werden. Die durch die Kleinheit der reflektierten Fläche bedingte Verlängerung der Aufnahmedauer wird durch Verwendung eines in einer Ebene stark divergierenden Strahlenbündels unter größtmöglicher Annäherung an den Brennfleck der Röhre nahezu aufgewogen. Der Abstand des Films vom Kristall beträgt nur 2 mm.

Eine *genaue Messung der Schichtlinien* auf Drehkristallaufnahmen erfordert scharf begrenzte Reflexe. Die Kristalle müssen frei sein von Wachstumsfehlern und von inneren Spannungen; sonst sind die Reflexe „zerfasert", d. h. unregelmäßig berandet und in sich ungleichmäßig ge-

[1] Bei gut reflektierenden Kristallen kann die Orientierung des Kristalles durch Beobachtung der Interferenzflecken auf einem Leuchtschirm vorgenommen werden.

schwärzt. Dient die Aufnahme in erster Linie zu einer Messung der Schichtlinienabstände, so werden spaltförmige Blenden (Größe etwa $0{,}5 \times 1$ mm) verwendet, deren Längsachse senkrecht zur Drehachse steht, damit die Ausdehnung der Reflexe senkrecht zur Schichtlinie möglichst klein wird. Für Aufnahmen, bei denen die Abstände der Punkte auf einer Schichtlinie zum Zwecke einer Bezifferung der Netzebenen gemessen werden sollen, verwendet man besser kreisförmige Blenden oder Spalte mit Längsachse parallel zur Drehachse.

Wichtig ist eine *genaue Einstellung der gewünschten niedrig indizierten Richtung des Kristalles in die Drehachse.* Abweichungen von Bruchteilen eines Grades können schon eine ,,*Aufspaltung der Schichtlinien*" bewirken: Ebenen, deren Reflexe bei richtiger Einstellung auf einer Schichtlinie liegen würden, liefern je einen Reflex oberhalb und unterhalb der Schichtlinie; die Abweichung ist um so größer, je weiter die Reflexe vom Primärfleck entfernt sind. Die äußersten Punkte des Äquators des Bildes (Abb. 19.5) zeigen in geringem Grade eine solche Aufspaltung.

Die *Entstehung der Schichtlinien*, die bei Aufnahmen auf einem zur Drehachse parallelen zylindrischen Film gerade Linien (Abb. 19.7) bzw. auf einem zur Primärstrahlrichtung senkrechten ebenen Film Hyperbelkurven (Abb. 19.8) sind, kann man sich nach EWALD am leichtesten dadurch veranschaulichen, daß man sich das gesamte Raumgitter aufgebaut denkt aus lauter parallelen ,,linearen Gittern" (in regelmäßigen Abständen von Atomen besetzte Geraden). Die Interferenzstrahlen einer solchen Gittergeraden liegen auf Kegeln, deren Achse mit der Richtung der Geraden zusammenfällt; die Schnittlinien dieser Interferenzkegel mit dem Film sind die Schichtlinien. Daß auf den Schichtlinien nur an einigen Stellen Interferenzpunkte auftreten, rührt davon her, daß bei der dreidimensionalen Atomanordnung infolge der Phasenunterschiede der von den einzelnen linearen Gittern erzeugten Interferenzstrahlen in gewissen Richtungen eine vollständige Auslöschung erfolgt.

Der *Schichtwinkel* μ_1 ist der Winkel zwischen dem Primärstrahl KO und dem nach dem Schnittpunkt O_1 der ersten Schichtlinie mit der vertikalen Symmetrielinie des Bildes hinzielenden reflektierten Strahl; dasselbe gilt für die zweite (μ_2), dritte (μ_3) Schichtlinie usf. (Abb. 19.9).

Der Abstand gleichwertiger Gitterpunkte (Atome) in Richtung der Drehachse, der *Identitätsabstand* I, ergibt sich aus

$$I = \frac{n\,\lambda}{\sin \mu_n}, \qquad (19.1)$$

wenn μ_n der Schichtwinkel der n-ten Schichtlinie und λ die Wellenlänge ist.

Ferner gilt für den Winkel ϱ zwischen der Normale einer unter dem Glanzwinkel Θ reflektierenden Netzebene und der Richtung der Drehachse

$$2 \sin \Theta \cos \varrho = \sin \mu \tag{19.2}$$

Die Gl. (19.1) und (19.2) gelten allgemein, unabhängig von der besonderen Form des Films.

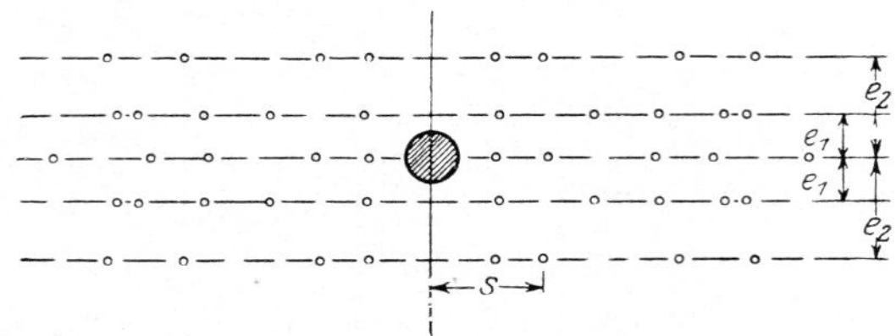

Abb. 19.7. Drehkristallaufnahme, schematisch (zylindrischer Film).

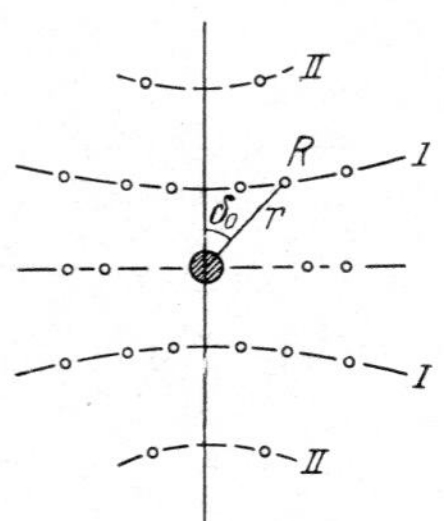

Abb. 19.8. Drehkristallaufnahme, schematisch (ebener Film).

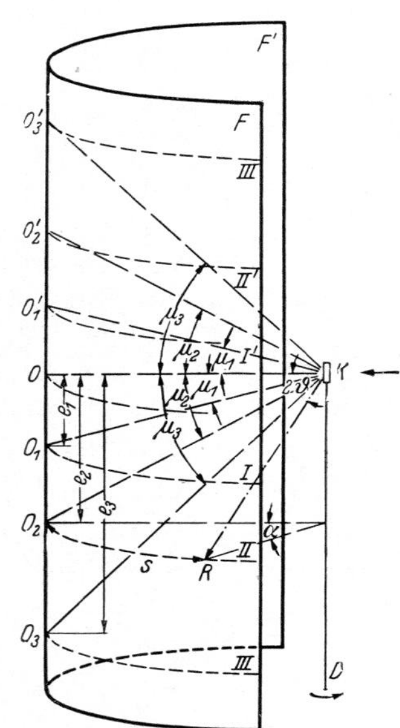

Abb. 19.9. Drehkristallaufnahme, Entstehung der Schichtlinien.

Die Ermittlung des Winkels μ ist dagegen verschieden für den ebenen Film und für den zylindrischen Film. In beiden Fällen sei angenommen, daß die Strahlrichtung senkrecht auf der Drehachse steht[1].

[1] In manchen Fällen, z. B. bei nadelförmigen Kristallen, ist es zweckmäßig, durch passende Wahl des Winkels β zwischen Drehachse und Strahlrichtung die zur Drehachse senkrechte Ebene unmittelbar zur Reflexion zu bringen; bei einer Aufnahme auf einem zur Drehachse koaxialen Filmzylinder ist dann in der Gl. (19.1) zur Berechnung des Identitätsabstandes im Nenner das additive Glied $\cos \beta$ anzufügen.

Für einen ebenen Film, der senkrecht zur Primärstrahlung angeordnet ist und vom Kristall den Abstand A hat, gilt

$$\tan 2\Theta = \frac{r}{A} \tag{19.3}$$

und

$$\sin \mu_n = \sin 2\Theta \cos \delta_0 \tag{19.4}$$

wobei die Bedeutung von r und δ_0 aus Abb. 19.8 zu ersehen ist.

Für einen zur Drehachse parallelen zylindrischen Film mit Radius A lauten die entsprechenden Gleichungen

$$\cos 2\Theta = \cos \mu \cos \alpha \tag{19.5}$$

$$\operatorname{arc} \alpha = \frac{s}{A} \tag{19.6}$$

$$\tan \mu_n = \frac{e_n}{A}\,. \tag{19.7}$$

Dabei ist s der Abstand eines Reflexes von der vertikalen Symmetrielinie und e_n der Schichtlinienabstand, gemessen von dem Äquator aus (Abb. 19.7).

Die Schichtlinien rücken um so näher aneinander, je größer I ist, d. h. bei Aufnahmen mit Drehung um eine kristallographische Achse, je größer die Elementarzelle des Gitters ist. Die Dichte der Belegung einer Schichtlinie mit Reflexen nimmt ab, je höher die Indizes sind. Die Schichtlinien sind dann nicht mehr deutlich zu erkennen, und zwar um so weniger, je enger sie aufeinanderfolgen. Daher müssen, wie schon erwähnt, zur Erzielung guter Schichtlinienaufnahmen niedrig indizierte kristallographisch wichtige Richtungen in die Drehachse gebracht werden.

Die Meßgenauigkeit für I beträgt im Höchstfall 1%. Genaue Bestimmungen der Gitterkonstante werden am besten nach erfolgter Strukturbestimmung in einer Rückstrahlkammer mit Zusatz eines Eichstoffes[1] vorgenommen.

Beim *Abzählen der Schichtlinien* ist zu beachten, daß einzelne Schichtlinien infolge einer Eigentümlichkeit des Gitters oder infolge einer nicht ausreichenden Expositionszeit fehlen können. Man muß den kleinsten vorkommenden Abstand zweier aufeinanderfolgender Schichtlinien der Teilung zugrunde legen und die etwa fehlende Schichtlinien sinngemäß eintragen. Um nicht eine schwach belegte Schichtlinie zu übersehen, wird der Kristall zur Schichtlinienbestimmung um volle 360° gedreht. Der Nachweis schwacher Schichtlinien kann für die Strukturbestimmung von ausschlaggebender Bedeutung sein.

---

[1] Vgl. Abschnitt 18A.

Beispiel für Auswertung einer Drehkristallaufnahme:

Harnstoff um [110] gedreht; $\lambda = 1{,}54$ kX; $2\,A = 118{,}8$ mm.

I. Schichtlinie

$2\,e_1 = 23{,}25$ mm $\quad \mu_1 = 11°5'$ $\quad I = \frac{1 \cdot 1{,}54}{0{,}192} = 8{,}01_5$ kX

II. Schichtlinie

$2\,e_2 = 49{,}5$ mm $\quad \mu_2 = 22°37'$ $\quad I = \frac{2 \cdot 1{,}54}{0{,}385} = 8{,}01$ kX

III. Schichtlinie

$2\,e_3 = 84{,}5$ mm $\quad \mu_3 = 35°26'$ $\quad I = \frac{3 \cdot 1{,}54}{0{,}580} = 7{,}97$ kX

Mittel: $I = 8{,}0$ kX

Für die Indizes $(h\ k\ l)$ aller auf einer Schichtlinie mit der Ordnungszahl n liegenden Reflexe gilt eine einfache, vom Kristallsystem unabhängige Beziehung zu den Indizes $[u\ v\ w]$ der Drehrichtung (Zonenbeziehung):

$$h\,u + k\,v + l\,w = n$$

$$n = 0,\ 1,\ 2,\ \ldots \qquad (19.8)$$

Bei Drehung des Harnstoffkristalls (Abb. 19.5) um die c-Achse ist z. B. $u = 0$, $v = 0$, $w = 1$; somit ist

$l = 0$ für alle Reflexe des Äquators,
$l = 1$ für alle Reflexe der ersten Schichtlinie,
$l = 2$ für alle Reflexe der zweiten Schichtlinie usw.

Diese Gesetzmäßigkeit bedeutet eine wesentliche Vereinfachung der Indizierung.

Auf Drehkristallaufnahmen ist häufig zu bemerken, daß die Reflexe in Richtungen senkrecht zu den Schichtlinien nahezu auf Geraden liegen (vgl. Abb. 19.10). Die Entstehung dieser nach SCHIEBOLD als *Schichtlinien zweiter Art* bezeichneten Kurven wird an anderer Stelle besprochen[1]. Für die Indizes der daraufliegenden Reflexe gelten wieder gewisse Gesetzmäßigkeiten. Bei Drehung um die c-Achse (Abb. 19.5) sind z. B. die ersten beiden Indizes (h und k) auf einer Schichtlinie zweiter Art konstant. Die betreffenden reflektierenden Netzebenen gehören einer kristallographischen Zone an; diese in Abb. 19.10 punktiert gezeichneten Schichtlinien zweiter Art werden daher manchmal auch *Zonenkurven* genannt (OTT).

Die Schichtlinienbeziehung allein liefert ohne eine Ermittlung der Indizes der reflektierenden Netzebenen Aufschluß über die *Größe der Elementarzelle des Gitters und über die Art der Translationsgruppe.* Durch drei Drehdiagramme um die drei kristallographischen Achsen, deren Lage aus der Gestalt des Kristalles durch goniometrische Winkelmes-

[1] Math. Anhang D.

sungen bzw. bei schlecht ausgebildeten Kristallflächen aus der Symmetrie der besonders hierzu angefertigten Laue-Bilder bestimmt werden kann, ergibt sich unmittelbar in kX-Einheiten die Größe des Identitätsabstandes I auf den Achsen, d. h. also die Länge der drei Kanten der Elementarzelle des Gitters und damit die Konstanten der quadratischen Form, da die Winkel zwischen den Kanten durch Bestimmung der Winkel der drei Drehrichtungen mit Hilfe der Kreisteilungen des Drehkristallapparates ermittelt werden können. Das röntgenographisch gefundene Verhältnis der Kantenlängen $a:b:c$ kann sich von dem kristallographisch durch Winkelmessungen erhaltenen Achsenverhältnis $a':b':c'$ noch dadurch unterscheiden[1], daß ein oder zwei Glieder mit einer kleinen ganzen Zahl zu multiplizieren bzw. zu dividieren sind.

Zur *Bestimmung der Translationsgruppe* sind weitere Drehkristallaufnahmen erforderlich. Um z. B. bei einem kubischen Gitter zu entscheiden, ob die einfach kubische, die flächenzentriert kubische oder die innenzentriert kubische Translationsgruppe vorliegt, werden zwei Drehdiagramme mit der Raumdiagonalen [111] bzw. der Würfelflächendiagonalen [110] als Drehrichtung angefertigt. Wie aus Abb. 17.19 bis 17.21 ohne weiteres hervorgeht[2], verhalten sich die Identitätsabstände folgendermaßen:

$$I_{[100]}:I_{[110]}:I_{[111]} = 1:\sqrt{2}:\sqrt{3} \quad \text{einfach kubisches Gitter}$$

$$= 1:\frac{\sqrt{2}}{2}:\sqrt{3} \quad \text{flächenzentriertes Gitter,}$$

$$= 1:\sqrt{2}:\frac{\sqrt{3}}{2} \quad \text{innenzentriertes Gitter.}$$

Beispiel: Bei dem rhombisch kristallisierenden Schwefel ergibt sich aus sechs Drehkristallaufnahmen nach MARK und WIGNER

$I_{[100]} = a = 10{,}61$ kX, $I_{[010]} = b = 12{,}87$ kX, $I_{[001]} = c = 24{,}56$ kX,
$I_{[101]} = 13{,}22$ kX, $I_{[011]} = 13{,}93$ kX, $I_{[110]} = 8{,}35$ kX.

Nach den Formeln im Math. Anhang C berechnet sich für eine einfach rhombische Translationsgruppe

$$I_{[101]} = \sqrt{1\cdot 10{,}61^2 + 1\cdot 24{,}56^2} = 26{,}6\,\text{kX}\,,$$

$$I_{[011]} = \sqrt{1\cdot 12{,}87^2 + 1\cdot 24.56^2} = 27{,}7\,\text{kX}\,,$$

$$I_{[110]} = \sqrt{1\cdot 10.61^2 + 1\cdot 12.87^2} = 16{,}7\,\text{kX}\,,$$

also doppelt so groß als die experimentellen Werte.

---

[1] Bei dem rhombisch kristallisierenden Triphenylmethan ergibt sich aus Drehkristallaufnahmen nach MARK und WEISSENBERG

$a = 15{,}16$ kX, $b = 26{,}25$ kX, $c = 7{,}66$ kX, also $a:b:c = 0{,}576:1:0{,}292$.

Das kristallographische Achsenverhältnis lautet aber $a':b':c' = 0{,}572:1:0{,}586$. Es ist somit c' zu halbieren.

[2] Vgl. hierzu auch Math. Anhang C.

Auf den Flächendiagonalen der gemessenen Zelle ist somit der Abstand aufeinanderfolgender gleichwertiger Atome nur halb so groß wie bei einer einfach rhombischen Zelle; es liegt eine allseitig flächenzentrierte Zelle vor.

Es ist zu beachten, daß der Identitätsabstand I in einer Richtung und der Netzebenenabstand d der auf dieser Richtung senkrecht stehenden Netzebenenschar im allgemeinen nicht gleich ist. Es kann z. B. der Fall eintreten, daß jede zweite Netzebene der Netzebenenschar mit Atomen anderer Art besetzt ist; dann ist $I = 2\,d$. Allgemein gilt: $I = n\,d$, wobei $n = 1, 2, 3$ usw. sein kann. Vergleicht man ferner Abb. 17.32 (Schraubenachse) mit Abb. 17.33 (Drehachse), so kann man durch die gezeichneten Punktanordnungen senkrecht zur Achse parallele Ebenen mit dem Abstand $d = P_1 P_2$ bei Abb. 17.33 und $d = \frac{P_1 P_2}{4}$ bei Abb. 17.32 hindurchlegen: Der Identitätsabstand ist aber in beiden Fällen derselbe: $I = P_1 P_2$. Von dieser Tatsache der Verschiedenheit von Netzebenenabstand und Identitätsabstand wird bei Kristallstrukturbestimmungen Gebrauch gemacht, um das Vorhandensein von Schraubenachsen bei einer Struktur nachzuweisen.

Bei *Bezifferung einer Drehkristallaufnahme* ist meist die Größe der Elementarzelle des Gitters aus Aufnahmen mit verschiedenen Drehrichtungen schon bekannt. Da die Wellenlänge ebenfalls bekannt ist, können aus der quadratischen Form[1] (Gl. 18.9) durch Einsetzen von einfachen ganzen Zahlen für h, k, l sämtliche möglichen Werte von $\sin^2 \Theta$ berechnet und mit den aus der Aufnahme nach Gl. (19.4) und (19.7) erhaltenen verglichen werden.

Als *Beispiel* sei die *Bezifferung* der in Abb. 19.5 abgebildeten *Harnstoffaufnahme* im einzelnen durchgeführt: Aus kristallographischen Messungen ist bekannt, daß Harnstoffkristalle zum tetragonalen System gehören. Aus zwei Drehaufnahmen um [100] und [001] ergab sich die Kantenlänge der tetragonalen Gitterzelle zu $a = 5{,}65_6$ kX und $c = 4{,}71_8$ kX. Der horizontale Abstand $2\,s$ der beiden zur vertikalen Mittellinie des Bildes symmetrischen Reflexe wird gemessen und hieraus nach Gl. (19.5) und (19.6) $\sin^2 \Theta$ für jeden Reflex berechnet (Tab. 19.1). Die Aussonderung der Reflexe von λ_β und von Wellenlängen[2] etwaiger Verunreinigungen der Antikathode erfolgt in gleicher Weise, wie früher für Debye-Scherrer-Aufnahmen angegeben wurde. Die Frage, ob ein auf solche Weise als β-Reflex nachgewiesener Punkt von einem α-Reflex einer anderen Netzebene überlagert ist, kann erst nach Durchführung der Bezifferung des Bildes entschieden werden.

[1] Vgl. auch Math. Anhang C.

[2] Für Kupferstrahlung ist $\lambda_\beta^2 : \lambda_\alpha^2 = 1:1{,}23$, ferner $\lambda_W^2 : \lambda_\alpha^2 = 1:1{,}08_5$ und $\lambda_M^2 : \lambda_\alpha^2 = 1:1{,}17$ (λ_W stärkste Linie der Wolfram-L-Strahlung, λ_M stärkste Linie der Molybdän-K-Strahlung in zweiter Ordnung).

Tabelle 19.1. *Bezifferung einer Drehkristallaufnahme von Harnstoff* (Abb. 19.5). Tetragonaler Kristall $a = 5{,}65_6$ kX, $c = 4{,}71_8$ kX (aus Schichtlinienabständen zweier Aufnahmen um [100] und [001] ermittelt). Kupferstrahlung $\lambda_\alpha = 1{,}54$ kX. Filmdurchmesser $2A = 118{,}8$ mm. Drehachse parallel c-Achse, also parallel [001]. *Nullinie:* $\mu_0 = 0$

$2s$	Intensität	$\sin^2\Theta$ aus dem Film	$\sin^2\Theta$ aus der quadratischen Form	Indizes	Bemerkungen
41,3	m.	0,030	—	—	β-Linie von (110)
44,0	s. s.	0,034	—	—	W-L_{α_1}-Linie von (110)
46,0	st.	0,037	0,037	(110)	
58,9	s.	0,060	—	—	β-Linie von (200)
65,5	m.	0,074	0,074	(200)	Überdeckung mit der β-Linie von (210)
70,0	s. s.	0,080	—	—	Mo-K_{α_1}-Linie II. Ordnung von (210)
73,3	st.	0,093	0,093	(210)	
84,2	s.	0,121	—	—	β-Linie von (220)
93,8	m.	0,148	0,148	(220)	
105,6	s.	0,184	0,185	(310)	
121,8	s.	0,241	0,241	(320)	
130,6	s. s.	0,273	—	—	β-Linie von (330)
139,5	s. s.	0,308	—	—	β-Linie von (420)
146,3	m.	0,335	0,334	(330)	
155,7	m.	0,371	0,371	(420)	

1. Schichtlinie: $\mu_1 = 19^\circ\, 3'$, $\cos\mu_1 = 0{,}945_2$

$2s$	Intensität	$\sin^2\Theta$ aus dem Film	$\sin^2\Theta$ aus der quadratischen Form	Indizes	Bemerkungen
33	st.	$0{,}045_6$	0,045	(101)	
47	st.	0,064	$0{,}063_6$	(111)	
67	m.	0,101	0,101	(201)	
75,5	s.	0,120	0,119	(211)	
96,8	m.	0,176	0,175	(221)	
103,3	s.	0,195	0,193	(301)	
109	m.	0,213	0,212	(311)	
141	s. s.	0,323	0,323	(401)	
150	s. s.	0,357	0,360	(331)	
161	s. s.	0,399	0,397	(421)	

2. Schichtlinie: $\mu_2 = 40^\circ\, 44'$, $\cos\mu_2 = 0{,}757_7$

$2s$	Intensität	$\sin^2\Theta$ aus dem Film	$\sin^2\Theta$ aus der quadratischen Form	Indizes	Bemerkungen
16	m.	0,125	0,125	(102)	
40	s.	0,142	0,144	(112)	
77	s.	0,198	0,199	(212)	
102	s.	0,253	0,255	(222)	

Die quadratische Form des tetragonalen Gitters[1] lautet nach Einsetzen der Zahlenwerte

$$\sin^2 \Theta = 0{,}0185_3\,(h^2 + k^2 + 1{,}43_7\, l^2)\,. \tag{19.9}$$

Die hieraus berechneten möglichen Reflexe auf der Nullinie ($l = 0$) sind in Tab. 19.2 zusammengestellt.

Tabelle 19.2. *Mögliche Reflexe auf der Nullinie* ($l = 0$)

$h\ k$	$h^2 + k^2$	$\sin^2 \Theta$	$h\ k$	$h^2 + k^2$	$\sin^2 \Theta$
1 0	1	0,0185	3 1	10	0,1853
1 1	2	0,0370	3 2	13	0,241
2 0	4	0,0741	4 0	16	0,296
2 1	5	0,0926	4 1	17	0,315
2 2	8	0,1482	3 3	18	0,334
3 0	9	0,1665	4 2	20	0,371

Durch den Vergleich der Spalte 3 der Tab. 19.2 mit der 3. Spalte der Tab. 19.1 werden die Indizes der Reflexe auf dem Bild ermittelt: Es fehlen auf dem Bild Reflexe für $\sin^2 \Theta = 0{,}0185;\ 0{,}1665;\ 0{,}296;\ 0{,}315$, also

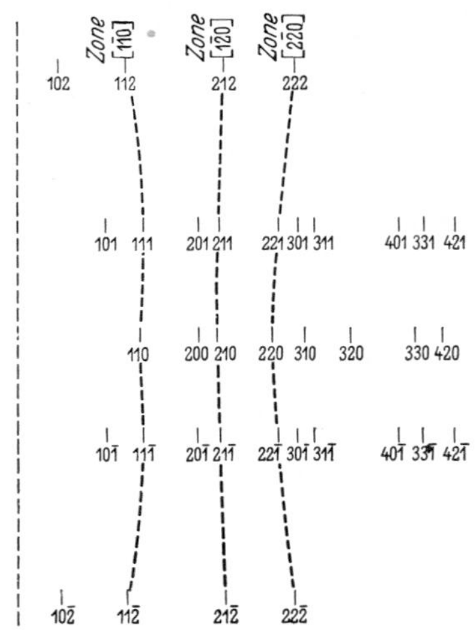

Abb. 19.10. Bezifferung des Drehdiagrammes von Harnstoff (Abb. 19.5.).

Reflexe der Netzebenen mit den Indizes (100), (300), (400), (410). Für Strukturbestimmungen ist es wichtig, sich dies besonders anzumerken.

In gleicher Weise wird bei der Berechnung der ersten ($l = 1$) und der zweiten ($l = 2$) Schichtlinie verfahren. Das Ergebnis der Bezifferung ist

[1] Erhalten aus Gl. (18.10) für $a = b$.

in Abb. 19.10 für eine Bildhälfte schematisch dargestellt. Einige Schichtlinien zweiter Art sind punktiert eingetragen. Sie ermöglichen eine Kontrolle der Bezifferung; da um die c-Achse gedreht wurde, muß auf einer solchen Kurve h und k konstant sein.

Ist bei einer Kristalluntersuchung infolge der Form des Kristalles, z. B. Nadelform, nur eine Drehkristallaufnahme um *eine* Richtung möglich, so kann die Kantenlänge der Elementarzelle nur in einer Richtung direkt bestimmt werden. Die anderen beiden Kantenlängen können aus der Bezifferung des Bildes erhalten werden, die in ähnlicher Weise durchzuführen ist wie die Bezifferung einer Debye-Scherrer-Aufnahme. Nur ist die Aufgabe dadurch erleichtert, daß einer der drei Indizes aus der Nummer der Schichtlinie bereits bekannt ist.

Zur Erläuterung des *Bezifferungsverfahrens bei unvollständig bekannter Größe der Elementarzelle* sei angenommen, daß von einem Harnstoffkristall nur eine einzige Drehaufnahme um die c-Achse, welche die Längsachse der nadelförmigen Kriställchen ist, hergestellt werden könne und daß das in Abb. 19.5 dargestellte Drehdiagramm ohne weitere Hilfsmittel zu beziffern sei. Bekannt ist nur aus kristallographischen Messungen die Zugehörigkeit zum tetragonalen Kristallsystem.

Zunächst wird aus der Schichtlinienbeziehung in der früher besprochenen Weise der Identitätsabstand in der Richtung der c-Achse und damit die eine Kante der Elementarzelle des Gitters zu $c = 4{,}72$ kX bestimmt.

Für die Reflexe der Nullinie lautet nach Gl. (18.12) die quadratische Form

$$\sin^2 \Theta = \frac{\lambda^2}{4a^2}(h^2 + k^2) . \qquad (19.10)$$

Bekannt ist die Wellenlänge λ und $\sin^2 \Theta$, dessen Ermittlung aus der Aufnahme oben ausführlich besprochen wurde. Es müssen sich nun die $\sin^2 \Theta$ verhalten wie die Summe der Quadrate zweier einfacher ganzer Zahlen h und k. Die niedersten Zahlenwerte für $h^2 + k^2$ sind in Tab. 19.2 zusammengestellt. Die Reihe der experimentell gefundenen $\sin^2 \Theta$ lautet (Spalte 3 der Tab. 19.1):

0,037 0,074 0,093 0,148 0,184 0,241 0,335 0,371.

Man setzt probeweise den ersten Wert = 1 und erhält die Reihe

1 2 2,5 4 5 6,5 9 10.

Wie der Vergleich mit Tab. 19.2 zeigt, lassen sich alle diese Zahlen nach Multiplikation mit 2 als Summe der Quadrate zweier ganzer Zahlen darstellen. Die zugehörigen Werte für h und k sind aus Spalte 1 der Tab. 19.2 unmittelbar zu entnehmen, so daß die Indizes der betreffenden Netzebenen lauten[1]: (110) (200) (210) (220) (310) (320) (330) (420).

Die Kantenlänge a der Gitterzelle kann aus jedem $\sin^2 \Theta$ berechnet werden; als Mittel aus 8 Bestimmungen ergibt sich $a = 5{,}65_6$ kX. Die Indizes für die erste und zweite Schichtlinie werden am einfachsten durch Einzeichnen der Schichtlinienkurven zweiter Art aus den Indizes für den Äquator erhalten.

Eine solche Bezifferung durch Ausprobieren ist nur bei einfachen Kristallgittern erfolgreich. Im allgemeinen Fall muß man sich zur Bezifferung eines der mannigfachen graphischen Verfahren[2] bedienen. Am bequemsten ist die Auswertung durch Auflegen eines durchsichtigen Netzes, das zwei Systeme von krummlinigen Koordinaten enthält.

Das Ergebnis der Bezifferung wird in einem Verzeichnis der reflektierenden Netzebenen unter Beifügung der geschätzten Intensität der Reflexe zusammengestellt als Grundlage für die im Abschn. 22 zu besprechende Raumgruppenbestimmung der Kristallstruktur.

Bei Änderung der Richtung der Drehachse erscheinen die Reflexe einer Netzebene an verschiedenen Stellen des Bildes, wodurch die Sicherheit des Nachweises von schwachen Reflexen erhöht wird. In gewissen Fällen können auf Drehkristallaufnahmen bei Drehung um volle 360° Reflexe von ungleichwertigen Ebenen aufeinanderfallen, was für die Strukturbestimmung unerwünscht ist. Man schließt dann eine Aufnahme mit eingeschränktem Drehbereich (30 bis 60°) an (*Schwenkaufnahme* nach Schiebold, manchmal auch *Schaukeldiagramm* genannt).

Die Bestimmung der kristallographischen Indizes einer äußerlich wahrnehmbaren Richtung eines Einkristalles mit bekannter Gitterstruktur, z. B. der Achse eines stabförmigen Metalleinkristalles, kann aus einer Drehkristallaufnahme auf verschiedene Weise erfolgen; in allen Fällen wird die zu bestimmende Richtung in die Drehachse eingestellt.

Die erhaltene Aufnahme wird mit Hilfe der quadratischen Form, wenigstens für die wichtigen Ebenen, durchindiziert. Man kennt dann

---

[1] Die $\sin^2 \Theta$ lassen sich noch durch eine zweite Reihe von Quadratsummen zweier einfacher Zahlen darstellen, nämlich

4 8 10 16 20 26 36 40.

Die Indizes der Netzebenen lauten dann

(200) (220) (310) (400) (420) (510) (600) (620).

Als Kantenlänge ergibt sich ein Wert $a' = a\sqrt{2}$. Diese Elementarzelle geht aus der oben verwendeten durch Drehung von 45° um die a-Achse hervor. Sie ist doppelt so groß wie die alte Zelle. Bei allen tetragonalen Gittern kann sowohl die eine als auch die andere dieser beiden Elementarzellen zur Beschreibung verwandt werden.

[2] Internat. Tables for X-Ray Crystallography, vol. 2, Birmingham (England): The Kynoch Press, 1968.

die Reflexionswinkel Θ und die Schichtwinkel μ und kann nach Gl. (19.2) für einige Ebenennormalen den Winkel ϱ gegenüber der Drehachse errechnen. Notwendig zur Bestimmung sind mindestens zwei solche Winkel ϱ. Sind mehr als 2 bekannt, so wird nach Eintragen der ϱ-Werte in ein stereographisches Netz graphisch ausgemittelt. Das Verfahren ist immer anwendbar, jedoch in der Durchführung etwas umständlich.

Eine zweite Möglichkeit der Orientierungsbestimmung besteht im Vergleich des aus der Aufnahme erhaltenen Identitätsabstandes mit dem aus der bekannten Gitterstruktur errechneten[1] Wert. Bei flächenzentrierten und raumzentrierten Raumgruppen ist zu beachten, daß die Identitätsabstände in gewissen Richtungen gegenüber denen eines einfachen Translationsgitters zu halbieren sind. Als Beispiel sei eine Drehaufnahme an einem Wolframeinkristalldraht gewählt, die in Richtung der Achse den Identitätsabstand $I = 4{,}43$ kX ergeben möge. Die raumzentriert kubische Gitterzelle des Wolframs hat eine Kantenlänge $a = 3{,}16$ kX. Die gesuchten Indizes u, v, w müssen sich verhalten[2] wie $(u^2 + v^2 + w^2) : 1 = 4{,}43^2 : 3{,}16^2 = 2 : 1$, woraus folgt, daß ein Index 0 und zwei Indizes je 1 sein müssen. Die Drahtachse hat also die Indizes [110] oder [011] oder [101], da im kubischen System die drei Indizes gleichwertig und vertauschbar sind. Das Ergebnis kann auch so ausgedrückt werden: die Ebene senkrecht zur Drahtachse ist eine Rhombendodekaederebene.

Bei höher indizierten Richtungen, bei denen sich die Identitätsabstände nur wenig ändern, ist die Genauigkeit dieses Verfahrens nicht immer ausreichend.

Für kubische Kristalle ist von GRAF ein einfaches *Abzählverfahren* entwickelt worden, das rasch und ziemlich genau[3] arbeitet (Fehler höchstens 1°). Man geht aus von der Schichtlinienbeziehung Gl. (19.8)

$$h\,u + v\,k + w\,l = n\,,$$

wobei $[u\;v\;w]$ die gesuchten Indizes der Drehachse sind.

Man sieht nun nach, auf welchen Schichtlinien die Reflexe der Würfelebenen (100), (010), (001) liegen: im ersten Fall sind dies drei verschiedene Schichtlinien mit den Nummern n_1, n_2, n_3.

Es ist

$$u = n_1 \quad v = n_2 \quad w = n_3\,.$$

Man hat also nur die Schichtlinien einzuzeichnen und abzuzählen; die Nummer der Schichtlinien, auf denen Würfelreflexe liegen, sind die gesuchten Indizes der Drehrichtung. Bei flächenzentriert kubischen Git-

[1] Vgl. Gl. (19.1) und Math. Anhang C.

[2] Vgl. Math. Anhang C.

[3] Für hochindizierte Richtungen ist das Verfahren von OSSWALD so verbessert worden, daß überall eine Genauigkeit von $\pm\,^1/_2{}^\circ$ erreicht werden kann.

tern[1] tritt eine Würfelreflexion erst in zweiter Ordnung auf; es ist (200) statt (100) usw. zu schreiben und dementsprechend sind die gefundenen Nummern zu halbieren.

Sind nur zwei Würfelreflexe auf dem Bild vorhanden, so wird ein Oktaederreflex (111) hinzugenommen: die dritte der Gl. (19.8) lautet dann

$$u + v \pm w = n_3\,, \tag{19.11}$$

wobei das $\pm$-Zeichen zu setzen ist, wenn der Reflex auf einer Schichtlinie mit $\left\{\begin{matrix}\text{positiver}\\ \text{negativer}\end{matrix}\right\}$ Ordnungsnummer liegt.

Die Auswertung der Drehkristallaufnahme eines Kupfereinkristallstabes ist in Abb. 19.11 enthalten. In erster Annäherung ergibt sich aus den gestrichelt gezeichneten Schichtlinien als Richtung der Drehachse

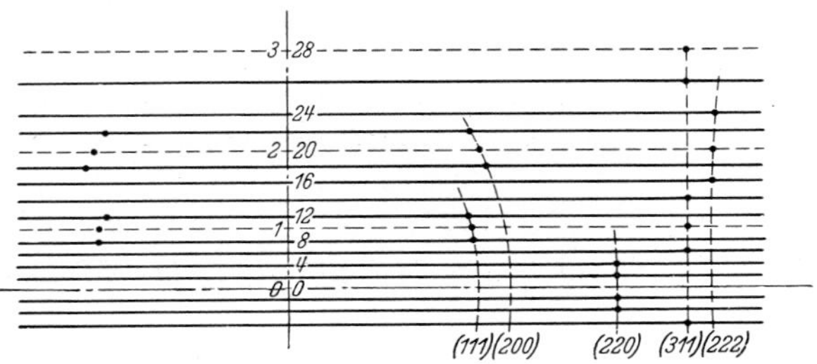

Abb. 19.11. Bestimmung der Indizes der Drehachse nach dem Abzählverfahren (nach GRAF).

[111]. Dabei ist die Aufspaltung der (220)-Reflexe auf dem Äquator nicht berücksichtigt. Zieht man durch den nach oben und unten vom Äquator etwas abweichenden Reflexe je eine Schichtlinie, so erhält man die engere Schichtlinienteilung. Für die Drehachse ergeben sich die Indizes [9 10 11]. Die große Genauigkeit des Verfahrens beruht darauf, daß keinerlei Abstandsmessung, sondern nur eine Abzählung benötigt wird.

C. Photographische Goniometerverfahren

Die Röntgengoniometerverfahren liefern außer den Reflexionswinkeln die zugehörige Stellung des Kristalles und ermöglichen so, aus der bekannten Lage der reflektierenden Netzebenen die Winkel zwischen

[1] Bei flächenzentriert kubischen Gittern ist der Identitätsabstand in der [110] Richtung und in allen Richtungen mit zwei ungeraden Indizes nur halb so groß als bei einem einfachen Translationsgitter. Hat die Drehachse zufällig zwei ungerade Indizes, so fallen sämtliche Schichtlinien mit ungeraden Nummern aus. Eine Nichtbeachtung beim Abzählen wird daran erkenntlich, daß die Würfelreflexe auf Schichtlinien mit ungeraden Nummern auftreten würden. Analoges gilt für das raumzentriert kubische Gitter für andere Richtungen (vgl. Math. Anhang C).

den Netzebenen zu bestimmen; daher die Bezeichnung „Goniometer". Der von WEISSENBERG stammende Grundgedanke des Röntgengoniometers ist die Kopplung der Kristalldrehung mit einer Bewegung des Films bei gleichzeitiger Ausblendung einer einzigen Schichtlinie.

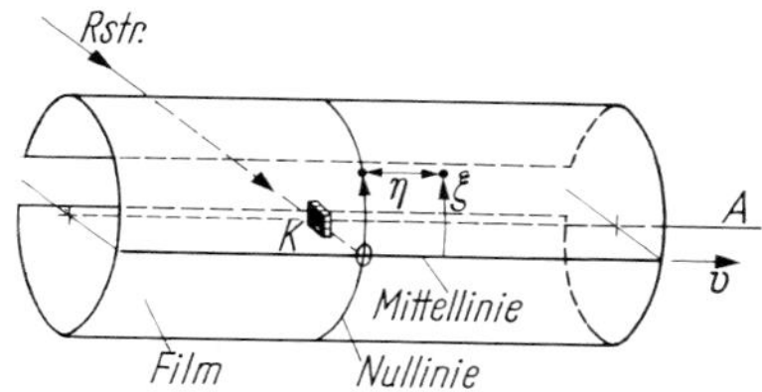

Abb. 19.12. Röntgengoniometer, schematisch (nach WEISSENBERG-BÖHM).

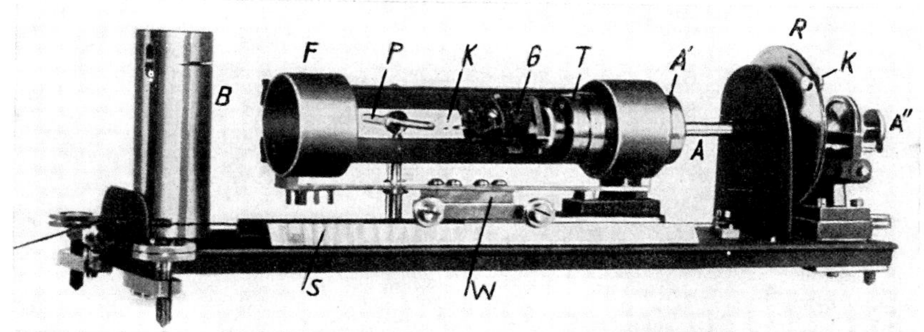

Abb. 19.13. Ansicht eines Röntgengoniometers (ursprüngliche Ausführung) (nach WEISSENBERG-BÖHM).

Bei dem *Röntgengoniometer nach Weissenberg-Böhm* wird der zur Drehachse A des Kristalles K koaxiale Filmzylinder in der Richtung v synchron mit der Kristalldrehung fortbewegt (Abb. 19.12). Durch eine zur Drehachse senkrechte, verschiebbare Schlitzblende (B in Abb. 19.13) wird erreicht, daß nur die reflektierten Strahlen einer Schichtlinie auf den Film gelangen können; die Reflexe werden durch die zum Kristalldrehwinkel proportionale Verschiebung senkrecht zur Schichtlinie auseinandergezogen. Die Bewegung des Filmträgers F erfolgt mit Hilfe eines Wagens W auf den Schienen S. Die Zugkette läuft über die auf der Drehachse A des Kristallträgers G angebrachte Rolle R; ihr Durchmesser ist so groß gewählt, daß $1°$ Kristalldrehung 1 mm Filmbewegung entspricht. Durch das zur Drehachse senkrechte Blendenrohr P tritt der Primärstrahl ein. Zum Antrieb dient ein Elektromotor, dessen Bewegungsrichtung mittels Kontakten K an der Rolle R umgesteuert wird.

Abb. 19.14 zeigt ein *modernes Goniometer*[1] in Aufnahmestellung. Auf der Mitte der Grundplatte ist eine Scheibe zu sehen, die eine Drehung

[1] Hersteller: Stoe, Darmstadt.

der eigentlichen Kammer um eine vertikale Achse ermöglicht. Im oberen Teil ist das Fernrohr zur Justierung des Einkristalles zu erkennen, der innerhalb des horizontalen Zylinders angebracht ist. An der Stelle, an der das Rohr sich erweitert, befindet sich der zylindrisch gebogene Film. Ganz rechts außen ist der Motor angeflanscht, der mit Hilfe der teilweise sichtbaren Welle die Filmkassette horizontal verschiebt, synchron mit der Drehung des Kristalles um eine vertikale Achse. Die Eintrittsblende für die Primärstrahlung ist in Abb. 19.14 durch den Filmträger verdeckt.

Die kleine Scheibe mit Stiften ist ein Teil der sogenannten Integriereinrichtung, welche bei Messung der Intensitäten von Interferenzen die

Abb. 19.14. Integrierendes Weissenberg-Goniometer (Werkphoto Stoe, Darmstadt).

Beschaffung eines Photometers zur Ermittlung der mittleren Schwärzung eines Reflexes ersparen soll. Diese Vorrichtung verschiebt den Film um eine kleine Strecke hin und her; dadurch werden die Reflexe zu rechteckigen Flächen, in deren Mitte ein Bezirk mit konstanter Schwärzung entsteht, auseinandergezogen. Die Schwärzung dieses Plateaus ist ein Maß für die Reflexintensität.

Auf einer *Weissenberg-Aufnahme* wird als ,,Mittellinie" die Schnittlinie des Filmes mit der Ebene durch Primärstrahl und Drehachse bezeichnet (Abb. 19.15). Die in dieser Richtung gemessene Koordinate des Reflexes P_1 sei η. Als zweite Koordinate wird der zur Schichtlinie parallele Bogen ξ gewählt, der auf dem ausgebreiteten Film zu einer Geraden wird. Die ,,Nullinie" ist der Schnitt des Filmes mit den reflektierten Strahlen in der Ausgangsstellung des Kristalles. Wie aus Abb. 19.15 hervorgeht, ist ξ ein Maß für den Ablenkungswinkel $2\,\Theta$ und η ein Maß für die Drehung des Kristalles aus seiner Ausgangslage heraus. Die Reflexe mit gleichen Reflexionswinkeln Θ liegen auf dem ausgebreiteten Film immer auf zur Mittellinie parallelen Geraden.

Für Goniometeraufnahmen mit Ausblendung der Äquatorschichtlinie gilt für die nach Abb. 19.15 auf dem Film (Radius r) zu messenden

Koordinaten ξ und η

$$\frac{\xi}{2\pi r_{\text{Film}}} = \frac{2\Theta}{360^\circ} \quad \text{und} \quad \frac{\eta}{\eta_{360^\circ}} = \frac{\sigma}{360^\circ}. \tag{19.12}$$

Dabei ist σ der Drehwinkel des Kristalles für die Reflexionsstellung gegenüber der Ausgangsstellung ($\sigma = 0$); η_{360° ist die Verschiebung des Filmzylinders in Millimetern für 360° Kristalldrehung. Für das Gerät in Abb. 19.14 ist $\eta_{360^\circ}/360^\circ = 1$. Der Winkel zwischen zwei Netzebenen ist

$$\varphi = \sigma_1 - \sigma_2 + \Theta_1 - \Theta_2 \tag{19.13}$$

oder einfacher unter Einführung der Koordinate ε (Abb. 19.15), wenn $\eta_{360^\circ}/360^\circ = 1$ ist,

$$\varphi = (\varepsilon_1 - \varepsilon_2) \text{ mm auf dem Film.} \tag{19.14}$$

Bei Ausblendung von Schichtlinien höherer Ordnung ist statt Θ in Gl. (19.12) einzusetzen α, wobei α nach Gl. (19.5) definiert ist als

$$\cos\alpha \cos\mu = \cos 2\Theta. \qquad (\mu \text{ Schichtlinienwinkel, Abb. 19.9})$$

Die Beziehungen für die Ermittlung der Netzebenenwinkel sind in diesem Fall ziemlich verwickelt. Bei Aufnahmen von höheren Schichtlinien wird die Auswertung vereinfacht, wenn statt der bisher angenommenen senkrechten Durchstrahlung der Drehachse schief unter dem Schichtlinienwinkel eingestrahlt wird; die Primärstrahlenrichtung ist gegen die Drehachse um den Winkel (90°—μ) geneigt (SCHNEIDER). Unter Benützung der schiefwinkeligen Koordinaten ε und τ (Abb. 19.15), wobei der Winkel[1] ν eine Apparatekonstante ist, ergeben sich die Bestimmungsgleichungen für Θ bzw. α und σ

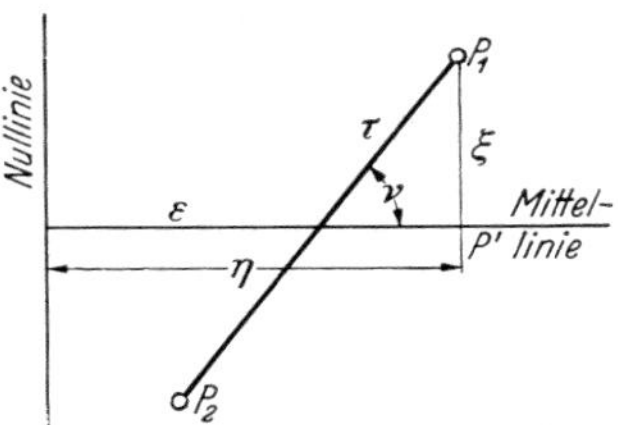

Abb. 19.15. Koordinaten zur Ausmessung von Weissenberg-Aufnahmen (z. B. Abb. 19.16).

$$\alpha = 2\tau \frac{360^\circ}{\eta_{360^\circ}} \cos\nu \tag{19.15}$$

$$\sigma = \frac{360^\circ}{\eta_{360^\circ}} (\varepsilon + \tau \cos\nu). \tag{19.16}$$

Als *Beispiel ist eine Aufnahme von Harnstoff* mit Kupferstrahlung bei Drehung um die c-Achse unter Ausblendung der Äquatorschichtlinie in Abb. 19.16 abgebildet[2]. Die Mittellinie markiert sich als breites schwarzes

[1] Es ist $\cot\nu = \dfrac{\text{Radius der Antriebsscheibe}}{\text{Durchmesser des Filmzylinders}} = \dfrac{360^\circ}{\eta_{360^\circ}} \cdot \dfrac{90^\circ}{\pi r_{\text{Film}}} = 0{,}81$; also $\nu = 51^\circ$ für $2r_{\text{Film}} = 71$ mm.

[2] Die Doppelung der starken Reflexe rührt von einer Störung im Kristallaufbau her.

Band; einige der schiefen Geraden sind deutlich zu sehen; die auf ihnen liegenden Reflexe sind auf beiden Seiten gleich weit von der Mittellinie entfernt[1] und ermöglichen damit eine genaue Einzeichnung ihrer Lage. Jede Gerade ist der geometrische Ort der verschiedenen Ordnungen der Reflexe *einer* Netzebene (vgl. Abb. 19.17). Die Nullinie tritt auf dem Film

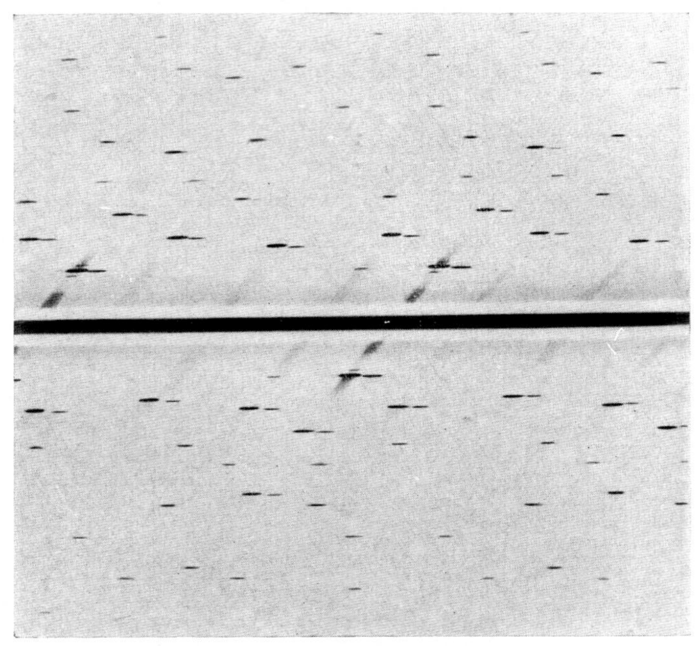

Abb. 19.16. Weissenberg-Aufnahme von Harnstoff, Äquatorschichtlinie, Drehung um [001] ($^1/_2$fach verkleinert).

nicht in Erscheinung[2]. Allgemein gilt, wie schon erwähnt, daß Reflexe mit gleichem senkrechtem Abstand von der Mittellinie gleichen Reflexionswinkel Θ haben. Ist die Drehachse eine kristallographische Hauptachse (Kante der Elementarzelle), so ist wie bei Drehkristallaufnahmen der auf diese Achse bezügliche Index 0 bei Ausblendung des Äquators, bzw. 1, 2 . . . bei Ausblendung der 1., 2. . . . Schichtlinie. Bei der Aufnahme in Abb. 19.16 ist also $l = 0$ für alle Reflexe.

---

[1] Eine solche, zur Mittellinie zentrosymmetrische (inverse) Lage der Reflexe tritt auf 1. bei Äquatorschichtlinienaufnahmen, 2. bei Aufnahmen von höheren Schichtlinien, wenn unter dem Schichtlinienwinkel schief zur Drehachse eingestrahlt wird und wenn das betreffende Kristallgitter eine rechtwinklige Elementarzelle hat (BUERGEL).

[2] Ihre Lage wird im allgemeinen nicht benötigt, da für die Winkelmessung der Netzebenen nur Differenzen der Koordinaten ε bzw. η auftreten.

Die Bezifferung der Aufnahme (Abb. 19.16) ist einfach, wenn aus Drehkristallaufnahmen schon die Gitterzelle mit den Kanten a und c bekannt ist. Durch Einsetzen des Winkels Θ in Gl. (19.12) ergibt sich, daß die Reflexe auf der ersten zur Mittellinie parallelen Geraden ($\Theta_1 =$ const) den Ebenen (110), die auf der zweiten ($\Theta_2 =$ const) den Ebenen (200) usw. zugehören. Dabei können die ersten beiden Indizes noch miteinander vertauscht werden, und es sind auch die negativen Vorzeichen mit zu berücksichtigen. Schreibt man einem beliebigen Reflex auf der Θ_1-Geraden die Ziffer (110) zu, so kann man dem rechts oder links davon gelegenen Reflex auf der Θ_2-Geraden die Indizes (200) oder (020) zuordnen.

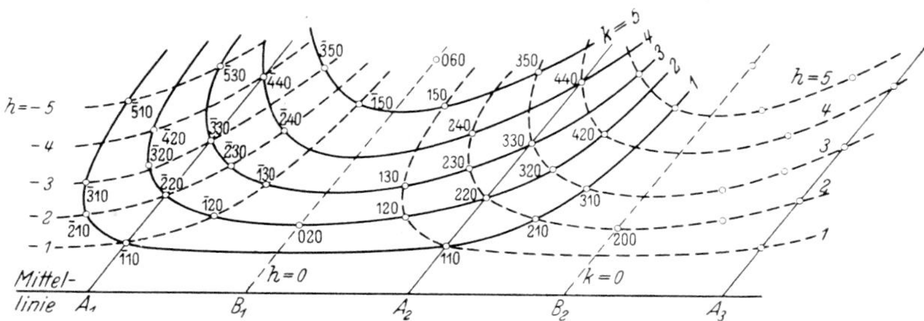

Abb. 19.17. Bezifferung der oberen Hälfte der Aufnahme Abb. 19.16. Drehung um [001]. 0. Schichtlinie.

ordnen. Damit ist dann die Bezifferung aller übrigen Reflexe durch ihre Θ-Werte und durch ihre Winkel gegenüber den nunmehr festgelegten Bezugspunkten (110) und (200) gegeben[1].

Für die Bezifferung von Weissenberg-Böhm-Diagrammen ist die Anordnung der Reflexe auf zwei Kurvenscharen von Bedeutung. Bei Drehung um die c-Achse ist z. B. auf der einen Kurvenschar der Index h, auf der anderen der Index k konstant. Diese Kurven lassen sich leicht einzeichnen, wenn ihre Form[2] aus Aufnahmen ähnlicher Art bekannt ist. Ist a und c nicht bekannt, so schreibt man einem starken Reflex auf einer Symmetrielinie den Index (100) zu. Fallen nicht alle Reflexe auf Schnittpunkte des gezeichneten Kurvennetzes, so muß die Maschenweite halb so groß gemacht werden; der Ausgangspunkt erhält dann die Indizes (200) usw. Um auf die in den Raumgruppentafeln angegebene Elemen-

[1] Angenommen, die Indizes des Punktes ($\bar{1}30$) in Abb. 19.17 seien aus den Winkeln φ_1 und φ_2 gegenüber (020) und (110) zu ermitteln; die gesuchten Indizes seien ($h\,k\,0$); aus Θ folgt, daß $h^2 + k^2 = 10$ ist. Es ist auf dem Diagramm $|\varepsilon_{hk0} - \varepsilon_{020}| =$ 19 mm und $|\varepsilon_{hk0} - \varepsilon_{110}| =$ 64,5 mm, also $\varphi_1 = 19°$ und $\varphi_2 = 64^1/_2°$. Dann gilt nach Math. Anhang C: $\cos\varphi_1 = \dfrac{2k}{\sqrt{4}\sqrt{h^2+k^2}} = 0{,}95$ und $\cos\varphi_2 = \dfrac{h+k}{\sqrt{2}\sqrt{h^2+k^2}} = 0{,}43$. Hieraus $k = 2{,}99$ und $h = -1{,}07$, also ($\bar{1}30$).

[2] Diese Kurvenscharen können auch rechnerisch abgeleitet werden; Näheres bei Ewald im Handbuch der Physik, 2. Aufl. Bd. 23 Teil 2 S. 396.

tarzelle zu kommen, muß unter Umständen die Gitterzelle nach erfolgter Bezifferung des Bildes in eine andere transformiert[1] werden.

Die Goniometeraufnahmen geben auch Aufschluß über die Symmetrieverhältnisse des Kristallgitters. In der Abb. 19.17 wiederholen sich alle Reflexe nach einer Strecke von je 90 mm, parallel zur Mittellinie gemessen. Die Drehachse, in diesem Fall die c-Achse des Harnstoffkristalles, ist somit eine 4zählige Symmetrieachse. Ferner ist zu erkennen, daß sich in einer Folge von 45 mm (45° Winkel-) Abstand schiefe Geraden einziehen lassen, zu denen die Reflexe spiegelbildlich gleich liegen. In der Drehachse schneiden sich zu dieser parallele Symmetrieebenen unter Winkeln von 45°, d. h. die Drehachse bildet die Schnittlinie dieser Ebenen.

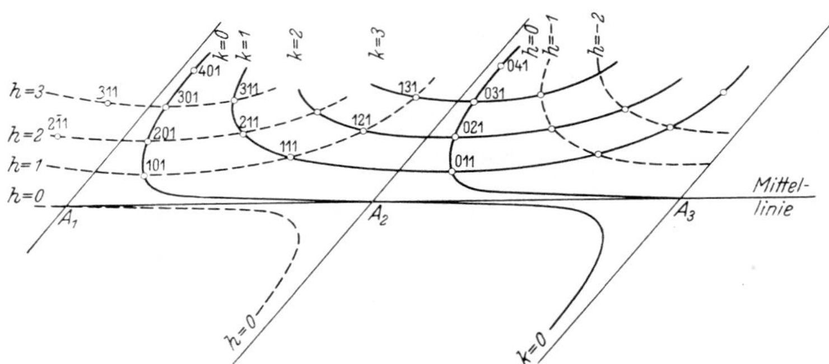

Abb. 19.18. Bezifferung einer Goniometeraufnahme von Harnstoff, Drehung um [001]. 1. Schichtlinie.

Bei Aufnahmen von höheren Schichtlinien ist der Verlauf der Kurven anders; die Zentrosymmetrie der Reflexe zum Punkt O in Abb. 19.12 kommt in Wegfall. Die Goniometeraufnahme des Harnstoffkristalles mit Drehung um [001] unter Ausblendung der ersten Schichtlinie bei senkrechter Durchstrahlung der Achse ist mit Angabe der Bezifferung in Abb. 19.18 schematisch gezeichnet. Es treten auch hier wieder zwei Kurvensysteme auf; die Indizes lauten auf ihnen ($h\ m\ 1$) bzw. ($m\ k\ 1$), wobei m alle einfachen geraden Zahlen von 0 an durchläuft[2].

Zur *graphischen Auswertung* der Weißenberg-Böhm-Aufnahme sind von Wooster und Buerger Netze angegeben worden[3].

Beim *Schiebold-Sauter-Röntgengoniometer* ist die Drehung des Kristalles gekoppelt mit der Drehung einer Scheibe, auf der ein Planfilm angebracht ist. Die Kristallachse ist senkrecht auf der Primärstrahl-

[1] Transformationsformeln in den Internat. Tables for X-Ray Crystallography, vol. 2, Birmingham (England): The Kynoch Press 1968.

[2] Betreffs des Index $l = 1$ vgl. Gl. (19.8), erste Schichtlinie, also $n = 1$, Drehung um die c-Achse.

[3] Derartige Netze können, auf Plexiglas aufgedruckt, bezogen werden von N. P. Nies, 969 Skyline Dr., Laguna Beach, California, USA.

richtung; der Film wird senkrecht durchstrahlt. Eine in der Wand des Filmträgers befindliche Schlitzblende läßt nur reflektierte Strahlen einer Schichtlinie durch. Als Beispiel einer Goniometeraufnahme zeigt Abb. 19.20 das „Schichtebenendiagramm“ des Äquators von Harnstoff bei Drehung um die c-Achse. Die Reflexe ordnen sich auf Doppelspiralen an, die sich im Primärfleck schneiden. Die Reflexionen der verschiedenen Ordnungen einer Netzebene liegen jeweils auf einer Kurve. Bei der

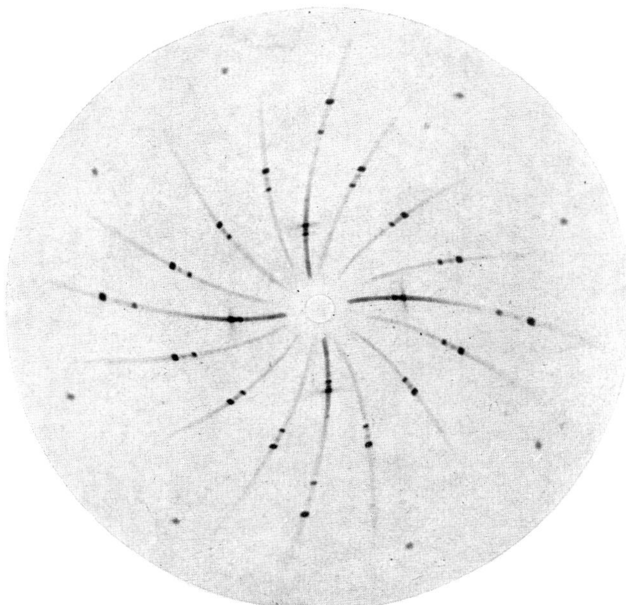

Abb. 19.19. Schichtebenendiagramm des Äquators von Harnstoff bei Drehung um die c-Achse (nach SAUTER).

Indizierung der Aufnahme Abb. 19.19 ergibt sich, daß die Lage der Reflexe durch das in Abb. 19.20 eingezeichnete Netz wiedergegeben werden kann. Die Maschengröße und der Grad der Verzerrung nimmt zu mit wachsender Entfernung vom Primärfleck. Jede Masche stellt eine Zelle des reziproken Gitters dar. Solche Diagramme lassen sich durch Aufsuchen einer passenden Netzteilung verhältnismäßig leicht beziffern und gleichzeitig Größe und Form der reziproken Gitterzelle ermitteln. Die Aufnahmen geben rasch einen Überblick, welche Netzebenen reflektieren und welche nicht. Ein gewisser Nachteil besteht darin, daß Reflexe mit sehr großem Beugungswinkel[1] nicht erfaßt werden können.

Nach dem Prinzip von DE JONG und BOUMAN ist eine verzerrungs-

[1] Durch Neigung der Scheibe um 45° kann die Zahl der beobachtbaren Reflexe etwas erhöht werden.

freie Abbildung einer Ebene des reziproken Gitters möglich, wenn die Drehachse des Kristalles parallel zur Drehachse des Films verläuft und die abzubildende reziproke Gitterebene stets die gleiche Bewegung gegenüber der Primärstrahlrichtung ausführt wie die Filmebene. Dieser

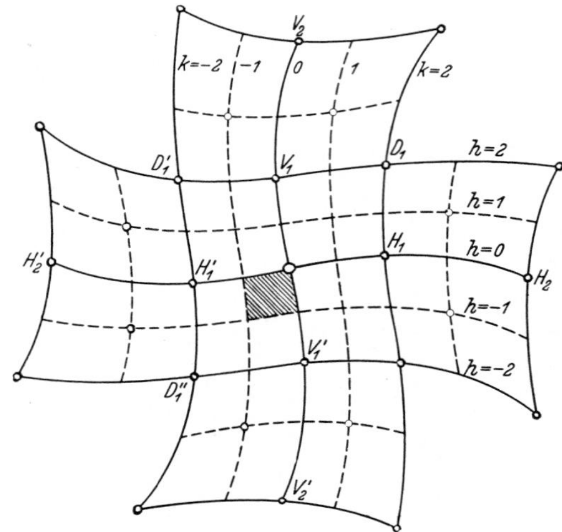

Abb. 19.20. Bezifferung der Aufnahme in Abb. 19.19.

Abb. 19.21. Seitenansicht der Buergerschen Präzessionskammer (Werkphoto Nonius-Enraf).

Gedanke wurde in der Kammer von DE JONG und BOUMAN so verwirklicht, daß mehrere Drehbewegungen in geeigneter Weise miteinander kombiniert wurden. Die Präzessionskammer von BUERGER ist eine Weiterentwicklung. Die Benennung rührt davon her, daß der Kristall und der Film Präzessionsbewegungen[1] um die Primärstrahlrichtung ausführen.

Die *Ansicht einer Buerger-Präzessionskammer*[2] ist in Abb. 19.21

[1] Aus Raumgründen ist es nicht möglich, den Aufbau und die Verwendung dieses Gerätes im einzelnen zu beschreiben.

[2] Hersteller: Nonius-Enraf, Delft (Holland).

wiedergegeben. Das horizontal verlaufende Röntgenstrahlenbündel tritt in der Blickrichtung des Beschauers ein und fällt senkrecht auf den links sichtbaren, auf einem Goniometerkopf befestigten Kristall auf; dieser ist für die Justierung um eine horizontale Achse drehbar und wird während einer Aufnahme um einen kleinen Winkelbereich hin- und hergeschwenkt. In der Mitte des Bildes ist eine Metallplatte mit einer ringförmigen Blende zu sehen, dann folgt die Filmkassette und ein Segmentbogen mit Kreisteilung zum Einstellen des Präzessionswinkels μ. Die horizontal verlaufende Antriebsachse läuft so langsam, daß eine

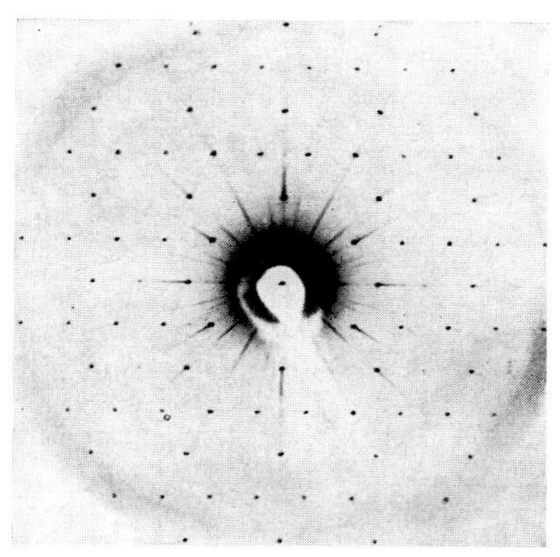

Abb. 19.22. Aufnahme von $AuMg_2$ mit der in Abb. 19.21 gezeigten Kammer.

ganze Präzession 1 Minute dauert. Die Blenden mit verschiedenen Ringradien dienen zur Ausblendung der gewünschten, abzubildenden Schichtebene ähnlich wie beim Weißenberg-Goniometer. An die Stelle des linearen Spaltes tritt hier wegen der Achsialsymmetrie der Präzession die Ringform. Statt der normalen Filmkassette kann auch eine Spezialkassette für Polaroidfilm[1] verwendet werden. Die Abkürzung der Expositionszeiten beträgt 1:10 und mehr. Auf der rechten Seite der Abb. 19.21 ist das Fernrohr zum Justieren des Kristalles zu sehen; eine kristallographische Hauptrichtung wird in die Richtung des Röntgenstrahles eingestellt. Das Gerät enthält für Intensitätsmessungen der Reflexe eine Integriervorrichtung[2]. Durch den zusätzlichen Einbau von Präparat-Heiz- und Kühlvorrichtungen kann der Untersuchungsbereich auf Temperaturen von —180 °C bis +1400 °C erweitert werden.

Eine Aufnahme[3] von $AuMg_2$ mit einem geringen Si-Zusatz ist in

[1] Vgl. Abschnitt Laue-Aufnahmen.

[2] Näheres in Abschnitt Weissenberg-Goniometer.

[3] Herrn Prof. Dr. SCHUBERT vom Max-Planck-Institut für Metallforschung in Stuttgart danke ich für die Überlassung der Aufnahme.

Abb. 19.22 als Beispiel wiedergegeben. Zur Herstellung wurde Mo-Strahlung benützt und der Präzessionswinkel[1] auf $\mu = 30°$ eingestellt. Auf Grund von vorhergegangenen Drehkristallaufnahmen war bekannt, daß es sich um ein orthorhombisches Gitter mit $a = 4{,}42$; $b = 8{,}45$; $c = 6{,}10$ kX handelt. Die c-Achse wurde parallel zum Primärstrahl eingestellt; es kommt dann eine ($h\ k\ 0$) Ebene des reziproken Gitters zur Abbildung. Zur Indizierung zeichnet man mit Transparentpapier in Abb. 19.22 ein rechtwinkliges Netz von solcher Maschenweite, daß alle Reflexe auf

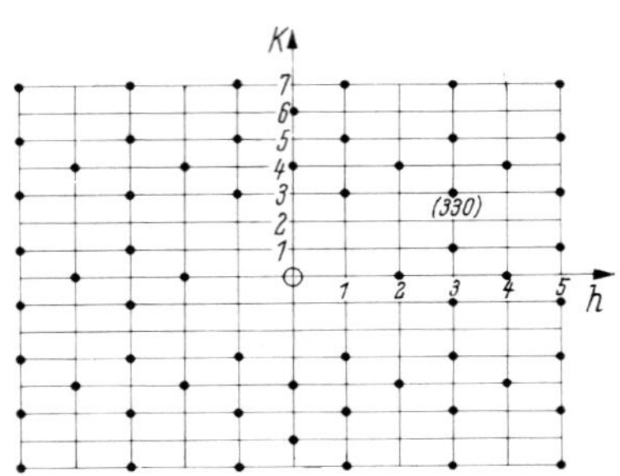

Abb. 19.23. Indizierung der Aufnahme Abb. 19.22

Schnittpunkten liegen (Abb. 19.23). Im vorliegenden Fall braucht man nur vom Primärfleck aus abzuzählen, um sogleich die Indizes zu erhalten. Die Maschengröße h/k ist gleich dem reziproken Wert von a/b, also 1,91 : 1,0.

Eine Anzahl von Schnittpunkten des Netzes sind nicht mit Reflexen besetzt, die betreffenden Ebenen reflektieren nicht. Ein Buerger-Diagramm gibt einen raschen Überblick über die „Auslöschungen". Die Gleichmäßigkeit der Form der Reflexe ist günstig für Intensitätsmessungen.

Falls die Elementarzelle des Gitters nicht bekannt ist, kann diese mit der Präzessionskammer bestimmt werden; man macht dann zuerst eine Aufnahme ohne Blende.

Zur *Raumgruppenbestimmung* kann in gleicher Weise vorgegangen werden wie bei Weissenberg-Aufnahmen; an Hand der Auslöschungen werden die möglichen Raumgruppen immer mehr eingeschränkt[2]. Das Buerger-Diagramm bietet noch eine zweite Möglichkeit, die auf der Verwertung der Symmetrie der Röntgenbilder beruht. Unter Benützung der im reziproken Gitter bestehenden Symmetriegesetze ist ohne Indizierung und ohne Intensitätsmessung eine Zuordnung zu 121 Beugungssymbolen[3] möglich. Bei 58 Symbolen ist damit die Raumgruppe eindeutig festgelegt.

---

[1] Die Zahl der mit einer Aufnahme erfaßten Reflexe nimmt mit der Größe des Winkels μ zu; aus konstruktiven Gründen sind aber meist Winkel $\mu > 30°$ nicht möglich.

[2] Vgl. Abschnitt 22.

[3] Diese sind tabuliert in Buerger, M. J.: X-Ray Crystallography, New York: Wiley 1949.

20. Diffraktometer (Zählrohrgoniometer)

Neben den Film als Detektor für Röntgenstrahlen ist in den letzten zwei Jahrzehnten in immer stärkerem Maße das Zählrohr in seinen verschiedenen Varianten getreten. Zur Aufnahme von Pulverdiagrammen ist dafür das *Diffraktometer*[1] (Zählrohrgoniometer) entwickelt worden (LINDEMANN und TROST). Das Prinzip eines solchen Gerätes ist aus Abb. 20.1 zu ersehen, in der zwei verschiedene Zählrohrstellungen Z dargestellt sind. Die Röntgenstrahlung geht von einer Spaltblende F oder von dem in F befindlichen, senkrecht zur Zeichenebene stehenden Strichfokus einer Feinstrukturröhre aus. Die Divergenz der Strahlung wird durch die Blende B_1 begrenzt. Das plattenförmige polykristalline Präparat P ist mit seiner ebenen Oberfläche drehbar im Mittelpunkt O des Teilkreises K angebracht. Das Zählrohr Z bewegt sich auf der Peripherie des Kreises K mit doppelter Winkelgeschwindigkeit; Einfallsrichtung und Beobachtungsrichtung bilden immer den gleichen Winkel mit der Oberflächennormalen. Dadurch wird für jede Stellung der Probe das unter einem Beugungswinkel $2\,\Theta$ reflektierte Strahlenbündel in einem Punkt B_2 fokussiert (Bragg-Brentano-Prinzip). In B_2 wird der Spalt des Zählrohres angebracht. Ein großer Vorteil dieser Anordnung ist die Unabhängigkeit der Absorptionskorrektion vom Winkel Θ.

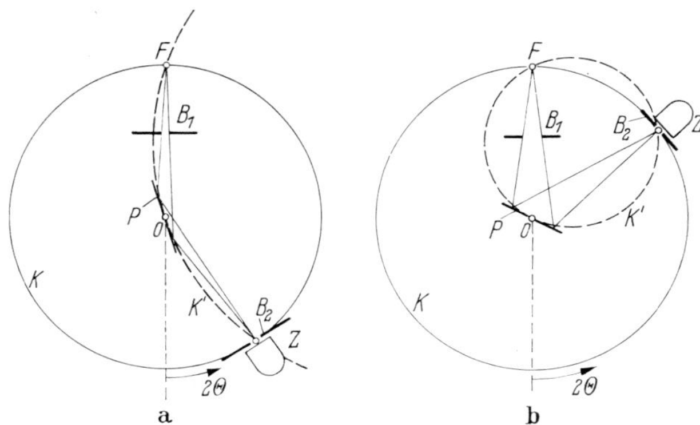

Abb. 20.1. Zur Geometrie des Zählrohrgoniometers; Beugungswinkel $2\,\Theta$: a) 35°; b) 125°.

Die *Fokussierung* gilt streng nur für ein zylinderförmig gebogenes Präparat, dessen konkave Oberfläche auf dem in Abb. 20.1 gestrichelt eingezeichneten Fokussierungskreis K' liegt (Fokussierungsprinzip nach SEEMANN-BOHLIN). Wie man sieht, hängt die Krümmung des Fokus-

[1] Der Name „Diffraktometer" wurde von der Internationalen Kristallographenunion vorgeschlagen; die Bezeichnung „Spektrometer" soll Geräten zur spektralen Zerlegung von Röntgenstrahlen vorbehalten bleiben.

sierungskreises K' in starkem Maße von der Winkelstellung $2\,\Theta$ des Zählrohres Z ab. Sie ist um so größer, je größer Θ ist.

Eine automatische Vorrichtung, welche die Oberfläche einer biegsamen Probe stets dem Fokussierungskreis K' anpaßt, wurde von Ogilvie als Zusatz zum Philips-Diffraktometer entwickelt. Bei Aufnahmen an der (111) Interferenz von TiC ($2\,\Theta = 36°$) war das Auflösungsvermögen bei einem ebenen Präparat und so geringer Schlitzbreite, daß die Divergenz nur 1° betrug, ebenso groß wie bei einem Präparat von variabler Krümmung und 4° Strahlungsdivergenz. Die Intensität war aber im zweiten Fall 4 mal so groß.

Unabhängig von der Form der Probe gilt, daß zur Erzielung scharfer Linien die Schichtdicke, in der reflektierte Strahlen entstehen, möglichst klein sein muß (dünne Schicht, stark absorbierende Schicht). Die bis-

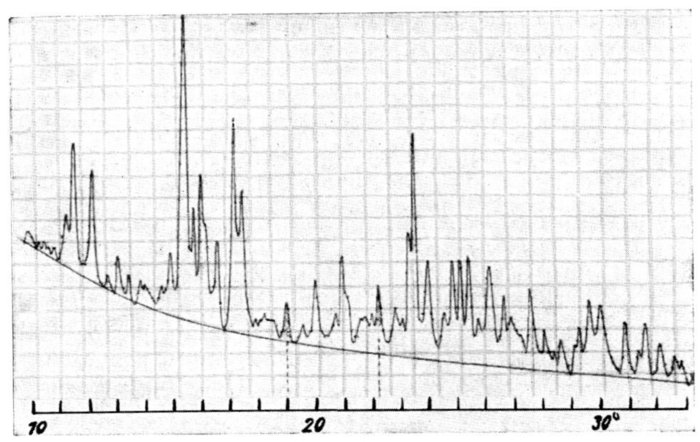

Abb. 20.2. Erstes Zählrohr-Interferenzdiagramm (nach Lindemann und Trost).

herigen Überlegungen betreffen nur Strahlen, die in der Zeichenebene verlaufen. Schräg aus dieser austretende Interferenzstrahlen werden nicht fokussiert. Zur Beschränkung dieser „Höhendivergenz" wird die früher besprochenen Soller-Spalte verwendet; ein Intensitätsverlust ist dabei unvermeidlich.

Der Antrieb von Probe und Zählrohr erfolgt durch einen Motor im Verhältnis 1:2. Veränderliche Untersetzungen erlauben weitgehend eine Variation der Winkelgeschwindigkeit unter Beibehaltung der 1:2-Kopplung.

Die im Zählrohr oder Szintillationszähler erzeugten Impulse werden auf elektronischem Wege in einen Strom umgewandelt, der proportional zur Impulsrate ist. Zur Registrierung dient eine Schreibvorrichtung, bei welcher der Papiervorschub proportional Θ ist. In Abb. 20.2 ist das erste Zählrohrdiagramm für Kristallpulver von Lindemann und Trost zu sehen. Das Präparat Tricalciumphosphat liefert eine große Zahl von Interferenzlinien.

Die Abb. 20.3 und 20.4 zeigen *zwei gebräuchliche Diffraktometer*. Das Gerät von Berthold und Trost (Abb. 20.3) läßt wegen seiner einfachen

Abb. 20.3. Diffraktometer nach Berthold und Trost (Werkphoto Labor Prof. Berthold, Wildbad).

Abb. 20.4. Siemens-Diffraktometer (Werkphoto Siemens AG., Karlsruhe).

Konstruktion am deutlichsten die Funktionsweise erkennen. Rechts hinten befindet sich der Eintrittsspalt und die Divergenzblende. Auf der linken Seite ist an einem Trägerarm ein Szintillationszähler mit Vorverstärker montiert. Vor dem Verstärker ist das Gehäuse eines Proportionalzählrohres mit Vorverstärker zu sehen, das anstelle des Szintillationszählers eingebaut werden kann. Der Trägerarm ist auf der großen Zahnradscheibe befestigt, die mit Hilfe eines Motores (vorn unter dem Goniometertisch) angetrieben werden kann. In der Mitte des Tisches befindet sich der Präparatträger, dessen Drehbewegung im Verhältnis 1:2 gegenüber der Drehung der großen Zahnradscheibe untersetzt ist.

Abb. 20.4 zeigt das Siemens-Zählrohrgoniometer; die Abdeckvorrichtung des Strahlenganges ist hochgeklappt. Auf der linken Seite befindet sich die Röhrenhaube; der strichförmige Brennfleck der Röhre ersetzt den Eintrittsspalt. Vor dem Röhrenfenster ist die Divergenzblende und falls erforderlich, ein Strahlenfilter angebracht. Auf der rechten Seite ist der Trägerarm für den Strahlendetektor zu erkennen, der hier zur besseren Übersicht weggenommen ist. In der Mitte befindet sich der Präparatträger. Bei der Ausführung in Abb. 20.4 kann die Bewegung des Präparathalters und des Detektorarmes wahlweise im Verhältnis 1:2 gekoppelt oder jede Bewegung für sich durchgeführt werden („ω-Diffraktometer").

Im Gegensatz zu den beiden hier gezeigten Goniometern steht der Teilkreis beim Philips-Goniometer vertikal (vgl. Abb. 13.4). Beim Gerät von Berthold und Trost beträgt der Teilkreisdurchmesser 50 cm, bei den anderen Geräten ungefähr 35 cm. Die bestrahlte Fläche der Präparate liegt in der Größenordnung $15 \times 30\ \text{mm}^2$. Die Breite des Zählrohrspaltes kann von 0,05 mm bis 2 mm gewählt werden. Die Winkelgeschwindigkeit des Zählrohrantriebes läßt sich zwischen $^1/_{16}$ und 2 Grad/Minute variieren.

Einige *bei der Messung mit Zählrohren zu beachtenden Punkte* wurden schon an anderer Stelle[1] besprochen. Bei der direkten Registrierung der Röntgenimpulse spielen die Impulsrate I (gemessen in Imp./sec oder Imp./min) und die Dämpfungskonstante τ der Zählelektronik eine wesentliche Rolle. Beide müssen aufeinander abgestimmt sein, da die Schwankung $\Delta I/I$ der Anzeige gegeben wird durch die Beziehung

$$\frac{\Delta I}{I} \simeq \frac{1}{\sqrt{2 I \tau}}. \tag{20.1}$$

Außerdem sind noch die Ausblendung, sowie die Zählrohr- und Papiergeschwindigkeit zu berücksichtigen. Je nach dem Zweck ergeben sich verschiedene Kombinationen all dieser Faktoren (vgl. Tab. 20.1).

Eine bessere Ausblendung erhöht die Auflösung, verringert jedoch auch die Zahl der Impulse pro Minute, so daß die statistischen Schwankungen stärker werden; die Linien sind nicht mehr glatt, sondern zackig. Dies kann durch eine Erhöhung der Zeitkonstanten τ wieder wettgemacht werden. Eine Erhöhung von τ hat jedoch zur Folge, daß eine rasche zeitliche Änderung der zu registrierenden Intensität nicht mehr richtig wiedergegeben wird.

Eine sprunghafte Änderung der Intensität $I_1 \rightarrow I_2$ wird bei der Registrierung infolge der Dämpfung τ über ein Zeitintervall auseinander-

[1] Vgl. Abschnitt 7 und Math. Anhang B.

gezogen. Erst nach einer Zeitdauer t, die das mehrfache von τ beträgt, wird der Endwert der Anzeige asymptotisch erreicht (Abb. 20.5). Die Kurven gehorchen folgender Gleichung:

$$I(t) = I_1 + (I_2 - I_1)(1 - e^{-t/\tau}) . \tag{20.2}$$

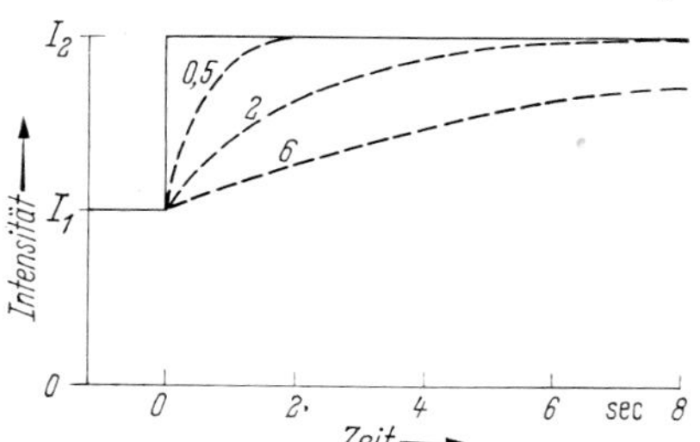

Abb. 20.5. Registrierung eines Intensitätssprunges I_1/I_2 mit verschiedenen Zeitkonstanten: 0,5 sec, 2 sec, 6 sec (nach GEROLD und WEISE).

Soll der gemessene Wert von $I_2 \to I_1$ höchstens 2% vom Sollwert abweichen, so muß die Beobachtungszeit mindestens $t = 4\,\tau$ sein, wobei $t = 0$ den Zeitpunkt des Intensitätssprunges bedeutet.

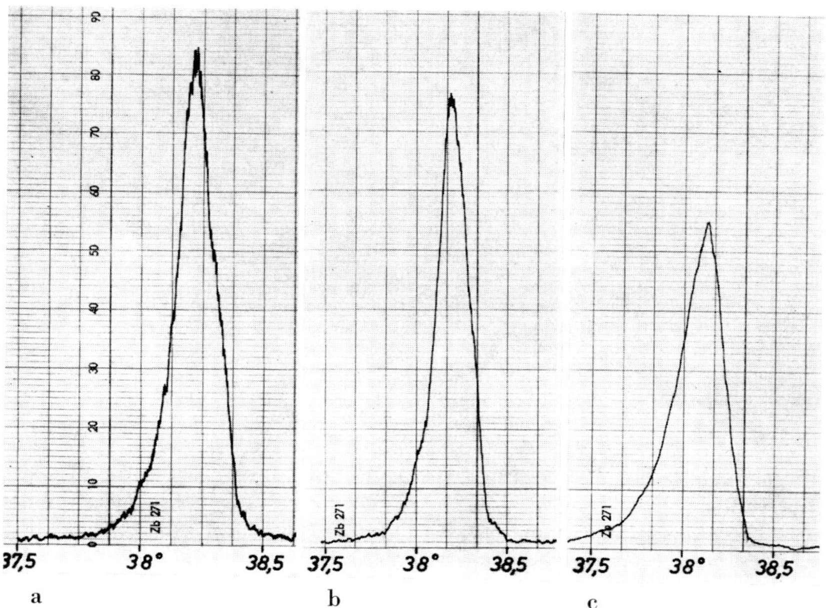

Abb. 20.6. Einfluß der Zählrohrgeschwindigkeit v_Z. a) 0,125°/min, b) 0,5°/min, c) 2°/min auf die Registrierung der (111) Linie von Gold (nach GEROLD und WEISE).

Die Änderungsgeschwindigkeit der Intensität ist bestimmt durch die Drehgeschwindigkeit des Zählrohres; dieser muß die Zeitkonstante τ angepaßt werden. Um in einem Winkelbereich $\Delta\varepsilon_0$ die Differenz der

Intensitäten eines Sprunges auf 1,8% genau registrieren zu können, muß die Zählrohrgeschwindigkeit v_z kleiner sein als $\Delta\varepsilon_0/4\,\tau$.

Die in den folgenden Abbildungen[1] enthaltenen Beispiele sollen die gegenseitige Beeinflussung der Aufnahmefaktoren veranschaulichen.

Die (111) Linie von Goldpulver wurde mit CuK_α-Strahlung bei 3 verschiedenen Zählrohrgeschwindigkeiten, $^1/_8$, $^1/_2$, 2°/min aufgenommen (Abb. 20.6).

Zugleich wurde der Papiervorschub v entsprechend erhöht (10, 30 und 120 mm/min), so daß für alle Linien etwa der gleiche Maßstab gilt. Der

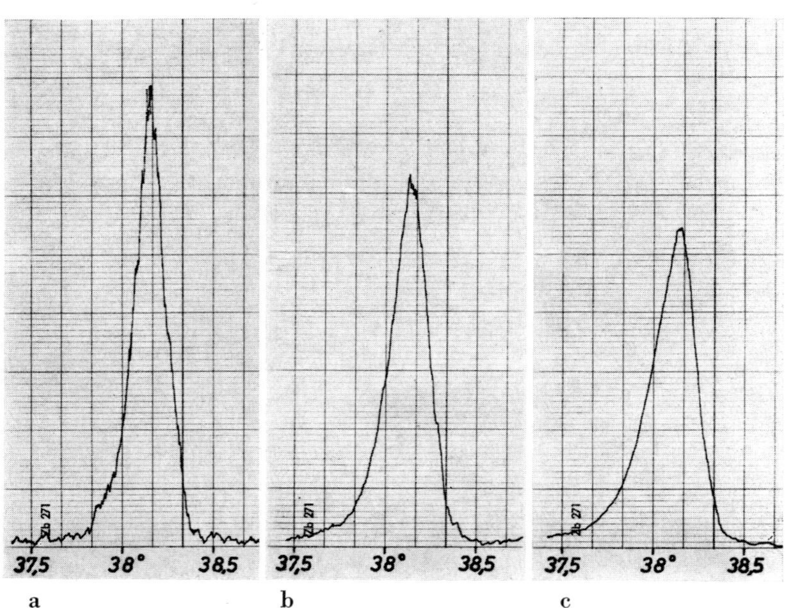

Abb. 20.7. Einfluß der Zeitkonstanten a) 0,9 sec, b) 1,9 sec, c) 3,4 sec auf die Registrierung der (111) Linie von Gold (nach GEROLD und WEISE).

Meßbereich war $4 \cdot 10^4$ Imp./min und die Zeitkonstante betrug in allen drei Fällen $\tau = 3{,}4$ sec. Der Zählrohrspalt war 0,1 mm breit, was einer Winkelauflösung von 0,034° entspricht. Die Linie hat dabei eine Halbwertsbreite von 0,20°. Für die drei Beispiele berechnet sich das *Auflösungsvermögen* $\Delta\varepsilon_0 = 3\,\tau\,v$ zu 0,029°, 0,085° bzw. 0,34°. Wie man sieht, gibt die Kurve *a* die Einzelheiten richtig wieder, während die Kurve *b* nur den Kurvenverlauf in seiner Gesamtheit qualitativ richtig wiedergibt. Es macht sich jedoch bereits eine Verringerung des Intensitätsmaximums bemerkbar. Bei Kurve *c* ist die Linie stark verbreitert

[1] Die Registrierung der Kurven erfolgte stets von rechts nach links.

und die Höhe im Vergleich zur Kurve *a* auf $^2/_3$ reduziert. Daraus folgt die Regel, daß die Auflösung $\Delta \varepsilon_0$ kleiner sein sollte als ein Drittel der Halbwertsbreite, wenn die Linie qualitativ richtig wiedergegeben werden soll. Für eine quantitative Auswertung sollte dagegen die Auflösung etwa $^1/_{10}$ der Halbwertsbreite betragen.

Außer der Verfälschung der Linienform findet sich bei unzureichender Auflösung auch noch eine Verfälschung der Linienlage. Mit steigender Vorschubgeschwindigkeit wird das Linienmaximum zu späteren Aufnahmezeiten hin verschoben. Im vorliegenden Fall tritt die Verschiebung zu kleineren Winkeln hin auf und beträgt für die Kurve *b* 0,02° und für die Kurve *c* sogar 0,09°.

Der Einfluß der Zeitkonstanten τ auf die Meßkurve wird in Abb. 20.7 gezeigt, bei der alle anderen Daten konstant gehalten wurden (Zählrohrgeschwindigkeit 2°/min, Papiergeschwindigkeit 120 mm/min). Die Zeitkonstanten τ waren 0,9; 1,9 und 3,4 sec. Daraus berechnet sich die Auflösung zu 0,03; 0,09; 0,19 und 0,34°, von denen nur die erste kleiner ist als die halbe Halbwertsbreite der Linie. Für die Registrierung ist jedoch die Zeitkonstante $\tau = 0{,}3$ sec zu klein; die Schwankungen in der Anzeige treten deutlich hervor.

In Abb. 20.8 ist der Einfluß der Divergenzblende[1], welche das auf das Präparat auffallende Primärstrahlbündel begrenzt, an zwei Kurven mit 3 mm und 0,5 mm Blendenweite zu erkennen. Für diese Versuche wurde die (111)-Linie bei einem Winkel $2\,\Theta = 77{,}7°$ gewählt. Die Intensitätsabnahme infolge der Einengung der Blende wurde durch eine Erhöhung der Röntgenröhrenspannung annähernd kompensiert, damit die Linienspitzen nicht zu sehr verschieden sind. Die Linienbreiten zeigen einen deutlichen Unterschied und die Maxima sind nach kleinen Winkeln hin verschoben.

Die Änderung der Linienlage ist eine Folge der Abweichung der bestrahlten Präparatfläche vom Fokussierungszylinder. Die übrigen Aufnahmedaten waren:

$$v_z = 0{,}5\,\text{Grad/min}, \quad B_2 = 0{,}2\,\text{mm}\,, \quad \tau = 3{,}4\,\text{see}\,.$$

Entsprechende Versuche hinsichtlich der Breite der Zählrohrblende sind in Abb. 20.9 dargestellt. Die Spaltbreite betrug 0,2 bzw. 0,4 bzw. 0,6 mm. Bei einem Abstand Zählrohr—Präparat von 170 mm bedeutet dies eine Winkeldivergenz von 0,068° bzw. 0,136° bzw. 0,204°. Spannung und Stromstärke der Röntgenröhre wurden dabei konstant gehalten.

[1] Eine quantitative Diskussion des Divergenz- und Blendeneinflusses findet sich bei Klug, H. P. und Alexander, L. E.: X-Ray Diffraction Procedures, New York: Wiley 1954, S. 246ff., sowie bei Wilson, A. J. C.: Mathematical Theory of X-Ray Powder Diffractometry, Eindhoven: Philips Technical Library 1963.

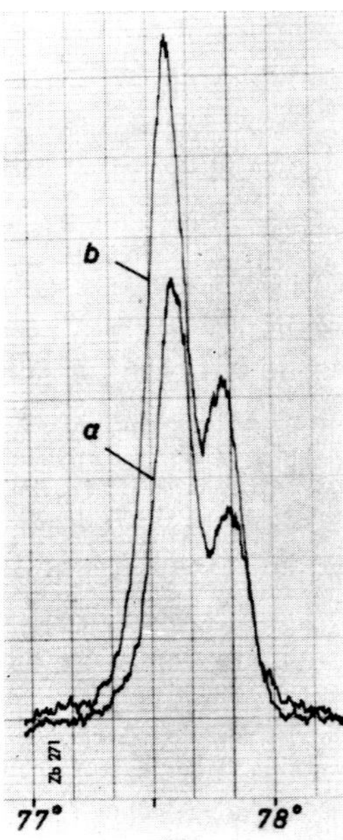

Abb. 20.8. Einfluß der Breite der spaltförmigen Divergenzblende B_1 *a* 0,5 mm, *b* 3,0 mm auf die Registrierung der (111) Linie von Gold (nach GEROLD und WEISE).

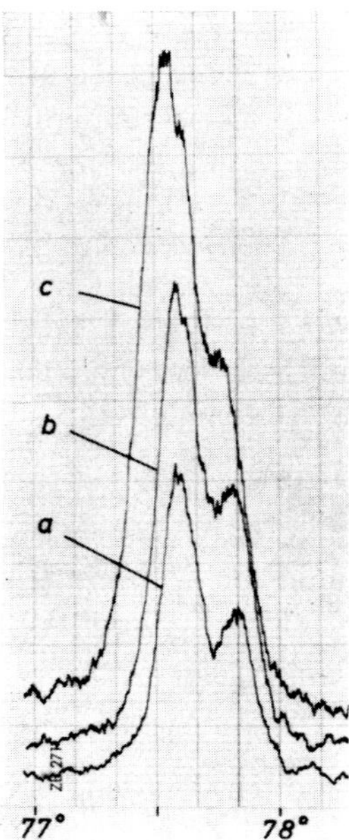

Abb. 20.9. Einfluß der Breite der spaltförmigen Zählrohrblende B_2 *a* 0,2 mm, *b* 0,4 mm, *c* 0,6 mm auf die Registrierung der (111) Linie von Gold (nach GEROLD und WEISE).

Tabelle 20.1. *Zweckmäßige Einstellungsdaten für Zählrohr-Interferenzgoniometer* (nach GEROLD)

Art der Aufnahme	Winkelwerte des Zählrohrspaltes	Winkelgeschwindigkeit des Zählrohrspaltes	Zeitkonstante der Registrierung RC	Schreibgeschwindigkeit der Registrierung
Übersichtsaufnahme an polykristallinen Stoffen	0,2°	2°/min	2 sec	5 mm/min
Genaue Bestimmung der Linienlage	0,05°	$^1/_4$°/min	4 sec	20 mm/min
Bestimmung der Integralintensität von scharfen Linien	0,05°	$^1/_4$°/min	4 sec	20 mm/min
Bestimmung der Integralintensität von breiten Linien	0,1°	$^1/_2$°/min	4 sec	10 mm/min
Sehr genaue Messungen von Einzelheiten des Linienverlaufes	0,02°	$^1/_8$°/min	4 sec	10 mm/min
Amorphe Stoffe und Flüssigkeiten	0,4°	$^1/_2$°/min	10 sec	5 mm/min

Wie man sieht, wird das Linienprofil verändert, wenn die Spaltbreite größer ist als ein Drittel der Halbwertsbreite der einzelnen Linie. Außerdem nimmt der Streuuntergrund proportional mit der Spaltbreite zu. Für die Linie trifft dies nur so lange zu, als die Spaltbreite kleiner als die halbe Halbwertsbreite der einzelnen Linie ist. Die übrigen Aufnahmedaten entsprechen denen von Abb. 20.8, Kurve *a*.

Wie diese Beispiele zeigen, muß man sorgfältig die für die jeweilige Aufgabe optimalen Werte auswählen. Einige Richtwerte sind in Tab. 20.1 zu diesem Zweck zusammengestellt.

Wichtig für die Qualität einer Goniometeraufnahme ist ein günstiges Verhältnis von Linienhöhe zum Streuuntergrund. Außerdem ist oft eine weitgehende Eliminierung der von der K_α-Strahlung erzeugten Linien erwünscht.

Eine wesentliche Verbesserung der Interferenzdiagramme wird bei Proportional- und Szintillationszählern durch eine *Diskriminatorschaltung* erreicht, die nur Impulse von einstellbarer Höhe zur Anzeige bringt.

Wie schon früher erwähnt, haben die Linien auf Diagrammen von Zählrohren und Szintillationszählern stets eine gewisse Breite, die eine Beschränkung des Auflösungsvermögens zur Folge hat. Dieses wird definiert als Breite ΔH eines Impulses, gemessen in halber Höhe, dividiert durch maximale Höhe des Impulses H.[1] Der Quotient $\Delta H/H$ beträgt für CuK_α-Strahlung bei Proportionalzählern etwa 20%, bei NaJ-Zählern etwa 40%. Mit abnehmender Wellenlänge wird $\Delta H/H$ kleiner; die entsprechenden Zahlen für MoK_α-Strahlung sind 15% bzw. 30%.

Für härtere Strahlung ist der Szintillationszähler geeigneter, da er eine größere Ausbeute hat. Dagegen ist für weichere Strahlung das Proportionalzählrohr vorteilhafter, da hier die Ausbeute gut und das Verhältnis $\Delta H/H$ besser ist als bei einem Szintillationszähler. Zudem kommt man beim Szintillationszähler bei niedrigen Impulshöhen H (d. h. bei weicher Strahlung) in den Rauschbereich, in dem der Multiplier auch ohne Strahlung selbst Impulse dieser Höhe erzeugt.

Der Einfluß des Diskriminators[1] geht aus Abb. 20.10 deutlich hervor. Dort sind drei Spektralkurven einer Röntgenröhre mit Kupferanode zu sehen, die unter verschiedenen Versuchsbedingungen mit einem Proportionalzählrohr mit Kryptonfüllung aufgenommen worden sind. Beim ersten Diagramm wurde die ungefilterte Strahlung mit einem Proportionalzählrohr ohne Benutzung des Diskriminators aufgenommen. Neben der starken K_α-Strahlung sieht man noch die intensive K_β-Strahlung und den „Bremsberg" der kontinuierlichen Strahlung. Beim nächsten Dia-

[1] Bei der Arbeit mit dem Diskriminator ist folgendes zu beachten: Für die Aufnahme eines Spektrums wird das Verhältnis Kanalbreite/Schwellenlage zu etwa 10%, für Feinstrukturarbeiten z. B. bei Goniometeraufnahmen an Metallschmelzen etwa zu 40% bis 70% gewählt.

gramm wurde in den Strahlengang ein 1 μ dickes Nickelfilter eingeschaltet. Dieses Filter reduziert bereits die K_β-Strahlung wesentlich, hat jedoch auf den Bremsberg nur wenig Einfluß. Im dritten Diagramm wurde zusätzlich der Diskriminator eingeschaltet. Hierdurch wird der Bremsberg praktisch völlig unterdrückt, während die Intensität der β-Strahlung nur wenig stärker geschwächt wird als die K_α-Strahlung. Da die

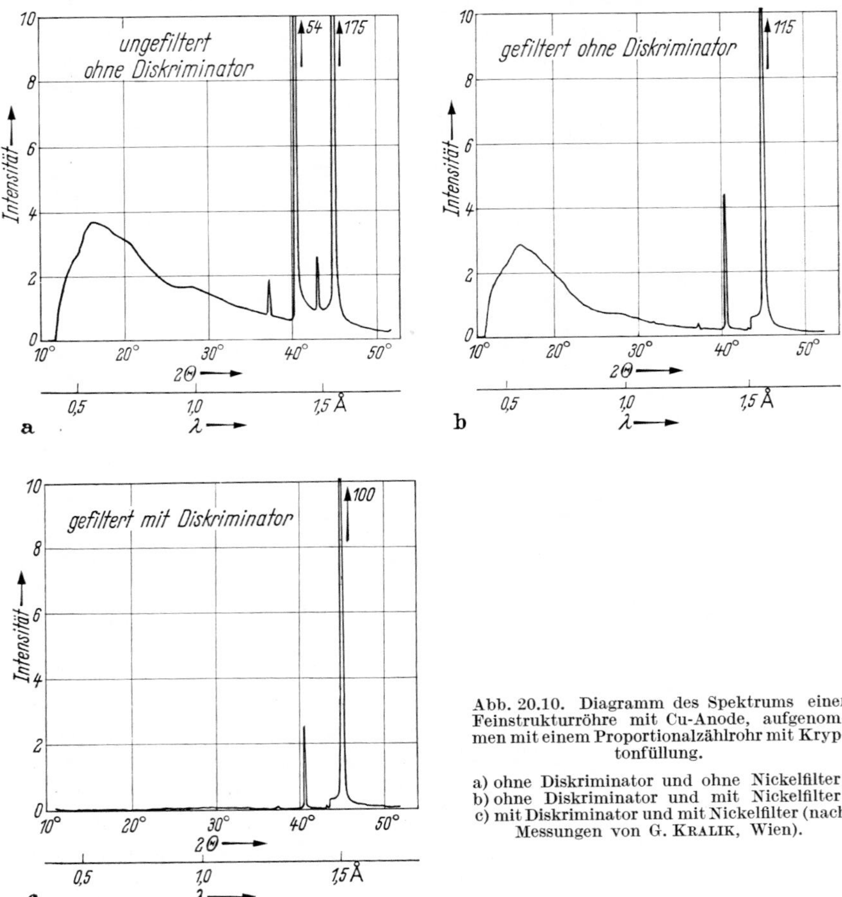

Abb. 20.10. Diagramm des Spektrums einer Feinstrukturröhre mit Cu-Anode, aufgenommen mit einem Proportionalzählrohr mit Kryptonfüllung.

a) ohne Diskriminator und ohne Nickelfilter;
b) ohne Diskriminator und mit Nickelfilter;
c) mit Diskriminator und mit Nickelfilter (nach Messungen von G. Kralik, Wien).

K_α-Strahlung sich energetisch von der K_β-Strahlung nur um 10% unterscheidet, liegen die von der β-Strahlung erzeugten Impulse noch innerhalb des Linienfußes der K_α-Strahlung, so daß sie nicht beseitigt werden können. Dagegen liegen die Impulse, die vom Bremsberg erzeugt werden, deutlich außerhalb dieses Bereiches ΔH, so daß sie praktisch völlig eliminiert werden.

In manchen Fällen, bei denen eine völlige Monochromatisierung verlangt wird, ist die Verwendung eines *Kristallmonochromators* unerläßlich. Da das normale Goniometerverfahren ein fokussierendes Verfahren ist, ist die Verwendung eines fokussierenden Monochromators erforderlich. Dabei ergibt sich ein unvermeidlicher Intensitätsverlust um einen Faktor 5 bis 10. Der Monochromator wird häufig erst in den von der

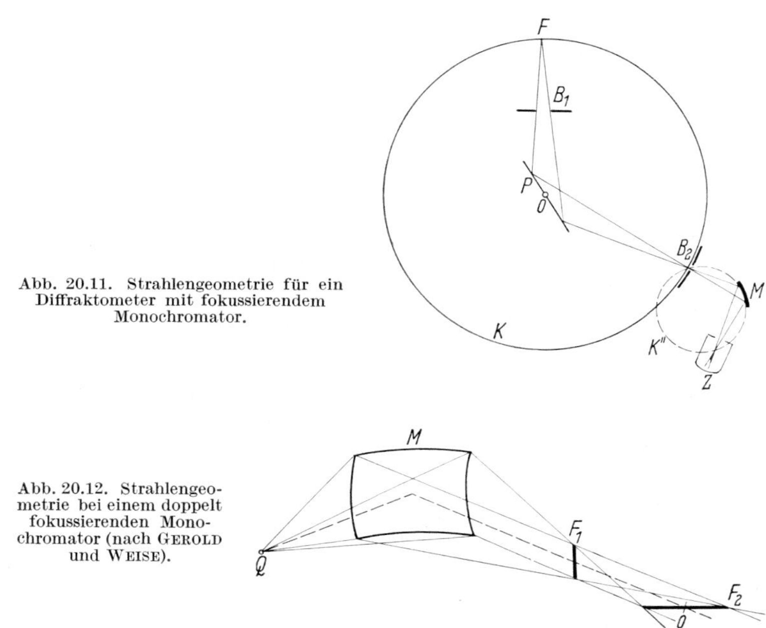

Abb. 20.11. Strahlengeometrie für ein Diffraktometer mit fokussierendem Monochromator.

Abb. 20.12. Strahlengeometrie bei einem doppelt fokussierenden Monochromator (nach GEROLD und WEISE).

Probe reflektierten Strahl eingeschaltet. Dazu wird das Zählrohr entfernt und an seine Stelle der Kristallmonochromator so justiert, daß die Zählrohrblende als Eintrittsblende für den Monochromator wirkt (Abb. 20.11). Bei richtiger Justierung reflektiert der Monochromator nur die K_α-Strahlung, die durch die Zählrohrblende auf den Monochromator fällt. Daher kann das Zählrohr unmittelbar hinter dem Monochromator (d. h. hinter dessen Austrittsblende) angebracht werden, wobei praktisch keine zusätzliche Blende vor dem Zählrohrfenster notwendig ist.

Die Verwendung *eines doppelt fokussierenden Monochromators* für Goniometeraufnahmen bringt einen erheblichen Intensitätsgewinn; eine gewisse Verbreiterung der Debye-Scherrer-Linien muß aber in Kauf genommen werden. In Abb. 20.12 ist der Strahlengang für solch einen Monochromator skizziert. Der Monochromatorkristall M hat eine doppelt gekrümmte Fläche. Diese ist so gebogen, daß die von einem punktförmigen Röhrenbrennfleck Q ausgehende Röntgenstrahlung in zwei senkrecht zueinander stehenden Linien F_1 und F_2 fokussiert wird, die einen räumlichen Abstand von ungefähr 13 cm haben. Die erste vertikale Fokussierungslinie F_1 wird in den Eintrittsspalt F für das Goniometer gelegt, während die horizontale Fokussierungslinie F_2 die Achse 0 des Goniometers schneidet, in der sich die Probenoberfläche des Präparates befindet. Der Abstand zwischen Zählrohrspalt und Präparat muß gleich groß sein wie der Abstand zwischen Eintrittsspalt und Präparat (ungefähr 13 cm). Wegen der Unvollkommenheit der Geometrie ergeben sich geringe Linienverbreiterungen bei

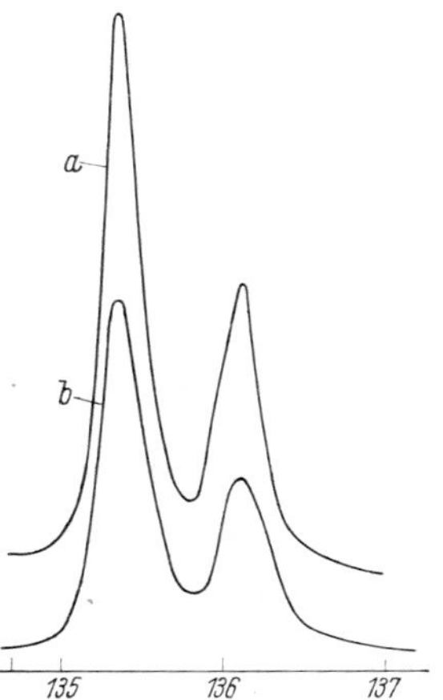

Abb. 20.13. Diagramm der (422) Linie von Gold. a) mit gefilterter Strahlung; b) mit dem Monochromator der Abb. 20.12 (nach GEROLD und AICHELE).

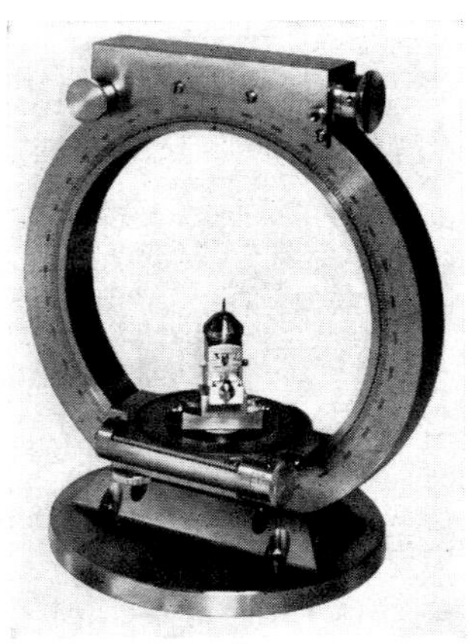

Abb. 20.14. Euler-Wiege (Werkphoto Stoe, Darmstadt).

der Aufnahme eines Debye-Scherrer-Diagramms. Die vertikal gemessene Breite der Fokussierungslinie F_2 am Präparat ist etwa 4 bis 5 mm groß, so daß sich für das Präparat eine bestrahlte Fläche von etwa 5×15 mm^2 ergibt. Abb. 20.13 zeigt als Beispiel die Meßkurven der Debye-Scherrer-Linie (422) von Gold, die (a) mit gefilterter Strahlung und (b) mit dem doppelt fokussierenden Monochromator aufgenommen wurden.

Die Verringerung des Streuuntergrundes beim Übergang zu monochromatischer Strahlung ist unverkennbar. Die Linien selbst sind im Vergleich zur gefilterten Aufnahme um etwa 40% breiter (Halbwertsbreite der K_{α_1}-Linie 0,27° bzw. 0,38°); in der Intensität sind beide Aufnahmen durchaus vergleichbar.

Für manche Zwecke sind lichtstarke Monochromatoren *mit punktförmiger* Fokussierung erwünscht. Toroidförmige Aluminium-*Kristalle* sind von HÄGG und KARLSSON, sphärische LiF-Kristalle von EGGS und ULMER angegeben worden. Mit einem aus 7 Segmenten bestehenden LiF-Kristall von doppelt-zylindrischer Krümmung wurde von WARREN eine 15fache Intensitätssteigerung gegenüber den üblichen gebogenen und geschliffenen Quarzlamellen erzielt[1].

Ein *Zählrohrdiffraktometer* für Messungen an polykristallinen Stoffen kann ohne weiteres für *Einkristalle* benützt werden. Es ist dabei eine mehrfache Umorientierung des Kristalles erforderlich, weil die Normalen der reflektierenden Netzebenen in der Ebene liegen müssen, die durch den Primärstrahl und den reflektierten Strahl hindurchgeht. Von FURNAS und HARKER ist eine mit dem Goniometerkopf verbundene Zusatzeinrichtung beschrieben worden, welche die Messungen vereinfacht. Der Kristall wird während der ganzen Meßdauer vom Goniometerkopf nicht abgenommen und die Neigung des Zählrohres braucht nicht verändert zu werden.

Bei der Kombination einer Euler-Wiege mit einem Diffraktometer der bisherigen Form kommen insgesamt die Achsen von 4 Kreisen in das Spiel. Die Euler-Wiege in Abb. 20.14 besteht aus einem vertikalen Vollkreis mit 195 mm Außendurchmesser, der mit einer Winkelteilung versehen ist. Auf der Innenseite dieses χ-Kreises gleitet der Goniometerkopf, auf dem der Kristall sitzt. Er führt eine Drehbewegung um seine Achse aus (φ-Kreis). Dazu kommt die üblichen miteinander gekoppelten Θ- und 2 Θ-Goniometerkreise; sowie mit diesen koaxial ein ω-Kreis, welcher es ermöglicht, die reflektierenden Netzebenen bei festgehaltener Stellung des Zählrohres langsam durch die Reflexionsstellung hindurchzudrehen. Der Antrieb erfolgt durch Elektromotoren; die Winkelgeschwindigkeit beträgt ungefähr 1° pro Minute. Der abnehmbare Goniometerkopf besteht aus 2 Planschlitten und 2 Kreisschlitten. Der Kristall wird auf einem optischen Zweikreisgoniometer justiert. Nach dem Einbringen in die Euler-Wiege muß der Kristallträger in seiner Längsachse so weit verschoben werden, bis der Kristall sich in der Mitte des χ-Kreises befindet. Alle 4 Achsen müssen sich mit einer Genauigkeit von 0,1 mm in einem Punkt (Anfangspunkt des reziproken Gitters) schneiden. Größte Sorgfalt bei der mechanischen Herstellung der Einzelteile und ihrem Zusammenbau ist unerläßlich. Mit einem solchen „*Vierkreiseinkristall-Diffraktometer*" kann mit einer einzigen Kristallorientierung die ganze Hemisphäre des reziproken Gitters erfaßt und registriert werden. Bei einer Strukturanalyse muß zuerst die Form und Größe der Gitterzelle und die Zahl der Atome in der Zelle bestimmt werden. Bei komplizierten Raumgittern erfordert die Ermittlung der Koordinaten der Atome in der Zelle Intensitätsmessungen an möglichst vielen Reflexen.

Viel Mühe und Zeit kann durch Benützung eines *automatischen Vierkreis-Diffraktometers* gespart werden. Als Beispiel eines solchen Ge-

[1] Auf die neuerdings käuflichen Graphitmonochromatoren (Fa. Union Carbide) sei hingewiesen.

rätes ist das Diffraktometer von HOPPE in Abb. 20.15 dargestellt. Der χ-Kreis der Euler-Wiege ist nur als Kreissegment ausgeführt. Rechts ist der Szintillationszähler mit Vorverstärker zu sehen. Filterscheiben verschiedener Dicke, die dem Detektor vorgeschaltet werden können, dienen zu einer stufenweisen Schwächung der Primärintensität, damit die Impulsrate innerhalb des linearen Bereiches der Zählrohranzeige liegt. Das Goniometer steht auf der Abschlußplatte des Röntgengenerators (Kristalloflex 4). Der linke Teil der Abb. 20.15 zeigt einen Meß- und einen Steuerschrank.

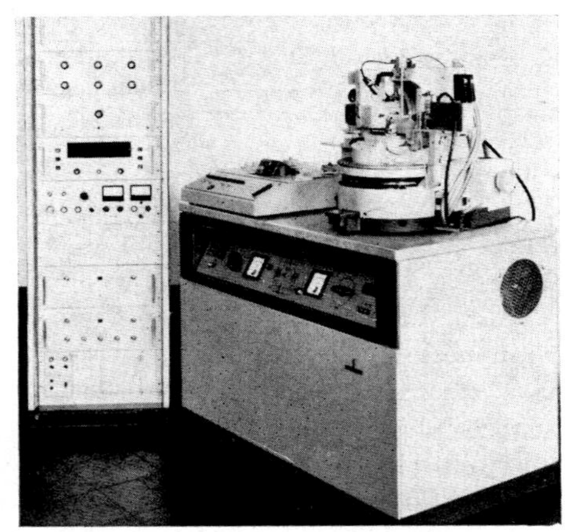

Abb. 20.15. Automatisches Vierkreis-Diffraktometer nach HOPPE (Werkphoto Siemens AG., Karlsruhe).

Die Zahlenwerte der Reflexionswinkel und anderer für die Ausführung der Messungen wichtigen Größen werden mit Hilfe von Lochstreifen eingegeben. Nach Inbetriebsetzung bringt das Gerät den Einkristall nacheinander in die verschiedenen Reflexionsstellungen und zählt jeweils die in einer vorgegebenen Zeit im Zählrohr ausgelösten Impulse. Die als Impulszahlen gemessenen Intensitäten werden analog mit Lochstreifen, auf denen auch die Indizes der reflektierenden Netzebenen vermerkt sind, ausgegeben. Von Zeit zu Zeit führt das Gerät selbsttätig eine Nullpunktskontrolle aus. Es stellt sich automatisch auf die richtige Reflexionslage ein, wenn die Fehlabweichung $\pm 0{,}2^\circ$ ist, andernfalls schaltet es sich aus.

Die Rückübersetzung in den Klartext erfolgt mit Hilfe einer Fernschreibmaschine geeigneter Bauart. Die Automatik des Goniometers kann auch direkt an eine Datenverarbeitungsanlage angeschlossen werden. Automatische Geräte mit Zählrohren werden neuerdings auch für Weissenberg-Goniometer hergestellt[1].

[1] Hersteller: Stoe, Darmstadt.

Für *Diffraktometermessungen bei sehr hohen oder tiefen Temperaturen* wurden Zusatzeinrichtungen entwickelt. Die Hochtemperaturkammer in Abb. 20.16 besteht aus 2 Teilen. Das Unterteil ist auf das Zählrohrgoniometer aufgesetzt; es enthält einen auf zwei Spitzen gelagerten Heizofen, dessen Wicklung aus einer Platinlegierung mit 20% Rhodium besteht, und ein Thermoelement. Das plättchenförmige Präparat wird von oben eingeführt. Das links in Abb. 20.16 sichtbare Oberteil wird vakuumdicht aufgesetzt; zum Ein- und Austritt der Röntgenstrahlen sind in der Zylinderwand mit Aluminiumfolie bedeckte Fenster ange-

Abb. 20.16. Hochtemperatur-Zusatz für Diffraktometer (Werkphoto Rigaku Denki, Tokio).

bracht. Die höchste erreichbare Temperatur liegt bei 1500 °C. Es kann im Vakuum oder in Schutzgasatmosphäre gearbeitet werden. Bemerkenswert ist, daß die 3 Metallbleche, welche als Wärmeschutzzylinder den Heizofen konzentrisch umgeben, gleichzeitig als selektives Filter wirken, z. B. Nickelblech bei Kupferstrahlung.

Bei den Tieftemperaturaufsätzen für Diffraktometer ist das Präparat auf einer mit flüssiger Luft gekühlten Metallunterlage angebracht; diese ist mit einer Heizung versehen, so daß jede beliebige Temperatur zwischen Zimmertemperatur und etwa —190 °C eingestellt werden kann.

Das Zählrohrgoniometer arbeitet erheblich schneller als das photographische Verfahren und liefert außer der Lage der Interferenzen sofort auch ihre Intensitäten. Demgemäß nimmt sein Anwendungsbereich in Forschung und Industrie ständig zu.

Das Diffraktometer macht es möglich, *die Mengenanteile der in einem Stoff enthaltenen verschiedenen kristallinen Phasen zu bestimmen*. Die Intensität einer Interferenzlinie des betreffenden Gitters wird mit der des zugefügten Eichstoffes verglichen, z. B. Flußspat bei einer Quarzbestimmung. Wie bei der Röntgenspektralanalyse können Störungen durch dritte Stoffe im Präparat auftreten (Absorptionseffekte, Tertiärstrahlung) und müssen in der früher besprochenen Weise eliminiert werden. Größere Meßreihen sind von KLUG und ALEXANDER zur Bestimmung des gesundheitsschädlichen Quarzgehaltes des Industriestaubes durchgeführt worden. Eine quantitative chemische Analyse von Quarz in Gegenwart von anderen Silikaten ist nämlich recht langwierig.

Als weiteres Beispiel sei genannt die Bestimmung des Gehaltes an Restaustenit von Stählen (AVERBACH, COHEN, BIERWIRTH).

Für die *zerstörungsfreie Dickenbestimmung* von dünnen metallischen Überzügen, Oxydschichten u. a. wurden verschiedene Verfahren entwickelt, die teils auf Intensitätsmessungen an Röntgeninterferenzen, teils auf solchen an der erzeugten Eigenstrahlung beruhen. Zur ersten Gruppe gehört die Methode von FRIEDMANN und BIRKS. Man mißt die Intensität einer Interferenzlinie von einer Vergleichsprobe ohne (I_0) und mit (I) Deckschicht. Ist der Schwächungskoeffizient μ bekannt, so ergibt sich die gesuchte Dicke D der Schicht aus

$$D = \frac{\sin\Theta}{2\mu} \ln\left(\frac{I_0}{I}\right). \qquad (20.3)$$

In der Technik wird z. B. bei Metallspiegeln als Unterlage Walzblech verwendet, dessen Textur örtlich verschieden stark ausgeprägt ist. Infolgedessen wird an den verschiedenen Proben nicht der gleiche

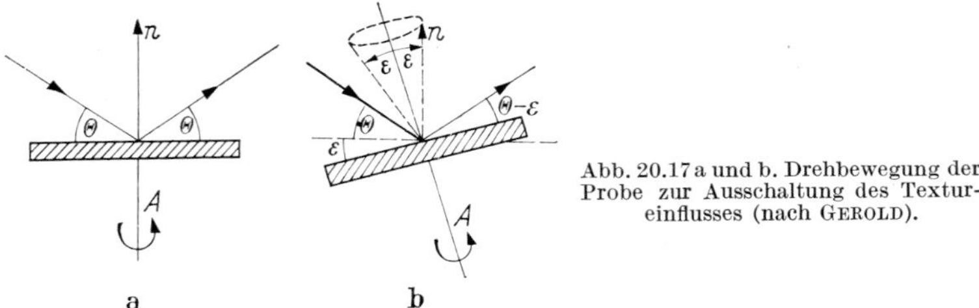

Abb. 20.17a und b. Drehbewegung der Probe zur Ausschaltung des Textureinflusses (nach GEROLD).

Wert I_0 erhalten. Der Einfluß der Textur kann durch eine geeignete Ausmittlung über verschiedene Durchstrahlungsrichtungen der Probe (Ausmittlung über die „Polfigur") praktisch ausgeschaltet werden (GEROLD). Die einfachste Bewegung ist eine Drehung der Probe. Wie Abb. 20.17a zeigt, würde bei der üblichen fokussierenden Anordnung, bei der der Auftreffwinkel gleich dem Braggschen Winkel Θ ist, eine Drehung der Probe um das Oberflächenlot nur einen kleinen Bereich der Polkugel ausmitteln; nur die Netzebenen mit Normalen n tragen zur Messung der reflektierten Strahlen bei. Verstellt man die Probe um einen Winkel ε, so beschreiben die Netzebenen bei einer Drehung um das Oberflächenlot einen Kegel (Abb. 20.17b). Diesem Kegel entspricht auf der Polfigur ein konzentrischer Kreis mit dem Radius $\tan\varepsilon/2$. An die Stelle der Gl. (20.3) tritt nach GEROLD die folgende Gleichung

$$D = \frac{1}{2n} \cdot \frac{\sin^2\Theta - \sin^2\varepsilon}{\sin^2\Theta \cos\varepsilon} \ln\left(\frac{I_0}{I}\right). \tag{20.4}$$

Ein Intensitätsverlust gegenüber der fokussierenden Anordnung muß in Kauf genommen werden. Die zur Messung benützte Interferenz wird an Hand der Polfigur so ausgewählt, daß bei der Ausmittlung die Häufigkeitsmaxima der Pole erfaßt werden. Bei Messing ist die (220) Interferenz am geeignetsten; der Winkel ε war auf 10° eingestellt. Auf diese Weise konnten galvanische Nickelschichten auf Messingblechen in einem Dickenbereich von 4 bis 10 Mikron auf $\pm$ 20% und im Bereich 10 bis 25 Mikron auf $\pm$ 10% genau bestimmt werden (GEROLD).

Von den Einflüssen der Unterlage (Korngröße, Textur) wird man unabhängig, wenn man beim Vergleich der Proben mit und ohne Schicht zwei verschiedene Röntgenstrahlungen benützt (KEATING und KAMMERER).

Von den technischen Anwendungen ist zu nennen die zerstörungsfreie Bestimmung der Dicke von Nitrierschichten auf Stahl (BIERWIRTH).

Bei der zweiten Gruppe von Meßverfahren wird zur Dickenbestimmung die Eigenstrahlung der Deckschicht oder der Unterlage ausgenützt (BEEGHLEY). Die erste nimmt mit wachsender Dicke des Überzuges zu, die zweite nimmt ab.

Kontinuierliche Messungen werden zur Produktionskontrolle durchgeführt, z. B. beim Aufbringen von Ferritpulver auf organische Tonbandträger (LEGRAND).

21. Intensität der Röntgeninterferenzen

Die Intensitäten der Röntgeninterferenzen hängen von verschiedenen Faktoren ab, die nun im einzelnen zu besprechen sind.

Ein freies Elektron, das von einer einfallenden Röntgenwelle zu erzwungenen Schwingungen angeregt wird, emittiert eine Streustrahlung mit gleicher Wellenlänge wie die der Primärstrahlung: Die gestreute Intensität I_s hat eine ganz bestimmte Richtungsabhängigkeit. Nach der Thomsonschen Formel[1] ist bei unpolarisierter Primärstrahlung

$$I_s \text{ prop.} \frac{1 + \cos^2 2\Theta}{2}, \tag{21.1}$$

wobei $2\,\Theta$ der Streuwinkel (Winkel zwischen primärem und gestreutem Strahl) ist. Diese Art von Streuung wird klassische Streustrahlung oder

[1] Vgl. Abb. 5.6, Kurve I. Der Ausdruck in Gl. (21.1) wird Polarisationsfaktor genannt.

kohärente Streustrahlung genannt im Unterschied zu der im kurzwelligen Gebiet auftretenden inkohärenten Compton-Streuung, welche keinen Beitrag zu den Kristallinterferenzen liefert.

Betrachtet man die *klassische Streustrahlung eines Atomes*, so hat man die von den einzelnen Raumelementen des Atomes ausgehenden Streuwellen unter Berücksichtigung ihrer Phasenunterschiede aufzusummieren; in gewissen Richtungen erfolgt eine Schwächung, in anderen eine Verstärkung. Dies gilt nicht nur für Atome im Kristallgitter, sondern auch für freie Atome, z. B. im gasförmigen Zustand. Der Atomfaktor f (Atomformfaktor), welcher der Ladungsverteilung im Atom Rechnung trägt, ist definiert als Verhältnis der Streuamplituden eines Atomes und eines freien, klassisch streuenden Elektrons. Der *Atomfaktor* hängt ab vom inneren Aufbau eines Atomes, von der Wellenlänge λ der Primärstrahlung und von der Beobachtungsrichtung (Streuwinkel $2\,\Theta$). Bei kugelsymmetrischer Ladungsverteilung ist er eine Funktion des Quotienten $(\sin\Theta)/\lambda$.

Der Verlauf des Atomfaktors ist für Aluminium und Chrom in Abb. 21.1 gezeichnet. In Richtung der einfallenden Welle haben die Streuwellen alle die gleiche Phase und ihre Amplituden addieren sich voll. Dies bedeutet, daß für $\Theta = 0°$ der Atomfaktor f gleich der Zahl der Elektronen eines Atomes, d. h. gleich der Atomnummer Z im Periodischen System ist.

Der Atomfaktor ist eine mit $(\sin\Theta)/\lambda$ monoton abnehmende Funktion. Bei schweren Atomen (großes Z) erfolgt der Abfall etwas langsamer. Einige Zahlenangaben für nichtionisierte Atome finden sich in Tab. 21.1[1].

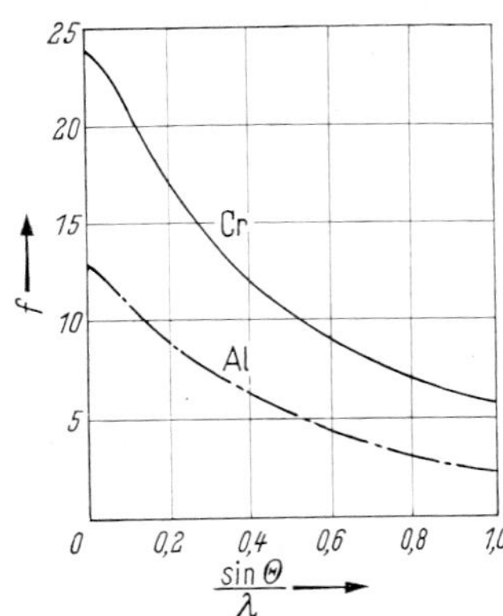

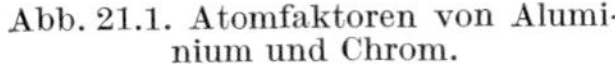

Abb. 21.1. Atomfaktoren von Aluminium und Chrom.

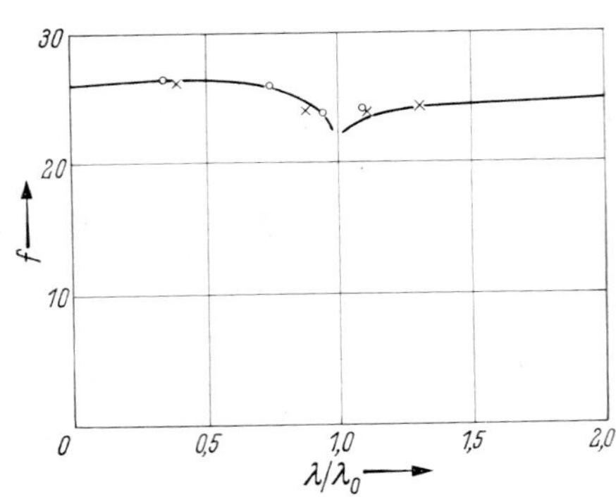

Abb. 21.2. Atomfaktor von Eisen im Gebiet der anomalen Dispersion. Kurve: Theorie von Hönl. × und o: Messungen von Glocker und Schäfer.

[1] Aus Internat. Tables for X-Ray Crystallography, vol. 3. Birmingham (England): The Kynoch Press 1962, S. 201.

Bei den ionisierten Atomen[1] (Tab. 21.2) sind die Werte des Atomfaktors für $(\sin\Theta)/\lambda$ bei positiven Ionen kleiner, bei negativen größer als bei neutralen Atomen (Abb. 21.1). Der Ionisationseinfluß verschwindet bei großen $(\sin\Theta)/\lambda$.

In der Umgebung einer Absorptionskante λ_0 tritt eine *anomale Dispersion* auf. Infolgedessen zeigt der Verlauf des Atomfaktors in Abhängigkeit von der Primärwellenlänge eine Diskontinuität, wie Abb. 21.2

Tabelle 21.1. *Atomformfaktoren (Atomfaktoren)*
Bis $Z = 35$: HARTREE u. a., Ab $Z = 42$: THOMAS u. FERMI (Internat. Tables, vol. 3, 202ff. u. 210ff.).

Element	Z	$(\sin\Theta)/\lambda$ [Å^{-1}] 0	0,2	0,4	0,6	0,8	1,0	1,2
H	1	1,00	0,48	0,13	0,04	0,02	0,01	$0{,}00_3$
Li	3	3,00	1,74	1,27	0,82	0,51	0,32	0,20
C	6	6,00	3,58	1,95	1,54	1,32	1,11	—
O	8	8,00	5,63	3,01	1,94	1,57	1,37	1,22
Na	11	11,00	8,34	5,47	3,40	2,31	1,78	1,52
Al	13	13,00	9,16	6,77	4,71	3,21	2,32	1,83
Cl	17	17,00	12,0	8,07	6,64	5,27	4,00	3,02
K	19	19,00	13,7	9,05	7,11	5,94	4,84	3,83
Fe	26	26,00	20,1	13,8	9,71	7,60	6,51	5,74
Zn	30	30,00	24,3	17,4	12,2	9,04	7,37	6,42
Br	35	35,00	27,7	20,8	15,9	11,9	9,19	7,51
Mo	42	42,00	33,3	24,7	19,0	15,2	12,5	10,5
Ag	47	47,00	37,6	28,2	21,9	17,5	14,4	12,1
J	53	53,00	42,8	32,4	25,3	20,4	16,8	14,2
Ce	58	58,00	47,2	35,9	28,2	22,8	18,9	16,0
Ta	73	73,00	60,4	46,9	37,3	30,4	25,4	21,6
Pt	78	78,00	64,9	50,6	40,3	33,0	27,6	23,5
Bi	83	83,00	69,3	54,3	43,5	35,7	29,9	25,5
Th	90	90,00	75,6	59,6	47,9	39,4	33,1	28,3
U	92	92,00	77,4	61,1	49,2	40,5	34,0	29,1

Tabelle 21.2. *Abhängigkeit des Atomfaktors vom Ionisationsgrad*

Element	Z	$(\sin\Theta)/\lambda$ [Å^{-1}] 0	0,2	0,4	0,6	0,8	1,0	1,2
Fe	26	26,0	20,09	13,84	9,71	7,60	6,51	5,74
Fe^{+}	26	25,0	20,45	13,82	9,67	7,60	6,52	5,74
Fe^{++}	26	24,0	20,15	13,86	9,69	7,60	6,51	5,74
Fe^{+++}	26	23,0	19,72	13,87	9,73	7,61	6,52	5,74
Fe^{++++}	26	22,0	19,15	13,78	9,77	7,64	6,52	5,74
S	16	16,0	11,21	7,83	6,31	4,82	3,56	2,66
S^{-}	16	17,0	11,36	7,79	6,32	4,83	3,57	2,67

[1] l. c.

für Eisen zeigt. Die Werte für f sind in der Nachbarschaft der Kante etwas kleiner als die Normalwerte, im Mittel um einen Betrag von etwa 1,5 Elektroneneinheiten.

Die Atomfaktorwerte in Tab. 21.1 und Tab. 21.2 geben das Streuvermögen ruhender Atome an; sie gelten für die absolute Temperatur 0 °K und sind im folgenden mit f_0 bezeichnet. Bei höheren Temperaturen führen die Atome im Kristallgitter infolge der Wärmebewegung Schwingungen um ihre Ruhelage aus. Durch diese ,,Aufrauhung der Netzebenen" wird die reflektierte Intensität geschwächt. Bei Steinsalz beträgt z. B. bei 20 °C die mittlere Entfernung der Atome aus ihrer Ruhelage 0,22 kX für Cl und 0,24 kX für Na, während der kürzeste Abstand zwischen benachbarten Na- und Cl-Atomen 2,81 kX beträgt.

Der Einfluß der Wärmebewegung wird durch den *Temperaturfaktor* von DEBYE und WALLER berücksichtigt. Es ist zu schreiben

$$f_0\, e^{-M} \qquad \text{statt } f_0\,,$$

wobei

$$M = B\left(\frac{\sin\Theta}{\lambda}\right)^2 \tag{21.2}$$

ist. Die Größe B hängt ab von der Temperatur T, von der Art der Atome und von den Bindungskräften der umgebenden Atome im Kristallgitter.

Für eine Anzahl von einfachen Gittern kann B nach der sogenannten Debyeschen Theorie berechnet werden. In den meisten Fällen ist man aber darauf angewiesen, B durch Messungen bei verschiedenen Temperaturen zu bestimmen. Bei Gittern mit mehreren Atomarten sind die Schwierigkeiten besonders groß, da der Temperaturfaktor eine Atom- und Gittereigenschaft ist. Der B-Wert[1] für das Na-Atom ist z. B. bei NaCl ein anderer als bei Na_2SO_4. Für rohe Abschätzungen ist es nützlich zu wissen, daß der Temperaturfaktor bei Stoffen mit hoher Härte klein ist; er ist z. B. praktisch zu vernachlässigen bei Diamant.

Bei elektromagnetischen Wellen ergibt sich die Intensität als Quadrat der Amplitude. Die Intensität I_s einer Röntgeninterferenz ist somit

$$I_s \ \text{prop}\ f_0^2\, e^{-2M} \tag{21.3}$$

Die Abnahme der Intensität des reflektierten Strahles infolge der Wärmeschwingungen wird besonders bei den großen Beugungswinkeln recht merklich (vgl. e^{-M} und $e^{-M'}$ in Spalte 5 und 7 der Tab. 21.3).

Die Intensität der Streustrahlung einer Gitterzelle wird durch $f_0^2\, e^{-2M}$ vollständig angegeben, wenn diese nur 1 Atom enthält. Bei mehreren Atomen in der Zelle sind die Streuamplituden der Atome unter Berücksichtigung ihrer Phasenunterschiede zu addieren. Das Resultat wird

[1] Zahlenangaben in Internat. Tables, vol. 3, 1962, 332.

Tabelle 21.3. *Berechnung der Strukturamplitude von* NaCl

hkl	$\frac{\sin\Theta}{\lambda}$	f_0	e^{-M}	f_0'	$e^{-M'}$	F
111	0,154	13,95	0,977	9,05	0,968	19,47
200	0,177	13,13	0,968	8,78	0,960	84,55
220	0,256	10,67	0,936	7,67	0,919	68,14
311	0,294	9,83	0,916	7,07	0,893	10,76
222	0,307	9,61	0,910	6,90	0,886	59,43
400	0,355	8,85	0,881	6,23	0,849	52,35
331	0,386	8,45	0,861	5,84	0,825	9,83
420	0,397	8,33	0,855	5,71	0,815	47,10

durch den *Strukturfaktor* F dargestellt, der aus den Koordinaten der Atome der Zelle und den Indizes $h\,k\,l$ einer Netzebene berechnet werden kann. Der absolute Betrag $|F|$ heißt Strukturamplitude. Der Strukturfaktor ist eine Funktion von $h\,k\,l$, was durch die teilweise übliche Schreibweise $F(h\,k\,l)$ zum Ausdruck gebracht wird.

Die Einzelheiten der Berechnung werden an anderer Stelle besprochen[1]. Das Zahlenbeispiel in Tab. 21.3 soll zur Veranschaulichung dienen. Beim NaCl-Gitter kann der Strukturfaktor F drei verschiedene Werte annehmen:

I. $F = 0$ für Netzebenen mit gemischten[2] Indizes

II. $F = 4\,(f_0\,e^{-M} + f_0'\,e^{-M'})$
wenn $h\,k\,l$ ungemischt und $h + k + l = 2\,n,\ n = 0, 1, 2$

III. $F = 4\,(f_0\,e^{-M} - f_0'\,e^{-M'})$
wenn $h\,k\,l$ ungemischt und $h + k + l = 2\,n + 1$

Da die Gitterbausteine des NaCl Ionen sind, müssen für f_0 und f_0' die Atomfaktoren für ionisierte Atome eingesetzt werden. Buchstaben ohne Strichindex beziehen sich auf Cl, solche mit Strichindex auf Na.

Die Zahlen in Tab. 21.3 werden in folgender Reihenfolge erhalten. Aus der bekannten Größe der Kantenlänge der kubischen Gitterzelle des NaCl und der benützten Strahlung ($\lambda = 1{,}54$ kX) wird $(\sin\Theta)/\lambda$ berechnet und die zugehörigen Werte für f_0 und f_0' aus Tabellen[3] entnommen. Die Temperaturfaktoren e^{-M} und $e^{-M'}$ ergeben sich aus Gl. (21.2); Zahlen für B liegen in Tabellenform[4] vor. Für NaCl ist nach Witte und Wölfel $B_{\mathrm{Na}} = 1{,}25$ und $B_{\mathrm{Cl}} = 1{,}00$. Nach den im Anhang C 8 gegebenen Gleichungen errechnen sich dann die in der letzten Spalte der

[1] Math. Anhang C.

[2] Das Indizestripel enthält sowohl gerade als auch ungerade Zahlen.

[3] Internat. Tables l. c. 3, 1962, 202.

[4] Internat. Tabler l. c. 3, 1962, 240.

Tab. 21.3 enthaltenen Werte für den Strukturfaktor F. Komplexe Größen treten bei NaCl nicht auf, wohl aber bei einem anderen Beispiel[1] (ZnS).

Die *Winkelabhängigkeit W der Intensitäten* besteht aus 3 Teilen, nämlich aus dem Polarisationsfaktor [Gl. (21.1)] und aus dem Lorentz-Faktor, der das Ansprechvermögen einer Netzebene gegenüber Strahlen mißt, deren Richtung oder Wellenlänge nicht streng der Braggschen Reflexionsbedingung gehorcht. Dazu kommt noch ein Faktor, der von der Geometrie der Aufnahmeanordnung abhängt. Für Debye-Scherrer-Aufnahmen[2] auf zylindrischem Film gilt für alle drei Teile zusammen

$$W = \frac{1 + \cos^2 2\Theta}{\sin^2 \Theta \cos \Theta} \tag{21.4}$$

Bei Aufnahmen, bei denen Reflexe von Netzebenen gleicher Art sich überdecken, wie bei Debye-Scherrer-Aufnahmen und Drehkristallaufnahmen, ist die *Flächenhäufigkeitszahl H* zu berücksichtigen. Je mehr gleichwertige[3] Ebenen zu einem bestimmten Indextripel $(h\,k\,l)$ gehören, desto größer ist die Zahl der Fälle, in denen sich Ebenen $(h\,k\,l)$ in Reflexionsstellung befinden können. Für Debye-Scherrer-Aufnahmen ist bei regelloser Lage der Kriställchen H nur von der Symmetrie des Gitters abhängig; es gibt bei kubischen Kristallen z. B. 6 Würfelebenen, 8 Oktaederebenen und 12 Dodekaederebenen, so daß $H_{100} = 6$, $H_{111} = 8$, $H_{110} = 12$ wird. Zahlenangaben für H sind für den Fall der höchstsymmetrischen Klasse des betreffenden Kristallsystemes in untenstehender Tab. 21.4 zusammengestellt[4].

Bei Drehkristallaufnahmen ist H noch abhängig von der kristallographischen Richtung der Drehachse; zur Überdeckung von Reflexen ist außer der Gleichwertigkeit der Netzebenen auch noch gleiche Neigung gegen die Drehrichtung erforderlich. Bei Drehung um die [110]-Richtung liefern z. B. 4 (111)-Ebenen und 8 (110)-Ebenen je einen Reflex, statt 8 und 12 bei Debye-Scherrer-Aufnahmen.

Endlich ist noch die verschieden große Absorption des Primärstrahles und der Interferenzstrahlen verschiedener Richtung innerhalb des Präparates zu berücksichtigen. Für zylindrische Stäbchen kann der Absorp-

---

[1] Siehe Math. Anhang C 8, K 4.

[2] Betr. anderer Aufnahmearten s. Internat. Tables l. c. vol. 2, 1967, 265ff. und MIRKIN, L. J.: Handbook of X-Ray Analysis of Polycristalline Materials, New York: Consultants Bureau 1964, 312.

[3] „Gleichwertig" bedeutet gleichen Netzebenenabstand d und gleichen Strukturfaktor; bei Kristallklassen, die nicht die volle Symmetrie der höchstsymmetrischen Klasse besitzen, können Netzebenen mit gleichem d noch verschiedenen Strukturfaktor haben. Die betreffenden Reflexe bestehen dann aus einer Überdeckung der Reflexe von zwei bzw. vier Gruppen von Netzebenen, von denen jede Gruppe einen eigenen Strukturfaktor und eine halb bzw. viertel so große Häufigkeit hat, als in Tab. 21.4 angegeben ist.

[4] Intern. Tables l. c., vol. 1, 1965, 32.

Tabelle 21.4
Flächen-Häufigkeitszahlen H von Netzebenen bei Debye-Scherrer-Aufnahmen

Kristallsystem	Indizes							
	$(h\,k\,l)$	$(h\,h\,l)$	$(h\,0\,l)$ $(0\,k\,l)$	$(h\,k\,0)$	$(h\,h\,0)$	$(h\,h\,h)$	$(h\,0\,0)$ $(0\,k\,0)$	$(0\,0\,l)$
rhombisch...	8	8	4	4	4	8	2	2
tetragonal ..	16	8	8	8	4	8	4	2
kubisch	48	24	24	24	12	8	6	6

	$(h\,k\,i\,l)$	$(h\,h\,\overline{2h}\,l)$	$(0\,k\,\bar{k}\,l)$ $(h\,k\,i\,0)$	$(h\,h\,\overline{2h}\,0)$ $(0\,k\,k\,0)$	$(0\,0\,0\,l)$
hexagonal...	24	12	12	6	2

tionsfaktor K aus dem mittleren Schwächungskoeffizienten des untersuchten Stoffes und dem Stäbchenradius nach Formeln[1] von CLAASSEN, RUSTERHOLZ, BRADLEY u. a. berechnet werden. Bei Mischungen von kristallinen Stoffen kann ein systematischer Fehler auftreten, wenn die Absorption einer Komponente im einzelnen Korn so stark ist, daß sie nicht mehr durch einen mittleren Schwächungskoeffizienten des Gemisches richtig beschrieben wird (*Korngrößeneffekt* nach SCHÄFER). Bei Intensitätsmessungen unter Zusatz eines Eichstoffes (nach BRENTANO) zu dem zu untersuchenden Kristallpulver hat man daher dafür zu sorgen, daß beide Stoffe möglichst gleiches Absorptionsvermögen haben oder durch Zusatz von Korkmehl in der früher beschriebenen Weise die Absorption praktisch vernachlässigbar klein wird.

Zusammenfassend ist die *Intensität I_s eines reflektierten Strahles*

$$I_s \text{ proportional } H\,W\,K\,|F|^2\,, \qquad (21.5)$$

wobei f und e^{-M} in F enthalten sind.

Tabelle 21.5 enthält ein Zahlenbeispiel, das sich an das der Tab. 21.3 anschließt. Es ist zur Vereinfachung angenommen, daß das Präparat

Tabelle 21.5. *Berechnung der Interferenzintensitäten eines Pulverdiagrammes von* NaCl

hkl		*W*	*H*	$I_s \cdot 10^{-3}$
111		32,77	8	99
	200	24,05	6	1031
	220	10,86	12	605
311		7,38	24	20
	222	6,64	8	187
	400	4,66	6	76
331		3,81	24	9
	420	3,60	24	192

[1] Intern. Tables, l. c. vol. 2, 1967, 291.

sehr durchlässig ist ($K = 1$). Die nach Gl. (21.5) berechneten Zahlen für I_s sind Relativwerte.

Die Beziehung (21.5) gilt nun keineswegs für alle Arten von Kristallen. Die zugrunde liegende *Lauesche Theorie* vernachlässigt die Wechselwirkung zwischen der einfallenden Röntgenwelle und den durch Streuung an den Atomelektronen entstehenden Sekundärwellen, die ihrerseits wieder zu Streustrahlung Anlaß geben können. Diese Vereinfachung ist zulässig, solange die *kohärenten* Gitterbereiche, das heißt die Raumteile eines Gitters, innerhalb deren die Periodizität der Atomanordnung eine „zusammenhängende“, ununterbrochene ist, eine gewisse Größe von etwa $1 \cdot 10^{-5}$ cm nicht überschreiten. Genauer lautet die Bedingung nach Darwin, daß

$$q \cdot m \ll 1 \tag{21.6}$$

sein muß, wobei m die Zahl der aufeinander folgenden reflektierenden Netzebenen und q das Verhältnis aus reflektierter und auffallender Intensität bedeutet. Diese Bedingung ist für schwache Reflexe eher erfüllt als für starke.

Bei Intensitätsmessungen geht man am besten von einem Kristallpulver aus, das durch geeignete Fällungsreaktionen (Marshall) oder auf mechanischem Wege (z. B. Zerkleinern von Eisenpulver durch Zerreiben auf einem Arkansasstein unter Benzol nach Schäfer) in möglichst feinkörnigem Zustand hergestellt wird. Dabei muß darauf geachtet werden, daß bei der Zerkleinerung keine inneren Spannungen oder Umwandlungen (z. B. AuCu nach Dehlinger und Graf) hervorgerufen werden. Maßgebend ist, daß die aus der Röntgenlinienverbreiterung ermittelte Größe des kohärenten Gitterbereiches und nicht die mikroskopische Korngröße kleiner ist als der oben angegebene Grenzwert; häufig besteht nämlich ein Korn aus mehreren kohärenten Bereichen.

Die in der Natur vorkommenden großen Kristalle lassen sich je nach der Güte ihres Gitteraufbaues zwischen zwei Grenzfälle einordnen, dem „idealen Kristall“ und dem „vollkommenen Mosaikkristall“. Die Intensitätsgesetze sind für diese beiden Fälle verschieden. Ein großer *idealer Kristall* ist ein einziger kohärenter Gitterbereich; die Zahl m der hintereinander liegenden Netzebenen ist um Zehnerpotenzen größer als der Grenzwert in Gl. (21.6). Die Wechselwirkung zwischen der primären und den sekundären Wellen ist so stark, daß die Intensität der eindringenden Welle nach der Tiefe zu rasch abnimmt. Es reflektiert praktisch nur eine Oberflächenschicht von der Größenordnung Hundertstel Millimeter.

Die hier gültigen Intensitätsbeziehungen der *dynamischen Theorie* (Darwin, Ewald) liefern eine Proportionalität der Streuintensität mit F statt mit F^2 nach der Laue-Theorie. Die Streuintensität eines idealen Kristalles ist erheblich kleiner als die eines gleich großen Kristallvolumens, das aus vielen, durch Spalte voneinander getrennten kohärenten Bereichen besteht. So erklärt sich die zunächst überraschende Beobachtung, daß schlechte Kristalle, wie natürliches Steinsalz, ein besseres Reflexionsvermögen besitzen als Kalkspat oder Diamant, die bis zu einem gewissen Grade[1] als Vertreter des „idealen Kristalles" angesehen werden können.

Der andere Grenzfall, der *vollkommene Mosaikkristall*, wird durch einen Kristall dargestellt, der aus einer großen Zahl von gegeneinander um kleine Winkelbeträge geneigten Kristallblöckchen (kohärenten Bereichen) besteht, die alle kleiner sind als der in Gl. (21.6) gegebene Höchstwert. Die Intensitätsformeln der Laue-Theorie sind dann ohne weiteres anwendbar.

Bei einer Absolutmessung der reflektierten Intensität tritt eine grundsätzliche Schwierigkeit auf. Das Resultat ist verschieden für die einzelnen Exemplare einer Kristallart. Die Ursache dieser Unterschiede ist die

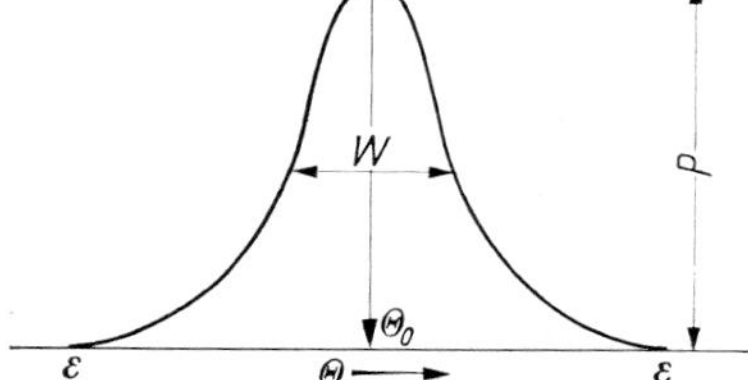

Abb. 21.3. Zum Begriff des integralen Reflexionsvermögens (Ordinate: $\bar{R}$).

Mosaikstruktur. Die Mosaikblöckchen sind um sehr kleine Winkelbeträge gegeneinander geneigt. Bei einigen stimmt der Einfallswinkel überein mit dem Braggschen Winkel, bei anderen ist das nicht der Fall. Um vergleichbare Intensitätsmessungen zu erzielen, muß man allen Mosaikblöckchen durch eine Variation des Einfallswinkels die Möglichkeit einer Reflexion verschaffen.

Eine von W. H. Bragg angegebene Meßanordnung beruht auf dem Begriff „integrales Reflexionsvermögen". Läßt man ein paralleles Strahlenbündel auf eine Kristallplatte auffallen und ändert man den Inzidenzwinkel Θ, so stellt man fest, daß nicht nur für $\Theta = \Theta_0$ (Braggscher Winkel) eine Reflexion erfolgt. Beiderseits von der Stellung Θ_0 treten reflektierte Strahlen auf, deren Intensitäten mit wachsendem Winkelunterschied $\Theta_0 \pm \Delta\,\Theta$ abklingen. In Abb. 21.3 ist dieser Befund dargestellt. Als Ordinate aufgetragen ist jeweils der Reflexionskoeffizient $R(\Theta)$, das heißt das Verhältnis reflektierte Energie pro sec. zu einfallender Energie pro sec. Das integrale Reflexionsvermögen $\bar{R}$ ist definiert durch

[1] Eine noch bessere Annäherung liefern kurze Teilstücke von künstlich gezüchteten Steinsalzkristallen (Renninger).

das Integral

$$\overline{R} = \int_{\Theta_0 - \varepsilon}^{\Theta_0 + \varepsilon} R(\Theta)\, d\,\Theta \,. \tag{21.7}$$

Man muß ε genügend groß wählen, damit der Linienfuß durch die Integration miterfaßt wird.

Die verschiedenen Exemplare einer Kristallart ergeben $R(\Theta)$ Kurven verschiedener Form, aber die Fläche unter der Kurve der Abb. 21.3 (Integral in Gl. (21.7)) ist bei allen gleich.

Das integrale Reflexionsvermögen $\overline{R}$ läßt sich durch 3 leicht meßbare Größen ausdrücken; nach W. H. BRAGG gilt

$$\overline{R} = \frac{E\,\omega}{I}\,. \tag{21.8}$$

Ein plattenförmiger[1] Kristall wird drehbar auf dem Tisch eines Ionisationsspektrometers angebracht und dann mit gleichbleibender Winkelgeschwindigkeit ω durch den Winkelbereich $\Theta_0 - \varepsilon$ bis $\Theta_0 + \varepsilon$ hindurchgedreht. Die während dieser Zeit reflektierte Strahlungsenergie, welche in die feststehende Ionisationskammer mit weit geöffneter Blende gelangt, sei mit E bezeichnet. I bedeutet die gesamte Strahlungsenergie pro sec. des durch Spaltblenden begrenzten Primärstrahlenbündels. E und I lassen sich leicht durch Ionisationsmessungen bestimmen. E ist der Ladungsverlust des Elektrometers während der Zeitdauer der Kristalldrehung und I ist der Strom in der Ionisationskammer, der durch die Wirkung des Primärstrahlenbündels verursacht wird. Das Verfahren kann sinngemäß auf Messungen mit Zählrohrgoniometern übertragen werden.

Einige für das Reflexionsvermögen von Kristallen wichtige Größen sind in Tab. 21.6 zusammengestellt. Außer dem integralen Reflexionsvermögen $\overline{R}$ ist der Reflexionskoeffizient P für das Maximum (vgl. Abb. 21.3) und die Halbwertsbreite W der Linie (Breite gemessen in halber Höhe) aufgeführt. Es gilt in nullter Näherung die Beziehung

$$W\,P = \overline{R}\,. \tag{21.9}$$

Die Intensitäten aller vorkommenden Einkristall-Interferenzen liegen zwischen 2 Grenzwerten, einem niedersten Wert beim Idealkristall (dynamische Theorie) und einem Höchstwert beim vollkommenen Mosaikkristall. Die Mehrzahl der bekannten Kristallarten gehören eher zur zweiten Gruppe.

Die Halbwertsbreite, die ein Maß für die Linienschärfe darstellt, ist bei idealen Kristallen wesentlich kleiner als bei Mosaikkristallen, z. B.

[1] Betr. des 2. Falles, „der Kristall wird allseitig von der Strahlung umhüllt", steht in Gl. (21.8) statt I nunmehr I_0 (primäre Strahlungsintensität).

Tabelle 21.6. *Reflexionsvermögen von Kristallen nach Messungen mit dem Doppelkristallspektrometer (*nach Birks*)*

Kristall	2d [Å]	Strahlung	Zustand	W	P	$\overline{R}$
Topas	2,7	Mo K_α	geschliffen und geätzt	1′45″	6,5%	$4\cdot10^{-5}$
LiF	4,02	Cu K_α	frische Spaltfläche	12″	30	$2\cdot10^{-5}$
LiF	4,02	Cu K_α	geschliffen und geätzt	1′50″	51,6	$4{,}5\cdot10^{-4}$
Kalkspat	6,08	Cu K_α	Spaltfläche	14″	39,6	$3\cdot10^{-5}$
			geätzt	1′15″	14,7	$7\cdot10^{-5}$
			geschliffen und geätzt	14″	45,9	$3{,}8\cdot10^{-5}$
Quarz	8,46	Cu K_α	geschliffen und geätzt	10″	33	$2{,}7\cdot10^{-5}$
EDT	8,8	Cr K_α	geschliffen und geätzt	55″	47,5	$1{,}7\cdot10^{-4}$

14″ bei Kalkspat gegenüber 105″ bei Topas. Bemerkenswert ist die Wirkung des Schleifens und Abätzens auf Kalkspatkristalle. Nach dem Schleifen hat sich die Linie von 14″ auf 75″ verbreitert. Wird das verspannte Material an der Oberfläche abgeätzt, so geht die Halbwertsbreite auf den ursprünglichen Wert zurück. Bei LiF läßt sich dagegen der ursprüngliche Zustand durch Abätzen nicht wiederherstellen. Für den Reflexionskoeffizienten P wird durch Schleifen und Ätzen der hohe Wert von rund 50% erreicht. Für ebene Kristallmonochromatoren ist LiF gut geeignet. Für gebogene Monochromatoren wird meistens wegen der Verformbarkeit Quarz verwendet; die Linienschärfe wird durch Biegen kaum beeinträchtigt.

Von Renninger berechnete Werte des integralen Reflexionsvermögens $\overline{R}$ sind in der Tab. 21.7 aufgeführt. Die Idealkristalle re-

Tabelle 21.7. *Integrales Reflexionsvermögen $\overline{R}$ verschiedener Kristalle nach Berechnungen von* Renninger *für* 1,54 kX *Wellenlänge*

Kristall	reflektierende Netzebene (hkl)	$\overline{R}\cdot10^5$ Mosaik	$\overline{R}\cdot10^5$ ideal
Aluminium	(200)	29,5	3,4
Diamant	(111)	120	2,3
Graphit	(002)	623	5,2
LiF	(200)	93	3,2
NaCl	(200)	31	4,5
Pentaerythrit	(002)	115	3,0
Quarz	(101)	43,5	4,4

flektieren viel schwächer als die Mosaikkristalle und die Unterschiede der $\overline{R}$-Werte innerhalb der Spalte 4 sind klein im Vergleich zu denen in Spalte 3. Dort steht Graphit an der Spitze; der überragende Wert von rund $600\cdot10^{-5}$ ist auch experimentell bestätigt (Renninger). Leider ist die Züchtung genügend großer Graphitkriställchen recht schwierig[1]. Pentaerythrit hat günstige röntgenoptische Eigenschaften; es zersetzt sich aber bei länger dauernder Bestrahlung.

Bei Absolutmessungen wird in der Praxis meist ein Standardkristall zur Eichung benützt und zwar meist NaCl, dessen Spaltfläche (eine der Würfelebenen) geschliffen und poliert worden ist. Man erhält damit einen allgemein gültigen und reproduzierbaren Wert des integralen Reflexionsvermögens $\overline{R}$. Nach Präzisionsmessungen von JAMES und FÜRTH ist $\overline{R} = 98{,}4 \cdot 10^{-6}$ für $\lambda = 0{,}71$ kX bei 20 °C.

Schwierig zu behandeln sind die praktisch häufigen Fälle von Kristallen, die zwischen den beiden Grenzfällen des idealen Kristalles und des vollkommenen Mosaikkristalles liegen. Eine theoretische Überbrükkung dieses Intervalles bietet der Begriff der Extinktion. Unter *primärer Extinktion* versteht man den Energieverlust des primären Bündels durch „Wegreflektieren"; die tieferen Schichten erhalten weniger Primärintensität als die oberen Schichten desselben kohärenten Bereiches. Rechnerisch wird diese Tatsache durch den Darwinschen Faktor k berücksichtigt, mit dem die nach der Laue-Theorie errechnete Streuintensität zu multiplizieren ist, sobald die Größe des kohärenten Bereiches die Grenzbedingung der Gl. (21.6) übersteigt:

$$k = \frac{\mathfrak{Tg}\, q\, m}{q\, m} \tag{21.10}$$

Einige zusammengehörige Wertepaare von k und m für die (200) Reflexion von Steinsalz ($q = 2{,}02 \cdot 10^{-4}$)

$m =$	100	1000	10000
$k =$	0,999	0,949	0,250

zeigen, daß der Faktor der primären Extinktion mit zunehmender Netzebenenzahl stark ansteigt.

Während die primäre Extinktion eine Eigenschaft eines einzelnen kohärenten Bereiches ist, beruht die *sekundäre Extinktion* auf der Wirkung der Anordnung einer Zahl von kohärenten Bereichen. Die oberen Gitterblöckchen eines Mosaikkristalles, die sich in Reflexionsstellung befinden, entziehen durch Reflexion dem primären Bündel Strahlungsenergie und wirken so abschirmend[2] auf die unteren Blöckchen. Dieser Effekt kann dadurch berücksichtigt werden, daß zu dem

[1] Neuerdings stehen Monochromatoren aus Graphit zur Verfügung (Fa. Union Carbide)

[2] Der Unterschied zwischen primärer und sekundärer Extinktion läßt sich auch so ausdrücken: die durch Wegreflektieren abschirmenden oberen Atome und die abgeschirmten unteren Atome gehören im ersten Fall demselben, im zweiten Fall verschiedenen Gitterbereichen an und sind daher im ersten Fall durch Phasenbeziehungen miteinander verbunden, im zweiten aber nicht.

gewöhnlichen Absorptionskoeffizienten ein additives Glied nach DARWIN hinzugefügt wird. Die Schwierigkeit besteht darin, daß das Korrektionsglied außer dem Reflexionsvermögen der Netzebene auch vom Grad der Mosaikstruktur des betreffenden Kristallindividuums abhängt und daher nicht in allgemeiner Form angebbar ist; sein Einfluß ist bei starken Reflexen größer als bei schwachen. Bei sehr feinkörnigen Kristallpulvern kommt eine sekundäre Extinktion nicht in Betracht, weil von den über einem Teilchen gelegenen Teilchen nur eine kleine Anzahl sich in Reflexionsstellung befindet.

Die Kenntnis der Intensitätsgesetze ermöglicht eine *Röntgenbestimmung der Konzentration kristalliner Phasen*, d. h. eine quantitative Ermittlung der Mengenanteile von kristallisierten Stoffen ohne Benützung eines Eichstoffes[1] (GLOCKER und SCHÄFER). Die einfache Aufgabe, festzustellen, in welchem Mengenverhältnis NaCl und KBr in einer Lösung oder in einer mechanischen Mischung beider Salze vorhanden ist, vermag die analytische Chemie unmittelbar nicht zu lösen; sie kann nur angeben, wieviel Na, K, Cl, Br insgesamt vorhanden ist. Diese Aufgabe ist dagegen auf röntgenographischem Weg zu lösen, da die beiden Stoffe verschiedene Kristallgitter besitzen.

Es werden Debye-Scherrer-Linien des Stoffes (1) und des Stoffes (2) photometriert[2] und hieraus die Intensitäten I_1 und I_2 erhalten; es gilt

$$\frac{I_1}{I_2} = \frac{p_1\,\varrho_1\,A_2^2\,K_1\,H_1\,L_1\,|F_1|^2\,n_2^2}{p_2\,\varrho_2\,A_1^2\,K_2\,H_2\,L_2\,|F_2|^2\,n_1^2}, \tag{21.11}$$

wobei n_1 und n_2 die Zahl der Atome in der Gitterzelle bedeuten; p_1/p_2 ist das gesuchte Mengenverhältnis. Zur Vermeidung einer Überdeckung der Linien ist die Verwendung einer Debye-Kammer mit besonders großem Radius (etwa 10 cm) zu empfehlen. Zwei Beispiele von Bestimmungen sind in Tab. 21.8 enthalten.

Tabelle 21.8

Quantitative Konzentrationsbestimmung von kristallinen Stoffen (nach Schäfer)

I. NaCl—KBr-Mischung 1 : 1

NaCl : KBr $= 1:0{,}97_8$ aus $NaCl_{(002)}$ und $KBr_{(002)}$
$= 1:0{,}96_5$ aus $NaCl_{(002)}$ und $KBr_{(022)}$.

II. Al—$CuAl_2$-Legierung 1 : 1

Al : $AlCu_2$ $= 1:0{,}99_7$ aus $Al_{(002)}$ und $AlCu_{2\,(220+112)}$
$= 1:0{,}97_0$ aus $Al_{(002)}$ und $AlCu_{2\,(310+202)}$.

---

[1] Beispiele für Konzentrationsbestimmungen unter Hinzufügen eines Eichstoffes sind im Abschnitt 20 besprochen.

[2] Es wird quer zur Linie durchphotometriert und die Fläche zwischen der Photometerkurve und der Abszisse planimetriert.

Die Übereinstimmung mit dem Sollwert ist durchaus befriedigend. Die Empfindlichkeit des Verfahrens läßt sich durch Verwendung eines Zählrohrgoniometers steigern, was für den Nachweis von Stoffen mit geringen Mengenanteilen von Wichtigkeit ist.

Statistisch regellose Atomverlagerungen, z. B. infolge unvollkommener Ordnung bei der Kristallisation bewirken eine mit dem Winkel Θ zunehmende Schwächung der Interferenzintensitäten ohne wesentliche Linienverbreiterung. Diese Gitterstörungen werden häufig „eingefrorene Wärmeschwingungen" genannt. Man kann sich nämlich vorstellen, daß die Wärmeschwingungen der Atome um ihre Normallage im Gitter plötzlich fixiert werden. Die Atomschwerpunkte sind gegen ihre ursprüngliche Lage verschoben; die Wärmeschwingungen werden dann um diese neue Lage ausgeführt. Mathematisch läßt sich der Einfluß dieser Gitterstörungen auf die Intensität der Interferenzen durch einen Faktor von der Form des Debyeschen Wärmefaktors darstellen. Als *Störamplitude* wird die mittlere Atomverrückung $\overline{u}_x$ senkrecht zu der betrachteten Netzebene bezeichnet. In Gl. (21.5) ist der multiplikative Faktor $|e^{-M'}|^2$ hinzuzufügen, wobei gilt[1]:

$$M' = 8\pi^2\, \overline{u}_x{}^2\, \frac{\sin^2\Theta}{\lambda^2} \tag{21.12}$$

Aus einer Absolutmessung kann der Strukturfaktor F_{gest} des gestörten Präparates ermittelt und in das Verhältnis zu dem theoretischen Wert F_{ungest} gesetzt werden. Die Störamplitude wird dann sofort von der in Abb. 21.4 gezeichneten graphischen Darstellung nach BRILL und RENNINGER geliefert[2].

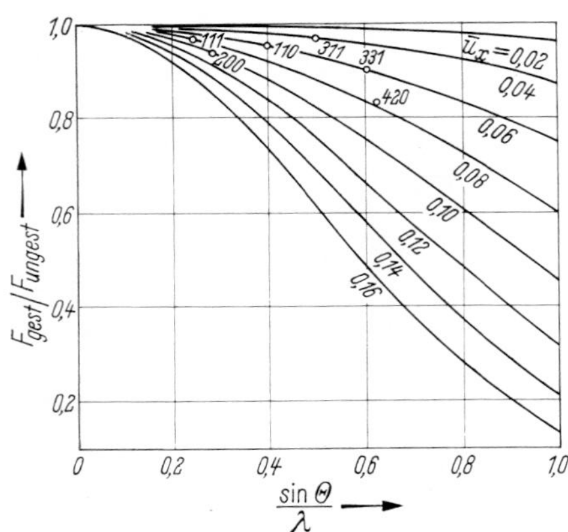

Abb. 21.4. Ermittlung der Störamplitude (nach BRILL und RENNINGER).

[1] Näherungsweise ist $\overline{u}_x = \sqrt{\overline{u_x^2}}$.

[2] Der Verlauf von F_{gest}/F_{ungest} wird als Funktion von $(\sin\Theta)/\lambda$ auf einem Transparentpapier aufgezeichnet und dieses vertikal so lange verschoben, bis möglichst gute Deckung mit einer der eingezeichneten Kurven erreicht ist.

Als Beispiel sind Meßergebnisse von BRINDLEY und SPIERS an gefeiltem Kupfer eingetragen. Die Störamplitude $\overline{u}_x$ ergibt sich zu 0,06.

Es hat relativ lange gedauert, bis die Frage, ob *eine Kaltverformung von Metallen außer einer Verbreiterung der Röntgeninterferenzen auch eine Änderung ihrer Intensitäten* bewirkt, geklärt werden konnte. Die bei einem Vergleich der Linien im kaltverformten und rekristallisierten Zustand beobachteten Intensitätsunterschiede ergaben sich bei genauerer Untersuchung als Folge einer primären Extinktion; sie ist verschieden groß je nach den Kristallitgrößen; durch die Verformung wird sie stark verkleinert. Die Anschauung, daß in einem kaltverformten Metall die Atome im Gitter solche Abweichungen von ihrer Normallage einnehmen, wie sie sich ergeben, wenn man sich die Wärmeschwingungen „eingefroren" denken würde, hat sich auf die Dauer als nicht zutreffend erwiesen. Dazu kommt eine experimentelle Schwierigkeit; die Röntgenlinien bei vielkristallinen Metallen haben einen breiten „Fuß"; der Übergang zur Hintergrundschwärzung vollzieht sich nur allmählich. Eine genaue Bestimmung der integralen Intensität einer Linie erfordert eine streng monochromatische Strahlung, wie sie erst bei neueren Arbeiten zur Verfügung stand. Ausgedehnte Messungen an Feilspänen von α-Messing wurden von AVERBACH und WARREN durchgeführt. Außer den kaltverformten und den rekristallisierten Proben wurden auch solche, die ohne Verformung bei 350 °C geglüht waren, untersucht, um den Einfluß der Wärmeschwingungen getrennt zu erfassen. Dabei ergaben sich folgende Unterschiede: Die Kaltverformungsverbreiterung zeigt einen links und rechts weit reichenden Linienfuß. Die integralen Intensitäten sind innerhalb der Meßungenauigkeit im verformten und im rekristallisierten Zustand gleich. Der thermische Effekt verursacht eine geringere Linienverbreiterung, einen schmäleren Linienfuß und ein deutliches Ansteigen der Hintergrundstrahlung. In beiden Fällen blieb die Summe der integrierten Linienintensität und der Hintergrundintensität konstant, was zu erwarten ist, da die Zahl der streuenden Atome sich nicht ändert. Bei einem Intensitätsvergleich der (220) Linie von reinem Aluminiumblech mit 90% Walzgrad nach der Deformation und im Zustand der Erholung (40 h Erwärmung bei 80 °C) ergab sich keine Intensitätsverschiedenheit (von HEIMENDAHL und H. WEYERER). Die Wärmebehandlung war so gewählt, daß die Entfestigung schon weit vorgeschritten war, daß aber andererseits noch keine Kornneubildung eingesetzt hatte. Fehlereinflüsse infolge einer Textur werden ebenfalls auf diese Weise eliminiert.

Überlegt[1] man sich, daß Wärmeschwingungen einen großen Teil der

[1] Die Atomverrückungen senkrecht zur (220) Ebene der Aluminiums werden von HEIMENDAHL und WEYERER auf 0,3% der Gitterkonstanten des Aluminiums $a = 4{,}04$ kX veranschlagt.

Gitteratome betreffen, während die Gitterstörungen bei einer Kaltverformung von Metallen nur kleine Gitterbereiche von wenigen Atomen erfassen, so ist der sehr geringe, wenn überhaupt nachweisbare Einfluß der Kaltverformung auf die Röntgeninterferenzintensitäten ohne weiteres verständlich.

22. Überblick über den Gang einer Strukturbestimmung

Die vollständige Bestimmung einer Kristallstruktur gliedert sich in drei Abschnitte:

I. Ermittlung der Größe und Form der Elementarzelle und der Zahl der Atome in der Zelle

II. Bestimmung der Lage der Atome in der Zelle (Raumgruppenbestimmung) unter roher Abschätzung der Interferenzintensitäten

III. Bei komplizierten Strukturen genaue Messung der Intensitäten und Auswertung mittels Fourieranalyse (Ermittlung der Elektronendichte-Verteilung)

I. Die mit den beschriebenen Verfahren erhaltenen Aufnahmen werden *indiziert*[1] und mit Hilfe der quadratischen Form[2] *die Kantenlänge der Elementarzelle und die Kantenwinkel bestimmt.* Mit dem Drehkristallverfahren können diese Größen auch unmittelbar gemessen werden. Aus der chemischen Zusammensetzung und der Dichte kann dann die Zahl der Atome berechnet werden. Mitunter ergibt sich im Verlauf dieser Untersuchungen auch die „Translationsgruppe"[3]. Dies ist dann der Fall, wenn z. B. bei Drehkristallaufnahmen die Identitätsabstände nicht nur in Richtung der kristallographischen Achsen vermessen werden. Sind zur Kontrolle eines gefundenen Strukturtyps Symmetriebetrachtungen angebracht, so sind Laueaufnahmen von Vorteil.

II. Zur *Auswahl* der mit einem Röntgeninterferenzbild verträglichen *Raumgruppe* sind folgende Gesichtspunkte in Betracht zu ziehen:

Beschränkung auf Raumgruppen, in denen die durch Untersuchungen der Gruppe I. ermittelte Translationsgruppe vorkommt. Mitunter ist die Kristallklasse bekannt, was die Zahl der möglichen Raumgruppen stark begrenzt. Ferner kommen nur solche Raumgruppen in Betracht, bei denen Atomlagen der erforderlichen Zähligkeit vorhanden sind.

---

[1] Die Indizierung erfolgt für das kubische, tetragonale und hexagonale System meistens, für das orthorhombische System gelegentlich graphisch. Alle Systeme können z. B. nach der Methode von ITO rechnerisch indiziert werden. Von Computern wird in steigendem Maße Gebrauch gemacht.

[2] Math. Anhang C.

[3] Vgl. Abschnitt 17.

Das wichtigste Kriterium der Raumgruppenauswahl sind die Auslöschungsgesetze der Reflexe; bei einer raumzentrierten Gitterzelle können z. B. Reflexe von Netzebenen, deren Indizessumme $h + k + l$ eine ungerade Zahl ist, nicht auftreten. Intensitäten werden in der Gruppe II nur in Form einer rohen Schätzung verwertet.

Zur Veranschaulichung möge folgendes Beispiel dienen:

Eine chemische Verbindung von der Formel $A\,B_2$ hat nach dem Ergebnis von Drehkristallaufnahmen ein kubisches Gitter mit der Kantenlänge $a = 5{,}73$ kX und eine einfach kubische Translationsgruppe, so daß zunächst 15 Raumgruppen in Betracht kommen. Auf Grund der Auslöschung von Reflexen, z. B. schließt das Auftreten der Reflexe $(h\,k\,0)$ für ungerades h auf den Aufnahmen die beiden Raumgruppen T_h^6 und O_h^2 aus, bleiben noch übrig T^4, T_h^2, O^2 und O_h^2.

Aus Dichte, Molekulargewicht und Kantenlänge der Gitterzelle folgt, daß sich 4 Moleküle in der Zelle befinden. Kann aus dem chemischen Verhalten auf die Gleichwertigkeit der beiden B-Atome geschlossen werden, so sind 4 Atome A und 8 Atome B in der Zelle unterzubringen. In den Raumgruppentabellen sind die Raumgruppen mit 8zähligen und 4zähligen Punktlagen aufzusuchen; dies ist der Fall für die Raumgruppen T_h^2, O^2, O_h^2. Es sind vorhanden zwei 4zählige Lagen ohne Freiheitsgrad[1] und eine 8zählige Lage mit einem Freiheitsgrad. Im ersten Fall kann die Lage der Atome sogleich aus der Raumgruppentabelle entnommen werden; im zweiten Fall ist nur bekannt, daß die Atome auf einer bestimmten gegebenen Geraden liegen müssen. Wo sie auf dieser Geraden liegen, kann erst durch Ermittlung des zunächst unbekannten „*Parameters*", der den Abstand vom Eckpunkt der Zelle angibt, erschlossen werden. Die Koordinaten der beiden Atomlagen sind in allen drei Raumgruppen zufällig die gleichen.

Zur *Bestimmung des Parameters* p werden solche Reflexe benützt, zu denen die A-Atome keinen Beitrag liefern. Nach dem Strukturfaktor für die Lage der A-Atome sind dies die Reflexe mit gemischten Indizes. Unter ihnen werden zwei ausgewählt, die bei möglichst gleichem Reflexionswinkel sehr verschiedene Intensität haben. Der Reflex (421) ist z. B. auf dem Bild stark, während der Reflex (332) ganz fehlt. Die Strukturfaktoren F der beiden Netzebenen[2] werden für verschiedene p-Werte berechnet und aufgezeichnet (Abb. 22.1); p muß einen solchen Wert bekommen, daß $\Sigma_{(421)} =$ groß, $\Sigma_{(332)} = 0$ wird. Es muß also nach Abb. 22.1 $p = \pm\,{}^1/_{10}$ sein. Das Vorzeichen ergibt sich aus der Berechnung des Strukturfaktors für einige Reflexe, bei denen auch A-Atome mitwirken. Zur Kontrolle der Struktur wird die Intensität sämtlicher Reflexe des

[1] Betr. Freiheitsgrad s. Abschnitt 17 C.

[2] Näheres betr. der Berechnung s. Math. Anhang C (Strukturfaktorbeispiele).

Bildes für den Parameterwert $p = -{}^1/_{10}$ ausgerechnet und mit den beobachteten Intensitäten der Reflexe verglichen.

Bei jeder Strukturbestimmung ist noch die Frage zu prüfen, ob die gefundene Elementarzelle die einzig mögliche ist oder ob nicht durch eine Vergrößerung der Zelle neue Atomlagen in Betracht kommen können.

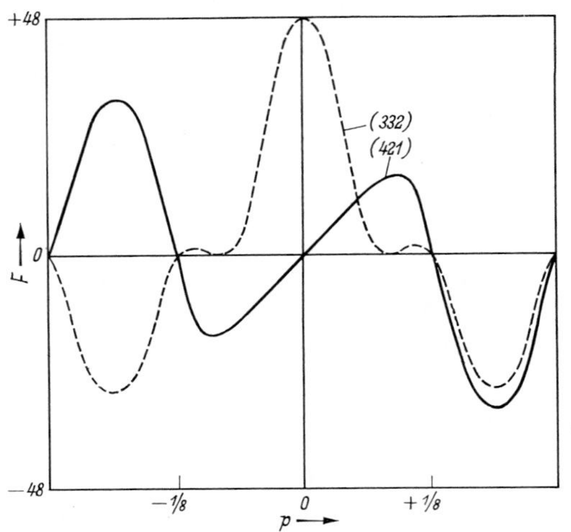

Abb. 22.1. Parameterbestimmung.

III. Die *Verteilung der streuenden Materie in einem Kristallgitter*, d. h. die Zahl ϱ der Elektronen pro Volumeinheit, kann mit Hilfe einer dreidimensionalen Fourier-Reihe aus den Intensitäten der Röntgeninterferenzen ermittelt werden. Die Elektronendichte ϱ an einem Punkt $x\,y\,z$, dessen Koordinaten parallel zu den Kantenlängen $a\,b\,c$ der Zelle verlaufen, ist

$$\varrho\,(x\,y\,z) = \frac{1}{V} \sum_{-\infty}^{+\infty} \sum_{-\infty}^{+\infty} \sum_{-\infty}^{+\infty} F\,(hkl)\; e^{-2\pi i(hx/a + ky/b + lz/c)} \tag{22.1}$$

$$h = 0, 1, 2 \ldots.$$
$$k = 0, 1, 2 \ldots.$$
$$l = 0, 1, 2 \ldots.$$

V ist das Volumen der Elementarzelle und $F(h\,k\,l)$ ist der Strukturfaktor der Netzebenenschar $h\,k\,l$. Der erste Fourier-Koeffizient ($h = 0$, $k = 0$, $l = 0$) ist eine Konstante; er ist gleich der Zahl der Elektronen in der Elementarzelle des Gitters. Wenn das Gitter ein Symmetriezentrum hat, verschwinden die imaginären Glieder und der Ausdruck in Gl. (22.1) kann als 3fache cos-Reihe geschrieben werden. In diesem Fall haben die Phasendifferenzen zwischen den Streuwellen den Wert 0 oder π. Dies bedeutet, daß die einzelnen Terme das Vorzeichen + oder — haben können. Eine unmittelbare Entscheidung auf Grund der Messung ist nicht möglich, weil diese die Intensität $|F|^2$ und nicht die Amplitude liefert. Die Gesetzmäßigkeiten sind im allgemeinen Fall (kein Symmetriezentrum) noch erheblich größer wegen der vielen möglichen Werte der Phasenwinkel.

Um eine Entscheidung zu treffen über die Vorzeichen der Fourier-Koeffizienten, wird in der untersuchten Verbindung eine Atomsubstitution, z. B. Ersatz von K durch Be, vorgenommen. Wird bei einer erneuten Messung F größer gefunden, so ist das positive Vorzeichen zu wählen, während bei einer Abnahme von F ein Minuszeichen zu setzen ist.

Die Fourier-Reihen liefern ein umso genaueres Resultat, je mehr Koeffizienten verwendet werden. Dies bedeutet aber eine große Zahl von Intensitätsmessungen, bei komplizierten Gittern bis zu 1000 und mehr. Zu kurze Reihen geben die Feinheiten nicht richtig wieder, eine Erscheinung, die „Abbrucheffekt" genannt wird.

In der Praxis wurden daher zu einer Zeit, als noch keine Digitalrechenanlagen und keine automatischen Diffraktometer zur Verfügung standen, zweidimensionale Fourier-Reihen benützt; hier genügt schon die Bestimmung von 100 bis 200 Koeffizienten. Wenn die Reflexionen an den Netzebenen einer Kristallzone gemessen werden, so liefert eine Fourier-Doppelreihe die Elektronendichte pro Flächeneinheit in Projektion auf eine gewünschte Ebene; die Projektionsrichtung ist parallel zu der ausgewählten Zonenachse.

In Abb. 22.2a ist eine *Projektion der Elektronendichte von Diopsid*[1] auf die (010)-Ebene dargestellt (W. L. Bragg). Die Elektronendichte wird Punkt für Punkt berechnet und die Punkte gleicher Dichte werden durch Linien verbunden. Die Darstellung ähnelt einer Landkarte mit eingetragenen Höhenlinien. Die Atomlagen sind in Abb. 22.2a diejenigen Stellen, an denen die Linien am dichtesten sind. Die aus der Aufnahme a) abgeleitete Atomverteilung ist in b) gezeichnet. Es überlagern sich Mg- und Ca-Atome. Die weniger dichte Konzentration rührt hier von den Si- und O-Atomen her. Die doppelte Fourier-Reihe hat im vorliegenden Fall die Form

$$\varrho\,(x\,z) = \frac{1}{A} \sum_{-\infty}^{+\infty} \sum_{-\infty}^{-\infty} F\,(hol)\, e^{-2\pi i (hx/a + lz/c)}. \qquad (22.2)$$

A ist die Größe der Projektionsfläche.

Bei der sogenannten *Patterson-Analyse* werden Reihen verwendet, in deren Koeffizienten F^2 statt F auftreten. Der Vorteil ist, daß keine Phasen vorzugeben sind, der Nachteil, daß als Ergebnis nicht direkt die Atomverteilung erhalten wird, sondern Vektoren, welchen die Atomab-

---

[1] $CaMg(SiO_3)_2$, monoklines Gitter.

stände nach Größe und Richtung entsprechen. Der Aufbau eines Gitters wird mit Hilfe dieser Abstandsvektoren, die zueinander parallel verschiebbar sind, erleichtert.

Nach dem Überblick über die verschiedenen Verfahren zur Strukturbestimmung mittels Röntgenverfahren muß darauf hingewiesen werden,

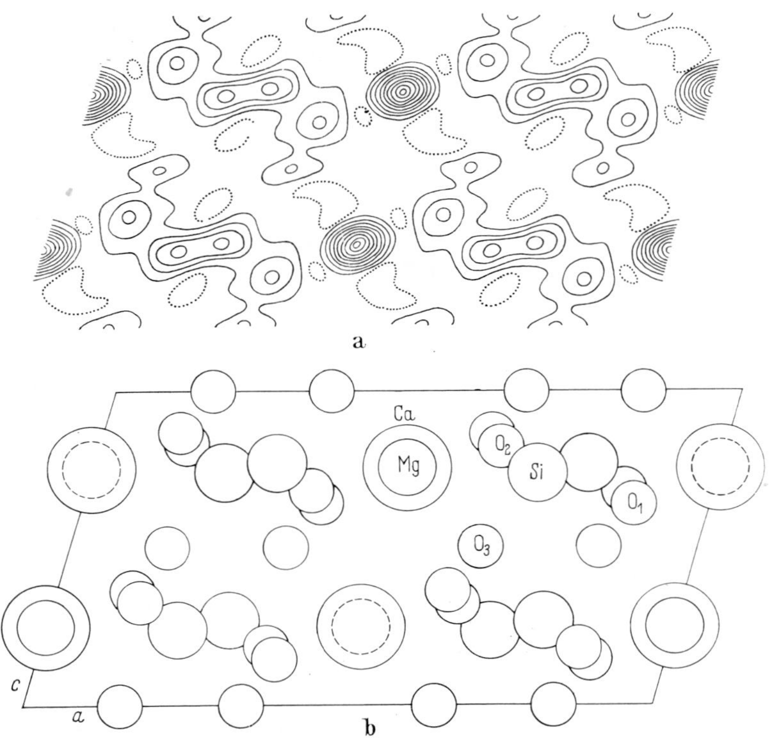

Abb. 22.2. Projektion der Elektronendichte-Verteilung von Diopsid bei Projektion auf die (010)-Ebene (nach W. L. BRAGG).

daß jetzt, nachdem mehrere tausend Strukturen erforscht sind, *kristallchemische Gesichtspunkte* für die Praxis steigende Bedeutung erlangt haben; das Verfahren der Strukturanalyse kann unter Umständen dadurch erheblich abgekürzt werden. Dies gilt z. B. für die von W. L. BRAGG entdeckten Bauprinzipien auf dem Gebiet der Silikate oder die Systematik der Hume Rothery-Phasen bzw. Metall-Legierungen. Dazu kommen empirische Erkenntnisse, die als praktische Regeln bei der Auswahl unter mehreren möglichen Strukturvorschlägen von Nutzen sein können.

Chemisch verwandte Stoffe kristallisieren häufig in Gittern, die sich nur durch geringe Abweichungen in den Zahlenwerten unterscheiden. Hat man z. B. durch die unmittelbare Auswertung der Aufnahmen gefunden, daß es sich um ein tetragonales Gitter mit dem Achsenverhältnis $c/a = 1{,}65$ handeln muß, so wird man in Tabellen[1], in denen die Strukturen nach steigenden Quotienten c/a aufgeführt sind, nachschlagen und feststellen, welche dem untersuchten Kristall chemisch ähnliche Substanz in der Nähe von $c/a = 1{,}65$ vorkommt. Eine weitere Eingrenzung der Typen gibt der Vergleich der beobachteten Zahl der Atome in der Zelle mit den betreffenden Zahlen der in Frage kommenden Gitter.

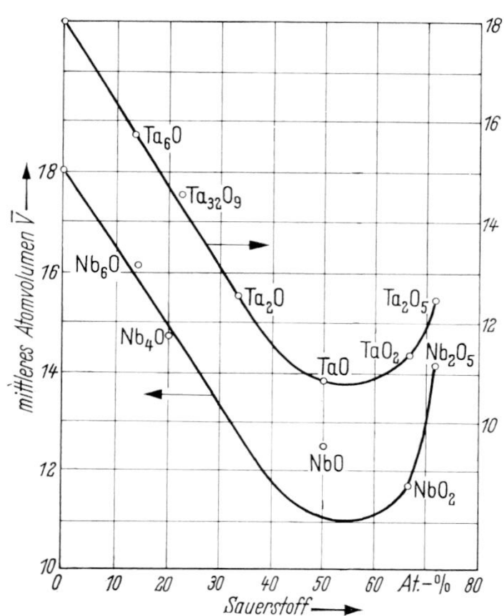

Abb. 22.3. Abhängigkeit des mittleren Atomvolumens vom Sauerstoffgehalt im System Ta-O und Nb-O (nach STEEB und RENNER).

Eine Kontrollmöglichkeit, ob ein bestimmter Strukturvorschlag bei einer binären Verbindung oder Legierung zutreffend ist, bietet die *Berechnung des mittleren Atomvolumens*[2]. Nach einer praktischen Regel soll das mittlere Atomvolumen sich mit steigender Konzentration eines Bestandteils stetig ändern (SCHUBERT). Als Beispiel sind in Abb. 22.3 die entsprechenden Daten für die Systeme Niob-Sauerstoff und Tantal-Sauerstoff dargestellt (STEEB und RENNER).

Aufgetragen ist als Ordinate das mittlere Atomvolumen, als Abszisse der Sauerstoffgehalt. Im System Nb-O gilt die Regel nicht durchweg.

---

[1] Z. B. MIRKIN, L. J.: Handbook of X-Ray Analysis of Polycrystalline Materials, New York, Consultants Bureau 1964, 440ff.

[2] Volumen der Elementarzelle dividiert durch Zahl der Atome in der Zelle.

Solche Ausnahmen treten auf, wenn das Gitter einer intermetallischen Verbindung leere Räume hat; im vorliegenden Fall des NbO sind die Ecken und die Raummitten der Elementarzelle nicht mit Atomen besetzt.

23. Beschreibung von Kristallstrukturen anorganischer und organischer chemischer Stoffe und Grundzüge der Kristallchemie

A. Die Maßeinheit kX und Å

In der Frühzeit der Röntgenspektroskopie war eine direkte Messung der Wellenlängen nicht möglich. Nachdem W. L. Bragg die Atomanordnung im Steinsalzgitter durch Röntgenstrahlenbeugung bestimmt hatte, konnte er aus der Zahl der Atome in der Zelle, der Dichte und der Avogadroschen Konstante den Netzebenenabstand parallel zur Spaltfläche eines Steinsalzkristalles berechnen; es ergab sich 5,63 Å, wobei

$$1 \text{ Ångström} = 1 \cdot 10^{-8} \text{ cm} \qquad (23.1)$$

entsprechend dem Gebrauch bei der Wellenlängenmessung in der Optik zu setzen ist. Aus der Braggschen Gleichung ergibt sich dann die Wellenlänge der benützten Röntgenstrahlen in Ångström. Da in der Beziehung zwischen Wellenlänge und Gitterkonstante mehrere Größen vorkommen, deren Zahlenwerte im Zuge der Verbesserung der Meßmethoden sich ändern, schlug der Spektroskopiker Siegbahn für Röntgenwellenlängen und Gitterkonstanten von Kristallen eine besondere Einheit vor. Diese X-Einheit ist dadurch definiert, daß für einen Steinsalzkristall bei 18 °C der Netzebenenabstand II. Ordnung gleich 2814,00 XE festgesetzt ist. Da Kalkspatkristalle in besserer Güte vorkommen, wurde später als Standardwert Kalkspat gewählt. Es ist der Netzebenenabstand I. Ordnung parallel zur Spaltfläche bei 18 °C 3029,04 XE. Innerhalb der damaligen Meßgenauigkeit stimmte die Einheit[1] 1 Kilo-X (abgekürzt 1 kX) mit 1 Å überein. Abgesehen von Siegbahn und seinen Mitarbeitern bürgerte sich die Gewohnheit ein, diese auf Kalkspat als Standard bezogenen Werte der Wellenlängen und Gitterkonstanten in Ångström-Einheiten, statt in kX auszudrücken, was so lange unbedenklich war, als kX und Å praktisch gleich groß waren.

Als direkte Absolutbestimmungen mit optischen Gittern möglich geworden waren, zeigte es sich, daß die mit Kristallen gemessenen Wellenlängen 0,2% kleiner waren[2] als die mit Liniengittern gemessenen.

[1] Es ist 1 kX = 1000 XE.

[2] Die Ursache war ein nicht ganz genauer Zahlenwert der Avogadroschen Konstante.

Im letzteren Fall handelt es sich um Ergebnisse, die in „echten" Ångström ausgedrückt waren.

Durch internationale Vereinbarung wurde folgende Beziehung festgesetzt:

$$1 \text{kX} = 1{,}00202 \text{ Å} \tag{23.2}$$

wobei mit der Möglichkeit gerechnet werden muß, daß bei einer Verfeinerung der Messungen geringe Änderungen des Zahlenfaktors notwendig[1] werden.

Diese Regelung hat gewisse Schwierigkeiten hinsichtlich der in Å ausgedrückten Werte zur Folge. Im Zeitraum 1914 bis 1947 kann man davon ausgehen, daß es sich bei den Literaturangaben nicht um Å tatsächlich handelt, sondern um kX. Bei den Angaben späterer Jahre muß, wenn keine Erläuterungen beigegeben sind, die Frage offen bleiben, ob die benützten Ångström „echte" Ångström oder kX darstellen.

Die Internationale Kristallographenunion empfiehlt, alle Werte von Gitterkonstanten in Å anzugeben, auch wenn die Meßergebnisse in kX vorliegen, und dabei den benützten Umrechnungsfaktor zu nennen.

In diesem Buch sind alle Wellenlängen von Röntgenstrahlen und alle Gitterkonstanten einheitlich in kX ausgedrückt. Angaben in kX sind immer eindeutig, Angaben in Å können vieldeutig sein. Einen raschen Übergang von der einen zur anderen Einheit ermöglicht die Tab. 23.1. Zwei Beispiele mögen zur Erläuterung dienen:

I. 4,000 kX entsprechen 4,000 + 0,008 = 4,008 Å

II. 4,000 Å entsprechen 4,000 — 0,008 = 3,992 kX

Tabelle 23.1. *Übergang von* kX zu Å und umgekehrt

kX	Å	Zuschlag	Å	kX	Abzug
1,000	1,002	2	1,000	0,998	2
2,000	2,004	4	2,000	1,996	4
3,000	3,006	6	3,000	2,994	6
4,000	4,008	8	4,000	3,992	8
5,000	5,010	10	5,000	4,990	10
6,000	6,012	12	6,000	5,988	12
7,000	7,014	14	7,000	6,986	14
8,000	8,016	16	8,000	7,984	16
9,000	9,018	18	9,000	8,982	18
10,000	10,020	20	10,000	9,980	20
15,000	15,030	30	15,000	14,970	30
20,000	20,040	40	20,000	19,960	40

[1] Von COHEN, DU MOND und MCNISH wurde vor einigen Jahren 1,00206 vorgeschlagen.

Welch hohe Genauigkeit bei der Gitterkonstanten-Bestimmung mit Präzisionsverfahren an sehr reinen Stoffen (Reinheitsgrad 99,9%) erhalten werden können, zeigt die Zusammenstellung in Tab. 23.2. Die Messungen von Bergen sind an einem Einkristall, alle übrigen an Kristallpulvern ausgeführt worden.

Tabelle 23.2. *Präzisionsmessungen von Gitterkonstanten in* kX-*Einheiten für* 18 °C

Element	Jette u. Foote	Owen u. Yates	Straumanis	Bergen
Ag	$4{,}0773_4$	$4{,}0772_3$	$4{,}0773_1$	—
Al	$4{,}0407_3$	$4{,}0406_5$	$4{,}0407_9$	$4{,}0407_2$
Fe	$2{,}8602_4$	$2{,}8607_5$	2,8603	$2{,}8606_7$
Mg	3,2024	3,2020	3,2022	—

B. Beschreibung von Kristallstrukturen

Bei der praktischen Durchführung von Kristallstrukturuntersuchungen genügt es oft, das Kristallsystem, die Kantenlängen und die Kantenwinkel der Elementarzelle, sowie die Anzahl der Atome pro Zelle zu kennen. Eine umfangreiche, alle Einzelheiten enthaltende Strukturtabelle ist dann entbehrlich. Die folgende Tab. 23.3 gibt eine vereinfachte Zusammenstellung von Strukturdaten. Nicht aufgeführt sind die triklinen und monoklinen Gitter sowie die Strukturen von organischen Verbindungen. Die Stoffe sind in alphabetischer Reihenfolge angeordnet mit Ausnahme von Verbindungen, welche F, Cl, Br, J, B, C, P, N, O, S oder H enthalten. Hier ist der Anfangsbuchstabe des Metalles für die Einordnung maßgebend.

Auf das chemische Symbol der betreffenden Substanz folgen Angaben über die Kantenlänge a der Elementarzelle in kX-Einheiten, die Achsenverhältnisse b/a und c/a sowie schließlich die Symbole nach Pearson (vgl. Tab. 17.2). Um bei Benutzung der Strukturtabelle ein Nachschlagen der Tab. 17.2 zu vermeiden, sind die Kurzbezeichnungen nach Pearson im folgenden nochmals wiedergegeben:

Es bedeuten

c kubisch, t tetragonal, o orthorhombisch, h hexagonal

und

P primitiv, C einseitig flächenzentriert, F allseitig flächenzentriert, I raumzentriert, R rhomboedrisch.

Tabelle 23.3. *Kristallstrukturen von Elementen und anorganischen Verbindungen*

	a	b/a	c/a	
Ag	4,0773			cF4
β-Ag$_3$Al	3,29			cI2
β-Ag$_3$Al	6,92			cP20
ζ-Ag$_2$Al	2,88		1,59	hP2
ζ-AgAs	2,89		1,63	hP2
Ag$_5$Ba	5,71		0,81	hP6
δ-AgBe$_2$	6,29			cF24
AgBr	5,76			cF8
β-AgCd	3,33			cI2
β'-AgCd	3,33			cP2
ζ-AgCd	2,98		1,61	hP2
Ag$_5$Cd$_8$	9,96			cI52
ε-AgCd$_3$	3,06		1,57	hP2
AgCl	5,54			cF8
AgCrO$_2$	6,31	$\alpha = 34°30'$		hR4
AgF	4,91			cF8
AgFeO$_2$	6,43	$\alpha = 27°6'$		hR4
ζ-AgHg	2,96		1,63	hP2
Ag$_2$Hg$_3$	10,02			cI52
AgJ	6,46			cF8
AgJ	4,58		1,64	hP4
β-AgLi	3,16			cP2
β-AgMg	3,30			cP2
Ag$_2$O	4,72			cP6
γ-AgPt$_3$	3,89			cP4
Ag$_2$SO$_4$	5,81	2,07	1,76	oF56
ζ-AgSb	2,93		1,63	hP2
Ag$_2$SeO$_4$	10,37	1,24	0,58	oF56
ζ-AgSn	2,93		1,63	hP2
AgTi	4,10		0,99	tP4
β-AgZn	3,14			cI2
β'-AgZn	3,15			cP2
ε-AgZn	2,82		1,58	hP2
ζ-AgZn	7,62		0,37	hP9
γ-Ag$_5$Zn$_8$	9,32			cI52
Al	4,0407			cF4
AlAs	5,62			cF8
Al$_2$Au	5,99			cF12
β-AlAu$_4$	3,23			cI2
β'-AlAu$_4$	6,91			cP20
Al$_2$Ca	8,04			cF24
Al$_5$Co$_2$	7,66		0,99	hP28
β-AlCo	2,86			cP2
Al$_8$Cr$_5$	12,96		0,63	hR26
AlCr$_2$	3,00		2,88	tI6
Θ-Al$_2$Cu	6,05		0,80	tI12
γ-Al$_4$Cu$_9$	8,69			cP52
β-AlCu$_3$	2,95			cI2
AlCuMg	5,08		3,26	hP24
AlCu$_2$Mn	5,97			cF16
AlCuO$_2$	5,89	$\alpha = 28°6'$		hR4
AlFe	2,90			cP2
AlFe$_3$	5,78			cF16
AlLi	6,36			cF16
γ-Al$_{12}$Mg$_{17}$	10,54			cI58
AlMo$_3$	4,95			cP8
AlN	3,10		1,60	hP4
ε-Al$_3$Ni	6,60	1,11	0,72	oP16
δ-Al$_3$Ni$_2$	4,03		1,21	hP5
β-AlNi	2,88			cP2
α'-AlNi$_3$	3,56			cP4
α-Al$_2$O$_3$	5,11	$\alpha = 55°17'$		hR10
γ-Al$_2$O$_3$	7,84			cF56
AlP	5,42			cF8
Al$_2$Pt	5,91			cF12
AlSb	6,08			cF8
Al$_3$Ta	3,83		2,23	tI8
Al$_3$Ti	3,84		2,23	tI8
AlTi	4,00		1,02	tP4
AlTi$_{2-3}$	7,76		0,80	hP8
Al$_4$U	4,40	1,42	3,10	oI20
Al$_3$U	4,28			cP4
Al$_2$U	7,80			cF24
Al$_3$Zr	4,31		3,93	tI8
As	4,12	$\alpha = 54°10'$		hR2
As$_2$Cd$_3$	3,95		1,42	tP40
AsCr	3,48	1,78	1,64	oP8
AsCu$_3$	7,09		1,02	hP24
As$_2$Fe	5,20	1,13	0,55	oP6
AsFe	6,02	0,90	0,55	oP8
AsJ$_3$	7,17		2,95	hR8
As$_2$Mg$_3$	13,33			cI80
AsMn	3,71		1,53	hP4
AsNa$_3$	5,09		1,77	hP8
As$_2$Ni	4,78	1,20	0,73	oP6
AsNi	3,95		1,39	hP4
As$_2$Pt	5,96			cP12
As$_2$Zn$_3$	8,32		1,42	tP40
Au	4,0704			cF4
AuBe	4,66			cP8
AuBe$_5$	6,69			cF24
Au$_2$Bi	7,94			cF24
ζ-Au$_2$Cd	2,92		1,66	hP2
β-AuCd	3,32			cP2
β'-AuCd	4,75	0,66	1,02	oP4
AuCu	3,96		0,93	tP4
AuCu$_3$	3,74			cP4
Au$_3$Hg	2,91		1,65	hP2

Tabelle 23.3 (Fortsetzung)

	a	b/a	c/a	
Au_5Hg_8	9,90			cI52
AuMg	3,26			cP2
$AuMg_3$	4,63		1,82	hP8
Au_2Na	7,79			cF24
$AuNa_2$	7,40		0,75	tI12
Au_2Pb	7,91			cF24
$AuPb_2$	7,31		0,77	tI12
α'-Au_3-Pt	3,92			cP4
$AuSb_2$	6,65			cP12
$Au_{10}Sn$	2,89		3,28	hP16
ζ-AuSn	2,93		1,63	hP2
AuSn	4,31		1,28	hP4
$AuSn_2$	6,85	1,02	1,71	oP24
$AuTi_3$	5,09			cP8
β'-AuZn	3,14			cP2
γ_1-$AuZn_3$	9,92			cI52
γ_2-$AuZn_3$	7,88			cP32
ε-$AuZn_8$	2,81		1,56	hP2
B	8,74		0,58	tP50
BP	4,53			cF8
Ba	5,015			cI2
BaB_6	4,26			cP7
BaBrH	4,56		1,63	tP6
BaC_2	4,40		1,60	tI6
$BaCO_3$	5,30	1,67	1,21	oP20
BaF_2	6,19			cF12
BaHJ	4,82		1,63	tP6
BaO	5,53			cF8
BaO_2	5,37		1,27	tI6
BaS	6,37			cF8
$BaSO_4$	8,86	0,61	0,80	oP24
BaSe	6,58			cF8
BaTe	6,99			cF8
$BaZn_{13}$	12,33			cF112
Be	2,28		1,57	hP2
Be_2B	4,66			cF12
Be_2C	4,33			cF12
BeCo	2,61			cP2
Be_2Cr	4,24		1,63	hP12
Be_2Cu	5,94			cF24
γ-BeCu	2,70			cP2
β-$BeCu_2$	2,79			cI2
$Be_{12}Fe$	7,24		0,58	tI26
ε-Be_5Fe	5,87			cF24
Be_2Fe	4,20		1,63	hP12
$Be_{13}Mg$	10,15			cF112
Be_2Mo	4,32		1,66	hP12
Be_3N_2	8,14			cI80
$Be_{21}Ni_5$	7,61			cI52
BeNi	2,62			cP2
BeO	2,69		1,63	hP4
Be_3P_2	10,1			cP2
BePd	2,81			cP2
BeS	4,85			cF8
BeSe	5,13			cF8
BeTe	5,61			cF8
Be_2Ti	6,43			cF24
$Be_{13}U$	10,23			cF112
Be_2W	4,44		1,64	hP12
Bi	4,74	$\alpha = 57°14'$		hR2
Bi_2K	9,50			cF24
α-Bi_2Mg_3	4,67		1,58	hP5
BiMn	4,28		1,43	hP4
BiOBr	3,92		2,06	tP6
BiOCl	3,97		1,89	tP6
BiOF	3,74		1,66	tP6
BiOJ	3,98		2,29	tP6
$BiPb_3$	3,50		1,63	hP2
α-Bi_2Pt	6,68			cP12
Bi_4U_3	9,33			cI28
BiU	6,35			cF8
BrFPb	4,17		1,82	tP6
C	3,5596			cF8
C	2,45		2,72	hC4
CO_2	5,56			cP12
α-Ca	5,5710			cF4
γ-Ca	4,468			cI2
CaB_6	4,14			cP7
CaC_2	3,88		1,64	tI6
$Ca(CN)_2$	5,34	$\alpha = 40°28'$		hR4
$CaCO_3$	6,35	$\alpha = 46°6'$		hR10
$CaCO_3$	4,94	1,60	1,15	oP20
$CaCu_5$	5,08		0,80	hP6
CaF_2	5,45			cF12
$CaMg_2$	6,22		1,62	hP12
Ca_3N_2	11,4			cI80
$CaNi_5$	4,95		0,80	hP6
CaO	4,79			cF8
$Ca(OH)_2$	3,58		1,37	hP3
$CaPb_3$	4,89			cP4
CaS	5,67			cF8
$CaSO_4$	6,23	1,12	1,12	oC24
CaSe	5,91			cF8
$CaSn_3$	4,73			cP4
CaTe	6,35			cF8
$CaTiO_3$	3,83			cP5
CaTl	3,85			cP2
$CaTl_3$	4,79			cP4

Tabelle 23.3 (Fortsetzung)

	a	b/a	c/a	
$CaZn_5$	5,41		0,77	hP6
$CaZn_{13}$	12,13			cF112
Cd	2,97		1,88	hP2
$CdBr_2$	6,62	$\alpha = 34°42'$		hR3
$CdCO_3$	6,12	$\alpha = 47°19'$		hR10
$CdCl_2$	6,22	$\alpha = 36°2'$		hR3
$Cd_{13}Cs$	13,89			cF112
$CdCu_2$	4,95		1,61	hP12
CdF_2	5,38			cF12
CdJ_2	4,25		1,61	hP3
$Cd_{13}K$	13,78			cF112
γ-CdLi	6,69			cF16
Cd_3Mg	6,22		0,81	hP8
CdMg	4,99	0,64	1,05	oP4
$CdMg_3$	6,30		0,80	hP8
Cd_3N_2	10,79			cI80
CdO	4,68			cF8
CdO_2	5,30			cP12
$Cd(OH)_2$	3,49		1,35	hP3
Cd_3P_2	8,75		1,40	tP40
CdS	5,82			cF8
CdS	4,14		1,62	hP4
CdSe	6,04			cF8
CdSe	4,30		1,63	hP4
Ce	5,1508			cF4
Ce	3,61		1,65	hP2
$CeFe_2$	7,29			cF24
$CeNi_2$	7,19			cF24
Ce_2O_3	3,88		1,56	hP5
ClPbF	4,10		1,76	tP6
Co	3,5370			cF4
Co	2,5022		1,62	hP2
σ-CoCr	8,74		0,52	tP30
CoF_3	5,27	$\alpha = 57°$		hR8
CoFe	2,85			cP2
Co_3Mo	5,12		0,80	hP8
μ-Co_7Mo_6	4,76		5,40	hR13
CoNiSb	3,99		1,29	hP6
CoO	4,25			cF8
Co_2P	5,66	0,62	1,17	oP12
CoP	5,59	0,90	0,58	oP8
CoPt	3,80		0,97	tP4
$CoPt_3$	3,82			cP4
Co_2Pu	7,07			cF24
$CoPu_2$	7,89		0,45	hP9
β-CoS	3,37		1,54	hP4
CoS_2	5,52			cP12
CoSe	3,61		1,46	hP4
$CoSe_2$	5,85			cP12
CoSi	4,44			cP8
γ-Co_3Sn_2	4,10		1,26	hP6
CoSn	5,27		0,81	hP6
$CoSn_2$	6,35		0,86	tI12
α-Co_3Ta	3,60			cP4
CoTe	3,88		1,38	hP4
α-Co_2Ti	6,69			cF24
β-Co_2Ti	4,72		3,26	hP24
CoTi	2,99			cP2
Co_2U	6,99			cF24
CoU_6	10,34		0,5	tI28
CoV	8,88		0,52	tP30
Co_3W	5,12		0,81	hP8
Co_7W_6	4,72		5,40	hR13
β_1-CoZn	6,30			cP20
Co_5Zn_{21}	8,10			cP52
α-*Cr*	2,8786			cI2
$CrBr_3$	6,25		2,91	hR8
Cr_3C_2	5,52	0,51	2,07	oP20
Cr_2CdO_4	8,59			cF56
Cr_2CdS_4	9,80			cF56
CrF_3	5,25	$\alpha = 56°34'$		hR8
CrFe	8,78		0,52	tP30
ε-CrIr	2,67		1,60	hP2
$CrMn_3$	8,86		0,52	tP30
Cr_3O	4,53			cP8
Cr_2O_3	5,35	$\alpha = 55°$		hR10
δ-CrO_2	4,40		0,66	tP6
CrO_3	5,73	1,49	0,83	oC16
CrP	5,35	0,58	1,14	oP8
CrS_{1+x}	3,45		1,67	hP4
β-CrSb	4,13		1,32	hP4
γ-$CrSb_2$	6,01	1,14	0,54	oP6
α-CrSe	3,68		1,63	hP4
Cr_5Si_3	9,17		0,51	tI32
ε-CrSi	4,60			cP8
γ-$CrSi_2$	4,41		1,44	hP9
Cr_2Ti	4,89		1,62	hP12
Cr_2Ti	6,93			cF24
Cs	6,033			cI2
CsBr	4,28			cP2
CsCl	4,12			cP2
CsCl	7,01			cF8
CsF	6,00			cF8
CsH	6,38			cF8
CsJ	4,56			cP2
$CsJCl_2$	5,46	$\alpha = 70°41'$		hR4
CsO_2	6,28		1,15	tI6
Cs_2SO_4	6,25	1,74	1,13	oP28

Tabelle 23.3 (Fortsetzung)

	a	b/a	c/a	
Cu	3,6077			cF4
CuBr	5,69			cF8
CuBr	4,05		1,64	hP4
γ-Cu_5Cd_8	9,60			cI52
CuCl	5,40			cF8
CuF	4,25			cF8
$CuFeS_2$	5,24		1,97	tI6
γ-CuHg	9,41			cI52
CuJ	6,03			cF8
CuJ	4,30		1,65	hP4
Cu_2Mg	7,03			cF24
$CuMg_2$	9,05	2,01	0,58	oF48
Cu_2MnSn	6,16			cF16
Cu_2O	4,25			cP6
β-CuPd	2,95			cP2
Cu_3Pt	3,67			cP4
CuPt	7,57	$\alpha = 91°$		hR32
CuS	3,76		4,32	hP12
β-Cu_3Sb	6,00			cF16
Cu_2Sb	3,99		1,53	tP6
γ-Cu_5Si	6,21			cP20
ε-$Cu_{15}Si_4$	9,69			cI76
β-CuSi	2,85			cI2
δ-CuSi	8,49			cI52
$\varkappa$-CuSi	2,55		1,63	hP2
δ-Cu_4Sn	17,92			cI52
ζ-$Cu_{20}Sn_6$	7,32		1,07	hP26
β-CuSn	2,97			cI2
γ-Cu_3Sn	6,10			cF16
Cu_5U	7,01			cF24
β-CuZn	2,99			cI2
β'-CuZn	2,95			cP2
ε-CuZn	2,73		1,57	hP2
δ-$CuZn_3$	3,00			cP2
γ-Cu_5Zn_8	8,84			cI52
α-Fe	2,8606			cI2
γ-Fe	3,6394			cF4
δ-Fe	2,9263			cI2
Fe_2B	5,10		0,83	tI12
FeB	5,50	0,53	0,73	oP8
Fe_3C	5,08	1,32	0,88	oP16
$FeCO_3$	5,78	$\alpha = 47°45'$		hR10
Fe_2CdO_4	8,67			cF56
$FeCl_2$	6,19	$\alpha = 33°33'$		hR3
$FeCl_3$	6,05		2,87	hR8
FeF_2	4,69		0,70	tP6
FeF_3	5,35	$\alpha = 58°$		hR8
ε-FeMn	2,52		1,61	hP2
Fe_7Mo_6	4,75		5,40	hR13
σ-FeMo	9,17		0,52	tP30
ε-$Fe_{2-3}N$	2,75		1,60	hP4
$FeNi_3$	3,54			cP4
FeO	4,30			cF8
Fe_3O_4	8,39			cF56
α-Fe_2O_3	5,41	$\alpha = 55° 17'$		hR10
γ-Fe_2O_3	8,32			cF56
$Fe(OH)_2$	3,25		1,41	hP3
Fe_3P	9,09		0,49	tI32
Fe_2P	5,92		0,59	hP9
FeP	5,78	0,89	0,53	oP8
FeP_2	4,98	1,13	0,54	oP6
Fe_3Pt	3,75			cP4
FePt	3,84		0,97	tP4
$FePt_3$	3,89			cP4
FeS	5,96		1,97	hP4
α''-FeS	3,44		1,66	hP4
FeS_2	5,39			cP12
FeSe	3,77		1,47	tP4
$FeSe_2$	4,79	1,19	0,74	oP6
Fe_3Si	5,64			cF16
η-Fe_5Si_3	6,74		0,70	hP16
ε-FeSi	4,48			cP8
ζ-$FeSi_2$	2,68		1,91	tP3
Fe_3Sn	5,45		0,80	hP8
$Fe_{1,3}Sn$	4,22		1,23	hP4
β-FeSn	5,29		0,84	hP6
$FeSn_2$	6,52		0,81	tI12
Fe_2Ta	4,81		1,63	hP12
ε-$FeTe_2$	5,25	1,19	0,73	oP6
Fe_2Ti	4,75		1,65	hP12
FeTi	2,90			cP2
$FeTiO_3$	5,33	$\alpha = 54°41'$		hR10
Fe_2U	7,06			cF24
FeU_6	10,29		0,51	tI28
σ-FeV	8,93		0,52	tP30
Fe_2W	4,74		1,63	hP12
Fe_7W_6	4,75		5,43	hR13
Fe_3Zn_{19}	8,96			cI52
δ_1-$FeZn_{10}$	12,80		4,50	hP555
Ga	4,51	1,69	1,00	oC8
Ge	5,6459			cF8
H_2S	5,77			cP12
H_2Se	6,01			cP12
Hg	3,46		1,94	hR1
HgLi	3,29			cP2
HgMg	3,44			cP2
Hg_4Ni	6,00			cI10
HgS	5,84			cF8

Tabelle 23.3 (Fortsetzung)

	a	b/a	c/a	
HgSe	6,07			cF8
HgTe	6,44			cF8
In	4,59		1,08	tI2
$InPd_3$	4,06		0,93	tI2
Ir	3,8317			cF4
$IrSn_2$	6,33			cF12
J	4,78	1,51	2,04	oC8
K	5,236			cI2
KBr	6,58			cF8
KCN	6,51			cP12
KCl	6,28			cF8
$KClO_4$	8,80	0,64	0,82	oP24
K_2CrO_4	5,91	1,75	1,28	oP28
KF	5,34			cF8
KH	5,70			cF8
KJ	7,05			cF8
KNO_3	5,40	1,69	1,18	oP20
K_2O	6,44			cF12
KO_2	5,69		1,17	tI6
K_2S	7,39			cF12
K_2SO_4	5,76	1,74	1,29	oP28
K_3Sb	6,03		1,78	hP8
K_2Se	7,67			cF12
K_2SeO_4	6,01	1,72	1,26	oP28
$KTaO_3$	3,98			cP5
K_2Te	8,15			cF12
La	5,296			cF4
La_2O_3	3,93		1,56	hP5
Li	3,5021			cI2
LiBr	5,49			cF8
LiCl	5,12			cF8
LiF	4,02			cF8
LiH	4,08			cF8
LiJ	5,99			cF8
Li_2O	4,62			cF12
Li_3P	4,26		1,78	hP8
Li_2S	5,71			cF12
β-Li_3Sb	6,56			cF16
Li_2Se	6,00			cF12
Li_2Te	6,50			cF12
LiTl	3,42			cP2
δ''-LiZn	6,21			cF16
Mg	3,20		1,62	hP2
MgC_2	5,54		0,91	tI6
$MgCO_3$	5,66	$\alpha = 48°10'$		hR10
$MgCl_2$	6.21	$\alpha = 33°36'$		hR3
MgF_2	4,61		0,66	tP6
MgJ_2	4,14		1,66	hP3
Mg_3N_2	9,95			cI80
Mg_2Ni	5,18		2,54	hP18
$MgNi_2$	4,80		3,28	hP24
MgO	4,20			cF8
$Mg(OH)_2$	3,14		1,52	hP3
Mg_3P_2	12,0			cI80
Mg_2Pb	6,80			cF12
MgS	5,18			cF8
α-Mg_3Sb_2	4,57		1,58	hP5
MgSe	5,45			cF8
Mg_2Si	6,34			cF12
Mg_2Sn	6,75			cF12
MgTe	4,53		1,63	hP4
$MgTiO_3$	5,53	$\alpha = 54°39'$		hR10
MgTl	3,63			cP2
$MgZn_2$	5,17		1,64	hP12
Mg_2Zn_{11}	8,54			cP39
α-*Mn*	8,89			cI58
β-*Mn*	6,30			cP20
γ-*Mn*	3,8546			cF4
δ-*Mn*	3,0744			cI2
ζ-Mn_2N	2,82		1,61	hP_3
β-MnNi	2,97			cI2
MnNi	3,74		0,94	tP4
$MnNi_3$	3,57			cP4
MnO	4,44			cF8
α-MnO_2	4,39		0,65	tP6
β-Mn_2O_3	9,39			cI80
$Mn(OH)_2$	3,31		1,42	hP3
MnP	5,90	0,88	0,53	oP8
$MnPt_3$	3,89			cP4
α-MnS	5,21			cF8
β-MnS	5,59			cF8
γ-MnS	3,99		1,61	hP4
MnS_2	6,08			cP12
MnSb	4,13		1,39	hP4
α-MnSe	5,44			cF8
β-MnSe	5,82			cF8
γ-MnSe	4,12		1,63	hP4
Mn_5Si_3	6,90		0,70	hP16
MnSi	4,55			cP8
$Mn_{1,77}Sn$	4,37		1,25	hP6
$MnSn_2$	6,65		0,82	tI12
MnTe	4,13		1,62	hP4
$MnTe_2$	6,93			cP12
Mn_2Ti	4,81		1,64	hP12
$MnTiO_3$	5,60	$\alpha = 54°30'$		hR10
Mn_2U	7,15			cF24
Mo	3,1405			cI2
β-Mo_2C	3,00		1,57	hP3

Tabelle 23.3 (Fortsetzung)

	a	b/a	c/a	
γ-MoC	2,90		0,97	hP2
$MoNi_3$	5,05	0,83	0,87	oP8
$MoNi_4$	5,71		0,62	tI10
MoO_2	4,86		0,57	tP6
MoP	3,22		0,99	hP2
MoS_2	3,15		3,90	hP6
Mo_3Si	4,88			cP8
Mo_5Si_3	9,60		0,51	tI32
N_2O	5,65			cP12
NH_4Br	4,05			cP2
NH_4Br	6,89			cF8
NH_4Cl	3,86			cP2
NH_4Cl	6,51			cF8
NH_4F	4,43		1,61	hP4
NH_4J	4,36			cP2
NH_4J	7,25			cF8
Na	4,282			cI2
NaBr	5,96			cF8
NaCN	5,88			cP12
NaCl	5,63			cF8
$NaClO_4$	6,48	1,08	1,09	oC24
NaF	4,62			cF8
NaH	4,88			cF8
$NaHF_2$	5,00	$\alpha = 40°33'$		hR4
NaJ	6,46			cF8
NaN_3	5,48	$\alpha = 38°43'$		hR4
Na_2O	5,55			cF12
Na_3P	4,98		1,77	hP8
Na_2S	6,52			cF12
Na_2SO_4	5,85	2,09	1,67	oF56
Na_3Sb	5,36		1,77	hP8
Na_2Se	6,80			cF12
$NaTaO_3$	3,87			cP5
Na_2Te	7,31			cF12
NaTl	7,47			cF16
$NaWO_3$	3,85			cP5
$NaZn_{13}$	12,26			cF112
Nb	3,2940			cI2
Ni	3,5168			cF4
Ni_2B	4,98		0,85	
NiB	2,92	2,52	1,01	oC8
$NiBr_2$	6,45	$\alpha = 33°20'$		hR3
$NiCO_3$	5,57	$\alpha = 48°40'$		hR10
$NiCl_2$	6,12	$\alpha = 33°36'$		hR3
NiF_2	4,64		0,66	tP6
NiJ_2	6,91	$\alpha = 32°40'$		hR3
NiO	4,18			cF8
$Ni(OH)_2$	3,12		1,47	hP3
Ni_3Pt	3,66			cP4
NiPt	3,82		0,94	tP4
α-NiS	9,59		0,33	hR6
β-NiS	3,42		1,56	hP4
NiS_{2+x}	5,67			cP12
Ni_3S_4	9,45			cF56
β-NiSe	3,65		1,46	hP4
γ-NiSe	9,74		0,32	hR6
$NiSe_2$	5,95			cP12
$NiSi_2$	5,39			cF12
Ni_3Sn	5,28		0,80	hP8
NiTe	3,97		1,35	hP4
$NiTe_2$	3,84		1,37	hP3
Ni_3Ti	2,55		3,26	hP16
$NiTiO_3$	5,44	$\alpha = 55°7'$		hR10
Ni_5U	6,77			cF12
NiU_6	10,35		0,50	tI28
Ni_3V	3,54		2,03	tI8
σ-NiV	8,97		0,52	tP30
NiV_3	4,70			cP8
Ni_4W	5,72		0,62	tI10
β-NiZn	2,91			cP2
β_1-NiZn	2,74		1,16	tP4
Γ-Ni_5Zn_{21}	8,91			cI52
Os	2,73		1,58	hP2
P	11,29			c66
P	3,31	1,32	3,17	oC8
P_4U_3	8,20			cI28
Pb	4,9402			cF4
$PbCO_3$	5,18	1,62	1,18	oP20
PbO	3,96		1,26	tP4
PbO_2	4,95		0,68	tP6
PbS	5,92			cF8
$PbSO_4$	8,46	0,63	0,83	oP24
PbSe	6,11			cF8
PbTe	6,44			cF8
Pd	3,8829			cF4
PdH	4,01			cF8
PdSn	6,12	1,03	0,63	oP8
Pd_3Ti	5,48		1,64	hP16
γ-PdZn	9,09			cI52
Pd_3Zr	5,60		1,65	hP16
Pd_2Zr	3,39		2,53	tI6
$PdZr_2$	3,27		1,01	tI6
Pt	3,9160			cF4
$PtCl_4$	10,43			cP40
PtS	3,46		1,76	tP4
PtS_2	3,54		1,42	hP3
PtSb	4,13		1,33	hP4
$PtSb_2$	6,43			cP12

Tabelle 23.3 (Fortsetzung)

	a	b/a	c/a	
PtSi	5,92	0,94	0,60	oP8
Pt_2Si	5,54		1,07	tI6
Pt_2Si	6,42		0,55	hP9
Pt_3Sn	3,98			cP4
PtSn	4,10		1,32	hP4
$PtSn_2$	6,41			cF12
$PtSn_4$	6,38	1,00	1,78	oC20
σ-PtTa	9,93		0,52	tP30
γ-PtZn	18,08			cI52
PtZn	4,03		0,86	tP4
Pt_3Zr	5,63		1,64	hP16
Rb	5,69			cI2
RbBr	6,87			cF8
RbCN	6,81			cP12
RbCl	3,73			cP2
RbCl	6,57			cF8
RbF	5,63			cF8
RbH	6,04			cF8
RbJ	7,33			cF8
Rb_2O	6,74			cF12
RbO_2	6,00		1,17	tI6
RbS_2	7,65			cF12
Rh	3,7967			cF4
Ru	2,70		1,58	hP2
S	10,42	1,23	2,33	
Sb	4,50	α = 57° 6′		hR2
SbJ_3	7,45		2,80	hR8
Sb_2S_3	11,82	0,94	0,32	oP20
Se	4,35		1,14	hP3
SeSn	6,01			cF8
SeTi	3,56		1,75	hP4
Si	5,4197			cF8
β-SiC	4,36			cF8
Si_3Ti_5	7,45		0,69	hP16
Si_2W	3,20		2,45	tI6
Si_3W_5	9,54		0,52	tI32
Sn (grau)	6,476			cF8
Sn (weiß)	5,8197		0,545	tI4
SnJ_4	12,25			cP40
SnO	3,80		1,27	tP4
SnO_2	4,73		0,67	tP6
SnS	11,18	0,38	0,35	oP8
SnS_2	3,63		1,61	hP3
$SnSrO_3$	4,03			cP5
SnTe	6,29			cF8
$SnTi_2$	4,64		1,22	hP6
α-*Sr*	6,0726			cF4
γ-*Sr*	4,84			cI2
SrB_6	4,19			cP7
$SrCO_3$	5,10	1,64	1,18	oP20
$SrCl_2$	6,96			cF12
SrF_2	5,79			cF12
SrO	5,13			cF8
SrO_2	5,02		1,30	tI6
SrS	6,01			cF8
$SrSO_4$	8,34	0,64	0,82	oP24
SrSe	6,22			cF8
SrTe	6,65			cF8
$SrTiO_3$	3,90			cP5
SrTl	4,02			cP2
Ta	3,291			cI2
γ-TaB	3,27	2,64	0,96	oC8
TaC	4,45			cF8
Ta_2N	3,04		1,61	hP3
δ-TaO_2	4,70		0,65	tP6
Te	4,45		1,33	hP3
TeO_2	4,79		0,79	tP6
TeTi	3,83		1,67	hP4
α-*Th*	5,0740			cF4
ThB_6	4,11			cP7
ThO_2	5,58			cF12
α-*Ti*	2,9445		1,587	hP2
β-*Ti*	3,3065			cI2
$TiBr_4$	11,28			cP40
$TiC_{0,95}$	4,32			cF8
TiJ_4	12,00			cP40
TiN	4,24			cF8
TiO	4,17			cF8
Ti_2O_3	5,42	α = 56° 50′		hR10
TiO_2	9,17	0,59	0,56	oP24
TiO_2	3,78		2,51	tF12
TiO_2	4,58		0,64	tP6
TiS	3,29		1,95	hP4
α-*Tl*	3,4496		1,5984	hP2
β-*Tl*	3,874			cI2
TlBr	3,98			cP2
TlCl	3,83			cP2
TlJ	4,19			cP2
Tl_2O_3	10,57			cI80
α-*U*	2,85	2,05	1,73	oC4
γ-*U*	3,517			cI2
UC	4,95			cF8
UN	4,88			cF8
UN_2	5,31			cF12
UO	4,92			cF8
UO_2	5,46			cF12
UOCl	3,99		1,71	tP6
UOS	3,83		1,74	tP6

Tabelle 23.3 (Fortsetzung)

	a	b/a	c/a			a	b/a	c/a	
UP	5,58			cF8	W_3O	5,03			cP8
US	5,47			cF8	WO_2	4,86		0,57	tP6
β-US_2	7,07	0,59	1,19	oP12	W_2Zr	7,60			cF24
USe	5,74			cF8	*Zn*	2,66		1,86	hP2
α-USi_2	3,97		13,7	tI12	$ZnCO_3$	5,67	$\alpha = 48°20'$		hR10
UTe	6,15			cF8	Zn_3N_2	9,74			cI80
V	3,022			cI2	ZnO	3,24		1,60	hP4
V_2C	2,90		1,58	hP3	Zn_3P_2	8,10		1,42	tP40
$VC_{0,923}$	4,16			cF8	ZnS	5,40			cF8
VN	4,13			cF8	ZnS	3,81		1,64	hP4
VO	4,08			cF8	ZnSe	5,65			cF8
V_2O_5	11,50	0,37	0,30	oP14	ZnTe	6,09			cF8
VP	3,17		1,96	hP4	*α-Zr*	3,2247		1,593	hP2
VS	3,34		1,73	hP4	*β-Zr*	3,602			cI2
W	3,1584			cI2	ZrC	4,68			cF8
W_2B	5,55		0,85	tI12	ZrN	4,55			cF8
WB	3,18	2,63	0,96	oC8	ZrO	4,60			cF8
W_2C	2,98		1,58	hP3	ZrP	5,26			cF8
WC	2,90		0,98	hP2	ZrS	5,24			cF8
WN	2,89		0,98	hP2	ZrS_2	3,65		1,59	hP3

Ein Beispiel möge die Handhabung der Tab. 23.3 erläutern:

Magnesium a = 3,20 kX; c/a = 1,62; hP2.

Die Kantenlängen der Zelle ergeben sich aus dem angegebenen Wert a und dem Achsenverhältnis c/a. h bedeutet, daß Magnesium zum hexagonalen Kristallsystem gehört, P daß die Elementarzelle primitiv ist und die 2 schließlich, daß sie zwei Atome enthält.

Hexagonale Gitter, welche mit rhomboedrischen Koordinaten beschrieben werden können, sind mit hR bezeichnet. Außerdem ist die Kantenlänge a und der Rhomboederwinkel α jeweils mit angegeben.

Die Elemente, insbesondere die Metalle, kristallisieren häufig in einem kubisch flächenzentrierten oder in einem kubisch raumzentrierten Gitter (Abb. 17.21 bzw. 17.20) oder in einem hexagonalen Gitter dichtester Kugelpackung (Abb. 23.1)[1]. Dieses entsteht durch Aufeinanderpacken von gleich großen starren Kugeln derart, daß die Lage ihrer Mittelpunkte eine hexagonale Symmetrie aufweist. Alle drei Typen sind Gitter mit großen Koordinationszahlen; unter der *Koordinationszahl* versteht man

[1] Die Abb. 23.1 bis 23.5 sind dem Strukturbericht von EWALD und HERMANN in LANDOLT-BÖRNSTEIN: Physikalisch-Chemische Tabellen, 5. Aufl., 1. Erg.-Bd. (1927) entnommen.

Weitere Abbildungen von Elementarzellen finden sich im Buch „Strukturforschung" des Handbuches der Physik, sowie in den Büchern von WYCKOFF und SCHUBERT.

die Zahl der nächsten, gleich weit entfernten Nachbarn eines Atomes (z. B. 12 im kubisch flächenzentrierten, 8 im kubisch raumzentrierten Gitter).

Chemische Salze von der Formel *AB* zeigen oft das Gitter des Steinsalztypus (Abb. 23.2), das durch Ineinanderstellen von zwei flächenzentriert kubischen Gittern aus Natrium- bzw. Chlorionen entsteht. Die Gitterpunkte sind von elektrisch geladenen Atomen (Ionen, Na +, Cl —) besetzt. Jedes Natriumatom ist von sechs gleich weit entfernten Chloratomen umgeben; das gleiche gilt entsprechend für jedes Chloratom. Man kann also einem bestimmten Chloratom kein bestimmtes

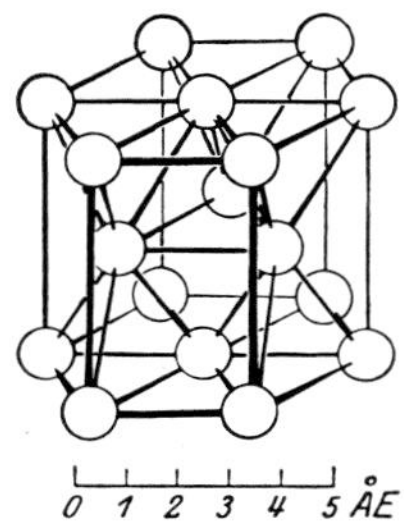

Abb. 23.1. Magnesium.

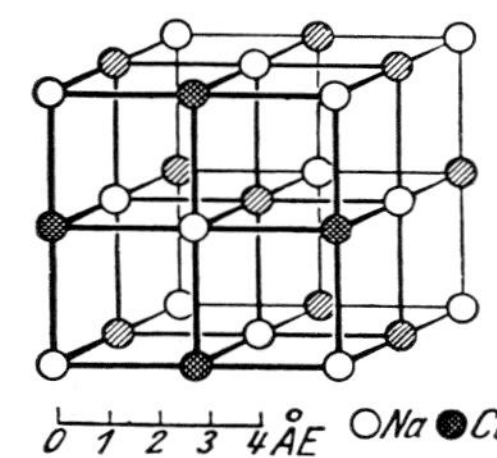

Abb. 23.2. Steinsalz.

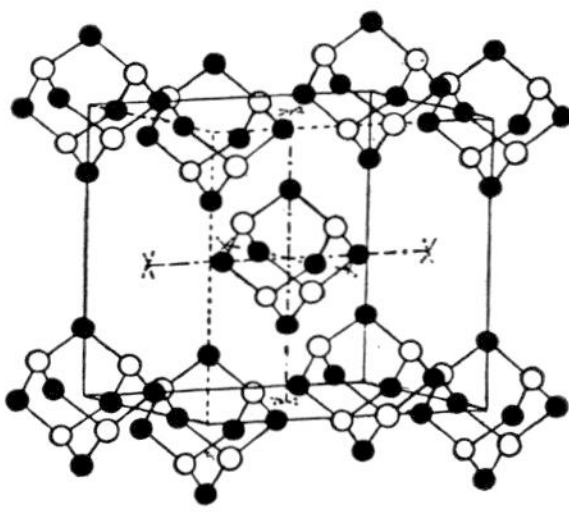
Abb. 23.3. Urotropin ($N_4C_6H_{12}$).

Natriumatom zuordnen und etwa als Molekül zusammenfassen. Die Fälle, in denen eine Atomgruppe im Gitter als Molekül abgegrenzt erscheint, sind bei anorganischen Strukturen selten. Bei den organischen Stoffen sind dagegen die *Molekülgitter*[1] häufig. Die Bindungskräfte, die im Molekül die Atome zusammenhalten, sind wesentlich stärker als die Bindung der Moleküle aneinander; dementsprechend sind die Abstände der zu einem Molekül gehörenden Atome im Gitter deutlich kleiner als die Entfernung zwischen Atomen verschiedener Moleküle (Abb. 23.3, Urotropin).

Elemente und Verbindungen, die in *verschiedenen Modifikationen* vorkommen, besitzen verschiedene Gitter. Zinksulfid ZnS kristallisiert z. B. als Mineral Zinkblende kubisch, als Mineral Wurtzit hexagonal. Für die Grundvorstellungen der Kohlenstoffchemie wichtig ist die Verschiedenheit der Gitter von Diamant und von Graphit. Im Diamant sind die Kohlenstoffatome in Tetraedergruppen angeordnet (Abb. 23.4), jedes Atom befindet sich im Schwerpunkt eines Tetraeders, dessen Ecken von je einem Atom besetzt sind. Jedes Kohlenstoffatom hat vier Nachbarn in einem Abstand von 1,54 kX. Die Strukturforschung bestätigt damit erstens die Vierwertigkeit des Kohlenstoffs und zweitens die zur Erklärung der aliphatischen organischen Verbindungen von VAN'T HOFF

[1] Zur Vermeidung von Mißverständnissen sei betont, daß auch in diesen Fällen die Lage der Atome sich strukturtheoretisch aus einer Ineinanderstellung von einfachen Translationsgittern ergibt, deren Gitterpunkte mit *Atomen* besetzt sind.

entwickelte Vorstellung der vier tetraedrisch vom Kohlenstoffatom ausgehenden Valenzrichtungen. Das Graphitgitter (Abb. 23.5) besteht aus einzelnen, in Richtung der c-Achse ziemlich weit voneinander entfernten hexagonalen Schichten, parallel zu denen sich die Kristalle leicht aufspalten lassen. Graphit ist ein typischer Vertreter[1] eines *Schichtengitters*. Jede Schicht besteht aus einem Netz von regulären Sechsecken mit der Seitenlänge 1,43 kX, wobei jeder Eckpunkt von einem Kohlenstoffatom ein-

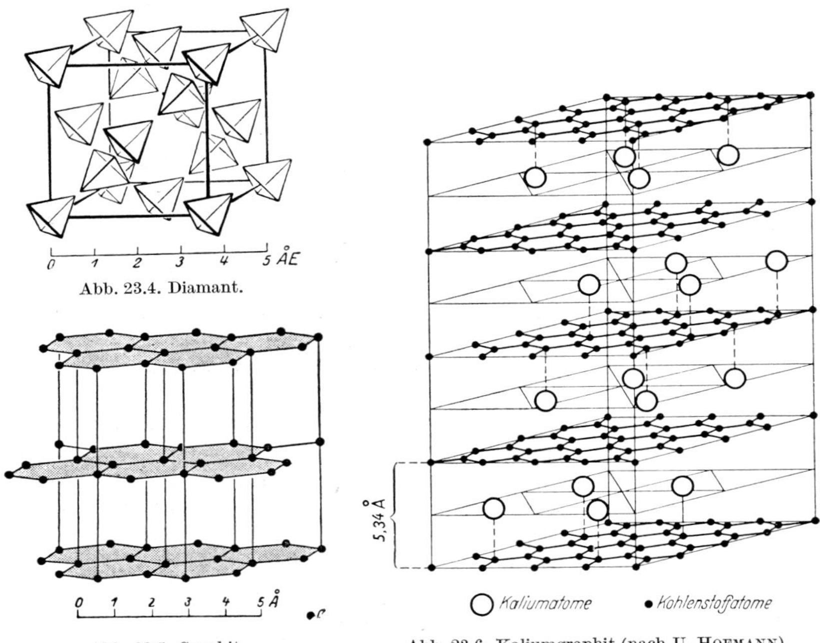

Abb. 23.4. Diamant.

Abb. 23.5. Graphit.

Abb. 23.6. Kaliumgraphit (nach U. HOFMANN).

genommen ist. Bei den Graphitverbindungen werden die neu hinzutretenden Atome, z. B. Kalium (Abb. 23.6), zwischen den Schichten, die dabei ihren Abstand vergrößern, eingebaut.

Eine besondere Bedeutung hat die Röntgenstrukturforschung für die *Silikatchemie* erlangt. Der Aufbau der Silikate aus Atomgruppen und die Gesetzmäßigkeit der Verwandtschaft in mineralogischer Hinsicht war lange ungeklärt. Da bei einem Lösungsvorgang der Zusammenhalt der konstituierenden Atomgruppen zerstört wird, konnte die klassische Chemie nur die Formel der chemischen Zusammensetzung ermitteln. Viele Silikate haben gleiche chemische Zusammensetzung, zeigen aber im festen Zustand verschiedene physikalische Eigenschaften.

[1] In äußerst feiner Verteilung enthalten die einzelnen Partikel im Grenzfall nur noch das zweidimensionale Gitter der Schichtebene.

W. L. Bragg ist es zusammen mit seinen Mitarbeitern gelungen, durch systematische Röntgenstrukturuntersuchungen den Schlüssel für die Erschließung der Silikatstrukturen zu finden: In allen Silikaten tritt die Atomgruppe SiO_4 als Gitterbaustein auf; die Vielfältigkeit der Silikate beruht auf den mannigfachen Möglichkeiten, diese Baugruppen in einem Gitter miteinander zu verflechten, z. B. in Form einer Kette,

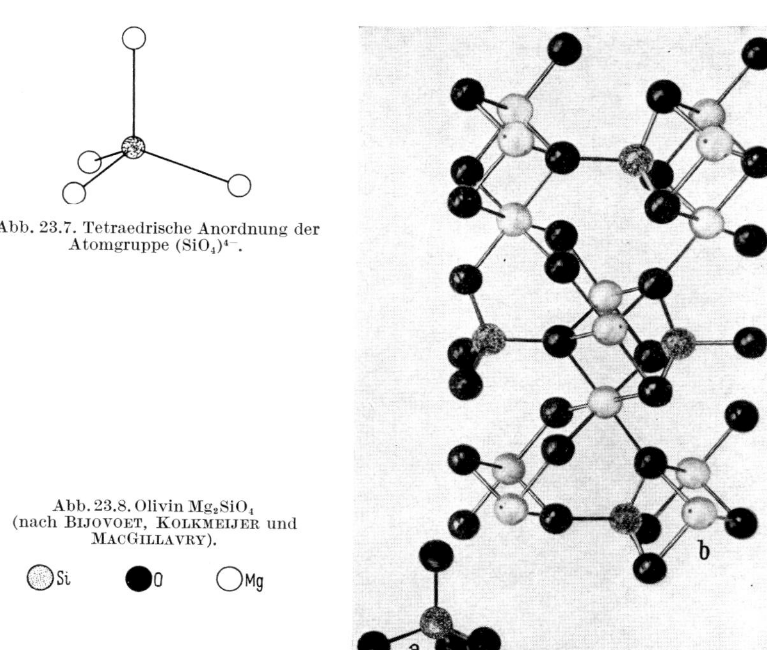

Abb. 23.7. Tetraedrische Anordnung der Atomgruppe $(SiO_4)^{4-}$.

Abb. 23.8. Olivin Mg_2SiO_4 (nach Bijvoet, Kolkmeijer und MacGillavry).

eines Netzes usw. Die Baugruppe SiO_4 besteht aus einem Siliziumatom, das tetraederförmig von vier Sauerstoffatomen in einem Abstand von 1,6 kX (Abb. 23.7) umgeben ist. Silizium ist vierwertig, Sauerstoff zweiwertig; die SiO_4-Gruppe hat daher vier negative freie Ladungen, mit denen andere geladene Atome, z. B. Metallionen, gebunden werden können.

Im einfachsten Fall sind die Tetraeder einzeln von Metallionen umgeben, z. B. von Magnesiumionen bei Olivin Mg_2SiO_4 (Abb. 23.8). Werden zwei Tetraeder so miteinander verbunden, daß sie je ein Sauerstoffatom gemeinsam haben, so entsteht die in Abb. 23.9a gezeichnete Kette, die man sich links und rechts fortgesetzt zu denken hat. Die Baugruppe hat die Zusammensetzung $SiO_{2+2\cdot 1/2} = SiO_3$. Die freien, seitlichen Sauerstoffbindungen führen zu Metallionen. Beim Diopsid sind das

Ca- und Mg-Ionen (Abb. 23.10). Statt einfacher Ketten kommen auch Doppelketten mit der Baugruppe Si_4O_{11} vor (Abb. 23.9b); hierher gehören die Amphibole. Alle in Faserform spaltenden Silikate, z. B. die Asbeste, sind aus solchen einfachen oder doppelten Ketten aufgebaut. Wenn jedes Tetraeder drei seiner vier Sauerstoffatome mit seinen Nach-

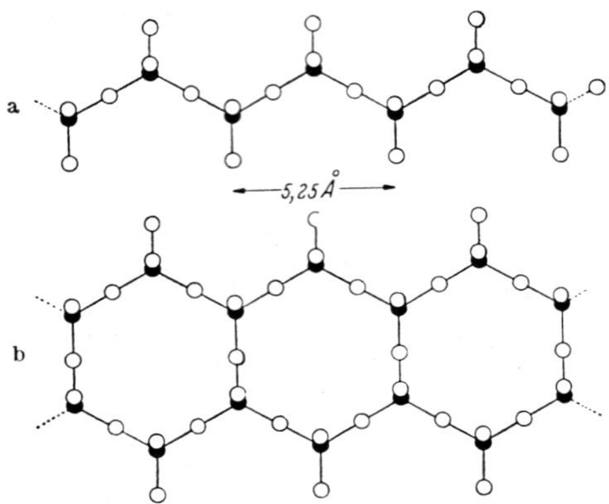

Abb. 23.9a u. b. a) Kettenförmige Anordnung aus $(SiO_3)^{2-}$; b) Doppelketten aus $(Si_4O_{11})^{6-}$ (nach W. L. BRAGG).

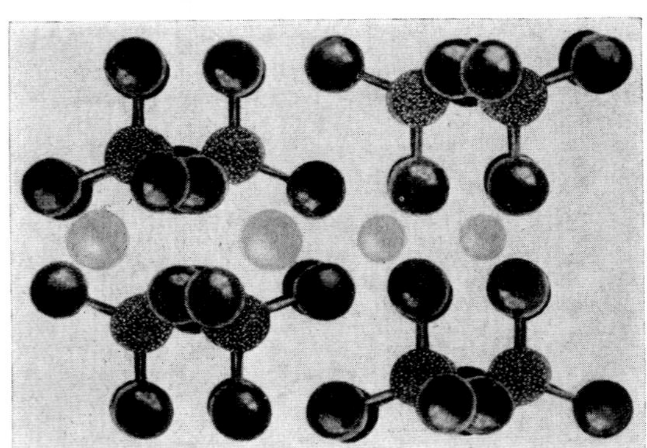

Abb. 23.10. Diopsid CaMg $(SiO_3)_2$ (nach BIJVOET, KOLKMEIJER und MACGILLAVRY).

barn gemeinsam hat, so entsteht eine Tetraederschicht (Abb. 23.11), an deren beiden Seiten Metallionen gebunden sind. Die chemische Zusammensetzung ist $2\,SiO + 2\,O_{\frac{3}{2}} = 2\,SiO_{\frac{5}{2}} = Si_2O_5$. Silikate dieser Gruppe, wie z. B. Glimmer, spalten nach einer Ebene parallel zu den Tetraederschichten. Die Bindungskräfte sind am schwächsten an der Stelle, an der eine Metallionenschicht zwischen zwei Sauerstoffionenschichten eingelagert ist. Den Schlußstein der verschiedenen Verkettungsmöglichkeiten bildet das dreidimensionale Gerüst von Tetraedern, bei denen ein Siliziumatom alle vier Sauerstoffatome mit seinen Nachbartetraedern

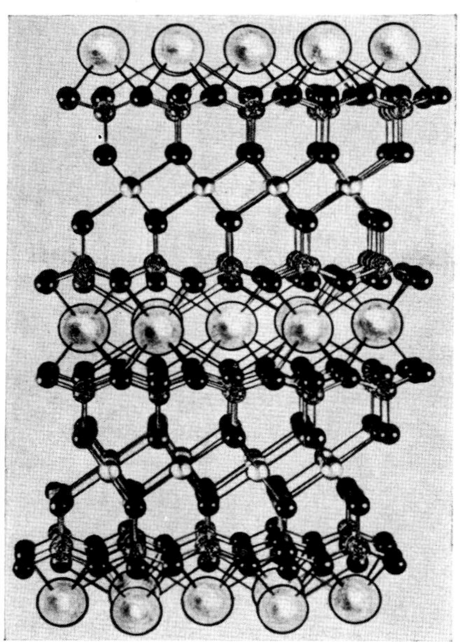

Abb. 23.11. Glimmer (nach BIJVOET, KOLKMEIJER und MACGILLAVRY).

Si O K Al

gemeinsam hat (Quarz, Kalkspate). Die Baugruppe ist $SiO_{4 \cdot 1/2} = SiO_2$. Einen Überblick über die wichtigsten Verkettungsarten der SiO_4-Tetraeder gibt die Tab. 23.4.

Tabelle 23.4. *Silikatstrukturen*

Bezeichnung der Silikatklasse	Verkettungsart der SiO_4-Tetraeder	Chemische Formel der Baugruppe
Schwere Silikate	isolierte Tetraeder	SiO_4
Faserspalter	Tetraederketten	SiO_3
Blattspalter	Tetraederschichten	Si_2O_5
Leichte Silikate	Tetraedergerüste	SiO_2

Durch die Röntgenforschung ist die Silikatchemie zu einem Musterbeispiel klarer Aufbaugesetze geworden. Der Gesamtplan ist insofern einfach, als in einer Struktur immer nur eine Art von Tetraederverkettungen vorkommt; es finden sich z. B. nie isolierte SiO_4-Gruppen neben SiO_3-Ketten. Andererseits wurde die Aufklärung dadurch erschwert, daß in bestimmten Fällen das Si-Atom in einem SiO_4-Tetraeder durch Al- oder Be-Atome ersetzt sein kann.

Wie in der Silikatchemie ist auch in der *organischen Chemie* die Verschiedenheit der Stoffe wesentlich durch eine Verschiedenheit der räumlichen Anordnung der Atomgruppen bedingt, so daß die Formel der chemischen Zusammensetzung kein eindeutiges Kennzeichen ist. Die Verhältnisse liegen für die Röntgenstrukturuntersuchung weniger günstig als bei den Silikaten; die organischen Kristallgitter sind durchweg recht verwickelt (niedere Symmetrie, Atomlagen mit vielen Parametern). Die Orte der Atome Kohlenstoff, Stickstoff, Sauerstoff können wegen der geringen Unterschiede im Streuvermögen dieser Elemente nur bei genauen Intensitätsmessungen voneinander unterschieden werden. Das Wasserstoffatom, das nur ein streuendes Elektron besitzt, entzieht sich auch bei den verbesserten Methoden der Röntgenstrukturuntersuchung einem sicheren Nachweis[1]. Deshalb hat sich die Erforschung der organischen Strukturen erst verhältnismäßig spät entwickelt. W. H. BRAGG und seine Mitarbeiter konnten mit dem Einsatz des ganzen Rüstzeuges der neuzeitlichen Strukturforschung (Absolutmessung der Interferenzintensitäten, Aufnahme einer möglichst großen Zahl von Reflexen, Bestimmung der Ladungsverteilung im Gitter durch Fourier-Analyse) an einigen wichtigen Strukturen wie z. B. Naphthalin $C_{10}H_8$ und Anthrazen $C_{14}H_{10}$ vollständige Bestimmungen der Atomlagen durchführen. Beide monoklin kristallisierenden Stoffe gehören zur Klasse der aromatischen Verbindungen und bestehen aus zwei- bzw. dreifachen Benzolringen. Das Hauptergebnis der sehr sorgfältigen Röntgenbestimmung ist die vorzügliche Bestätigung einer Grundvorstellung der organischen Chemie: Der Benzolring ist ein ebenes reguläres Sechseck, dessen Eckpunkte von je einem Kohlenstoffatom besetzt sind. Es sind dieselben Sechserringe, die die Basisebene des Graphitgitters bilden. Das Ergebnis der Strukturbestimmung ist in Abb. 23.12 dargestellt. Die Benzolringe liegen parallel zur bc-Ebene und erstrecken sich in Richtung der c-Achse, die bei beiden Stoffen verschieden lang ist, während hinsichtlich der a- und der b-Achse keine wesentlichen Unterschiede vorhanden sind. Auch der Abstand zwischen zwei Kohlenstoffatomen ist beim Benzolring (1,41 kX in Anthrazen) praktisch derselbe wie im Graphit (1,42 kX).

---

[1] Bei der Bestimmung der Ladungsverteilung durch Fourier-Analyse beträgt der Meßfehler im günstigsten Falle etwa die halbe Ladung eines Elektrons (Anthrazen- und Durolstruktur nach ROBERTSON). Günstig sind zur Ermittlung der Lage der Wasserstoffatome die Interferenzen der Neutronenstrahlen, da dort der Wasserstoff ein besonders großes Streuvermögen hat. (Vgl. den zusammenfassenden Bericht über Neutronenbeugung von C. G. SHULL und E. O. WOLLAN [Naturwiss. Bd. 36, 1949, S. 291], sowie das Buch G. E. BACON: Neutron Diffraction, Oxford: Clarendon Press 1962, 2. Aufl.

Bei den aliphatischen Verbindungen sind bisher hauptsächlich die Kettenmoleküle der Paraffine und Fettsäuren untersucht worden (Müller, Shearer, Trillat u. a.). In Übereinstimmung mit der allgemeinen Erfahrung, daß die Form der organischen Kristallstrukturen stark von der Gestalt des Moleküls beeinflußt wird, werden hier Elementarzellen beobachtet, deren eine Kante außerordentlich lang ist. Die

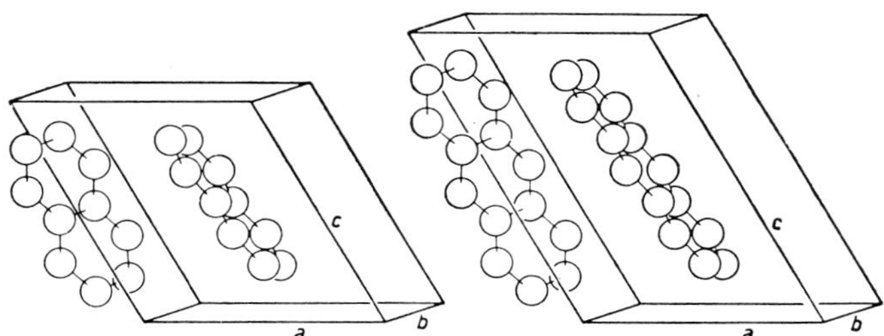

Abb. 23.12. Naphthalin und Anthrazen (nach Bijvoet, Kolkmeijer und MacGillavry).

Möglichkeit, die Moleküle durch Anlagerung von CH_2-Gruppen gleichartig zu verlängern, ermöglicht eine genaue Messung der Molekülform. In den Paraffinen von der Formel C_nH_{2n+2} nimmt das Molekül in Richtung der größten Kante der rhombischen Elementarzelle jedesmal um 1,28 kX zu, wenn eine CH_2-Gruppe angelagert wird (Hengstenberg). Nach einer genauen Röntgenbestimmung von Müller an dem Paraffin $C_{29}H_{60}$ besteht das Molekül aus einer Zickzackkette von 29 Kohlenstoffatomen. Der Abstand zwischen zwei benachbarten Kohlenstoffatomen ist der gleiche wie im Diamantgitter (1,54 kX) und der Zickzackwinkel ist gleich dem Winkel zwischen den tetraedrischen Valenzrichtungen des Kohlenstoffatomes im Diamantgitter. Die tetraederförmige Anordnung der Kohlenstoffatome im Diamant ist der Prototyp der Kohlenstoffbindung in den aliphatischen Verbindungen, geradeso wie die Sechserringe im Graphit für die aromatischen Bindungen.

Der Weg, den die Röntgenstrukturuntersuchung in der organischen Chemie einzuschlagen hat, ist ein anderer als in der anorganischen. Infolge der starken inneren Bindungskräfte im organischen Molekül bleibt dieses beim Schmelzen und Lösen als Einheit erhalten. Die Strukturuntersuchung kann daher weitgehend die Erkenntnisse der Stereochemie mitverwerten und sie ist geradezu gezwungen, dies zu tun, da eine vollständige organische Strukturbestimmung äußerst mühevoll ist. Absolute Bestimmungen werden daher auf Einzelfälle beschränkt werden können; in der Mehrzahl wird bei der Auswertung der Röntgenaufnahmen von bestimmten stereochemisch wahrscheinlichen Atomanordnungen im Gitter ausgegangen werden können, wobei die Verträglichkeit oder Unverträglichkeit der angenommenen Atomlagen mit den beobachteten Interferenzen geprüft wird.

Von besonderer Wichtigkeit bei der Strukturforschung organischer Stoffe ist die Methode der Ersetzung von leichten Atomen durch schwerere, z. B. O durch Cl. Dieses kann wegen seines größeren Streuvermögens leichter nachgewiesen werden.

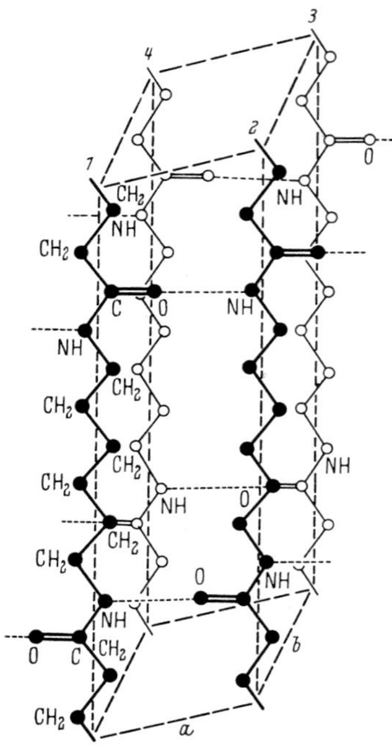

Abb. 23.13. Gitterzelle des α-Nylon (nach Bunn und Garner, aus Clark).

Die *hochpolymeren Stoffe* mit ihren Riesenmolekülen, die durch Zusammenlagerung von Molekülen gleicher Art entstehen, sind in den letzten Jahren immer mehr in den Vordergrund des Interesses gerückt. Gehören doch in diese Gruppe wichtige Naturstoffe wie Kautschuk, Zellulose, Proteine usf.; dazu kommen die Kunstfasern, z. B. Nylon, sowie die plastischen Kunststoffe, wie Plexiglas, Polystyrol u. a. Die klassischen chemischen Methoden haben mit der Schwierigkeit zu kämpfen, daß in einem hochpolymeren Stoff nebeneinander Moleküle mit verschiedenem Molekulargewicht, also mit verschiedenem Polymerisationsgrad[1] vorkommen. Dieser ist von Einfluß auf die technologischen Eigenschaften des Stoffes. Die Röntgenstrukturverfahren haben nicht nur eine grundlegende Erkenntnis gebracht, sondern sich auch als Kontrollmethoden für die Überwachung bestimmter Arbeitsvorgänge (Nitrierung, Merzerisierung u. a.) in die Industrie eingeführt.

Bei vielen Hochpolymeren sind die Atome in Kettenform angeordnet; die Kettenlänge wächst mit dem Polymerisationsgrad. Ein gutes Beispiel bietet die Nylon-Faser (Abb. 23.13). Abgebildet ist die trikline Gitterzelle mit den Kantenlängen a, b, c und den Kantenwinkeln α, β, γ. Die Zahlenwerte sind nach Bunn und Garner

$$a = 4{,}9\,\mathrm{kX} \qquad b = 5{,}4\,\mathrm{kX} \qquad c = 17{,}2\,\mathrm{kX}$$

$$\alpha = 38{,}5^\circ \qquad \beta = 77^\circ \qquad \gamma = 66{,}3^\circ$$

In einer Kette folgen sich Gruppen von CH_2 und NH und dazwischen liegen C-Atome, an denen je ein O-Atom gekoppelt ist. Der Abstand von

[1] Aus dem Molekül C_5H_8 entsteht z. B. durch Polymerisation $(C_5H_8)_n$, wobei n der Polymerisationsgrad ist.

einem Atom in einer Kette zu dem einer Parallelkette ist größer als bei der Atomfolge in einer Kette. Die Querverbindung bildet eine NH-O-Brücke. Der Polymerisationsgrad beträgt im Mittel 700 bis 800. Außer der beschriebenen α-Form gibt es noch eine β-Form mit ähnlicher Atomanordnung.

Von den *Proteinen* (Eiweißstoffen) ist das *Keratin*, das z. B. im Haar und in den Federn vorkommt, eingehend von ASTBURY untersucht worden. Es besteht aus α-Aminosäureresten NH_2—CH—COOH; im normalen Zustand bilden ringförmige Atomgruppen eine Kette, wie in Abb. 23.14 unter α schematisch gezeichnet.

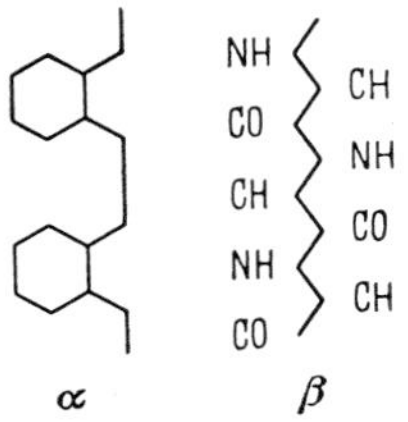

Abb. 23.14. Atomketten der α- und β-Form von Keratin (nach ASTBURY).

Bei Streckung in feuchtem Zustand brechen die Ringe auf und ordnen sich in einer Zickzackkette an (β in Abb. 23.14). Diese β-Form bleibt bestehen, wenn Keratin in gestrecktem Zustand mit Dampf behandelt wird (Dauerwellen der Haare). Beide Formen haben ein rhombisches Gitter

$$\alpha)\quad a = 27\,\text{kX}\qquad b = 10{,}3\,\text{kX}\qquad c = 9{,}8\,\text{kX}$$

$$\beta)\quad a = 9{,}3\,\text{kX}\qquad b = 6{,}66\,\text{kX}\qquad c = 9{,}7\,\text{kX}\,.$$

Der Seitenabstand der Ketten ist mit 10 kX ziemlich groß.

Die Röntgenfeinstrukturuntersuchung hat auch besondere Bedeutung erlangt für die Aufklärung des Aufbaues der Tausende von Atomen umfassenden Eiweißmoleküle, welche als Erbträger in der Genforschung so wichtig sind[1].

C. Grundzüge der Kristallchemie

Die Aufgabe der Kristallchemie ist es, die Zusammenhänge zwischen dem inneren Aufbau der Kristalle und ihren chemischen Eigenschaften zu ermitteln. Dieses Teilgebiet der Kristallkunde konnte sich erst entwickeln, als die Röntgenstrukturforschung die experimentellen Voraussetzungen geschaffen hatte. Einige besonders wichtige Probleme seien im folgenden kurz geschildert.

Schon in den Anfangsjahren der Strukturbestimmung wurde von W. L. BRAGG die Frage nach der Raumerfüllung der Atome in Kristallgittern aufgeworfen. Denkt man sich in erster Näherung die Atome als starre Kugeln und nimmt man an, daß diese Kugeln im Gitter sich eben berühren, so erhält man aus den Atomabständen der Gitterstruktur den Wirkungsradius eines Atomes dadurch, daß man den Atomabstand

[1] Wegen der Einzelheiten s. VAINSHTEIN, B. K.: Diffraction of X-Rays by Chain Molecules, Amsterdam/London/New York: Elsevier 1966, 414 S.

gleich der Summe der Atomradien ansetzt. Um zu Zahlenwerten zu gelangen, muß man von Gittern ausgehen, in denen nur eine Atomart vorkommt (Gitter der Elemente). Das von BRAGG aufgestellte *Gesetz der Konstanz der Atomradien*[1], wonach jeder Atomart eine vom Gittertyp unabhängige Raumbeanspruchung zukommt, hat sich nur als eine sehr rohe Näherung erwiesen, da die Verschiedenheit der Bindungskräfte in den Gittern dabei nicht berücksichtigt ist.

Von V. M. GOLDSCHMIDT wurden systematische Kristallstrukturbestimmungen durchgeführt, um den Einfluß der Gitterbindungskräfte auf den Atomradius[2] zu ermitteln. Die verschiedenen Gittertypen lassen sich in Klassen einteilen derart, daß innerhalb einer Klasse, die z. B. NaCl, CsCl oder CaF_2 umfaßt, die Atomradien auf einige Prozent konstant sind, während sie sich beim Übergang von einer Klasse zu einer anderen (z. B. ZnS, Cu_2O, dichteste Kugelpackung) stark ändern. Diese zunächst empirisch gefundene Einteilung führte dann schließlich auf die drei verschiedenen Bindungsarten in der Chemie, von denen später die Rede sein wird.

Der Atomradius ist verschieden, je nachdem, ob das Atom neutral oder geladen, d. h. ein Ion, ist. Ein positives Ion entsteht durch Abgabe von einem oder mehreren Elektronen, ein negatives durch deren Aufnahme. Der Ionenradius nimmt mit wachsender negativer Ladung zu und mit wachsender positiver Ladung ab, wobei die Unterschiede in den Radien z. T. recht erheblich sind (vgl. Tab. 23.6).

Tabelle 23.5. *Einfluß der Koordinationszahl auf den Atom- bzw. Ionenradius*

Metallische Gitter:			
Gittertyp	Hexagonale dichteste Kugelpackung; flächenzentriert kubisch	Raumzentriert kubisch	
Koordinationszahl	12	8	—
Relativzahlen des Atomradius	1,00	0,97	—
Ionengitter:			
Gittertyp	CsCl	NaCl	CaF_2
Koordinationszahl	8	6	4 (8)[3]
Relativzahlen des Ionenradius	1,00	0,97	0,94

[1] Ausführliche Angaben finden sich in LANDOLT-BÖRNSTEIN: 6. Aufl. (1955) Bd. 1 Teil 4, S. 521ff., sowie in den Int. Tab. vol. 3.

[2] Es hat sich gezeigt, daß die Atomabstände von der Bindung abhängen (z. B. Sulfid, Sulphat). Eine Anzahl von Abstandswerten für diesen Fall findet sich im Buch von SLATER (vgl. auch Internat. Tab. vol. 3).

[3] In CaF_2-Gittern ist jedes F-Atom von 4 Ca-Atomen und jedes Ca-Atom von 8 F-Atomen umgeben.

Die Größe der Atomradien hängt ferner etwas von der Koordinationszahl (Zahl der nächsten Nachbarn um ein Atom) ab. Wie die Tab. 23.5 zeigt, werden die Atomradien bei hohen Koordinationszahlen größer.

Tabelle 23.6. *Atomradien (bezogen auf Zwölferkoordination) und Ionenradien (bezogen auf Sechserkoordination)*

Elemente	Atomradius[1]	Ionenradius[2]	Elemente	Atomradius[1]	Ionenradius[2]
H	—	1,27^{-}	Rh	1,34	0,69^{+++}
He	—	—	Pd	1,37	—
Li	1,56	0,78^{+}	Ag	1,44	1,13^{+}
Be	1,13	0,34^{++}	Cd	1,52	1,03^{++}
C*	0,77	—	In	1,57	0,92^{+++}
N*	0,71	—	Sn	1,58	2,15^{----} 0,74^{++++}
O	—	1,32^{--}	Sb	1,61	0,90^{+++}
F	—	1,33^{-}	Te	—	2,03^{--} 0,89^{++++}
Na	1,92	0,98^{+}	J	—	2,20^{-} 0,94^{++++}
Mg	1,60	0,78^{++}	Cs	2,74	1,65^{+}
Al	1,43	0,57^{+++}	Ba	2,24	1,43^{++}
Si	1,17	0,39^{++++} 1,98^{----}	La	1,87	1,22^{+++}
S	—	0,34^{++++++} 1,74^{--}	Ce	1,83	1,18^{+++} 1,02^{++++}
Cl	—	1,81^{-}	Pr	—	1,16^{+++} 1,00^{++++}
K	2,36	1,33^{+}	Nd	1,82	1,15^{+++}
Ca	1,96	1,06^{++}	Sm	—	1,13^{+++}
Sc	—	0,83^{+++}	Eu	—	1,13^{+++}
Ti	1,46	0,64^{++++}	Gd	—	1,11^{+++}
V	1,35	0,61^{++++}	Tb	—	1,09^{+++} 0,89^{++++}
Cr	1,28	0,65^{+++}	Dy	—	1,07^{+++}
Mn	1,30	0,91^{++} 0,52^{++++}	Ho	—	1,05^{+++}
Fe	1,27	0,83^{++} 0,67^{+++}	Er	1,87	1,04^{+++}
Co	1,26	0,82^{++}	Tu	—	1,04^{+++}
Ni	1,24	0,78^{++}	Yb	—	1,00^{+++}
Cu	1,28	—	Lu(Cp)	—	0,99^{+++}
Zn	1,37	0,83^{++}	Ta	1,46	—
Ga	—	0,62^{+++}	W	1,41	0,68^{++++}
Ge	1,39	0,44^{++++}	Hf	—	—
As	1,40	0,69^{+++}	Os	1,34	0,67^{++++}
Se	—	1,91^{--}	Ir	1,35	0,66^{++++}
Br	—	1,96^{-}	Pt	1,38	—
Rb	2,53	1,49^{+}	Au	1,44	—
Sr	2,15	1,27^{++}	Hg	1,55	1,12^{++}
Y	—	1,06^{+++}	Tl	1,71	1,49^{+} 1,05^{+++}
Zr	1,60	0,87^{++++}	Pb	1,74	1,32^{++} 0,84^{++++} 2,15^{----}
Nb	1,47	0,69^{++++}	Bi	1,82	—
Mo	1,40	0,68^{++++}	Th	1,80	1,10^{++++}
Ru	1,32	0,65^{++++}	U	—	1,05^{++++}

[1] Bei homöopolarer bzw. metallischer Bindung und Zwölfer-Koordination.
[2] Bezogen auf NaCl-Struktur.
* Bei homöopolarer bzw. metallischer Bindung bei Vierer-Koordination.

Einige Richtwerte für Atomradien sind in Tab. 23.5 zusammengestellt. Der Atomradius zeigt einen Gang mit den Perioden des periodischen Systemes. Große Atomradien haben die Elemente am Anfang einer Periode wie z. B. Na, K, Rb und Cs. Kohlenstoff hat einen sehr kleinen Atomradius, was für die Legierungsbildung beim Eisen wichtig ist.

Größere Abweichungen von dem Normalwert des Atomradius können auftreten, wenn ein Ion auf das andere polarisierend wirkt, d. h. durch sein elektrisches Feld die Elektronenhülle des anderen Iones deformiert. In AgCl und ähnlichen Halogenverbindungen sind die Atomabstände z. B. kleiner, als zu erwarten ist; das Ag-Ion übt eine starke polarisierende Wirkung auf das große Cl-Ion aus. In Radikalen (z. B. NO_3, SO_4) ist häufiger aus dem gleichen Grund der Atomabstand gegenüber der Summe der normalen Atomradien verkürzt.

Das Gesetz der Konstanz der Atomradien mit den erwähnten Einschränkungen ist in zweifacher Hinsicht für die Entwicklung der Strukturforschung bedeutungsvoll geworden. Es ist einmal ein nützliches Hilfsmittel für die Bestimmung einer unbekannten Struktur; von den nach der Raumgruppentafel möglichen Atomanordnungen können die Fälle ausgeschieden werden, welche nicht den für die betreffenden Atomarten erforderlichen Raum bieten. Ferner ergeben sich aus den Atomradien wichtige Schlüsse in bezug auf die Verwandtschaft von Strukturen. Unter Ausschluß von Atomen mit besonders großer Polarisationswirkung lassen sich die Existenzbereiche von Strukturtypen mit zwei Atomarten durch Angabe von Grenzwerten des Verhältnisses V der beiden Atomradien festlegen (GOLDSCHMIDT). Diese Grenzwerte können durch Betrachtungen über die dichteste Packung von Atomen theoretisch abgeleitet und mit der Erfahrung verglichen werden. Es ist z. B. zu erwarten für Verbindungen von der Formel AX ein Gitter mit der

Koordinationszahl 3, für $V = 0{,}15_5$ bis $0{,}22_5$,

Koordinationszahl 4, für $V = 0{,}22_5$ bis $0{,}41_4$,

Koordinationszahl 6, für $V = 0{,}41_4$ bis $0{,}73_2$.

Tatsächlich kristallisiert Bornitrid ($V = 0{,}21$) in einem Gitter mit Dreier-, Aluminiumnitrid ($V = 0{,}39$) in einem mit Vierer- und Scandiumnitrid ($V = 0{,}51$) in einem mit Sechser-Koordination.

Dieses *Radienquotientengesetz* hat sich im großen und ganzen bei Ionengittern und verwandten Strukturen gut bestätigt. Bei metallischen Strukturen sind dagegen andere Einflüsse bestimmend.

Bei einer Gruppe von *Metallverbindungen*, besonders bei Verbindungen von Cu, Ag, Au einerseits mit den Elementen Zn, Cd, Hg andererseits, ist die Zahl der von beiden Partnern für den Gitterbau zur Verfügung gestellten Valenzelektronen, bezogen auf die Zahl der Atome, der entscheidende Faktor. Nach der Hume-Rotheryschen Regel bildet sich eine bestimmte Kristallstruktur dann, wenn das Verhältnis der Zahl der Valenzelektronen zur Zahl der Atome einen für diese Struktur charakteristischen Wert aufweist. Der CsCl-Gittertyp findet[1] sich z. B. bei CuZn, Cu_3Al und Cu_5Sn. In CuZn kommen wegen der Zweiwertigkeit des Zinks auf 2 Atome drei Valenzelektronen, zwei vom Zn und eines vom Cu; das Verhältnis ist also $V = \frac{3}{2}$. Aluminium ist dreiwertig; die vier Atome von Cu_3Al liefern zusammen $3 + 3 = 6$ Valenzelektronen, so daß sich wieder $V = \frac{3}{2}$ ergibt. Dasselbe gilt für Cu_5Sn, da das vierwertige Zinn vier Valenzelektronen beisteuert. Bei einem anderen Gittertyp von Metallverbindungen (z. B. Cu_5Zn_8) lautet die Bedingung $V = \frac{21}{13}$; bei Cu_5Zn_8 kommen auf 13 Atome $5 + 2 \cdot 8 = 21$ Valenzelektronen. Die Zahl der für die Gitterbindung notwendigen Valenzelektronen kann von der normalen chemischen Wertigkeit des Elements abweichen. Die Eisen- und Platinmetalle liefern z. B. bei der Bildung einer Hume-Rotheryschen Verbindung kein Valenzelektron. Fe_5Zn_{21} hat die gleiche Struktur wie Cu_5Zn_8; die 26 Atome müssen 42 Valenzelektronen haben, damit $V = \frac{21}{13}$ wird; in allen beobachteten Fällen tritt Zink zweiwertig auf, so daß dem Eisen die Valenzelektronenzahl 0 zugeschrieben werden muß. Für diesen zunächst überraschenden Fall gibt es eine ganze Reihe von Beispielen. Auch Messungen der magnetischen Eigenschaften von Metallegierungen (Vogt) sprechen für die Richtigkeit der Deutung.

Aus den Metallverbindungen von der Zusammensetzung AB_2 hebt sich eine Gruppe heraus, die sogenannten Laves-Phasen, deren Existenzbedingungen von Dehlinger und Schulze aufgestellt wurden. Laves-Phasen kristallisieren im C 15, C 14 oder C 36-Typ, wobei die Zahl der Atome in der Elementarzelle 24 bzw. 12 bzw. 24 beträgt. Beispiele sind $MgZn_2$, $MgCo_2$ oder $MgNi_2$. Betrachtet man nur die A-Atome, dann bestehen die drei Typen aus gleichbesetzten Schichten mit verschiedener Folge, nämlich $ABC\ldots$ für den C 15, $AB\ldots$ für den C 14 und $ABAC\ldots$ für den C 36-Typ. In allen drei Typen liegen sowohl die A- als auch die B-Atome in dichtester Kugelpackung vor. Somit ist die Packung der Atome in den Laves-Phasen sehr dicht. Jedes A-Atom hat 12 B-Nachbarn und 4 A-Nachbarn, während die Koordinationszahl der B-Atome zwölf beträgt. Die Bildung der sehr stabilen Laves-Phasen kann man einmal mit dem Atomradienverhältnis, zum anderen aber auch mit der Valenzelektronenkonzentration (1,8 bis 2,0) in Zusammenhang bringen.

Die Frage der Verwandtschaftsbeziehungen zwischen Metallstrukturen ist an Hand theoretischer Überlegungen (z. B. des Bandmodelles der Elektronentheorie) von Schubert[2] in mehreren Arbeiten diskutiert

---

[1] Bei Cu_3Al und Cu_5Sn ist die Kantenlänge der Gitterzelle zu verdoppeln.

[2] Schubert, K.: Kristallstrukturen zweikomponentiger Phasen, Berlin/Göttingen/Heidelberg: Springer 1964.

worden; Untersuchungen der verzerrten Strukturen, die in der Nähe von Phasen mit normaler Struktur auftreten, geben in dieser Hinsicht wichtige Hinweise.

Die quantenmechanische Beschreibung der chemischen Bindung führt auf eine sechsdimensionale Paarwahrscheinlichkeit, die nach SCHUBERT als Ortskorrelation eines Teilchens bezeichnet wird. In gewissen Fällen ergibt sich hieraus eine einfache dreidimensionale gitterartige Funktion, wobei die Eckpunkte mit Elektronen belegt sind. Dadurch erhält man ein einfaches Modell für die chemische Bindung in Legierungen.

Da eine direkte Methode zur Gewinnung der Ortskorrelation zur Zeit noch nicht verfügbar ist, muß zur Erkundung dieser Funktion von Erfahrungsregeln ausgegangen werden (vgl. SCHUBERT[1]).

Der Ortskorrelationsbegriff hilft zunächst bei der Systematisierung des strukturellen Materials, indem man dadurch Hinweise erhält auf die Elektronenabzählung, auf feinere strukturelle Details (z. B. Verwerfungsstrukturen) und auf allgemeine Verwandtschaftsbeziehungen zwischen den Strukturen.

Kristallchemisch bemerkenswert sind weiterhin die Einlagerungsverbindungen (HÄGG). Metalloide von besonders kleinem Atomradius (H, B, C, N) können in die Lücken eines Gitters von Metallatomen mit hoher Koordinationszahl eingelagert werden, ohne daß das Metallgitter wesentlich verändert wird. Die Struktur von CaC_2 entsteht dadurch, daß in das flächenzentriert kubische Gitter des Kalziums die kleinen Kohlenstoffatome paarweise eingelagert sind (V. STACKELBERG). Die kubische Zelle wird dabei verzerrt zu einer tetragonalen mit dem Achsenverhältnis $c/a = 1{,}16$.

Im Gegensatz zu diesem gesetzmäßig erfolgenden Einbau von Fremdatomen sind z. B. die Kohlenstoffatome im Eisengitter zufallsmäßig auf die Gitterlücken verteilt; wieviele davon besetzt sind, hängt von dem Kohlenstoffgehalt ab. Man spricht hier von einem *Einlagerungsmischkristall*, wobei zunächst unter Mischkristall ganz allgemein der Aufbau eines gemeinsamen Gitters durch Atome verschiedener Art bei regelloser Verteilung der Atomarten verstanden wird. Es gibt zwei Arten von Mischkristallen, die in der Reihenfolge der Häufigkeit ihres Vorkommens aufgezählt sind:

1. *Substitutionsmischkristalle.*
2. *Einlagerungsmischkristalle.*

Der Vorgang der Aufnahme von fremden Atomen in ein Gitter wird in der Metallkunde *feste Lösung* genannt, in Analogie zu dem Vorgang der Lösung eines Salzes in einer Flüssigkeit.

---

[1] SCHUBERT, K.: Kristallstrukturen zweikomponentiger Phasen, Berlin/Göttingen/Heidelberg: Springer 1964.

Bei dem schon erwähnten Einlagerungsmischkristall ist die maximale Löslichkeit für Fremdatome beschränkt; sie ist erreicht, sobald alle Gitterlücken besetzt sind. Die Atome des ursprünglichen Gitters behalten ihre Plätze bei; der Mischkristall enthält also dann mehr Atome in der Elementarzelle. In diesen Fällen wird das ursprüngliche Gitter oft etwas aufgeweitet, manchmal auch etwas komprimiert.

Bei den *Substitutionsmischkristallen* ändert sich die Zahl der Atome in der Elementarzelle nicht. An die Stelle eines Atomes des ursprünglichen Gitters tritt ein Fremdatom. An welchen Gitterpunkten Atomsubstitutionen eintreten, ist dem Zufall überlassen. Im ganzen Kristall sind es

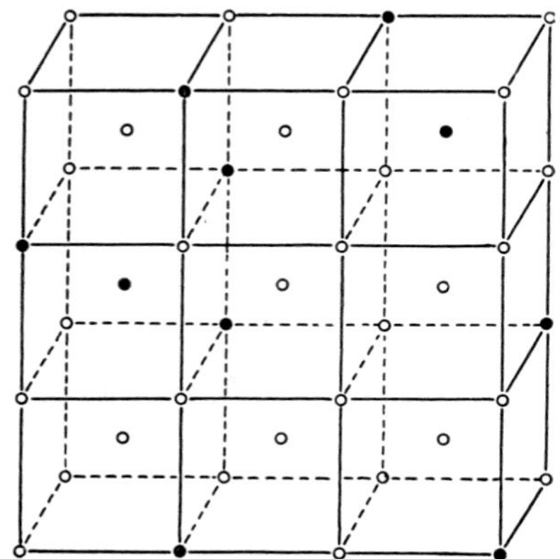

Abb. 23.15. Mischkristall aus Molybdän und Wolfram. ○ W-Atome, ● Mo-Atome.

immer gerade soviel Punkte, als sich nach dem Gehalt an Fremdatomen ergeben müssen. Im Höchstfall können alle Gitterplätze von Fremdatomen eingenommen sein. Eine *lückenlose Mischkristallreihe* liegt vor, wenn eine Mischkristallbildung bei jeder beliebigen Konzentration der beiden Elemente stattfindet. Als Beispiel eines Substitutionsmischkristalles zeigt Abb. 23.15 ein raumzentriert kubisches Wolframgitter, das Molybdänatome auf einzelnen Gitterpunkten in regelloser Verteilung enthält. Voraussetzung für eine lückenlose Mischkristallbildung ist immer eine Gleichheit des Gittertypus der beiden Komponenten. Bei Salzen tritt als zusätzliche Bedingung hinzu, daß die Differenz der Atom- bzw. Ionenradien nicht größer sein darf als etwa 5% (Grimm). Bei metallischen Mischkristallen können die Gitterkonstanten bis zu 10% verschieden sein, aber die Komponenten dürfen im periodischen System nicht zu weit entfernt sein (Dehlinger). Gold und Aluminium bilden keine lückenlose Reihe von Mischkristallen, wohl aber Gold und Kupfer.

Zwischen den beiden Fällen Substitutionsmischkristall und Einlagerungsmischkristall kann durch Messung der Dichte und der Gitterkonstante eine experimentelle Entscheidung getroffen werden.

Die Gitterkonstantenänderung bei kubischen Substitutionsmischkristallen kann aus der Vegardschen *Additivitätsregel* berechnet werden; die Änderung ist proportional der Zahl der eingebauten Fremdatome. Die Gitterkonstante des Mischkristalles ist

$$a = \frac{c_1 a_1 + c_2 a_2}{100}\,, \tag{23.3}$$

wobei a_1 und a_2 die Gitterkonstanten der Komponenten und c_1 bzw. c_2 den Atomprozentgehalt bedeuten. Die Zahl der Atomprozente gibt an, wieviel Prozent der gesamten Atome der betreffenden Atomart angehören; es ist[1] also, wenn p_1 und p_2 die Gewichtsprozente sind,

$$c_1 = \frac{\dfrac{p_1}{A^1}}{\dfrac{p_1}{A_1} + \dfrac{p_2}{A_2}} \cdot 100\,. \tag{23.4}$$

Setzt man in der Gl. (23.3) $c_2 = 100 - c_1$, so erhält man

$$a = a_2 + \frac{(a_1 - a_2)}{100}\, c_1\,. \tag{23.5}$$

Die Gitterkonstante a in Abhängigkeit von den Atomprozenten c_1 der einen Atomart ist somit eine gerade Linie, z. B. Gold-Platin (Abb. 23.16). Die Voraussetzung der Vegardschen Regel, daß die Atome als starre Kugeln betrachtet werden dürfen, ist nicht überall streng erfüllt. In einigen Fällen, z. B. Gold-Kupfer, verläuft die Kurve (Abb. 23.16) nach oben gekrümmt (konvex), statt der theoretisch geforderten, gestrichelten Geraden. Es tritt eine Gitteraufweitung ein. In anderen Fällen, z. B. Silber-Gold, zieht sich das Gitter bei der Mischkristallbildung ein wenig zusammen; die Kurve (Abb. 23.16) hängt nach unten durch. Ganz ungültig ist die Gl. (23.3) für die lückenlose Reihe Fe-V (WEVER-JELLINGHAUS).

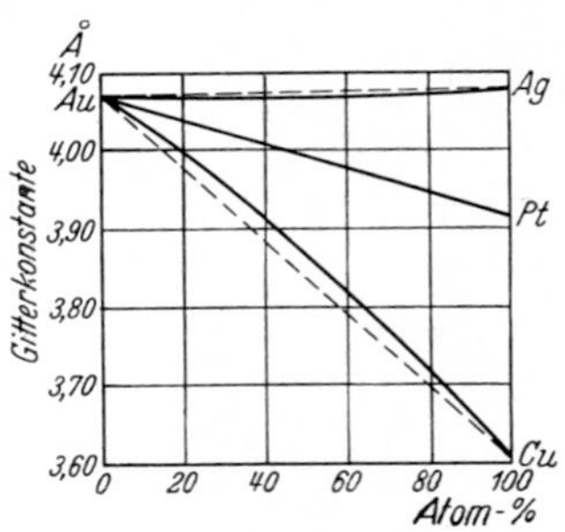

Abb. 23.16. Änderung der Gitterkonstante von Mischkristallen (nach STENZEL und WEERTS).

Zum Schluß sei noch ein kurzer Überblick über die verschiedenen Bindungsarten in Kristallgittern gegeben. Abgesehen von der seltenen Bindung durch die schwachen van der Waalsschen Kräfte (z. B. bei den kondensierten

[1] Zahlenbeispiel: Kupfer mit 10% (Gewichts-%) Silber enthält 6,15 Atom-% Silber, nämlich

$$\left.\begin{array}{ll} A_1 = 63{,}57\,, & p_1 = 90 \\ A_2 = 107{,}88\,, & p_2 = 10 \end{array}\right\} \text{ also } \quad c_2 = 6{,}14_5$$

Edelgasen) treten drei verschiedene Bindungsarten auf, zwischen denen sich mannigfache Übergangsformen finden:

1. *Heteropolare Bindung oder Ionenbindung*; elektrostatische Kräfte wirken zwischen entgegengesetzt geladenen, elektrisch abgeschlossenen Gebilden. Im NaCl-Gitter ziehen sich die Ionen Na^+ und Cl^- so weit an, bis sich ihre Elektronenschalen zu durchdringen beginnen, dann tritt Abstoßung ein. Der sich ergebende Atomabstand ist derjenige Abstand, für den die Abstoßung die Anziehung gerade aufhebt.

2. *Homöopolare Bindung oder Atombindung*, auch Valenzbindung genannt; je ein Elektron[1] der beiden zu bindenden Atome wird zu einem Elektronenpaar gekoppelt, das die Bindung besorgt. Es ist die typische Bindung der organischen Chemie, deren Valenzstriche je einem solchen Elektronenpaar entsprechen.

3. *Metallische Bindung*. Jedes Atom gibt aus der äußersten Schale ein oder mehrere Elektronen (Valenzelektronen) ab, die zwischen den Atomrümpfen im Gitter frei beweglich sind. Ein einzelnes Elektron kann nicht irgendwie einem bestimmten Atom zugeordnet werden. Die freien Metallelektronen, die sich nach SOMMERFELD wie ein entartetes Gas verhalten, besorgen die gegenseitige Bindung der Atomrümpfe und sind die Träger der hohen elektrischen und thermischen Leitfähigkeit der Metalle.

Die Bindungsarten 1 und 2 werden als *Hauptvalenzbindungen* bezeichnet. Jedes Atom kann nicht mehr als eine bestimmte Anzahl von Ionen oder Atomen binden; ist dies der Fall, so sind alle Valenzen abgesättigt. Ein Na-Ion hat eine positive Ladung; diese wird kompensiert durch die negative Ladung eines einwertigen Ions, wie z. B. Cl. Das entstehende Gebilde ist elektrisch neutral und übt auf die Umgebung keinerlei elektrostatische Anziehungskräfte aus. Die vier äußeren Elektronen des Kohlenstoffatomes können im Höchstfall durch Elektronenpaarbildung vier neutrale Atome homöopolar binden; dann sind alle Valenzen abgesättigt.

Bei der *metallischen Bindung*[2] gibt es keine solche Absättigung. An ein Atom können beliebig viele Nachbarn mit gleicher Festigkeit gebunden sein, wenn der Raumbedarf der Atome dies zuläßt. Dadurch wird bei Metallgittern die Ausbildung von dichtesten Kugelpackungen begünstigt.

Die Vorstellungen von den verschiedenen Bindungsarten haben nun eine unmittelbare experimentelle Bestätigung erfahren. Durch zwei- bzw. dreidimensionale Fourier-Analysen, die sich auf Hunderte von sehr

[1] Die beiden Elektronen müssen nach den Bedingungen der Quantenmechanik verschiedene „Spinrichtung" haben.

[2] Die metallische Bindung und die van der Waalssche Bindung heißen daher „Nebenvalenzbindungen".

genauen Intensitätsmessungen der Interferenzen stützten, konnten Brill, Grimm, Hermann und Peters kennzeichnende Unterschiede der Elektronenanordnung für die verschiedenen Bindungsarten nachweisen. Die Elektronendichte des *Steinsalzgitters* ist, projiziert in Richtung einer Flächendiagonalen, in Abb. 23.17a dargestellt. Wie die Abb. 23.17b zeigt, decken sich bei dieser Projektion[1] alle Na^+ und alle Cl^--Ionen. In Abb. 23.17a ist die größere Ausdehnung des Cl^--Ions deutlich zu erkennen. Je dichter die Niveaulinien aufeinanderfolgen, desto größer ist die Elektronendichte; die angeschriebenen Zahlen bedeuten die Zahl der Elektronen in einem Quadrat von 1 kX Kantenlänge. Von besonderer Bedeutung ist das starke Absinken der Elektronendichte in der Mitte der Verbindungslinien der Atome. Dieses annähernde Verschwinden der Elektronendichte ist kennzeichnend für die Ionenbindung. Von dem positiven Ion (Na) geht ein Elektron an das negative Ion (Cl) über; der Raum zwischen beiden ist praktisch ladungsfrei.

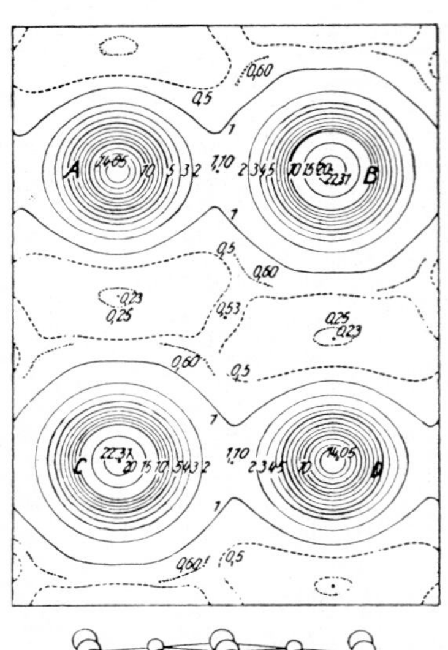

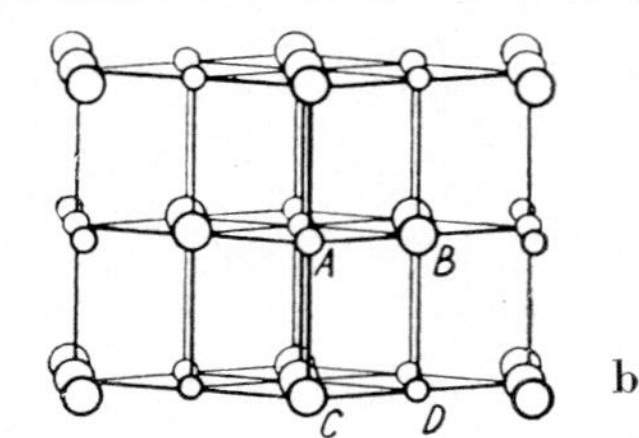

Abb. 23.17a u. b. Ladungsdichte im NaCl-Gitter auf (110) projiziert (nach Brill, Grimm, Hermann und Peters).

Ein anderes Bild zeigt die Elektronendichteverteilung in dem homöopolar gebundenen *Diamant* (Abb. 23.18a). In der gewählten Projektionsrichtung senkrecht zu einer (110)-Ebene decken sich die hintereinander liegenden Kohlenstoffatome (Abb. 23.18b). Die Elektronendichte fällt in der Mitte der verkürzten[2] Atomverbindungslinie auf 4, in der Mitte der unverkürzten auf 2 ab. In der verkürzten Richtung, die in Abb. 23.18a vertikal läuft, ist die Elektronenbrücke zwischen zwei benachbarten Atomen anschaulich zu sehen. Dies ist im Einklang mit der wellenmechanischen Vorstellung, daß die homöopolare Bindung durch ein „Austauschelektronenpaar", zu dem jedes der beiden Atome ein Elektron beisteuert, verwirklicht wird. Die homöopolare Bindung ist auf ganz bestimmte

[1] Es ist zu beachten, daß die Strecken *AB* und *CD* in der Projektion verkürzt erscheinen.

[2] Die senkrechten Verbindungslinien erscheinen in der Projektion gegenüber den vier anderen Sechseckseiten (Abb. 23.18 b) verkürzt.

Atome lokalisiert und entspricht damit unmittelbar dem Valenzbindestrich der organischen Chemie.

Wesentlich verschieden sind die Verhältnisse bei der metallischen Bindung, wie die Analyse des *Magnesiums* lehrt. Der Mindestwert der Elektronendichte zwischen zwei Atomen entspricht ungefähr der Dichte, die sich einstellen würde, wenn die freien Elektronen jedes Magnesiumatomes gleichmäßig über den Zwischenraum zwischen den Atomen ver-

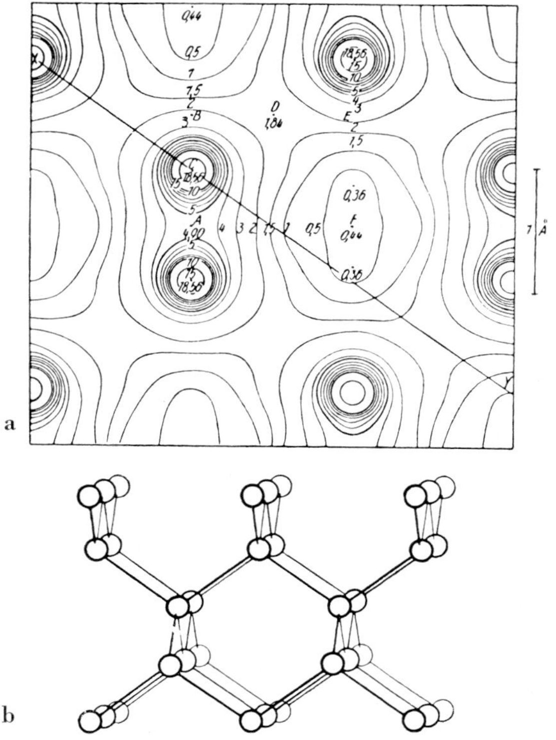

Abb. 23.18a u. b. Ladungsdichte im Diamantgitter, auf (110) projiziert (nach BRILL, GRIMM, HERMANN und PETERS).

teilt würden. Damit wird die Anschauung der freien Metallelektronen, von denen keines irgendeinem Atom zugeordnet werden kann, aufs beste bestätigt.

D. Zustandsdiagramme von Legierungen

Das Gefüge der Metalle und Legierungen ist im thermischen Gleichgewichtszustand bestimmt durch die Art und das Mengenverhältnis der darin enthaltenen Kristallgitter. Für den Fall des Gleichgewichtes[1] zeigt das *Zustandsschaubild* einer Legierung (z. B. Abb. 23.21) in Abhängigkeit von Konzentration und Temperatur verschiedene durch Grenzlinien getrennte Zustände mit verschiedenen Eigenschaften (Festigkeit, Härte, elektrische Leitfähigkeit, Aussehen des mikroskopischen Schliffbildes usw.). Die Atome der Elemente einer Legierung vermögen je nach dem Konzentrationsverhältnis verschiedene Kristallarten (in Abb. 23.21 mit griechischen Buchstaben bezeichnet) miteinander zu bilden. Bei *binären* Legierungen (Legierungen aus zwei Elementen) können in einem Zustandsfeld höchstens zwei Kristallarten, bei *ternären* Legierungen (Legierungen aus drei Elementen) höchstens drei gleichzeitig vorkommen[2]. Zustandsfelder mit nur *einer* Kristallart (z. B. die weißen Felder mit Buchstaben in Abb. 23.21 heißen homogene Gebiete, Felder mit mehr als einer Kristallart (z. B. die gestrichelten Felder in Abb. 23.21) *heterogene* Gebiete. Je nach der Zahl der im Gleichgewichtsfall bei einer Temperatur und Konzentration gleichzeitig vorhandenen Kristallarten spricht man auch von einphasigen, zweiphasigen, dreiphasigen Gebieten. Auf der Röntgenstrukturaufnahme treten im ersten Fall nur

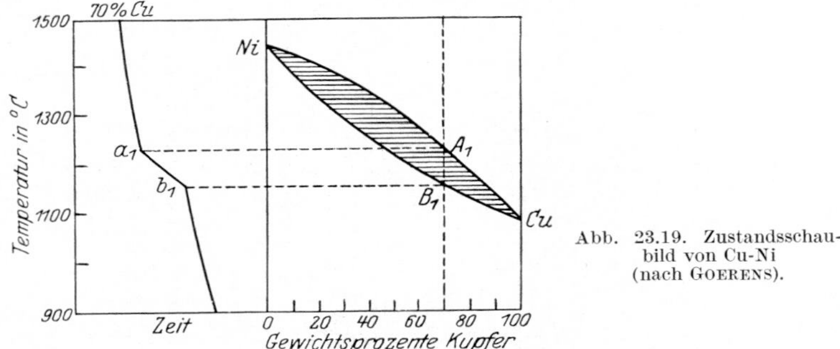

Abb. 23.19. Zustandsschaubild von Cu-Ni (nach GOERENS).

Interferenzen eines Gitters, im zweiten Fall solche von zwei und im dritten Fall solche von drei Gittern nebeneinander auf. Einige einfache Beispiele mögen das Wesen des Zustandsschaubildes noch anschaulicher machen.

In dem Zustandsschaubild des Systems *Kupfer-Nickel* (Abb. 23.19) ist bei Temperaturen oberhalb der Linie A_1 (Liquiduslinie genannt) nur

[1] Gleichgewicht ist vorhanden, wenn die betreffenden Kristallarten dauernd nebeneinander bestehen können, ohne gegenseitig ihre Eigenschaften zu ändern; Gleichgewicht wird erreicht durch genügend langsames Abkühlen der erstarrten Schmelze. Treten Umwandlungen von Kristallarten im festen Zustand auf, so kann die Wärmebehandlung Tage und Wochen erfordern. Oft ist es dann zweckmäßiger, abzuschrecken und von unten her durch langsames Anwärmen sich dem Gleichgewichtszustand zu nähern. Betreffend der nicht im Gleichgewicht befindlichen *Übergangszustände* vgl. Abschn. 25.

[2] Dies folgt aus der Gibbsschen Phasenregel der Thermodynamik. Jede Kristallart entspricht einer Phase.

Schmelze vorhanden, während unterhalb der Linie B_1 (Soliduslinie) alles zu einem festen Körper erstarrt ist. In dem schraffierten Zwischengebiet ist die Legierung zum Teil flüssig, zum Teil fest. Diese Grenzlinien werden erhalten durch thermische Analyse, d. h. durch die Messung der Temperaturänderung während des Erstarrungsvorganges. Im linken Teil der Abb. 23.19 ist die Temperatur einer erstarrenden Legierung mit 70% Kupfer in Abhängigkeit von der Zeit dargestellt. Die beiden Knickpunkte a_1 und b_1 in der Abkühlungskurve bezeichnen den Beginn und das Ende des Ausscheidung von festem kristallinem Stoff. Die Abkühlung muß langsam vor sich gehen, damit alle Kristalle nach beendigter Erstarrung den gleichen Kupfergehalt von 70% annehmen können. Zu Beginn der Erstarrung scheiden sich Kristalle aus mit geringerem Kupfergehalt, z. B. mit 45% Kupfer (Schnittpunkt der Horizontalen durch A_1 mit der Soliduslinie). Erst die zuletzt gebildeten Kristalle (Punkt B_1) haben schon bei ihrer Entstehung einen Kupfergehalt von 70%. Die vorher gebildeten Kristalle mit geringerem Kupfergehalt nehmen aus der immer kupferreicher werdenden Schmelze durch Diffusionsvorgänge soviel Kupfer auf, bis ihre Konzentration 70% erreicht, wenn die ganze Schmelze fest geworden ist. Für diesen Konzentrationsausgleich ist aber eine gewisse Zeit erforderlich.

Unterhalb der Linie B_1 ist unter der Voraussetzung einer genügend langsamen Abkühlung immer nur ein Gitter vorhanden, nämlich das flächenzentriert kubische Gitter des Kupfer-Nickel-Mischkristalles, dessen Gitterkonstante mit wachsendem Kupfergehalt zunimmt. Kann der erwähnte Konzentrationsausgleich durch Diffusion nicht ausreichend erfolgen, so sind nebeneinander mehrere Mischkristalle mit etwas verschiedenen Konzentrationen und dementsprechend verschiedenen Gitterkonstanten vorhanden[1]. Die Röntgeninterferenzen sind stark verbreitert; bei Debye-Scherrer-Aufnahmen entstehen verwaschene Bänder infolge der Überlagerung vieler scharfer Debye-Ringe. Es ist daher notwendig, durch mehrstündiges Glühen der betreffenden Legierung bei einer möglichst hohen Temperatur unterhalb der Soliduskurve diesen Konzentrationsausgleich nachträglich herbeizuführen und dadurch das Gefüge zu „homogenisieren".

Als Beispiel eines eutektischen Gemenges sei das System *Blei-Silber* (Abb. 23.20) kurz besprochen. Das schraffierte Gebiet trennt wieder die Schmelze von den festen Legierungen. Beim Beginn der Erstarrung einer Legierung mit 1% Silber (Punkt A_1) werden reine Bleikristalle ausgeschieden. Dadurch wird die Schmelze immer silberreicher, bis durch die fortdauernde Bildung von Bleikristallen ihr Silbergehalt schließlich 2,5%

[1] Bei der mikroskopischen Gefügeuntersuchung ist dann meist eine Art „Tannenbaumstruktur" zu sehen.

beträgt. Wie die Abkühlungskurve b_1 im linken Teil der Abb. 23.20 zeigt, erstarrt der Rest der Schmelze nunmehr bei der gleichbleibenden Temperatur von 304 °C zu einem feinkristallinen mechanischen Gemenge *(Eutektikum)* von Silber- und Bleikriställchen. Bei einer Legierung von der eutektischen Zusammensetzung von 2,5% bleibt die Schmelze flüssig bis zu der eutektischen Temperatur, in diesem Fall 304 °C, um dann bei dieser Temperatur unter gleichzeitiger Ausscheidung von Kristallen beider Art zu erstarren (Abkühlungskurve b). Das Röntgenstrukturbild zeigt bei

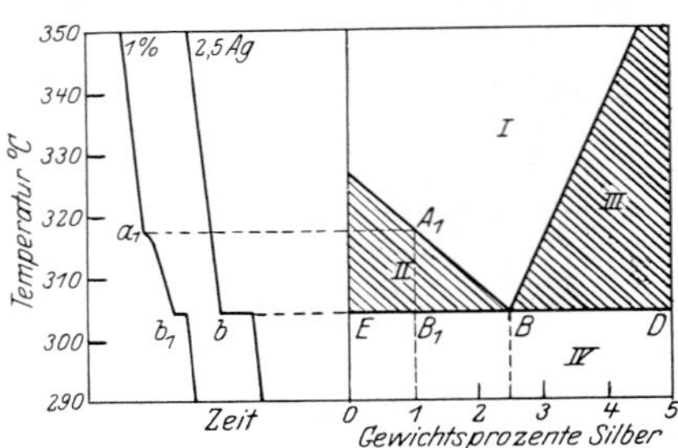

Abb. 23.20. Zustandsschaubild von Pb-Ag (nach GOERENS).

jeder Konzentration die Reflexe von zwei nebeneinander vorhandenen Gittern, des Blei- und des Silbergitters, wobei die Reflexintensitäten des in größerer Konzentration vorhandenen Elementes stärker sind.

Manche Zustandsschaubilder lassen sich in mehrere Teile zerlegen, wie z. B. das System *Magnesium—Blei,* das nach GRUBE in die zwei Systeme Mg—$PbMg_2$ und Pb—$PbMg_2$ aufgeteilt werden kann. Jedes Teilsystem ist von gleichem Typus wie das besprochene System Pb—Ag.

Die bisher besprochenen Zustandsschaubilder zeigen im festen Zustand keine weiteren Umwandlungen von Kristallarten. Diese Umwandlungsvorgänge sind oft mit erheblichen Eigenschaftsänderungen verknüpft und daher von technischer Bedeutung. Eine gewisse Klarheit wurde erst durch die Röntgenstrukturuntersuchung erreicht; die thermische Analyse versagte völlig wegen der Kleinheit der auftretenden Wärmetönungen. Dagegen machen sich Umwandlungen bei elektrischen Leitfähigkeitsmessungen und auch bei magnetischen Messungen bemerkbar.

Als kennzeichnendes Beispiel eines technisch wichtigen Legierungssystemes ist in Abb. 23.21 das Zustandsschaubild der *Kupfer-Zink-Legierungen* (Messing) dargestellt, das bei Zimmertemperatur fünf verschiedene, mit griechischen Buchstaben bezeichnete Kristallarten enthält, die teils einzeln, teils zu zweien (gestrichelte Felder) auftreten. In den dunklen Zustandsfeldern ist neben je einer Kristallart flüssige Schmelze vorhanden.

Nach den Röntgenuntersuchungen von WESTGREN und PHRAGMEN sind alle fünf bei Zimmertemperatur stabilen Kristallarten (Phasen) des Messings feste Lösungen von Kupfer in Zink und umgekehrt. Das Auftreten einer lückenlosen Reihe von Mischkristallen ist ausgeschlossen, da Kupfer ein flächenzentriert kubisches Gitter, Zink aber ein hexagonales Gitter aufweist. Bei Legierungen bis höchstens 39% Zink tritt der α-Mischkristall auf, dessen Gitter sich nur wenig vom Kupfergitter unterscheidet (Abb. 23.22): einige Kupferatome sind durch Zinkatome an be-

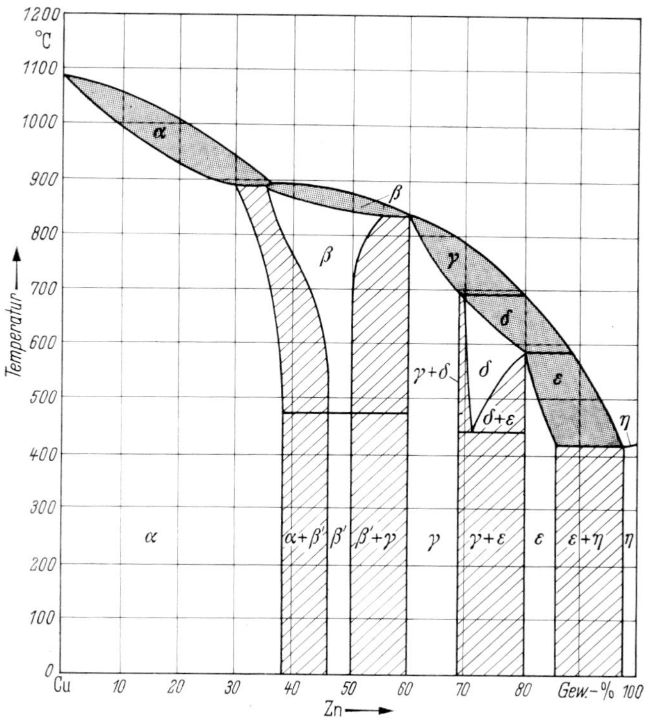

Abb. 23.21. Vereinfachtes Zustandsschaubild von Messing (nach HANSEN).

liebigen Gitterpunkten ersetzt, was wegen des größeren Atomradius des Zinkatomes eine Aufweitung des Kupfergitters bedingt (für 32% Zink $a = 3{,}688$ kX statt $a = 3{,}610$ kX bei reinem Kupfer).

Im Gebiet des β-Mischkristalles[1] tritt ein neues Gitter auf, das zum CsCl-Typus gehört. Hat die Legierung genau die Zusammensetzung von 50 Atom-% Cu und 50 Atom-% Zn, so sind die Ecken einer raumzentriert kubischen Zelle von Zn-Atomen und die Mittelpunkte der Zelle

[1] Nach neueren Untersuchungen tritt unterhalb 478 °C eine neue Phase β' auf, die sich vom β-Gitter nur dadurch unterscheidet, daß bei β' die Cu- und Zn-Atome statistisch regellos innerhalb eines raumzentriert kubischen Gitters verteilt sind.

von Cu-Atomen besetzt oder umgekehrt. Bei größerem bzw. kleinerem Zinkgehalt sind in statistisch regelloser Weise einige Zinkatome durch Kupferatome und umgekehrt ersetzt. Die β-Mischkristalle sind feste Lösungen von Zink bzw. Kupfer in dem Gitter der Verbindung CuZn. Zwischen α- und β-Messing bestehen große Unterschiede in der Verarbeitbarkeit; α-Messing läßt sich in der Kälte zu Blechen auswalzen, während β-Messing nur bei höheren Temperaturen einer Verformung unterzogen werden kann (Warmwalzen oder Warmziehen).

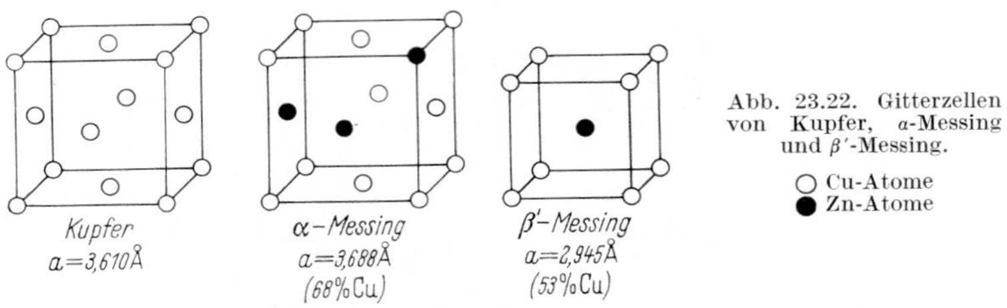

Abb. 23.22. Gitterzellen von Kupfer, α-Messing und β'-Messing.

Der γ-Mischkristall besitzt ebenfalls ein kubisches Gitter, aber mit einer sehr großen Elementarzelle, die 52 Atome enthält. Durch Ersetzung von Zinkatomen durch Kupferatome und umgekehrt kann der Mischkristall seinen Aufbau der wechselnden Konzentration der beiden Komponenten anpassen.

Die ε- und η-Mischkristalle der zinkreichen Legierungen sind in ihrem Gitter dem Zinkgitter nahe verwandt. Beide sind hexagonal dichteste Kugelpackungen; das Achsenverhältnis ist bei dem Gitter des η-Mischkristalls das gleiche wie beim Zinkgitter, beim ε-Mischkristall ist es etwas kleiner. In beiden Gittern können die Plätze der Zinkatome zum Teil von Kupferatomen besetzt sein, was eine leichte Kontraktion des Gitters wegen des kleineren Atomradius des Kupferatomes zur Folge hat.

Die mit β, γ und ε bezeichneten Gitterstrukturen finden sich auch in anderen Legierungsreihen, aber innerhalb anderer Konzentrationsbereiche. Diese Verschiebung der Existenzgebiete entspricht der im vorhergehenden Abschnitt besprochenen Hume-Rotheryschen Regel, daß zur Bildung jeder dieser Strukturen ein bestimmtes Verhältnis der Zahl der Valenzelektronen zur Zahl der Atome notwendig ist.

Als letzes Beispiel eines Zustandsschaubildes sei das für die Eisen- und Stahlgewinnung grundlegende System *Eisen-Kohlenstoff* (Abb. 23.23) kurz betrachtet. Reines Eisen kommt in mehreren Modifikationen vor, die durch griechische Buchstaben voneinander unterschieden werden: α-Eisen unterhalb von 769 °C, dann das unmagnetische β-Eisen, das sich bei 906 °C in γ-Eisen verwandelt und oberhalb von 1401 °C bis zum Schmelzpunkt bei 1528 °C das δ-Eisen. Nach der Röntgenstrukturuntersuchung (Westgren und Phragmen, Wever) tritt beim Übergang vom α- zum β-Eisen keine Gitteränderung auf; das β-Eisen ist somit keine besondere Modifikation. Das α- und das δ-Eisen haben ein raumzentriert kubisches Gitter, das γ-Eisen ein flächenzentriert kubisches. Das δ-Eisengebiet ist eine Fortsetzung des γ-Eisengebietes. Das sich dazwischenschiebende γ-Gebiet kann durch Zusätze von anderen Elementen (Al, Cr, Mo usw.) so eingeengt werden, daß das Feld des α-Mischkristalles von Eisen-Chrom sich z. B. bis zu der Schmelztemperatur der Legierung er-

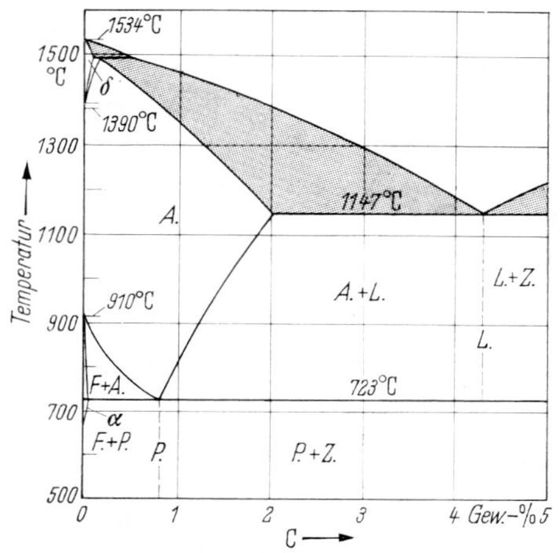

Abb. 23.23. Zustandsschaubild Eisen-Kohlenstoff (nach HANSEN).

streckt (WEVER). Andererseits ist es aber auch möglich, durch Zusätze von Ni, Cu, Pd usw. das γ-Gebiet so weit auszudehnen, daß es bis zur Zimmertemperatur reicht. Man hat also beim Eisen und bei Eisenlegierungen zwei verschiedene Kristallarten, α-Eisen (raumzentriert kubisch) und γ-Eisen (flächenzentriert kubisch) vor sich, deren Existenzbereiche in starkem Umfang von dem Partner in der festen Lösung beeinflußt werden.

In dem schraffierten Gebiet der Abb. 23.23 ist die Legierung zum Teil fest, zum Teil flüssig. In festem Zustand sind je nach dem Temperatur- und Konzentrationsgebiet verschiedene Kristallarten (Phasen) vorhanden, die sich ineinander umwandeln können. Im einzelnen bedeuten in Abb. 23.23 die Zeichen:

A. = Austenit, Mischkristall des γ-Eisens und des Kohlenstoffes,
Z. = Zementit, Verbindung von der Formel Fe_3C mit eigenem Gittertyp (Eisenkarbid),
F. = Ferrit, α-Eisen,
L. = Ledeburit, Eutektikum von Austenit und Zementit (mechanisches Gemenge von Mischkristallen des γ-Eisens mit Kohlenstoff und von Kristallen des Gitters Fe_3C),
P. = Perlit, Eutektikum von α-Eisen und Zementit (mechanisches Gemenge vom α-Eisengitter und vom Gitter des Fe_3C).

Die Löslichkeit von Kohlenstoff im Gitter des α-Eisens ist äußerst gering; bei 700 °C beträgt sie nur 0,04%, bei 20 °C ist sie noch kleiner. Im γ-Eisen können dagegen bis zu 1,7% Kohlenstoff gelöst werden; die so entstandenen Mischkristalle bilden den Austenit. Die Benennung der einzelnen Felder des Schaubildes ist auf Grund der thermischen und mikroskopischen Untersuchung entstanden zu einer Zeit, als das Röntgenverfahren noch nicht bekannt war. Die Bezeichnungen Perlit und Ledeburit decken sich infolgedessen nicht mit bestimmten Gitterarten. Bei langsamer Abkühlung einer Eisenschmelze mit Kohlenstoff hat man stets bei jedem Kohlenstoffgehalt des in Abb. 23.23 gezeichneten Intervalles das Gitter des α-Eisens und das Gitter des Eisenkarbids, dessen Anteil mit steigendem Kohlenstoffgehalt zunimmt. In bezug auf die äußere Form der Kriställchen und ihrem Verhalten gegenüber dem Ätzmittel läßt sich das Gebiet unterhalb und oberhalb von 0,9% Kohlenstoff unterscheiden. Der bei der Stahlhärtung[1] auftretende Gefügebestandteil Martensit ist in dem Zustandsbild der Abb. 23.23 nicht enthalten, weil er kein Gleichgewichtszustand ist; er ist ein instabiler Übergangszustand, welcher der verschiedenen Löslichkeit des Kohlenstoffes im Gitter des γ-Eisens und des α-Eisens seine Existenz verdankt.

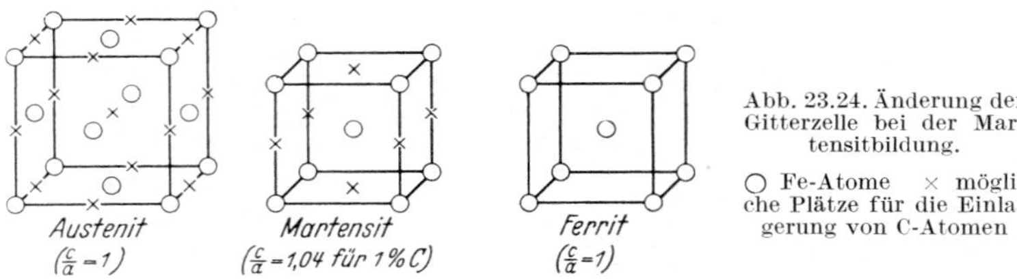

Abb. 23.24. Änderung der Gitterzelle bei der Martensitbildung.

○ Fe-Atome × mögliche Plätze für die Einlagerung von C-Atomen

In einem kubisch flächenzentrierten Gitter des γ-Eisens können in den Gitterlücken Kohlenstoffatome eingelagert werden bis zu einem Höchstgehalt an Kohlenstoff von 1,7% (bei 1145 °C). Die möglichen Plätze der C-Atome im Austenit sind in der Abb. 23.24 mit Kreuzen bezeichnet; sie sind nicht alle besetzt. Bei raschem Durchschreiten der Grenzlinie zwischen γ-Eisen und α-Eisen verwandelt sich die flächenzentrierte Zelle in eine raumzentrierte. Der auf einer Diffusion beruhende Ausscheidungsvorgang der Kohlenstoffatome aus dem Gitter braucht längere Zeit als die Gitteränderung; so entsteht bei rascher Abkühlung ein Zwischenzustand mit einer raumzentrierten Zelle, die noch den gesamten Kohlenstoff enthält, der Martensit (Abb. 23.24). Dieser Zwangszustand, der mit starken inneren Spannungen und einer dadurch bedingten leichten tetra-

[1] Durch Abschrecken in Wasser oder Öl von Temperaturen oberhalb von etwa 900 °C kann eine Steigerung der Festigkeit und der Härte auf das Dreifache erreicht werden.

gonalen Verzerrung der Gitterzelle verknüpft ist, zeichnet sich durch außergewöhnliche Härte und Festigkeit aus. Diese geht sofort zurück, wenn durch Anlassen bei etwa 100 °C die Kohlenstoffatome zum Austritt aus dem Gitter gebracht werden. Es entsteht dann das gewöhnliche raumzentriert kubische Gitter des α-Eisens (Ferrit). Der Rauminhalt und die Abweichung des Achsenverhältnisses der Martensitzelle c/a von 1 ist um so größer, je größer der Kohlenstoffgehalt des Stahles ist.

Es ist nach HANEMANN, HOFMANN und WIESTER:

$c/a = 1{,}04_8$	$1{,}06_2$	$1{,}07_1$
für 1,17	1,52	1,69% C.

Zwischen der Orientierung der ursprünglichen Austenitkriställchen und der Martensit- bzw. Ferritkriställchen besteht ein kristallographischer Zusammenhang. Letztere liegen mit einer (011)-Ebene einer (111)-Ebene des Austenitkornes und mit einer [111]-Richtung einer [101]-Richtung parallel (KURDJUMOW und SACHS). Da es insgesamt 24 gleichwertige kristallographische Stellungen dieser Art gibt, so spaltet ein Austenitkristall in eine 24fache Lage auf. Solche kristallographischen Orientierungszusammenhänge sind bei vielen Umwandlungen röntgenographisch und zum Teil auch mikroskopisch (MEHL und Mitarb.) festgestellt worden; sie sind abhängig vom Typus des Anfangsgitters und des Endgitters.

Die *Grenze der Löslichkeit im festen Zustand* kann durch eine genaue Messung der Gitterkonstante aus Rückstrahlaufnahmen bestimmt werden. Durch das Austreten der Atome einer Art aus dem Gitter der in größerer Menge vorhandenen Atomart ändert sich dessen Gitterkonstante um kleine Beträge. Als Beispiel ist die Ermittlung der Löslichkeit von Kupfer in Silber nach AGEEW und SACHS dargestellt. Silber löst bei Zimmertemperatur weniger als 1 Atom-%, bei höheren Temperaturen dagegen bis zu 14 Atom-% Kupfer. Durch Abschrecken[1] von kupferhaltigen Legierungen kann man den bei höherer Temperatur stabilen Mischkristall gewissermaßen einfrieren lassen und so seine Zusammensetzung bei Zimmertemperatur röntgenographisch bestimmen. Durch Untersuchung von Proben mit verschiedener Konzentration, die von verschiedenen Temperaturen abgeschreckt sind, erhält man den in Abb. 23.25 gezeichneten Verlauf der Gitterkonstanten in Abhängigkeit vom Kupfergehalt. Bei 500 °C ändert sich z. B. die Gitterkonstante mit zunehmendem Kupfergehalt nicht mehr, sobald dieser 3 Atom-% überschreitet. Der scharfe Knick der Kurven gibt die Grenzkonzentration der Löslichkeit genau an. Die so gewonnenen Werte sind als Grenzlinie zwischen

[1] Zur sicheren und schnellen Erreichung des Gleichgewichtszustandes werden die Legierungen von hoher Temperatur abgeschreckt, auf die betreffende Temperatur angelassen und zur Festhaltung dieses Zustandes wieder abgeschreckt.

einphasigem und zweiphasigem Gebiet[1] in das Zustandsschaubild (Abb. 23.26) eingetragen und zeigen, wie stark die Löslichkeit mit sinkender Temperatur abnimmt. Das Verfahren kann auch zur Prüfung von Metallen auf Verunreinigungen, die in feste Lösung gehen, mit Vor-

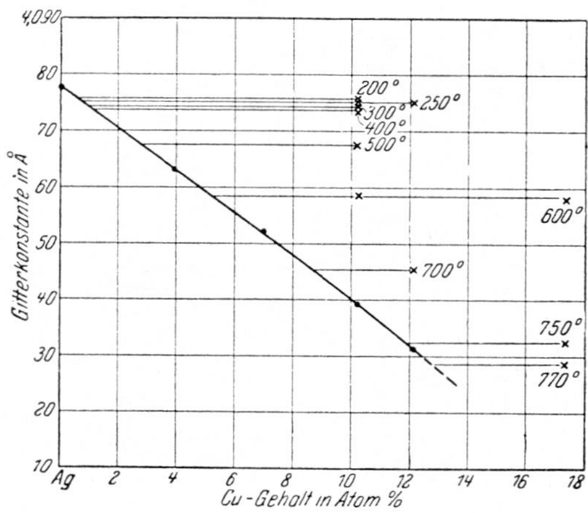

Abb. 23.25. Bestimmung der Löslichkeit von Kupfer in Silber (nach AGEEW und SACHS).

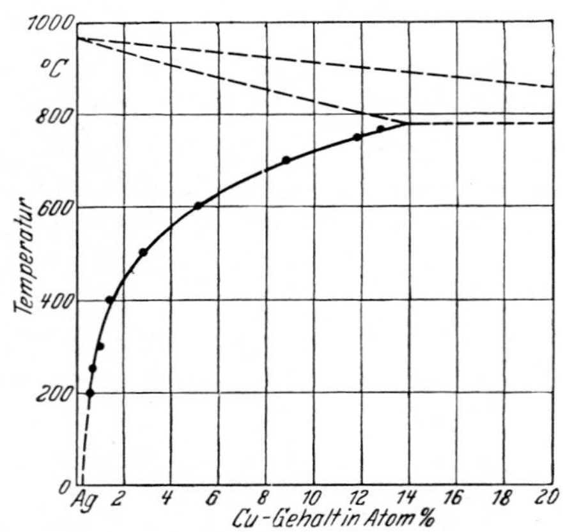

Abb. 23.26. Zustandsschaubild von Cu-Ag (nach AGEEW und SACHS).

teil verwendet werden. 0,01 Gew.-% Kupfer in Gold bewirken z. B. eine Änderung der Gitterkonstante des Goldes um rund 0,0002 kX, was auf Rückstrahlaufnahmen bei Benützung einer geeigneten Wellenlänge noch

[1] Nach der Phasenregel kann sich die Zusammensetzung einer Kristallart im zweiphasigen Gebiet einer binären Legierung nicht ändern; der Wert der Gitterkonstante muß also der gleiche bleiben (waagerechter Teil der Kurve in Abb. 23.25).

deutlich nachzuweisen ist. Bei diesen Messungen sind zwei Fehlerquellen zu beachten: Abweichungen der Konzentration der Oberfläche, die allein zu den Röntgeninterferenzen bei den benützten langwelligen Strahlen beiträgt, von der mittleren chemisch-analytisch bestimmten Konzentration (WIEST) und Änderung der Gitterabmessungen durch elastische Spannungen[1] (Eigenspannungen), die beim Abschrecken der Proben infolge einer ungleichmäßigen Abkühlung sich bilden (WASSERMANN).

Bei Mischkristallen sind die Atome der verschiedenen Arten statistisch regellos auf die Gitterpunkte verteilt. Bei einer Legierung mit 50 Atom-% Gold und 50 Atom-% Kupfer kommt z. B. bei Abzählung der Gitterzellen im Durchschnitt auf ein Goldatom ein Kupferatom; es kommen aber auch Zellen vor, die mehr oder weniger Kupferatome enthalten. Bei sehr langsamer Abkühlung[2] von metallischen Mischkristallen wird in manchen Fällen eine Ordnung der Atomverteilung beobachtet; in jeder Gitterzelle werden ganz bestimmte Plätze von den Atomen einer Art eingenommen; es entsteht eine „Überstruktur". Der Mischkristall und seine Umwandlungsvorgänge (Ordnung, Ausscheidung) wird in Kap. 25 behandelt.

Für die Aufstellung des *Zustandsschaubildes* von *ternären Legierungen* hat sich die Röntgenstrukturanalyse als ein besonders wertvolles Hilfsmittel erwiesen, weil sie die einzelnen Kristallarten durch alle Konzentrationsbereiche zu verfolgen und auch zu identifizieren gestattet, während die mikroskopische Gefügeuntersuchung zwar das Auftreten neuer Kristallarten festzustellen, aber ihre Zuordnung zu den bekannten Kristallarten der betreffenden binären Systeme nicht ohne weiteres vorzunehmen vermag. Das Zustandsschaubild eines ternären Systemes ist ein räumliches Gebilde; als Grundfläche wird zweckmäßig ein gleichseitiges Dreieck gewählt, an dessen Seiten die Konzentrationen der drei Elemente angeschrieben werden. Die Temperatur wird in der Richtung senkrecht zur Grundfläche aufgetragen.

E. Tabelle der Struktur von Legierungen

Bearbeitet von Dr. K. ANDERKO

Die Prozentzahlen sind in folgender Tabelle Atomprozente und bezeichnen die Homogenitätsgebiete der betreffenden Kristallgitter. Die Größe der festen Löslichkeiten in den Elementen ist häufig zusätzlich in Gewichtsprozenten (Zahlen in Klammern) angegeben. Als Grenzkonzentration der Homogenitätsgebiete werden jeweils die Werte angegeben, welche der größten Ausdehnung der einphasigen Bereiche ent-

[1] Vgl. Abschnitt 27.

[2] Da die Diffusionsvorgänge im Gitter bei niederer Temperatur sehr langsam verlaufen, muß entweder über Tage hin abgekühlt oder die abgeschreckte Legierung unterhalb der Umwandlungstemperatur längere Zeit angelassen werden.

sprechen. Diese können bei verschiedenen Temperaturen gelegen sein. Temperaturangaben sind in °C gemacht.

Die Reihenfolge der Elementsymbole in Formeln intermediärer Phasen ist durch das langperiodische System der Elemente bestimmt. Vortritt hat das weiter links, unter Homologen das weiter oben stehende Element. Ein Elementsymbol oder eine Formel in Klammern bedeutet, daß die betreffende Phase ein Homogenitätsgebiet besitzt. Ferner sind Konzentrationen angegeben, bei denen Eutektika auftreten. Eutektische Gemenge sind — im Vergleich zu solchen benachbarter Konzentrationen — durch einen Tiefstwert des Schmelzpunktes charakterisiert, der ebenfalls angeführt ist.

Für die Mischkristallgebiete der Elementstrukturen ist — soweit bekannt — der Verlauf der Gitterkonstante(n) mit der Zusammensetzung angegeben. Die Differenz zwischen der Gitterkonstante des reinen Elementes und des Mischkristalles zeigt an, ob das gelöste Element die Gitterkonstante(n) erhöht oder erniedrigt. Die Werte der Mischkristalle sind an von höherer Temperatur abgeschreckten Proben gemessen und entsprechen daher nur angenähert der maximal möglichen Löslichkeit. Wo sehr große Abweichungen hiervon vorliegen, ist die höchste meßbare bzw. gemessene Konzentration mit angegeben. Bei Systemen mit lückenloser fester Mischbarkeit ist die Abweichung von der Vegardschen Regel angeführt: „Kontraktion" bedeutet, daß die Gitterkonstante kleiner ist als die nach VEGARD berechnete; bei „Expansion" gilt das Umgekehrte.

Die Strukturen sind gekennzeichnet wie in Tab. 23.3, außerdem ist meist noch das Strukturberichtssymbol angegeben.

Tabelle 23.7. *Struktur von Legierungen*

Ag—Al:	0–20,3 (6,0)% Al	Mischkristall (Ag), cF4 [A 1], Grenze 4,0552 kX
	20,5–30%	β (Hochtemperaturphase), cI2 [A 2]
	21–25%	β (Tieftemperaturphase) μ ($<448°$), cP20 [A 13]
	23,5–42%	ζ, hP2 [A 3]
	62,5 (29,5)%	Eutektikum ζ + (Al) bei 566°
	76,2 (44,4)–100%	Mischkristall (Al), cF4 [A 1], a = 4,0407 (Al) bis 4,0423 kX
		Bei Raumtemperatur nur noch geringe Löslichkeit
Ag—Au:	0–100% Au	Mischkristall (Ag, Au), cF4 [A 1]
		Abweichung von der Vegardschen Regel (Kontraktion):
		4,0773 kX (Ag), Minimum 4,0674 bei ca. 65 At.-% Au
		4,0704 kX (Au)
		Anzeichen für Ordnungstendenz bei 25, 40 und 75 At.-% Au

System	Bereich	Phase
Ag—Cd:	0–42,2 (43,2)% Cd	Mischkristall (Ag), cF4 [A 1], Grenze 4,1666 kX
		Anzeichen für Ordnungstendenz bei 25 und 33 At.-% Cd
	40,5–56%	β (Hochtemperaturphase), cI2 [A 2]
	48,5–51%	β' (< 230°), cP2 [B 2]
	49,5–56,5%	ζ (470–225°), hP2 [A 3]
	58–63%	γ (> 436°), cI52 [D 8_2]
		γ' (< 470°)
	65–81%	δ, hP2 [A 3]
	93,0 (93,3)–100%	Mischkristall (Cd), hP2 [A 3]
Ag—Co:		Im flüssigen und festen Zustand praktisch unmischbar
Ag—Cr:		Im flüssigen Zustand Mischungslücke (15 bis 96,5 At.-% Cr), im festen Zustand unmischbar
Ag—Cu:	0–14,1 (8,8)% Cu	Mischkristall (Ag), cF4 [A 1], Grenze 4,0288 kX
	39,9 (28,1)%	Eutektikum (Ag) + (Cu) bei 779°
	95,1 (92,0)–100%	Mischkristall (Cu), cF4 [A 1], a = 3,6077 (Cu) bis 3,6298 kX
		Bei Raumtemperatur nur noch geringe gegenseitige Löslichkeit
Ag—Fe:		Im flüssigen und festen Zustand praktisch unmischbar
Ag—Hg:	0–37,3 (52,4)% Hg	Mischkristall (Ag), cF4 [A 1], Grenze 4,1828 kX
	43,5–46,0%	β, hP2 [A 3]
	um 56%	γ (Ag_3Hg_4), cI52 [D 8_{1-3}]
		Nur 0,066 (0,035)% Ag löslich in Hg bei Raumtemperatur
Ag—Mg:	0–29,3 (8,5)% Mg	Mischkristall (Ag), cF4 [A 1], Grenze 4,1126 kX
		Kubische Ordnungsphase $MgAg_3$ < 388°
	33,4%	Eutektikum (Ag) + β bei 759°
	35,5–65,5%	β, cP2 [B 2]
	75–79%	ε (Mg_3Ag). Linienreiches Pulverdiagramm; vorgeschlagene hexagonale Zelle nicht bestätigt
	96 (84,5)–100%	Mischkristall (Mg), hP2 [A 3]
		Gitterkonstanten a = 3,1841, c = 5,1597 kX, c/a = 1,6204 bei 3,22 At.-% Ag
Ag—Mn:	0–47 (31)% Mn	Mischkristall (Ag), cF4 [A 1], Grenze 4,0706 kX. Ordnungstendenz bei 25 At.-% Mn
	50–96%	Mischungslücke im flüssigen Zustand
		Etwa 0,2, 1,0 und 1,5 At.-% Ag löslich in β-, γ- und δ-Mn

Ag—Ni:		Mischungslücke im flüssigen Zustand zwischen etwa 4 und 97% Ni.
		Eutektikum Ag + Ni bei etwa 0,3 At.-% Ni, 960°. Sehr geringe gegenseitige Löslichkeit im festen Zustand
Ag—Pb:	95,3 (97,5)% Pb	Eutektikum (Ag) + Pb bei 304°
		„Retrograder" Verlauf der Löslichkeitskurve von Pb in festem Ag mit maximaler Löslichkeit 2,8 (5,2)% Pb bei ca. 600°. Grenze 4,094 kX. Sehr geringe Löslichkeit von Ag in festem Pb
Ag—Pd:	0–100% Pd	Mischkristall (Ag, Pd), cF4 [A 1]. Leichte Abweichung von der Vegardschen Regel (Kontraktion). Anzeichen für Bildung zweier Phasen AgPd und Ag_2Pd_3 unterhalb 1150°
Ag—Pt:	0–42,9% Pt	Mischkristall (Ag), cF4 [A 1], a = 4,050 kX bei 10 At.-% Pt
	Zwischen 20 und 77,5%	Peritektische Reaktion (Pt) + Schmelze $\rightleftharpoons$ (Ag) bei 1185°
		Im festen Zustand Bildung intermediärer Phasen mit Zusammensetzungen um $PtAg_3$ (α', α''), PtAg (β, β') und Pt_3Ag (γ, γ'). α'' und γ mit cP4 [L 1_2]-Überstruktur (in einer neueren Untersuchung wird die Existenz intermediärer Phasen verneint!)
	83,3–100%	Mischkristall (Pt), cF4 [A 1], a = 3,916 kX (Pt) bis 3,932 kX
Ag—Si:	10,6(3)% Si	Eutektikum Ag + Si bei 855°
		Vermutlich geringe Löslichkeit von Si in festem Ag
		Löslichkeit von Ag in festem Si $4{,}10^{-4}$ At.-%
Ag—Sn:	0–11,5 (12,5)% Sn	Mischkristall (Ag), cF4 [A 1], Grenze 4,1220 kX
	11,8–22,8%	β, hP2 [A 3]
	23,7–25%	γ (Ag_3Sn) orthorhombisch verzerrte Überstruktur, hP2 [A 3]
	96,2 (96,5)%	Eutektikum (ε + Sn) bei 221°
		Sehr geringe Löslichkeit von Ag in festem Sn
Ag—U:		Ausgedehnte Mischungslücke im flüssigen Zustand; weniger als 0,2 (0,4)% U löslich in festem Ag. Ag in festem Uran praktisch unlöslich.
Ag—V:		Im flüssigen und festen Zustand unmischbar
Ag—Zn:	0–40,2 (29,0)% Zn	Mischkristall (Ag), cF4 [A 1], Grenze 4,0114 kX
		Bildung von Ag_3Zn im festen Zustand unterhalb 500°

	36,7–58,6%	β ($> 258°$), cI2 [A 2]; bei tieferer Temperatur β', cP2 [B 2]. Daneben wird die nach neueren Untersuchungen vermutlich metastabile ζ-Phase, hexagonal mit 9 Atomen/Zelle („ζ-AgZn-Typ"), beobachtet
	58,5–65%	γ, cI52 [D 8_2]
	67,4–89%	δ, hP2 [A 3]
	95 (92)–100%	Mischkristall (Zn), hP2 [A 3] a = 2,6595 (Zn) bis 2,7000 kX c = 4,9368 (Zn) bis 4,7630 kX
Al—Au:	0,7 (5,0)% Au	Eutektikum (Al + $AuAl_2$) bei 642°
	33,3%	$AuAl_2$, cF12 [C 1]
	50%	AuAl, linienreiches Pulverdiagramm
	66,7%	Au_2Al, unbekannte Struktur
	~ 72%	Au_5Al_2 (?), ähnlich cI52 [D 8_{1-3}], hexagonal verzerrt
	um 80%	β', cP20 [A 13] β, Hochtemperaturphase, cI2 [A 2]
	~ 84 (97,5)–100%	Mischkristall (Au), cF4 [A 1] a = 4,0704 (Au) bis 4,0490 kX
Al—Be:	0–0,2 (0,05)% Be	Mischkristall (Al), cF4 [A 1], Grenze 4,0389 kX
	2,5%	Eutektikum (Al + Be) bei 645° Sehr geringe Löslichkeit von Al in festem Be
Al—C:		Sehr geringe Löslichkeit von C in flüssigem Al ($< 0{,}05$ Gew.-% bei 1400°). Al_4C_3 hR7 [D7_1]
Al—Cd:		Fast völlig unmischbar im flüssigen Zustand 0,11 (0,49)% Cd löslich in festem Al, Grenze 4,0411 kX
Al—Co:	0,45 (1,0)% Co	Eutektikum (Al + Co_2Al_9) bei 657°
	18%	Co_2Al_9, monoklin
	23,5%	Co_4Al_{13}, linienreiches Pulverdiagramm
	um 28%	Co_2Al_5, hP28 [D 8_{11}]
	48–80%	(CoAl), cP2 [B 2], ungeordnet $> 740°$
	80,5 (90,0)%	Eutektikum (CoAl + α_{Co}) bei 1400°
	84 (92)–100%	Mischkristall (Co), cF4 [A 1]
Al—Cr:	0–0,4 (0,7)% Cr	Mischkristall (Al), cF4 [A 1], Grenze 4,0389 kX Neun intermediäre Phasen im Bereich 10 bis 70% Cr
	54–100%	Mischkristall (Cr), cI2 [A 2] a = 2,8788 (Cr) bis 2,9355 kX
Al—Cu:	0–19,6 (9,4)% Al	Mischkristall (Cu), cF4 [A 1] a = 3,6077 (Cu) bis 3,6582 kX Anzeichen für Ordnungstendenz um 15% Al unterhalb 280° 12 intermediäre Phasen im Bereich 20 bis 50% Al

	um 66,7%	$CuAl_2$, tI12 [C 16]
	82,7 (67)%	Eutektikum ($CuAl_2$ + Al) bei 548°
	97,5 (94,3)–100%	Mischkristall (Al), cF4 [A 1], Grenze 4,0306 kX
Al–Fe:	0–54(35)% Al	Mischkristall (α-Fe), cI2 [A 2], a = 2,8606 (Fe) bis 2,9023 kX (geschlossenes γ-Feld) Bei tieferer Temperatur Ordnungsphasen Fe_3Al, CF16 [DO_3] und FeAl, cP2 [B 2]
	um 60%	ε (Hochtemperaturphase), kubisch (?)
	66,7%	$FeAl_2$, rhomboedrisch (?)
	70–72,5%	η (Fe_2Al_5), orthorhombisch
	um 75%	Θ ($FeAl_3$), monoklin
	99,1 (98,2)%	Eutektikum ($FeAl_3$ + Al) bei 655° Praktisch keine Löslichkeit von Fe in festem Al
Al–Mg:	0–18,9 (17,4)% Mg	Mischkristall (Al), cF4 [A 1], Grenze 4,1093 kX
	37,9 (35,5)%	Eutektikum (Al + β) bei 450°
	37,5–41%	β, kubische Riesenzelle (?)
	44%	ε, unbekannte Struktur
	44–62%	γ, cI58 [A 12]
	70 (68)%	Eutektikum (γ + Mg) bei 437°
	88,4 (87,3)–100%	Mischkristall (Mg), hP2 [A 3] a = 3,2029 (Mg) bis 3,1628 kX c = 5,2000 (Mg) bis 5,1477 kX
Al–Mn:	0–0,9 (1,8)% Mn	Mischkristall (Al), cF4 [A 1] Grenze 4,0186 kX (metastabile Übersättigung)
	1,0 (2,0)%	Eutektikum (Al + $MnAl_6$) bei 658,5° Acht intermediäre Phasen zwischen 14 und 62,5% Mn Über 40% Al löslich in δ- und β-Mn Gitterkonstante von β-Mn cP20 [A 13]: a = 6,30 (Mn) bis 6,41 kX
Al–Mo:	0–0,07 (0,25)% Mo	Mischkristall (Al), cF4 [A 1]
	7,7%	$MoAl_{12}$, cI26
	14,3%	$MoAl_6$
	16,6%	$MoAl_5$, hP12
	20%	$MoAl_4$, mC30
	25–31%	(Mo_3Al_8), monoklin
	~ 75%	(Mo_3Al), cP8 [A 15]
	80,5 (93,6)–100%	Mischkristall (Mo), cI2 [A 2]
Al–Ni:	0–0,023 (0,05)% Ni	Mischkristall (Al), cF4 [A 1]
	2,7 (5,7)%	Eutektikum (Al + $NiAl_3$) bei 640°
	25%	ε-$NiAl_3$, oP16 [DO_{20}]
	36,3–40,8%	δ-(Ni_2Al_3), hP5 [D 5_{13}]
	42–69,5%	β-(NiAl), cP2 [B 2]
	72–78,5%	(Ni_3Al), cP4 [L 1_2]
	79 (89)–100%	Mischkristall (Ni), cF4 [A 1] a = 3,5168 (Ni) bis 3,5403 kX

Al—Pb:		Ausgedehnte Mischungslücke im flüssigen Zustand Im festen Zustand sehr geringe Löslichkeit von Pb in Al, keine Löslichkeit von Al in Pb
Al—Si:	0–1,59 (1,65)% Si	Mischkristall (Al), cF4 [A 1], Grenze 4,0396 kX
	12,3 (12,7)% Si	Eutektikum (Al + Si) bei 577°
Al—Sn:	0–0,02 (0,1)% Sn	Mischkristall (Al), cF4 [A 1], Grenze 4,0416 kX
	97,8 (99,5)%	Eutektikum (Al + Sn) bei 228°
Al—Ti:	0–44% Al	Mischkristall (β-Ti), cI2 [A 2]
	0–41,9%	Mischkristall (α-Ti), hP2 [A 3] a = 2,944 (Ti) bis 2,924 kX c = 4,679 (Ti) bis 4,661 kX
	15–26%	(Ti_3Al), hP8 [DO_{19}]
	21–50%	(Ti_2Al), tetragonal (?)
	48,5–73%	(TiAl), tP4 [L 1_0]
	75%	$TiAl_3$, tI8 [DO_{22}] Geringe Löslichkeit von Ti in festem Al Mischkristallgrenze (metastabil übersättigt) 4,0395 kX
Al—U:	1,7 (13,0) % U	Eutektikum (Al + UAl_4) bei 640°
	17–18%	(UAl_4), orthorhombisch
	25%	UAl_3, cP4 [L 1_2]
	33,3%	UAl_2, cF24 [C 15]
	94%	Eutektikum (UAl_2 + γ-U) bei 1105° Etwa 5% Al löslich in γ-U
Al—Zn:	0–66,5 (82,2)% Zn	Mischkristall (Al), cF4 [A 1] bei 35% Zn a = 4,011 kX Bei Raumtemperatur nur noch geringe Löslichkeit (Die Existenz einer anfänglich postulierten Hochtemperaturphase Zn_3Al_2 wird neuerdings wieder diskutiert)
	88,7 (95)%	Eutektikum (Al) + (Zn) bei 382°
	97,6 (99)–100%	Mischkristall (Zn), hP2 [A 3]; a-Parameter des Zn wird leicht erniedrigt, der c-Parameter stark erhöht
As—Bi:	99,5 (99,8)% Bi	Eutektikum (As + Bi) bei 270° 0,42 (0,15)% As löslich in festem Bi
Au—Cd:	0–32,5 (21,5)% Cd	Mischkristall (Au), cF4 [A 1], Grenze 4,1253 kX
	um 25 %	Au_3Cd (α_1), tetragonal (verzerrt cP4)
	26–36%	α_2, $Cu_{4,5}Sb$-Typ [Überstruktur von hP2]
	41–58%	β, cP2 [B 2]; martensitische Umwandlungen $< 60°$
	60–68%	δ, δ', γ (Hochtemperaturphasen) und γ': ähnlich cI52 [D 8_2] (?)
	um 75%	ε ($> 269°$), ε' ($< 269°$) mit kubischer Riesenzelle (?)
	96,5 (94,0)–100%	Mischkristall (Cd), hP2 [A 3]

Au—Cu:	0–100%	Mischkristall (Cu, Au), cF4 [A 1]. Abweichung von der Vegardschen Regel (Expansion)
		Bei tieferen Temperaturen Ordnungsphasen:
		Cu_3Au, cP4 [L 1_2] < 390°
		CuAu II, orthorhombisch, < 410°
		CuAu I, tP4 [L 1_0], < 385°
		$CuAu_3$, < 200°
Au—Fe:	0–75 (46)% Fe	Mischkristall (Au), cF4 [A 1], a = 3,825 bei 65% Fe
	95,9–100%	Mischkristall (γ-Fe), cF4 [A 1]
	98–100%	Mischkristall (α-Fe), cI2 [A 2] a = 2,8606 (Fe) bis 2,8634 kX
Au—Hg:	0–19,1% Hg	Mischkristall (Au), cF4 [A 1], Grenze 4,1180 kX
	um 25%	(Au_3Hg), hP2 [A 3]
	um 60%	Au_2Hg_3 oder Au_5Hg_8, cI52 [D 8_2] (?)
	66,7%	$AuHg_2$
Au—Mg:	0– ~ 20 (3)% Mg	Mischkristall (Au), cF4 [A 1] (Gitterparameter noch nicht gemessen)
	um 25%	Neuerdings 6 verschiedene Kristallstrukturen identifiziert (Z. Metallkunde **56**, 1965, 864)
	32,5 (5,5)%	Eutektikum bei 827°
	35–60%	(MgAu), cP2 [B 2]
	66,7%	Mg_2Au
	71%	Mg_5Au_2 (Hochtemperaturphase)
	75%	Mg_3Au, hP8 [DO_{18}]
	93%	Eutektikum (Mg_3Au + Mg) bei 576°
	99,9(99,2) –100%	Mischkristall (Mg), hP2 [A 3], a = 3,2029 (Mg) bis 3,2015 kX
		c = 5,2000 (Mg) bis 5,1973 kX
Au—Ni:	0–100%	Mischkristall (Au, Ni), cF4 [A 1]. Leichte Abweichung von der Vegardschen Regel (Expansion)
		Unterhalb 812° Ausbildung einer Mischungslücke im festen Zustand (bei 300°: 7–99% Ni)
Au—Pd:	0–100%	Mischkristall (Pd, Au), cF4 [A 1]. Vegardsche Regel nahezu befolgt
Au—Pt:	0–100%	Mischkristall (Pt, Au), cF4 [A 1]. Leichte Abweichung von der Vegardschen Regel (Kontraktion)
		Unterhalb 1252° Ausbildung einer Mischungslücke im festen Zustand (bei 600°: 20–97% Pt)
	um 25% Pt	Ordnungsphase $PtAu_3$, cP4 [L 1_2]
Au—Si:	18,6 (3,2)% Si	Eutektikum (Au + Si) bei 370°
		$2 \cdot 10^{-4}$% Au im festen Si löslich

Au—Sn:	0–6,8 (4,2)% Sn	Mischkristall (Au), cF4 [A 1], Grenze 4,0971 kX
	9,1%	$Au_{10}Sn$ (Hochtemperaturphase), hP16 [DO_{24}]
	12–16%	β, hP2 [A 3]
	17%	β-Au_4Sn ($Au_{83}Sn_{17}$), Überstruktur von [A 3]
	29,3 (20)%	Eutektikum bei 280°
	50%	AuSn, hP4 [B 8_1]
	66,7%	$AuSn_2$, orthorhombisch
	80%	$AuSn_4$, orthorhombisch
	94%	Eutektikum bei 217°
		0,2 (0,3)% Au löslich in festem Sn
Au—W		Keine Legierungsbildung unterhalb Siedepunkt von Au (~ 2950°)
Au—Zn:	0–31 (13)% Zn	Mischkristall (Au), cF4 [A 1], Grenze 4,010 kX
		Unterhalb 420° zwischen etwa 15 und 28% Zn tetragonale oder orthorhombische Phasen α_1, α_2 und α_3
	37,5%	Au_5Zn_3, tetragonal
	36,5–57%	(AuZn), cP2 [B 2]
	64–83%	γ (Hochtemperaturphase), Kubische Struktur ähnlich γ_1
		γ_1, cI52 [D 8_{2-3}]
	um 75%	γ_2, kubisch (Z. Metallkunde **49**, 1958, 234)
	um 89%	ε, hP2 [A 3]
		geringe (nur ungenau bekannte) Löslichkeit von Au in festem Zn. (a-Parameter des Zn vergrößert, c-Parameter erniedrigt)
Be—Cu:	0–16,4 (2,7)% Be	Mischkristall (Cu), cF4 [A 1] a = **3,6077** (Cu) bis **3,5662** kX
	um 30%	β (Hochtemperaturphase), cI2 [A 2]
	47,4–48,6%	CuBe (γ), cP2 [B 2]
	~ 65–80%	$CuBe_2$, cF24 [C 15]
		β-Be Hochtemperaturmodifikation löst über 14% Cu; in α-Be, hP2 [A 3], sind 7,9% Cu löslich
Be—Fe:	0–33 (7,4)% Be	Mischkristall (α-Fe), cI2 [A 2] a = 2,8606 (Fe) bis 2,809 bei 20% Be; geschlossenes γ-Feld
	36 (8,3)%	Eutektikum bei 1165°
	63–79%	(Be_2Fe), hP12 [C 14]
	82–ca. 93%	ε-(Be_5Fe), cF24 [C 15]
	~ 92,5%	$Be_{12}Fe$, tetragonal tI26 [$ThMn_{12}$-Typ]
		0,9% Fe löslich in festem α-Be, hP2 [A 3]
Be—Li:		In flüssigem Li lösen sich bei 1000° 0,17 (0,22)% Be Keine Verbindungsbildung
Be—Ni:	0–15,3 (2,7)% Be	Mischkristall (Ni), cF4 [A 1]; abnehmende Gitterkonstante mit steigendem Be-Gehalt
	28,2 (5,7)%	Eutektikum bei 1157°

	um 50%	(BeNi), cP2 [B 2]
	79–84%	$(Be_{21}Ni_5)$, cI52 verzerrt [D 8_{1-3} verzerrt] In β-Be ca. 10%, in α-Be ca. 5% Ni löslich a = 2,2810 (Be) bis 2,2326 kX c/a = 1,568 (Be) bis 1,580
Bi—Sb:	0–100%	Mischkristall (Sb, Bi), hR2 [A 7], Vegardsche Regel erfüllt
Bi—U:	~ 2–52% Bi	Mischungslücke im flüssigen Zustand
	50%	UBi, cF8 (?) [B 1] (?) und/oder tetragonal
	57%	U_3Bi_4, cI28 [D 7_3]
	66,7%	UBi_2, tP6 [C 38]
C—Fe:		(Daten des metastabilen Systems Fe–Fe_3C) α-Fe löst bis 0,165 (0,035)% C, Mischkristall cI2 [A 2] (Ferrit); a = 2,8606 (Fe) bis 2,8619 kX γ-Fe löst bis 8,91 (2,06)% C, Mischkristall cF4 [A 1] (Austenit); a = 3,548 (Fe) bis 3,636 kX (gemessen an abgeschreckten Proben)
	3,46 (0,765)% C	Eutektoide Reaktion $\gamma \rightleftharpoons \alpha + Fe_3C$ bei 727° (Perlit)
	17,3 (4,3)%	Eutektikum $\gamma + Fe_3C$ bei 1147° (Ledeburit)
	25 (6,7)%	Fe_3C (Zementit), oP16 [DO_{11}]

C—Ti:		α-Ti löst bis 2,0 (0,5)% C, Mischkristall hP2 [A 3];
		a = 2,9445 (Ti) bis 2,961 kX;
		c = 4,674 (Ti) bis 4,757 kX;
		β-Ti löst bis 0,55% C, Mischkristall cI2 [A 2]

	33–50% C	(TiC), cF8 [B 1]
C—W:	25 (2)% C	Eutektikum (W + W_2C) bei 2710°
	26–34%	(W_2C) (Hochtemperaturphase), hP3 [L'_3]
	um 40%	(β-WC) (Hochtemperaturphase), cF8 [B 1]
	50%	(α-WC) hP2
Cd—Cu:	0–2,6 (4,5)% Cd	Mischkristall (Cu), cF4 [A 1] a = 3,6077 (Cu) bis 3,628 kX
	33,3%	Cu_2Cd, hP12 [C 14]
	42–44%	Cu_4Cd_3 kubische Riesenzelle (?)
	53–64%	γ (Cu_5Cd_8), cI52 [D 8_2]
	75%	$CuCd_3$, hexagonal (?)
	97,9 (98,8)%	Eutektikum ($CuCd_3$ + Cd) bei 314° Cu in festem Cd praktisch unlöslich
Cd—Fe:		In flüssigem und festem Zustand unmischbar
Cd—Hg:	0 bis etwa 23 (35)% Hg	Mischkristall (Cd), hP2 [A 3] Grenze a = 2,962, c = 5,700 kX, c/a = 1,924
	~ 27 bis ~ 88%	ω-CdHg
Cd—Mg:	0–100%	Mischkristall (Mg, Cd), hP2 [A 3]. α-Achse zeigt positive Abweichung von Vegardscher Regel (Expansion) c-Achse negative Abweichung (Kontraktion)

		Unterhalb 253° geordnete Phasen:
		Mg_3Cd, hP8 (Überstruktur) [DO_{19}]
		MgCd, oP4 (AuCd-Typ) [B 19]
		$MgCd_3$, hP8 (Überstruktur) [DO_{19}]
Cd—Pb:		Geringe Löslichkeit von Pb in festem Cd
	71,3 (82,1)% Pb	Eutektikum (Cd + Pb) bei 248°
	94,1 (96,7)–100%	Mischkristall (Pb), cF4 [A 1] a = 4,9402 (Pb) bis 4,905 kX
Cd—Sn:	0–0,25 (0,25)% Sn	Mischkristall (Cd), hP2 [A 3]
	66,5 (67,8)%	Eutektikum (Cd + β) bei 177°
	um 95%	β (Zwischen 223 und 133°), hexagonal
	~ 99 (99)–100%	Mischkristall (Sn), tI4 [A 5]; Gitterkonstanten zeigen bei 0,3% Cd eine durch Leerstellen bedingte Anomalie
Cd—Zn:	0–3,8 (2,2)% Zn	Mischkristall (Cd), hP2 [A 3]
	26,5 (17,4)%	Eutektikum bei 266°
	98,5 (97,5)–100%	Mischkristall (Zn), hP2 [A 3] a = 2,6595 (Zn) bis 2,663 kX c = 4,937 (Zn) bis 4,950 kX (retrograde Löslichkeitskurve)
Co—Cr:	0–41 (38) % Cr	Mischkristall hP2 [A 3], bei höherer Temperatur cF4 [A 1] (Bildung von $CrCo_3$, $CrCo_2$ und Cr_2Co_3 im festen Zustand ? ?)
	45,5%	Eutektikum bei 1400°
	um 60%	σ, tetragonal („σ-Typ"); oberhalb 1255° δ unbekannter Struktur
	65 (62)–100%	Mischkristall (Cr), cI2 [A 2] a = 2,8786 (Cr) bis 2,850 kX
Co—Cu:	0–12,0 (12,8)% Cu	Mischkristall (α-Co), cF4 [A 1], Grenze 3,539 kX
	0–ca. 9%	Mischkristall (ε-Co), hP2 [A 3]
	94,5 (94,9)–100%	Mischkristall (Cu), cF4 [A 1] a = 3,61 (Cu) bis a = 3,60 kX
Co—Fe:	0–100%	Mischkristall cF4 [A 1] bei hoher Temperatur Bei tieferer Temperatur:
	0–75 (76)% Co	Mischkristall cI2 [A 2], a = 2,8606 (Fe) bis 2,8348 kX
	um 25%	α_3 (Fe_3Co)
	um 50%	(FeCo) cP2 [B 2]
	um 75%	α_2 ($FeCo_3$)
Co—Mn:		Das System enthält keine intermediäre Phasen, dagegen bilden die Strukturmodifikationen von Co und Mn z. T. sehr ausgedehnte Mischkristallgebiete:
	0– ca. 60% Mn	Mischkristall (α-Co), cF4 [A 1], Grenze 3,617 kX
	0–27%	Mischkristall (ε-Co), hP2 [A 3]
	62–100%	Mischkristall (β-Mn), cP20 [A 13], a = 6,303 (β-Mn) bis 6,269 kX

	91–100%	Mischkristall (δ-Mn), cI2 [A 2]
	96–100%	Mischkristall (γ-Mn), cF4 [A 1]
	ca. 98–100%	Mischkristall (α-Mn), cI58 [A 12]
		Noch unbestätigte Anzeichen für Ordnungsumwandlungen bei 50, 66,7 und 75% Mn
Co—Mo:	0–18,5 (27)% Mo	Mischkristall (α-Co), cF4 [A 1] Grenze 3,60 kX
	0– ~15%	Mischkristall (ε-Co), hP2 [A 3], Grenze a = 2,554, c = 4,101 kX
	25%	$MoCo_3$, hP8 (Überstruktur) [DO_{19}]
	um 45%	Mo_6Co_7, hR13 [D 8_5]
	um 60%	σ zwischen 1600 und 1250°, tetragonal („σ-Typ“)
	~ 94–100%	Mischkristall (Mo), cI2 [A 2], an Löslichkeitsgrenze etwa 1% kontrahierte Gitterkonstante
Co—Ni:	0–100%	Mischkristall cF4 [A 1] bei höheren Temperaturen; Vegardsche Regel nahezu erfüllt Bei Raumtemperaturen in Co-reichen Legierungen Mischkristall hP2 [A 3] und um 75% Ni Anzeichen für Ordnungsphase $CoNi_3$
Co—Pb:		Im flüssigen Zustand weitgehend (flüssiges Pb löst bei 1200° 0,4% Co), im festen praktisch unmischbar
Co—Pd:	0–100%	Mischkristall cF4 [A 1] bei höheren Temperaturen. Positive Abweichung von der Vegardschen Regel (Expansion) In Co-reichen Legierungen Mischkristall hP2 [A 3] < 450°
Co—Pu:		Das System weist folgende intermediäre Phasen auf: Pu_6Co tI Pu_3Co, orthorhombisch Pu_2Co, hP9 [C 22] $PuCo_2$, cF24 [C 15] $PuCo_3$, rhomboedrisch (?) Pu_2Co_{17}, hexagonal
Co—Sn:	Höchstens 5 (9)% Sn	löslich in kubischem Co bei höheren Temperaturen, Grenze 3,555 kX
	20,5 (34)%	Eutektikum (Co + γ) bei 1110°
	um 40%	γ, hP6 [B 8_2]; unterhalb 550° γ', Überstruktur (hexagonal oder orthorhombisch)
	50%	CoSn, hP6 [B 35]
	66,7%	$CoSn_2$, tI12 [C 16]
		Festes Sn löst kein Co
Co—Ti:	12,8% Ti	löslich in kubischem Co bei ~ 1200°
	16–25%	γ-($TiCo_3$), cP4 [L 1_2]
	22 (18,6)%	Eutektikum (γ + $TiCo_2$) bei 1170°
	um 33%	$TiCo_2$, hP24 [C 36] (Co-reiche Seite) cF24 [C 15] (Ti-reiche Seite)

System	Zusammensetzung	Phase / Bemerkung
	50%	TiCo, cP2 [B 2]
	66,7%	Ti_2Co, kubisch mit 96 Atomen je Zelle
	85,5–100%	Mischkristall (β-Ti), cI2 [A 2]
		Löslichkeit von Co in α-Ti < 1%
Co—W:	0–17,5 (40)% W	Mischkristall cF4 [A 1], Grenze 3,560 kX
		Bei tieferen Temperaturen hP2 [A 3]
	21 (45)%	Eutektikum bei 1480°
	25%	WCo_3, hP8 [DO_{19}]
	40–44%	(W_6Co_7), hR13 [D 8_5]
		5% Co löslich in festem W (?)
Cr—Cu:	6–58% Cu	Mischungslücke im flüssigen Zustand
	98,4 (98,7)%	Eutektikum (Cr + Cu) bei 1075°
		0,8 (0,65)% Cr löslich in festem Cu
		a = 3,6077 (Cu) bis 3,6123 kX (metastabile Übersättigung 1,63% Cr)
Cr—Fe:	0–100% Fe	Mischkristall (Cr, Fe) cI2 [A2]; leicht positive Abweichung von der Vegardschen Geraden (Expansion)
	48,5–58%	σ, tetragonal („σ-Typ") zwischen 820 und 520°
		Unter 400° gegenseitige Löslichkeit von Fe und Cr vermutlich < 5%
Cr—Mn:	0–71,4 (72,5)% Mn	Mischkristall (Cr), cI2 [A2]; bei 43% Mn
		a = 2,8841 kX
	66,7%	Cr-Mn_2 (?), cI58 [A 12]
	72,8–85,0%	σ, tetragonal („σ-Typ") mit Ordnungs-Unordnungs-Umwandlung um 1000°
		Größere Löslichkeit von Cr in α-, β- und δ-Mn
		a = 8,894 (α-Mn) bis 8,888 kX
		a = 6,3018 (β-Mn) bis 6,2902 kX
Cr—Mo:	0–100%	Mischkristall (Cr, Mo), cI2 [A 2]. Abweichung von der Vegardschen Regel (Expansion)
		Unterhalb 700° Mischungslücke im festen Zustand (?)
Cr—Ni:	0–38% Ni	Mischkristall (Cr), cI2 [A 2]
		a = 2,8735 kX bei 11% Ni
	46 (49)%	Eutektikum (Cr) + (Ni) bei 1345°
	50 (53)–100%	Mischkristall (Ni), cF4 [A 1]
		a = 3,5168 (Ni) bis 3,5747 kX
	um 66,7%	Ordnungsphase $CrNi_2 < 580°$
	um 75%	Ordnungsphase $CrNi_3$, cP4 [L 1_2], 540°
Cr—Pd:	0–2 (3,6)% Pd	Mischkristall (Cr), cI2 [A 2]
	44 (62)%	Eutektikum (Cr) + (Pd) bei 1313°
	um 50%	CrPd ($< 570°$), tetragonal
	50,5 (67,5)–100%	Mischkristall (Pd), cF4 [A 1]
		a = 3,8829 (Pd) bis 3,838 kX
Cr—Sn:		Mischungslücke im flüssigen, unmischbar im festen Zustand. Flüssiges Sn löst bei 1000° ca. 6% Cr

Cr—Ti:	0–100% Cr	Mischkristall (Ti, Cr), cI2 [A 2] positive Abweichung von Vegardscher Regel (Expansion)
	57–70%	($TiCr_2$), cF24 [C 15]; oberhalb 1160° hP12 [C 14]
Cr—V:	0–100%	Mischkristall (V, Cr), cI2 [A 2], negative Abweichung von Vegardscher Regel (Kontraktion)
Cr—W:	0–100%	Mischkristall (Cr, W), cI2 [A 2]; Abweichung von der Vegardschen Regel (Expansion)
		Unterhalb 1495° ausgedehnte Mischungslücke im festen Zustand
Cu—Fe:	0–4,5 (4,0)% Fe	Mischkristall (Cu), cF4 [A 1]; Grenze a = 3,6092 kX (ein anderer Autor fand Verkleinerung von a durch Fe)
	3,2–92,5%	Peritektikale Schmelze + (γ-Fe) $\rightleftharpoons$ (Cu) bei 1094°
		In γ-Fe sind ~ 7,5%, in α-Fe 1,8 (2,0)% Cu löslich; a = 2,8606 (α-Fe) bis 2,8617 kX
Cu—Hg:		Vermutlich geringe Löslichkeit von Hg in festem Cu;
	~50% Hg	~ CuHg (γ), cI52 [D 8_{1-3}]
		Flüssiges Hg löst bei Raumtemperatur 0,0032 Gew.-% Cu
Cu—Li:	0–20% Li	Mischkristall (Cu), cF4 [A 1]
		Keine intermediäre Phasen existent
Cu—Mg:	0–8,2 (3,3)% Mg	Mischkristall (Cu), cF4 [A 1]; Grenze a = 3,634 kX
	21,9 (9,7)%	Eutektikum (Cu + $MgCu_2$) bei 722°
	32,8–35,5%	$MgCu_2$, cF24 [C 15]
	66,7%	Mg_2Cu [neuer Typ]
	85,5 (69,3)%	Eutektikum (Mg_2Cu + Mg)
		Sehr geringe Löslichkeit von Cu in festem Mg; a = 3,2029 (Mg) bis 3,2020 kX; c = 5,1994 (Mg) bis 5,1987 kX
Cu—Mn:	0–100%	Mischkristall (Cu, γ-Mn), cF4 [A 1]
		Starke Abweichung von der Vegardschen Regel (Expansion). Bei 400° nur noch 29% Mn löslich in Cu
		Anzeichen für Ordnungsphasen bei Cu_5Mn und Cu_3Mn unterhalb 450°
Cu—Mo:		Nach älteren Untersuchungen im flüssigen und festen Zustand praktisch unmischbar. Eine neuere Untersuchung findet 2,2 (1,5)% Cu löslich in festem Mo bei 950°
Cu—Ni:	0–100%	Mischkristall (Ni, Cu), cF4 [A 1]; geringe Abweichung von der Vegardschen Regel (Kontraktion)

Cu—Pb:	14,7–67% Pb	Mischungslücke im flüssigen Zustand (oberer kritischer Punkt 990°). Sehr geringe gegenseitige Löslichkeit im festen Zustand
Cu—Pt:	0–100%	Mischkristall (Pt, Cu), cF4 [A 1]. Leichte Abweichung von der Vegardschen Regel (Expansion)
		Bei tieferen Temperaturen Überstrukturphasen:
	um 20% Pt	$PtCu_3$, cP4 [L 1_2]
	um 50%	PtCu, hR32 [L 1_1]
	63–88%	(Pt_3Cu), kubisch flächenzentriert, 32 Atome/Zelle
Cu—Si:	0–11,2 (5,3)% Si	Mischkristall (Cu), cF4 [A 1], Grenze a = 3,6153 kX
	Zwischen 11 und 25%	Zahlreiche Phasen, z. T. nur in beschränktem Temperaturbereich beständig:
		$\varkappa$, hP2 [A 3]
		β, cI2 [A 2]
		γ, cP20 [A 13]
		δ, cI52 [$D8_2$ verzerrt]
		ε ($Cu_{15}Si_4$), cI76 [D 8_6]
		η, η', η'' (Cu_3Si), cP52 [D 8_{1-3} verzerrt]
		Festes Si löst $2{,}8 \cdot 10^{-3}$% Cu
Cu—Sn:	0–9,1 (15,8)% Sn	Mischkristall (Cu), cF4 [A 1]; Grenze a = 3,695 kX
	um 15%	β (Zwischen 798 und 586°), cI2 [A 2]
	15–27%	γ (Zwischen 755 und 520°), cF16 [DO_3]
	um 20,5%	δ (Cu_4Sn) (Zwischen 590 und 350°), cI52 [D 8_{1-3}]
	um 21%	ζ (Zwischen 640 und 582°), trigonal
	um 25%	ε (Cu_3Sn), orthorhombisch verzerrt
	um 45%	η, hP4 und η', ~ hP4 [B 8 und ~ B 8]
	98,7 (99,3)%	Eutektikum bei 227°
		Festes Sn löst 0,01 (0,006)% Cu
Cu—U:	8 (24,5)% U	Eutektikum (Cu + UCu_5) bei 950°
	16,7%	UCu_5, cF24 [C 15_b]
	22–95%	Mischungslücke im flüssigen Zustand
Cu—W:		Im flüssigen und festen Zustand unlösbar
Cu—Zn:	0–38,3 (39,0)% Zn	Mischkristall (Cu), cF4 [A 1]; Grenze a = 3,685 kX
	25%	Ordnungsphase (Cu_3Zn)
	36–56%	β, cI2 [A 2];
		unterhalb 468°: β', cP2 [B 2]
	57–70%	γ, cI52 [D 8_2]
	um 75%	δ (Zwischen 700 und 558°), cP2 [B 2]
	78–87%	ε, hP2 [A 3]
	97,2 (97,3)–100%	Mischkristall (Zn), hP2 [A 3]
		a = 2,659 (Zn) bis 2,673 kX
		c = 4,935 (Zn) bis 4,815 kX

Fe—Hg:		Löslichkeit von Fe in Hg bei RT ist $< 10^{-6}$%
Fe—Mn:	0–100% Mn	Mischkristall (γ-Mn, γ-Fe), cF4 [A 1]; Abweichung von der Vegardschen Regel (Kontraktion)
	0–3%	Mischkristall (α-Fe), cI2 [A 2], Grenze a = 2,8618 kX
	~ 67–100%	Mischkristall (β-Mn), cP20 [A 13], a = 6,307 (Mn) bis 6,262 kX
	~ 68–100%	Mischkristall (α-Mn), cI58 [A 12], a = 8,89 (Mn) bis 8,849 kX
Fe—Mo:	0–22% Mo	Mischkristall (α-Fe), cI2 [A 2], a = 2,8679 kX bei 3,8% Mo geschlossenes (γ-Fe)-Feld
	um 40%	Fe_7Mo_6, hR13 [D 8_5]
	um 50%	σ (MoFe), Hochtemperaturphase („σ-Typ") tP30 [D 8_b]
	~ 78–100%	Mischkristall (Mo), cI2 [A 2]; 0,9% Kontraktion des Mo-Gitters durch ~ 20% Fe
Fe—N:		α-Fe löst bis 0,4 (0,1)% N, Mischkristall cI2 [A 2]; Grenze a = 2,8627 kX
		γ-Fe löst bis 10,3 (2,8)% N, Mischkristall cF4 [A 1]
	um 20% N	Fe_4N, cP5 [L′ 1_0]
	~ 15–33%	ε, hP3 [L′$_3$]
	33,3%	ζ (Fe_2N)
Fe—Ni:	0–100% Ni	Mischkristall (γ-Fe, Ni), cF4 [A 1]. Abweichung von der Vegardschen Regel (Expansion)
	0– ~ 10 (~ 10)%	Mischkristall (α-Fe), cI2 [A 2]; Grenze a = 2,8644 kX (5,7% Ni)
	um 25%	Überstruktur Fe_3Ni (?)
	um 75%	Überstruktur $FeNi_3$, cP4 [L 1_2]
Fe—P:	0–4,9 (2,8)% P	Mischkristall (α-Fe), cI2 [A 2] (geschlossenes γ-Feld)
	17,5 (10,5)%	Eutektikum bei 1050°
	25%	Fe_3P, tI32 [DO_e]
	33,3%	Fe_2P, hP9 [C 22]
	50%	FeP, oP8 [B 31]
	66,7%	FeP_2, oP6 [C 18]
Fe—Pb:	0,06–99,1% Pb	Mischungslücke im flüssigen Zustand Im festen Zustand praktisch unmischbar
Fe—Pt:	0–100% Pt	Mischkristall (γ-Fe, Pt), cF4 [A 1]; starke Abweichung von der Vegardschen Regel (Expansion)
		Bei tieferen Temperaturen:
	0– ~ 20 (47)%	Mischkristall (α-Fe), cI2 [A 2]
	um 25%	Überstruktur Fe_3Pt, cP4 [L 1_2]
	um 50%	Überstruktur FePt, tP4 [L 1_0]
	um 75%	Überstruktur $FePt_3$, cP4 [L 1_2]

System	Zusammensetzung	Phase
Fe—Si:	0–31 (18,5) % Si	Mischkristall (α-Fe), cI2 [A 2]; Grenze a = 2,8076 kX (geschlossenes γ-Feld)
	~ 8–31 %	Ordnungsphase (Fe_3Si), cF16 [DO_3]
	~ 34 %	α″ (?), kubisch (Hochtemperaturphase)
	34 (20,5) %	Eutektikum bei 1200°
	37,5 %	Fe_5Si_3 (η) zwischen 1030 und 825°, hP16 [D 8]
	um 50 %	FeSi (ε), cP8 [B 20]
	68 %	ζ-$FeSi_2$ (unterhalb 995°), tetragonal
	71,3–72,1 %	ζ-$FeSi_2$ (oberhalb 960°), tetragonal
		Festes Si löst bei 1300° $7{,}0 \cdot 10^{-7}$ % Fe
Fe—Sn:	0–0,3 (18) % Sn	Mischkristall (α-Fe), cI2 [A 2]; Grenze a = 2,925 kX (geschlossenes γ-Feld)
	25 %	β″-Fe_3Sn (zwischen 880 und 750°), hP8 [DO_{19}]
	30,3–68 %	Mischungslücke im flüssigen Zustand
	40 %	Fe_3Sn_2 (zwischen 830 und 620°), monoklin
	um 44 %	γ (zwischen 940 und 780°), hP4 [B 8_1]
	50 %	β-FeSn, hP6 [B 35]
	66,7 %	$FeSn_2$, tI12 [C 16]
		Fe praktisch unlöslich in festem Sn
Fe—Ta:	0–2,3 (7) % Ta	Mischkristall (δ-Fe), cI2 [A 2]
		Geringere Löslichkeit von Ta in γ- und α-Fe
	~ 7 %	Eutektikum bei 1410°
	33,3 %	$TaFe_2$, hP12 [C 14]
	50 %	TaFe, hexagonal (?)
Fe—Ti:	0–9,8 % Ti	Mischkristall (α-Fe), cI2 [A 2]; a = 2,8653 kX bei 2,3 % Ti
	16 (14) %	Eutektikum bei 1298°
	um 30 %	($TiFe_2$), hP12 [C 14]
	um 50 %	(TiFe), cI2 [A 2]
	~ 71 %	Eutektikum bei 1085°
	78 (75)—100 %	Mischkristall (β-Ti), cI2 [A 2]; a = 3,26 kX bei 5,2 % Fe; a = 3,16 kX bei 20,2 % Fe
Fe—U:		U praktisch unlöslich in festem Fe
	33,3 % U	UFe_2, cF 24 [C 15]
	66 (89) %	Eutektikum bei 725°
	86 %	U_6Fe, tetragonal tI28 [D 2_c]
		α-U löst 0,2 %, β-U löst 0,43 %, γ-U löst ca. 1,5 % Fe
Fe—V:	0–100 % V	Mischkristall cI2 [A 2]; starke Abweichung von der Vegardschen Regel (Kontraktion)
	37–57 %	σ (< 1200°), tetragonal („σ-Typ“) tP30 [D 8_b]
Fe—W:	0–13 (33) % W	Mischkristall (α-Fe), cI2 [A 2]; a = 2,8832 kX bei 7,16 % W; geschlossenes γ-Feld
	um 33 %	WFe_2, hP12 [C 14]
	um 40 %	W_6Fe_7, hR13 [D 8_5]
	97,4 (99,2)–100 %	Mischkristall (W), cI2 [A 2]

Fe—Zn:	0–42% Zn	Mischkristall (α-Fe), cI2 [A 2], Grenze a = 2,9418 kX
		In γ-Fe sind maximal 7% Zn löslich
	68,7–77,4%	T-Fe_3Zn_{10} cI52 [D 8_1]
	87–92%	$FeZn_{10}$ δ_1, hexagonale Riesenzelle (?)
		Bei höherer Temperatur polymorphe Umwandlung: δ-Phase
	um 93%	ζ, monoklin
		ca. 0,003 Gew.-% Fe löslich in festem Zn
Hg—Ni:		Löslichkeit von Ni in Hg bei Raumtemperatur $< 7\cdot10^{-6}$ ($< 2\cdot10^{-6}$)%
	20–25% Ni	$NiHg_4$, kubisch
Hg—Pb:	0–24% Hg	Mischkristall cF4 [A 1]; a = 4,9402 (Pb) bis 4,8539 kX
	um 33%	$HgPb_2$, tetragonal
		Bei 20° sind etwa 1,5 (1,5)% Pb löslich in Hg
Hg—Sb:		$3{,}55 . 10^{-4}$% Sb löslich in Hg bei Raumtemperatur
Hg—Sn:		Geringe Löslichkeit von Hg in festem Sn, tI4 [A 5] a = 5,8197 (Sn) bis 5,8169 kX c = 3,1749 (Sn) bis 3,1741 kX
	2–11% Hg	$HgSn_{12}$ einfach hexagonales Gitter, auf Hg-reicher Seite vermutlich rhombisch deformiert
	25%	$HgSn_3$ (?), unterhalb −35°
		Flüssiges Hg löst bei 0° 0,65% Sn
Hg—Zn:	1,7 (0,56)% Zn	Eutektikum bei −41,6°
	um 60%	β, unterhalb 20°
	um 72%	(Zn_3Hg), hexagonal
	97–100%	Mischkristall (Zn), hP2 [A 3] a = 2,6595 (Zn) bis 2,6623 kX c = 4,9340 (Zn) bis 4,9767 kX
Ir—Pt:	0–100% Ir	Mischkristall (Ir, Pt), cF4 [A 1]
		Vegardsche Regel befolgt
		Unterhalb 975° weitgehende Entmischung
Li—Mg:	0–75,5 (91,5)% Mg	Mischkristall (Li), cI2 [A 2] a = 3,5021 (Li), 3,478 (50% Li), 3,509 kX an Grenze
	77 (92)%	Eutektikum bei 588°
	82,5 (94,3)–100%	Mischkristall (Mg), hP2 [A 3] a = 3,2029 (Mg) bis 3,1904 kX c = 5,2000 (Mg) bis 5,1320 kX
Mg—Ni:		Löslichkeit von Ni in festem Mg kleiner als 0,04 (0,1)%. Grenze: a = 3,2037, c = 5,2015 kX
	11,3 (23,5)% Ni	Eutektikum bei 507°
	33,3%	Mg_2Ni, hP18
	66,7%	$MgNi_2$, hP24 [C 36]
	77 (89)%	Eutektikum bei 1095°

Mg—Pb:	0–7,75 (41,7)% Pb	Mischkristall (Mg), hP2 [A 3]; Grenze a = 3,2083, c = 5,2337 kX
	19,1 (66,8)%	Eutektikum bei 466°
	33,3%	Mg_2Pb, cF12 [C 1]
	~ 35,0%	(β), stabil zwischen 549 und 291°, orthorhombisch
	83,5%	Eutektikum bei 248,5°
	94,1–100%	Mischkristall (Pb), cF4 [A 1]
Mg—Si:		0,0027% Si löslich in festem Mg a = 3,2029 (Mg) bis 3,2026 kX c = 5,1994 (Mg) bis 5,1998 kX
	1,16 (1,34)% Si	Eutektikum bei 638°
	33,3%	Mg_2Si, cF12 [C 1]
	53,5 (57)%	Eutektikum bei 920°
Mg—Sn:	0–3,45 (14,85)% Sn	Mischkristall (Mg), hP2 [A 3] Grenze a = 3,2012, c = 5,2064 kX (2,47% Sn)
	10,5 (36,4)%	Eutektikum bei 561°
	33,3%	Mg_2Sn, cF12 [C 1]
	91 (98)%	Eutektikum bei 200°
Mg—U:		Im flüssigen und festen Zustand beinahe völlig unmischbar
Mg—Zn:	0–3,3 (8,4)% Zn	Mischkristall (Mg), hP2 [A 3], Grenze a = 3,1889, c = 5,1767 kX
	28,1%	Eutektikum bei 340°
	um 30%	Mg_7Zn_3, zwischen 342 und 312°, Struktur unbekannt
	50%	MgZn unbekannter Struktur (Trans. ASM **49**, 1957, 778)
	60%	Mg_2Zn_3 unbekannter Struktur
	66–67,1%	$MgZn_2$, hP12 [C 14]
	um 85%	Mg_2Zn_{11}, cP39
	99,6 (99,8)–100%	Mischkristall (Zn), hP2 [A 3]
Mg—Zr:		Flüssiges Mg löst zwischen 650 und 800° ca. 0,6 Gew.-% Zr Festes Mg nimmt ca. 0,3 (1,1)% Zr in Lösung mit auf; a = 3,2029 (Mg) bis 3,1989 kX c = 5,1994 (Mg) bis 5,1964 kX
	29–38% Zr	(Mg_2Zr)?
		Vermutlich geringe Löslichkeit von Mg in festem Zr
Mn—Ni:	0–100% Ni	Mischkristall (γ-Mn, Ni), cF4 [A 1]; leichte Abweichung von der Vegardschen Regel (Expansion) Bei tieferen Temperaturen:
	um 50%	β-MnNi (910–675°), cI2 [A 2]
		MnNi (< 761°), tP4 [L 1_0]
	um 75%	$MnNi_3$ cP4 [L 1_2]

System	Zusammensetzung	Phase
Mn—Ti:	0–30 (33)% Mn	Mischkristall (β-Ti), cI2 [A 2] a = 3,28 (Ti) bis 3,18 kX (18,1% Mn) In α-Ti sind nur 0,44 (0,5)% Mn löslich
	39,2 (42,5)%	Eutektikum bei 1175°
	~ 50%	σ-TiMn (?), tP30 [D 8_b]
	58,4–68%	($TiMn_2$), hP12 [C 14]
	~ 74%	$TiMn_3$ (?), tetragonal oder orthorhombisch
	~ 78%	$TiMn_4$ (?), hexagonal
	90–100%	Mischkristall (α-Mn), cI58 [A 12]
Mo—Ni:	0–28,4% Mo	Mischkristall (Ni), cF4 [A 1]; a = 3,517 (Ni) bis 3,619 kX Durch Reaktionen im festen Zustand bei etwa 900° Bildung von $MoNi_4$ (tI10) und $MoNi_3$ hP2 [A3]
	um 50%	(δ-MoNi), orthorhombisch („σ-Typ") In festem Mo sind 1,8% Ni löslich
Mo—Ti:	0–100%	Mischkristall (β-Ti, Mo), cI2 [A 2]; starke Abweichung von der Vegardschen Regel (Kontraktion) Nur geringe Löslichkeit von Mo in α-Ti
Mo—W:	0–100%	Mischkristall (Mo, W), cI2 [A 2] Vegardsche Regel befolgt
Nb—Zr:	0–100%	Mischkristall (β-Zr, Nb), cI2 [A 2]; Vegardsche Regel erfüllt. Mischungslücke bei tieferen Temperaturen: bei 610° eutektoide Reaktion (β-Zr, Nb; 80,3%) $\rightleftharpoons$ (Nb; 15,2%) + (α-Zr; 99,4% Zr)
Ni—Pb:	0–1,2 (4)% Pb	Mischkristall (Ni), cF4 [A 1]
	11–56%	Mischungslücke im flüssigen Zustand (kritischer Punkt ~ 1550°)
	99,5 (99,9)%	Eutektikum (Ni + Pb) bei 324°
Ni—Pd:	0–100%	Mischkristall (Ni, Pd), cF4 [A 1] Abweichung von der Vegardschen Regel (Expansion)
Ni—Pt:	0–100%	Mischkristall (Ni, Pt), cF4 [A 1] Abweichung von der Vegardschen Regel (Expansion) Unterhalb 650° Überstrukturen Ni_3Pt, cP4 [L 1_2] und NiPt, tP4 [L 1_0]
Ni—V:	0–43 (40)% V	Mischkristall (Ni), cF4 [A 1], a = 3,5168 (Ni) bis 3,618 kX
	um 25%	VNi_3, tI8 [DO_{22}]
	33,6–34,1%	VNi_2, orthorhombische Pseudozelle
	55–ca. 70%	σ, tP30 [D 8_b]
	75%	V_3Ni, cP8 [A 15] Festes V löst vermutlich zwischen 6–9 (7–10)% Ni

Ni—W:	0–17,5 (40)% W	Mischkristall (Ni), cF4 [A 1]; a = 3,5168 (Ni) bis 3,65 kX
	um 20%	WNi_4, tetragonal ($MoNi_4$-Typ) tI10 [D 1_a]
		Geringe Löslichkeit von Ni in festem W
Ni—Zn:	0–39,5 (42)% Zn	Mischkristall (Ni), cF4 [A 1] a = 3,5168 (Ni) bis 3,596 kX (32,6 At.-% Zn)
	45,5–58,5%	β (Hochtemperaturphase), cP2 [B 2]
		β_1 (< 810°), tP4 [L 1_0]
	70–85%	γ (Ni_5Zn_{21}), cI52 [D 8_{1-3}]
	73,5–77%	γ_1, kubisch verzerrt
	89%	δ ($NiZn_8$), kubisch
		Sehr geringe Löslichkeit von Ni in festem Zn
Pb—Sb:	0–5,8 (3,5)% Sb	Mischkristall (Pb), cF4 [A 1] a = 4,9402 (Pb) bis 4,9362 kX
	17,7 (11,2)%	Eutektikum (Pb + Sb) bei 251,2°
	94,4–100%	Mischkristall (Sb), hR2 [A 7]
Pb—Sn:	0–29,3% Sn	Mischkristall (Pb), cF4 [A 1] a = 4,9402 (Pb) bis 4,9323 kX (bei 5 At.-% Sn)
	73,9 (61,9)%	Eutektikum (Pb + Sn) bei 183°
	98,5 (97,5)–100%	Mischkristall (Sn), tI4 [A 5] a = 5,8197 (Sn) bis 5,827 kX c = 3,1750 (Sn) bis 3,178 kX
Pb—Zn:	6–99,7%	Mischungslücke im flüssigen Zustand mit kritischem Punkt bei 798°
		Praktisch keine gegenseitige Löslichkeit der Elemente im festen Zustand (Pb in Zn < 10^{-5} At.-%)
Pd—Zr:	0–11,5% Pd	Mischkristall (β-Zr), cI2 [A 2]
	24,5%	Eutektikum bei 1030°
	33,3%	Zr_2Pd, tI6 [C 11b]
	50%	ZrPd, linienreiches Pulverdiagramm
	66,7%	$ZrPd_2$, tI6 [C 11b]
	75%	$ZrPd_3$, hP16 [DO_{24}]
		Gewisse Löslichkeit von Zr in festem Pd
Pt—Rh:	0–100% Rh	Mischkristall (Rh, Pt), cF4 [A 1]; Vegardsche Regel praktisch befolgt
	20–25%	Anzeichen für Mischungslücke im festen Zustand mit kritischem Punkt bei etwa 780°
Pt—Si:	0–1,4 (0,2)% Si	Mischkristall (Pt), cF4 [A 1]; a = 3,9160 (Pt) bis 3,9146 kX
	23 (4,2)%	Eutektikum bei 830°
	25%	Pt_3Si in 3 (oder sogar 4) polymorphen Formen
	30%	Pt_7Si_3, tetragonal
	33,3%	Pt_2Si, > 695° hP9 [C 22] < 695° tetragonal
	45,5%	Pt_6Si_5
	50%	PtSi, oP8 [B 31]
Pu—U:	0–100% U	Mischkristall (γ-U, ε-Pu), cI2 [A 2]
		In den übrigen 5 Modifikationen des Pu geringe Löslichkeit von U

	2–70%	Hochtemperaturphase η, tetragonal
	25–75%	(UPu), tetragonal (pseudokubisch bei Raumtemperatur) Größere Löslichkeit von Pu in β- und α-U
Sb—Sn:	0–10,3 (10,5)% Sb	Mischkristall (Sn), tI4 [A 5] a = 5,819 (Sn) bis 5,834 kX c = 3,174 (Sn) bis 3,174 kX (Sättigungsgrenze bei 200°)
	um 50%	β (> 320°) β' (< 325°), rhomboedrisch deformierte cF8 [B 1]-Struktur
	~ 90–100%	Mischkristall (Sn), hR2 [A 7]; a = 6,221 (Sb) bis 6,214 kX α = 87,42° (Sb) bis 86,36°
Sn—Zn:	0–0,6 (0,3)% Zn	Mischkristall (Sn), tI4 [A 5]; a = 5,8197 (Sn) bis 5,8190 kX c = 3,1749 (Sn) bis 3,1746 kX
	14,6 (8,6)%	Eutektikum (Sn + Zn) bei 199° Festes Zn löst 0,14 (0,25)% Sn
Ti—V:	0–100%	Mischkristall (β-Ti, V), cI2 [A 2]; Vegardsche Regel nahezu erfüllt α-Ti löst 3,1 (3,25)% V

24. Gitterstörungen

A. Überblick

In den letzten Jahren hat sich das Interesse mehr und mehr den Abweichungen der Atomanordnungen von der streng dreidimensionalen Periodizität zugewendet. Es hat sich gezeigt, daß auf dieser Basis wichtige Werkstoffeigenschaften entwickelt werden können, wie z. B. die Aushärtung von Leichtmetall-Legierungen.

Für die Einteilung der Gitterstörungen (Gitteraufbaufehler) sind geometrische Gesichtspunkte maßgebend. Man unterscheidet punktförmige, linienförmige und flächenförmige Gitterstörungen[1]. Zur Erläuterung des Begriffes „lineare Störungen" sei bemerkt, daß in Linienrichtung die Störung erheblich größer ist als in den dazu senkrechten Richtungen, in denen die Abweichungen von der Ideallage nur atomare Dimensionen aufweisen.

Beispiele für *punktförmige Gitterstörungen* sind in Abb. 24.1 gezeichnet. An der Stelle 1 der Abb. 24.1 fehlt ein Atom. Solche „Leerstellen" können sich durch Platzwechsel mit Atomen durch das Gitter bewegen; sie spielen eine Rolle z. B. bei Ausscheidungen. Ein „Zwischengitteratom" ist bei 2 dargestellt. Fremdatome (schwarz bzw. schraffiert in Abb. 24.1)

---

[1] Manchmal auch 0-dimensional, 1-dimensional, 2-dimensional genannt.

können auf zweifache Weise im Gitter eingebaut sein, entweder durch Substitution (Ersatz eines Gitteratomes durch ein Fremdatom) oder als „interstitielles" Fremdatom, das seinen Platz zwischen Gitteratomen hat. Der zweite Fall kommt nur bei Atomen mit geringem Raumbedarf (z. B. C, N) vor.

Die wichtigsten *linienförmigen Störungen* sind die *Versetzungen*, von denen im folgenden Abschnitt B ausführlicher die Rede sein wird.

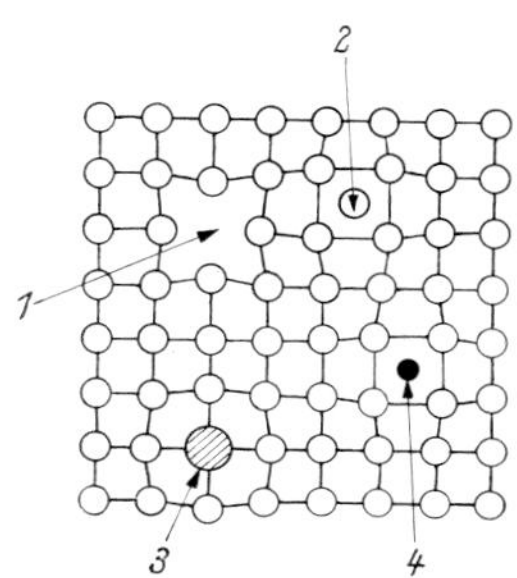

Abb. 24.1. Punktförmige Gitterstörungen (nach MACHERAUCH).

1 Leerstelle; *2* Zwischengitteratom; *3* Substituiertes Fremdatom; *4* Interstitielles Fremdatom.

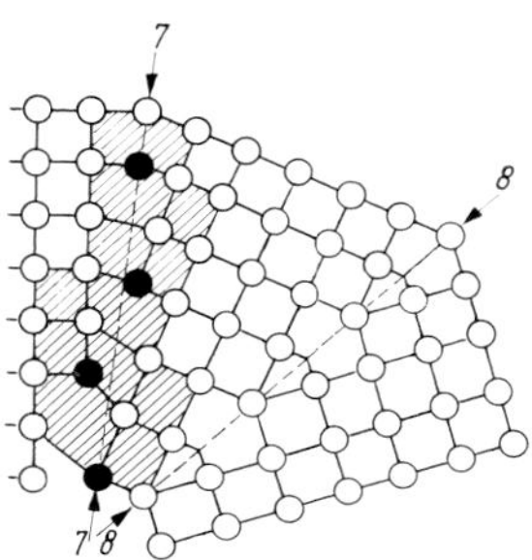

Abb. 24.2. Linien- und flächenhafte Gitterstörungen (nach MACHERAUCH).

7. Kleinwinkelkorngrenze; *8*. Zwillingsgrenze.

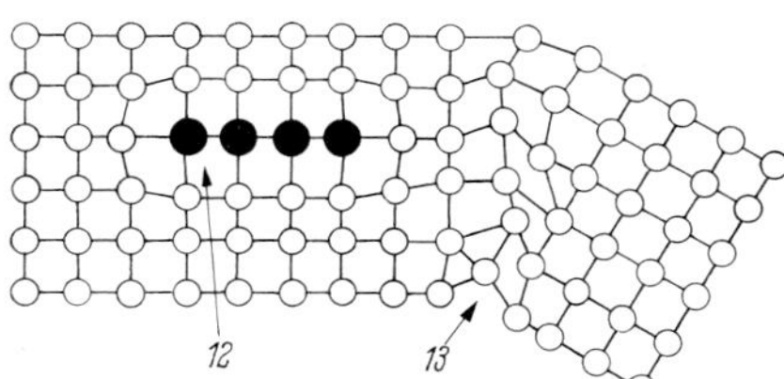

Abb. 24.3. Flächenhafte Gitterstörungen (nach MACHERAUCH).

12 Zone; *13* Großwinkelkorngrenze.

Beispiele für *flächenförmige Gitterstörungen* sind in Abb. 24.2 und 24.3 enthalten. Der Fall 7 ist der Schnitt durch eine Kleinwinkelkorngrenze[1]. Wie der Name sagt, sind zwei benachbarte Kristallbereiche um kleine Winkelbeträge gegeneinander geneigt.

Die mit 8 bezeichnete Gitterstörung verursacht einen Orientierungsunterschied von Gitterteilen; die Atome beiderseits einer Gitterebene, die senkrecht zur Zeichenebene steht, sind symmetrisch angeordnet. Die gestrichelte Linie bei 8 ist die Spur der Spiegelebene (Symmetrieebene) in der Zeichenebene. Die Spiegelebene wird häufig *Zwillingsebene* oder Zwillingskorngrenze genannt.

Zwei Beispiele für flächenhafte Gitterstörungen sind in Abb. 24.3 enthalten. Der Fall 12 stellt einen Schnitt durch eine zweidimensionale,

[1] Vgl. Abb. 24.12.

mit dem Grundgitter kohärente Anhäufung von Fremdatomen dar. Die Fremdatome sind auf einer bestimmten Ebene des Grundgitters angeordnet. Bei der Ausscheidung von Kupfer-Atomen aus aushärtbaren Aluminium-Kupfer-Legierungen wird eine solche Anordnung „Guinier-Preston-Zone" genannt. Eine häufig auftretende flächenhafte Gitterstörung, die Korngrenze zwischen benachbarten Kristalliten, ist in einem Schnitt in Abb. 24.3 gezeichnet.

Zur Gruppe der flächenhaften Gitterstörungen gehören auch die *Stapelfehler*, das sind Unregelmäßigkeiten in der Reihenfolge von zueinander parallelen Netzebenen mit verschiedenen Atombesetzungen (vgl. Abschnitt C).

B. Versetzungen

Der Begriff „Versetzungen" ist für die plastische Verformung der Metalle von größter Bedeutung. Die von OROWAN bzw. TAYLOR zuerst theoretisch entwickelten Vorstellungen der atomistischen Vorgänge beim Gleiten von Kristallen gaben eine Erklärung für den großen Unterschied zwischen der beim Abgleiten von zwei Netzebenen berechneten

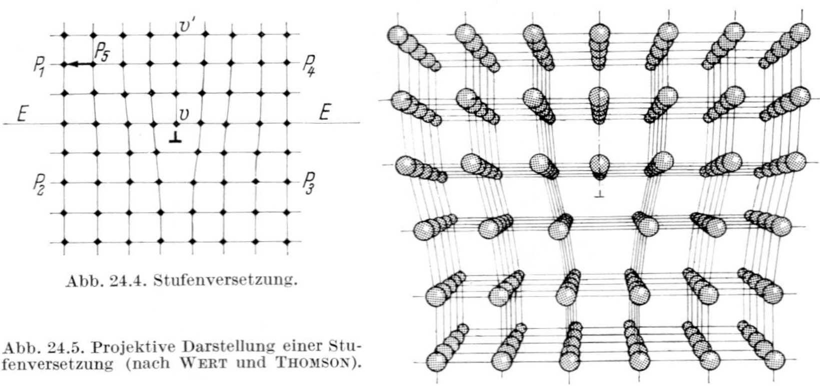

Abb. 24.4. Stufenversetzung.

Abb. 24.5. Projektive Darstellung einer Stufenversetzung (nach WERT und THOMSON).

und der gemessenen Schubspannung. Der theoretische Wert war ungefähr 1000 mal größer als der experimentelle. Stellt man sich vor, daß die Gleitbewegung durch Bildung und Wanderung von Versetzungen vor sich geht, so verschwindet diese Diskrepanz.

Die für *eine Versetzung kennzeichnende Atomanordnung* ist in Abb. 24.4 für den Fall eines einfach kubischen Gitters gezeichnet. Man denke sich eine Halbebene, deren Spur in der Zeichenebene $V'V$ ist, eingeschoben. Die Atomreihe bricht bei V ab. Es entsteht ein Bereich, innerhalb dessen das Gitter gestört ist. V liegt auf der im Schnitt gezeichneten Ebene E, auf der beim Anlegen einer Schubspannung das Gleiten vor sich geht. E heißt daher Gleitebene. Zur Kennzeichnung einer Versetzung, und zwar genauer gesagt einer *Stufenversetzung*, dient das Zeichen[1] $\perp$. Die sogenannte *Versetzungslinie*, welche die Lage einer Versetzung angibt, ist im Falle der Abb. 24.4 eine auf der Zeichenebene senkrechte Gerade, die durch die Markierung $\perp$ hindurchgeht. Wie die Besetzung der Netzebene hinter der in Abb. 24.4 gezeichneten aussieht, zeigt die Projektion in Abb. 24.5. Die Atomanordnung in Abb. 24.4 setzt sich also in gleicher Weise fort, bis die Versetzungslinie z. B. beim Auftreffen auf eine Korngrenze ein Ende findet.

Eine wichtige Kenngröße von Versetzungen ist der *Burgers-Vektor*, der aus einem Burgers-Umlauf ermittelt wird. Zu diesem Zweck umwandert man den gestörten Bezirk, indem man von P_1 bis P_2 n_1 gleichgroße Schritte zurücklegt. Von P_2 bis P_3 seien es n_2 Schritte und von P_3 bis P_4 wieder n_1 Schritte. Geht man nun auf der 4. Seite von P_4 aus n_2 Schritte, so kommt man zum Punkt P_5 und nicht zum Ausgangspunkt P_1. Das fehlende Stück P_1P_5 ist der Burgers-Vektor b, dessen Richtung durch den Pfeil angegeben ist. Der Burgers-Vektor gibt den Betrag der Abgleitung an, der beim Wandern einer Versetzung durch den Kristall auftritt. Durch kleine Verschiebungen der Atome in der Nähe des Versetzungszentrums bewegt sich die Versetzungslinie durch das Gitter. Es erfolgt eine Abgleitung in der Gleitebene jeweils um die Strecke eines

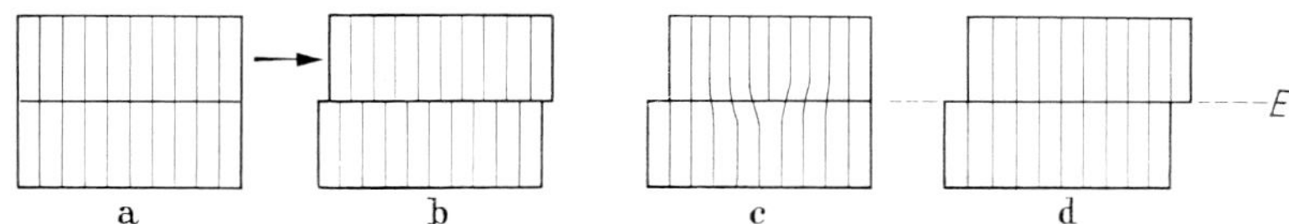

Abb. 24.6. Wandern von Versetzungen (nach H. BÖHM).

Atomabstandes. Bei Stufenversetzungen steht der Burgers-Vektor senkrecht zur Versetzungslinie, bei den noch zu besprechenden Schraubenversetzungen parallel dazu.

Die Zeichnungen in Abb. 24.6 sollen den Unterschied zwischen den älteren und den neueren Vorstellungen vom Gleitvorgang veranschaulichen. Durch Anlegen einer Schubspannung in der Pfeilrichtung (Bild a und b) verschiebt sich die obere Hälfte eines Kristalles auf der Gleitebene E nach rechts, so daß die Lage d entsteht. Der Übergang von Bild a zu Bild d kann auf zwei verschiedenen Weisen vor sich gehen. In der Ebene E gleiten zwei benachbarte Netzebenen „starr" aneinander, das heißt so, daß jede Netzebene als ganzes sich bewegt. Eine große Zahl von Atomen ist gleichzeitig an dem Gleitvorgang beteiligt, die aufzuwendende Gleitenergie ist dementsprechend groß. Bei Gleitung mit Hilfe von Ver-

[1] In dem Kurzzeichen bedeutet | die Spur der eingeschobenen Halbebene und — die Spur der Gleitebene.

setzungen (Bild c) ist dagegen die gleichzeitige Änderung von Atomlagen auf einen kleinen Bezirk der Gleitebene beschränkt. Wegen der geringen Zahl der jeweils beteiligten Atome ist die erforderliche Energie wesentlich kleiner als bei der starren Gleitung einer ganzen Netzebene. Nach Bild c ist eine Versetzung die Grenze zwischen den verformten und den nicht verformten Teilen des Kristalles.

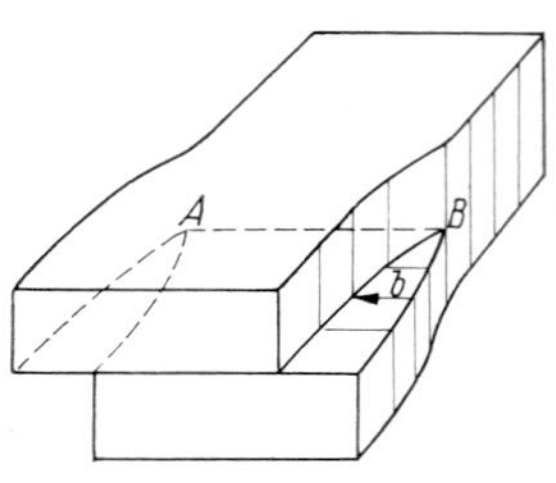

Abb. 24.7. Schraubenversetzung (nach H. BÖHM).

Was bisher über Versetzungen gesagt wurde, gilt für Stufenversetzungen, ein Grenzfall von allen möglichen Versetzungen. Den anderen Grenzfall bilden die *Schraubenversetzungen*[1] (Abb. 24.7). Die Versetzungslinie AB und der Burgers-Vektor b liegen parallel zueinander. Der Kristall besteht nicht mehr aus parallelen, äquidistanten Atomebenen, sondern aus einer Schraubenfläche, deren Achse die Versetzungslinie ist. Die Ganghöhe wird durch den Burgers-Vektor b angegeben.

Versetzungslinien können im allgemeinen[2] nicht innerhalb eines Kristalles endigen. Sie gehen bis zu einer Korngrenze oder bilden geschlossene Versetzungsringe (Abb. 24.8). Erfahrungsgemäß bleibt der Burgers-Vektor b bei einer unverzweigten Versetzung konstant. Der Linienvektor

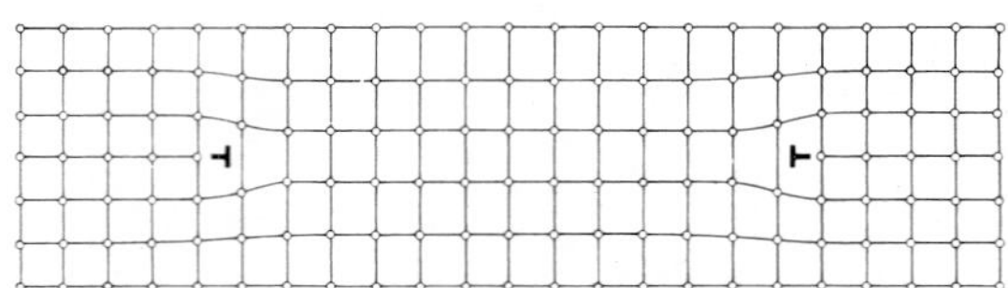

Abb. 24.8. Versetzungsring (nach ALTENPOHL, Aluminium und Aluminiumlegierungen).

s, der die Richtung der Versetzungslinie angibt, verläuft tangential zum Kreisring (Abb. 24.9). Die Lage s_1 entspricht einer Stufenversetzung (s_1 senkrecht zu b), die Lage s_2 stellt eine Schraubenversetzung dar (s_2 parallel zu b). Zwischen diesen beiden Grenzfällen können je nach dem Winkel zwischen b und s alle möglichen Übergänge auftreten.

Die *Eigenschaften von Versetzungen* sind, vor allem durch elektronenmikroskopische Untersuchungen, weitgehend erforscht worden. Wenn zwei Versetzungen sich begegnen, so stoßen sie sich ab, falls sie gleiches Vorzeichen haben; ist das Vorzeichen verschieden, so löschen sie sich gegenseitig aus. Unter dem „Klettern" von Stufenversetzungen versteht

[1] Kurzzeichen ⊙.

[2] Ausgenommen sind Versetzungsknoten (Zusammentreffen mehrerer Versetzungslinien).

man das Ausweichen vor einem Hindernis H, das z. B. aus ausgeschiedenen Atomen bei Aushärtung bestehen kann (vgl. Abb. 24.10). Die Versetzungen gehen von der Gleitebene E_1 auf die dazu parallele E_2 über. Sie bewegen sich also senkrecht zur Gleitebene. Hierzu muß Energie aufgewendet werden. Infolgedessen findet der Vorgang hauptsächlich bei höheren Temperaturen statt. Die Zahl der Versetzungen/cm² (Versetzungs-

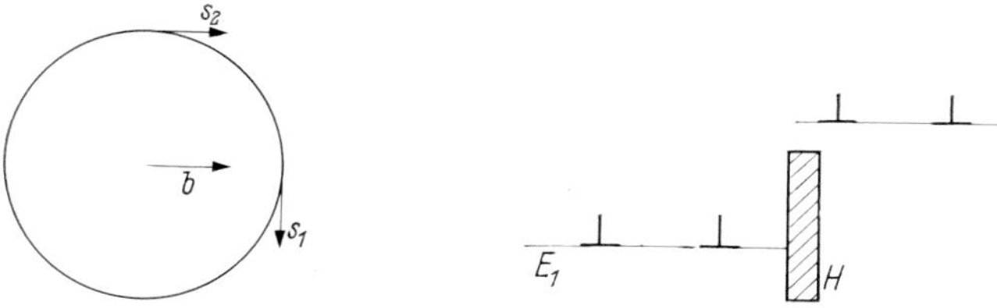

Abb. 24.9. Burgers-Vektor b und Linienvektor s bei einem Versetzungsring.

Abb. 24.10. Klettern von Stufenversetzungen.

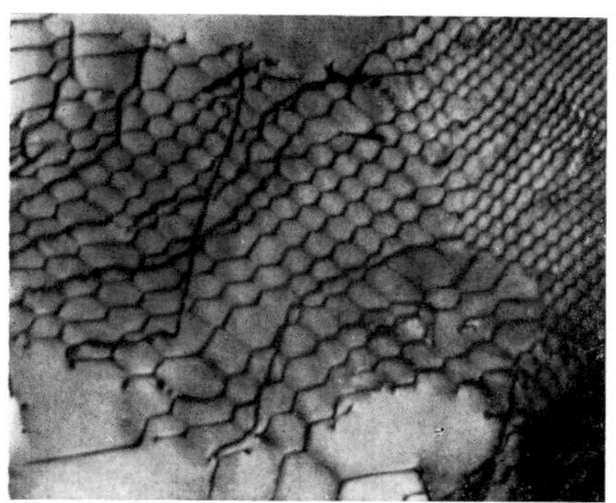

Abb. 24.11. Versetzungsnetzwerk in Molybdän (nach MADER).

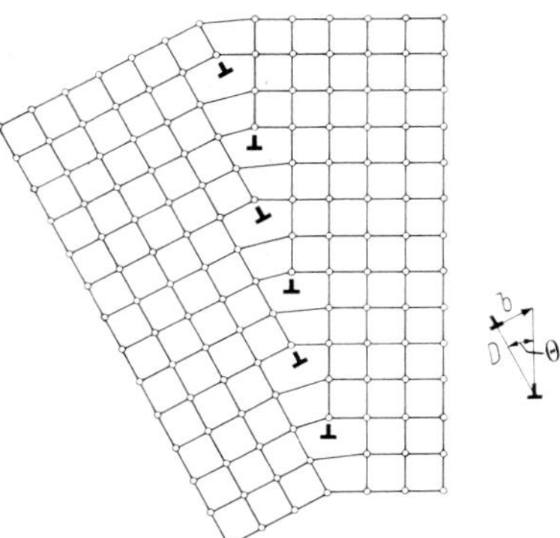

Abb. 24.12. Kleinwinkelkorngrenze (nach SCHOECK).

dichte[1]) nimmt bei der Kaltverformung von Metallen rasch zu, etwa von 10^6/cm² nach Weichglühen auf 10^8/cm² und mehr nach starker Kaltverformung. Die Versetzungen bilden dann ein Netzwerk, welches einer weiteren plastischen Verformung Widerstand leistet (Abb. 24.11). Der Mechanismus der Vervielfachung von Versetzungen ist durch die Untersuchungen von FRANK und READ im einzelnen bekannt.

In der Umgebung einer Versetzung entsteht im Gitter ein Spannungszustand, der mit der Entfernung rasch abklingt (etwa 60 μ bei Stufenversetzungen).

Eine wichtige Eigenschaft der Versetzungen ist die Vermittlung von Orientierungsänderungen von Gitterteilen. Als Beispiel zeigt Abb. 24.12

[1] Mitunter wird die Länge der Versetzungslinien/cm³ angegeben.

eine *Kleinwinkelkorngrenze*. Die beiden Gitterbereiche sind nur um wenige Grad gegeneinander gedreht (vgl. Abb. 24.2). Bei einer *Großwinkelkorngrenze* (vgl. Abb. 24.3) ist der Zusammenhang etwas verwickelter, da statt einer Grenzlinie ein gestörter Grenzbereich auftritt; eine atomistische Deutung steht noch aus.

Für den *röntgenographischen Nachweis von Versetzungen* gibt es verschiedene[1] Verfahren (Berg-Barrett, Borrman, Lang, Schulz u. a.). Die in Abb. 24.13 als Beispiel gezeigte Aufnahme von einem scheiben-

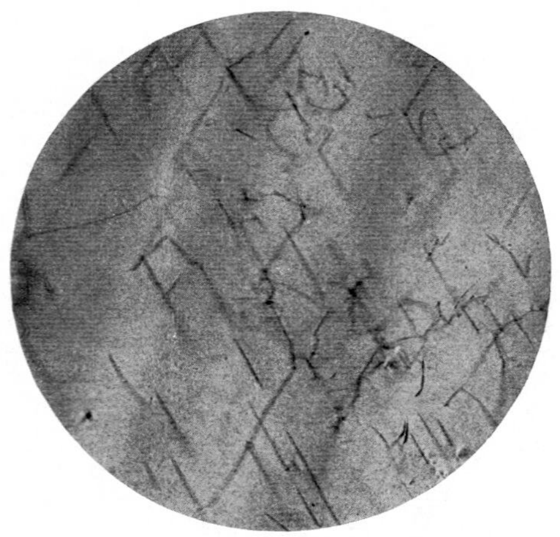

Abb. 24.13. Versetzungen in einem Germanium-Einkristall (nach Gerold und Meier).

förmigen Germanium-Einkristall beruht auf der Ausnützung der anomalen Absorption der Röntgenstrahlen (Borrman, Barth und Hosemann). Der Kristall wird so eingestellt, daß eine Netzebenenschar, die ungefähr senkrecht durch den Kristall hindurchläuft, unter dem Braggschen Winkel angestrahlt wird. An den Stellen von Versetzungen wird die Röntgenstrahlung wegen der Störung der Periodizität des Gitters stärker absorbiert, Versetzungslinien bilden sich als schwarze Linien auf einem Film ab. Die Abb. 24.13 ist 17fach vergrößert; die Germaniumscheibe hatte 5 mm Durchmesser; die reflektierende Netzebene war (2 2 0). Die Aufnahme zeigt deutlich, daß Stufenversetzungen nicht immer geradlinig verlaufen müssen. Germanium ist als Versuchsobjekt gut geeignet, weil die Versetzungsdichte bei Halbleitern relativ gering ist, so daß die einzelnen Versetzungen nachweisbar sind. Ganz versetzungsfreie Metall-

[1] Wegen Einzelheiten wird auf den zusammenfassenden Bericht von J. B. Newkirk u. J. H. Wernick, Direct Observation of Imperfections in Crystals, New York: Interscience 1961, verwiesen.

kristalle gibt es praktisch nicht. Versetzungen entstehen z. B. auch schon bei langsamem Abkühlen von Metallschmelzen.

Die bisher besprochenen Versetzungen sind „vollkommene" Versetzungen. Daneben gibt es auch noch „unvollkommene" Versetzungen (Halbversetzungen). Diese treten im Zusammenhang mit Stapelfehlern auf und werden im nächsten Abschnitt C besprochen.

C. Stapelfehler

Ein Gitter mit kubisch dichtester Kugelpackung und ein solches mit hexagonal dichtester Kugelpackung sind nahe verwandt, wenn man sich das Gitter aus parallelen Schichten von {111} Ebenen (Okta-

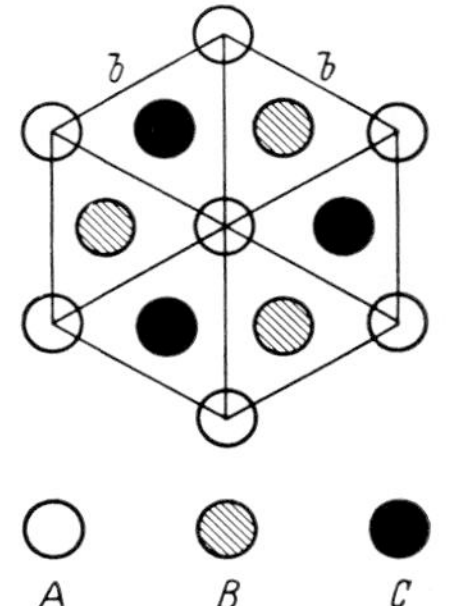

Abb. 24.14. Atomlagen bei hexagonal und bei kubisch dichtester Kugelpackung.

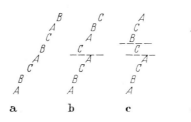

a	b	c	d
B	C	A	
A	B	C	A
C	A	--B--	B
B	--C--	--C--	C
A	--A--	--A--	--A---
C	C	C	C
B	B	B	B
A	A	A	A

Abb. 24.15. Ebenenfolge bei Stapelfehlern in einem flächenzentriert kubischen Gitter, {111} Ebenen.

ederebene) bzw. von {00·1} Ebenen (hexagonale Basis) aufgebaut denkt. Die Kreise in Abb. 24.14 geben die Lage der Atome in der hexagonalen Basisebene an (A). In der nächsten darüberliegenden B-Ebene sind die Mittelpunkte der Hälfte der Dreiecke mit Atomen (schraffierte Kreise) besetzt. Die nächstfolgende Schicht ist identisch mit der ersten. Die Reihenfolge der Schichten ist somit $ABABAB$ ... Fügt man zu einer A- und B-Ebene eine dritte Ebene C hinzu, bei der die schwarz gezeichneten Atome die Mittelpunkte der bisher unbesetzten Hälfte der Dreiecke einnehmen, so erhält man ein flächenzentriert kubisches Gitter. Die Folge der Ebenen läßt sich durch $ABCABCABC$ ... beschreiben.

Ist nun diese Reihenfolge gestört, so daß z. B. anstelle einer A-Ebene eine B-Ebene vorkommt, so spricht man von einem *Stapelfehler*. Es gibt mehrere Arten von Stapelfehlern. Im Bild a der Abb. 24.15 ist die normale Reihenfolge der Oktaederebenen bei einem flächenzentriert kubischen Gitter durch eine Buchstabenfolge dargestellt. Das Bild b zeigt einen *Deformationsstapelfehler*; an der gestrichelten Geraden ist eine B-Ebene ausgefallen. Folgt auf einen Deformationsstapelfehler unmittelbar ein zweiter (zwei gestrichelte Geraden in Bild c), so erhält man einen *Doppeldeformationsstapelfehler*. Die in Bild d gezeigte Schichtfolge ist spiegelbildlich gleich zu der gestrichelten Geraden; sie wird *Zwillingsstapelfehler* genannt.

Schichtfolgen nach Bild d) finden sich bei manchen Mineralien, z. B. Glimmer, und bei allotropen Umwandlungen, z. B. Kobalt, sowie beim Erstarren aus Schmelzen. Von BARRETT wurde festgestellt, daß bei der Kaltverformung von flächenzentriert-kubischen Metallen auf den {111} Ebenen als den Netzebenen mit dichtester Packung Deformationsstapelfehler auftreten. Die *verschiedenen Arten von Stapelfehlern* können auf dem Röntgenbeugungsbild Verschiebung der Röntgenlinien und symmetrische oder asymmetrische Linienverbreiterung hervorrufen.

Während bei der Linienverbreiterung infolge von Teilchenkleinheit[1] alle Linien breiter werden, gilt dies bei Stapelfehlern nur für einige Linien eines Gitters. Bei der Umwandlung der flächenzentriert kubischen Form von Kobalt in die hexagonale entstehen z. B. Stapelfehler. Die Reflexe, für die entweder $l = n$ oder $h - k = 3\,n$ ist, wobei $n = 0, 1, 2 \ldots$ ist, bleiben scharf. (EDWARDS und LIPSON, ANANTHARAMAN und CHRISTIAN).

Die röntgenographischen Kennzeichen für das Auftreten von Stapelfehlern sind in Tab. 24.1 für die beiden wichtigsten Fälle von Gittern zusammengestellt. Auch bei raumzentriert kubischen Gittern treten, allerdings mit geringerer Häufigkeit, Stapelfehler auf, und zwar auf {112} Ebenen.

Tabelle 24.1. *Debye-Scherrer-Diagramme bei Stapelfehlern*

Von Stapelfehlern betroffene Netzebenen	Deformationsstapelfehler	Doppeldeformationsstapelfehler	Zwillingsstapelfehler
Kubisch flächenzentrierte Gitter {111}	V, S	V, S_a	S_a
Gitter mit hexagonal dichtester Kugelpackung {00 · 1}	S	—	S

V = Linienverschiebung
S = symmetrische Verbreiterung
S_a = asymmetrische Verbreiterung

Zur *Bestimmung der Linienverschiebungen* wird am besten die Differenz der Beugungswinkel $2\,\Theta$ von zwei benachbarten Linien gemessen (Abb. 24.16). Silberpfeilspäne wurden bei $-160\,°C$ hergestellt und

[1] Näheres in Abschnitt 26.

5 Minuten lang bei Temperaturen zwischen —160 °C und +500 °C geglüht. Zur Ausschaltung von Erholungseffekten wurden die Aufnahmen an den Proben bei —160 °C hergestellt. Mit der Abnahme der Zahl der Stapelfehler bei höheren Temperaturen wird die Differenz von $2\,\Theta$ für das Linienpaar 200/220 kleiner, dagegen für 220/311 größer, weil im einen Fall die Linien sich nähern, im anderen sich voneinander entfernen. Aus der Änderung der Linienlage kann die Wahrscheinlichkeit α eines Defoımationsstapelfehlers berechnet werden. Der Wert $1/\alpha$ gibt an, auf wieviel Ebenen im Mittel eine Ebene mit Stapelfehler kommt; $\alpha = 0{,}039$ bedeutet also, daß jede 26. Ebene einen Stapelfehler aufweist. In analoger

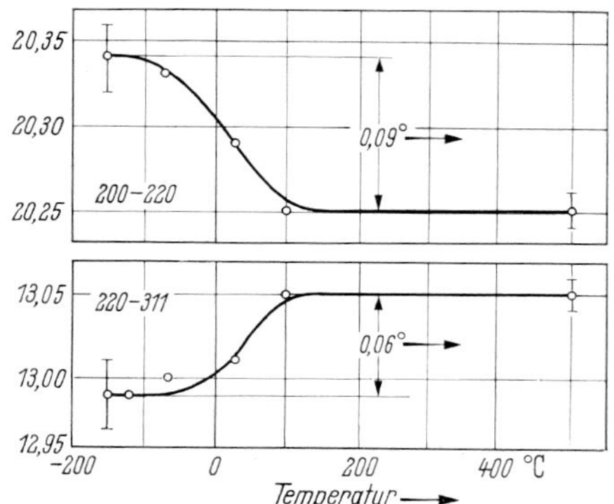

Abb. 24.16. Linienverschiebung bei Feilspänen aus Silber nach 5 Minuten Glühen bei den angegebenen Temperaturen (nach WAGNER).
Ordinate im oberen Teilbild: $(2\,\Theta°_{200} - 2\,\Theta°_{220})$; Ordinate im unteren Teilbild: $(2\,\Theta°_{220} - 2\,\Theta°_{311})$

Weise läßt sich ein Parameter β für Zwillingsstapelfehler aus der Linienverbreiterung errechnen[1].

Um von der Größe von α bzw. β eine Vorstellung zu geben, sind einige Zahlen in Tab. 24.2 angegeben (WARREN). Bei Aluminiumfeilspänen konnten bei —160 °C keine Stapelfehler nachgewiesen werden; bei Nickel ist der Effekt gering. α und β sind ungefähr von gleicher Größenordnung.

Tabelle 24.2. *Wahrscheinlichkeiten für Deformations- bzw. Zwillingsstapelfehler (α bzw. β), in Feilspänen von flächenzentriert kubischen Metallen bei* –160 °C *nach* WARREN

	α	β
Al	0	0
Ag	0,017	0,04
Cu	0,013	0,03
Ni	0,005	0

[1] Näheres s. Gl. (26.21) (Trennung der Verbreiterung durch Teilchenkleinheit und Stapelfehler).

Bei Messing nimmt nach Tab. 24.3 die Häufigkeit der Stapelfehler zu mit abnehmendem Kupfergehalt (Wagner).

Tabelle 24.3. *Wahrscheinlichkeiten für Deformations- bzw. Zwillingsstapelfehler (α bzw. β)*
Einfluß des Kupfergehaltes bei Messing (nach Wagner)

Kupfergehalt des Messing	α	β
100 At. %	0,012	0,03
90 At. %	0,016	0,04
80 At. %	0,025	0,05
65 At. %	0,05	0,07

Bei flächenzentriert kubischen Gittern tritt außer den bisher besprochenen Versetzungsarten noch eine weitere auf, die *Halbversetzung oder Teilversetzung oder unvollkommene Versetzung* genannt wird. Statt eines Gleitschrittes in einer Richtung werden nacheinander zwei kleinere in zwei anderen Richtungen ausgeführt. Das Vektordiagramm in Abb.

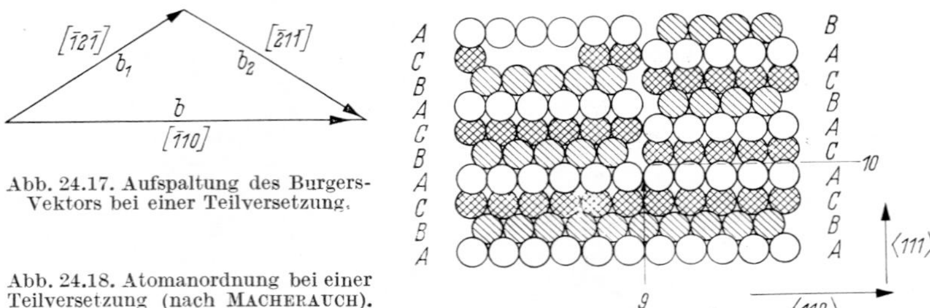

Abb. 24.17. Aufspaltung des Burgers-Vektors bei einer Teilversetzung.

Abb. 24.18. Atomanordnung bei einer Teilversetzung (nach Macherauch).

24.17 zeigt die Aufspaltung des in Richtung [$\bar{1}10$] liegenden Burgers-Vektors b in zwei Teilvektoren b_1 und b_2. Dies kann unter Umständen energetisch günstiger sein. Gleichzeitig tritt ein Stapelfehler auf (Abb. 24.18). Während in der linken Hälfte des Bildes die normale Ebenenfolge *ABCABC* vorhanden ist, tritt in der rechten Hälfte (Strich mit Ziffer 10) ein Stapelfehler mit der Folge *ABCACABC* auf. Infolgedessen sind die links und rechts von einer Versetzung gelegenen Ebenen jeweils verschieden.

25. Der Mischkristall und seine Umwandlungsvorgänge

A. Der stabile Mischkristall

Ein Mischkristall wird durch die Beteiligung von zwei und mehr Atomsorten am Gitteraufbau charakterisiert, wobei die Gitterplätze mehr oder weniger regellos von den beiden Atompartnern besetzt sind. Von diesen *Substitutionsmischkristallen* unterscheidet sich der Einlagerungsmischkristall, bei dem die Atome der hinzugefügten Komponenten auf Zwischengitterplätzen untergebracht sind. Im folgenden soll nur der Substitutionsmischkristall betrachtet werden.

Die einfachste Form des Substitutionsmischkristalles erhält man, wenn man nur zwei atomare Komponenten A und B miteinander mischt, z. B. Gold mit Silber. In den folgenden Abschnitten wird nur dieser Fall näher diskutiert.

In einem Mischkristall wird die Periodizität des Kristallgitters durch zwei Ursachen gestört:

a) Die Atome A und B haben einen unterschiedlichen Atomformfaktor, d. h. eine *unterschiedliche Elektronendichte*. Die Streuung an den Gitterpunkten hat daher nicht mehr überall den gleichen Wert.

b) Die Atome A und B haben einen *unterschiedlichen Atomradius*. Diese Atomgrößendifferenz führt dazu, daß die Atome sich gegenseitig von den Gitterplätzen des idealen Gitters verschieben. Es werden lokale Gitterverzerrungen eingeführt, deren Charakter für das Atom A anders ist als für das Atom B.

Die beiden Eigenschaften a) und b) führen zu unterschiedlichen Beugungseffekten bei Röntgenaufnahmen. Der wesentlichste Effekt ist der, daß zwischen den Reflexen ein diffuser Streuuntergrund entsteht, aus dessen Verlauf man Informationen erhält über einige Strukturparameter des Mischkristalls.

Bei Untersuchungen des Streuuntergrundes ist es erforderlich, völlig monochromatische Röntgenstrahlung zu verwenden. Diese Untersuchungen werden vorzugsweise mit doppelt fokussierenden Kristallmonochromatoren durchgeführt, die von WARREN erstmals eingeführt wurden und die seit einigen Jahren wesentlich vervollkommnet worden sind. Sie werden meistens aus LiF hergestellt, das sich bei erhöhter Temperatur leicht plastisch biegen läßt.

In den folgenden Abschnitten wird im wesentlichen der Zusammenhang zwischen Röntgenstreuung und Struktur bei einem Mischkristall beschrieben. Dabei ist es zweckmäßig, die Streuung als Intensitätsverteilung im reziproken Gitter (s. Anhang) zu beschreiben. Aus der Einstrahlrichtung $\mathbf{s}_0$ und der Beobachtungsrichtung $\mathbf{s}$ (beides Einheitsvektoren) wird zusammen mit der Wellenlänge λ ein Beugungsvektor

$$\boldsymbol{S} = \frac{\boldsymbol{s} - \boldsymbol{s}_0}{\lambda} \;, \quad |\boldsymbol{S}| = \frac{2 \sin \Theta}{\lambda} \tag{25.1}$$

definiert. Bestrahlt man einen Einkristall, so stellt der Endpunkt des Beugungsvektors $\boldsymbol{S}$ einen Ort im reziproken Gitter dieses Einkristalles dar, der im allgemeinen nicht mit einem Gitterpunkt (dem ein Braggscher Reflex entspricht) identisch ist. Diesem Ort im reziproken Gitter ordnet man die beobachtete Streuintensität zu.

Es darf nicht unerwähnt bleiben, daß im diffusen Streuuntergrund auch noch andere Anteile vorhanden sind. Die durch den *Compton-Effekt*[1] entstehende inkohärente Streuung der Röntgenstrahlen ist diffus über den ganzen Winkelbereich verteilt, wobei ihre Intensität zu kleinen $\boldsymbol{S}$-Werten (d. h. kleinen Beugungswinkeln $2\,\Theta$) hin auf Null abnimmt. Die Intensitätsverteilung hängt nur von der Atomart und der benutzten Wellenlänge der Röntgenstrahlen ab und kann aus Tabellen entnommen werden.

Die Wärmebewegung (Gitterschwingung) der Atome liefert ebenfalls einen Streuuntergrund, der mit steigendem Beugungswinkel zunimmt *(Temperaturstreuung)*. Die Verteilung ist jedoch inhomogen. Man beobachtet diffuse Streumaxima an den Reflexen. Ihre genaue Analyse bei reinen Metallen führt zur Bestimmung des Schwingungsspektrums der Atome in den verschiedenen Gitterrichtungen. Diese diffuse Temperaturstreuung entspricht dem Intensitätsverlust, den die Braggschen Reflexe durch den Debye-Waller-Faktor[2] erleiden. Man kann daher die Größenordnung dieser Streuung über diesen Faktor abschätzen. Die genaue Eliminierung der Temperaturstreuung stellt jedoch eine der Hauptschwierigkeiten bei der quantitativen Untersuchung der Mischkristallstreuung dar. Man wird daher die Streuung des Mischkristalles nur dann gut bestimmen können, wenn der Anteil der Temperaturstreuung nicht zu groß ist. Untersuchungen bei tiefer Temperatur und bei nicht zu großen Beugungswinkeln sind dann vorteilhaft.

Der *ideale Mischkristall* ist durch eine völlig regellose Verteilung der Atome charakterisiert, die außerdem keine Atomgrößendifferenz haben. Solch ein Kristall liefert im Beugungsdiagramm Braggsche Reflexe, deren Intensität proportional zu $\langle f \rangle^2$ ist, wobei $\langle f \rangle = m_A\, f_A + m_B\, f_B$ der mittlere Atomfaktor des Mischkristalles ist. Dabei sind m_A und $m_B = 1 - m_A$ die Molenbrüche der beteiligten Atomsorten. Aus einer allgemeinen Streutheorie folgt jedoch, daß die gesamte Streuung proportional zu $\langle f \rangle^2$ sein muß. Daraus folgt, daß neben den Reflexen noch eine andere Streuung existiert, die proportional zu $\langle f^2 \rangle - \langle f \rangle^2$ ist.

---

[1] Vgl. Abschnitt 5.

[2] Vgl. Abschnitt 21.

Für den idealen Mischkristall hat v. LAUE bereits im Jahr 1913 gefunden, daß diese Streuung direkt gegeben ist durch

$$I_L = N\,[\langle f^2\rangle - \langle f\rangle^2] \tag{25.2}$$

$$= N\, m_A\, m_B\, (f_A - f_B)^2 \tag{25.3}$$

Der zweite Ausdruck folgt aus dem ersten, wenn man die entsprechenden Mittelwerte einsetzt. In dieser Formel sind Absorptionskorrekturen nicht berücksichtigt. N ist die Zahl der bestrahlten Atome. Die aus der obigen Formel folgende Streuung ist diffus über den ganzen Winkelbereich verteilt. Sie nimmt entsprechend dem Faktor $(f_A - f_B)^2$ kontinuierlich mit steigendem Winkel ab und wird als *monotone Laue-Streuung* bezeichnet.

Wie man sieht, findet man nur dann eine kräftige monotone Lauestreuung, wenn die Differenz $f_A - f_B$ der Atomfaktoren groß ist. Dies ist eine wesentliche Bedingung für eine erfolgreiche Untersuchung des

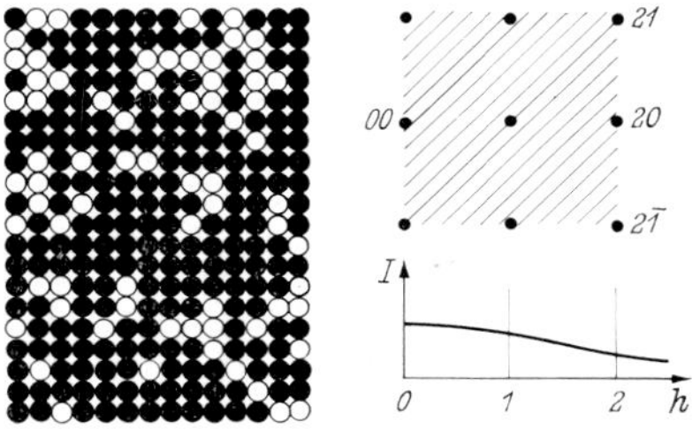

Abb. 25.1. Zweidimensionales Modell eines idealen Mischkristalls und seine Streuung (nach GEROLD)

diffusen Streuuntergrundes eines Mischkristalls. Viele Legierungssysteme wie z. B. Fe—Ni oder Ni—Co sind daher für solche Untersuchungen völlig ungeeignet. Dagegen sind Legierungen wie Cu—Au, Ni—Au, Cu—Pt wegen des großen Unterschiedes der Atomfaktoren ideal. Aus der obigen Streuformel folgt auch noch, daß als zweite Bedingung eine geeignete Zusammensetzung des Mischkristalles vorliegen muß. Die zulegierte Komponente sollte eine atomare Konzentration von mehr als 5% haben, damit eine ausreichende Streuung entsteht.

In Abb. 25.1 ist schematisch ein zweidimensionales Modell eines idealen Mischkristalls dargestellt, sowie eine Ebene des reziproken Gitters, in der die Streuung angedeutet ist. Außerdem ist noch die Intensitätsverteilung längs der Linie 00—10—20 im reziproken Gitter eingetragen. Die Streuung nimmt monoton mit dem Streuwinkel ab.

Einen idealen Mischkristall findet man sehr selten. Infolge der unterschiedlichen Bindungskräfte ist in der näheren Umgebung eines Atoms eine Atomanordnung vorhanden, die von der völligen Regellosigkeit abweicht. Erst in größerer Entfernung von dem betrachteten Atom wird diese Regellosigkeit erreicht (nahgeordneter Mischkristall). Diese Nahordnung kann entweder eine *echte Nahordnung* sein, bei der ein betrachtetes A-Atom vorzugsweise von B-Atomen umgeben ist (Abb. 25.2), oder sie kann als *Nahentmischung (Clusterbildung)* auftreten, bei der ein A-Atom sich vorzugsweise mit anderen A-Atomen umgibt (Abb. 25.3). Von der echten Nahordnung ist die *Fernordnung* zu unterscheiden, die z. B. in einem Mischkristall mit echter Nahordnung in bestimmten Konzentrations- und Temperaturbereichen entstehen kann. Bei der

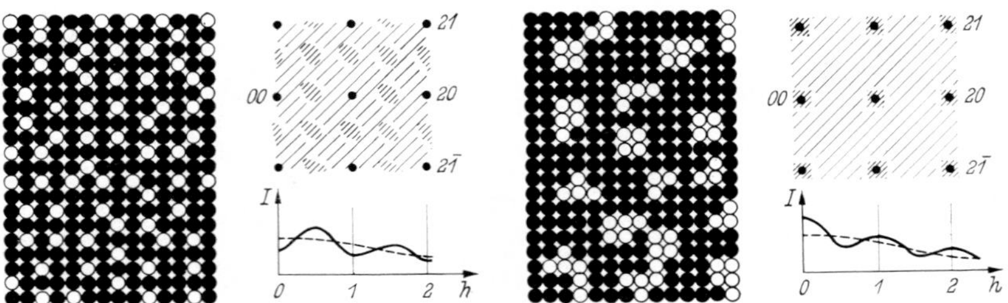

Abb. 25.2. Modell eines Mischkristalls mit Nahordnung und seine Streuung (nach GEROLD).

Abb. 25.3. Mischkristall mit Clusterbildung (Nahentmischung) und seine Streuung (nach GEROLD).

Fernordnung sind die verschiedenen Atomsorten auch bis zu großen Atomabständen hin in völliger Ordnung periodisch in das Gitter eingebaut (s. Abschnitt 25. B).

Analog findet man Mischkristalle mit Nahentmischung (Clusterbildung) vorzugsweise in Legierungssystemen, die im Zustandsdiagramm eine Mischungslücke aufweisen. Innerhalb der Mischungslücke wachsen die Cluster zu größeren Ausscheidungsteilchen *(Guinier-Preston-Zonen)* heran, die einen Durchmesser zwischen 10 und 100 Å haben (s. Abschnitt 25. C).

Zur weiteren Diskussion der Mischkristalle betrachten wir konzentrische Koordinationsschalen i um ein gegebenes A-Atom, die einen Radius r_i haben. Dann bedeutet P_i^{AB} die mittlere Wahrscheinlichkeit, in einem Abstand r_i von einem A-Atom ein B-Atom auf einem Gitterplatz zu finden. Entsprechend kann man die Wahrscheinlichkeiten P_i^{AA}, P_i^{BB}, P_i^{BA} definieren. Alle diese Wahrscheinlichkeiten sind voneinander abhängig, so daß für jeden Abstand r_i nur eine von ihnen, z. B. P_i^{AA}, als unabhängige Größe betrachtet werden kann.

Für die Änderungen im Beugungsdiagramm spielen die *Nahordnungskoeffizienten* α_i, die folgendermaßen definiert sind, eine wesentliche Rolle:

$$\alpha_i = \frac{P_i^{AA} - m_A}{1 - m_A}\,. \tag{25.4}$$

Sie geben die Abweichungen von der völligen Regellosigkeit an, da $\alpha_i = 0$ bedeutet, daß die Wahrscheinlichkeit P_i^{AA} gleich der Konzentration m_A der A-Atome ist. Diese Wahrscheinlichkeit ist bei völliger Regellosigkeit zu erwarten, bei Mischkristallen also für Abstände r_i größer als 10 Å ($i > 8$).

Ist $P_i^{AA} = 0$, so wird $\alpha_i = -m_A/m_B$ negativ und hat seinen kleinsten Wert. Der größtmögliche Wert $\alpha_i = 1$ wird dann erreicht, wenn $P_i^{AA} = 1$ ist. Beide Grenzwerte kommen in einem Mischkristall nicht vor. Praktisch beobachtet man Werte für α_i, die höchstens die Hälfte dieser Grenzwerte erreichen.

Die monotone Laue-Streuung wird durch die Nahordnung moduliert, wobei die Periodenlänge der Modulation durch r_i und die Größe der Modulation durch α_i bestimmt wird. Hier soll der Einfachheit halber nur die Streuformel für ein vielkristallines Präparat wiedergegeben werden:

$$I_L = N\, m_A\, m_B\, (f_A - f_B)^2 \left\{1 + \sum_i C_i \cdot \alpha_i \frac{\sin s\, r_i}{s\, r_i}\right\} \qquad (25.5)$$

Dabei bedeutet C_i die Koordinationszahl der i-ten Schale und $s = \frac{4\pi \sin \Theta}{\lambda}$. Die Streuformel hat eine gewisse Ähnlichkeit mit der entsprechenden Formel für eine Flüssigkeit[1].

Der wichtigste Nahordnungskoeffizient ist α_1 für die erste Koordinationsschale. Sein Vorzeichen gibt die Art der Nahordnung an.

Ist $\alpha_1 < 0$, so bedeutet dies, daß ein A-Atom B-Atome als nächste Nachbarn bevorzugt: wir haben eine echte Nahordnung vor uns. Abb. 25.2 zeigt als Beispiel einen Mischkristall mit kräftiger Nahordnung. Auf Grund dieser Nahordnung erhält die monotone Laue-Streuung des Mischkristalls eine Modulation. Es entstehen Intensitätsminima an den Reflexen und Intensitätsmaxima zwischen ihnen. Aus der Höhe und Breite dieser Maxima kann man auf die Größe der α_i schließen.

Ist $\alpha_1 > 0$, so umgibt sich ein A-Atom vorzugsweise mit gleichartigen Atomen. Dies ist der Fall der Nahentmischung oder Clusterbildung. Hier bildet sich die Modulation der monotonen Laue-Streuung mit umgekehrten Vorzeichen aus. Die Maxima im diffusen Streuuntergrund entstehen an den Reflexen und Intensitätsminima zwischen ihnen. Abb. 25.3 zeigt solch ein Gittermodell und die dazugehörige Streuung.

Ein gutes Beispiel für einen Mischkristall mit echter Nahordnung gibt das Legierungssystem Cu—Au, während das System Al—Zn einen typischen Fall für einen Mischkristall mit Clusterbildung darstellt. Beide Fälle sind in Abb. 25.4 zusammengestellt. Es handelt sich um Debye-Scherrer-Aufnahmen von Flinn, Averbach und Cohen. Im oberen Dia-

[1] Vgl. Math. Anhang H.

gramm einer abgeschreckten Cu_3Au-Legierung erkennt man deutlich das diffuse Intensitätsmaximum, das von den Debye-Scherrer-Linien abgesetzt ist. Im unteren Diagramm einer bei 400 °C aufgenommenen AlZn-Legierung befindet sich das diffuse Maximum an den Debye-Scherrer-Linien und in der Nähe des Primärstrahls.

Eine quantitative Auswertung der diffusen Streuung zur Bestimmung der Nahordnungskoeffizienten α_i ist bei vielkristallinen Proben kaum möglich, da der meist auch hineinspielende Atomgrößeneffekt nur sehr

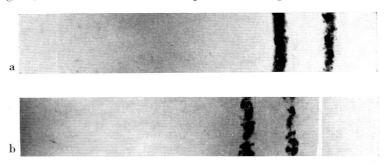

Abb. 25.4. Debye-Scherrer-Aufnahmen von vielkristallinen Mischkristallproben (nach FLINN, AVERBACH und COHEN).
a) Cu_3Au von 900 °C in Wasser abgeschreckt; b) AlZn bei 400 °C aufgenommen.

schwer zu eliminieren ist. Bei Einkristallen ist diese Trennung wesentlich leichter. Die Berechnung der α_i geschieht dann über eine dreidimensionale Fourier-Analyse, die häufig durch eine Reihe von zweidimensionalen Fourier-Analysen ersetzt wird.

Mit Hilfe eines Computers ist es auch gelungen, aus den Nahordnungskoeffizienten α_i ein Gittermodell zu berechnen, dessen Atomverteilung gerade diesen Koeffizienten entspricht. Das Modell scheint eine eindeutige Lösung darzustellen. Man kann aus ihm die Häufigkeit mehratomiger Komplexe ermitteln.

Beim Übergang der echten Nahordnung zur Fernordnung werden die diffusen Beugungsmaxima des Streuuntergrundes in Abb. 25.2 immer intensiver und schärfer und gehen schließlich in die sogenannten Überstrukturreflexe der Fernordnung (s. Abschnitt 25. B) über. Bei der idealen Fernordnung ist schließlich überhaupt kein diffuser Streuuntergrund vorhanden; die gesamte Streuintensität befindet sich jetzt in den Überstrukturreflexen, die zwischen den Hauptreflexen liegen. Analog ist bei dem Übergang von der Clusterbildung zur Ausscheidung (Guinier-Preston-Zonen) eine starke Konzentration der diffusen Streumaxima von Abb. 25.3 in unmittelbarer Nähe der Reflexe festzustellen (s. Abschnitt 25 C). Daß sie noch von den Reflexen zu unterscheiden sind, hängt mit der Tatsache zusammen, daß die Ausscheidungsteilchen immer noch sehr klein sind.

Durch die unterschiedliche Größe der Atome entstehen im stabilen Mischkristall noch *lokale Gitterverzerrungen*, deren Vorzeichen von der jeweiligen Atomsorte abhängt. Das größere Atom weitet das Gitter in seiner unmittelbaren Umgebung auf, das kleinere Atom bewirkt eine lokale Kontraktion des Gitters. Hieraus resultieren zwei Beugungseffekte, wobei der zweite nur dann zu beobachten ist, wenn die beteiligten Atome außerdem ein großes unterschiedliches Streuvermögen besitzen.

Der erste Effekt besteht in einer Verringerung der Intensität der Mischkristallreflexe. Infolge der durch die unterschiedliche Atomgröße hervorgerufenen Gitterverzerrungen wird diese Intensität in ähnlicher Weise beeinflußt wie durch die von den Gitterschwingungen hervorgerufenen dynamischen Verzerrungen. Man kann dies durch einen Faktor $e^{-2M'}$ beschreiben, der ähnlich wie der Debye-Waller-Faktor ist.

Die durch die statischen Gitterverzerrungen hervorgerufene Intensitätsverringerung der Reflexe wird voll kompensiert durch eine zusätzlich auftretende Streuung im Untergrund. Sie wurde von HUANG berechnet und nach ihm benannt. Sie macht sich praktisch bemerkbar durch eine Erhöhung der Streuintensität im Auslauf der Reflexe. Sie ist sehr schwer quantitativ zu messen, da an dieser Stelle auch die diffuse Temperaturstreuung ihren Hauptanteil hat.

Experimentell besser zugänglich ist der zweite durch die Atomradiendifferenz hervorgerufene Effekt, der in einer *zusätzlichen Modulation der diffusen Laue-Streuung* I_L besteht. Bei einem vielkristallinen Präparat ist sie schlecht zu erkennen, bei Untersuchungen an Einkristallen tritt sie jedoch deutlich in Erscheinung. Die Modulation nimmt mit

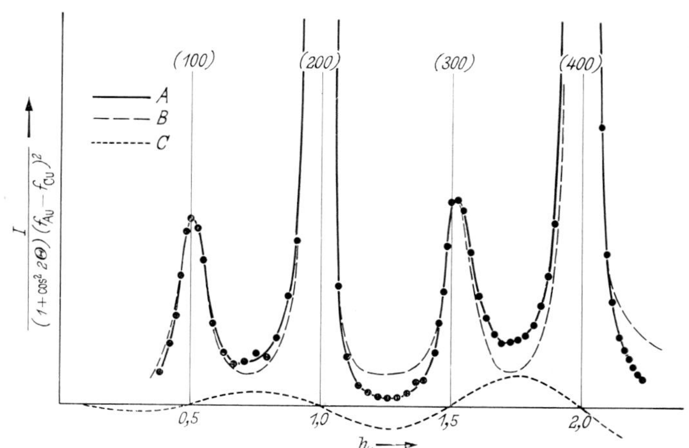

Abb. 25.5. Streukurve eines Einkristalls aus Cu_3Au, der von 500 °C abgeschreckt wurde (nach WARREN, AVERBACH und ROBERTS).

Kurve *a*: Experimentell gemessen; Kurve *b*: Theoretische Streukurve ohne Atomgrößeneffekt; Kurve *c*: Atomgrößeneffekt (Differenzkurve von *a* und *b*).

steigendem Abstand vom Nullpunkt des reziproken Gitters zu. Sie ist dadurch gekennzeichnet, daß in einem Streudiagramm die diffuse Laue-Streuung auf einer Seite eines Mischkristallreflexes erhöht, auf der anderen Seite jedoch erniedrigt wird. Das Vorzeichen der Modulation hängt davon ab, ob das größere Atom auch das stärker streuende Atom ist oder nicht. Im Fall der Legierung Au-Cu ist das stärker streuende Atom (Au) zugleich auch das größere. Im Beugungsdiagramm wird die diffuse Streuung jeweils auf derjenigen Seite eines Reflexes erhöht, die zu kleineren Winkeln hin liegt (Abb. 25.5). Im System Cu—Al ist es genau umgekehrt.

B. Ordnungsvorgänge

Eine Reihe von Legierungen zeigen im Zustandsdiagramm Bereiche an, in denen eine *Fernordnung* vorliegt. Kühlt man beispielsweise eine Legierung mit 75 At% Kupfer und 25 At% Gold langsam von hoher Temperatur ab, so hat man zunächst einen Mischkristall mit Nahordnung vor sich. Dabei umgeben sich die Goldatome vorzugsweise mit Kupferatomen als nächste Nachbarn, wie es im Abschnitt A beschrieben worden ist. Über größere Atomabstände hinweg ist die Atomanordnung jedoch regellos. Bei etwa 400 °C tritt dann eine Umwandlung auf, bei der die Ordnung sich über größere Atomabstände einstellt. Mit sinkender Temperatur wird diese Fernordnung immer besser. In jeder Gitterzelle werden ganz bestimmte Plätze von den Atomen einer Art angenommen, wie es Abb. 25.6 zeigt ($L\,1_2$-Typ). Aus dem kflz. Mischkristall ist dadurch eine Überstruktur entstanden, deren Translationsgitter kubisch primitiv ist.

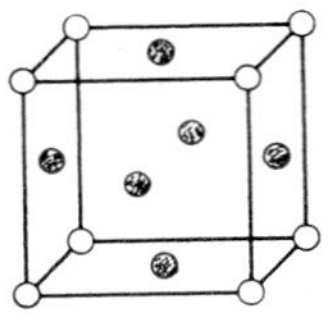

Abb. 25.6. Elementarzelle von Cu_3Au.
● Au-Atome,
○ Cu-Atome
(nach JOHANSSON und LINDE).

Der Übergang zur Fernordnung macht sich im Beugungsdiagramm durch das Auftreten von *Überstrukturreflexen* bemerkbar. Die Voraussetzung dafür ist allerdings, daß die Ordnungszahlen der Atome genügend verschieden sind. Im obigen Beispiel werden die Überstrukturreflexe von den Netzebenen mit gemischten Indizes erzeugt, da deren Strukturfaktor F nicht mehr Null, sondern $F = f_{Au} - f_{Cu}$ ist. Für Netzebenen mit ungemischten Indizes beträgt $F = f_{Au} + 3\,f_{Cu}$ wie beim Mischkristall, die Intensitäten dieser Linien ändern sich also beim Ordnungsübergang nicht. An Einkristallen können wegen der hohen Intensitäten auch Überstrukturreflexe quantitativ ausgemessen werden, wenn die Atome im periodischen System benachbart sind (z. B. Cu Zn). Die Überstrukturen lassen sich auch indirekt nachweisen, da sich z. B. die elektrischen oder magnetischen Eigenschaften bei einer Ordnungsumwandlung stark ändern.

Die Fernordnung ist nicht immer vollständig. Vor allem in der Nähe der Umwandlungstemperatur wird sie stärker gestört. Dies läßt sich durch einen *Fernordnungsparameter* S beschreiben, der bei idealer Fernordnung den Wert 1 hat und für den Mischkristall den Wert Null erreicht. Die Intensität der Überstrukturreflexe ist direkt proportional zu S^2. Die genaue Definition von S ist etwas kompliziert, da ja auch berücksichtigt werden muß, daß die Legierung nicht die ideale Zusammensetzung haben kann. Ausgehend von einer ideal geordneten Legierung mit idealer Zusammensetzung kann man im Gitter die α-Plätze der A-Atome von den β-Plätzen der B-Atome unterscheiden. Ihr relativer Anteil an den gesamten Gitterplätzen sei y_α bzw. y_β, so daß $y_\alpha + y_\beta = 1$ ist. Liegt nun eine Legierung mit einer Zusammensetzung vor, bei der m_A den Bruchteil der A-Atome und m_B den der B-Atome bedeutet ($m_A + m_B = 1$), und ist r_α der Bruchteil der α-Plätze, der mit den richtigen A-Atomen besetzt ist, so erhält man für den Fernordnungsparameter

$$S = (r_\alpha - m_A)/y_\beta = (r_\beta - m_B)/y_\alpha \,. \tag{25.6}$$

Auch bei einer vollständigen Fernordnung ($S = 1$) wird niemals ein ganzer Kristallit aus einem einzigen Überstrukturgitter bestehen. Bei der Überstruktur Cu_3Au muß z. B. das Goldatom nicht in den Eckpunkten der Elementarzelle liegen. Es würde sich die gleiche Überstruktur ergeben, wenn das Goldatom auf einer der drei Flächenmitten säße. Infolgedessen gibt es insgesamt vier verschiedene Möglichkeiten, in einem Einkristall diese Überstruktur herzustellen. Man wird daher in einem Kristall alle vier Anordnungen nebeneinander vorfinden. Diese ferngeordneten Bereiche *(Domänen)* berühren sich an Grenzflächen, den sog. *Antiphasengrenzen*, an denen die Atomanordnung gestört ist. Abb. 25.7 zeigt das Zusammentreffen von vier Domänen Cu_3Au, wobei nur die Lage der Au-Atome eingezeichnet ist. Die Punkte geben die Lage der Gold-Atome in der Zeichenebene (100) an, die Kreuze in der Ebene darüber[1]. Die Antiphasengrenzen liegen in

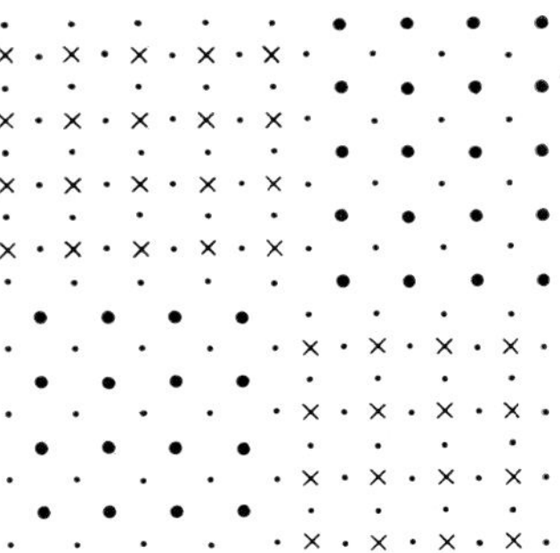

Abb. 25.7. Antiphasengrenzen in Cu_3Au. Gezeichnet ist eine Würfelebene, $z = 0$,

● Au-Atome • Cu-Atome
× Au-Atome in der Ebene $z = 1/2$

[1] Für die Berechnung des Fernordnungsparameters S nach obiger Gleichung gelten dann als y_α-Plätze z. B. die in Abb. 25.7 gezeigten Plätze der Au-Atome, die in jeder Domäne anders liegen. Die Domänenstruktur führt nämlich nicht zu einer Verringerung der (integralen) Intensität, sondern nur zu einer Verbreiterung der Überstrukturreflexe. Im Grenzfall sehr kleiner Domänen verschwimmen allerdings die Reflexe zu den diffusen Maxima der Nahordnung, die daher auch als Fernordnung mit Domänengrößen kleiner als 10 Å aufgefaßt werden kann. Eine Definition von S ist dann sinnlos, da die Struktur nur noch aus Domänengrenzen besteht.

dieser Überstruktur bevorzugt in {100}-Ebenen. Beiderseits jeder Grenze sind die Gold-Atome um einen Abstand 1/2 ⟨110⟩ parallel zur Grenzfläche verschoben. Dadurch wird vermieden, daß sie als nächste Nachbarn zusammenkommen. Mit abnehmender Größe der Domänen werden die Überstrukturlinien verbreitert, wobei die Verbreiterung wegen der speziellen Struktur der Antiphasengrenzen jedoch anisotrop ist. So macht sich im vorliegenden Fall die {100}-Antiphasengrenze bei den (100) Überstrukturlinien praktisch nicht durch eine Verbreiterung bemerkbar, wohl aber bei den (110)- und (211)-Linien.

Bei der Bildung einer Überstruktur können sich die Abmessungen des Gitters um kleine Beträge ändern; mitunter ändert sich auch die Symmetrie der Zelle, so daß z. B. beim AuCu (abwechselnde Schichten von Au und Cu parallel zu (001)-Ebenen, $L\,1_0$-Typ) eine kubische Zelle in eine tetragonale Zelle mit einem Achsenverhältnis von nahezu 1 übergeht.

In manchen Fällen muß zur Beschreibung der regelmäßigen Atomverteilung die ursprüngliche Zelle des Mischkristalles vervielfacht werden. Bei der festen Lösung von Aluminium in dem raumzentriert kubischen Gitter des Eisens haben die Legierungen bei hohen Temperaturen eine raumzentriert kubische Zelle von der Kantenlänge a mit regelloser Atomverteilung. Bei der Zusammensetzung 75 At% Fe und 25 At% Al (Fe_3Al) entsteht bei langsamer Abkühlung eine Atomanordnung nach Abb. 25.8 (DO_3-Typ). Die Elementarzelle des Gitters ist jetzt achtmal so groß wie vorher (Kantenlänge 2 a). Die Al-Atome besetzen vier Ecken des kleinen inneren Würfels.

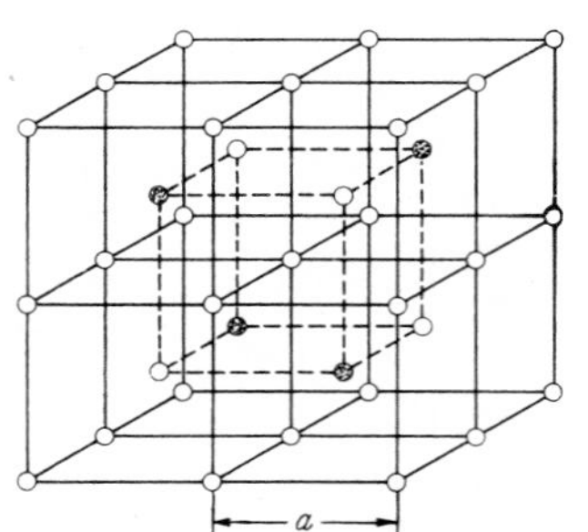

Abb. 25.8. Elementarzelle von Fe_3Al. (nach BRADLEY und JAY).
○ Fe-Atome, ● Al-Atome

So entsteht ein kubisch flächenzentriertes Translationsgitter. Man erkennt dies sofort, wenn man den Eckpunkt der Elementarzelle so verschiebt, daß auf ihn ein Aluminium-Atom zu liegen kommt. Die Gitterstruktur des zugehörigen Mischkristalls bezeichnet man als Unterstruktur. Diese ist im vorliegenden Fall kubisch raumzentriert.

Bei der Legierung von der Zusammensetzung FeAl werden auch noch die restlichen vier Ecken dieses inneren Würfels von Al-Atomen eingenommen. Es entsteht dann ein CsCl-Gittertypus ($B\,2$-Typ); die Elementarzelle ist einer der acht Würfel mit der Kantenlänge a in Abb. 25.8. In den technisch wichtigen Fe-Ni-Al-Stählen ist das Auftreten von Höchstwerten der magnetischen Eigenschaften mit der Überstruktur von Fe_2NiAl verknüpft. Es ist wichtig zu wissen, daß die Überstrukturen beim Verformen von Metallen zerstört werden können, um dann beim Rekristallisieren wiederzukehren.

Eine besondere Art von Überstrukturen sind die sog. *Verwerfungsstrukturen*. Bei ihnen sind Antiphasengrenzen („Verwerfungen") streng periodisch eingebaut, wobei die Kantenlänge der dabei entstehenden Elementarzelle bis zu 50 Å gehen kann. Als Beispiel sei die Phase AuCu II angeführt, die im Temperaturbereich von 385 bis 410 °C stabil ist und eine Verwerfungsstruktur besitzt, die schon vor längerer Zeit von Johansson und Linde gefunden wurde (Abb. 25.9). Die Elementarzelle ist orthorhombisch und besteht aus der Aneinanderreihung von 10 Ele-

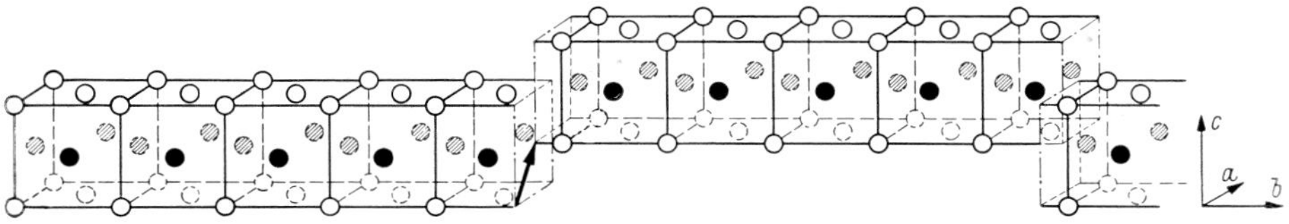

Abb. 25.9. Verwerfungsstruktur AuCu II (nach Schubert, Kiefer, Wilkens und Haufler).

mentarzellen der normalen CuAu I-Überstruktur entlang der *b*-Achse. Von diesen 10 Zellen sind 5 Zellen um einen Abstand $^1/_2$ [101] verschoben worden. Die Gitterkonstante *b* von CuAu II ist dann um einen Faktor 10 größer als die Gitterkonstante *b* von CuAu I.

Im Beugungsdiagramm macht sich das Auftreten von Verwerfungsstrukturen durch eine *Aufspaltung* der Überstrukturlinien bemerkbar. In einer systematischen Untersuchung wurden in verschiedenen metallischen Systemen (z. B. Pd—Cu, Pt—Cu, Pd—Pt—Cu usf.) solche Ordnungsphasen mit großen Perioden von Schubert, Kiefer, Wilkens und Haufler aufgefunden. Meistens gehört die ursprüngliche Zelle dem flächenzentriert-kubischen Gittertypus an. Der reziproke Abstand der Verwerfungen in diesen Strukturen erweist sich als linear proportional zur Konzentration der Valenzelektronen.

Die Tatsache, daß die Überstrukturen bei bestimmten stöchiometrischen Zusammensetzungen von einfachem Formelbau auftreten, gab früher Anlaß zu der Auffassung, die Überstruktur sei eine chemische Verbindung. Diese Ansicht kann jedoch nicht aufrecht erhalten werden, da wegen des andersartigen Charakters der metallischen Bindung auch andere Gesetzmäßigkeiten vorliegen (Dehlinger). Sowohl bei den Überstrukturen als auch bei den intermetallischen Verbindungen existieren erhebliche Abweichungen von der Stöchiometrie. Diese Phasen haben also einen großen Homogenitätsbereich. Daraus ist zu schließen, daß die zu einer Atomsorte gehörenden Gitterplätze auch von der anderen Sorte besetzt werden können.

C. Ausscheidungsvorgänge

Ausscheidungsvorgänge spielen u. a. bei der *Aushärtung* von Legierungen eine große Rolle. Das Phänomen der Aushärtung läßt sich wie folgt beschreiben: Die aushärtbare Legierung wird bei hohen Temperaturen homogenisiert (Mischkristallbildung) und anschließend abgeschreckt und bei mittleren Temperaturen oder sogar bei Raumtemperatur ausgelagert. Dabei tritt eine wesentliche Erhöhung der Härte der Legierung ein (Aushärtung). Bei zu langer Lagerung bei höheren Temperaturen tritt dann wieder ein Härteabfall auf (Überalterung).

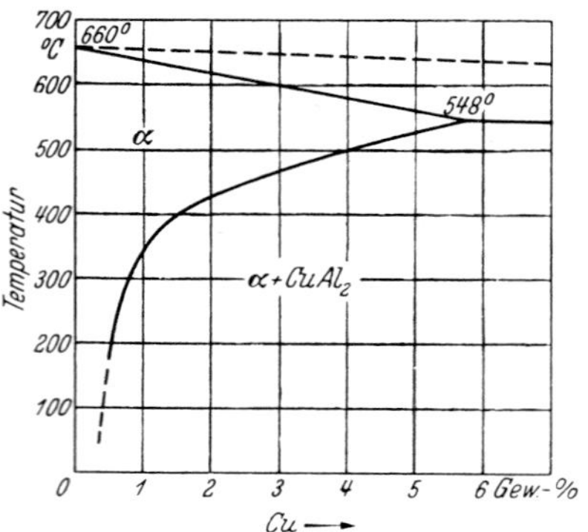

Abb. 25.10. Zustandsdiagramm von Al-Cu (nach DIX und RICHARDSON).

Die wesentliche Voraussetzung für eine Aushärtung ist ein Zustandsdiagramm der Legierung, das eine mit fallender Temperatur abnehmende Löslichkeit der zulegierten Komponente B zeigt. Als Beispiel ist in Abb. 25.10 die Aluminiumecke des Zustandsdiagramms Al—Cu gezeichnet. Der mit α bezeichnete Mischkristall hat bei 548 °C eine maximale Löslichkeit für Kupfer von 5 Gew.-% (2,5 At.-%), die mit fallender Temperatur stark abnimmt. Bei sehr langsamer Abkühlung von der im α-Gebiet gelegenen *Homogenisierungstemperatur* treten immer so viele Cu-Atome aus dem Gitter aus, daß der Restgehalt stets gleich der Konzentration der Löslichkeitsgrenze ist. Die ausgeschiedenen Kupferatome bilden die Gleichgewichtsphase Θ ($CuAl_2$), die sehr grobdispers ist und keine Verbesserungen der mechanischen Eigenschaften dieser Legierung bringt.

Schreckt man jedoch die Legierung von der Homogenisierungstemperatur von 550 °C rasch in Wasser ab, so hat die Gleichgewichtsphase nicht die Zeit, sich auszuscheiden. Es entsteht vielmehr ein *übersättigter Mischkristall* bei relativ niedriger Temperatur, bei der die Keimbildung der Gleichgewichtsphase sehr erschwert, d. h. praktisch nicht möglich ist. Dafür können jedoch *metastabile Zwischenphasen* entstehen, deren Strukturen dem Mischkristall stärker verwandt sind und deren Keimbildung daher wesentlich erleichtert ist, wobei eine feindisperse Verteilung entsteht.

Über die Menge und Art dieser Ausscheidung war lange nichts bekannt, da sie weder mikroskopisch noch röntgenographisch sichtbar gemacht werden konnte. Erst in den 30er Jahren konnten erste Anzeichen dieser Ausscheidungsphasen röntgenographisch festgestellt werden. Mit der weiteren Vervollkommnung der Versuchstechnik in den letzten 20 Jahren konnten die Strukturen weitgehend aufgeklärt werden. Heute gibt das

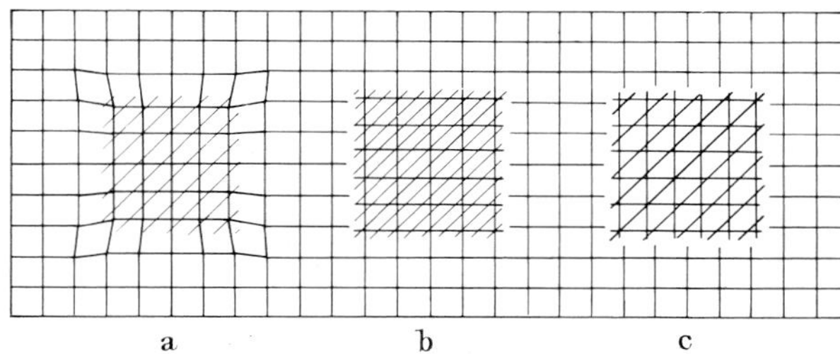

Abb. 25.11. Schematische Darstellung einer kohärenten (a), teilkohärenten (b) und inkohärenten (c) Ausscheidung.

Elektronenmikroskop einen unmittelbaren Einblick in die Ausscheidungsvorgänge. Je nach der Struktur der Grenzfläche zwischen Ausscheidung und Mischkristall unterscheidet man zwischen kohärenter, teilkohärenter und inkohärenter Ausscheidung. In Abb. 25.11 sind diese Ausscheidungsarten schematisch dargestellt. Die schraffierten Gebiete sind die Ausscheidungsteilchen, die sich durch eine andere Legierungszusammensetzung vom umgebenden Mischkristall unterscheiden.

In Abb. 25.11a ist eine *völlig kohärente Ausscheidung* zu sehen. Die Netzebenen des Kristallgitters gehen durch Mischkristall und Ausscheidungsteilchen gleichmäßig hindurch. In der Ausscheidung kann zusätzlich eine Ordnung der Atome vorhanden sein, wie es z. B. bei dem Legierungssystem Ni—Al (oder Ni—Ti, Ni—Si) der Fall ist. Dort scheidet sich eine geordnete Phase Ni_3Al aus. Da die Gitterkonstante der kohärenten Ausscheidung im allgemeinen von der des Mischkristalls abweicht, entsteht um jedes Ausscheidungsteilchen eine elastische Gitterverzerrung. Man spricht von *Kohärenzspannungen*, wie sie auch in Abb. 25.11a angedeutet sind.

Die *teilkohärente Ausscheidung* (Abb. 25.11b) hat neben einer kohärenten Phasengrenze auch eine inkohärente Grenze. Sie hat oft eine Struktur, die sich durch die Änderung nur eines Gitterparameters in einer Richtung vom Mischkristall unterscheidet (tetragonale oder rhomboedrisch verzerrte Struktur, wenn von einem kubischen Mischkristall ausgegangen wird). Die Ausscheidung kann aber auch eine völlig andere Struktur besitzen als der Mischkristall. Es besteht nur die Bedingung, daß in der kohärenten Grenzfläche die Atomanordnung der Ausscheidung und die der Matrix gleich ist, so daß geometrisch ein kohärenter Übergang von einer Phase zur anderen existiert. Kohärenzspannungen sind nicht mehr oder nur geringfügig vorhanden. Da die inkohärente Phasengrenze eine weitaus höhere Energie (ca. 500 bis 1000 erg/cm²) hat als die kohärente Grenzfläche (ca. 10 bis 100 erg/cm²), bildet sich diese Ausscheidung meist in Form von Platten parallel zur kohärenten Grenzfläche. Zwischen Ausscheidung und Matrix existiert, wie bei der kohärenten Ausscheidung, eine strenge Orientierungsbeziehung.

Bei der *inkohärenten Ausscheidung* (Abb. 25.11c) sind alle Grenzflächen inkohärent. Auch hier findet man häufig eine strenge Orientierungsbeziehung zum Mischkristall, die mit dem Mechanismus der

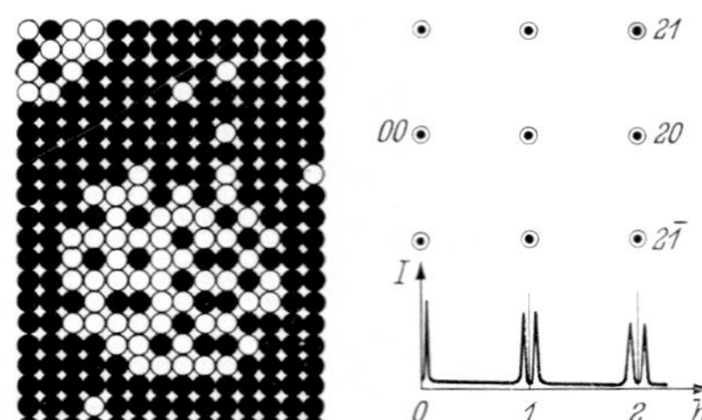

Abb. 25.12. Modell eines Mischkristalls mit kugelförmigen Guinier-Preston-Zonen (nach GEROLD). (Für die Erklärung: s. Text zu Abb. 25.1).

Keimbildung zusammenhängt. Die Orientierungsbeziehungen können jedoch sehr zahlreich werden, wenn die Ausscheidung ein komplexes Gitter hat (z. B. Θ-Phase $CuAl_2$ in Al—Cu).

Am einfachsten ist die Keimbildung der kohärenten Ausscheidung (häufig auch Guinier-Preston-Zone[1] genannt), da die Energie der Grenzfläche sehr gering ist. Diese Phase tritt daher sehr feindispers auf mit Teilchengrößen zwischen 20 und 200 Å. In Abb. 25.12 ist das Streudiagramm der kohärenten Ausscheidung ohne Kohärenzspannungsfeld dargestellt, wie es z. B. bei einer aluminiumreichen Al-Ag-Legierung der Fall ist. Zum Vergleich sei die Abb. 25.3 herangezogen, in der die Streuung eines stabilen Mischkristalls mit Clusterbildung[2] dargestellt ist. Beim Übergang zur kohärenten Ausscheidung (bei der ein Ausscheidungsteilchen wesentlich mehr Atome enthält als ein Cluster) verschärfen sich die diffusen Maxima des Streuuntergrundes zu relativ scharfen Beugungsprofilen in unmittelbarer Nähe der Mischkristallreflexe und des Primärstrahls. Dabei ist vorausgesetzt, daß sich die Ordnungszahlen der beteiligten Atompartner wesentlich unterscheiden. Aus der Form der Beugungsprofile lassen sich Aussagen machen über Form und Größe der Ausscheidungsteilchen.

[1] Abgekürzt G. P.-Zone.
[2] Vgl. Abschnitt 25 A.

Experimentell läßt sich die Streuung in der Nähe des Primärstrahles besonders gut erfassen, da hier sonstige Streuanteile, wie Compton-Streuung und Temperaturstreuung, praktisch gleich Null sind. Außerdem beeinflussen Kohärenzspannungen das Streuprofil nur wenig. Bei etwa kugelförmigen Teilchen kann man die Untersuchungen an vielkristallinem Material durchführen, ohne dabei einen Intensitätsverlust in Kauf zu nehmen. Über die Methode der *Kleinwinkelstreuung* und einige Ergebnisse wird im Abschnitt 30 näher berichtet.

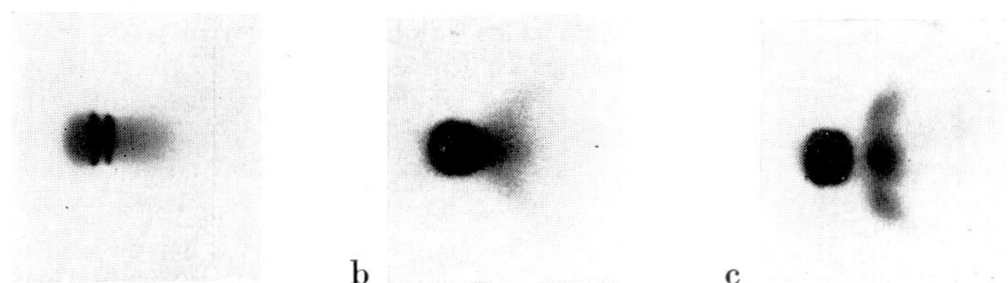

Abb. 25.13. Drehkristall-Schwenkaufnahme des (400)-Reflexes eines Al-Zn-Einkristalls mit 8,7 At% Zn. Monochromatische CuKα-Strahlung (nach MERZ und GEROLD).

Glühung bei 130 °C: a) 5 Std.; b) 18 Std.; c) 265 Std.

Außerhalb des Kleinwinkelbereichs wird die Streuung der kohärenten Ausscheidung wesentlich durch die *Kohärenzverzerrungen* des Gitters beeinflußt. Die in Abb. 25.12 gezeigten Beugungsprofile sind bezüglich der Hauptreflexe symmetrisch. Durch den Einfluß der Kohärenzverzerrungen wird eine Asymmetrie hervorgerufen, die um so stärker ist, je größer $\sin\Theta/\lambda$ ist.

Als Beispiel ist in Abb. 25.13 die Streuung eines Al-Zn-Einkristalls mit 8,7 At% Zn für verschiedene Stadien der Auslagerung bei 130 °C wiedergegeben. Es ist die Umgebung des (400)-Reflexes in einer Drehkristall-Schwenkkammer aufgenommen worden. Abb. 25.13a zeigt das Streubild eines etwa kugelförmigen Teilchens mit radialem Verzerrungsfeld, wie es schematisch in Abb. 25.11a dargestellt ist. Aus dem Beugungsprofil läßt sich ermitteln, daß die Gitterkonstante der G. P.-Zone etwa um 1,2% kleiner ist als die der Matrix.

Mit zunehmender Auslagerung bei Raumtemperatur oder bei erhöhter Temperatur erreichen die Teilchen durch den Vergröberungsprozeß (die großen Teilchen wachsen auf Kosten der kleinen) einen mittleren Radius von mehr als 30 Å. Auf der Röntgenaufnahme machen sich dann Intensitätsstreifen bemerkbar (Abb. 25.13b), die im reziproken Gitter in den vier {111}-Richtungen verlaufen. Diese Streifen deuten darauf hin, daß sich die G. P.-Zonen parallel zu jeweils einer {111}-Ebene abgeplattet haben, wobei die kubische Struktur der Zone rhomboedrisch verzerrt wird. Bei höherer Auslagerungstemperatur entsteht dann eine teilkohärente α'_R-Phase mit rhomboedrischer Struktur (Abb. 25.13c), die schließlich noch in eine inkohärente α'-Phase (kub. flächenzentriert) übergeht.

Bei den teilkohärenten und inkohärenten Ausscheidungen kann aus dem Beugungsdiagramm nur noch die Struktur der Ausscheidung entnommen, jedoch nichts mehr über Form und Größe der Teilchen ausgesagt werden, da die Dimensionen zu groß geworden sind (1000 Å und mehr).

Die stabile Ausscheidung bei Al-Zn-Legierungen ist das hexagonale Zink, das bevorzugt an *Gitterfehlern*, wie z. B. *Versetzungen* oder *Korngrenzen*, als inkohärente Phase entsteht. Dabei liegt die hexagonale Basisebene parallel zu einer der vier {111}-Ebenen des kubisch flächenzentrierten Mischkristalls.

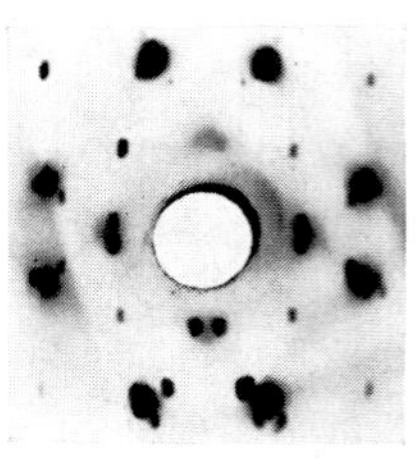

Abb. 25.14. Drehkristall-Schwenkaufnahme einer (200)-Scheibe eines Al-Zn-Einkristalls mit 6 At% Zn (nach SCHÜTZNER und GEROLD). Monochromatische MoKα-Strahlung, Durchstrahlung, Drehachse [100].

Bei der Keimbildung an Versetzungen liegt die hexagonale Basisebene der Ausscheidung parallel zur Gleitebene der Versetzungen. Das läßt sich an Einkristallstäbchen nachprüfen, die vor Erzeugung der Ausscheidung plastisch verformt wurden. Bei geeigneter Orientierung der Stäbe entstehen vorwiegend Versetzungen in einer einzigen (111)-Ebene. Schneidet man aus solch einem Einkristall eine Scheibe parallel zu einer (100)-Ebene heraus und erzeugt dann die Ausscheidung, so kann die Orientierungsbeziehung mit einer Röntgenaufnahme leicht nachgewiesen werden. Abb. 25.14 zeigt eine Drehkristallschwenkaufnahme solch einer Scheibe. Die Reflexe, die, von der Mitte aus gesehen, in den vier diagonalen Richtungen liegen, gehören zur Zn-Ausscheidung, wobei jede Richtung einer möglichen Orientierung entspricht. Das Reflexpaar oben links ist weitaus intensiver als die anderen drei Paare, die Ausscheidung ist also überwiegend in dieser Orientierung erfolgt.

Die Keimbildung der hexagonalen γ-Phase $AlAg_2$ in einer Al-Ag-Legierung erfolgt in etwas anderer Weise. Dort bilden sich zunächst sehr dünne Platten der teilkohärenten γ'-Phase, die aus einer Versetzung durch die sog. Versetzungsaufspaltung (s. Abschnitt 24) hervorgeht. Der Stapelfehler kann als Einlagerung von zwei hexagonalen Basisebenen in die Oktaederebenen des kubisch flächenzentrierten Gitters beschrieben werden, in denen die Anreicherung der Silberatome zur γ'-Phase stattfindet (ZIEGLER).

Wegen der extrem kleinen Dicke der γ'-Scheiben entstehen im Beugungsdiagramm Streifen, die die Matrixreflexe der kflz. α-Phase mit den Reflexen der γ'-Phase in (111)-Richtung im reziproken Gitter verbinden. Abb. 25.15 zeigt eine Schiebold-Sauter-Aufnahme eines ausgelagerten Einkristalls. Bei dieser Aufnahmetechnik wird eine Ebene des reziproken Gitters in verzerrter Form auf die Filmebene abgebildet. Man erkennt deutlich die Intensitätsstreifen, die von den zentral gelegenen Mischkristallreflexen zu den Ausscheidungsreflexen gehen. Da die Probe vorher nicht plastisch verformt wurde, sind alle vier Orientierungen hier gleich wahrscheinlich. Infolge der Geometrie der Aufnahme sind nur zwei Orientierungen beobachtbar.

Im Legierungssystem Al—Cu findet man auf der Al-Seite[1] die folgenden Ausscheidungsphasen:

Guinier-Preston-Zonen I (G. P. I-Zonen)

[1] Teilweise Duralumin genannt.

G. P. II-Zonen (auch als Θ''-Phase bezeichnet)
Θ'-Phase
Θ-Phase.

Die G. P. I-Zonen bestehen aus flächenhaften Ansammlungen von Kupferatomen auf einer der drei Würfelebenen {200} des Mischkristalls.

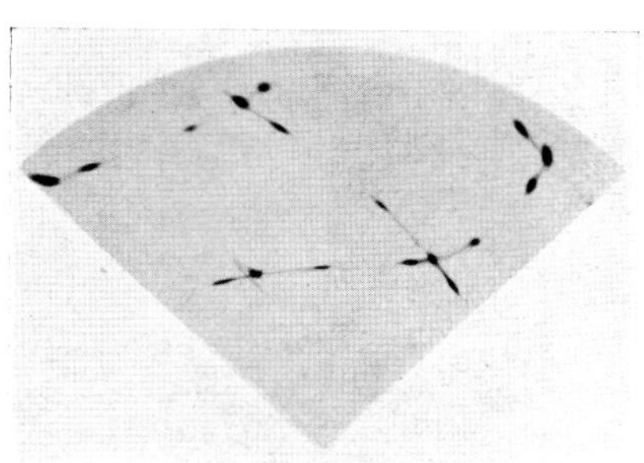

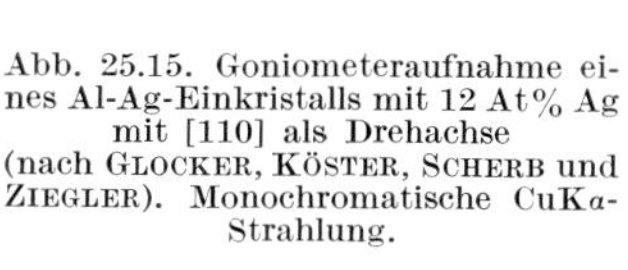

Abb. 25.15. Goniometeraufnahme eines Al-Ag-Einkristalls mit 12 At% Ag mit [110] als Drehachse (nach GLOCKER, KÖSTER, SCHERB und ZIEGLER). Monochromatische CuKα-Strahlung.

Sie entstehen bei Raumtemperatur und sind bis etwa 200 °C stabil. Abb. 25.16a zeigt einen Schnitt durch solch eine Zone. Der Durchmesser beträgt bis zu 100 Å, d. h. bis zu 25 Kupferatome liegen in Richtung der Würfelkante. Wie zuerst von GUINIER und von PRESTON gefunden wurde, erzeugen die Zonen Intensitätsstreifen auf Drehkristall- und auf

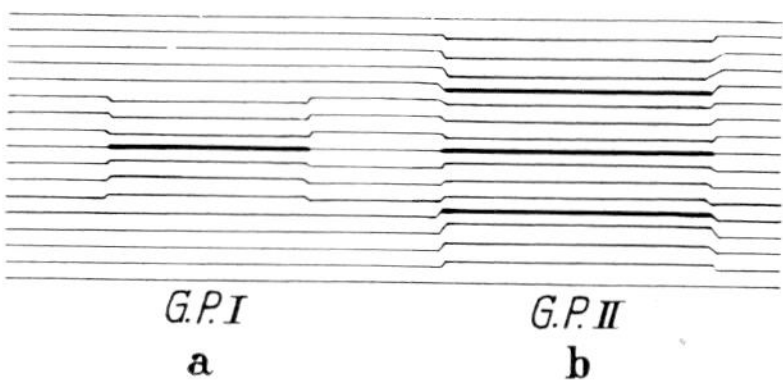

Abb. 25.16. Schematische Darstellung von G. P. I- und G. P. II-Zonen in einer Al-Cu-Legierung. Gezeichnet sind die (200)-Netzebenen, Netzebenen mit Kupferatomen sind verstärkt.

Laue-Aufnahmen. Von dieser Entdeckung her haben die Zonen ihren Namen erhalten, der später auch auf die kohärenten Ausscheidungen anderer Aluminiumlegierungen übertragen wurde. Die von den G. P. I-Zonen erzeugten Intensitätsstreifen verlaufen in (100)-Richtung durch die Einkristallreflexe. Ihr Verlauf ist stark asymmetrisch, daraus kann auf starke Gitterverzerrungen in der Umgebung der Zonen geschlossen werden. Wie von GEROLD gezeigt werden konnte, entstehen wegen der Kleinheit der Kupferatome weitreichende Kohärenzverzerrungsfelder, die das Röntgendiagramm sehr stark beeinflussen.

Die G. P. II-Zonen entstehen durch eine periodische Anordnung von einatomaren Kupferschichten parallel zu einer {200}-Ebene, wobei jede vierte Ebene eine Kupferschicht ist (Abb. 25.16b). Diese Ausscheidung scheint auch noch vollständig kohärent zu sein. Sie entsteht, wenn sowohl größere G. P. I-Zonen als auch eine genügende Konzentration von noch gelösten Kupferatomen in der Legierung vorhanden sind (BAUR). Das ist bei einer Auslagerung zwischen etwa 100 °C und 200 °C der Fall. Die G. P. II-Zonen machen sich durch eine Auflösung der von den G. P. I-Zonen herrührenden Intensitätsstreifen in einzelne Überstrukturreflexe bemerkbar. Die Θ'-Phase ist eine metastabile teilkohärente Ausscheidung, die eine leicht tetragonal verzerrte CaF_2-Struktur (Zusammensetzung $CuAl_2$) besitzt und vorzugsweise an Versetzungen entsteht. Sie bildet sich oberhalb 100 °C bis etwa 300 °C. Die tetragonale Achse steht dabei senkrecht zur kohärenten Grenzfläche. Die stabile

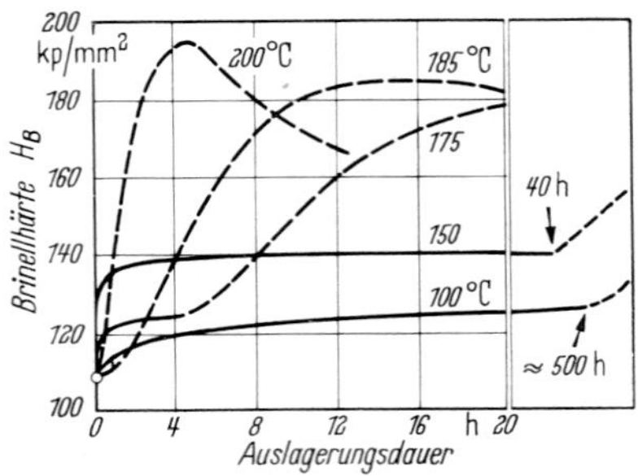

Abb. 25.17. Härtekurven in Abhängigkeit von der Anlaßdauer für eine Al-Ag-Legierung mit 12 At% Ag (nach KÖSTER und BRAUMANN).

inkohärente Θ-Phase ($CuAl_2$) erscheint erst bei Auslagerungstemperaturen oberhalb 300 °C. Beide Phasen Θ' und Θ machen sich auf Röntgenaufnahmen durch ihre Reflexe bzw. Debye-Scherrer-Linien bemerkbar. Bei Einkristallaufnahmen kann man aus der Lage der Reflexe des Mischkristalls und der Ausscheidung die Orientierungsbeziehungen zwischen beiden Phasen ermitteln.

Die verschiedenen Ausscheidungsphasen machen sich bei der Aushärtung in unterschiedlichem Maße bemerkbar. Trägt man die Härte als Funktion der Auslagerungsdauer für bestimmte Auslagerungstemperaturen auf, so zeigen diese Härteisothermen häufig mehrere Anstiege. Abb. 25.17 zeigt als Beispiel die Aushärtung einer Al-Ag-Legierung für verschiedene Auslagerungstemperaturen. Bei Temperaturen von 100 bis 175 °C findet man einen ersten Härteanstieg *(Kalthärtung)*, der auf die kugelförmigen Guinier-Preston-Zonen in dieser Legierung zurückzuführen ist. Nach längeren Zeiten beginnt ein zweiter Anstieg der Härte, der auf die Ausscheidung der γ'-Phase zurückzuführen ist *(Warmhärtung)*. Für diese Ausscheidung existiert ein optimaler Dispersitätsgrad, bei dem die Härte einen maximalen Wert hat. Bei Auslagerungen über 175 °C tritt die γ'-Phase sehr rasch auf, so daß nur noch die Warmaushärtung zu beobachten ist. Die Höhe des Härtemaximums hängt wesentlich von der Art und Menge der Ausscheidungsteilchen ab.

Bei Al-Cu tragen sowohl die G. P. II-Zonen als auch die Θ'-Phase zum Härtemaximum der Warmaushärtung bei. In Abb. 25.18 sind als Funktion der Legierungszusammensetzung die maximalen Härtewerte für verschiedene Auslagerungstemperaturen aufgetragen worden, wobei zugleich die röntgenographisch gefundenen Ausscheidungsarten eingetragen sind. Man erkennt deutlich, daß die G. P. II-Zonen einen größeren Beitrag zur Härte geben als die Θ'-Phase.

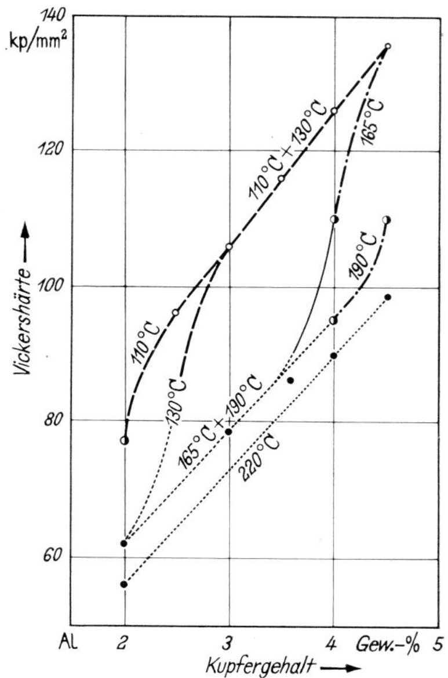

Abb. 25.18. Maximale Härtewerte von Al-Cu-Legierungen in Abhängigkeit von der Cu-Konzentration und der Auslagerungstemperatur. Röntgenographisch gefundene Strukturen: (nach SILCOCK, HARDY und HEAL).

— — ○ — — G. P. II-Zonen; — · — ◑ — · — G. P. II und Θ'; · · · · ● · · · · Θ'.

Eine kohärente Ausscheidung läßt sich häufig auch dann noch röntgenographisch nachweisen, wenn die beteiligten Atome nahezu gleiche Ordnungszahlen haben. Die Voraussetzung dafür ist jedoch, daß durch die Kohärenzspannungen hinreichende Gitterverzerrungen auftreten, die dann die Beugungseffekte verursachen. Erstmals werden solche Beugungseffekte von BRADLEY bei seinen Untersuchungen an dem ternären Legierungssystem Cu-Fe-Ni gefunden, das im Zustandsdiagramm eine Mischungslücke besitzt. Danach sind zwei kubisch flächenzentrierte Phasen mit unterschiedlichen Gitterkonstanten im Gleichgewicht. Bevor jedoch diese Gleichgewichtsphasen auftreten, beobachtet man eine Übergangsstruktur, die sich auf Pulveraufnahmen durch sog. *Seitenbänder* oder *Satelliten* bemerkbar macht. Diese Seitenbänder begleiten beidseitig die Linien des Mischkristalls, wobei meist die Intensität des einen Seitenbandes größer ist als die des anderen. Beide Seitenbänder haben von der Hauptlinie etwa den gleichen Abstand, wobei sich dieser Abstand von Linie zu Linie ändert.

Abb. 25.19 zeigt als Beispiel die Seitenbänder der (200)-Linie einer Au-Pt-Legierung mit 65% Au, die bei 580 °C ausgelagert wurde. Aus dem Mischkristall scheidet sich eine platinreiche Phase aus. Abb. a zeigt den Beginn der Auslagerung; die Seitenbänder heben sich langsam vom Untergrund ab und nehmen an Intensität zu. Zugleich verringert sich ihr Abstand von der Hauptlinie. In Abb. b ist zum Vergleich die Kurve 3 nochmals eingetragen. Bei Kurve 4 erkennt man deut-

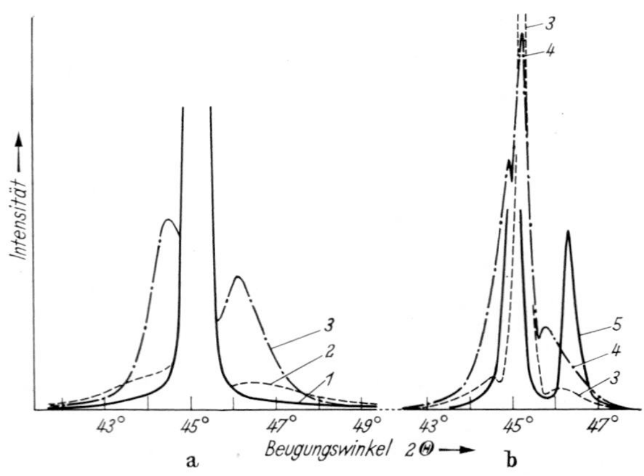

Abb. 25.19. Diffraktometeraufnahme der (200)-Linie einer Au-Pt-Legierung mit 35 At-% Pt nach verschiedener Auslagerung bei 580 °C; CuKα-Strahlung (nach GÜNTHER und GEROLD).

Kurve *1*: nach Abschreckung von 1100 °C; Kurve *2*: 15 min. 580 °C; Kurve *3*: 2 Std. 580 °C; Kurve *4*: 8 Std. 580 °C; Kurve *5*: Gleichgewicht (zwei inkohärente Phasen).

lich, daß mit steigender Intensität der Seitenbänder die Intensität der Hauptlinie abnimmt, so daß die Gesamtstreuung konstant bleibt. Kurve 5 stellt den Gleichgewichtszustand dar, bei dem sich zwei inkohärente kubische Phasen im Gleichgewicht befinden. Die rechte Linie rührt von der platinreichen Ausscheidung her, die eine kleine Gitterkonstante hat. Die linke Linie ist im Vergleich zur ursprünglichen Linie etwas zu kleineren Winkeln hin verschoben, da der Mischkristall durch die Ausscheidung an Platin verarmt ist.

Solange die Kohärenz erhalten bleibt, erscheint die Hauptlinie immer beim gleichen Braggschen Winkel. Ihre Lage wird durch die mittlere Gitterkonstante von Ausscheidung und Mischkristall bestimmt. Aus der Winkellage der Seitenbänder kann nicht auf die Gitterkonstante in der Ausscheidung oder ihrer verzerrten Umgebung geschlossen werden. Der Abstand zur Hauptlinie ist vielmehr ein reziprokes Maß für den mittleren Abstand zwischen benachbarten Ausscheidungsteilchen. Es handelt sich dabei häufig um plattenförmige Teilchen mit einer tetragonal verzerrten Struktur, wobei die tetragonale Achse senkrecht zu den Plättchen verläuft. Die Ausscheidungsteilchen folgen in quasi-periodischen Abständen aufeinander, wobei zwischen den Plättchen zur Erhaltung der Kohärenz tetragonale Verzerrungen umgekehrten Vorzeichens vorliegen müssen. Der mittlere Teilchenabstand liegt in der Größenordnung von 100 Å.

26. Verbreiterung von Röntgeninterferenzen

A. Ursachen der Verbreiterung

Bei Röntgenstrahlen mit nur einer Wellenlänge λ, z. B. Co K_{α_1}-Strahlung und bei einer im durchstrahlten Bereich einheitlichen und störungsfreien Gitterkonstante ist die Form und Größe eines Röntgenreflexes geometrisch bedingt durch die Ausdehnung und die Absorption des Präparates und durch die Strahlungsdivergenz[1], die ihrerseits durch Brennfleck und Blendenanordnung bestimmt ist. Selbst bei völliger Eliminierung dieser Einflüsse läßt sich eine gewisse Mindestbreite einer Röntgeninterferenz nicht unterschreiten: Jede Spektrallinie umfaßt nicht nur die Wellenlänge λ, sondern einen Wellenlängenbereich $\Delta\lambda$ beiderseits von λ (z. B. $\pm \frac{\Delta\lambda}{\lambda} = 0{,}02\%$ für CoK_{α_1}-Strahlung).

Dazu kommen noch folgende in der Beschaffenheit des untersuchten Stoffes liegende Ursachen der Verbreiterung:

1. Verbiegung der Netzebenen von Einkristallen, Asterismus auf Laue-Bildern (Rinne).

2. Bei vielkristallinen Stoffen Schwankungen der Gitterkonstante um einen Mittelwert im durchstrahlten Bereich
   a) infolge von örtlichen Konzentrationsunterschieden bei Mischkristallen oder
   b) infolge von Gitterverzerrungen (Eigenspannungen).

3. Sehr kleine kohärente Gitterbereiche (Teilchengrößenverbreiterung[2] nach Scherrer) sowie Stapelfehler bei bestimmten Netzebenenscharen.

Als Beispiel eines *Asterismus* zeigt die Abb. 26.1b das Laue-Bild eines kreisförmig gebogenen Gipskristalls, der vorher das Bild in Abb. 26.1a geliefert hatte. Der Kristall ist nach plastischer Biegung klar und durchsichtig; eine Unterbrechung des kristallinen Zusammenhanges ist offenbar nicht erfolgt. Die radiale Verzerrung der Laue-Flecke kommt dadurch zustande, daß die gebogenen Netzebenen nicht mehr wie ebene,

---

[1] Maßgebend für die Divergenz ist der größte Winkel, den zwei Strahlen des Bündels miteinander bilden.

[2] Das Wort „Teilchen" wird im folgenden gleichbedeutend mit „kohärenter Gitterbereich" gebraucht.

sondern wie gekrümmte Spiegel wirken; es tritt eine stetige Folge von Reflexionswinkeln auf. Der Asterismus beruht auf einer Änderung der kristallographischen Orientierung von Gitterbereichen bei bestimmten Verformungsarten. Es besteht keine Beziehung zu dem Verfestigungsvorgang; werden bei einem verformten Aluminiumkristall die Spannungen durch Ausglühen beseitigt, so bleibt der Asterismus auf dem Laue-Bild bestehen (KARNOP und SACHS).

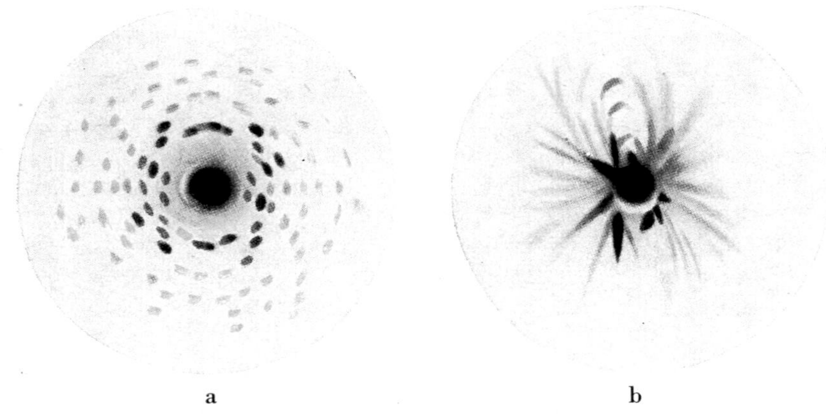

Abb. 26.1a und b. Laue-Bild eines Gipskristalles (nach CZOCHRALSKI). a) vor, b) nach plastischer Biegung.

Mitunter sind die Streifen nicht kontinuierlich geschwärzt, sondern in einzelne Punkte aufgelöst (z. B. Laue-Aufnahmen von KONOBEJEWSKY und MIRER an gebogenen und anschließend erwärmten Steinsalzkristallen). Das Gitter des Kristalles ist in eine große Zahl von kohärenten Bereichen, die um kleine Winkel gegeneinander geneigt sind, aufgebrochen.

Auch bei Debye-Scherrer-Aufnahmen von grobkörnigen vielkristallinen Stoffen können radiale Asterismusstreifen auftreten, wenn neben der Eigenstrahlung der Anode auch die Bremsstrahlung zur Bildentstehung beiträgt. Bei der Aufnahme in Abb. 26.2 wurde ein aus einem Gußblock herausgearbeitetes Kupferblättchen von 0,1 mm Dicke mit der Strahlung einer Silberanode durchstrahlt; diese ist wegen der starken Absorption in dem Blättchen im Verhältnis zur kurzwelligen Bremsstrahlung stark geschwächt. Die Krümmung der Netzebenen ist auf Gußspannungen (Eigenspannungen) infolge ungleichmäßiger Abkühlung zurückzuführen.

Mischkristalle zeigen besonders im Gußzustand starke *örtliche Konzentrationsunterschiede*; infolge der verschiedenen Werte der Gitterkonstante treten mehrere dicht nebeneinanderliegende Reflexe auf, die in ihrer Gesamtheit einen verbreiterten Reflex liefern. Bei α-Messing mit Konzentrationsschwankungen von $\pm 3\%$ Zink ist die Verbreiterung etwa so groß wie der gegenseitige Abstand der beiden Interferenzen von K_{α_1} und K_{α_2} der Kupferstrahlung.

Eine häufige Ursache von Linienverbreiterungen sind *Gitterverzerrungen*, d. h. Gitterdehnungen, die unter dem Einfluß innerer Spannungen in einem Werkstoff entstehen. Diese inneren Spannungen, auch

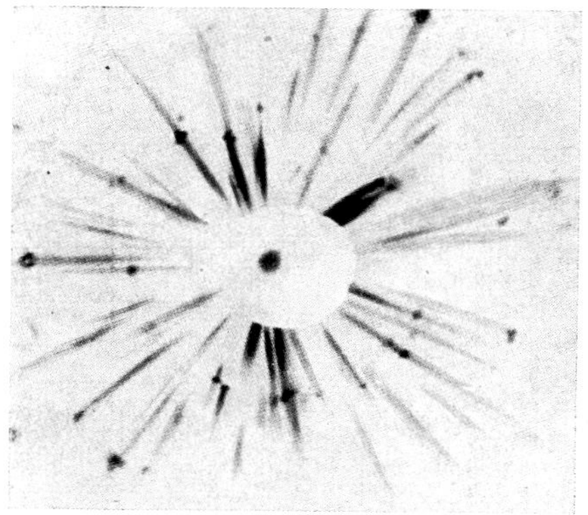

Abb. 26.2. Gegossenes Kupfer mit Asterismusstreifen.

Eigenspannungen genannt, finden sich in allen Werkstoffen, ohne daß äußere Kräfte oder Momente auf diese wirken[1]. Eigenspannungen sind ausschließlich durch innere Kräfte und Momente bestimmt. Die Summe dieser inneren Kräfte bezogen auf eine geeignet gewählte Schnittfläche und die Summe der inneren Momente bezogen auf eine geeignet gewählte Achse müssen aus Gleichgewichtsgründen immer gleich Null sein.

Eigenspannungen sind stets in einem Körper vorhanden, wenn seine Teile im Laufe ihrer Vorgeschichte verschieden große plastische Deformationen erfahren haben. Dies ist bei metallischen Werkstoffen in vielfältiger Weise möglich. Drei Beispiele mögen zur Veranschaulichung dienen.

I. In einem von höheren Temperaturen rasch auf Raumtemperatur abgeschreckten Metallzylinder entsteht infolge der unterschiedlich raschen Abkühlung der Rand- und Kernbereiche ein rotationssymmetrischer Eigenspannungszustand, der für alle Volumenelemente auf denselben Zylindermänteln im Probeninneren, also über makroskopische Probenabmessungen hinweg, gleich groß ist.

[1] Eigenspannungsfreie metallische Werkstoffe im strengen Sinn des Wortes gibt es nicht, da stets Versetzungen vorhanden sind.

II. Ein über mikroskopische Probenbereiche im Gleichgewicht befindliches Eigenspannungssystem findet sich z. B. in mehrphasigen Stoffen, deren Phasen unterschiedliche Ausdehnungskoeffizienten besitzen. Wenn man von den Phasengrenzen absieht, so können nach der Wärmebehandlung innerhalb der einzelnen Phasen mehrachsige Eigenspannungen als Folge der Abkühlung entstehen. Die Vorzeichen der Eigenspannungen sind innerhalb der einzelnen Phasen verschieden. Betrachtet man einen Volumenbereich, der mehrere Körner beider Phasen umfaßt, so erscheint dieser makroskopisch eigenspannungsfrei. Auch bei homogenen Werkstoffen können — bei Ausschluß der korngrenzennahen Kristallbereiche — nach einachsiger plastischer Deformation nahezu homogene Korneigenspannungen entstehen, wenn die Körner stark unterschiedliche Streckgrenzen und Fließspannungen besitzen. Die Körner mit größeren Streckgrenzen als die mittlere Streckgrenze $\bar{\sigma}$ des ganzen Werkstückes nehmen als Folge der plastischen Deformation Zugeigenspannungen auf. Die Kristallite, deren Streckgrenze kleiner als $\bar{\sigma}$ ist, werden komprimiert. Wieder ist ein Volumenbereich, der groß ist gegenüber den Kornabmessungen, makroskopisch eigenspannungsfrei.

III. Ein weiteres Beispiel für Eigenspannungen sind die Spannungsfelder der punkt- und linienförmigen Gitterstörungen, über die jeder Einkristall oder die Kristallite von Vielkristallen verfügen. Auf Gitterplätzen substituierte oder interstitiell gelöste Fremdatome, deren Atomradien sich von denen der Gitteratome unterscheiden, führen z. B. zu örtlich rasch abklingenden Eigenspannungen in atomaren Bereichen. Versetzungen, die in geglühten Kristallen im allgemeinen mit einer Dichte zwischen 10^6 bis 10^8 cm^{-2} vorliegen, haben mit $1/r$ abfallende Spannungsfelder, die sich gegenseitig überlagern und zu inhomogenen Spannungszuständen in submikroskopischen und mikroskopischen Probenbereichen führen. Die Versetzungen sind die elementaren Eigenspannungsquellen innerhalb der Kristallite metallischer Werkstoffe (Kröner). Bei Betrachtung eines hinreichend großen Kristallvolumens erscheint dieses über mikroskopische Dimensionen eigenspannungsfrei.

Die besprochenen drei Typen von Eigenspannungen haben unterschiedliche Gittereigendehnungen zur Folge. Bei Eigenspannungen, die über makroskopischen Probenbereichen im Gleichgewicht sind, erwartet man in den Richtungen, in denen sich die Eigenspannungen in ihrem Betrag nicht ändern, eine homogene elastische Dehnung und damit auch eine — wieder abgesehen von den Unstetigkeitsstellen an den Korngrenzen und unter Vernachlässigung von Anisotropieeinflüssen — im Mittel homogene Dehnung der Atomgitter der Körner. Bei den innerhalb der einzelnen Körner konstanten Spannungen liegen homogene, aber von Korn zu Korn verschiedene Kristallgitterdehnungen mit unterschiedlichen Vorzeichen vor. Im Falle der innerhalb der Kornvolumina schwankenden Eigenspannungen sind die einzelnen Kristallgitterbereiche inhomogen gedehnt.

Man hat mehrfach versucht, eine *Klassifizierung der in Werkstoffen vorkommenden Eigenspannungen* vorzunehmen. Die erste Einteilung dieser Art stammt von Masing, der Eigenspannungen I., II. und III. Art unterschied. Unter Berücksichtigung der oben gegebenen Beispiele würde man die drei Arten von Eigenspannungen etwa wie folgt definieren können:

Eigenspannungen I. Art sind Eigenspannungen, die über makroskopische Probenbereiche homogen und im Gleichgewicht sind und bei Änderung der Probenform (z. B. durch Ausbohren) zu makroskopischen Maßänderungen führen.

Eigenspannungen II. Art sind Eigenspannungen, die über mikroskopische Probenbereiche homogen und im Gleichgewicht sind und bei Änderung der Probenform zu keinen makroskopischen Maßänderungen führen.

Eigenspannungen III. Art sind Eigenspannungen, die über mikroskopische Probenbereiche inhomogen und im Gleichgewicht sind und bei Änderung der Probenform zu keinen makroskopischen Maßänderungen führen.

Im Laufe der letzten Jahre ist man mehr und mehr zu einer Unterteilung übergegangen, bei der zwischen *Makroeigenspannungen und Mikroeigenspannungen*[1] unterschieden wird. Dies hat sich aus den Schwierigkeiten ergeben, die einer eindeutigen experimentellen Trennung der verschiedenen Arten von Eigenspannungen auf Grund von Dehnungsmessungen gegenüberstehen.

Ursprünglich erschien es möglich, auf Grund des Röntgenbefundes Eigenspannungen I. und II. Art voneinander trennen zu können. Im ersten Fall war eine Verschiebung, im zweiten Fall eine Verbreiterung der Röntgeninterferenzen zu erwarten. Neuere Untersuchungen über die Anisotropie der Metalle haben gezeigt, daß wegen der Korngrenzenbereiche Linienverschiebungen und Linienverbreiterungen bei Eigenspannungen I. Art vorkommen.

Andererseits hat Greenough darauf hingewiesen, daß Eigenspannungen II. Art nicht nur Verbreiterungen, sondern auch Verschiebungen von Röntgenlinien hervorrufen können.

Dies ist begründet in der Selektivität des Röntgenverfahrens. Zu einer Rückstrahlaufnahme tragen nicht alle Kristallite bei, sondern nur solche, die sich in reflexionsfähiger Lage befinden.

---

[1] Mitunter werden in Analogien zu Eigenspannungen II. und III. Art unterschieden *homogene* und *inhomogene* Mikroeigenspannungen.

Bei Eigenspannungen III. Art (inhomogene Mikroeigenspannungen) können außer der Verbreiterung auch Änderungen der Intensität der Röntgenlinien vorkommen. Nicht selten überlagern sich Makro- und Mikroeigenspannungen.

Mit abnehmender Zahl der Striche eines optischen Gitters läßt die Schärfe der Beugungsmaxima des Lichtes nach, wenn die Strichzahl einen gewissen Mindestwert unterschreitet. Ähnliches gilt für die Beugung der Röntgenstrahlen in Kristallraumgittern. Kristalle mit linearen Abmessungen kleiner als $1 \cdot 10^{-5}$ cm liefern verbreiterte Röntgeninterferenzen; die Verbreiterung ist um so größer, je kleiner die kohärenten Gitterbereiche sind. Auf die verbreiternde Wirkung von Stapelfehlern wird im Zusammenhang mit der Teilchengrößenbestimmung näher eingegangen werden.

Tabelle 26.1. *Einfluß der Korngrößen auf das Aussehen von Debye-Scherrer-Aufnahmen*

Korngröße cm	Kennzeichen
größer als 10^{-3}	Einzelreflexe auf den Ringen
10^{-3} bis 10^{-5}	Scharfe, gleichmäßig geschwärzte Ringe
10^{-5} bis 10^{-7}	Verbreiterte Ringe

Der zweite, meßtechnisch wichtige Bereich von Teilchengrößen liegt, wie aus Tab. 26.1 zu ersehen ist, im Gebiet der kolloidalen Dimensionen. Die Grenzen können nicht genau angegeben werden; 10^{-5} cm einerseits und 10^{-7} cm andererseits stellen Richtwerte dar. Im mittleren Intervall 10^{-3} bis 10^{-5} cm Korngröße hat die Korngröße keinen Einfluß auf die Beschaffenheit der Debye-Scherrer-Ringe.

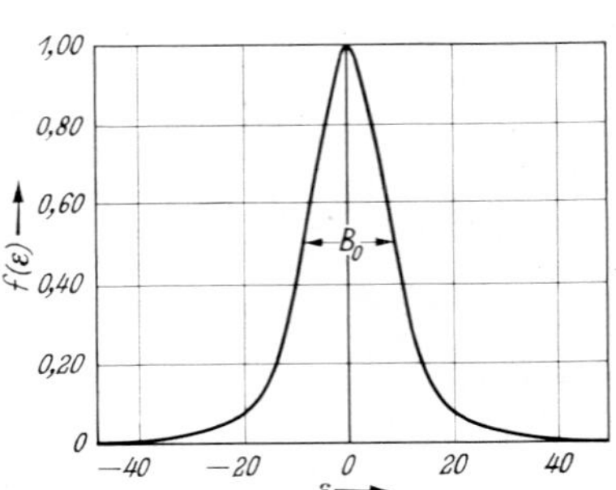

Abb. 26.3. Zum Begriff der Halbwertsbreite B_0.

Bei einer Auswertung der Verbreiterung der Röntgeninterferenzen infolge von Teilchenkleinheit muß man sich bewußt sein, daß der *Begriff Teilchengröße* die Größe der kohärenten Gitterbereiche bedeutet. Ein mit dem Elektronenmikroskop gemessenes Korn kann unter Umständen aus mehreren kohärenten Gitterbereichen bestehen. Die röntgenographische Bestimmung liefert dann eine kleinere „Teilchengröße" als die elektronenmikroskopische.

Bei der folgenden Besprechung der Auswertung der *Verbreiterung der Debye-Scherrer-Ringe* sei zunächst vorausgesetzt, daß die Teilchenkleinheit die einzige Ursache der Verbreiterung ist. Eine Beziehung zwischen der Breite b der Röntgeninterferenzen eines polykristallinen Stoffes und der Teilchengröße Λ (Größe eines kohärenten Gitterbereiches) wurde erstmals von SCHERRER angegeben

$$b = \frac{\lambda}{\Lambda \cos \Theta} \tag{26.1}$$

λ bedeutet die Wellenlänge und Θ den Braggschen Winkel. b ist die Halbwertbreite, also die Breite der Linie in halber Höhe gemessen. (In Abb. 26.3 ist diese Halbwertsbreite mit B_0 bezeichnet).

B. Bestimmung der Teilchengröße

In der weiten Skala der Korngrößen von Metallen gibt es zwei Bereiche, in denen das Röntgenbeugungsbild Aussagen über die Korngröße liefert. Wenn die Körner lineare Abmessungen von mindestens 10^{-3} cm haben, sind die Debye-Scherrer-Ringe in eine große Zahl von Einzelreflexen aufgelöst (Abb. 26.4). Es besteht eine lineare Beziehung zwischen

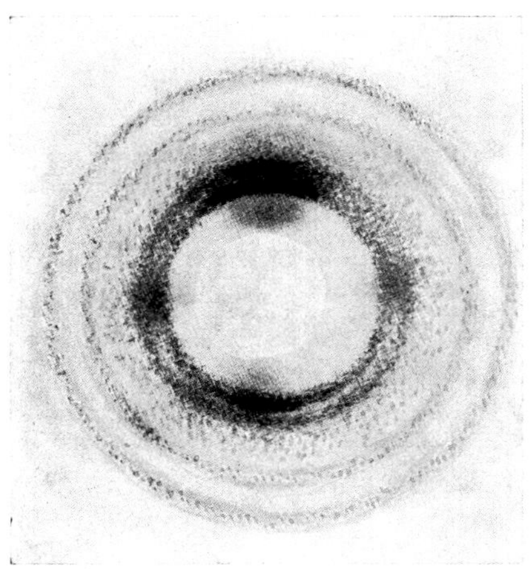

Abb. 26.4. Debye-Scherrer-Aufnahme von grobkörnigem Aluminiumpulver. Planfilm senkrecht zum Primärstrahl.

der mittleren Größe der Reflexe und der mittleren, mit dem Mikroskop aus dem Schliffbild ermittelten Korngröße (BASS, CLARK und ZIMMERMANN, SCHDANOW). Diese lineare Beziehung hängt von den Aufnahmebedingungen, aber nicht von der Art des Metalles ab. Bei gleichbleibenden Meßbedingungen genügt daher eine einmalige Eichung mit einem beliebigen Stoff von geeigneter Korngröße. Wenn die Körner der untersuchten Probe nicht einheitliche Größe haben, sondern eine breite Häufigkeitsverteilung aufweisen, ist zu beachten, daß die sehr kleinen Körner[1] unter Umständen Reflexe liefern, die unterhalb der Schwelle der photographischen Erkennbarkeit gelegen sind. Der röntgenographisch erhaltene Mittelwert ist dann etwas zu groß.

Diese Teilchengrößenbestimmung im mikroskopischen Bereich ist eine wichtige Ergänzung der Schliffbetrachtung; sie gibt Auskunft über Körner, die tiefer liegen als die polierte Fläche. Bei Verwendung eines extrem engen Blendensystems[2] — 10 cm lange Glaskapillare mit

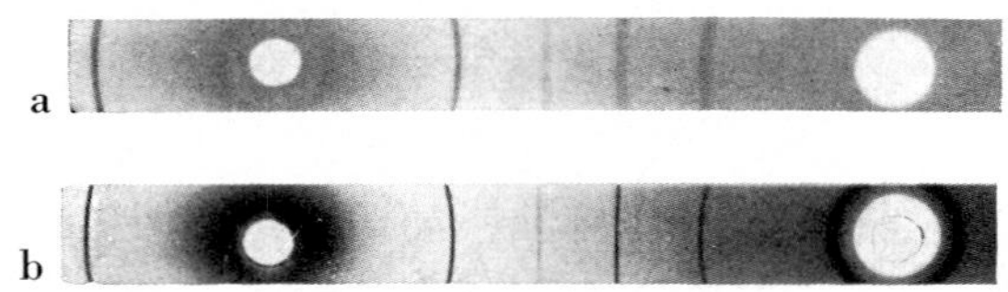

Abb. 26.5a und b. Linienverbreiterung bei Eisenpulvern mit Teilchengrößen: a) $1 \cdot 10^{-6}$ cm; b) $8 \cdot 10^{-6}$ cm.

einer Bohrung von einigen μ Durchmesser — ist es HIRSCH und KELLAR gelungen, noch Körner von 0,2 μ bei elektrolytischen Chromniederschlägen zu messen. Diese Methode ist auch geeignet, z. B. die Winkelneigung von Kristallblöckchen (Substrukturen) zu messen und die Versetzungsdichte[3] zu ermitteln.

Auf den beiden Debye-Scherrer-Aufnahmen von hochdispersen Eisenpulvern in Abb. 26.5 ist deutlich zu sehen, wie die Linienbreite mit wachsendem Winkel zunimmt und zwar in beschleunigtem Maße bei Annäherung an $\Theta = 90°$. Bei dem Pulver mit den kleineren Teilchen verschwindet die letzte Linie in der kräftigen Hintergrundschwärzung.

Auf der rechten Seite der Gl. (26.1) wird meist ein Faktor K angeschrieben, dessen Zahlenwert in der Nähe von 1 liegt. Er hängt ab von der Art der Berechnung (SCHERRER $K = 0{,}94$; BRAGG 0,89), sowie von der Definition der Breite (Halbwertbreite oder integrale Breite). Die von LAUE vorgeschlagene integrale Breite ist gleich der integrierten Fläche dividiert durch die Maximalintensität der Linie[4]. Von WILSON und STOKES wurde K in der Rolle eines „Gestaltfaktor" verwendet, indem die Werte von K für kubische Kristalle mit verschiedenen Formen (Würfel, Kugel, Tetraeder, Oktaeder) berechnet wurden. Der Erwartung gemäß ist K in Bezug auf die Indizes $(h\,k\,l)$ konstant, wenn die Teilchen kugelförmig sind. Bei Würfelform beträgt die Änderung von K bis zu 15%,

[1] Die reflektierte Intensität ist proportional mit dem Volumen eines Kornes.
[2] micro-beam-Verfahren genannt.
[3] Vgl. Abschnitt 24B.
[4] Für die Messung ist die Halbwertbreite bequemer, während es sich mit der integralen Breite leichter rechnen läßt.

beim Tetraeder bis zu 38%. Es ist in der Praxis üblich, da bei einer Messung der Teilchengröße nichts über die Teilchenformen bekannt ist, mit dem Wert $K = 1{,}0$ zu rechnen.

Eine *allgemeine Theorie*[1] *der Bestimmung von Teilchengrößen und Teilchenformen*, sowie deren Verteilung wurde von LAUE gegeben und von BRILL und Mitarbeitern geprüft, wobei in der experimentellen Methodik weitere Fortschritte erzielt wurden.

Häufig wird die auf kubische Gitter begrenzte Scherrer-Formel als Näherung bei nichtkubischen Gittern benützt. Für jedes Triplet der Indizes (hkl) wird b aufgefaßt als Maß für eine mittlere Kristallabmessung in der Richtung senkrecht zur reflektierenden Netzebene. Dieses Verfahren ist erheblich einfacher als die strenge Auswertung nach LAUE.

Wie schon oben erwähnt wurde, gibt es in der Apparatur gelegene Ursachen für eine Verbreiterung. Von SCHERRER wurde nur die wichtigste, nämlich die Absorptionskorrektion des Stäbchens, berücksichtigt. Von der auf dem Film gemessenen Linienbreite wurde der Durchmesser des Stäbchens abgezogen. Diese Korrektion ist nur roh. Eine ganze Anzahl von Arbeiten bemühten sich in der Folgezeit um das Problem einer genauen Erfassung der apparativen Verbreiterungseinflüsse.

Einen wesentlichen Fortschritt in der Verminderung der apparativen Verbreiterung brachte das auf dem Bragg-Brentano-Prinzip beruhende *fokussierende Verfahren von* KOCHENDÖRFER (Abb. 26.6). Ein plattenförmiges Präparat wird unter einem Winkel $\varkappa$ angestrahlt, der gleich dem Braggschen Reflexionswinkel ist (Abb. 26.6). Die von der engen Lochblende L ausgehenden divergenten Strahlen wurden nach der Reflexion wieder in einem Punkt P vereinigt, der auf einem durch die Lochblende gehenden Kreis um die Präparatmitte gelegen ist. Die Voraussetzung, daß die Eindringtiefe der Strahlen in der Schicht klein ist gegenüber der Breite l der Schicht, ist bei Metallen wegen ihrer starken Absorption im allgemeinen immer erfüllt. Für die praktische Ausführung wird das Metall in Pulverform, mit Zaponlack vermischt, als dünner Überzug auf einem Glasplättchen (Objektträger) aufgetragen. Jede Linie erfordert zur Fokussierung einen anderen Einstellwinkel $\varkappa$; es genügen meist drei bis vier Aufnahmen, um Aufschluß

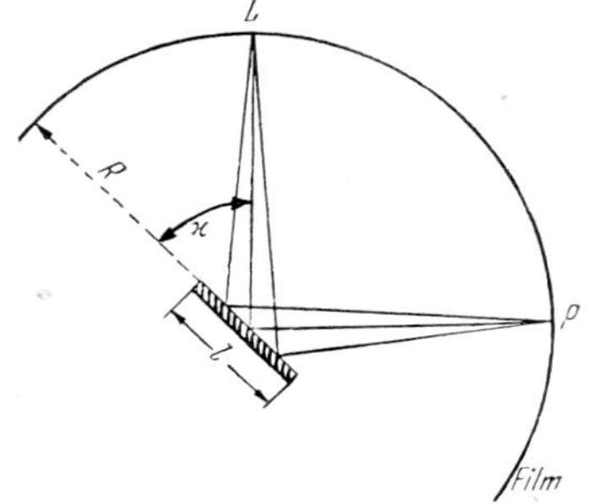

Abb. 26.6. Bragg-Brentano-Fokussierung an einer plattenförmigen Probe (nach KOCHENDÖRFER).

[1] Abgesehen vom Zahlenfaktor ergibt sich hieraus die Scherrer-Gleichung als Spezialfall für würfelförmige Kriställchen mit kubischem Gitter.

über den Gang der Linienbreite mit dem Winkel Θ zu erhalten. Das Kochendörfersche Verfahren macht bei metallischen Pulvern eine Korrektion für Form und Größe des Präparates sowie für die Absorption entbehrlich, während gerade die Absorptionskorrektion bei den früher üblichen Stäbchen nur mit Schwierigkeit genau durchgeführt werden konnte.

Als Beispiel für die Breite von Linien zweier Eisenpräparate P und H sind einige Zahlen in Tab. 26.2 angegeben (Filmdurchmesser 80,0 mm, Kobaltstrahlung).

Tabelle 26.2. *Photometrische Halbwertsbreiten in Millimeter für Eisenpulver P bzw. H mit verschiedener Teilchengröße (nach* KOCHENDÖRFER*)*

Bezeichnung	(011)	(002)	(112)	(022)	(013)	Teilchengröße in cm
P	0,19	0,27	0,34	0,5	0,92	$8 \cdot 10^{-6}$
H	0,8	1,29	1,43	2,2	unmeßbar	$1 \cdot 10^{-6}$

Bei einem Verfahren von JONES wird die apparative Verbreiterung durch Vergleich mit den Linienbreiten eines zugemischten Stoffes bestimmt. Dieser muß frei von Spannungen sein. Seine Teilchen müssen groß genug sein, um keine Verbreiterung infolge von Teilchenkleinheit zu liefern; andererseits dürfen sie auch nicht zu groß sein, weil sonst Extinktion auftritt. Bei kaltbearbeiteten Metallen kann stattdessen eine zweite Aufnahme mit dem ausgeglühten, erholten, aber noch nicht rekristallisierten Präparat hergestellt werden. Aus dem Breitenverhältnis entsprechender Linien auf den zwei Aufnahmen ergibt sich die wahre Linienbreite mit Hilfe eines von JONES berechneten Diagrammes. Dabei tritt die Schwierigkeit auf, daß die Art der Häufigkeitsverteilung der beiden Teilchengrößen in die Rechnung eingeht; für eine Gaußverteilung ist eine andere Kurve des Diagrammes zu benützen als für eine Cauchy-Verteilung. Der Einfluß dieser Zweideutigkeit vermindert sich stark, wenn die apparative Breite klein ist gegenüber der wahren Breite des Präparates.

Wenn kein Kristallmonochromator benützt wird, ist das K_α-Dublett bei den vorderen Linien aufgespalten. Korrekturen sind von JONES und von RACHINGER angegeben worden.

Die Methode von KOCHENDÖRFER, die Korrekturfaktoren einzeln zu berechnen, ist zwar etwas umständlich, gibt aber eine anschauliche Vorstellung von der Größe und Winkelabhängigkeit der verschiedenen Korrekturen. Ein Berechnungsbeispiel ist im Anhang, Abschnitt F, aufgeführt.

Wenn die Häufigkeitsverteilung der Teilchengröße bekannt ist, sind die folgenden Beziehungen von Nutzen für die Auswertung der Aufnahmen. Die „wahre" integrale Breite b ergibt sich aus der gemessenen

Breite B der Linie des Präparates und der Breite b_0 infolge apparativer Einflüsse aus

$$b = B - b_0 \tag{26.2}$$

oder

$$b^2 = B^2 - b_0^2 \tag{26.3}$$

oder

$$b^2 = \frac{B^2 - b_0^2}{B} \tag{26.4}$$

Die erste Gleichung (SCHERRER) ist brauchbar bei einer Cauchy-Verteilung, die zweite (WARREN) für eine Gauß-Verteilung. Die dritte Gleichung wurde von ANANTHARAMAN und CHRISTIAN empirisch abgeleitet. Sie gilt für b-Werte, welche zwischen denen von Gl. (26.2) und Gl. (26.3) liegen[1]. Bisher wurde vorausgesetzt, daß die beobachtete Linienverbreiterung ausschließlich durch Teilchenkleinheit verursacht wird. Bei kaltverformten Metallen ist das z. B. nicht der Fall. Hier treten Gitterverzerrungen auf, welche starke Linienverbreiterungen hervorrufen können (DEHLINGER und KOCHENDÖRFER). Eine Beziehung zwischen Gitterverzerrung $\pm\,\delta a/a$, wenn a die Gitterkonstante eines kubischen Gitters bedeutet, und Linienbreite b_δ ergibt sich durch Differenzierung der Braggschen Gleichung mit $R =$ Radius des Filmzylinders:

$$b_\delta = 4\,R\,\frac{\delta a}{a}\tan\Theta\,. \tag{26.5}$$

Eine entsprechende Beziehung für Teilchenkleinheit ist die Gl. (26.1), die lautet

$$b_\Lambda = \frac{\lambda}{\Lambda\cos\Theta}\,. \tag{26.6}$$

Dabei sind b_δ und b_Λ im Bogenmaß ausgedrückt. Multiplikation mit dem Filmradius R_{mm} ergibt die auf dem Film gemessene lineare Linienbreite in mm.

Da die Teilbreiten b_δ und b_Λ eine verschiedene Winkelabhängigkeit haben, lassen sie sich voneinander trennen (DEHLINGER und KOCHENDÖRFER).

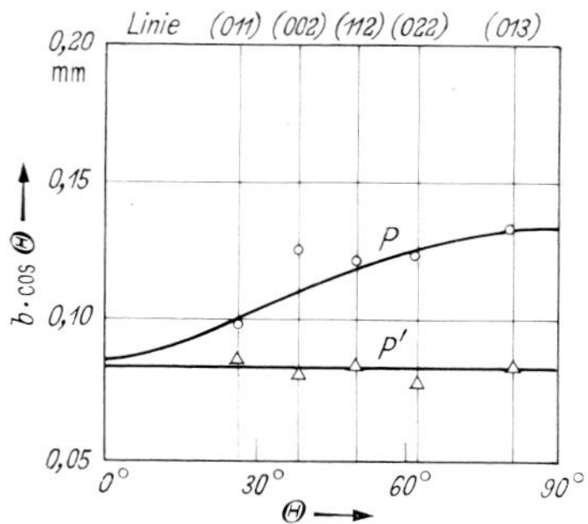

Abb. 26.7. Graphische Ausmittlung der an den Eisenpulvern P und P' gemessenen Halbwertsbreiten (nach KOCHENDÖRFER).

Ist b die gemessene und korrigierte Halbwertsbreite (mm) einer Linie des zu untersuchenden Stoffes, so liefert eine Aufzeichnung von $b\cos\Theta$ als Funktion von Θ eine zur Abszissenachse parallele Gerade (P' in Abb. 26.7). Es handelte sich um ein spannungsfrei geglühtes Eisenpulver mit sehr kleinen Teilchen. Das Ansteigen der an dem Eisenpulver P erhaltenen Kurve

[1] Ein Vergleich von berechneten und gemessenen Werten findet sich bei RAO und ANANTHARAMAN.

läßt erkennen, daß sowohl eine Verbreiterung durch Teilchenkleinheit als auch durch Gitterverzerrungen vorliegt. Für $\Theta = 0$ ist nach Gl. 26.5 $b_\delta = 0$. Die Ordinate der Kurve in Abb. 26.7 für $\Theta = 0$ stellt somit die Verbreiterung infolge von Teilchenkleinheit dar. Der Ordinatenabschnitt ist $\lambda R/\Lambda$. Allgemein gilt, daß bei kleinen Θ die Teilchengröße, bei großen Θ die Gitterverzerrung für die Gesamtbreite ausschlaggebend ist.

Es erhebt sich nun die Frage, wie sich die Gesamtverbreiterung b zusammensetzt aus „Teilchenverbreiterung" b_Λ und „Verzerrungsverbreiterung" b_δ. Ohne auf die Ableitung näher einzugehen, sei bemerkt, daß die Form der zu Grunde gelegten Verteilung von Teilchengrößen und Verzerrungen von erheblichem Einfluß ist. Aus der Annahme einer rechteckigen Verteilung ergibt sich nach KOCHENDÖRFER folgende Beziehung

$$b = \frac{b_\Lambda}{1 - \frac{b_\delta}{4 b_\Lambda}} \quad \text{für} \quad b_\delta < 2 b_\Lambda \tag{26.7}$$

und

$$b = b_\delta \quad \text{für} \quad b_\delta \geqq 2 b_\Lambda \tag{26.8}$$

Aus den Halbwertsbreiten b_1 und b_2 von zwei Linien mit den Braggschen Winkeln Θ_1 und Θ_2 läßt sich dann die Teilchengröße Λ und die Gitterverzerrung $\delta a/a$ einzeln berechnen; es ist

$$\Lambda = \frac{R\,\lambda\,(b_2 \cos\Theta_2 \sin\Theta_2 - b_1 \cos\Theta_1 \sin\Theta_1)}{b_2 \cos\Theta_2\, b_1 \cos\Theta_1\,(\sin\Theta_2 - \sin\Theta_1)}, \quad \text{für } b_\delta < 2 b_\Lambda \tag{26.9}$$

$$\frac{\delta a}{a} = \frac{\lambda\,(b_2 \cos\Theta_2 - b_1 \cos\Theta_1)}{\Lambda\,(b_2 \cos\Theta_2 \sin\Theta_2 - b_1 \cos\Theta_1 \sin\Theta_1)}, \tag{26.10}$$

$$\text{und} \quad b = b_\delta, \quad \text{für } b_\delta \geqq 2 b_\Lambda \tag{26.10a}$$

Zur Auswertung führt man die Rechnung für mehrere Linienpaare durch und bildet das Mittel. Für das Beispiel im Abschnitt F des Math. Anhanges ergibt sich $\Lambda = 7{,}9 \cdot 10^{-6}$ cm und $\pm\, \delta a/a = \pm\, 0{,}09\%$.

Die *Ergebnisse an Karbonyleisenpulvern* in Tab. 26.3 sind bemerkenswert. Nach der Herstellung war zu erwarten, daß H feiner ist als P. Überraschend ist, daß bei dem Pulver P mit den ziemlich großen Teilchen von $8 \cdot 10^{-6}$ cm sich eine recht merkliche Gitterverzerrung von $\pm\, 0{,}07\%$

Tabelle 26.3. *Meßergebnisse an Eisenpulvern*

Präparat	Teilchengröße $\Lambda \cdot 10^{+6}$ cm	Gitterverzerrung $\pm \frac{\delta a}{a}$ %	Teilchengröße ohne Berücksichtigung der Gitterverzerrung $\Lambda \cdot 10^{+6}$ cm
P	7,9	0,07	3,0
P'	8,8	0	—
H	1,4	0,66	0,8

vorfindet. Wird diese nicht berücksichtigt und die *Linienverbreiterung ausschließlich als „Teilchenverbreiterung“ gedeutet, so werden die Teilchengrößen zu klein erhalten* (letzte Spalte der Tab. 26.3).

Durch mehrstündiges Glühen des Pulvers P im Stickstoffstrom bei 450 °C entsteht das Präparat P', das sich als frei von Gitterverzerrungen erweist.

Die für Gl. (26.9) und (26.10) angegebenen Gültigkeitsbereiche gestatten grundsätzlich die Gitterverzerrungen $\delta a/a$ bis zu beliebig kleinen Werten zu ermitteln, beschränken aber die Bestimmung der Teilchengröße Λ auf Teilchen, die kleiner sind als gewisse berechenbare Grenzwerte. Im ähnlichen Sinne wirkt die natürliche Breite der Spektrallinien; diese begrenzt auch die Bestimmung der Werte der Gitterverzerrung. Die durch diese beiden Ursachen bedingten oberen Grenzwerte der Teilchengrößen sind in Tab. 26.4 zusammengestellt.

Tabelle 26.4. *Theoretische Höchstwerte der meßbaren Teilchengrößen für verschiedene Winkel in* 10^{-5} cm

Gleichzeitig vorhandene Gitterverzerrung in %	$\Theta = 25°$	$\Theta = 50°$	$\Theta = 75°$
0,01	10	5	4
0,1	2	1	0,8
1,0	0,2	0,1	0,08

Wenn nur in einer Richtung, z. B. in der c-Richtung der Abb. 26.8 die Ausdehnung der kohärenten Bezirke sehr klein ist, macht sich die Verbreiterung nur bei den Linien bemerkbar, deren Netzebenennormalen in die c-Richtung genau oder näherungsweise fallen. Ein bekanntes Beispiel ist Graphit.

Für die Überlagerung der „Teilchenbreite“ und der „Verzerrungsbreite“ kann auch eine Gleichung von der Form[1] der Gl. (26.3) benützt werden, wenn für die Teilchengrößen und für die Gitterverzerrungen Gauß-Verteilungen vorliegen. Es ergibt sich dann aus Gl. (26.5) und Gl. (26.6)

$$b^2 \cos^2 \Theta = \left(\frac{\lambda R}{\Lambda}\right)^2 + (4\varepsilon R)^2 \sin^2 \Theta \,. \qquad (26.11)$$

ε ist die mittlere Dehnung[2] senkrecht zur reflektierenden Netzebene; b ist die gemessene und korrigierte integrale Linienbreite. Wählt man als Abszisse $\sin^2 \Theta$ und als Ordinate $b^2 \cos^2 \Theta$, so erhält man für die verschiedenen Ordnungen der Reflexionen einer Netzebene jeweils gerade Linien, wie die Messungen von Kochendörfer und Trimborn

[1] Summierung der Quadrate der Teilchenbreiten

[2] Bisher mit $\delta a/a$ bezeichnet.

an dem Eisenpräparat H zeigen (Abb. 26.9). Eigentlich sollte man erwarten, daß nur eine einzige Gerade für alle Reflexe auftritt. Dies ist z. B. bei Wolfram der Fall. Beim Eisen hängt der Elastizitätsmodul von der kristallographischen Richtung ab; infolge dieser *elastischen Anisotropie* ist die Neigung von (200) in Abb. (26.9) von der für (110) stark verschieden.

Die Auswertung der Abb. 26.9 ist einfach. Aus dem Ordinatenabschnitt für $\sin^2 \Theta = 0$ wird die Kantenlänge Λ der würfelförmig gedach-

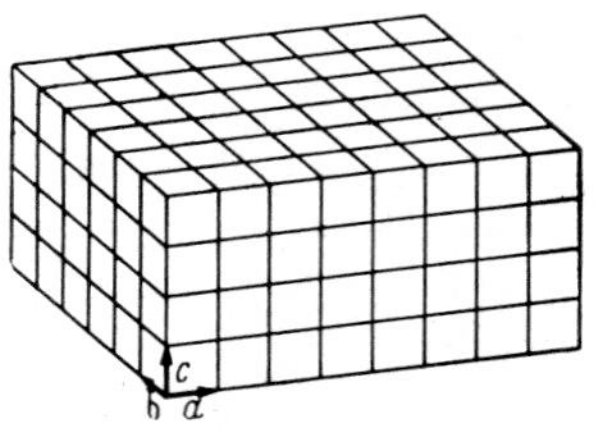

Abb. 26.8. Lage der Netzebenen in einem Kristall von Prismaform.

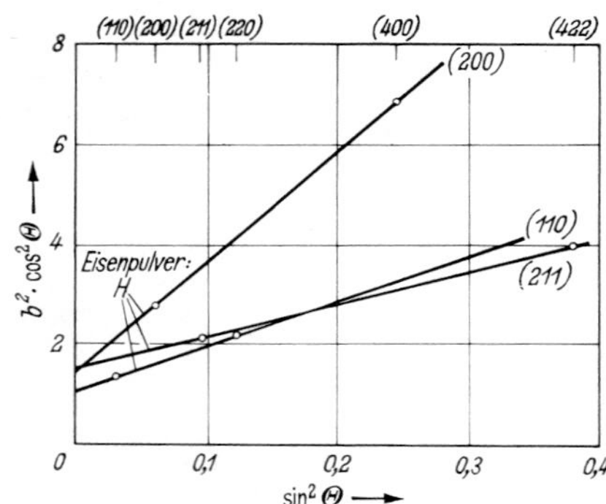

Abb. 26.9. Messungen von Kochendörfer und Trimborn an der Eisenprobe H, mit den Koordinaten von Hall aufgetragen.

ten Teilchen und aus der Neigung der Geraden die Dehnung ε berechnet. Nach den Verfahren von Kochendörfer und von Hall durchgeführte Vergleichsmessungen an Carbonyleisenpulver stimmten praktisch überein (Kochendörfer und Trimborn).

Die Tatsache, daß bei verformten Metallen Gaußverteilungen und Cauchyverteilungen[1] gleichzeitig vorkommen, ist in dem Ansatz von Rao und Anantharaman berücksichtigt. Die Berechnungen wurden an kaltverformtem Nickel bestätigt. Ein Vergleich mit Ergebnissen nach dem Verfahren von Kochendörfer und von Hall liegt nicht vor.

Die Frage, in wieweit Stapelfehler, die besonders bei flächenzentriert kubischen Gittern auftreten, zur Linienverbreiterung beitragen, ist von Rao und Anantharaman an Nickelfeilspänen untersucht worden. Zunächst wurde aus der Linienverschiebung der Stapelfehlerparameter α ermittelt und eine Gleichung abgeleitet, welche die ausschließlich von Stapelfehlern verursachte Linienbreite zu berechnen erlaubte. Dieser Wert wurde an der gemessenen Linienbreite in Abzug gebracht, ehe die Aufteilung in „Teilchenverbreiterung" und „Verzerrungsverbreiterung" erfolgte. Für Nickelfeilspäne betrug die Korrektion für Stapelfehler etwa 10% der Gesamtlinienbreite.

---

[1] Praktische Erfahrungen haben gezeigt, daß die Häufigkeitsverteilung von Teilchengrößen einer Gauß-Verteilung ähnlich ist, während für die Gitterverzerrungen mehr eine Cauchy-Verteilung zutrifft.

Die Röntgenbestimmung von *Teilchenformen und Teilchengrößen-Verteilungen* ist in der Praxis recht schwierig. Im kubischen System überdecken sich z. B. eine Reihe von Reflexen. Was die Genauigkeit der Bestimmung von Teilchengrößen anbelangt, so kann der Fehler bei Absolutmessungen 30% und mehr betragen (KOCHENDÖRFER). Er ist erheblich kleiner bei Relativmessungen, z. B. wenn bei Katalysatoren der Einfluß einer Glühbehandlung auf die Korngröße verfolgt werden soll.

C. Linienprofile und Fourier-Verfahren

Während die bisher besprochenen Verfahren nur *einen* experimentellen Wert, die Halbwertsbreite bzw. die integrale Breite der Linie liefern, wird in den Verfahren von WARREN und AVERBACH das *Linienprofil* verwertet; darunter versteht man die Intensitätsverteilung über den Linienquerschnitt, gemessen in Richtung senkrecht zur Linie. Die Intensitäten, die einer Fourier-Analyse unterworfen werden, müssen sehr genau bestimmt werden. Erforderlich ist ein Diffraktometer mit Kristallmonochromator. Die verschiedenen verbreiternden Faktoren (Teilchenkleinheit, Gitterverzerrung, Stapelfehler) können einzeln ermittelt werden, ohne daß Annahmen über die Form der Häufigkeitsverteilung gemacht werden müssen.

Sowohl die Verbreiterung durch Teilchenkleinheit als auch durch Gitterverzerrungen läßt sich durch Fourier-Reihen darstellen. Meist wird nur mit den cos-Gliedern gerechnet. Bei der Kaltverformung von Metallen kommen positive und negative Dehnungen ungefähr gleich häufig vor, so daß die sin-Glieder vernachlässigt werden können. Die sin-Glieder müssen aber berücksichtigt[1] werden, wenn die Linien asymmetrisch sind, z. B. beim Vorkommen von Zwillingsstapelfehlern.

Betrachtet wird die Ausdehnung der kohärenten Bereiche und der Gitterverzerrungen je in Richtung der Normalen der reflektierenden Netzebene $(h\,k\,l)$. Zur Vereinfachung wird von einem orthorhombischen Raumgitter ausgegangen, das so aufgestellt ist, daß die reflektierende Netzebenenschar die Indizes $(0\,0\,l)$, wobei $l = 1, 2, 3 \ldots$ ist, erhält. Nach WARREN und AVERBACH kann die Intensität P einer polykristallinen Interferenzlinie mit dem Beugungswinkel $2\,\Theta$ durch folgende Gleichung dargestellt werden

$$P_{2\Theta} = K\,N \sum_n A_n(l) \cos 2\pi\, n\, h_3 \qquad (26.12)$$

$$\text{wobei} \quad h_3 = 2 a_3 (\sin\Theta)/\lambda \quad \text{ist.} \qquad (26.13)$$

[1] Die Genauigkeitsgrenzen sind in verschiedenen neueren Arbeiten besprochen (HAUK und HUMMEL, KOCHENDÖRFER und WOLFSTIEG, BRASSE und MÖLLER).

n ist die Ordnungsziffer eines Fourier-Koeffizienten und a_3 der Netzebenenabstand längs der c-Achse. N bedeutet die Gesamtzahl der bestrahlten Gitterzellen. Der Wert der Konstanten K hängt von den Meßbedingungen ab. Beim Vergleich von Linienprofilen hebt sich K heraus.

Jeder Fourier-Koeffizient[1] $A_n\,(l)$ für die Gesamtverbreiterung läßt sich als Produkt von einem Koeffizienten $A_n{}^P$ (Teilchenkleinheit) und $A_n{}^D$ (Gitterverzerrung) anschreiben; es ist nach Logarithmierung

$$\ln A_n\,(l) = \ln A_n{}^P + \ln A_n{}^D\,(l)\,. \tag{26.14}$$

Wichtig ist für die experimentelle Trennung auf Grund der Messung der Reflexe (001) (002) (003) . . ., daß der erste Term auf der rechten Seite der Gl. (26.14) nicht von l abhängt, während dies für den zweiten Term nicht gilt. Dieser läßt sich so umformen, daß l^2 auftritt, nämlich[2]

$$\ln A_n{}^D\,(l) = 2\pi^2\, l^2\, \langle Z_n{}^2\rangle\,. \tag{26.15}$$

Zur Erklärung von Z_n muß kurz auf die Vorstellung von WARREN und AVERBACH eingegangen werden, wonach der Kristall in parallele Säulen von Zellen mit je einem Atom aufgeteilt wird. Die Säulen stehen senkrecht auf den reflektierenden Netzebenen; ihre Länge ist von Kristall zu Kristall verschieden.

Z_n ist dadurch definiert, daß das Produkt $a_3 Z_n$ die Änderung ΔL der Länge einer Säule von der ursprünglichen Länge L angibt:

$$L = n\, a_3\,. \tag{26.16}$$

L hat also die Bedeutung einer Distanz, gemessen in Richtung senkrecht zur reflektierenden Netzebene. $\overline{L}$ ist der Mittelwert der Größe der kohärenten Bereiche in Richtung der Netzebenennormale, genommen über sämtliche Säulen. $\overline{L}$ wird daher mitunter „Kohärenzlänge" genannt (DEHLINGER).

Nun zurück zur Gl. (26.15). Es handelt sich um eine Näherung für kleine l. Nur in dem Spezialfall einer Gauß-Verteilung gilt die Gleichung streng und die Kurven sind dann nicht nur in ihrem Anfangsteil, sondern im ganzen Verlauf gerade Linien.

Für kubische Gitter lassen sich die Gln. (26.14) und (26.15) so schreiben:

$$\ln A_L\,(h_0) = \ln A_L{}^P - 2\pi^2\, h_0{}^2 < (\Delta L)^2 > /a^2\,. \tag{26.17}$$

Dabei bedeutet a die Kantenlänge der kubischen Gitterzelle und $h_0{}^2$ ist die Abkürzung für $h^2 + k^2 + l^2$.

[1] Es ist vorausgesetzt, daß sämtliche Fourier-Koeffizienten auf „apparative Einflüsse" korrigiert sind (s. Anhang F).

[2] Das Zeichen $\langle\rangle$ bedeutet Mittelwert, also z. B. $\langle x^2\rangle$ = Mittelwert der Quadrate von x.

Nach Einführung des quadratischen Mittels der Gitterdehnungen

$$\langle \varepsilon_L{}^2 \rangle = \frac{\langle \Delta L^2 \rangle}{L^2} \tag{26.18}$$

ergibt sich

$$\ln A_L(h_0) = \ln A_L{}^P - \frac{2\pi^2 h_0{}^2 L^2 \langle \varepsilon_L{}^2 \rangle}{a^2}. \tag{26.19}$$

Zeichnet man die Logarithmen der aus den Messungen abgeleiteten Fourier-Koeffizienten A_L der gesamten Verbreiterung als Ordinaten und die Werte von $h_0{}^2$ als Abszissen auf, so erhält man je nach dem Wert des Parameters L eine Schar von Kurven, die zum mindesten in ihrem Anfangsteil geradlinig verlaufen (Abb. 26.10 und 26.11). Auf ein- und derselben Kurve liegen in Abb. 26.10 bei konstanten Werten von L alle

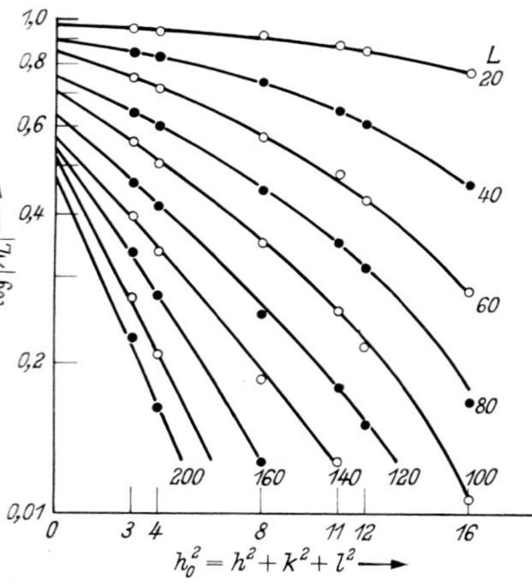

Abb. 26.10. Fourier-Koeffizienten in Abhängigkeit von der Indexquadratsumme für Aluminium-Feilspäne, hergestellt und ausgemessen bei −160 °C (nach WARREN).

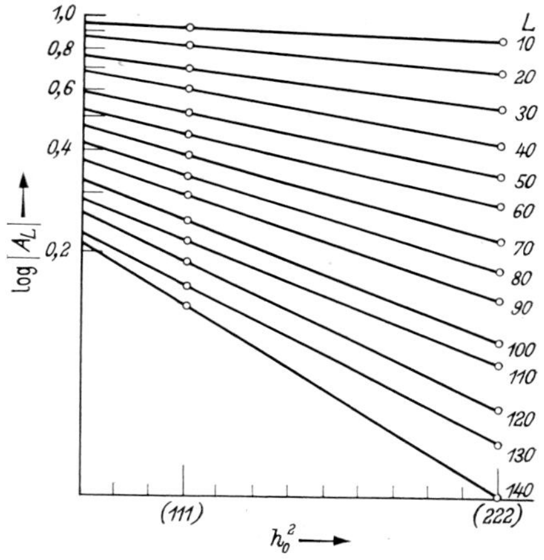

Abb. 26.11. Fourier-Koeffizienten in Abhängigkeit von der Indexquadratsumme ($h_0{}^2$) für kaltverformtes Messing mit 65 At.-% Kupfergehalt (nach WARREN und WAREKOIS).

Punkte für die Reflexe von (110) bis (400), während in Abb. 26.11 eine Kurve jeweils nur die höheren Ordnungen von Reflexionen einer Netzebene, z. B. (111), (222), (333) enthält. Dieser Unterschied ist bedingt durch die Anisotropie des Messings. Der E-Modul hat bei dieser Legierung eine deutliche Richtungsabhängigkeit im Gegensatz zum Aluminium, das praktisch isotrop ist. Eine *Anisotropie* kann auch dadurch zustande kommen, daß bei kleinen Teilchen die Ausdehnung der Kohärenzbereiche in den verschiedenen Richtungen große Unterschiede aufweist.

Ein Diagramm von der Art der Abb. 26.10 und 26.11 liefert zwei wichtige Ergebnisse. Die Ordinatenabschnitte für $h_0 = 0$ liefern die Logarithmen der Fourier-Koeffizienten $\ln A_L{}^P$. Die Anfangsneigung m

der Geraden ermöglicht die Bestimmung der mittleren Gitterdehnung aus der Beziehung

$$\langle \varepsilon_L{}^2 \rangle^{1/2} = -\frac{a\sqrt{m}}{\sqrt{2}\,\pi L}\,. \tag{26.20}$$

Bei ε ist der Index L angeschrieben, weil die Erfahrung gezeigt hat, daß ε mit abnehmendem L etwas zunimmt, eine Erscheinung, deren Ursachen noch nicht völlig geklärt sind.

Die so gewonnenen Koeffizienten $A_L{}^P$ werden dann in Abhängigkeit von L aufgezeichnet. Abb. 26.12 zeigt ein Beispiel. Die beiden Kurven

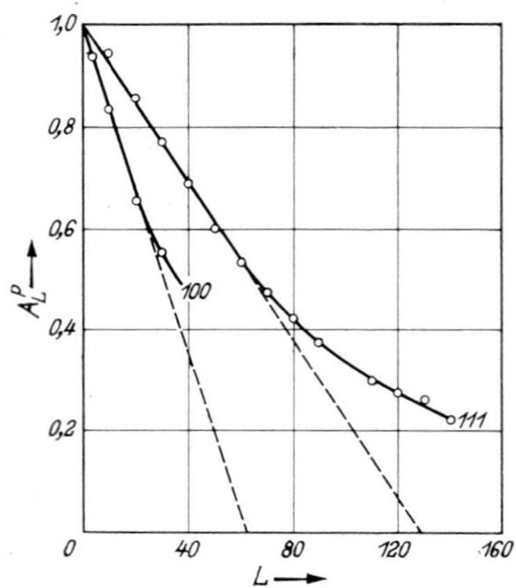

Abb. 26.12. Zur Trennung der Verbreiterungswirkung von Teilchenkleinheit und Stapelfehlern bei kaltverformtem Messing mit 65 At.-% Kupfergehalt (nach WARREN und WAREKOIS).

gelten für die [100]- bzw. [111]-Richtung von kaltverformtem α-Messing mit 65 At-% Kupfergehalt. Die Abszissenabschnitte der Tangenten an dem Anfangsteil der Kurven ergeben

$$\overline{L}_{\text{eff}} = 62\ \text{Å} \ \text{ für [100]-Richtung und}$$

$$\overline{L}_{\text{eff}} = 128\ \text{Å} \ \text{ für [111]-Richtung}\,.$$

Diese Werte enthalten außer der Verbreiterung infolge von Teilchenkleinheit auch eine etwaige *Verbreiterung infolge* von *Stapelfehlern*. Um deren Beitrag in Abzug zu bringen, wird eine fiktive Teilchengröße $\overline{L}_{\text{Spt}}$ eingeführt, die hinsichtlich der Verbreiterung der Wirkung der Stapelfehler äquivalent ist. Für flächenzentriert kubische Gitter gilt

$$\frac{1}{\overline{L}_{\text{eff}}} = \frac{1}{\overline{L}} + \frac{1}{\overline{L}_{\text{Spt}}} = \frac{1}{\overline{L}} + \frac{3\alpha\,\langle\cos\varphi\rangle}{2\,d_{111}}\,. \tag{26.21}$$

Der Betrag von $\overline{L}_{\text{Spt}}$ muß rechnerisch ermittelt werden, wobei sich α (Wahrscheinlichkeit für Deformations-Stapelfehler) aus der Messung der Linienverschiebung ergibt; d_{111} ist der Netzebenenabstand der (111)-Ebenen, φ ist der Winkel zwischen der Normalen von (111) und den Normalen der reflektierenden Netzebenen $(h\,k\,l)$. $\langle\ \rangle$ bedeutet Ausmittlung von φ über alle Netzebenen $(h\,k\,l)$, die mit Stapelfehlern behaftet sind. $\overline{L}$ ist die mittlere Ausdehnung der kohärenten Bereiche in der Richtung senkrecht zu der reflektierenden Netzebene.

Der Zahlenwert[1] von α wird aus der beobachteten Linienverschiebung ermittelt. Sollen auch noch Zwillings-Stapelfehler (Wahrscheinlichkeit β) berücksichtigt werden, so ist im Zähler der Gl. (26.21) statt $3\,\alpha$ zu schreiben $(3\,\alpha + 2\,\beta)\cdot j$ (WAGNER). j ist der Bruchteil der insgesamt vorhandenen Netzebenen, die Stapelfehler aufweisen. So folgt schließlich

$$\overline{L}_{\mathrm{Stp}} = 63\ \text{Å für } [100] \text{ und}$$

$$\overline{L}_{\mathrm{Stp}} = 145\ \text{Å für } [111]\,.$$

Der Vergleich dieser Zahlen mit den oben angegebenen Werten von $\overline{L}_{\mathrm{eff}}$ zeigt, daß im vorliegenden Fall die verbreiternde Wirkung nahezu vollständig von Stapelfehlern und nicht von zu geringer Teilchengröße herrührt.

Stapelfehler[2] treten besonders häufig bei Gittern mit dichtester Kugelpackung auf, also bei flächenzentriert kubischen Gittern und bei hexagonalen Gittern dichtester Kugelpackung. Die betroffenen Netzebenen sind (111) bzw. (0001). Die Häufigkeit ist von Metall zu Metall sehr verschieden. Feilspäne aus Messing zeigen als Folge von Kaltverformung eine starke Verbreiterung (WARREN und WAREKOIS), die mit Zunahme des Zn-Gehaltes stärker wurde. Im Gegensatz dazu fand sich kein Einfluß von Stapelfehlern bei Aluminium-Feilspänen (WAGNER). Die Häufigkeit von Deformationsstapelfehlern ist bei Herstellung und Untersuchung von Ms- und Cu-Feilspänen bei —160 °C wesentlich größer als bei 20 °C (WAGNER).

Die Art der Verformung ist ferner von Einfluß: Bei Zugverformung von α-Messing betrug die Stapelfehlerdichte nur $^1/_{100}$ des Wertes von Ms-Feilspänen (HARTMANN und MACHERAUCH). Abschließend sei bemerkt, daß auch bei raumzentriert kubischen Gittern auf (221)-Ebenen Stapelfehler beobachtet worden sind, z. B. bei Molybdän und Wolfram.

Eine von BERTAUT entwickelte Theorie zur Ermittlung der Häufigkeitsverteilung der Teilchengrößen beruht auf einer nochmaligen Diffe-

[1] Für α-Ms-Feilspäne wurde $\alpha = 0{,}039$ benützt; bei jeder 26sten (111)-Ebene trat ein Stapelfehler auf. – Feilspäne werden für diese Untersuchungen vorzugsweise benützt, weil der einzelne Span so klein ist, daß sich Eigenspannungen I. Art nicht ausbilden können. Ein Verfahren zur Trennung der Verbreiterung infolge von Stapelfehlern und von Eigenspannungen I. Art wurde von HARTMANN und MACHERAUCH angegeben.

[2] Weiteres über Stapelfehler vgl. Abschnitt 24 C.

rentiation von Kurven A_n gegen n (vgl. S. 418). Es ist eine außerordentliche Genauigkeit erforderlich; größere Anwendungen hat die Methode bisher nicht gefunden. In neuerer Zeit wurden von HOSSFELD und OEL theoretische und experimentelle Untersuchungen dieser Art an Sinterproben aus MgO und ThO_2 durchgeführt.

27. Messung von elastischen Spannungen

A. Theoretische Grundlagen

Der Grundgedanke bei der röntgenographischen Spannungsmessung besteht darin (AKSENOV), die in einem elastisch verspannten Werkstoff gegenüber dem spannungsfreien Zustand auftretenden Änderungen bestimmter Netzebenenabstände zu ermitteln und damit zu Dehnungsangaben zu gelangen, die dem vorliegenden Spannungszustand entsprechen. Die Netzebenenabstandsänderungen führen zu Bragg-Winkeländerungen und lassen sich aus der Verschiebung der Röntgeninter-

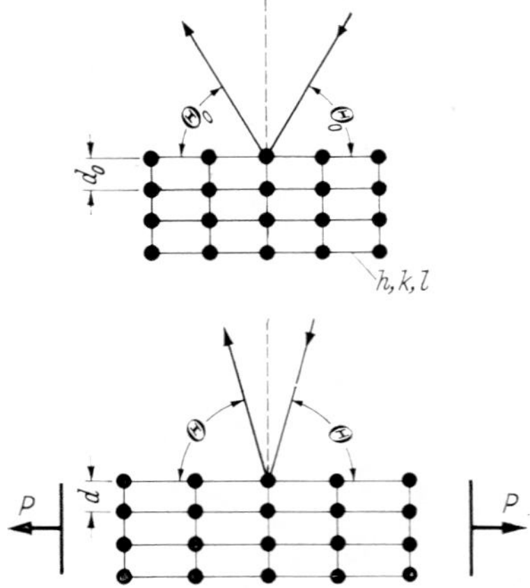

Abb. 27.1. Änderung der Netzebenenabstände und des Bragg-Winkels unter Einwirkung äußerer Kräfte auf ein Kristallgitter.

ferenzlinien bestimmen. Die röntgenographische Spannungsmessung beruht also wie jede andere Spannungsmeßmethode auf der Ermittlung von Dehnungen, wobei als Meßmarken die periodisch sich wiederholenden Netzebenenabstände der atomaren Struktur der Kristallite eines Werkstoffes dienen.

Betrachten wir als Beispiel einen Kristallit eines metallischen Werkstoffes mit der in Abb. 27.1 schematisch angedeuteten Atomanordnung. Wenn senkrecht zu den seitlichen Begrenzungen des aufgezeichneten

Gitterbereiches Zugkräfte wirken, dann verringert sich infolge der Querkontraktion der ursprüngliche Netzebenenabstand d_0 um Δd auf d. Die relative Netzebenenabstandsänderung

$$\frac{d-d_0}{d_0}=\frac{\Delta d}{d_0}=\varepsilon \tag{27.1}$$

wird *Gitterdehnung* genannt. Gegenüber dem Bragg-Winkel Θ_0 im unverspannten Zustand tritt jetzt unter einem um

$$\Delta\Theta=\Theta-\Theta_0=-\tan\Theta_0\cdot\frac{\Delta d}{d_0}=-\tan\Theta_0\cdot\varepsilon \tag{27.2}$$

veränderten Bragg-Winkel eine Interferenzlinie auf. Dies ergibt sich unmittelbar durch Differentiation der Braggschen Gleichung (vgl. Abschnitt 6, Gl. (6.1)). Die durch elastische Spannungen hervorgerufenen Gitterdehnungen ε führen nach Gl. (27.2) zu um so größeren Bragg-Winkeländerungen $\Delta\Theta$ je größer der Bragg-Winkel Θ_0 ist. Gitterdehnungen können also am genauesten durch Vermessung von Interferenzlinien im sog. Rückstrahlbereich ermittelt werden. Üblicherweise werden für die röntgenographische Spannungsmessung Interferenzlinien mit Bragg-Winkeln zwischen 70° und 85° benutzt.

Findet ein monochromatischer Röntgenstrahl P, der unter dem Winkel ψ_0 gegenüber dem Oberflächenlot L auf eine Werkstoffoberfläche

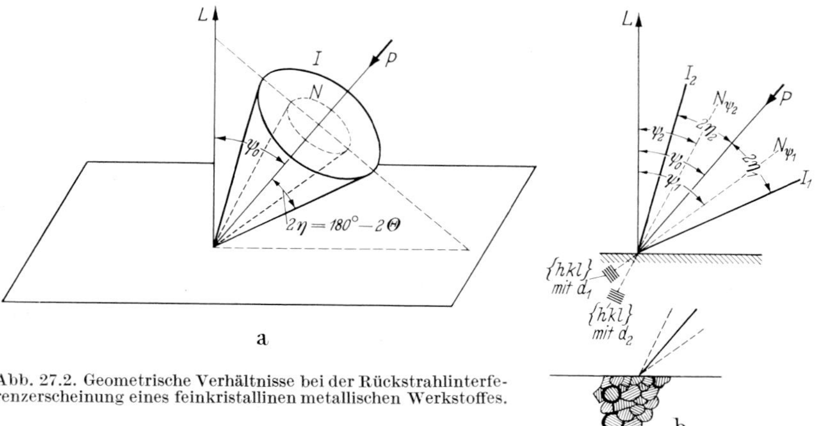

Abb. 27.2. Geometrische Verhältnisse bei der Rückstrahlinterferenzerscheinung eines feinkristallinen metallischen Werkstoffes.

auffällt (Abb. 27.2a), im erfaßten Probenvolumen hinreichend viele, regellos orientierte Kristallite (Körner) vor, so tritt eine Interferenzerscheinung auf, die durch den Interferenzkegel I und den Normalenkegel N charakterisiert ist. Auf dem Normalenkegel liegen die Normalen der Netzebenen $\{h\,k\,l\}$ all der Körner, die sich im bestrahlten Werkstoffbereich in interferenzfähiger Stellung befinden. Interferenz- und Normalenkegel liegen bei spannungsfreien Kristalliten symmetrisch, bei verspannten Kristalliten dagegen unsymmetrisch zum Primärstrahl.

In der durch Oberflächenlot L und Primärstrahl P aufgespannten Ebene (Abb. 27.2b) liefern nur die Kristallite, von denen die Normalen N_{ψ_1} bzw. N_{ψ_2} der gleichen Netzebenen $\{h\,k\,l\}$ mit dem Oberflächenlot die Winkel ψ_1 bzw. ψ_2 einschließen, abgebeugte Strahlungsintensität in die Richtungen I_1 und I_2 des Interferenzkegels. Im spannungsfreien Zustand ist $d_1 = d_2 = d_0$ und die Winkel $2\,\eta_1$ bzw. $2\,\eta_2$ zwischen I_1 und P bzw. I_2 und P sind gleich groß. Es gilt $2\,\eta_i = 180° - 2\,\Theta_0$. Im verspannten Zustand ist dagegen $d_1 \neq d_2$ und damit $2\,\eta_1 \neq 2\,\eta_2$. Aus der Lage I_1 und I_2 der Interferenz sind dann Aussagen über die Netzebenenabstände d_1 und d_2 und damit über die Gitterdehnungen ε_{ψ_1} und ε_{ψ_2} in den Richtungen ψ_1 und ψ_2 möglich.

Die Gitterdehnungsmessungen für röntgenographische Spannungsermittlungen haben folgende Merkmale:

1. Die Messungen sind nur an kristallinen Werkstoffen möglich.

2. Die Messungen erfolgen ohne Anbringen irgendwelcher Meßmarken und verändern den vorliegenden Werkstoffzustand nicht.

3. Die Messungen erfassen stets nur elastische Dehnungen, die durch Lastspannungen und/oder durch Eigenspannungen hervorgerufen werden können.

4. Die Messungen erfassen selektiv stets nur einen Teil der im angestrahlten Volumen befindlichen Kristallite bzw. Kristallitbereiche.

5. Die Messungen erfolgen immer senkrecht zu den reflektierenden Netzebenen $\{h\,k\,l\}$.

6. Die Messungen sind wegen der geringen Eindringtiefe der benutzbaren Röntgenstrahlungen auf relativ dünne Oberflächenbereiche beschränkt und ermöglichen daher im allgemeinen nur die Analyse zweiachsiger Oberflächenspannungszustände.

Der wichtigste Schritt bei der röntgenographischen Spannungsmessung besteht darin, die aus Bragg-Winkeländerungen ermittelten Gitterdehnungen den Dehnungswerten gleichzusetzen, die bei einem vorliegenden Spannungszustand elastizitätstheoretisch zu erwarten sind (Aksenov). Die methodische Entwicklung der röntgenographischen Spannungsmessung vollzog sich zeitlich in drei Abschnitten. Im ersten Abschnitt wurde mit dem sogenannten Senkrechtverfahren (Einstrahlung senkrecht zur Probenoberfläche) die Summe der Hauptspannungen in den Oberflächenschichten elastisch beanspruchter Werkstoffe gemessen (Sachs und Weerts, Wever und Möller). Netzebenenabstand bzw. Gitterkonstante im spannungsfreien Zustand mußten bekannt sein. Im zweiten Entwicklungsstadium wurden Verfahren zur Bestimmung beliebiger Komponenten eines Oberflächenspannungszustandes entwickelt. Das Senkrecht-Schrägverfahren beruht auf der Kombination einer Senkrecht- und einer Schrägaufnahme (GISEN, GLOCKER und OSSWALD). Bei dem 45°-Verfahren werden die erforderlichen Daten für die Bestimmung einer Spannungskomponente einer einzigen Rückstrahlschrägaufnahme mit $\psi_0 = 45°$ entnommen (GLOCKER, HESS und SCHAABER). In beiden Fällen ist die Kenntnis des Netzebenenabstandes bzw. der Gitterkonstante im spannungsfreien Zustand nicht mehr erforderlich. Ferner wurden Methoden entwickelt, um bei Kenntnis einzelner Spannungskomponenten Größe und Richtung der Hauptspannungen eines vorliegenden ebenen Spannungszustandes angeben zu können (GISEN, GLOCKER und OSSWALD). Daneben wurden Versuche unternommen, den Informationsgehalt, den eine vollständige Rückstrahlaufnahme von einer verspannten Werkstoffoberfläche liefert, für die Ermittlung von Betrag und Richtung der vorliegenden Hauptspannungen auszunutzen (BARRETT und GENSAMER, DORGELA und DE GRAAF, MÖLLER und NEERFELD, STÄBLEIN, KEMMNITZ). Das dritte Entwicklungsstadium schließlich wurde durch den grundlegenden Hinweis von GREENOUGH eingeleitet, daß bei makroskopisch spannungsfreien Proben wegen der Selektivität des Röntgenverfahrens auch Mikroeigenspannungen Interferenzlinienverschiebungen hervorrufen können. Die dadurch ausgelösten Untersuchungen (KAPPLER und REIMER, REIMER, HAUK, GLOCKER und MACHERAUCH) führten zur Angabe des $\sin^2 \psi$-*Verfahrens* der röntgenographischen Spannungsmessung (MACHERAUCH, MACHERAUCH und MÜLLER, HAWKES). Das $\sin^2 \psi$-Verfahren, auf das sich die folgende Darstellung beschränkt, wird heute bei praktischen Spannungsermittlungen mit Röntgenstrahlen meistens angewandt. Es enthält die klassischen Verfahren der röntgenographischen Spannungsmessung, die in der 4. Auflage dieses Buches ausführlich behandelt wurden, als Spezialfälle.

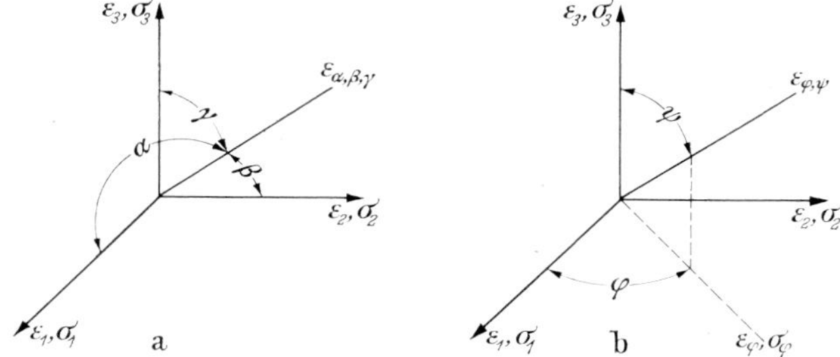

Abb. 27.3. Koordinatensysteme zur Beschreibung von Spannungs- bzw. Dehnungszuständen.

Zur Ableitung der *Grundgleichung der röntgenographischen Spannungsmessung* gehen wir zweckmäßigerweise von einem Deformationszustand aus, der durch Größe und Richtung der Hauptdehnungen ε_1, ε_2 und ε_3 gegeben ist. Bei isotropem Werkstoffverhalten stimmen die Richtungen der Hauptspannungen σ_1, σ_2 und σ_3 mit denen der Hauptdehnungen überein. Für die Dehnung in einer Richtung, die mit den Hauptachsen die Winkel α, β und γ einschließt (vgl. Abb. 27.3a), gilt auf Grund der linearen Elastizitätstheorie

$$\varepsilon_{\alpha,\beta,\gamma} = \varepsilon_1 \cos^2\alpha + \varepsilon_2 \cos^2\beta + \varepsilon_3 \cos^2\gamma\,. \tag{27.3}$$

Zur Festlegung von Dehnungsrichtungen hat es sich bei röntgenographischen Untersuchungen als zweckmäßig erwiesen, anstelle der Winkel α, β und γ den Anzimutwinkel φ gegenüber der ersten Hauptachse und den Distanzwinkel ψ gegenüber der dritten Hauptachse zu benutzen (vgl. Abb. 27.3b). Zwischen diesen Winkeln bestehen die Beziehungen

$$\begin{aligned} \cos\alpha &= \cos\varphi \sin\psi \\ \cos\beta &= \sin\varphi \sin\psi \\ \cos\gamma &= \cos\psi = \sqrt{1-\sin^2\psi}\,. \end{aligned} \tag{27.4}$$

Damit wird Gl. (27.3) zu

$$\varepsilon_{\varphi,\psi} = \varepsilon_1 \cos^2\varphi \sin^2\psi + \varepsilon_2 \sin^2\varphi \sin^2\psi + \varepsilon_3 (1-\sin^2\psi)\,. \tag{27.5}$$

Andererseits liefert das verallgemeinerte Hookesche Gesetz den Zusammenhang zwischen Hauptspannungen und Hauptdehnungen zu

$$\begin{aligned} \varepsilon_1 &= \frac{\sigma_1}{E} - \frac{\nu}{E}(\sigma_2+\sigma_3) \\ \varepsilon_2 &= \frac{\sigma_2}{E} - \frac{\nu}{E}(\sigma_3+\sigma_1) \\ \varepsilon_3 &= \frac{\sigma_3}{E} - \frac{\nu}{E}(\sigma_1+\sigma_2) \end{aligned} \tag{27.6}$$

Dabei ist E der Elastizitätsmodul und ν die Querkontraktionszahl. Die Gln. (27.6) in Gl. (27.5) eingesetzt ergeben

$$\varepsilon_{\varphi,\psi} = \frac{\nu+1}{E}(\sigma_1\cos^2\varphi + \sigma_2\sin^2\varphi - \sigma_3)\sin^2\psi - \frac{\nu}{E}\left(\sigma_1+\sigma_2-\frac{\sigma_3}{\nu}\right) \tag{27.7}$$

Wegen der geringen Eindringtiefe der Röntgenstrahlung wird meist nur eine Oberflächenschicht geringer Dicke erfaßt, in der σ_3 gleich Null gesetzt werden kann. Mit den auf Voigt zurückgehenden Elastizitätskonstanten

$$\frac{1}{2}s_2 = \frac{\nu+1}{E} \tag{27.8}$$

und

$$s_1 = -\frac{\nu}{E} \tag{27.9}$$

sowie der Beziehung

$$\sigma_\varphi = \sigma_1\cos^2\varphi + \sigma_2\sin^2\varphi \tag{27.10}$$

ergibt sich daher für die Dehnung in Richtung φ, ψ eines ebenen Spannungszustandes

$$\varepsilon_{\varphi,\psi} = \frac{1}{2}s_2\cdot\sigma_\varphi\cdot\sin^2\psi + s_1[\sigma_1+\sigma_2]\,. \tag{27.11}$$

Wie bereits erwähnt, besteht der entscheidende Schritt bei der röntgenographischen Bestimmung elastischer Spannungen darin, daß die in Richtung φ, ψ gemessenen Gitterdehnungen $\left(\frac{\Delta d}{d_0}\right)_{\varphi,\psi} = \frac{d_{\varphi,\psi} - d_0}{d_0}$ den Dehnungen $\varepsilon_{\varphi,\psi}$ gleichgesetzt werden, die elastizitätstheoretisch bei Vorliegen eines ebenen Spannungszustandes in dieser Richtung auftreten würden. Auf diese Weise wird ein Zusammenhang zwischen Spannungs- und Gitterdehnungszustand hergestellt. Setzt man also unter Zuhilfenahme von Gl. (27.2)

$$\left(\frac{\Delta d}{d_0}\right)_{\varphi,\psi} = -\cot\Theta_0\,(\Delta\Theta)_{\varphi,\psi} \triangleq \varepsilon_{\varphi,\psi}\,, \tag{27.12}$$

so folgt aus den Gln. (27.11) und (27.12) als Grundgleichung der röntgenographischen Spannungsmessung

$$\varepsilon_{\varphi,\psi} = -\cot\Theta_0\,(\Delta\Theta)_{\varphi,\psi} = \frac{1}{2}\,s_2\cdot\sigma_\varphi\cdot\sin^2\psi + s_1\,(\sigma_1+\sigma_2)\,. \tag{27.13}$$

Werden demnach in einer durch den Azimut φ gegebenen Ebene in mehreren Richtungen ψ Gitterdehnungen $\varepsilon_{\varphi,\psi}$ gemessen, so gelten folgende Gesetzmäßigkeiten:

1. Die Gitterdehnungen $\varepsilon_{\varphi,\psi}$ sind, unabhängig vom Azimut φ, linear von $\sin^2\psi$ abhängig.

2. Der Anstieg der $\varepsilon_{\varphi,\psi}$-$\sin^2\psi$-Geraden

$$m_\varphi = \frac{\partial\,\varepsilon_{\varphi,\psi}}{\partial\sin^2\psi} = \frac{1}{2}\,s_2\cdot\sigma_\varphi \tag{27.14}$$

ist der im Azimut φ wirkenden Spannungskomponente σ_φ proportional.

3. Der Ordinatenabschnitt der $\varepsilon_{\varphi,\psi}$-$\sin^2\psi$-Geraden

$$\varepsilon_{\varphi,\psi=0} = \varepsilon_3 = s_1\,(\sigma_1+\sigma_2) \tag{27.15}$$

ist der Hauptspannungssumme $(\sigma_1+\sigma_2)$ proportional.

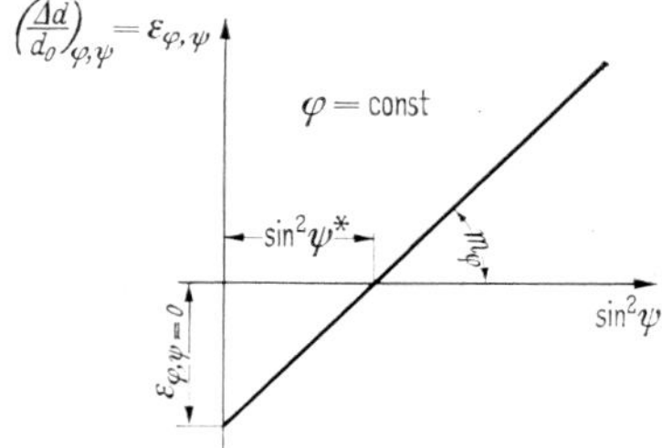

Abb. 27.4. Gitterdehnungsverteilung im Azimut φ eines ebenen Spannungszustandes (nach MACHERAUCH).

4. Bei gegebenem Azimut φ sind in den durch

$$\sin^2\psi^* = \frac{-s_1}{\frac{1}{2}\,s_2}\cdot\frac{\sigma_1+\sigma_2}{\sigma_\varphi} = \frac{\nu}{\nu+1}\cdot\frac{\sigma_1+\sigma_2}{\sigma_1\cos^2\varphi+\sigma_2\sin^2\varphi} \tag{27.16}$$

festgelegten ψ^*-Richtungen die Gitterdehnungen Null. Diese dehnungsfreien Richtungen des ebenen Spannungszustandes erleichtern die Bearbeitung bestimmter Probleme der röntgenographischen Spannungsmessung (NETH, DURER, GLOCKER, BINDER und MACHERAUCH).

In Abb. 27.4 sind die Gesetzmäßigkeiten bei einem ebenen Spannungszustand zusammengefaßt. Zur Bestimmung einer Spannungskomponente σ_φ ist die genaue Ermittlung des Anstieges m_φ der Gitterdehnungsverteilung in der zugehörigen Azimutebene erforderlich. Aus Gl. (27.14) folgt

$$\sigma_\varphi = \frac{m_\varphi}{\frac{1}{2}\, s_2}\,. \tag{27.17}$$

Unabhängig vom Azimutwinkel φ berechnet sich auf Grund von Gl. (27.15) aus dem Ordinatenabschnitt $\varepsilon_{\varphi,\psi=0} = \varepsilon_3$ der Gitterdehnungsverteilung die Summe der Hauptspannungen zu

$$(\sigma_1 + \sigma_2) = \frac{\varepsilon_{\varphi,\psi=0}}{s_1}\,. \tag{27.18}$$

Zur vollständigen Analyse eines Oberflächenspannungszustandes nach Größe und Richtung seiner Hauptspannungen sind in drei verschiedenen Azimuten die Anstiege der Ausgleichsgeraden der Gitterdehnungsverteilungen und daraus die Spannungskomponenten zu ermitteln. Werden beispielsweise σ_φ, $\sigma_{\varphi+45°}$ und $\sigma_{\varphi+90°}$ bestimmt, so ergibt sich der Winkel zwischen σ_1 und σ_φ zu

$$\varphi = \frac{1}{2} \arctan \frac{\sigma_\varphi + \sigma_{\varphi+90°} - 2\,\sigma_{\varphi+45°}}{\sigma_\varphi - \sigma_{\varphi+90°}}\,. \tag{27.19}$$

Als Hauptspannungen erhält man

$$\sigma_1 = \frac{\sigma_{\varphi+90°} - \sigma_\varphi \cot^2\varphi}{1 - \cot^2\varphi} \tag{27.20}$$

und

$$\sigma_2 = \frac{\sigma_{\varphi+90°} - \sigma_\varphi \tan^2\varphi}{1 - \tan^2\varphi}\,. \tag{27.21}$$

Bei den bisherigen Betrachtungen wurde stillschweigend davon ausgegangen, daß die Elastizitätskonstanten $\frac{1}{2}\,s_2$ sowie s_1 und damit auch (vgl. Gln. (27.8) und (27.9)) der Elastizitätsmodul E und die Querkontraktionszahl ν isotrope Größen im Sinne der Elastizitätstheorie sind. Die experimentelle Erfahrung hat jedoch gezeigt, daß bei gegebenem Spannungszustand keine Übereinstimmung zwischen den gemessenen und den nach Gl. (27.13) berechneten Gitterdehnungen besteht, wenn die für mechanische Messungen gültigen Zahlenwerte für E und ν benutzt werden. Wirkt beispielsweise auf einen unlegierten Stahl eine Zugspannung von 42 kp/mm², so wird mit Cr K_α-Strahlung ein Spannungswert von 38 kp/mm² ermittelt, wenn mit $E = 21\,000$ kp/mm² und $\nu = 0{,}28$

gerechnet wird. Mit Co K_α-Strahlung wird dagegen eine Spannung von 46,7 kp/mm² gemessen. Diese Diskrepanz beruht darauf, daß die Gitterdehnungsmessungen in den verschiedenen ψ-Richtungen jeweils in denselben kristallographischen Richtungen verschieden zur Beanspruchungsrichtung orientierter Kristallite erfolgen (MÖLLER und BARBERS). Dadurch wirkt sich die elastische Anisotropie des Gitters der vermessenen Kristallite auf die röntgenographischen Meßwerte aus. Dieser *Anisotropieeinfluß* wird durch die sog. röntgenographischen Elastizitätskonstanten $(\frac{1}{2}\, s_2)^{\text{rö}}$ und $(s_1)^{\text{rö}}$ berücksichtigt, die sich in einem einachsigen Zugversuch einfach bestimmen lassen (MACHERAUCH und MÜLLER). Mit $\sigma_2 = 0$ und $\varphi = 0$ folgt aus Gl. (27.13) für die Gitterdehnungen eines Zugstabes in der durch das Lot auf die Probenoberfläche und die Zugrichtung aufgespannten Ebene

$$\varepsilon_{\varphi=0,\,\psi} \mathrel{\hat{=}} \varepsilon_\psi = \sigma_1 \left[\left(\frac{1}{2}\, s_2 \right)^{\text{rö}} \sin^2\psi + (s_1)^{\text{rö}} \right]. \tag{27.22}$$

Die Gitterdehnungen sind linear sowohl von σ_1 als auch von $\sin^2\psi$ abhängig. Durch partielle Differentiation nach diesen Veränderlichen ergibt sich

$$\left(\frac{1}{2}\, s_2 \right)^{\text{rö}} = \frac{\partial}{\partial \sin^2\psi} \cdot \left(\frac{\partial \varepsilon_\psi}{\partial \sigma_1} \right) = \frac{\partial}{\partial \sigma_1} \cdot \left(\frac{\partial \varepsilon_\varphi}{\partial \sin^2\psi} \right) \tag{27.23}$$

und

$$(s_1)^{\text{rö}} = \frac{\partial\,(\varepsilon_{\psi=0})}{\partial \sigma_1}. \tag{27.23a}$$

Zur Bestimmung der röntgenographischen Elastizitätskonstanten sind also Gitterdehnungsmessungen bei mehreren Spannungen σ_1 in verschiedenen Richtungen ψ erforderlich. Tab. 27.1 enthält für einige Werkstoffe röntgenographische Elastizitätskonstanten, die in der geschilderten Weise ermittelt wurden. Zum Vergleich sind die für mechanische Messungen gültigen Zahlenwerte mit angegeben. Bei elastisch isotropen bzw. nahezu isotropen Werkstoffen wie Wolfram bzw. Aluminium und Aluminiumlegierungen ist der Einfluß der elastischen Anisotropie auf die Röntgenmessungen gering.

Mit Hilfe bestimmter Grenzannahmen über das Verhalten der Kristallite in einem elastisch beanspruchten Werkstoff sowie unter Berücksichtigung der Selektivität des Röntgenverfahrens wurde mehrfach versucht, den Anisotropieeinfluß auf die Gitterdehnungen eines vorliegenden Spannungszustandes zu erfassen. Die Voigtsche Annahme gleicher Deformation aller Kristallite eines Werkstoffes führt unabhängig vom Typ der vermessenen Netzebenenscharen auf dieselben röntgenographischen Elastizitätskonstanten. Nach REUSS, der gleiche Verspannung aller Kristallite im Vielkristall annimmt, ergeben sich je nach vermessenen Netzebenen unterschiedliche $(\frac{1}{2}\, s_2)^{\text{rö}}$- und $(s_1)^{\text{rö}}$-Werte (GLOKKER, SCHIEBOLD, MÖLLER und MARTIN). Eine recht gute Übereinstimmung mit den experimentellen Werten liefert die Berechnung der röntgenographischen Elastizitätskonstanten nach der Krönerschen Theorie der Vielkristallkonstanten (BOLLENRATH, HAUK und MÜLLER). Diese Rechnung führt für den Ferrit unlegierter Stähle (vgl. Abb. 27.5) auf Zahlenwerte, die etwa in der Mitte zwischen den nach VOIGT und REUSS berechneten liegen. Eine umfangreiche Studie über die röntgenographischen Elastizitätskonstanten im System Kupfer-Nickel ergab (FANINGER), daß eine ausgezeichnete Übereinstimmung der Meßwerte mit den Berechnungen nach der Krönerschen Theorie besteht. Schon früher ist

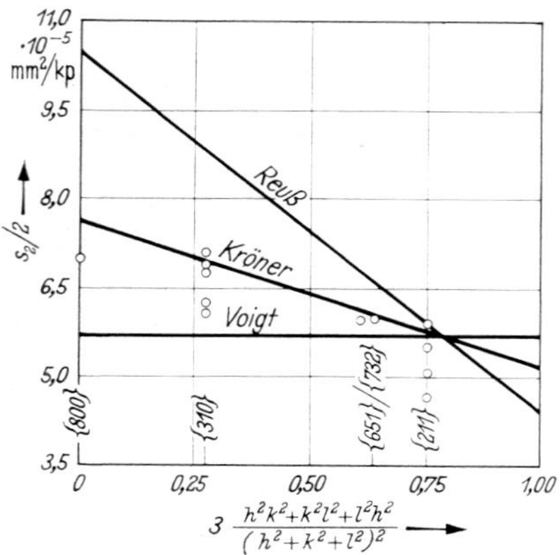

Abb. 27.5. Berechnete und experimentell ermittelte $(^1/_2\,s_2)^{\text{rö}}$-Werte unlegierter Stähle mit weniger als 0,2% C (nach BOLLENRATH, HAUK und MÜLLER).

festgestellt worden, daß die experimentellen Werte der röntgenographischen Elastizitätskonstanten sich vielfach als arithmetisches oder gewichtetes Mittel der Voigt-Reußschen Grenzwerte ergeben (NEERFELD, MÖLLER und BRASSE).

Wegen der geringen *Eindringtiefe* der verwendeten langwelligen Röntgenstrahlungen werden bei röntgenographischen Gitterdehnungsmessungen nur dünne Oberflächenschichten erfaßt. Die Dicke der vermessenen Oberflächenschicht ist außerdem von der Meßrichtung abhängig. Die Festlegung einer „Eindringtiefe" ist willkürlich. Wird als Eindringtiefe t die senkrechte Entfernung der Begrenzung des Probenbereiches von der Oberfläche festgelegt, aus dem 63% der reflektierten Strahlungsintensität kommt, dann gilt (MACHERAUCH)

$$t = \frac{1}{\mu} \frac{\cos^2\eta - \sin^2\psi}{2\cos\psi\cos\eta}\,. \tag{27.24}$$

Dabei ist ψ die Dehnungsmeßrichtung, μ der lineare Schwächungskoeffizient und $\eta = 90° - \Theta$. Mit wachsendem ψ fällt t ab. Bei Aluminium und Cu K_α-Strahlung besitzt t Werte von etwa 2 bis $4 \cdot 10^{-2}$ mm, bei Eisen und Cr K_α-Strahlung Werte von etwa 3 bis $5 \cdot 10^{-3}$ mm. Daraus leiten sich für praktische Messungen gewisse Forderungen hinsichtlich der Oberflächengüte der zu vermessenden Werkstoffe ab. Bei technischen Bauteilen muß an der Meßstelle oft zunächst durch örtliches elektrolytisches Polieren eine ausreichende Oberflächengüte geschaffen werden. Mechanisches Abschleifen oder Abpolieren würde Verformungseigenspannungen hervorrufen und ist deshalb zu vermeiden.

Tabelle 27.1. *Röntgenographische Elastizitätskonstanten einiger Werkstoffe*

Werkstoff	Strahlung	Netzebene	Elastizitätskonstanten in 10^{-5} mm²/kp Konst.	mech.	röntg.	Autoren
Nickel	Cu-Kα	{420}	s_1 $^1/_2\, s_2$	−1,51 6,39	−1.28 6,20	Kolb und Macherauch
	Cu-Kα	{313}	s_1 $^1/_2\, s_2$	−1,51 6,39	−1,18 5,45	
Kupfer	Co-Kα	{400}	s_1 $^1/_2\, s_2$	−2,72 10,70	−3,90 13,30	Leiber und Macherauch
CuNi 13	Cu-Kα	{420}	s_1 $^1/_2\, s_2$	−2,38 9,41	−2,46 10,05	Faninger
CuNi 42	Cu-Kα	{420}	s_1 $^1/_2\, s_2$	−2,00 8,06	−2,31 8,80	
CuZn 30	Co-Kα	{420}	s_1 $^1/_2\, s_2$	−2,86 11,02	−3,82 15,10	Karashima
Aluminium	Co-Kα	{420}	s_1 $^1/_2\, s_2$	−4,84 18,76	−5,34 20,04	Macherauch und Müller
Wolfram	Co-Kα	{222}	s_1 $^1/_2\, s_2$	−0,72 3,24	−0,77 3,06	Prümmer und Macherauch
Unleg. Stahl mit 0,73% C	Cr-Kα	{211}	s_1 $^1/_2\, s_2$	−1,33 6,09	−1,45 6,23	Prümmer
	Co-Kα	{310}	s_1 $^1/_2\, s_2$	−1,33 6,09	−1,81 7,34	

$s_1 = -\nu/E$ $\quad ^1/_2\, s_2 = (1+\nu)/E$ $\quad \nu$ = Querkontraktionszahl, E = Elastizitätsmodul

B. Experimentelle Grundlagen

Die für Spannungsangaben erforderlichen Gitterdehnungsverteilungen (vgl. Gl. (27.13) bis (27.18)) können entweder mit dem konventionellen Rückstrahlverfahren und Filmregistrierung (vgl. Abschnitt 18) oder mit dem Goniometerverfahren und Zählrohr- bzw. Szintillationszählerregistrierung (vgl. Abschnitt 20) ermittelt werden. In beiden Fällen sind für die Bedürfnisse der Spannungsanalyse besondere experimentelle Einrichtungen und Auswertungstechniken entwickelt worden.

Das Prinzip beim *Rückstrahlfilmverfahren* ist aus Abb. 27.6 ersichtlich. In der Ebene $\varphi = \text{const.}$, die durch das Oberflächenlot und die zu ermittelnde Spannung σ_φ aufgespannt wird, fällt der Primärstrahl P unter dem Winkel ψ_0 gegenüber dem Oberflächenlot ein. Senkrecht zum Primärstrahl wird eine Rückstrahlkammer angebracht, deren Film einen

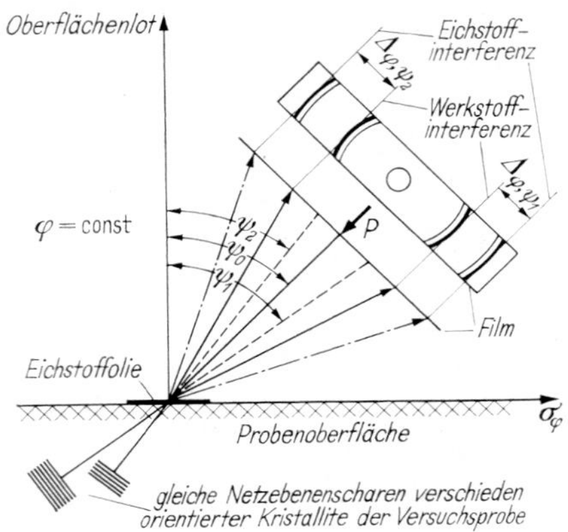

Abb. 27.6. Geometrische Verhältnisse bei einer Rückstrahlfilmaufnahme (nach MACHERAUCH und MÜLLER).

Ausschnitt des entstehenden Interferenzkegels beiderseits des Azimutes φ registriert. Die Lage der Werkstoffinterferenz im Filmäquator auf der oberen (ψ_2) und unteren (ψ_1) Filmhälfte ist durch die Netzebenenabstände d_2 und d_1 günstig orientierter Kristallite in den Richtungen $\psi_2 = \psi_0 - (90^\circ - \Theta_{\varphi,\psi_2})$ und $\psi_1 = \psi_0 + (90^\circ - \Theta_{\varphi,\psi_1})$ bestimmt. Zweckmäßigerweise wird die zur genauen Ermittlung der Interferenzlinienlage erforderliche Messung der Bragg-Winkel (vgl. Gl. (27.2)) auf eine Längenmessung zurückgeführt. Dazu wird auf die zu untersuchende Probenoberfläche in geeigneter Dicke eine Eichstoffschicht aufgebracht, die bei der benutzten Röntgenwellenlänge in der Nähe der Werkstoffinterferenz ebenfalls eine Interferenzlinie liefert (WEVER und MÖLLER). Ist A der Abstand zwischen Film und Probenoberfläche und Θ_E der Bragg-Winkel der Eichsubstanz, so hat die Eichstoffinterferenzlinie vom Primärstrahl, zu dem sie stets rotationssymmetrisch liegt, den Abstand

$$r_E = A \tan(180^\circ - 2\Theta_E) = -A \tan(2\Theta_E)\,. \tag{27.25}$$

Im Filmäquator werden die Abstände $r_{\varphi,\psi}$ der registrierten Segmente der Werkstoffinterferenzlinie vom Primärstrahl durch die Bragg-Winkel

$\Theta_{\varphi,\psi}$ bestimmt, die den mittleren Netzebenenabständen der in den beiden ψ-Richtungen erfaßten Kristalliten zukommen. Es ist

$$r_{\varphi,\psi} = -A \tan(2\Theta_{\varphi,\psi}) \,. \tag{27.26}$$

Allgemein führen also Bragg-Winkeländerungen $(\Delta\Theta)_{\varphi,\psi}$ zu Linienverschiebungen $(\Delta r)_{\varphi,\psi}$, die durch

$$(\Delta\Theta)_{\varphi,\psi} = -\frac{\cos^2(2\Theta_{\varphi,\psi})}{2A}(\Delta r)_{\varphi,\psi} \tag{27.27}$$

gegeben sind. Mit Hilfe von Gl. 27.12, die den Zusammenhang zwischen Bragg-Winkeländerung und Gitterdehnung vermittelt, läßt sich nunmehr die Beziehung zwischen Gitterdehnung und Linienverschiebung angeben. Wird für Auswertungszwecke $\Theta_{\varphi,\psi}$ durch Θ_0 ersetzt, so folgt aus den Gln. (27.12), (27.26) und (27.27)

$$\varepsilon_{\varphi,\psi} = -\frac{\cot\Theta_0\cos^2(2\Theta_0)}{2r_E}\cdot\tan(2\Theta_E)\cdot(\Delta r)_{\varphi,\psi} = c\cdot(\Delta r)_{\varphi,\psi}\,. \tag{27.28}$$

Bezeichnet man in Anlehnung an die von Glocker, Hess und Schaaber eingeführte Schreibweise bei einer Meßrichtung φ, ψ den Abstand zwischen Werkstoff- und Eichstoffinterferenz im spannungsfreien Zustand mit Δ_0 und im verspannten Zustand mit $\Delta_{\varphi,\psi}$, so wird

$$(\Delta r)_{\varphi,\psi} = \Delta_0 - \Delta_{\varphi,\psi}\,, \tag{27.29}$$

wenn die Werkstoffinterferenz einen kleineren Durchmesser hat als die Eichstoffinterferenz (vgl. Abb. 27.6). Aus den Gln. (27.13), (27.28) und (27.29) ergibt sich somit als Grundgleichung für praktische Spannungsermittlungen mit dem Rückstrahlfilmverfahren

$$c(\Delta_0 - \Delta_{\varphi,\psi}) = \frac{1}{2}s_2\cdot\sigma_\varphi\cdot\sin^2\psi + s_1(\sigma_1+\sigma_2)\,, \tag{27.30}$$

Auch die $\Delta_{\varphi,\psi}$-Werte sind also in allen Azimuten φ ebener Spannungszustände linear von $\sin^2\psi$ abhängig. Aus dem Anstieg

$$M_\varphi = \frac{\partial\Delta_{\varphi,\psi}}{\partial\sin^2\psi} \tag{27.31}$$

und dem Ordinatenabschnitt $\Delta_{\varphi,\psi=0}$ einer $\Delta_{\varphi,\psi}$ — $\sin^2\psi$-Verteilung errechnen sich (Macherauch und Müller) die azimutale Spannungskomponente σ_φ zu

$$\sigma_\varphi = \frac{-c}{\frac{1}{2}s_2}\cdot M_\varphi = -C_2\cdot M_\varphi \tag{27.32}$$

und die Hauptspannungssumme $(\sigma_1+\sigma_2)$ zu

$$(\sigma_1+\sigma_2) = \frac{c}{s_1}(\Delta_0 - \Delta_{\varphi,\psi=0}) = C_1(\Delta_{\varphi,\psi=0} - \Delta_0) \tag{27.33}$$

Die vollständige Analyse eines zweiachsigen Spannungszustandes nach Größe und Richtung seiner Hauptspannungen läßt sich — wie unmittel-

Tabelle 27.2. *Zahlenwerte für röntgenographische*

Werkstoff	Geeignete Strahlung Wellenlänge kX	Anode	Werkstoff E-Modul kp/mm²	Querkontraktionszahl	Gitterkonstante kX	Interferenz hkl	Bragg-Winke[l] Grad
Al	1,5374	Cu	7200	0,34	4,0414	511/333	81.242
	1,7853	Co				420	81.037
	1,7853	Co				420	81.037
	2,2850	Cr				222	78.321
Cu	1,5374	Cu	12500	0,34	3,6077	420	72.343
	1,7853	Co				400	81.776
Ni	1,5374	Cu	20500	0,31	3,5168	420	77.827
						313	72.320
α-Fe	0,7080	Mo	21000	0,28	2,8610	651/732	76.976
	1,7853	Co				310	80.627
	1,7853	Co				310	80.627
	1,7853	Co				310	80.627
	2,2850	Cr				211	78.006

bar aus dem Gesagten sowie den Gln. (27.19), (27.20) und (27.21) hervorgeht — ebenfalls auf die Ermittlung von M_φ-Werten zurückführen.

Die Konstanten C_1 und C_2 hängen von der Röntgenwellenlänge, dem Netzebenentyp, der Eichstoffsubstanz sowie dem zu vermessenden Werkstoff ab. Zahlenwerte sind in Tab. 27.2 zusammengestellt. Die Konstanten C_1 und C_2 sind positiv, wenn, wie bisher vorausgesetzt, der Durchmesser der Eichstoffinterferenzlinie größer als der der Werkstoffinterferenz ist. Im umgekehrten Falle (z. B. Kupfer mit Cu K_α-Strahlung und Germanium als Eichsubstanz) haben C_1 und C_2 negative Vorzeichen[1]. Sämtliche Konstantenangaben beziehen sich auf einen Durchmesser der Eichstoffinterferenzlinie von $2\,r_E = 50$ mm. Liegen andere Eichstoffinterferenzdurchmesser vor, so sind die gemessenen Abstände zwischen Eichstoff- und Werkstoffinterferenz zu korrigieren. Wurden bei einem Eichstoffinterferenzdurchmesser $2\,r_E$ die Abstände $\Delta'_{\varphi,\psi}$ gemessen, so sind der Spannungsberechnung die Werte

$$\Delta_{\varphi,\psi} = \Delta'_{\varphi,\psi} \cdot \frac{50.00}{2\,r_E} \tag{27.34}$$

zugrunde zu legen.

[1] C_1 ist mit der in der 4. Auflage dieses Buches beim Senkrechtverfahren benutzten Konstanten $C_{\perp 0}$ identisch. Zwischen C_2 und den früher beim Senkrechtschräg- bzw. 45°-Verfahren verwendeten Konstanten $C_{\perp +}$ bzw. C_{+-} bestehen die Zusammenhänge

$$C_{\perp +} = C_2/\sin^2\psi \qquad \text{mit} \quad \psi = 45° + (90° - \Theta)$$

bzw.

$$C_{+-} = C_2/(\sin^2\psi_1 - \sin^2\psi_2) \quad \text{mit} \quad \psi_1 = 45° + (90° - \Theta) \quad \text{und} \quad \psi_2 = 45° - (90° - \Theta)$$

Spannungsermittlungen (nach FABER)

chsubstanz				Filmverfahren				Goniometerverfahren	
off	Gitter-konstante	Inter-ferenz	Bragg-Winkel	$c \cdot 10^3$	Δ_0	C_1	C_2	K_1	K_2
	kX	hkl	Grad	mm^{-1}	mm	kp/mm^3	kp/mm^3	$kp/mm^2 \cdot$ Grad	$kp/mm^2 \cdot$ Grad
g	4,0783	511/333	78,350	1,207	6,68	25,56	6,49	56,94	14,45
g	4,0783	420	78,196	1,248	6,50	26,43	6,71	58,30	14,79
l	4,0700	420	78,769	1,181	5,44	25,00	6,34	58,30	14,79
g	4,0783	222	76,034	1,847	4,64	39,12	9,93	76,40	19,39
	5,6461	515/711	76,479	2,164	9,70	− 79,55	−20,19	204,26	51,83
l	4,0700	420	78,769	1,099	7,15	40,42	10,26	92,74	23,53
	5,6461	515/711	76,479	1,828	2,84	120,90	28,61	249,00	58,92
				2,164	9,76	−143,15	−33,87	367,96	87,07
	3,1584	626	77,717	1,707	1.73	−128,06	−28,01	302,87	66,24
l	4,0700	420	78,769	1,224	4,48	91,82	20,08	216,11	47,27
g	4,0783	420	78,196	1,294	5,59	97,06	21,23	216,11	47,27
	2,8786	310	78,701	1,232	4,62	92,43	20,22	216,11	47,27
	2,8786	211	76,456	1,814	3,25	136,09	29,76	278,17	60,84

Zu einer hinreichend genauen Ermittlung der Größen m_φ bzw. M_φ und $\varepsilon_{\varphi,\psi=0}$ bzw. $\Delta_{\varphi,\psi=0}$ reichen erfahrungsgemäß in den meisten Fällen vier Gitterdehnungswerte $\varepsilon_{\varphi,\psi}$ bzw. $\Delta_{\varphi,\psi}$-Werte aus. Das $\sin^2\psi$-Verfahren schreibt dabei eine möglichst gleichmäßige Verteilung der Meßwerte über $\sin^2\psi$ vor. Da jede Rückstrahlschrägaufnahme in einem vorgegebenen Azimut φ zwei Gitterdehnungswerte bzw. $\Delta_{\varphi,\psi}$-Werte liefert (vgl. Abb. 27.6), kommt man im allgemeinen mit zwei Rückstrahlaufnahmen unter günstig gewählten Einstrahlrichtungen aus. Tab. 27.3 enthält die entsprechenden Angaben für häufig vorkommende Bragg-Winkel.

Tabelle 27.3. *Richtwerte für ψ_0 bei gegebenen Bragg-Winkeln Θ_0*

Bragg-Winkel Θ_0	Einstrahl-winkel ψ_0	Zugehörige Meßrichtungen mit $\sin^2\psi$-Werten ψ_i $(\sin^2\psi_i)$	ψ_i $(\sin^2\psi_i)$
78°	33°	21° (0,128)	45° (0,500)
	45°	33° (0,296)	57° (0,702)
79°	33°	22° (0,140)	44° (0,482)
	45°	34° (0,313)	56° (0,688)
80°	35°	25° (0,178)	45° (0,500)
	45°	35° (0,329)	55° (0,670)
81°	18°	9° (0,025)	27° (0,206)
	45°	36° (0,345)	54° (0,652)
82°	16°	8° (0,019)	24° (0,166)
	45°	37° (0,362)	53° (0,638)

Das Rückstrahlfilmverfahren findet bei statischen und dynamischen Lastspannungsmessungen sowie bei Eigenspannungsmessungen Anwendung, solange die Breite (vgl. Abschnitt 26) der Interferenzlinien im Rückstrahlbereich noch eine hinreichend genaue Festlegung der Interferenzlinienlage auf dem Film erlaubt. Die Anwendbarkeit des Rückstrahlfilmverfahrens bei stark verbreiterten Interferenzlinien läßt sich erweitern, wenn mit monochromatischer Röntgenstrahlung gearbeitet wird (GLOCKER und HASENMAIER). Allerdings werden dann Belichtungszeiten von mehreren Stunden für eine Aufnahme benötigt. Die Grenze für das Filmverfahren wird heute bei einsatzgehärteten Stählen und stark kaltverformten Werkstoffen erreicht. Ferner bereitet das Arbeiten mit dem Rückstrahlfilmverfahren immer dann Schwierigkeiten, wenn durch die benutzte Röntgenwellenlänge die Eigenstrahlung des Untersuchungsobjektes angeregt wird. Andererseits bietet das Filmverfahren oft die einzige Möglichkeit, um an größeren technischen Bauteilen komplizierterer Gestalt zerstörungsfrei Aussagen über vorliegende Oberflächeneigenspannungszustände zu erhalten. Auch die Untersuchung dynamischer Beanspruchungen mit den Hilfsmitteln der röntgenographischen Spannungsmessung dürfte in Zukunft weiterhin dem Rückstrahlfilmverfahren vorbehalten bleiben.

Röntgenographische Lastspannungsmessungen erfordern die Kopplung einer Einrichtung für die Beanspruchung des Werkstoffes (z. B. auf Zug, Druck, Biegung, Torsion) mit den für die Röntgenuntersuchungen notwendigen Vorrichtungen. Eine *moderne Meßeinrichtung* für einachsig zugbeanspruchte Proben wird in Abb. 27.7 gezeigt (UHDE, PRÜMMER und MACHERAUCH). An der Säule S einer 5 t-Werkstoffprüfmaschine ist eine Hülse A starr und eine zweite Hülse B über Kugellager beweglich angebracht. An der Hülse B sind drehbare Ausleger L befestigt, die ihrerseits eine seitlich in gewissen Grenzen verschiebbare Querstange Q mit der Röntgenröhre tragen. Verstellmöglichkeiten der Röntgenröhre bestehen ferner über die Schnecke X und die Schraube Y. Die Hülse A trägt einen Stößel St, der über einen Reversiermotor M angetrieben wird. Dadurch ist eine Auf- und Abbewegung der gewichtsmäßig austarierten Hülse B samt Röntgenröhre möglich. Die Röntgenröhre R trägt einen Kühlkopf K, der das Rückstrahlsystem mit Blendenrohr und Filmkassette F aufnimmt. Die Filmkassette ist durch eine Scheibe mit zwei Passepartouts abgedeckt, die die Registrierung der für die Dehnungsmessungen wesentlichen Teile des Interferenzkegels ermöglichen. Auf diese Weise sind nacheinander mehrere Rückstrahlaufnahmen mit verschiedenen Einstrahlwinkeln auf einem Film möglich.

Für röntgenographische *Eigenspannungsuntersuchungen* sind eine Reihe von besonderen Versuchseinrichtungen geschaffen worden. Bei grundsätzlichen Untersuchungen im Laboratorium hat sich z. B. die in Abb. 27.8 gezeigte „Wandapparatur" bewährt (KOLB und MACHERAUCH). Zylindrische Proben werden in die Fassungen eines Schlittens eingesetzt, der zwischen frei wählbaren Grenzen eine Auf- und Abwärtsbewegung durchführen kann. Während dieser Bewegung wird die Versuchsprobe gleichzeitig um ihre Längsachse gedreht, so daß der Primärstrahl der in ihrer Lage fixierten Röntgenröhre jeweils spiralförmig be-

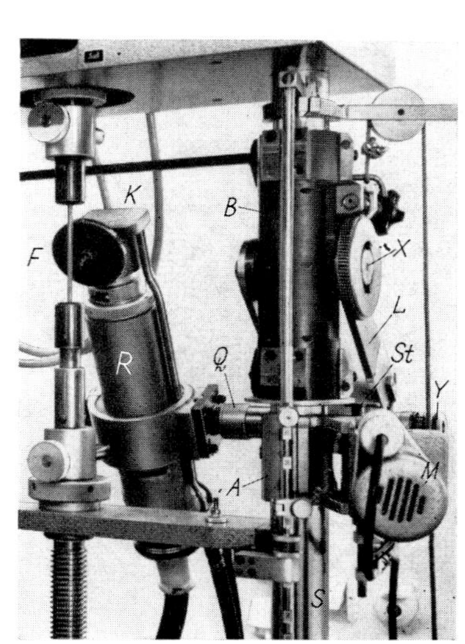

Abb. 27.7. Vorrichtung für Spannungsmessungen mit dem Rückstrahlfilmverfahren an zugbeanspruchten Probestäben (nach UHDE, PRÜMMER und MACHERAUCH)

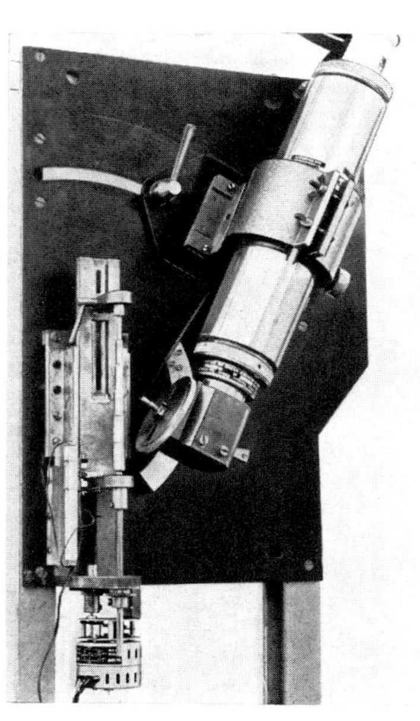

Abb. 27.8. Vorrichtung für Eigenspannungsmessungen mit dem Rückstrahlfilmverfahren (nach KOLB und MACHERAUCH).

stimmte Oberflächenbereiche der Versuchsprobe abtasten kann. Es werden Gitterdehnungen in Ebenen gemessen, die durch das Probenoberflächenlot und die Probenlängsachse aufgespannt sind (Längsspannungsbestimmung). Mit Hilfe einer Kupplung kann die Rotationsbewegung der Probe unterbunden werden. Dann sind Messungen längs einer Mantellinie von Rundproben, aber auch Messungen an eben begrenzten Proben möglich. Veränderungen der Einstrahlrichtungen können leicht durch Verstellung der Röhre vorgenommen werden.

Die ersten *dynamischen Spannungsmessungen* mit Röntgenstrahlen erfolgten mit der in Abb. 27.9 wiedergegebenen Rückstrahldrehkammer, die mit der halben Frequenz der Wechselbelastung des Probestabes angetrieben wurde (GLOCKER und SCHAABER). Der kreisförmige Filmträger rotiert hinter einer festen Blendenscheibe mit zwei sektorförmigen

Ausschnitten, die den reflektierten Strahlen den Durchtritt zum Film freigeben. Alle Dehnungswerte einer Periode werden auf einer Halbkreisfläche des Filmes abgebildet. Um eine Überdeckung der Schwärzungen der beiden reflektierten Strahlen zu vermeiden, befindet sich am hinteren Ende des Blendenröhrchens ein synchron angetriebener Blendenschieber, der bei jeder zweiten Umdrehung der Prüfmaschine den Primärstrahl absperrt. Der Filmträger ist mit dem Antrieb der Prüfmaschine elektrisch über ein synchrones Generator-Motor-System gekoppelt. Mit Rücksicht auf die mechanische Beanspruchung der Kammer wurde die Drehzahl der Prüfmaschine während der Aufnahme auf 120 bis

Abb. 27.9. Rückstrahlkammer für dynamische Spannungsmessungen (nach GLOCKER und SCHAABER).

180 Umdrehungen in der Minute herabgesetzt. Eine Aufnahme mit dieser klassischen Drehkammer dauerte etwa 10 Stunden und umfaßte rund 100000 Perioden. Mit neueren Drehkammern wurden unter Ausnutzung moderner leistungsfähiger Röntgenröhren Aufnahmezeiten von wenigen Minuten erreicht (BINDER, MÜLLER und MACHERAUCH).

Neben dem Rückstrahlfilmverfahren haben in den letzten Jahren *Goniometerverfahren mit Proportionalzählrohr bzw. Szintillationszähler* (vgl. Abschnitt 20) immer mehr an Bedeutung gewonnen. Die Goniometerverfahren besitzen gegenüber den Rückstrahlfilmverfahren vor allem wegen der objektiven Registrierung der Interferenzlinienlage und wegen der hohen Empfindlichkeit der Strahlungsdetektoren eine Reihe von Vorteilen. Insbesondere bei der Vermessung stark inhomogen verspannter Werkstoffbereiche ist das Goniometerverfahren dem Filmverfahren überlegen. Fast ausschließlich finden Goniometer Verwendung, die nach dem Bragg-Brentano-Fokussierungsprinzip arbeiten. Vielfach vorkommende geometrische Verhältnisse werden in Abb. 27.10 gezeigt. Der Austrittsspalt A des Primärstrahles P und der Eintrittsspalt E des Strahlungsdetektors D liegen auf dem Goniometerkreis G. Der zu untersuchende Werkstoff W ist drehbar im Mittelpunkt des Goniometerkreises angebracht. Er bewegt sich bei feststehendem Primärstrahlbündel mit der halben Winkelgeschwindigkeit des Strahlungsdetektors. Die zu bestimmende Spannungskomponente wirkt parallel zur Zeichenebene in der Werkstoffoberfläche.

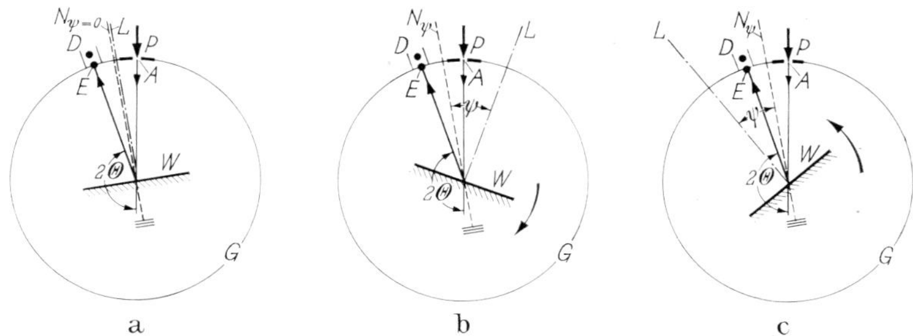

Abb. 27.10. Goniometeranordnung nach dem Bragg-Brentano-Prinzip.
a) $\psi = 0$; b) $\psi \neq 0$, positives ψ; c) $\psi \neq 0$, negatives ψ.

Im Idealfall erfüllter *Bragg-Brentano-Fokussierung* (vgl. Abb. 27.10a) ist $\psi = 0$, und es werden Netzebenen vermessen, die in günstig orientierten Kristalliten parallel zur Werkstoffoberfläche liegen. Ihre Normalen $N_{\psi=0}$ fallen mit dem Oberflächenlot L des Meßobjektes zusammen. Bei ebenen Werkstoffoberflächen ist die Bragg-Brentano-Fokussierungsbedingung, nach der Eintrittsspalt, Probenoberfläche und Fokussierungspunkt auf einem Kreis (Fokussierungskreis) liegen müssen, wegen der immer vorliegenden Primärstrahldivergenz auch für $\psi = 0$ nur näherungsweise erfüllt. Mit Hilfe spezieller Halterungen der Meßobjekte im Zentrum des Goniometerkreises ist die Einstellung verschiedener ψ-Werte möglich, ohne daß die Werkstoffoberfläche aus dem Drehzentrum gelangt. Für $\psi \neq 0$ kommt selbst bei ideal gekrümmter Probenoberfläche der Fokussierungspunkt nicht auf den Goniometerkreis zu liegen. Nur für $\psi = 0$ fallen bei röntgenographischen Gitterdehnungsmessungen mit dem Bragg-Brentano-Goniometer Fokussierungskreis und Goniometerkreis praktisch zusammen (vgl. auch Abschn. 20).

Wie die Abb. 27.10b und c zeigen, kann dieselbe ψ-Einstellung entweder durch Drehung der Probe im Uhrzeigersinn (positive Drehung, positives ψ) oder durch Drehung im Gegenuhrzeigersinn (negative Drehung, negatives ψ) erreicht werden. In beiden Fällen liegen unterschiedliche geometrische Bedingungen vor. Die Abb. 27.11a und b erläutern diese für ein primäres Parallelstrahlenbündel P. Da von der primären (P) und der abgebeugten (R) Strahlung in beiden Fällen unterschiedlich große oberflächennahe Werkstoffbereiche durchsetzt werden, erfordern beide Einstellungen der Probe unterschiedliche Absorptionskorrekturen (Koistinen und Marburger). Als Absorptionsfaktor ergibt sich

$$A^* = [1 - \tan\psi \cot\Theta] \tag{27.35}$$

Für $\psi = 0$ ist $A^* = 1$. Für positives ψ wird $A^* < 1$, für negatives ψ wird $A^* > 1$. Bei allen Meßwinkeln $\psi \neq 0$ ist A^* eine Funktion des

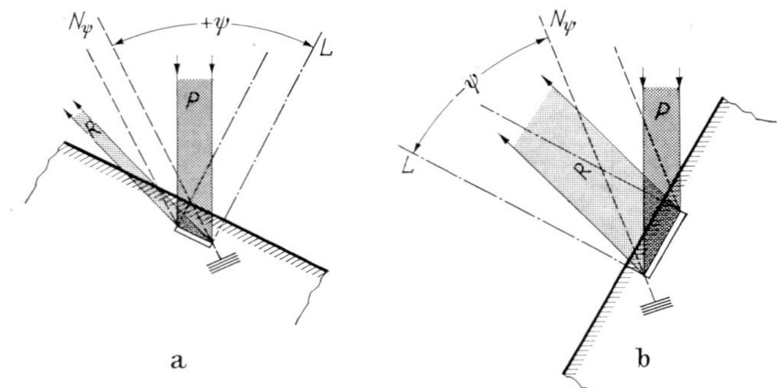

Abb. 27.11. Unterschiede in der Strahlungsgeometrie für das gleiche Primärstrahlbündel. a) bei positivem ψ; b) bei negativem ψ.

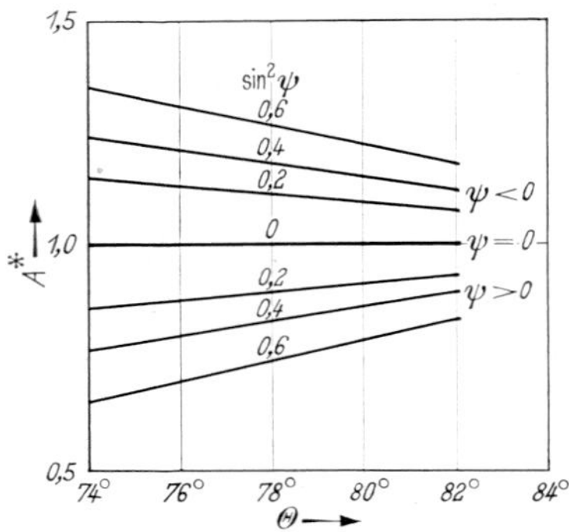

Abb. 27.12. Absorptionsfaktoren für positive und negative Meßrichtungen ψ (nach Koistinen und Marburger).

Bragg-Winkels Θ. Abb. 27.12 enthält die entsprechenden Angaben für den bei der Spannungsmessung besonders interessierenden Bragg-Winkelbereich. Der Einfluß von Polarisations- und Lorentz-Faktor auf die Intensitätsverteilung von Interferenzlinien, die mit dem Goniometer im Rückstrahlbereich registriert werden, ist bereits in Abschnitt 20 besprochen worden. Er muß vor allem bei breiten Interferenzlinien berücksichtigt werden.

Bei Spannungsbestimmungen mit dem Goniometerverfahren können den in den verschiedenen Meßrichtungen ψ registrierten Interferenzlinien nach Anbringung der erwähnten Korrekturen unmittelbar die zugehörigen Bragg-Winkel $\Theta_{\varphi,\psi}$ entnommen werden. Im spannungsfreien Zustand wird in allen ψ-Richtungen $\Theta_{\varphi,\psi} = \Theta_0$ gemessen. Bei verspannten Proben werden in den verschiedenen ψ-Richtungen unterschiedliche Netzebenenabstände und damit unterschiedliche $\Theta_{\varphi,\psi}$-Werte ermittelt. Die spannungsbedingten Bragg-Winkeländerungen $(\Delta\,\Theta)_{\varphi,\psi}$ ergeben sich also zu

$$(\Delta\Theta)_{\varphi,\psi} = \Theta_{\varphi,\psi} - \Theta_0\,. \tag{27.36}$$

Als Grundgleichung für praktische Spannungsermittlung mit dem Goniometerverfahren liefern daher die Gln. (27.13) und (27.36)

$$\varepsilon_{\varphi,\psi} = -\cot\Theta_0\,(\Theta_{\varphi,\psi} - \Theta_0) = \frac{1}{2}\,s_2\cdot\sigma_\varphi\cdot\sin^2\psi + s_1\,(\sigma_1+\sigma_2)\,. \tag{27.37}$$

Bei zweiachsigen Spannungszuständen ergeben sich somit für jeden Azimut φ lineare Verteilungen der $\Theta_{\varphi,\psi}$-Werte in Abhängigkeit von $\sin^2\psi$. Der Anstieg

$$N_\varphi = \frac{\partial\,\Theta_{\varphi,\psi}}{\partial\sin^2\psi} \tag{27.38}$$

und der Ordinatenabschnitt $\Theta_{\varphi,\psi=0}$ dieser Verteilung sind zu ermitteln. Damit berechnet sich die Spannungskomponente σ_φ zu

$$\sigma_\varphi = -\frac{\cot\Theta_0}{\frac{1}{2}\,s_2}\cdot N_\varphi = -K_2\cdot N_\varphi \tag{27.39}$$

und die Hauptspannungssumme $(\sigma_1+\sigma_2)$ zu

$$(\sigma_1+\sigma_2) = -\frac{\cot\Theta_0}{s_1}\,(\Theta_{\varphi,\psi=0} - \Theta_0) = K_1\,(\Theta_{\varphi,\psi=0} - \Theta_0)\,. \tag{27.40}$$

Für einige Werkstoffe und Röntgenwellenlängen sind Zahlenwerte der Konstanten K_1 und K_2 in Tab. 27.2 mit vermerkt.

Zur genauen Festlegung von Anstieg N_φ und Ordinatenabschnitt $\Theta_{\varphi,\psi=0}$ der $\Theta_{\varphi,\psi} - \sin^2\psi$-Verteilungen sind vier Messungen in verschiedenen ψ-Richtungen ausreichend. Um gleichmäßig verteilte Meßwerte über $\sin^2\psi$ zu erhalten, wird die Probe nacheinander so gegenüber dem Primärstrahl gedreht, daß Meßrichtungen ψ mit $\sin^2\psi$-Werten von 0, 0,2, 0,4 und 0,6 auftreten. Je nach Bragg-Winkel Θ_0 der vermessenen Interferenz erfüllen diese Forderung die in Tab. 27.4 zusammengestellten Winkel ψ_0 des Primärstrahles gegenüber dem Oberflächenlot des Meßobjektes. Drehung der Probe im Uhrzeigersinn führt auf positive ψ-Werte, Drehung im Gegenuhrzeigersinn auf negative ψ-Werte. Stoßen absolute $\Theta_{\varphi,\psi}$-Messungen mit dem Goniometerverfahren auf Schwierigkeiten, so sind natürlich auch Messungen mit Eichsubstanzen, die in dünnen Schichten auf das Meßobjekt aufgebracht werden, möglich. Bei sehr breiten Probeninterferenzlinien können bei der Benutzung der üblichen Eichstoffe (vgl. Tab. 27.2) dadurch Schwierigkeiten auftreten, daß sich die Proben- und Eichstoffinterferenzen in ihren Ausläufern überlappen. Bei Messungen mit Cr K_α-Strahlung an Eisenwerkstoffen kann in solchen Fällen mit Vorteil Platin ($\Theta_0 = 73{,}38°$) oder Iridium ($\Theta_0 = 81{,}49°$) als Eichsubstanz verwendet werden (CHRISTIAN und SCHAABER).

Tabelle 27.4. *Winkel ψ_0 zwischen Oberflächenlot und Primärstrahlrichtung für verschiedene Bragg-Winkel Θ_0 und Meßrichtungen ψ*

$\sin^2 \psi$	ψ	Einstrahlwinkel ψ_0 für die Bragg-Winkel 78°	79°	80°	81°	82°
0,6	−50,8°	$\psi_0 =$ −62,8°	−61,8°	−60,8°	−59,8°	−58,8°
0,4	−39,2°	−51,2°	−50,2°	−49,2°	−48,2°	−47,2°
0,2	−26,6°	−38,6°	−37,6°	−36,6°	−35,6°	−34,6°
0,0	0°	−12,0°	−11,0°	−10,0°	− 9,0	− 8,0°
0,2	+26,6°	+14,6°	+15,6°	+16,6°	+17,6°	+18,6°
0,4	+39,2°	+27,2°	+28,2°	+29,2°	+30,2°	+31,2°
0,6	+50,8°	+38,8°	+39,8°	+40,8°	+41,8°	+42,8°

Die für die röntgenographische Spannungsmessung Verwendung findenden Goniometer unterscheiden sich von den normalen Bragg-Brentano-Goniometern lediglich durch spezielle Probenhalterungen, die eine Einstellung der verschiedenen Meßrichtungen ψ ohne Dejustierung der Meßanordnung ermöglichen. In den letzten Jahren sind verschiedenartige, den jeweiligen Meßaufgaben angepaßte Probenhalterungen entwickelt worden (z. B. BIERWIRTH, SCHAABER, HARTMANN, EHL). Auch kleine Verformungseinrichtungen für Zug- und Biegebeanspruchung wurden gebaut (BIERWIRTH, HARTMANN) und im Goniometerzentrum angebracht. In allen Fällen sind der Größe des Meßobjektes und der zu seiner Halterung bzw. Belastung erforderlichen Zusatzeinrichtungen Grenzen gesetzt, nämlich einerseits durch die mechanische Belastbarkeit des Goniometertisches und andererseits durch den Raumbedarf der Bauelemente des Goniometers.

Abb. 27.13 zeigt ein Zählrohrgoniometer mit einer Probenhalterung zur Vermessung von Zahnrädern und Ritzeln (BIERWIRTH). Rechts oben ist die Röhrenhalterung mit Röntgenröhre und dem Blendensystem zu erkennen. Dem Strahlungsdetektor (links) ist ein Eintrittsblendensystem vorgeschaltet. Durch Verwendung besonderer Vorrichtungen zur Gewichtskompensation gelingt es, Zahnräder mit Durchmessern bis etwa 300 mm und Gewichten bis etwa 7 kp zu vermessen.

In letzter Zeit sind eine Reihe von Arbeiten zur *Automatisierung der röntgenographischen Spannungsmessung* mit dem Goniometerverfahren bekannt geworden (HARTMANN, FABER, SCHAABER). Der Grundgedanke ist, mit Hilfe einer Steuereinheit die erforderlichen Probeneinstellungen und die zur Registrierung der abgebeugten Intensität notwendigen Detektorbewegungen selbständig durchführen zu lassen und die Meßresultate zur Weiterverarbeitung zunächst einem Speicher und dann einem Rechner zur Vornahme der erforderlichen Rechnungen zuzuführen.

Um auch an größeren Objekten Spannungsmessungen mit den Vorteilen der Goniometerverfahren durchführen zu können, wurden Rück-

Abb. 27.13. Goniometervorrichtung für Eigenspannungsmessungen an Zahnrädern (nach BIERWIRTH).

strahlgoniometer entwickelt (KOLB und MACHERAUCH, NEFF und LANGE). Diese Geräte stellen mittelpunktsfreie Goniometer dar, mit denen an Objekten beliebiger Größe und beliebigen Gewichtes gemessen werden kann, solange die Krümmungen der Meßstellen bestimmte Werte nicht unterschreiten. Das Rückstrahlgoniometer in Abb. 27.14 (KOLB und MACHERAUCH, KOLB) unterscheidet sich in zwei Punkten von dem üblichen Bragg-Brentano-Goniometer. Einmal wird die übliche Bewegung von Strahlungsdetektor und Objekt durch eine gekoppelte Bewegung von Strahlungsdetektor und Röntgenröhre um das raumfeste Objekt ersetzt. Zum anderen wird an Stelle der üblichen kreisförmigen Goniometerplatte mit einem Goniometersegment mit fiktivem Goniometermittelpunkt gearbeitet. Das Goniometersegment ist aus 4 Platten zusammengesetzt. Eine raumfeste Grundplatte trägt eine auf ihr verschiebbare Trägerplatte zur ψ-Winkeleinstellung, auf der wiederum verschiebbar zwei weitere Platten mit dem Strahlungsdetektor und der Röntgenröhre sitzen. Alle Bewegungen relativ zur Grundplatte erfolgen um den fiktiven Goniometermittelpunkt, der jeweils in die Oberflächenebene des Meßobjektes einjustiert wird. Während einer Messung bewegen sich sowohl die Röntgenröhre als auch der Strahlungsdetektor mit konstanter Winkelgeschwindigkeit auf einer Kreisbahn um die fiktive Goniometerachse, und zwar entweder aufeinander zu oder voneinander weg. Mit dem

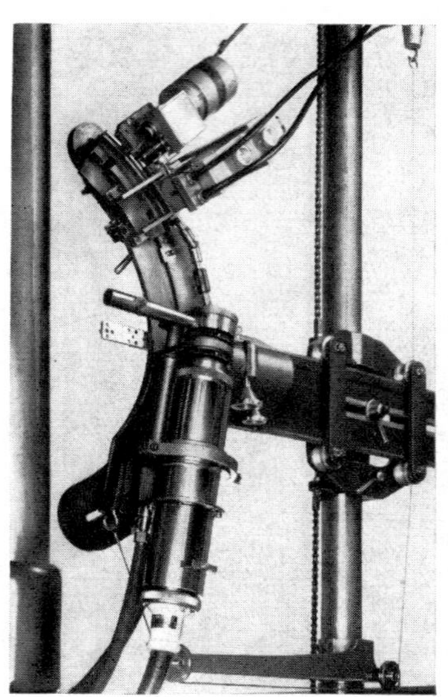

Abb. 27.14. Rückstrahlgoniometer für röntgenographische Spannungsmessungen an beliebigen Objekten (nach Kolb und Macherauch).

Gerät sind bei Bragg-Winkeln $65^\circ \leq \Theta_0 \leq 82^\circ$ Gitterdehnungsmessungen in beliebigen Richtungen $0^\circ \leq \psi \leq 60^\circ$ möglich. Rückstrahlgoniometer haben sich bei praktischen Messungen gut bewährt (de Lange und Rosenstiel, Lange).

C. Anwendungsbeispiele

Im Laufe ihrer Entwicklung hat die röntgenographische Spannungsmessung eine Fülle von Anwendungen in der Werkstofforschung und in der Werkstofftechnik gefunden. Einige charakteristische Beispiele werden im folgenden besprochen.

Röntgenographische Last- und Eigenspannungsmessungen an homogenen und heterogenen Werkstoffen während und nach einachsiger elastischer und überelastischer Zugverformung wurden seit den 30iger Jahren immer wieder mit unterschiedlicher Zielsetzung durchgeführt. Bei elastischer Werkstoffbeanspruchung werden zu den Lastspannungen proportionale Gitterdehnungen und schwache, reversible Verbreiterungen der Interferenzlinien beobachtet. Einsetzende plastische Deformation in den Oberflächenkristalliten zugbeanspruchter metallischer Werkstoffe äußert sich in Abweichungen von dem linearen Zusammenhang zwischen Gitterdehnungen und Lastspannungen, im Auftreten von Eigenspannungen in den Oberflächenschichten der entlasteten Proben sowie in schwachen, nicht mehr reversiblen Verbreiterungen der Probeninterferenzlinien. Nach größeren plastischen Zugverformungen treten stark verbreiterte Röntgeninterferenzlinien und Druckeigenspannungen in den oberflächennahen Werkstoffbereichen auf.

Röntgenographische Untersuchungen über den *Fließvorgang in den Oberflächenschichten von Stahl* ergaben frühzeitig (Glocker und Hasenmaier), daß die Streckgrenze der oberflächennahen Ferritkristallite bei Zugverformung von der mittleren Streckgrenze der Probe abweichen kann. Durch spätere Beobachtungen an anderen Stahlproben wurde die Erscheinung aber in Frage gestellt. Systematische Untersuchungen (Emter und Macherauch) haben inzwischen ergeben, daß bei unlegierten Stählen ein deutlicher Unterschied zwischen Oberflächenstreckgrenze und mittlerer Probenstreckgrenze besteht. Er vergrößert sich mit wachsendem Kohlenstoffgehalt. Abätzversuche zeigen, daß die Dicke der Oberflächenschicht, der eine solche Sonderstellung zukommt, etwa 20 μm beträgt. Neuerdings sind auch an CrMo-, Mn- und anderen legierten Stählen ähnliche Beobachtungen gemacht worden (Kolb, Bierwirth, Faninger, Prümmer).

Besonders in den letzten Jahren standen die Ursachen der nach einachsiger Zugverformung auftretenden Gittereigendehnungsverteilungen und die ihnen zuzuordnenden Eigenspannungen im Vordergrund des Interesses. Einerseits wurden bei vielen Werkstoffen als Funktion der plastischen Deformation die in den Oberflächenkristalliten vorliegenden Gittereigendehnungsverteilungen ermittelt. Zum anderen wurden nach plastischer Deformation mit verschiedenen Röntgenwellenlängen im gleichen Probenbereich die Gittereigendehnungsverteilungen gemessen und die Einflußgrößen analysiert, die Unterschiede in diesen Verteilungen bewirken. Schließlich wurden von plastisch zugverformten Vielkristallproben in gezielter Weise Probenbereiche abgetragen und die dabei auftretenden Veränderungen in den Gittereigendehnungsverteilungen ermittelt.

Die an einachsig zugverformten Werkstoffen durchgeführten röntgenographischen Untersuchungen haben sichergestellt, daß praktisch nie die *röntgenographisch ermittelte Fließspannung der Oberflächenkristallite* mit der mittleren Fließspannung übereinstimmt, die man auf Grund der auf die Probe wirkenden äußeren Kräfte erwartet. Abb. 27.15 zeigt die bei reinem Kupfer auftretenden Unterschiede zwischen mittlerer mechanischer Fließspannung σ_{mech} und röntgenographisch ermittelter Oberflächenfließspannung $\sigma_{\text{rö}}$. Nach plastischer Deformation werden als Folge dieser Fließspannungsunterschiede die durch die gestrichelte Kurve gegebenen Längseigenspannungen $\sigma_{\text{rö}}^{\text{E}}$ gemessen. Viele Untersuchungen, auch an anderen Werkstoffen, haben gezeigt, daß nach plastischer Deformation stets Oberflächenlängseigenspannungen mit einem Vorzeichen auftreten, das der vorher aufgebrachten Spannung entgegengesetzt ist. Eine Ausnahme von dieser Regel tritt nur bei oberflächen-

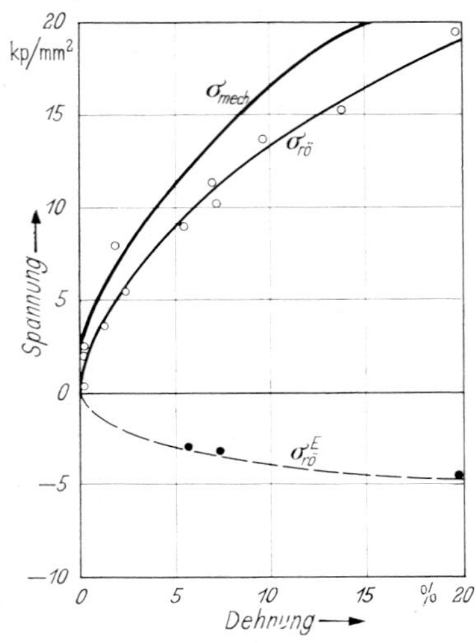

Abb. 27.15. Mittlere Fließspannung, Oberflächenfließspannung und Oberflächeneigenspannung von Kupfervielkristallen in Abhängigkeit von der plastischen Zugverformung (nach LEIBER und MACHERAUCH).

verfestigten Werkstoffen auf, die zugverformt werden (REITZ, FANINGER, GÄRTTNER, KOLB und MACHERAUCH). In allen anderen Fällen nehmen, wie in Abb. 27.15, die Eigenspannungen mit der plastischen Deformation zu. Sie erweisen sich vielfach der Verfestigung proportional, die die Proben durch die Zugverformung erfahren, und sind von der zur Messung benutzten Röntgen-Wellenlänge abhängig. Bei heterogenen Werkstoffen können im gleichen Oberflächenbereich mit verschiedenen Röntgenstrahlungen — auch bei Berücksichtigung des Anisotropieeinflusses und des Heterogenitäts- sowie Deformationseinflusses auf die röntgenographischen Elastizitätskoeffizienten — unterschiedliche Eigenspannungsbeträge auftreten. Auch der Texturzustand der Versuchsproben beeinflußt die Meßergebnisse.

Als besonders aufschlußreich haben sich rotationssymmetrische Abätzversuche an zylindrischen Zugproben erwiesen. Hierdurch sowie durch Abätzversuche an Flachproben konnte nachgewiesen werden, daß vor allem bei heterogenen Werkstoffen nach einachsiger Zugverformung Makro- und Mikroeigenspannungen[1] auftreten. Bei unlegierten und legierten Stählen nimmt der Mikroeigenspannungsanteil bei gleicher makroskopischer Deformation um so größere Beträge an, je größer der Anteil an Zementit im Gefüge ist. Eine *Trennung der Makro- und Mikroeigenspannungen* ist unter bestimmten Annahmen mit Hilfe des für röntgenographische Zwecke modifizierten Abtrageverfahrens zur Eigenspannungsbestimmung nach HEYN, BAUER bzw. SACHS möglich. Durch

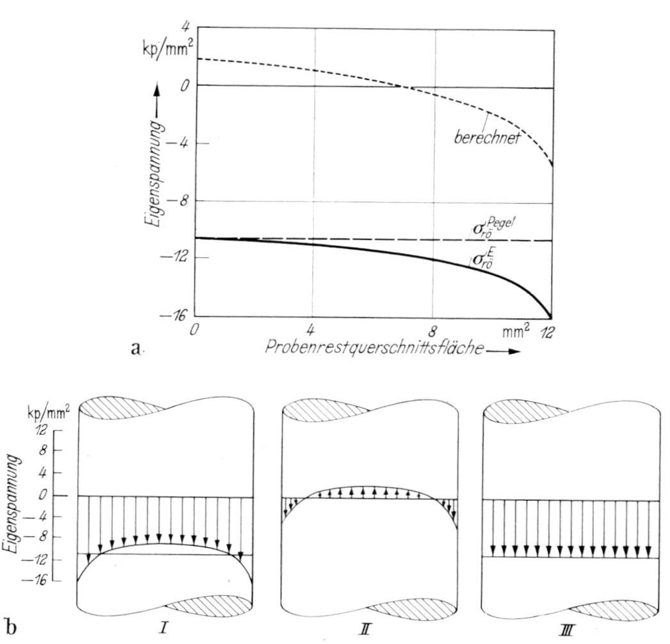

Abb. 27.16. Makro- und Mikroeigenspannungsverteilung über dem Probenquerschnitt einer 6% zugverformten Stahlprobe aus 25 CrMo 4 (nach KOLB und MACHERAUCH).

die elektrolytische Abtragung von oberflächennahen Schichten zugverformter Zylinderproben werden nämlich Makroeigenspannungen ausgelöst, Mikroeigenspannungen in der freigelegten neuen Werkstoffoberfläche jedoch nicht beeinflußt. Abb. 27.16 zeigt das Ergebnis einer solchen Untersuchung am Ferrit eines 25 CrMo 4. In Abb. 27.16a ist die an der jeweils freigelegten Probenoberfläche gemessene Längseigenspannung $\sigma_{rö}^{E}$ als Funktion des Probenrestquerschnittes wiedergegeben. Offenbar setzt sie sich aus einer „Pegelspannung" $\sigma_{rö}^{Pegel}$, die unabhängig von der Größe des Probenrestquerschnittes als Mikroeigen-

[1] Vgl. Abschnitt 26.

spannung wirksam ist, und einem mit dem Probenrestquerschnitt veränderlichen Makroeigenspannungsanteil zusammen. Wendet man auf den Makroeigenspannungsanteil das Heyn-Bauer-Verfahren an, so berechnet man für die vor der Probenzerstörung vorliegende Makroeigenspannungsverteilung die gestrichelt gezeichnete Kurve. Daraus ergibt sich für die Eigenspannungsverteilung über dem Probendurchmesser der Zylinderproben vor deren Zerstörung Abb. 27.16b. Nach 6% Zugverformung setzt sich die Verteilung der Längseigenspannung (I) zusammen aus einem über dem Probenquerschnitt im Gleichgewicht befindlichen Makrospannungsanteil (II) und einem über dem Probenquerschnitt konstanten Mikrospannungsanteil (III). Bei einem unlegierten bzw. leicht chromlegierten Stahl mit 1,6% Kohlenstoff wurden

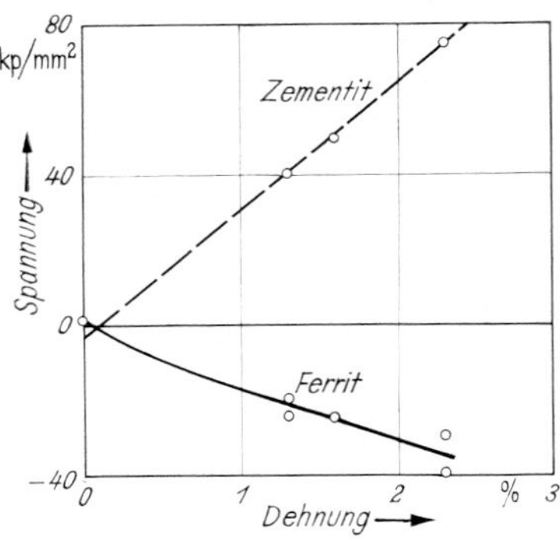

Abb. 27.17. Eigenspannungen des Zementits und des Ferrits von Stählen mit 1,6% C nach Zugverformung (nach Bollenrath, Hauk und Ohly).

röntgenographisch sowohl am Zementit als auch am Ferrit die in Abb. 27.17 in Abhängigkeit von der bleibenden Dehnung wiedergegebenen Eigenspannungen gemessen. Zementit und Ferrit besitzen Eigenspannungen mit entgegengesetzten Vorzeichen, Zementit Zug-, Ferrit Druckeigenspannungen. Da die Mengenanteile von Ferrit zu Zementit sich bei diesem Stahl wie ~3,2:1 verhalten, zeigen die Meßwerte, daß keine einfache Spannungskompensation zwischen den beiden Phasen erfolgt. Wegen weiterer Einzelheiten zu dem interessanten Fragenkomplex der Verformungseigenspannungen in homogenen und heterogenen Werkstoffen wird auf neuere zusammenfassende Berichte (Greenough, Vasilev und Smirnov, Macherauch, Hauk, Faninger) verwiesen.

Bei allen bisher besprochenen Untersuchungen an zugverformten Werkstoffen wurde jeweils der mittlere Gitterdehnungswert vieler oberflächennaher Kristallite gemessen. Bei Werkstoffzuständen, die einzelne Interferenzpunkte von Kristalliten auf Rückstrahlaufnahmen liefern, sind aber auch Aussagen über die *Verspannung einzelner Kristallite* im Vielkristallverband möglich. Schon die ersten orientierenden Messungen an einem elastisch beanspruchten Zugstab aus einem grobkörnigen Kohlenstoffstahl sprachen dafür, daß günstig orientierte Körner sich schon bei Beanspruchungen unterhalb der Probenstreckgrenze plastisch deformieren. Bei grobkristallinen Werkstoffen sind aber erst seit der Entwicklung des *Rückstrahlkippverfahrens* (FROHNMEYER) hinreichend genaue Spannungsangaben für einzelne Kristallite möglich (vgl. Abschnitt 18). Untersuchungen an Eisenwerkstoffen ergaben bei Zugverformung merkliche Unterschiede in der Spannungsaufnahme kleiner und großer Ferritkristallite in Oberflächennähe. Einmal ist der Zu-

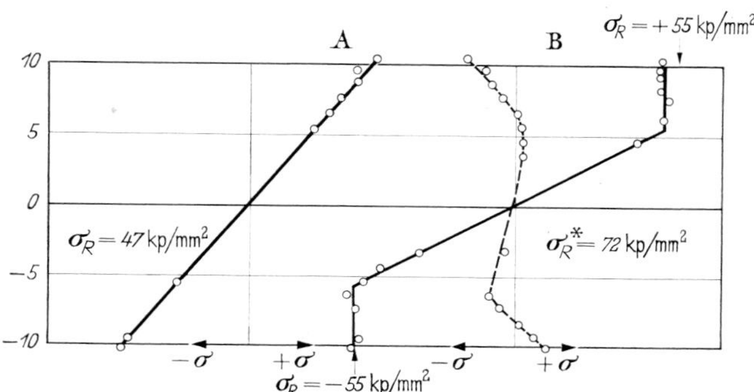

Abb. 27.18. Last- und Eigenspannungsverteilung über der Höhe von Biegestäben aus CrMo-Stahl (nach BÖKLEN und GLOCKER).

sammenhang zwischen Gitterdehnung und Spannung je nach Kornorientierung verschieden, zum anderen zeigen größere Kristallite eine geringere Streckgrenze als kleine. Bei einem unlegierten Stahl mit einer Streckgrenze von 35 kp/mm² wurden an groben Ferritkörnern keine größeren Spannungswerte als 10 bis 15 kp/mm² gemessen. Dagegen wurden am Ferrit des Perlits des gleichen Werkstoffes Spannungen von 30 bis 35 kp/mm² ermittelt (HOFMANN und FROHNMEYER).

Untersuchungen an Oberflächenkristalliten von Kupfervielkristallen haben ergeben, daß deren Fließspannung unter der mittleren Fließspannung der ganzen Probe bleibt. Messungen an Einzelkristalliten unter verschiedenen ψ-Winkeln lieferten bei konstanter Zugbeanspruchung gut lineare Verteilungen der Gitterdehnungen über $\sin^2\psi$. Nach Entlastung plastisch verformter Proben zeigten die vermessenen Oberflächenkristallite Eigenspannungen mit entgegengesetzten Vorzeichen zu den Lastspannungen. Diese Befunde an einzelnen Kristalliten entsprechen somit den oben besprochenen Ergebnissen an oberflächennahen Kristallitgruppen feinkristalliner, homogener Werkstoffe (KUBALEK).

Die *Spannungsverteilung in elastisch und überelastisch beanspruchten Biegestäben* war mehrfach Gegenstand röntgenographischer Untersuchungen. In Abb. 27.18 sind über der Biegehöhe die Spannungen aufgetragen, die an einem Chrom-Molybdän-Stahl bei zwei verschiedenen Biegemomenten gemessen wurden. Bei elastischer Beanspruchung ($\sigma_R = M/W$ = Biegemoment/Widerstandsmoment = 47 kp/mm²) wird eine streng lineare Spannungsverteilung (Kurve A) über der Biegehöhe beobachtet. Bei überelastischer Beanspruchung ($\sigma_R^* = 72$ kp/mm²) treten in den Randbereichen des Biegebalkens nahezu konstante Biegespannungen von 55 kp/mm² auf (Kurve B). Beiderseits der neutralen Faser bleibt die lineare Spannungsverteilung erhalten. Diese Befunde sind im Einklang mit der Biegetheorie. Als Folge der inhomogenen plastischen Deformationen tritt nach Entlastung des Biegebalkens die durch die gestrichelte Kurve beschriebene Eigenspannungsverteilung auf. Die auf Zug bzw. Druck beansprucht gewesenen Randpartien der Probe nehmen Druck- bzw. Zugeigenspannungen auf. Ist für die röntgenographisch ermittelte Eigenspannungsverteilung das Kräfte- und Momentengleichgewicht nicht erfüllt, so sind durch die Biegebeanspruchung neben Makro- auch gerichtete Mikroeigenspannungen erzeugt worden (Reimer).

Auch die lang diskutierte Frage, ob die Biegestreckgrenze eines Werkstoffes mit der im Zugversuch ermittelten übereinstimmt oder diese übersteigt, konnte röntgenographisch geklärt werden (Böklen und Glocker, Schaal, Glocker und Macherauch). Fließbeginn setzt bei Biegung in den Randfasern bei der gleichen Spannung ein wie bei Zugbeanspruchung. Die Unterschiede im Verlauf der Biegekennlinie und der Zugverfestigungskurve haben, im Sinne von Rinagl, nichts mit einer Biegestreckgrenzenerhöhung zu tun.

Bisher wurde davon ausgegangen, daß die für genaue röntgenographische Spannungsmessungen notwendigen Elastizitätskonstanten $(^1/_2\, s_2)^{\text{rö}}$ und $(s_1)^{\text{rö}}$ bei gegebener Röntgenwellenlänge eindeutige Werkstoffkenngrößen sind. Bei Stählen wurde festgestellt, daß Kohlenstoffgehalt und Gefügezustand (Bollenrath und Hauk), aber auch die Beanspruchungsart (Neerfeld, Schaal) von Einfluß sind auf die Größe der Anisotropiekorrektur. Die ersten Hinweise, daß ein Verformungseinfluß auf die röntgenographischen Elastizitätskonstanten besteht, wurden bei dauerschwingbeanspruchten 25 CrMo 4-Stählen gefunden (Binder, Müller und Macherauch). Im Zerrüttungsbereich der Probestäbe traten bis zum Anrißbeginn starke Änderungen von $(^1/_2\, s_2)^{\text{rö}}$ und $(s_1)^{\text{rö}}$ auf. Inzwischen haben systematische Untersuchungen bei zugverformten unlegierten Stählen gezeigt, daß immer dann eine ausgeprägte Verformungsabhängigkeit der röntgenographischen Elastizitätskonstanten auftritt, wenn die Gitterdehnungsmessungen an solchen Netzebenen erfolgen, die auch als Gleitebenen der Ferritkristallite in Betracht kommen (Prümmer und Macherauch, Taira, Hayashi und Watase).

Mit wachsender Deformation (vgl. Abb. 27.19) nehmen die an {211}-Ebenen und {220}-Ebenen des Ferrits ermittelten $(^1/_2\, s_2)^{\text{rö}}$- bzw. $(s_1)^{\text{rö}}$-Werte ab. Messungen an {310}-Ebenen ergeben dagegen unabhängig vom Verformungsgrad gleiche Werte. Bei Aluminium- und Titanlegierungen wurden kürzlich geringe Zunahmen von $(^1/_2\, s_2)^{\text{rö}}$ mit wachsender plastischer Deformation beobachtet (ESQUIVAL).

Die Kenntnis der röntgenographischen Elastizitätskonstanten von martensitischen Stahlproben ist für Eigenspannungsbestimmungen besonders wichtig. Bisher wurde dabei immer von den für die normali-

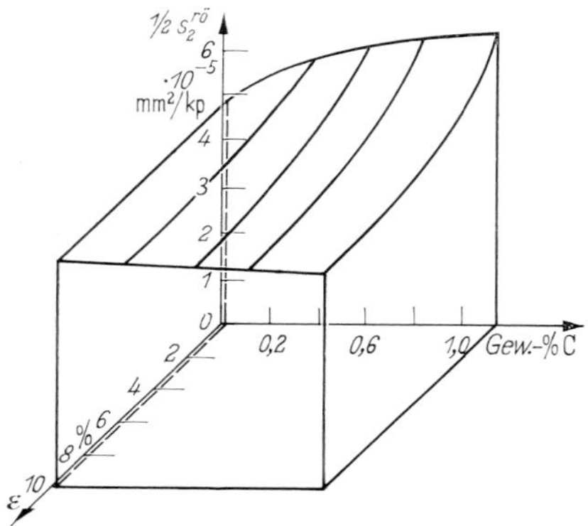

Abb. 27.19. Einfluß von Kohlenstoffgehalt und plastischer Deformation auf die röntgenographische Elastizitätskonstante $(^1/_2\, s_2)^{\text{rö}}$ unlegierter Stähle gemessen an {211}-Ebenen des Ferrits (nach PRÜMMER).

sierten Stähle gültigen Konstanten ausgegangen. Wie neuere Untersuchungen gezeigt haben, können die $(^1/_2\, s_2)^{\text{rö}}$-Werte gehärteter Stähle bis zu 40% kleiner sein als die bisher für die Umrechnung von Gitterdehnungen in Spannungen benutzten Elastizitätskonstanten. Alle bisherigen röntgenographischen Eigenspannungsbestimmungen an martensitischen Stahlproben dürften daher zu kleine Beträge der Eigenspannungen erbracht haben (PRÜMMER und MACHERAUCH, WEIGEL, LUCAS und DIERGARTEN).

Bei hinreichend feinkristallinen Werkstoffen sind mit dem Rückstrahlfilmverfahren Gitterdehnungsmessungen in relativ eng begrenzten Oberflächenbereichen möglich. Dies erlaubt die Ermittlung der Spannungsverteilung in der Nähe von Kerben. Am Rande eines Querloches einer auf Torsion beanspruchten Welle ändern sich z. B. die Vorzeichen der Hauptnormalspannungen theoretisch mit einer Periode von 90°. Die Maxima und Minima der Hauptspannungen, die unter 45° zur Stabachse auftreten, sollen den 4fachen Betrag der Nennhauptspannung erreichen, wenn sich der Lochdurchmesser zum Wellendurchmesser wie

1:2 verhält. Bei einem Torsionsmoment, das auf eine Nennhauptspannung von 8 kp/mm² führt, wurden bei einer quergebohrten Welle die in Abb. 27.20 wiedergegebenen Hauptspannungen längs des Bohrloches gemessen. Bei einem Bohrlochumfang von 31,2 mm wird in guter Übereinstimmung mit der theoretischen Erwartung auf einer Strecke von 7,8 mm eine Spannungsänderung von etwa 60 kp/mm² beobachtet. Wird ein so großes Torsionsmoment aufgebracht, daß am Bohrloch

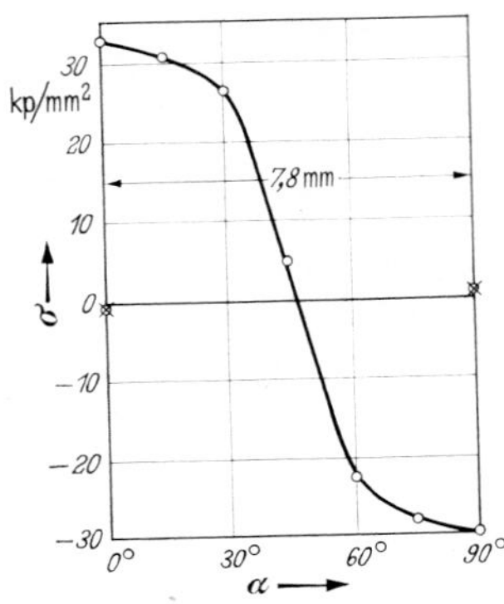

Abb. 27.20. Randspannungen am Bohrloch einer quergebohrten, tordierten Welle aus Stahl (nach GISEN, GLOCKER und OSSWALD).

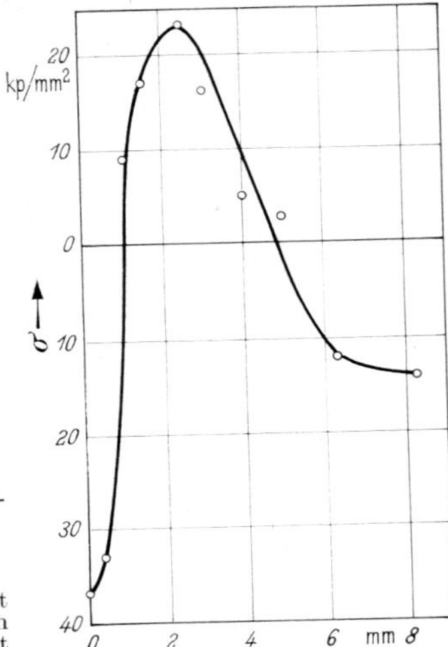

Abb. 27.21. Eigenspannungsverteilung parallel zur Naht einer elektronenstrahlgeschweißten Stahlprobe (nach PRÜMMER). Die Ordinaten zwischen 0 und 40 sind mit Minuszeichen zu versehen.

plastische Deformationen auftreten, so weicht die röntgenographisch ermittelte Spannungsverteilung von der bei elastischer Beanspruchung gültigen ab. Nach der Entlastung werden am Bohrlochrand Eigenspannungen gemessen, die ein den Lastspannungen entgegengesetztes Vorzeichen besitzen.

Auch andere Kerbspannungsprobleme wurden röntgenographisch untersucht. An Flachbiegestäben aus unlegiertem Stahl mit einseitiger Rundkerbe wurden kennzeichnende Unterschiede in der Verteilung der Längs- und Querspannungen bei elastischer und überelastischer Beanspruchung beobachtet (NORTON, ROSENTHAL und MALOOF). Bei elastischer Verformung wurde gegenüber einem theoretischen Wert von $2{,}7 \leq \alpha_k \leq 3{,}0$ röntgenographisch als Formzahl $\alpha_k = 2{,}5$ gemessen. Auch bei zugbeanspruchten Chrom-Molybdän-Stählen mit Rund-, Spitz- und Trapezkerben wurde gute Übereinstimmung zwischen röntgenographisch gemessener und theoretisch erwarteter Kerbspannungsverteilung erhalten (NEERFELD).

In der Schweißtechnik fand die röntgenographische Spannungsmessung mehrfach sowohl bei grundsätzlichen Untersuchungen über die bei bestimmten Schweißverfahren an Modellkörpern auftretenden Eigenspannungen, als auch bei Messungen an geschweißten Bauteilen Anwendung.

Die Möglichkeit, mit dem Röntgenverfahren kleine Probenbereiche vermessen und damit u. U. auch örtlich rasch wechselnde Spannungen erfassen zu können, hat sich neuerdings bei Elektronenstrahlschweißungen als besonders vorteilhaft erwiesen. In Abb. 27.21 ist die parallel zu der Elektronenstrahlschweißnaht eines unlegierten Stahles mit 0,30 Gew.-% Kohlenstoff wirkende Spannungskomponente in Abhängigkeit von der Entfernung von der Schweißnahtmitte aufgezeichnet. Die Schweißung erfolgte bei 150 kV mit 6 mA und einem Probenvorschub von 10 mm/sec. In der Schweißnahtmitte treten hohe Druckeigenspannungen von —38 kp/mm^2 auf, die über einer Strecke von knapp 2,5 mm in Zugeigenspannungen mit Höchstwerten von +22 kp/mm^2 übergehen. In größeren Entfernungen als 5 mm von der Nahtmitte werden wieder Druckeigenspannungen beobachtet.

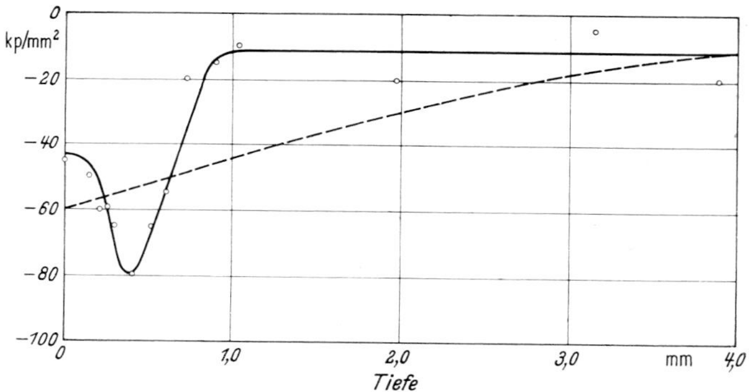

Abb. 27.22. Tiefenverteilung der Härtespannungen bei einem Stahlbolzen mit 0,4 mm dicker Einsatzhärteschicht (nach GLOCKER und HASENMAIER).

— — — — Meßwerte nach dem Ausbohrverfahren.

Auf röntgenographischem Wege wurden auch mehrfach Eigenspannungsbestimmungen an gehärteten, einsatzgehärteten und nitrierten Werkstoffen bzw. Bauteilen durchgeführt. Die ersten Messungen dieser Art lieferten bei einem einsatzgehärteten Stahl die in Abb. 27.22 wiedergegebene Tiefenverteilung der Eigenspannungen des Martensits. Die Änderungen der Eigenspannungen mit wachsender Entfernung von der Oberfläche konnten dadurch ermittelt werden, daß tiefere Probenbereiche durch elektrolytisches Ätzen stufenweise freigelegt und der röntgenographischen Vermessung zugänglich gemacht wurden. Wenn die abgetragenen Schichten hinreichend klein gegenüber dem Gesamtquerschnitt der Proben sind, wird der vorliegende Eigenspannungszustand durch das Abätzen u. U. nur wenig beeinflußt. In dem Beispiel der Abb. 27.22 beträgt der Höchstwert der Härtespannungen, der nicht in der äußersten Oberflächenschicht der Zylinderproben liegt, —80 kp/mm². Zum Vergleich sind die an Proben gleicher Abmessung und Vorbehandlung mit dem Sachsschen Ausbohrverfahren ermittelten Längseigenspannungen gestrichelt in die Abbildung mit eingezeichnet (Theiss). Die mechanische Methode, die über größere Probenbereiche ausmittelt, läßt das röntgenographisch festgestellte Spannungsmaximum nicht erkennen. Unabhängig vom Härtungsverfahren wurde an Stäben von 15 bis 70 mm Durchmesser mit unterschiedlichen Einsatzhärtetiefen der Höchstwert der Eigenspannungen stets in der Grenzzone zwischen Einsatzhärteschicht und Grundwerkstoff gefunden und nicht in der Oberfläche selbst.

In den letzten Jahren wurden eine ganze Reihe weiterer Untersuchungen an einsatzgehärteten Stählen durchgeführt. So wurde z. B. der Zusammenhang zwischen den Eigenspannungen im Martensit und dem Mengenanteil des im gleichen Probenbereich vorliegenden Restaustenits studiert (Marburger und Koistinen). Eine weitere Anwendung fand die röntgenographische Spannungsmessung bei der Entwicklung der sog. mar-stressing-Methode zur Wechselfestigkeitssteigerung gehärteter Bauteile. Dabei werden in den Oberflächenschichten günstige Druckeigenspannungssysteme dadurch erzeugt, daß man geeignete Legierungselemente vor der Martensitumwandlung in den Werkstoff eindiffundiert und dadurch die Martensitumwandlungstemperatur der oberflächennahen Probenbereiche herabsetzt. Neuerdings ist die gleichzeitige Spannungsmessung am Martensit und am Restaustenit gehärteter Stahlproben in den Vordergrund des Interesses getreten (Bierwirth, Hartmann, Weigel und Lucas).

Für die Erzeugung verschleiß- und ermüdungsfester Bauteile hat sich das Nitrieren als sehr günstig erwiesen. An zylindrischen Prüfkörpern aus Armcoeisen wurden nach dem Bad-Nitrieren die in Abb. 27.23 wiedergegebenen Eigenspannungsverteilungen über dem Probenquerschnitt festgestellt. Aus den experimentell ermittelten Achsial- und Tangentialeigenspannungen konnten auch die Radialeigenspannungen berechnet werden. Die Proben hatten einen Durchmesser von 19 mm, so daß nur die Spannungsverhältnisse in den oberflächennahen Bereichen erfaßt sind. Axial- und Tangentialeigenspannungen nehmen am Rand relativ große Beträge an und fallen mit wachsendem Randabstand ab.

Besondere Bedeutung hat die röntgenographische Spannungsmessung bei Untersuchungen zum Dauerschwingverhalten metallischer Werkstoffe erlangt. Mit der Drehkammer in Abb. 27.9 wurde die Oberflächenspannung von Stahlwellen während einer Torsionswechselbeanspruchung fortlaufend gemessen (dynamische Spannungsmessung). Dabei wurde unter $\psi_0 = 45°$ eingestrahlt, so daß zwei Δ_i-Werte in den Richtungen $\psi_i = 45° \pm \eta$ ermittelt werden konnten. Abb. 27.24 zeigt das Meß-

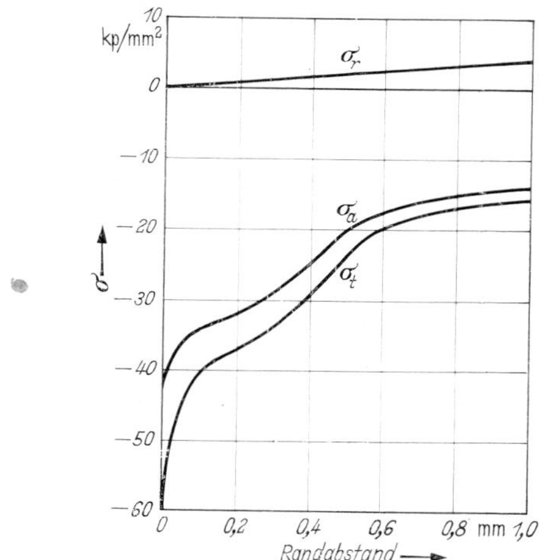

Abb. 27.23. Randeigenspannungen bei einem badnitrierten Werkstoff (nach BIERWIRTH).

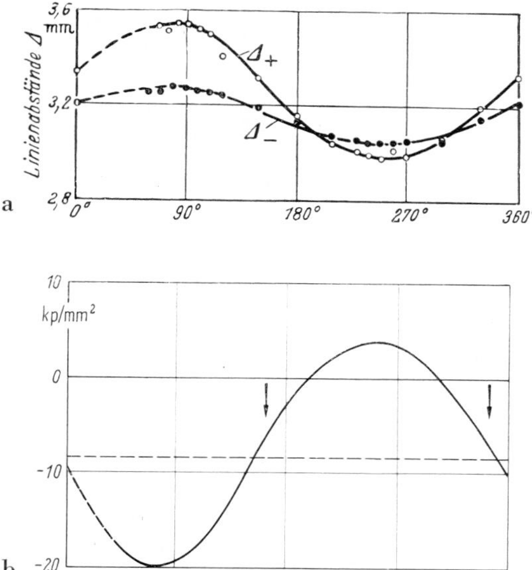

Abb. 27.24. Mittlere Δ-Werte während einer Periode der Wechselbeanspruchung und daraus abgeleiteter Spannungsverlauf.

$\Delta_+ \triangleq$ Meßrichtung $\psi = 45° + \eta$; $\Delta_- \triangleq$ Meßrichtung $\psi = 45° - \eta$ (nach GLOCKER und SCHAABER).

ergebnis und den daraus bestimmten Spannungsverlauf über der Periode der Wechselbeanspruchung. Die Hauptspannungen schwanken um eine Druckspannung von —8 kp/mm² periodisch mit einer Amplitude von ± 12 kp/mm². Dementsprechend treten als Größtwert der Zugspannungen + 4 kp/mm² und als Größtwert der Druckspannungen — 20 kp/mm² auf. Während der Lebensdauer einer Probe ändern sich bei gleichbleibender mechanischer Beanspruchung im allgemeinen die Beträge der röntgenographisch ermittelten Spannungsamplituden und lassen Rückschlüsse auf die in den oberflächennahen Kristalliten ablaufenden Ermüdungsprozesse zu.

An glatten Torsionsstäben[1] mit 22 mm Durchmesser aus einem 0,2% Kohlenstoff enthaltenden Stahl wurden auf der Schenckschen *Verdrehwechselmaschine* Beanspruchungen von verschiedener Höhe vorgenommen und der Verlauf der Torsionshauptspannung σ_τ röntgenographisch ermittelt. Da die Hauptspannungen bei der Torsion diagonal zur Stabachse gelegen sind, wurde in einer Diagonalebene so eingestrahlt, daß der Winkel mit der Tangente an die zylindrische Oberfläche 45° betrug. Sind die Höchstwerte der von einer Aufnahme gelieferten Spannungen σ_Z und σ_D (positive und negative Amplitude), so ergibt sich σ_τ aus

$$2\,\sigma_\tau = \sigma_D - \sigma_Z\,. \tag{27.41}$$

Nach einer kurzen Vorbeanspruchung des Stabes 1 der Tab. 27.5 wurde die Spannung ± 16,8 kp/mm² so hoch gewählt, daß ein Bruch mit Sicherheit zu erwarten war. Da sich der Prüfstab bei der normalen Maschinendrehzahl 3000/Min. sehr stark erwärmte, wurde die ganze Versuchsreihe mit der Frequenz 120/Min. durchgeführt. Wie die dritte Spalte der

Tabelle 27.5. *Verdrehwechselversuche an zwei Stahlwellen mit verschiedener Vorbeanspruchung* (Schaaber)

Stab 1. Vorbeanspruchung 0,4·10⁶ Lastwechsel bei ± 13 kp/mm²			Stab 2. Vorbeanspruchung 1,6·10⁶ Lastwechsel bei ± 10 kp/mm²		
Lastwechsel in Millionen bei ± 16,8 kp/mm² (Frequenz 120/Min.)	σ_τ gemessen mit Chromstrahlung kp/mm²	σ_τ in % des Sollwertes	Lastwechsel in Millionen bei ± 16,8 kp/mm² (Frequenz 3000/Min.)	σ_τ gemessen mit Chromstrahlung kp/mm²	σ_τ in % des Sollwertes
0,00	± 16,5	98	0,03	± 15,0	89
0,17	± 13,5	80	0,53	± 13,1	78
0,79	± 11,3	67	1,08	± 13,1	78
1,10	Bruch	—	1,63	± 16,9	100
—	—	—	3,83	± 17,2	102
—	—	—	12,0	kein Bruch	—

[1] Zur Beseitigung der Bearbeitungsspannungen wurden die Stäbe 3 Stunden bei 500°C im Vakuum geglüht und während 14 Stunden langsam im Ofen abgekühlt.

Tab. 27.5 zeigt, sinkt mit fortschreitender Lastwechselzahl die gemessene Hauptspannung σ_τ immer mehr unter den Sollwert; bei 0,79 Millionen Lastwechsel werden nur noch $^2/_3$ der aufgebrachten Spannung elastisch ertragen. Nach weiteren 0,3 Millionen Lastwechsel tritt der Bruch in 40 mm Entfernung vom Meßort auf.

Die Versuchsreihe am Stab 2 wurde nach längerer Vorbeanspruchung mit niederer Wechsellast mit der hohen Frequenz 3000/Min. durchgeführt, abgesehen von der etwa 80000 Lastwechsel umfassenden Dauer jeder Aufnahme. Im mittleren Teil des Stabes tritt eine starke Erhitzung auf, und die niederen Werte von 89 und 78% innerhalb der ersten Million Lastwechsel lassen auf starke Veränderungen der Oberfläche schließen. Die weiteren Röntgenmessungen ergaben nun nach 1,6 und 3,8 Millionen überraschenderweise einen Anstieg bis auf den Sollwert. Es muß demnach eine Verfestigung der Oberfläche im Laufe der Schwingungsbehandlung eingetreten sein. Damit ist im Einklang, daß bis zum Abbruch der Versuchsreihe bei 12 Millionen kein Bruch oder Anriß wahrzunehmen war.

Bei einer röntgenographischen Untersuchung der Zerrüttung von Stahlproben aus 25 CrMo 4 durch Zug-Druck-Wechselbeanspruchung wurde festgestellt, daß sich sämtliche Kenngrößen des Gitterdehnungszustandes, also die Elastizitätskonstanten $(^1/_2\, s_2)^{\text{rö}}$ und $(s_1{}^{\text{rö}})$ bzw. der Elastizitätsmodul $E^{\text{rö}}$ und die Querkontraktionszahl $\nu^{\text{rö}}$, das Verhältnis der Hauptspannungen und die Beträge der Eigenspannungen als Folge der Wechselbeanspruchung ändern. Diese Veränderungen des elastischen Verhaltens der oberflächennahen Werkstoffbereiche sind ortsabhängig und können auch weitab vom späteren Entstehungsgebiet eines Anrisses auftreten. An Proben, bei denen das spätere Anrißgebiet durch Anbringung einer kalottenförmigen Kerbe fixiert war, konnte durch Messungen im Kerbgrund nachgewiesen werden, daß selbst in nur etwa 0,8 mm voneinander entfernten Probenbereichen sehr unterschiedliche Änderungen der röntgenographischen Elastizitätskonstanten auftreten. Dazu wurde nach bestimmten Lastspielzahlen der mit einer Spannungsamplitude $\sigma_a = \pm 25\,\text{kp/mm}^2$ gefahrene Dauerschwingversuch unterbrochen und im statischen Zug- und Druckversuch $(^1/_2\, s_2)^{\text{rö}}$ und $(s_1)^{\text{rö}}$ bestimmt und daraus $E^{\text{rö}}$ und $\nu^{\text{rö}}$ berechnet. Die relativen Änderungen dieser Kenngrößen an der späteren Anrißstelle sind in Abb. 27.25 als Funktion der Lastspielzahl wiedergegeben. Bis zu etwa $5 \cdot 10^5$ Lastspielen tritt ein stark divergierender Verlauf der beiden Elastizitätskonstanten auf. Bei größeren Lastspielzahlen wird ein gleichsinniger Abfall dieser Größen festgestellt. Für den Elastizitätsmodul und die Querkontraktionszahl ist zu Beginn der Wechselbeanspruchung zunächst ein gleichlaufender Anstieg mit anschließendem Abfall kennzeichnend. Ab $N > 5 \cdot 10^5$ steigt der röntgenographisch ermittelte Elastizitätsmodul stark an, während gleichzeitig die Querkontraktionszahl abfällt. Auf Grund dieses divergierenden Verhaltens von $E^{rö}$ und $\nu^{rö}$ gelang es bei anderen wechselbeanspruchten Proben, das Auftreten eines Anrisses bei 60 bis 70% der Lebensdauer an der richtigen Stelle vorauszusagen.

Auf Grund der röntgenographischen Beobachtung, daß mit fortschreitender Ermüdung die von den wechselbeanspruchten Oberflächenkristalliten aufgenommenen Spannungen immer kleiner werden, wurde

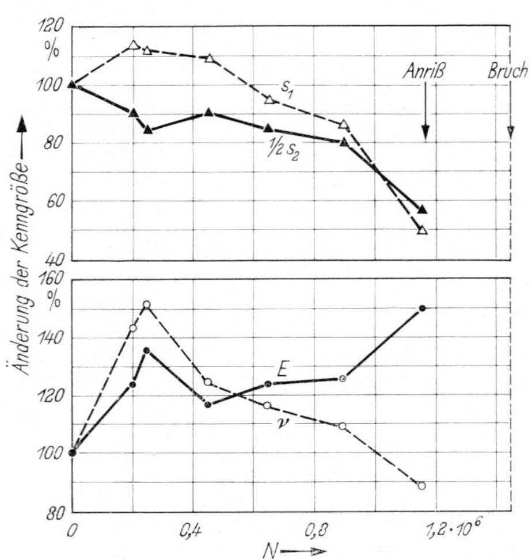

Abb. 27.25. Änderungen von $(^1/_2\, s_2)^{rö}$, $(s_1)^{rö}$, $E^{rö}$ und $\nu^{rö}$ in der Nähe des Anrisses eines wechselbeanspruchten Stahles in Abhängigkeit von der Lastspielzahl (nach MÜLLER und MACHERAUCH)

eine „statische Röntgenprüfung des Zerrüttungsgrades von wechselbeanspruchten Metallen" entwickelt. Dazu wurden nach bestimmten Lastspielzahlen den Versuchsproben statisch die Spannungen $+\sigma$ sowie $-\sigma$ aufgeprägt und die bei diesen Beanspruchungen auftretenden röntgenographischen Spannungswerte $\sigma_+^{rö}$ und $\sigma_-^{rö}$ gemessen. Das Verhältnis

$$V = \frac{|\sigma_+^{rö}| + |\sigma_-^{rö}|}{2\,|\sigma|} \cdot 100\,\%$$

stellt ein Maß für die Spannungsaufnahme der zerrütteten Oberflächenschichten dar, wenn sich während der beiden röntgenographischen Spannungsmessungen die Eigenspannungen nicht ändern. Bei biegewechselbeanspruchten Stahlproben, die mit konstanter Spannungsamplitude ermüdet wurden, lieferten die Änderungen der V-Werte mit der Lastspielzahl ziemlich sichere Voraussagen über das Auftreten bzw. Nichtauftreten eines Ermüdungsbruches. In Abb. 27.26 sind entsprechende Versuchsergebnisse wiedergegeben. Bei den Amplituden I, II und III, die zu merklichen Änderungen der V-Werte führen, gehen die Proben nach 0,9, 3,1 und $4 \cdot 10^6$ Lastspielen zu Bruch. Die Amplitude IV, die keine ausgeprägten V-Änderungen zeigt, liefert dagegen einen Durchläufer.

Beim Ausbröckeln der Lauffläche von Wälzlagern handelt es sich ebenfalls um einen Ermüdungsvorgang, wie die Röntgenspannungsmessung erwiesen hat. Nach $40 \cdot 10^6$ Lastspielen mit geringer Wälz-

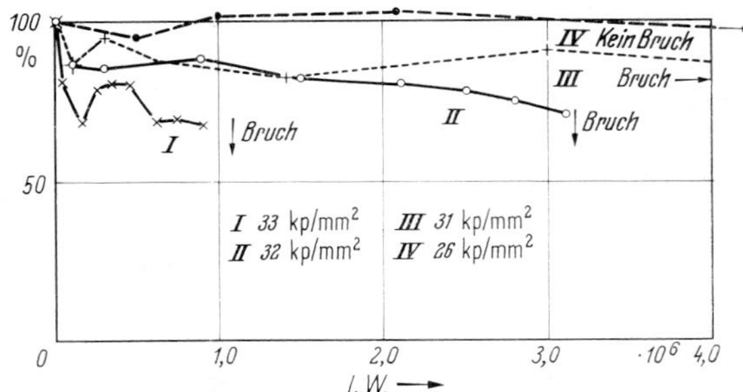

Abb. 27.26. Statische Röntgenprüfung von Dauerbiegestäben aus Stahl (nach GLOCKER, LUTZ und SCHAABER).

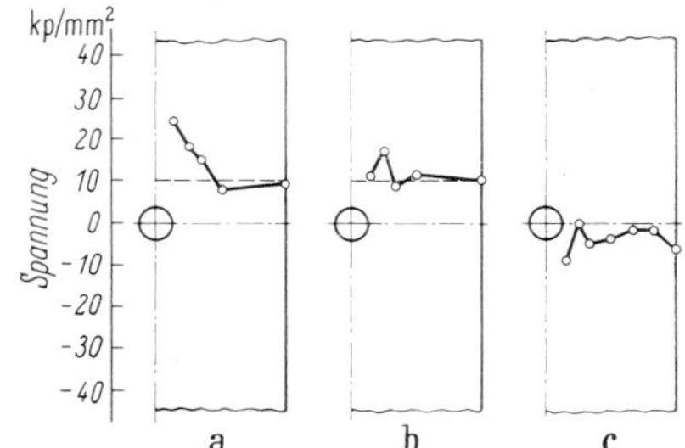

Abb. 27.27. Erzeugung innerer Spannungen durch Wechselbeanspruchung im Zugschwellbereich (nach WEVER und MARTIN).

beanspruchung ergab die statische Biegeprüfung $V \approx 100\%$. Bei überbeanspruchten Wälzlagern sanken die V-Werte stetig ab. Das Erreichen von $V = 65\%$ war ein sicheres Zeichen für später erst wahrnehmbare Defekte der Lauffläche.

Die Frage, inwieweit Eigenspannungen durch Wechselbeanspruchung erzeugt oder abgebaut werden, wurde mehrfach untersucht. Das Ergebnis einer der ersten Messungen dieser Art ist in Abb. 27.27 wiedergegeben. Ein gelochter Flachstab aus einem Chromnickelstahl mit einer oberen Streckgrenze von 66,4 kp/mm² wurde eigenspannungsfrei geglüht und dann mit einer statischen Vorlast von $+10$ kp/mm² beaufschlagt. Abb. 27.27a zeigt die auf der Breitseite des Stabes röntgenographisch ermittelte Spannungsverteilung in der Nähe des Loches. Die Spannungsspitze am Lochrand erreicht 23,5 kp/mm². Unter Beibehaltung der Vorspannung von +10 kp/mm² wurde der Stab sodann mit 16,2 Millionen Schwingungen einer Amplitude von ± 5 kp/mm² zusätzlich beansprucht. Obwohl dabei die rechnerische Höchstspannung am Lochrande von 40,5 kp/mm² weit unterhalb der Streckgrenze des Werkstoffes bleibt, liegt nach der Schwingbeanspruchung bei einer Vorspannung von +10 kp/mm² die in Abb. 27.27b gezeigte Spannungsverteilung vor. Die Spannungsspitze ist verschwunden. In völlig entlastetem Zustande werden Druckeigenspannungen gemessen (Abb. 27.27c). Auch bei Versuchen an gekerbten Flachstäben ergab sich grundsätzlich dasselbe Bild: Die durch die Zugvorlast hervorgebrachten Spannungsspitzen an den Kerben werden durch länger dauernde Schwellbeanspruchung abgebaut; nach Entlastung sind die Spannungen über den ganzen Querschnitt nach der Druckseite verschoben. Ein ähnliches Verhalten der Eigenspannungen hatte sich bei Messungen von Gisen und Glocker an Dauerbiegestäben ergeben; bei Wechselbiegebeanspruchung nahe der Dauerhaltbarkeit ändert sich der Eigenspannungszustand an der Oberfläche derart, daß sich der Stab mit einer „Druckhaut" überzieht.

28. Kristalltexturen

A. Allgemeines über Texturaufnahmen

Verwendet man zu einer Debye-Scherrer-Aufnahme eines feinkörnigen Metallpulvers an Stelle des zylindrisch gebogenen Films einen zur Primärstrahlrichtung senkrechten, ebenen Film, so entstehen konzentrische gleichmäßig geschwärzte Kreisringe. Bei grobkörnigen Stoffen sind die Ringe aufgelöst in viele feine Schwärzungspunkte, die gleichmäßig über jeden Ring verteilt sind. Ganz andere Bilder ergeben sich, wenn ein Draht oder ein schmaler Streifen eines Walzbleches senkrecht zur Drahtachse bzw. Walzrichtung durchstrahlt wird (Abb. 28.1 und 28.3). Die Häufungsstellen der Schwärzung auf den Ringen kommen dadurch zustande, daß nahezu alle Kriställchen gleich orientiert sind, so daß sich in bestimmten Richtungen ihre reflektierten Strahlen addieren. Dagegen finden sich keine oder nur wenige Kriställchen in solchen Lagen, daß sie Strahlen nach den nichtgeschwärzten Ringstellen hin reflektieren würden. Im Gegensatz zu der *regellosen* Orientierung der Kristalle im Pulver liegt hier eine *gesetzmäßige* Orientierung vor *(Textur)*.

Die Häufungsstellen auf Debye-Scherrer-Ringen wurden zuerst an natürlichen Faserstoffen (Zellulose) beobachtet (Nishikawa und Ono, Herzog und Jancke) und als eine Gleichrichtung der Kriställchen erklärt (POLANYI); so ist der Name *Faserdiagramm* für Röntgenaufnahmen dieser Art entstanden.

In der Zellulosefaser liegen, ebenso wie in gezogenen Metalldrähten, alle Kriställchen mit der gleichen kristallographischen Richtung parallel zur Achse der Faser bzw. des Drahtes. Eine solche Kristallitanordnung

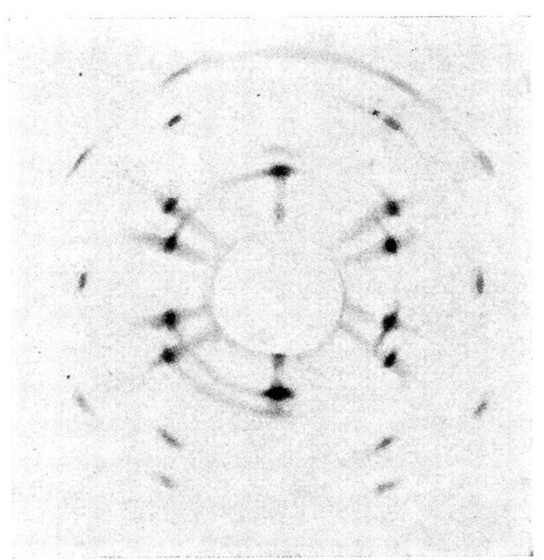

Abb. 28.1. Aluminiumdraht.

Abb. 28.2. Aluminiumwalzbild (Strahlrichtung parallel zur Walzebene).

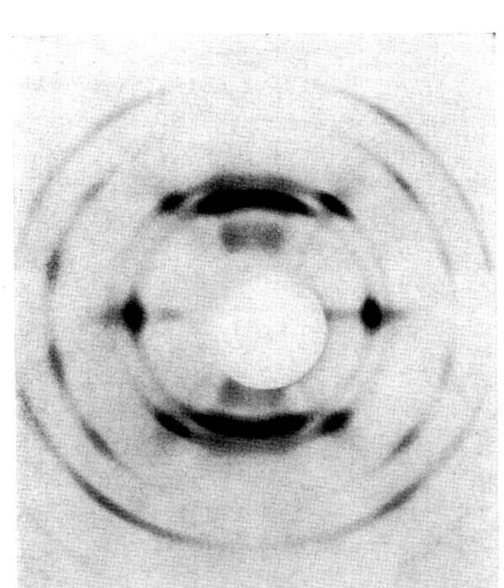

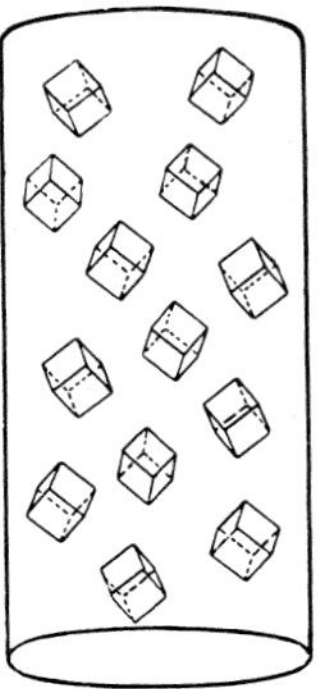

Abb. 28.4. Lage der Kristallite in einem Aluminiumdraht.

Abb. 28.3. Aluminiumwalzbild (Strahlrichtung senkrecht zur Walzebene).

heißt *Fasertextur*; die gemeinsame Richtung heißt *Faserachse*. In einem harten, nicht geglühten Aluminiumdraht liegen z. B. alle Kristallite so, daß die [111]-Richtung (Raumdiagonale) parallel zur Drahtachse ist (Abb. 28.4). Alle diese Lagen kann man dadurch ableiten, daß man einen einzigen Kristall um die zur gemeinsamen Richtung parallele [111]-Richtung rotieren läßt. Er erzeugt dann nacheinander alle die Reflexpunkte, welche die vielen in einer Fasertextur angeordneten Kriställchen gleichzeitig erzeugen. Die äußere Form der Kristallite, die der Einfachheit halber in Abb. 28.4 als Würfel gezeichnet sind, spielt dabei gar keine Rolle; bei der mikroskopischen Betrachtung der angeätzten Drahtoberfläche ist die unregelmäßige Begrenzung der einzelnen Kristallkörner gut zu erkennen. Liegt die Ebene des Schliffes parallel zur Drahtachse, so entsprechen die einzelnen Kornfelder den verschiedensten kristallographischen Ebenen, welche die [111]-Richtung zur Zonenachse haben, während auf einem Schliff senkrecht zur Drahtachse nur Oktaederebenen zu sehen sind, da ja die in der Drahtachse eingestellte [111]-Richtung die Normale auf einer Oktaederebene ist.

Aus der von WEISSENBERG aufgestellten Systematik der sämtlichen möglichen Texturen sind noch zwei Texturen besonders hervorzuheben: Bei der *Spiralfasertextur* sind die Kriställchen mit einer bestimmten kristallographischen Richtung um einen konstanten Winkel α gegen die gemeinsame Richtung geneigt; bei gezogenem Zinkdraht z. B. bildet die hexagonale Achse in allen Körnern einen Winkel $\alpha = 70^\circ$ mit der Drahtachse. Als Sonderfall ergibt sich hieraus für $\alpha = 90^\circ$ die *Ringfasertextur*, die sich z. B. bei Magnesiumdraht findet: in allen Kristalliten steht die hexagonale Achse senkrecht auf der Drahtachse.

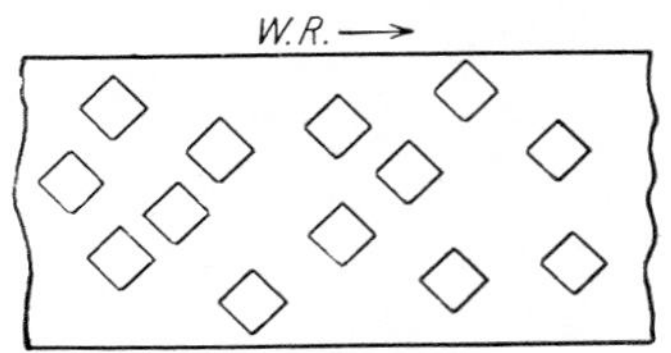

Abb. 28.5. Lage der Kristallite in einem Eisenwalzblech (W. R. = Walzrichtung).

Die Gleichrichtung von Kristalliten in Walzblechen *(Walztextur)* ist noch eine viel weitgehendere; es wird nicht nur verlangt, daß eine bestimmte kristallographische Richtung parallel zur Walzrichtung verläuft, sondern noch dazu, daß eine für alle Kristalle gleiche kristallographische Ebene parallel zur Walzebene liegt (USPENSKI und KONOBEJEWSKI). In einem stark gewalzten Eisenblech sind die Kristallite z. B. so angeordnet, daß eine Würfelebene parallel zur Walzebene und eine Würfelflächendiagonale parallel zur Walzrichtung ist (Abb. 28.5). Das Blech verhält sich dann wie ein in zahlreiche gleich orientierte Bereiche aufgeteilter Einkristall.

Während bei der Fasertextur die Faserachse eine Symmetrieachse ist, so daß alle Aufnahmerichtungen senkrecht zur Drahtachse dasselbe Bild liefern, ist die Symmetrie der Walztextur entsprechend der Art des Verformungsvorganges eine andere; die Ebene durch Strahlrichtung und Walzrichtung sowie die Ebene durch Strahlrichtung und Querrichtung und ferner die Walzebene ist je eine Symmetrieebene. Bei Durchstrahlung senkrecht zur Walzrichtung erhält man ganz verschiedene Röntgenbilder, je nach dem Winkel der Einstrahlungsrichtung gegenüber der Walzebene (Abb. 28.2 und 28.3).

Die Einstellung einer Richtung oder Ebene der Kristallite in die eben beschriebene Lage ist im allgemeinen nicht genau, sie ist um so besser, je höher der Verformungsgrad (Ziehgrad, Walzgrad) ist. Auf den Aufnahmen von manchen Drähten erstrecken sich die Häufungsstellen auf einen Bogen von etwa 10°. Es ist also eine größere Anzahl von Kristalliten vorhanden, bei denen z. B. die [111]-Richtung nicht genau mit der Drahtachse zusammenfällt, sondern von dieser um bis zu ± 5° abweicht. Dieser Streuwinkel ist bei Walztexturen noch größer. Bei stark gewalzten Silberblechen weicht die im Idealfalle in die Walzebene fallende (110)-Ebene bis zu 40° von dieser nach beiden Seiten ab.

Zur Herstellung von Texturaufnahmen sind ebene Filme, die senkrecht zur Primärstrahlung angeordnet werden, besser geeignet als zylindrische Filme, weil diese nur Teile des ganzen Kreisumfanges der Debye-Ringe zu erfassen gestatten. Der Nachteil des ebenen Films, die rasche Intensitätsabnahme der Ringe mit wachsendem Radius, wird durch Verwendung kegelförmig gebogener Filme vermieden (Reglersches *Kegelrückstrahlverfahren*).

Bei senkrechter Durchstrahlung von Walzblechen aus Eisen, Kupfer, Silber wird am besten die ziemlich durchdringungsfähige Silberstrahlung benützt, mit der noch Blechstärken[1] von 0,1 mm untersucht werden können. Sind die Bleche im Anlieferungszustand dicker, so wird von der dem Film abgewandten Seite aus eine kreisförmige Vertiefung eingedreht und dann noch abgeätzt.

Ein wertvolles Hilfsmittel zur quantitativen Ermittlung von Faser- und vor allem auch Walztexturen und ihrer Darstellung durch Flächenpolfiguren (vgl. Abb. 28.12 und 28.13) ist das *Zählrohrgoniometer*. In der üblichen Ausführung liefert dieses nur die Interferenzen auf dem Äquator einer Debye-Scherrer-Aufnahme. Für Faser- bzw. Walztexturuntersuchungen müssen daher weitere Bewegungsmöglichkeiten für das Zählrohr und für die Probe geschaffen werden (Wassermann und Wiewiorsky, Bunk, Lücke und Masing). Ein technisches Gerät[2] ist in Abb. 28.6 dargestellt.

Im Mittelpunkt des horizontalen Teilkreises, auf dem der Reflexionswinkel Θ eingestellt werden kann, ist ein senkrecht stehender Vertikalkreis angeordnet, auf dessen Winkelskala der Neigungswinkel α abgelesen werden kann. Auf der Innenseite des Vertikalkreises kann man das Unterteil des Probenträgerschlittens umlaufen lassen und so den Winkel α einstellen. Auf dem Unterteil sitzt der Probenträgerschlitten,

---

[1] Bei Aluminium ist die günstigste Dicke 0,3 mm bei Silberstrahlung.

[2] Hersteller: Siemens AG. Karlsruhe.

welcher einen Azimutalkreis mit der Probe trägt. Bei einer Aufnahme wird der Probenträgerschlitten auf seinem Unterteil hin- und herbewegt, um eine Mittelung über eine größere Fläche der Probe zu erhalten. Diese Translationsbewegung beträgt etwa $\pm$ 7,5 mm. Im oberen Umkehr-

Abb. 28.6. Zählrohrgoniometer für Texturuntersuchungen mit Präparatträger für drahtförmige Proben (Werkphoto Siemens AG, Karlsruhe).

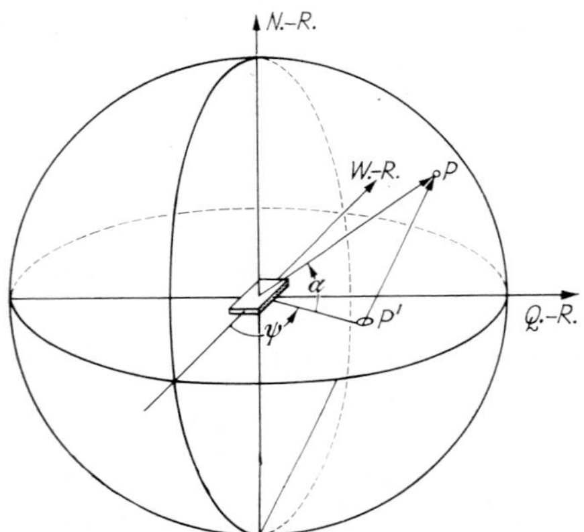

Abb. 28.7. Darstellung von Netzebenen einer Blechprobe in der stereographischen Projektion. Als Projektionsebene wurde die Äquatorebene gewählt (nach NEFF).

punkt wird die Probe jeweils um einen bestimmten Azimutwinkel ψ (z. B. 1°) weitergedreht. Diese Drehung entspricht nach Abb. 28.7 der Abtastung längs eines Kleinkreises der Flächenpolkugel bzw. der stereographischen Projektion, die auch als *Polfigur* bezeichnet wird. Es kann für beliebige Netzebenenscharen eine Polfigur dargestellt werden. Der Übergang von einer Netzebenenschar zur anderen erfolgt durch Veränderung des Θ-Winkels. Für jede derartige Stellung wird dann durch eine sinnvolle Kombination von Drehungen um die α- und ψ-Achse die Probe während der Aufnahme so bewegt, daß die Polfigur längs einer Spirale abgetastet wird. Um die gesamte Flächenpolkugel zu erhalten, muß das Präparat sowohl in Rückstrahlstellung als auch in Durchstrahlung untersucht werden, wobei im letzten Fall vorher durch Abätzen eine hinreichend dünne Schicht hergestellt werden muß. Zu erwähnen ist noch eine von Wever und Bötticher angegebene Methode, bei der eine Anzahl gewalzter Bleche aufeinandergeklebt wird. Dieses Paket wird unter einem bestimmten Winkel zur Oberfläche angeschliffen und poliert. Dadurch kann die Herstellung von Durchstrahlaufnahmen vermieden werden, deren intensitätsgetreuer Anschluß an die Rückstrahlaufnahmen mit großen Schwierigkeiten verbunden ist. Mit dem Weverschen Verfahren können alle Neigungswinkel der Probennormale gegenüber der Ebene Walzrichtung-Querrichtung bis zu 90° erfaßt werden.

Die mit einem Zählrohr gemessene Intensität wird auf einem Schreiberstreifen registriert und nach Anbringung der Absorptionskorrektur in eine Polfigur eingetragen. Zur Zeit werden praktisch alle Texturuntersuchungen mit Texturgoniometern und nicht mehr mit Filmmethoden durchgeführt.

B. Auswertung von Fasertexturen und Walztexturen

Alle Netzebenen mit dem gleichen Netzebenenabstand d reflektieren unabhängig von ihrer Neigung gegenüber der Faserachse nach ein- und demselben Debye-Scherrer-Ring, dessen Indizes $(h\,k\,l)$ in der früher angegebenen Weise aus den Ringradien und dem Filmobjektabstand ermittelt werden. Bei kubischen Gittern lassen sich die Indizes aus der Reihenfolge der Ringe und dem Verhältnis der Ringradien nach Tab. 28.1 entnehmen; bei nicht zu großen Reflexionswinkeln ist das Verhältnis der Netzebenenabstände umgekehrt gleich dem Verhältnis der Ringradien.

Tabelle 28.1. *Reihenfolge der Debye-Scherrer-Ringe*[1] *von innen nach außen*

Raumzentriert kubische Gitter		Flächenzentriert kubische Gitter	
Indizes	Verhältniszahlen der Netzebenenabstände	Indizes	Verhältniszahlen der Netzebenenabstände
(110)	1,00	(111)	1,00
(200)	1,41	(200)	1,16
(112)	1,73	(220)	1,64
(220)	2,01	(113)	1,92
(130)	2,23	(222)	2,00
(222)	2,45	(400)	2,31

[1] Auf denselben Ring wie z. B. (110) reflektieren (101), (011), (1$\bar{1}$0) usw., nämlich alle Ebenen mit gleicher Indexquadratsumme.

Zur *Herleitung der Lage der Häufungsstellen* auf den Ringen denkt man sich eine der auf den Ring reflektierenden Netzebenen um die Drehachse AB (Abb. 28.8), die senkrecht auf dem einfallenden parallelen Strahlenbündel SO steht, um 360° gedreht. Wenn die Netzebene überhaupt in eine reflexionsfähige[1] Lage kommt, so ist dies im allgemeinen viermal während einer Umdrehung der Fall. Um sich dies klarzumachen, denke man sich die Ebene O durch einen Spiegel ersetzt, auf den in der Richtung SO Lichtstrahlen auffallen. Die vier reflektierten Strahlen I, II, III, IV sind symmetrisch zu der Ebene durch Primärstrahl und Drehachse (Ebene $ABVV'$) und zu der dazu senkrechten, ebenfalls durch die Primärstrahlrichtung gehenden Ebene OHH'. Infolgedessen sind sie auch symmetrisch zu den Spuren dieser beiden Ebenen auf der photographischen Platte Pl („Vertikallinie" bzw. „Horizontallinie" des Bildes). Anstatt der vier reflektierten Strahlen entstehen nur zwei, wenn die reflektierende Ebene O parallel zur Drehachse liegt; die Reflexionspunkte liegen dann auf der Horizontallinie HH'. Ist die Ebene O senkrecht auf der Drehachse, so erfolgt überhaupt keine Reflexion. Zwei Reflexe auf der Vertikallinie treten auf, wenn die reflektierende Ebene senkrecht steht auf der Ebene durch Primärstrahl und Drehachse.

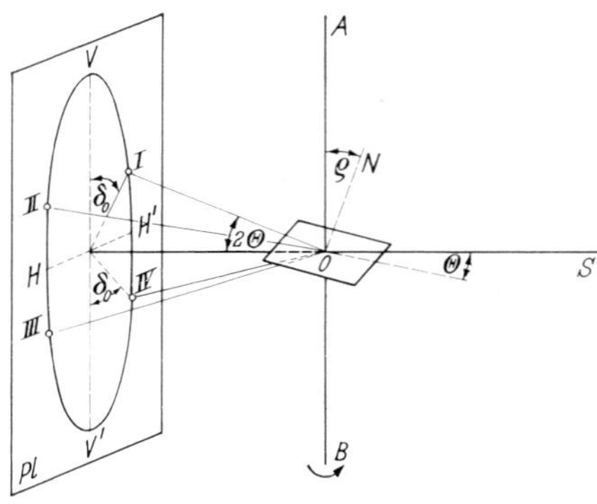

Abb. 28.8. Entstehung eines Faserdiagrammes.

Ist der Winkel der Normalen N der reflektierenden Netzebene mit der Drehachse (Faserachse) ϱ und der Reflexionswinkel Θ, so ist der Winkel δ_0, den die nach den Reflexen auf dem Bild gezogenen Radien bilden (Abb. 28.8) nach Polanyi[2]

$$\cos\delta_0 = \frac{\cos\varrho}{\cos\Theta}\,. \tag{28.1}$$

Bei den kleinen Reflexionswinkeln, die man mit kleinen Wellenlängen (z. B. Silber-K-Strahlung) erhält, ist näherungsweise $\delta_0 = \varrho$.

Um die *Zahl und Lage der Häufungsstellen eines Ringes* überblicken zu können, müssen die Winkel zwischen den einzelnen Netzebenen einer

[1] Die Primärstrahlen müssen unter einem Winkel Θ auffallen, der der Braggschen Gleichung genügt.

[2] Ableitung mit Hilfe der „Lagekugel" (Math. Anhang E); bei Fasertexturen liegen die Durchstoßpunkte der Normalen der Netzebenen auf Kreisbändern, deren Schnittpunkte mit einem um die Primärstrahlrichtung geschlagenen Kreiskegel mit Öffnungswinkel $90° - \Theta$ die Gesamtheit der reflexionsfähigen Lagen liefert.

Art und der Drehachse (Faserachse) berechnet werden. Für kubische Kristalle ist der Winkel ϱ zwischen der Faserachse mit den Indizes $[u\ v\ w]$ und der Normale einer Netzebene mit den Indizes $(h\ k\ l)$ gegeben durch

$$\cos \varrho = \frac{uh + vk + lw}{\sqrt{u^2 + v^2 + w^2}\sqrt{h^2 + k^2 + l^2}} \cdot \qquad (28.2)$$

Ist z. B. die [111]-Richtung Faserachse und sollen die Häufungsstellen auf dem Ring der Oktaederebenen berechnet werden, so hat man in die Gl. (28.2) für $(h\ k\ l)$ der Reihe nach einzusetzen[1] (111), $(\bar{1}11)$, $(1\bar{1}1)$, $(11\bar{1})$. Es ergibt sich $\varrho = 0°$ für (111), für alle übrigen $\varrho = 71°$. Bei senkrechter Durchstrahlung der Faserachse ist eine Reflexion an (111) nicht möglich. Auf dem Oktaederring der Faseraufnahme tritt somit eine vierfache Punktlage mit $\delta_0 = 71°$ auf, wenn näherungsweise $\delta_0 = \varrho$ gesetzt werden darf (z. B. für Silberstrahlung). Bei größeren Winkeln Θ ist diese Näherung nicht mehr zulässig; für Kupferstrahlung z. B. sind die Häufungsstellen nach kleineren Winkeln δ_0 hin verschoben. Die Punkte mit kleinen Winkeln δ_0 werden am stärksten von der Korrektion gemäß Gl. (28.1) betroffen.

Zum praktischen Gebrauch bei der Auswertung von Faserdiagrammen enthält Tab. 28.2 die *Neigungswinkel der wichtigsten Netzebenen kubischer*

Tabelle 28.2. *Neigungswinkel der wichtigsten Netzebenen bei Faserdiagrammen kubischer Kristalle*

Netzebenen-art[2]	*FA* [001]	*FA* [110]	*FA* [111]	*FA* [112]
	ϱ Grad	ϱ Grad	ϱ Grad	ϱ Grad
(100)	90	45, 90	55	35, 66
(101)	45, 90	60, 90	35, 90	30, 55, 73, 90
(111)	55	35, 90	71	19, 62, 90
(112)	35, 66	30, 55, 73, 90	19, 62, 90	34, 48, 60, 71, 80
(013)	18, 72	27, 48, 63, 77	43, 69	25, 50, 59, 75, 83
(113)	25, 72	31, 65, 90	30, 59, 80	10, 42, 61, 76, 90
(012)	27, 64	18, 51, 72	39, 75	—

Kristalle für vier verschiedene Faserachsen (FA). An Hand dieser Zusammenstellung ist in Abb. 28.9 für die Richtung [111] als Faserachse die Lage der Häufungsstellen auf den Debye-Scherrer-Ringen der Aufnahme eines kubisch flächenzentrierten Gitters durch Punkte dargestellt.

---

[1] Die Ebenen $(h\ k\ l)$ sind parallel zu $(\bar{h}\ \bar{k}\ \bar{l})$ und liefern daher die gleichen Reflexe.

[2] Zu einer Netzebenenart gehören alle Netzebenen mit gleicher Indexquadratsumme.

Wie der Vergleich mit der Röntgenaufnahme des Aluminiumdrahtes (Abb. 28.1) zeigt, hat dieser eine Fasertextur mit [111] als Faserachse[1].

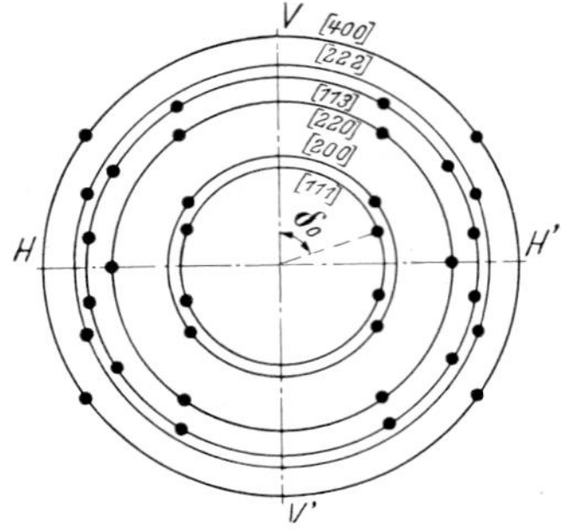

Abb. 28.9. Punktlagen auf einem Faserdiagramm mit [111] als Faserachse.

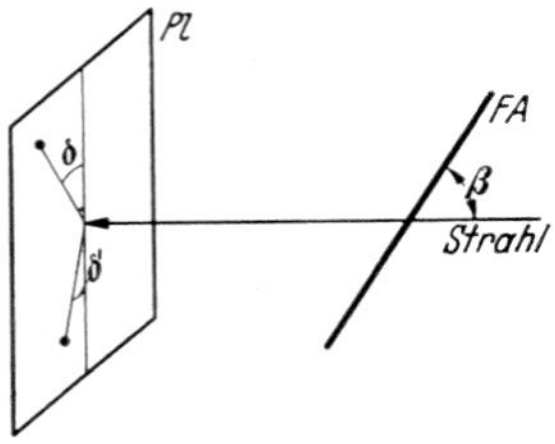

Abb. 28.10. Schiefstellung der Faserachse.

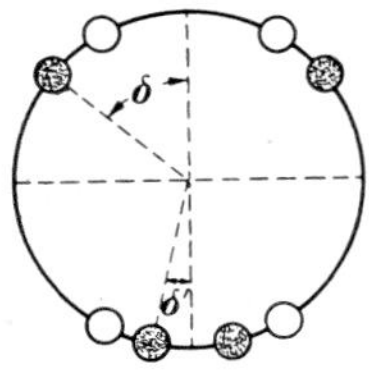

Abb. 28.11. Punktlagen auf einem „schiefen" Faserdiagramm (nach POLANYI). (Die leeren Kreise gelten für senkrechte Durchstrahlung der Faserachse.)

Bei kubischen Gittern ist es meistens möglich, die Indizes der Faserachse durch Vergleich der beobachteten Punktlagen mit den Lagen der Tab. 28.2 ohne Rechnung zu bestimmen.

Aus einer einzigen Aufnahme können bei kubischen Kristallen die Indizes der Faserachse berechnet werden, sobald auf dem Oktaederring und dem Würfelring mindestens je eine Häufungsstelle auftritt[2].

Bei Durchstrahlung in Richtung der Faserachse erhält man gleichmäßig geschwärzte Ringe, und zwar nur[3] einen oder zwei. In Zweifelsfällen läßt

---

[1] Das Auftreten der beiden Punkte bei $\delta_0 = 0$ bzw. 180° ist durch die Strahlungsdivergenz bedingt (vgl. Anmerkung 3).

[2] Dem Oktaederpunkt (δ_1, ϱ_1) werden die Indizes (111) zugeordnet; wegen der Symmetrie dieses Indextripels ist es dann gleichgültig, ob einem Würfelpunkt (δ_2, ϱ_2) die Indizes (100) oder (010) oder (001) zugeschrieben werden. Die gesuchten Indizes der Faserachse $[u\ v\ w]$ ergeben sich aus den beiden Gleichungen, da nur das Verhältnis $u:v:w$ zu bestimmen ist:

$$\cos \varrho_1 = \frac{u + v + w}{\sqrt{3}\sqrt{u^2 + v^2 + w^2}},$$

$$\cos \varrho_2 = \frac{u}{\sqrt{u^2 + v^2 + w^2}}$$

[3] Bei idealer Fasertextur und ganz paralleler Strahlung ist hierfür die Bedingung, daß $90 - \Theta = \varrho$ ist, so daß nur in besonders günstigen Fällen eine Reflexion auftreten kann. Wegen der Divergenz der Strahlung und der Streuung der Kristallite um die ideale Lage ist praktisch ein Winkelbereich $\varrho \pm \Delta\varrho$ in die Gleichung einzusetzen, wodurch die Möglichkeit der Reflexion wesentlich erhöht wird. Aus dem gleichen Grund erscheint bei Ag-Strahlung häufig ein Reflex für $\delta_0 = 0$ bzw. 180°.

sich durch eine zweite Aufnahme senkrecht zur Strahlrichtung der ersten leicht entscheiden, ob der Fall einer Fasertextur oder der einer regellosen Orientierung vorliegt.

Unter einer *mehrfachen Fasertextur* versteht man das gleichzeitige Auftreten von mehreren einfachen Fasertexturen. In manchen Metalldrähten mit kubischem Gitter findet sich z. B. außer einer Gruppe von Kristalliten, die nach der [111]-Richtung gleichgerichtet sind, eine zweite, weniger zahlreich vertretene Gruppe mit der [100]-Richtung als Faserachse. Das Bild enthält dann die Häufungsstellen beider Texturen, wobei die Reflexe der am häufigsten vertretenen Lage die stärkeren sind.

Bei *schiefer Durchstrahlung der Faserachse* sind die Punktlagen auf der Aufnahme nur noch zur Vertikallinie symmetrisch. Bei Neigung der Faserachse gegenüber der Strahlrichtung um den Winkel β gemäß Abb. 28.10 rücken die oberen Punkte auseinander und die unteren zusammen, bis zuerst das untere und dann das obere Punktpaar als je ein Punkt auf die Vertikallinie zu liegen kommt und bei weiterer Neigung der Faserachse verschwindet (Abb. 28.11).

Zur direkten Ermittlung der Indizes der zur Faserachse senkrechten Netzebene (Reflexionswinkel Θ_0) wird eine Reihe von Aufnahmen mit verschiedenen Neigungswinkeln der Faserachse hergestellt. Für die Stellung mit Winkel $\beta = 90° - \Theta_0$ tritt oben auf der Vertikallinie ein kräftiger Reflex auf; die Indizes der erzeugenden Netzebene, die auf der Faserachse senkrecht steht, ergeben sich dann in bekannter Weise aus dem Winkel Θ.

Bei „schiefen“ Faserdiagrammen (Abb. 28.10) sind zur Beschreibung der Punktlagen zwei Winkel δ und δ' anzugeben, die sich aus der Gleichung

$$\cos\delta = \frac{\cos\varrho - \cos\beta \sin\Theta}{\sin\beta \cos\Theta} \tag{28.3}$$

ergeben, wobei zur Berechnung von δ' einzusetzen ist $180° - \beta$ an Stelle von β.

Eine erschöpfende Darstellung der Kristallitlagerung einer Textur und ihrer Streuung gegenüber der idealen Lage liefert die Aufzeichnung einer *Flächenpolfigur* für die Normalen der reflektierenden Netzebenen (Wever, Sachs und Schiebold). Zu diesem Zweck werden unter verschiedenen Einstrahlungsrichtungen in der Ebene durch Walzrichtung und Walzebenenlot und in der Ebene durch Querrichtung und Walzebenenlot Röntgenaufnahmen hergestellt und für jede Netzebenenart die Lage der reflektierenden Netzebenen in eine stereographische Projektion eingezeichnet[1]. Als Projektionsebene wird bei Walz- und Rekristallisationstexturen zweckmäßig die Walzebene gewählt. Als Beispiel

---

[1] Näheres s. Math. Anhang E. Zahlreiche Polfiguren finden sich in dem Buch von Barrett (s. Lit.-Verzeichnis).

ist die Bestimmung der Walztextur des α-Messings aus 15 Röntgenaufnahmen mit Kupferstrahlung angeführt (v. GÖLER und SACHS):

Die drei Flächenpolfiguren (Abb. 28.12 und 28.13) geben die Lage der Würfel- und Oktaederebenennormalen gegenüber der Walzrichtung

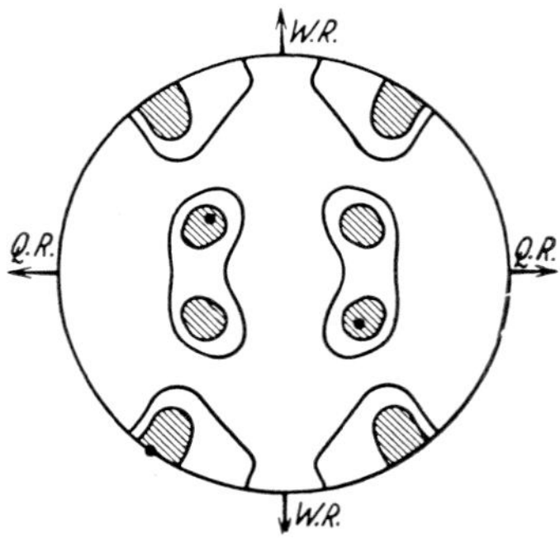

Abb. 28.12. Walztextur von α-Messung. Polfigur der (100)-Ebenen (nach VON GÖLER und SACHS).

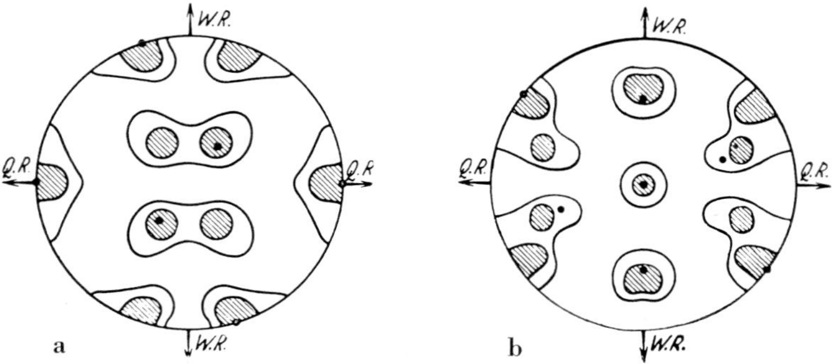

Abb. 28.13. Walztextur von α-Messing. a) Polfigur der (111)-Ebenen; b) Polfigur der (110)-Ebenen (nach VON GÖLER und SACHS).

WR und der Querrichtung[1] *QR* an. In den schraffierten Gebieten ist die *Belegungsdichte* besonders groß; die entsprechenden Kristallitlagen sind am häufigsten vertreten. Bei Berücksichtigung der Reflexe mit geringerer Intensität ergeben sich noch weitere weniger häufige Lagen, deren Bereiche durch Linienzüge in der Projektion umrandet sind. Die Kristallitverteilung läßt sich beschreiben als Streuung um eine ideale Lage mit einer (110)-Ebene parallel zur Walzebene und einer [112]- bzw. [111]-Richtung in der Walz- bzw. Querrichtung.

Der Mittelpunkt der Projektion entspricht jeweils dem Lot auf der Walzebene. Die Schnittpunkte des horizontalen Durchmessers mit dem

[1] Die Querrichtung liegt in der Walzebene und steht senkrecht zur Walzrichtung.

Grundkreis in Abb. 28.12 bezeichnen die Lage der Querrichtung; dort liegen Normalen auf (111)-Ebenen, also [111]-Richtungen. Die Indizes der Walzrichtung als Senkrechte auf Querrichtung und Walzebenenlot ergeben sich hieraus[1] zu [112]. Man hat dann diese ideale Lage für die Stellungen der Würfelebenen, Oktaederebenen und Dodekaederebenen zu zeichnen und mit der Belegung der Flächenpolfigur zu vergleichen. Nötigenfalls muß noch eine zweite oder dritte Kristallitlage aufgesucht werden, um alle beobachteten Netzebenenstellungen erklären zu können.

Die Aufzeichnung der Polfigur vereinfacht sich dadurch, daß die Verteilung der Netzebenennormalen der Symmetrie des betreffenden Verformungsvorganges gehorchen muß. Beim Walzvorgang sind die auf der Walzebene senkrechten Ebenen durch Walzrichtung und Querrichtung Symmetrieebenen; demgemäß sind in Abb. 28.12 und 28.13 die belegten Bereiche sowohl zur Vertikalen WR als auch zur Horizontalen QR spiegelbildlich gleich. Die Streuung um die ideale Lage ist ebenfalls aus den Polfiguren unmittelbar zu entnehmen: die Genauigkeit der Abgrenzung der Gebiete hängt von der Zahl der Aufnahmen mit verschiedener Strahlrichtung ab; sie beträgt im vorliegenden Fall etwa 5°.

C. Beispiele für die verschiedenen Texturarten

Eine Gleichrichtung von Kristalliten in einem Kristallhaufwerk kann erfolgen

1. durch Wachstumsvorgänge, 2. durch plastische Verformung.

Zu den Wachstumsvorgängen gehört nicht nur die Kristallbildung aus der flüssigen Phase (Gießen, elektrolytischer Niederschlag), sondern auch die Umkristallisation im festen Zustand (Rekristallisation bei Erwärmung nach vorhergegangener Verformung).

Beim *Gießen von Metallen* in Kokillen bilden sich häufig stengelige Kristalle mit Längsachse senkrecht zur Kokillenwand. Nach dem Röntgenbefund ist ein solches Gußgefüge gesetzmäßig orientiert: in die Längsachse stellt sich eine bestimmte kristallographische Richtung ein (Tab. 28.3), und zwar eine Richtung mit besonders großer Wachstumsgeschwindigkeit. Die Gußtextur ist mit Ausnahme der Metalle Cd und Zn, bei denen eine Ringfasertextur vorliegt, eine einfache Fasertextur. In den eutektischen Legierungen Al-Si zeigen nur die Al-Kriställchen eine Textur, die Si-Kriställchen sind regellos angeordnet. Das Auftreten einer Gußtextur kann bei der Weiterverarbeitung des Metalles störend sein. Bei Zinkguß liegt z. B. die hexagonale Basis, die eine gute Spaltfläche ist, in Richtung der Längsachse der Kristallite und kann so beim

[1] Bei der Indizesangabe ist hier von Vorzeichen abgesehen. Betr. der Berechnung vgl. Math. Anhang C 7.

Tabelle 28.3. *Wachstumstexturen von Metallen*
(Die Angabe einer Richtung oder einer Ebene schließt jeweils alle gleichwertigen Richtungen bzw. Ebenen ein)

Wachstumsart und Metallart	Gittertypus	Einstellungsrichtung	
I. Elektrolytische Niederschläge:		⊥ auf Kathodenfläche	
Ag, Au, Co, Cu, Ni, Pb	kubisch flächenzentriert	[001] oder [011] oder [111] oder [211]	Je nach Art des Metalls und der Art der Lösung bei gleichem Metall
Cr, Fe	kubisch raumzentriert	[111] oder [211]	
Sn	tetragonal	[111] oder [100]	
Zn	hexagonal	[0001] u. a.	
Cd	hexagonal	$[11\bar{2}2]$	
Zr	hexagonal	[0001]	
Ti	hexagonal	[0001]	
II. Aufdampf-Folien:		⊥ auf Unterlage	
Ag, Al, Au, Cu, Ni, Pd, Pt	kubisch flächenzentriert	[001] oder [011] oder [111]	Je nach Art des Metalles und der Aufdampfbedingungen, sowie der Orientierung der Unterlage (Epitaxie)
α-Fe	kubisch raumzentriert	[111]	
Mo	,,	[110]	
Cd, Zn	hexagonal	[0001]	
III. Gußtexturen:		Längsrichtung der Kriställchen	
Ag, Al, Au, Cu, α-Ms*, Pb-Ni Ni–Cr, Sn	kubisch flächenzentriert	[100]	
Sn 99,998		[111]	
Austenitischer Chrom-Nickelstahl		[100]	
α-Fe, Fe–Si (4% Si), β-Ms*, Mo, Cr	kubisch raumzentriert	[100]	
β-Sn	tetragonal	[110]	
Mg	hexagonal	$[11\bar{2}0]$	
Cd, Zn	hexagonal	[0001] ist ⊥ Längsrichtung	„Ringfasertextur"
Bi	rhomboedrisch	[111]	
IV. Rekristallisationstexturen von Drähten:		‖ Drahtachse	Je nach Reinheitsgrad und Anlaßtemperatur
Al	kubisch flächenzentriert	[111] oder [112]	
Cu	,,	[112]	
Pb	,,	[111]	
Mo, Fe–Ni (53% Fe)	kubisch raumzentriert	[100]	

Tabelle 28.3 (Fortsetzung)

Wachstumsart und Metallart	Gittertypus	Einstellungsrichtung	
V. Rekristallisationstexturen von Walzblechen:			
Ag, α-Ms*, Bronze (5 % Sn), Au–Ag (> 70 % Ag)	kubisch flächenzentriert	‖ Walzrichtung [112]	Walzebene (311)
Al**, Au, Cu, Ni Konstantan, Ni-Cu	,,	[100]	(001)
α-Fe***	kubisch raumzentriert	I. [110] 15° gegen WR	(001)
		II. [112]	(111)
		III. [110]	(112)
Fe–Ni (30–100 % Ni) Fe–Si (3,5 % Si)	,,	[100]	(001)
Mo	,,	[110]	(001)

* Ms = Messing

** Gilt für Al vom Reinheitsgrad 99,7 %; unreines Al gibt regellose Orientierung, ganz reines Al (99,93 %) liefert verschärfte Walzlage.

*** Bei Kreuz- und Querwalzen mit entsprechenden Anlaßbehandlungen werden 3 weitere Rekristallisationstexturen erhalten, nämlich nach BARRETT: [001], (100) bzw. [001], (110) bzw. [011], (100).

Walzen tiefgehende Spaltrisse veranlassen. Das Beispiel der Gußtextur von Sn zeigt, daß die Ausbildung einer Textur stark vom Reinheitsgrad des betreffenden Stoffes abhängig ist. Im allgemeinen wirken Verunreinigungen hemmend auf die Ausbildung einer Textur.

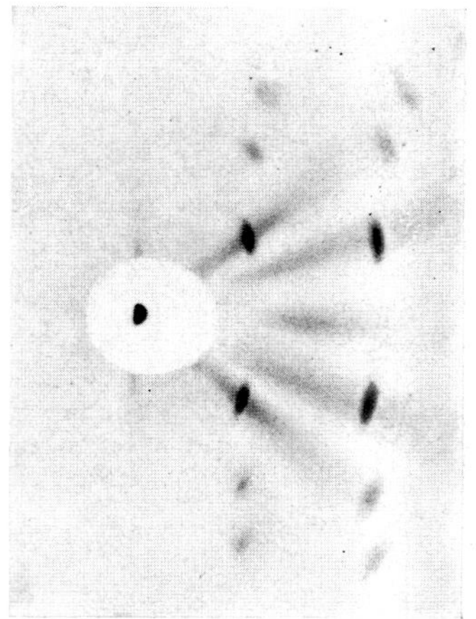

Abb. 28.14. Fasertextur eines Elektrolyteisenniederschlages (nach GLOCKER und KAUPP).

Die bei *elektrolytischen Metallniederschlägen* entstehende Textur ist eine einfache Fasertextur mit der Faserachse in Richtung der Stromlinien (Tab. 28.3). Im allgemeinen stellt sich auch hier eine Richtung mit besonders großer Wachstumsgeschwindigkeit in die Faserachse ein. Die Einstellung der Kristallite in die „geregelte" Lage kann eine sehr genaue sein, wie die Aufnahme eines aus 10%-Ferroammoniumsulfatlösung mit geringer Stromdichte niedergeschlagenen Eisenbleches zeigt (Abb. 28.14). Die Ausdehnung der Häufungsstellen ist nicht größer als die Reflexe eines

Tabelle 28.4. *Deformationstexturen von Metallen*

(Die Angabe einer Richtung oder einer Ebene schließt jeweils alle gleichwertigen Richtungen bzw. Ebenen ein)

Art der Deformation und Metallart	Gittertypus	Zur Kraftrichtung parallele Richtungen und Ebenen		
I. Zugtexturen[1]*:*				
Al, Pb	kubisch flächenzentriert	[111]		
Ag, Au, Cu, Ni, Pd, α-Ms; Bronze (5% Sn)	,,	I. [111] II. [100]	Häufigkeit der Lage I. und II. für die verschiedenen Metalle verschieden, I. bei Cu, Ni überwiegend	
α-Fe, Mo, W, β-Ms	kubisch raumzentriert	[110]		
Mg, Zr	hexagonal	[1010]		
Mg (oberhalb 450 °C)	,,	[2110]		
Zn	,,	[0001] um 70° geneigt	„Spiralfasertextur" im Innern	
II. Stauchtexturen:				
Al, Cu	kubisch flächenzentriert	[110]		
α-Fe	kubisch raumzentriert	I. [111] II. [100]	II. Lage schwach vertreten	
Mg	hexagonal	[0001]		
III. Walztexturen:			Zur Walzebene parallele Ebenen	
Ag, α-Messing, Konstantan, Pt, Zinnbronze	kubisch flächenzentriert	[112]	(110)	
Al, Au, Cu, Ni Ni-Fe	,, ,,	I. [112] II. [111]	I. (110) II. (112)	auch gedeutet als [335], (135)
Pb	,,	[110]	(100)	
α-Fe, Mo, Ta, W	kubisch raumzentriert	[110]	(001)	
Cd, Zn	hexagonal	—	(0001) um 20° geneigt	
Mg	,,	—	(0001)	Ringfasertexturen
Be, Zr	,,	[1010]	(0001)	

[1] In den Randzonen sind die Faserachsen geneigt gegen die Drahtachse (Kegelfasertextur).

Einkristalles auf einer Drehkristallaufnahme. Lösungszusätze haben einen starken Einfluß auf die Art der Textur. Eisen aus Ferrochloridlösung niedergeschlagen gibt eine Orientierung nach [111], bei Zusatz von Chlorkalzium aber nach [112]. Findet eine starke Wasserstoffentwicklung statt, z. B. bei hoher Stromdichte, so entsteht statt der Fasertextur in Abb. 28.14 eine völlig regellose Anordnung. Die Ausbildung der Texturen bei der Elektrolyse hängt auch ab von der Orientierung der Kristallite in der Unterlage.

Auf die Rekristallisationstexturen (Tab. 28.3) wird zweckmäßig erst nach der Besprechung der Deformationstexturen, als deren Folge sie entstehen, eingegangen. Die Art der *Deformationstextur* ist im wesentlichen bedingt durch die Art der Verformung (Ziehen, Walzen usw.) und den Gittertypus. Um gut ausgeprägte Texturen zu erhalten, sind hohe Verformungsgrade (90% und mehr) erforderlich.

Beim freien *Ziehen*[1] *eines Metalldrahtes* oder beim Ziehen durch eine Düse tritt, abgesehen von der durch die Einwirkung des Werkzeuges im zweiten Fall beeinflußten Oberflächenschicht, eine einfache Fasertextur auf mit der Drahtachse als Faserachse. Eine Ausnahme bilden die hexagonalen Metalle, bei denen Ringfaser- und Spiralfasertexturen vorkommen. Die dichtest belegte Netzebene, also (111) bei den flächenzentrierten und (110) bei den raumzentrierten Gittern, stellt sich bei den kubischen Metallen senkrecht zur Drahtachse ein (Tab. 28.4). Die Wirkung der Ziehdüse ist daran zu erkennen, daß die Faserachsen in den

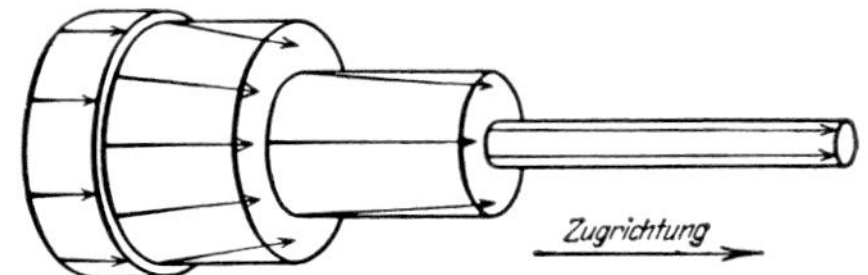

Abb. 28.15. Ziehtextur der verschiedenen Zonen eines Drahtes mit kubischem Gitter (nach SCHMID und WASSERMANN).

Randbereichen einen gewissen Winkel mit der Drahtachse bilden, der schließlich dicht unter der Oberfläche gleich dem Neigungswinkel der Ziehdüse ist[2] (SCHMID und WASSERMANN). In der schematischen Darstellung der Abb. 28.15 geben die Richtung und Länge der Pfeile die Richtung der Faserachsen und den Grad der Gleichrichtung an für einen

[1] Die Zugtextur tritt auch im Fließkegel von Zerreißproben auf.

[2] Die Faserachsen liegen auf dem Mantel eines Kreiskegels um die Drahtachse *(einfache Kegelfasertextur)*; die Ebene senkrecht zur Drahtachse ist keine Symmetrieebene mehr, da Richtung und Gegenrichtung nicht gleichwertig sind. Zum Unterschied bilden dei der „Spiralfasertextur" die Faserachsen in *jedem Punkt* des Drahtes die Erzeugenden eines Doppelkegels.

Draht mit kubischem Gitter. Es ist bemerkenswert, daß Drähte mit Fasertextur frei sind von elastischer Nachwirkung.

Bei der Untersuchung der Walztextur kubisch flächenzentrierter Metalle konnten zwei Gruppen festgestellt werden, nämlich solche, die

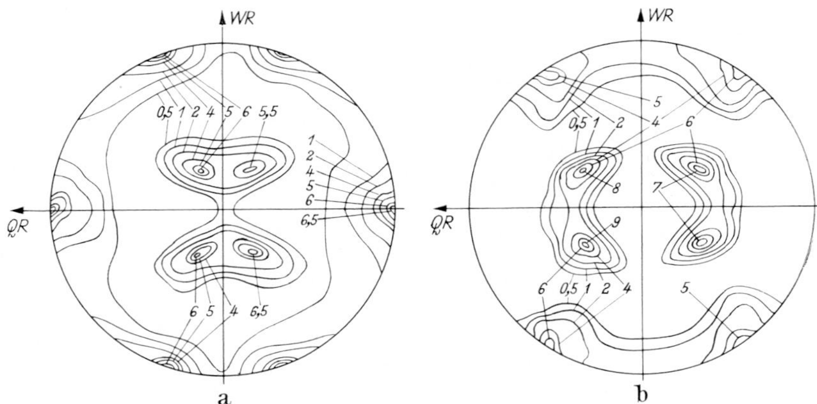

Abb. 28.16. Polfigur einer um 99% gewalzten Nickellegierung mit 58 Gew.-% Kobalt: Messingtyp. a) (111)-Pole; b) (200)-Pole (nach HAESSNER 1962).

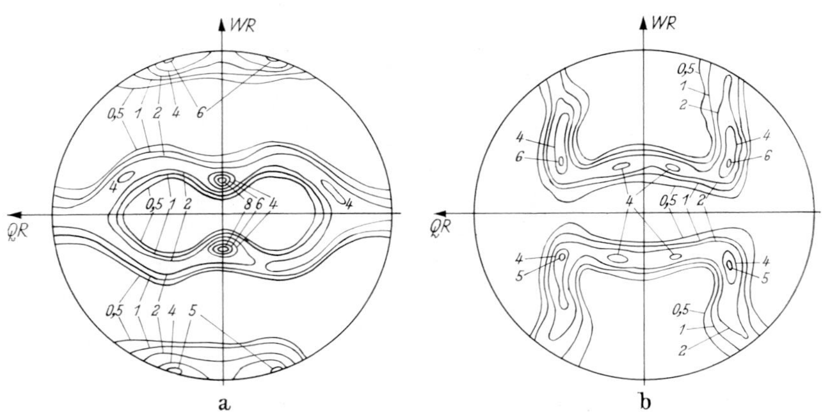

Abb. 28.17 a u. b. Polfigur einer um 98% gewalzten Nickellegierung mit 10 Gew.-% Kobalt: Kupfertyp. a) (111)-Pole; b) (200)-Pole (nach HAESSNER 1962).

Polfiguren ergeben ähnlich Abb. 28.16a und b (Messingtextur) und solche, die der Abb. 28.17a und b ähneln (Kupfertextur). Der Hauptunterschied der beiden Texturarten besteht darin, daß beim Messingtyp die (111)-Pole in Querrichtung zeigen und die (200)-Pole in eine Richtung, die den Winkel zwischen Walz- und Querrichtung nahezu halbiert.

In neuerer Zeit wurde die Erkenntnis gewonnen, daß praktisch bei jedem Metall Walzbleche mit beiden Texturarten hergestellt werden können. Beim Walzen über einer bestimmten Umwandlungstemperatur solche mit Kupfer-, darunter solche mit Messingtextur. Die Höhe der Umwandlungstemperatur ist dabei von Metall zu Metall stark verschieden: sie liegt z. B. für Silber bei etwa +100 °C, für Kupfer bei Raumtemperatur und bei Aluminium wahrscheinlich nur wenig über dem absoluten Nullpunkt.

Bei den kubisch raumzentrierten Metallen gibt es dagegen nur einen Typ einer Walztextur.

Bei den hexagonalen Gittern sind die Verhältnisse für jedes Metall anders. Während die hexagonale Basisebene bei Mg genau parallel zur Walzebene liegt, ist sie bei Zn aus der Walzebene um die Querrichtung als Achse nach beiden Seiten um 20° herausgedreht. Dieses unterschiedliche Verhalten von Mg und Zn ist bedingt durch die bei beiden Metallen verschieden großen Einflüsse der im folgenden zu besprechenden Faktoren der plastischen Kristallverformung.

Die *plastische (bleibende) Formänderung eines Metalleinkristalles* kann auf zwei verschiedene Weisen erfolgen (E. SCHMID, TAYLOR und ELAM u. a.), nämlich

1. durch *Gleitung* (Translation),
2. durch mechanische *Zwillingsbildung* (Schiebung).

Die Dehnung eines auf Zug beanspruchten Einkristalldrahtes geht so vor sich, daß zueinander parallele Schichten unter Wahrung ihres Zusammenhaltes sich auf bestimmten Ebenen[1] *(Gleitebenen)* in bestimmten kristallographischen Richtungen *(Gleitrichtungen)* bewegen. Die Lagen von Gleitebenen und Gleitrichtungen sind vom Gittertypus abhängig. Der Gleitvorgang eines hexagonalen Zinkeinkristalldrahtes ist an einem Modell (Abb. 28.18a bis d) schematisch dargestellt. Die Gleitebene ist die hexagonale Basis: diese ist als elliptische Schnittfläche des kreiszylindrischen Drahtes in Abb. 28.18a freigelegt; der große Pfeil gibt die Ellipsenhauptachse an, der kleine Pfeil die Gleitrichtung, die beim Zink parallel zu einer hexagonalen Nebenachse verläuft. Die Verschiebung der Ellipsenflächen während des Gleitvorganges ist aus Abb. 28.18c und d zu ersehen. Im gedehnten Bereich ist der Winkel zwischen Drahtachse und Gleitebene kleiner als im nichtgedehnten. Während des Gleitens drehen sich somit die Gleitlamellen gegenüber der Drahtachse, so daß die Gleitrichtung allmählich sich in die Zugrichtung einstellt *(Biegegleitung)*. Von den verschiedenen Gleitrichtungen wird diejenige mit der größten Schubspannungskomponente betätigt, also bei Zug diejenige,

[1] Stets sind die dichtest belegten Gittergeraden die Gleitrichtungen; häufig sind Gleitebenen Netzebenen mit besonders dichter Belegung.

welche der 45°-Richtung zur Zugachse am nächsten kommt. Auf diese Weise können sich die Gleitrichtungen ablösen. Die kubischen Metalle verfügen über mehr Gleitmöglichkeiten als die hexagonalen und sind daher besser verformbar. Bei Magnesium wird bei Temperaturen oberhalb 210 °C ein neues Gleitsystem betätigt, was für die Schmiedbarkeit der Magnesiumlegierungen von praktischer Bedeutung ist.

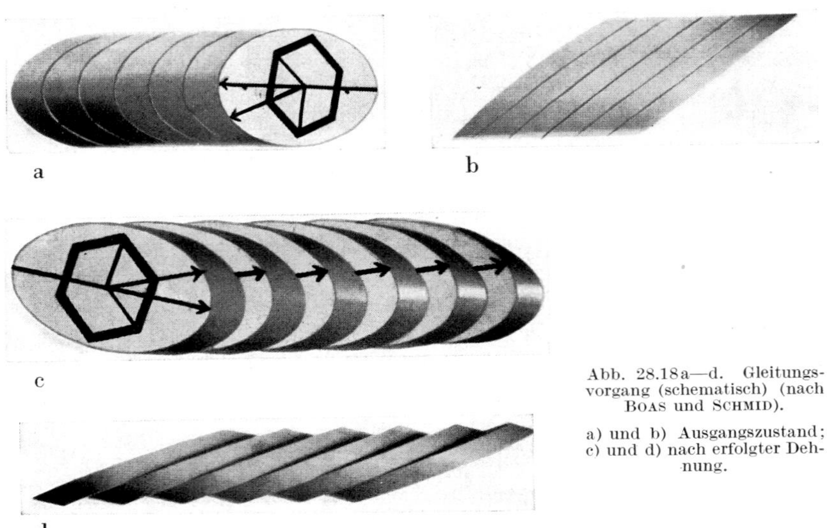

Abb. 28.18a—d. Gleitungsvorgang (schematisch) (nach Boas und Schmid).

a) und b) Ausgangszustand; c) und d) nach erfolgter Dehnung.

Metallkristalle mit verschiedener kristallographischer Orientierung der Drahtachse beginnen bei Zugbelastungen zu fließen, die sich wie 1:10 unterscheiden können. Das *Schubspannungsgesetz* von E. Schmid erklärt dieses Verhalten: Das Gleiten beginnt, wenn die Schubspannungskomponente der äußeren Kraft, genommen für die Gleitebene in der Gleitrichtung, einen für das betreffende Metall kennzeichnenden Wert überschreitet.

Die *mechanische Zwillingsbildung*[1] kommt so zustande, daß Teile des Kristalles unter der Wirkung äußerer Kräfte in eine symmetrische Stellung umklappen. In dem Modell (Abb. 28.19a und b) liegt die Zwillingsebene in halber Höhe. Die Schichten der oberen Hälfte sind parallel zu sich selbst um Beträge verschoben, die proportional mit dem Abstand von der Zwillingsebene zunehmen. Die Zwillingsbildung ermöglicht gegenüber der Gleitung nur verhältnismäßig kleine Formänderungen; sie spielt aber bei den hexagonalen Kristallen eine gewisse Rolle, weil sie die

[1] Auch bei der Rekristallisation treten mikroskopisch leicht erkennbare Zwillingsbildungen auf.

starke Orientierungsabhängigkeit der Verformbarkeit durch Gleitung teilweise überbrückt.

Durch eine Glühbehandlung kann die Wirkung der Kaltverformung aufgehoben werden. Der kaltverformte Zustand weicht wegen der Aufteilungen der Körner in kleine Bereiche und wegen der Gitterverzerrungen vom idealen Gitter stark ab und ist nicht im thermodynamischen Gleichgewicht. Bei mäßiger Erwärmung, bei manchen Metallen schon bei Zimmertemperatur, setzt eine *Erholung* ein. Die Gitterverzerrungen werden ausgeheilt, was sich in einem Schärferwerden der Röntgeninterferenzen äußert. Mikroskopisch sind Veränderungen nicht zu beobachten; die Aufteilungen der Körner in kleine Bereiche bleiben bestehen. Bei weiterer Temperatursteigerung setzt *Rekristallisation* ein; es erfolgt eine Neubildung des Gefüges. Auf dem Schliffbild sind an den Korngrenzen neue kleine Kristalle zu sehen. Gleichzeitig geht die Verfestigung des Metalles stark zurück; bei starkem Dehnungsanstieg nehmen Streckgrenze und Zerreißfestigkeit ab (Abb. 28.20). Die Rekristallisation erfolgt in zwei Teilvorgängen (GRAF): Die neugebildeten Körner wachsen so lange weiter, bis sich ihre Grenzen berühren *(Bearbeitungskristallisation)*. Dann wird ein Teil wieder aufgezehrt, indem einzelne auf Kosten

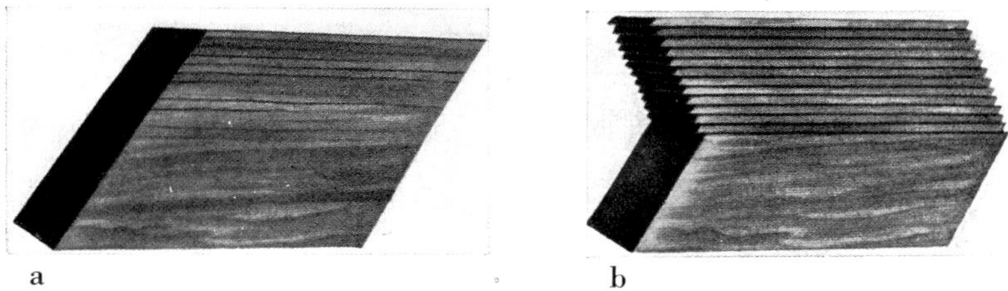

Abb. 28.19a u. b. Modell zur Veranschaulichung der Zwillingsbildung (nach BOAS und SCHMID).

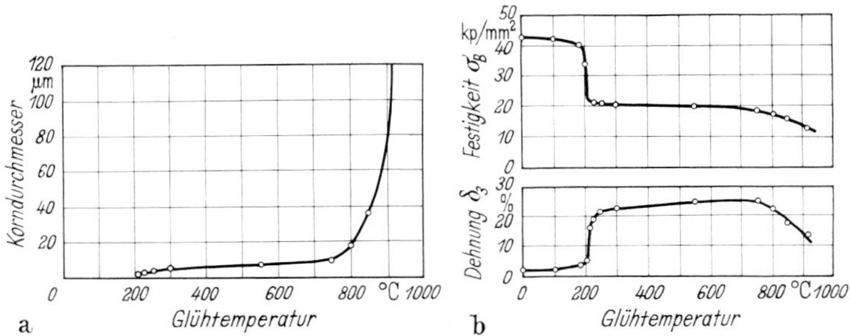

Abb. 28.20a u. b. a) Korngröße von geglühten Silberwalzblechen (nach WIDMANN); b) Festigkeit und Dehnung geglühter Silberwalzbleche (nach WIDMANN).

von anderen sich stark vergrößern *(Oberflächenkristallisation)*. Wie das *Rekristallisationsschaubild* von Kupfer (Abb. 28.21) zeigt, ist das neugebildete Korn um so größer, je höher die Temperatur und je niederer der Kaltbearbeitungsgrad ist (CZOCHRALSKI). Der Beginn der Rekristallisation liegt dagegen bei um so niedereren Temperaturen, je stärker die Kaltbearbeitung ist. Das bei hoher Temperatur erhaltene grobkristalline Gefüge (Abb. 28.20a) ist für die normale technische Verwendung unge-

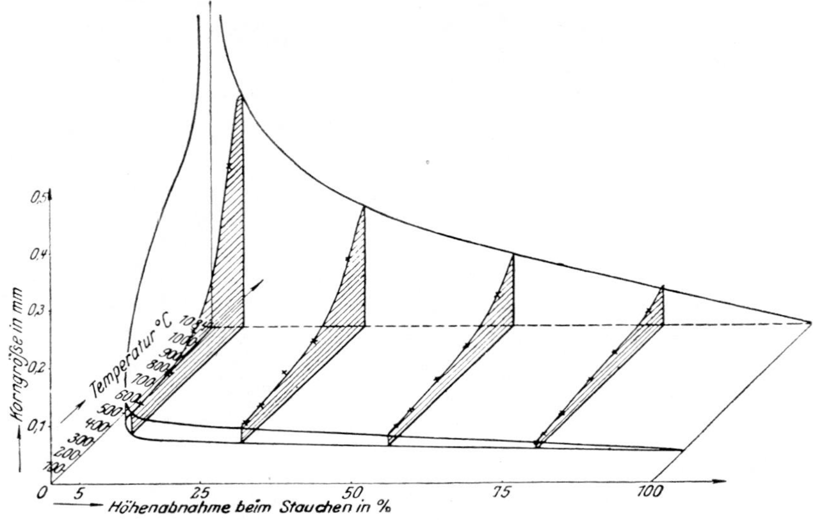

Abb. 28.21. Rekristallisationsschaubild von Kupfer (nach RASSOW und VELDE, aus CZOCHRALSKI).

eignet, da Festigkeit und Dehnung gleichzeitig abfallen (Abb. 28.20b). Für die Erzeugung sehr großer Metalleinkristalle wird eine Glühbehandlung dicht unter dem Schmelzpunkt nach vorhergegangener starker Reckung angewendet (DAHL und PAWLEK).

Hinsichtlich der Kristallitlagerung sind bei der *Rekristallisation* drei Fälle zu unterscheiden: 1. Die regellose Orientierung, 2. die Ausbildung einer neuen gerichteten Lage *(Rekristallisationslage)*, 3. die Verschärfung der Walztextur.

1. Bei nicht sehr reinen Metallen haben die neuen Kristalle alle möglichen Lagen.

2. Bei reinem Silber, das auf 98 bis 99% seiner Dicke herabgewalzt worden ist, bilden sich bei Glühtemperaturen über 225 °C an ganz bestimmten Stellen des Bildes nadelstichförmige Punkte, die von gesetzmäßig orientierten, vorher nicht vorhandenen Kristalliten herrühren (Abb. 28.22a). Bei höheren Glühtemperaturen entsteht eine von der Walztextur ganz verschiedene Rekristallisationstextur (GLOCKER und

Kaupp) (Abb. 28.22b). Nähere Angaben über Rekristallisationstexturen von Drähten und Walzblechen finden sich in der Tab. 28.3. Bei flächenzentriert kubischen Metallen tritt als Textur häufig die „Würfellage“ auf: parallel zur Walzebene liegt eine Würfelebene, in der Walzrichtung

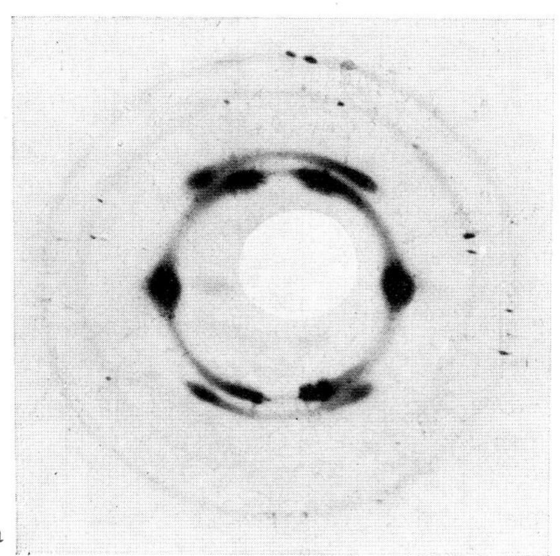

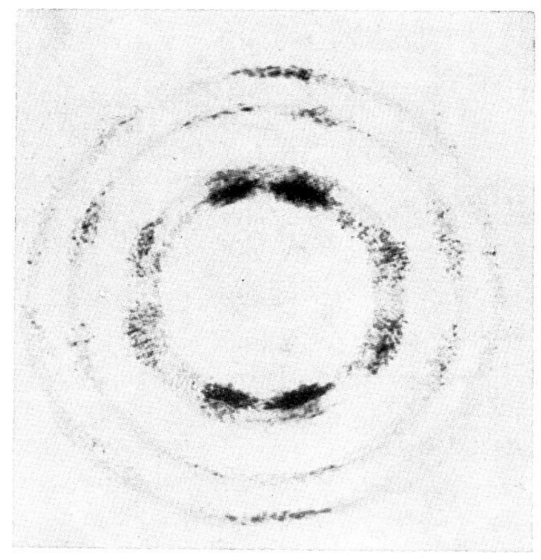

Abb. 28.22a u. b. Rekristallisation von Silberblechen (nach Glocker und Kaupp). a) Beginnende Rekristallisation (Walztextur); b) Fortgeschrittene Rekristallisation (Rekristallisationstextur).

eine Würfelkante. Das Entstehen der „Würfellage“ wird beim Kupfer durch Zusätze (5% Zn, 1% Sn, 0,5% Be, 0,05% P . . .) verhindert. Die Rekristallisationstexturen sind im allgemeinen beständig bis zum Schmelzpunkt. Der Begriff der Rekristallisation war früher ausschließlich auf die

Korngröße gegründet; gleiche Korngröße bedeutet aber noch lange nicht gleichen Rekristallisationszustand; es ist dabei auch noch die Kristallitorientierung mit in Betracht zu ziehen.

3. Bei sehr reinem Aluminium wurde an Drähten und Walzblechen mit zunehmender Glühtemperatur eine Verbesserung der Einstellung in die Walztextur beobachtet (SCHMID und WASSERMANN, v. GÖLER und SACHS).

Die Bedingungen für das Eintreten einer der drei Fälle sind in hohem Maße von verschiedenen Faktoren (Verunreinigungen, Zwischenglühungen usw.) abhängig.

Die *Rekristallisationstemperatur* wird bei gleicher Kaltverformung durch kleine Zusätze zu dem Metall stark beeinflußt. Bei chemisch reinem Silberblech von 98% Walzgrad erhöht sich die Rekristallisationstemperatur durch Zugabe von 0,1% Kupfer von 150 °C auf 190 °C, während sie bei Zugabe von 0,05% Eisen auf Zimmertemperatur herabsinkt. Die unerwünschte Wirkung von Eisenverunreinigungen, die ein Brüchigwerden des Werkstückes nach Wochen und Monaten herbeiführen können, verschwindet, wenn ein Kupferzusatz von etwa doppelter Höhe zugefügt wird (GLOCKER und WIDMANN). Der Beginn der Rekristallisation ist bei schlecht ätzbaren Blechen, wie z. B. Silber, aus dem Röntgenbild wesentlich früher und sicherer festzustellen als aus dem mikroskopischen Schliffbild. Bei gut ätzbaren Metallen, wie z. B. Messing, bietet das Röntgenverfahren keinen Vorteil.

Das *Auftreten einer Textur* wirkt sich im allgemeinen auf die mechanischen Eigenschaften *ungünstig* aus[1]. Beim Herstellen von Hohlkörpern aus Kupferblechen durch Tiefziehen tritt Zipfelbildung auf, wenn die Bleche Würfeltextur haben. Entsprechend der Richtungsabhängigkeit der Elastizitäts- und Festigkeitseigenschaften des Einkristalles zeigen Werkstücke mit Kristalltextur verschiedenes Verhalten in den verschiedenen Richtungen zur Kraftrichtung. Diese *Anisotropie*[2] der Festigkeitseigenschaften ist in Abb. 28.23 für ein in Würfellage rekristallisiertes Kupferblech dargestellt (FAHRENHORST, MATTHAES und SCHMID). Im einzelnen bedeutet σ_B und $\sigma_{0,2}$ Zugfestigkeit und Streckgrenze, σ_W Biegewechselfestigkeit (je in kp/mm²), δ die Dehnung und R die Randverformung (errechnet aus der Durchbiegung). Alle diese Eigenschaften erreichen für die Richtung 45° zur Walzrichtung sehr ausgeprägte Extremwerte. Aus dem Verlauf der Kurve R ist zu sehen, daß der Blechstreifen sich parallel und senkrecht zur Walzrichtung wesentlich tiefer hin- und herbiegen läßt als unter 45°.

---

[1] Zur Vermeidung von Texturen werden empfohlen (SACHS) 1. abwechselndes Walzen in verschiedener Richtung oder 2. letzte Zwischenglühung bei hoher Temperatur, letzter Walzgrad klein und Endglühung bei niederer Temperatur.

[2] Eine bibliographische Zusammenstellung über Zipfelbildung und Textur wurde von J. GREWEN (1966) gegeben.

Texturen hexagonaler Metalle haben noch größere praktische Bedeutung, da die geringere Gittersymmetrie die Richtungsabhängigkeit der Eigenschaften verstärkt hervortreten läßt. Ganz besonder gilt dies für Magnesium und seine Legierungen. Welche Ausmaße die Richtungseinflüsse annehmen können, zeigt folgendes Beispiel: ein Gußblock aus Elektron AZM wurde mit fünf Zwischenglühungen bei 410 °C geschmiedet: die Quetschgrenze betrug in der Richtung des Schmiedens 24, in

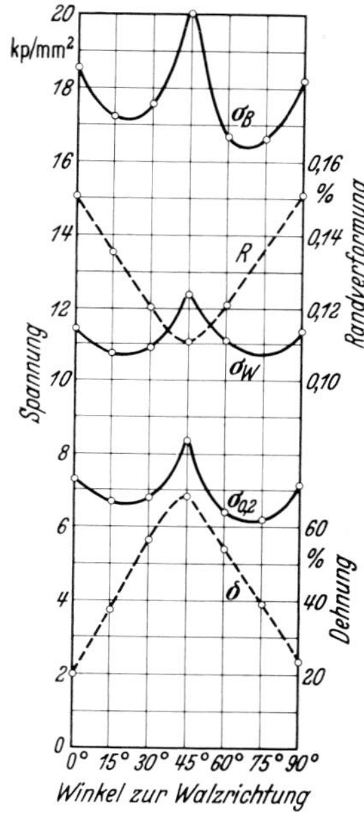

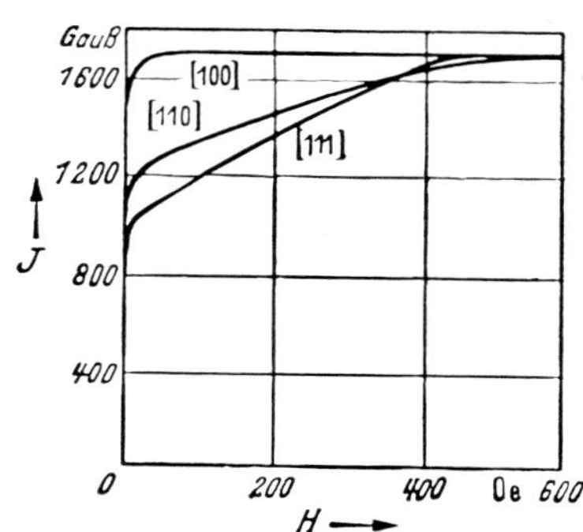

Abb. 28.24. Richtungsabhängigkeit der magnetischen Eigenschaften von Eiseneinkristallen (nach HONDA und KAYA). J = Magnetisierungsintensität.

Abb. 28.23. Richtungsabhängigkeit der Festigkeitseigenschaften von Kupferblechen mit Würfeltextur (nach FAHRENHORST, MATTHAES und SCHMID).

der Querrichtung 11 und in der 45°-Richtung 7,5 kp/mm² (WASSERMANN). Die technische Verarbeitung der Magnesiumlegierungen hat aus der Erforschung der Einkristalleigenschaften und der Texturgesetzmäßigkeiten großen Nutzen gezogen.

Für das *magnetische Verhalten* kann das Vorhandensein einer Textur erhebliche Verbesserungen bringen. Eiseneinkristalle zeigen eine sehr ausgeprägte Richtungsabhängigkeit der magnetischen Eigenschaften (Abb. 28.24). Liegt die Feldrichtung in der [100]-Richtung, so wird schon bei schwachen Feldern eine hohe Magnestisierungsintensität erzielt. Beim Nickeleinkristall ist dies die [111]-Richtung. Zur technischen Verwertung der magnetischen Anisotropie des Einkristalles werden vielkristalline Werkstoffe durch abwechselnde Verformung und Glühung in einen solchen Zustand gebracht, daß die Richtung leichtester Magnetisierbarkeit in allen Kristallen parallel verläuft. Ein Eisen-Nickel-Blech mit 50% Nickel mit Würfellagetextur zeigt in der Walz- und in der Querrichtung eine sehr steile Magnetisierungskurve. Bei weiterem Walzen erfolgt eine noch nicht völlig erklärte Änderung der magnetischen Eigenschaften derart, daß nunmehr in der Walzrichtung eine sehr flachgeneigte Magnetisierungskurve auftritt (Abb. 28.25). Ein solcher Verlauf ist erwünscht für die Herstellung von Bandkernen für Pupin-Spulen.

In bezug auf das *Korrosionsverhalten* unterscheiden sich Bleche mit Textur von solchen mit regelloser Orientierung der Kristallite, da beim Einkristall die Lösungsgeschwindigkeit in den verschiedenen Richtungen stark wechselt, z. B. 1:3 bei Kupferkristallen in Essigsäure. Bei Blechen mit Texturen kann die Korrosionsbeurteilung auf Grund einer

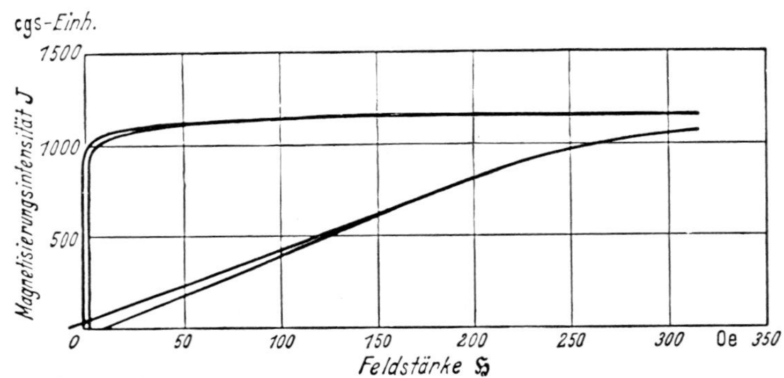

Abb. 28.25. Magnetisierungskurve eines Eisen-Nickel-Bleches mit Würfellage in der Walzrichtung (untere Kurve) bzw. in der Querrichtung (obere Kurve) (nach SNOEK).

makroskopischen oder mikroskopischen Besichtigung unter Umständen zu Fehlschlüssen führen: Bleche mit geordneter Kristallitlagerung werden gleichmäßig abgebaut und zeigen daher lange ein blankes Aussehen. In Essigsäure mit Wasserstoffsuperoxyd ist aber z. B. der Gewichtsverlust eines solchen blanken Kupferbleches mit Würfellage zweimal so groß als der des regellos orientierten Bleches, dessen Oberfläche sich sehr bald aufrauht. Die Reihenfolge der Korrosionsbeständigkeit kann sich je nach dem Lösungsmittel umkehren; in Salzsäure werden z. B. die Kupferbleche mit regelloser Anordnung stärker angegriffen als die Bleche mit Würfeltextur (GLAUNER und GLOCKER). Ob ein „geregeltes" oder „regelloses" Blech sich in bezug auf irgendeine mechanische oder chemische Eigenschaft günstiger verhält, hängt davon ab, ob der Wert für die betreffende Richtung größer oder kleiner ist als der Mittelwert der Eigenschaft über alle Richtungen genommen, wie er durch das regellose Gefüge dargestellt wird.

Texturuntersuchungen haben in letzter Zeit auch in Industrielaboratorien zunehmend an Bedeutung gewonnen, z. B. werden Uranbrennstoffstäbe mittels Texturuntersuchung vor dem Einsetzen in den Atomreaktor so ausgewählt, daß bei zyklischer Wärmebeanspruchung kein Wachstum erfolgt.

Als weiteres Anwendungsbeispiel sei erwähnt, daß die Austrittsarbeit eines Werkstoffes für Elektronen von dessen Textur abhängt, was bei der Auswahl von Materialien für thermionische Konverter von Bedeutung ist.

Die Anwendung der Texturuntersuchung zur Serienprüfung z. B. bei der Herstellung von Walzblechen hat zur Entwicklung von automatischen Texturgoniometern geführt, durch welche die Meßdauer wesentlich verkürzt wird.

Bei dem Gerät von LÜCKE bilden die Grundplatte, die Röntgenröhre in Schutzhaube (links in Abb. 28.26) und das eigentliche Goniometer (rechts in Abb. 28.26) eine Einheit. Die Blechprobe B befindet sich in Transmissionsstellung; durch einfaches Umstecken kann sie in Reflexionsstellung gebracht werden. Hinter der Öffnung des Kollimatorröhrchens K befindet sich das in Abbildung 28.26 nicht sichtbare Zählrohr.

Abb. 28.26. Ansicht des automatischen Texturgoniometers nach LÜCKE (Werkphoto Siemens AG, Karlsruhe).

Die Polfigur wird auf konzentrischen Kreisbahnen, die in Winkelabständen von je 5° aufeinander folgen, abgetastet und mit einem Zehnfarbenschreiber automatisch aufgezeichnet. Jede Farbe gibt eine bestimmte Belegungsdichte der Netzebenen an. Die Aufnahme einer Polfigur erfordert nicht ganz eine Stunde.

An den Meßwerten der Röntgenintensitäten sind zuvor einige Korrektionen z. B. für Absorption u. a. anzubringen. Dazu dient ein besonderes Korrekturgerät, das auf dem Prinzip eines Analogrechners beruht. Die Steuerung erfolgt dabei mit Hilfe von Kurvenscheiben, deren Form den Bedingungen, z. B. Röntgenwellenlänge, (hkl)-Indizes der reflektierenden Netzebenen u. a. angepaßt ist. Diese Scheiben müssen von Fall zu Fall besonders hergestellt werden.

Bei dem Verfahren von GREWEN, SEGMÜLLER und WASSERMANN ist eine Vergleichsprobe ohne Textur entbehrlich. Die Korrekturen werden in einer digitalen Rechenanlage durchgeführt. Die gemessenen Röntgenintensitäten werden dazu auf Lochstreifen zusammen mit den Winkelpositionen übertragen und mit einer Reihe von Daten, wie Gitterkonstanten, Wellenlänge usw. in einen Computer eingegeben.

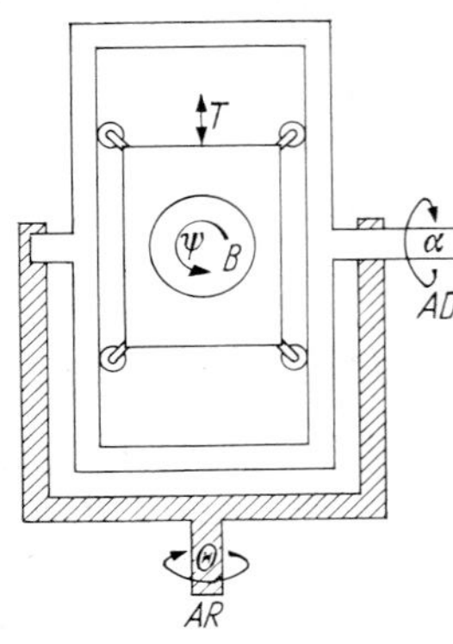

Abb. 28.27. Präparatträger des automatischen Texturgoniometers von GREWE, SAUER und WAHL in schematischer Darstellung.

Die Intensitäten an den bestimmten Stellen der Polfigur werden normiert auf die Gesamtintensität, welche in den betreffenden Halbraum der Polkugel gestreut wird. Dadurch werden dann die Meßergebnisse an verschiedenen Proben vergleichbar.

Der Präparatträger des automatischen Texturgoniometers von GREWEN, SAUER und WAHL in Abb. 28.27 übernimmt die Funktion des in Abb. 28.6 bzw. Abb. 28.26 auf einem Horizontalkreis („Bragg'scher Reflexionskreis") montierten Zweikreisgoniometers. Er hat zwei Drehachsen AR bzw. AD, die in ein normales Goniometer mit senkrechter Achse eingesteckt werden können, je nachdem, ob in Reflexion oder in Durchstrahlung gearbeitet wird. Das Präparat vollführt genau dieselbe Bewegung, die auch im Goniometer der Abb. 28.26 durchgeführt wird und im Zusammenhang mit Abb. 28.6 erläutert wurde. Die entsprechenden Winkelbezeichnungen sind in Abb. 28.27 eingetragen. Die Probe wird durch den Kreis B dargestellt. Die Polfiguren werden auch hier auf Kreisbahnen abgetastet.

Die in Abb. 28.27 für Reflexionsaufnahmen eingetragenen Bezeichnungen müssen für die Durchstrahlstellung sinngemäß geändert werden. Zu erwähnen bleibt noch, daß bei diesem Verfahren der Computer über ein Zeichengerät punktweise die Polfigur liefert.

29. Nichtkristalline feste Stoffe und Schmelzen

A. Grundlagen der Verfahren

Die Erforschung der Atomanordnung von nichtkristallinen Stoffen hatte zu einer Zeit ihre ersten Erfolge aufzuweisen, als die grundlegenden Ergebnisse der Röntgenstrukturbestimmung von Kristallen bereits vorlagen. Im letzteren Fall genügt es meist, die Lage der Interferenzen zu kennen, während die Ermittlung der Atomverteilung bei nichtkristallinen Stoffen eine Auswertung der Interferenzintensitäten erfordert; diese sind aber erst verhältnismäßig spät klargestellt worden. Dazu kommen die in der Verwaschenheit und Intensitätsschwäche der nichtkristallinen Interferenzen bedingten Schwierigkeiten der Aufnahmetechnik.

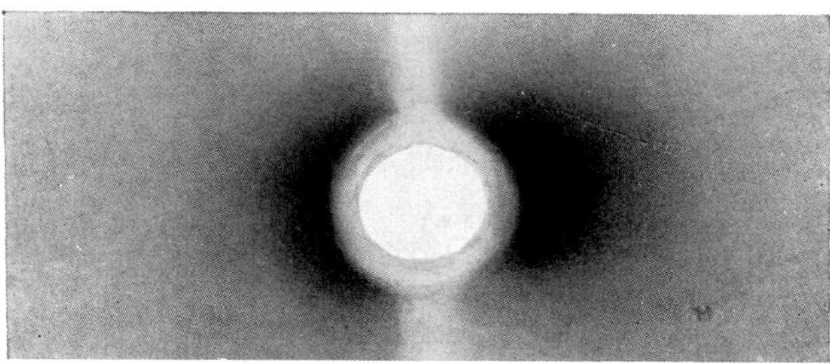

Abb. 29.1. Debye-Scherrer-Aufnahme eines Stäbchens aus amorphem Antimon (nach HENDUS).

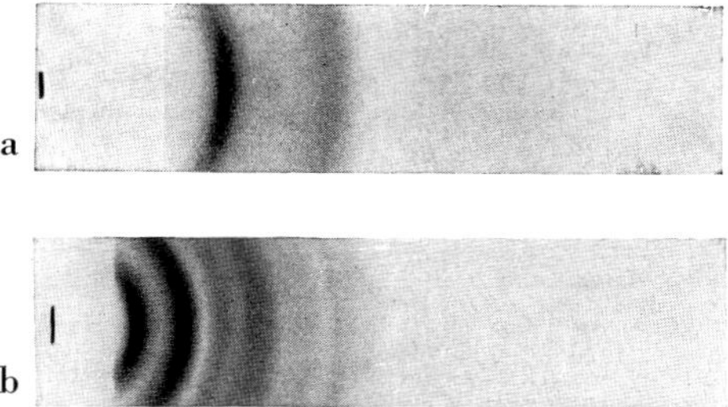

Abb. 29.2. Monochromatische Röntgenaufnahme einer Platte aus amorphem Antimon (nach HENDUS). a) $\lambda = 1{,}54$ Å; b) $\lambda = 0{,}71$ Å.

Die Verbesserung der Bildgüte durch Verwendung eines Kristallmonochromators zur Herstellung einer Röntgenstrahlung, welche nur eine einzige Wellenlänge enthält, geht aus einem Vergleich der Abb. 29.1 sowie 29.2a und b deutlich hervor. In einer Debye-Scherrer-Kammer wird ein zylindrisches Stäbchen aus amorphem[1] Antimon in üblicher Weise mit einer mittels Nickel gefilterten K-Strahlung einer Cu-Anode bestrahlt. Der zylindrisch gebogene Film hat in der Umgebung des Primärstrahles einen starken Schwärzungshof; irgendwelche Interferenzen sind nicht zu erkennen. Wird die Primärstrahlung an der (002)-Ebene eines Pentaerythritkristalles unter $10^\circ 4'$ für Cu-K_α-Strahlung bzw. $4^\circ 36'$ für Mo-Strahlung vor dem Eintritt in die Kammer

[1] Auch explosibles Antimon genannt, da der Übergang in die kristalline Form durch Stoß oder Erhitzung von Knall und Leuchterscheinung begleitet ist.

reflektiert, so daß nur Strahlen mit 1,54 bzw. 0,71 kX zur Aufnahme beitragen, so ändert sich das Bild grundlegend. Die von der Bremsstrahlung herrührende Hintergrundschwärzung ist stark vermindert. Ferner sind breite Interferenzen[1] zu sehen, deren Intensitäten mit steigendem Beugungswinkel abnehmen. Dieses für amorphe feste Stoffe kennzeichnende Aussehen einer Aufnahme findet sich auch bei flüssigen Stoffen, z. B. bei Metallschmelzen. Ein Nachteil des Monochromators ist die Erhöhung der Expositionszeiten auf das 5- bis 10fache. Die Verwendung eines plattenförmigen Präparates an Stelle eines Stäbchens hat den Vorzug, daß die bei kleinen Beugungswinkeln gelegenen besonders wichtigen Interferenzen durch Absorption der Strahlung im Präparat bei der Platte weit weniger geschwächt werden.

Trifft der Primärstrahl unter dem Braggschen Winkel auf die Platte auf, so kann dieser auf eine bestimmte Interferenz fokussiert werden (bei Antimon 8° für Mo-Strahlung und 15° für Kupfer-Strahlung). Zur Vermeidung der Luftstreuung in der Kammer muß im Vakuum oder in einer Schutzgasatmosphäre z. B. aus Helium gearbeitet werden.

Bei Metallschmelzen, bei denen es darauf ankommt, auch Interferenzen mit Winkeln von wenigen Grad zu erfassen, wird das Präparat durchstrahlt. Die „Transmission" hat gegenüber der „Reflexion" den Vorzug, daß die Absorptionskorrektion bei kleinen Winkeln geringer ist (vgl. Abb. H 4). Die optimale Dicke D des Präparates ist $D = 1/\mu$, wenn μ der Schwächungskoeffizient ist. Es ist darauf zu achten, daß das Küvettenmaterial (z. B. Be, BeO, Al_2O_3, SiO_2) nicht mit der Schmelze reagiert.

Die früher übliche photographische Aufnahme der Streukurven wurde durch die Registrierung mit Zählrohrgoniometern, die direkt die Intensitäten liefern, ersetzt.

Bei den Flüssigkeitsstrukturen und den flüssigkeitsähnlichen Strukturen (wie z. B. Gläser) liegt häufig die innerste, stärkste Interferenz ungefähr an der Stelle einer intensiven Linie des Kristallgitters. Bei der Deutung von verbreiterten Interferenzen muß man daher genau prüfen, ob es sich um eine Verbreiterung von scharfen Linien eines Kristallgitters oder um Interferenzen einer nicht-kristallinen Phase handelt. Im ersten Fall liegt ein kristalliner Stoff mit sehr kleinen Teilchen vor. Zur Unterscheidung können folgende Kriterien dienen:

Bei amorphen und flüssigen Stoffen überragt die innerste Interferenz alle anderen weit an Intensität. Ferner sind nur wenige Interferenzen vorhanden, deren Intensitäten nach außen hin rasch abklingen. Die Breite

[1] Die Bezeichnung „röntgenamorph" für Stoffe, welche keine Debye-Scherrer-Linien liefern, hat ihren Sinn verloren. Sie beruht auf einer nicht ausreichenden Monochromasie der Strahlung.

der Interferenzen nimmt bei Kristallen mit dem Winkel stark zu; trotzdem sind auch im Rückstrahlgebiet häufig noch Interferenzlinien beobachtbar.

Aus der Winkelabhängigkeit der Streuintensität läßt sich nach Anbringen von verschiedenen Korrektionen[1] die radiale Atomverteilung mit Hilfe einer Fourieranalyse ermitteln (Zernike und Prins, Debye und Menke, Warren und Mitarbeiter). Es wird eine Kurve erhalten, aus der die Zahl der Atome in einem Abstand r bis $r + dr$ von einem beliebig herausgegriffenen Atom entnommen werden kann (vgl. Abb. H 7). Bei festen Stoffen handelt es sich um einen räumlichen, bei flüssigen um einen räumlichen und zeitlichen Mittelwert. Die Atomverteilung kann auch durch eine Wahrscheinlichkeitsfunktion nach Art der Abb. 29.3 dargestellt werden. Die Ordinate gibt für eine Goldschmelze bei 1100 °C die Wahrscheinlichkeit an, in einem Abstand r von einem beliebigen Atom weitere Atome anzutreffen. Die Maxima der Kurve lassen erkennen, daß in den Entfernungen 2,86, 5,3 und[2] 7,6 Å besonders häufig Atome vorhanden sind. Der kürzeste Atomabstand ist dadurch gegeben, daß die Atome sich wegen ihrer Undurchdringlichkeit nur bis zur Berührung nähern können. In großen Entfernungen von dem betrachteten Atom verlieren sich die Wellungen; alle Abstände sind gleich häufig. Eine gleichmäßige Verteilung der Atome würde sich in der Abb. 29.3 durch eine zur Abszissenachse parallele Gerade mit der Ordinate 1 darstellen. Die auf die Umgebung eines Atomes beschränkte Ordnung heißt „Nahordnung“. Demgegenüber weist ein Raumgitter auch eine „Fernordnung“ auf, da auf beliebig große Strecken hin die Regelmäßigkeit der Atomanordnung gewahrt ist.

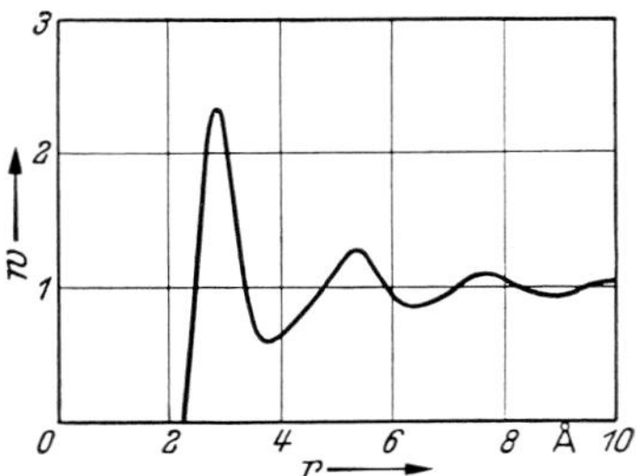

Abb. 29.3. Wahrscheinlichkeitskurve der Atomverteilung in einer Goldschmelze (nach Hendus).

Die aus der Fourier-Analyse der Streukurve erhaltene Atomverteilung (vgl. Abb. H 7) liefert 2 Bestimmungsstücke, nämlich die Abstände der Atome von einem beliebig herausgegriffenen Bezugsatom und die Zahl der nächsten, übernächsten Nachbarn eines Atomes (Koordinationszahlen).

Außer der als Routineverfahren viel benützten Fourier-Analyse sind Verfahren entwickelt worden, die auf anderem Wege die Auswertung ermöglichen:

[1] Siehe Math. Anhang H.

[2] Die Meßgenauigkeit ist bei nichtkristallinen Stoffen geringer als bei kristallinen; zwischen einer Angabe in Å und in kX besteht hier praktisch kein Unterschied.

Von RICHTER und BREITLING ist ein Berechnungsverfahren angegeben worden, welches direkt die Streuintensitätskurven auswertet. Umfassende Beobachtungen an Elementschmelzen führen zu dem Schluß, daß in der Schmelze mehrere verschiedene Strukturanteile vorkommen. Neben der üblichen Anordnung nach dem Kugelmodell finden sich Gitterverbände nach Art von Flächengittern[1]. Auswertungen von Schmelzen mit 2 oder mehr Atomarten nach den Verfahren von RICHTER und BREITLING liegen noch nicht vor.

Von HOSEMANN und LEMM wurde die Theorie des sogenannten Parakristalles zur Auswertung der Röntgenstreukurven von Metallschmelzen angewendet. Die berechneten Atomverteilungskurven stimmen in der Nähe des 2. Maximums gut mit den experimentellen Werten überein, während in dem Bereich des 1. Maximums mitunter etwas zu große r-Werte erhalten werden.

B. Metallschmelzen

Einen guten Überblick zur Frage einer Änderung der Koordinationszahl beim Aufschmelzen bietet die Abb. 29.4. Aufgeführt sind alle bisher röntgenographisch untersuchten Elementschmelzen mit Ausnahme der Halbmetalle Se und Ge sowie einiger Molekülschmelzen.

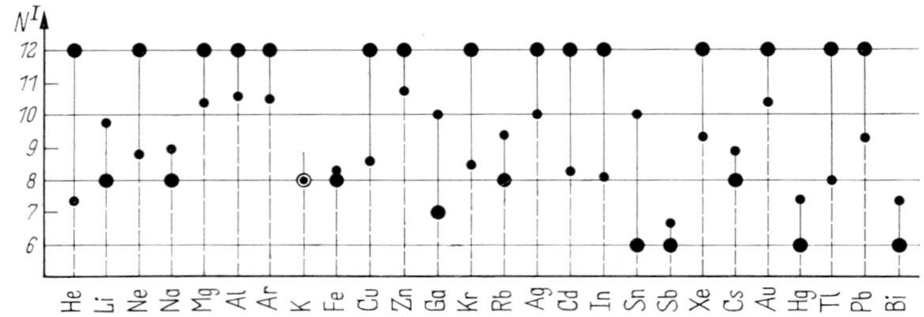

Abb. 29.4. Zahl der nächsten Nachbarn eines Atomes bei unlegierten Metallschmelzen und kondensierten Edelgasen (nach STEEB).

● fester Zustand • flüssiger Zustand

Die Zahl der nächsten Nachbarn eines Atoms (I. Koordination) im festen Zustand ist mit einem großen, im flüssigen mit einem kleinen Kreis angegeben. Man sieht, daß bei Raumgittern mit dichtester Kugelpackung (z. B. flächenzentriert kubisch) die Koordinationszahl beim Aufschmelzen abnimmt. Dies läßt sich damit erklären, daß beim Schmelzen Leerstellen im Kristall entstehen, so daß die gemittelte Koordinationszahl kleiner wird. Die im kristallinen Zustand einer dichtesten Kugelpakkung nicht angehörigen Stoffe, wie z. B. die kubisch raumzentrierten

[1] Atomverbände mit 2-dimensionalem, periodischem Aufbau.

Alkalimetalle, zeigen dagegen im Schmelzzustand eine Zunahme der Koordinationszahlen.

Bildet man den Quotienten r^{II}/r^{I} (r^{I} Abstand des ersten Maximums und r^{II} des zweiten Maximums der Atomverteilungskurve), so findet man, daß alle Werte für die aufgeführten Elemente zwischen den Grenzen 1,8 und 2,0 liegen[1]. Dies ist nicht der Fall für die Halbmetalle Se und Ge (1,65 bzw. 2,17).

Enthalten die zu untersuchenden Stoffe zwei oder mehr Atomarten, so stellt die aus der Fourier-Analyse erhaltene Verteilungskurve die „Elektronendichte" und nicht mehr die Atomdichte dar (WARREN, KRUTTER und MORNINGSTAR). Die Flächen unter den Maxima geben die Zahl n der Elektronen an, die in einem bestimmten Abstand r von dem Bezugsatom sich vorfinden. Die Zuordnung eines Maximums zu der Atomart A oder B ist aber zunächst nicht erkennbar. Wie im einzelnen vorzugehen ist, wird an anderer Stelle[2] an dem Beispiel B_2O_3 erörtert.

Eine solche Auswertung liefert wie im Falle der Elementschmelzen Atomabstände und Koordinationszahlen. Darüber hinaus kann durch eine Weiterentwicklung der Theorie eine Aussage gewonnen werden über die Art der Mischung der Atomsorten (STEEB und HEZEL). Es ergeben sich Kriterien, die z. B. bei binären Metallschmelzen eine Einteilung in die folgenden drei Legierungsgruppen ermöglichen:

Gruppe L: Statistische Verteilung der A- und B-Atome in der Schmelze, „Lösungssystem".

Gruppe E: Starke Anziehungskräfte zwischen gleichartigen Atomen, Bildung von Clustern, „Entmischungssystem".

Gruppe V: Starke Anziehungskräfte zwischen ungleichartigen Atomen, „Verbindungssystem".

Bei der 2. und 3. Gruppe spricht man mitunter vom Vorliegen von Eigenkoordination bzw. Fremdkoordination.

Die Zahl n der Elektronen der 1. Koordinationssphäre wird für verschiedene Konzentrationen einer Legierungsschmelze experimentell ermittelt. Die Zahl der Elektronen für die beiden Elemente ergeben sich unmittelbar aus den Ordnungszahlen. In der Abb. 29.5 sind die Elektronenzahlen für die beiden Elemente als Ordinaten eingezeichnet und ihre Endpunkte durch eine gerade Linie verbunden. Wie von STEEB und HEZEL theoretisch abgeleitet worden ist, lassen sich die 3 Gruppen von Legierungen dadurch unterscheiden, daß die Meßpunkte für eine Legierung, die beide Komponenten enthält, entweder auf der Geraden

[1] Das statistisch geometrische Modell einer Schmelze von BERNAL ergibt den Wert 1,90.

[2] Betr. der Einzelheiten s. Math. Anhang H.

(statistische Verteilung) oder unterhalb (Fremdkoordination) bzw. oberhalb (Eigenkoordination) liegen. Voraussetzung ist dabei, daß die Ordnungszahlen der beiden Elemente sich wesentlich unterscheiden.

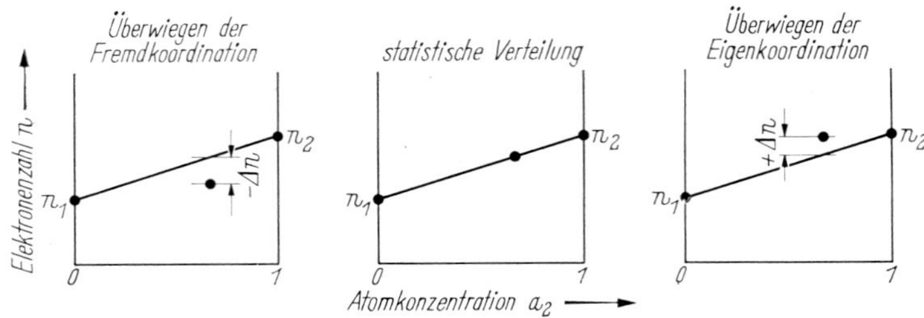

Abb. 29.5. Experimentelle Bestimmung der Mischungsarten bei binären Metallschmelzen (nach STEEB).

Die Tab. 29.1 enthält die bisher mit Röntgenbeugung untersuchten Schmelzen von binären Legierungen, eingeteilt in die drei Gruppen *V*, *L* und *E*.

Tabelle 29.1. *Ergebnisse der bisherigen Strukturuntersuchungen an binären Schmelzen*

Überwiegend Fremdkoordination (*V*)	Statistische Verteilung (*L*)		Überwiegend Eigenkoordination (*E*)
Ag–Al	Al–Mg	Hg–Zn	Al–In
Ag–Mg	Bi–In (> 320 °C)	In–Pb	Al–Sn
Ag–Sn	Bi–Sn	In–Sb	Bi–Cd
Al–Au	Cd–Hg	In–Sn	Bi–In (< 320 °C)
Al–Fe			
Au–Sn	Cs–Na	K–Na	
Cd–Mg	Ga–Sn	Pb–Sn (> 400 °C)	Bi–Pb
Hg–K			
Hg–Na	Hg–In		Bi–Sn
Hg–Tl	Hg–Pb		Cd–Sn
Mg–Sn			Pb–Sn (< 400 °C)
Mg–Pb			Sn–Zn

C. Amorphe Stoffe

In der Atomanordnung von amorphen Stoffen finden sich mitunter in der ersten Koordinationssphäre Atomgruppierungen, welche mit den Gitterbausteinen im kristallinen Zustand identisch sind. Ein gutes Beispiel ist das Germanium. Im Germaniumgitter ist, wie beim Diamant, jedes Atom tetraedrisch von 4 Nachbaratomen umgeben; besetzt das betrachtete Atom den Schwerpunkt eines regulären Tetraeders, so nehmen seine 4 nächsten Nachbaratome die Ecken des Tetraeders ein. Die Atomverteilungskurve des amorphen Germanium liefert nicht nur die Koordinationszahl 4, sondern auch die richtigen Abstände der zu einem Tetraeder gehörigen Atome; dagegen kommt der Abstand, welcher der Kantenlänge der Gitterzelle entspricht, nicht vor. Man muß daraus schließen, daß die Tetraeder im amorphen Germanium nicht regelmäßig verknüpft sind wie im Gitter. Ähnlich sind die Verhältnisse beim amorphen Graphit. Ein Atom ist von seinen nächsten Nachbarn tetraedrisch umgeben.

Auch beim amorphen Arsen begegnet man dem Baustein des Gitters, einem gleichschenkligen, nicht zentrierten Tetraeder (Richter und Breitling). Darüber hinaus finden sich die im Gitter vorhandenen Ketten von Tetraedern (Abb. 29.6), wobei je zwei Tetraeder eine gemein-

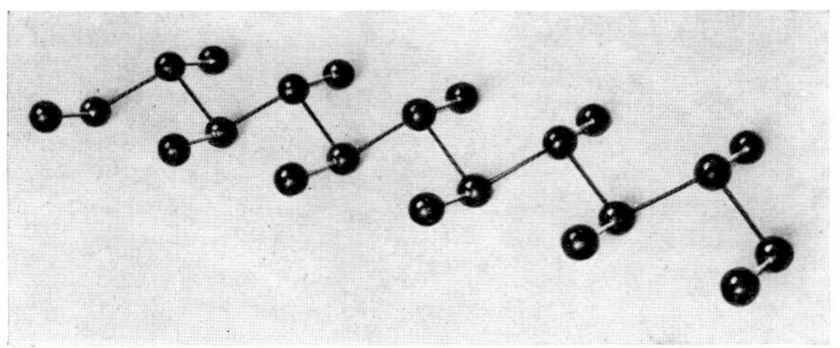

Abb. 29.6. Tetraederketten in amorphem Arsen (nach Richter und Breitling).

same Kante haben. Bei sehr dünnen Schichten sind die Ketten regellos miteinander verknüpft, bei dicken ordnen sie sich parallel zueinander an, so daß eine Art von Stäbchenstruktur entsteht.

In der Atomanordnung der Gläser ist das SiO_4-Tetraeder enthalten, das den Baustein der Silikatgitter bildet. Die Tetraeder sind aber regellos aneinander gefügt (Zachariasen, Warren). Der charakteristische Unterschied der Atomanordnung im kristallinen und im glasigen Zustand wird durch das zweidimensionale Modell in Abb. 29.7 veranschaulicht; das vierte O-Atom jedes Tetraeders ist zur Vereinfachung nicht eingezeichnet. Im Gitter ist die Verknüpfung der Tetraeder durch Symmetriegesetze bestimmt; es gibt eine Struktureinheit, die sich periodisch wiederholt (Gitterzelle). Im glasigen Zustand ist die Aneinanderreihung der Tetraeder völlig regellos. Eine sich wiederholende Gesetzmäßigkeit ist nur für die Atome eines Tetraeders vorhanden. In den Alkaligläsern ist das Natrium- bzw. Kaliumion in den freien Zwischenräumen des Netzwerkes eingelagert (Warren).

Eine gewisse Mittelstellung zwischen der dreifach periodischen Atomanordnung eines Kristalles und der nichtperiodischen eines amorphen oder flüssigen Stoffes nimmt der feindisperse Kohlenstoff ein (Warren, Hofmann und Wilm). Plattenförmige Teilchen von etwa 30 Å Dicke und einer linearen Abmessung von 60 Å bestehen aus Basisebenen des Graphitgitters, die in gleichen Abständen zueinander parallel liegen; in der Querrichtung zur Ebenennormalen ist die Orientierung willkürlich; man kann sich die Ebenen um die Normale beliebig gedreht denken. Eine solche Anordnung wirkt als Flächengitter, das Interferenzen $(h\ k)$ mit asymmetrischer Intensitätsverteilung liefert. Dazu kommen noch die Interferenzen (001) von den äquidistanten Basisebenen; alle anderen Interferenzen des Graphitraumgitters fehlen.

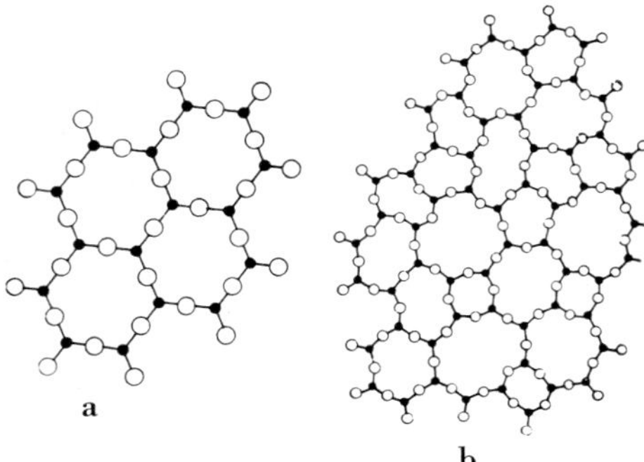

Abb. 29.7a u. b. Atomanordnung in kristallinem (a) und glasigem (b) SiO_2 (zweidimensionales Modell nach Zachariasen) ● Si., ○ O.

Der Übergang vom kristallinen Graphit zum amorphen wurde von Richter, Breitling und Herre im einzelnen verfolgt. Stets treten die Atomabstände auf, die den Atomen eines C_6-Ringes entsprechen, aus denen die Basisebene des Graphitgitters aufgebaut ist. Schon in Abständen von etwas mehr als 3 Å treten in dem Präparat des höchsten Dispersitätsgrads keine ausgeprägten Maxima mehr auf.

Von grundsätzlicher Bedeutung ist die Frage, ob die Atomanordnung im amorphen Zustand mehr der kristallinen Phase oder der Schmelze ähnlich ist. Hierüber liegen nur wenig Beobachtungen vor. Als Beispiel kann das Germanium genannt werden, bei dem alle 3 Zustände untersucht worden sind. Die Koordinationszahl der ersten Sphäre ist 4, sowohl für das kristalline als auch für das amorphe Germanium (Fürst, Glokker und Richter), während sich für die Schmelze 8 ergibt (Hendus). Die nahe Verwandtschaft der kristallinen und amorphen Phase geht auch aus der oben erwähnten Tetraeder-Anordnung der Atome in beiden Fällen hervor. Beim Antimon ändern sich die Koordinationszahlen in der gleichen Richtung wie beim Germanium. Eine Änderung der Koordinationszahlen beim Aufschmelzen spricht eindeutig gegen die Auffassung einer Flüssigkeitsstruktur als „verwackeltes Gitter“.

Ein Gegenbeispiel liefert Gallium und Wismut. Nach Aufnahmen mit Elektronenstrahlen-Interferenzen ist die Atomanordnung in der amorphen Form und in der Schmelze gleich, aber verschieden von der im Kristall (RICHTER und STEEB).

Für hochpolymere Stoffe ist es wichtig, den Kristallinitätsgrad, d. h. den Anteil an kristalliner und amorpher Substanz getrennt bestimmen zu können. Die verschiedenen Röntgenverfahren wurden meist mit Polyäthylen als Probekörper entwickelt, weil bei diesen Polymeren Vergleichswerte mit anderen Methoden (Infrarotspektroskopie u. a.) in größerem Umfang vorlagen. Bei einem älteren Verfahren wird nur die amorphe Phase zur Messung herangezogen. Die Interferenzintensitäten der Probe werden unter sonst gleichen Bedingungen zweimal gemessen, in der festen und dann in der geschmolzenen Form. Im letzteren Fall liegt ein sicher zu 100% amorphes Präparat vor (HERMANS und MEIDINGER). Ein neueres, besonders auch für Routineuntersuchungen geeignetes Verfahren beruht auf dem Gedanken, zur Messung die kristallinen Interferenzen *und* den Streuhintergrund der Aufnahme zu verwenden.

Die erforderlichen Bestimmungsstücke werden dadurch erhalten, daß 2 Proben mit gleicher chemischer Zusammensetzung, aber mit verschiedenem, nicht bekanntem Kristallinitätsgrad verwendet werden.

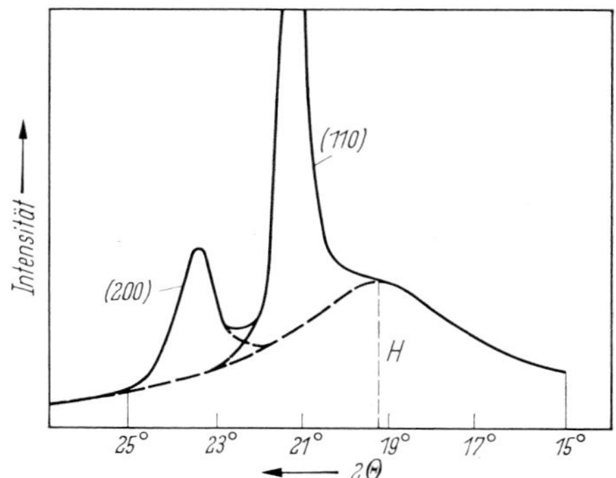

Abb. 29.8. Kristalline Interferenzen und Streuhintergrund bei Polyäthylen (nach HERMANS und WEIDINGER).

Der Anteil an kristalliner Substanz sei bei der ersten Probe x und bei der zweiten y; dann ist der Anteil an amorpher Substanz $(1-x)$ und $(1-y)$. Es kommt nun darauf an, zwei Größen A und B experimentell zu bestimmen, welche durch folgende Gleichungen mit den gesuchten Größen x und y verknüpft sind:

$$\frac{x}{y} = A \qquad \text{und} \qquad \frac{(1-x)}{(1-y)} = B \tag{29.1}$$

Als A kann das Verhältnis der integralen Intensitäten einer Kristallinterferenz bei beiden Proben verwendet werden, vorausgesetzt, daß keine Textur vorhanden ist.

Aus Abb. 29.8 ist zu ersehen, wie der diffuse Streuhintergrund von den (110) und (200) Linien getrennt werden kann. Zur Bestimmung von B wird das Verhältnis der Hintergrundstrahlung beider Proben am Ort ihres Höchstwertes gemessen.

Tabelle 29.2. *Kristallinitätsgrad von Polyäthylen verschiedener Herstellung* (Hendus und Schnell)

Herstellungsart	Dichte g/cm³	Verzweigungsgrad CH_2/1000 C	% Kristallinität Röntgenverfahren	Infrarotverfahren
nach Phillips	0,960	1	74	72
nach Ziegler	0,965	1	78	76
nach Ziegler	0,950	4	68	65
Hochdruck	0,935	12	57	53
Hochdruck	0,918	28	45	40

In Tab. 29.2 sind Messungen von Hendus und Schnell mit dem eben besprochenen Röntgenverfahren und mit Infrarotspektroskopie gegenübergestellt; die Übereinstimmung ist recht befriedigend. Eine weitere Bestätigung der Röntgenbefunde liefern neuere thermische Messungen von Illers und Hendus.

30. Kleinwinkelstreuung

Die Messung der Streuintensität in unmittelbarer Umgebung des Primärstrahles, bei Streuwinkeln bis zu einigen Grad, gewinnt zunehmende praktische Bedeutung. Sie gibt Auskunft über Form und Größe von submikroskopischen Teilchen und über Inhomogenitäten in festen Stoffen, z. B. über Ansammlung von Atomen bei der Aushärtung von Legierungen. Das Wesentliche der Erscheinung zeigen die beiden, unter gleichen Bedingungen mit streng monochromatischer Strahlung hergestellten Aufnahmen von flüssigem Benzol (Abb. 30.1) und von feindisperser Kohle (Abb. 30.2). Der zentrale Teil innerhalb des breiten Interferenzringes ist beim Benzol hell, bei der Kohle stark geschwärzt. Der Primärstrahl ist abgedeckt. Der Unterschied in der Streuung bei kleinen Winkeln auf den Abb. 30.1 und 30.2 ist bedingt durch die Verschiedenheit der Raumerfüllung durch die Materie. Bei Flüssigkeiten und Gläsern ist das ganze Volumen gleichmäßig von Materie eingenommen, ohne leere Zwischenräume zwischen einzelnen Bezirken. Die feindisperse Kohle besteht dagegen aus Teilchen, die voneinander durch Spalte getrennt sind. Der Unterschied zwischen diesen beiden Stoffverteilungen wurde von Warren in einem Beispiel anschaulich dargestellt: Man denke sich einen Behälter, im ersten Fall mit Wasser, im zweiten Fall mit Kieselsteinen oder Sandkörnern gefüllt.

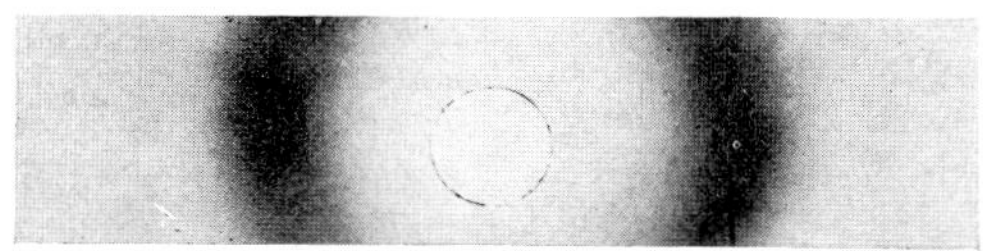

Abb. 30.1. Monochromatische Aufnahme von Benzol (nach Hendus).

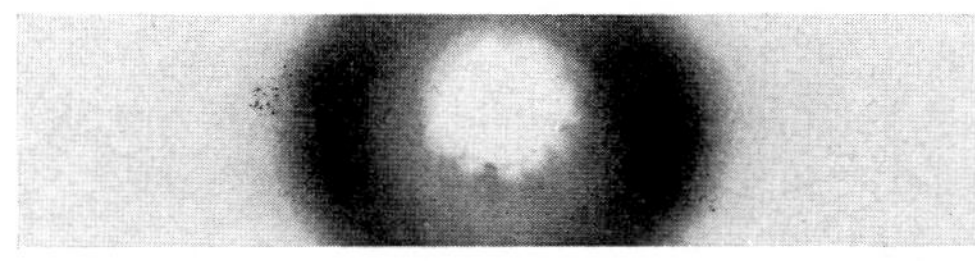

Abb. 30.2. Monochromatische Aufnahme von feindisperser Kohle (nach Hendus).

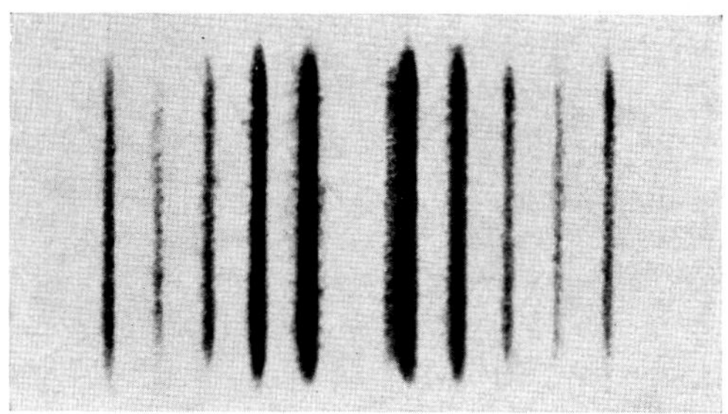

Abb. 30.3. Kleinwinkelaufnahme nach Bolduan und Bear von einer Känguruh-Schwanzsehne nach Behandlung mit Phosphorsäure (aus Hosemann).

Bei der Kleinwinkelstreuung sind zwei Arten zu unterscheiden, die eben besprochene „kontinuierliche" Kleinwinkelstreuung, bei der die Schwärzung auf dem Film sich über ein größeres Winkelgebiet hin erstreckt und die „diskontinuierliche" Kleinwinkelstreuung, die aus einzelnen, voneinander getrennten Interferenzen besteht. Diese tritt auf bei Kristallen mit besonders großen Netzebenenabständen oder bei Faserstoffen, die in Richtung der Faserachse eine sehr lange Periode aufweisen. Als Beispiel ist in Abb. 30.3 der innere Teil einer Kleinwinkelaufnahme von Kollagen aus der Känguruhschwanzsehne mit einer Periode[1] von 645 Å in 12facher Vergrößerung dargestellt (Bolduan und Bear).

[1] Es ist allgemein üblich, im Kleinwinkelgebiet als Maßeinheit für Teilchengrößen, Moleküldurchmesser usf. Å und nicht kX zu verwenden.

Die erste Ordnung der Reflexion, links und rechts von dem abgedeckten Primärstrahl in der Mitte des Bildes, ist deutlich von der zweiten Ordnung getrennt. Der Wunsch, solch große Perioden oder noch größere beobachten zu können, gab den Anstoß, besondere Aufnahmekammern zu entwickeln, wobei hohes Auflösungsvermögen meist durch große Abstände Präparat—Film erreicht wurde (Yudowitsch).

Die schon erwähnte *kontinuierliche Kleinwinkelstreuung* ist dagegen ihrer Natur nach wesensverschieden von den bekannten Feinstrukturmethoden und ihre Ergebnisse sind von anderer Art. Der Verlauf der Streuintensitätskurve als Funktion des Streuwinkels ist wesentlich bedingt durch Form und Größe der Teilchen, nicht aber durch deren innere Struktur (Anordnung der Atome im Teilchen). Dasselbe gilt sinngemäß für Heterogenitäten in festen Stoffen. Die Methode spricht an auf örtliche Verschiedenheiten der Elektronendichte. Sie ist daher anwendbar auf kristalline und nichtkristalline feste Stoffe, auf Suspensionen von Hochmolekularen, Metallschmelzen usf.

Es handelt sich um eine ähnliche Erscheinung wie beim Lichthof des Mondes, der durch eine Beugung des Lichtes an Wassertröpfchen hervorgebracht wird. Ist der Beugungswinkel ε und der mittlere Durchmesser eines Wassertröpfchens D, so hat die Streuintensität des Lichtes von der Wellenlänge λ ein Maximum für $\varepsilon_1 = 0$ und ein Minimum für

$$\varepsilon_2 = \frac{\lambda}{D}, \tag{30.1}$$

ε_2 ist praktisch die Grenze des Lichthofes nach außen hin.

Wie aus der Gl. (30.1) zu ersehen, liegt das Streulicht der Wassertröpfchen dem primären Lichtstrahl um so näher, je größer diese sind. Analoges gilt für das Röntgengebiet; wegen der kleinen Wellenlängen der Röntgenstrahlen sind jedoch die nachweisbaren Teilchen auch entsprechend kleiner. Ihre Größe reicht von einigen zehn bis zu einigen zigtausend Ångström. Die obere Grenze hängt vom Auflösungsvermögen der verwendeten Röntgenkammer ab. Als Auflösungsvermögen ist definiert die Größe λ/ε_0, wobei ε_0 den kleinsten meßbaren Streuwinkel bedeutet. Da nach Kratky ε_0 etwa 16 Bogensenkunden beträgt, ergibt sich die zugehörige Teilchengröße zu 20000 Å. Die zur Beobachtung gelangenden organischen Moleküle haben dann Molekulargewichte von 1000 bis einige Millionen. Infolge dessen ist die Methode der Kleinwinkelstreuung von besonderer Bedeutung für die Hochpolymeren-Forschung.

Wie Abb. 30.4 zeigt, erfolgt bei Teilchen von gleicher Form der Abfall der Streuintensität bei großen Teilchen (Kurve I) viel rascher als bei kleinen (Kurve II).

Der *Zusammenhang zwischen Kleinwinkel- und Weitwinkelstreuung* ist am Beispiel einer Metallschmelze in Abb. 30.5 schematisch für $\lambda = 1{,}45$ Å dargestellt. Der Teil I rührt von der Probenbegrenzung her; maßgebend ist die Größe des bestrahlten Volumens, daher die Bezeichnung „Volumstreuung". Der Bereich I liegt so nahe am Primärstrahl, daß er experimentell nicht sicher erfaßt werden kann.

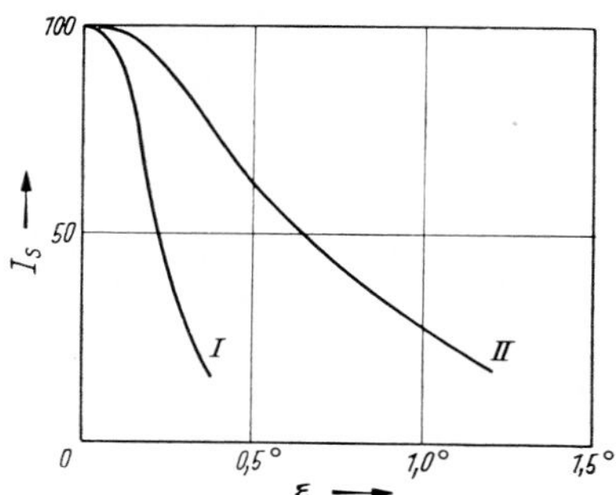

Abb. 30.4. Streuintensität in Abhängigkeit vom Streuwinkel bei Teilchen mit großem (*I*) bzw. kleinem (*II*) Durchmesser

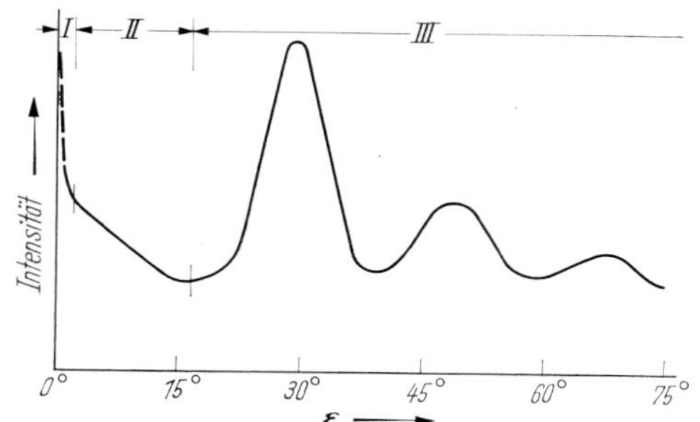

Abb. 30.5. Unterteilung der Kleinwinkelstreuung in Volum-, Teilchen- und Atomstreuung.

Befinden sich in einer Schmelze Atomagglomerationen (Teilchen), so geben diese im Gebiet II Anlaß zu einer „Kleinwinkelstreuung", die von der Form und Größe der Teilchen abhängt. Die Atomanordnung innerhalb eines Teilchens bedingt den Verlauf der Streuung im Bereich III. Hier liegen die Röntgenreflexe von Kristallen und die Interferenzbänder von amorphen Stoffen und Schmelzen. Die Gebiete II bzw. III werden „Teilchenstreuung" bzw. „Atomstreuung" genannt.

Die Erfassung der Streustrahlung in unmittelbarer Nähe des Primärstrahles erfordert Meßanordnungen mit äußerst scharfer Ausblendung des Primärstrahles, wobei die von den Blendenrändern ausgehende, störende Sekundärstrahlung durch weitere Blenden möglichst abgehalten werden muß. Dies kann durch eine bemerkenswerte Konstruktion von KRATKY vermieden werden (Abb. 30.6). Die beiden schraffiert gezeichneten Rechtecke stellen Stahlblöcke dar, die an den Seiten, wo der Primärstrahl tangiert, völlig eben poliert sind. Dadurch wird erreicht, daß der in Abb. 30.6 rechts oben liegende Halbraum völlig frei von Streustrahlung ist. Der durch Blendenstreuung gestörte Bereich auf dem Film erstreckt sich somit nur nach der einen Seite hin, während auf der anderen (obere Hälfte in Abb. 30.6) bis an den Primärstrahlenauffänger heran die Streuintensität störungsfrei gemessen werden kann.

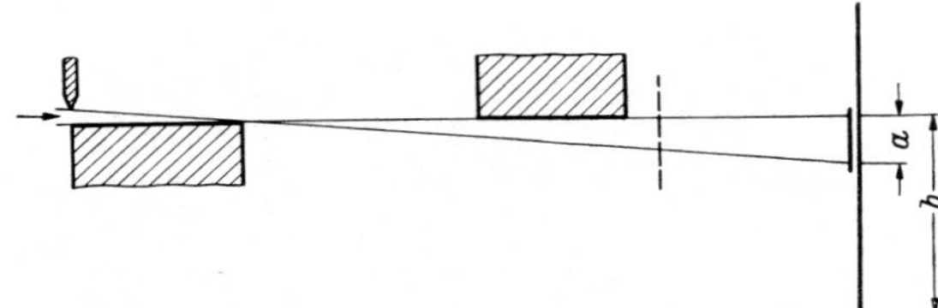

Abb. 30.6. Blendensystem (nach KRATKY).

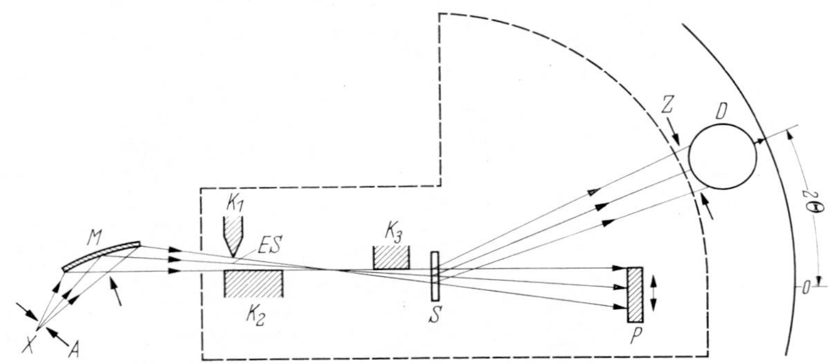

Abb. 30.7. Kleinwinkelstreukammer zur Untersuchung von Metallschmelzen (nach STEEB und HEZEL).

Die in älteren Arbeiten benützte photographische Methode ist jetzt allgemein durch das *Zählrohrverfahren* ersetzt worden. Abb. 30.7 zeigt den Strahlengang in einer Kammer, die zur Untersuchung von Legierungsschmelzen bei Temperaturen bis zu 1000 °C dient (STEEB und HEZEL).

Dabei wird in das Kratky-System monochromatische Röntgenstrahlung so eingestrahlt, daß der Fokus zwischen den beiden Klötzen K_2 und K_3 liegt. S bedeutet die Schmelze, die sich in einem Heizofen mit durchstrahlbarer Küvette befindet. Mit P ist der Primärstrahlenfänger bezeichnet. Das Zählrohr D läuft längs eines Teilkreises, an dem mittels eines Nonius die Winkellage auf eine Winkelminute genau abgelesen werden kann. Die Kammer (gestrichelt gezeichnet) ist so gebaut, daß sie auch bei großen Winkeln verwendet werden kann.

Abb. 30.8 enthält die Ansicht einer käuflichen[1] Kammer. Bemerkenswert ist die äußerst stabile Konstruktion des Gerätes, die für die Erreichung eines hohen Auflösungsvermögens unbedingt erforderlich ist. Der Strahleintritt ist im Bild oben rechts, das Zählrohr ist mit seinem Vorverstärker auf der linken oberen Seite angebracht.

In Fällen, in denen die Teilchengrößen[2] nur einige Ångström betragen und die Verdünnung zur Ausschaltung von interpartikulären Streueffekten sehr hoch sein muß (einige Promille), ist eine extreme Empfindlichkeitskonstanz erforderlich; die Röntgenanlage muß sehr gut

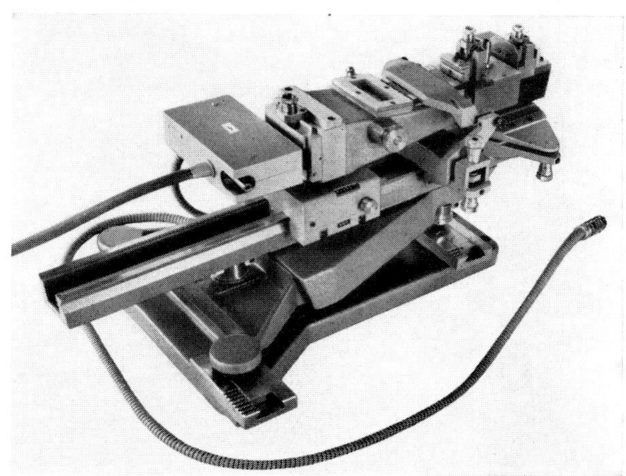

Abb. 30.8. Kratky-Kammer.

stabilisiert und der Meßraum voll klimatisiert sein. Als Beispiele seien genannt die Molekulargewichtsbestimmungen von KRATKY an Anthrachinonfarbstoffen.

Bevor auf die Auswertung der Kleinwinkelstreukurven näher eingegangen wird, soll anhand von Abb. 30.9 der Vorgang der *Entzerrung einer Streukurve* erläutert werden. Die Theorie der Kleinwinkelstreuung setzt voraus einen Röntgenstrahl mit kleinem kreisförmigem Querschnitt. Aus Intensitätsgründen wird jedoch meist ein Strahl mit spaltförmigem Querschnitt benützt, was die Form der Streukurve verfälscht (verschmiert). Die Entschmierung wird mit Hilfe eines Computers vorgenommen. Als Beispiel ist in Abb. 30.9 die Entschmierung einer durch einen sehr langen Spalt verschmierten Kurve dargestellt (unendliche Spaltverschmierung). Oben ist die verschmierte Kurve, darunter die zu-

[1] Hersteller: Anton Paar KG, Graz-Strassgang (Österreich).

[2] Die Intensität der Kleinwinkelstreuung nimmt proportional mit dem Molekulargewicht ab.

gehörige entzerrte Kurve eingezeichnet. Die Erfahrung lehrt, daß sich der Einfluß der Verzerrung auf geraden Kurvenstücken kaum, auf nach oben konvex gekrümmten stark bemerkbar macht.

Für die *Auswertung der entschmierten*[1] *Kleinwinkelstreukurve* gibt es kein einheitliches Verfahren. Die Methode muß der speziellen Aufgabe angepaßt sein. Die Formeln gelten nur für bestimmte Winkelbereiche. Außerdem spielt es noch eine Rolle, ob die Teilchen alle gleiche Größe und Form haben oder ob dabei noch eine Häufigkeitsverteilung der Teilchengrößen zu berücksichtigen ist. Besonders verwickelt sind die Ver-

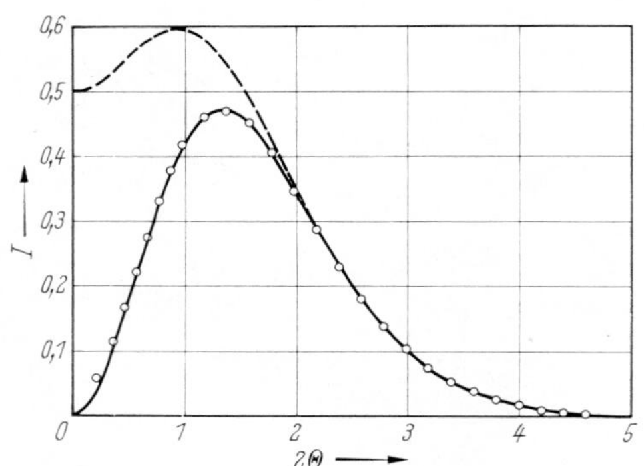

Abb. 30.9. Einfluß des Spaltes auf die Änderung der Streuintensität mit dem Streuwinkel $2\,\Theta$ (nach GEROLD).

hältnisse, wenn die Abstände der Teilchen untereinander so gering sind, daß durch die periodische Wiederholung gewisser Abstände zusätzliche, „interpartikuläre" Interferenzen entstehen („dichte Systeme"). Die bekannten Auswertungsformeln[2] beziehen sich auf den Fall des „verdünnten Systemes", bei dem die Teilchenabstände sehr groß sind.

Um einen Begriff von den Anwendungsgebieten der Kleinwinkelstreumethoden zu geben, seien einige Beispiele aufgeführt. Ein günstiges Objekt sind die großen Moleküle von bestimmten Eiweißstoffen (Proteine). Ein und dasselbe Protein, z. B. Ovalbumin, besteht entsprechend seinem Molekulargewicht aus Teilchen von gleicher Masse.

Aus elektronenmikroskopischen Aufnahmen ist bekannt, daß die Teilchen alle Kugelform haben. Die Untersuchung der Proteine in Lösungen liefert auf einfache Weise ein „verdünntes System". Nach dem Vorgang von GUINIER werden die Meßergebnisse so dargestellt, daß der Logarithmus der Streuintensität I in Abhängigkeit vom Qua-

---

[1] Für die Berechnung der Porodschen Invarianten ist eine solche Korrektion nicht unbedingt erforderlich.

[2] Vgl. Math. Anhang I.

drat des Streuwinkels ε aufgetragen wird. Man erhält dann häufig gerade Linien, wie es die Abb. 30.10 zeigt. Das Auftreten logarithmischer Geraden beweist, wie die Theorie zeigt, daß alle Teilchen gleiche Größe und Form haben. Aus der Neigung der Geraden kann der Durchmesser der kugelförmigen Teilchen ermittelt werden[1]. Die Feststellung, ob sich eine Gerade ergibt, kann bei diesen Proteinen als Prüfmethode für die Reinheit der Präparate dienen. Bei einer anderen Gruppe von Proteinen, z. B. bei den Globulinen (FOURNET) ergeben sich in der Darstellung der Abb. 30.10 konvex gekrümmte Kurven, was auf Unterschiede in den Moleküldimensionen schließen läßt.

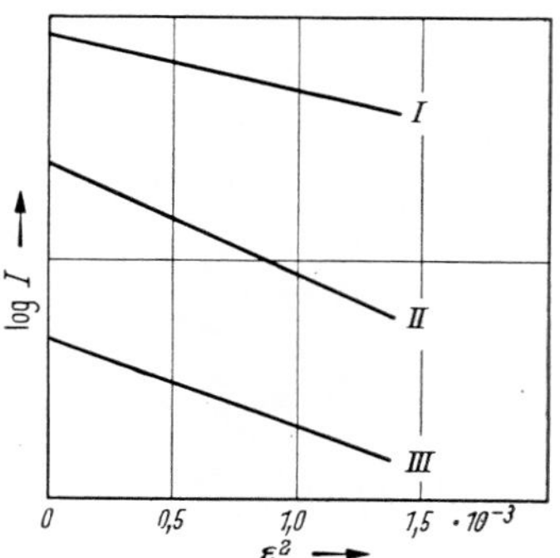

Abb. 30.10. Streuintensität von Proteinlösungen in Abhängigkeit vom Quadrat des Streuwinkels ε (ε im Bogenmaß) (nach RITLAND, KAESBERG und BEEMAN). *I* Lysocym, *II* Haemoglobin, *III* Ovalbumin.

Was das Verfahren unter günstigen Umständen leisten kann, zeigt die Vermessung der Moleküle des γ-Globulin von KRATKY, POROD, SEKORA und PALETTA. Nicht nur die Achsenlänge des zylindrischen Moleküles, sondern auch die Form und die Größe des Querschnittes konnte ermittelt werden. Das Molekül des γ-Globulin besteht demnach aus Stäbchen, die 230 Å lang sind und einen elliptischen Querschnitt mit den Hauptachsen 57 Å und 19 Å haben. Aus der Beobachtung, daß die Streukurve von verknäuelten Fadenmolekülen aus zwei verschieden geneigten Teilabschnitten bestehen, die sich bei einem bestimmten Streuwinkel schneiden, konnten KRATKY und POROD den Grad der Verknäuelung bestimmen.

Bei Stoffen mit einer Orientierung der Teilchen nach einer gemeinsamen Richtung ist die Streuintensität nicht mehr symmetrisch um den Primärstrahl herum verteilt. Eine solche Orientierung haben z. B. die Mizellen der Ramiefaser; eine Kleinwinkelstreuung tritt nur auf dem Äquator der Aufnahme (Abb. 30.11) auf. Die Faser liegt mit ihrer Achse in der Vertikalen; die Richtung des einfallenden Strahles ist senkrecht zur Bildebene. Zwischen der Orientierungsachse und der Linie der Kleinwinkelstreuung auf der Aufnahme besteht folgende Zuordnung[1]: die Linie liegt in der Querrichtung zur Orientierungsachse. Orientierte Präparate gestatten meist schon ohne mathematische Auswertung qualitative Aussagen über die Form der Partikel. Die quantitative Bestimmung wird dadurch erleichtert, daß bei geeigneter Wahl der Einstrahlrichtung eine direkte Längenmessung in bestimmten Richtungen möglich ist.

---

[1] Vgl. Math. Anhang I.

Bei festen Stoffen sind als *Partikel* die einzelnen Körner, aus denen der Stoff besteht, anzusehen. Diese können in einer Probe sehr verschiedene Größe und Form haben. Ein gutes Beispiel geben die Untersuchungen von WARREN und BISCOE an feindisperser Kohle (Abb. 30.12). Es handelt sich um Ruß, der als Füllstoff bei der Gummiherstellung benützt wird. Die Probe 1 war die normale Fertigung, die Probe 2 entstand durch thermischen Zerfall und die Probe 3 war so hergestellt, daß extrem feine Körner zu erwarten waren. Beim Auftragen des Logarithmus der

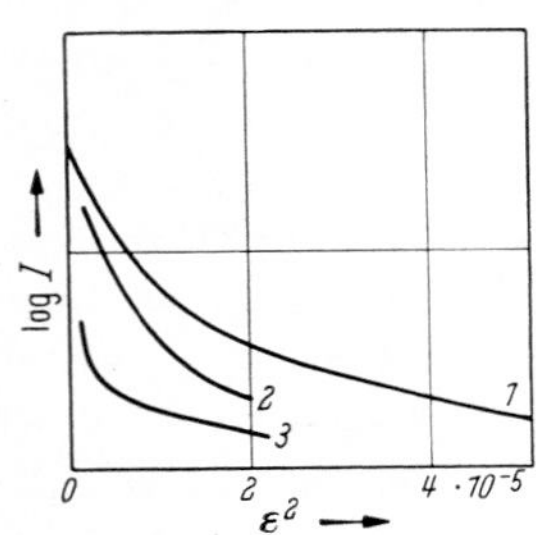

Abb. 30.12. Kohle mit verschiedenem Dispersitätsgrad (nach BISCOE und WARREN).

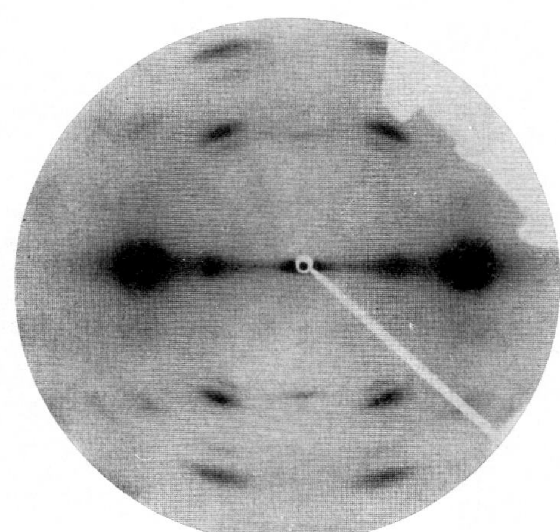

Abb. 30.11. Faserdiagramm von Ramiefaser mit Kleinwinkelstreuung im zentralen Teil des Bildes (nach KRATKY).

Streuintensität I in Abhängigkeit vom Quadrat des Streuwinkels ε ergeben sich nicht mehr gerade Linien, wie in der Abb. 30.10. Nur bei der Kurve 1 ist eine Extrapolation bis zu $\varepsilon = 0$ möglich; auch die größten Körner werden hier von der Messung erfaßt. Für die Kurven 2 und 3 gilt dies nicht; das Auflösungsvermögen der Kammer reicht für die größten Körner nicht mehr aus. Es lassen sich unmittelbar aus den Kurven einige qualitative Schlüsse ziehen: Der steile Verlauf der Kurve 2 deutet darauf hin, daß viele große Teilchen neben relativ wenig kleinen vorkommen. Die Probe 3 mit ihrer flacheren Streukurve enthält mengenmäßig etwa gleichviel große wie kleine Teilchen. So kann aus Relativmessungen rasche Auskunft über den Anteil an kleinen, aktiven Kohleteilchen erhalten werden.

Für die Untersuchung von *Katalysatoren* wichtig ist die Methode, aus dem Verlauf der Streukurve in einem bestimmten Winkelbereich[1] die spezifische Oberfläche der Körner, das heißt die gesamte Oberfläche aller Körner, einschließlich der im Inneren der Probe gelegenen Korngrenzflächen, ermitteln zu können. Mit einer geeigneten Apparatur lassen sich

[1] Vgl. Math. Anhang I.

Routinemessungen zur Aktivitätsprüfung von Katalysatoren in wenigen Minuten durchführen, wenn Proben mit gleichen Massen verwendet werden. Die Ergebnisse sind in guter Übereinstimmung mit der Gas-Adsorptionsmethode (VAN NORDSTRAND und HACH). Die Frage nach der Ursache eines Rückganges der katalytischen Wirkung bei längerem Gebrauch läßt sich durch Kleinwinkelstreumessungen entscheiden. Entweder haben alle Teile des Katalysators etwas an Aktivität verloren oder ein Teil des Katalysators ist intakt geblieben, während der andere Teil seine Wirkung vollkommen eingebüßt hat. Im ersten Fall behält die Streukurve ihre Form und die gesamte Streuintensität nimmt ab. Im zweiten Fall ändert sich der Verlauf der Streukurve.

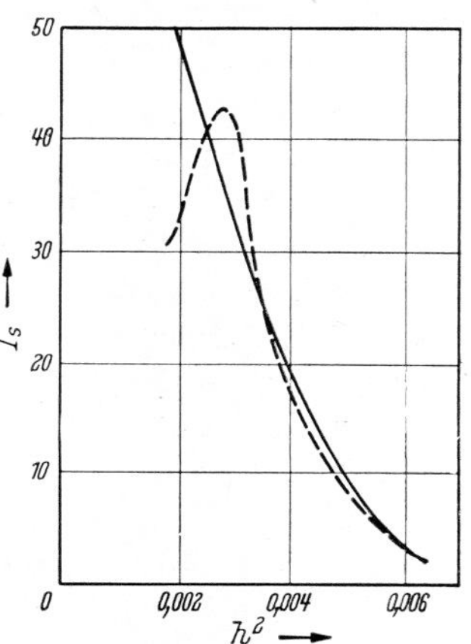

Abb. 30.13. Kleinwinkelstreukurven von verschieden konzentrierten Lösungen von Rübenmosaikvirus (nach SCHMIDT, KAESBERG und BEEMAN). ——— 1,2% — — — 12,8%

Die Ermittlung der *Häufigkeitsverteilung von Teilchengrößen* ist schwierig, da mehrere Unbekannte gleichzeitig vorkommen, so daß bestimmte Annahmen hinsichtlich der einen oder anderen gemacht werden müssen. Unter Zugrundelegung einer gewissen Teilchenform wurde von HOSEMANN die Häufigkeitsverteilung der Größen der Zellulosemizellen gemessen. Ähnliche Bestimmungen wurden von SHULL und ROESS an Aluminiumgelen und an Metalloxyden durchgeführt.

Bei *dichten Systemen*, bei denen die Teilchen eng aufeinander gepackt sind, treten zusätzliche Interferenzen auf, deren Lage durch die Wahrscheinlichkeitsverteilung der Teilchenabstände bedingt ist. Es handelt sich dabei um einen Einfluß, wie er früher bei der Atomanordnung in Flüssigkeiten besprochen worden ist. Dieser Effekt läßt sich an verschieden konzentrierten Lösungen von Rübenmosaikvirus anschaulich zeigen. Aus einer Versuchsreihe von SCHMIDT, KAESBERG und BEEMAN sind zwei Kurven herausgezeichnet (Abb. 30.13). Bis etwa 5% verlaufen die Kurven glatt, dann bildet sich ein kleiner Buckel aus, der sich zu einem Maximum entwickelt, das bei 12% stark ausgeprägt ist. Es gibt kein Kennzeichen für die Voraussetzungen, unter denen die für verdünnte Systeme gültigen Auswertungsformeln auch für ein dichtes System anwendbar sind. Es läßt sich nur angeben, daß dies um so eher möglich ist, wenn die Teilchengrößen sehr verschieden sind und wenn die Formen der Teilchen möglichst zufallsbedingt sind; dadurch wird das Auftreten bestimmter, häufig vorkommender Teilchenabstände verhindert. Die Anwendbarkeit der Formeln wird im Einzelfalle am besten so geprüft, daß der zu untersuchende Stoff, z. B. Zellulose, in die Form einer Lösung[1] gebracht und dann deren Konzentration variiert wird. Solange sich die Streukurve mit wachsender Konzentration nicht ändert, gelten die Formeln des verdünnten Systemes. Treten bei niederen Konzentrationen Maxima auf der Streukurve auf, z. B. 2% Haemocyamin (KRATKY, SEKORA und FRIEDRICH-FRESKA), so ist die Ursache eine Zusammenballung (Agglomeration) von Molekülen. Andererseits darf man sich durch den glatten Verlauf einer Streukurve nicht zu dem Schluß verleiten lassen, daß das betreffende System als „verdünnt" angesehen und dementsprechend ausgewertet werden darf. Einige Beispiele der Kleinwinkelstreuung auf organische Moleküle finden sich in den Arbeiten von KRATKY und Mitarbeitern (Azofarbstoffe, Cellulosenitrat, Polyäthylen u. a.).

Eine Nachprüfung der Resultate der Kleinwinkelstreumessung durch andere Methoden ist in verschiedenen Fällen vorgenommen worden. Bei Lösungen von sehr großen Molekülen wurde aus der Bestimmung der Form und des Volumens eines Teilchens das Molekulargewicht ermittelt und mit der unmittelbaren Messung mittels Ultrazentrifuge verglichen. Bei Proteinen mit Molekulargewichten von 30000 bis 300000 besteht eine Übereinstimmung innerhalb einiger Prozente. Ein günstiges Objekt zum Vergleich mit dem elektronenmikroskopischen Befund sind die Teilchen von Latex: sie haben eine ganz einheitliche Größe. Mit dem Elektronenmikroskop ergab sich ein Durchmesser von 2780 Å, mit der Kleinwinkelkammer von YUDOWITSCH 2748 Å, also eine überraschend gute Übereinstimmung. Ähnliches gilt für Parallelbestimmungen mit beiden Verfahren am Tabakmosaikvirus (2700 Å nach KRATKY) und an kolloidalem Silber (110 Å nach FOURNET). Der Vorteil der Elektronenmikroskopie besteht darin, daß Form und Größe der Teilchen direkt meßbar sind, abgesehen von dem Auftreten von Agglomerationen. Ein Nachteil ist die Notwendigkeit einer Trocknung der Präparate vor dem Einbringen in das Vakuum: dies kann schwerwiegende Veränderungen der Probe zur Folge haben. Enthalten die Körner von feindispersen Stoffen im Inneren Hohlstellen, wie z. B. aktivierte Kohle, so ist die Kleinwinkelstreuung überlegen. Die Hohlstellen werden von der Messung erfaßt; sie entziehen sich jedoch der Beobachtung mit dem Elektronenmikroskop, weil die äußeren Konturen der Körner keine Änderung erfahren.

Besondere Bedeutung hat die Kleinwinkelmethode für das Studium der *Aushärtungsvorgänge bei Legierungen* erlangt: kein anderes Verfahren konnte Aussagen über die Vorgänge im Primärstadium liefern. Der

---

[1] Ist ϱ_1 die Elektronendichte der gelösten Moleküle und ϱ_2 die des Lösungsmittels, so ist die Streuintensität proportional $(\varrho_1 - \varrho_2)^2$.

Grundgedanke ist der, aus der Winkelverteilung der Streuintensität die Form und die Größe der Bezirke mit geänderter Elektronendichte (Entmischungszonen) zu ermitteln.

Das Kleinwinkelstreubild eines kaltausgehärteten Einkristalles einer *Al-Cu-Legierung mit 4% Cu* ist in Abb. 30.14 zu sehen. Bei Durchstrahlung in Richtung einer Würfelkante — die beiden anderen Würfelkanten verlaufen vertikal und horizontal auf dem Bild — werden zwei aufeinander senkrechte Schwärzungsstreifen erhalten, deren Intensität von innen nach außen abfällt. Die Deutung mit Hilfe des reziproken Gitters[1] führt auf die Existenz von plattenförmigen, in einer Richtung sehr dünnen

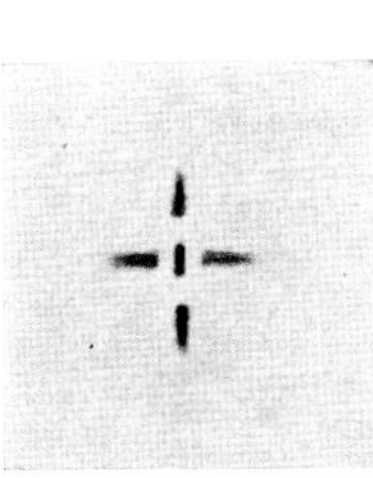

Abb. 30.14. Kleinwinkelstreuung eines in Richtung [100] durchstrahlten Einkristalles einer kaltgehärteten Al-Cu-Legierung (nach GUINIER).

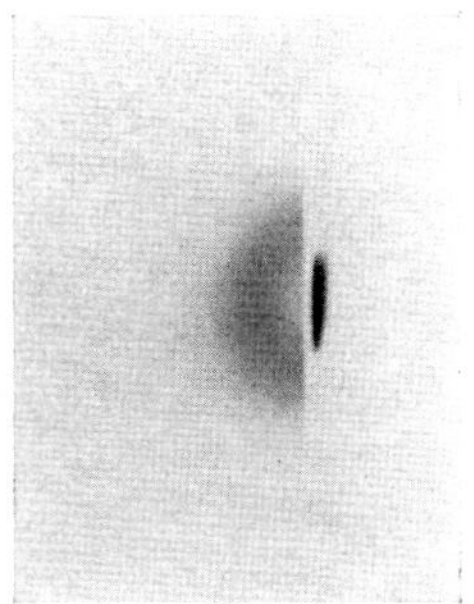

Abb. 30.15. Kleinwinkelstreuung einer vielkristallinen Probe einer Al-Ag-Legierung mit 20% Ag nach Abschrecken von 545° und Anlassen (2 Stunden bei 130°) (nach GEROLD).

Bereichen mit erhöhter Elektronendichte: sie sind parallel zu den Würfelebenen des Einkristalles angeordnet, ihre seitliche Ausdehnung beträgt nur etwa 100 Å. Diese Bereiche bestehen aus einer nur mit Cu-Atomen besetzten Ebene, die zwischen Al-Ebenen eingelagert ist (GUINIER). Zur genauen Untersuchung nützlich sind Kleinwinkelschwenkaufnahmen, bei denen der Kristall um [110] gedreht wird, so daß der Primärstrahl während einer Aufnahme alle Winkel von 0 bis 11° mit der [001] Richtung bildet. Der Gitterstab[1], der durch den (000)-Punkt des reziproken Gitters in Richtung [002] hindurchgeht, hat gerade eine solche Länge, daß er dann nahezu in seiner ganzen Länge abgebildet wird. Bei Verwendung eines gebogenen Quarzkristalles als Monochromator beträgt die Expositionsdauer etwa 14 Stunden (Cu K_α-Strahlung, 35 kV_s, 20 mA, Präparat—Filmabstand 38 mm).

Bei den *Al-Ag-Legierungen* haben die beiden Atomarten fast gleiche Größe. Im Gebiet der Kalthärtung, das hier etwa 100 bis 150 °C oberhalb der Zimmertemperatur gelegen ist, wird rings um den Primärstrahl ein Schwärzungshof beobachtet (Abb. 30.15). Die Streuintensität hat

[1] Vgl. Math. Anhang D.

nicht, wie sonst, ihr Maximum beim Streuwinkel Null. Einkristalle verschiedener Orientierung und vielkristalline Proben liefern dasselbe Bild (GUINIER, BELBEOCH und GUINIER).

Zur Deutung werden kugelförmige Guinier-Preston-Zonen (kohärente Ausscheidung, s. Kap. 25 C) angenommen, die nicht regellos verteilt sind, sondern einen mittleren Abstand voneinander haben.

Ein weiteres Beispiel für die Verwendung der Kleinwinkelstreuung zur Untersuchung von Ausscheidungsvorgängen in Legierungen ist in Abb. 30.16 enthalten. Eine Al-Zn-Legierung mit 5,8 At.-% Zn wurde

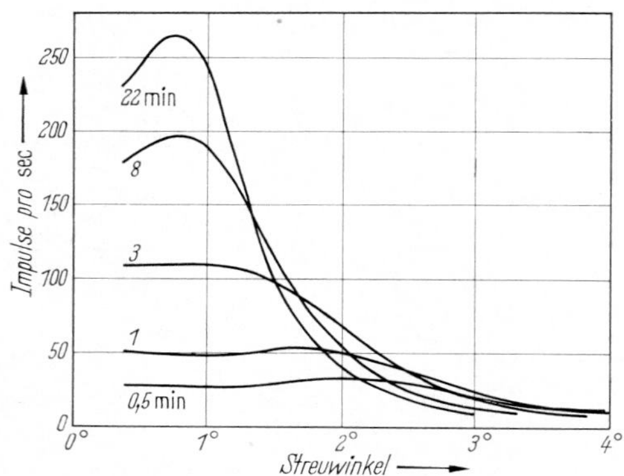

Abb. 30.16. Kleinwinkelstreukurven einer Al-Zn-Legierung mit 15 Gew.-% Zn bei verschiedenen Auslagerungszeiten nach dem Abschrecken von 350 °C (nach GEROLD und SCHWEIZER).

von 350 °C abgeschreckt, einige Proben wurden bei 20 °C verschieden lang ausgelagert, 0,5 bis 22 min. Als Ordinate aufgetragen ist als Maß der Streuintensität die Zahl der Impulse eines Zählrohres. Der flache Verlauf der Streukurve für 1 Minute Auslagerungsdauer läßt erkennen, daß die Ausscheidung innerhalb dieser Zeit noch nicht recht in Gang gekommen ist (GEROLD und SCHWEIZER).

Aus den Streukurven lassen sich nicht nur Form und Größe der Guinier-Preston-Zonen bestimmen. Eine quantitative Untersuchung erlaubt außerdem Aussagen über die Menge der Ausscheidung, sowie über die Konzentration der Zn- bzw. Ag-Atome in den Ausscheidungsteilchen. Sieht man von den allerersten Anfangsstadien ab, so bleibt die Gesamtmenge der Ausscheidung (Zahl der Teilchen und Teilchenvolumen) bei isothermer Auslagerung konstant. Die zeitliche Änderung des Zustandes besteht in einer Vergröberung, d. h. die Zahl der Teilchen nimmt ab und ihr Durchmesser zu. Die Konzentrationsverteilung läßt sich im Zustandsdiagramm durch eine metastabile Mischungslücke beschreiben, die innerhalb des Zweiphasengebietes der stabilen Gleichgewichtsphasen liegt (GEROLD, BAUER und GEROLD).

In einer Untersuchung von HEZEL und STEEB mit der in Abb. 30.7 gezeigten Hochtemperatur-Streukammer wurde die Kleinwinkelstreuung zum ersten Mal auf *Metallschmelzen* angewandt. Agglomerate von Zinnatomen finden sich in einer Umgebung von Aluminium-Atomen. Diese Zinn-Cluster haben, Kugelform vorausgesetzt, 5 bis 10 Å Durchmesser. Dieser wächst zunächst mit der Zinnkonzentration bis etwa 20 At.-% Sn und bleibt dann konstant (Abb. 30.17). Bei noch größeren Zinngehalten erhöht sich offenbar nicht mehr der Durchmesser der Cluster, sondern deren Zahl.

Die von BLIN und GUINIER an *kaltverformten Metallfolien* beobachtete Kleinwinkelstreuung wurde von BEEMAN und Mitarbeitern auf zweifache

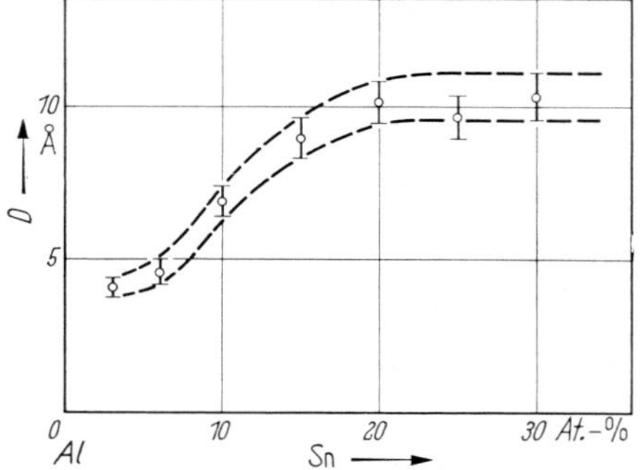

Abb. 30.17. Nachweis von Clustern in geschmolzenen Al-Sn-Legierungen verschiedener Konzentration (nach HEZEL und STEEB).

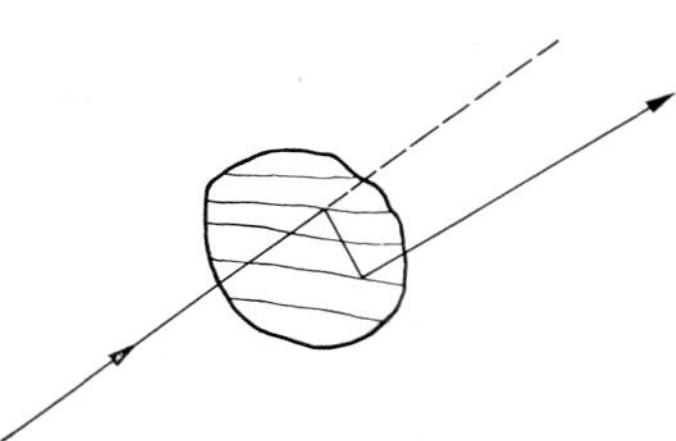

Abb. 30.18. Doppelte Braggsche Reflexion (schematisch).

Braggsche Reflexionen zurückgeführt (Abb. 30.18). Ein an einer Netzebene reflektiertes Strahlenbündel kann zum zweiten Mal an einer Netzebene, die infolge der Gitterverzerrung durch Kaltverformung um einen kleinen Winkel zur ersten geneigt ist, reflektiert werden. Es treten zwei Reflexe an verschiedenen Stellen des Beugungsdiagrammes auf. Viele Doppelreflexionen mit geringen Winkelunterschieden überlagern sich und geben Anlaß zu einem diffusen Streuhintergrund in der Umgebung des Primärstrahles. Die Entstehungsbedingungen wurden von GEROLD und FRICKE an einkristallinen und polykristallinen Proben von kaltverformtem Kupfer und Aluminium untersucht. Doppelreflexionen lassen sich vermeiden, wenn sehr dünne Metalleinkristalle verwendet werden (RÜHLE, SEEGER und GEROLD).

Besonders bei der Untersuchung organischer Substanzen hat sich das von KRATKY entwickelte Verfahren der Molekulargewichtsbestimmung[1] mit Hilfe der Kleinwinkelstreuung bewährt. Hierzu ist eine

[1] Näheres in Math. Anhang I.

absolute Intensitätsmessung notwendig. Die auf den Winkel $\Theta = 0°$ extrapolierte Streuintensität wird in das Verhältnis gesetzt zur einfallenden Primärstrahlenintensität. Wegen der außerordentlich großen Verschiedenheit der beiden Meßgrößen (etwa 1:1000) ist eine unmittelbare Bestimmung mit dem Zählrohr nicht möglich. Zur quantitativen Schwächung der Primärintensität gibt es drei Möglichkeiten:

Schwächung der Primärstrahlenergie durch Filter (nur anwendbar bei Verwendung monochromatischer Strahlung),

Vorschaltung einer rotierenden Blende (KRATKY) oder

Verwendung von geeichten Kunststoffpräparaten (KRATKY u. a.) mit bekanntem Streuvermögen.

Die Molekulargewichte der bisher untersuchten[1] Stoffe — es handelt sich vorwiegend um Proteine — liegen zwischen 2000 (Farbstoffe) und 985000 (α_2-Globuline).

Eine Absolutmessung ermöglicht ferner eine Bestimmung der Masse pro Längeneinheit bei fadenförmigen und stäbchenförmigen Teilchen, was für die Molekularbiologie von Bedeutung ist. Bei Ribonucleinsäure ist z. B. dieser Wert praktisch gleich dem der Desoxyribonucleinsäure (TIMASHEFF, WITZ und LUZZATI). Aus diesem Befund ist zu schließen, daß der weitaus größte Teil der letztgenannten Substanz in Form einer Doppelhelix[2] vorliegen muß, während nach den vorherrschenden Anschauungen etwa $^2/_3$ als mehr oder weniger regellos verknüllte Einzelketten auftreten.

[1] Vgl. die Zusammenstellung bei KRATKY (1964).

[2] Schraubenlinie.

Mathematischer Anhang

A. Beispiele für Absorptionsberechnungen

1. Beispiel. Gesucht ist $\frac{\mu}{\varrho}$ von Pd für $\lambda = 0{,}56$ kX; bekannt ist $\frac{\mu}{\varrho} = 15$ von Ag. 0,56 kX liegt bei beiden Elementen auf der gleichen Seite ihrer Absorptionskanten; $\frac{\sigma}{\varrho}$ ist klein im Verhältnis zu $\frac{\overline{\mu}}{\varrho}$, so daß genähert gilt

$$\frac{\mu}{\varrho} = \frac{\overline{\mu}}{\varrho}.$$

Es ist somit

$$\left(\frac{\mu}{\varrho}\right)_{\mathrm{Pd}} = \left(\frac{46}{47}\right)^3 15 = 14{,}1\,.$$

2. Beispiel. Messing enthält nach Gewichtsprozenten 63 Cu, 36 Zn, 1 Pb; es ist

$$\left(\frac{\mu}{\varrho}\right)_{\mathrm{Mess}} = 0{,}63\left(\frac{\mu}{\varrho}\right)_{\mathrm{Cu}} + 0{,}36\left(\frac{\mu}{\varrho}\right)_{\mathrm{Zn}} + 0{,}01\left(\frac{\mu}{\varrho}\right)_{\mathrm{Pb}}.$$

Hieraus unter Benutzung der Tab. 5.3 für $\lambda = 0{,}71$ kX

$$\left(\frac{\mu}{\varrho}\right)_{\mathrm{Mess}} = 54{,}4.$$

Bei chemischen Verbindungen ist sinngemäß zu verfahren.

3. Beispiel. Zur Herstellung einer praktisch homogenen Röntgenstrahlung wird als Filter in den Strahlengang ein Element eingeschaltet, dessen Absorptionskante zwischen der α- und β-Wellenlänge der Eigenstrahlung der Anode liegt, z. B. Zirkonium ($\lambda_A = 0{,}687$ kX) für Molybdänstrahlung ($\lambda_\alpha = 0{,}710$ kX und $\lambda_\beta = 0{,}631$ kX). Die viel stärkere Schwächung der Strahlen mit kürzeren Wellenlängen als λ_A von Zr ist aus Abb. 2.3 zu ersehen.

Es ist $\left(\frac{\mu}{\varrho}\right)_{\mathrm{Zr}} = 19{,}7$ für λ_α und $= 95{,}5$ für λ_β von Mo-Strahlung.

Um die Intensität von λ_α auf $^2/_3$ zu schwächen, ist eine Dicke D cm erforderlich, wenn die Dichte $\varrho = 6{,}4$ g/cm³ ist:

$$e^{-19{,}7\cdot 6{,}4\,D} = 0{,}66, \quad \text{also} \quad D = 0{,}003_3 \text{ cm}\,.$$

Die Intensität von λ_β wird geschwächt auf

$$e^{-95{,}5 \cdot 6{,}4 \cdot 0{,}0033} = 0{,}133\,.$$

Das Verhältnis der Intensitäten von λ_α und λ_β ist ohne Filter 5:1 und mit Filter 25:1.

Durch dickere Filter läßt sich auf Kosten der Aufnahmezeit die β-Linie noch stärker gegenüber der α-Linie unterdrücken. Gleichzeitig wird auch das kurzwellige Bremsspektrum stark geschwächt (vgl. Abb. 2.3); Wellenlängen, die kleiner sind als 0,37 kX, können allerdings durch kein noch so dickes Zirkonfilter stärker geschwächt werden als λ_α, weil ϱ/μ mit λ^3 abnimmt[1]. Man kann durch niedrige Spannung die Entstehung dieser kurzen Wellen vermeiden; die Spannung sollte dann das $1^2/_3$fache der Erregungsspannung nicht übersteigen, also bei Molybdänstrahlung $1{,}66 \cdot 20 = 33$ kV.

Statt reinen Zirkoniums kann auch eine Verbindung, z. B. Zirkonoxid, verwendet werden. Einer 0,0033 cm dicken Schicht Zr entspricht ein Belag, der auf einer Fläche von 1 cm² $p = 0{,}021$ g Zr bzw. 0,0285 g ZrO_2 enthält. Es ist $p = D \cdot \varrho$.

B. Statistische Schwankungen bei Gas- und Szintillationszählern

Die Zählermessungen stellen eine Aufsummierung von Einzelvorgängen dar, die Wahrscheinlichkeitsgesetzen unterliegen, z. B. Emission von Strahlung beim radioaktiven Zerfall; sie zeigen statistische Schwankungen, die um so größer sind, je kleiner die Zahl der Meßwerte ist.

Werden unter denselben Meßbedingungen Z Messungen, insbesondere von jeweils gleicher Dauer durchgeführt, so schwanken die erhaltenen Impulszahlen $n_1, n_2, n_3 \ldots$ um einen Mittelwert $\bar{n}$, der sich aus folgender Gleichung ergibt:

$$\bar{n} = \frac{n_1 + n_2 + n_3 + \cdots}{Z}\,. \tag{B.1}$$

Zur Durchführung der Methode der kleinsten Fehlerquadrate von Gauss berechnet man die Abweichungen vom Mittelwert

$$\varepsilon_1 = |\bar{n}| - |n_1| \quad \text{usf.}$$

und addiert die Quadrate ε_1^2, ε_2^2 usf. Als Genauigkeitsmaß dient die

[1] Die Wellenlänge λ_0, die in gleicher Weise geschwächt wird wie λ_α, berechnet sich aus

$$1 = \frac{\mu_0}{\mu_\alpha} = 7\left(\frac{\lambda_0}{\lambda_\alpha}\right)^3 \quad \text{zu } \lambda_0 = 0{,}52\,\lambda_\alpha\,,$$

wobei der Faktor 7 die Größe des Absorptionssprungs an der K-Kante für Zr ist.

Standardabweichung σ, auch mittlerer statistischer Fehler genannt.:

$$\sigma = \pm \sqrt{\frac{\varepsilon_1^2 + \varepsilon_2^2 + \cdots}{Z - 1}}. \tag{B.2}$$

Das Quadrat von σ wird Varianz genannt.

Der so einmal bestimmte Wert von σ bzw. σ^2 gilt nun auch für jeden folgenden Meßwert, stellt also das σ bzw. σ^2 eines einzelnen Meßwertes dar. Die Standardabweichung σ' des Mittelwertes aus Z Meßwerten (mittlerer statistischer Fehler des Resultates) ist dann[1]

$$\sigma' = \pm \frac{\sigma}{\sqrt{Z}}. \tag{B.3}$$

Die Häufigkeit der Abweichungen der Meßwerte vom arithmetischen Mittel $\bar{n}$ ist für eine „Normalverteilung" (Gaußsche Glockenkurve) in Abb. B. 1 gezeichnet. Rechts von der Mittellinie liegen die Meßwerte, die größer sind, links solche, die kleiner sind. Die Abszissenabschnitte von einem Vertikalstrich zum folgenden haben stets die Länge $|\sigma|$. Aus

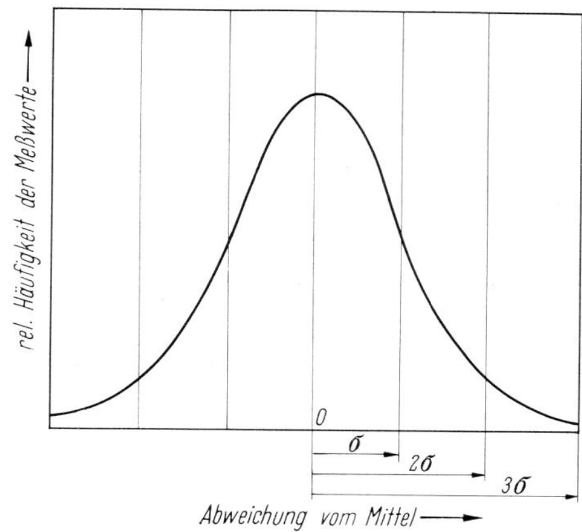

Abb. B. 1. Gaußsche Verteilung mit Standardabweichung σ.

dem Kurvenverlauf geht hervor, daß die großen Abweichungen relativ selten sind. Durch Planimetrieren der Flächen unter der Kurve von $+\sigma$ bis $-\sigma$ bzw. $+2\,\sigma$ bis $-2\,\sigma$, bzw. $+3\,\sigma$ bis $-3\,\sigma$ kommt man zu folgender Feststellung: 62,27% der Meßwerte liegen innerhalb des ersten, 95,45% innerhalb des zweiten Bereiches. Die bei Röntgenspektralanalysen benützte dreifache Standardabweichung bedeutet, daß innerhalb des Bereiches $+3\,\sigma$ bis $-3\,\sigma$ 99,73% aller Meßwerte gelegen sind. Anders ausgedrückt heißt dies, daß von 1000 Meßwerten nur rund 3 mehr als um die 3fache Standardabweichung vom arithmetischen Mittel abweichen.

In der Praxis muß häufig die Genauigkeit (Standardabweichung σ_Q) einer nicht gemessenen Größe Q aus den Genauigkeiten σ_x und σ_y zweier gemessenen voneinander unabhängigen Größen x und y ermittelt werden; der funktionale Zusammenhang

$$Q = f(x, y) \tag{B.4}$$

muß dabei bekannt sein.

Nach den Gesetzen der Fehlerfortpflanzung gilt für die Varianzen folgende Gleichung

$$\sigma_Q{}^2 = \left(\frac{\partial Q}{\partial x}\right)^2 \sigma_x{}^2 + \left(\frac{\partial Q}{\partial y}\right)^2 \sigma_y{}^2 . \tag{B.5}$$

Ist im speziellen Fall[1]

$$Q = x + y , \tag{B.6}$$

so wird

$$\sigma_Q{}^2 = \sigma_x{}^2 + \sigma_y{}^2 . \tag{B.7}$$

Die Standardabweichung des Resultates ist

$$\sigma_Q = \sqrt{\sigma_x{}^2 + \sigma_y{}^2} . \tag{B.8}$$

Ein Beispiel für diesen Spezialfall liefert die Zählrohrmessung der γ-Strahlung eines radioaktiven Präparates. Diese ist stets überlagert durch eine an sich schwache γ-Strahlung, die zum Teil vom Weltraum her einfällt, zum Teil von radioaktivem Gestein herrührt; man faßt beide zusammen unter dem Namen „Hintergrundstrahlung". Für das Präparat + Hintergrundstrahlung werden n_1 Impulse in einer bestimmten Zeit gemessen und nach Wegnahme des Präparates n_2 Impulse. Die zugehörigen Standardabweichungen seien σ_1 und σ_2. Dann ergibt sich σ_0 (Standardabweichung für die Bestimmung der Strahlung des Präparates allein) sofort aus Gl. (B. 8).

Bei der Emission von Röntgenstrahlen und von radioaktiven Strahlungen liegt eine Poisson-Verteilung vor und die Formeln lassen sich vereinfachen. Werden bei einer Messung n Impulse gezählt, so ist die Standardabweichung

$$\sigma = \pm \sqrt{n} \tag{B.9}$$

und die Varianz

$$\sigma^2 = n . \tag{B.10}$$

Häufig wird die Standardabweichung in Prozenten der Impulszahl n ausgedrückt. Es ist dann

$$\sigma\,\% = \pm \frac{\sqrt{n}}{n} \cdot 100 = \pm \frac{100}{\sqrt{n}} . \tag{B.11}$$

Die Tab. B. 1 zeigt, wie eine Vergrößerung der Impulszahlen, z. B. durch Verlängerung der Meßzeiten, die prozentuale Genauigkeit bei

[1] In der Literatur wird mitunter der Additivitätssatz der Varianzen [Gl. (B.7)] als allgemein gültig angegeben. Dies ist nicht richtig.

kleinen Impulszahlen stark, bei großen nur wenig verbessert, so daß es im allgemeinen unwirtschaftlich ist, die Zählung über mehr als 100000 Impulse zu erstrecken.

Tabelle B.1. *Impulszahlen und Prozentuale Standardabweichungen*

n	100	1000	10000	100000	1000000
$\pm\sigma$ %	10,0	3,2	1,0	0,32	0,10

Die Impulszahl pro Zeiteinheit, Impulsrate genannt, ist bei einer Meßdauer t

$$R_0 = \frac{n}{t}\,. \tag{B.12}$$

Die Standardabweichung σ^* von R_0 ergibt sich zu

$$\sigma^* = \pm\sqrt{\frac{R_0}{t}} \tag{B.13}$$

und die prozentuale Standardabweichung zu

$$\sigma^*\% = \pm\sqrt{\frac{1}{R_0\,t}}\cdot 100. \tag{B.14}$$

C. Kristallographische Formeln

1. Die kristallographischen Achsensysteme und ihre Gitterzellen

Achsenlängen a, b, c	Achsenwinkel α, β, γ	$\sphericalangle\,\alpha = \sphericalangle\,(b, c)$ usw.
Triklines System Abb. 17.5	a, b, c beliebig	α, β, γ beliebig
Monoklines System Abb. 17.6	a, b, c beliebig	$\alpha = \gamma = 90°$, β beliebig
Orthorhombisches System Abb. 17.7	a, b, c beliebig	$\alpha = \beta = \gamma = 90°$
Hexagonales System Abb. 17.8	$a = b$, a und c beliebig	$\alpha = \beta = 90°$, $\gamma = 120°$
Rhomboedrisches System (rhomboedrische Unterabteilung des hexagonalen Systems	$a = b = c$, a beliebig	$\alpha = \beta = \gamma$, α beliebig
Tetragonales System Abb. 17.9	$a = b$, a und c beliebig	$\alpha = \beta = \gamma = 90°$
Kubisches System Abb. 17.10	$a = b = c$, a beliebig	$\alpha = \beta = \gamma = 90°$

Hexagonale Strukturen können auch mit rechtwinkligen, sog. „*orthohexagonalen*" Achsen ($a_0\,b_0\,c_0$) beschrieben werden, die sich aus den hexagonalen Achsen a und c ergeben (Abb. C 1 bis C 3):

$$a_0 = a\sqrt{3}\,, \qquad b_0 = a\,, \qquad c_0 = c\,.$$

Die orthohexagonale Zelle ist doppelt so groß wie die hexagonale.

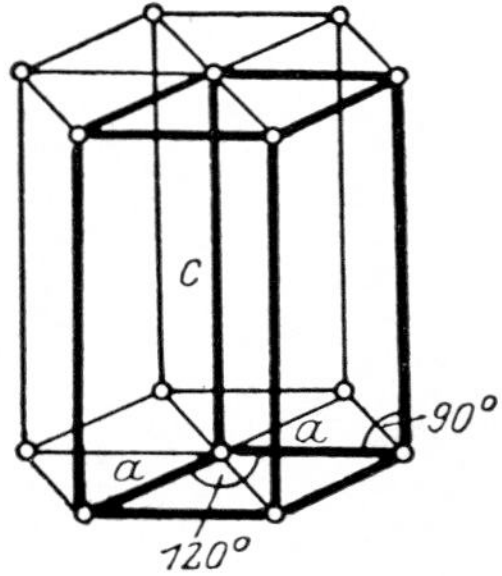

Abb. C. 1. Hexagonale Zelle.

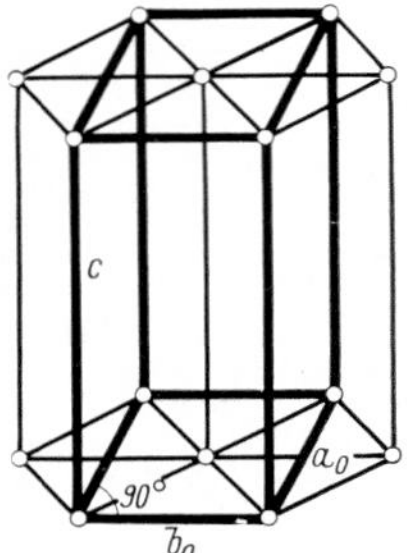

Abb. C. 2. Orthohexagonale Zelle.

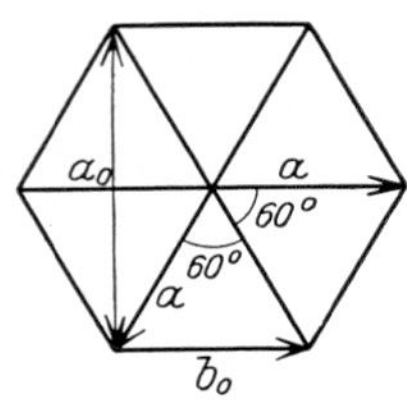

Abb. C. 3. Zusammenhang zwischen hexagonaler und orthohexagonaler Zelle (Grundfläche).

Volumen V der Elementarzellen der verschiedenen Raumgittersysteme

Triklines System	Abb. 17.13	$V = abc\sqrt{(1-\cos^2\alpha-\cos^2\beta-\cos^2\gamma+2\cos\alpha\cos\beta\cos\gamma)}$
Monoklines System	Abb. 17.14	$V = a\,b\,c\sin\beta$
Orthorhombisches System	Abb. 17.15	$V = a\,b\,c$
Hexagonales System	Abb. 17.16	$V = \frac{\sqrt{3}}{2}a^2 c$
Rhomboedrisches System (rhomboedr. Unterabteilung des hexagonalen Systems)	Abb. 17.17	$V = a^3\sqrt{(1-3\cos^2\alpha+2\cos^3\alpha)}$
Tetragonales System	Abb. 17.18	$V = a^2 c$
Kubisches System	Abb. 17.19	$V = a^3$.

2. Netzebenenabstände und quadratische Form

Der Abstand d identischer Netzebenen mit den Indizes $(h\,k\,l)$ berechnet sich in folgender Weise aus den Achsen und Achsenwinkeln, wobei

$$s_{11} = b^2 c^2 \sin^2\alpha \qquad s_{12} = a\,b\,c^2(\cos\alpha\cos\beta - \cos\gamma)$$

$$s_{22} = a^2 c^2 \sin^2\beta \qquad s_{23} = a^2\,b\,c(\cos\beta\cos\gamma - \cos\alpha)$$

$$s_{33} = a^2 b^2 \sin^2\gamma \qquad s_{13} = a\,b^2\,c(\cos\gamma\cos\alpha - \cos\beta)$$

und $V^2 = a^2 b^2 c^2(1 - \cos^2\alpha - \cos^2\beta - \cos^2\gamma + 2\cos\alpha\cos\beta\cos\gamma)$ ist.

Triklin $$\frac{1}{d^2} = \frac{1}{V^2}(s_{11}h^2 + s_{22}k^2 + s_{33}l^2 + 2s_{12}hk + 2s_{23}kl + 2s_{13}hl)$$

Monoklin $$\frac{1}{d^2} = \frac{h^2}{a^2\sin^2\beta} + \frac{k^2}{b^2} + \frac{l^2}{c^2\sin^2\beta} - \frac{2hl\cos\beta}{ac\sin^2\beta}$$

Rhombisch $$\frac{1}{d^2} = \left(\frac{h}{a}\right)^2 + \left(\frac{k}{b}\right)^2 + \left(\frac{l}{c}\right)^2$$

Hexagonal[1] $\quad \frac{1}{d^2} = \frac{4}{3}\,\frac{h^2 + k^2 + h\,k}{a^2} + \frac{l^2}{c^2}$

Orthohexagonal $\quad \frac{1}{d^2} = \frac{1}{3}\left(\frac{h}{a}\right)^2 + \left(\frac{k}{a}\right)^2 + \left(\frac{l}{c}\right)^2$

Rhomboedrisch $\quad \frac{1}{d^2} = \frac{(h^2 + k^2 + l^2)\sin^2\alpha + 2\,(h\,k + k\,l + h\,l)\,(\cos^2\alpha - \cos\alpha)}{a^2\,(1 - 3\cos^2\alpha + 2\cos^3\alpha)}$

Tetragonal $\quad \frac{1}{d^2} = \frac{h^2 + k^2}{a^2} + \frac{l^2}{c^2}$

Kubisch $\quad \frac{1}{d^2} = \frac{h^2 + k^2 + l^2}{a^2}$

Setzt man in diese Gleichungen der Reihe nach, beginnend mit Null, ganze Zahlen für h, k, l ein, so erhält man sämtliche möglichen Netzebenen.

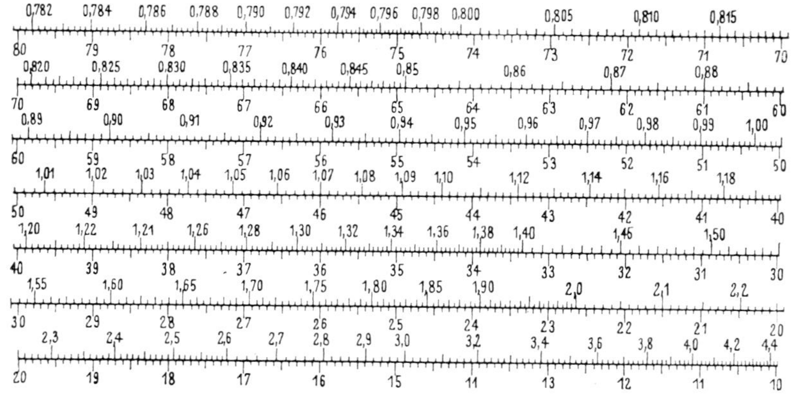

Abb. C. 4. Netzebenenabstand in kX (obere Skala) und Reflexionswinkel in Grad (untere Skala) für die Wellenlänge 1,539 kX (nach BROWN).

Aus der Braggschen Reflexionsgleichung

$$\lambda = 2d\sin\Theta$$

folgt sodann, daß die Reflexionswinkel Θ aller Netzebenen $(h\,k\,l)$ eines

[1] Bei der gewöhnlichen hexagonalen Indizierung mit 3 Indizes $(h\,k\,l)$ ist nicht ohne weiteres zu erkennen, welche Netzebenen gleiches d liefern, z. B. (102) und $(\bar{1}12)$ und $(0\bar{1}2)$. Schreibt man aber 4 Indizes $(h\,k\,i\,l)$ an, wobei der auf die 3. Nebenachse sich beziehende Index i aus der Gleichung $h + k + i = 0$ berechnet wird, so können wegen der Symmetrie des hexagonalen Systemes alle hinsichtlich des Abstandes gleichwertigen Ebenen durch Vertauschung der Indizes h, k, i der 3 Nebenachsen erhalten werden, z. B. gehören zu $(10\bar{1}2)$ als gleichwertig die Ebenen $(1\bar{1}02)$ und $(\bar{1}012)$. Im allgemeinen wird der Index i weggelassen und durch einen Punkt ersetzt. Es ergeben sich so z. B. die gleichwertigen Ebenen (10.2), $(\bar{1}1.2)$ und $(0\bar{1}.2)$. Durch den Punkt wird zugleich kenntlich gemacht, daß es sich um ein hexagonales Gitter handelt.

beliebigen Gitters einer Gleichung von folgender Form gehorchen müssen: Quadratische Form eines triklinen Gitters

$$\sin^2 \Theta = \frac{\lambda^2}{4 d^2} \cdot$$

Zusammengehörige Zahlenwerte des Netzebenenabstandes in kX und des Reflexionswinkels in Grad können für die Wellenlänge 1,539 kX (Kupferanode) aus der graphischen Darstellung[1] in Abb. C. 4 abgelesen werden.

3. Winkel zwischen zwei Netzebenen bzw. Kristallflächen

$\sphericalangle\, \varphi$ ist der Winkel, den die Normalen auf den beiden Netzebenen $(h_1\, k_1\, l_1)$ und $(h_2\, k_2\, l_2)$ miteinander bilden; d_1 und d_2 ist der Netzebenenabstand, V das Volumen der Elementarzelle des Gitters. Bedeutung von s_{11}, s_{22} usw. wie im vorhergehenden Abschnitt.

Triklin: $$\cos\varphi = \frac{d_1\, d_2}{V^2} \begin{bmatrix} s_{11}\, h_1\, h_2 + s_{22}\, k_1\, k_2 + s_{33}\, l_1\, l_2 + s_{23}\, (k_1\, l_2 + k_2\, l_1) \\ + s_{13}\, (l_1\, h_2 + l_2\, h_1) + s_{12}\, (h_1\, k_2 + h_2\, k_1) \end{bmatrix}$$

Spezialfälle:

Hexagonal $$\cos\varphi = \frac{h_1\, h_2 + k_1 k_2 + \frac{1}{2}\,(h_1\, k_2 + h_2\, k_1) + \frac{3 a^2}{4 c^2}\, l_1\, l_2}{\sqrt{\left(h_1^2 + k_1^2 + h_1\, k_1 + \frac{3 a^2}{4 c^2}\, l_1^2\right)\left(h_2^2 + k_2^2 + h_2\, k_2 + \frac{3 a^2}{4 c^2}\, l_2^2\right)}}$$

Rhombisch $$\cos\varphi = \frac{\frac{h_1\, h_2}{a^2} + \frac{k_1\, k_2}{b^2} + \frac{l_1\, l_2}{c^2}}{\sqrt{\left[\left(\frac{h_1}{a}\right)^2 + \left(\frac{k_1}{b}\right)^2 + \left(\frac{l_1}{c}\right)^2\right]\left[\left(\frac{h_2}{a}\right)^2 + \left(\frac{k_2}{b}\right)^2 + \left(\frac{l_2}{c}\right)^2\right]}} \cdot$$

hieraus tetragonal für $a = b$,

kubisch für $a = b = c$.

4. Abstände im Kristallgitter

Durch die Koordinaten $[u\; v\; w]$ wird ein Abstand r im Kristallgitter beschrieben, dessen Länge allgemein gegeben ist durch:

$$\begin{aligned} r^2 &= u^2\, a^2 + v^2\, b^2 + w^2\, c^2 \\ &\quad + 2\, u\, v\, a\, b \cos\gamma + 2\, v\, w\, b\, c \cos\alpha \\ &\quad + 2\, w\, u\, c\, a \cos\beta \end{aligned}$$

[1] Nach O. E. Brown (J. Appl. Phys. 18 (1947) 191). Ausführliche Tabellen von S. Beatty zur Ermittlung von d aus Θ für 5 verschiedene Wellenlängen können von Westinghouse El. Corp. East Pittsburgh (Pa) USA auf Ansuchen erhalten werden.

Spezialfälle:

Hexagonal

$$r^2 = (u^2 + v^2 - u\,v)\,a^2 + w^2\,c^2$$

Rhomboedrisch

$$r^2 = (u^2 + v^2 + w^2)\,a^2 + (2u\,v + 2v\,w + 2w\,u)\,a^2 \cos\alpha$$

Orthorhombisch

$$r^2 = u^2\,a^2 + v^2\,l^2 + w^2\,c^2$$

hieraus tetragonal für $a = b$ sowie kubisch für $a = b = c$.

Der Identitätsabstand I, der bei der Auswertung von Drehkristallaufnahmen eine Rolle spielt, ist der kürzeste Abstand identischer Atomlagen in Richtung einer Drehachse $[u\,v\,w]$.

Bei Gittertypen mit primitivem Translationsgitter ist dieser Abstand durch ganzzahlige, teilerfremde Indizes $[u\,v\,w]$ charakterisiert. Bei Gittertypen mit einem raumzentrierten Translationsgitter ist $I = \frac{1}{2}\,[u\,v\,w]$, wobei die Indizes ungemischt und sonst teilerfremd sein müssen: $\frac{1}{2}$ (111); $\frac{1}{2}$ (200); $\frac{1}{2}$ (220); usw. Für ein flächenzentriertes Gitter gilt die gleiche Formel, wobei die Summe der Indizes geradzahlig, doch sonst ebenfalls teilerfremd sein muß:

$$\frac{1}{2}\,[110]; \qquad \frac{1}{2}\,[200]; \qquad \frac{1}{2}\,[211]; \qquad \text{usw.}$$

5. Winkel zwischen zwei Gittergeraden bzw. Kristallkanten

Der Winkel ψ, den zwei Geraden $[u_1\,v_1\,w_1]$ und $[u_2\,v_2\,w_2]$ miteinander bilden, berechnet sich nach NIGGLI (Lehrbuch der Mineralogie I, S. 108) zu:

$$\cos\psi = \frac{1}{r_1\,r_2}\,[u_1\,u_2\,a^2 + v_1\,v_2\,b^2 + w_1\,w_2\,c^2 + (u_1\,v_2 + u_2\,v_1)\,a\,b\cos\gamma + (v_1\,w_2 + v_2\,w_1)\,b\,c\cos\alpha + (w_1\,u_2 + w_2\,u_1)\,c\,a\cos\beta]\,.$$

Spezialfälle:

Hexagonal $$\cos\psi = \frac{u_1\,u_2 + v_1\,v_2 - \frac{1}{2}\,(u_1\,v_2 + u_2\,v_1) + w_2\,w_1\left(\frac{c}{a}\right)^2}{\sqrt{u_1^2 + v_1^2 - u_1\,v_1 + w_1^2\left(\frac{c}{a}\right)^2}\,\sqrt{u_2^2 + v_2^2 - u_2\,v_2 + w_2^2\left(\frac{c}{a}\right)^2}}$$

Rhombisch $$\cos\psi = \frac{u_1\,u_2\,a^2 + v_1\,v_2\,b^2 + w_1\,w_2\,c^2}{\sqrt{u_1^2\,a^2 + v_1^2\,b^2 + w_1^2\,c^2}\,\sqrt{u_2^2\,a^2 + v_2^2\,b^2 + w_2^2\,c^2}}$$

hieraus tetragonal für $a = b$,

kubisch für $a = b = c$.

6. Winkel zwischen Gittergeraden und Netzebenennormalen

Der Winkel zwischen der Gittergeraden $[u\,v\,w]$ und der Normalenrichtung der Netzebene $(h\,k\,l)$ ist gegeben durch

$$\cos\delta = (h\,u + k\,w + l\,w)\,\frac{d}{r}\,.$$

Spezialfälle:

Hexagonal

$$\cos\delta = \frac{u\,h + v\,k + w\,l}{\sqrt{(u^2+v^2-u\,v)+\left(\frac{c}{a}\right)^2 w^2}\;\sqrt{\frac{4}{3}\,(h^2+k^2+h\,k)+\left(\frac{a}{c}\right)^2 l^2}}$$

Rhombisch

$$\cos\delta = \frac{u\,h + v\,k + w\,l}{\sqrt{u^2\,a^2+v^2\,b^2+w^2\,c^2}\;\sqrt{\frac{h^2}{a^2}+\frac{k^2}{b^2}+\frac{l^2}{c^2}}}$$

hieraus tetragonal mit $a = b$ sowie kubisch mit $a = b = c$.

Aus den letzten Gleichungen folgt unmittelbar, daß mit Ausnahme des kubischen Systems im allgemeinen eine Gitterrichtung $[u\,v\,w]$ und eine Netzebenennormale $(u\,v\,w)$ nicht parallel zueinander sind ($\cos\delta \neq 1$).

7. Zonengesetze

Unter einer „Zone" versteht man alle zu einer Geraden parallelen Ebenen eines Kristalles (Kristallflächen und Netzebenen); diese Gerade heißt „Zonenachse".

Entsprechend dieser Definition muß für eine zur Zone $[u\,v\,w]$ gehörende Netzebene $(h\,k\,l)$ ihre Ebenennormale senkrecht zur Richtung $[u\,v\,w]$ stehen ($\cos\delta = 0$). Daraus folgt nach Abschnitt 6 unmittelbar die Bedingung

$$u\,h + v\,k + w\,l = 0\,.$$

Für die Indizes $(h\,k\,l)$ einer Netzebene, die zu den Zonen $[u_1\,v_1\,w_1]$ und $[u_2\,v_2\,w_2]$ gehört, gilt die Bedingung

$$h:k:l = (v_1\,w_2 - v_2\,w_1):(w_1\,u_2 - w_2\,u_1):(u_1\,v_2 - u_2\,v_1)\,.$$

Entsprechend findet man die Indizes $[u\,v\,w]$ der Zone, zu der die beiden Netzebenen $(h_1\,k_1\,l_1)$ und $(h_2\,k_2\,l_2)$ gehören, durch eine völlig analoge Gleichung:

$$u:v:w = (k_1\,l_2 - k_2\,l_1):(l_1\,h_2 - l_2\,h_1):(h_1\,k_2 - h_2\,k_1)\,.$$

8. Strukturfaktoren

Eine Elementarzelle eines Gitters enthält insgesamt n Atome. Ihre Koordinaten, ausgedrückt in Bruchteilen der Kantenlängen der Zelle, lauten $(u_1 v_1 w_1) \ldots (u_n v_n w_n)$. Die zugehörigen Atomfaktoren einschließlich der Temperaturfaktoren sind $f_1 \ldots f_n$. Der Strukturfaktor $F(h\,k\,l)$ für die Netzebene $(h\,k\,l)$ läßt sich dann durch folgende Reihe darstellen

$$F(h\,k\,l) = \sum_n f_n\, e^{2\pi i(h u_n + k v_n + l w_n)}.$$

Die Summierung der Streuamplituden der n Atome unter Berücksichtigung ihrer Phasen kann für $F(h\,k\,l)$ eine komplexe Größe ergeben. Man erhält die gesamte Streuamplitude für die durch $(h\,k\,l)$ gegebene Richtung als absoluten[1] Betrag $|F(h\,k\,l)|$, (Strukturamplitude genannt). Für Mosaikkristalle ist die Intensität des an der Netzebenenschar $(h\,k\,l)$ reflektierten Strahlenbündels proportional $|F(h\,k\,l)|^2$.

Ersetzt man die Exponentialfunktion durch sin- und cos-Funktionen gemäß der Moivreschen Formel

$$e^{i\varphi} = \cos\varphi + i\sin\varphi,$$

so erhält man für

$$F(h\,k\,l) = f_1\, e^{i\varphi_1} + \cdots f_n\, e^{i\varphi_n}$$

folgenden Ausdruck als Quadrat des absoluten Betrages

$$|F(h\,k\,l)|^2 = (f_1 \cos\varphi_1 + \cdots f_n \cos\varphi_n)^2 + (f_1 \sin\varphi_1 + \cdots f_n \sin\varphi_n)^2.$$

Ist bei einem Gitter ein Symmetriezentrum vorhanden und wird dieses als Anfangspunkt des Koordinatensystemes gewählt, so verschwinden die sin-Glieder.

Zum Aufsuchen von Zahlenwerten für den Atomfaktor f in Tabellen muß man zuerst für die betreffende Netzebene $(h\,k\,l)$ den Quotienten $\sin\Theta/\lambda$ berechnen. Sodann ist der tabellarisch angegebene Wert f_0 (Atomfaktor für Atome in Ruhe) mit dem Temperaturfaktor e^{-M} zu multiplizieren. Ein Zahlenbeispiel für den Gang der Rechnung ist in Tab. 21.3 und Tab. 21.5 enthalten.

Beispiele

K. 1. Raumzentriert kubisches Gitter (Abb. 17.20) [A. 2].

2 Atome gleicher Art: $(0\,0\,0)$ und $\frac{1}{2}\,\frac{1}{2}\,\frac{1}{2}$.

$$S = (1 + e^{\pi i(h+k+l)})\,A$$

$$\left.\begin{array}{l} S = 0 \text{ für } h+k+l = 2n+1 \\ S = 2A \text{ für } h+k+l = 2n \end{array}\right\}\; n = 0, 1, 2, 3, 4\ldots$$

[1] Das Quadrat des absoluten Betrages einer komplexen Größe erhält man durch Multiplikation mit der konjugiert komplexen Größe nach $|a + i\,b|^2 = (a + i\,b) \cdot (a - i\,b) = a^2 + b^2$.

K. 2. Flächenzentriert kubisches Gitter (Abb. 17.21) [A. 1].

4 Atome gleicher Art: (0 0 0), $\left(\frac{1}{2}\,\frac{1}{2}\,0\right)$, $\left(\frac{1}{2}\,0\,\frac{1}{2}\right)$, $\left(0\,\frac{1}{2}\,\frac{1}{2}\right)$.

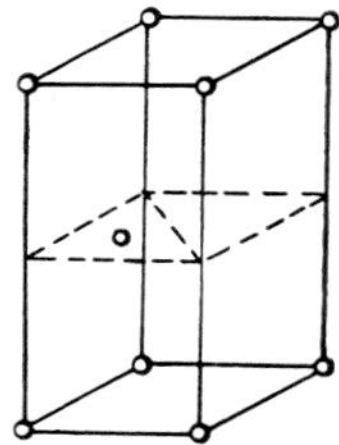

Abb. C. 5. Zelle der hexagonalen dichtesten Kugelpackung.

$$S = (1 + e^{\pi i(h+k)} + e^{\pi i(k+l)} + e^{\pi i(h+l)})\,A,$$

$S = 0$, wenn h, k, l gemischt, d. h. gerade *und* ungerade Zahlen enthaltend,

$S = 4\,A$, wenn h, k, l ungemischt, d. h. lauter gerade oder lauter ungerade Zahlen enthaltend.

H. 1. Hexagonale dichteste Kugelpackung (Abb. C. 5) [A. 3].

2 Atome gleicher Art mit den Koordinaten (0 0 0) $\left(\frac{1}{3}\,\frac{2}{3}\,\frac{1}{2}\right)$.

$$S = \left(1 + e^{\frac{\pi i}{3}(2h+4k+3l)}\right)A = \left(1 + e^{\pi i l}\,e^{\frac{\pi i}{3}(2h+4k)}\right)A$$

$$\left.\begin{array}{ll} S = 0, & \text{wenn } l \text{ ungerade} \\ & \text{und } h + 2k = 3n \\ S = \sqrt{3}\,A, & \text{wenn } l \text{ ungerade} \\ & \text{und } h + 2k = 3n + 1 \text{ oder } 3n + 2 \\ S = 2A, & \text{wenn } l \text{ gerade} \\ & \text{und } h + 2k = 3n \\ S = A & \text{wenn } l \text{ gerade} \\ & \text{und } h + 2k = 3n + 1 \text{ oder } 3n + 2 \end{array}\right\} \quad n = 0, 1, 2, 3 \ldots$$

K. 4. Zinkblende-Typus [B. 3].

Zn-Atome und S-Atome besetzen je ein flächenzentriert kubisches Gitter: die Anfangspunkte der beiden Gitter sind in Richtung der Raumdiagonalen um $^1/_4$ verschoben und haben demgemäß die Koordinaten

$$(0\,0\,0) \quad \text{und} \quad \left(\frac{1}{4}\,\frac{1}{4}\,\frac{1}{4}\right).$$

Nach einer Umformung erhält man die Streuamplitude

$$F = (f_1 + f_2\,e^{\pi i(h+k+l)/2})\,\{1 + e^{\pi i(h+k)} + e^{\pi i(h+l)} + e^{\pi i(k+l)}\}.$$

Der Ausdruck in der geschweiften Klammer ist der gleiche wie beim flächenzentriert-kubischen Gitter. Netzebenen mit gemischten Indizes reflektieren nicht. Bei ungemischten Indizes hat der Klammerausdruck stets den Wert 4. Hinsichtlich des Terms in der runden Klammer können 3 Fälle eintreten, je nachdem

$$\left.\begin{array}{l} \text{I. } h+k+l=4\,n+2 \\ \text{II. } h+k+l=4\,n \\ \text{III. } h+k+l=4\,n\pm 1 \end{array}\right\} \quad n=0,1,2$$

ist. Somit gilt

$$\begin{aligned} \text{I. } & F = 4\,(f_1 + f_2\,e^{\pi i}) = 4\,(f_1 - f_2) \\ & |F|^2 = 16\,(f_1 - f_2)^2 \end{aligned}$$

$$\begin{aligned} \text{II. } & F = 4\,(f_1 + f_2\,e^{2\pi i}) = 4\,(f_1 + f_2) \\ & |F|^2 = 16\,(f_1 + f_2)^2 \end{aligned}$$

$$\begin{aligned} \text{III. } & F = 4\,(f_1 + f_2\,e^{\pi i/2}) = 4\,(f_1 + f_2\cos\pi/2 + i\,f_2\sin\pi/2) \\ & F = 4\,(f_1 + 0 + i\,f_2) \\ & |F|^2 = 16\,(f_1^2 + f_2^2)\,. \end{aligned}$$

Spezialfall:

Diamanttypus [A. 4].

Bei diesem Gitter ist $f_1 = f_2$. Man erhält daher:

$$\begin{aligned} \text{I. } & F = 0 \\ \text{II. } & F = 8\,f \\ \text{III. } & |F| = 4\sqrt{2}\,f. \end{aligned}$$

9. Rhomboederbedingung

Werden in die Elementarzelle eines einfachen hexagonalen Gitters zwei weitere Atome mit den Koordinaten $\left(\frac{1}{3}\,\frac{2}{3}\,\frac{1}{3}\right)$ und $\left(\frac{2}{3}\,\frac{1}{3}\,\frac{2}{3}\right)$ eingebaut, so lautet der Strukturfaktor

$$F = \left(1 + e^{\frac{2\pi i}{3}(h+2k+l)} + e^{\frac{2\pi i}{3}(2h+k+2l)}\right) A\,.$$

Es ist $F = 0$, wenn $h + 2\,k + l = 3\,n + 1$ ist, wobei $n = 0, 1, 2, \ldots$, d. h. es fehlen alle Reflexe, für die $h + 2\,k + l$ nicht eine durch 3 ohne Rest teilbare Zahl ist.

Enthält eine Röntgenaufnahme eines hexagonalen Kristalles nur solche Reflexe, für die bei hexagonaler Indizierung

$$\left.\begin{array}{ll} \text{entweder} & h+2k+l=3n \\ \text{oder} & k+2h+l=3n \end{array}\right\} \quad n=0,1,2\ldots$$

ist (Rhomboederbedingung), so kann die Struktur mit einer rhomboedrischen Zelle beschrieben werden (Abb. C. 6 bis C. 8). Von den 8 Eckpunkten der neuen Zelle liegen 6 in Höhe $^1/_3$ bzw. $^2/_3$ des hexagonalen

Prismas, dessen Grundfläche in Abb. C. 7 eingezeichnet ist. Die Rhomboederkanten mit der Länge a_{Rh} bilden untereinander gleiche Winkel α.

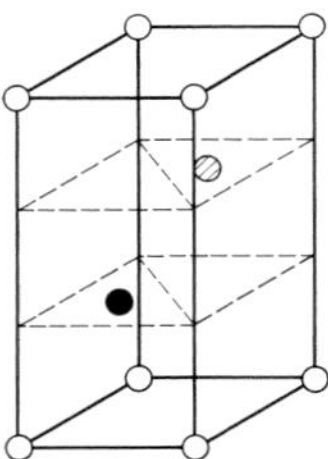

Abb. C. 6. Hexagonale Zelle, deren Atomlagen der Rhomboederbedingung genügen.

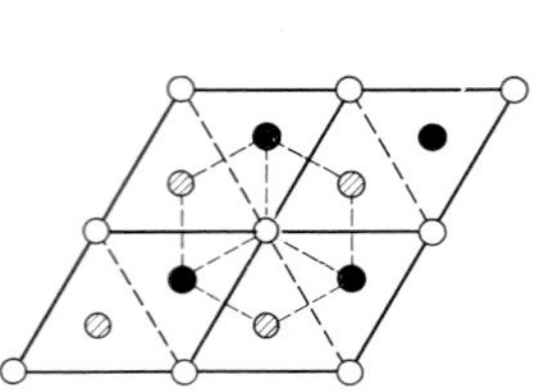

Abb. C. 7. Zusammenhang zwischen hexagonaler und rhomboedrischer Zelle.

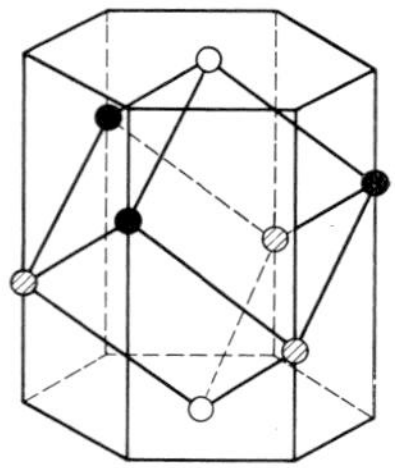

Abb. C. 8. Rhomboedrische Zelle.

Es ist

$$a_{Rh} = \sqrt{\frac{a^2}{3} + \frac{c^2}{9}} \qquad \text{und} \qquad 2 \sin \frac{\alpha}{2} = \frac{a}{a_{Rh}},$$

wobei a und c die Kantenlängen der hexagonalen Zelle bedeuten.

Beispiel: $a = 5{,}03$ kX und $c = 10{,}25$ kX gibt $a_{Rh} = 4{,}49$ kX und $\alpha = 68^\circ 20'$.

10. Die vierachsige Indizierung im hexagonalen System

Im hexagonalen System gibt es im KG zwei verschiedene Indizierungsmöglichkeiten für die Gitterrichtungen, die dreiachsige und die vierachsige Indizierung. Die dreiachsige Indizierung entspricht der üblichen Beschreibung, gibt jedoch die Dreizähligkeit der c-Achse in der Symbolik nicht augenfällig wieder. So entsprechen z. B. [100], [010] und [$\bar{1}\bar{1}0$] drei Richtungen in der hexagonalen Basisebene, die miteinander einen Winkel von 120° bilden und kristallographisch gleichwertig sind. Um dies auch in der Indizierung auszudrücken, führt man neben den beiden Achsen $a = a_1$ und $b = a_2$ in der Basisebene noch eine dritte Achse a_3 ein, die in der Richtung [$\bar{1}\bar{1}0$] liegt (Abb. C. 9). Eine Gitterrichtung wird dann durch vier Koordinaten $[p\ s\ t\ w]$ beschrieben, wobei als Nebenbedingung $p + s + t = 0$ gilt. Man erhält die Richtung, indem man um die Strecke $(p\, a_1)$ in die a_1-Richtung, $(s\, a_2)$ in die a_2-Richtung, $(t\, a_3)$ in die a_3-Richtung und $(w\, c)$ in die c-Richtung geht. Aus der Richtung [100] wird dann die Richtung $\frac{1}{3}$ [$2\bar{1}\bar{1}0$], aus [010] wird $\frac{1}{3}$ [$\bar{1}2\bar{1}0$] und aus [$\bar{1}\bar{1}0$]

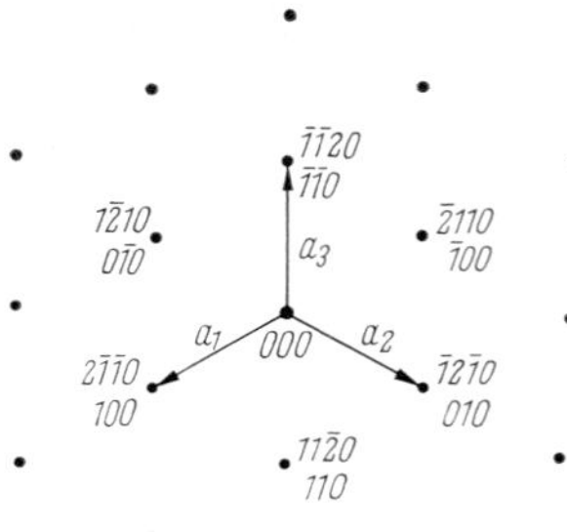

Abb. C. 9. Die Basisebene des hexagonalen Gitters mit dreiachsiger und vierachsiger Indizierung. Bei der vierachsigen Indizierung ist der Zahlenfaktor $^1/_3$ zur Vereinfachung weggelassen worden.

wird $\frac{1}{3}$ $[\bar{1}\bar{1}20]$. Wie man sieht, gibt die vierachsige Indizierung die Symmetrie richtig wieder. Allgemein gilt für die Umrechnung von der dreiachsigen Indizierung $[u\,v\,w]$ auf die vierachsige Indizierung $[p\,s\,t\,w]$

$$p = \frac{1}{3}(2u - v)$$

$$s = \frac{1}{3}(-u + 2v)$$

$$t = -\frac{1}{3}(u + v)\,.$$

Umgekehrt ist

$$u = 2p + s$$

$$v = p + 2s\,.$$

Der Abstand r, der durch $[p\,s\,t\,w]$ gegeben wird, berechnet sich zu

$$r^2 = 3(p^2 + s^2 + ps)\,a^2 + w^2 c^2\,.$$

Bei kristallphysikalischen Diskussionen wird ausschließlich die vierachsige Indizierung $[p\,s\,t\,w]$ benutzt. Bei kristallographischen Berechnungen (z. B. Berechnung des Strukturfaktors) ist die dreiachsige Indizierung $[u\,v\,w]$ vorzuziehen. Man kann jedoch auch die andere benutzen. Gibt $[u\,v\,w]$ bzw. $[p\,s\,t\,w]$ die Lage eines Atomes in der Elementarzelle an, so tritt im Exponenten des Strukturfaktors die Summe

$$(u\,h + v\,k + w\,l) \quad \text{bzw.} \quad (p\,h + s\,k + t\,i + w\,l)$$

auf. Dabei ist i der vierte Index der Netzebene $(h\,k\,.\,l)$, der aus der Nebenbedingung $h + k + i = 0$ folgt. Für die gleiche Atomlage und die gleiche Netzebene ergeben beide Klammern den gleichen Wert.

Beispiel: $(h\,k\,.\,l) = (21\,.\,0)$ $i = \bar{3}$

$$[uvw] = \left[\frac{1}{3}\,\frac{2}{3}\,\frac{1}{2}\right] \quad \text{bzw.} \quad [pstw] = \left[0\,\frac{1}{3}\,\frac{\bar{1}}{3}\,\frac{1}{2}\right].$$

Beide Klammern ergeben den Wert $\frac{4}{3}$.

D. Reziprokes Gitter

Die Röntgeninterferenzen liefern eine Beschreibung eines Kristallgitters nach Netzebenen, die Strukturtheorie dagegen nach Gitterpunkten. Daraus entstehen bei der Behandlung geometrischer Fragen der Strukturanalyse gewisse Umständlichkeiten, die sich durch Einführung des „reziproken Gitters" vermeiden lassen. Das reziproke Gitter (RG) zu einem Kristallgitter (KG) ergibt sich nach Ewald dadurch, daß jeder Netzebene $(h\,k\,l)$ ein Punkt im Raum so zugeordnet wird, daß der Abstand des Punktes vom Ursprung des Punktsystems umgekehrt proportional ist dem Netzebenenabstand d_{hkl} und daß die

Gerade vom Ursprung zu diesem Punkt die gleiche Richtung hat wie die Netzebenennormale. Diese dreifach periodische Punktanordnung heißt „reziprokes Gitter“.

Die Beziehungen zwischen den Größen des KG und des zugehörigen RG werden durch Vektorgleichungen gegeben, die in bezug auf die 3 Translationsvektoren der beiden Gitter symmetrisch sind, d. h. die beiden Vektorensysteme sind zueinander reziprok.

Praktisch läßt sich zu dem KG das zugehörige RG nach einfachen Regeln konstruieren, wenn das KG mit seinen Kantenlängen a, b, c und den Kantenwinkeln α, β, γ gegeben ist. Die entsprechenden Größen des RG werden mit einem Stern (*) bezeichnet.

Für die Richtungen der Kantenlängen des RG gilt, daß sie jeweils senkrecht zu zwei Kantenrichtungen des KG liegen. So liegt z. B. die Kante a^* senkrecht zu den Kanten b und c. Für rechtwinklige Gitter ist a^* parallel zu a, b^* parallel zu b usw. Bei schiefwinkligen Gittern entstehen jedoch Winkel zwischen den Achsen a und a^*, usw., die ungleich Null sind.

Die Größen a^*, b^*, c^* folgen in Betrag und Richtung aus Vektorgleichungen, wenn die drei Vektoren $\boldsymbol{a}$, $\boldsymbol{b}$, und $\boldsymbol{c}$ gegeben sind. Sie lauten

$$\boldsymbol{a}^* = \frac{\boldsymbol{b} \times \boldsymbol{c}}{\boldsymbol{a}\,(\boldsymbol{b} \times \boldsymbol{c})} \tag{D.1}$$

usw.,

wobei in den analogen Gleichungen für $\boldsymbol{b}^*$ und $\boldsymbol{c}^*$ die Vektoren $\boldsymbol{a}$, $\boldsymbol{b}$ und $\boldsymbol{c}$ zyklisch zu vertauschen sind. Das im Nenner auftretende gemischte Produkt hat die Dimension eines Volumens und immer den gleichen Wert, nämlich den des Volumens V der Elementarzelle. Aus Gl. (D.1) lassen sich die Längen a^*, b^*, c^* der Vektoren und die Winkel α^*, β^*, γ^* zwischen ihnen berechnen.

$$a^* = \frac{b\,c \sin\alpha}{V} = \frac{1}{a \cos(\boldsymbol{a}, \boldsymbol{a}^*)} = \frac{1}{d_{100}} \tag{D.2}$$

$$\cos\alpha^* = \frac{\cos\beta \cos\gamma - \cos\alpha}{\sin\beta \sin\gamma}\,. \tag{D.3}$$

Die übrigen Größen folgen wieder aus analogen Gleichungen mit zyklischer Vertauschung. Dabei ist $\sphericalangle\,(\boldsymbol{a}, \boldsymbol{a}^*)$ der Winkel zwischen den Vektoren $\boldsymbol{a}$ und $\boldsymbol{a}^*$. Für das Volumen V^* der durch die drei Vektoren a^*, b^*, c^* gebildeten Zelle des RG gilt

$$V^* = \frac{1}{V}\,. \tag{D.4}$$

Selbstverständlich ist auch umgekehrt die Konstruktion des KG aus dem RG möglich. In den Formeln (D. 1) bis (D. 3) muß dann das Sternsymbol (*) an allen Größen der rechten Seite angebracht werden.

Als Beispiel wird die Konstruktion einer Ebene des reziproken Gitters in Abb. D. 1 gezeigt. Dabei ist angenommen, daß die c-Achse senkrecht zur Zeichenebene liegt. Der Netzebenenabstand d_{100} folgt aus der Zeichnung mit $d_{100} = a \cos(a, a^*)$. Entsprechend ist $d_{010} = b \cos(b, b^*)$. Für die Konstruktion des RG muß man die Kehrwerte dieser Größen nehmen. Dabei ist die Wahl des Maßstabes freigestellt. Nachdem man die Länge $a^* = \frac{1}{d_{100}}$ willkürlich festgelegt hat, folgt für die Länge b^*:

$$b^* = \frac{1}{d_{010}} = \frac{d_{100}}{d_{010}} \quad a^* = \frac{a \cos(a, a^*)}{b \cos(b, b^*)} a^* .$$

Für den in Abb. D. 1 wiedergegebenen Fall ist $\sphericalangle (a, a^*) = \sphericalangle (b, b^*)$ und somit $b^*/a^* = a/b$. Es verhalten sich also die Kantenlängen im RG gerade umgekehrt wie die Kantenlängen im KG.

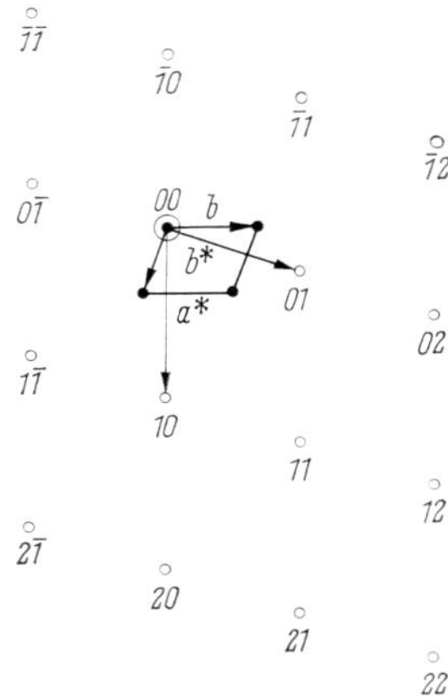

Abb. D. 1. Zur Konstruktion des RG aus dem KG.

Die Gitterrichtungen c und c^* liegen senkrecht zur Zeichenebene. Die Indizes geben die Koordinaten $(h\,k)$ des RG an. Die dritte Koordinate $(l = 0)$ ist zur Vereinfachung weggelassen worden.

Das RG im kubischen, tetragonalen und rhombischen System hat rechtwinklige Zellen mit den Kantenlängen $\frac{1}{a}$ bzw. $\frac{1}{a}, \frac{1}{c}$ bzw. $\frac{1}{a}, \frac{1}{b}, \frac{1}{c}$.

Für das rhomboedrische KG erhält man ein rhomboedrisches RG mit

$$a^* = \frac{\sin\alpha}{a\sqrt{1 - 3\cos^2\alpha + 2\cos^3\alpha}}\,; \quad \cos\alpha^* = -\frac{\cos\alpha}{1 + \cos\alpha} . \tag{D.5}$$

Das RG im hexagonalen System ist wieder hexagonal, nur bilden die positiven Richtungen der Nebenachsen a^* und b^* einen Winkel von 60° anstatt von 120°. Dabei ist $a^* = b^* = \frac{\sqrt{4}}{3}\,\frac{1}{a}$. Die dritte Achse $c^* = \frac{1}{c}$ liegt parallel zur c-Achse des KG.

Die Gitterpunkte sind durch die drei Koordinaten h, k und l festgelegt, während die vierte Koordinate $i = -(h + k)$ nur eine Hilfskoordinate ist, die es erlaubt, durch zyklische Vertauschung des Zahlentripels h, k, i die übrigen kristallographisch gleichwertigen Punkte des RG zu erhalten (Abb. D. 2).

Ein Gittervektor im RG

$$\boldsymbol{S}_{hkl} = h\,\boldsymbol{a}^* + k\,\boldsymbol{b}^* + l\,\boldsymbol{c}^* = \frac{1}{d_{hkl}}\,\boldsymbol{n}_{hkl} \tag{D.6}$$

ist ein Vektor vom Nullpunkt zum Gitterpunkt $(h\,k\,l)$. Die Vektoren $\boldsymbol{a}^*$, $\boldsymbol{b}^*$ und $\boldsymbol{c}^*$ entsprechen in Länge und Richtung den Kantenlängen a^*, b^* und c^* des RG. Der Vektor $\boldsymbol{S}_{hkl}$ zeigt in Richtung der Netzebenennormalen $\boldsymbol{n}_{hkl}$ und hat die Länge $1/d_{hkl}$. Die Größe n ist ein sogenannter Einheitsvektor der Länge 1. Allgemein ist $d_{hkl} = d/n$, wobei n der gemeinsame Teiler von $(h\,k\,l)$ und d der wirkliche Netzebenenabstand des zugehörigen primitiven Kristallgitters ist.

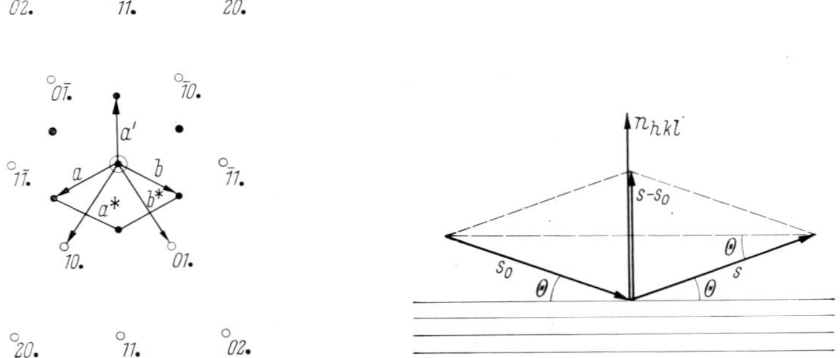

Abb. D. 2. Das RG des hexagonalen Kristallgitters (Basisebene). Die Indizes geben die Koordinaten $(h\,k)$ des RG an.

Abb. D. 3. Zur vektoriellen Darstellung der Braggschen Gleichung.

Die Bedeutung des RG für Beugungsuntersuchungen folgt aus der Braggschen Gleichung, wenn man zu einer vektoriellen Darstellung übergeht. Hierzu werden noch die Einheitsvektoren $\boldsymbol{s}_0$ und $\boldsymbol{s}$ der primären Röntgenstrahlrichtung bzw. Reflexionsrichtung benötigt (Abb. D. 3). Dabei gilt die Beziehung

$$\boldsymbol{s} - \boldsymbol{s}_0 = 2 \sin\Theta \, \boldsymbol{n}_{hkl} \,.$$

Aus der Braggschen Gleichung $n\,\lambda = 2\,d \sin\Theta$ folgt dann:

$$\frac{n}{d}\,\boldsymbol{n}_{hkl} = \frac{2 \sin\Theta}{\lambda}\,\boldsymbol{n}_{hkl} \tag{D.7}$$

Die linke Seite der Gleichung ist nach der Definition, Gl. (C.6)

$$\frac{n}{d}\,\boldsymbol{n}_{hkl} = \boldsymbol{S}_{hkl} \tag{D.8}$$

Man erhält also

$$\frac{\boldsymbol{s} - \boldsymbol{s}_0}{\lambda} = \boldsymbol{S}_{hkl} \tag{D.9}$$

Die entsprechende quadratische Form von Gl. (D. 7) lautet

$$\frac{1}{d_{hkl}^2} = \frac{4 \sin^2\Theta}{2} = S_{hkl}^2 = h^2\,a^{*2} + k^2\,b^{*2} + l^2\,c^{*2} + 2\,k\,l\,b^*\,c^* \cos\alpha^* + 2\,l\,h\,c^*\,a^* \cos\beta^* + 2\,h\,k\,a^*\,b^* \cos\gamma^* \tag{D.10}$$

Dabei ist die rechte Seite von Gl. (D. 10) identisch mit den in Abschnitt B. 2 wiedergegebenen quadratischen Formen für $1/d^2$. Man findet leicht durch Vergleich mit Gln. (D. 2) und (D. 3), daß $S_{11} = V^2\,a^{*2}$, $S_{22} =$

$V^2\, b^{*2}$, $S_{33} = V^2\, c^{*2}$, $S_{12} = V^2\, a^*\, b^* \cos\gamma^*$, $S_{23} = V^2\, b^*\, c^* \cos\alpha^*$, $S_{13} = V^2\, a^*\, c^* \cos\beta^*$ ist.

Die beste Übersicht über die Gesamtheit der Röntgeninterferenzerscheinungen bei Kristallen liefert die Einzeichnung der „Ewaldschen Ausbreitungskugel" in das RG. Aus der obigen Gl. (D. 7) läßt sich die folgende graphische Konstruktion zur Auffindung der reflexionsfähigen Netzebenen bei gegebener Primärstrahlrichtung und Wellenlänge ableiten:

Ist 0 der Ursprung des RG und $M\,0$ die Richtung des Primärstrahles mit der Wellenlänge λ, so trage man auf dieser Richtung von 0 aus die Strecke $1/\lambda$ im richtigen Maßstab ab und erhält M. Für die Abb. D. 1

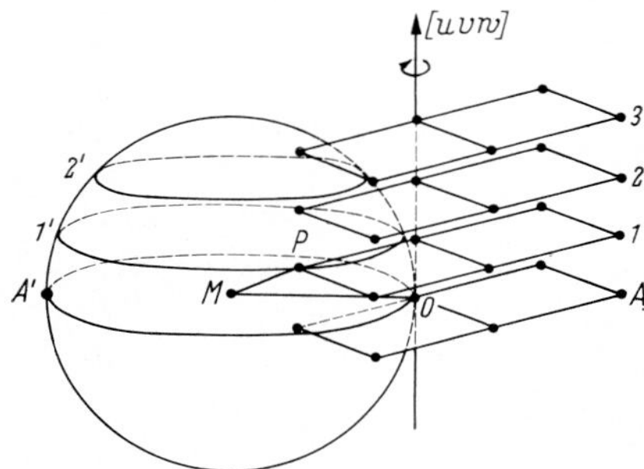

Abb. D. 4. Die Ewaldsche Ausbreitungskugel im RG.

ist beispielsweise $1/\lambda = d_{100}/\lambda\, a^*$. Um M als Mittelpunkt beschreibe man eine Kugel mit dem Radius $1/\lambda$ (Abb. D. 4). Für die so gezeichnete Einfallsrichtung $M\,0$ des Röntgenstrahls reflektieren dann alle die Netzebenen $(h\,k\,l)$, deren zugehörige Gitterpunkte im RG auf der Oberfläche dieser Kugel liegen, also z. B. Punkt P. Die Richtung MP gibt dann die Richtung des reflektierenden Strahles an.

Auf diese Weise läßt sich z. B. leicht nachweisen, wie die Schichtlinien bei Drehkristallaufnahmen zustande kommen. Ist $[u\,v\,w]$ eine niedrig indizierte Richtung im KG, so bildet das RG Punktebenen, die senkrecht zu $[u\,v\,w]$ liegen[1]. Bei einer Drehung des KG um die Achse rotiert das zugehörige RG um die gleiche Richtung, wie in Abb. D. 4 gezeigt wird. Die Punktebenen A, 1, 2 schneiden in dem gezeichneten Beispiel die Ewald-Kugel in Schnittkreisen A', $1'$, $2'$, während die Ebene 3 die Kugel gerade noch im oberen Scheitelpunkt berührt. Auf der Aufnahme sind dann entsprechend die Schichtlinien 1. Art zu finden. Die Schichtlinien 2. Art rühren von Gitterpunkten her, deren Abstand parallel zur Drehachse ist.

[1] Bei schiefwinkligen Gittern liegen dann im allgemeinen außer dem Punkt (000) keine Punkte $(h\,k\,l)$ des RG auf der Drehachse $[u\,v\,w]$.

Die zuerst bei Drehkristallaufnahmen von SCHIEBOLD vorgenommene Auswertung mit Hilfe des reziproken Gitters hat, vor allem bei den photographischen Goniometerverfahren, zu den verschiedensten Methoden geführt (s. Abschnitt 19. C).

Für die Intensität der Reflexe spielt der Schnittwinkel eine große Rolle, unter dem der Gitterpunkt des RG die Ewaldsche Ausbreitungskugel schneidet.

Bei kleinen Schnittwinkeln bleibt beispielsweise bei einer Drehkristallaufnahme der Gitterpunkt länger in Berührung mit der Oberfläche der Ewaldschen Ausbreitungskugel. Aus der Geometrie folgt für den Schnittwinkel der 0. Schichtlinie $90° - \Theta$, daraus folgt ein Faktor $L_1 = 1/\cos\Theta$ für die Intensität. Außerdem ist die Geschwindigkeit der Schneidbewegung von Einfluß, sie wächst (ebenfalls nur für die 0. Schichtlinie) proportional mit dem Abstand des reziproken Gitterpunktes vom Ursprung. Die Intensität ist umgekehrt proportional zur Geschwindigkeit, daraus folgt ein Faktor $L_2 = 1/\sin\Theta$. Für den Fall der Pulveraufnahme spielt an Stelle der Geschwindigkeit die Belegungsdichte mit Gitterpunkten eine Rolle, die von den zahlreichen Kristalliten z. B. für eine bestimmte Indizierung $(h\,k\,l)$ im RG eine Kugelschale um (000) im Abstand $|\mathbf{S}_{hkl}|$ bilden. Diese Belegungsdichte ist umgekehrt proportional zu dieser Kugeloberfläche. Damit entsteht für Pulveraufnahmen ein Faktor $L_2 = 1/\sin^2\Theta$. In den Intensitätsformeln werden diese geometrischen Einflüsse durch den Lorentz-Faktor $L = L_1 L_2$ berücksichtigt (vgl. Abschnitt 21).

Treten in Kristallen gerichtete Störungen auf, so machen sie sich bei hinreichender Konzentration auch im RG bemerkbar. Bei Schichtkristallen, deren periodischer Aufbau senkrecht zur Schichtebene stark gestört ist (Flächengitter), entarten die Gitterpunkte im RG zu „Gitterstäben" in Richtung senkrecht zur Schichtebene. Bei entsprechenden Röntgenaufnahmen erhält man dann Intensitätsstreifen an Stelle von Reflexen. Bei sehr kleinen kohärent streuenden Gitterbereichen ergibt sich eine Teilchengrößenverbreiterung, die für alle Punkte des RG gleich groß ist. Dies ist in Abb. D. 5 dargestellt. Die in Abschnitt 26 angegebene Winkelabhängigkeit der Teilchengrößenverbreiterung entsteht durch die Geometrie der Abbildung der Intensitätsverteilung[1] im RG beim Durchschneiden der Ewaldschen Ausbreitungskugel (Abb. D. 5).

Mit zunehmendem Beugungswinkel $2\,\Theta$ wird der Schnittwinkel, unter dem die Kugeloberfläche geschnitten wird, immer kleiner, wodurch die visuelle Linienverbreiterung β immer größer wird. Ist der Durchmesser (Halbwertsbreite) der Intensitätsverteilung im RG gleich dem Reziprokwert der mittleren Teilchengröße Λ, so beträgt der zugehörige

[1] Der Einfachheit halber spricht man bei der Diskussion von Reflexverbreiterungen und bei Beugungsphänomenen außerhalb der Reflexe von einer Intensitätsverteilung im RG.

Bereich $R_1 R_2$ (Abb. D. 5) auf der Ewald-Kugel $1/\Lambda \cos\Theta$, denn der Schnittwinkel ist $90° - \Theta$. Da die Ewald-Kugel den Radius $1/\lambda$ hat, findet man für die Halbwertsbreite

$$\beta = \frac{\lambda}{\Lambda \cos\Theta} \, .$$

Eine gewisse Ausnahme macht der Punkt 000. Da dieser Gitterpunkt für die verschiedensten RG-Typen als einziger immer die gleiche Lage hat, ist verständlich, daß für seine Verbreiterung nicht die Größe der kohärent streuenden Gitterbereiche maßgebend ist. Hier spielt vielmehr

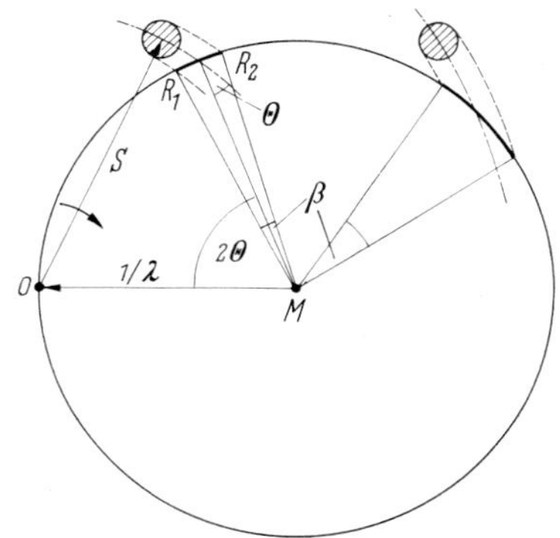

Abb. D. 5. Zur Teilchengrößenverbreiterung.

Abb. D. 6. Zur Reflexverbreiterung durch innere Spannungen.

die Größe der Gebiete mit gleicher mittlerer Elektronendichte die entscheidende Rolle, also z. B. die Größe von Pulverteilchen (unabhängig von ihrem Aufbau aus mehreren kohärenten Gitterbereichen).

Die Umgebung des Punktes 000 kann experimentell mit Hilfe der Röntgen-Kleinwinkelstreuung aufgenommen werden (s. Abschnitt 30).

Der Einfluß von inneren Spannungen auf die Linienverbreiterung läßt sich ebenfalls mit Hilfe des RG beschreiben. In erster Näherung kann man diese Spannungen durch eine Überlagerung von mehreren RG mit etwas unterschiedlicher Gitterkonstante beschreiben (Abb. D. 6). Das führt zu einer Verbreiterung der Reflexe in Richtung von $\boldsymbol{S}$ proportional zum Abstand vom Punkt (000). Die Verbreiterung beträgt $2\varepsilon \frac{2\sin\Theta}{\lambda}$, wenn ε die mittlere Gitterverzerrung ist. Es folgt dann aus dem vorher gesagten eine Linienverbreiterung

$$\beta = 4\varepsilon \frac{\sin\Theta}{\cos\Theta} = 4\varepsilon \tan\Theta \, .$$

Die Reflexverbreiterung durch innere Spannungen ist daher vor allem bei großen Beugungswinkeln zu beobachten, während ihr Einfluß

34*

bei kleinen Winkeln sehr gering ist. Im Gegensatz dazu ist die Teilchengröße-Verbreiterung bereits bei kleinen Beugungswinkeln zu erkennen.

Die Störungen des Gitters können auch durch Inhomogenitäten hervorgerufen werden, z. B. durch die Anwesenheit zweier Atomsorten in einem Mischkristallgitter. Hier findet man neben den Reflexen noch einen diffusen Streuuntergrund, dessen Analyse ebenfalls mit Hilfe des RG erfolgt. Der Streuuntergrund kann als kontinuierliche Intensitätsverteilung I ($\boldsymbol{S}$) beschrieben werden, wobei der Vektor $\boldsymbol{S}$ ebenfalls durch 3 Koordinaten ($h\ k\ l$) des RG definiert ist; dabei sind jedoch diese Koordinaten nicht mehr ganzzahlig, sondern vielmehr kontinuierlich variabel (s. Abschnitt 25).

E. Stereographische Projektion

Zur Darstellung der Kristallflächen und ihrer Winkel wird in der Kristallographie um den Kristallmittelpunkt eine Kugel mit Radius 1 gezeichnet und von diesem aus die Lote auf die Kristallflächen gefällt. Ihre Durchstoßpunkte mit der Kugeloberfläche, die sogen. *Flächenpole* kennzeichnen dann die Lage und Stellung der Flächen. Diese *Polkugel* oder *Lagekugel* hat folgende Eigenschaften:

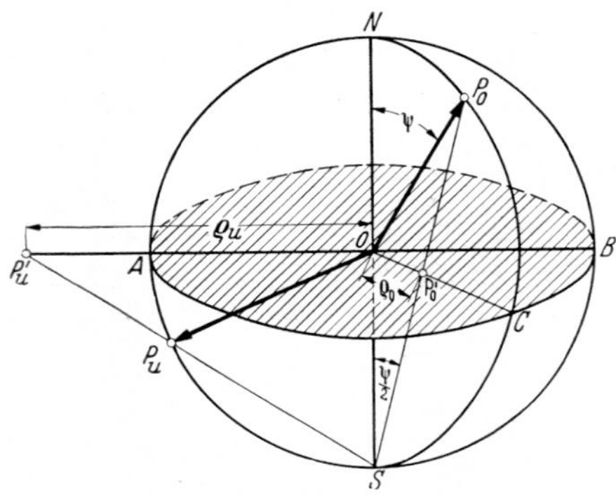

Abb. E. 1. Flächenpolkugel (Lagekugel).

In Abb. E. 1 sind P_0 und P_u Flächenpole. Ihr Abstand auf der Kugeloberfläche, gemessen durch die Bogenlänge des durch P_0 und P_u gehenden Großkreises[1], ist gleich dem Winkel zwischen den Normalen der beiden Kristallflächen. Die Pole aller Flächen, die einer kristallographischen *Zone* angehören, d. h. deren Normalen alle senkrecht stehen auf einer

[1] Auf einer Kugeloberfläche lassen sich zwei Arten von Kreisen zeichnen, solche, deren Ebenen durch den Kugelmittelpunkt gehen und die den größtmöglichen Durchmesser haben *(Großkreise)* und solche mit kleineren Durchmessern *(Kleinkreise)*.

gemeinsamen Richtung *(Zonenachse)*, liegen immer auf einem Großkreis. Jeder Großkreis auf der Kugeloberfläche entspricht also einer bestimmten Zone, deren Achse im Kugelmittelpunkt auf der durch den Großkreis gelegten Ebene senkrecht steht. Die Winkel zwischen Kristallkanten (Schnittlinien von Kristallflächen) sind gleich den Winkeln zwischen den betreffenden durch Großkreise dargestellten Zonenkreisen. Die Lage und Verteilung der Pole entspricht der Symmetrie des Kristalles. In gleicher Weise wie die äußerlich wahrnehmbaren Kristallflächen können auch die inneren Netzebenen dargestellt werden; die Lage der Netzebenenpole ist durch die Symmetrie des Gitteraufbaues festgelegt.

Um diese dreidimensionale Mannigfaltigkeit in einer Ebene darzustellen, wird die Kugeloberfläche mit Hilfe der *stereographischen Projektion* auf die Zeichenebene abgebildet.

Die als Projektionsebene gewählte Ebene, in Abb. E. 1 schraffiert gezeichnet, heiße *Äquatorebene* und die Durchstoßpunkte ihrer Normalen mit der Kugeloberfläche *Nordpol* N bzw. *Südpol* S. Wird z. B. vom Südpol als „Augpunkt“ aus projiziert, so sind die Sehstrahlen von S nach den Flächenpolen zu ziehen und ihre Schnittpunkte mit der Äquatorebene zu ermitteln. So projiziert sich P_0 nach P_0'. Flächenpole, die der gleichen Halbkugel angehören wie der Augpunkt (z. B. P_u), liefern Abbildungen außerhalb des *Grundkreises* (Randkreis der Projektionsebene). Deshalb projiziert man häufig die Pole der einen Halbkugel vom Südpol, die der anderen vom Nordpol aus; die beiden Punktarten müssen dann durch besondere Zeichen unterschieden werden[1]. Die stereographische Projektion hat folgende Eigenschaften:

1. *Kreistreue.* Alle Kreise auf der Kugeloberfläche werden in der Projektion wieder als Kreise abgebildet (im Grenzfall entstehen Geraden).
2. *Winkeltreue.* Schnittwinkel zwischen Kreisen auf der Kugel werden in der Projektion richtig wiedergegeben.
3. *Maßstabstreue.* In kleinen Bereichen ist die Abbildung maßstabstreu, d. h. ein quadratisches Flächenelement der Kugel wird wieder ein quadratisches Flächenelement in der Projektion. Der lineare Abbildungsmaßstab ändert sich jedoch im Verhältnis 1:2, wenn man vom Zentrum der Abbildung an den Rand geht.

Um eine geeignete Gradeinteilung für die Winkelmessungen zu bekommen, denke man sich das in Abb. E. 2 gezeichnete Netz von Längen- und Breitengraden so über die Flächenpolkugel der Abb. E. 1 gelegt, daß Nordpol N_n und Südpol S_n der Netzkugel auf den Äquator der Flächenpol-

[1] Eine Unterscheidung der beiden Punktarten ist nötig, weil in diesem Fall die Winkel zwischen Punkten verschiedener Art in der Projektion nicht mehr gleich sind den Winkeln zwischen den betreffenden Ebenennormalen auf der Polkugel.

kugel zu liegen kommen. Das Bild der Projektion des Netzes wird in Abb. E. 3 gezeigt. Der Kreis durch N_nBS_nA ist der Grundkreis der Projektion; M_1, M_2... sind Meridiankreise und B_1, B_2... Breitenkreise. Die Meridiane entsprechen Großkreisen auf der Lagekugel (Abb. E. 1). Die Strecke N_nS_n sei kurz als Poldurchmesser, die Strecke AB als Äquatordurchmesser bezeichnet. Bei der praktischen Ausführung wird diese Netzteilung nicht jedesmal neu mitprojiziert, sondern ein gedrucktes Wulffsches Netz[1] (Abb. E. 4) verwendet, auf das ein durch-

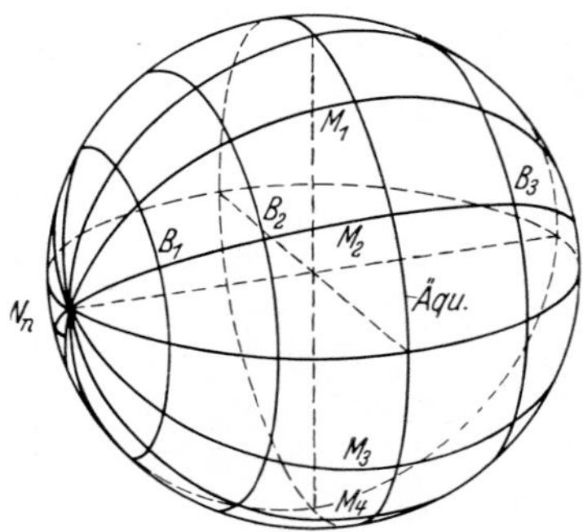

Abb. E. 2. Gradteilungen zur Herstellung eines Wulffschen Netzes.

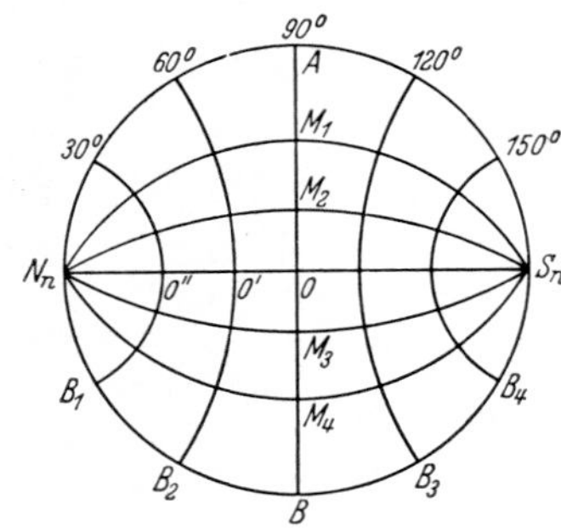

Abb. E. 3. Stereographische Projektion eines Netzes nach Abb. E. 2.

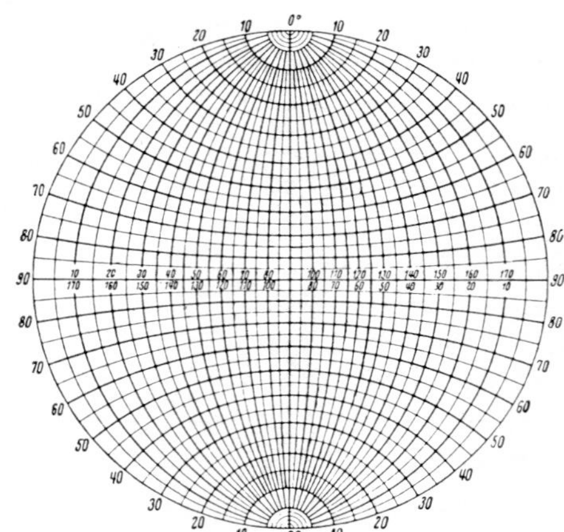

Abb. E. 4. Wulffsches Netz (nach SCHIEBOLD und SCHNEIDER).

[1] Ein Wulffsches Netz mit 20 cm Durchmesser ist vom Schweizerbartschen Verlag Stuttgart zu beziehen; ein Netz mit 50 cm liefert R. Seifert, Ahrensburg. Zur Ableitung sei noch folgendes bemerkt:

Wird vom Südpol (Abb. E. 1) aus projiziert und ist ψ der Winkel zwischen den Geraden OP_0 und ON, so ist der Abstand des projizierten Punktes P_0' vom Mittelpunkt O der Projektion

$$\varrho_0 = r \operatorname{tg} (\psi/2),$$

wobei r der Kugelradius ist.

sichtiges Papier zur Einzeichnung der Projektionen der Flächenpole aufgelegt wird. Zur Messung des Winkels zwischen zwei Punkten in der Zeichnung wird das Wulffsche Netz um seinen Mittelpunkt so lange gedreht, bis beide Punkte auf ein und demselben Meridian liegen; aus der Anzahl der dazwischen liegenden Breitenkreise ergibt sich der gesuchte Winkel. Der Winkel, den zwei Meridiane miteinander bilden, ist gegeben durch die Zahl der dazwischen liegenden Meridiane.

Als einfaches Beispiel ist in Abb. E. 5 die Lage der Pole der wichtigsten Netzebenen eines kubischen Kristalles mit der Würfelebene als Projektionsebene dargestellt. Die oben erwähnte Zonenzugehörigkeit ist ohne weiteres zu erkennen[1].

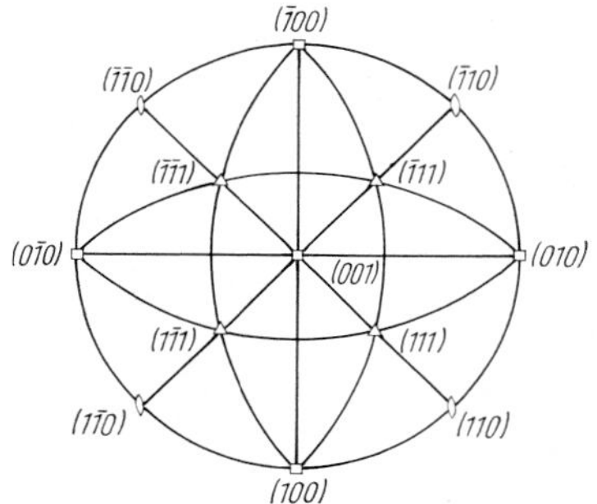

Abb. E. 5. Stereographische Projektion der Kristallflächen eines kubischen Kristalles auf die Würfelebene.

Bei der Auswertung von Röntgenaufnahmen wird Gebrauch gemacht von einigen Grundaufgaben der stereographischen Projektion, die daher kurz besprochen werden:

1. Ermittlung des geometrischen Ortes für einen gegebenen Winkelabstand von einem Flächenpol.
2. Winkel zwischen zwei Großkreisen.
3. Transformation („Umwälzen") der Projektion.

1. Der geometrische Ort für einen festen Winkelabstand von einem Flächenpol ist auf der Kugel ein Kreis, der in der Projektion wieder als

---

[1] Der Winkel zwischen den Normalen der Ebenen (111) und (010) beträgt 55° (Math. Anhang C). Derselbe Winkel ergibt sich, wenn ein durchsichtiges Wulffsches Netz so auf die Abb. E. 5 gelegt wird, daß ein Großkreis durch die Pole (111) und (010) geht; durch Abzählen findet man, daß 55 Breitenkreise diesen Großkreis zwischen den beiden Polen schneiden. Liegen die beiden Pole auf einem Durchmesser, wie z. B. (111) und (110), so kann der Winkelabstand abgelesen werden, wenn der Poldurchmesser des Netzes mit der Verbindungsgeraden der beiden Pole zur Deckung gebracht wird. Für (111) zu (110) ergibt sich so 35° in Übereinstimmung mit der Berechnung nach Math. Anhang C.

Kreis abgebildet wird. Im ersten Beispiel soll der Kreis bestimmt werden, der von dem Pol F_1 einen Winkelabstand von 30° hat (Abb. E. 6). Dabei liege F_1 um 70° vom Projektionsmittelpunkt entfernt. Von F_1 trage man längs des (horizontalen) Äquators in jeder Richtung einen Winkel von 30° ab. Dadurch erhält man zwei Punkte des gesuchten Kreises. Aus

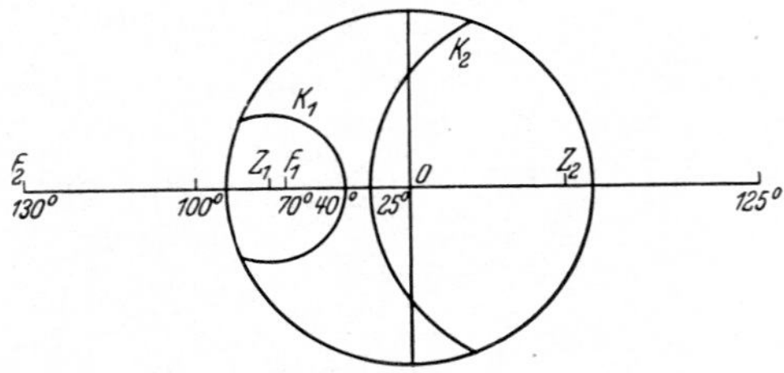

Abb. E. 6. Herleitung des geometrischen Ortes für Pole mit vorgeschriebenem Winkelabstand von einem Pol.

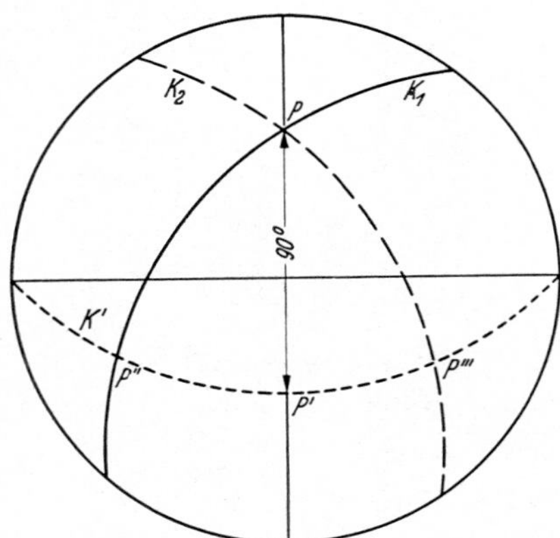

Abb. E. 7. Zeichnung zweier Großkreise mit gegebenem Winkelabstand.

Symmetriegründen muß der Mittelpunkt Z_1 des gesuchten Kreises auch auf dem Äquator liegen, und zwar genau zwischen den beiden konstruierten Punkten.

Als zweites Beispiel soll für den Flächenpol F_2 der Ort aller Flächenpole mit dem Winkelabstand 105° eingezeichnet werden. F_2 liegt außerhalb[1] des Grundkreises bei 130°. Abtragen von 105° mit Hilfe des Wulffschen Netzes nach rechts liefert den Punkt mit der Bezeichnung 25°. Beim Abtragen nach links hat man zu beachten, daß der Punkt bis zum Abstand 180° nach links ins Unendliche hinauswandert und dann von rechts

[1] Es ist die Strecke $O\,F_2 = r \operatorname{tg} 65°$, wenn r der Radius des Grundkreises ist.

aus dem Unendlichen wieder hereinkommt. Um vom Punkt 130° aus 105° nach links abzutragen, hat man 180 — 130° = 50° nach links und dann von rechts außen her den Rest 105 — 50° = 55° abzutragen. Man erhält so den mit 125° bezeichneten Punkt auf der rechten Seite. Der gesuchte Ort ist der Kreis K_2 um die Mitte Z_2 der Strecke zwischen 25° und 125°.

2. Zu dem Großkreis K_1 soll durch den Punkt P ein zweiter Großkreis K_2 gezeichnet werden, der mit K_1 in P den Winkel 106° bildet (Abb. E. 7). Man bringt durch Drehen des Netzes den Punkt P auf den Äquatordurchmesser und erhält durch Abtragen von 90° den Punkt P'.

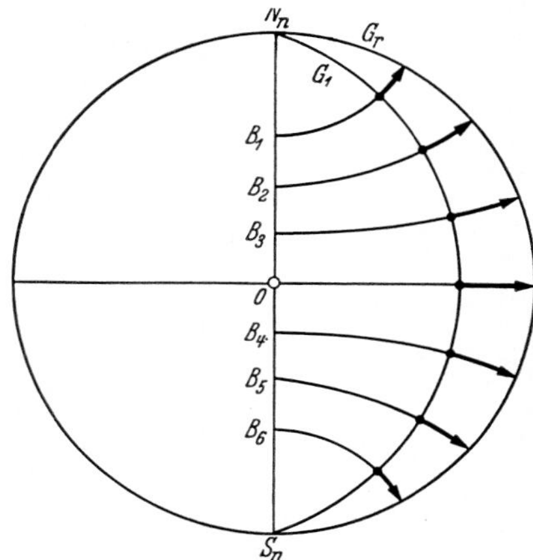

Abb. E. 8. Umwälzen der Projektion.

Man zeichnet den durch P' gehenden Meridian K' ein und trägt mit Hilfe des Netzes auf diesem vom Schnittpunkt P'' den Winkel 106° ab. Der Endpunkt der Strecke sei P'''. Der Meridian K_2 durch P''' und den gegebenen Punkt P ist der gesuchte Großkreis.

3. Um einen bestimmten Großkreis G_1 zum Grundkreis der Projektion zu machen, hat man das Wulffsche Netz so aufzulegen, daß Nordpol N_n und Südpol S_n auf die Schnittpunkte dieses Großkreises mit dem Grundkreis fallen und dann die Punkte auf Breitenkreisen in der aus Abb. E. 8 ersichtlichen Weise zu verschieben. Dadurch wird eine andere Ebene zur Projektionsebene gemacht. Dieses „Umwälzen der Projektion" besteht in einer Drehung der Netzteilung auf der Kugeloberfläche um die Polachse N_nS_n um einen bestimmten Winkelbetrag (20° in dem Beispiel der Abb. E. 8).

Zur Veranschaulichung der Ausführung von stereographischen Projektionen sei I. die stereographische Ermittlung der Orientierung eines Einkristalles eingehender behandelt:

Die Laue-Rückstrahlaufnahme eines kubischen Einkristalles ist in Abb. E. 9 zu sehen. Zur Auswertung der Aufnahme werden die Interferenzpunkte auf ein Transparentpapier übertragen. In Abb. E. 10 sind dies die schwarzen Punkte. Dabei wird die Aufnahme zweckmäßig von der der Probe abgewandten Seite aus betrachtet. Ist A der Abstand zwischen Film und Kristalloberfläche, so ist der Abstand a eines Reflexes vom Mittelpunkt der Aufnahme gegeben durch $a = A \operatorname{tg} 2\,\psi$, wenn ψ der Winkel zwischen zugehöriger Netzebenennormale und Primärstrahlrichtung (= Projektionsrichtung) ist[1]. Damit kann unmittelbar der

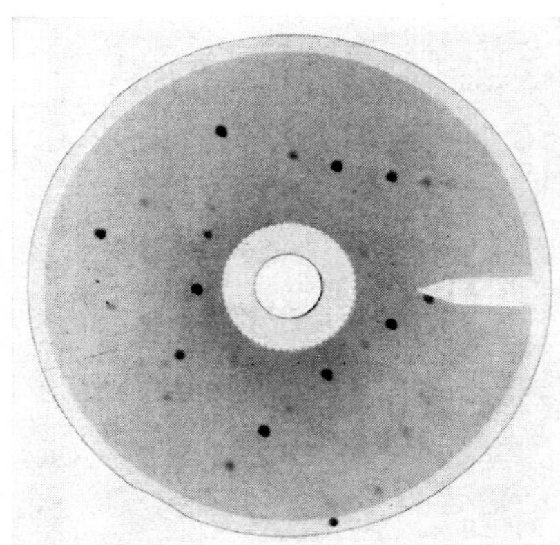

Abb. E. 9. Laue-Rückstrahlaufnahme von einem Aluminium-Einkristall.

Abb. E. 10. Orientierungsbestimmung unter Verwendung der Laue-Rückstrahlaufnahme Abb. E. 9.

Abstand $\varrho = r \operatorname{tg} \psi$ der Netzebenennormale vom Mittelpunkt der stereographischen Projektion berechnet werden. Der Azimutwinkel φ des Poles ist der gleiche wie der des Reflexes. Es lassen sich also die Pole konstruieren, die in Abb. E. 10 als Kreuze eingezeichnet sind.

Um die so entstandene Polfigur indizieren zu können, wälzt man eine der dichtest belegten Zonen auf den Grundkreis der Projektion (Kreise in Abb. E. 10). Bei kubisch flächenzentrierten Gittern ist dies eine $\langle 110 \rangle$-Zone oder eine $\langle 100 \rangle$-Zone. Da die Zonenachse nach dem Wälzen in den Mittelpunkt der Projektion kommt, kann man sie mit einer Standard-Projektion [110] oder [100] vergleichen, bei der neben den wichtigsten Polen auch die übrigen eingetragen sein müssen. Der Vergleich ermöglicht die Indizierung der gewälzten Polfigur. Hat man die ursprüngliche Projektionsrichtung N mitgewälzt, so hat man jetzt die kristallographische Orientierung der ursprünglichen Projektionsrichtung senkrecht zur Oberfläche der Probe gefunden. In Abb. E. 10 ist die Indizierung

[1] Genauer ist es die dem Primärstrahl entgegengesetzte Richtung.

durch die Bezeichnung der wichtigsten Richtungen $[\bar{1}10]$, $[\bar{1}00]$ und $[\bar{1}11]$ geschehen. Das so entstandene Dreieck nennt man das Orientierungsdreieck. Der Pol N' ist die Projektionsrichtung in der gewälzten Darstellung. Durch Rückwälzen erhält man das Orientierungsdreieck der Ausgangsorientierung, bei der der Pol N die ursprüngliche Projektionsrichtung ist. Sämtliche Orientierungen weisen bei dieser Darstellung von der Probenoberfläche auf den Betrachter zu.

F. Korrektionsverfahren für Linienbreiten und Linienprofile

Bei dem *Verfahren von* KOCHENDÖRFER werden die Korrektionen der Linienbreiten rechnerisch unter Einhaltung einer bestimmten Reihenfolge (I bis V in Tab. F. 1) vorgenommen. Die Reduktionsgleichung hat die Form

$$y = \frac{1}{2}\left(1 + \sqrt{1 - x}\right), \tag{F.1}$$

wobei für kleine x die Näherung gilt

$$y = 1 - \frac{x}{4} \cdot \tag{F.2}$$

In Tab. F. 1 ist angegeben, welche Größen in jedem der 5 Fälle für x und y einzusetzen sind.

I. Wegen der endlichen Breite des Photometerspaltes p muß die gemessene Halbwertsbreite B_0 korrigiert werden. Die Ausführung der Reduktion liefert die Breite B_p.

II. Diese wird dann hinsichtlich einer etwa vorhandenen Überlagerung der beiden Komponenten λ_1 und λ_2 des α-Dublettes korrigiert. Der Abstand e der beiden Komponenten ergibt sich nach BRILL aus

$$e = \frac{2\,R\,(\lambda_1 - \lambda_2)\tan\Theta}{\lambda} \cdot \tag{F.3}$$

Dabei ist R der Radius der Filmkammer und λ die Summe $\frac{\lambda_1 + \lambda_2}{2}$

III. Der Einfluß von Form und Absorption des Präparates bedarf im allgemeinen keiner Korrektion, wenn das fokussierende Verfahren (vgl. Abb. 26.6) mit ebenem Präparat benützt wird. Wird dagegen ein stäbchenförmiges, völlig undurchlässiges Präparat (Bleiglaskern mit dünnem Überzug nach BRILL und PELZER) benützt, so ist für s (Tab. F. 1, Fall III) einzusetzen

$$s = 2\,r\cos\Theta\,(1 - \cos\Theta). \tag{F. 4}$$

IV. Die Spaltblende der Breite D beim Eintritt des Strahles in die Filmkammer verbreitert ebenfalls die Interferenzlinien. Die Reduktionsformel liefert die Breite B_D.

V. Zum Schluß ist noch die „natürliche Spektrallinienbreite“ zu berücksichtigen. Eine Röntgenspektrallinie umfaßt stets einen gewissen relativen Wellenlängenbereich $\pm \Delta\lambda/\lambda$; dieser beträgt z. B. für Kobalt-K-Strahlung $\pm 0{,}02\%$.

Gemäß Tab. F. 1 Reihe V wird zur Korrektion eine Größe s' benötigt, welche sich berechnet aus

$$s' = 3{,}2\, R \frac{\Delta\lambda}{\lambda} \tan\Theta \tag{F 5}$$

Der Endwert der Breite, mit b bezeichnet[1], ist die „wahre“ Linienbreite, das heißt die Linienbreite frei von verbreiternden Einflüssen der Versuchsanordnung.

Tabelle F.1. *Korrektionen an der gemessenen Halbwertsbreite* B_0

Nummer der Korrektion	y	x
I	B_p/B_0	p/B_0
II	B_a/B_p	$4\,e/3\,B_p$
III	B_r/B_a	s/B_a
IV	B_D/B_r	D/B_r
V	b/B_D	s'/B_D

Um eine Vorstellung von der Größe der einzelnen Korrektionen und ihrer Winkelabhängigkeit zu geben, ist eine Meßreihe von Kochendörfer in Tab. F. 2 aufgeführt. Es handelt sich um ein feinkörniges Eisenpulver ($a = 2{,}861$ kX), aufgenommen mit Kobalt-K-Strahlung ($\lambda = 1{,}787$ kX) in einer Filmkammer (Radius $R = 40{,}0$ mm, Spaltblende $D = 0{,}12$ mm).

Die Ermittlung des „wahren“ Linienprofiles[2] erfordert einen größeren mathematischen Aufwand als die besprochene Korrektion der Halbwerts- bzw. Integralbreite.

Bei einem von Shull und von Stokes angegebenen Verfahren wird die Intensität der gleichen Interferenzlinie bei 2 verschiedenen Proben mit einem Zählrohr-Diffraktometer nacheinander bestimmt. Die eine Probe ist die zu untersuchende Substanz; das erhaltene Profil sei mit $B(\Theta)$ bezeichnet. Zur Bestimmung der apparativen Verbreiterung wird unter genau gleichen Bedingungen ein Präparat mit gleicher Zusammensetzung, dessen Teilchen aber groß genug sind, um keine Verbreiterung zu geben und das frei ist von Gitterverzerrungen, ausgemessen. Das

[1] b hat hier eine andere Bedeutung als im Abschnitt 26.

[2] Unter Linienprofil versteht man die Intensitätsverteilung innerhalb der Linie in Abhängigkeit vom Beugungswinkel $2\,\Theta$.

erhaltene Profil $G(\Theta)$ wird „Apparatefunktion“ genannt. Durch mathematische Faltungsoperationen[1] und Fourier-Reihen kann das gesuchte „wahre“ Profil $P(\Theta)$ aus den Profilen $B(\Theta)$ und $G(\Theta)$, deren Verlauf graphisch gegeben ist, abgeleitet werden. Aus Raumgründen ist eine Schilderung des Verfahrens im einzelnen nicht möglich.

Tabelle F.2. *Berechnungsbeispiel einer Teilchengrößenbestimmung*

Indizes		(011)	(002)	(112)	(022)	(013)
Θ		26,2°	38,7°	49,9°	62,1°	81,0°
$\cos\Theta$		0,897	0,781	0,645	0,470	0,163
$\operatorname{tg}\Theta$		0,492	0,798	1,185	1,876	6,057
B_0	mm	0,22	0,30	0,26	0,37	1,06
p	mm	0,05	0,05	0,05	0,10	0,16
p/B_0		0,23	0,17	0,19	0,27	0,15
B_p	mm	0,21	0,29	0,25	0,34	1,02
$\frac{4}{3}e$	mm	0,14	0,22	—	—	—
$\frac{4}{3}e/B_b$		0,67	0,76	—	—	—
B_a	mm	0,17	0,22	0,25	0,34	1,02
D	mm	0,12	0,12	0,12	0,12	0,12
D/B_a		0,71	0,55	0,48	0,35	0,12
B_D	mm	0,13	0,17	0,22	0,31	0,99
s'	mm	0,03	0,05	0,07	0,11	0,35
s'/B_D		0,23	0,29	0,32	0,36	0,35
b	mm	0,12	0,17	0,20	0,28	0,89

G. Beispiele für Spannungsmessung mit Filmverfahren und Goniometer

1. Beispiel

Lastspannungsbestimmung an einem Bauteil aus Stahl mit dem Rückstrahlfilmverfahren.

Gegeben ist ein durch äußere Kräfte beanspruchter Stahlbolzen. Gefragt ist nach der Oberflächenlängsspannung und nach der Hauptspannungssumme an einer bestimmten Stelle des Bolzens.

Tab. 27.2 entnimmt man eine für den Werkstoff geeignete Kombination von Röntgenwellenlänge und Eichstoff, z. B. Cr K_α-Strahlung und Cr-Eichpulver. Mit Hilfe des in Tab. 27.2 aufgeführten Bragg-Winkels von Eisen erhält man aus Tab. 27.3 die günstigen Einstrahl-

[1] Siehe z. B. Dissertation S. Sailer, TH Stuttgart 1965.

richtungen $\psi_{o.i}$. Mit $\Theta \approx 78°$ wird $\psi_{0,1} = 33°$ und $\psi_{0,2} = 45°$. Die zugehörigen Meßrichtungen ψ sind 21°, 33°, 45° und 57°. Die Auswertungskonstanten ergeben sich nach Tab. 27.2 zu $C_1 = 136{,}09$ kp/mm³ und $C_2 = 29.76$ kp/mm³.

Den Rückstrahlaufnahmen mit den Einstrahlrichtungen $\psi_{0,1}$ und $\psi_{0,2}$ entnimmt man jeweils zwei $\Delta'_{\varphi,\psi}$-Werte. Für den belasteten und den unbelasteten Bolzen ergeben sich daraus die auf einen Eichstoffringdurchmesser von 50 mm [vgl. Gl. (27.34)] bezogenen $\Delta_{\varphi,\psi}$-Werte zu:

ψ_i ($\sin^2 \psi_i$)	21° (0,128)	33° (0,296)	45° (0,500)	57° (0,702)
$\Delta_{\varphi,\psi}$ (belastet)	3,45	3,27	3,10	2,90
$\Delta_{\varphi,\psi}$ (unbelastet)	3,25	3,23	3,24	3,24

In Abb. G. 1 sind diese Meßwerte als Funktion von $\sin^2 \psi$ aufgetragen. Der Anstieg der gestrichelten Ausgleichsgeraden ist Null. Die unbelastete

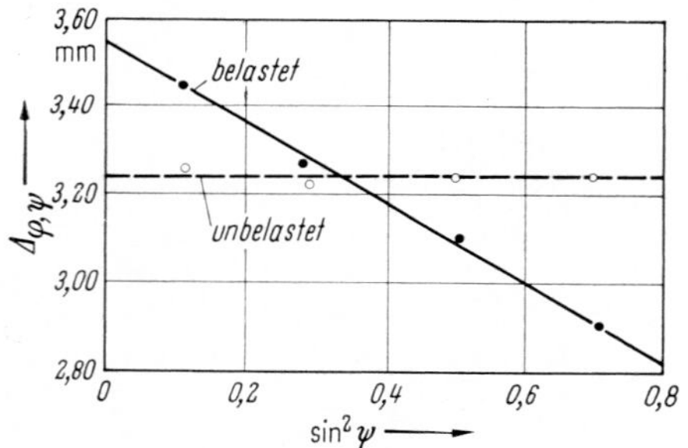

Abb. G. 1. $\Delta_{\varphi,\psi}$-$\sin^2 \psi$-Verteilungen eines belasteten und eines unbelasteten Stahlbolzens.

Probe ist also eigenspannungsfrei. Es ist $\Delta_0 = 3{,}24$ mm. Die Ausgleichsgerade durch die Meßpunkte des belasteten Bolzens ergibt als Anstieg

$$\frac{\partial \Delta_{\varphi,\psi}}{\partial \sin^2 \psi} = -0{,}92 \text{ mm}$$

und als Ordinatenabschnitt

$$\Delta_{\varphi,\psi=0} = 3{,}55 \text{ mm}.$$

Aus den Gln. (27.32) und (27.33) folgt dann für die Längsspannung

$$\sigma_\varphi = -29{,}76 \cdot -0{,}92 \text{ kp/mm}^2 = 27{,}3 \text{ kp/mm}^2$$

und für die Summe der Hauptspannungen

$$(\sigma_1 + \sigma_2) = 136{,}09 \ (3{,}55 - 3{,}24) \text{ kp/mm}^2 = 42{,}2 \text{ kp/mm}^2.$$

2. Beispiel

Ermittlung des Eigenspannungszustandes eines Aluminiumbleches mit dem Rückstrahlfilmverfahren.

Gegeben ist ein Aluminiumblech. Gefragt ist nach Betrag und Richtung der Hauptspannungen in einem bestimmten Oberflächenbereich.

Auf Grund der Angaben in Tab. 27.2 wird Cu K_α-Strahlung mit Silber als Eichpulver gewählt. Tab. 27.3 liefert dann $\psi_{0,1} = 18°$ und $\psi_{0,2} = 45°$,

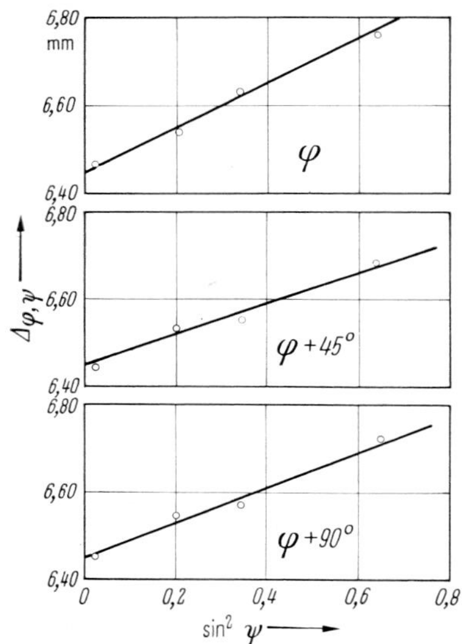

Abb. G. 2. In 3 Azimuten gemessene $\Delta_{\varphi,\,\psi}$-$\sin^2\psi$-Verteilungen eines gewalzten Aluminiumbleches.

also Meßrichtungen von 9°, 27°, 36° und 54°. Insgesamt sind (vgl. Gln. (27.19) bis (27.21)) zur vollständigen Analyse eines Oberflächeneigenspannungszustandes Gitterdehnungsmessungen in drei jeweils um 45° gegeneinander versetzten Meßebenen erforderlich. In Abb. G. 2 sind die Meßergebnisse in den Azimuten φ, $\varphi + 45°$ und $\varphi + 90°$ als Funktion von $\sin^2\psi$ aufgezeichnet. Sie besitzen den gemeinsamen Ordinatenabschnitt

$$\Delta_{\varphi,\psi=0} = \Delta_{\varphi+45°,\psi=0} = \Delta_{\varphi+90°,\psi=0} = 6{,}45\,\text{mm}.$$

Die Neigungen M der Ausgleichskurven in den einzelnen Meßebenen sind

$$M_\varphi = 0{,}50\,\text{mm}\,,$$

$$M_{\varphi+45°} = 0{,}37\,\text{mm und}$$

$$M_{\varphi+90°} = 0{,}40\,\text{mm}\,.$$

Daraus ergeben sich mit der Konstanten $C_2 = 6{,}49\ \mathrm{kp/mm^3}$ die zugehörigen Eigenspannungskomponenten nach Gl. (27.32) zu

$$\sigma_{\varphi} = -3{,}2\ \mathrm{kp/mm^2}\,,$$

$$\sigma_{\varphi+45^\circ} = -2{,}4\ \mathrm{kp/mm^2}\ \text{und}$$

$$\sigma_{\varphi+90^\circ} = -2{,}6\ \mathrm{kp/mm^2}\,.$$

Mit diesen Zahlenwerten liefert Gl. (27.19) für den gesuchten Azimut $\varphi = 30^\circ$. Die Hauptspannungen errechnen sich nach den Gln. (27.20) und (27.21) zu $\sigma_1 = -3{,}5\ \mathrm{kp/mm^2}$ und $\sigma_2 = -2{,}3\ \mathrm{kp/mm^2}$. Eine Kontrolle ermöglicht der für die gewählten Meßbedingungen gültige (vgl. Tab. 27.2) Δ_0-Wert von $\Delta_0 = 6{,}68$. Mit $C_1 = 25{,}56\ \mathrm{kp/mm^3}$ und dem aus Abb. G. 2 folgenden Wert $\Delta_{\varphi,\psi=0} = 6{,}45$ ergibt sich nach Gl. (27.33)

$$(\sigma_1 + \sigma_2) = 25{,}56\,[6{,}45 - 6{,}68] = -5{,}9\ \mathrm{kp/mm^2}$$

in guter Übereinstimmung mit den oben angegebenen Zahlen für σ_1 und für σ_2.

3. Beispiel

Ermittlung einer Eigenspannungskomponente in den Oberflächenschichten einer verformten Stahlprobe mit dem Goniometerverfahren.

Gegeben ist ein gewalztes Stahlband. Gefragt ist nach der Spannungskomponente parallel zur Walzrichtung.

Gemäß Tab. 27.3 wird als Strahlung Co K_α benutzt. Die Auswertungskonstanten sind dann $K_1 = 216{,}11\ \mathrm{kp/mm^2}$ Grad und $K_2 = 47{,}27\mathrm{kp/}$

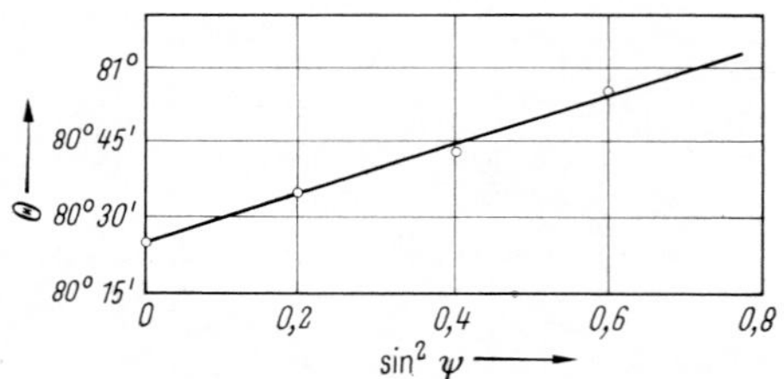

Abb. G. 3. $\Theta_{\varphi,\psi}$-$\sin^2\psi$-Verteilung einer zugverformten Stahlprobe.

mm² Grad. Da der Bragg-Winkel der spannungsfreien Probe bei $\Theta_0 \approx 80{,}5^\circ$ liegt, werden als Einstrahlwinkel nach Tab. 27.4 ψ_0-Werte von $-9{,}5^\circ$, $17{,}1^\circ$, $29{,}7^\circ$ und $41{,}3^\circ$ gewählt. Die Messungen mit dem Goniometer liefern die in Abb. G. 3 als Funktion von $\sin^2\psi$ aufgezeichneten Bragg-Winkel $\Theta_{\varphi,\psi}$. Als Anstieg der Ausgleichsgeraden ergibt sich

$$\frac{\partial\Theta_{\varphi,\psi}}{\partial\sin^2\psi} = N_\varphi = 50\ [\mathrm{min}] = 0{,}83\ [\mathrm{Grad}]$$

und damit die gesuchte Spannungskomponente nach Gl. (27.39) zu

$$\sigma_\varphi = -K_2 \cdot N_\varphi = -39{,}4\ \mathrm{kp/mm^2}\,.$$

H. Fourier-Analyse bei amorphen Stoffen und Schmelzen

An einer Platte aus *glasigem Selen* wurde mit monochromatischer Strahlung der Wellenlänge $\lambda = 1{,}54$ kX unter dem Auftreffwinkel $\alpha = 15^\circ$ die in Abb. H. 1 enthaltene Aufnahme hergestellt. Bei Aus-

Abb. H. 1. Monochromatische Aufnahme von glasigem Selen (nach HENDUS).

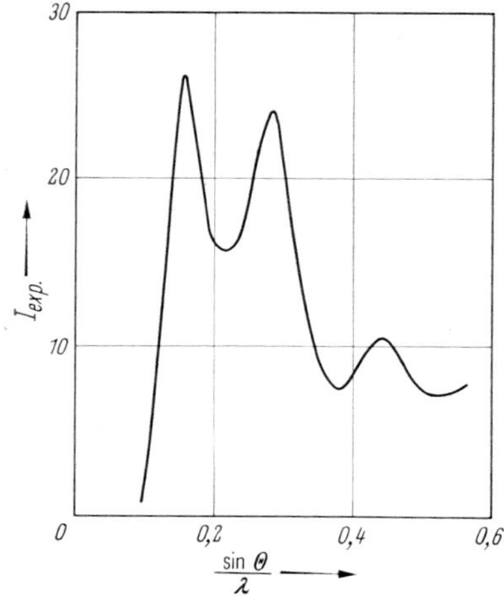

Abb. H. 2. Aus Abb. H. 1. durch Photometrierung erhaltene Intensitätskurve.

photometrierung ergibt sich nach Umrechnung der Schwärzungen in relative Intensitäten mit Hilfe von Schwärzungsmarken die Streuintensität I_{exp} in Abhängigkeit von $(\sin\Theta)/\lambda$ ($2\,\Theta$ = Streuwinkel), Abb. H. 2. Nach Anbringung der Absorptionskorrektion Q und des Polarisationsfaktors P ist die korrigierte Intensität

$$I = \frac{I_{\text{exp}}}{Q\,P}\,. \tag{H.1}$$

Bei Verwendung eines Kristallmonochromators ist der Thomsonsche Polarisationsfaktor[1]

$$P = \frac{1 + \cos^2 2\,\Theta}{2} \tag{H.2}$$

[1] Der nicht von Θ abhängige Teil des Polarisationsfaktors ist in den Gln. (H. 2) bis (H. 5) weggelassen.

zu ersetzen durch die Beziehung von WARREN und BISCOE

$$P' = 1 + \cos^2 2\Theta \cos^2 2\varphi \,. \tag{H.3}$$

Die Bedeutung der Winkel Θ und φ ist aus Abb. H. 3 zu ersehen. I_0 ist die Intensität des Primärstrahles, I_1 die des einmal reflektierten und I_2 die des zweimal reflektierten Strahles. Die erste Reflexion erfolgt am

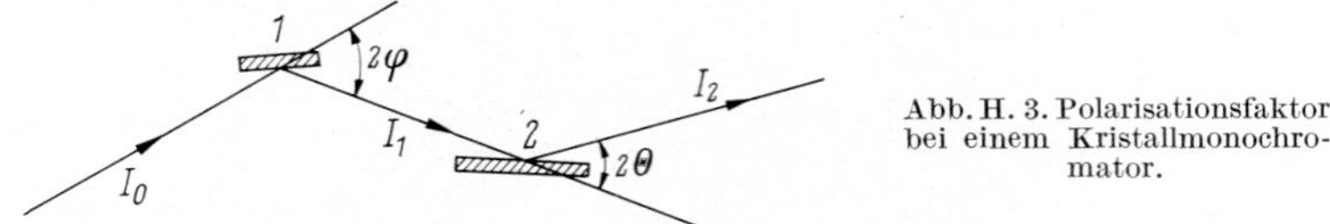

Abb. H. 3. Polarisationsfaktor bei einem Kristallmonochromator.

Kristallmonochromator *1*, die zweite am Präparat *2*. Es gilt die Beziehung (WARREN und BISCOE)

$$I_2 = I_0 P' \,. \tag{H.4}$$

Bei Vertauschung der Stellungen von Kristall und Präparat bleibt die Gl. (H. 3) gültig.

Bei der häufig benützten Form des Polarisationsfaktors P'' nach VAN DER GRINTEN

$$P'' = \frac{1 + \cos^2 2\Theta \cos^2 2\varphi}{1 + \cos^2 2\varphi} \tag{H.5}$$

darf, worauf in der Literatur nicht hingewiesen ist, die Reihenfolge nicht vertauscht werden. Die erste Reflexion muß stets am Monochromator erfolgen. Die zur Gl. (H. 4) analoge Beziehung lautet

$$I_2 = I_1 P'' \,. \tag{H.6}$$

Die vom Präparat gestreute Intensität I_2 wird nach WARREN und BISCOE auf die Intensität *vor* der ersten Reflexion, bei VAN DER GRINTEN auf die *nach* der ersten Reflexion bezogen (vgl. Abb. H. 3).

Für eine unendlich dicke Platte hat die Absorptionskorrektion folgende Winkelabhängigkeit (DEBYE und MENKE):

$$Q = \frac{\sin(2\Theta - \alpha)}{\sin\alpha + \sin(2\Theta - \alpha)} \,. \tag{H.7}$$

(α = Winkel zwischen Primärstrahl und Präparat-Oberfläche.)

Die Absorptionskorrektion kann aus der Aufnahme selbst bestimmt werden, wenn das plattenförmige Präparat so dünn ist, daß auf der einen Hälfte des Filmes die Interferenzen in Reflexion, auf der anderen in Durchstrahlung auftreten (RICHTER und BREILTING).

Der Unterschied in der Winkelabhängigkeit der Absorption in Durchstrahlung und in Reflexion bei einer plattenförmigen Magnesiumschmelze und 0,71 kX Wellenlänge ist in Abb. H. 4 deutlich zu sehen. Die Stellung „Durchstrahlung" hat den Vorteil, daß die wichtigen, inneren Interferenzen wenig geschwächt werden.

In Abb. H. 5. ist die korrigierte Streuintensitätskurve I als Funktion von $(\sin \Theta)/\lambda$ aufgetragen. Oft erfolgt diese Auftragung auch in Abhängigkeit von der Variablen

$$s = \frac{4\pi \sin \Theta}{\lambda}$$

Nach den mathematischen Ableitungen von ZERNIKE und PRINS, DEBYE und MENKE besteht zwischen I als Funktion von s und der Atom-

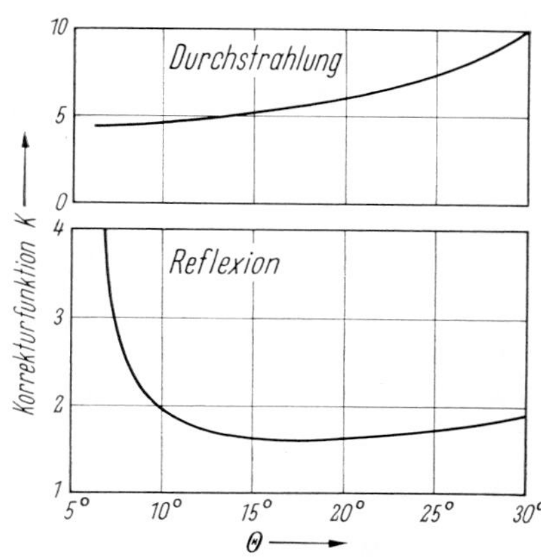

Abb. H. 4. Korrektion für eine Magnesiumschmelze in Durchstrahlung und in Reflexion (nach WOERNER, STEEB und HEZEL). $I_{\text{Korr-}} = I_{\text{exp-}} \cdot K$

Abb. H. 5. Korrigierte Streuintensitätskurve und Angleichung der Kurve für die Streuung eines freien Atomes, einschließlich der inkohärenten Streuung.

dichte ϱ folgende Beziehung, die für kristalline und nichtkristalline Atomanordnungen in gleicher Weise gültig ist:

$$I = I_e N f^2 \left[1 + \int_0^\infty 4\pi r^2 \varrho \frac{\sin(s r)}{s r} d r\right]. \tag{H.8}$$

I_e = klassische Streuintensität eines freien Elektrons,
N = Zahl der durchstrahlten Atome,
f = Atomformfaktor.

Bei einer Atomanordnung, die nur Atome einer Art enthält und bei der jedes beliebig herausgegriffene Atom in gleicher[1] Weise von Nachbaratomen umgeben wird, ist die Atomdichte (Zahl der Atome in der Volumeneinheit Å^3) nur eine Funktion des Abstandes r von dem betrach-

[1] Bei kettenförmigen Molekülen wäre z. B. noch die Orientierung der Molekülachsen zu berücksichtigen und die Atomdichtefunktion würde dann noch von weiteren Variabeln abhängen.

teten Atom: in der Kugelschale mit dem Radius r und $r + dr$ befinden sich $4\,\pi\, r^2\, \varrho\, dr$ Atome. Bei völlig gleichmäßiger Atomverteilung ist die Atomdichte konstant, nämlich

$$\varrho_0 = \frac{\sigma \cdot 10^{-24}}{A\, m_H}\,. \tag{H.9}$$

σ = Dichte[1], A = Atomgewicht, $m_H = 1{,}66 \cdot 10^{-24}$ = Masse des Wasserstoffatomes.

Aus Gl. H.8 ergibt sich mit Hilfe des Fourier-Theorems die Endgleichung in der Form von WARREN:

$$4\pi\, r^2\, \varrho = 4\pi\, r^2\, \varrho_0 + \frac{2r}{\pi} \int\limits_0^\infty s\, i\,(s)\, \sin{(s\, r)}\, d\, s\,. \tag{H.10}$$

Dabei ist

$$i\,(s) = \frac{I\,(s) - N f^2\, I_e}{N f^2\, I_e}\,. \tag{H.11}$$

Der nächste Schritt besteht darin, die Ordinaten der Kurve der Streuintensität $I\,(s)$ auf einen absoluten Maßstab zu bringen. Wegen des raschen Abklingens der Wellen der Kurve (vgl. Abb. H.5) mit wachsendem Winkel kann die Streuintensität der betrachteten Atomanordnung von N Atomen von genügend großen Werten von s ab gleichgesetzt werden mit der Streuintensität von N freien Atomen. Die klassische, kohärente Streuung liefert pro Atom die Intensität $f^2\, I_e$. Dazu kommt noch der Beitrag der inkohärenten Streuung durch Compton-Prozesse, der zwar zur Entstehung der Interferenzen keinen Beitrag liefert, aber eine mit dem Winkel zunehmende gleichmäßige Schwärzung des Films erzeugt. Diese inkohärente Streuung ist, abgesehen von ganz leichtatomigen Elementen, gering. Für glasiges Selen ist[2] z. B. das Verhältnis der inkohärenten zur kohärenten Streuintensität $V = I_{\mathrm{inc}}/f^2 I_e$

	$V = 0$	0,015	0,044	0,092
für	$\frac{\sin\Theta}{\lambda} = 0$	0,2	0,4	0,6

Zweckmäßig wird als Einheit der Streuintensität die Streuintensität eines freien Elektrons I_e gewählt; dann ist $f^2\, I_e\,(1 + V)$ die kohärente und inkohärente Streuintensität eines freien Atomes: diese ist in Abb. H.5 (dort mit $f^2 + I_{\mathrm{inc}}$ bezeichnet) so eingetragen, daß die Angleichung

---

[1] Bei der Berechnung der Dichte einer Legierung ist zu beachten, daß die Legierungsdichte σ_L sich aus der Dichte der Komponenten σ_A und σ_B folgendermaßen zusammensetzt:

$$\sigma_L = \frac{\sigma_A\, \sigma_B}{g_A\, \sigma_B + g_B\, \sigma_A}$$

wobei g_A und g_B die Gewichtsbruchteile der Komponenten A bzw. B bezeichnen ($g_A + g_B = 1$).

[2] Berechnung nach BEWILOGUA und HEISENBERG.

an die experimentelle Kurve bei $\frac{\sin\Theta}{\lambda} = 0{,}6$, also $s = 7{,}5$, erfolgt. Es wird nun die Differenz der Ordinaten beider Kurven gebildet und durch den zugehörigen Wert von f^2 dividiert, um $i\,(s)$ zu erhalten.

Das Hindurchlegen der Kurve $f^2 + I_{\text{inc}}$ hat eine individuelle Komponente und ist nicht ganz frei von einer gewissen Willkür. Genauere Resultate werden erhalten, wenn man den Übergang zu absoluten Einheiten durch Berechnung vollzieht. Ein vollautomatisches Verfahren unter Benutzung einer elektronischen Rechenanlage wurde von Ruppersberg und Seemann angegeben. Die experimentelle Kurve der Streuintensität wird in beliebigem Maßstab aufgezeichnet. In dieses Diagramm wird dann die Kurve $f^2 + I_{\text{inc}}$ in Elektroneneinheiten eingetragen und der Quotient der Ordinaten beider Kurven gebildet. Die so erhaltene Kurve oszilliert um eine horizontale Gerade und mündet bei großen Winkeln in diese ein. Bei völlig richtiger Angleichung muß das horizontale Kurvenstück die Ordinate eins haben. Liegt sie bei einem Wert X, so müssen die Ordinaten der Kurve I_{korr} noch mit dem Angleichungsfaktor $1/X$ multipliziert werden.

Ein weiteres Angleichungsverfahren geht von Gl. (H.11) aus: Die in den ganzen Raum ausgestrahlte Streuintensität von N freien Atomen muß gleich sein der Streuintensität von N Atomen, deren Ausstrahlung bestimmten Phasenbeziehungen unterworfen ist. Ist $I\,(\Theta)$ die gemessene Streuintensität nach Anbringung von Absorptions- und Polarisationskorrektion, so gilt

$$\int_0^\pi [f^2\,\Theta + I_{\text{inc}}]\sin\Theta\,d\Theta = c\int_0^\pi I\,(\Theta)\sin\Theta\,d\Theta\,. \tag{H.12}$$

Durch graphische Auswertung der beiden Integrale ergibt sich der Normierungsfaktor c, mit dem alle gemessenen Intensitäten zu multiplizieren sind.

Nach Aufzeichnung der Funktion $si\,(s)$ in Abb. H.6 wurden früher die Fourier-Integrale

$$\int_0^\infty s\,i\,(s)\sin(s\,r)\,d\,s$$

für verschiedene Werte des Parameters r mit einem harmonischen Analysator zahlenmäßig ausgewertet. Damit konnte Punkt für Punkt die radiale Atomdichtefunktion in Abhängigkeit vom Atomabstand r (Abb. H.7) aufgezeichnet werden. Diese hat ausgeprägte Maxima und Minima, während die Atomdichte ϱ_0 bei völlig gleichmäßiger Massenverteilung durch eine monoton ansteigende Kurve dargestellt wird.

Neuerdings werden für diese Berechnungen elektronische Rechenmaschinen benutzt. Die Intensitätswerte werden in die Rechenmaschine gegeben. Alle Korrekturen und die Angleichung wird dann von der

Maschine berücksichtigt, die dann schließlich eine gezeichnete Wahrscheinlichkeits- bzw. Atomverteilungskurve liefert.

Die Zahl n der Atome, die einem Maximum entsprechen, ergibt sich nach Warren durch eine einfache Integration der unter dem Wellen-

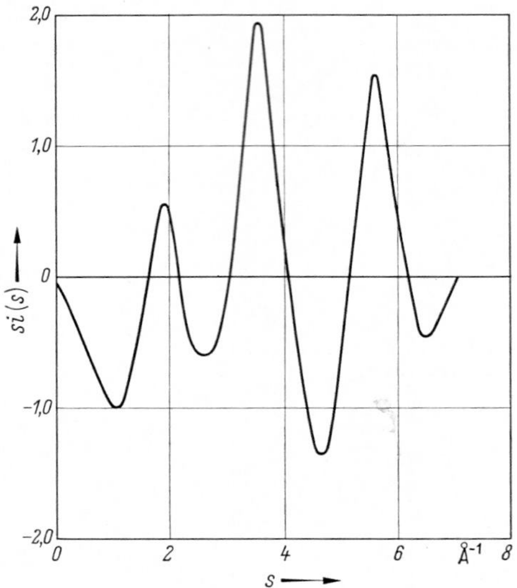

Abb. H. 6. Aus Abb. H. 5. abgeleitete Kurve der Hilfsfunktion $s\,i\,(s)$ als Grundlage der Fourier-Analyse.

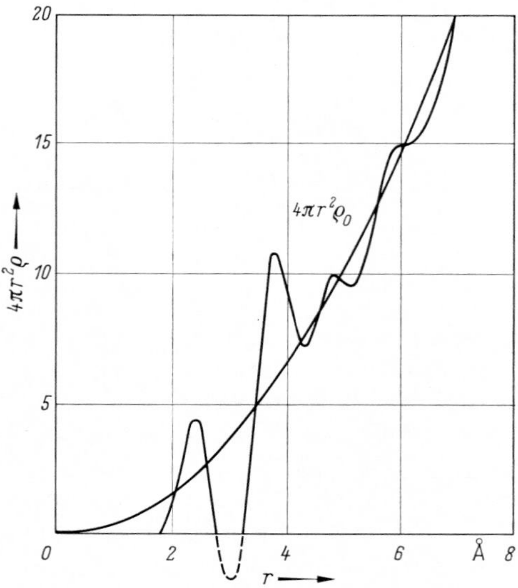

Abb. H. 7. Radiale Atomdichteverteilung von glasigem Selen (nach Hendus).

berg liegenden, bis zur Abszissenachse reichenden Fläche. Es ist

$$n = \int_{r_1}^{r_2} 4\pi\, r^2\, \varrho\, d\, r\,. \tag{H.13}$$

Die Wahrscheinlichkeitsfunktion[1] W (Abb. H.8), bei der die Maxima noch deutlicher hervortreten, ist einfach

$$W = \frac{\varrho}{\varrho_0} \tag{H.14}$$

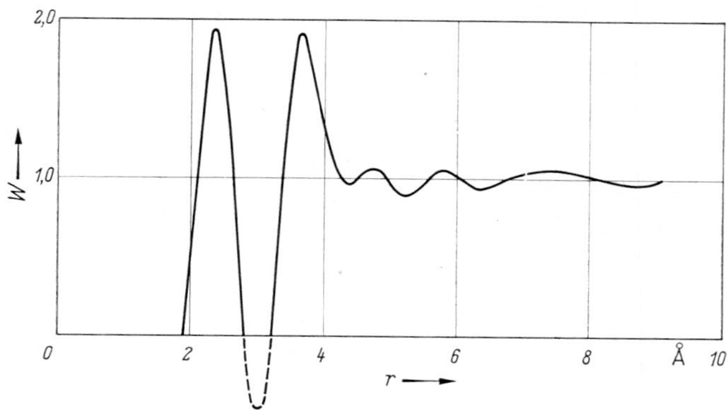

Abb. H. 8. Wahrscheinlichkeitskurve der Atomabstände im glasigen Selen (nach HENDUS).

Wie die Integration des ersten Wellenberges in Abb. H. 7 ergibt, hat jedes Atom zwei nächste Nachbarn. Das Auswertungsergebnis[2] ist in Tab. H.1 enthalten.

Tabelle H.1. *Atomabstände und Koordinationszahlen von Selen (nach Hendus)*

Glasiges Selen		Kristallines Selen	
Abstand Å	Zahl der Atome	Abstand Å	Zahl der Atome
2,37	2	2,32	2
3,67	8	3,46	4
	—	3,69	2
4,72	8	4,34	6
5,8	12	—	—

Infolge des Abbrucheffektes treten Nebenoszillationen auf, die durch Multiplikation der Intensitätswerte mit einem künstlichen Temperaturfaktor unterdrückt werden können (vgl. WARREN, SHOEMAKER). Ein

[1] Die Unterschreitung der Abszissenachse ist durch Näherungsannahmen hinsichtlich der Voraussetzungen des Verfahrens verursacht.

[2] Betr. neuerer Bestimmungen an Selen wird auf das Literaturverzeichnis verwiesen.

weiteres Kriterium ist noch, daß bei Veränderung der Integrationslänge zwar die Hauptmaxima ihre Lage behalten, die Nebenoszillationen dagegen sich verschieben.

Sind die Atomabstände bekannt, so kann umgekehrt die Atomverteilungskurve berechnet werden, wie von RICHTER, BREITLING und HERRE gezeigt wurde. Hat ein Atom n_1 Nachbarn im Abstand a_1 und dann n_2 Nachbarn im Abstand a_2 usf., so ist nämlich nach DEBYE die Streuintensität $I(s)$ proportional

$$1 + n_1 \frac{\sin(a_1 s)}{a_1 s} + n_2 \frac{\sin(a_2 s)}{a_2 s} + \cdots \tag{H.15}$$

Setzt man diesen Ausdruck in die Grundgleichung H. 9 ein, so können die einzelnen Integrale geschlossen dargestellt und ausgewertet werden.

Dieses Verfahren ist nützlich, um die Übereinstimmung eines Strukturmodelles mit der experimentell erhaltenen Atomverteilungskurve zu überprüfen.

Bei einer Ausdehnung des Verfahrens auf *amorphe und flüssige Stoffe mit 2 und mehr Atomarten* muß als Einheit für die Verteilungskurve die Elektronendichte (Zahl der Elektronen pro Volumeinheit, d. h. pro 1 Å³) statt der Atomdichte aufgetragen werden (WARREN, KRUTTER und MORNINGSTAR). Die Grundgleichung lautet

$$\sum_m K_m 4\pi r^2 \varrho_m = \sum_m K_m 4\pi r^2 \varrho_0 + \frac{2r}{\pi} \int_0^\infty s\, i(s) \sin(rs)\, ds \tag{H.16}$$

Zur Veranschaulichung wird der Gang der Auswertung am Beispiel des glasigen B_2O_3 besprochen. Die Summen sind jeweils über alle 5 Atome des Moleküls, nämlich 2 B-Atome und 3 O-Atome zu erstrecken. K_m ist die effektive Zahl der Elektronen im m-ten Atom. K_m kann aus den Werten des Atomfaktors berechnet werden[1]. Die erhaltenen Zahlen liegen in der Nähe der Ordnungszahl Z. Die Verfasser geben an $K_B = 4{,}5$ und $K_O = 8{,}33$. Von den 5 K-Werten des B_2O_3 sind 2 bzw. 3 unter sich gleich. Die Elektronendichte ϱ_e bei gleichmäßiger Verteilung ergibt sich aus der Loschmidtschen Zahl N, dem Molekulargewicht M und der Dichte σ. Es ist

$$\varrho_e = \frac{\sigma N\, 10^{-24} \sum_m Z_m}{M} \tag{H.17}$$

somit[2] für B_2O_3

$$\varrho_e = \frac{1{,}84 \cdot 6{,}06 \cdot 10^{-1} \cdot 34}{69{,}8}\,. \tag{H.18}$$

---

[1] Näheres bei WARREN, KRUTTER und MORNINGSTAR.

[2] Es ist $Z_m = 2 \cdot 5 + 3 \cdot 8 = 34$.

Der Term auf der linken Seite der Gl. (H.16) stellt die gesuchte Elektronendichte an einem Ort dar, der vom Bezugsatom einen Abstand zwischen r und $r + dr$ hat. Die Hilfsfunktion $i(s)$ unter dem Integral ist für den Fall von 2 oder mehr Atomarten

$$i(s) = \frac{I_{eu} - \sum f_m^2}{f_e^2}. \tag{H.19}$$

I_{eu} ist die in bezug auf Absorption usf. korrigierte gemessene Streuintensität in Elektroneneinheiten.

f_m ist der Atomfaktor für das m-te Atom des Moleküls, während sich f_e aus der Gleichung

$$f_e = \frac{\Sigma f_m}{\Sigma Z_m} \tag{H.20}$$

ergibt.

Für das Beispiel lautet Gl. (H.20)

$$f_e = \frac{2f_B + 3f_O}{2Z_B + 3Z_O}. \tag{H.21}$$

Um die Kurve, welche die Streuintensität als Funktion von $\frac{\sin\Theta}{\lambda}$ bzw. s darstellt, in Elektroneneinheiten zu eichen (mit I_{eu} in Abb. H. 9 bezeichnet), wird die Atomfaktorkurve nach Ausmittlung über die

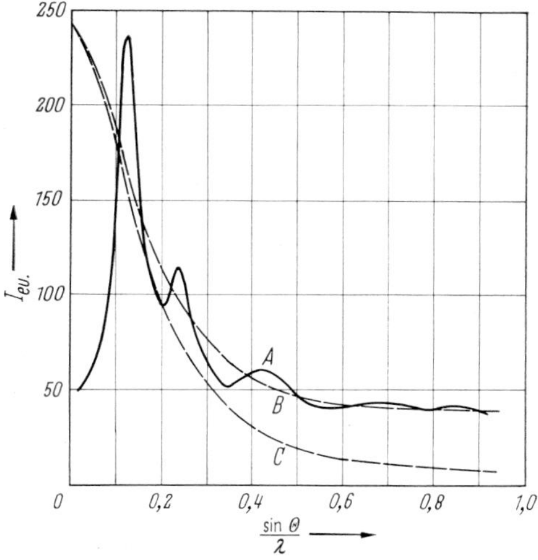

Abb. H. 9. Streuintensitätskurve von glasigem B_2O_3 (nach WARREN, KRUTTER und MORNINGSTAR).

Atome eines Moleküls (gestrichelte Kurve in Abb. H. 9) der Intensitätskurve bei großen Werten von $(\sin\Theta)/\lambda$ bzw. s angeglichen.

Für B_2O_3 ist dann der Ordinatenabschnitt[1] dieser Angleichungskurve

$$2f_B^2 + 3f_O^2 = 242 \text{ Elektroneneinheiten} \tag{H.22}$$

[1] Die Intensität ist proportional f^2.

Das Ergebnis der Fourier-Analyse ist in Abb. H. 10 enthalten. Die Maxima geben die Häufungsstellen der Elektronen an; dies sind die Atomlagen; r ist wieder der Abstand vom Bezugsatom.

In allen Fällen mit mehr als einer Atomart tritt eine grundsätzliche Schwierigkeit auf. Die Zuordnung der Maxima zu den Atomen der verschiedenen Arten ist nicht ohne weiteres erkennbar, oder anders ausgedrückt, man weiß nicht, welche Strecke im Bild den Atomabständen B—B bzw. B—O bzw. O—O entspricht.

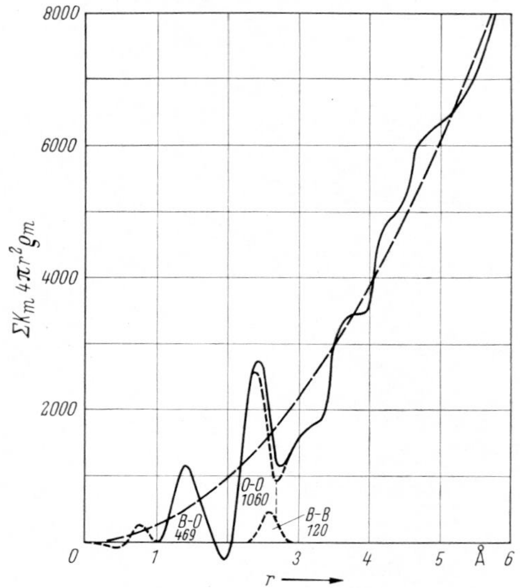

Abb. H. 10. Elektronendichteverteilung von glasigen B_2O_3 (nach WARREN, KRUTTER und MORNINGSTAR).

WARREN, KRUTTER und MORNINGSTAR gehen aus von der Tatsache, daß bei kristallinen Boraten ein B—O Abstand von 1,36 Å häufig vorkommt; sie schließen daraus, daß das erste Maximum in der Verteilungskurve der Abb. H. 10 mit 1,39 Å von B—O herrührt. Die Fläche A unter dem ersten Maximum entspricht laut Abb. H.10 469 Elektronen². Hieraus kann die Zahl n der Sauerstoffatome, die ein Bor-Atom umgeben, berechnet werden. Es ist

$$A = 469 = (2 K_B n K_O) 2 . \tag{H.23}$$

Zur Erklärung des Faktors 2 hinter der Klammer sei bemerkt, daß die Fläche unter dem Maximum sowohl durch die B-Atome um ein O-Atom als auch durch die O-Atome um ein B-Atom erzeugt wird. Mit Hilfe der

Werte $K_B = 4{,}5$ und $K_0 = 8{,}33$ ergibt sich $n = 3{,}1$. Dies bedeutet, daß jedes Bor-Atom von 3 Sauerstoffatomen im Abstand 1,39 Å umgeben ist.

In ähnlicher Weise läßt sich das zweite Maximum dem Paar O—O und das dritte dem Paar B—B zuordnen. Für den O—O Abstand von 2,42 Å ergibt sich die Zahl der n' O-Atome, die ein O-Atom umgeben, aus der Gleichung

$$A' = 3\,K_O\,n'\,K_O \tag{H.24}$$

zu $n' = 5$.

Das Gesamtergebnis ist, daß bei B_2O_3 eine Dreiecksanordnung vorliegt. Jedes B-Atom ist von 3 O-Atomen umgeben; zwischen 2 B-Atomen ist jeweils 1 O-Atom angeordnet. Es ist noch zu betonen, daß es sich dabei um räumliche Mittelwerte handelt und nicht um fixierte Atomlagen.

In einer *Zweistofflegierung*, welche die Atomsorten A und B enthält, kann die *Umgebung eines Atomes* hinsichtlich der Zahl und der Art der nächsten Nachbarn vollständig beschrieben werden, wenn außer der Koordinationszahl noch die 4 Teilkoordinationszahlen angegeben werden. Die Koordinationszahl gibt Auskunft über die Zahl der nächsten Nachbarn ohne eine Unterteilung in A und B Atome. Die Teilkoordinationszahlen liefern dagegen die Anzahl von A-Atomen um ein A-Atom oder um ein B-Atom bzw. die Anzahl von B-Atomen um ein A-Atom oder ein B-Atom.

Die Koordinationszahl von Legierungsschmelzen kann näherungsweise aus den Koordinationszahlen der Schmelzen der beiden Komponenten durch Mittelung berechnet werden, z. B.

$$z'_{\mathrm{AgMg_3}} = 0{,}25\,z_{\mathrm{Ag}} + 0{,}75\,z_{\mathrm{Mg}} \tag{H.25}$$

wobei die Zahlen die Atomkonzentrationen von Ag und Mg bedeuten. Für die Berechnung der Teilkoordinationszahlen stehen insgesamt vier Nachbarschaftsbeziehungen zur Verfügung, mit deren Hilfe es möglich ist, aus der Fläche unter dem ersten Maximum einer Elektronenverteilungskurve diese vier Zahlenwerte quantitativ zu bestimmen (Hezel und Steeb).

Kennt man diese Zahlenwerte, dann ist es möglich, auch den Nahordnungsparameter nach Cowley zu berechnen, der ein quantitatives Maß für den in einer Schmelze vorhandenen Ordnungsgrad darstellt und ursprünglich nur für feste Mischkristalle definiert worden war. Er ist Null bei Lösungsverhalten, negativ bei Verbindungsbildung und positiv (bis maximal $+1$) bei Nahentmischung. Für die Metallverbindung AgMg in kristallinem Zustand ist $\alpha = -1$, für die Schmelze dagegen $\alpha = -0{,}37$. Dies bedeutet, daß die im festen Zustand mögliche maximale Ordnung noch zu 37% in der Schmelze erhalten ist (Hezel und Steeb).

I. Auswertungsverfahren der Kleinwinkelstreuung

Die Messungen liefern die Streuintensität in Abhängigkeit vom Streuwinkel ε (Winkel zwischen einfallendem und gestreutem Strahl). Als Variable[1] wird bei der Auswertung benützt

$$h = \frac{2\sin\Theta}{\lambda} \qquad \text{wobei } \Theta = \varepsilon/2 \text{ ist.}$$

Bei kristallinen Interferenzen ist Θ der Braggsche Reflexionswinkel.

Der Gang des Auswertungsverfahrens ist verschieden, je nachdem die Partikel weit voneinander getrennt sind oder nicht. Man unterscheidet *verdünnte* und *dichte* Systeme. Bei nahen Partikelabständen wiederholen sich gewisse Abstandswerte periodisch und geben Anlaß zur Entstehung von zusätzlichen Interferenzen, was die Deutung sehr erschwert. Eine Übersicht über die praktisch wichtigen Fälle bei der Anwendung der Kleinwinkelstreuung auf verdünnte Systeme gibt die Tab. I.1.

Tabelle I.1. *Die verschiedenen Anwendungen der Kleinwinkelverfahren bei verdünnten Systemen*

I. Monodisperse Systeme (Teilchen von gleicher Größe und Form)	Bestimmung der Größe und Form bei regelloser Orientierung Bestimmung der Größe und Form bei gerichteter Orientierung Bestimmung des Molekulargewichtes
II. Polydisperse Systeme (Teilchen von verschiedener Größe und gleicher Form bzw. von verschiedener Größe und verschiedener Form)	Bestimmung der Häufigkeitsverteilung der Teilchen Bestimmung der spezifischen Oberfläche

Monodisperse verdünnte Systeme

In einem Volumen V seien eingelagert N Teilchen je mit dem Volumen v, dann ist der von ihnen eingenommene Raum der Bruchteil w des Volumens V

$$w = \frac{N v}{V}.$$

Mit ϱ_0 ist die Elektronendichte[2] bezeichnet; es ist vorausgesetzt, daß sie innerhalb jedes Teilchens konstant und in allen Teilchen gleich groß ist.

---

[1] Mitunter wird in der Literatur auch $\dfrac{4\pi\sin\Theta}{\lambda}$ mit h bezeichnet.

[2] Befinden sich die Teilchen in einem Lösungsmittel, so ist ϱ_0 die Differenz der Elektronendichten der Teilchen und des Lösungsmittels.

Das Teilchenvolumen v läßt sich ermitteln als Quotient aus zwei meßbaren Größen, nämlich aus

1. der zum Winkel 0 extrapolierten Streuintensität I (0),

2. der in geeigneter Weise definierten Integralintensität Q (0) [vgl. Gl. (I.3)].

Es ist[1]

$$I(0) = w(1-w)\,\varrho_0^2\, V\, v \tag{I.1}$$

und

$$Q(0) = 4\pi \int_0^\infty h^2\, I(h)\, d\,h \quad \text{(Porodsche Invariante)}\,. \tag{I.2}$$

Die Ordinaten der experimentellen Intensitätskurve (Abb. I.1) sind hierzu vor der Integration mit h^2 zu multiplizieren.

Andererseits gilt

$$Q(0) = w(1-w)\,\varrho_0^2\, V \tag{I.3}$$

Hieraus folgt

$$v = \frac{I(0)}{Q(0)}\,. \tag{I.4}$$

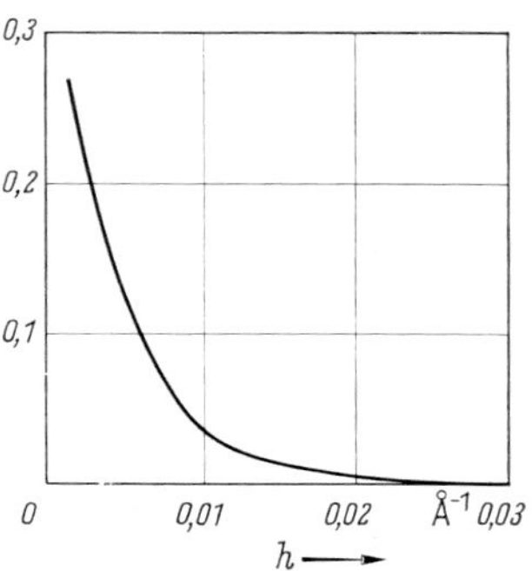

Abb. I. 1. Experimentelle Streukurve von Eiweißmolekülen (nach KRATKY, POROD, SEKORA und PALETTA).

Ein wichtiges Hilfsmittel der Auswertung ist die für sehr kleine Streuwinkel ($\lim h = 0$) gültige „Guiniersche" Näherung:

$$I(h) = w(1-w)\,\varrho_0^2\, V\, v\, e^{-\frac{1}{3} R_s^2 (2\pi h)^2} \tag{I.5}$$

Die im Exponenten auftretende Größe R_s wird von GUINIER „Trägheitsradius der Elektronendichteverteilung" (bezogen auf den Elektronenmassenschwerpunkt), von KRATKY *Streumassenradius* genannt. Die Definitionsgleichung von R_s ist analog zu der des Trägheitsradius in der Mechanik; sie lautet bei konstanter Elektronendichte

$$R_s^2 = \frac{\int r^2 d\,v}{v}\,, \tag{I.6}$$

wobei r den Abstand vom Schwerpunkt des Teilchens mit dem Volumen v bedeutet.

Die Größe R_s ist ein für ein Teilchen beliebiger Form charakteristischer Parameter; er reicht aber noch nicht aus, um allgemein die Form eines Teilchens angeben zu können. Es bestehen z. B. folgende Be-

[1] Die Formeln sind in der Schreibweise von GEROLD hier wiedergegeben; auf der rechten Seite ist stets ein Zahlenfaktor hinzuzufügen, der das Streuvermögen eines Elektrons angibt. Die auffallende, primäre Intensität ist = 1 gesetzt. Dies ist nur für absolute Intensitätsmessungen zu berücksichtigen.

ziehungen zwischen dem Streumassenradius R_s und dem Radius R einer Kugel bzw. den Halbachsen a, a, γa eines Rotationsellipsoides

$$R_s = \sqrt{\frac{3}{5}} \cdot R = 0{,}77_4 \cdot R \tag{I.7}$$

$$R_s = \sqrt{\frac{2+\gamma^2}{5}} \cdot a\,. \tag{I.8}$$

Zur Ermittlung von R_s logarithmiert man die Gl. (I.5) und erhält

$$\log I(h) = \text{const.} - \frac{4\pi^2}{3} R_s^2 h^2 \log_{10} e \tag{I.9}$$

$$= \text{const.} - 5{,}71\, R_s^2 h^2\,.$$

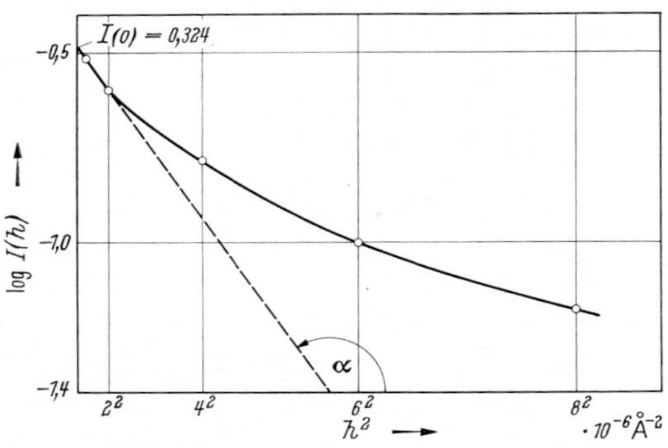

Abb. I. 2. Streukurve der Abb. I. 1 in Guinier-Auftragung (nach GEROLD).

Der Anfangsteil dieser Kurve (Abb. I.2) ist dann eine Gerade, deren Verlängerung die Abszissenachse unter dem Winkel α schneidet; es ist

$$\operatorname{tg}\alpha = 5{,}71 \cdot R_s^2\,.$$

Hieraus ergibt sich für das Beispiel in Abb. I. 2

$$5{,}71 \cdot R_s^2 = 2{,}80 \cdot 10^4$$

und

$$R_s = 70\ \text{Å}.$$

Da für das Beispiel in Abb. I.2

$$I(0) = 0{,}324$$

und

$$Q(0) = 0{,}1635 \cdot 10^{-5}\ \text{Å}^{-3}$$

ist, ergibt sich aus Gl. (I.4)

$$v = 1{,}98 \cdot 10^5\ \text{Å}^3. \tag{I.10}$$

Für den Fall, daß die Teilchen Kugelform haben, müßte also der Kugelradius $R = 36$ Å und der Streumassenradius $R_s = 28$ Å sein, während sich aus den Messungen $R_s = 70$ Å ergibt; die Annahme einer Kugelgestalt kann nicht zutreffen. Es ist üblich, als Maß für die Abweichung von der Kugelform den *Formfaktor* φ zu verwenden, der so definiert ist

$$\varphi = \frac{R_s}{R} \,. \tag{I.11}$$

Einige Zahlenangaben φ sind für ein Rotationsellipsoid mit den Halbachsen a, a, $\gamma\, a$ in Tab. I. 2 enthalten.

Tabelle I.2 *Formfaktoren nach* Gerold

$\gamma =$ 0,05	0,10	0,50	1,00	2,00	10,0	20,0
$\varphi =$ 2,22	1,76	1,09	1,00	1,12	2,70	4,26

In dem oben behandelten Beispiel ergibt sich $\varphi = 1{,}95$. Nach Tab. I. 2 bestehen zwei Möglichkeiten, ein scheibenförmig abgeplattetes oder ein stark verlängertes Rotationsellipsoid (kleines bzw. großes γ). Die Entscheidung ist auf folgende Weise möglich:

Der Verlauf der Streuintensität in Abhängigkeit von h kann für eine gegebene Teilchenform theoretisch berechnet werden. Einige Kurven

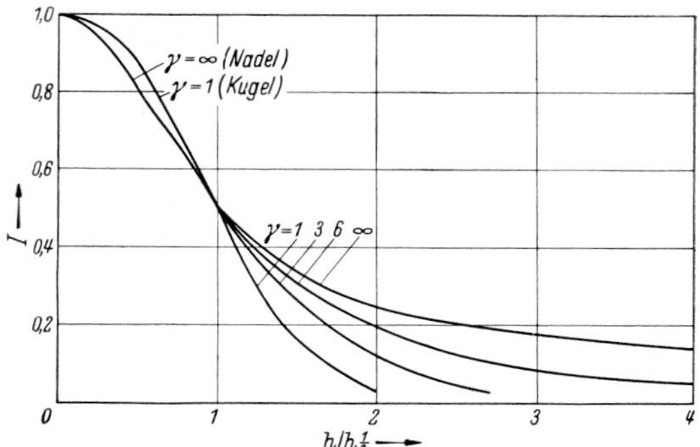

Abb. I. 3. Streufunktionen für Rotationsellipsoide mit verschiedenen Achsenverhältnissen γ (nach Berechnungen von Porod).

von Porod sind in Abb. I. 3 wiedergegeben. Die Intensität für $h = 0$ ist stets als Einheit gewählt und die Kurven sind für $h = {}^1/_2$ (Winkelwert, bei dem die Anfangsintensität auf die Hälfte abgesunken ist) zur Deckung gebracht. Aus der Kenntnis solcher Kurven kann geschlossen werden, daß die Abweichung der experimentellen Kurve in Abb. I.1 von der Guinierschen Geraden als Zeichen für eine langgestreckte Form anzusehen ist.

Ein weiteres Beispiel einer Guinier-Auftragung ist in Abb. I.4 für eine Al-Sn-Legierung mit 10 At.-% Sn und eine solche mit 25 At.-% Sn enthalten. Hieraus wurden die in Abb. 30.17 dargestellten Teilchendurchmesser in den Al-Sn-Schmelzen ermittelt.

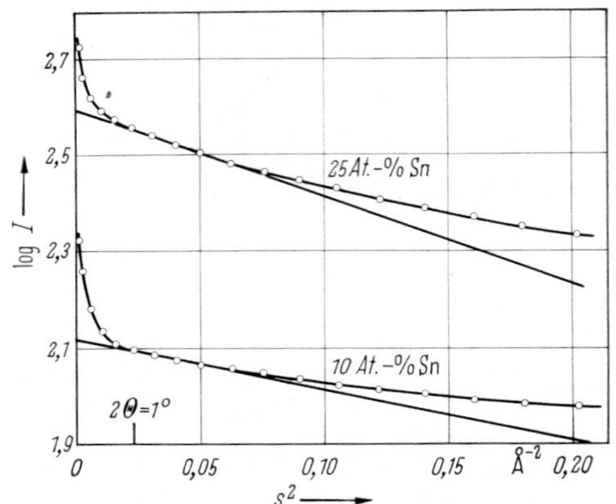

Abb. I. 4. Guinierauftragung von Streukurven von Al-Sn-Legierungen (nach STEEB und HEZEL).

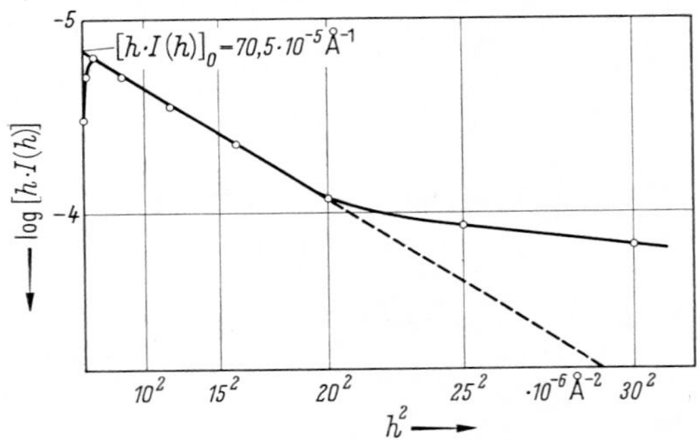

Abb. I. 5. Streukurve der Abb. I. 2 nach Multiplikation mit h (nach GEROLD).

Von KRATKY und POROD ist gezeigt worden, daß die Streufunktion eines unendlich langen Zylinders sich als Produkt aus einem „Längsfaktor" und einem „Querschnittsfaktor" darstellen läßt. Die Winkelabhängigkeit des ersten Faktors ist proportional $1/h$. Multipliziert man die Ordinaten der experimentellen Streukurve mit h, so erhält man eine Streukurve, die nur durch den Querschnittsfaktor bestimmt ist und die den Streumassenradius des Querschnittes zu bestimmen gestattet. Zu diesem Zweck wird $h \cdot I\,(h)$ als Funktion von h^2 logarithmisch aufgezeichnet (Abb. I.5). Der geradlinige Teil der Kurve, der nun nicht mehr von $h = 0$ an beginnt, wird bis zum Schnitt mit der Ordinate

($70{,}5 \cdot 10^{-5}$ Å^{-1}) und der Abszisse ($0{,}0224^2$) verlängert. Zur Bestimmung des Streumassenradius des Querschnittes $R_{s,q}$ dient folgende Beziehung

$$I(h) = w(1-w)\,\varrho_0^2\, V\, v\, \frac{1}{4Hh} e^{-\frac{1}{2} R_{s^2,q} (2\pi h)^2}. \qquad \text{(I.12)}$$

Dabei ist $2H$ die Länge des Zylinders.

Aus der Neigung der Geraden in Abb. I.1 ergibt sich $R_{sq} = 15$ Å.

Ein Zylinder mit der Länge $2H$ und dem Querschnitt q hat das Volumen

$$v = q \cdot 2\mathrm{H}. \qquad \text{(I.13)}$$

Für $h = 0$ lautet Gl. (I.12)

$$[h \cdot I(h)]_0 = w(1-w)\,\varrho_0^2\, V\, v\, \frac{1}{4H} \qquad \text{(I.14)}$$

und es ist nach Gl. (I.3)

$$\frac{[h \cdot I(h)]_0}{Q(0)_J} = \frac{v}{4H} = \frac{q}{2}. \qquad \text{(I.15)}$$

Aus den früher angegebenen Zahlen für $[h \cdot I(h)]_0 = 70{,}5 \cdot 10^{-5}$ Å^{-1} und $Q(0) = 0{,}1635 \cdot 10^{-5}$ Å^{-3} ergibt sich der Zylinderquerschnitt q zu 860 Å^2 und die Zylinderlänge $2H$ nach Gl. (I.13) zu 230 Å.

Bei einem kreisförmigen Querschnitt[1] von 860 Å^2 würde sich ein Streumassenradius von 11,7 statt dem gemessenen Wert von 15 Å errechnen. Bei Annahme eines elliptischen Querschnittes lassen sich die beiden Halbachsen a und b aus den zwei Gleichungen ermitteln

$$q = \pi a b \qquad \text{(I.16)}$$

$$R_{s,q}^2 = \frac{a^2 + b^2}{4}. \qquad \text{(I.17)}$$

Die Werte sind dann $a = 28$ Å und $b = 10$ Å.

Bei *gleicher Orientierung der Teilchen* ist die Streuintensität nicht mehr symmetrisch um den Primärstrahl herum verteilt. Die Mizellen bestimmter Zellulosearten haben z. B. die Form von Rotationsellipsoiden,

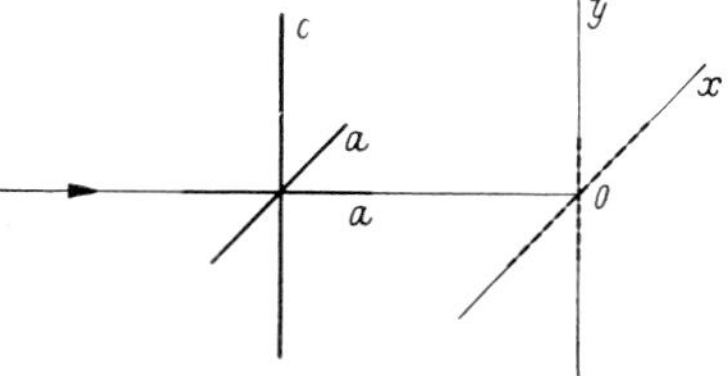

Abb. I. 6. Zusammenhang zwischen der Orientierung eines Rotationsellipsoides und der Verteilung der Streuintensität auf dem Film (nach GUINIER).

die so angeordnet sind, daß die langen Achsen zueinander parallel liegen. In Abb. I.6 wird ein Rotationsellipsoid mit den Achsenlängen a, a, c

[1] Das Beispiel wurde von GEROLD in Anlehnung an die γ-Globulin-Bestimmung von KRATKY, POROD, SEKORA und PALETTA durchgerechnet.

in Richtung einer der beiden kleineren Achsen durchstrahlt. Im Punkt 0 sei ein Film angebracht, der in Richtung X und Y photometriert wird, jeweils beginnend mit dem Punkt 0. Es läßt sich theoretisch beweisen (GUINIER), daß die Streuintensität mit dem Streuwinkel sich ändert, und zwar

proportional mit $e^{-\frac{a^2 h^2}{5}(2\pi)^2}$ in Richtung OX (parallel zur a-Achse) und

proportional mit $e^{-\frac{c^2 h^2}{5}(2\pi)^2}$ in Richtung OY (parallel zur c-Achse).

Dies bedeutet, daß die Schwärzung um den Primärstrahl herum in Richtung OY weniger weit ausgedehnt ist als in Richtung OX. Dies ist durch Punktierung in Abb. I.6 angedeutet. Es entsteht ein elliptischer Schwärzungsfleck, dessen Achsenverhältnis gegenüber dem des Rotationsellipsoides um 90° gedreht ist. Aus den oben angegebenen e-Funktionen kann a und c mittels logarithmischer Auftragung einzeln ermittelt werden. In der Praxis treten häufig dadurch Schwierigkeiten auf, daß die Teilchen verschiedene Größe haben, so daß auch die Häufigkeitsverteilung hereinspielt. Auf diesen Punkt wird später noch zurückgekommen werden.

Bildet die Meßrichtung auf dem Film einen Winkel Θ mit der Projektion der gemeinsamen Richtung der Teilchen auf den Film, so läßt sich ein Ausdruck ähnlich der Guinierschen Näherung [vgl. Gl. (I.5)] ableiten, welcher einen Streumassenradius liefert. Dieser ist aber nun eine Funktion von Θ (GUINIER und FOURNET).

Wie das Beispiel zeigt, bietet die Untersuchung von orientierten Partikeln den Vorteil einer direkten Vermessung der Achsen der Partikelform.

Polydisperse verdünnte Systeme

Wenn ein Präparat Teilchen verschiedener Größe enthält, treten gleichzeitig mehrere unbekannte Parameter auf: Teilchenform, Mittelwert und Häufigkeitsverteilung der Teilchengrößen. Man ist genötigt, einen dieser Parameter als bekannt vorauszusetzen. Die Bestimmung eines mittleren Teilchenvolumens v nach Gl. (I.4) ist nicht möglich, wie von GEROLD nachgewiesen wurde.

Als *Verteilungsfunktion der verschiedenen Teilchengrößen* wird meist die Maxwell-Verteilung benützt; die in Abb. I.7 gezeichneten Kurven entsprechen den verschiedenen Werten des Parameters n. Die bekannte Glockenkurve der Gaußschen Verteilung wird durch $n = 0$ dargestellt. Die maximale Ordinate jeder Kurve gibt den wahrscheinlichsten, das heißt am häufigsten auftretenden Wert der Größe α, die als Abszisse aufgetragen ist. Es besteht nun die Aufgabe, die wahrscheinlichste Teilchengröße und den Wert des Parameters n aus der experimentellen Streukurve zu ermitteln.

Von HOSEMANN ist folgendes Verfahren im Fall der Zellulose angewendet worden: Unter der Voraussetzung der Gültigkeit der Guinierschen Näherung als Streufunktion des einzelnen Teilchens können aus der Abb. I.8, in der die gemessene Streuintensität nach Multiplikation

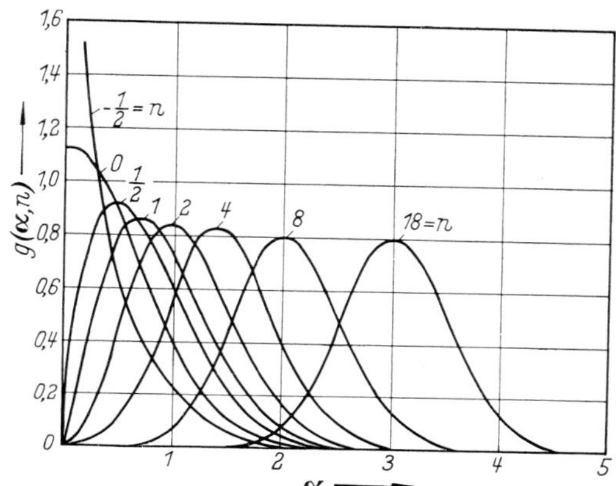

Abb. I. 7. Maxwellsche Häufigkeitsverteilungen für verschiedene Parameterwerte n (nach HOSEMANN).

mit h^2 in Abhängigkeit von h logarithmisch aufgetragen ist, zwei charakteristische Werte entnommen werden, nämlich die Abszisse für das Maximum h_M und die Abszisse des Schnittpunktes der Wendetangente h_T. Aus diesen beiden Größen kann der wahrscheinlichste Wert der Partikelgrößen und der Wert des Parameters n der Verteilungsfunktion

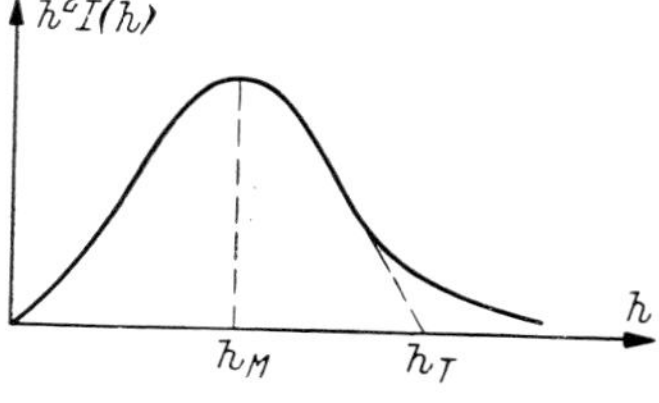

Abb. I. 8. Ermittlung der Häufigkeitsverteilung der Partikelgrößen aus der Streukurve (nach HOSEMANN).

errechnet werden. Von GUINIER und FOURNET ist das von HOSEMANN für Kugelform angegebene Verfahren auf beliebige Teilchenformen erweitert worden; an die Stelle der Teilchengröße tritt dann der Streumassenradius.

Die bei einem Versuch zu erwartenden Streukurven lassen sich für Kugeln, Rotationsellipsoide mit verschiedenem Achsenverhältnis usf., für verschiedene Parameter n der Verteilungsfunktion theoretisch berechnen (SHULL und ROESS). Man erhält dann Kurvenscharen, die am besten logarithmisch aufgezeichnet werden. Es wird nachgeprüft, mit welcher dieser Kurven die experimentelle zur Deckung gebracht werden kann. Die Unterschiede im Verlauf der theoretischen Kurven sind gering, so daß nicht immer ein eindeutiges Resultat zu erzielen ist. Besonders gilt dies für die Ermittlung des Parameters der Verteilung.

Aus dem Auslauf der Kleinwinkel-Streukurve nach größeren Winkeln hin kann hypothesenfrei *die freie Oberfläche der Partikel bei feindispersen, festen Stoffen* bestimmt werden. Unter einem ,,Partikel" ist hier ein ,,Korn" von etwa 10 bis 1000 Å zu verstehen. Der Stoff, z. B. ein Katalysator, besteht aus einer Vielheit von Körnern verschiedener Form und Größe, die durch Hohlräume voneinander getrennt sind. Von der Messung erfaßt wird die Gesamtheit der Oberfläche aller Körner. In einem Bereich von h-Werten, die größer sind als bei den bisher besprochenen Verfahren, läßt sich häufig feststellen, daß das Produkt $[h^4 \cdot I(h)] = \text{const}$ ist. Unter dieser Voraussetzung gilt die folgende Gleichung zur Bestimmung der spezifischen Oberfläche, das heißt der freien Oberfläche[1] aller Körner O dividiert durch das Volumen V des Präparates (Porod)

$$\frac{O}{V} = \frac{[h^4\, I(h)]}{\int\limits_0^\infty h^2\, I(h)\, dh} \cdot 2\pi^2\, w\,(1-w)\,. \qquad \text{(I.18)}$$

Verwendet man Präparate mit gleichen Massen, so genügt schon eine relative Messung der Intensität im Bereich $[h^4 \cdot I(h)] = \text{const.}$, um die Änderung der freien Oberfläche von Katalysatoren durch gewisse Behandlungsverfahren zu bestimmen.

Ausgehend von der Guinierschen Näherung hat Kratky das Verfahren der Absolutmessung der Streuintensität entwickelt und folgende Beziehung zur Bestimmung des Molekulargewichtes[2] angegeben:

$$M = \frac{21\, l^2\, d\, I(0)}{E_0'\, D\, w_T\, (T' - M')^2} \qquad \text{(I.19)}$$

bzw.

$$M = \frac{21\, l^2\, I(0)}{E_0'\, D\, w_T\, d\, (Z_T - M'\, V_T)^2} \qquad \text{(I.20)}$$

Dabei bedeutet:

l = Abstand Präparat Registrierebene in cm
d = Dichte der gelösten Substanz (d. i. der Teilchenmaterie)
$I(0)$ = Teilchenflußdichte in Imp/cm²sec beim Wert $s = 0$
E_0' = durch das Präparat geschwächte Impulsrate in Imp/sec in der Registrierebene

---

[1] Es ist zu beachten, daß bei N Körnern, je von der Oberfläche o und dem Volumen v die gesamte Oberfläche des Präparates $O = N \cdot o$ ist. Dagegen gilt für das Volumen V des Präparates die Beziehung $w\,V = N\,v$, wobei w den von den Körnern eingenommenen Bruchteil des Gesamtvolumens bedeutet.

[2] Die Beziehung zur Bestimmung des Molekulargewichtes kann auch aus den in der Arbeit von Gerold (1967) angegebenen grundlegenden Betrachtungen abgeleitet werden.

D = Probendicke in cm
w_T = Volumenkonzentration der gelösten Teilchen
T' = Elektronendichte der Teilchenmaterie in Grammelektronen/cm³
M' = Elektronendichte des Lösungsmittels in Grammelektronen/cm³
Z_T = Zahl der Elektronen in 1 g gelöster Substanz = Σ Ordnungszahlen/Σ Atomgewichte.
V_T = Spezifisches Volumen der gelösten Substanz.

K. Grundgedanken der Theorie des Parakristalles

Röntgeninterferenzaufnahmen von makromolekularen Stoffen, z. B. von Proteinen, haben die Eigentümlichkeit, daß die Reflexe mit wachsendem Abstand von der Bildmitte breiter und schwächer werden. Da die Bindungskräfte zwischen großen Molekülen klein sind, nehmen die Gitterbausteine nicht exakt ihre Ideallage ein, sondern schwanken um einen Mittelwert. Der übernächste Nachbar des betrachteten Gitter-

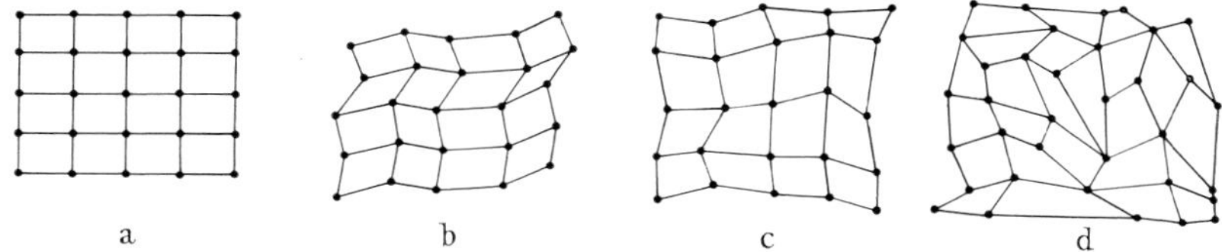

Abb. K. 1. Schematische Zeichnung von 2-dimensionalen Gitterzellen (nach HOSEMANN). a) Kristall; b) idealer Parakristall; c) realer Parakristall; d) keine Unterteilung nach Zeilen oder Reihen möglich, weder Kristall noch Parakristall.

bausteines hat eine größere Schwankung als der nächste usf. Infolgedessen ist die in einem Kristallgitter vorhandene Fernordnung nicht mehr vorhanden.

Die Erfahrung hat gelehrt, daß zwischen dem idealen Kristall als Grenzfall und der Atomanordnung in flüssigem Zustand eine größere Zahl von Atomanordnungen existieren, die einen gewissen Ordnungsgrad haben, der aber kleiner ist als bei einem kristallinen Raumgitter.

Dieses weite Zwischengebiet der Strukturforschung zu erschließen, ist das Ziel der von HOSEMANN entwickelten Theorie des idealen Parakristalles. Die charakteristischen Unterschiede gehen aus den schematischen, für den zweidimensionalen Fall gültigen Zeichnungen in Abb. K.1 hervor, sowie aus der Zusammenstellung in Tab. K. 1.

Den in Bild a) gezeichneten Zellen eines Kristallgitters sind in Bild b) mehrere Zellen eines idealen Parakristalles gegenübergestellt; die Zellen sind noch Parallelogramme, aber Form und Größe ist von Zelle zu Zelle verschieden, wobei die Schwankungen statistisch unabhängig voneinander sind. Beim realen Parakristall (Bild c) tritt eine Verzerrung der Parallelogramme auf, die Vektoren der Zellkanten variieren in Größe

Tabelle K.1. *Die verschiedenen Strukturarten (nach Hosemann)*

	Kristall	Parakristall	Flüssigkeit
Gitterzellen	ja	ja	nein
Fernordnung[1]	ja	nein	nein
gleiche Umgebung jedes Atomes	nein	ja	ja

und Richtung. Die Zellen sind in Zeilen und Reihen angeordnet. Dies trifft nicht mehr zu für den Fall des Bildes d). Hier ist die Theorie des Parakristalles nicht anwendbar. Wohl aber umfaßt sie als Grenzfälle die Kristallstrukturtheorie von LAUE einerseits und die Flüssigkeitstheorie von DEBYE andererseits.

Welche Bestimmungsstücke müssen eingeführt werden, damit die Atomanordnung eines Parakristalles beschrieben werden kann?

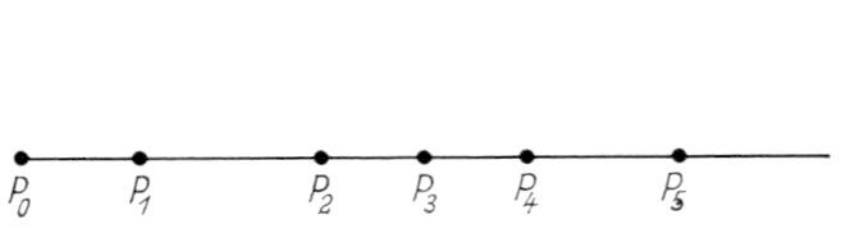

Abb. K. 2. Eindimensionale Punktreihe mit statistischen Abstandsschwankungen.

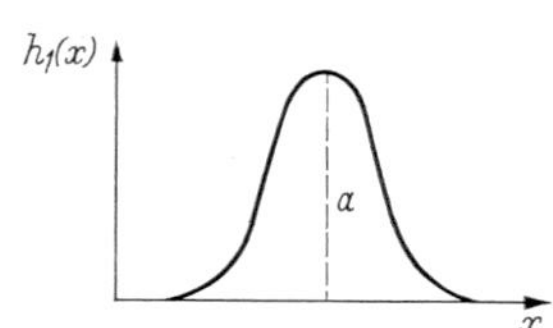

Abb. K. 3. Häufigkeitsverteilung der Punktabstände in Abb. K. 2.

HOSEMANN verwendet zu diesem Zweck Statistiken (Häufigkeitsverteilungen) der Atomabstände. Der Grundgedanke läßt sich am besten an einem eindimensionalen Beispiel erläutern (Abb. K. 2). Die Abstände von je zwei aufeinanderfolgenden Punkte sind nicht genau gleich, sondern schwanken um einen Mittelwert a. Ihre Häufigkeitsverteilung $h_1(x)$ ist in Abb. K. 3 gezeichnet; die maximale Ordinate ist der Mittelwert a. Die Verteilung ist eine rein statistische und unabhängig davon, welcher Punkt als Ausgangspunkt der Betrachtung gewählt wird. Auch die gegenseitigen Abstände der übernächsten Abstände P_0P_2 P_1P_3 ... (Tab. K. 2) unterliegen einer Häufigkeitsverteilung, mit $h_2(x)$ bezeichnet, wobei $h_2(x)$ nicht gleich $h_1(x)$ ist. Analoges gilt für die drittnächsten Abstände P_0P_3 P_1P_4 ... Ihre Häufigkeitsverteilung sei $h_3(x)$. In diesem Sinne läßt sich eine Reihe von Häufigkeitsverteilungen erhalten.

Es lassen sich nun die Funktionen $h_2(x)$ $h_3(x)$ ... berechnen, sobald $h_1(x)$ bekannt ist. Ohne auf Einzelheiten der Berechnung einzugehen, lautet das Resultat

$$h_2(x) = h_1(x) * h_1(x) \tag{K.1}$$

$$h_3(x) = h_2(x) * h_1(x) = h_1(x) * h_1(x) * h_1(x) \tag{K.2}$$

[1] Vgl. Abschnitt 25.

Das Symbol auf der rechten Seite der Gl. (K. 1) bedeutet „Faltung von 2 Funktionen[1]" und zwar den Spezialfall „Faltung einer Funktion mit sich selbst".

Tabelle K.2. *Abstandsstatistik*

Nachbarn	Abstände in Abb. K.2.	Häufigkeits-verteilungen
Nächste	P_0P_1 P_1P_2 P_2P_3 usf.	$h_1(x)$
Übernächste	P_0P_2 P_1P_3 P_2P_4 usf.	$h_2(x)$
Drittnächste	P_0P_3 P_1P_4 P_2P_5 usf.	$h_3(x)$
...	... ...	...

Unter der Voraussetzung, daß keine Korrelation zwischen den Punktlagen vorhanden ist, können also die Orte der vom Bezugspunkt weit entfernten Punkte gefunden werden, sobald die Lage seiner nächsten Nachbarn bekannt ist.

Im zweidimensionalen Fall ergibt sich folgende Verallgemeinerung: wenn die Häufigkeitsverteilungen H in Richtung 01 und 10 bekannt sind, so ist für die Richtung der Diagonalen 11

$$H_{11} = H_{10} * H_{01}$$

und so fort.

In analoger Weise läßt sich eine dreidimensionale Statistik aufbauen. Die Grundstatistik für die unmittelbaren Nachbarn eines Atomes ist dann eine dreidimensionale Funktion, die in den verschiedenen Rich-

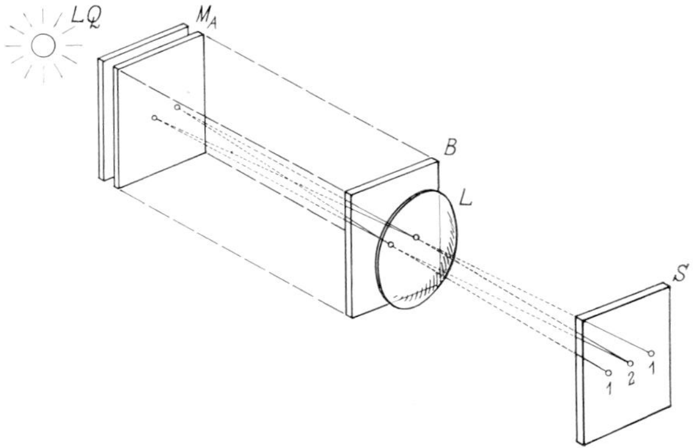

Abb. K. 4. Optischer Faltungsapparat für zweidimensionale Strukturen (nach HOSEMANN und JOERCHEL).

[1] Im allgemeinen Fall führt die Faltung f_1 und f_2 auf das Integral

$$f(x) = \int_0^x f_1(\xi)\, f_2(x-\xi)\, \mathrm{d}\xi.$$

tungen verschieden ist und mit der Entfernung ziemlich rasch auf Null abnimmt[1].

Bei der Anwendung der Theorie des Parakristalles geht man meist so vor, daß man für ein plausibles Modell eine Grundstatistik vorgibt und für diese die Lage und Intensität der Reflexe ausrechnet. Nötigenfalls muß das Modell abgeändert werden.

Die Faltung von 2 Funktionen kann auch optisch vorgenommen werden (HOSEMANN und JOERCHEL). Bei dem Gerät in Abb. K. 4 wird das Licht der Quelle LQ durch die Mattscheibe M zerstreut. Die beiden

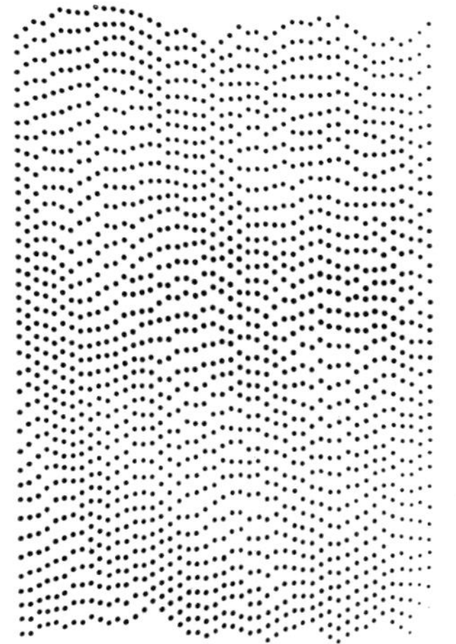

Abb. K. 5. Zweidimensionales Löchermodell.

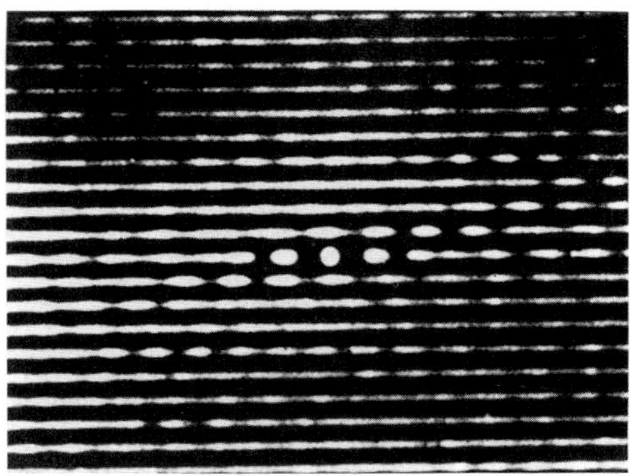

Abb. K. 6. Lichtoptische Faltung der Funktion in Abb. K. 5.

zweidimensionalen Modelle (lichtdurchlässige Löcher nach Abb. K. 5) werden bei A und B ohne gegenseitige Verdrehung eingeschoben. Das Ergebnis der Faltung ist eine Anordnung von Lichtpunkten auf einem Schirm S, der in der Brennebene der Linse L angebracht ist. Auf dem Bild in Abb. K. 6 ist deutlich zu sehen, daß die Lichtpunkte in horizontaler Richtung mit zunehmender Entfernung vom Mittelpunkt des Bildes rasch unscharf werden und schließlich ineinander übergehen. In vertikaler Richtung bleiben die einzelnen Punkte voneinander getrennt. Dies bedeutet, daß eine Fernordnung bei dieser Struktur nur in vertikaler Richtung vorhanden ist. Als Anwendungsbeispiele[2] der Theorie des Parakristalles seien die Untersuchungen an linearem und kristallinem Polyäthylen (BALTA CALLEJA, HOSEMANN und WILKE) sowie an Kata-

[1] Wegen des Auftretens von Korrelationen und deren Behebung siehe HOSEMANN und SCHOKNECHT.

[2] Vgl. auch Abschnitt 29 (Metallschmelzen).

lysatoren (Hosemann, Preisinger und Vogel) genannt. Bei α-Fe-Katalysatoren, die mit 3% Al_2O_3 aktiviert waren, wurden Parakristalle von etwa 200 Å Durchmesser festgestellt. Die Gitterstörungen erwiesen sich als anisotrop mit Maximalwerten senkrecht zu den Würfelebenen. Die Art des Einbaues der $FeAl_2O_4$-Gruppen wurde in eine Beziehung gebracht zu den Eigenschaften des Katalysators.

Schrifttum

I. Strahlungsquellen

(Abschnitte 2 bis 4)

Zusammenfassende Darstellungen

BLOCHIN, M. A.: Physik der Röntgenstrahlen (Übers. a. d. Russ.), Berlin: Verlag Technik 1957, 471 S.

BOTHE, W., KIRCHNER, F.: Handbuch der Physik Bd. 23, Teil 2, 2. Aufl., Berlin: Springer 1933.

CLARK, G. L.: The Encyclopedia of X-rays and Gamma-Rays. New York: Reinhold 1963, 1149 S.

—, Applied X-Rays, 4. Aufl. New York: McGraw-Hill 1955, 843 S.

COMPTON, A. H., ALLISON, S. K.: X-Rays in Theory and Experiment, 2. Aufl., New York: Van Nostrand 1936, 828 S.

FINKELNBURG, W.: Einführung in die Atomphysik, 11. u. 12. Aufl., Berlin/Heidelberg/New York: Springer 1967, 560 S.

FLÜGGE, S.: Handbuch der Physik, Bd. 30: Röntgenstrahlen, Berlin/Göttingen/Heidelberg: Springer 1957, 384 S.

GLASSER, O.: W. C. Röntgen und die Geschichte der Röntgenstrahlen, 2. Aufl., Berlin/Heidelberg/New York: Springer 1959, 337 S.

GLOCKER, R., MACHERAUCH, E.: Röntgen- und Kernphysik für Mediziner und Biophysiker, 2. Aufl., Stuttgart: Thieme 1965, 520 S.

Radiochemical Manual. Radiochemical Center Amersham (England) 2nd Ed. 1966, 327 S.

REGLER, F.: Einführung in die Physik der Röntgen- und Gammastrahlen, München: Thiemig 1967, 398 S.

OVERMANN, R. T., CLARK, H. M.: Radioisotopes Techniques, New York: McGraw-Hill 1960, 476 S.

SCHMEISER, K.: Radionuclide, 2. Aufl., Berlin/Göttingen/Heidelberg: Springer 1963, 282 S.

SIEGBAHN, M.: Spektroskopie der Röntgenstrahlen, 2. Aufl., Berlin: Springer 1931, 575 S.

Einzelnachweise

Röntgenröhren und Röntgenapparate

BOUWERS, A.: Fortschr. Röntgenstrahlen 40 (1930) 284 (Brennfleckbelastbarkeit und Zeichenschärfe).

HADDING, A.: Z. Phys. 3 (1920) 369 (Offene Röhre).

HAUSSER, K. W., BARDEHLE, A., HEISEN, G.: Fortschr. Röntgenstr. 35 (1926) 636 (Anodenhaube).

Hosemann, R.: Z. angew. Physik 7 (1955) 11 (Feinstfokusröhre).
—, Beitz, L.: in Ecyclopedia of X-Rays and Gamma-Rays (Editor G. L. Clark) New York: Reinhold 1963, 1087.
Jensen, F.: in Handbuch der medizinischen Radiologie (Hrsg.: A. Vieten) Bd. 1 Teil 2 S. 1 ff. Berlin/Heidelberg/New York: Springer 1965.
Malsch, F.: Naturwissenschaften 27 (1939) 584 (Feinfokusröhre).
Schönfeld, A.: Acta Medicotechnica 3 (1968) 94 (Feinstfokusröhre nach Hasemann).
Seemann, H.: Ann. Phys. Leipzig 53 (1917) 484 (Offene Röhre).
Ulrey, C. J.: Physic. Rev. 11 (1918) 401.

Vielfachbeschleuniger

Fries, P.: Materialprüfung 4 (1962) 174.
Gund, K.: Götting. Akad. (1946) 9.
—, Berger, H., Schittenhelm, R.: Strahlentherapie 92 (1953) 489 und 506.
Kerst, D. W.: Physic. Rev. 58 (1946) 841; 59 (1941) 110; 60 (1941) 47.
Malsch, F., Schittenhelm, R.: Atompraxis 6 (1960) Nr. 12.
Möller, H., Weeber, H.: Arch. Eisenhüttenw. 32 (1961) 107 (5 MeV Linearbeschleuniger in Stahl).
Nickel, O.: Z. Metallkde. 49 (1958) 368.
Schittenhelm, R.: Industrie-Anzeiger (1960) Nr. 22, 331; Z. angew. Phys. 8 (1956) 569, 2 (1960) 38.
Steenbeck, M.: Naturwiss. 31 (1943) 234.
Wachsmann, F., Berger, H.: in Handbuch der Med. Radiologie, Bd. I, Teil 2 S. 85, Berlin/Heidelberg/New York: Springer 1965 (Zus. Bericht).
Wideröe, R.: Arch. Elektrotechn. 21 (1928) 387.
—: Z. angew. Phys. 5 (1953) 187; Z. VDI 96 (1954) 450; BBC-Mitteil. 42 (1955) 478.
—, Schinz, H. R., u. a.: Strahlenbiologie, Strahlentherapie, Nuklearmedizin und Krebsforschung. Erg. 1952–1958, Stuttgart: Thieme 1959, S. 291 bis 360.

Radioaktive Isotope

Berthold, R.: Atompraxis 2 (1956) 186.
Lederer, C. M., Hollander, I. M., Perlman, I.: Table of isotopes, 6th Ed. New York (1967) 594 S.
Manual of Radioisotope Production, IAEA Wien (1966) 446 S.
Mehl, R., Donan, G., Barrett, C.: Radiology 16 (1931) 461.
Radioisotope Instruments in Industrie and Geophysics, IAEA Wien (1966) 411 S.
Radiochemical Manual: I. Physical Data 1962, II. Radioactive Chemicals 1963, Radiochemical Center Amersham (England).

II. Strahlungseigenschaften

(Abschnitte 5 bis 7)

Zusammenfassende Darstellungen

Birks, J. B.: The Theory and Practice of Scintillation Counting. New York: Pergamon Press 1964, 662 S.
Fassbender, H.: Einführung in die Meßtechnik der Kernstrahlung und die Anwendung der Radioisotope. 2. Aufl. Stuttgart: Thieme 1962, 420 S.
Fünfer, E., Neuert, H.: Zählrohre und Szintillationszähler, 2. Aufl. Karlsruhe: Braun 1960, 356 S.

JAEGER, R. G.: Dosimetrie und Strahlenschutz. Stuttgart: Thieme 1959, 282 S.
KMENT, V., KUHN, A.: Technik des Messens radioaktiver Strahlungen, 2. Aufl. Leipzig: Akad. Verlagsges. 1963, 711 S.
NEUERT, H.: Kernphysikalische Meßverfahren. Karlsruhe: Braun 1966, 531 S.
PETRI, E. C.: Der Röntgenfilm, Eigenschaften und Verarbeitung. Halle: Foto-Kino-Verlag 1960, 191 S.
RAJEWSKY, B.: Strahlendosis und Strahlenwirkung, 2. Aufl. Stuttgart: Thieme 1956, 280 S.

Einzelnachweise

Absorption und Sekundärstrahlung

BÖKLEN, R., GEILING, S.: Z. Metallkde 40 (1949) 157.
SAGEL, K.: Tabellen zur Röntgenstrukturanalyse, Berlin/Göttingen/Heidelberg: Springer 1958, 204 S.
WHITE-GRODSTEIN, G.: NBS-Circular 583 u. Suppl., Washington: Nat. Bur. Stand. 1957.

Beugung und Brechung

BRAGG, W. H. und W. L.: Proc. Roy. Soc. 88A (1913) 428.
COMPTON, A. H.: Physic. Rev. 20 (1922) 84.
—, DOAN, R. L.: Proc. Nat. Acad. Sci. US 11 (1925) 598.
FRIEDRICH, W., KNIPPING, P., LAUE, M. VON: Sitz.-Ber. Bayer. Akad. Wiss. (1912) 303.
LARSSON, A., SIEGBAHN, M., WALLER, J.: Naturwiss. 52 (1924) 1212.
LAUE, M. VON: Sitz.-Ber. Bayer. Akad. Wiss. (1912) 363.
WALTER, B.: Ann. Phys. Lpz. 74 (1924) 661, 75 (1924) 189.
—, POHL, R.: Ann. Phys. Lpz. 29 (1909) 331.

Ionisation

BEHNKEN, H.: Z. techn. Phys. 5 (1924) 3.
FRICKE, H., GLASSER, O.: Fortschr. Röntgenstr. 33 (1925) 239.
GLOCKER, R., KAUPP, E.: Strahlenther. 24 (1927) 517.
—: Z. Phys. 43 (1927) 827, 46 (1928) 764, 136 (1953) 352; Z. Biophysik 2 (1964) 1.
HOLTHUSEN, H.: Fortschr. Röntgenstr. 26 (1919) 211.
JAEGER, R.: Phys. Z. 35 (1934) 184 und 841.

Auslösezähler und Proportionalzähler

BERTHOLD, R., TROST, A.: Z. VDI. 93 (1951) 73.
GEIGER, H., MÜLLER, W.: Phys. Z. 29 (1928) 839, 30 (1929) 489.
GLOCKER, R., FROHNMEYER, G., BERTHOLD, R., TROST, A.: Naturwissensch. 39 (1952) 233.
MONTGOMERY, C. G. und D. D.: Rev. Sci. Instrum. 18 (1947) 411.
SINCLAIR, W. K.: in Radiation Dosimetry (Hrsg.: G. J. Hine und G. L. Brownell) New York: Academic Press 1956, 214.
TAYLOR, J., PARRISH, W.: Rev. Sci. Instrum. 26 (1955) 367.
TROST, A.: Z. Phys. 105 (1937) 399, 117 (1941) 257.

Szintillationszähler

BREITLING, G.: Z. angew. Phys. 4 (1952) 401.
—, GLOCKER, R.: Naturwiss. 39 (1952) 84.
HANLE, W., SCHNEIDER, H.: Z. angew. Phys. 10 (1958) 229.

Photographische Wirkung

BERTHOLD, R., GLOCKER, R.: Z. Phys. 31 (1925) 259.
EGGERT, J., NODDACK, W.: Z. Phys. 43 (1927) 222.
—: Erg. Techn. Röntgenkde. 1 (1930) 49, 2 (1931) 127.
FRIESER, H., KLEIN, E.: Agfa-Jahrbuch 3 (1961) 15.
GLOCKER, R., TRAUB, W.: Phys. Z. 22 (1921) 345.
MEIDINGER, W.: Z. Phys. Chem. 114 (1925) 89.
MUNDY, E., BOCK, W.: Materialprüfung 6 (1964) 265.
SCHLECHTER, E.: Phys. Z. 24 (1923) 29.

III. Strahlenschutz

(Abschnitt 8)

Zusammenfassende Darstellungen

BECK, H. K.: Die Strahlenschutzverordnungen (Kommentar), Bd. 1 (1961) Berlin: Vahlen, 360 S.
—, DRESEL, H., MELCHING, H. J.: Leitfaden des Strahlenschutzes, Stuttgart: Thieme 1959, 253 S.
BRAESTRUP, C. D., WYCKOFF, H. O.: Radiation Protection, Springfield: Thomas 1958, 361 S.
FROST, D.: Praktischer Strahlenschutz, Berlin: de Gruyter 1960, 194 S.
GUSSEW, N. G.: Leitfaden für Radioaktivität und Strahlenschutz, Berlin: Verlag Technik 1958.
HÖFLING, O.: Strahlengefahr und Strahlenschutz, Bonn: Dümmler 1961, 248 S.
HOLLAENDER, A.: Radiation Protection and Recovery, New York: Pergamon Press 1960, 392 S.
JACOBI, W.: Strahlenschutzpraxis I, München: Thiemig, 1962, 104 S.
JAEGER, R. G.: Dosimetrie und Strahlenschutz (Tabellen), Stuttgart: Thieme 1959, 253 S.
—, Engineering Compendium on Radiation Shielding, sponsored by IAEA Wien, Vol. I, Berlin/Heidelberg/New York: Springer 1968, 548 S.
JAEGER, TH.: Technischer Strahlenschutz, München: Thiemig 1960, 192 S.
—: Grundzüge der Strahlenschutztechnik, Berlin/Göttingen/Heidelberg: Springer 1960, 392 S.
Jahrbuch der Vereinigung Deutscher Strahlenschutzärzte: „Strahlenschutz in Forschung und Praxis", jährlich 1 Band ab 1961, Freiburg: Rombach.
RAJEWSKI, B.: Wissenschaftliche Grundlagen des Strahlenschutzes, Karlsruhe: Braun 1952, 432 S.
Recommendations of the International Commission on Radiological Protection (ICRP), New York: Pergamon Press 1958, 1960, 1962, 1966.

Einzelnachweise

BERTHOLD, R., TROST, A.: Z. VDI 93 (1951) 73 (Zählrohr).
DRESEL, H.: Strahlentherapie 116 (1961) 484 (Filmverfahren).
FASSBENDER, C. W., H.: Röntgenblätter 6 (1953) Nr. 4 (Zählrohr).
GLOCKER, R., FROHNMEYER, G., BERTHOLD, R., TROST, A.: Naturwiss. 39 (1952) 352 (Zählrohr).
Handbook 93 Non-Medical X-Ray and Sealed Gamma Ray Sources, Washington: Nat. Bur. Stand. 1964.
KOLB, K.: Atompraxis 15 (1969) 1 (Filmplakette, Ir^{192}).

LANGENDORFF, H., SPIEGLER, G., WACHSMANN, F.: Fortschr. Röntgenstr. 77 (1952) 143 (Filmplakette).
Normblatt DIN 6811/12 1962 Med. Röntgenanlagen bis 300 kV.
,, DIN 6813 1962 Röntgen-Schutzkleidung.
,, DIN 6816 1964 Filmdosimetrie.
,, DIN 54113 (Techn. Röntgenanlagen bis 400 kV)
,, DIN 54115 (Umschlossene radioaktive Präparate)
,, DIN 25400 1966 Warnzeichen für ionis. Strahlung.
,, DIN 54111 Richtlinien für Schweißnahtprüfung (in Druck).
SIEVERT, R. M.: Acta Radiol. Suppl. 14 (1932) (Kondensator-Kammern).
—, WALSTAM, R.: Fortschr. Röntgenstr. 75 (1951) 168 (Kondensator-Kammern).

IV. Grobstrukturuntersuchung

(Abschnitte 9 und 10)

Zusammenfassende Darstellungen

BERGER, H.: Neutron Radiography, Amsterdam: Elsevier 1965, 146 S.
BRODA, E., SCHÖNFELD, T.: Die technischen Anwendungen der Radioaktivität Bd. I, Leipzig: Deutscher Verlag für Grundstoffindustrie 1962, 372 S.
DJATSCHENKO, P. I. u. a.: Verschleißuntersuchungen mit Hilfe radioaktiver Isotope, Berlin: Verlag Technik 1958, 131 S.
ERWATT, L. G., FORSBERG, H. G., LJUNGGREN, K.: Radioaktive Isotope in der Technik, Braunschweig: Vieweg 1965, 287 S.
HART, H.: Radioaktive Isotope in der Betriebsmeßtechnik, 2. Aufl. Berlin: Verlag Technik 1962, 560 S.
HAWKESWORTH, M. R., WALKER, J.: J. Math. Sci. 4 (1969) 817.
ISENBURGER, H. R.: Bibliography on Industrial Radiology up to 1958, New York: Wiley 1959.
KOLB, K., KOLB, W.: Grobstrukturprüfung mit Röntgen- und Gammastrahlen, Braunschweig: Vieweg 1970, 109 S.
KULIKOW, I. S., POPOW, I. A.: Radioaktive Isotope in der Metallurgie, Berlin: Verlag Technik 1959, 304 S.
MARTH, W.: Nukleonik 6 (1964) 357 (Neutronen-Radiographie).
MÜLLER, E. A. W.: Handbuch der zerstörungsfreien Materialprüfung, 5 Bände, München: Oldenbourg 1960 bis 1966.
NACHTIGALL, D.: Tabelle spezifischer Gammastrahlenkonstanten, München: Thiemig 1970, 985.
PIRAUX, H.: Radio-Isotope und ihre Anwendung in der Industrie, Eindhoven: Philips Techn. Bibl. 1965, 290 S.
RUMANZEW, S. W., GRIGOROWITSCH, I. A.: Prüfung metallischer Werkstoffe mit Gammastrahlen, Berlin: Verlag Technik 1957, 275 S.
SPROULL, W. T.: X-Rays in Practice, New York: McGraw-Hill 1946.
VAUPEL, O.: Bildatlas für die zerstörungsfreie Materialprüfung (3 Kassetten), Berlin: Verlag Bild und Forschung 1954/56.
—: Röntgen- und γ-Prüfung, Bd. I 1964, Bd. II 1966 (Lehrhefte der Gesellschaft zur Förderung zerstörungsfreier Prüfverfahren), Berlin.

Einzelnachweise

Bildgüte

BECKER, E.: Materialprüfung 6 (1964) 47 und 55.
BERTHOLD, R.: Arch. Eisenhüttenw. 12 (1939) 425 u. 597.

Bouwers, A., Oosterkamp, W. J.: Fortschr. Röntgenstr. 54 (1936) 87.
Kolb, W., Müller, E. A. W.: Handbuch der zerstörungsfreien Werkstoffprüfung P. 161.3 (1962) 10.
Möller, H., Weeber, H.: Forschungsber. des Landes Nordrhein-Westfalen Nr. 1305 (1963).
Mundy, E., Bock, W.: Materialprüfung 6 (1964) 265.
—, Schnittger, A.: 4. Internat. Symp. über Industrielle Röntgenphotographie Antwerpen 1966.
Normblatt DIN 54109 1964 (Ersatz für DIN 54110). Bestimmung der Bildgüte bei Röntgen- und Gamma-Aufnahmen.
Stieve, F. E.: Bildgüte in der Radiologie, Stuttgart: Fischer 1966, 415 S.

Bildverstärker

Birken, H.: Röntgenblätter 18 (1965) 448.
—: Der Radiologe 4 (1964) 111.
Freyer, G., Becker, E., Fritz, P.: Wiss. Zt. T. H. Magdeburg 8 (1964) 81.
Lang, G.: Z. VDI 97 (1955) 347, 99 (1957) 1227.
Oosterkamp, W. J.: Acta Radiol., Suppl. 116 (1954).
—, Proper, J., Teves, M. C.: Philips Techn. Rundsch. 21 (1960) 269.
Schlusnus, K. H., Koch, F. O.: Bänder, Bleche und Rohre 6 (1963) 282.
Zimmer, Th.: Acta Radiol., Suppl. 116 (1954).

Ultraharte Strahlen (Betatron)

Fink, K., Woitschach, J.: Schweißen und Schneiden 14 (1962) Nr. 4.
Gund, K.: Stahl u. Eisen 73 (1953) 710.
Komers, M.: Stahl u. Eisen 73 (1953) 713.
Krächter, H.: Stahl u. Eisen 79 (1959) 419.
Laws, W. H., Malsch, F., Schittenhelm, R., Wagner, P. H.: Welding and Met. Fabric, Sept (1960) 3.
Möller, H., Grimm, W., Weeber, H.: Arch. Eisenhüttenw. 26 (1955) 603.
Nickel, O.: Z. Metallkde. 49 (1958) 368.
Vaupel, O., Gund, K., Komers, M., Wideröe, R.: Stahl u. Eisen 73 (1953) 705.
Wideröe, R.: Z. VDI. 96 (1954) 450.

Beispiele für Durchstrahlungsprüfung mit Röntgen- und Gammastrahlen

Berthold, R.: Erg. Techn. Röntgenkunde 3 (1953) 175.
Bollenrath, F., Hauk, V.: Arch. Eisenhüttenw. 24 (1953) 515.
Dyke, W. P., Grundhauser, F. J.: Mat. Evaluation 23 (1965) 177 (Röntgenblitzröhre für Gußvorgänge).
Glocker, R., Wiest, P., Woernle, R.: Stahl u. Eisen 55 (1935) 21.
Kolb, W.: Atompraxis 7 (1961) Nr. 4; Materialprüfung 10 (1968) 343.
Schaafs, W.: Erg. exakt. Naturwiss. 28 (1955) 1 (Röntgenblitzröhre).
Schiebold, E., Becker, E.: Isotopentechnik 2 (1962) 264.
Vaupel, O.: Metallwirtschaft 18 (1939) 764.
Widemann, M.: Z. VDI 81 (1937) 1403.

Dicke-, Dichte- und Feuchtemessung

Franke, T.: Kerntechnik 1 (1959) 85.
Hardt, L.: Glückauf 98 (1962) 823.
Kühn, W.: Atompraxis 5 (1959) 133 u. 335.
Kosmowski, A.: Z. Instrumentenkde. 74 (1966) 291.

LANZEL, H.: Kerntechnik 5 (1963) 411.
—: Industrie-Anzeiger 87 (1965) 319 u. 1974.
TROST, A.: Z. VDI 93 (1951) 73; Atompraxis 5 (1959) Nr. 2 u. 6 (1960) 121.
—: Z. Instrumentenkde. 73 (1965) Nr. 12.

Mikroradiographie und Autoradiographie

DAUVILLIER, A.: Compt. Rend. 190 (1930) 1287.
ERWALL, L. G., HILLERT, M.: Research 47 (1951) 242.
GLAWITSCH, G., HÜTTIG, G. F.: Berg- und Hüttenmänn. Monatsh. 101 (1956) 232.
GLOCKER, R., SCHAABER, O.: Z. Techn. Phys. 20 (1939) 286.
MITSCHE, R., DICHTL, H. J.: Mikrochim. Acta (1965) 503.
OSSWALD, E.: Z. Metallkde. 40 (1949) 12.
PAIC, M.: Compt. Rend. 213 (1941) 572.
TRILLAT, J. J.: Compt. Rend. 213 (1941) 833, 214 (1942) 164.
—: Rev. Metallurg. 46 (1949) 79.

V. Röntgenspektralanalyse

(Abschnitte 11 bis 15)

Zusammenfassende Darstellungen

BARINSKI, R. L., NEFEDOW, W. I.: Röntgenspektroskopische Bestimmung der Atomladungen in Molekülen, Weinheim/Bergstraße: Verlag Chemie 1969, 273 S.
BEARDEN, J. A.: Rev. Mod. Phys. 39 (1967) 78 (Neueste Werte der Röntgenwellenlängen).
BERTIN, E. P.: Principles and Practice of X-Ray Spectrometric Analysis, London: Heyden 1970, 679 S.
BIRKS, L. S.: Electron Probe Microanalysis, New York: Interscience Publishers 1963, 253 S.
—: X-Ray Spectrochemical Analysis 2nd Ed, New York: Interscience Publishers 1969, 143 S.
BLOCHIN, M. A.: Methoden der Röntgenspektralanalyse (Übersetzung a. d. Russ. v. 1961). München: Sagner 1964, 396 S.
BUWALDA, J.: X-Ray Spectrometry, 4. Aufl., Philips' Gloeilampenfabrieken Eindhoven (Holland) 1967.
ELION, H. A.: Instrument and Chemical Analysis Aspects of Electron Microanalysis and Macroanalysis, Oxford: Pergamon Press 1966, (Anregungsspannungen).
FREIBURG, C., REICHERT, W.: 2 Θ-Werte für Röntgenspektralanalyse mit verschiedenen Analysatorkristallen.
Jül – 530 – CA Gips (0,20)
Jül – 531 – CA ADP (011)
Jül – 532 – CA PE (332)
Jül – 533 – CA Quarz ($10\bar{1}1$)
Jül – 534 – CA LiF (200)
Jül – 535 – CA LiF (220)
Jül – 536 – CA Topas (303)
KFA Jülich, Zentrallabor für chemische Analyse, 1968.
HEVESY, G. V.: Chemical Analysis by X-Rays and its Applications, New York: McGraw-Hill 1932, 333 S.
JENKINS, R., DE VRIES, I. L.: Practical X-Ray Spectrometry; Philips Techn. Lib. (1968) 183.

LIEBHAFSKY, H. A., PFEIFFER, H. G., WINSLOW, E. H., ZEMANY, P. D.: X-Ray Absorption and Emission in Analytical Chemistry, New York: Wiley 1960.
—, WINSLOW, E. H., PFEIFFER, H. G.: Analytical Chemistry 34 1962, 282 S. (Übersicht über das gesamte Schrifttum).
MÜLLER, R. U.: Spektrochemische Analysen mit Röntgenfluoreszenz, München: Oldenbourg 1967, 315 S.
PARRISH, W.: Spektrochemische Analyse mit Röntgenstrahlen; Philips Techn. Rundsch. 17 (1956) 393.
Review of Literature, X-Ray Spectrometry, Philips' Gloeilampenfabrieken, Eindhoven (Holland) 1965.
SAGEL, K.: Tabellen zur Röntgenemissions- und Absorptionsanalyse, Berlin/Göttingen/Heidelberg: Springer 1959, 132 S.
SANDSTRÖM, A. E.: Experimental Methods of X-Ray Spectroscopy, Ordinary Wavelengths, Handbuch der Physik, Bd. 30, Hrsg.: S. Flügge, Berlin/Göttingen/Heidelberg: Springer 1957, S. 78 bis 245.
SIEGBAHN, M.: Spektroskopie der Röntgenstrahlen, 2. Aufl., Berlin: Springer 1931, 575 S.
SIEGBAHN, K.: β- and γ-Ray spectroscopy, Amsterdam: North-Holland 1960, 448 S.
STEPHENSON, S. T.: Kontinuierliches Spektrum, Handbuch der Physik Bd. XXX, Hrsg.: S. Flügge, Berlin/Göttingen/Heidelberg: Springer 1957, S. 337–369.
TÖGEL, K.: Zerstörungsfreie Materialprüfung, Abschnitt U 152 in E. A. W. MÜLLER, Präparationstechnik bei der Röntgenspektralanalyse München, Oldenbourg.
TOMBOULIAN, D. H.: The Experimental Methods of Soft X-Ray Spectroscopy and the Valence Band Spectra of the Light Elements. Handbuch der Physik, Hrsg.: S. Flügge, Berlin/Göttingen/Heidelberg: Springer 1957, S. 246 bis 304.

Einzelnachweise

Photographische Röntgenspektrographen

BÄCKLIN, E.: Dissertation Upsala 1928 (Gitter).
CARLSON, E.: Z. Phys. 84 (1933) 801 (Gebogener Kristall).
CAUCHOIS, Y.: J. Phys. Radium 3 (1932) 320 (Gebogener Kristall).
JOHANN, H. H.: Z. Phys. 69 (1931) 185 (Gebogener Kristall).
JOHANSSON, T.: Z. Phys. 84 (1933) 541 (Gebogener Kristall).
SANDSTRÖM, A.: Z. Phys. 82 (1933) 507 (Gebogener Kristall).
SEEMANN, H.: Ann. Phys. Lpz. 49 (1916) 470; Phys. Z. 27 (1926) 10 (Schneiden-, Lochkameraverf.); Phys. Z. 25 (1924) 329.
SIEGBAHN, M.: Ergebn. exakt. Naturw. 16 (1937) 104 (Zus. Bericht, Gitter).
THIBAUD, J.: Phys. Z. 29 (1928) 241 (Gitter).

Röntgenspektrum und chemische Bindung

BROILI, H., GLOCKER, R., KIESSIG, H.: Z. Phys. 92 (1934) 27.
GLOCKER, R.: Naturwiss. 20 (1932) 536 (Zus. Bericht).
RENNINGER, M.: Z. Phys. 78 (1932) 510.
SIEGBAHN, M., MAGNUSSON, T.: Z. Phys. 88 (1934) 559, 95 (1935) 133, 96 (1935) 1.

Beispiele für photographische Spektralanalysen

COSTER, D., DRUYEVESTEYN, M. I.: Z. Phys. 40 (1927) 756 (Sekundärröhre).
—, v. HEVESY, G.: Nature, Lond. 111 (1923) 79 (Zumischverfahren).

—, Nishina, Y.: Chem. News 130 (1925) 149 (Fehlerquellen).
Glocker, R., Schreiber, H.: Ann. Phys. Lpz. 85 (1928) 1089 (Kalterregung).
Goldschmidt, V. M., Thomassen, L.: Norsk geolog. Tidskr. 7 (1923) 61 (Mineralanalysen).
Hevesy, G. v., Böhm, I.: Z. anorg. allg. Chem. 164 (1927) 69.
—, Böhm, I., Faessler, A.: Z. Phys. 63 (1930) 74 (Sekundärerregung).
Schreiber, H.: Z. Phys. 58 (1929) 619 (Kalterregung).

Zählrohrspektrometer

Birks, L. S., Brooks, E. J.: Analytic. Chemistry 27 (1955) 437.
Croke, J. F., Pfoser, W. I., Solazzi, M. I.: Norelco Reporter (1964) 128 (Philips-Sequenzspektrometer).
—, Deichert, R. W.: Norelco Reporter (1964) 115 (Philips-Mehrkanalspektrometer).
Friedman, H.: Industr., Radiography Nondestructive Testing 6 (1947) 1.
Henke, B. L.: Advances in X-Ray Analysis 7 (1967) 460, 5 (1961) 288.
Kopineck, H. J., Schmitt, P.: Arch. Eisenhüttenw. 36 (1965) 87.
Lang, G. R.: Z. Instrumentenkde. 70 (1962) H. 12.
Marshall, H. I., Speck, W., Tögel, K.: Siemens-Z. 39 (1965) 1108 (Siemens-Sequenzgerät).
Murray, I. A., Barlett, T. H.: Norelco Reporter 11 (1964) 132 (Urangehalt der Luft).
Neff, H.: Arch. Eisenhüttenw. 34 (1963) 903.
—: VDI-Z. 102 (1960) 1422.
Parrish, W.: Philips Techn. Rundsch. 17 (1965) 340 u. 393.
Sinsberg, H., Pfundt, H.: Z. Metallkde. 53 (1962) 695 (Philips Automat).
Stoecker, W. C., Starbuck, J. W.: Rev. Sci. Instr. 36 (1965) 1593 (Sollerspalt).
Tögel, K.: Siemens-Z. 37 (1963) 789 (Siemens-Mehrkanalgerät).

Anwendung der Fluoreszenzanalysen

Birks, L. S.: Analyt. Chem. 22 (1950) 1258.
—, Brooks, E. J., Friedmann, E. J., Roe, R. M.: Anal. Chem. 22 (1950) 1258 (Nachweis von Blei in Benzin).
Böhm, G., Ulmer, K.: Z. angew. Phys. 24 (1968) 129 (Sphärisch gekrümmter Kristall).
Bruch, J.: Arch. Eisenhüttenw. 33 (1962) 5 (Boraxschmelze).
Brunner, G., Dahn, E., Geisler, M.: Analyse von Mineral- und Syntheseölen mit radiometrischen Methoden, Berlin: Akademie Verlag 1968, 225 S.
Dumme, J. A., Müller, W. R.: Norelco Reporter 11 (1964) 133.
Eggs, J., Ulmer, K.: Z. angew. Phys. 20 (1965) 118 (Sphärisch gekrümmter Kristall).
Eichhoff, H. J., Beck, K., Kiefer, S. K.: Glas-Instrumenten-Technik 9 (1965) 687 (Gelöste und pulverförmige Proben).
Feigl, F.: Qualitative Analyse mit Hilfe von Tüpfelreaktionen, Leipzig: Akad. Verlags-Ges. 1938, S. 4 (Nachweisgrenzen).
Grubis, B.: IV. Informationstagung Darmstadt 1968 (Bestimmung von Hf in Zr).
Hirt, R. C., Doughman, W. R., Gisclard, J. B.: Analyt. Chem. 28 (1956) 1649.
Müller, C. H. F.: III. u. IV. Informationstagung, Darmstadt Febr. 1964 u. März 1968.
Jecht, K., Petersohn, I.: Siemens-Z. 41 (1967) 59 (Leichte Elemente).
de Laffolie, H.: Arch. Eisenhüttenw. 38 (1967) 535 (Spurenelemente in Stahl).

DE LAFFOLIE, H.: DEW Techn. Berichte 7 (1967) 115 (Nichtrostende Stähle).
—: Glas-Instrumenten-Technik 10 (1966) 230 u. 345 (Zus. Ber. über Stahlanalysen).
LANG, G. R.: Z. Metallkde. 46 (1955) 616.
—: Dissertation 1956 Aachen (Zementanalyse).
LOUIS, R.: Z. anal. Chemie 208 (1965) 33 (Öle, Nachweisgrenzen).
—: Z. anal. Chemie 201 (1964) 336.
MAASEN, G.: IV. Informationstagung Darmstadt 1968 (RFA im N. E.-Metallhüttenlabor).
MALISSA, H.: Mikrochem. 38 (1951) 33 (Nachweisgrenze).
MÖLLER, H., HAUK, V.: Arch. Eisenhüttenw. 26 (1955) 171.
SCHOORL, N. A.: Z. anal. Chemie 46 (1907) 658 (Nachweisgrenze).
SIEGEL, H.: Arch. Eisenhüttenw. 36 (1965) 167 (RFA im Edelstahlwerk).
WEYL, R.: Z. angew. Phys. 13 (1961) 283 (Schichtdickenbestimmung).

Absorptionsanalysen

DODD, C. G., WILBAND, J. T., MOSER, R. A.: Siemens-Rev. 34 (1967) 40.
FABIAN, D. J., Ed.: Soft X-Ray Band Spectra (Absorptionsspektren), London and New York: Academic Press 1968, 382 S.
GLOCKER, R., FROHNMAYER, W.: Ann. Phys. Lpz. 76 (1925) 369.
HUGHES, H. K., WILZEWSKI, J. W.: Analyt. Chem. 26 (1954) 1886.
LIEBHAFSKY, H. A.: Analyt. Chem. 26 (1954) 26 (Erdöl).
—, WINSLOW, E. H.: Analyt. Chem. 28 (1956) 583 (Erdöl).
MOXNES, N. H.: Z. Phys. Chem. A 144 (1929) 134, 152 (1931) 380 (Erdöl).

15. Mikrosonde

Zusammenfassende Darstellungen

BELK, J. A., DAVIES, A. L.: Electron Microscopy and Microanalysis of Metals, Amsterdam: Elsevier 1968, 254 S.
BIRKS, L. S.: Electron Probe Microanalysis, New York/London: Interscience Publishers 1963, 253 S.
CASTAING, R.: Electron Probe Microanalysis, Advances in Electronics and Electron Physics, New York/London: Academic Press XIII (1960) 317.
COSSLETT, N. E., NIXON, W. C.: X-Ray Microscopy, Cambridge: Univ. Press 1960.
DEWEY, R. D., MAPES, R. S., REYNOLDS, T. W.: Handbook of X-Ray and Microprobe Data. With Tables of X-Ray Data, Oxford: 1969, 353 S. (Tabellen von Röntgenwellenlängen, Strahlungsausbeute, Massenabsorptionskoeffizienten, Auswertefunktionen für Mikrosonde).
DUNCUMB, P., LONG, I. V. P., MELFORD, D. A.: Electron Probe Microanalysis, London: Hilger & Watts 1965.
ELION, H. A.: Instrument and Chemical Analysis Aspects of Electron Microanalysis and Macroanalysis, Oxford/London: Pergamon Press 1966, 256 S.
ENGSTRÖM, A.: X-Ray Microanalysis in Biology and Medicine, Amsterdam: Elsevier 1962, 92 S.
ENGSTRÖM, A., COSLETT, V. E., PATTEE, H. H.: X-Ray Microscopy and X-Ray Microanalysis, Amsterdam: Elsevier 1960.
MALISSA, H.: Elektronenstrahl-Mikroanalyse, Handbuch der mikrochemischen Methoden, Bd. 4, Wien: Springer 1966, 154 S.
Metallkundliche Analyse mit besonderer Berücksichtigung der Elektronenstrahlmikroanalyse. Mikrochim. Acta, Wien 1. Kolloquium 1964, 236 S., 2. Kolloquium 1966, 248 S., 3. Kolloquium 1967, 350 S.

MÖLLENSTEDT, G., GAUKLER, K. H.: V[th] International Congress on X-Ray Optics and Microanalysis, Berlin/Heidelberg/New York: Springer 1969, 612 S.

PATTEE, H. H., COSSLETT, V. E., ENGSTRÖM, A.: X-Ray Optics and X-Ray Microanalysis, New York/London: Academic Press 1963, 622 S.

PHILIBERT, J.: L'analyse quantitative en microanalyse par sonde électronique in: Métaux, Corrosion, Industries 40 (1964) 157–176, 40 (1964) 216–240, 40 (1964) 325–342.

STICKLER, R.: Einführung in die Grundlagen und Arbeitsmethoden der Elektronenstrahlmikroanalyse; Kontron GmbH und Co. KG, München, 1966, 232 S.

Symposium on X-Ray and Electron Probe Analysis (ASTM Special Techn. Publ. Nr. 349) Amer. Soc. for Testing and Materials, Philadelphia 1964, 209 S.

THEISEN, R.: Quantitative Electron Microprobe Analysis, Berlin/Heidelberg/New York: Springer 1965, 170 S.

—, VOLLATH, D.: Tabellen der Massenschwächungskoeffizienten von Röntgenstrahlen, Düsseldorf: Verlag Stahleisen 1967, 40 S.

VAN OLPHEN, H., PARRISH, W.: X-Ray and Electron Methods of Analysis, New York: Plenum Press 1968, Kap. III, 164 S.

Einzelhinweise

BERGE, S. A.: Z. Instrumentenkde 70 (1962) 37 (Cambridge-Gerät).

BIRKS, L. S.: J. Appl. Phys. 33 (1962) 233 (Berechnungen).

—: Anal. Chem. 32 (1960) 19 (Berechnungen).

—: J. Appl. Phys. 36 (1959) 1825 (Berechnungen).

—, BROOKS, E. I.: Rev. Sci. Instr. 28 (1957) 709 (Gerätebeschreibung).

—, SEEBOLD, R. E.: Anal. Chem. 33 (1961) 687 (Diskussion des Abnahmewinkels).

—, SIOMKAILS, I. M., KOH, P. K.: Trans. Met. Soc. AIME 218 (1960) 806 (χ- und σ-Phase von nichtrostenden Stählen).

CASTAING, R.: Rev. Mét. 50 (1953) 624 (Dissertation).

—, DESCAMPS, J.: J. Phys. et Radium 16 (1955) 304 (Grundlagen).

CHRISTIAN, H., SCHAABER, O.: Härterei-Techn. Mitt. 21 (1966) 210 (Informationsgehalt des Flächenrasterbildes).

DUNCUMB, P.: J. Inst. Met. 90 (1961/62) 154 (Gerätebeschreibung).

—: Br. J. Appl. Phys. 10 (1959) 420, 11 (1960) 169 (Scanning).

—: J. Appl. Phys. 31 (1960) 1927, 32 (1961) 387 (Berechnung).

GERLOFF, U.: Siemens-Rev. 32 (1967) 27 (Analyse kosmischen Staubes).

GUINIER, A., CASTAING, R.: Compt. Rend. 232 (1951) 1948.

KIMOTO, S., HANTSCHE, H.: Mikrochim. Acta, Suppl. II, (1967) 133 (Makrosonde).

—, KOHINATA, H.: Jeol-Sonderdruck PX-67014, Nov. 1967.

DE LAFFOLIE, H., LENNARTZ, G.: Arch. Eisenhüttenw. 37 (1966) 291 (Nachweisgrenze).

LENNARTZ, G., DE LAFFOLIE, H.: DEW Techn. Berichte 6 (1966) 201.

MELFORD, D. A.: J. Inst. Met. 90 (1961/62) 217 (Anwendung in Metallkunde).

—: Rev. Univ. Mines 18 (1961) 247 (Industrielle metallkundliche Anwendung).

MERZ, D. WASSERMANN, G.: Metall 19 (1965) 10 (Anwendung in Metallkunde).

OGILVIE, R. E.: Rev. Sci. Instrum. 34 (1963) 1344 (Gekrümmtes Präparat).

PFISTER, H., UZEL, G.: Praktische Metallographie 3 (1966) 205 (Quantitative Untersuchungen).

PHILIBERT, J.: J. Inst. Met. 90 (1961/62) 241 (Anwendungen in Metallkunde und Mineralogie).

—: Rev. Univ. Mines 18 (1961) 252 (Anwendungen in Metallkunde).

—, DESCAMPS, J.: Rev. Univ. Mines 15 (1959) 50 (Oszillographische Speicherung).

SCHAABER, O.: Microchim. Acta, Suppl. I (1966) 117 (Automatische Peakeinstellung).

VI. Feinstrukturuntersuchung

(Abschnitte 16 bis 20)

Zusammenfassende Darstellungen

ARNDT, U. W., WILLIS, B. T. M.: Single Crystal Diffractometry, Cambridge: University Press 1966, 331 S.

AZAROFF, L. V.: Elements of X-Ray Crystallography, New York: McGraw-Hill 1968, 610 S.

—, BUERGER, M. J.: The Powder Method in X-Ray Crystallography, New York: McGraw-Hill 1958, 342 S.

BACON, G. E.: X-Ray and Neutron Diffraction; New York: Pergamon Press 1967, 368 S.

BARRETT, CH. G., MASSALSKI, T. B.: Structure of Metals, 3. Aufl., New York: McGraw-Hill 1966, 654 S.

BIJOVET, J. M., KOLKMEIJER, N. H., MCGILLAVRY, C. H.: Röntgenanalyse von Kristallen, Berlin: Springer 1940, 228 S.

BRAGG, W. L.: The Crystalline State, London: Bell 1949/53; I. Bragg, W. L.: Survey, 352 S.; II. JAMES, R. W.: Optical Principles of X-Ray Diffraction, 640 S.; III. LIPSON, H., COCHRANE, W.: Structure Determination, 345 S.

BRILL, R.: Fortschritte der Strukturforschung mit Beugungsmethoden I. 1964, 221 S.; II. 1966, 166 S.; III, 1969, 200 S. Braunschweig: Vieweg.

BUERGER, M. J.: Crystal-structure Analysis, New York: Wiley 1960, 668 S.

CLARK, G. L.: Applied X-Rays. 4th Ed. 843 S. London: McGraw-Hill 1955.

—: The Encyclopedia of X-Rays and γ-Rays, New York: Reinhold 1963, 1149 S.

COHEN, J. B.: Diffraction Methods in Materials Science, New York: McMillan 1966, 357 S.

CULLITY, G. D.: Elements of X-Ray Diffraction, New York: Addison-Wesley 1956, 512 S.

ENDTER, F.: Dechema Monographien 38 (1960) 21.

EWALD, P. P.: Handbuch der Physik Bd. 23 Teil 2, 2. Aufl. Berlin: Springer 1933, 469 S.

—: Fifty Years of X-Ray Diffraction, Utrecht: Oosthoek 1962, 720 S.

FLÜGGE, S.: Handbuch der Physik, Bd. 32, Strukturforschung, Berlin/Göttingen/Heidelberg: Springer 1957, 663 S.

GUINIER, A.: Théorie et Technique de la Radiocristallographie, 3. Aufl. Paris: Dunod 1964, 736 S.

GUINIER, A.: X-Ray Diffraction in Crystals, Imperfect Crystals and Amorphous Bodies, London: Freeman 1963, 378 S.

—, VON ELLER, G.: im Handbuch der Physik, Band 32, S. 1ff. Berlin/Göttingen/Heidelberg: Springer 1957.

HENRY, N. F. M., LIPSON, H., WOOSTER, W. A.: The Interpretation of X-Ray Diffraction Photographs, New York: Van Nostrand 1951, 258 S.

HOSEMANN, R., BAGCHI, S. N.: Direct Analysis of Diffraction by Matter, Amsterdam: North Holland 1962, 734 S.

KLUG, H. P., ALEXANDER, L. E.: X-Ray Diffraction Procedures, New York: Wiley 1954, 716 S.

LAUE, M. VON: Röntgenstrahl Interferenzen, 3. Aufl., Leipzig: Akadem. Verlagsgesellsch. 1960, 476 S.

MCLACHLAN, DAN: X-Ray Crystal Structure, New York: McGraw-Hill 1957, 416 S.

MIRKIN, L. J.: Handbook of X-Ray Analysis of Polycrystalline Materials (Übers. a. d. Russ.) 1964, 731 S.

NEFF, H.: Grundlagen und Anwendung der Röntgen-Feinstrukturanalyse, 2. Aufl. München: Oldenbourg 1962, 447 S.

NEWKIRK, J. B., MALLETT, G. R., PFEIFFER, H. G. (Editors): Advances in X-Ray Analysis, Vol. 11, 1968, 499 S.

NUFFIELD, E. W.: X-Ray Diffraction Methods, London: Wiley 1967, 409 S.

OLPHEN, H. VAN, PARRISH, W.: X-Ray and Electron Methods of Analysis, New York: Plenum Press 1968, 164 S.

PEISER, E. S., ROOKSBY, H. B., WILSON, A. J. C.: X-Ray Diffraction by Polycrystalline Materials, London: Institute of Physics 1955, 725 S.

RAMACHANDRAN, G. N.: Advanced Methods of Crystallography, New York: Academic Press 1964, 280 S.

SCHUBERT, K.: Kristallstrukturen zweikomponentiger Phasen, Berlin/Göttingen/Heidelberg: Springer 1964, 432 S.

TAYLOR, A.: X-Ray Metallography; New York: Wiley 1961, 993 S.

TREY, F., LEGAT, W.: Einführung in die Untersuchung der Kristallgitter mit Röntgenstrahlen, Wien: Springer 1954, 113 S.

VAINSHTEIN, B. K.: Diffraction of X-Rays by Chain Molecules, Amsterdam: Elsevier 1966, 414 S.

WARREN, B. E.: X-Ray Diffraction, Reading: Addison-Wesley 1969, 381 S.

WILSON, A. J. C.: Mathematical Theory of X-Ray Powder Diffractometry, Eindhoven: Philips Techn. Bibl. 1964, 128 S. (Deutsche Übersetzung 1965).

X-Ray Diffraction, 2nd Ed. 1965, Philips Rev. of Lit., Eindhoven.

ZACHARIASEN, W. H.: Theory of X-Ray Diffraction in Crystals, New York: Wiley 1945, 254 S.

17. Kristallographische Grundlagen

BUEREN, H. G.: Imperfections in Crystals, Amsterdam: North Holland 1960, 676 S.

BUNN, W.: Chemical Crystallography, Oxford: Clarendon Press 1946, 422 S.

—: Crystals, London: Academic Press 1964, 286 S.

Internationale Tabellen zur Bestimmung von Kristallstrukturen, Hrsg.: C. Hermann, Berlin: Borntraeger 1935, 692 S.

International Tables for X-Ray Crystallography, Ed.: K. Lonsdale, Birmingham: Kynoch Press; I 1965, 558 S.; II. 1967, 444 S.; III. 1962, 362 S.

KLEBER, W.: Einführung in die Kristallographie, 7. Aufl. Berlin: Verlag Technik 1969, 407 S.

KLEBER, W., MEYER, K., SCHOENBORN, W.: Einführung in die Kristall-Physik, Berlin: Akademie-Verlag 1968, 209 S.

MEYER, K.: Phys. chem. Kristallographie, Leipzig: Deutscher Verlag für Grundstoffindustrie 1968, 337 S.

PHILLIPS, F. C.: Introduction to Crystallography, 3rd Ed. London: Longmans 1963, 34 S.

SANDS, D. E.: Introduction to Crystallography, New York/Amsterdam: Benjamin 1969, 165 S.

18. Pulverdiagramme

Grundlagen des Debye-Scherrer-Verfahrens

DEBYE, P., SCHERRER, P.: Phys. Z. 17 (1916) 271, 18 (1917) 291.

HULL, A.: Phys. Rev. 10 (1917) 661.

Aufnahmetechnik

ARKEL, A. E. v.: Z. Kristallogr. 67 (1928) 235.
BRADLEY, A. J., JAY, A. H.: Proc. Phys. Soc. London 44 (1932) 563, 45 (1933) 507.
EBERT, F.: Dissertation Greifswald 1925 (Aufspaltung von Debye-Ringen bei Graphit).
HADDING, A.: Zbl. Min. Geol. Paläont. 20 (1921) 631.
JETTE, E. R., FOOTE, F.: J. chem. Phys. 3 (1935) 605 (Brechungseinfluß).
KETTMANN, G.: Z. Phys. 53 (1929) 198.
STENZEL, W., WEERTS, J.: Z. Kristallogr. 84 (1932) 20.
WEYERER, H.: Z. angew. Phys. 8 (1956) 202, 297, 553.
TAYLOR, A., SINCLAIR, H. A.: Proc. Phys. Soc. London 57 (1945) 126.

Auswertung von Debye-Scherrer-Aufnahmen

FREVEL, K. L.: Ind. Eng. Chem. 16 (1944) 209 (ASTM-Indexkarten).
HANAWALT, J. D., RINN, H., FREVEL, L. K.: Ind. Eng. Chem. 10 (1938) 457 (ASTM-Indexkarten).
HOFROGGE, C., WEYERER, H.: Z. angew. Phys. 6 (1954) 419.
HULL, A. W., DAVEY, W. P.: Phys. Rev. 17 (1921) 549 (Graphische Bezifferung).
PARRISH, W.: IUCR-Bericht (Irvington-Hudson) 1960.

Seemann-Bohlin-Verfahren

BOHLIN, H.: Ann. Phys. Lpz. 61 (1920) 421.
BRAGG, W. H.: Proc. Phys. Soc. London 33 (1921) 222.
BRENTANO, J.: Proc. phys. Soc. London 37 (1925) 184.
SEEMANN, H.: Ann. Phys. Lpz. 59 (1919) 455.

Asymmetrische Methode

STRAUMANIS, M., JEVINS, A.: Die Präzisionsbestimmung von Gitterkonstanten nach der asymmetrischen Methode. Berlin: Springer 1940, 106 S.

Rückstrahlaufnahmen

ARKEL, A. E. VAN: Physica, Haag 6 (1926) 64; Z. Kristallogr. 67 (1928) 235.
DEHLINGER, U.: Z. Kristallogr. 65 (1927) 161.
JONG, W. F. DE: Physica, Haag 7 (1927) 23.
WEVER, F., ROSE, A.: Mitt. Kaiser-Wilhelm-Inst. Eisenforschg. Düsseldorf 17 (1935) 33.

Kegelkammern

REGLER, F.: Z. Phys. 74 (1932) 547.
SAUTER, E.: Z. Kristallogr. 93 (1936) 93.

Monochromatorverfahren

BERGEN, H. VAN: Ann. Phys. Lpz. 33 (1938) 737 (Brechungs-Korrektion).
BRAGG, W. L., LIPSON, H.: Nature 141 (1938) 367 (Mikrorotation).
CRUSSARD, C., AUBERTIN, F.: Soc. Franc. Métallurgie, Okt. 1948 (Mikrorotation).
FESER, K., FAESSLER, A.: Z. Phys. 209 (1968) 1 (Gebogene Quarzkristalle).
FROHNMEYER, G., GLOCKER, R.: Z. Naturforsch. 38 (1951) 155; Acta Cryst. 6 (1953) 19 (Interferenzpunktstreuung).
GUINIER, A.: Compt. Rend. 204 (1937) 1115; Ann. de Phys. 12 (1939) 161; Compt. Rend. 223 (1946) 31, 226 (1949) 656 (Guinier-Kammer).

Hofmann, E. G., Jagodzinski, H.: Z. Metallkde. 9 (1955) 601 (Doppelkammer).
Lenné, H. U.: Z. Kristallogr. 116 (1961) 190 (Heizbare Guinier-Kammer).
Wolff, P. M. de: Acta Cryst. 1 (1948) 207; Appl. Sci. Res. BI (1947) 119 (Wolff-Kammer).

19. Einkristalldiagramme

Arndt, U. W., Willis, B. T. M.: Single Crystal Diffractometry, Cambridge: University Press 1966, 331 S.

Laue-Aufnahmen

Friedrich, W., Knipping, P., Laue, M. von: Bayer. Akad. Ber. 1912 S. 303 (Grundlegende Arbeit).
Schiebold, E.: Die Laue-Methode. Leipzig: Akad. Verlagsges. 1932 (Übersicht).

Bestimmung der Kristallorientierung aus Laue-Aufnahmen

Boas, W., Schmid, E.: Metallwirtsch. 10 (1931) 917.
Ekstein, H., Fahrenhorst, W.: Z. Kristallogr. 89 (1934) 525.
Gross, R.: Zbl. Min. Geol. Paläont. (1920) 52.
Peters, E. P., Kulin, S. A.: Rev. Sci. Instr. 37 (1966) 1726 (Aufnahmen mit Polaroid-Film).
Schiebold, E., Sachs, G.: Z. Kristallogr. 63 (1926) 34.
—, Siebel, G.: Z. Phys. 69 (1931) 458.
Schmid, E.: Z. Kristallogr. 91 (1935) 95.

Drehkristallkammern

Friauf, J.: J. Opt. Soc. Amer. 11 (1925) 289 (Berechnung der Drehherzform).
Kratky, O.: Z. Kristallogr. 73 (1930) 567, 76 (1930) 261, 517, 95 (1936) 253 (Mikrokamera).
—: Eckling, K.: Z. phys. Chem. Abt. B 19 (1932) 278 (Mikrokamera).
Sauter, E.: Z. Kristallogr. 93 (1936) 93 (Kegelkamera).

Drehkristallaufnahmen-Auswertung

Polanyi, M., Weissenberg, K.: Z. Phys. 9 (1922) 123, 10 (1922) 44.
Schiebold, E.: Z. Kristallogr. 57 (1923) 579.
Seemann, H.: Phys. Z. 20 (1919) 169; Z. Phys. 41 (1940) 365 (Weitwinkeldiagramme).

Anwendungsbeispiele des Drehkristallverfahrens

Alexander, E., Herrmann, K.: Z. Kristallogr. 65 (1927) 110 (Nomogramm).
Bernal, I. D.: Proc. Roy. Soc. London. Abt. A 113 (1926) 117 (Netze).
George, W. H.: Phil. Mag. 7 (1929) 373, 8 (1929) 442 (Bernalsches Netz).
Graf, L.: Z. Phys. 67 (1931) 388 (Kristallorientierung).
Mark, H., Polanyi, M.: Z. Phys. 18 (1923) 75 (Kristallorientierung).
Mark, H., Weissenberg, K.: Z. Phys. 17 (1923) 301 (Graphische Auswertung).
Mark, H., Wigner, E.: Z. phys. Chem. 111 (1924) 398 (Schwefel).
—, Weissenberg, K.: Z. Phys. 16 (1923) 1 (Harnstoff).
Osswald, E.: Z. Phys. 83 (1933) 65 (Kristallorientierung).
Ott, H.: Z. Kristallogr. 61 (1925) 515, 62 (1925) 201, 63 (1926) 1.
Rösch, S. W.: Leipzig. Abhandl. 39 (1926) Nr. 6 (Netze).

Schiebold, E.: Z. Phys. 28 (1924) 355 (Reziprokes Gitter).
—, Schneider, E.: Internationale Tabellen zur Strukturbestimmung, Leipzig: Borntraeger 1935, S. 650f.

Weissenberg-Böhm-Goniometer

Böhm, I.: Z. Phys. 39 (1926) 557 (Grundlegende Arbeit).
Buerger, M. I.: Z. Kristallogr. 88 (1934) 356, 90 (1935) 563 (Netze zur Auswertung).
International Tables for X-Ray Crystallography, Eds.: Kasper, J. S., Lonsdale, K., II., Birmingham: Kynoch-Press 1959, 444 S.
Schiebold, E.: Fortschr. Mineralog. 11 (1927) 240 (Graphische Auswertung).
Weissenberg, K.: Z. Phys. 23 (1924) 229 (Grundlegende Arbeit).
Wooster, W. A., Wooster, N.: Z. Kristallogr. 84 (1933) 327 (Graphische Auswertung).

Schiebold-Sauter-Goniometer

Sauter, E.: Z. phys. Chem. Abt. B 23 (1933) 370; Z. Kristallogr. 84 (1933) 461, 85 (1933) 156, 93 (1936) 106.
Schiebold, E.: Fortschr. Mineralog. 11 (1927) 113; Ergebn. techn. Röntgenkde. 2 (1931) 87; Z. Kristallogr. 86 (1933) 370.
Thomas, D. E.: J. Sci. Instrum. 17 (1940) 141.

Buerger-Präzessionskammer

Buerger, M. J.: The precession method in X-Ray crystallography. New York: Wiley 1964, 276 S.
Jong, W. F. de, Bouman, J.: Zt. Kristallogr. 98 (1938) 456.

20. Diffraktometer

Meßmethodik

Bragg, W. H. und W. L.: Proc. Roy. Soc. London 88 (1913) 428 (Grundlegende Arbeit).
Berthold, R., Trost, A.: Z. VDI 93 (1951) 71 (Zählrohrröntgengoniometer).
Dowling, P. H., Hendee, C. F., Kohler, T. R., Parrish, W.: Philips Techn. Rev. 18 (1957) 262 (Vergleich verschiedener Zähler).
Fournas, T. C., Harker, D.: Rev. Sci. Instrum. 26 (1955) 446.
Hoppe, W.: Z. angew. Chem. 77 (1965) 484, 78 (1966) 289 (Automatisches Röntgengoniometer).
—, Berkl, E.: Acta Cryst. 13 (1960) 989; Z. Angew. Physik 14 (1962) 434 (Automatisches Vierkreisgoniometer).
Krüger, W., Schuon, H.: Siemens-Z. 41 (1967) 965 (Automatisches Vierkreisgoniometer).
Ladell, J., Mack, M., Parrish, W., Taylor, J.: Acta Cryst. 12 (1959) 567 (Gitterkonstanten-Präzisionsmessung).
—, Parrish, W., Taylor, J.: Acta Cryst. 12 (1959) 253 (Gitterkonstanten-Präzisionsmessung).
Möller, M., Hauk, V.: Arch. Eisenhüttenw. 26 (1955) 171.
Moll, S. H., Ogilvie, R. G.: Norelco Reporter 4 (1965) 115 (Gekrümmtes Präparat).
Ogilvie, R. G.: Rev. Sci. Instrum. 34 (1963) 1344 (Gekrümmtes Präparat.)
Parrish, W.: Philips Techn. Rundsch. 17 (1956) 340.

PARRISH, W., HAMACHER, E. A., LONITZSCH, K.: Philips Techn. Rev. 16 (1954) 123.
—, KOHLER, T. R.: Rev. Sci. Instrum. 27 (1956) 795.
—, LOWITZSCH, K. L.: Am. Mineralogist 44 (1959) 765 (Justierung).
—, MACK, M.: Acta Cryst. 23 (1967) 687 und 693 (Seemann-Bohlin-Diffraktometer).
PFISTER, H.: Z. angew. Phys. 11 (1959) 290. (Int. Messung mit GaAs Sperrschichtkristallen).
TROST, A., LINDEMANN, R.: Z. angew. Physik 115 (1940) 171 (Erstes Röntgeninterferenzgoniometer).
WOLFF, P. M. DE, TAYLOR, J. M., PARRISH, W.: J. Appl. Phys. 30 (1959) 63 (Rotation der Probe bei Aufnahmen).
WOOSTER, W. A.: J. Sci. Instrum. 42 (1965) 219 (Vierkreisgoniometer).

Monochromatoren

BÖHM, G., ULMER, K.: Z. angew. Physik 24 (1968) 129 (Sphärisch gekrümmte Kristalle).
CHIPMAN, D. R.: Rev. Sci. Instrum. 27 (1956) 164 (Doppelzylindrische Krümmung).
EGGS, J., ULMER, K.: Z. angew. Physik 20 (1965) 118 (Sphärisch gekrümmte Kristalle).
HÄGG, G., KARLSSON, N.: Acta Cryst. 5 (1952) 728 (Toroidförmiger Al-Kristall).
GEROLD, V., AICHELE, H.: Diplom-Arbeit Stuttgart 1965 (Doppelfokussierung).
International Tables for X-Ray Crystallography, Birmingham: Kynoch Press 3 (1962) 83ff. (Zus. Bericht über doppelte Fokussierung und Punktfokus-Monochromatoren).
SCHWARTZ, L. H., MORRISON, L. A., COHEN, J. B.: Advances in X-Ray Analysis, Bd. 7, New York: Plenum Press, 1964 S. 281.
WARREN, B. E.: Rev. Sci. Instrum. 21 (1950) 102; J. Appl. Phys. 25 (1954) 814 (Doppeltzylindrische Krümmung).

Quantitative Bestimmung der Mengenanteile kristalliner Phasen

AVERBACH, R. L., COHEN, M.: Metals Techn. Publ. Nr. 2342.
KLUG, H. P., ALEXANDER, L., KUMMER, E.: J. Appl. Phys. 19 (1948) 742, 20 (1949) 735; Analyt. Chem. 20 (1948) 607.

Dickenmessungen

BEEGHLEY, H. F.: J. Electrochem. Soc. 97 (1950) 152.
BIERWIRTH, G.: Siemens-Z. 5 (1958) 365.
EISENSTEIN, A.: J. Appl. Phys. 17 (1946) 894.
FRIEDMAN, H., BIRKS, L. S.: Rev. Sci. Instrum. 17 (1946) 99.
GEROLD, V.: Z. angew. Physik 4 (1952) 247.
KEATING, D. T., KAMMERER, O. F.: Rev. Sci. Instrum. 29 (1958) 34.
LEGRAND, C.: J. Chim. Phys. 53 (1956) 587.

21. Intensität der Röntgeninterferenzen

Tabellenwerke

DEWEY, R. D., MAPES, R. S., REYNOLDS, T. W.: Handbook of X-Ray and Microprobe Data. With tables of X-Ray Data: Oxford, 1969, 353 S.
MIRKIN, L. I.: Handbook of X-Ray Analysis of Polycrystalline Materials (Übers. a. d. Russ.). New York: Consultants Bureau 1968, 731 S.
Internationale Tabellen zur Bestimmung von Kristallstrukturen (Redaktionsausschuß: W. Bragg, M. von Laue, C. Hermann). Berlin: Borntraeger 1935, 692 S.

International Tables for X-Ray Crystallography, Birmingham: Kynoch Press. Henry, N. u. K. Lonsdale, 1 (1965) 558 S.; Kasper, I. S. u. K. Lonsdale 2 (1967) 444 S.; MacGillavrin, C. H. u. G. D. Rieck 3 (1962) 362 S.

Theorie der Intensitäten

Birks, L. S.: Electron Probe Microanalysis, New York, Interscience 1963, 214 S.
Compton, A. H., Allison, S. K.: X-Rays in Theory and Experiment, 2. Aufl. New York: Van Nostrand 1936, 780 S.
Darwin, C. G.: Phil. Mag. 27 (1914) 315 und 677.
Ewald, P. P.: Ann. Phys. Lpz. 54 (1917) 519; Z. Phys. 2 (1920) 332.
James, R. W.: The Optical Principles of the Diffraction of X-Rays, London: Bell 1952, 640 S.
Laue, M. von: Röntgenstrahl-Interferenzen, 3. Aufl. Berlin/Göttingen/Heidelberg: Springer 1960, 476 S.
Wilson, A. J. C.: Mathematical Theory of X-Ray Powder Diffractometry. Eindhoven: Philips Techn. Bibl. 1963, 128 S.

Atomfaktoren

Bragg, W. H., West, I.: Z. Kristallogr. 69 (1928) 118.
Cromer, D. T., Waber, I. T.: Acta Cryst. 18 (1965) 104.
Freeman, A. I.: Acta Cryst. 13 (1960) 190.
Glocker, R., Schäfer, K.: Naturwiss. 21 (1933) 559.
Hönl, H.: Ann. Phys. Lpz. 18 (1933) 625.
Pauling, L., Sherman, I.: Z. Kristallogr. 81 (1932) 1.
Viervoll, H., Ögrim, O.: Acta Cryst. 2 (1949) 277.

Temperaturfaktoren und Lorentzfaktoren

Debye, P.: Ann. Phys. Lpz. 43 (1914) 49 T.
Dünner, P., Kohlhaas, R.: Z. Metallkde. 59 (1968) 567 T.
Laue, M. von: Z. Kristallogr. 64 (1926) 115 L.
Waller, I.: Ann. Phys. Lpz. 83 (1927) 153 T.
Witte, H., Wölfel, E.: Rev. Mod. Phys. 30 (1958) 51 T.

Absorptionskorrektion bei Debye-Scherrer-Aufnahmen

Bradley, A. I.: Proc. Phys. Soc. London 47 (1935) 879.
Claassen, A.: Phil. Mag. 2 (1930) 57.
Rusterholz, A.: Z. Phys. 63 (1930) 1, 65 (1930) 226.
Schäfer, K.: Z. Phys. 86 (1933) 738 (Korngrößeneffekt).

Reflexionsvermögen von Kristallen

Bragg, W. H.: Roy. Soc. 215 (1915) 253.
James, R. W., Firth, E. M.: Proc. Roy. Soc. A 117 (1927) 62.
Renninger, M.: Z. Kristallogr. 89 (1934) 344, 107 (1956) 464.

Bestimmung der Konzentration kristalliner Phasen

Brentano, J.: Proc. Phys. Soc. London 47 (1935) 932.
Glocker, R.: Metallwirtsch. 12 (1933) 599.
Schäfer, K.: Z. Kristallogr. 99 (1938) 142.

Einfluß von Gitterstörungen

Brill, R., Renninger, M.: Ergeb. Techn. Röntgenkde. 6 (1938) 141 (Zus. Bericht).
Brindley, G. W., Spiers, F. W.: Proc. Phys. Soc. London 50 (1938) 17.

Einfluß der Kaltverformung

Averbach, B. L., Warren, B. E.: J. Appl. Phys. 20 (1949) 1066; 21 (1950) 595.
Brindley, G. W., Spiers, F. W.: Phil. Mag. 20 (1935) 882 und 893.
Heimendahl, M. von, Weyerer, H.: Z. Metallkde. 51 (1960) 573.
Kochendörfer, A., Wolfstieg, U.: Z. Elektrochem. 61 (1957) 83.
Möller, H., Brasse, F.: Arch. Eisenhüttenw. 28 (1957) 831, 29 (1958) 757, 30 (1959) 685.
Warren, B. E.: Progr. in Met. Phys. 8 (1959) 147 (Zus. Bericht).
Williamson, G. K., Hull, H.: Acta Met. 1 (1953) 22.
—, Smallman, R. E.: J. Appl. Phys. 21 (1950) 595.

22. Gang einer Strukturbestimmung

Tabellenwerke

siehe Angaben bei den Abschnitten 21 und 23

Fourier- bzw. Patterson-Analysen

Bragg, W. L.: Z. Kristallogr. 70 (1929) 488 (Diopsid).
Carpenter, G. B.: Principles of Crystal Structure Determination, New York: Benjamin 1969, 237 S.
Harker, D.: Chem. Phys. 4 (1936) 381 (Verfahren).
Lipson, H., Taylor, C. A.: Fourier Transform and X-Ray Diffraction, London: Bell 1958.
Nowacki, W.: Fourier-Synthese von Kristallen und ihre Anwendung in der Chemie, Basel: Birkhäuser 1952, 235 S.
Patterson, A. L.: Phys. Rev. 46 (1934) 372; Z. Kristallogr. 90 (1935) 517, 543.
—: Z. Kristallogr. 90 (1935) 517 u. 548 (Verfahren).
Simpson, P. G., Dobrott, R. D., Lypscomb, W. N.: Acta Cryst. 18 (1965) 169 (Patterson-Verfahren).
Stout, G. H., Jensen, L. H.: X-Ray Structure Determination. A practical guide, London: Collier-Macmillan 1968, 467 S.
Vgl. ferner die in Abschnitt 29 genannten Lehrbücher.

Mittleres Atomvolumen

Steeb, S., Renner, J.: Metall 21 (1967) 93 (Systeme Ta–O und Nb–O).

23. Beschreibung von Kristallstrukturen und Grundzüge der Kristallchemie

Strukturtabellen

ASTM-Kartei (Diffraction Data Department, 1916 Race Street, Philadelphia, Pa. 19 103).
Ewald, P. P., Hermann, C.: Strukturbericht 1913–1928 Bd. 1. Leipzig: Akad. Verlagsges., 1931; fortgeführt von Hermann, C., Lohrmann, O., Philipp, H.: Bd. 2 (1937) 1928–1932; Gottfried, C., Schossberger, F.: Bd. 3 (1937)

1933–1935; GOTTFRIED, C.: Bd. 4 (1938) 1936; GOTTFRIED, C.: Bd. 5 (1940) 1937; HERMANN, K.: Bd. 6 (1941) 1938.

LANDOLT-BÖRNSTEIN: Physikal.-chem. Tabellen. 5. Aufl. 1. Erg.-Bd. (1927) S. 392; 2. Erg.-Bd. 2. Teil (1931) S. 595; 3. Erg.-Bd. 2. Teil (1935) S. 1211. Berlin: Springer.

LANDOLT-BÖRNSTEIN: Zahlenwerte und Funktionen aus Physik, Chemie, Astronomie, Geophysik, Technik. 6. Aufl. Bd. I, 4. Teil, S. 15 bis 503. Berlin/Göttingen/Heidelberg: Springer 1955.

LAVES, F. in C. J. SMITHELLS: Metals Reference Book, 2. Ed. Bd. I, New York: Interscience 1955.

PEARSON, W. B.: Lattice Spacings and Structures of Metals and Alloys, Bd. 1: 1958, 1044 S.; Bd. 2: 1967, 1446 S. London/New York: Pergamon Press.

SAGEL, K.: Tabellen zur Röntgenstrukturanalyse, Berlin/Göttingen/Heidelberg: Springer 1958, 204 S.

SCHUBERT, K.: Kristallstrukturen zweikomponentiger Phasen, Berlin/Göttingen/Heidelberg: Springer 1964, 432 S.

Structure Reports, Vol. 8–26, 1940–1961, Utrecht: Oosthoek.

TAYLOR, A., KAGLE, B. E.: Crystallographic Data on Metal and Alloy. New York: Mover 1963, 263 S.

WESTBROOK, J. H.: Intermetallic Compounds, New York: Wiley 1967, 663 S.

WYCKOFF, R. W. G.: Crystal Structures,Bd. 1: 1963, 467 S.; Bd. 2: 1964, 588 S.; Bd. 3: 1965, 981 S.; Bd. 4: 1968, 566 S.; Bd. 5: 1966, 785 S. New York: Interscience Publishers.

Grundzüge der Kristallchemie

BRANDENBERGER, E.: Grundlagen der Werkstoffchemie, Zürich: Rascher 1947, 298 S.

HALLA, F.: Kristallchemie und Kristallphysik metallischer Werkstoffe 3. Aufl. Leipzig: Barth 1957, 737 S.

KLEBER, W.: Kristallchemie, Leipzig: Teubner 1963, 128 S.

KREBS, H.: Grundzüge der anorganischen Kristallchemie, Stuttgart: Enke 1968, 376 S.

ZEMANN, J.: Kristallchemie, Berlin: de Gruyter 1966, 144 S.

Strukturbeispiele

ASTBURY, W. T.: Proc. Roy. Soc. A150 (1935) 533 (Keratin).

BRAGG, W. L.: Z. Kristallogr. 74 (1930) 237 (Silikate).

BUNN, G. W., GARNER, E. V.: Proc. Roy. Soc. A. 189 (1947) 39 (Nylon).

HÄGG, G.: Z. phys. Chem. B 12 (1931) 33 (Einlagerungsverbindungen).

HENGSTENBERG, J.: Z. Kristallogr. 67 (1928) 583 (Lange Ketten).

MÜLLER, A.: Proc. Roy. Soc. 132 (1931) 646, 138 (1932) 514 (Paraffine).

ROBERTSON, J. M.: Organic Crystals and Molecules, New York: Cornell University Press 1953.

SHEARER, G.: Proc. Roy. Soc. A 108 (1925) 655 (Fettsäuren).

VAINSHTEIN, B. K.: Diffraction of X-Rays by Chain Molecules, Amsterdam/London/New York: Elsevier 1966, 414 S.

Elektronendichteverteilungen

BENSCH, H., WITTE, H., WÖLFEL, E.: Z. phys. Chem. 1 (1954) 256, 4 (1955) 65 (Al).

BRILL, R., HERMANN, H. G., PETERS, CL.: Ann. Phys. Lpz. 34 (1939) 393 (Chem. Bindung).

GÖTTLICHER, S., KUPFAHL, R., NAGORSEN, G., WÖLFEL, E.: Z. Phys. Chem. 21 (1959) 133 (Silizium).
—, WÖLFEL, E.: Z. Elektrochem. 63 (1959) 891 (Silizium und Diamant).
LIEBAU, F.: Nat. Wiss. 49 (1962) 481 (Systematik der Silikate).
KRUG, J., WITTE, H., WÖLFEL, E.: Z. Phys. Chem. 4 (1955) 34 (Lithiumfluorid).
WEISS, R. J.: X-Ray Determination of Electron Distribution. Amsterdam 1966, 196 S.
WEISS, A., WITTE, H., WÖLFEL, E.: Z. Phys. Chem. 10 (1957) 98 (Calciumfluorid).
WITTE, H., WÖLFEL, E.: Z. Phys. Chem. 3 (1955) 296 (Steinsalz).

Metallischer Zustand

BERNAL, J. D.: Trans. Faraday Soc. 25 (1929) 367.
COTTREL, A. H.: Theoretical Structure Metallurgy, London: Arnold 1953, 256 S.
DEHLINGER, U.: Chemische Physik der Metalle und Legierungen. Leipzig: Akad. Verlagsges. 1939, 174 S.
—: Theoretische Metallkunde, 2. Aufl. Berlin/Göttingen/Heidelberg: Springer 1968, 224 S.
HUME-ROTHERY, W.: J. Inst. Metals 35 (1926) 309.
—, RAYNOR, G. V.: The Structure of Metals and Alloys, London: Institute of Metals 1954, 363 S. (Atomradientabelle).
HUME-ROTHERY, W., SMALLMAN, R. E., HAWORTH, C. W.: The Structure of Metals and Alloys, 5. ed. London 1969. 407 S.
VOGT, E.: Ann. Phys. Lpz. 18 (1933) 755 (Valenzelektronenzahl).
SCHUBERT, K.: Z. Metallkde. 43 (1952) 1, 44 (1953) 102, 46 (1955) 100 (Theoretische Strukturargumente).
SCHULZE, G. E. R.: Metallphysik, Berlin: Akademie-Verlag 1967, 458 S.
TÄUBERT, P.: Metallphysik, Leipzig: Teubner 1963, 157 S.

Atomradien

GOLDSCHMIDT, V. M.: Z. techn. Phys. 8 (1927) 251; Z. phys. Chem. 133 (1928) 397.
LANDOLT-BÖRNSTEIN: Zahlenwerte und Funktionen aus Physik, Chemie, Astronomie, Geophysik, Technik. 6. Aufl. Bd. I. 4. Teil, S. 519. Berlin/Göttingen/Heidelberg: Springer 1955.
PAULING, L.: Z. Kristallogr. 67 (1928) 377.
SLATER, H. C.: Quantum Theory of Molecules and Solides, Vol. 2: Symmetrie and Energy Bands in Crystals, New York: McGraw-Hill 1965 (Tabelle über zwischenatomare Abstände).

Vegardsche Regel

STENZEL, W., WEERTS, J.: Sieberts Festschrift (1931) 288 (Abweichungen).
VEGARD, L.: Z. Kristallogr. 67 (1928) 148.
WEVER, F., JELLINGHAUS, W.: Mitt. Kaiser-Wilhelm-Institut Eisenforschg. Düsseldorf 12 (1930) 317 (Ausnahmen).

Zustandsdiagramme

ENDTER, F.: Dechema Monographien 38 (1960) 21 (Kontinuierliche Verfolgung von Phasenänderungen).
ELLIOTT, R. P.: Constitution of Binary Alloys (1. Ergänzungsband zu Hansen-Anderko) New York: McGraw-Hill 1965, 877 S.
HANSEN, M., ANDERKO, K.: Constitution of Binary Alloys. New York: McGraw-Hill 1957 (1. Ergänzungsband: Elliot (s. o.) 2. Ergänzungsband: Shunk (s. u.)).
HUME-ROTHERY, W., RAYNOR, G. V.: The Structure of Metals and Alloys, London: Institute of Metals 1954, 363 S.

MASING, G.: Lehrbuch der allgemeinen Metallkunde, Berlin/Göttingen/Heidelberg: Springer 1950, 620 S.
SHUNK, F. A.: Constitution of Binary Alloys, New York: McGraw-Hill 1969 (2. Ergänzungsband zu Hansen).
WESTGREN, A., PHRAGMEN, G.: Phil. Mag. 50 (1925) 311 (System Cu–Zn).

Stahlhärtung

HANEMANN, H., HOFMANN, U., WIESTER, H. J.: Arch. Eisenhüttenw. 6 (1932) 199.
HONDA, K.: Sci. Rep. Tohoku Univ. Ser. I 24 (1935) 551 (Zus. Bericht).
KURDJUMOW, G., SACHS, G.: Z. Phys. 64 (1930) 325.
MEHL, R. F., BARRETT, C. S., SMITH, D. W.: Trans. Amer. Inst. Min. Metallurg. Engrs. 1933 Nr. 37.
ÖHMANN, E.: J. Iron Steel Inst. 123 (1931) 445.
WESTGREN, A., PHRAGMEN, G.: J. Iron Steel Inst. 105 (1922) 241, 109 (1924) 159.
WEVER, F.: Mitt. Kaiser-Wilhelm-Inst. Eisenforschg. Düsseldorf 3 (1921) 45; Ergebn. techn. Röntgenkunde 2 (1931) 240.
—, ENGEL, N.: Mitt. Kaiser-Wilhelm-Inst. Eisenforschg. Düsseldorf 12 (1930) 93.

24. Gitterstörungen

Zusammenfassende Darstellungen

AMELINCKX, E.: The Direct Observation of Dislocations (Suppl. 6 to Solid State Physics) New York: Academic Press 1964, 487 S.
ANLEYTNER, J.: X-Ray Methods in the Study of Defects in Single Crystals, Oxford: Pergamon Press (1967) 264 S.
AZAROFF, L. V.: in Progress in Solid State Chemistry, Vol. I, Oxford: Pergamon Press 1964.
—: in G. N. RAMACHANDRAN: Advanced Methodes of Crystallography, New York: Academic Press 1964, S. 251 ff.
BARRETT, CH. S., MASSALSKI, T. B.: Structure of Metals, 3. Aufl. New York: McGraw-Hill 1966, S. 380 ff.
BÖHM, H.: Einführung in die Metallkunde, Mannheim: Bibliographisches Institut 1968, S. 53 ff.
BUEREN, H. G. VAN: Imperfections in Crystals, Amsterdam: North-Holland 1960, 676 S.
NEWKIRK, J. B., WERNICK, J. H.: Direct observations of Imperfections in Crystals, New York: Interscience 1961, 315 S.
SEEGER, A.: Moderne Probleme der Metallphysik, Bd. 1, 1965, 445 S.; Bd. 2, 1966, 500 S. Berlin/Heidelberg/New York: Springer.
TAYLOR, A.: X-Ray Metallography, New York: Wiley 1961, S. 583 ff.
WARREN, B. E.: X-Ray Diffraction, Reading: Addison-Wesley 1969, S. 251 ff.
WOOSTER, W. A.: Diffuse X-Ray Reflections from Crystals, Clarendon Press, Oxford, 1962, 200 S.

Einzelnachweise

Versetzungen

BURGERS, J. M.: Proc. Phys. Soc. London 52 (1940) 33.
FRANCK, F. C., READ, W. T.: Phys. Rev. 79 (1950) 722.
FRIEDEL, J.: Dislocations, New York: Pergamon Press 1964, 491 S.
GRAY, P., HIRSCH, P. B. und KELLY, P.: Acta Met. 1 (1953) 315.

Macherauch, E.: Einführung in die Versetzungslehre, Univ. Karlsruhe 1967 (Institut für Werkstoffkunde I).
Orowan, E.: Z. Phys. 89 (1934) 605.
Schoeck, G. in D. Altenpohl: Aluminium und Aluminium-Legierungen, Berlin: Springer 1965, S. 202ff.
Taylor, G. I.: Proc. Roy. Soc. A 145 (1934) 362.

Röntgenographischer Nachweis von Versetzungen

Barrett, C. S.: Trans. AIME 161 (1945) 15.
Barth, H., Hosemann, R.: Z. Naturforschg. 13a (1958) 792.
Berg, W.: Naturwiss. 19 (1931) 391; Z. Kristallogr. 89 (1934) 286.
Borrmann, G.: Z. Phys. 127 (1950) 297.
—, Hartwig, W., Irmler, H.: Z. Naturforsch. 13a (1958) 423.
Gerold, V.: Ergebn. exakt. Naturw. 33 (1961) 105.
—, Meier, F.: Z. Phys. 155 (1959) 387.
Lang, A. R.: J. Appl. Phys. 30 (1959) 1748.
Schulz, L. G. W.: Trans. AIME 200 (1954) 1082.

Stapelfehler

Anantharaman, T. R., Christian, J. W.: Acta Cryst. 9 (1956) 479.
Barrett, C. S.: Trans. AIME 188 (1950) 123.
Edwards, O. S., Lipson, H.: Proc. Roy. Soc. A 180 (1942) 268.
—, Lipson, H.: J. Inst. Met. 69 (1943) 177 (Kobalt).
Hendricks, S. B.: Phys. Rev. 57 (1940) 448 (Glimmer).
Hirsch, P. B., Kelly, A., Menter, J. W.: Proc. Phys. Soc. B 68 (1955) 1132.
Jagodzinski, H.: Acta Cryst. 2 (1949) 298 (Wurtzit).
Patterson, M. S.: J. Appl. Phys. 23 (1952) 499 (Deformationsstapelfehler).
Stratton, R. P., Kitchingman, W. I.: Brit. J. Appl. Phys. 16 (1965) 1311 (Ag-Sn-Leg.).
Wagner, C. N. J.: Acta Met. 5 (1957) 427 u. 477 (Messing, Ag, Al).
—: Acta Met. 5 (1957) 427 und 477.
—, Helion, J. C.: J. Appl. Phys. 36 (1965) 2830.
Warren, B. E. und E. P. Warekois: Acta Met. 3 (1955) 473; J. Appl. Phys. 24 (1953) 951.

25. Mischkristalle

Homogene Mischkristalle

Averbach, B. L.: The Structure of Solid Solutions, aus: Theory of Alloy Phases. Cleveland (Ohio), American Society for Metals 1956 (Zus. Bericht).
Batterman, B. W.: J. Appl. Phys. 28 (1957) 556 (Nahordnung $CuAu_3$).
Cowley, J. M.: J. Appl. Phys. 21 (1950) 24 (Nahordnung Cu_3Au).
Flinn, P. A., Averbach, B. L., Cohen, M.: Acta Met. 1 (1953) 664 (Nahordnung Au–Ni).
Gerold, V.: Z. Metallkde. 54 (1963) 370 (Zus. Bericht).
Roberts, B. W.: Acta Met. 2 (1954) 597 (Nahordnung CuAu).
Schwartz, L. H., Morrison, L. A., Cohen, J. B.: Adv. X-Ray Analysis, 7 (1963) 281, New York: Plenum Press (Doppelt fokussierende Monochromatoren).
Warren, B. E.: J. Appl. Phys. 25 (1954) 814 (Doppelt fokussierende Monochromatoren).

WARREN, B. E., AVERBACH, B. L.: The Diffuse Scattering of X-Rays. Aus: Modern Research Techniques in Physical Metallurgy. Cleveland (Ohio), American Society of Metals 1953 (Zus. Bericht).

—, AVERBACH, B. L., ROBERTS, B. W.: J. Appl. Phys. 22 (1951) 1493 (Atomgrößeneffekt).

Überstrukturen

BRADLEY, A. I., JAY, A. H.: J. Iron Steel Inst. 125 (1932) 339; Proc. Roy. Soc., Lond. Abt. A 136 (1932) 210 (Fe-Al).

CHIPMAN, D., WARREN, B. E.: J. Appl. Phys. 21 (1950) 360 (Cu–Zn).

GUTTMAN, L.: Solid State Physics 3 (1956) (Zus. Bericht).

JOHANSSON, C. H., LINDE, I. O.: Ann. Phys. 78 (1925) 439, 82 (1927) 449, 25 (1936) 1 (Au–Cu).

SCHUBERT, K., KIEFER, B., WILKENS, M., HAUFLER, R.: Z. Metallkde. 46 (1955) 692 (Ordnungsphasen mit großer Periode).

WILSON, A. J. C.: Proc. Roy. Soc. 181 (1943) 360 (Linienverbreiterung durch Antiphasen-Domänen).

Ausscheidung (Zusammenfassende Berichte)

GEROLD, V.: Erg. exakt. Naturwiss. 33 (1961) 105 (Röntgenstreuung).

—, ALTENPOHL, D., BICHSEL, H.: Aluminium und Aluminiumlegierungen, Berlin/Göttingen/Heidelberg/New York: Springer 1965, 456 S.

GUINIER, A.: Solid State Physics 9 (1959) 293 (Röntgenstreuung).

HARDY, H. K., HEAL, T. J.: Progr. Met. Phys. 5 (1954) 143 (Aushärtung).

KELLY, A., NICHOLSON, R. B.: Progr. Materials Sci. 10 (1963) 151 (Aushärtung).

Ausscheidung in Al-Legierungen

(siehe auch Literatur zu Kap. 30: Kleinwinkelstreuung)

G.P.Z = Guinier-Preston-Zonen. K.W.St. = Kleinwinkelstreuung

BAUR, R.: Z. Metallkde. 57 (1966) 181, 275, 358 (Al–Cu, G.P.Z. I und II).

CALVET, J., JAQUET, P., GUINIER, A.: J. Inst. Metals 65 (1939) 121 (Al–Cu, G.P.Z.).

DIX, E. H., RICHARDSON, H.: J. Inst. Met. 52 (1933) 117 (Zustandsschaubild Au–Cu).

GEROLD, V.: Z. Metallkde. 45 (1954) 593 (Al–Cu, K.W.St.).

—, HABERKORN, H.: Z. Metallkde. 50 (1959) 568 (Al–Zn–Cu, Al–Zn–Mg, G.P.Z.).

GLOCKER, R., KÖSTER, W., SCHERB, J., ZIEGLER, G.: Z. Metallkde. 43 (1952) 208 (Al–Ag, G.P.Z.).

GRAF, R.: C. R. hebd. Séances Acad. Sci. 242 (1956) 1311, 2834; 244 (1957) 337 (Al-Zn-Mg, G.P.Z.).

GUINIER, A.: C. R. hebd. Séances Acad. Sci. 206 (1938) 1641, 1972; J. de Phys. 2 (1942) 124 (Al–Cu, G.P.Z.).

—: Physica 15 (1949) 148 (Al–Ag. K.W.St.).

—: Acta Cryst. 5 (1952) 121 (Al–Ag und Al–Cu, G.P.Z.).

KÖSTER, W., BRAUMANN, U. F.: Z. Metallkde. 43 (1952) 193 (Al-Ag, Härte).

MERZ, W., GEROLD, V.: Z. Metallkde. 57 (1966) 607, 669 (Al–Zn, G.P.Z. und α').

PRESTON, G. D.: Proc. Roy. Soc. A 167 (1938) 526, 172 (1939) 116 (Al–Cu, G.P.Z.).

—: Phil. Mag. 26 (1938) 855 (Al–Cu, Θ').

SCHMALZRIED, H., GEROLD, V.: Z. Metallkde. 49 (1958) 291 (Al–Zn–Mg, G.P.Z. und η').

SILCOCK, J. M., HEAL, B. G., HARDY, H. K.: J. Inst. Metal 82 (1953) 239 (Al–Cu, Θ'').

—: Acta Met. 8 (1960) 589 (Al–Cu, Θ' an Versetzungen).

SIMERSKA, M., SYNECEK, V.: Acta Met. 15 (1967) 223 (Al–Zn, G.P.Z. und α').
WALKER, C. B., GUINIER, A.: Acta Met. 1 (1953) 568 (Al–Ag, K.W.St.).
WASSERMANN, G., WEERTS, J.: Metallwirtsch. 14 (1935) 605 (Al–Cu, Θ').
ZIEGLER, G.: Z. Metallkde. 43 (1952) 213 (Al–Ag, G.P.Z.).

Seitenband-Strukturen

BRADLEY, A. J.: Proc. Phys. Soc. 52 (1940) 80 (Cu–Ni–Fe).
DANIEL, V., LIPSON, H.: Proc. Roy. Soc. A 182 (1944) 378 (Cu–Ni–Fe und Strukturmodell).
GUINIER, A.: Acta Met. 3 (1955) 510 (Strukturmodell).
MANENC, J.: Acta Met. 7 (1959) 124 (Ni-Leg.).
TIEDEMA, T. J., BOUMAN, J., BURGERS, W. G.: Acta Met. 5 (1957) 310 (Au–Pt).

26. Verbreiterung der Röntgeninterferenzen und Bestimmung der Kristallgröße

Asterismus von Laue-Aufnahmen

KARNOP, R., SACHS, G.: Z. Phys. 42 (1927) 283.
KONOBEJEWSKI, S., MIRER, I.: Z. Kristallogr. 81 (1932) 69.
MADER, S. in: Moderne Probleme der Metallphysik, Bd. I, Hrsg.: A. SEEGER, Berlin/Heidelberg/New York: Springer 1965, S. 203
SCHIEBOLD, E.: Z. Metallkde. 16 (1924) 462 (Zus. Bericht).

Mikrospannungen

DEHLINGER, U.: Z. Metallkde. 50 (1959) 126.
DESPUJOLS, I., WARREN, B. E.: J. Appl. Phys. 29 (1958) 195.
EVANS, W. P., LITTMANN, W. E.: SAE-Journal, March 1963, S. 118.
GLOCKER, R., MACHERAUCH, E.: Naturwiss. 44 (1957) 532.
GREENOUGH, G. B.: Nature 160 (1947) 258.
—: Proc. Roy. Soc. A 197 (1949) 556.
HEYN, E., BAUER, O.: Int. Z. Metallogr. 1 (1911) 16.
—: Festschr. KWI-Ges. 1919.
HOUDREMONT, E., SCHOLL, H.: Z. Metallkde. 50 (1959) 503.
KOCHENDÖRFER, A.: Z. VDI 94 (1952) 267.
MACHERAUCH, E.: Acta Phys. Austr. 18 (1964) 364.
MASING, G.: Z. techn. Phys. 6 (1925) 569.
PEITER, A.: Eigenspannungen I. Art, Düsseldorf: Triltsch 1966.
REIMER, L. in: W. KÖSTER: Beiträge zur Theorie des Ferromagnetismus und der Magnetisierungskurve; Berlin/Göttingen/Heidelberg: Springer 1956.

Röntgenbestimmung von Korngrößen im mikroskopischen Bereich

BASS, A.: Dissertation TH Stuttgart, 1926.
CLARK, G., ZIMMER, W. in: G. Clark: Applied X-Rays, 4. Aufl. New York: McGraw-Hill 1955, 682ff.
SCHDANOW, H. S.: Z. Kristall. 90 (1935) 82.
STEPHEN, R. A., BARNES, R. T.: J. Inst. Met. 60 (1937) 285.

Micro-beam-Verfahren

GUY, P., HIRSCH, P. B., KELLY, A.: Acta Met. 1 (1952) 315; Acta Cryst. 7 (1954) 41; Acta Cryst. 6 (1953) 172.

HIRSCH, P. B.: Progr. in Met. Phys. 6 (1957) 236 (Zus. Bericht).
—, KELLY, J. N.: Acta Cryst. 5 (1952) 162.
KUBALEK, E.: Diplom-Arbeit Stuttgart (1961).

Bestimmung von Teilchengrößen aus der Linienbreite

BÖHM, I., GAUTNER, F.: Z. Kristallogr. 69 (1929) 17.
BRENTANO, I.: Proc. Phys. Soc. London 37 (1925) 184, 47 (1935) 932.
BRILL, R., zum Teil mit H. PELZER: Z. Kristallogr. 68 (1928) 387, 72 (1930) 398, 74 (1930) 147, 75 (1930) 217, 95 (1936) 455.
JONES, F. W.: Proc. Roy. Soc. London 166 (1938) 16.
LAUE, M. VON: Z. Kristallogr. 64 (1926) 115.
PATTERSON, A. L.: Z. Kristallogr. 66 (1926) 637.
SCHERRER, P.: Nachr. Ges. Wiss. Göttingen (1918) 98.
SHULL, C. G.: Phys. Rev. 70 (1946) 679.
WILSON, A. J. C., STOKES, A. R.: Proc. Cambridge Phil. Soc. 38 (1942) 313.

Bestimmung von Teilchengröße und Verzerrung aus der Linienbreite

ANANTHARAMAN, T. R., CHRISTIAN, J. W.: Acta Cryst. 9 (1956) 479.
DEHLINGER, U., KOCHENDÖRFER, A.: Z. Metallkde. 31 (1939) 231.
KOCHENDÖRFER, A.: Z. Kristallogr. 105 (1944) 393 u. 438.
RAMA RAO, P., ANANTHARAMAN, T. R.: Z. Metallkde. 54 (1963) 658.
WILLIAMSON, G. K., HALL, W.: Acta Met. 1 (1953) 22.

Teilchengrößenverteilung

HOSSFELD, H., OEL, H. J.: Z. angew. Phys. 20 (1966) 493.
BERTAUT, F.: Compt. Rend. 222 (1949) 187; Acta Met. 5 (1957) 477.
SMITH, V. H., SIMPSON, P.: J. Appl. Phys. 36 (1965) 3285 (Kristallitgrößenverteilung).
TRÖMEL, M., HINKEL, H.: Ber. Bunsenges. Phys. Chemie 69 (1965) 725 (Methodik der Teilchengrößenbestimmung).

Fourieranalyse der Linienprofile

BRASSE, F., MÖLLER, H.: Arch. Eisenhüttenw. 29 (1958) 757.
CHRISTIAN, J. W., SPREADBOROUGH: Phil. Mag. 1 (1956) 1069; Proc. Phys. Soc. B 70 (1957) 1151.
DESPUJOLS, J., WARREN, B. E.: J. Appl. Phys. 29 (1958) 195.
GUENTERT, O. J., WARREN, B. E.: J. Appl. Phys. 29 (1958) 40.
HARTMANN, R. J., MACHERAUCH, E.: Z. Metallkde. 54 (1963) 161.
HAUK, V., HUMMEL, C.: Z. Metallkde. 47 (1956) 254.
MCKEEHAN, M., WARREN, B. E.: J. Appl. Phys. 24 (1953) 52.
KOCHENDÖRFER, A., WOLFSTIEG, U.: Z. Elektrochem. 61 (1957) 83.
—, TRIMBORN, F.: Arch. Eisenhüttenw. 31 (1960) 497.
SAILER, S.: Dissertation, TH Stuttgart 1965.
SMALLMAN, R. E., WESTMACOTT, K. H.: Phil. Mag. 2 (1957) 669.
STOKES, A. R.: Proc. Phys. Soc. London 61 (1948) 382.
—, WILSON, A. J. C.: Proc. Cambridge Phil. Soc. 38 (1942) 313.
WAGNER, C. N. J.: Acta Met. 5 (1957) 427, 477.
WARREN, B. E., AVERBACH, B. L.: J. Appl. Phys. 21 (1950) 595; 23 (1952) 497.
—: Acta Cryst. 8 (1955) 483.
—, WAREKOIS, E. P.: Acta Met. 3 (1955) 473.
—: Progr. in Metal Physics 8 (1959) 147.

27. Messung von elastischen Spannungen

Zusammenfassende Berichte

Glocker, R.: Handbuch d. Werkstoffprüfung von E. Siebel, 2. Aufl. Bd. 1, Berlin/Göttingen/Heidelberg: Springer 1958, 548–574.

—, Hess, B., Schaaber, O.: Z. Techn. Phys. 19 (1938) 194 (Spannungsbestimmung aus einer Aufnahme).

Hauk, V.: Z. Metallkde. 55 (1964) 364, 632.

Kolb, K., Macherauch, E.: Techn. Rundschau, Bern 56 (1964) 46.

Macherauch, E.: Experimental Mechanics, March (1966) 306.

Martin, E. D.: Rep. TR-147 der SAE (1957).

Möller, H.: in: Handbuch d. Spannungs- und Dehnungsmessung, Hrsg.: K. Fink u. C. Rohrbach, Düsseldorf: VDI-Verlag 1958, 67–93.

Neff, H., Bierwirth, G.: Handb. d. zerstörungsfreien Materialprüfung, Hrsg.: E. A. W. Müller, München: Oldenbourg 1959, T. 24.

Einzelnachweise

Auswertungstabellen

Glocker, R.: in: Landolt-Börnstein: Zahlenwerte und Funktionen. 6. Aufl., Bd. IV, Teilbd. 3, Berlin/Göttingen/Heidelberg: Springer 1957, 999.

Hauk, V.: Z. Metallkde. 35 (1943) 156, 36 (1944) 120 (Eisen).

Möller, H., Barbers, J.: Mitt. Kaiser-Wilhelm-Inst. Eisenforschg. Düsseldorf 16 (1934) 21 (Eisen).

Neerfeld, H.: Mitt. Kaiser-Wilhelm-Inst. Eisenforschg. Düsseldorf 22 (1940) 213 (Fluchtlinientafel).

Mathematische Grundlagen des Verfahrens

Aksenov, G. J.: Z. angew. Phys. UdSSR, 6 (1929) 1 (Prinzip).

Barrett, C. S., Gensamer, M.: Physics 7 (1936) 1 (Formeln).

Binder, F., Macherauch, E.: Arch. Eisenhüttenw. 26 (1955) 541 (Dehnungsfreie Richtungen).

Durer, A.: Z. Metallforschg. 1 (1946) 60 (Dehnungsfreie Richtung).

Gisen, G., Glocker, R., Osswald, E.: Z. techn. Physik 17 (1936) 145 (Formeln).

Glocker, R., Osswald, E.: Z. techn. Physik 16 (1935) 237 (Formeln).

—: Z. angew. Physik 3 (1951) 212 (Fehler der Näherungsrechnung).

—: Z. Metallkde. 42 (1951) 122 (Dehnungsfreie Richtungen).

Hauk, V., Osswald, E.: Z. Metallkde. 39 (1948) 190 (Temperatur-Korrektion).

Hawkes, G. A.: Brit. J. appl. Phys. 8 (1957) 229 ($\sin^2 \psi$-Verfahren).

Kemmnitz, G.: Z. techn. Physik 23 (1942) 77; Z. Metallkde. 39 (1948) 254, 41 (1950) 492; Arch. Eisenhüttenw. 26 (1955) 437 (Formeln).

Macherauch, E.: III. Int. Col. Hochschule ET. Ilmenau 1958 ($\sin^2\psi$-Verfahren).

—, Müller, P.: Z. angew. Phys., 13 (1961) 305 ($\sin^2 \psi$-Verfahren).

Möller, H.: Arch. Eisenhüttenw. 8 (1934) 213 (Zus. Bericht).

—: Mitt. Kaiser-Wilhelm-Inst. Eisenforschg. Düsseldorf 21 (1939) 296 (Formeln).

—, Neerfeld, H.: Mitt. Kaiser-Wilhelm-Inst. Eisenforschg. Düsseldorf 21 (1939) 289 (Hauptspannungen).

Moore, M. G., Evans, W. P.: Trans. SAE 66 (1958) 340 (Korrekturen bei Probenzerstörung).

Neth, A.: Österr. Ing.-Archiv 2 (1946) 106 (Dehnungsfreie Richtung).

Romberg, W.: Z. Metallkde. 39 (1948) 279 (Dreiachsiger Spannungszustand).

Sachs, G., Weerts, J.: Z. Physik 64 (1930) 344 (Formeln).

SCHAABER, O.: Z. techn. Physik 20 (1939) 264 (Dreiachsiger Spannungszustand).
SCHMIDT, G. K.: Z. angew. Physik 17 (1964) 374 ($\sin^2\psi$-Verfahren).
STÄBLEIN, F.: Krupp-Forsch.-Ber. 1939. Anhang S. 29 (Hauptspannungen).
STICKFORTH, J.: Techn. Mitt. Krupp Forschg. Ber. 24 (1966) 3 (Grundlagen).
STROPPE, H.: Wiss. Z. Hochschule f. Schwermaschinenbau, Magdeburg, 7 (1963) 345 (Dreiachsiger Spannungszustand).
—, SCHÄFER, A.: ibid. 11 (1967) 689.
THOMAS, D. E.: J. Appl. Phys. 19 (1948) 190 (Formeln).
WEVER, F., MÖLLER, H.: Arch. Eisenhüttenw. 5 (1931) 215; Mitt. Kaiser-Wilhelm-Inst. Eisenforschg. Düsseldorf 18 (1936) 27 (Formeln und Vergleich mit mechan. Spannungsmessungen).

Elastische Anisotropie

BOLLENRATH, F., OSSWALD, E., MÖLLER, H., NEERFELD, H.: Arch. Eisenhüttenw. 15 (1941) 183.
—, HAUK, V.: Z. Metallforschg. 1 (1946) 161.
—, HAUK, V., MÜLLER, E. H.: J. Soc. Mat. Scien. Jap. 15 (1966) 151.
—: Z. Metallkde. 58 (1967) 76.
FANINGER, G.: Z. Metallkde. 60 (1969) 601.
GLOCKER, R.: Z. techn. Physik 19 (1938) 289.
—, SCHAABER, O.: Ergebn. techn. Röntgenkunde 6 (1938) 34.
HAUK, V.: Arch. Eisenhüttenw. 26 (1955) 275.
HENDUS, H., WAGNER, C.: Arch. Eisenhüttenw. 26 (1955) 455.
KOLB, K., MACHERAUCH, E.: Z. Metallkde. 53 (1962) 108.
—: Z. Phys. 162 (1961) 119.
KRÖNER, E.: Z. Phys. 151 (1958) 504.
LEIBER, C. O., MACHERAUCH, E.: Z. Metallkde. 51 (1960) 621.
MACHERAUCH, E., MÜLLER, P.: Arch. Eisenhüttenw. 29 (1958) 257.
—: Proc. Symp. Phys. and Nondest. Test., Chicago II (1966) 549.
MÖLLER, H.: Arch. Eisenhüttenw. 13 (1939) 59.
—, BARBERS, J.: Mitt. Kaiser-Wilhelm-Inst. Eisenforschg. Düsseldorf 17 (1935) 157.
—, BRASSE, F.: Arch. Eisenhüttenw. 26 (1955) 231.
—, MARTIN, G.: Mitt. Kaiser-Wilhelm-Inst. Eisenforschg. Düsseldorf 21 (1939) 261; 24 (1942) 41.
—, NEERFELD, G.: Mitt. Kaiser-Wilhelm-Inst. Eisenforschg. Düsseldorf 23 (1941) 97.
—, STRUNK, G.: Mitt. Kaiser-Wilhelm-Inst. Eisenforschg. Düsseldorf 19 (1937) 305.
NEERFELD, H.: Mitt. Kaiser-Wilhelm-Inst. Eisenforschg. Düsseldorf 22 (1940) 213; 24 (1942) 61.
PRÜMMER, R.: Diplom-Arbeit, TH Stuttgart 1963.
—: Dissertation Univ. Karlsruhe 1967.
—, MACHERAUCH, E.: Materialprüfung 8 (1966) 281.
—, —: J. Soc. Mat. Scien. Jap. 16 (1967) 935.
—, —: Z. Naturforschung 21a (1966) 661.
—, —: Härtereitechn. Mitteil. 24 (1969) 321.
REUSS, A.: Z. angew. Phys. 9 (1929) 49.
SCHAAL, A.: Z. Metallkde. 36 (1944) 153.
SCHIEBOLD, E.: Berg: und Hüttenmännische Monatsh. 86 (1938) 1.
TAIRA, S., HAYASHI, K., WATASE, Z.: Proc. 12. Jap. Congr. Mat. Res. 1969.
VOIGT, W.: Lehrbuch der Kristallphysik, Leipzig/Berlin: Teubner 1928, 962.

Aufnahmetechnik

BENNET, J. A., VACHER, H. C.: J. Res. 40 (1948) 285 (Eichung).
BINDER, F., MACHERAUCH, E.: Arch. Eisenhüttenw. 27 (1955) 67 (Blendenanordnung).
BOLLENRATH, F., OSSWALD, E., MÜLLER, H., NEERFELD, H.: Arch. Eisenhüttenw. 15 (1941) 183 (Reproduzierbarkeit der Messungen).
CHRISTIAN, H., SCHAABER, O.: HTM 16 (1961) 46 (Eichpulver).
CULLITY, B. D.: J. Appl. Phys. 35 (1964) 1915 (Fehlerquellen).
GISEN, F.: Krupp-Forsch.-Ber. 1939. Anhang S. 35 (Diffuse Linien).
—, GLOCKER, R., OSSWALD, E.: Z. techn. Phys. 16 (1935) 145 (Rückstrahlkammer).
GLOCKER, R., HASENMAIER, H.: Z. Metallkde. 40 (1949) 182 (Aufnahmen ohne Eichstoff, diffuse Linien).
HAUK, V., MÖLLER, H., BRASSE, F.: Arch. Eisenhüttenw. 27 (1956) 317 (Einfluß von Ätzspannungen).
KOISTINEN, D. P.: Trans. Am. Soc. Met. 50 (1957) 31 (Zählrohrmessungen).
KOLB, K., MACHERAUCH, E.: J. Soc. Mat. Sci. Jap. 13 (1964) 14 (Rückstrahlgoniometer).
—: Z. angew. Phys. 19 (1965) 360 (Rückstrahlgoniometer).
KUNZE, G., WASSERMANN, G.: Arch. Eisenhüttenw. (Seemann-Bohlin-Goniometer).
LANGE, H.: VDI-Ber. 102 (1966) (Rückstrahlgoniometer).
MÖLLER, H., BRASSE, F.: Arch. Eisenhüttenw. 28 (1957) 831 (Messungen mit Szintillationszähler).
—, MARTIN, G.: Mitt. Kaiser-Wilhelm-Inst. Eisenforschg. Düsseldorf 24 (1942) 41 (Aufnahmen an großen Flächen).
—, NEERFELD, H.: Arch. Eisenhüttenw. 19 (1948) 187 (Zählrohrmessg.).
—: Arch. Eisenhüttenw. 22 (1951) 137 (Molybdänstrahlung).
—, GISEN, F.: Mitt. Kaiser-Wilhelm-Inst. Eisenforschg. Düsseldorf 19 (1937) 57 (Reproduzierbarkeit der Messungen).
NEERFELD, H.: Arch. Eisenhüttenw. 19 (1948) 181 (Fokussierung).
—: Mitt. Kaiser-Wilhelm-Inst. Eisenforschg. Düsseldorf 27 (1944) 81 (Diffuse Linien).
OSSWALD, E.: Z. Metallkde. 35 (1943) 19 (Rückstrahlkammer).
SCHAABER, O., CHRISTIAN, H.: Härterei Z. 16 (1961) 46 (Eichstoffe).
SCHAAL, A.: Z. Metallkde. 42 (1951) 279 (Rückstrahlkammer).
—: Z. Metallkde. 41 (1950) 293 (Eindringtiefe).
SEGMÜLLER, A., WINCIERZ, P.: Arch. Eisenhüttenw. 30 (1959) 577 (Seemann-Bohlin-Goniometer).
STROPPE, H.: Wiss. Z. Hochschule f. Schwermaschinenbau Magdeburg 6 (1963) 395 (Spez. Zählrohrapparatur).
THUM, A., SAUL, K. H., PETERSEN, C.: Z. Metallkde. 31 (1939) 352 (Aufnahmen ohne Eichstoff).
WEVER, F., ROSE, A.: Mitt. Kaiser-Wilhelm-Inst. Eisenforschg. Düsseldorf 17 (1935) 33 (Fokussierung).
WOLFSTIEG, U.: Arch. Eisenhüttenw. 11 (1958) 145; 30 (1959) 447 (Spannungsmessung bei breiten Linien).

Verformungseigenspannungen

Zusammenfassende Berichte

FANINGER, G.: Berg- und Hüttenm. Monatsh. 108 (1963) 330.
GARROD, R. I., HAWKES, G. A.: Brit. J. Appl. Phys. 14 (1963) 422.

GREENOUGH, G. B.: Progress in Met. Phys. 3 (1952) 176.
HAUK, V.: Z. Metallkde. 55 (1964) 364.
—: Arch. Eisenhüttenw. 26 (1955) 275.
MACHERAUCH, E.: Z. Materialprüfung. 5 (1963) 14.
—: Acta Phys. Austr. 18 (1964) 364.
VASILEV, D. M., SMIRNOV, B. J.: Usp. Fiz. Nauk. 73 (1961) 503.

Einzelarbeiten

AULD, H. H., GARROD, R. I.: Acta Met. 3 (1955) 190.
ANDREW, J. H., LEE, H., BROOKS, P. E., WILSON, D. V.: J. Iron Steel Inst. 165 (1950) 367.
BATEMANN, C. M.: Acta Met. 2 (1954) 451.
BOLLENRATH, F., HAUK, V., OSSWALD, E.: Z. VDI 83 (1939) 129.
—, HAUK, V.: Naturwiss. 39 (1952) 39.
—: Arch. Eisenhüttenw. 37 (1966) 253.
—, HAUK, V., OHLY, W.: Naturwiss. 51 (1964) 259.
—: Z. Metallkde. 57 (1966) 464, 55 (1964) 655.
BIERWIRTH, G.: Arch. Eisenhüttenw. 35 (1964) 133.
CULLITY, B. D.: Trans. Met. Soc. AIME 227 (1963) 356.
—, PURI, O. P.: Trans. Met. Soc. AIME 227 (1963) 359.
DONACHIE, M. J., NORTON, J. T.: Trans. ASM 55 (1962) 51.
—, NORTON, I. T.: Trans. Met. Soc. AIME 221 (1961) 962.
FANINGER, G., REITZ, W. A., GÄRTTNER, W., KOLB, K., MACHERAUCH, E.: Z. Naturforschg. 19a (1964) 1239.
—, REITZ, W. A.: Berg- und Hüttenmänn. Monatsh. 110 (1965) 6.
—: Z. Metallkde. 56 (1965) 826.
—: Berg- und Hüttenmänn. Monatsh. 111 (1966) 156.
FINCH, L. G.: Nature 166 (1950) 508.
FUKS, M. Y., GLADKIKH, L. I.: Fiz. metal. metalloved 15, 4 (1963) 523; Physics of Metals and Metallography 15, 4 (1963) 38.
GARROD, R. I., HAWKES, G. A.: Brit. J. Appl. Phys. 14 (1963) 422.
—: Nature 165 (1950) 241.
GLOCKER, R., HASENMAIER, H.: Z. VDI 84 (1940) 825.
—, MACHERAUCH, E.: Naturwiss. 44 (1957) 532.
GREENOUGH, G. B.: Metal. Test. 16 (1949) 58.
—: J. Iron Steel Inst. 169 (1951) 235.
—: Nature 160 (1947) 258; 166 (1950) 509, Proc. Roy. Soc. 197 (1949) 556.
HASANOVITSCH, KAUFMANN, D. M., ROSENTHAL, D.: Acta Met. 4 (1956) 218.
HAUK, V.: Z. Metallkde. 39 (1948) 108.
—: Arch. Eisenhüttenw. 25 (1954) 273.
—: Arch. Eisenhüttenw. 23 (1952) 353.
—, OHLY, W.: Naturwiss. 51 (1964) 260.
—, PODDEY, P.: Arch. Eisenhüttenw. 36 (1965) 501.
HELLWIG, G., PRÜMMER, R., WOHLFAHRT, H., MACHERAUCH, E.: Z. Naturforschg. 22a (1967) 2125.
KAPPLER, E., REIMER, L.: Naturwiss. 40 (1953) 360; Z. angew. Phys. 5 (1953) 401.
KARASHIMA, S.: J. Soc. Mat. Science Jap. 13 (1964) 938.
—, FUJIWARA, H., KOJIMA, K.: Mem. Inst. Sci. Ind. Res., Osaka Univ. 11 (1954) 129, 13 (1956) 27, 14 (1957) 69; J. Jap. Soc. Mech. Eng. 23 (1957) 870.
—, SWIMATANI, K., HITOTSYANAGI, H.: J. Soc. Mat. Sci. Jap. 12 (1964) 848.
—, PRÜMMER, R., MACHERAUCH, E.: Materialprüf. 10 (1968) 262.
KOLB, K., MACHERAUCH, E.: Phil. Mag. 7 (1962) 415.

Kolb, K., Macherauch, E.: Naturwiss. 49 (1962) 604.
—, —: Z. Metallkde. 53 (1962) 580.
—, —: Z. Metallkde. 58 (1967) 238.
—, —: Materialprüf. 10 (1968) 371.
Leiber, C. O., Macherauch, E.: Z. Metallkde. 51 (1960) 621.
Macherauch, E., Müller, P.: Z. Metallkde. 49 (1958) 324; 51 (1960) 514.
—: Habilitationsschrift, TH Stuttgart, 1959; Metall 16 (1962) 23, 419, 985, 1200, 17 (1963) 887.
—: J. Soc. Mat. Sci., Jap. 11 (1962) 829.
Möller, H.: Arch. Eisenhüttenw. 22 (1951) 137.
Newton, C. J., Vacher, H. C.: Trans. AIME, Met. 7 (1965) 1193.
Nishihara, T., Taira, S.: Mem. Fac. Eng. Kyoto Univ. 12 (1950) 90.
Prümmer, R., Macherauch, E.: J. Soc. Mat. Sci. Jap. 15 (1966) 845.
—: VDI-Bericht 102 (1966) 45.
—: Z. Naturforschg. 20a (1965) 1369, 21a (1966) 661.
Smith, S. L., Wood, W. A.: J. Inst. Met. 67 (1941) 315; Proc. Roy. Soc. A 181 (1942) 72.
Vasilev, D. M., Smirnow, B. J.: Usp. Fiz. Nauk. 73 (1961) 503; Sovj. Phys. Usp. 4 (1961) 226/59.

Biegeversuche

Bollenrath, F., Schiedt, E.: Z. VDI 82 (1938) 1094.
Böklen, R., Glocker, R.: Z. Metallforschg. 2 (1947) 304.
Glocker, R., Macherauch, E.: Z. Metallkde. 43 (1952) 313.
Kappler, E., Reimer, L.: Naturwiss. 8 (1954) 60.
Macherauch, E.: Z. Metallkde. 47 (1956) 312.
Reimer, L.: Z. Metallkde. 46 (1955) 39.
Rinagl, F.: Z. VDI 80 (1936) 1199 (Theorie).
Schaal, A.: Z. Metallkde. 42 (1951) 279.
—: Z. Metallkde. 35 (1943) 21.

Spannungsmessung an einzelnen Kristalliten

Bollenrath, F., Osswald, E.: Z. Metallkde. 31 (1939) 151.
Frommer, L., Lloyd, E. H.: J. Inst. Metals 70 (1944) 91.
Frohnmeyer, G.: Z. Naturforschg. 6a (1951) 319.
—, Hofmann, E. G.: Z. Metallkde. 43 (1952) 151.
Glocker, R.: Z. Metallkde. 42 (1951) 122.
—, Hess, B., Schaaber, O.: Z. Techn. Phys. 19 (1938) 194. (Spannungsbestimmung aus einer Aufnahme).
Kubalek, E.: Diplom-Arbeit TH Stuttgart, 1961.
Möller, H., Brasse, F.: Arch. Eisenhüttenw. 26 (1955) 231.
Newton, C. J.: J. Res. Eng. and Instrum. 68 (1964) No. 4.

Kerbspannungen

Glocker, R., Osswald, E.: Z. techn. Phys. 16 (1936) 237.
Krächter, H.: Z. Metallkde. 31 (1939) 114.
Neerfeld, H.: Mitt. Kaiser-Wilhelm-Inst. Eisenforschg. 27 (1944) 13.
Norton, J. T., Rosenthal, D., Maloof, S. B.: Weld. Res. Suppl. 2248 (1946) 269.

Eigenspannungen nach Härten und Nitrieren

Beu, K.: ASTM Proc. 57 (1957) 1282.
Bierwirth, G.: Dissertation, T. H. Darmstadt, 1962.

CHRISTENSON, A. L., REWLAND, R. S.: Trans. ASM 45 (1953) 638.
GLOCKER, R., HASENMAIER, H.: Z. Metallkde. 40 (1949) 182.
HASENMAIER, H.: Härt. Techn. Mitt. 12 (1958) 23.
KOISTINEN, D. P., MARBURGER, R. E.: ASM Trans. 51 (1959) 537.
—, MITCHELL, R.: Proc. 6th Conf. Appl. X-Ray Analysis, Denver, 1957, 37.
—: ASM Trans. Quart. 57 (1964) 581.
LUCAS, G., WEIGEL, L.: Materialprüf. 6 (1964) 149.
MILLER, M., MANTEL, E., COLEMAN, W.: Exp. Stress Anal. 15 (1957) 101.
NEFF, H.: ATM 298 (1960) 229.
SCHÄFER, B., EHL, J.: Arch. Eisenhüttenw. 37 (1966) 491.
SCHIEBOLD, E.: Wiss. Z. Hochschule f. Schwermaschinenbau Magdeburg, 4 (1960) 93.
SCHIESZL, S.: VDI-Z. 103 (1961) 1105.
STROPPE, H., BLUMENAUER, H.: Wiss. Z. Hochschule f. Schwermaschinenbau Magdeburg 4 (1960) 157.

Thermische Eigenspannungen

BÜHLER, H., HENDUS, H.: Arch. Eisenhüttenw. 26 (1955) 355.
GAILFUSS, H.: Diplom-Arb., Univ. Karlsruhe, 1969.
GURLAND, J.: Trans. ASM 50 (1958) 1064.
HARTMANN, U.: Diplom-Arb., TH Stuttgart, 1965.
LIU, C. T., GURLAND, J.: Trans. Quart. 58 (1965) 66.
NEWTON, C. J., VACHER, H. C.: J. Res. 59 (1957) 239.
WASSERMANN, G., WINCIERZ, P.: Arch. Eisenhüttenw. 29 (1958) 785.
WEVER, F., MÖLLER, H.: Mitt. Kaiser-Wilhelm-Inst. Eisenforschg. 18 (1936) 27.
WOHLFAHRT, H.: Dissertation Univ. Karlsruhe, 1970.

Schweißspannungen

ALBRILTON, O. W.: Weld. Journ. 43 (1964) 86.
GORISSEN, E.: Arch. Eisenhüttenw. 37 (1966) 49.
HAUK, V.: Z. Metallkde. 39 (1948) 276.
KINELSKI, E. H., BERGER, J. A.: Weld. Journ. 36 (1957) 513.
KOJIMA, K. et al.: Proc. III Int. Conf. Nondestr. Testing, Tokyo/Osaka (1960) 737.
MURAKAMI, Y., KAWABE, T., IWASAKI, I.: J. Soc. Mat. Sci., Jap. 13 (1964) 984.
NISHIHARA, T., KOJIMA, K.: Trans. Soc. Mech. Eng. Jap. 5 (1939) 159.
PRÜMMER, R.: J. Soc. Mat. Sci., Jap. 17 (1968) 1066.
—: DVS-Bericht Nr. 5 (1969) 63.
SCHIEBOLD, E.: Wiss. Z. Hochschule f. Schwermaschinenbau Magdeburg 4 (1960) 93.
STÜHMEIER, K. F.: Schweißen und Schneiden, 16 (1964) 92.

Dynamische Spannungsmessungen

BINDER, F.: Dissertation TH Stuttgart, 1958 (Zug-Druck-Versuche).
BÖKLEN, R., GLOCKER, R.: Jahrber. Luftfahrtforschg. (1941), Teil II, S. 30 (Wälzlager).
GLOCKER, R., KEMMNITZ, G.: Z. Metallkde. 30 (1938) 1 (Messung der Höchstwerte).
—, —, SCHAAL, A.: Arch. Eisenhüttenw. 13 (1939) 89 (Zus. Bericht).
—, LUTZ, W., SCHAABER, O.: Z. VDI 85 (1941) 793 (Gesamter Spannungsverlauf einer Periode).
KEMMNITZ, G.: Z. techn. Phys. 20 (1939) 129 (Verdrehwechselbeanspruchung von Stahl).

MÜLLER, P.: Dissertation TH Stuttgart, 1960 (Zug-Druck-Versuche).
—, MACHERAUCH, E.: Arch. Eisenhüttenw. 31 (1960) 259 (Zug-Druck-Versuche).
SCHAAL, A.: Z. techn. Physik 21 (1940) 1 (Verdrehwechselbeanspruchung von Leichtmetall).

Eigenspannungen bei Wechselbeanspruchung

EVANS, W. P., MILLAN, J. F.: SAE 22 (1964) 793.
GISEN, G., GLOCKER, R.: Z. Metallkde. 30 (1938) 297.
HARTMANN, U.: Diplom-Arbeit TH Stuttgart, 1965.
MÜLLER, P., MACHERAUCH, E.: Arch. Eisenhüttenw. 31 (1960) 259.
NEERFELD, H., MÖLLER, H.: Arch. Eisenhüttenw. 20 (1949) 205.
SCHAAL, A.: Z. Metallkde. 36 (1944) 153, 42 (1951) 147.
TAIRA, S. u. Mitarbeiter: Trans. Jap. Inst. Met. 1 (1960) 43.
—: Proc. 4., 5., 7. und 8. Jap. Cong. Test. Mat. (1961) 17, (1962) 8, (1964) 26 und 38, (1965) 14.
WEVER, F., MARTIN, G.: Mitt. Kaiser-Wilhelm-Inst. Eisenforschg. 21 (1939) 213.

28. Kristalltexturen

Zusammenfassende Darstellungen

BARRETT, CH. S., MASSALSKI, T. B.: Structure of Metals, New York: McGraw-Hill 1966.
GREWEN, J., WASSERMANN, G. (Herausgeber): Texturen in Forschung und Praxis (Symposium in Clausthal 1968), Berlin/Heidelberg/New York: Springer 1969, 505 S.
KRATKY, O.: in H. A. STUART: Die Physik der Hochpolymeren. 3. Bd. Berlin/Göttingen/Heidelberg: Springer 1955, 288 S.
Recrystallization, Grain Growth and Textures; American Society Metals, Cleveland (Ohio) 1966.
SCHMID, E., WASSERMANN, G.: Handbuch der physik. und techn. Mechanik 4 (1931) 319.
WASSERMANN, G.: Texturen metallischer Werkstoffe, Berlin: Springer 1939, 194 S.
—, GREWEN, J.: Texturen metallischer Werkstoffe. 2. Aufl. Berlin/Göttingen/Heidelberg: Springer 1962, 808 S.

Einzelnachweise

Allgemeines über Textuntersuchungen und Auswerteverfahren

BUNK, W., LÜCKE, K., MASING, G.: Z. Metallkde. 45 (1954) 269 (Zählrohrgoniometer).
DECKER, B. F., ASP, E. T., HARKER, D.: J. Appl. Phys. 19 (1948) 388 (Texturgoniometer für Durchstrahlung).
DILLAMORE, I. L., ROBERTS, W. T.: Metallurg. Rev. 10 (1965) 271.
EICHHORN, R. M.: Rev. Sci. Instr. 36 (1965) 997 (Automatischer Polfigurenzeichner).
GEISLER, A. H. in: Modern Res. Techn., Am. Soc. Met. (1953) 131.
GREWEN, J., SAUER, D., WAHL, H. P.: Scripta Met. 3 (1969) 53 (Quantitative Texturbestimmung ohne regellose Vergleichsprobe).
GREWEN, J., SAUER, D., WAHL, H. P.: Z. Metallkde. 61 (1970) 430 (Automatisierte quantitative Texturbestimmung ohne regellose Vergleichsprobe).
GREWEN, J., SEGMÜLLER, A., WASSERMANN, G.: Arch. Eisenhüttenw. 29 (1958) 115 (Verfahren zur Texturbestimmung ohne Vergleichsprobe).

HERZOG, R., JANCKE, W.: Z. Physik 3 (1920) 196 (Erste Texturbeobachtung an Zellulose).
LÜCKE, K., MENGELBERG, H. D., ALAM, R., BÄRMEISTER, G.: J. Scient. Instr., demnächst (Beschreibung eines automatischen Texturgoniometers).
NEFF, H.: Siemens-Z. 31 (1957) 23 (Zählrohrtexturgoniometer).
POLANYI, M.: Z. Phys. 7 (1921) 149, 17 (1923) 42 (Theorie).
REGLER, F.: Z. Phys. 74 (1932) 547 (Kegelrückstrahlkammer).
SACHS, G., SCHIEBOLD, E.: Z. VDI 69 (1925) 1557 (Flächenpolfiguren).
SAUTER, E.: Z. Kristallogr. 84 (1933) 453 (Auswertung mittels reziproken Gitters), 93 (1936) 93 (Aufnahme vollständiger Faserdiagramme mit Kegelkammer).
SCHMID, W. E.: Mitt. Kaiser-Wilhelm-Inst. Eisenforschg. Düsseldorf 11 (1929) 110 (Graphische Netze zur Auswertung).
SCHULZ, L. G.: J. Appl. Phys. 20 (1949) 1031 (Texturgoniometer für Rückstrahlaufnahmen).
WASSERMANN, G., WIEWIOROWSKY, J.: Z. Metallkde. 44 (1953) 567 (Zählrohrgoniometer).
WEISSENBERG, K.: Z. Phys. 8 (1921) 20; Ann. Phys. 69 (1922) 409 (Theorie); Z. Kristallogr. 61 (1925) 58.
WEVER, F.: Z. Phys. 28 (1924) 69.
—, BÖTTICHER, H.: Arch. Eisenhüttenw. 34 (1963) 147, 205.

Wachstumstexturen (ohne Rekristallisationstexturen)

CLARK, G., FRÖKICH, P., ABORN, R. A.: Z. Elektrochem. 31 (1925) 655; 32 (1926) 295 (Elektrolytische Niederschläge).
GLOCKER, R., KAUPP, E.: Z. Phys. 24 (1924) 121 (Elektrolytische Niederschläge).
GREWEN, J.: Bibliographie über Zipfelbildung und Textur (bis 1965); Hrsg.: Deutsche Gesellschaft für Metallkunde; s. dazu auch J. GREWEN, Z. Metallkde. 57 (1966) 472.
HAESSNER, F.: Z. Metallkde. 53 (1962) 403 (Ni-Legierungen).
NIX, F. C., SCHMID, E.: Z. Metallkde. 21 (1929) 286 (Guß).

Zug- und Rekristallisationstexturen von Drähten

BURGERS, W. G.: Metallwirtsch. 13 (1934) 745 (Zirkonium).
ETTISCH, M., POLANY, M., WEISSENBERG, K.: Z. Phys. 7 (1921) 181 (Kubische Metalle).
GREENWOOD, G.: Z. Kristallogr. 72 (1929) 309 (Nickel).
SACHS, G., SCHIEBOLD, E.: Z. Metallkde. 17 (1925) 400 (Al).
SCHMID, E., WASSERMANN, G.: Z. Phys. 40 (1926) 451 (Cu), 42 (1927) 779 (Kern- und Randzonentexturen); Z. Metallkde. 19 (1927) 325 (kubische Metalle); Z. techn. Physik 9 (1928) 106 (Al); Naturwiss. 17 (1929) 312 (Mg und Zn).
VARGHA, G. v., WASSERMANN, G.: Z. Metallkde. 25 (1933) 310 (Einfluß des Formgebungsverfahrens).

Walz- und Rekristallisationstexturen von Blechen

ASSMUS, F., DETERT, K., IBE, G.: Z. Metallkde. 48 (1957) 344 (Fe–Si).
BARRETT, C. S., ANSEL, G., MEHL, F. F.: Trans. AIME 125 (1937) 516 (Fe–Si).
BECK, P. A., HU, H.: Trans. AIME 185 (1949) 627 (Al, Cu, Messing).
BUNK, W., LÜCKE, K., MASING, G.: Z. Metallkde. 45 (1954) 584 (Al).
BURGERS, W. G., SNOEK, J. L.: Z. Metallkde. 27 (1935) 158 (Zr).
CAGLIOTI, V., SACHS, G.: Metallwirtsch. 11 (1932) 1 (Zn, Mg).
CLARK, H. T.: Trans. AIME 188 (1950) 1154 (Ti).

FAHRENHORST, W., MATTHAES, K., SCHMID, E.: Z. VDI 76 (1932) 797 (Anisotropie Cu).
FULLER, M. L., EDMUNDS, G.: Trans. AIME 111 (1934) 146 (Zn).
GENSAMER, M., LUSTMAN, B.: Trans. AIME 125 (1937) 501 (Stahl).
—, MEHL, R. F.: Trans. AIME 120 (1936) 277 (Fe–Si).
—, VUKMANIC, P. A.: Trans. AIME 125 (1937) 507.
GLAUNER, R., GLOCKER, R.: Z. Metallkde. 20 (1928) 244 (Korrosion und Texturen bei Cu).
GLOCKER, R., KAUPP, E.: Z. Metallkde. 16 (1924) 377 (Ag).
—, WIDMANN, H.: Z. Metallkde. 19 (1927) 41; 20 (1928) 129 (Kubische Metalle).
GÖLER, F. K. v., SACHS, G.: Z. Phys. 41 (1927) 889; 56 (1929) 477, 485 495 (Kubische Metalle).
GREWEN, J.: Z. Metallkde. 57 (1966) 418 (Zipfelbildung an Kfz.-Metallen).
—, WASSERMANN, G.: Z. Metallkde. 45 (1954) 498, 505 (Ag, Cu, Messing).
HOFMANN, W.: Z. Metallkde. 29 (1937) 266 (Pb).
HU, H., SPERRY, P. R., BECK, P. A.: Trans. AIME, J. Met. 4 (1952) 76 (Al, Cu, Messing).
IMGRAND, H., WEVER, F.: Z. Metallkde. 60 (1969) 329 (Walztextur von zonengeschmolzenem Eisen).
KURDJUMOV, G., SACHS, G.: Z. Phys. 14 (1923) 328, 16 (1923) 314 (Kubische Metalle).
LÜCKE, K.: Z. Metallkde. 45 (1954) 86 (Al).
MARK, H., WEISSENBERG, K.: Z. Phys. 14 (1923) 328, 16 (1923) 314 (Kubische Metalle).
PAWLEK, F.: Z. Metallkde. 27 (1935) 160 (Textur von Fe und magnetisches Verhalten).
SAGEL, K.: Z. Metallkde. 48 (1957) 463 (Al–Zn Leg.).
SCHIEBOLD, E., SACHS, G.: Z. Phys. 69 (1931) 458 (Mg).
SCHMID, E., WASSERMANN, G.: Metallwirtsch. 9 (1930) 968, 10 (1931) 735 (Hexagonale Metalle); 10 (1931) 409 (Al).
—, THOMAS, H.: Z. Phys. 30 (1951) 293 (Würfellage).
STRAUMANIS, R.: Helv. Phys. Acta 3 (1930) 463 (Hexagonale Metalle).
USPENSKI, N., KONOBEJEWSKI, S.: Z. Phys. 16 (1923) 215 (Erste Erklärung der Walztextur).
VALOUCH, M. A.: Metallwirtsch. 11 (1932) 165 (Zn).
WASSERMANN, G.: Z. Metallkde. 30 (1938) 53 (Fe).
WEVER, F., BÖTTICHER, H.: Z. Metallkde. 57 (1966) 472 (Eisenblech).

Weitere Texturen

HERRMANN, L., SACHS, G.: Metallwirtsch. 13 (1934) 745 (Gezogene Messingbecher).
SACHS, G., SCHIEBOLD, E.: Z. VDI 69 (1925) 1557 (Stauchung von Al).
WEVER, F., SCHMID, W. E.: Z. Metallkde. 22 (1930) 133 (Parallelepiped. Stauchung von Al und Fe).

Magnetische Eigenschaften und Texturen

HONDA, K., KAYA, S.: Sci. Rep. Tohoku Univ. 15 (1926) 721 (Eiseneinkristalle).
DAHL, O., PAWLEK, F.: Z. Phys. 94 (1935) 504; Z. Metallkde. 28 (1936) 230 (Eisen-Nickel-Bleche).
SNOEK, J. L.: Physica 2 (1935) 409 (Eisen-Nickel-Bleche).

29. Nichtkristalline, feste Stoffe und Schmelzen

Zusammenfassende Darstellungen

Egelstaff, P. A.: An Introduction to the liquid state, London: Academic Press 1967, 236 S.
Eyring, H., John, M. S.: Significant liquid structures, New York: Wiley 1969, 149 S.
Gingrich, N. S.: Rev. mod. Phys. 15 (1943) 90.
Glocker, R.: Erg. Exakt. Naturwiss. 22 (1949) 186.
Pings, C. J.: Structure of simple liquids by X-Ray diffraction, S. 387–446, in: Temperley, H. N. V., Rowlinson, J. S., Rushbrooke, G. S.: Physics of simple Liquids, Amsterdam: North Holland 1968, 713 S.
Pryde, J. A.: The Liquid State, London: Hutchinson University, Library 1966, 179 S.
Richter, H., Breitling, G.: Fortschr. Phys. 14 (1966) 71 (Struktur einatomiger Schmelzen).
Steeb, S.: Fortschr. Chem. Forschung 10 (1968) 474 (Struktur und Eigenschaften von Legierungs-Schmelzen).
—: Springer Tracts in Modern Physics, Bd. 47, Berlin/Heidelberg/New York: Springer 1968, 66 S. (Schmelzstrukturen).
Wilson, J. R.: Met. Rev. 10 (1965) 381.

Einzelnachweise

Grundlagen des Verfahrens

Debye, P., Menke, H.: Phys. Z. 31 (1930) 797.
Herre, F.: Dissertation TH Stuttgart, 1956.
Hosemann, R., Lemm, K.: Conference on Physics of Noncrystalline Solids, Delft 1964.
—, Lemm, K., Krebs, H.: Z. Phys. Chem. 41 (1964) 121 (Abbrucheffekt).
Richter, H., Breitling, G.: Z. Naturforsch. 6 a (1951) 721.
—, Breitling, G., Herre, F.: Z. angew. Phys. 8 (1956) 433.
Steeb, S., Hezel, R.: Z. Phys. 191 (1966) 398 (Auswertemethode).
–, Bühner, H. F.: Z. Naturforsch. 25a (1970) (Trennung verschiedener Strukturanteile in Legierungsschmelzen).
Warren, B. E., Gingrich, N. S.: Phys. Rev. 46 (1934) 368.
—, Krutter, H., Morningstar, O.: J. Amer. Chem. Soc. 19 (1936) 202.
Zernike, F., Prins, J. A.: Z. Phys. 41 (1927) 184.

Amorphe Stoffe

Fürst, O., Glocker, R., Richter, H.: Z. Naturforschg. 4 a (1949) 540 (Germanium).
Hendus, H.: Z. Phys. 119 (1942) 265 (Antimon, Selen).
Hofmann, O., Wilm, D.: Z. Elektrochem. 42 (1936) 504 (Graphit).
Krebs, H.: Angew. Chem. 78 (1966) 577 (Gläser).
—, Schultze-Gebhardt, F.: Acta Cryst. 8 (1955) 142 (Glasiges Se).
Richter, H., Breilting, G.: Z. Naturforsch. 6a (1951) 721 (Arsen).
—, Fürst, O.: Z. Naturforsch. 6a (1951) 38 (Germanium).
—, Breitling, G., Herre, F.: Z. angew. Phys. 8 (1956) 433 (Aktivkohle).
—, Steeb, S.: Z. Metallkde. 50 (1959) 369 (Ga, Bi).

WARREN, B. E.: J. Appl. Phys. 13 (1942) 364 (Ruß).
—, BISCOE, J.: J. Amer. Ceram. Soc. 24 (1941) 256 (Gläser).
—: J. Amer. Chem. Soc. 21 (1938) 259, 287 (Gläser).
ZACHARIASEN, W. H.: J. Amer. Chem. Soc. 54 (1932) 3841 (Gläser).

Schmelzen von Elementen und Legierungen

BREITLING, G., RICHTER, H.: Z. Phys. 172 (1963) 338 (Hg).
—, RICHTER, H.: Z. Naturforsch. 20a (1965) 1061 (Einatomige Schmelzen).
DUTCHAK, Y. A., KLYM, J. u. M. M.: Phys. Met. i. Metallo 19 (1965) 128 (Eutektische Schmelzen).
GRUBER, H. U., KREBS, H.: Angew. Chem. 80 (1968) 999 (Geschmolzenes Sb).
KAPLOW, R., STRONG, S. L., AVERBACH, B. L.: Phys. Rev. 138A (1965) 1336 (Hg, Pb).
KREBS, H. et al: Z. anorg. allg. Chem. 357 (1968) 247 (Sn-Sb-Schmelzen).
— et al: Z. Naturforsch. 23a (1968) 491 (Geschmolzenes Sn).
—, LAZAREV, V. B., WINKLER, L.: Z. anorg. allg. Chem. 352 (1967) 277 (Geschmolzenes Ge).
—, WEYAND, H., HAUKE, M.: Angew. Chem. 70 (1958) 468 (InSb-Schmelzen).
MÜLLER, H. K. F., HENDUS, H.: Z. Naturforsch. 12a (1957) 102 (Sb).
PFANNENSCHMID, O.: Z. Naturforsch. 15a (1960) 603 (Silber, Gold).
RICHTER, H., BREITLING, G.: Z. Naturforsch. 21a (1966) 1710 (Zinn, Silber).
—, HANDTMANN, D.: Z. Phys. 181 (1964) 206 (Zinn).
—, STEEB, S.: Z. Metallkde. 50 (1959) 369 (Einatom. Metallschm.).
RUPPERSBERG, H.: Z. Phys. 189 (1966) 292 (Kupfer).
SAUERWALD, F.: Z. Metallkde. 38 (1947) 188, 41 (1950) 97, 214 (Systematik schmelzflüssiger Legierungen).
STEEB, S., DILGER, H., HÖHLER, J.: J. Phys. Chem. Liquids 1 (1969) 235 (Mg-Pb Leg.).
—, ENTRESS, H.: Z. Metallkde. 57 (1966) 803 (Mg-Sn Leg.).
—, HEZEL, R.: Z. Metallkde. 57 (1966) 374 (Silber-Magnesium-Leg.).
—, WOERNER, S.: Z. Metallkde. 56 (1965) 771 (Aluminium-Magnesium Legierungen).
WOERNER, S., STEEB, S., HEZEL, R.: Z. Metallkde. 56 (1965) 682 (Magnesium).

Quantitative Bestimmung der kristallinen und amorphen Anteile

HENDUS, H., SCHNELL, G.: Kunststoffe 51 (1961) 69.
—, ILLERS, K. H.: Kunststoffe 57 (1967) 193.
HERMANS, P. H., WEIDINGER, A.: J. Polymer Sci. 4 (1949) 709; Makromolekulare Chemie 45 (1961) 24.

30. Kleinwinkelstreuung

Zusammenfassende Berichte

BRILL, R., MASON, R.: Advances in Structure Research by Diffraction Methods III, Braunschweig: Vieweg 1970, 251 S. (AUTHIER, A.: Dynamische Beugungstheorie; HOSEMANN, R., SCHÖNFELD, A., WILKE, W.: Kleinwinkelstreuung).
GEROLD, V.: Z. angew. Phys. 9 (1957) 43.
—: Application of Small-Angle X-Ray Scattering to Problems in Physical Metallurgy and Metal Physics, in: Small Angle X-Ray Scattering, Proc. Conf. Syracuse, 1965, Ed.: H. BRUMBERGER, London: Gordon and Breach 1967.
GUINIER, A.: Compt. Rend 208 (1939) 894.

GUINIER, A.: FOURNET, G.: Small Angle Scattering of X-Rays (übersetzt von C. B. WALKER) mit einer Bibliographie von K. L. YUDOWITSCH, New York: Wiley 1955, 268 S.

HOSEMANN, R.: Ergebn. exakt. Naturw. 24 (1951) 142.

KLUG, H. P., ALEXANDER, L. E.: X-Ray Diffraction Procedures, New York: Wiley 1954, 634–644.

Einzelnachweise

Untersuchungsverfahren

HEZEL, R., STEEB, S.: Z. Naturforschg. 25a (1970) 1085. (Hochtemperaturkleinwinkelstreukammer für Metallschmelzen; Nachweis von Clustern in Al-Sn).

HOSEMANN, R.: Z. Physik 113 (1939) 751 (Aufnahmekammer).

KAESBERG, P., BEEMAN, W. W., RITLAND, N. H.: Physic. Rev. 78 (1950) 336 (Plankristallspektrometer).

KRATKY, O.: Kolloid. Z. 144 (1955) 110 (Kratky-Kammer).

—: Z. anal. Chem. 201 (1964) 161 (Molekulargewichtsbestimmung).

—, PILZ, I., SCHMITZ, P. J.: J. of Colloid and Interface Science 21 (1966) 24 (Relativmessung mit Standardprobe).

—, WAWRA, H.: Monatsh. f. Chemie 94 (1963) 981 (Rotierende Blende).

YUDOVITSCH, K. L.: Rev. sci. Instruments 23 (1952) 83 (Aufnahmekammer).

Auswerteverfahren (Theorie)

FOURNET, G.: Dissertation Paris, 1950 (Berechnete Streukurve für verschiedene Teilchenformen).

GEROLD, V.: Acta Cryst. 10 (1957) 287 (Auswertungsgerät für Spaltkorrektion).

—: Z. Elektrochem. 60 (1956) 405 (Fourier-Analyse, Übereinstimmung in den Theorien von HOSEMANN und KRATKY).

GUINIER, A.: Ann. Phys. Paris 12 (1939) 161 (Guiniersche Näherung).

—, FOURNET, G.: J. Phys. 8 (1947) 345 (Rechnerische Spaltkorrektion).

KRATKY, O., SEKORA, A.: Naturwiss. 31 (1943) 46 (Berechnete Streukurven für verschiedene Partikelformen).

—, POROD, G., KAHOVEC, L.: Z. Elektrochem. 55 (1951) 53 (Rechnerische Spaltkorrektion).

POROD, G.: Kolloid Z. 124 (1951) 83, 125 (1952) 51 (Invariante).

ROESS, L. C., SHULL, C. G.: J. appl. Phys. 18 (1947) 308 (Häufigkeitsverteilung von Teilchengrößen).

SHULL, C. G., ROESS, L. C.: J. appl. Phys. 18 (1947) 295 (Häufigkeitsverteilung von Teilchengrößen).

STEEB, S.: Z. Naturforschg. 25a (1970) 740 (Auswertung, Schmelzen).

Anwendungen in Chemie und Biologie

BIELIG, H. J., KRATKY, O., ROHNS, G., WAWRA, H.: Biochim. Biophys. Acta 112 (1966) 110 (Apoferritin-Lösungen).

BISCOE, J., WARREN, B. E.: J. appl. Phys. 13 (1942) 364 (Kohle).

BOLDUAN, O. E. A., BEAR, R. S.: J. appl. Phys. 20 (1949) 983 (Collagen).

BRUMBERGER, H., KRATKY, O., MITTELBACH, P.: Monatshefte für Chemie 95 (1964) 1599 (Nylon-6).

BRUMBERGER, H. in: OLPHEN, H. VAN, PARRISH, W.: X-Ray and Electron Methods of Analysis, New York: Plenum Press 1968 (Bestimmung von inneren Oberflächen).

ELKIN, P. B., SHULL, C. G., ROESS, L. C.: Industr. Eng. Chem. 37 (1945) 327 (Katalysatoren).

FOURNET, G.: Dissertation Paris, 1950 (Kolloid. Silber, Globuline).

HESS, K., KIESSIG, H.: Z. phys. Chem. 193 (1944) 196 (Polyamide).
HEYN, A. N. G.: Textile Book, New York, 1951, Kap. 19 (Kunstfasern).
HOSEMANN, R.: Z. Phys. 114 (1939) 113 (Zellulose).
—: Z. Elektrochem. 46 (1940) 535 (Zellulose).
POROD, G.: J. polym. Sci. 10 (1953) 157 (Verknäuelungsgrad von Fadenmolekülen).
RITLAND, H. N., KAESBERG, P., BEEMAN, W. W.: J. chem. Phys. 18 (1950) 1237 (Proteine).
SCHMIDT, K., KAESBERG, P., BEEMAN, W. W.: (1954) zitiert nach GUINIER und FOURNET (Buch) (Rübenmosaikvirus).
SCHMIDT, P., WEIL, CH. G., BRILL, O. L.: in: OLPHEN, H. VAN, PARRISH, W.: X-Ray and Electron Methods of Analysis, New York: Plenum Press 1968 (Verteilung der Partikelgrößen).
VAN NORDSTRAND, R. A., HACH, K. M.: Catalysis Chicago 1953 (Katalysatoren).
TIMASHEFF, S. N., WITZ, J., LUZZATI, W.: Biophysik 1 (1961) 525.
YUDOWITSCH, K. L.: J. appl. Phys. 22 (1951) 214 (Latex).

Anwendungen in der Metallkunde

ATKINSON, H. H., HIRSCH, P. B.: Phil. Mag. 3 (1958) 213 (Kleinwinkelstreuung an Versetzungen, Theorie).
BAUR, R., GEROLD, V.: Z. Metallkde. 52 (1961) 671 (Al-Cu).
—, —: Acta Met. 10 (1962) 637 (Al-Ag).
BELBEOCH, B., GUINIER, A.: C. R. 238 (1954) 1003 (Al-Ag).
FRANKS, A., THOMAS, K.: Proc. Phys. Soc. 71 (1958) 861 (An kaltgereckten Metallen).
GEROLD, V.: Z. Metallkde. 45 (1954) 593 (Al-Cu).
—: Z. Metallkde. 46 (1955) 623 (Al-Ag).
—: Phys. Stat. Sol. 1 (1961) 37 (Entmischung, Theorie).
—, SCHWEIZER, W.: Z. Metallkde. 52 (1961) 76 (Entmischung Al-Zn).
GUINIER, A.: Physica 15 (1949) 148 (Al–Ag).
—: J. Phys. 8 (1942) 124 (Al–Cu).
—: Acta Cryst. 5 (1942) 121 (Al–Ag, Al–Cu).
—: Z. Metallkde. 43 (1952) 217 (Al–Ag).
HEZEL, R., STEEB, S.: Z. Naturforschg. 25a (1970) (Al-Sn-Schmelzen).
STEEB, S.: Z. Naturforschung 25a (1970) 740. (Quantitative Auswertung der Kleinwinkelstreuung von binären Legierungsschmelzen).
WALKER, C. B., GUINIER, A.: C. R. 234 (1952) 2379 (Al–Ag); Acta Met. 1 (1953) 568 (Al–Ag).

Doppelreflexionen

BLIN, J., GUINIER, A.: Compt. rend. 233 (1951) 1288; 236 (1953) 2150 (Kleinwinkelstreuung an kaltverformten Metallen).
GEROLD, V., FRICKE, H.: Z. Metallkde. 50 (1959) 136.
NEYNABER, R. H., BRAMMER, W. G., BEEMAN, W. W.: Phys. Rev. 99 (1955) 615.

Anhang

Im Anhang vorkommende Literaturzitate, die schon im Haupttext (Abschnitte 1 bis 30) angegeben sind, werden im folgenden nicht aufgeführt.

Abschnitt B

OVERMAN, R. T., CLARK, H. M.: Radioisotopes Techniques; New York: McGraw-Hill 1960.
PLESCH, R.: Siemens Rev. 34 (1967) 73.

Abschnitte C und D

International Tables for X-Ray Crystallography Vol. II: Mathematical Tables; Birmingham: Kynoch Press 1967 (Formeln).

Abschnitt H

Bewilogua, L., Heisenberg, W.: in: Landolt-Börnstein: Physikal.-chem. Tabellen, 5. Aufl., Erg. Bd. 3 (1935) Abschn. 154 h/.
Grinten, van der H.: Pys. Z. 34 (1933) 609 (Lorentz-Faktor).
Ruppersberg, H., Seemann, H. J.: Z. Naturforsch. 20a (1965) 104 (Angleichung).

Abschnitt I

Balta Calleja, F. J., Hosemann, R., Wilke, W.: Makromolekulare Chemie 92 (1966) 25.
Hosemann, R., Bagchi, S. N.: Direct Analysis of Diffraction by Matter, Amsterdam: North-Holland 1962, 734 S.
—: Z. Phys. 128 (1950) 465, 146 (1956) 588.
—: Chemiefasern (1963) Heft 1 bis 5.
—, Motzkus, F., Schoknecht, G.: Fortschr. der Phys. 2 (1954) 1.
—, Joerchel, D.: Z. Phys. 138 (1954) 209.
—, Bonart, R.: Kolloid. Z. 152 (1957) 53.
—, Schoknecht, G.: Z. Naturforsch. 12a (1957) 932.
—, Schoknecht, G.: Kolloid Z. 152 (1957) 932.
—: Pure and Applied Chemistry 12 (1966) 311.
—, Preisinger, A., Vogel, W.: Z. Elektrochem. 70 (1966) 796.

Namenverzeichnis

(Seitenzahlen größer als 570 beziehen sich auf das Schrifttumsverzeichnis)

Sachverzeichnis

721/23/70